现代农业科学精品文库
中国农业科学院科技创新工程资助出版

中国土壤肥力演变

——第二版——

徐明岗　张文菊　黄绍敏　等 / 著

中国农业科学技术出版社

图书在版编目（CIP）数据

中国土壤肥力演变／徐明岗等著. —2 版. —北京：中国
农业科学技术出版社，2015.10
ISBN 978 - 7 - 5116 - 2132 - 0

Ⅰ. ①中… Ⅱ. ①徐… Ⅲ. ①土壤肥力—演变—中国
Ⅳ. ①S158

中国版本图书馆 CIP 数据核字（2015）第 127296 号

责任编辑 史咏竹 李 雪
责任校对 贾海霞

出版发行 中国农业科学技术出版社
　　　　 北京市中关村南大街 12 号 邮编：100081
电 　 话 （010）82105169（编辑室）
　　　　 （010）82109702（发行部） 82109709（读者服务部）
传 　 真 （010）82109707
经 销 者 各地新华书店
网 　 址 http：//www.castp.cn
印 　 刷 北京富泰印刷有限责任公司
开 　 本 787mm ×1 092mm 1/16
印 　 张 71.25
字 　 数 1 650 千字
版 　 次 2015 年 10 月第二版 2015 年 10 月第二次印刷
定 　 价 295.00 元

《中国土壤肥力演变（第二版）》
著 者 名 单

主 著 徐明岗　张文菊　黄绍敏

副主著 杨学云　卢昌艾　何亚婷　韩晓增　张淑香　车宗贤

　　　　　刘 骅　石孝均　陈 义　朱 平　聂 军　黄庆海

　　　　　蒋太明　周宝库　段英华

著 者（以姓氏拼音为序）

包兴国	蔡典雄	曹彩云	车宗贤	陈安磊	陈春兰	陈 琨
陈晓光	陈云峰	崔喜安	党红凯	段英华	俄胜哲	樊红柱
樊廷录	冯文强	高洪军	高菊生	高 伟	高中超	顾朝令
关春林	郭斗斗	郭 丽	郭 涛	郭志彬	韩宝文	韩晓日
韩晓增	郝小雨	何亚婷	侯红乾	胡 诚	胡惠文	花可可
黄 晶	黄欠如	黄庆海	黄绍敏	黄 涛	冀建华	贾良良
姜小凤	姜 宇	蒋太明	解丽娟	解文艳	李大明	李冬初
李洪民	李 慧	李菊芳	李科江	李 娜	李清华	李瑞平
李双来	李 渝	李忠芳	李祖章	廖育林	林 诚	林英华
林治安	刘东海	刘光荣	刘 骅	刘孟朝	刘树堂	刘武仁
刘显元	刘晓莉	刘秀梅	刘学成	刘益仁	柳开楼	卢秉林
卢昌艾	鲁艳红	罗龙皂	罗 洋	罗照霞	吕军杰	马俊永

马星竹	米　刚	聂　军	彭　畅	乔　艳	钦绳武	秦鱼生
邱珊莲	任顺荣	沈明星	施林林	石孝均	史新敏	宋祥云
孙本华	孙　楠	孙锡发	汤　利	唐忠厚	田茂芝	涂仕华
汪吉东	汪凯华	王　斌	王伯仁	王道中	王　飞	王福全
王劲松	王淑英	王　婷	王西和	王　月	魏　猛	温延臣
吴会军	吴启华	武雪萍	肖厚军	谢　坚	信秀丽	邢素丽
徐明岗	徐小林	杨曾平	杨劲峰	杨　军	杨军芳	杨文玉
杨新强	杨学云	杨振兴	杨志奇	姚宇卿	叶会财	佘喜初
袁金华	袁　亮	展晓莹	张爱君	张会民	张建军	张久东
张　丽	张　璐	张淑香	张树兰	张水清	张文菊	张喜林
张秀芝	张雅蓉	张永春	张永会	张跃强	赵会玉	郑春莲
郑洪兵	郑金玉	周宝库	周怀平	周世伟	周　鑫	朱安宁
朱　平	邹文秀					

前　言

　　土壤是生态系统的重要组成部分，土壤质量好坏对生态系统质量、人类生命健康和整个社会的稳定与发展，都具有战略性意义。土壤肥力是土壤的本质特性，是农业生产的基础。土壤肥力变化除受到自然因素影响外，更取决于人类的利用与保护。与国外发达国家不同，中国巨大的人口压力和有限的土地资源，导致中国农田集约化程度高，在长期的利用过程中，虽然在一些地方维持了肥力的长久不衰，有的地方还培育了一些高肥力的土壤，但许多地方的土壤肥力仍因产投不平衡、利用方式不当或利用中保护不够而逐步衰竭，一些利用不当的地方则产生了严重的破坏。

　　特别是改革开放 30 多年来，受经营制度、种植模式、施肥方式和管理水平等多重因素的影响，中国农田土壤肥力区域性问题尤为突出，成为影响当前农业生产和制约农业可持续发展的重要因素。突出表现为如下几个方面。

　　第一，东北地区黑土有机质含量明显下降。目前，东北地区黑土有机质平均含量在 40.0g/kg 以下，远低于黑土开发初期含量水平（80～100g/kg），与第二次土壤普查时比，有机质含量下降了 35% 左右；部分区域黑土腐殖层明显变薄，甚至出现"破黄"现象。

　　第二，华南、华东地区土壤酸化日益加重。据统计，南方 14 个省（区、市）土壤 pH 值小于 6.5 的比例由 30 年前的 52% 扩大到 65%，小于 5.5 的由 20% 扩大到 40%，小于 4.5 的由 1% 扩大到 4%。酸化最严重的有广东、广西壮族自治区、四川等省区，pH 值小于 4.5 的耕地土壤比例分别为 13%、7% 和 4%。华东地区土壤 pH 值平均为 5.9，较第二次土壤普查时下降 0.3 个单位，太湖流域典型水稻土 pH 值下降 1.2 个单位。

　　第三，华北地区土壤耕层变浅。目前，华北小麦—玉米主产区土壤耕层厚度平均为 15～19.0cm，较适宜的小麦、玉米生长最低耕层深度少 3～5cm；5～10cm 深度土壤容重平均为 1.38g/cm³，较适宜土壤容重高 15.0% 左右。

　　第四，西北地区土壤次生盐渍化问题突出。西北地区农用地盐渍化面积 3 亿亩（1亩≈667 平方米，余同），约占全国盐渍化面积的 60%。其中，因灌溉方式不当导致耕地土壤次生盐渍化面积 2 100 万亩，占全国次生盐渍化面积的 70%。

　　可见，由于不合理的开发利用，导致中国大量农田土壤肥力和生产力退化，直接威胁着中国粮食安全和农业可持续发展，也成为农业增产、农民增收和农业生态环境改善的瓶颈。在探讨中国经济发展新形势下，土壤肥力的演变规律及其持续利用，已成为党中央、国务院和广大科技工作者十分关注的热点。李克强总理要求"通过实施深松耕地、秸秆还田、施用有机肥等措施，恢复并提升地力"；2015 年中共中央一号文件头条提出"加强耕地质量保护与提升"。而土壤肥力的演变，是一个相对缓慢的过程，只有通过长期定位试验才能很好地观测到土壤肥力的演变规律，探索适合不同生态气候带的土壤施肥耕作制度。

因此，20 世纪 80 年代以来，中国科研院所和农业大专院校陆续在不同农业生态区建立了一批农田土壤肥料长期试验。本书是这些长期试验资料的系统总结和最新成果。

2006 年出版的《中国土壤肥力演变》（第一版），系统论述了分布于中国东北、西北、黄淮海、长江中下游、华南和西南等农业区域典型农田土壤 18 个长期试验不同施肥耕种制度下，近 20 年来土壤物理与生物性状演化规律、氮磷钾养分循环与转化规律、土壤 pH 值和中微量元素的变化规律、作物产量和品质变化规律等。而《中国土壤肥力演变（第二版）》系统论述了分布于中国不同生态区域的 42 个农田长期肥料试验，近 30 年的土壤肥力要素（有机质、氮、磷、钾、pH 值、容重等）的演变规律、作物产量变化规律及其肥料效应，土壤养分平衡、土壤生物性状变化及其基于土壤肥力变化的培肥技术模式。无论从深度、广度和时间尺度上，都比第一版有了长足发展。

本书是集体智慧的结晶。参加本书编写的土壤肥料长期试验相关人员近 200 人。本书是在各长期试验基地总结的基础上，反复修改和凝炼而成。全书由徐明岗、张文菊、黄绍敏、杨学云、卢昌艾、何亚婷、张淑香、韩晓增、陈义、车宗贤、刘骅、石孝均、朱平、聂军、黄庆海、蒋太明、周宝库、段英华、张会民、樊廷录等审核修改，最后由徐明岗审核定稿。

本书在编写过程中，得到许多专家的指导和支持，尤其是进行土壤肥料长期试验的老专家林葆研究员、李家康研究员、黄鸿翔研究员、张夫道研究员、陈子明研究员、陈福兴研究员、毛炳衡教授、孙宏德研究员、金继运研究员、张维理研究员等的大力支持与鼓励；张成娥研究员审阅了全部书稿，在此表示衷心感谢。本书的出版还要感谢农业行业科技项目（201203030）"粮食主产区土壤肥力演变与培肥技术研究与示范"及中华人民共和国农业部科技教育司刘燕副司长、张国良处长、张少华处长、张文处长、郑戈处长、魏楷副处长等的长期支持。感谢中国农业科学院创新工程项目及土壤培肥与改良团队全体成员的大力支持！感谢中国农业科学院农业资源与农业区划研究所领导王道龙、陈金强等的支持。

本书出版之际，恰恰是国际土壤年（International Year of Soils），"健康土壤带来健康的生活"。本书是对国际土壤年的一份献礼。由此再次显示，中国农田土壤长期试验及土壤肥力提升技术需求迫切、意义重大而深远。

由于著者水平有限，不妥之处，敬请批评指正！

著　者

2015 年 7 月 6 日

目　录

第一章 概 论

　　土壤肥力是指土壤为植物生长所提供水、肥、气、热的能力，是土壤各种基本性质的综合表现。土壤作为植物生产的基地，动物生长的基础，农业的基本生产资料，食物生产的根本，为人类提供养分需要，其本质是肥力。因此，长期以来人们一直致力于维持和提高土壤肥力的探索。在时间和空间尺度上揭示土壤肥力的变化规律和驱动机制，是培育地力和促进农业可持续发展的重要基础。而土壤肥力演变通常是一个漫长的过程，所以农田长期定位试验是土壤肥力研究的基础平台和重要手段。

一、中国土壤肥力长期试验网络概况

　　我国农田土壤肥料长期试验起始于20世纪70年代末，也是我国化学肥料开始大量施用、现代农业逐步兴起的时期。

　　20世纪70年代末，中国农业科学院土壤肥料研究所主持的全国化肥网在22个省（市、自治区）连续开展了氮、磷、钾化肥肥效、用量和比例试验，并布置了一批长期肥料试验，有些延续至今。这些试验涉及黑土、草甸土、栗钙土、灌漠土、潮土、褐土、黄绵土、红壤、紫色土、水稻土等我国最主要的农业土壤类型。试验采用两种设计方法：一是以化肥为主，设置对照（CK）、氮肥（N）、磷肥（P）、钾肥（K）、氮磷肥（NP）、氮钾肥（NK）、磷钾肥（PK）、氮磷钾肥（NPK）8个处理。有的试验增加了有机肥（M）和氮磷钾化肥与有机肥配合（NPKM）两个处理。双季稻地区以这种设计为主。二是有机肥与化肥配合试验，采用裂区设计，主处理为不施有机肥和施用有机肥，副处理为氮、磷、钾化肥配合，设CK、N、NP、NPK 4个处理。双季稻以外地区采用这种设计。试验用化肥以尿素、普通过磷酸钙和氯化钾为主。一般每公顷每季作物施氮肥（N）150kg，磷肥（P_2O_5）75kg，钾肥（K_2O）112.5kg左右。有机肥北方以堆肥为主，每公顷30～75t，大多每年只施基肥1次；南方以猪厩肥为主，每公顷施猪粪15～22.5t或稻草4.5～6t，大多每年施2次。磷钾化肥和有机肥作底肥施，氮肥按当地习惯分2～3次施用。种植制度长江以南为双季稻—冬季休闲；长江流域为一季中稻，冬季种小麦、油菜或大麦；华北地区为冬小麦和夏玉米一年两熟；东北和西北主要为春（冬）小麦、春玉米、大豆、马铃薯、蚕豆等，一年一熟。

　　20世纪80年代后期，中国农业科学院土壤肥料研究所主持，连同吉林省、陕西省、河南省、广东省、浙江省和新疆①6省区的农业科学院土壤肥料研究所、中国农业科学院衡阳红壤实验站和西南农业大学，在全国主要农区的9个主要类型土壤上建立了"国家土壤肥力与肥料效益长期监测基地网"。基地网包括黑土（吉林省公主

---

　　① 新疆维吾尔自治区，全书统称新疆

岭市）、灰漠土（新疆乌鲁木齐市）、塿土（陕西省杨凌区）、均壤质潮土（北京市昌平区）、轻壤质潮土（河南省郑州市）、紫色土（重庆市北碚区）、红壤（湖南省祁阳县）、水稻土（浙江省杭州市）和赤红壤（广东省广州市），覆盖了我国主要土壤类型和农作制度。试验主要处理有：①休闲 CK_0（不耕作、不施肥、不种作物）；②CK（不施肥但种作物）；③氮（N）；④氮磷（NP）；⑤氮钾（NK）；⑥磷钾（PK）；⑦氮磷钾（NPK）；⑧氮磷钾 + 有机肥（NPKM）；⑨氮磷钾（增量）+ 有机肥（增量）（1.5NPKM）；⑩氮磷钾 + 秸秆还田（NPKS）；⑪有机肥（M）；⑫氮磷钾 + 有机肥 + 种植方式2（NPKM$_2$）。每季作物施氮量 150kg/hm^2 左右，N：P$_2$O$_5$：K$_2$O 为1：0.5：0.5 左右，有机肥用量一般为 22.5t/hm^2，秸秆还田量一般为 3.75～7.5t/hm^2。施 N 处理多为等氮量，其中有机肥 N：化肥 N 为 7：3。有机肥和秸秆为一年施用 1 次，于第一茬作物播种前作基肥施用；磷、钾化肥均作基肥施用，氮肥作基肥和追肥分次施用。

20 世纪 80 年代以来，中国科学院也在全国不同生态区布置了"土壤养分循环和平衡的长期定位试验"。另外，有关高等院校和地方科研院所，根据需要，也布置了一些长期肥料定位试验。全国几乎每一个省份都布置有长期肥料试验。然而，我国农田土壤肥力长期试验的运行机制和管理水平等参差不齐，长期处于分散状态和各自为战的局面，缺乏国家层面上的统一化、规范化和科学化组织调控，而且，有些长期试验由于经费、管理等方面的原因已经停止。随着我国农田集约化程度的进一步提高以及种植结构的调整，迫切需要完善和构建我国农田土壤肥力长期监测体系，开展农田土壤肥力的时空演变规律、驱动因素及其与生产力耦合关系的研究，探求土壤培肥指标，构建不同区域的农田土壤培肥技术体系，全面提升我国农田的粮食生产能力。因此，以 2012 年启动的公益性行业（农业）科研专项"粮食主产区土壤肥力演变与培肥技术研究与示范"为契机，我们联合了国家和省级农业科学院、中国科学院以及高校等全国数十家相关单位，吸纳了全国 42 个农田土壤肥力长期定位试验，形成了农田土壤肥力的全国联网研究（图 1-1）。

"农田土壤肥力长期试验网络"涵盖了我国东北地区、华北地区、西北地区、南方丘陵区和长江下游水田区五大典型农田区域，跨越从北向南的"寒温带—南亚热带"和自西向东的"干旱—湿润"各个主要农业气候带。其中，东北地区 7 个长期试验点，土壤类型包括暗棕壤、黑土和棕壤，种植制度以"玉米"连作为主；华北地区 11 个长期试验点，土壤类型包括潮土、褐潮土、褐土和黄绵土，种植制度以"玉米—小麦"为主；西北地区 5 个长期试验点，土壤类型包括灰漠土、灌漠土、黑垆土、黄绵土、塿土，种植制度以"玉米—小麦"为主；南方丘陵地区 14 个长期试验点，土壤类型包括潮土、砂姜黑土、紫色土、红壤、黄壤、水稻土，种植制度包括"玉米—小麦""水稻—小麦"和"水稻—水稻"；长江下游水田区 5 个长期试验点，土壤类型为水稻土，种植制度为"水稻—水稻"。

所有长期试验起始于 1978—1992 年，至今持续时间均超过 20 年。试验的处理以不施肥、单施氮肥、氮磷肥、氮磷钾配合施肥、氮磷钾 + 有机肥（粪肥）、氮磷钾 + 秸秆还田等典型培肥模式为主，部分试验涉及耕作、轮作和撂荒等处理。

本书收集了上述涵盖我国主要农田土壤类型的 42 个肥料长期定位试验，系统论述了长期施肥和不同农作方式下近 30 年来土壤各种物理、化学、生物性状演化规律，

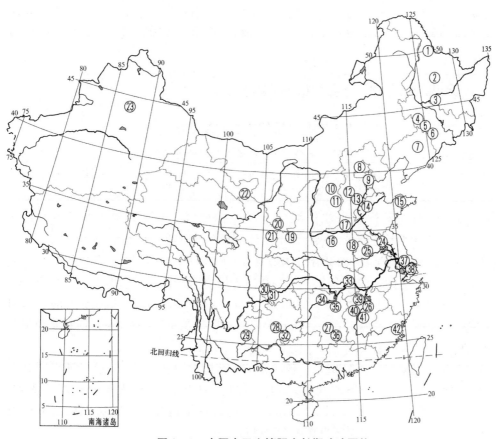

图1-1 中国农田土壤肥力长期试验网络

① 黑河暗棕壤

② 海伦黑土养分循环

③ 哈尔滨厚层黑土

④ 公主岭中层黑土

⑤ 公主岭黑土有机无机配施

⑥ 公主岭黑土保护性耕作

⑦ 沈阳棕壤

⑧ 昌平均壤质褐潮土

⑨ 天津重壤质潮土

⑩ 寿阳褐土

⑪ 寿阳褐土秸秆还田

⑫ 辛集壤质潮土

⑬ 衡水平原潮土

⑭ 禹城轻壤质潮土

⑮ 莱阳非石灰性潮土

⑯ 洛阳黄绵土保护性耕作

⑰ 郑州两合土潮土

⑱ 封丘冲积物潮土

⑲ 杨凌塿土

⑳ 平凉黑垆土

㉑ 天水黄绵土

㉒ 武威灌漠土

㉓ 乌鲁木齐灰漠土

㉔ 徐州砂壤质潮土

㉕ 蒙城砂姜黑土

㉖ 进贤红壤玉米连作

㉗ 祁阳红壤轮作

㉘ 贵阳黄壤

㉙ 曲靖山原红壤

㉚ 遂宁钙质紫色土

㉛ 重庆中性紫色土

㉜ 贵阳黄壤性水稻土

㉝ 武汉黄棕壤性水稻土

㉞ 桃源红壤稻田养分循环

㉟ 望城冲垅田水稻土

㊱ 祁阳红壤性水稻土有机无机配施

㊲ 沿江灰潮土

㊳ 苏州潴育性水稻土

㊴ 南昌丘岗地红壤性水稻土

㊵ 进贤红壤性水稻土

㊶ 进贤红壤性水稻土有机肥

㊷ 福州坡积物红壤性水稻土

审图号：GS(2015)2382号 哈尔滨地图出版社 编制

氮、磷、钾养分循环、转化规律，土壤 pH 值和中微量元素的变化规律，作物产量和品质变化规律，以及基于土壤肥力演变的土壤培肥技术模式等。这里以土壤有机质和作物产量为例，阐述它们总体的演变规律，以及利用长期定位施肥试验平台获得的科研成果。

二、长期施肥农田土壤有机质演变规律

（一）我国主要区域农田土壤有机质的时空演变规律

不同施肥模式下，各区域农田土壤有机质演变特征差异较大。

（1）不施肥，大部分区域土壤有机质呈下降趋势。其中，东北黑土和华南旱作红壤下降最快，平均为 0.13t C/（hm² · a），下降幅度分别为 7.4% ~ 12.7% 和 10.6% ~ 18.1%；其次是西北旱作和长江流域的水旱轮作地区，下降速率平均为 0.03t C/（hm² · a），而华北和长江流域的双季稻地区，土壤有机质基本维持稳定。

（2）化肥配施（NPK），大部分区域土壤有机质总体上稳中有升。其中华北潮土区及长江流域的水旱轮作区，土壤有机质上升趋势最为明显，上升速率平均为 0.30t C/（hm² · a），上升幅度分别为 51% ~ 68% 和 8.6% ~ 23.5%；其次为长江流域的双季稻区，土壤有机质增加速率为 0.11t C/（hm² · a）；增幅为 7.8% ~ 41.2%；而东北和华南红壤地区则基本保持稳定。

（3）有机无机肥配施（NPKM），各区域土壤有机质均显著提升，提升速率因有机物料施用量而有所差异。华北和西北地区土壤有机质的上升速率为 0.27 ~ 2.24t C/（hm² · a）[平均为 0.69t C/（hm² · a）]，华南红壤旱地和长江流域水稻土平均为 0.52t C/（hm² · a），而东北地区为 0.44t C/（hm² · a）。

（4）秸秆还田在大部分区域都具有明显的有机质提升效果，长江流域的提升速率 [0.49t C/（hm² · a）] > 华北潮土区 [0.41t C/（hm² · a）] > 西北和华南红壤区 [0.23t C/（hm² · a）]。

（二）有机物料转化为土壤有机质的利用效率（简称"有机物料利用效率"）

土壤有机质增加与有机物料投入量在五大区域均呈极显著的正相关关系（图 1-2），由此获得我国农田有机物料利用效率平均为 16.3%，各区域之间差异较大，呈现为随水热增加而降低的趋势。其中，西北地区灰漠土、灌漠土和塿土最高，平均为 25.7%，东北黑土其次，平均为 22.0%；明显高于华北地区的潮土和褐土（13.3%）及华南红壤旱地（9.9%）。长江流域水稻土，土壤有机质的变化与有机物投入呈显著的非线型关系，其有机物料利用效率平均为 10.8%。根据有机物料利用效率，可知我国在当前管理条件下，维持中等肥力土壤有机质水平需每年还田秸秆 500 ~ 800kg/亩[①]。

根据图 1-2，可计算获得各区域维持初始土壤有机质（SOC）所需的有机物料/有机肥投入量，结果总结见表 1-1。表明现有施肥耕作下，我国大部分地区仅靠根茬归田即可维持当前土壤有机质，但某些地方，比如山西省寿阳县、江西省进贤县旱地，需要补充较高量有机肥/秸秆，才能维持当前的肥力水平。

———————————

① 1 亩 ≈ 667m²，1hm² = 15 亩，全书同

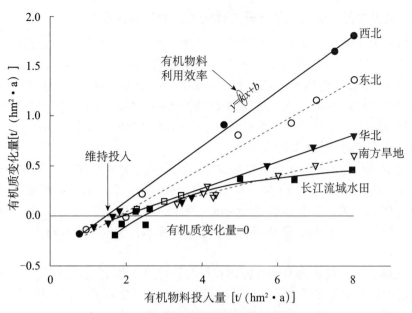

图 1-2　有机物料投入量与土壤有机质变化关系

表 1-1　维持当前土壤有机质所需的碳投入

试验点	起始 SOC (g/kg)	维持投入 [t C/(hm² · a)]	当前残茬 [t C/(hm² · a)]	需投入有机肥* [t/(hm² · a)]
公主岭市	13.05	2.14	2.45	0
沈阳市	9.23	1.74	2.01	0
寿阳县	13.81	4.55	1.62	20.9
郑州市	6.67	1.89	3.72	0
徐州市	6.26	2.32	2.89	0
乌鲁木齐市	8.80	1.69	1.60	0.6
张掖市	11.50	2.70	2.18	3.7
平凉市	6.24	0.47	1.31	0
杨凌区	6.41	0.47	2.88	0
祁阳县	8.58	2.08	3.07	0
进贤县（旱地）	8.93	3.54	1.93	11.5
重庆市	13.92	1.53	2.51	0
遂宁市	9.22	0.80	2.61	0
武昌市	15.91	1.48	2.17	0
望城区	19.72	1.48	2.49	0
南昌市	14.85	2.74	2.68	0.4
进贤县（水田）	16.22	0.79	2.25	0

注：＊ 干基，含碳量 14%

（三）我国农田土壤有机质提升与作物增产的协同效应

各区域农田土壤有机质提升显著促进了作物增产，二者之间存在极显著的正相关。

（1）在全国范围内的现有生产水平下，土壤有机质每提升 1g/kg，北方（东北、西北、华北）玉米平均增产 988kg/hm² （660 ~ 1 220kg/hm²），小麦平均增产 957 kg/hm² （575 ~961kg/hm²）；南方玉米平均增产 596kg/hm²，小麦平均增产 192kg/hm² （169 ~214kg/hm²），水稻平均增产 613kg/hm² （512 ~714kg/hm²）。不同区域土壤有机质提升对作物增产的潜力差异较大。

（2）各区域作物增产对土壤有机质提升的响应速率随着土壤有机质的升高而逐渐降低。东北、西北和长江流域土壤有机质提升到一定水平后，对作物产量无明显影响；其临界值（阈值）东北黑土为 18.5g C/kg，西北地区土壤为 11.4 ~ 12.9g C/kg，华北地区中部土壤为 9.2g C/kg；而华南红壤、华北北部和长江流域的水稻土，尚未出现明显的阈值。

（3）土壤有机质提升也显著改善作物的稳产性，土壤有机质每提升 1g C/kg，玉米、小麦的产量可持续性指数（SYI）提高 5% 左右，而变异系数下降 5% ~8%。

将不同区域作物最高产量 90% 对应的土壤有机质作为其适宜值，即土壤培肥的目标值，东北黑土高产稳产适宜值为 37.1g C/kg，西北地区为 20.7g C/kg （14.4 ~ 28.5 g C/kg），华北潮土区为 13.8g C/kg （10.6 ~ 15.8g C/kg）、南方红壤旱地为 17.2g C/kg （16.2 ~ 18.2g C/kg）。据此，可确定各个区域不同地力等级农田土壤有机质快速提升（低肥力）、稳步提升（中肥力）和稳定维持（高肥力）的定向培育目标。

总之，根据作物产量—土壤有机质定量关系，确定各区域土壤有机质阈值和适宜值，作为培肥目标；再根据土壤有机质—有机物料定量关系，计算出地力提升到某一目标需要投入的有机物料用量，例如，土壤有机质提升 10%，东北地区中、高肥力的土壤则需要在当前化肥配施的基础上增施鲜基有机肥（猪粪）3 ~5t/（hm² · a）和11 ~ 22t/（hm² · a）；华北区域则需要配施有机肥 3 ~6t/（hm² · a）和 13 ~31t/（hm² · a）；西北区域土壤有机质的维持投入相对较高，中等肥力土壤需配施有机肥9 ~20t/（hm² · a），而高肥力土壤需增施鲜基有机肥 19 ~49t/（hm² · a）；华南中肥力红壤需要配施有机肥 5 ~12t/（hm² · a）；长江流域水稻土有机质水平相对较高，中等肥力的土壤在当前化肥配施的基础上需要配施有机肥 5 ~16t/（hm² · a），高肥力的土壤需要增施有机肥 15 ~43t/（hm² · a）。

三、长期施肥下中国农田作物产量变化特征

（一）长期施肥下玉米、小麦、水稻三大作物产量变化特征

长期不同施肥下玉米产量差异显著，施用 NPKM 和 NPK 处理的产量最高分别为 7 141kg/hm² 和 6 429kg/hm²，其次是 M 和 NP 处理，其产量分别为 5 698kg/hm² 和 5 513kg/hm²；N 和 NK 产量较低，分别为 4 334kg/hm² 和 4 029kg/hm²；产量最低的是 CK 和 PK，分别为 3 610kg/hm² 和 2 948kg/hm²。随着试验年限的延长，不同施肥下玉米产量变化趋势各异。不施肥、单施 N 或 NK 肥条件下，产量呈逐年下降趋势，其变化值分别为 − 91.3kg/（hm² · a）、− 107.1kg/（hm² · a）和 −76.9kg/（hm² · a），PK、NP 和 M 处理的产量比较稳定；配合施肥 NPK 和 NPKM 总体上产量呈明显上升趋势，

分别为 39.1kg/(hm²·a) 和 97.1kg/(hm²·a)。CK、N、NK 处理，SYI <0.45，产量可持续性差；NP 和 PK 处理，0.45<SYI<0.55，产量可持续性中等；NPK、M、NPKM 处理，SYI>0.55，产量可持续性好，意味着长期氮磷钾配施及有机肥施用，不仅增加玉米产量，而且增加其稳产性。基础地力随试验时间呈不同程度的下降趋势，表明依靠基础地力来维持玉米产量是不可行的，需通过合理施肥来保持高产、稳产。

合理施肥可以提高小麦产量及其稳定性，从各处理的平均产量看，不同施肥大小顺序为：NPKM（4 230kg/hm²）>NPK（3 933kg/hm²）>NP（3 653kg/hm²）>M（2 325kg/hm²）>N（1 808kg/hm²）>NK（1 798kg/hm²）>PK（1 594kg/hm²）>CK（1 286kg/hm²）。与 NP 相比，施用 NPK 仅在个别试验点有明显的增产效果，比如昌平区、徐州市、祁阳县试验点，小麦增产达 21%；同样，与 NPK 相比，施用 NPKM 也仅在祁阳县、武昌市等个别实验点有明显的增产效果，增幅超过 30%。说明可依据土壤状况（钾的盈余）及有机肥源，灵活施肥，既提高小麦产量，又节省成本。长期施肥也影响小麦产量随时间变化趋势，CK、N 和 NK 处理，产量多呈下降趋势，平均变化值分别为 −44.2kg/(hm²·a)、−93.3kg/(hm²·a) 和 −78.4kg/(hm²·a)；而化肥配施或施有机肥，产量稳定或呈上升趋势。另外，配合施肥，特别是化肥配合有机肥，可以显著提高小麦产量可持续性及降低小麦产量的变异系数，产量可持续指数（SYI）>0.52，变异系数 <25%。小麦 SYI 值与平均产量呈极显著的正相关关系、与产量变异系数呈显著的负相关，表明小麦 SYI 值与稳产性、高产性是一致的。长期施肥各点小麦季的基础地力也随时间变化呈下降趋势，但纬度较低的下降不明显（个别实验点还有上升），较高纬度的下降显著，表明高纬度下小麦要获得较高产量，仅靠基础地力远远不够，必需重视合理施肥，不断保持其较高的地力水平或不断提升其地力水平。

长期施肥可提高水稻产量，不同施肥处理有显著差异，其大小顺序为：NPKM（5 892kg/hm²）>NPK（5 335kg/hm²）>NP（4 967kg/hm²）>M（4 696kg/hm²）>NK（4 559kg/hm²）>N（4 282kg/hm²）>PK（3 925kg/hm²）>CK（3 255kg/hm²）。水稻的生产对不同的生长季节或轮作制度的响应也不一致，施用化肥 NPK，早稻、晚稻和单季稻相对于 CK 的增产率分别为 150%、125% 和 190%，而施用 NPKM，分别为 150%、128% 和 198%，即施肥的影响是单季稻>早稻>晚稻。相比玉米和小麦，水稻的 SYI 总体较高，说明水稻稳产性高于玉米和小麦。同样，不施肥和化肥偏施（N、NK 和 PK），SYI 较低（0.54～0.56），NP、NPK、M 及 NPKM 处理，SYI 较高（0.61～0.65），表明水稻生产中，化肥配施、单施有机肥或化肥配施有机肥产量可持续性都较高。不同轮作水稻 SYI 差异显著，表现为单季稻（0.61）显著高于早稻（0.51）和晚稻（0.50）。基础地力贡献率是早稻（0.50）<单季稻（0.55）<晚稻（0.59），说明在双季稻区，肥料应优先分配在早稻上，以获得水稻的高产和稳产。

（二）长期施肥下我国主要粮食作物产量变化的综合分析

长期施用化肥，玉米、小麦、水稻的产量都随时间呈显著下降趋势，平均每年分别下降 90.9kg/hm²、48.5kg/hm² 和 25.3kg/hm²，其中玉米产量下降速率最大（图 1−3a）。对施化肥 3 种作物产量的变异情况分析表明，旱地作物玉米和小麦的变异系数较大，平均分别为 38% 和 45%，而水稻产量的变异系数只有 22%。施化肥 3 种作物产量的变异系数均低于相应不施肥的作物，这说明与不施肥相比，3 种作物施化肥作物产量的稳定性有所提高，玉米、小麦和水稻产量的变异系数分别降低了 23.4%、9.4% 和 4.3%，表明玉米施用化肥较不施肥产量稳定性的提高效果在 3 种作物中是最明显的。

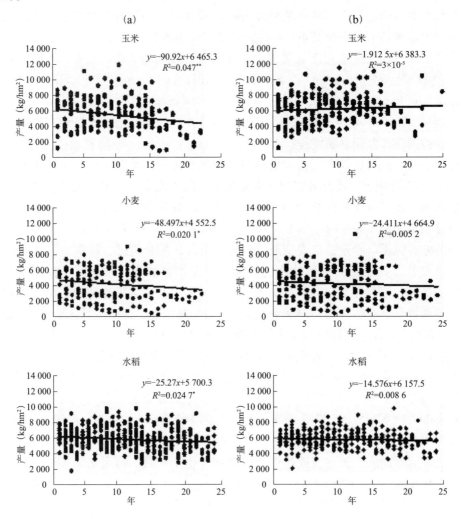

图 1-3 长期施肥条件下玉米、小麦、水稻产量变化
（a）化肥；（b）化肥有机肥配施

化肥配合有机肥（NPKM）处理，3 种作物的产量都比较稳定，无显著变化趋势（图 1-3b）。与施用化肥相比，NPKM 处理作物的产量趋势得到明显的改变，由原来的显著下降趋势到稳定或略有提高，其中对玉米和小麦的作用较明显，使玉米产量略有提高、小麦产量趋于稳定。对长期 NPKM 处理的 3 种作物产量的变异情况分析表明，变异系数较化肥处理又有所降低，说明施 NPKM 作物产量的稳定性得到进一步提高，是三大作物生产中应该推荐的施肥模式。

长期不同施肥下其 SYI 有显著的差异，不同作物间也不同（表 1-2）。不同施肥处理间分析，其平均 SYI 的大小顺序为：（NPKM、NPK）>（NP、M、PK）>（CK、NK、N）。其中，3 种作物 NPK 和 NPKM 处理的 SYI 最高，均大于 0.55，也获得最高的产量（平均值大于 5 000kg/hm²），从高产性和产量可持续性而言，NPK 与 NPKM 无显著差异，为最好的施肥模式；其次为 NP 处理，其 SYI 都较高，与前两种施肥方式（NPK 和 NPKM）无显著差异，产量上除水稻外也无显著差异，在钾肥匮乏下是可以采用的施肥方式；M 和 PK 处理虽然能获得与前三种施肥方式（NP、NPK 和 NPKM）相当的 SYI，但其产量却显著降低，为不可取的施肥模式。不施肥及单施 N 或 NK 的 SYI 最低，3 种作物中又以小麦和玉米的较低（均小于 0.45），而且对应产量也很低，尤其是玉米产量不到其 NPK 处理产量的一半，也是不可取的施肥模式。对于不同作物而言，水稻 SYI 较小麦和玉米高 0.1 ~ 0.2，且各施肥处理间差异较小。根据表 1 - 2，用 SYI 评价合理产量可持续程度时可分为 3 个范围：大于 0.55 的产量可持续性是较好施肥模式；0.45 ~ 0.55 的产量可持续性为一般，但对应的施肥模式还可以改善和提高；而小于 0.45 的产量可持续性差，表明其施肥模式是不可取的。

表 1 - 2　不同施肥条件下水稻、玉米和小麦的 SYI 差异（LSD）

作　物	NPKM	NPK	NP	M	PK	CK	NK	N
水　稻	0.66a	0.65ab	0.61abc	0.62abc	0.59abc	0.55c	0.56bc	0.56bc
玉　米	0.58a	0.58a	0.51abc	0.56ab	0.47abc	0.44bc	0.43c	0.44bc
小　麦	0.57a	0.56a	0.57a	0.46abc	0.48ab	0.43bc	0.36bc	0.34c
平　均	0.60a	0.60a	0.56ab	0.54abc	0.51bc	0.48cd	0.47cd	0.43d

注：同一行相同的小写字母表示差异性不显著（$p > 0.05$）

相关分析表明长期施肥下只有玉米 SYI 与地理位置、有效积温等存在着显著的相关关系，进一步逐步回归分析证实，玉米不同施肥下其 SYI 与经纬度间存在不同程度的相关性，其中不施肥和单独施用 N 肥，SYI 值与纬度呈极显著的相关关系，而施用 NPK 和 NPKM，SYI 与经纬度间无显著的相关性。SYI 与气象因子间的关系也呈现类似特点，不施肥和单独施用 N 肥，SYI 值与年有效积温、年日照时数、年降雨量都呈显著的相关关系，而 NPK 和 NPKM 处理，SYI 与气象因子间的相关性较小。这些结果一方面表明 3 类主要作物中，玉米产量最易受环境因素及施肥影响，另一方面也证明配合施肥（NPKM 或 NPK）玉米产量稳定性最好，受基础地力和水热因子影响最小。

徐明岗、周世伟、张文菊、张旭博、李忠芳

参考文献

［1］李忠芳 . 2009. 长期施肥下我国典型农田作物产量变化特征及其机制［D］. 北京：中国农业科学院.

［2］李忠芳，徐明岗，张会民，等 . 2009. 长期施肥下我国主要粮食作物产量的变化趋势［J］. 中国农业科学，42（7）：2 407 - 2 414.

［3］林葆，林继雄，李家康 . 1996. 长期施肥的作物产量和土壤肥力变化［M］. 北京：中国农业科学技术出版社.

［4］徐明岗，梁国庆，张夫道，等 . 2006. 中国土壤肥力演变［M］. 北京：中国农业科学技术出版社.

［5］赵秉强，张夫道 . 2002. 我国的长期肥料定位试验研究［J］. 植物营养与肥料学报，8（增刊）：3 - 8.

［6］Jiang G Y, Xu M G, He X H, et al. 2014. Soil organic carbon sequestration in upland soils of northern China under variable fertilizer management and climate change scenarios ［J］. Global Biogeochemical Cycles, 28: 319 –333.

［7］Wang X J, Xu M G, Wang J P, et al. 2014. Fertilization enhancing carbon sequestration as carbonate in arid cropland: assessments of long-term experiments in northern China ［J］. Plant and Soil, 380: 89 –100.

［8］Zhang W J, Wang X J, Xu M G, et al. 2010. Soil organic carbon dynamics under long-term fertilizations in arable land of northern China ［J］. Biogeosciences, 7: 409 –425.

［9］Zhang W J, Xu M G, Wang X J, et al. 2012. Effects of organic amendments on soil carbon sequestration in paddy fields of subtropical China ［J］. Journal of soil and sediments, 12: 457 –470.

第二章 长期施肥暗棕壤肥力演变
规律与培肥技术

暗棕壤是温带湿润季风气候和针阔混交林下发育形成的,为东北地区占地面积最大的森林土壤之一,分布于小兴安岭、长白山、完达山及大兴安岭东坡,其范围北到黑龙江省,西到大兴安岭中部,东到边境乌苏里江,南到四平市、通化市一线,在全国其他山区的垂直带谱中棕壤之上也广泛分布有暗棕壤,以黑龙江省、吉林省及内蒙古自治区分布最广。总面积为 4 019 万 hm^2,占全国土地总面积的 4.6%,是我国农、林、牧业重要生产基地。暗棕壤一般呈微酸性,pH 值为 5.4~6.6,各亚类间有一定差异。土壤交换性酸总量不一,以腐殖质层为高,为 0.2~2cmol/kg,与此同时交换性盐基总量仍较高,其中,以 Ca^{2+} 离子最多,其次为 Mg^{2+} 离子,K^+ 离子也有一定数量,由于胶体外围还存在一定量的 Al^{3+} 和 H^+ 离子,故呈盐基不饱和状态。有机质和全氮含量相当高,腐殖质层的含量多在 100g/kg 以上,向下逐减,速效性(氮、磷、钾)养分含量亦较丰富。

暗棕壤区开发较早,也是我国利用强度和破坏程度比较严重的地区。暗棕壤利用过程中存在的问题主要有:①土壤养分投入失衡,养分转化率低,制约粮食增产潜力的发挥;②旱、涝、盐碱危害加剧,土壤有机质减少,土壤质量持续下降;③土壤侵蚀、坡地水土流失严重。暗棕壤区的荒山荒地部分已垦为农田,由于耕作不合理,平地土壤肥力下降,因此坡度较大的地区,应立即退耕还林,已垦耕为农田的应注意培肥,维护地力。

一、暗棕壤长期试验概况

暗棕壤长期施肥试验设于黑龙江省农业科学院黑河分院内(东经 127°27′,北纬 50°15′),地处中温带,年均气温为 -2.0~1.0℃,无霜期 105~120d,年均降水量为 510mm 左右,年均蒸发量650mm。试验地暗棕壤的成土母质为花岗岩、安山岩、玄武岩的风化物,少量第四纪黄土沉积物。

试验开始时(1979 年)耕层土壤(0~20cm)的基本性状为:有机质含量 42.2 g/kg,全氮 2.23g/kg,全磷 1.66g/kg,水解氮 55.9mg/kg,有效磷 8.1mg/kg,pH 值6.12。

本试验设 12 个处理:①不施肥(CK);②麦秸还田(S);③农肥(M);④低量化肥(NP);⑤中量化肥(2NP);⑥高量化肥(4NP);⑦麦秸还田 + 低量化肥(S + NP);⑧麦秸还田 + 中量化肥(S + 2NP);⑨麦秸还田 + 高量化肥(S + 4NP);⑩农肥 + 低量化肥(M + NP);⑪农肥 + 中量化肥(M + 2NP);⑫农肥 + 高量化肥(M + 4NP)。具体施肥量见表 2 - 1。试验无重复,小区面积212m^2(20m × 10.6m),田间随机排列。试验地周围设有1m 宽保护区,不施肥,种植作物与试验田一致,旱地为雨养农业,无灌溉。氮肥为尿素(含 N 46%),磷肥为磷酸二铵(含 N 18%,$P_2O_5$46%),

均不施钾肥；麦秸还田为逢小麦种植年限进行，还田量为 3 000kg/hm²，不考虑麦秸的氮、磷、钾养分含量；农肥为腐熟的马粪，其含碳量 287.8g/kg，含氮（N）20.6g/kg，含磷（P）7.5g/kg，含钾（K）19.6g/kg，C/N 为 13.9 ，施用厩肥量（湿重）为 15 000kg/hm²，每三年施 1 次。氮、磷化肥均在小麦、大豆播种前作为基肥一次性施用。种植制度为小麦—大豆一年一熟轮作制，两作物施肥量一致，田间管理与当地常规相一致。

在每年秋天作物收获时采集耕层（0~20cm）土壤样品，土壤微生物量碳、氮的测定采用氯仿熏蒸浸提法。土壤养分均采用常规方法测定。

表 2－1　试验处理及施肥量　　　　　　　　　　（单位：kg/hm²）

处　理	氮肥（N）	磷肥（P₂O₅）	钾肥（K₂O）	秸秆（风干基）	粪肥每 3 年一次（厩肥）
CK	0	0	0	0	0
S	0	0	0	3 000	0
M	0	0	0	0	15 000
NP	37.5	37.5	0	0	0
2NP	75	75	0	0	0
4NP	150	150	0	0	0
S＋NP	37.5	37.5	0	3 000	0
S＋2NP	75	75	0	3 000	0
S＋4NP	150	150	0	3 000	0
M＋NP	37.5	37.5	0	0	15 000
M＋2NP	75	75	0	0	15 000
M＋4NP	150	150	0	0	15 000

二、长期施肥暗棕壤有机质和氮、磷、钾的演变规律

（一）有机质的演变规律

不同施肥对土壤有机质含量产生不同的影响。图 2－1 显示，随着耕作年限的增加，不同处理的土壤有机质含量的呈不同的变化趋势，2012 年与 1979 年相比各施肥处理土壤有机质均呈下降趋势，其降幅为 S＋NP＜NP＜S＜S＋4NP＜CK＜4NP，分别下降 2%、8%、10%、15%、16%、20%。在小麦—大豆轮作体系种植 33 年后，在不同施肥水平上（图 2－1a，图 2－1b）有机质含量表现出施肥量高的处理下降幅度高于施肥量低的处理，肥料类型及肥料用量影响土壤有机质含量；在同一施肥水平上（图 2－1c，图 2－1d）土壤有机质含量明显表现出麦秸还田及麦秸还田与化肥配施的处理下降幅度低于单施化肥的处理。

总体上，麦秸与化肥配施比单施化肥能更有效地缓解耕层土壤有机质含量的下降。这与王道中（王道中，2008）的研究结论不一致，他对始于 1982 年砂姜黑土长期定位试验的研究结果表明，施用秸秆的处理土壤有机质含量随着种植年限的增加呈上升的

趋势。其原因可能与所研究的土壤类型、气候、耕作制度及地域环境存在着巨大差异有关。张爱君等（张爱君等，2002）在淮北黄潮土 19 年定位试验的研究中得出，长期不施肥土壤有机质含量比试验前下降了 1.54g/kg，长期单施化肥可以基本维持土壤有机质的水平。

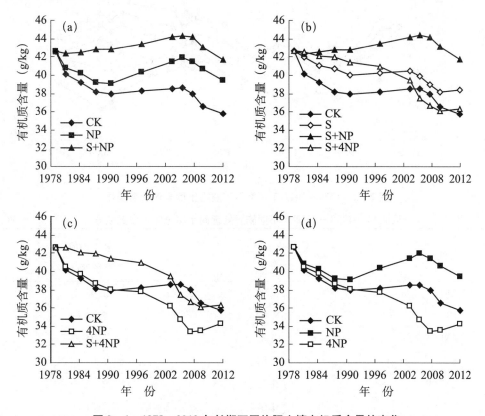

图 2-1　1978—2012 年长期不同施肥土壤有机质含量的变化

（二）氮素的演变规律

从图 2-2 可以看出，各处理土壤全氮含量从 1979—1994 年整体呈缓慢下降趋势，而 1994—2012 年间高施肥量处理 4NP 和 S+4NP 表现为缓慢上升趋势，其他处理保持平稳（NP 和 S+NP）及略有下降的趋势（S 和 CK）。通过比较 1979—2012 年的年变化率总和（表 2-2）发现，麦秸还田+高量化肥处理（S+4NP）的变幅最小，为 0.07%，其次为低量化肥处理（NP）；不施肥处理（CK）的变幅最大，为 13.9%；麦秸还田（S）、麦秸还田+低量化肥（S+NP）及高量化肥（4NP）处理次之，变幅处于 6.13%~7.82%。

各处理土壤全氮多年平均含量整体表现为 CK<S<S+NP<NP<S+4NP<4NP（表 2-2），各处理与对照 CK 相比差异均达到显著水平。施肥处理的土壤全氮含量随着氮肥施用量的增加而上升，麦秸还田与化肥配施处理 S+NP、S+4NP 的全氮含量均低于单施化肥处理 NP 和 4NP，分别降低了 1.8% 和 1.0%，可见麦秸还田与化肥氮配合施用对减缓氮素在土壤中的累积起到了一定作用。

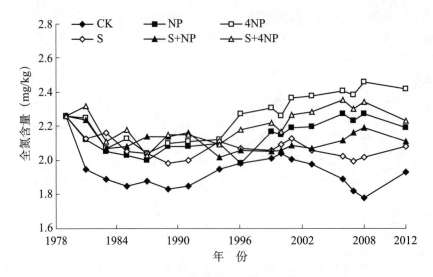

图 2 - 2　1979—2012 年长期不同施肥土壤全氮含量变化

表 2 - 2　1979—2012 年不同施肥处理间土壤全氮含量的差异

处　理	年变化率总和 （%）	多年均值 （g/kg）
CK	-13.90	1.93 d
NP	-2.02	2.14 bc
4NP	7.82	2.25 a
S	-7.61	2.07 c
S + NP	-6.13	2.12 c
S + 4NP	0.07	2.21 ab

注：同列数据后不同字母表示处理间差异达到5%显著水平

（三）磷素的演变规律

1. 有效磷含量的变化

图 2 - 3 显示，随着施肥年限的增加，耕层土壤有效磷含量整体呈上升的趋势。定位试验实施 33 年后，CK、NP、4NP、S、S + NP 和 S + 4NP 各处理的土壤有效磷含量分别比 1979 年增加了 43%、63%、97%、61%、67% 和 118%，其中以 4NP 和 S + 4NP 处理的增加最多，并与其他处理间的差异达到显著水平。长期大量施用化肥，尤其是与麦秸与高量化肥配施显著提高了土壤有效磷的累积量。不同处理土壤有效磷含量的多年平均值相比较，以 CK 处理最低，整体表现为 S + 4NP > 4NP > S + NP > NP > S > CK，各施肥处理分别比 CK 高 402%、367%、147%、50% 和 27%。土壤有效磷含量在单施麦秸处理（S）、单施化肥处理（NP）及麦秸与化肥配施处理（S + NP）间差异均未到达显著水平（图 2 - 3d）。孙好（2009）对持续 22 年的红壤长期定位试验的研究结果表明，长期施用含磷肥料，极大地提高了土壤的有效磷含量。磷的移动性和损失相对较少，施用有机肥料可明显增加土壤有效磷含量，其效果优于单施化学肥料。

2. 全磷含量的变化

土壤全磷是土壤无机磷和有机磷的总和，可反映土壤磷库的大小和潜在的供磷能

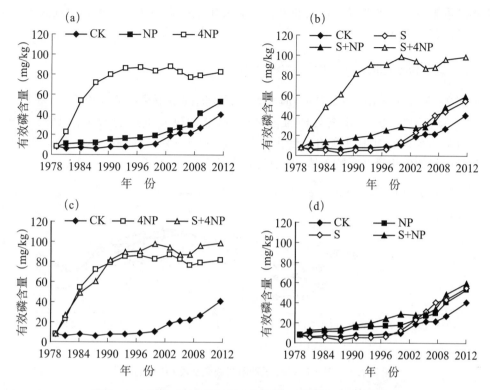

图 2 – 3　1979—2012 年长期不同施肥土壤有效磷含量的变化

力。从图 2 – 4 可以看出，长期大量施用磷肥可极大地提高土壤全磷含量，2012 年 S +
4NP、4NP、S + NP 和 NP 处理的全磷含量分别比 1979 年提高了 21%、20%、8% 和
6%；单施秸秆（S）和不施肥（CK）处理的土壤全磷含量随着种植年限的增加呈平缓
及略微下降的趋势，到 2012 年分别比 1979 年降低了 0.3% 和 7%。各施肥处理土壤全
磷含量多年平均值表现为 S + 4NP > 4NP > S + NP > NP > S，比 CK 分别提高了 30%、
29%、16%、14% 和 8%。麦秸还田与化肥配施的处理（S + NP、S + 4NP）土壤全磷含
量整体高于单施化肥的处理（NP、4NP），说明麦秸还田与磷肥长期配合施用，可以提

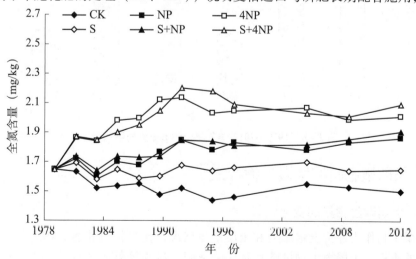

图 2 – 4　1979—2012 年长期不同施肥土壤全磷含量的变化

高土壤磷素肥力。总体来看，长期的麦秸与氮磷化肥配合施用，可极大地提高土壤的全磷含量，其效果好于单施化学氮磷肥，是保持土壤肥力不断提高的重要措施。

三、长期施肥暗棕壤 pH 值的变化

从图 2-5 可以看出，各处理的 pH 值均随试验时间呈下降趋势。2012 年，CK、S、NP、4NP、S+NP 和 S+4NP 各处理的 pH 值分别比 1979 年下降了 32%、21%、48%、72%、34% 和 57%，其中以施用高量化肥的 4NP 和 S+4NP 处理下降程度最为明显，可见化学肥料的施用量会影响土壤 pH 值的变化速率。

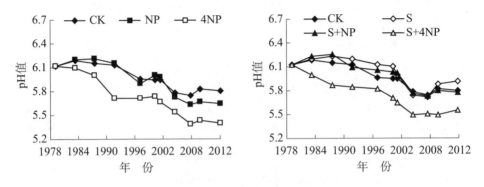

图 2-5 1979—2012 年长期不同施肥土壤 pH 值的变化

土壤 pH 值的多年平均值（图 2-6）表现为 S > S+NP > CK > NP > S+4NP > 4NP，其中，S+4NP 和 4NP 处理与其他处理之间的差异均达到了显著水平（$p < 0.05$）。在氮磷化肥施用量相同的条件下，与麦秸配施的处理 pH 值的多年平均值明显高于单施化肥处理，其中 S+NP 比 NP 高 0.06 个 pH 值单位，S+4NP 比 4NP 高 0.04 个 pH 值单位，由此可见，长期麦秸还田与化肥配施比单施化肥能够减缓土壤 pH 值的下降趋势。

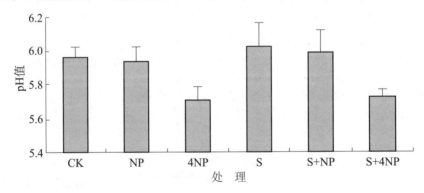

图 2-6 1979—2012 年多年土壤 pH 值的平均值

四、长期施肥暗棕壤微生物特征

（一）土壤微生物量的变化

土壤微生物作为评价土壤肥力和土壤质量状况的重要活性指标，越来越受到大多数研究者的重视。土壤微生物量碳、氮易受施肥、耕作等外界条件的影响，在不同气候类型区微生物生物量的差异很大，因此通过长期定位试验研究特定类型区土壤微生

物量对侧面了解土壤生产力的变化趋势及评价土壤肥力水平和土壤培肥效果具有重要意义。为此，2008 年分别在大豆播种前（4 月 27 日）、大豆结荚期（8 月 8 日）、大豆收获期（10 月 11 日），对 0～20cm 土层土壤的微生物量碳、氮进行了测定，计算了微生物量熵（qMB）。qMB 可以充分反映土壤中活性有机碳所占的比例，从微生物学的角度揭示土壤肥力的差异。一般土壤中的微生物熵值为 1%～4%。表 2－3 显示，所有不同施肥处理的土壤 qMB 范围为 1.01%～2.92%。长期施肥各处理的 qMB 显著高于 CK 处理，主要是因为施肥可以增加生物产量，改善土壤环境，提高微生物活性。化肥与有机肥配施处理的 qMB 最大，其次是单施有机肥处理、单施化肥处理。土壤微生物量碳、氮在大豆的结荚期含量最低，播种前和收获后含量较高。有机肥与化肥配合施用能促进微生物的生长繁殖，增大微生物量，提高土壤养分容量和供应强度。土壤微生物量碳、氮、qMB 等土壤微生物学特性可作为土壤养分的灵敏生物活性指标，同时可作为评价农田暗棕壤健康和可持续发展潜力的预测指标（隋跃宇等，2010）。

表 2－3　长期不同施肥暗棕壤微生物量熵（qMB）及微生物量 C/N（2008 年）

处　理	微生物量熵（qMB）（%）	微生物量 C/N
CK	1.01	5.56
2NP	1.89	5.71
M	2.31	5.82
M＋2NP	2.92	5.93

资料来源：隋跃宇等，2010

（二）甲烷氧化菌群落特征与功能变化

2008 年利用 PCR-DGGE 和实时荧光定量 PCR 技术（杨芊葆等，2010），结合甲烷氧化速率和土壤性质的测定，探索了长期不同施肥条件下暗棕壤的"土壤性质—甲烷氧化菌群落特征—土壤甲烷氧化速率"的关系。研究显示（图 2－7），29 年不施肥后供试黑河暗棕壤的甲烷氧化活性为 26.8pmol CH_4/(g·d)（图 2－7a），虽然与 M 和 NP 处理的差异不显著，但长期单施有机肥（M）和氮磷肥（NP）肥处理的土壤甲烷氧化活性均有下降的趋势；有机肥和氮磷肥配施处理（M＋NP）使土壤甲烷氧化活性下降地更加剧烈，仅为 CK 处理土壤的 38.8%，且差异显著。将土壤甲烷氧化活性除以甲烷氧化菌群落丰度得到甲烷氧化菌的比活性，如图 2－7b 所示，长期不同施肥条件下土壤甲烷氧化菌的比活性存在显著差异，施用有机肥的土壤（M 和 M＋NP）甲烷氧化菌的比活性显著低于不施有机肥的土壤（CK 和 NP），而 M 和 M＋NP 之间，以及 CK 和 NP 之间的差异均不显著。

有机肥和无机肥配施处理显著降低了土壤甲烷氧化速率，降幅为 61.2%，而单独施用有机肥或无机肥对暗棕壤甲烷氧化速率的影响不显著。土壤甲烷氧化速率与甲烷氧化菌的群落结构和比活性呈显著的正相关，相关系数分别为 0.363 和 0.684，但与甲烷氧化菌群落丰度和多样性的相关性不显著（杨芊葆等，2010）。

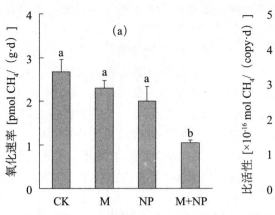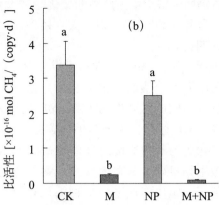

图 2 - 7　长期不同施肥对黑河土壤甲烷氧化速率（a）和比活性（b）的影响
资料来源：杨芊葆等，2010

　　长期不同施肥土壤的甲烷氧化菌群落丰度（*pmoA* 基因丰度）也存在显著差异（表 2 - 4），变化规律与 Shannon 指数类似：CK 和 NP 处理土壤的 *pmoA* 基因丰度分别为 0.83×10^7copies/g 和 0.80×10^7copies/g，施用有机肥的 M 和 M + NP 处理的土壤 *pmoA* 基因丰度显著增加，分别为 9.04×10^7copies/g 和 11.68×10^7copies/g；施用有机肥处理的平均 *pmoA* 基因丰度为不施用有机肥处理的 12.71 倍；CK 和 NP 之间以及 M 和 M + NP 之间的差异不显著。

表 2 - 4　长期不同施肥土壤甲烷氧化菌群落丰度和多样性（2008 年）

处　理	*pmoA* 基因丰度 （1×10^7copies/g）	香农指数
CK	0.83 b	1.60 b
M	9.04 a	3.07 a
N	0.80 b	1.64 b
M + NP	11.68 a	3.24 a

注：同列数据后不同字母表示处理间差异达 5% 显著水平
资料来源：杨芊葆等，2010

　　长期不同施肥处理土壤的甲烷氧化菌香农指数（Shannon 指数）差异非常明显（表 2 - 5），CK 和 NP 处理土壤甲烷氧化菌多样性指数分别为 1.60 和 1.64，M 和 M + NP 处理的多样性指数分别为 3.07 和 3.24。与 CK 处理相比，M 处理土壤甲烷氧化菌多样性指数增加 91.88%，MNP 处理增加 102.50%，二者平均增加 97.19%，而施氮磷肥后土壤甲烷氧化菌多样性指数仅增加 2.50%。不施有机肥处理与施有机肥处理之间的土壤甲烷氧化菌多样性指数差异非常显著。有机肥处理土壤的 *pmoA* 基因丰度显著增加（表 2 - 5），平均 *pmoA* 基因丰度为不施用有机肥的 12.7 倍。

表2-5　土壤甲烷氧化速率与甲烷氧化菌群落特征（群落丰度、多样性和群落结构）的相关关系（2008年）

群落特征	甲烷氧化速率		香农指数（Shannon）	
	相关系数 r	p 值	相关系数 r	p 值
pmoA 基因丰度	-0.567	0.055	-0.850**	<0.001
香农指数	-0.509	0.091	-0.867**	<0.001
群落结构	0.363*	0.030	0.646**	0.004

注：*差异显著（$p < 0.05$）；**差异极显著（$p < 0.01$，全书同）
资料来源：杨芊葆等，2010

表2-6显示，甲烷氧化菌的群落结构和比活性与土壤 pH 值、有机质和全氮含量呈显著正相关。上述结果说明，长期不同施肥可以通过改变暗棕壤的 pH 值、全氮和有机质含量等土壤性质，改变甲烷氧化菌群落结构和比活性，进而影响土壤甲烷氧化速率；有机肥和无机肥配施土壤甲烷氧化菌多样性和丰度大幅度增加，而甲烷氧化速率却显著降低，说明有机肥和无机肥配施土壤中是否只有部分微生物有甲烷氧化活性，这一问题还有待进一步研究（杨芊葆等，2010；Fan 等，2011）。

表2-6　长期不同施肥甲烷氧化菌比活性与土壤性质的相关性（2008年）

项　目	含水量	pH 值	有机质	全　氮	全　磷	C/N	C/P
相关系数 r	0.199	-0.855**	-0.604*	-0.658*	-0.478	0.202	0.363
p 值	0.535	<0.001	0.037	0.020	0.116	0.530	0.246

注：*差异显著（$p < 0.05$）；**差异极显著（$p < 0.01$）
资料来源：杨芊葆等，2010

五、作物产量对长期施肥的响应

（一）长期施肥大豆产量的变化

由图2-8可以看出，1981—2012年，各处理的大豆产量整体表现为 CK < S < NP < S + NP < 4NP < S + 4NP，施肥处理的多年平均产量较对照增加了 19.0%~52.5%，麦秸还田与化肥配施处理（S + NP 和 S + 4NP）的年均产量比单施化肥处理（NP 和 4NP）分别提高4.4%和12.9%，以麦秸还田配施高量化肥处理（S + 4NP）的增产比例最高，可见麦秸还田与化肥配施的增产效果较为明显（崔喜安等，2012）。

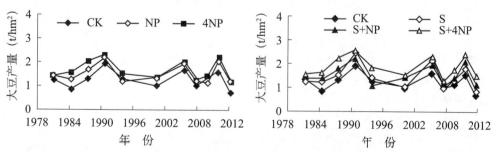

图2-8　1981—2012年长期不同施肥大豆产量的变化

（二）长期施肥小麦产量的变化

小麦产量在不同施肥处理间及年际间的变化幅度较大（图 2 - 9），1980—2011 年小麦多年平均产量整体表现为 CK < S < NP < S + NP < 4NP < S + 4NP，各施肥处理较对照增加了 9.9% ~ 88%，麦秸还田与化肥配施处理（S + NP 和 S + 4NP）的小麦年均产量比单施化肥处理（NP 和 4NP）分别提高 2.0% 和 8.6%，以麦秸还田配施高量化肥处理（S + 4NP）的增产比例最高，因此麦秸还田与化肥配施的增产效果最为明显，不同施肥处理小麦籽粒产量随施肥量的增加而增加。

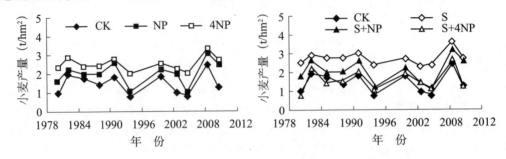

图 2 - 9　1980—2011 年长期不同施肥小麦产量的变化

六、长期施肥暗棕壤农田肥料回收率的变化

（一）氮肥回收率

2012 年测定并计算大豆氮素吸收量及氮肥回收率，结果显示（表 2 - 7），暗棕壤旱地长期施用不同肥料，作物氮素吸收量及氮肥回收率出现明显差异。麦秸或有机肥与化肥配施的处理，作物氮素吸收量及氮肥回收率明显高于单施化肥处理，其中 M + 4NP 和 S + 4NP 处理的作物氮素吸收量比 4NP 提高了 24% 和 14%，氮肥回收率分别提高了 1.3% 和 2.3%。说明这种施肥方式既能提高作物产量，又能减少肥料损失和对环境的污染。

表 2 - 7　长期不同施肥 32 年后作物的吸氮量及回收率（2012 年）

处　理	肥料施入量 [N kg/（hm² · a）]	作物吸收量 [N kg/（hm² · a）]	回收率 （%）
CK	0	48.5	—
S	0	58.1	—
M	0	65.4	—
NP	37.5	67.1	49.7
2NP	75.0	74.8	35.1
4NP	150.0	82.9	23.0
S + NP	37.5	77.4	51.3
S + 2NP	75.0	85.9	37.0
S + 4NP	150.0	94.6	24.3
M + NP	37.5	85.9	54.7
M + 2NP	75.0	94.5	38.9
M + 4NP	150.0	103.3	25.3

（二）磷肥回收率

表 2-8 显示，种植年限在 2012 年时大豆的磷素吸收量和磷肥回收率不同处理间差异较大，长期麦秸或有机肥与化肥配施的处理，作物磷素吸收量和磷肥回收率明显高于单施化肥处理，其中 M+4NP 和 S+4NP 处理的大豆磷素吸收量比 4NP 提高了 21.5% 和 5.3%，磷肥回收率分别提高了 17.5% 和 3.3%；M+2NP 和 S+2NP 处理的大豆磷素吸收量比 2NP 提高了 19.1% 和 6.5%，磷肥回收率分别提高了 6.1% 和 10.8%。可见，与单施化肥相比，有机无机肥料配施能够提高作物产量和减少土壤中磷的累积。

表 2-8　长期不同施肥 32 年后作物吸磷量及回收率（2012 年）

处　理	肥料施入量 $[P_2O_5 \ kg/(hm^2 \cdot a)]$	作物吸收量 $[P \ kg/(hm^2 \cdot a)]$	回收率（%）
CK	0	24.1	—
S	0	25.8	—
M	0	30.0	—
NP	37.5	34.1	61.2
2NP	75.0	38.7	44.5
4NP	150.0	40.6	25.2
S+NP	37.5	36.0	62.4
S+2NP	75.0	41.2	47.2
S+4NP	150.0	42.8	26.0
M+NP	37.5	40.6	64.7
M+2NP	75.0	46.1	49.3
M+4NP	150.0	49.3	29.6

七、基于土壤肥力演变的秸秆还田与化肥配合施用技术

目前在暗棕壤地区作物过于依赖化肥，虽然一定程度上能够维持作物的产量，但是产量的波动较大，不利于稳产高产，而且长期单施化肥会造成养分在土壤中的残留及养分失衡，降低土壤质量及可耕性。化肥与有机肥或麦秸还田配施，能更好地稳定及提高农作物的产量，改善土壤结构，增加土壤中的有机碳含量（Manna 等，2005；Xu 等，2013），对提升土壤肥力起到了重要的作用。基于暗棕壤长期试验及相关研究结果，结合农业生产实际，提出培肥农田暗棕壤的主要技术模式——秸秆还田与化肥配合施用，其技术要点如下。

1. 氮、磷化肥配施

秸秆还田时间在适时范围内掌握"早"的关键点，秸秆直接还田时有作物与微生物争夺速效养分的矛盾，特别是争氮的现象，可通过补充化肥来解决。通常秸秆的碳氮比约为（80～100）:1。为此，应适当增施氮素化肥，对缺磷土壤则应补充磷肥。据试验，玉米秸秆腐解过程需要的碳、氮、磷的比例为 100:4:1 左右，一般每公顷还田秸秆 7 500kg，需要施纯氮 67.5kg 和纯磷和 22.5kg。

2. 秸秆粉碎与翻埋方法

秸秆粉碎还田机作业时要注意选择拖拉机作业挡位和调整留茬高度，粉碎长度不宜超过10cm，严防漏切。玉米秸秆不能撞倒后再粉碎，否则即不能将大部分秸秆粉碎，还会因粉碎还田机工作部件位置过低扩刀片打击地面增加负荷，甚至使传动部件损坏。工作部件的离地间隙宜控制在5cm以上。秸秆粉碎还田，加施化肥后要立即旋耕或耙地灭茬而后翻耕，翻压后如土壤墒情不足应结合灌水。在临近播种时要结合镇压，促秸秆腐烂分解。若实施夏玉米免耕覆盖精播机械化技术时，要求前茬小麦秸秆粉碎后覆盖在地表，尽可能地减少对土壤的翻动而直接播种，以保持土壤原有的结构、层次，同时也维持和保养了地力、墒情。但一定要在播种之后及时喷洒化学药剂，以消灭杂草及病虫害。在作物生长期间也不再进行其他耕作。

3. 翻埋时间

秸秆直接还田的一般应在作物收割后立即耕翻入土，避免水分损失致使不易腐解。玉米在不影响产量的情况下应及时摘穗，趁秸秆青绿、含水率在30%以上时粉碎，此时秸秆本身含糖分、水分大，易被粉碎，对加快腐解、增加土壤养分也大为有益。在翻埋时旱地土壤的水分含量应掌握在田间持水量的60%时为适合，如水分超过150%时，由于通气不良秸秆氮矿化后易引起反硝化作用而损失氮素。

4. 秸秆还田量

在薄地、化肥不足的情况下，秸秆还田离播期又较近时，秸秆的用量不宜过多；而在肥地、化肥较多、距播期较远的情况下，则可加大用量或全田翻压。注意应避免将有病害的秸秆直接还田。

八、主要结论与研究展望

（一）主要结论

1. 土壤肥力演变特征

长期不同施肥土壤有机质含量表现为麦秸还田及其与化肥配施的处理降幅度低于单施化肥的处理，麦秸与化肥配施比单施化肥能更有效地缓解耕层土壤有机质含量的下降。麦秸还田与化肥配施能有效提高土壤全氮含量。土壤全磷及有效磷含量随着试验年限的增长均呈上升的趋势，长期是麦秸与氮磷化肥配合施用，能显著提高土壤的有效磷含量，其效果优于单施化学氮磷肥。

2. 土壤 pH 值的变化

化学肥料的施用量是影响土壤 pH 值变化的重要因素。在氮磷化肥施用量相同的条件下，与麦秸还田配合的处理土壤 pH 值明显高于单施化肥处理，因此，长期麦秸还田与化肥配施比单施化肥能更有效地减缓土壤 pH 值的下降。

3. 微生物及酶活性的变化

有机肥和无机肥配施显著降低了土壤甲烷氧化速率，而单独施用有机肥或无化肥对暗棕壤甲烷氧化速率的影响不显著。有机肥处理土壤的 pmoA 基因丰度显著增加，而土壤甲烷氧化速率与甲烷氧化菌的群落结构和比活性呈显著正相关，但与甲烷氧化菌群落丰度和多样性不相关。与 CK、2NP、M 处理相比，化肥配施有机肥（M + 2NP）能显著增加大豆各生育期土壤微生物量碳、氮及微生物量墒（qMB）值，增强了农田暗棕壤土壤养分容量的供应强度，有利于农田暗棕壤的培肥。长期有机肥与化肥配施可为作物生长创造良好的土壤环境。

4. 作物产量的变化

1980—2012 年，作物多年平均产量整体表现为 CK < S < NP < S + NP < 4NP < S + 4NP，麦秸还田与化肥配施处理（S + NP 和 S + 4NP）的年均产量比均高于单施化肥处理，以麦秸还田配施高量化肥处理（S + 4NP）的增产比例最高，增产效果明显。不同施肥处理作物籽粒产量表现为随施肥量的增加而增加。

（二）研究展望

本试验于 1979 年设立，其施肥量及轮作方式均是按照当时该地区的生产实际确定的，随着农业的发展，施肥量及轮作方式均发生了较大变化，使得个别处理与现今生产实际有些不符，如施肥量过低及轮作作物的变化等。因此建议补充适合目前条件下的试验处理与增加试验数量，以更好地发挥暗棕壤在土壤肥力演变、全球碳与氮循环等诸多方面研究的重要价值。

崔喜安、姜宇、米刚、周鑫、刘晓莉、刘显元

参考文献

［1］崔喜安，姜宇，米刚，等.2011. 长期麦秸还田对暗棕壤土壤肥力和大豆产量的影响［J］. 大豆科学, 30（6）：976 – 978.

［2］关松荫.1986. 土壤酶学研究方法［M］. 北京：中国农业出版社.

［3］孙好.2009. 长期定位施肥对红壤肥力及作物的影响［D］. 福州：福建农林大学.

［4］隋跃宇，焦晓光，魏丹，等.2010. 长期培肥对农田暗棕壤土壤微生物量的影响［J］. 农业系统科学与综合研究, 26（4）：484 – 486.

［5］杨芊葆，范分良，王万雄，等.2010. 长期不同施肥对暗棕壤甲烷氧化菌群落特征与功能的影响［J］. 环境科学, 31（11）：2 756 – 2 762.

［6］王道中.2008. 长期定位施肥砂姜黑土土壤肥力演变规律 I［D］. 合肥：安徽农业大学.

［7］张爱君，张明普.2002. 黄潮土长期轮作施肥土壤有机质消长规律的研究［J］. 安徽农业大学学报, 29（1）：60 – 63.

［8］Doran J W, Jones A J. 1996. Methods for assessing soil quality［M］. Soil Science Society of America Inc, 1997.

［9］Fan F L, Yang Q B, Li Z J, Wei D, et al. 2011. Impacts of organic and inorganic fertilizers on nitrification in a cold climate soil are linked to the bacterial ammonia oxidizer community［J］. *Microbial ecology*, 62（4）, 982 – 990.

［10］Manna M C, Swarup A, Wanjari R H, et al. 2005. Long-term effect of fertilizer and manure application on soil organic carbon storage, soil quality and yield sustainability under sub-humid and semi-arid tropical India［J］. *Field Crops Research*, 93（2）, 264 – 280.

［11］Xu M G, Wang J Z, Lu C A. 2013. Soil organic carbon sequestration under long-term manure and straw fertilization in North and Northeast China by Roth C model simulation［M］//Functions of Natural Organic Matter in Changing Environment, 407 – 412.

第三章　长期养分循环模式下的典型黑土肥力演变

中国东北黑土是全球少有的几种肥沃土壤之一，同时这个地区一直是我国的商品粮生产基地，所以受到了广泛的关注。因为黑土的涵义不同，导致人们对黑土肥力属性和面积分布的认知差异较大。

广义上的黑土指表层土壤颜色为黑色或近似黑色、具有较高的有机碳含量，农民称为黑土地，中国东北黑土面积约为 100 万 km^2，范围接近于整个东北地区（张之一，2005）。科学意义上黑土的概念范畴相对狭小，具有明确的分类定义。按照我国土壤系统分类，黑土属于均腐土（*Isohumosols*）土纲，湿润均腐土（*Mollisols*）亚纲，简育湿润均腐土土类（*Phaeozems*）。如果按照美国土壤分类系统以及联合国粮农组织的分类系统，以诊断层和诊断特性划分，黑土是指一种具有松软表层的土类，也称为软土（*Mollisols*）。按照这个定义划分的黑土在全球的分布面积大约 900 万 km^2，占全球陆地总面积的 7% 左右。黑土主要分布在 4 个国家和地区，即俄罗斯的大平原地区、北美中部地区、中国东北地区以及阿根廷中东部地区。按这个定义划分，中国东北黑土的面积大约 30 万 km^2（张之一，2005）。

在我国第一次和第二次土壤普查中，均按照土壤的发生分类划分黑土，在土壤发生分类系统中，黑土（*Phaeozems*）是指发育于草原化草甸植被，处于半湿润温带季风气候区，具有黄土状母质，且剖面有明显的 A、B、C 三个发生层次的土类。采用这类划分方法，我国黑土分布的范围为：北至黑龙江右岸，西与盐渍土黑钙土分布界线接壤，东到小兴安岭、长白山和三江平原，南至辽宁省昌图县（解宏图，2006）。各省区黑土总面积及已耕作黑土的面积见表 3-1。由表 3-1 可以看出，在黑土分布区，依然有少量自然黑土存在。整体上，东北地区（包括内蒙古[①]东部）黑土的总面积有 701.5 万 hm^2，其中已经耕作的部分占 67.6%（474.3 万 hm^2）。

表 3-1　黑土分布的省区及其总面积和耕作面积

地　区	黑土总面积（hm^2）	已耕作黑土面积（hm^2）	资料来源
黑龙江省	4 825 000	3 606 000	黑龙江土壤，1992
吉林省	1 101 000	832 000	吉林土壤，1998
辽宁省	14 000	13 000	辽宁土壤，1992
内蒙古自治区	1 075 000	292 000	内蒙古土壤，1998

黑土分布区的气候与植被及母质特征为：黑土分布区年平均气温为 -0.5~5 ℃，最低温度 -26~-16℃，出现在 1 月，最高温度 25~30℃，出现在 7 月；年均降水量 450~650mm；大于等于 10℃积温 1 600~3 000℃；季节性冻土层为 1.5~2.5m；无霜

---

① 内蒙古自治区，全书简称内蒙古

期 110～140d。黑土主要分布于松嫩平原、三江—穆棱—兴凯平原和呼伦贝尔高原，地质构造上大都属于凹陷地带，后因受新构造运动影响而上升，形成高原、台地和阶地。成土母质为黄土状黏土，质地较为黏重。植被类型为草原化草甸植被，以杂草群落为主；地上每年产干草量 4～9t/hm^2，地下多年生的植被根系干重 12～43t/hm^2。在黑土剖面中，黑土层深厚，最深可达到 1m 以下，过渡层可达到 1.5m 以下，2m 以下为母质，其肥力较高，土壤有机质含量可达 8g/kg 左右。东北地区黑土开垦的历史较短，其中，南部黑土区开垦历史超过 200 年，中部大约 100 年，北部大约 50 年（刘景双，2003；韩晓增，2005）。

由于我国黑土区域开垦时间较短，积累了大量自然土壤肥力属性的相关材料，能够让人们了解到由自然土壤到农田土壤的变化过程。研究者将黑土肥力的演化分为 3 个时期，即形成期、开垦期和稳定利用期。由自然土壤到农田土壤，肥力的演化经历了 6 个过程，也就是在土壤形成期间，自然土壤进行的肥力形成过程；在开垦时期，土壤肥力经历了快速、缓慢和慢速提升 3 个过程；在土壤进入人类管理的稳定利用时期后，又经历了管理良好的肥力提升过程、普通管理的肥力保持过程和不合理管理方式下的肥力退化过程。黑土肥力退化主要有 3 种途径：①物质迁移，如水蚀风蚀，主要是营养物质和有结构土壤由甲地迁入乙地，甲地土壤形成退化状态；②物质转化，如有机碳矿化成二氧化碳，有机氮经过氧化和反硝化进入大气，即由对植物生长有利的物质转化成无用或有害物质；③物理化学环境恶化，如 pH 值升高或降低、土壤结构消失等。导致黑土退化的外界因子主要是黑土由自然生态系统向农田生态系统转化的生态结构的变化，更重要的是人类的非科学活动所致（2010，韩晓增）。因此，模拟黑土开垦 200 年的施肥管理过程，即 1950 年前的传统农业、1950—1960 年的氮肥管理、1960—1980 年的氮磷配合使用的化肥农业、1980 年到至今的有机无机肥配合的现代农业，研究黑土肥力变化规律和施肥对黑土肥力的长期影响，揭示肥沃黑土的肥力变化过程与机制，为中国东北商品粮持续优质高产提供理论基础、技术支持和示范模式，这对于高肥力黑土保持、中肥力黑土向高肥力方向培育和退化黑土恢复具有重要的科学意义和生产应用价值。

一、黑土养分循环长期试验概况

黑土农田养分再循环长期试验设在中国科学院海伦农业生态实验站（以下简称海伦站），实验站位于黑龙江省海伦市西郊，地理位置为北纬 47°26′，东经 126°38′，属温带大陆性季风气候，冬季寒冷干燥，夏季高温多雨，雨热同期。根据近 60 年的气象资料，最冷月为 1 月，月平均气温 -28.7～18.0 ℃，极端最低气温 -40.3 ℃，7 月最热，月平均气温为 20.2～25.5 ℃，极端最高气温为 37.7 ℃，月均温差在 40.0 ℃以上。60 年平均降水量为 550mm，70% 集中在 7—9 月。春季平均风速较大，大风日数较多，且降水较少，因此春季多有干旱发生。春季温度回升较快，一般 3 月 20 日左右日平均气温可达到 0℃以上，开始播种小麦；4 月 25 日前后日平均气温可达 10℃以上，开始播种大豆、玉米等作物。秋季降温快，霜冻早临，酷霜通常在 9 月 20—25 日出现。作物生长季约 130 d。全年日照时数 2 600～2 800h，太阳辐射能源丰富，全年太阳总辐射量为 465.5kJ/cm^2，和我国长江中下游地区相当。根据气候条件和作物学习性，黑土区分为 3 个作物带：南部从辽宁省昌图市到黑龙江省哈尔滨市，作物以玉米为主，大部分地区采用玉米连作；中部从黑龙江省哈尔滨市向北到北安市，为玉米大豆轮作产业带，当市场大豆/玉米价格比在 2.5 以上时，常出现大豆连作，反之则出现玉米连作；北部从北安市嫩江到黑龙江右岸，属于麦豆产业带，近年来由于耐寒玉米品种的出现和小麦产量低的原因，也出现了玉米大豆轮作和大豆连作状况。豆科作物对土壤肥力演化具有重要作用，由此看来海伦站的试验地无论从黑土类型还是作物种植，都具有广泛的代表性。

试验地土壤按发生分类为典型黑土，垦植约 150 年，主要作物为玉米—小麦—大豆三区轮作，近 50 年开始使用化肥，在化肥施用前期主要施氮肥，中期施氮、磷化肥，目前主要是氮磷钾化肥配合使用。

（一）养分循环再利用长期定位试验设计

1985 年试验开始前种植小麦匀地 2 年，试验开始时耕层土壤有机质含量 53.96g/kg，全氮 3.0g/kg，全磷 0.70g/kg，全钾 19.6g/kg，碱解氮 234.08mg/kg，有效磷 25.78mg/kg，速效钾 190.82mg/kg。土壤质地为重壤。

1985—1996 年试验设 8 个处理：①无肥区，代表移耕农业施肥模式（CK）；②无肥＋循环区，代表传统的有机农业施肥模式（CK＋C）；③氮化肥区（N）；④化肥氮＋循环区，代表 20 世纪 50—60 年代过渡期农业施肥模式（N＋C）；⑤化肥氮、磷（NP1）区；⑥化肥氮、磷（P1）＋循环区，代表 20 世纪 70 年代过渡期农业施肥模式（NP1＋C）；⑦化肥氮、磷（P2）区，代表"无机农业"时期，施肥模式（NP2）；⑧化肥NP2＋循环区，代表有机无机相结合的"现代农业"施肥模式（NP2＋C），具体施肥量见表 3-2。（试验全部由沈善敏先生设计）。小区面积 224m²，属于大区试验，无重复。大豆和玉米均在每年的 5 月 1 日左右播种，9 月 30 日左右收获；小麦在每年的 3 月 30 日左右播种，8 月中旬收获。采用除草剂和杀虫剂进行病虫草害防控。

表 3-2　1985—1996 年各处理作物与施肥量　　　　　　　（单位：kg/hm²）

作　物	N	P_2O_5	P_2O_5 *	K_2O
玉　米	107.2	18.6	117.2	187.5
小　麦	107.2	18.6	117.2	187.5
大　豆	—	18.6	117.2	187.5

注：* 为每 6 年施用 1 次，其他为每年的施用量

1997 年沈善敏先生根据前 12 年的试验结果，对试验做了极小的修改，将 NP2 改为 NPK，将 NP2＋C 改为 NPK＋C，具体施肥量如表 3-3 所示。修改后的试验方案为：CK，CK＋C，N，N＋C，NP，NP＋C，NPK，NPK＋C。

表 3-3　1997—2006 年各处理作物与施肥量　　　　　　　（单位：kg/hm²）

作　物	N	P_2O_5	K_2O	Zn
玉　米	107.2	20.0	60	6.31
小　麦	90.0	20.0	60	—
大　豆	—	20.0	60	—

2007 年韩晓增教授根据中国大豆产区均施少量氮肥的生产实际情况和磷肥以磷酸

二铵施用的效果最好两个原因，在大豆施肥中加入了少量的氮肥（表3-4）。

表3-4 2007—2013年各处理作物与施肥量 （单位：kg/hm²）

作　物	N	P_2O_5	K_2O	Zn
玉　米	107.2	20.0	60	6.31
小　麦	90.0	20.0	60	—
大　豆	17.9	20.0	60	—

用试验中 CK+C、N+C、NP+C、NPK+C、NPK+C+Zn 5 个处生产的粮食喂猪，对应的秸秆垫猪圈形成的有机肥还田（称循环有机肥）。考虑到猪是我国农村中最普遍的家畜，掺土垫圈是我国北方地区农村堆制农家肥的主要方法，因此，喂饲试验中的供试家畜选用半成年猪，猪粪尿及作物秸秆堆腐形成有机肥。具体操作如下；供喂饲试验的农产品来自田间试验处理 CK+C、N+C、NP+C、NPK+C、NPK+C+Zn，将每年收获的大豆、玉米和小麦籽实的 80% 以及对应的秸秆分别粉碎，籽实用于喂饲，秸秆用于垫圈，合称为投料。投料中所含养分根据各作物籽实及秸秆中的养分测定结果计算，供试猪体重 60kg 左右，猪圈内壁和地面为混凝土，以免喂饲期间砖土混入圈料。投料中养分经由喂饲—堆腐过程中损失的部分记为损失率（反之则为循环率）。

为更好地监测化肥单施对土壤性质的影响，1990 年开始在实验站内设置了化肥 NPK 长期定位试验。试验设 7 个处理：即①CK（无肥区）；②NP；③NK；④PK；⑤NPK；⑥NP_2K；⑦NPK_2。田间小区面积 63m²，随机排列，4 次重复。本章所有有关土壤磷的试验结果全部来源于本试验。

指示性作物为当地主栽作物玉米、小麦、大豆，每年一季，轮作方式为玉米—大豆—小麦。化肥用量：玉米、小麦为 112.5kg N /hm²；19.6kg P/hm²；39.2kg P_2/hm²，49.8kg K/hm²，99.6kg K_2/hm²。大豆为 13.5kg N/hm²，15.1kg P/hm²，30.2kg P_2/hm²，49.8kg K/hm²，99.6kg K_2/hm²。收获后，测定籽粒、秸秆、根系的干物重及其 N、P、K 含量。

（二）研究方法

每年在作物收获后进行土壤样品的采集，采集深度为 0~20cm 土层。每个小区按照 S 型采样法采集 15 个点后混匀，带回室内进行风干，风干后的土壤样品进行研磨分别过 2mm 和 0.25mm 筛后备用。土壤样品的分析按照传统方法进行，测定方法见参考文献（鲁如坤，2000；鲍士旦，2000）。土壤细菌、真菌、放线菌、固氮菌数量用固体平板法测定；氨化细菌、硝化细菌、反硝化细菌、纤维分解菌数量用稀释培养法测定。土壤过氧化氢酶活性用高锰酸钾滴定法；转化酶活性用硫代硫酸钠滴定法；脲酶活性用靛酚盐比色法；磷酸酶活性用磷酸苯二钠比色法测定。土壤活性有机碳的测定用 $KMnO_4$ 氧化法：称取约含 15mg 碳的土壤样品于离心管中，加入 20mL 浓度为 333mmol/L 的 $KMnO_4$，振荡 1h，然后在 2 000r/min 下离心 5min，将上清液用去离子水以 1:250 的比例稀释，于分光光度计 565nm 下测定稀释样品的吸光度，由不加土壤的空白与土壤样品的吸光度之差，计算 $KMnO_4$ 浓度的变化，由此计算出氧化的有机碳量，即活性有机碳。

碳库管理指数 CMI 的计算方法：

$$LI = \frac{(CL/CNL)_{样}}{(CL/CNL)_{标}}$$

$$CPI = \frac{CT_{样}}{CT_{标}}$$

$$CMI = CPI \times LI \times 100$$

式中，LI 为活性指数，CPI 为碳库指数，CT 为总有机碳量，CL 为活性有机碳，CNL 为非活性有机碳。

二、长期养分循环模式下黑土有机质和氮、磷、钾的演变规律

（一）有机质的演变规律

1. 总有机质含量的变化

有研究表明，在施用化肥的基础上配施一定量的有机肥能够增加黑土有机质含量（梁尧等，2012），那么用在一定面积上收获的作物籽粒喂猪和收获的秸秆垫圈所形成的有机肥还田（以下简称"循环有机肥"），是否会对土壤有机质的消长产生影响？在海伦试验站进行的试验结果（图 3 – 1）表明，不施化肥而仅以"循环有机肥"处理（CK + C）的土壤有机质含量 2013 年比试验开始时（起始土壤）减少了 4.8%，平均每年减少 93mg/kg；在氮肥的基础上，增施"循环有机肥"（N + C），土壤有机质含量比起始土壤增加了 2.6%，平均每年增加了 50mg/kg；在氮磷肥的基础上增施"循环有机肥"（NP + C），土壤有机质含量较起始土壤增加了 3.7%，平均每年增加 71mg/kg；而在氮磷钾肥的基础上增施"循环有机肥"（NPK + C），土壤有机质含量比起始土壤增加了 7.4%，平均每年增加 143mg/kg。因此，对于一个区域来讲，用该区域农田产品经过畜牧养殖所获得的粪肥还田，能够保持这个地区的土壤肥力基本达到平衡，但是如果需要提高农田土壤的地力水平，即有机质含量，则需要增加有机物料的还田量。

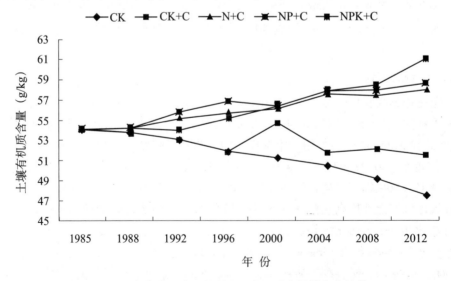

图 3 – 1　长期施用有机物料黑土有机质含量的变化趋势

2. 活性有机碳含量及碳库管理指数的变化

土壤活性有机碳是土壤中十分活跃，周转速度较快的重要组分，是对土壤扰动和

土壤管理措施最为敏感的有机碳。它将土壤矿物质、有机碳与生物成分联系在一起，能够更准确、更实际地反映土壤肥力和土壤理化性质的变化，可作为综合评价各种耕作方式对土壤质量与肥力影响的重要指标，具有重要的生态意义与现实意义。目前，国内外的研究者多倾向于用土壤活性有机碳（能被 333mmol/L KMnO$_4$ 氧化的有机碳）作为表征土壤供肥能力的指标，也将其作为土壤碳库周转速率的计算指数。Blair 等（2006）研究了 Bad Lauchstadt 开始于 1902 年的长期定位实验的 Halpic Phaeozem 土壤的活性有机碳，发现经过 100 多年，每两年施用 30t/hm^2 的新鲜畜禽粪便使得土壤的活性有机碳增加了 70%。徐明岗等（2000）研究了红壤经过 10 年的不同土壤施肥管理，每年单施有机肥 50t/hm^2，土壤活性有机碳含量升高 183%。但是仅用土壤活性有机碳这一指标来衡量土壤活性有机碳库的变化难以体现活性碳库的变化趋势以及周转规律。而对于土壤的供肥能力来说，碳库管理指数更能描述有机碳的周转和积累规律。从表 3-5 可以看出，同一地块，同一母质发育的黑土，经过 28 年的不同施肥管理，活性的有机碳含量发生了显著的变化。不同施肥处理的活性有机碳绝对含量的变化顺序为：NPK + C = NP + C > N + C > CK + C = NPK > CK = N = NP，可以看出，凡是增施有机肥的处理，活性有机碳均增加，可能证明了有机肥在更新土壤老碳方面的激发效应和促进土壤中生物化学反应的作用。从碳库管理指数的变化分析，增施循环有机肥处理的碳库管理指数明显高于相应的只施无机肥的处理，也反映了增施有机肥的土壤肥力水平提高的幅度。

表 3-5　不同养分循环模式下黑土活性有机碳含量及碳库管理指数的变化

处　理	活性有机碳含量（g/kg）			碳库管理指数（CMI）	
	供试前样品	2000 年	2012 年	2000 年	2012 年
CK	4.16	3.81	3.51	91.3	83.9
CK + C	4.16	4.54	4.19	111.1	101.8
N	4.16	3.83	3.54	91.7	83.9
N + C	4.16	4.96	5.57	122.5	139.3
NP	4.16	3.81	3.15	91.1	73.4
NP + C	4.16	5.99	6.35	153.5	162.9
NPK	4.16	3.87	4.52	92.1	108.3
NPK + C	4.16	6.04	6.37	155.2	162.3

3. 土壤胡敏酸（HA）和富里酸（FA）含量的变化

不同施肥对黑土胡敏酸有比较显著的影响，从图 3-2 可以看出，CK 处理的胡敏酸含量呈逐年下降的趋势，但在试验开始阶段下降较快，试验 12 年后下降速度转慢，12~18 年呈匀速降低的趋势；CK + C 处理的胡敏酸含量也呈逐年下降的趋势，在开始的 5 年下降速度较快，6 年后转慢。N 处理的胡敏酸含量的下降趋势为开始较快，12 后年开始波动；N + C 处理则是开始下降较快，12 年后有上升的趋势，但其下降速度相对于 N 处理比较缓慢，说明有机肥的施用使进入到土壤中的有机碳与无机矿物结合形成了有机无机复合体，有利于腐殖质的积累。NP 处理的胡敏酸含量逐年下降，但开始下降较快，6 年后转慢，6~18 年匀速降低；NP + C 处理胡敏酸含量的变化趋势与 NP 处理相同，但下降速度比 NP 处理缓慢。与 NPK 处理相比，NPK + C 处理的胡敏酸含量的下降趋势有所减弱，且其下降的程度在所有处理中最小。以上结果表明，自然成土过程中所形成的黑土胡敏酸，在主要的农田管理方式下均呈下降（不良土壤管理）趋势，而有机肥的施用能缓解其下降速度，因此合理的化肥配施有机肥对黑土胡敏酸含量的稳定性具有积极意义。

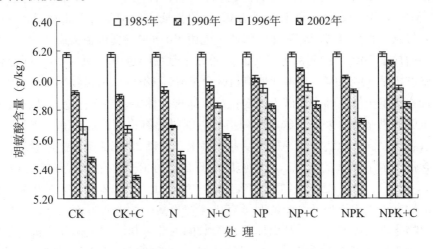

图 3 - 2　不同养分再循环模式下黑土胡敏酸含量的变化

图 3 - 3 结果表明，试验 18 年后（1985—2002 年），CK 处理的黑土富里酸含量下降了 13.82%；CK + C 处理下降了 12.06%，说明在只施有机肥的条件下，不能改变富里酸的下降趋势。单施氮肥（N）黑土富里酸含量下降了 8.99%，而 N + C 处理只下降了 1.46%，下降速度明显得到遏制。NP 和 NP + C 处理的富里酸含量分别下降了 11.90% 和 3.00%；而在 NPK 和 NPK + C 两个处理中，富里酸均呈波动状态，波动范围为 - 3.46% ~ 6.07%，说明在农田生态条件下，自然成土过程中所形成的黑土富里酸，在传统的农田管理方式（不良土壤管理）下呈下降趋势，而在良好的土壤管理（如增施有机肥）下其下降速度会明显减慢，使富里酸含量保持在一个相对稳定的水平上。

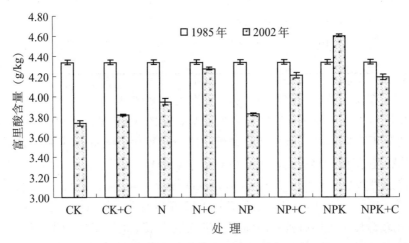

图 3 - 3　不同养分循环模式下黑土富里酸含量的变化

（二）氮素的演变规律

1. 土壤全氮含量的变化

土壤中的氮素变化，主要取决于外界氮的输入和氮素的输出，在农田生态系统中，土壤氮素的输入主要是施肥、大气干湿沉降和土壤生物固氮以及其他形式的氮输入，氮素输出主要包括作物吸收利用同时随作物移除到土壤系统以外、淋溶损失、反硝化和氨挥发损失等。土壤中氮素的变化非常复杂，尤其是施肥条件下的氮素循环途径则更加复杂。养分循环再利用的结果表明（图 3 - 4），长期不是任何肥料（CK）的黑土氮素呈缓慢下降的趋势，试验 28 年后土壤氮素减少了 280mg/kg，平均每年减少10mg/kg。利用无肥区的作物籽粒喂猪和秸秆垫圈沤制粪肥还田（CK + C）条件下，土壤氮素仍然呈下降态势。在 N 和 NP 处理条件下，土壤氮素的下降速度变缓；而在NP + C 的处理中土壤氮素呈上升趋势，NP 或 NPK 处理可使农田作物获得了较高的生物量和籽粒产量，由此经过喂猪和垫圈沤制也形成了较多的粪肥，施入土壤后使土壤氮素增加，如 NPK + C 处理，试验 28 年后土壤全氮增加到 3.13g/kg。使土壤全氮含量增加的处理及其增加的大小为 NPK + C > NP + C > N + C = NPK；而减少土壤氮素的处理，其减少的程度大小为 CK > N > NP > CK + C。

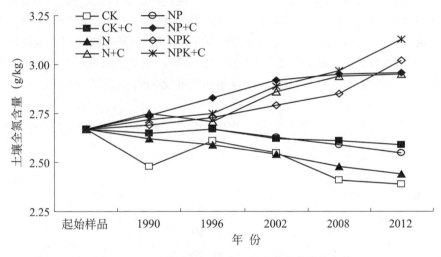

图 3 - 4 不同养分循环模式下黑土全氮含量的变化

2. 土壤速效氮含量的变化

土壤中能被作物吸收利用的氮素统称为土壤有效氮，但是土壤速效氮是一个容易理解但在量化时又是一个十分复杂的概念，原因是土壤中的有机氮素在不同条件下的释放量不同，而所谓的"条件"又十分广泛而复杂，很多因素都会影响土壤有机氮素的释放。在植物吸收方面，由于不同的植物对氮的吸收能力不同，在作物的吸收能力与土壤有机氮矿化诸多条件相耦合时，设想要准确地表达速效氮素几乎是不可能的。所以人们就用某种分析方法测定获得的土壤氮素，这部分氮素与大多数作物的吸收呈正相关关系，因此就将用这种方法获得的氮素就叫作速效氮，农业上常常将碱解氮作为速效氮。

由于黑土的黏粒含量在30%左右，土体剖面中的黏粒分布比较均匀，土壤中速效氮的变化与土壤有机质和全氮的相关性较高（Xing 等，2004）。因此 28 年仅使用化肥

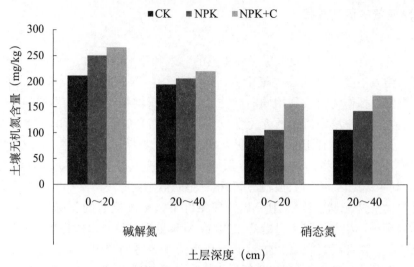

图 3-5 不同养分循环模式下黑土速效氮含量的变化（2013 年）

的处理，在 0～20cm 的耕层土壤中速效氮含量比不施肥提高 18.6%，增加养分循环有机肥，土壤速效氮比不施肥提高 26.7%（图 3-5）。速效养分是土壤肥力的参考值，经过微生物矿化的无机氮素，并不长期停留在土壤里，他们的去向主要是被植物吸收，余下的部分会移动进入地下或地表水损失，少部分留在土壤中。从硝态氮素在土壤剖面中的分布（图 3-6）可以看出，氮素在黑土土体中很少积累，主要是因为黑土存在水分季节性冻融交替，土壤剖面中硝态氮会随水分上移至作物可吸收的层次供作物吸收。

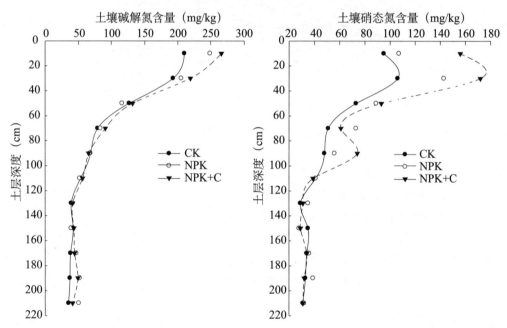

图 3-6 不同养分循环模式下黑土剖面碱解氮和硝态氮的分布（2013 年）

（三）磷素的演变规律

1. 土壤全磷和速效磷含量在土壤剖面分布

自然土壤全磷在土壤剖面分布状态决定于成土母质和生物富集过程，自然土壤开垦后，磷在土壤中分布的状态决定于耕作施肥方式。从图 3-7 可以看出，经过 12 年的耕作施肥，施肥仅改变 0~20cm 耕作层全磷的储量，与试验前供试土壤相比较，CK 区全磷减少 8.5%，NK 区全磷增减少 11.4%，NP 区全磷增加 3.4%，PK 区全磷增加 6.1%，NPK 区全磷增加 2.1%，NP_2K 区全磷增加 17.2%，NPK_2 区全磷增加 2.8%，因此磷肥的施用是耕层磷素增减的关键。在 20cm 以下的同一个层次的土壤中，7 个处理全磷含量的差异不显著，0~120cm 的土层中，以 20cm 为一个层次，从上到下土壤全磷逐渐减少，120~200cm 土层中土壤全磷基本稳定在 450~460mg/kg 范围内。耕层土壤磷不向下层迁移的主要原因是黑土成土母质是第四纪黄土，土质黏重，透水性差；此外，在 18~23cm 处存在约 5cm 犁底层，使磷难以向下移动；另一个原因是这个地区冬季有季节性冻层（2.5m），春夏秋降水量在 450~550mm，大气降水（除个别年份外）都在 0~200cm 土体内运移，所以黑土地区耕作层的磷素很难向下移动（鼠洞和裂隙除外）。

耕作土壤有效磷在土壤剖面分布状态决定于成土母质风化释放和生物吸收富集，人工施肥主要改变了有效磷在耕层的分配比例（图 3-7）。以供试前耕层土壤有效磷为对照，CK 区耕层有效磷减少 35.8%；NK 区耕层有效磷增减少 43.6%，NK 促进土壤有效磷的消耗；NP 区耕层有效磷增加 26.3%；PK 区耕层有效磷增加 44.7%；NPK 区耕层有效磷增加 13.4%；NP_2K 区耕层有效磷增加 130.2%；NPK_2 区耕层有效磷增加 16.2%，施磷与否是耕层有效磷库增减的关键。从图 3-7 还可以进一步看出：0~20cm 农田土壤是有效磷的富集层，20~40cm 是有效磷的亏缺层，40~200cm 是有效磷的稳定层。有效磷在土壤剖面的垂直分布特征产生的主要原因是施肥建立了强大的耕层有效磷库，创造了有效磷的富集层，而亏缺层和稳定层是由主栽作物玉米、大豆、小麦根系分布所造成的，玉米的根系虽然可深达 2m，但 85% 以上的根系集中在 0~40cm 土层内，小麦和大豆根系也有同样分布特征，在 0~20cm 土层内，虽然根系吸收

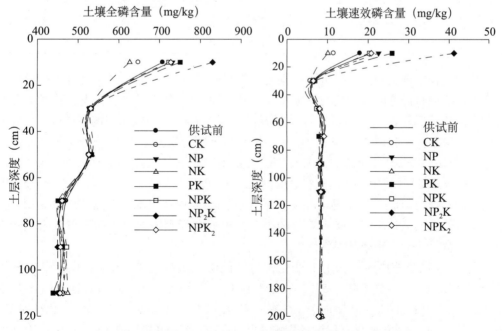

图 3-7　长期施肥下黑土剖面全磷和速效磷的分布（2001 年）

了大量的有效磷，但施肥补充了土壤磷，由于磷肥很难移动到20cm以下，所以在20～40cm引起了很大的亏缺层，40cm以下由于根系极少，所吸收的磷对土壤磷的分布影响较小。

2. 黑土全磷和速效磷素平衡

在 N、P、K 三大营养元素中，磷是比较稳定的营养元素，在比较平坦和地下水比较深（30m 以下）的黑土旱作农田中，生态系统循环途径比较简化，磷仅以土壤—作物和人工投入—生物产出的方式循环。黑土农田生态系统磷的投入主要是磷肥、种子、作物残茬和凋落物，产出是作物带走部分，其他途径可以忽略不计。表 3－6 表明，在大豆—小麦—玉米的轮作体系中，即使不施任何肥料，在 12 年的时间里每年也有 3.7kg/hm² 磷素进入到土壤之中，即土壤—作物循环途径。在人工投入的循环途径中，仅施用 NK 肥料的处理中，磷仍有 4.5kg/hm² 磷素进入到土壤之中，表明氮钾可以提高磷通过土壤—作物循环途径的循环量。用盈亏量与产出量比值表示为平衡率来比较长期施肥对土壤磷素平衡状况的影响可以得出，长期不施肥土壤磷素平衡率为 －74%，施用氮钾肥料使土壤磷素进一步亏损，肥料磷能大幅度的提高土壤磷的平衡率，目前黑土地区的施磷量已达到平衡状态，大部分地区呈盈余状态。

表 3－6　各处理 12 年（1990—2001 年）磷素收支状况

处　理	产出量（kg/hm²）	投入量（kg/hm²）	盈亏量（kg/hm²）	平衡率（%）
CK	170	44	－126	－74
NP	226	276	50	22
NK	226	54	－172	－76
PK	174	267	93	53
NPK	247	280	33	13
NP₂K	245	502	257	104
NPK₂	238	278	40	17

从磷素在土壤剖面分布分析结果肯定了肥料磷进入土壤后存在于土壤 0～20cm 耕层，下面我们将讨论的磷变化均发生在 0～20cm 的土壤耕作层。耕层土壤磷素盈亏与有效磷消长状况见表 3－7，表 3－7 表明从不施肥到施磷41.8kg/hm²的范围内，用农业生产上的磷素投入和产出之差作为盈亏，盈亏与土壤全磷关系如下：$y = 0.02 + 1.01x$，（$r = 0.9999$，$n = 28$），全磷盈亏与有效磷关系得出如下方程：$y = 2.08 + 0.15x$，（$r = 0.9814$，$n = 28$），其中 y 为黑土有效磷消长（mg P/kg），x 为黑土磷素盈亏量（mg P/kg），回归方程达到了 1% 的显著相关水平（t 检验）。由此可知，在黑土地区农田，土壤全磷有效磷的消长决定于磷素养分的盈亏，根据方程和磷素盈亏就可以预报黑土有效磷消长数量，为合理施肥提供依据。

图 3－8 系统地描述了 Ca_2-P 变化，与供试前土壤相比较，CK 区 Ca_2-P 下降了 47.7%，NK 区 Ca_2-P 下降了 58.3%，NP 区 Ca_2-P 增加了 7.5%，PK 区 Ca_2-P 增加了 22.1%，NPK 区 Ca_2-P 增加了 4.3%，NP₂K 区 Ca_2-P 增加了 34.5%，由此可见，施肥与否，对 Ca_2-P 变化有很大的影响，大剂量施磷能快速提高 Ca_2-P 在黑土中的含量。

表 3 - 7　土壤磷素平衡盈亏与全磷、有效磷消长关系（1990—2001 年）

处　理	土壤磷素消长（mg/kg）		
	磷素盈亏[①]	全磷[②]	有效磷消长[③]
CK	−58.9	−60	−6.4
NP	23.4	24	4.7
NK	−80.4	−81	−7.8
PK	43.5	43	8.0
NPK	15.4	15	2.4
NP_2K	120.1	122	23.3
NPK_2	18.7	20	2.9

注：①为依据表 3 - 2 盈亏量计算；②通过采样测定；③通过采样测定

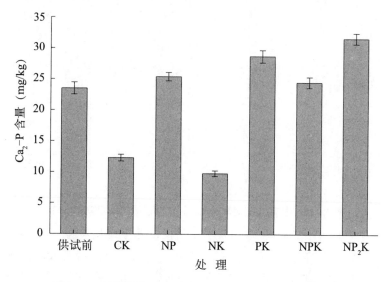

图 3 - 8　长期施肥对黑土 Ca_2-P 含量的影响（2001 年）

图 3 - 9 表明了施肥对土壤中 Ca_8-P 的影响，与供试前土壤相比较，CK 区 Ca_8-P

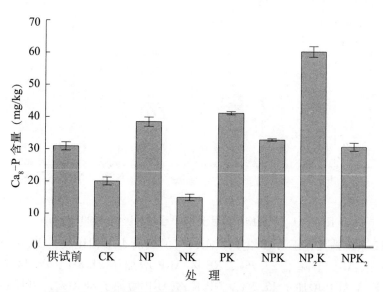

图 3 - 9　长期施肥对黑土 Ca_8-P 含量的影响（2001 年）

下降了 35.0%，NK 区 Ca_8-P 下降了 50.8%，NP 区 Ca_8-P 增加了 24.9%，PK 区 Ca_8-P 增加了 34.0%，NPK 区 Ca_8-P 增加了 7.4%，NP_2K 区 Ca_8-P 增加了 96.1%，施肥对 Ca_8-P 变化的影响比 Ca_2-P 大得多，说明 Ca_8-P 是肥料磷的一种储存形式。

图 3-10 表明了施肥对土壤中 $Ca_{10}-P$ 的影响，与供试前土壤相比较，CK 区下降了 3.9%，说明了长期无肥投入时，在土壤—作物的相互作用下，难溶的磷酸钙盐也有微量转化，NK 区使 $Ca_{10}-P$ 进一步降低，证明了 NK 能促进作物对难溶性磷的吸收。

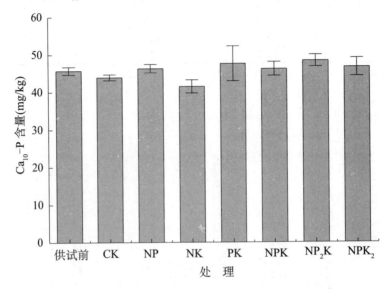

图 3-10 长期施肥对黑土 $Ca_{10}-P$ 含量的影响（2001 年）

图 3-11 系统地描述了 Fe-P 变化状态，与供试前土壤相比较，CK 区 Fe-P 下降了 11.1%，NK 区 Fe-P 下降了 16.9%，NP 区 Fe-P 增加了 10.7%，PK 区 Fe-P 增加了 19.1%，NPK 区 Fe-P 增加了 5.2%，NP_2K 区 Fe-P 增加了 47.6%，NPK2 区 Fe-P 增加了 8.0%，由此可见，施肥与否，对 Fe-P 变化有很大的影响。

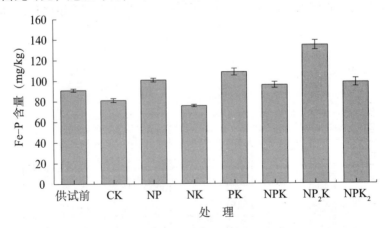

图 3-11 长期施肥对黑土 Fe-P 含量的影响（2001 年）

图 3-12 系统地描述了 Al-P 变化状态，与供试前土壤相比较，CK 区 Al-P 下降了 21.3%，NK 区 Al-P 下降了 27.7%，NP 区 Al-P 增加了 21.8%，PK 区 Al-P 增加了 35.5%，NPK 区 Al-P 增加了 17.7%，NP_2K 区 Al-P 增加了 68.0%，NPK_2 区 Al-P 增加

了33.3%，由此可见，施肥与否，对 Al-P 变化有很大的影响。

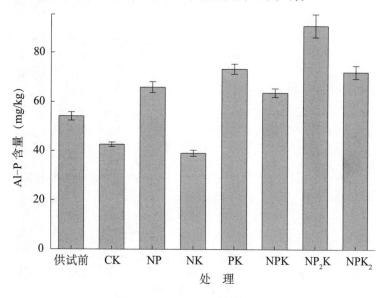

图 3-12　长期施肥对黑土 Al-P 含量的影响（2001 年）

图 3-13 表明了 O-P 在农田黑土经 12 年的定位试验，无论施肥与否，对他的影响效果经统计分析差异不显著。这可能是黑土磷素肥力较高，需要更长的时间才能使 O-P 有所变化。

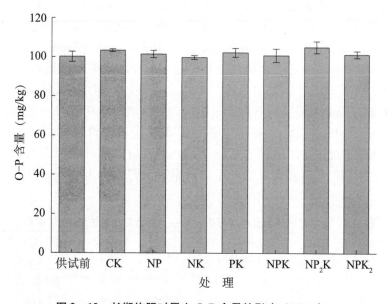

图 3-13　长期施肥对黑土 O-P 含量的影响（2001 年）

3. 长期施肥对黑土有机磷的影响

图 3-14 表明了无论施肥与否，黑土有机磷均呈下降趋势，这与平地黑土有机质下降有关系，通过分析对应试验区有机碳的含量可以找到黑土有机磷和有机碳的相关性，其相关方程为：

$$y = 168.49 + 0.01x \quad (r = 0.7021, \ n = 28)$$

式中，y 为黑土有机磷的量（mg/kg），x 为黑土有机碳的含量（mg/kg），黑土的

C/P 比平均为 75.51。

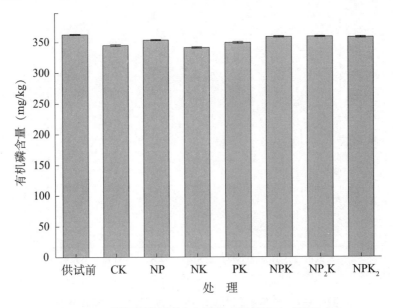

图 3-14　长期施肥对黑土有机磷含量的影响（2001 年）

4. 长期施肥对黑土中不同形态磷比例的影响

由表 3-8 可见供试前农田黑土有机磷含量最高，占总磷量的 51.2%，无机磷占总磷量的 48.8%。在无机磷中，O-P > Fe-P > Al-P > Ca_{10}-P > Ca_8-P > Ca_2-P，分别占总磷量的 14.2%、12.9%、7.6%、6.5%、4.4%、3.3%。在 CK、NK 两个处理中各种形态磷依高低排序为：有机磷 > O-P > Fe-P > Ca_{10}-P > Al-P > Ca_8-P > Ca_2-P，经长期无肥耗竭后，与试前土壤相比，Al-P 占全磷的比例小于 Ca_{10}-P。在有磷肥投入的处理，PK 和 NP_2K 两个处理所形成的比例排序相同，有机磷 > Fe-P > O-P > Ca_{10}-P > Al-P > Ca_8-P > Ca_2-P，Fe-P 超过 O-P 主要原因是磷素迅速增加，新增加的磷以 Fe-P 的形式储备于土壤之中。在 NP、NPK、NPK_2 的处理中各种形态磷所占全磷的比例与供试前土壤相同，这是因为这些处理中，磷的积累量还没达到足以改变各种形态磷占全磷的比例的数量，随着年限的延长和磷素的不断的积累，他们的变化趋势也会与 PK 和 NP_2K 相同的。

表 3-8　长期施肥对黑土不同形态磷素占土壤全磷比例的影响（2001 年）

处　理	Ca_2-P (%)	Ca_8-P (%)	Ca_{10}-P (%)	Fe-P (%)	Al-P (%)	O-P (%)	有机磷 (%)	全磷 (mg/kg)
供试前	3.3	4.4	6.5	12.9	7.6	14.2	51.2	708
CK	1.9	3.1	6.8	12.5	6.6	16.0	53.2	648
NP	3.5	5.3	6.3	13.8	9.0	13.9	48.3	732
NK	1.6	2.4	6.6	12.9	6.2	15.9	54.4	627
PK	3.8	5.5	6.3	14.4	9.8	13.6	46.5	751
NPK	3.4	4.6	6.4	13.2	8.8	14.0	49.6	723
NP_2K	3.8	7.3	5.8	16.2	11.0	12.7	43.3	830
NPK_2	2.8	4.3	6.4	13.5	9.9	13.9	49.2	728

5. 肥料磷向黑土各种形态磷转化与作物有效性

CK 区在 12 年期间通过作物吸收，每千克土壤磷素下降了 60mg，在被作物吸收的土壤磷素中，作物吸收 Ca_2-P、Ca_8-P、Al-P、Fe-P 分别为 11.2mg、10.8mg、11.5mg、10.1mg，占全部被吸收土壤磷的 18.7%、18.0%、19.2%、16.8%。作物吸收有机磷 17.8mg，占全部被吸收土壤磷的 29.7%。通过土壤磷素田间作物耗竭试验可以得出，有机磷贡献量最大，这是因为在肥力较高的黑土，在不施肥的条件下，NP 的供应主要靠有机质的矿化，Ca_2-P、Ca_8-P、Al-P、Fe-P 对作物所吸收的磷贡献量相近。Ca_{10}-P 和 O-P 变化值方差分析结果显示差异不显著说明这两种形态磷比较稳定，与一些学者研究结果一致。以作物吸收各种形态磷多少排序为：有机磷 > Al-P > Ca_2-P > Ca_8-P > Fe-P。通过测定土壤，土壤全磷减少了 60mg/kg 土，而通过测定各种形态磷后再相加，每千克土壤总磷量减少数量为 66.4mg，这可能是分析全磷较准确，而分析各种形态磷由于分析方法本身的准确性差所造成的。

将 NK 区的磷素消耗特征见图 3-15。图 3-15 中表示 N（NH_4-N）K 更能促进 Al-P、Ca_2-P、Ca_8-P、Ca_{10}-P 的吸收，总吸磷量较 CK 区增加 35.0%。

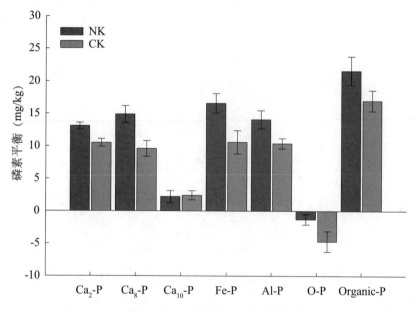

图 3-15　NK 区与供试前土壤比土壤磷素消耗特征（2001 年）

按当地生产常规施磷量投入磷肥时，土壤磷均呈增加状态，增加幅度为 15~43mg/kg。在 NP 处理中的 12 年期间通过施肥，每千克土壤磷素增加了 24mg，其中，每千克土壤无机磷增加 33mg，有机磷增加 9mg。在无机磷中，Ca_2-P、Ca_8-P、Fe-P、Al-P、Ca_{10}-P、O-P 分别增加了 1.9mg、7.7mg、9.7mg、11.8mg、0.6mg、1.3mg，占因施肥而增加的总磷量的 5.8%、23.3%、29.4%、35.8%、1.8%、3.9%。Ca_{10}-P 和 O-P 增加值很小，说明肥料磷能转化成这两种形态磷的可能性很小。NP 处理增加各种形态磷的量排序为 Al-P > Fe-P > Ca_8-P > Ca_2-P，说明了肥料磷残留于黑土后，进一步转化成这些形态磷。

在 PK 处理中的 12 年期间通过施肥，每千克土壤磷素增加了 43mg，比 NP 处理土壤磷素增加了 79.2%，说明了磷不与氮配合使用，磷肥利用效率低，残留量大。在所残留的磷中 Ca_2-P、Ca_8-P、Fe-P、Al-P、Ca_{10}-P、O-P 分别为 5.2mg、10.5mg、17.4mg、

19.2mg、1.9mg、2.1mg，占因施肥而增加的总磷量的 12.1%、24.4%、40.5%、44.7%、4.4%、4.9%。在这个处理中，无机磷增加了 56.3mg，有机磷减少了 13.3mg，所以总磷量仅增 43.0mg，但是有机磷矿化后的磷是全部被作物吸收，还是有部分磷又转化成各种形态无机磷，还有待于进一步研究。在此处理中各种形态磷变化量大小排序与 NK 相同。

在 NPK 和 NPK$_2$ 两个处理中，通过施肥每千克土壤增加的磷素分别为 15mg 和 20mg，主要以 Fe-P 和 Al-P 形式存在，在 NPK 处理中，Fe-P 和 Al-P 分别增加 4.7mg 和 9.6mg，占因施肥而增加的总磷量的 31.3% 和 64.0%，NPK$_2$ 与 NPK 有相同趋势。

按当地生产常规施磷量的 2 倍投入磷肥时，土壤含磷量迅速增加，每千克土壤增加磷素量达到 122mg，其中 Ca$_2$-P、Ca$_8$-P、Fe-P、Al-P、Ca$_{10}$-P、O-P 分别增加了 8.1mg、29.7mg、43.3mg、36.8mg、2.7mg、4.9mg，占因施肥而增加的土壤总磷量的 6.6%、24.3%、35.5%、30.2%、2.2%、4.0%。图 3-16 表明，无论施肥与否，土壤有机磷都在下降，但施肥可以减缓土壤有机磷的下降速度。

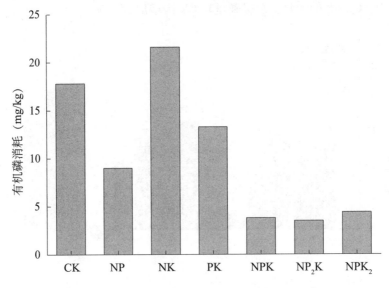

图 3-16　长期施肥对有机磷消耗的影响（2001 年）

6. 结　论

（1）在黑土地区所施用的磷肥主要残留在 0~20cm 耕层内，磷肥基本上不向下层迁移。肥料磷进入土壤后，能增加全磷和有效磷的储量，磷的储量增加多少与施肥品种搭配和施用量有关，NPK 配合施用增加最少，NP 配合增加居中，PK 配合增加最多；磷肥施用量增加 1 倍，其全磷和有效磷也成倍增加。不施肥致使土壤全磷和有效磷减少，NK 配合施用能使黑土磷素比不施肥进一步减少。

（2）应用农业生态系统的投入和产出的方法可以很好地监测黑土区土壤全磷和速效磷的消长状况，通过农田生态系统磷素的投入与产出的盈亏来计算全磷消长量的方程式为：$y=0.02+1.01x$，有效磷的方程式为：$y=2.08+0.15x$。

（3）不施肥条件下，作物主要吸收被矿化的有机磷，约占 1/3，其余为无机磷。在无机磷中，主要吸收 Ca$_2$-P，Ca$_8$-P，Al-P 和 Fe-P，其吸收量中 4 种形态的磷接近，进一步证明了在黑土地区有机磷和这四种无机磷是作物可利用磷源。Ca$_{10}$-P 和 O-P 基本不被作物吸收。仅施用 NK 肥料，可以使土壤磷被进一步利用，比无肥区多吸收了 35% 的磷，其吸收的各种形态的磷的比例与无肥区相同。

（4）所施用的磷肥除被作物吸收以外的残留部分，主要转化成 Ca_8-P、Al-P 和 Fe-P 而形成土壤磷。肥料磷转化成各种形态磷以多少为序：Al-P > Fe-P > Ca_8-P。肥料磷转化成 Ca_{10}-P 和 O-P 极少；转化成 Ca_2-P 也很少，这是因为 Ca_2-P 比较易被作物吸收，在土壤中的存在量变化频繁。

（5）黑土有机磷呈逐年下降趋势，施肥仅影响有机磷下降速度。

（四）钾素的演变规律

1. 土壤全钾含量的变化

自然界尚未发现含钾有机物，故土壤中钾素以离子态、化合物态和矿物态 3 种形态存在，并在一定条件下相互转化。离子态 K^+ 较为复杂，可以存在于土壤溶液、有机物中，也可被土壤胶体所吸附（可交换态），或进入黏土矿物晶层间（非交换态）。化合物态和矿物态钾都以相对稳定的分子结构存在。土壤的全钾含量与组成土壤矿物有关，一些原生矿物和黏土矿物含钾量较高，主要有：钾长石含钾量为 3.32% ~ 14.02%，黑云母为 4.98% ~ 8.30%，白云母为 5.81% ~ 9.13%，伊利石为 3.32% ~ 5.81%，钙钠长石为 0 ~ 2.49%，蛭石为 0% ~ 1.66%，绿泥石为 0% ~ 0.83%，蒙脱石为 0% ~ 0.42%。黑土母质主要由黄土状母质组成，砂粒中富含长石和云母，约占 30% 左右，黏粒中含有水化云母（又叫伊利石），和蒙脱石，可占黏粒的 40% 左右。这些矿物构成了黑土全钾的来源，黑土的全钾含量在 1.8% ~ 2.2%。在黑龙江省黑土区域有代表性的 235 个耕层样点中，土壤全钾含量平均 2.29%。

施用化学肥料和循环有机肥，是农田土壤全钾补充的唯一来源，在 28 年的长期施肥试验中，不施肥处理（CK）的土壤全钾含量略有降低，28 年后比试验前减少了 2.6%，仅施氮肥的处理（N），钾素减少状况与无肥处理相同（图 3 - 17）。氮磷化肥配合施用（NP），作物吸收带走的钾量大，使土壤钾亏损加剧，比试验前减少了 4.1%。不同处理土壤全钾亏损量为 NP > CK = N，因此施有机肥可以提高或者减少土壤全钾下降的速度。氮磷钾配合循环有机肥（NPK + C），可以使土壤全钾含量提高 12.2%，单施氮磷钾（NPK），土壤全钾含量可提高 10.7%，单施循环有机肥土壤全钾含量提高 6.6%。对黑土全钾有重要贡献的处理为 NPK + C > NPK > NP + C > CK + C > N + C。

2. 土壤缓效钾和速效钾含量的变化

缓效钾是指存在于层状硅酸盐矿物层间和颗粒边缘、不能被中性盐在短时间内浸提出的钾，也叫非交换性钾，占土壤全钾的 1% ~ 10%。从图 3 - 18 可以看出，与试验前土壤相比，长期不施肥（CK）土壤中的缓效钾含量减少 5.6%，氮磷配合（NP）减少 25.9%，单施氮肥（N）减少 12.6%。其他处理的土壤缓效钾含量也均明显低于试验前土壤，但与 CK 处理的差异不显著。由于土壤缓效钾是矿物钾在风化过程中可能离解出来的钾，它离解后又有可能转化成速效钾，所以受施钾肥的影响较小，因此土壤缓效钾一旦缺乏，一般来说是不可逆的。

黑土由于全钾、缓效钾和速效钾含量较高，被作物吸收后能很快达到平衡，根据 28 年田间试验的结果，目前还不能肯定土壤的供钾潜力，也不能提出明确的施钾阈值。为了给实际生产提供参考，本试验在同一田块上取土做了盆栽耗竭试验。结果表明，当土

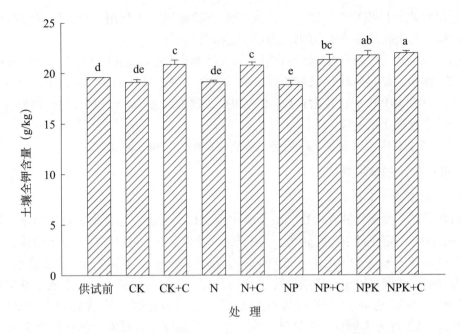

图 3-17　连续 28 年不同养分循环模式下黑土耕层（0~20cm）的全钾含量（2013 年）

注：图中柱上不同字母表示处理间差异达到 5% 显著水平

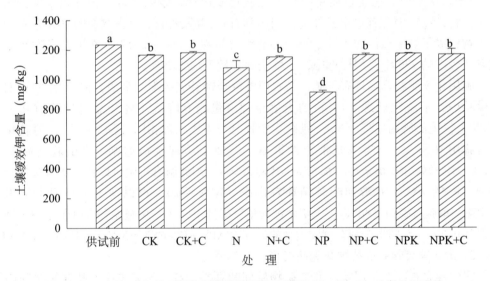

图 3-18　连续 28 年的不同养分循环模式下黑土耕层（0~20cm）的缓效钾含量

壤速效钾含量由 167~212mg/kg 下降到 58~73mg/kg、缓效钾含量由 908~1 265mg/kg 下降到 409~605mg/kg 时，施用钾肥才有显著的增产效果，稳定性增产达 10.1%~38.9%（图 3-19）。如果从这个阈值看，虽然经过 28 年不施钾肥，但钾肥的增产效果还是不稳定的，原因是速效钾仅仅下降到了 144mg/kg、缓效钾也仅下降到 914mg/kg 的水平，这时钾肥的增产效果依然较小，并表现出不同年份的增产效果不同，说明在土壤不缺钾的情况下，钾肥的主要作用是抗逆性。耗竭试验进一步提出了土壤供钾耗竭的阈值，即玉米在黑土某一个速效钾和缓效钾水平上就会因缺钾死亡的阈值，即速效钾 <40mg/kg、缓效钾 <150mg/kg 时玉米就不能在黑土上生长。高肥力黑土达到供钾耗竭阈值时，每千克黑

土可提供给玉米 2.1~2.4g 钾素。如果将黑土农田生态系统作为一个没有钾素输入的系统，按耕作层 0~20cm 和亚耕层 20~35cm 计算，黑土的钾可供一年生产一季玉米达 115 年。

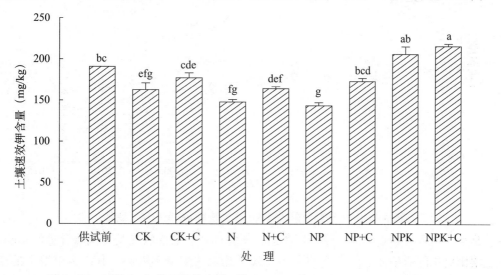

图 3 – 19　连续 28 年的不同养分循环模式下黑土耕层（0~20cm）的速效钾含量

（五）小　结

长期不同养分循环利用方式显著影响黑土的有机质、氮、磷和钾含量。长期不施肥或者仅施用循环有机肥的土壤有机质呈下降趋势，但是在化肥配施循环有机肥的情况下土壤有机质表现为增加的趋势，其中以氮磷钾配施循环有机质的土壤有机质含量增加最多。无论是无肥、氮肥还是在此基础上施用循环有机肥，土壤的全氮含量均表现为下降，氮磷配施和氮磷钾肥配施均可增加土壤的全氮含量，其中循环有机肥的施用效果更明显。不同施肥模式均减少土壤缓效钾含量，但却显著增加了土壤的速效钾含量。

三、长期养分循环模式下黑土理化性质的变化特征

（一）土壤的酸化特征

土壤酸碱性变化会引起土壤肥力和土壤环境质量发生重大变化，目前，由于全球气候变化以及土壤管理不当而导致土壤酸化常常发生，给农业生产和环境带来危害。土壤酸化主要是 H^+ 和 Al^{3+} 增加所致。H^+ 增加的原因主要是水的解离、碳酸解离、有机酸解离、酸雨和以阳离子为营养的肥料的使用；Al^{3+} 增加的主要原因是矿物中铝的活化，形成了交换性铝，使土壤酸化。在农业生产中，施肥导致的土壤酸化常常发生，长期施肥对黑土 pH 值的影响见图 3 – 20。从图 3 – 20 中可以看出，在不施任何肥料（CK）的土壤中，试验 28 年后其 pH 值达 6.39，比试验前提高了 0.19 个 pH 值单位；CK + C 处理的土壤 pH 值与 CK 相同，变化了 0.15 个 pH 值单位。这一结果表明，不施肥或者只施循环有机肥，作物产量较低，虽然土壤 pH 值有上升趋势，但变化比较缓慢。而在其他所有的施肥处理中，土壤 pH 值均有下降趋势，但下降的速度很慢，下降幅度为 0.07~0.19 个 pH 值单位。

（二）土壤容重的变化

土壤自然结构状况下单位体积内的烘干重量为容重，由于包括了土壤孔隙，故容

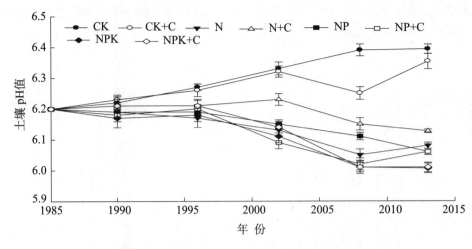

图 3-20　不同养分循环模式下黑土耕层 pH 值的年际变化

重总是小于比重。容重的大小受土壤质地、土粒排列、结构状况及有机质含量的影响。在土壤比重相同的条件下，容重的大小反映了孔隙的多少和大小，其决定土壤中的空气含量和非饱和导水率及其饱和导水率。土壤容重可反映土壤的紧实情况，一般说来作物生长需要一个合适的土壤容重范围，过大和过小都不利于作物生长，容重过大说明土壤过于紧实，不利于作物扎根和根系的生长；而容重过小，作物由容易发生倒伏和不利于土壤对养分的保存。土壤容重与施肥管理及土壤性质有关，特别与土壤有机质含量和质量密切相关，因此在生产实际中可通过调整施肥和种植制度来影响土壤的容重，促使其向良性发展。表 3-9 显示，长期施用化肥和化肥配循环有机肥对土壤容重的影响差异不显著，但是施循环有机肥有降低容重的趋势，预计随着试验年限的延长，土壤容重在各处理间会出现显著差异。长期不同施肥对土壤容重的影响处理间差异不显著的主要原因，是在这个地区主要靠每年的机械整地来改变土壤的物理结构，土壤经过平翻、旋耕或者是重耙，使 0~20cm 耕层土壤的位置旋转一定角度，改变了土壤容重，这种措施对土壤容重的影响大于长期施肥的影响。另外一个原因，是通过循环施用有机肥改善土壤容重，而试验中所加入的有机肥量不足以改变土壤的三相比，因此也很难改变容重。

表 3-9　长期不同养分循环模式下黑土耕层土壤容重

处　理	土壤容重（g/cm³）					2013 年土壤容重较 CK 增加量（g/cm³）	供试时期土壤容重变化量（%）
	1985 年	1991 年	1998 年	2006 年	2013 年		
CK	1.01	1.02	1.06	1.05	1.09	—	—
CK + C	1.01	1.03	1.02	1.06	1.09	0	0.08
N	1.01	1.04	1.09	1.06	1.11	0.02	0.10
N + C	1.01	1.03	1.02	1.08	1.09	0	0.08
NP	1.01	1.04	1.07	1.06	1.12	0.11	0.11
NP + C	1.01	1.03	1.09	1.11	1.08	-0.01	0.07
NPK	1.01	1.06	1.02	1.08	1.12	0.11	0.11
NPK + C	1.01	1.03	1.05	1.08	1.09	0	0.08

四、长期养分循环模式下黑土微生物和酶活性的变化特征

（一）土壤微生物种群数量的变化

土壤微生物种类、数量和酶活性是土壤肥力的生物指标。土壤微生物数量和酶活性的变化，更能直观反映施肥管理对土壤质量和土壤生产力的影响。在黑土农田生态系统中，不同施肥方式影响作物和土壤理化性质，因而也会引起微生物区系的重大变化，即对土壤微生物的多样性和丰度的演变产生重大影响。

黑土农田生态系统的土壤微生物以细菌为主，其次为放线菌和真菌（表3-10）。如果将春、夏、秋三季的土壤细菌、放线菌和真菌数量进行平均，采用平均值表示不同施肥方式对土壤微生物活性的影响，其结果（表3-10）显示，CK 和 N 处理的细菌数量较一致，均较少；NP 处理的细菌数量比对照提高 18.3%，NPK 处理比对照提高31.6%。施循环有机肥的处理细菌数量均比对应的只施无机肥的处理高，CK+C 比 CK提高了 19.6%，N+C 比 N 提高 18.2%，NP+C 比 NP 提高了 36.1%，NPK+C 比 NPK提高 43.0%。放线菌对肥料的响应较迟钝，CK、CK+C、N、NP 和 NPK 5 个各处理中土壤放线菌数量没有明显差异，而施循环有机肥加化肥的处理有较好的效果。N+C 比N 处理的放线菌数量高 10.1%，NP+C 比 NP 高 41.8%，NPK+C 比 NPK 高 43.0%。真菌数量比细菌和放线菌少 1 000 倍左右，但是在土壤中的生态功能却是重要得多。在

表3-10　不同养分循环模式下黑土的细菌、真菌和放线菌的数量（2009 年）

微生物种类	采样时间	处理							
		CK	CK+C	N	N+C	NP	NP+C	NPK	NPK+C
细菌 $(1 \times 10^7 \text{cfu/g} \pm)$	春季	4.49	5.54	4.61	5.67	5.63	7.72	5.58	9.65
	夏季	9.17	10.92	9.98	11.14	10.52	12.73	10.26	14.83
	秋季	5.52	6.46	4.85	6.17	6.53	10.42	9.39	11.61
	平均	6.39	7.64	6.48	7.66	7.56	10.29	8.41	12.03
放线菌 $(1 \times 10^5 \text{cfu/g} \pm)$	春季	1.95	2.43	1.83	2.91	2.37	3.68	2.39	4.63
	夏季	20.21	21.97	21.18	22.34	22.13	29.52	21.98	35.70
	秋季	1.87	2.16	1.95	2.24	2.14	4.56	2.23	6.35
	平均	8.01	8.85	8.32	9.16	8.88	12.59	8.87	15.56
真菌 $(1 \times 10^4 \text{cfu/g} \pm)$	春季	3.96	4.61	4.52	5.16	4.95	6.38	5.12	9.76
	夏季	6.45	7.28	7.31	9.48	7.98	10.63	8.37	13.51
	秋季	1.97	2.34	1.98	2.13	2.31	4.24	2.45	6.42
	平均	4.13	4.74	4.60	5.59	5.08	7.08	5.31	9.90
微生物总数 $(1 \times 10^5 \text{个/g} \pm)$	春季	451.60	557.16	463.56	570.86	566.17	776.74	561.23	970.98
	夏季	937.86	1 114.70	1 019.91	1 137.29	1 074.93	1 303.58	1 048.82	1 520.05
	秋季	554.07	648.39	487.15	619.45	655.37	1 046.98	941.48	1 167.99
	平均	647.84	773.42	656.87	775.87	765.49	1 042.44	850.51	1 219.67

所有单施化肥的处理中，真菌数量没有显著差异，而在施循环有机肥的处理中，随着施肥量的增加真菌数量增多。与 CK 相比，CK + C 的真菌数量提高了 14.8%、N + C 提高了 35.3%、NP + C 提高了 71.4%、NPK + C 提高了 139.7%。从土壤微生物总数来看，不同处理土壤中微生物数量的多少为 NPK + C > NP + C > NPK > N + C > NP > CK + C > N > CK，从此顺序中可以看出，土壤微生物数量更多的是依赖于作物生长的繁茂程度。

在同一块农田，经过 25 年的不同施肥后，土壤微生物数量发生了明显的变化，黑土微生物组成总数因不同施肥方式产生了明显变化，春、夏、秋三季的土壤微生物表现出明显的季节性变化，呈现春季和秋季低而夏季高的趋势，主要影响因素是环境和植物根系活动。在环境因素中，主要受水热条件的控制，春、秋两季由于土壤温度相对较低，气候相对干旱，不利于微生物活动，而夏季土壤温度较高且大气降水较多，有利于微生物活动；植物因素中，由于夏季是雨热同季，正是作物生长繁茂时期，作物的根系比较发达，根系代谢产物和脱落物较多，为微生物的生命活动提供了丰富的碳源和氮源。

（二）土壤酶活性的变化

土壤酶活性在各处理间差异较大（表 3 - 11）。转化酶活性在 NPK + C 处理中最高，CK 处理最低；转化酶活性的季节平均值在 CK 处理的 7.62mg 葡萄糖/(g·h) 至 NPK + C 处理的 16.19mg 葡萄糖/(g·h) 之间波动。转化酶活性随着作物生育期的推进而增加，至玉米灌浆期达到最大值，成熟期又有所降低。化肥处理和养分再循环处理的土壤转化酶活性均比无肥处理高，养分再循环处理的增加显著。在玉米不同生育时期中灌浆期的转化酶活性显著高于其他时期，NP 和 NPK 处理较 CK 分别提高 113.06% 和 111.46%；N 处理的转化酶活性稍有增加，而 N + C、NP + C 和 NPK + C 比 CK + C 处理的转化酶活性显著增加，增幅为分别为 30.69%、90.32% 和 92.70%；CK + C 较 CK 的增幅为 21.77%，其他生育时期也有相似的趋势。

表 3 - 11　长期不同养分循环模式下黑土的转化酶和脲酶活性（2006 年）

处　理	转化酶活性 [mg 葡萄糖/(g·h)]			脲酶活性 [mg NH$_3$-N/(g·h)]		
	播种前	抽雄期	收获后	播种前	抽雄期	收获后
CK	4.42	13.35	5.08	99.18	150.40	102.91
CK + C	5.72	16.26	7.88	124.70	206.01	130.98
N	4.84	16.56	6.34	109.18	202.69	112.62
N + C	5.42	21.25	6.73	138.69	242.64	162.63
NP	5.28	28.45	7.44	124.27	218.03	129.21
NP + C	6.51	30.95	6.98	167.49	282.40	188.25
NPK	6.79	28.24	7.58	105.72	231.83	117.66
NPK + C	7.60	31.33	9.65	184.15	293.87	208.92

脲酶活性的季节平均值 NPK + C 处理最高，较 CK 增加 94.88%。与转化酶活性相同，脲酶活性也受玉米生育时期的影响，灌浆期的脲酶活性最大。各施肥处理对脲酶活性的影响不同，在灌浆期，脲酶活性 CK + C 比 CK 显著增加，而 N + C 比 N 稍有增加，NP + C 和 NPK + C 处理比 NP 和 NPK 处理显著增加，化肥处理（N、NP 和 NPK）

的土壤脲酶活性比 CK 也显著增加。

由于土壤 pH 值处于偏酸性范围，所以土壤中的磷酸酶以酸性磷酸酶为主。NPK + C 处理的酸性磷酸酶活性最大（图 3 - 21），其次为 NP + C，CK 最低。养分再循环处理（CK + C，N + C，NP + C 和 NPK + C）的酸磷酸酶活性显著增加。碱性磷酸酶也具有相似的趋势。化肥处理没有明显增加酸性磷酸酶活性，但碱性磷酸酶活性除了 N 处理外均显著增加。

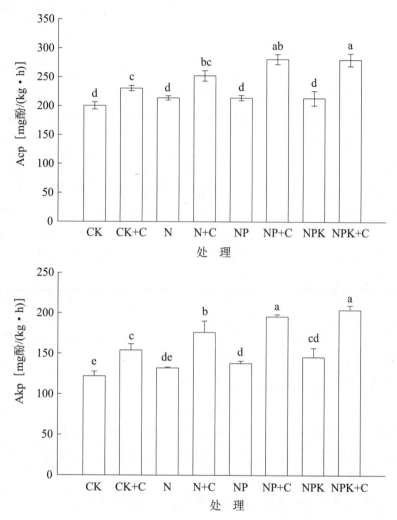

图 3 - 21 长期不同养分循环模式下黑土的磷酸酶活性（2006 年）

注：Acp 表示酸性磷酸酶，Akp 表示碱性磷酸酶；柱上不同字母表示处理间差异达 5% 显著水平

（三）土壤微生物量碳的变化特征

微生物量碳的季节平均值以 NPK + C 处理最高（表 3 - 12），不施肥处理最低。与不施肥处理相比，施用化肥处理（N、NP 和 NPK）和养分再循环处理（CK + C、N + C、NP + C 和 NPK + C）的微生物量碳的季节平均值比 CK 分别增加 19.10% ~ 23.67% 和 19.39% ~ 50.98%。而且化肥加养分再循环处理（N + C、NP + C 和 NPK + C）比相应的单独施化肥处理（N、NP 和 NPK）增加 7.69%，15.96% 和 22.01%。

表 3 - 12 不同养分循环模式下玉米不同生育期土壤微生物量碳含量的变化

（单位：mg/kg）

处 理	播种前	抽雄期	成熟期	季节平均值
CK	85.57 ± 4.61c	322.27 ± 16.95c	110.03 ± 9.31d	172.62d
CK + C	119.33 ± 17.69ab	355.97 ± 22.86bc	143.00 ± 38.22bcd	206.10c
N	100.57 ± 3.47abc	394.20 ± 19.75abc	122.00 ± 2.55cd	205.59c
N + C	111.30 ± 18.42ab	400.83 ± 41.55ab	152.03 ± 16.13bc	221.39bc
NP	101.00 ± 7.22abc	402.77 ± 7.87ab	123.93 ± 14.91cd	209.23c
NP + C	118.13 ± 17.93ab	435.33 ± 54.49a	174.40 ± 16.57ab	242.62ab
NPK	96.53 ± 4.97cb	416.23 ± 84.18ab	127.67 ± 1.81cd	213.48bc
NPK + C	123.43 ± 12.18a	462.63 ± 8.21a	195.83 ± 10.81a	260.63a

注：同列数据后不同字母表示处理间在 5% 水平差异显著

除了受施肥的影响，土壤微生物碳含量还受玉米生育时期的影响。土壤微生物碳含量在灌浆期显著高于其他时期。虽然微生物碳含量受玉米生育时期的影响，但是在各个生育时期不同施肥处理的趋势是相同的，即 N + C、NP + C 和 NPK + C 处理均较对应的 N、NP 和 NPK 高，并且 CK + C 处理的微生物量碳含量也比 CK 高，NPK + C 处理也最高。

土壤的微生物数量和酶活性表现出一定的季节性变化。长期不同施肥影响了土壤的微生物数量和酶活性。与单施化肥相比，化肥加养分再循环处理的土壤细菌、放线菌、真菌数量，转化酶、脲酶和磷酸酶活性，微生物碳量均增加。其中 NPK + C 处理增加土壤微生物数量和酶活性的效果最明显。

（四）土壤参数与土壤酶活性间的相关性

表 3 - 13 显示，土壤脲酶、酸性磷酸酶和碱性磷酸酶活性呈极显著正相关。转化酶则仅与脲酶活性成极显著正相关。土壤微生物量碳和轻组有机碳均与转化酶、脲酶、酸性磷酸酶和碱性磷酸酶呈显著正相关。土壤有机碳除与酸性磷酸酶不相关外，与其他酶活性均呈显著正相关。

表 3 - 13 土壤参数与土壤酶活性的相关分析（2006 年）

项 目	转化酶	脲 酶	酸性磷酸酶	碱性磷酸酶	土壤有机碳	轻组有机碳
微生物量碳	0.889**	0.940**	0.729*	0.763*	0.865**	0.823*
转化酶	—	0.845**	0.609	0.657	0.914**	0.712*
脲 酶	—	—	0.901**	0.928**	0.876*	0.943**
酸性磷酸酶	—	—	—	0.988**	0.672	0.940**
碱性磷酸酶	—	—	—	—	0.746*	0.977**
土壤有机碳	—	—	—	—	—	0.817*

注：* 表示 $p < 0.05$，** 表示 $p < 0.01$；$n = 8$

长期养分再循环对土壤酶活性有显著影响，在本研究中土壤酶活性均呈同一趋势，即在玉米灌浆期的酶活性最高，播前和收获期酶活性降低。这充分表明土壤酶比较敏感，可以对土壤变化作出迅速反应。播前和收获后，由于土壤温度相对较低，限制了土壤微生物的繁殖。因此，此时微生物的变化是由长期施肥引起的土壤属性的变化而引起的。而在灌浆期，则是作物、土壤属性和微生物三者共同作用影响土壤酶活性的变化。

CK + C 处理的土壤转化酶、脲酶、酸性磷酸酶和碱性磷酸酶活性显著增加，说明有机物质可以增加土壤多种酶活性。Lalande 等（2000）发现 18 年施用液体猪粪 90m³/hm² 后，多种酶活性增加。一般来说，土壤酶活性与有机质组成密切相关，长期单施循环有机肥（CK + C）增加了土壤的有机质含量，从而提高了土壤酶活性。此外，有机肥中本身也存在着多种酶和活性物质，因此随有机肥的施入，酶和活性物质也进入了土壤，也可增加土壤酶活性。

土壤转化酶可使蔗糖水解为葡萄糖和果糖，并且与土壤微生物量密切相关。本研究中转化酶活性与土壤微生物量碳呈极显著正相关（$r = 0.889^{**}$，$p < 0.01$，$n = 8$）。CK + C 处理的转化酶活性较高的原因是土壤施入了循环有机肥而有较多的底物。有研究表明农家肥（牛粪）对土壤脲酶和转化酶活性的影响较小。磷酸酶在土壤磷的循环中具有重要作用。此外，磷的转化和分解也受土壤的理化性质的影响，酸性磷酸酶明显受土壤 pH 值的调控。本研究中，在 pH 值在 5.77 ~ 6.21 范围内酸性磷酸酶的活性较高，可能与特定 pH 值下酶的稳定性、数量和活性有关系。养分再循环处理的碱性磷酸酶活性高于相应化肥处理，是由于养分再循环处理增加了微生物活性和多样性。农家肥施入土壤会改变土壤中酶的来源、状态和/或酶的稳定性，因此增加了酶促反应的底物。涉及氮循环的酶—脲酶与磷酸酶活性和转化酶呈显著正相关，而碳循环的酶—转化酶则与磷酸酶呈正相关。长期特定区域系统中养分再循环处理较不施肥和单施化肥对土壤酶（脲酶、转化酶和磷酸酶）和微生物量碳具有显著的促进作用。NPK + C 处理的土壤酶活性和微生物量碳含量最高。试验处理中所有酶活性均与微生物量碳和轻组有机碳呈显著相关。

五、不同养分利用模式下黑土养分循环再利用特征

（一）农田系统投料中有机碳、氮和磷在喂饲—堆腐过程中的循环率

1. 投料中喂饲—堆腐过程中的有机碳循环率（残留率）

作为食物或饲料的农产品，其中一部分有机碳在动物消化的过程中被吸收和矿化分解而损失，排泄物在贮存堆腐过程中也发生部分有机碳的分解损失，因此，饲料和食物中的有机碳在喂饲—堆腐过程中最终能以有机肥的形式返回农田土壤者仅为其中的一部分，这一比率便是有机碳在喂饲—堆腐过程中的循环率。

经过连续 12 年的以饲料喂猪、秸秆掺土垫圈的喂饲—堆腐试验，获得了投料经由喂饲—堆腐后的残留率（表 3 - 14），结果可以看出，投料（饲料及秸秆）中有机物经喂饲—堆腐后的平均残留率为 0.30。考虑到腐熟的家畜排泄物和褥料中的含碳量通常

较饲料和秸秆的平均含碳量略低，因此可以一般地估计农产品中有机碳经由喂饲—堆腐过程的循环率大约为0.3。这一喂饲—堆腐过程中的有机碳循环率，与有机物在土壤中完成快速分解阶段后的残留率0.3非常相似。

表3-14　投料经由喂饲—堆腐后的残留率

年　份	处　理	投料干重（kg）	猪圈粪干重（kg）	有机物残留率	有机物腐解率
1986—1987	C	320	117	0.36	0.64
	N + C	426	146	0.35	0.65
	NP + C	430	143	0.33	0.67
	NPK + C	440	147	0.33	0.67
1987—1989	C	399	124	0.31	0.69
	N + C	445	138	0.31	0.69
	NP + C	454	136	0.30	0.70
	NPK + C	474	145	0.31	0.69
1989—1990	C	293	113	0.38	0.62
	N + C	413	147	0.36	0.64
	NP + C	424	144	0.34	0.66
	NPK + C	441	151	0.34	0.66
1990—1991	C	342	112	0.33	0.67
	N + C	413	137	0.33	0.67
	NP + C	437	133	0.30	0.70
	NPK + C	458	146	0.32	0.68
1991—1992	C	422	101	0.23	0.69
	N + C	481	149	0.31	0.71
	NP + C	531	155	0.29	0.75
	NPK + C	501	123	0.24	0.72
1992—1993	C	533	127	0.24	0.77
	N + C	639	149	0.23	0.81
	NP + C	663	128	0.19	0.76
	NPK + C	684	164	0.24	0.76

（续表）

年　份	处　理	投料干重（kg）	猪圈粪干重（kg）	有机物残留率	有机物腐解率
1993—1994	C	490	128	0.22	0.78
	N + C	596	132	0.22	0.78
	NP + C	660	193	0.29	0.71
	NPK + C	717	194	0.27	0.73
1994—1995	C	338	95	0.28	0.72
	N + C	450	140	0.31	0.69
	NP + C	467	140	0.30	0.70
	NPK + C	519	191	0.37	0.63
1995—1996	C	460	106	0.23	0.77
	N + C	513	144	0.28	0.72
	NP + C	556	184	0.33	0.67
	NPK + C	617	185	0.30	0.70
1996—1997	C	365	113	0.31	0.69
	N + C	486	156	0.32	0.68
	NP + C	513	164	0.32	0.68
	NPK + C	573	189	0.33	0.67
1997—1998	C	431	142	0.33	0.67
	N + C	403	145	0.36	0.64
	NP + C	565	163	0.29	0.71
	NPK + C	618	192	0.31	0.69
1998—1999	C	344	100	0.29	0.71
	N + C	409	123	0.30	0.70
	NP + C	473	147	0.31	0.69
	NPK + C	581	193	0.33	0.67
平均值		483	144	0.30	0.70

注：投料干重和猪圈粪干重的单位均是千克（kg），一个猪圈养1头猪

2. 投料中喂饲—堆腐过程中氮、磷的损失和循环率

农产品中氮、磷经由人、畜的消费，其排泄物和肥料氮、磷的一部分便是农产品中氮、磷经由喂饲—堆腐过程的循环率。1986年本试验以猪为试验家畜，精确计重并测定了喂饲试验开始前饲料、褥料及垫圈土中的氮、磷含量和完成喂饲—堆腐后猪圈肥中的氮、磷含量，获得投料（饲料和褥料）中养分经由喂饲—堆腐的循环率（表3-15）。

表3-15　投料中养分经由喂饲—堆腐过程的损失率和循环率

年　份	处　理	投料养分（kg）		猪圈肥养分（kg）		养分损失率（%）		养分循环率（%）	
		N	P	N	P	N	P	N	P
1986—1987	C	4.92	0.67	2.76	0.57	43.90	14.67	56.10	85.33
	N+C	7.71	0.93	2.62	0.40	66.10	57.04	33.99	42.96
	NP+C	7.45	1.01	1.77	0.43	76.24	59.04	23.76	40.96
	NPK+C	7.48	1.01	1.77	0.85	46.12	19.17	53.88	80.83
1987—1988	C	7.01	0.99	2.98	0.82	59.23	17.18	40.77	82.82
	N+C	6.01	0.84	2.31	0.49	61.56	41.67	38.44	58.33
	NP+C	5.79	0.79	3.66	0.82	36.78	—	63.22	—
	NPK+C	6.37	0.80	4.17	0.87	34.50	—	65.46	—
1988—1989	C	3.49	0.48	1.36	0.40	61.03	16.67	38.97	88.16
	N+C	6.30	0.73	1.90	0.63	69.84	13.70	30.16	86.30
	NP+C	6.54	0.76	2.49	0.67	61.93	11.84	38.07	88.16
	NPK+C	6.38	0.80	3.22	1.04	49.53	—	50.47	—
1989—1990	C	5.53	0.72	3.12	0.29	43.58	59.72	56.42	49.28
	N+C	7.12	0.88	3.05	0.85	57.70	8.59	42.30	91.41
	NP+C	7.60	1.07	2.75	0.38	63.82	64.49	36.18	35.60
	NPK+C	7.98	1.01	3.19	0.64	60.03	36.63	39.97	63.77
1990—1991	C	5.66	0.76	2.47	0.76	56.36	21.41	43.64	80.37
	N+C	6.69	0.97	3.47	0.79	48.13	24.76	51.87	78.37
	NP+C	6.67	1.05	4.48	0.91	32.83	29.13	67.17	75.24
	NPK+C	7.30	1.27	4.41	0.72	39.59	17.24	60.41	70.87
1991—1992	C	6.60	0.87	2.80	0.89	57.96	16.82	42.04	82.76
	N+C	9.29	1.07	5.11	1.07	44.99	18.30	55.01	83.18
	NP+C	9.88	1.31	5.09	0.99	44.48	18.18	55.52	81.68
	NPK+C	9.44	1.21	4.63	0.74	50.85	20.43	49.05	81.82
1992—1993	C	5.98	0.93	3.55	0.77	40.60	20.43	59.36	81.60
	N+C	8.69	1.07	4.49	0.86	43.15	18.63	56.85	81.82
	NP+C	8.59	1.30	4.95	1.04	42.37	20.20	57.63	79.57
	NPK+C	9.68	1.38	5.26	1.01	45.66	26.82	54.34	81.37

（续表）

年　份	处　理	投料养分（kg）		猪圈肥养分（kg）		养分损失率（%）		养分循环率（%）	
		N	P	N	P	N	P	N	P
1993—1994	C	4.91	0.68	3.57	0.53	27.29	22.06	72.71	77.94
	N + C	7.25	0.67	3.71	0.52	48.83	22.39	51.17	77.61
	NP + C	7.84	1.09	5.30	0.85	32.40	22.02	67.60	77.98
	NPK + C	9.08	1.12	5.43	0.91	40.20	18.75	59.78	81.25
1994—1995	C	3.81	0.79	0.60	0.12	84.25	84.81	15.75	15.19
	N + C	4.89	0.91	0.98	0.18	79.99	80.12	20.01	19.18
	NP + C	4.96	1.05	0.99	0.21	80.00	80.00	20.00	20.00
	NPK + C	6.15	1.97	1.68	0.31	72.68	84.26	27.32	15.74
1995—1996	C	4.07	0.88	2.32	0.43	43.00	51.14	57.00	48.86
	N + C	5.36	1.13	3.44	0.69	35.82	45.13	64.18	54.87
	NP + C	7.37	1.71	4.41	0.92	40.16	46.20	59.81	53.80
	NPK + C	8.17	2.18	5.09	1.07	37.70	50.91	62.30	49.09
1996—1997	C	4.43	1.01	3.82	0.88	13.77	12.87	86.23	87.13
	N + C	6.35	1.52	5.51	1.18	13.22	22.37	86.78	77.63
	NP + C	7.09	1.87	5.95	1.32	16.07	29.41	83.93	70.59
	NPK + C	8.82	2.18	6.17	1.33	30.00	39.02	70.00	61.00
1997—1998	C	4.79	1.23	2.55	0.60	46.76	51.22	53.24	48.78
	N + C	5.21	1.40	2.55	0.64	51.02	54.29	48.94	45.71
	NP + C	8.39	1.75	6.63	1.18	21.00	32.51	79.00	67.43
	NPK + C	9.97	2.40	6.53	1.42	34.50	40.83	59.17	59.17
1998—1999	C	4.11	0.92	2.32	0.41	43.55	55.43	56.45	44.57
	N + C	4.35	1.02	3.80	0.75	12.64	26.47	87.36	73.53
	NP + C	5.21	1.45	3.31	0.82	36.47	43.45	63.53	56.55
	NPK + C	8.89	2.27	3.21	1.51	63.89	44.48	36.11	65.52
平均值		6.72	1.15	3.53	0.76	47.00	35.37	52.87	65.34

　　根据 12 年 48 组试验的平均值，氮的循环率为 0.49，氮的损失率为 0.51，损失率的变化范围为 0.13～0.84。磷与氮不同，作物收获产品中磷经由人畜消费而引起的损失仅限于未成年动物体对食物中磷的吸收积累，对于占人口约 2/3 的成人和已成年的役畜，食物和排泄物中的磷应该是数量平衡的，肥料中磷在堆腐过程中的损失也仅限于管理不当引起的流失。因此作物产品磷经由喂饲—堆腐过程的损失率可远低于氮，于是通过农家肥的施用而返回农田的磷循环率显著高于氮。12 年 48 次喂饲—堆腐试验获得投料（饲料、褥料）中磷的损失率为 0.39，即循环率为 0.61（王德禄等，2001a）。

（二）不同养分再循环利用方式下的作物产量

通过 1985—2010 年的作物产量及施肥对作物产量年际波动影响的研究，各处理供试三种作物的混合平均产量见表 3 – 16。由于受气候因素中热量的限制，在试验的地区，大豆、玉米、小麦三种作物的产量均不高，在试验设计中的最佳施肥条件下，26 年的平均产量为大豆 $2t/hm^2$、玉米 $5.4t/hm^2$、小麦 $2.7t/hm^2$。用产量在年际间的变异系数表征作物产量的年际间波动可以看出，完善的施肥措施可显著提高作物产量在年际间的稳定性；不施肥的 CK 处理的产量变异系数最大，随着养分供给的改善，变异系数下降，产量趋于稳定；而保持系统中养分循环再利用也有助于进一步提高作物产量的稳定性。

表 3 – 16   不同施肥处理下大豆、玉米、小麦平均风干产量和变异系数（1985—2010 年）

项目	作物	部位	处理							
			CK	CK + C	N	N + C	NP	NP + C	NPK	NPK + C
产量（kg/hm²）	大豆	籽实	1 650	1 750	1 692	1 803	1 819	1 901	1 914	2 011
		秸秆	2 168	2 570	2 334	2 685	2 695	2 853	2 793	3 096
	玉米	籽实	3 313	3 876	4 391	4 766	4 794	5 107	5 048	5 455
		秸秆	6 244	7 354	8 099	8 901	8 827	9 497	9 250	10 265
	小麦	籽实	1 719	1 869	2 165	2 248	2 364	2 544	2 585	2 653
		秸秆	2 804	3 044	3 472	3 665	3 893	4 256	4 267	4 510
变异系数	大豆	籽实	0.25	0.22	0.24	0.22	0.23	0.20	0.20	0.18
		秸秆	0.24	0.21	0.23	0.20	0.22	0.19	0.18	0.16
	玉米	籽实	0.27	0.25	0.25	0.23	0.22	0.19	0.18	0.16
		秸秆	0.28	0.24	0.22	0.21	0.21	0.21	0.18	0.16
	小麦	籽实	0.35	0.31	0.27	0.25	0.23	0.21	0.18	
		秸秆	0.32	0.30	0.30	0.29	0.28	0.25	0.23	0.20

（三）养分在作物体内的分配

1. 籽实和秸秆的养分浓度

不同处理对作物籽实和秸秆养分浓度的影响

不同施肥处理 3 种作物籽实和秸秆中氮、磷、钾浓度 11 年结果的平均值见表 3 – 17。试验中大豆不施氮肥，但大豆区的 CK + C、N + C、NP + C、NPK + C 处理则施循环有机肥，可以看出，大豆籽实及秸秆的氮浓度十分稳定，不施肥处理区籽实和秸秆中的氮浓度仅较施肥处理区略低；小麦与玉米籽实、秸秆中的氮浓度则明显随施氮而上升，玉米尤为明显。施磷肥均可提高 3 种作物籽实中的磷浓度，秸秆中的磷浓度也略有提高。自 1997 年起该长期试验未设施钾处理，但施循环有机肥的处理可获得来自猪圈肥的钾，可以看出，施猪圈肥处理的 3 种作物秸秆和籽实中的钾浓度均较对应的只施化肥处理略高。t 检验的结果表明，氮肥对 3 种作物籽实氮浓度均有极显著的影响 [$(t = 5.88 \sim 19.5)$ > $(t_{0.01} = 2.76)$，下同]，磷肥对 3 种作物籽实磷浓度的影响也均达到了极显著水平（$t = 6.41 \sim 12.94$）。循环有机肥（猪圈肥）对 3 种作物籽实的氮、磷、钾浓度的影响分别为：对氮影响极显著（$t = 4.41 \sim 6.39$）；对磷的影响，除 NP 与 NP + C 处理对小麦磷的影响不显著外，其余均极显著（$t = 3.63 \sim 16.67$）；对于钾，除 CK 与 CK + C 处理对小麦、玉米的影响不显著外，其他施猪圈肥处理的 3 种作物的籽实钾浓度均略有提高，其影响也极显著（$t = 4.12 \sim 14.3$）。

表 3 - 17　1985—1995 年不同施肥处理作物籽实、秸秆的平均养分浓度（单位：g/kg）

养　分	处　理	大　豆		玉　米		小　麦	
		籽实	秸秆	籽实	秸秆	籽实	秸秆
氮	CK	65.3	7.3	12.2	6.8	22.0	4.4
	CK + C	66.7	7.6	12.5	7.0	22.6	4.4
	N	66.3	7.7	14.2	7.3	22.9	4.5
	N + C	66.6	7.8.	15.2	7.7	22.9	4.7
	NP	66.1	7.6	14.8	7.2	22.7	4.4
	NP + C	66.5	7.8	15.6	7.8	23.1	5.0
	NPK	65.6	7.4	15.2	7.2	22.3	4.6
	NPK + C	66.2	7.5	15.7	8.1	22.3	5.2
	平均	66.2	7.6	14.4	7.4	22.7	4.7
磷	CK	5.9	0.6	3.2	0.7	3.2	0.6
	CK + C	6.1	0.7	3.3	0.7	3.3	0.6
	N	6.1	0.7	3.3	0.7	3.2	0.6
	N + C	6.2	0.7	3.5	0.7	3.5	0.7
	NP	6.4	0.7	3.6	0.7	3.6	0.6
	NP + C	6.5	0.7	3.7	0.7	3.6	0.7
	NPK	6.7	0.7	3.8	0.7	3.8	0.6
	NPK + C	7.1	0.7	4.0	0.8	4.0	0.7
	平均	6.4	0.7	3.6	0.7	3.5	0.7
钾	CK	14.8	5.0	3.2	7.1	4.0	8.8
	CK + C	15.2	5.1	3.1	7.3	4.0	9.0
	N	15.2	5.3	3.2	7.4	4.1	9.1
	N + C	15.5	5.4	3.3	7.7	4.2	9.6
	NP	15.2	5.2	3.1	7.4	4.1	9.2
	NP + C	15.6	5.6	3.4	7.9	4.3	10.0
	NPK	15.3	5.2	3.2	7.6	4.1	9.6
	NPK + C	15.8	5.8	3.5	8.1	4.4	10.7
	平均	15.3	5.3	3.2	7.6	4.1	9.5

综上所述，在本试验正常的施肥量范围内，通过施肥改善氮、磷、钾养分的供给均可提高大豆、玉米、小麦3种作物收获时体内的养分浓度，尤以氮、磷对籽实的影响较为明显，但提高的幅度均不大。

作物产量与养分浓度的关系

作物生长状况是作物生长期间气候和土壤水肥环境等众多因素的综合反映，通常可用作物的籽实产量来表征。在本试验中，小麦籽实的氮浓度随小麦产量的提高有上升趋势（图3-22），玉米也有相似的趋势，但不如小麦的明显。玉米、小麦籽实中的磷浓度也有随产量提高而上升的趋势，其余未见明显的相关性。

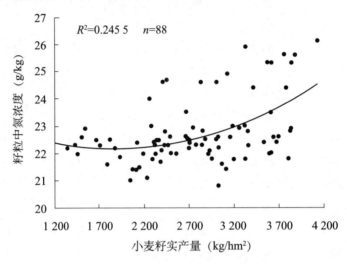

图 3-22　小麦籽实氮浓度与产量关系

2. 养分在籽实与秸秆中的分配

施肥对作物养分分配的影响

施肥对养分在籽实及秸秆中的分配有一定影响，如随氮，磷养分的合理供给会有较多的养分进入玉米、小麦的籽实中。从表3-18可以看出，收获期氮、磷、钾养分在3种作物籽实和秸秆中的分配比较稳定：大豆收获的氮有87%、磷有88%、钾有69%在籽实中；玉米收获的氮有58%、磷有79%、钾有23%在籽实中；小麦收获氮有77%、磷有78%、钾有23%在籽实中。导致大豆籽实氮、磷含量所占比例比秸秆偏高的可能原因：一是钾主要富集在秸秆中，二是大豆收获时大部分叶片已经凋落。

由以上结果看，大豆养分的分配则似乎有些反常，一般情况下施肥可使较多的养分（氮、磷、钾）分配至秸秆，其原因可能是不施肥处理的大豆收获时几乎全部叶片皆已脱落，而施肥处理的大豆尚可保留一定数量的未凋落叶片。对结果进行 t 检验可以看出，在本试验正常施肥量条件下，施肥对养分在籽实和秸秆中的分配比例的多数情况下没有显著影响，只有在通过猪圈肥的施用供给一定量的钾时，钾在大豆籽实和秸秆中的分配比例才会受到显著的影响 $[(t=2.13\sim3.56)>(t_{0.05}=1.81)]$，同样施磷肥对磷在玉米籽实、秸秆中的分配比例也有显著的影响 $[(t=2.30\sim4.97)>(t_{0.05}=1.81)]$。

表 3 – 18　1985—1995 年不同施肥处理作物籽实与秸秆中的养分含量比（籽实/秸秆）

处　理	大　豆			玉　米			小　麦		
	N	P	K	N	P	K	N	P	K
CK	7.2	7.4	2.4	1.2	3.4	0.3	3.2	3.4	0.3
CK + C	6.6	7.0	2.2	1.3	3.5	0.3	3.4	3.4	0.3
N	6.9	7.3	2.3	1.4	3.6	0.3	3.4	3.4	0.3
N + C	6.3	6.7	2.1	1.4	3.5	0.3	3.3	3.6	0.3
NP	6.4	7.1	2.2	1.6	3.9	0.3	3.5	3.9	0.3
NP + C	6.2	7.0	2.0	1.5	3.9	0.3	3.1	3.5	0.3
NPK	6.5	7.0	2.2	1.6	3.8	0.3	3.3	4.0	0.3
NPK + C	6.3	7.1	2.0	1.4	3.9	0.3	3.1	3.8	0.3
平　均	6.6	7.1	2.2	1.4	3.7	0.3	3.3	3.6	0.3

作物产量与养分分配的关系

图 3 – 23 显示，三种作物均表现为随着产量的提高有较多的氮进入籽实，尤以大豆最为明显，籽粒氮/秸秆氮之比与大豆籽实产量的关系可以表述为 $y = 0.005x - 1.747$（$R^2 = 0.296^{**}$）；随着大豆产量的提高，更多的磷分配在籽实中（$y = 0.005x - 1.190$，$R^2 = 0.369^{**}$）（图 3 – 24）；但有较多的钾则分配在秸秆中（$y = 0.001x - 0.073$，$R^2 = 0.190^{**}$）（图 3 – 25）。玉米、小麦产量对磷、钾在籽实和秸秆中分配的影响在本试验中不甚明显，在此不作讨论。

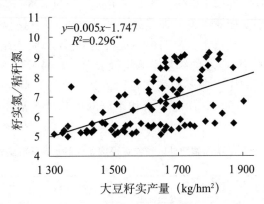

图 3 – 23　大豆籽实和秸秆中氮含量比例与产量的关系

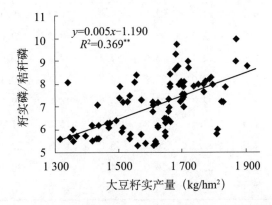

图 3 – 24　大豆籽实和秸秆中磷含量比例与产量的关系

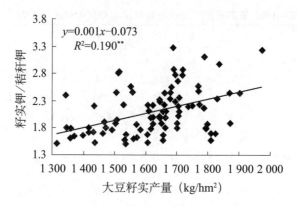

$y=0.001x-0.073$
$R^2=0.190**$

图 3 - 25　大豆籽实和秸秆中钾含量比例与产量的关系

3. 形成单位作物产量的养分收获量

粮食作物的经济产量指籽实产量。作物单位经济产量收获的养分量是估算农田养分移出量的重要参数，农业手册中常记载这一类参数，但差异大且定义不明。本书以烘干籽实产量表示作物产量，产品中养分含量则以收获的养分量表示，因此不包括作物根茬、根和凋落物中的养分量。当以风干产量为基数估算收获养分量时，可根据各地收获籽实的含水率折算。

施肥对作物养分收获量的影响

不同处理 3 种作物 11 年收获的养分量及平均值见表 3 - 19。由此可以看出，磷肥的施用可明显提高大豆每形成 1 000kg 烘干籽实所收获的磷量，但对收获的氮、钾量的影响较小；而玉米和小麦在氮、磷、钾养分合理供给时，均可提高每 1 000kg 籽粒所收获的氮、磷、钾量，其中氮对于玉米的影响更为明显。t 检验的结果表明，磷肥对 3 种作物每形成 1 000kg 籽实所收获的磷量影响均极显著（$t=4.03\sim9.47$），氮肥影响不显著。施循环有机肥（猪圈肥）与不施处理相比，对大豆每 1 000kg 籽实收获的钾量有极显著的影响（$t=3.88\sim8.08$），而对玉米和小麦的影响比大豆小（$t=0.497\sim5.78$ 和 $t=0.445\sim4.32$）。

表 3 - 19　1985—1995 年不同施肥处理作物每形成 1 000kg 烘干籽实的平均养分收获量

（单位：g/kg）

处　理	大　豆			玉　米			小　麦		
	N	P	K	N	P	K	N	P	K
CK	74.6	6.7	21.2	23.8	4.3	14.3	29.4	4.2	18.1
CK + C	77.0	6.9	22.2	23.4	4.3	14.5	29.6	4.3	18.2
N	76.3	6.9	22.1	25.6	4.4	14.6	30.0	4.3	18.4
N + C	77.5	7.2	23.0	27.3	4.7	15.4	30.1	4.6	18.9
NP	76.7	7.3	22.4	25.8	4.7	14.4	29.5	4.6	18.4
NP + C	77.5	7.5	23.5	27.8	4.8	15.6	31.0	4.7	20.4
NPK	77.2	7.7	22.7	26.1	5.0	14.8	29.5	4.8	19.0
NPK + C	76.6	7.7	22.7	26.0	4.7	15.0	30.1	4.6	19.1
平　均	76.6	7.3	22.7	26.0	4.7	15.0	30.1	4.6	19.1

产量与养分收获量的关系

理论上，良好的作物生长环境有利于养分分配至籽实中，从而增加每形成 1 000kg 籽实所收获的养分量，在本试验中，随着三种作物生长状况的改善和产量提高，每形成 1 000kg 籽实所收获的养分量确有下降的趋势，但只有大豆产量对所收获钾量的影响较为明显，即随大豆产量的提高，每 1 000kg 烘干大豆籽实的收获钾量明显减少（图 3 –26）。

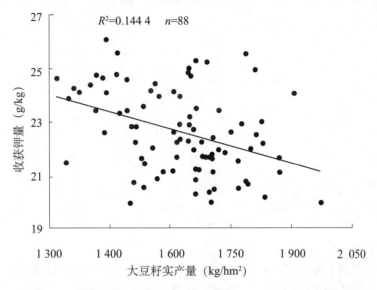

图 3 –26　每形成 1 000kg 烘干大豆籽实所收获的钾量与大豆产量的关系

综上所述，成熟作物体内的养分浓度、收获产品中养分在籽实和秸秆中的分配比例以及每形成单位籽实产量所收获的养分量等参数均不同程度地受施肥和作物生长状况所影响，不过在本试验的正常施肥水平条件下，上述参数受施肥和作物生长状况影响而发生的变化不大，各项参数均较稳定，因此可直接用于本地区农田养分收支估算而不必考虑年份和施肥引起的微小差别（王德禄等，2001b）。

4. 农田养分再循环对土壤养分平衡的影响

土壤养分输入量

养分输入量按试验设计计算，如上所述，处理 CK + C、N + C、NP + C、NPK + C 自 1987 年起每年施用循环有机肥（猪圈肥）。根据作物收获物中的养分量（磷、钾与表 3 –22 中磷、钾移出量相同，氮按大豆实际收获的氮量计算）的 80% 和养分在喂饲—堆腐过程中的循环率计算，得到各处理回田猪圈肥养分量。由于试验 15 年中仅 13 年施用循环猪圈肥（1985 年、1986 年无循环猪圈肥回田），故将计算结果再校正为 15 年的平均年循环回田养分量（表 3 –20）。1985—1999 年各处理年均施入肥料养分量见表 3 –21。

表 3 –20　15 年平均年循环回田养分量　　　　［单位：kg/（hm² · a）］

养　分	CK + C	N + C	NP + C	NPK + C
氮	31. 9	40. 1	42. 9	45. 4
磷	6. 38	8. 34	9. 06	10. 30
钾	24. 1	30. 9	34. 1	37. 0

表 3 – 21　1985—1999 年不同施肥处理养分年均输入量

[单位：kg/(hm² · a)]

养分	肥料	各处理养分年均输入量							
		CK	CK + C	N	N + C	NP	NP + C	NPK	NPK + C
氮	化肥	0	0	74.2	74.2	74.2	74.2	74.2	74.2
	猪圈肥	0	31.9	0	40.1	0	42.9	0	45.4
	合计	0	31.9	74.2	114.3	74.2	117.1	74.2	119.6
磷	化肥	0	0	0	0	18.88	18.88	19.63	19.63
	猪圈肥	0	6.38	0	8.34	0	9.08	0	10.30
	合计	0	6.38	0	8.34	18.88	27.96	19.63	29.93
钾	化肥	0	0	0	0	0	0	12.0	12.0
	猪圈肥	0	24.1	0	30.9	0	34.1	0	37.0
	合计	0	24.1	0	30.9	0	34.1	12.0	49.0

土壤养分移出量

收获时作物地上部分所含养分随收获物一起移出农田，为土壤养分移出量，其中大豆收获时土壤氮的移出量约为大豆收获氮量的 1/3，如前所述。表 3 – 22 为 1985—1999 年不同施肥处理土壤平均年养分移出量。根据 1985—1999 年三种作物 15 年的平均风干产量，按大豆平均干率 0.86、玉米平均干率 0.82、小麦平均干率 0.89，计算出三种作物平均烘干产量，以及表 3 – 18 中不同施肥处理作物每形成 1 000kg 烘干籽实平均收获的养分量。由表 3 – 22 可见，玉米产量高，土壤氮、磷、钾养分的移出量最大；其次是小麦；大豆产量低且能固氮，故移出的养分量最少。施肥提高了作物产量，也在一定程度上提高了作物体内的养分含量（王德禄等，2001b；张璐等，1992），因此施肥处理的土壤养分移出量远高于不施肥处理。

表 3 – 22　1985—1999 不同施肥处理土壤平均年养分移出量

[单位：kg/(hm² · a)]

养分	处理	大豆	玉米	小麦	平均
氮	CK	39.4	81.3	56.3	59.0
	CK + C	40.9	88.8	62.5	64.1
	N	41.4	114.0	78.5	78.0
	N + C	42.9	131.7	83.4	86.0
	NP	41.4	125.0	82.7	83.0
	NP + C	43.2	144.0	92.4	93.2
	NPK	42.4	130.8	88.6	87.3
	NPK + C	44.0	156.3	99.1	99.8

（续表）

养分	处理	大豆	玉米	小麦	平均
磷	CK	10.63	14.68	8.04	11.1
	CK + C	10.99	16.32	9.08	12.1
	N	11.22	19.59	11.25	14.0
	N + C	11.95	22.67	12.75	15.8
	NP	11.83	22.77	12.90	15.8
	NP + C	12.55	24.84	14.01	17.1
	NPK	12.85	25.06	14.42	17.4
	NPK + C	13.90	28.51	16.04	19.5
钾	CK	33.6	48.8	34.6	39.0
	CK + C	35.4	55.0	38.4	42.9
	N	35.9	65.0	48.2	49.7
	N + C	38.2	74.3	52.4	55.0
	NP	36.3	69.8	51.6	52.6
	NP + C	39.3	80.7	60.8	60.3
	NPK	37.9	74.2	57.1	56.4
	NPK + C	41.4	88.8	67.0	65.7

土壤养分的收支平衡

表3-23为1985—1999年各施肥处理15年的平均年养分收支状况，其中收入项为施肥输入的养分，支出项为作物收获移出的养分，不包括如大气沉降、生物固氮等养分输入和氨挥发、反硝化、淋失等养分支出，因此这里仅就养分的施肥输入和作物收获移出两项进行比较。

表3-23　1985—1999不同施肥处理土壤养分年收支平衡状况

[单位：kg/(hm² · a)]

养分	项目	CK	CK + C	N	N + C	NP	NP + C	NPK	NPK + C
氮	收入	0	31.9	74.2	114.3	74.2	117.1	74.2	119.6
	支出	59.0	64.1	78.0	86.0	83.0	93.2	87.3	99.8
	平衡	-59.0	-32.2	-3.8	28.3	-8.8	23.9	-13.1	19.8
磷	收入	0	6.38	0	8.34	18.88	27.96	19.63	29.93
	支出	11.12	12.13	14.02	15.79	15.83	17.13	17.44	19.48
	平衡	-11.12	-5.75	-14.02	-7.45	3.05	10.83	2.19	10.45
钾	收入	0	24.1	0	30.9	0	34.1	12.0	49.0
	支出	39.0	42.9	49.7	55.0	52.6	60.3	56.4	65.7
	平衡	-39.0	-18.8	-49.7	-24.1	-52.6	-26.2	-44.4	-16.7

　　我国农业中化肥的施用大抵是按 20 世纪 50—60 年代施氮肥→70—80 年代施氮磷肥→80—90 年代施氮、磷、钾肥这一时间序列发展的（沈善敏，1998）。本试验中的处理 N、NP、NPK 可代表上述不同年代的化肥施用模式。配合农业中养分循环再利用，本试验中的处理 CK＋C、N＋C、NP＋C、NPK＋C 则代表了施肥不同阶段化肥和循环有机肥回田相结合的施肥模式。由表 3－19 可以看出，不同的施肥模式对土壤养分状况可产生不同的影响：单施氮肥加剧了土壤磷、钾的亏缺；而氮、磷并用，则进一步加剧了土壤钾的亏缺；保持农田系统中养分的循环再利用，可以缓解但不能从根本上消除土壤养分的亏缺。因此可以认为，通过对本试验中不同施肥模式的养分平衡计算，可以阐明 20 世纪 70 年代我国农业中大面积贫磷土壤和 80 年代大面积缺钾土壤形成的原因。

　　由于本试验供试黑土的肥力较高（1985 年试验开始时土壤有效磷为 25.8mg/kg，代换性钾为 191mg/kg），因此试验设计的化肥用量为低量，施用量大体相当于作物收获的养分量，期望其中的优化施肥模式（NP＋C 和 NPK＋C）可同时实现作物丰产和土壤养分的收支平衡，以保持土壤有效磷库、钾库稳定在一定水平上，避免过多的剩余化肥氮进入环境。结果表明，8 个施肥模式中的 2 个最优模式 NP＋C 和 NPK＋C 实现了作物丰产，玉米、小麦产量达到了我国高纬度地区的丰产水平，15 年平均玉米单产为 6.5～6.9t/hm²，小麦单产为 3.4～3.5t/hm²，大豆产量略低也达到了 2t/hm²（刘鸿翔等，2001）。上述两个处理 15 年平均的磷均略有盈余（年盈余额为 10.5～10.8kg/hm²），有利于保持和扩大土壤有效磷库。由于 1997 年以后开始设置钾肥处理（1997 年起处理 NPK、NPK＋C 年施钾量为 60kg/hm²），按 15 年平均计算，两处理的钾均为亏缺；若以 1997 年以后的 3 年计算，则两处理的钾均可达到收支平衡，并有盈余。化肥氮加循环猪圈肥回田处理（N＋C、NP＋C、NPK＋C）每年氮的收支盈余超过 20kg/hm²，考虑到尚有外源氮的输入（如大气沉降、生物固氮等），其余额将远远超过此数，其中的一部分相信可通过各种途径进入环境。因此，可以认为本试验的化肥氮用量略高（刘鸿翔等，2002）。

六、主要结论与展望

（一）主要结论

1. 耕层黑土有机质含量变化与肥力演化

　　形成黑土的母质比较黏重，有机质在土壤中的作用除了能矿化形成氮素肥力和磷素肥力外，更重要的作用是改善土壤结构和促进土壤中的生物化学过程，形成水、肥、气、热更符合作物根系生长的土壤条件，由于根系生长条件和微生物活动条件的改善，使得土壤的物质转化和代谢加快，有利于土壤生态环境向更适合作物生长发育的方向发展。

2. 区域循环生产的有机肥料还田可以控制黑土有机碳下降速度并保持平衡

　　区域内农田生产产品通过喂饲动物—秸秆腐解后还田的方式，可以控制黑土有机质的下降速度，适宜的化肥配合循环有机肥，可以保持黑土有机碳的平衡或者略有提升。循环有机肥有改善土壤有机质品质的功能，使土壤有机质的组分更有利于提高土壤肥力。区域性的循环有机肥还田，很难快速地提高土壤有机质含量，因此秸秆还田和粮草轮作与奶牛养殖一体化的模式，是快速提高区域土壤有机质的优化技术模式。

3. 养分利用方式改变了土壤中氮、磷、钾的含量

　　在施用化肥的过程中，氮肥不能提高土壤的含氮量，只能对当季作物发挥增产作

用。磷肥能直接提高土壤磷的含量，土壤中磷的含量与使用的磷肥量有相关关系，主要原因是磷肥在黑土中极少移动。钾肥虽然在土壤中可以随水迁移，但是由于土体黏重，淋洗缓慢，大部分保留在土壤品，所以施用钾肥与土壤含钾量也有很大关系。循环有机肥的施用，可以提高土壤的全氮含量；土壤全氮含量与土壤有机质有显著的线性相关性。

4. 不同养分循环模式对黑土酸化的影响明显

使用化肥尤其是氮肥会导致土壤酸化，但是在黑土这个地区，长期定位试验的检测结果显示，化肥有使土壤酸化的趋势，但是目前还不能肯定使用化肥致使土壤酸化的幅度，以及什么程度会直接影响作物的生长。有关黑土酸化的后效还有待进一步的实验观察。循环有机肥与化肥配合使用，使土壤 pH 值在一定的小范围内波动，pH 值既没有明显升高也没有明显降低的趋势。

5. 不同养分循环模式影响作物产量

化肥依然是粮食增产的重要保证，有机肥是提高土壤肥力的重要保证。化肥施用和保持农业系统中养分资源的循环再利用，依然是提高黑土农田产量和保护农村环境的重要措施，但受黑土区热量较低的限制，化肥和农家肥养分的增产报酬明显低于热量丰沛的我国南部地区。化肥养分报酬（粮食）达到 N 9.4kg、P 12.7kg；接近或相当于全国第三次肥料试验网获得的平均单位投入养分的增产报酬。

（二）存在问题和研究展望

1. 黑土养分循环再利用定位试验存在的主要问题

海伦站的长期定位试验始于 1985 年，距现在已有 28 年，沈善敏先生在 28 年前设计的长期试验，在我国属于最早几个长期试验之一，如果从当时的科学水平来看，已经是国际领先水平，具有前瞻性和创新性。但是随着时间的推移，一些科学问题解决了，生产上也发生了重大变化，但还会出现一些新的问题，这就需要后人有新的智慧利用这些长期定位试验的平台，解决国家需求和科学需求问题。

2. 田间长期定位试验的设计与科学问题

长期定位试验的设计必须围绕科学问题，进行组合设计。黑土开垦时间短，估计有 50～200 年，开垦前的土壤状态具有丰富的资料和材料，所以对于黑土由自然土壤向农田土壤转化过程的研究，即由黑土自然生态系统向农田生态系统演化过程的研究成为可能，并且土壤演化过程的研究，能为我们揭示土壤形成的一些基本规律，为我们今天的土壤管理提供理论支撑，具有十分重大的科学意义。在农田形成生产能力的五大人工控制系统，即种子、肥料、耕作、轮作和病虫草害防治中，肥料、耕作、轮作对土壤演化方向具有决定性作用，明确这些措施对土壤肥力演变的作用机制，是我们目前尚需继续解决的科学问题。针对黑土的肥力演化过成，海伦站设计了 2 个系列的长期定位试验，第一个系列包括 3 组试验，主要由自然草地、人工草地、裸地和无肥区农田组成，主要研究在无肥料投入条件下的黑土肥力演化过程；第二个系列包括肥料（6 组）、耕作（2 组）、轮作（2 组），主要研究人类活动下的耕作土壤肥力演化过程与机制。

3. 长期、短期与模拟相结合

一个长期试验需要许多年方能见成果，而我们不可能在这样漫长的时间里去等待，针对一组长期定位试验的田间结果和所获得的土壤材料，进行模拟试验和配套短期试验，以期明确一个科学问题，这是个值得提倡的技术路线。

4. 长期的管理

一个长期试验往往是十几年、几十年或者上百年，从管理的角度看，往往是几代人的任务，在一代人当中由于工作变换等原因，又会是若干人进行管理，在管理上出现误差是不可避免的，另外还有自然灾害的因素，也会造成误差。从这个角度出发，我们在设计试验或管理时，必须有所侧重，如以土壤学研究为主，那么在生物学产量上，就要相对放松，因为研究的主要目的是了解是在某种管理方式下的土壤学变化规律；如果想要的是生物学产量，设计时就要考虑生物学为主的一些条件，如品种、保护行、病虫害、旱涝、低温等。目前，由于田间试验受自然、人工和经费的限制，无法求全求精。

韩晓增、邹文秀

参考文献

［1］安志装，介晓磊，李有田．2002．合成磷源在石灰性潮土中的有效性及氮肥形态对其的影响［J］．土壤学报，39（5）：735－742．

［2］鲍士旦．2000．土壤农化分析［M］．北京：中国农业出版社．

［3］曹一平，崔建宇．1994．石灰性土壤中油菜根际磷化学动态及生物有效性［J］．植物营养与肥料学报，1994，1（1）：50－54．

［4］傅伯杰，于秀波．2010．基于观测与试验的生态系统优化管理［M］．北京：高等教育出版社．

［5］顾益初，蒋柏藩．1990．石灰性土壤无机磷分级的测定方法［J］．土壤，22（2）：101－102．

［6］黑龙江省土地管理局．1992．黑龙江土壤［M］．北京：中国农业出版社．

［7］韩秉进，陈渊，乔云发，等．2004．连年施用有机肥对土壤理化性状的影响［J］．农业系统科学与综合研究，20（4）：294－296．

［8］韩晓增，王守宇，宋春雨，等．2005．土地利用/覆盖变化对黑土生态环境的影响［J］．地理科学．25（2）：203－208．

［9］韩晓增，王守宇，宋春雨，等．2003．海伦地区黑土农田土壤水分动态平衡特征研究［J］．农业系统科学与综合研究，19（4）：252－255．

［10］韩晓增，王守宇，宋春雨．2001．黑土有机质功效的研究［J］．农业系统科学与综合研究，17（4）：256－259．

［11］何万云．1992．黑龙江土壤［M］．北京：中国农业出版社．

［12］李阜棣，胡正嘉．2003．微生物学［M］．北京：中国农业出版社．

［13］刘建国，卞新民，李彦斌，等．2008．长期连作和秸秆还田对棉田土壤生物活性的影响［J］．应用生态学报，19（5）：1 027－1 032．

［14］刘景双，于君宝，王金达，等．2003．松辽平原黑土有机碳含量时空分异规律［J］．地理科学．23（6）：668－673．

［15］梁尧，韩晓增，丁雪丽，等．2012．不同有机肥输入量对黑土密度分组中碳、氮分配的影响［J］．水土保持学报，26（1）：174－178．

［16］鲁如坤，刘鸿翔，闻大中．1996．我国典型地区农生态系统养分循环和平衡研究，Ⅰ农田养分支出参数［J］．土壤通报，27（4）：145－151．

　　[17] 鲁如坤，刘鸿翔，闻大中．1996. 我国典型地区农生态系统养分循环和平衡研究，Ⅱ农田养分收入参数 [J]．土壤通报，27（4）：151 – 154.

　　[18] 鲁如坤，刘鸿翔，闻大中．1996. 我国典型地区农生态系统养分循环和平衡研究，Ⅴ农田养分平衡和土壤有效磷、钾消长规律 [J]．土壤通报，27（6）：241 – 242.

　　[19] 陆文友，曹一平，张福锁．1991. 根分泌的有机酸对土壤磷及微量元素的活化作用 [J]．应用生态学报，10（3）：379 – 382.

　　[20] 李孝良，于群英，俞华莲．2003. 黄褐土无机磷转化规律研究 [J]．土壤，(2)：171 – 173.

　　[21] 劳秀荣，吴子一，高燕春．2002. 长期秸秆还田改土培肥效应的研究 [J]．农业工程学报，18（2）：49 – 52.

　　[22] 刘晓昱．2006. 黑土农田生态系统的保育与发展 [J]，13（5）：143 – 145.

　　[23] 刘淑霞，赵兰坡，刘景双，等．2008. 施肥对黑土有机无机复合体组成及有机碳分布特征的影响 [J]．华南农业大学学报，29（3）：11 – 15.

　　[24] 吉林省土壤肥料总站．1998. 吉林土壤 [M]．北京：中国农业出版社．

　　[25] 江修业，王占哲，李树本．1993. 大豆玉米小麦高产栽培技术 [M]．北京：中国科学技术出版社．

　　[26] 姜岩．1998. 吉林土壤 [M]．北京：中国农业出版社．

　　[27] 贾文锦．1992. 辽宁土壤 [M]．沈阳：辽宁科学技术出版社．

　　[28] 孟凯，张兴义．1998. 松嫩平原黑土退化的机理及其生态复 [J]．土壤通报，20（3）：100 – 102.

　　[29] 孟凯，张兴义，隋跃宇，等．2003. 黑龙江海伦农田黑土水分特征 [J]．土壤通报，34（1）：11 – 14.

　　[30] 内蒙古自治区土壤普查办公室．1994. 内蒙古土壤 [M]．北京：科学出版社．

　　[31] 裴海崑．2002. 不同草甸植被类型下土壤有机磷类型及含量探讨 [J]．土壤，(1)：47 – 50.

　　[32] 乔樵，沈善敏，周绍权．1963. 东北北部黑土水分状况之研究 Ⅰ. 黑土水分状况的基本特征及其与成土过程的关系 [J]．土壤学报，11（2）：143 – 158.

　　[33] 乔云发，韩晓增，苗淑杰，等．2008. 黑土农田有机碳平衡与消长动态 [J]．水土保持学报，22（1）：96 – 99.

　　[34] 束良佐，邹德乙．2001a. 长期定位施肥对中壤无机磷形态及其有效性的影响 Ⅰ. 对各形态无机磷含量及比例的影响 [J]．辽宁农业科学，(1)：4 – 7.

　　[35] 束良佐，邹德乙．2001b. 长期定位施肥对中壤无机磷形态及其有效性的影响 Ⅱ. 肥料中的磷向各形态无机磷的转化及其有效性 [J]．辽宁农业科学，(2)：5 – 7.

　　[36] 史培军．1997. 人地系统动力学研究的现状与展望 [J]．地学前缘，4（1 – 2）：201 – 211.

　　[37] 沈善敏，万洪福，谢建昌．1998. 中国土壤肥力 [M]．北京：中国农业出版社．

　　[38] 谭周进，周卫军，张杨珠，等．2007. 不同施肥制度对稻田土壤微生物的影响研究．植物营养与肥料学报，13（3）：430 – 435.

　　[39] 汪景宽，王铁宇，张旭东，等．2002. 黑土土壤质量演变初探 Ⅰ. 不同开垦年限黑土主要质量指标演变规律 [J]．沈阳农业大学学报，33（1）：43 – 47.

　　[40] 王风，韩晓增，李海波，等．2006. 不同黑土生态系统的土壤水分物理性质研究 [J]．水土保持学报，20（6）：67 – 70.

　　[41] 王会肖，刘昌明．2000. 作物水分利用效率内涵及研究进展 [J]．水科学进展，11（1）：110 – 115.

　　[42] 王其存，齐晓宁，王洋，等．2003. 黑土的水土流失及其保育治理 [J]．地理科学，23（3）：361 – 365.

　　[43] 吴乐知，蔡祖聪．2007. 农业开垦对中国土壤有机碳的影响 [J]．水土保持学报，21（6）：

118 – 121.

［44］吴婕，朱钟麟，郑家国，等.2006. 秸秆覆盖还田对土壤理化性质及作物产量的影响［J］. 西南农学报，19（2）：192 – 195.

［45］吴景贵，王明辉，刘洁，等.1998. 非腐解有机物培肥对水田土壤理化性质的影响［J］. 吉林农业大学学报，20（1）：49 – 54.

［46］武志杰，张海军，许广山，等.2002. 玉米秸秆还田培肥土壤的效果［J］. 应用生态学报，13（5）：539 – 542.

［47］许艳丽，韩晓增.1995. 土壤条件与大豆重迎茬生长［M］//韩晓增. 大豆重迎茬研究. 哈尔滨：哈尔滨工程大学出版社.

［48］辛刚，关连珠，汪景宽.2002. 不同开垦年限黑土磷素的形态与数量变化［J］. 土壤通报，33（6）：425 – 428.

［49］解宏图，郑立臣，何红波，等.2006. 东北黑土有机碳、全氮空间分布特征［J］. 土壤通报，37（6）：1 058 – 1 061.

［50］徐泰平，朱波，汪涛，等.2006. 秸秆还田对紫色土坡耕地养分流失的影响［J］. 水土保持学报，20（1）：30 – 32，36.

［51］徐明岗，于荣，王伯仁.2000. 土壤活性有机质的研究进展［J］. 土壤肥料，（6）：3 – 7.

［52］中国科学院林业土壤研究所.1980. 中国东北土壤［J］. 北京：科学出版社.

［53］邹文秀，韩晓增，乔云发，等.2008. 不同生态恢复方式及施肥管理对退化黑土物理性状的影响［J］. 水土保持通报，28（6）：37 – 40.

［54］张明，白震，张威，等.2007. 长期施肥农田黑土微生物量碳、氮季节性变化［J］. 生态环境，16（5）：1 498 – 1 503.

［55］赵丽娟，韩晓增，王守宇，等.2006. 黑土长期施肥及养分循环再利用的作物产量及土壤肥力变化 IV. 有机碳组分的变化［J］. 应用生态学报，17（5）：817 – 821.

［56］张社奇，王国栋，时新玲，等.2005. 黄土高原油松人工林地土壤水分物理性质研究［J］. 干旱地区农业研究，23（1）：60 – 64.

［57］张伟，闫敏华，陈泮勤.2007. 松嫩平原近 50 年来生长季降水资源特征分析［J］. 干旱区资源与环境，21（10）：73 – 78.

［58］张兴义，隋跃宇，孟凯.2002. 农田黑土机械压实及其对作物产量的影响［J］. 农机化研究，（4）：64 – 67.

［59］周怀平，杨治平，李红梅，等.2004. 秸秆还田和秋施肥对旱地玉米生长发育及水肥效应的影响［J］. 应用生态学报，15（7）：1 231 – 1 235.

［60］张素君，张岫岚，刘鸿翔.1994. 东北黑土地区农业中磷肥残效的研究［J］. 土壤通报，25（4）：178 – 180.

［61］周广业，阎龙翔.1993. 长期使用不同肥料对土壤磷素形态转化的影响［J］. 土壤学报，30（4）：443 – 446.

［62］Gahoonia T S, Claassen N, Jungk A. 1992. Mobilization of phosphate in different soils supplied with ammonium or nitrate［J］. *Plaht and soil*, 140：241 – 248.

［63］Leher J R, Brown W E. 1958. Calcium phosphate fertilizers：A petrographic study of their alteration in soil［J］. *Soil Science Society of America*, 22（1）：29 – 32.

［64］Olsen S R, Cole C V, Watanabe F S, *et al.* 1954. Estimation of available phosphorus in soils by extraction with sodium bicarbonate. In ：USDA No. 939 , Washington. DC. USA：USA Gov. Print Office, 1 – 19.

［65］Yang J L, Zhang G L. 2003. Quantitative relationship between land use and phosphorus discharge in subtropical hilly regions of China［J］. *Pedosphere*, 13（1）：67 – 74.

第四章　长期施肥厚层黑土肥力演变和培肥技术

中国东北黑土是世界著名三大片黑土之一，总面积约 $7.03 \times 10^6 \, hm^2$，绝大部分分布在黑龙江和吉林两省。东北黑土区位于北纬43°~48°、东经124°~127°，北起黑龙江省的嫩江县，南至辽宁省的昌图县，呈北宽南窄的带状分布，南北长约900km，西界直接与松辽平原的草原和盐渍化草甸草原接壤，东界可延伸至小兴安岭和长白山山区的部分山间谷地以及三江平原的边缘，东西宽约300km，分布地形为起伏漫岗。黑龙江省的黑土面积占全国黑土面积的74.77%，主要分布在齐齐哈尔、绥化、黑河、佳木斯及哈尔滨等市。

黑土区属于温带大陆性季风气候区，其特点是四季分明，冬季寒冷漫长，夏季温热短促。多年平均降水量在500~600mm，大部分集中在4—9月的作物生长季，占全年降水总量的90%左右，尤其是7—9月为最多，占全年降水量的60%以上。作物生育期间水分较多，有利于作物的正常生长，并能促进土壤有机质的大量形成与积累。黑土区年平均气温为1~8℃，由南向北递减。黑土区≥10℃积温也由南向北递减，范围在3 200~1 700℃，南北相差很大。

由于长期耕作引起了黑土自然肥力的不断下降，造成了严重的土壤侵蚀，使土壤有机质含量下降，理化性状恶化以及动植物区系减少。黑土作为不可再生资源，其肥力下降将直接威胁东北地区乃至全国的粮食安全供给。因此，研究长期不同施肥条件下黑土肥力的变化特征，对保持和提高土壤肥力以及农业的可持续发展有重要意义，研究结果可为该区农业生产实践和合理施肥提供科学依据。

一、厚层黑土长期试验概况

（一）试验地基本概况

厚层黑土肥力长期定位监测试验建立在哈尔滨典型黑土上（东经126°35′，北纬45°40′，海拔151m），属松花江二级阶地，地势平坦，成土母质为洪积黄土状黏土，土层深厚（厚度可达30~100cm），气候属中温带大陆性季风气候，年平均气温3.5℃，年降水量533mm，无霜期135d。试验区土壤的剖面特征见表4-1，土壤剖面的基本理化性状如表4-2所示。

（二）试验设计

黑土肥力及肥料效益长期定位试验于1979年设立，1980年开始按小麦—大豆—玉米顺序轮作，试验区面积8 500m²，小区面积168m²。1980年开始时设16个常量施肥处理，1986年增加8个2倍量处理和8个4倍量处理，共32个处理，随机排列，无重复，其中8个4倍量施肥处理1992年以后为观察后效。常量施肥处理，在小麦和玉米上的施肥量为 N 150kg/hm²、P_2O_5 75kg/hm²、K_2O 75kg/hm²，在大豆上为 N 75kg/hm²、

表 4 - 1   厚层黑土试验区土壤剖面特征

剖面深度（cm）	特 征
0 ~ 20	棕褐色，中壤质，疏松，有小粒状结构，稍湿，多量植物根系，下部有不明显的犁底层
20 ~ 54	浅棕褐色，稍紧实，黏壤质，有少量铁锰结核，植物根系较少，无石灰反应，稍湿
54 ~ 85	黏壤质，浅棕色，有铁锰结核，出现少量二氧化硅（SiO_2）粉末，植物根系极少，稍湿，稍紧实，小粒状结构至无明显结构
85 ~ 115	棕黄色，黏壤质，SiO_2 粉末较多，植物根系极微量，比上层湿润，核状结构，有鼠洞，有小虫孔，有少量铁锰结核
115 ~ 165	暗棕色，黏壤质，紧实，大量 SiO_2 粉末形成花纹状，上部有铁锰结核，核块状结构，湿润
165 ~ 220	大块状结构，SiO_2 比上层少，紧实，有大量铁锈斑，靠底部偏黏，有大粒铁锰结核

表 4 - 2   厚层黑土供试土壤剖面的基本理化性状

层次 （cm）	有机质 （g/kg）	全 氮 （g/kg）	碱解氮 （mg/kg）	全 磷 （g/kg）	有效磷 （mg/kg）	全 钾 （g/kg）	速效钾 （mg/kg）	pH 值
0 ~ 10	27.0	1.48	149.2	1.07	51.0	25.31	210.0	7.45
10 ~ 20	26.4	1.46	153.0	1.07	51.0	25.00	190.0	7.00
20 ~ 30	23.9	1.40	160.4	1.00	48.3	26.25	200.4	7.10
30 ~ 45	14.1	0.64	85.9	0.66	8.0	24.06	184.0	7.45
45 ~ 85	13.6	0.57	87.7	0.70	21.0	29.06	174.0	7.50
85 ~ 115	20.3	1.07	69.0	0.90	25.0	28.13	194.0	7.00
115 ~ 165	6.1	0.36	54.1	0.85	31.5	21.25	160.0	7.22
165 ~ 220	6.0	0.45	31.7	0.98	40.8	21.25	160.0	7.20

注：采样时间为 1979 年 9 月

P_2O_5 150kg/hm^2、K_2O 75kg/hm^2，以 N、P、K 表示；有机肥为纯马粪，每轮作周期施 1 次，施于玉米茬，施用量为 N 75kg/hm^2（马粪约 18 600kg/hm^2），以 M 表示，二倍量组的施肥量为常量组的 2 倍，分别以 N_2、P_2、M_2 表示，各处理的施肥量见表 4 - 3。氮、磷、钾肥均在秋季一次性施入，氮肥为尿素，磷肥为三料过磷酸钙、磷酸二铵，钾肥为硫酸钾。每年秋季收获后采集田间土壤样品，在每小区中间位置随机选 5 点，用土钻取 0 ~ 20cm 土层土壤，多点混匀。样品风干后，干燥条件下储存备用。

由于城市化进程的加快，黑龙江省农业科学院试验地已经处于城市中心，与自然生产条件产生了差异，院试验地进行了置换。在充分调研论证的基础上，2010 年 12 月黑土长期定位试验在冻土条件下搬迁，整体原位搬迁到距原址 40km 的哈尔滨市民主镇，新址气候、土壤等自然条件与原址一致。搬迁后土壤实现无缝对接，对长期定位试验影响较小，并实现了数据的衔接。新址仍设 24 个处理，试验设常量无机肥料处理 8 个，有机肥加常量无机肥料处理 8 个，二倍量无机肥料处理 4 个，二倍量有机肥加无机肥料处理 4 个，分别为：①不施肥（CK）；②氮（N）；③磷（P）；④钾（K）；⑤氮磷（NP）；⑥氮钾（NK）；⑦磷钾（PK）；⑧氮磷钾（NPK）；⑨常量有机肥（M）；⑩常量有机肥＋常量氮（MN）；⑪常量有机肥＋常量磷（MP）；⑫常量有机肥＋常量钾（MK）；⑬常量有机肥＋常量氮磷（MNP）；⑭常量有机肥＋常量氮钾（MNK）；⑮常量有机肥＋常量磷钾（MPK）；⑯常量有机肥＋常量氮磷钾（MNPK）；⑰二倍量氮（N₂）；⑱二倍量磷（P₂）；⑲二倍量氮磷（N₂P₂）；⑳不施肥（CK₂）；㉑二倍量有机肥（M₂）；㉒二倍量有机肥＋二倍量氮（M₂N₂）；㉓二倍量有机肥＋二倍量磷（M₂P₂）；㉔二倍量有机肥＋二倍量氮＋二倍量磷（M₂N₂P₂）。3 次重复，随机排列，施肥、管理等条件不变，小区面积 36m²。无灌溉设施，不灌水。

表 4-3　长期定位试验处理及施肥量

处　理	N（kg/hm²）			P₂O₅（kg/hm²）			K₂O（kg/hm²）	有机肥（t/hm²）
	小麦	大豆	玉米	小麦	大豆	玉米		
CK	0	0	0	0	0	0	0	0
N	150	75	150	0	0	0	0	0
P	0	0	0	75	150	75	0	0
K	0	0	0	0	0	0	75	0
NP	150	75	150	75	150	75	0	0
NK	150	75	150	0	0	0	75	0
PK	0	0	0	75	150	75	75	0
NPK	150	75	150	75	150	75	75	0
M	0	0	0	0	0	0	0	18.6
MN	150	75	150	0	0	0	0	18.6
MP	0	0	0	75	150	75	0	18.6
MK	0	0	0	0	0	0	75	18.6
MNP	150	75	150	75	150	75	0	18.6
MNK	150	75	150	0	0	0	75	18.6
MPK	0	0	0	75	150	75	75	18.6
MNK	150	75	150	75	150	75	75	18.6
CK₂	0	0	0	0	0	0	0	0
N₂	300	150	300	0	0	0	0	0
P₂	0	0	0	150	300	150	0	0
N₂P₂	300	150	300	150	300	150	0	0
M₂	0	0	0	0	0	0	0	37.2
M₂N₂	300	150	300	0	0	0	0	37.2
M₂P₂	0	0	0	150	300	150	0	37.2
M₂N₂P₂	300	150	300	150	300	150	0	37.2

（三）测定项目和方法

全氮测定用开氏蒸馏法；土壤全磷测定用酸溶—钼兰比色法测定；全钾测定用火焰光度法；碱解氮测定用碱解扩散吸收法；有效磷用 Olsen 法提取，钼兰比色法测定；速效钾用 1mol/L NH$_4$OAC 浸提，原子吸收法测定（鲁如坤，1991）；有机质测定用丘林法；无机磷分组方法采用顾益初、蒋柏藩的分级方法（顾益初，1990；蒋柏藩，1990）。土壤微生物总量包括测定好气细菌总量、放线菌总量及真菌总量。好气细菌采用牛肉膏蛋白胨培养基，28℃恒温箱培养 24h；放线菌采用高氏一号合成培养基，28℃恒温箱培养 45h；真菌采用马丁—孟加拉红培养基，33℃恒温箱培养 24h；微生物总量分析采用固体平板计数法，接种用稀释涂布方式。土壤呼吸用 CO$_2$ 容量法测定。有益微生物数量的测定按照《土壤微生物分析方法手册》进行。土壤总 DNA 的提取采用 Bead-beating 法，DNA 扩增片断的检测用含有 EB 染色剂的 1.5% 琼脂糖凝胶电泳法进行。土壤脲酶活性、土壤磷酸酶活性、土壤脱氢酶活性、土壤转化酶活性、土壤过氧化氢酶活性依次用靛酚蓝比色法、磷酸苯二钠比色法、氯化三苯基四氮唑（TTC）转化法、硫代硫酸钠滴定法、高锰酸钾滴定法测定。采用氯仿熏蒸法测定微生物生物量碳；用 Multi N/C 3100 测定可溶性碳含量；土壤团聚体分级采用 Six 等方法进行改进；各粒级中的碳含量用元素分析仪测定。采用淘洗—过筛—蔗糖离心法分离线虫。

二、长期施肥厚层黑土有机质和氮、磷、钾的演变规律

（一）厚层黑土有机质的演变规律

1. 土有机质含量的变化

黑土肥力长期定位监测试验结果（图 4-1）表明，试验前（1979 年）土壤有机质含量为 26.6g/kg，经过 31 年的不同施肥，有机质含量发生了很大变化。长期不施肥（CK），土壤有机质由 1979 年的 26.6g/kg 下降到 2010 年的 22.3g/kg，虽然年际间有所差异，但总的为下降趋势，31 年共下降了 4.3g/kg，下降幅度为 16.2%，平均每年下降 0.14g/kg；氮磷钾配合施用（NPK），有机质含量也呈下降的趋势，但与不施肥相比，下降速度趋缓，由 26.6g/kg 下降到 23.5g/kg，31 年下降了 3.1g/kg，下降幅度为 10.3%，平均每年下降 0.10g/kg；其他单施化肥处理，包括单施一种及两种化肥配合，土壤有机质均呈下降的趋势，其中单施氮肥、单施磷肥、单施钾肥的处理与不施肥基本一致。施有机肥的处理，土壤有机质则呈稳定和提高的趋势，M 和 MNPK 处理的土壤有机质略有增加，而大量有机肥与氮磷化肥配合的处理（M$_2$N$_2$P$_2$），土壤有机质增加显著，由 26.6g/kg 增加到 28.8g/kg，增加了 2.2g/kg，增加幅度为 8.3%。即有机肥与化肥配合施用可明显增加土壤有机质含量，提高土壤肥力。

2. 土壤有机碳库特征

长期不同施肥对表层（0~20cm）土壤有机碳含量具有显著影响，而亚表层（20~40cm）土壤对各施肥处理的响应不显著（图 4-2）。常量施肥处理，有机肥的施入能显著增加表层土壤的有机碳，其中 MNP 处理的土壤有机碳含量最高，为 16.09g/kg，比 CK 处理提高了 24.6%，而 M 和 NP 处理的土壤有机碳则比 CK 仅分别提高了

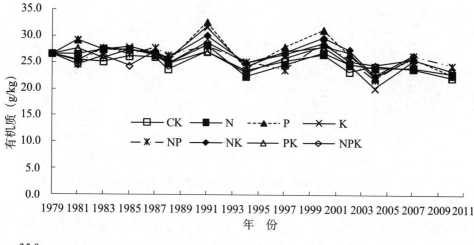

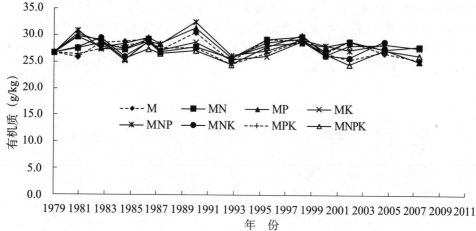

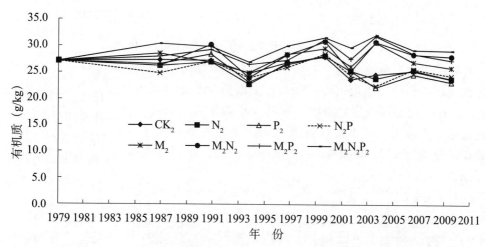

图 4 - 1　长期不同施肥黑土有机质含量的变化（1979—2010 年）

12.3% 和 10.3%。在高量施肥处理中，仅 $M_2N_2P_2$ 处理的表层土壤有机碳含量显著提高，为 16.69g/kg，比 CK_2 提高了 25.0%，其余处理间无显著差异。而亚表层土壤的有机碳含量对施肥不敏感（骆坤等，2013）。

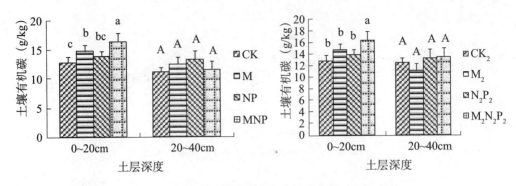

图4-2　长期不同施肥黑土中有机碳含量（2010年）

常量施有机肥及有机无机配施能显著增加表层（0～20cm）及亚表层（20～40cm）土壤的可溶性碳含量（图4-3）。常量施肥处理表层及亚表层土壤可溶性碳含量均以MNP处理为最高，分别比对照提高了110%和87%。而高量施肥处理的0～20cm土层土壤的可溶性碳含量略高于相应的常量施肥处理，其范围为42.0～105.0mg/kg，其中$M_2N_2P_2$处理的可溶性碳含量最高，表层（0～20cm）及亚表层（20～40cm）的可溶性碳分别比对照提高了143%和85%。

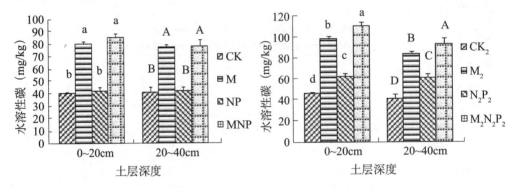

图4-3　长期不同施肥黑土中可溶性碳含量（2010年）

与对照相比，单施化肥、有机肥，有机无机配施均能显著增加土壤微生物量碳含量（图4-4）。表层（0～20cm）土壤微生物量碳含量明显高于亚表层（20～40cm）。各处理土壤微生物量碳含量的大小顺序为：有机无机配施＞单施有机肥＞单施化肥＞不施肥。对于常量施肥，MNP处理的表层及亚表层土壤微生物量碳含量最高，分别为272.60mg/kg和198.68mg/kg，比对照提高了57.8%和44.7%。

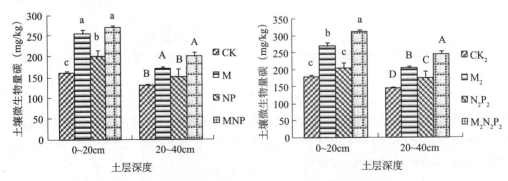

图4-4　长期不同施肥黑土中微生物量碳含量（2010年）

高量施肥处理的微生物量碳含量略高于对应的常量施肥处理。而 M_2、$M_2N_2P_2$ 处理则能显著提高微生物量碳含量，其中 $M_2N_2P_2$ 处理的最高，为 316.42mg/kg，比对照提高了 75.2%。亚表层土壤 $M_2N_2P_2$ 处理的微生物量碳含量最高，为 237.83mg/kg，比对照提高了 66.1%。

　　将长期定位施肥 28 年的黑土进行团聚体颗粒分组，结果见图 4-5。不同施肥处理对各粒级团聚体在土壤中所占的比例影响很大。与长期不施肥的 CK 处理相比，单施化肥（NPK）增加了土壤中 0.25~0.5mm 和 0.5~1mm 粒级的团聚体所占比例，分别增加了 26.6% 和 12.1%。化肥有机肥配施（MNPK）增加了土壤中 <0.053mm、0.25~0.5mm 和 0.5~1mm 粒级的团聚体所占比例，分别增加了 25.5%、36.1% 和 26.7%。而单施有机肥（M）增加了 >2mm、1~2mm 和 0.5~1mm 颗粒的比例，分别增加了 10.7%、32.4% 和 26.3%。比较而言，施有机肥可促进土壤中大颗粒团聚体的形成，尤其以 1~2mm 粒级的团聚体增加的比例最大，而当化肥和有机肥配合施用时，主要是促进土壤中 <1mm 团聚体的形成，尤其对 0.25~0.5mm 粒级团聚体形成的促进作用最大。统计分析结果表明，无肥处理与单施化肥处理对 >2mm 和 <0.053mm 两个粒级团聚体所占比例的影响达到了差异显著水平（$p < 0.01$）；单施化肥与化肥有机肥配施的处理仅对 0.5~1mm 粒级团聚体所占比例的影响达到了差异显著水平（$p < 0.01$）；而化肥有机肥配施与单施有机肥的处理对所有粒级团聚体所占比例的影响均达到了差异显著水平（$p < 0.01$）。

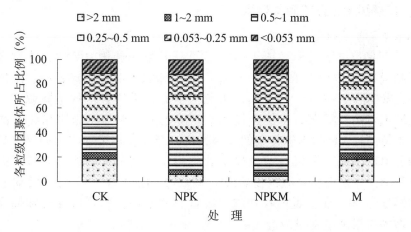

图 4-5　长期不同施肥土壤各粒级团聚体所占比例（2007 年）

　　不同粒级团聚体中有机碳的分布表现为，随着团聚体粒级的降低，团聚体中有机碳的分配出现两个峰值，分别在 1~2mm 和 0.053~0.25mm 两个粒级中（表 4-4），而且随着施肥和化肥与有机肥的配合施用，各粒级团聚体中有机碳的含量逐渐增加。在这两个粒级中，NPK 和 MNPK 处理的有机碳含量分别较 CK 增加了 6.7% 和 11.6%、11.2% 和 13.6%。总体上，单施有机肥的处理与 CK 相比增加了各粒级中有机碳的含量，增幅为 3.3%~15.8%（平均值 10.3%）；化肥与有机肥配施的处理与 CK 相比各粒级中有机碳的含量也增加，增幅为 4.4%~11.6%（平均值 9.6%）；单施化肥的处理各粒级中有机碳的含量比 CK 增加了 3.3%~11.6%（平均值 7.0%）。CK 处理土壤有机碳在各粒级团聚体中的分布差异较小，仅为 8.73g/kg。而施肥处理土壤有机碳在各粒级团聚体中的分布差异增大，单施化肥、化肥与有机肥配施和单施有机肥的差异分别为 8.95g/kg、9.66g/kg 和 9.16g/kg。显著性检验结果表明，>1mm 的各粒级中有机碳的含量在各施肥处理间均达到了1‰的差异显著水平；1~0.053mm 各粒级中，施肥处理与 CK 的有机碳含量的差异均达到了 1% 的显著水平；<0.053mm 粒级，仅施化肥的处理与 CK 间达到了5% 的差异显著水平（苗淑杰等，2009）。

表4-4　土壤中各粒级团聚体中的有机碳含量（2007年）　　　（单位：g/kg）

处理	团聚体各级粒径有机碳含量					
	>2mm	1~2mm	0.5~1mm	0.25~0.5mm	0.053~0.25mm	<0.053mm
CK	16.69d	18.83c	17.13c	16.34c	17.26b	10.10b
NPK	17.24c	20.10b	18.10b	17.07b	19.26a	11.15a
MNPK	18.20b	20.93a	18.48ab	17.06b	19.60	11.27a
M	19.01a	19.46bc	18.90a	18.14a	19.99a	10.83ab
显著性	***	***	**	***	**	*

注：同一列不同字母表示在 $p<0.05$ 水平上显著；*、**、*** 分别表示在 5%、1% 和 1‰水平差异显著，全书同

（二）厚层黑土氮素的演变规律

1. 土壤全氮含量的变化

31 年长期定位试验结果（图4-6）表明，长期不施肥（CK），土壤全氮随时间呈下降趋势，由 1979 年的 1.47g/kg，下降到 2010 年的 1.24g/kg，总体下降了0.23g/kg，降幅为 15.6%，与长期不施肥土壤的有机质含量的下降幅度一致。单施氮及氮肥配合磷、钾肥，土壤全氮也呈下降趋势，但与不施肥相比下降的趋势较平缓；施氮肥与 CK 和不施氮肥的处理相比，全氮含量增加。长期施有机肥能够保持土壤的氮素平衡，有机肥与氮肥配合施用，土壤全氮增加。大量有机肥与氮肥配施（$M_2N_2P_2$），土壤全氮由初始的 1.47g/kg 增加到 1.77g/kg，增加了 0.30g/kg，增加幅度为 20.4%。说明长期施用有机肥并配合化肥可以保持和提高土壤氮素含量，增加氮素的潜在供应能力。

施用氮肥及有机肥能影响整个土体的氮素含量，从表4-5可以看出，土壤剖面（0~100cm 土层）中的全氮含量随着土层深度的增加而下降；在 0~20cm 表层，施氮处理的土壤全氮含量比不施肥明显提高，而且随着施氮量增加，全氮含量也大幅度提高；有机肥与氮肥配施能够显著提高土壤的全氮含量，与对照相比，二倍量有机肥加氮肥处理，表层（0~20cm）土壤的全氮含量增加了 0.39g/kg；二倍量有机肥加氮、磷肥处理，表层（0~20cm）全氮含量增加了 1.13g/kg。在 60~80cm 土层，N_2、M_2N_2、M_2N_2P 3 个处理的土壤全氮有积累，表现为比 20~40cm 略高。表明长期施用氮肥会导致氮素在整个土体中的积累，并且随着氮肥施入量的增加积累量增多，大量有机肥配合大量氮肥的处理其积累程度增加。

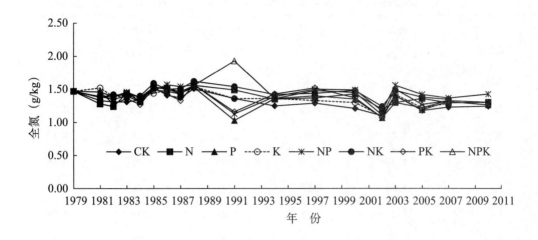

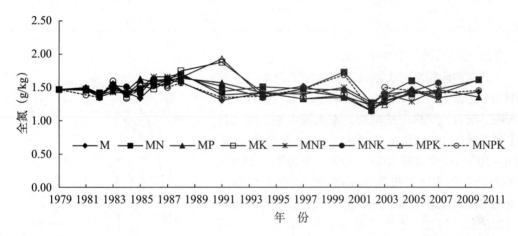

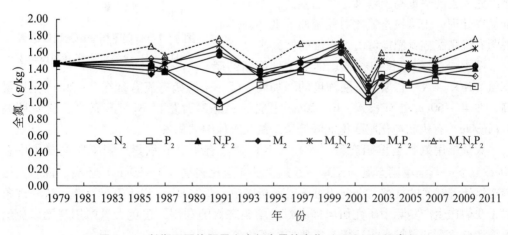

图 4 - 6　长期不同施肥黑土全氮含量的变化（1979～2010 年）

表4-5 长期不同施肥的土壤全氮含量（2010年）　　　　（单位：g/kg）

处理	不同土层深度土壤含氮含量				
	0~20cm	20~40cm	40~60cm	60~80cm	80~100cm
CK	1.27	1.20	1.18	1.06	0.86
N	1.36	1.42	1.36	1.31	1.02
NPK	1.49	1.40	1.27	1.22	0.97
M	1.31	1.34	1.47	1.26	0.92
MN	1.62	1.50	1.60	1.29	1.12
MNPK	1.39	1.53	1.45	1.48	0.98
N_2	1.51	1.62	1.48	1.68	1.23
M_2	1.27	1.31	1.45	1.38	0.89
M_2N_2	1.66	1.60	1.47	1.75	1.21
$M_2N_2P_2$	2.40	1.84	1.60	2.04	1.65

2. 土壤无机氮含量的变化

长期不同施肥对土壤铵态氮有显著影响。土壤剖面中的铵态氮（NH_4^+-N）测定结果（图4-7）表明，随着土壤深度的增加，铵态氮含量下降，其主要分布在0~60cm土层范围内，占整个剖面（0~100cm）含量的60%~80%。施氮肥处理0~20cm土层的土壤铵态氮含量增加，且随氮肥施入量的增加而显著增加，高量氮肥处理的铵态氮含量增加最多，与对照相比，增加了89.2mg/kg；有机肥的施入也能够提高土壤铵态氮含量，高量有机肥加氮磷处理，土壤铵态氮比对照增加了40.9mg/kg。说明有机肥配施氮肥能够增加土壤的供氮能力。

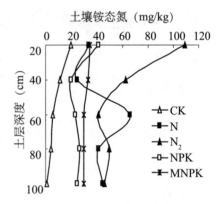

图4-7 长期不同施肥土壤铵态氮（NH_4^+-N）含量的变化（2010年）

图4-8显示，长期施肥总体上土壤剖面的硝态氮（NO_3^--N）含量随土层深度的增加而下降，土壤硝态氮含量在0~20cm土层最高，在40~60cm处有积累。0~20cm土层的硝态氮含量以N_2处理最高，比对照高9.1mg/kg，有机肥与化肥配施能降低硝态氮在土体中的积累。

大量施用氮肥土壤硝态氮（NO_3^--N）含量有明显的积累，积累层主要集中在80cm以下，其土壤硝态氮（NO_3^--N）含量甚至比表层（0~20cm）还高。说明土壤硝态氮随着时间的推移，会向土壤下层不断移动，并在80cm以下开始富集。这一现象对于我们在生产实际中研究如何提高对土壤硝态氮的利用，避免大量施用氮肥以免给土壤造成危害和保护土壤环境有重要的参考价值。

3. 土壤有机氮特征

从本试验结果（表4-6）可以看出，不同施肥处理表层（0~20cm）土壤有机氮

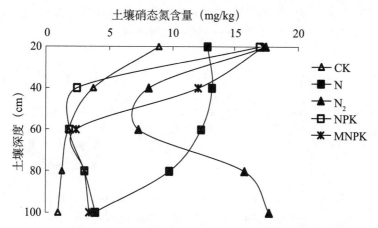

图4-8　长期不同施肥土壤硝态氮（$NO_3^- - N$）含量的变化（2010年）

各组分含量各不相同，其中，以酸不溶态氮的含量最高，大小顺序为酸不溶氮 > 氨基酸态氮 > 铵态氮 > 酸解未知氮 > 氨基糖态氮。

在0 ~ 20cm土层，氨基糖态氮占土壤全氮的7.3% ~ 11.6%，氨基酸态氮占17.7% ~ 36.0%，铵态氮占19.9% ~ 27.2%，酸解未知氮占9.9% ~ 12.1%，酸不溶态氮占28.9% ~ 32.1%。

单施有机肥（M）对有机氮总量的影响不大；高量有机肥与氮磷配施处理（$M_2N_2P_2$）的土壤有机氮含量最高，其次为高量有机肥加氮处理（M_2N_2）；有机肥与氮磷钾配施（MNPK）比氮磷钾处理（NPK）的有机态氮含量低；不施肥处理（CK）的有机氮含量最低。

表4-6　长期不同施肥黑土表层（0 ~ 20cm）土壤的有机态氮含量（2010年）

（单位：mg/g）

处　理	有机态氮含量					
	铵态氮	氨基酸态氮	氨基糖态氮	酸解未知氮	酸不溶态氮	全氮
CK	345.1	225.0	133.7	152.4	384.7	1 270
N	299.9	317.1	126.3	163.2	407.3	1 360
NPK	302.0	335.3	128.3	190.8	474.6	1 490
M	264.1	310.0	129.9	157.2	386.9	1 310
MN	375.5	357.5	141.9	194.4	480.4	1 620
MNPK	310.7	287.1	158.2	166.8	414.6	1 390
N_2	301.1	344.2	127.5	181.2	428.6	1 510
M_2	275.1	258.7	148.4	152.4	375.0	1 270
M_2N_2	342.2	369.0	186.5	199.2	492.8	1 660
$M_2N_2P_2$	508.7	631.0	174.3	288.0	719.7	2 400

4. 土壤碱解氮含量的变化

土壤碱解氮包括土壤铵态氮、硝态氮及部分小分子的有机态氮，能反映土壤的供氮强度，一般认为土壤碱解氮是土壤能供应作物直接吸收的氮素，也称为土壤速效氮。

长期不同施肥的土壤碱解氮年际间的变化较大（图4-9），但总的趋势是施氮肥、施有机肥及有机肥与氮肥配施处理可能增加土壤的碱解氮含量。

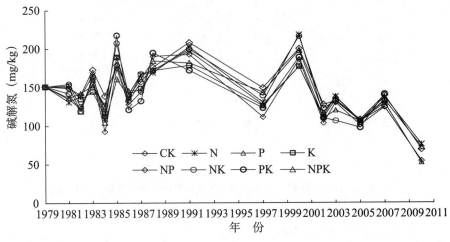

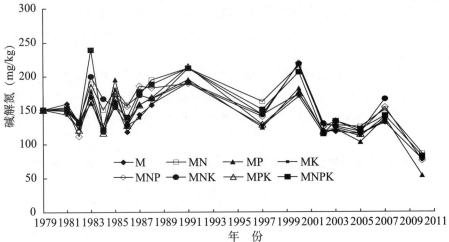

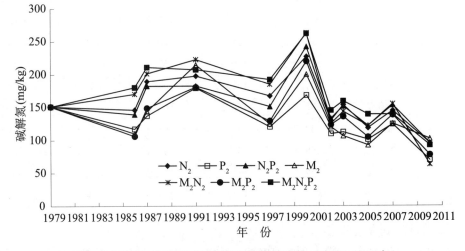

图4-9　长期不同施肥土壤碱解氮含量的变化（1979—2010年）

（三）厚层黑土磷素的演变规律

1. 土壤全磷含量的变化

从长期不同施肥条件下土壤全磷的变化规律（图 4 - 10）可以看出，31 年不施肥（CK），土壤全磷由 1979 年的 0.47g/kg 下降到 2010 年的 0.35g/kg，下降了 0.12g/kg，下降幅度 25.5%。不施磷肥土壤全磷下降得也非常明显，单施氮肥（N）下降了 21.3%，

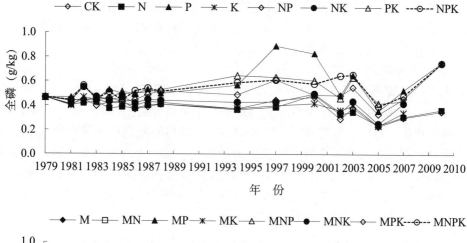

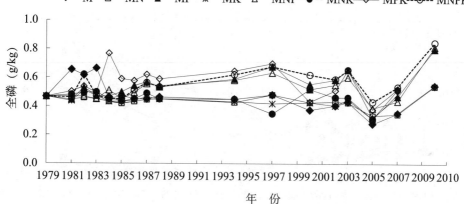

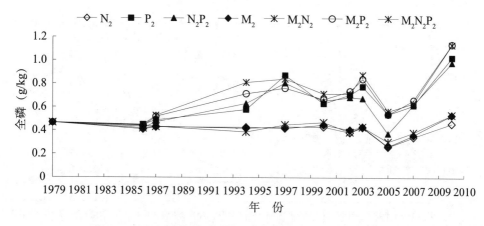

图 4 - 10　长期不同施肥黑土全磷含量变化（1979—2010 年）

而施磷肥处理的土壤全磷均有明显的积累。与初始土壤相比，NPK 处理的土壤全磷增加了 0.28g/kg，增加幅度为 59.6%，MNPK 处理增加了 0.38g/kg，增幅 80.9%。而施二倍量磷肥（P_2）的土壤全磷增加到 1.02g/kg，增加了 0.55g/kg，增加幅度为 117.0%，二倍有机肥配施二倍磷肥的处理（M_2P_2）土壤全磷增加到 1.14g/kg，增加了 0.67g/kg，增加了约 1.5 倍。经过 31 年试验，P_2 处理的土壤全磷为 CK 的 2.9 倍，配合有机肥的处理（M_2P_2）为 CK 处理的 3.2 倍。施常量磷肥（P）是 CK 处理的 2.1 倍，配合施有机肥（MP）土壤全磷是 CK 处理的 2.4 倍。即施入土壤的磷素在土壤中大量积累，并随着施入量的增加而增加。在长期大量施用磷肥的土壤上可以考虑减少磷肥用量，充分利用土壤积累的磷素（周宝库等，2004）。

2. 土壤有效磷含量的变化

长期不同施肥条件下，土壤有效磷变化的结果（图 4－11）表明，31 年不施肥（CK），土壤有效磷由 1979 年的 51.0mg/kg 下降到 2010 年的 15.3mg/kg，下降了 70%，长期单施有机肥（M）土壤有效磷下降了 41.5%，其他不施磷肥土壤有效磷下降 50% 左右。而施磷肥土壤有效磷含量均有显著的增加，与原始土壤相比施常量磷肥的土壤有效磷增加了 1.6 ~ 2.0 倍，有机肥与磷肥配施处理与初始土壤相比，有效磷增加了 2.4 ~ 2.9 倍。经过 31 年不同施肥，施肥处理与不施肥相比土壤有效磷增加了 9.0 ~ 26.7 倍，并且施磷量越多，有效磷的积累也越多。

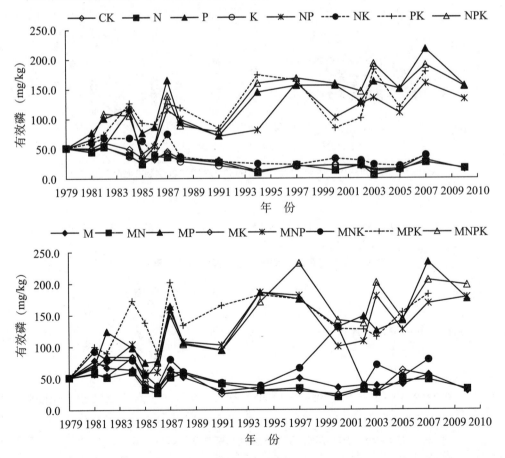

图 4－11（续）

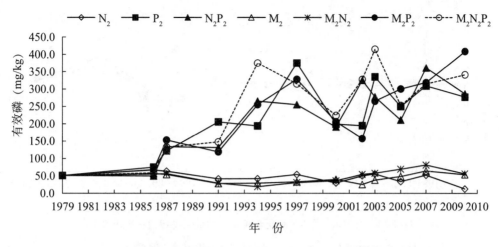

图 4 - 11　长期不同施肥黑土有效磷含量的变化（1979—2010 年）

（四）厚层黑土钾素的演变规律

1. 土壤全钾含量的变化

土壤全钾与土壤的成土母质有关，黑土是在温带湿润气候条件草甸植被下发育的一种具有深厚腐殖质层的土壤，成土母质主要是第四纪黄土状黏土，以水云母和蒙脱石为主，含钾丰富。长期施肥对黑土全钾的影响较小（图 4 - 12），但长期不施钾肥和长期不施肥处理土壤全钾也呈降低的趋势，而长期施用钾肥的处理土壤全钾有所增加。经过 31 年的试验，长期施用氮磷钾化肥与不施肥相比土壤全钾增加了 14.6%；长期施用有机肥，土壤全钾增加 11.7% ~ 15.8%。

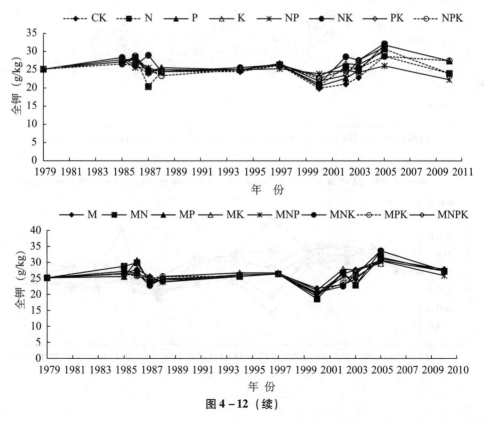

图 4 - 12 （续）

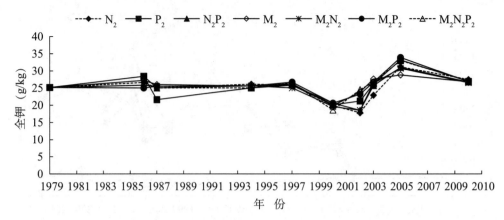

图 4 - 12　长期不同施肥黑土全钾含量的变化（1979—2010 年）

2. 土壤速效钾含量的变化

由图 4 - 13 可以看出，长期不施肥（CK）和不施钾肥（NK），土壤速效钾含量逐年下降（李玉影，2002），而施钾肥土壤速效钾也呈缓慢下降的趋势，有机肥与氮磷钾配合（MNPK），土壤速效钾略有增加，但应注意黑土的潜在缺钾现象。经过 31 年的试验，与不施肥相比，长期施氮磷钾化肥（NPK）土壤速效钾增加 15.7%，长期施有机肥（M、M_2）速效钾增加 15.2% ~ 26.8%，有机肥与氮磷钾配施（MNPK）施用土壤速效钾增加 37.4%，说明有机肥对增加土壤速效钾的作用显著。

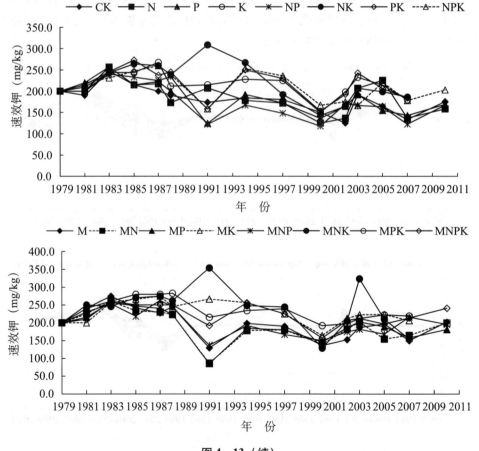

图 4 - 13（续）

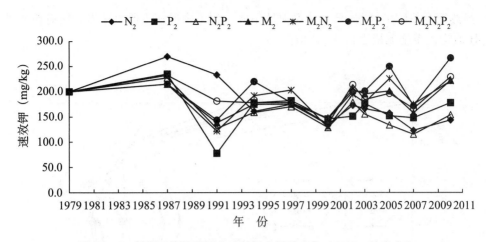

图 4 - 13　长期不同施肥黑土速效钾含量的变化（1979—2010 年）

三、长期施肥厚层黑土 pH 值的变化

图 4 - 14 显示，随着氮肥（尿素）用量的增加，土壤 pH 值降低的幅度加大（张喜林等，2008）。连续施用氮肥耕层土壤的 pH 值显著下降，1979—2010 年，单施氮肥（N）的 pH 值由 7.22 下降到 5.94 大量施氮（N_2）pH 值下降到 5.00，分别下降了17.7% 和 30.7%。氮磷钾配施以及与有机肥配施处理的 pH 值下降趋势有所减缓，MN和 M_2N_2 处理的土壤 pH 值分别下降了 12.4% 和 23.9%，NPK 处理下降了 16.9%，MN-PK 处理下降了 15.8%，因此说明施化学氮肥可引起黑土酸化。

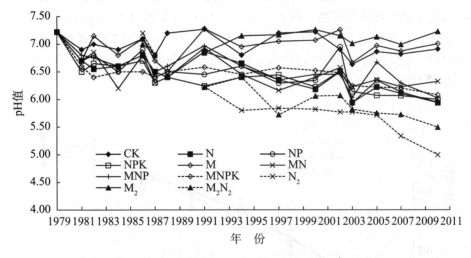

图 4 - 14　长期不同施肥黑土 pH 值的变化（1979—2010 年）

从整个土壤剖面的 pH 值变化来看，施肥不仅影响耕层土壤 pH 值，还影响耕层以下土壤的 pH 值（图 4 - 15）。施用氮肥（尿素）对 0～20cm 土层土壤的 pH 值影响较大，40cm 以下土壤的 pH 变化幅度较小。与不施肥（CK）相比，在 20～40cm 土层单施氮（N）处理的 pH 值降低了 3.3%，二倍氮（N_2）处理降低了 7.9%；在 80～100cm土层，N 处理的 pH 值降低了 0.6%，N_2 处理降低了 4.5%。下层土壤的 pH 值受施入氮肥的影响小于上层，土壤 pH 值变化幅度较大的土层为 0～40cm。

虽然施有机肥土壤的 pH 值也都有所下降，但下降的速度明显减慢，施有机肥处理的 pH 值均比单施无机肥料的 pH 值高。

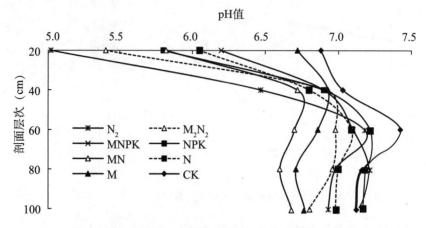

图 4-15　长期不同施肥黑土剖面层次的 pH 值（2006）

四、长期施肥厚层黑土的微生物特性和酶活性

（一）厚层黑土的微生物特性

1. 土壤微生物功能多样性

AWCD（Average Well Color Development）是评价土壤微生物功能多样性的一个重要指数，它代表细菌群落代谢能力的变化。在长期定位试验的各个施肥处理中，土壤细菌群落代谢活性都有所增加（图 4-16）。AWCD 值在培养 120h 前没有变化，培养 144h 后，MNPK 处理的 AWCD 值与对照相比提高了 10%。M 和 NPK 处理的相关系数分别比对照高 4% 和 5%。由此可以看出，施肥处理的土壤具有较高的微生物代谢活性（Wei 等，2005）。

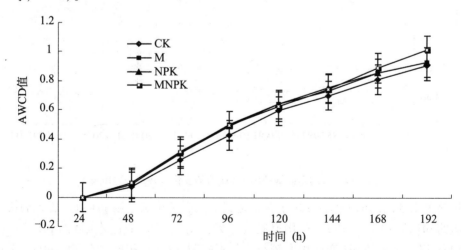

图 4-16　不同培养时间的 AWCD 动态变化（2005 年）

由表 4-7 也可以看出，不同处理微生物对碳源的相对利用效率和多样性指数也不相同。施肥处理土壤微生物对碳源的相对利用效率和多样性指数均显著高于对照。

表 4 - 7　微生物对碳源的相对利用效率和多样性指数（2005 年）

处　理	多样性指数	相对利用效率
CK	2. 78 ± 0. 09b	17. 67 ± 1. 53c
M	2. 84 ± 0. 01a	19. 67 ± 0. 58ab
NPK	2. 87 ± 0. 06a	18. 67 ± 1. 15bc
MNPK	2. 91 ± 0. 01a	22. 33 ± 0. 58a

注：同列数据后不同字母表示处理间在 5% 水平显著差异

　　土壤微生物对不同碳源的相对利用率如图 4 - 17 所示，在每个 ECO 板上有 31 种碳源，其中，9 种属于羧酸类，12 种属于多糖类，6 种属于氨基酸类，4 种属于多聚物类，2 种属于胺类，3 种属于双亲化合物类，共有 6 类。从图 4 - 17 中可以看出，土壤微生物对 6 类碳源的利用率有所不同，对多糖类、氨基酸类、多聚物类和双亲化合物类的相对利用率较高，对羧酸类和胺类的利用率较低。结果表明，长期施肥影响土壤微生物对碳源的利用和代谢能力。

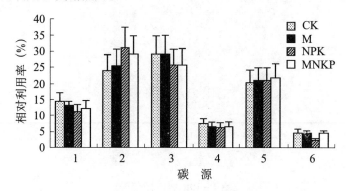

图 4 - 17　土壤微生物对六类碳源的相对利用率（2005 年）

1 - 双亲化合物类；2 - 多聚物类；3 - 多糖类；4 - 羧酸类；5 - 氨基酸类；6 - 胺类

　　为了进一步了解不同处理中土壤微生物对碳源利用能力的差异，将数据进行主成分分析。由图 4 - 18 主成分图谱可以看出，根据对不同碳源的利用不同处理在图谱中明显地可分为两大类。NPK 处理和 MNPK 处理集中在第一、第二象限边界处，而 M 和 CK 处理分布在第二和第四象限，由此可知施肥是影响土壤细菌群落利用碳源能力的主要因素。

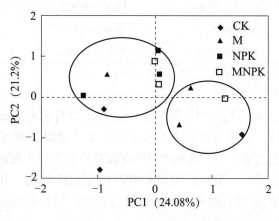

图 4 - 18　不同处理对 ECO 微孔板碳源利用情况主成分分析

2. 土壤微生物群落多样性

以纯化的土壤总 DNA 为模板，用特异性引物 GC-357f、517r 进行 PCR 扩增，PCR产物进行变形凝胶梯度电泳得到指纹图谱图 4－19，并计算细菌的丰富度和均匀度。从DGGE 图谱可以看出，4 个不同处理之间条带有明显的差异，同时同一处理的 3 次重复之间重复性很高。DGGE 图谱中大量分离的条带的存在表明其中含有大量的具有不同基因序列的细菌种类。图谱中特异条带的存在，说明在不同处理之间有不同的细菌种类。同时细菌群落结构在 M、NPK 和 MNPK 处理之间表现出很高的相似性。

不同施肥处理之间 DGGE 条带有所差异。例如用实心圆标注的条带是 NPK 处理的特有条带，空心三角标注的是 NPK 处理缺失的条带，用实心三角标注的是有机肥处理增加的条带。有机肥处理和 NPK 处理的丰富度分别为 33.33±1.52 和 36.00±2.00，显著高于对照处理的 31.00±1.52 和 MNPK 处理的 31.33±1.53。然而均匀度指数在各处理之间没有明显差异（表 4－8）。

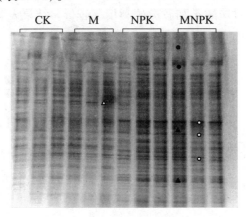

图 4－19　指纹图变谱

表 4－8　DGGE 图谱中不同处理土壤细菌群落的多样性指数（H）、丰富度（S）和均匀度（E_H）（2005 年）

处　理	多样性指数（H）	丰富度（S）	均匀度（E_H）
CK	3.459±0.19b	31.00±1.52b	0.998n.s.
M	3.503±0.04ab	33.33±1.52a	0.993n.s.
NPK	3.566±0.04a	36.00±2.00a	0.995n.s.
MNPK	3.497±0.04ab	31.33±1.53ab	0.992n.s.

注：①同列数据后不同字母表示处理间在 5% 水平显著差异；
　　②n.s. 表示差异不显著，全书同

主成分分析结果表明，根据对基质碳源的利用可以将所有处理的微生物群落分成两大类（见图 4－20）。土壤细菌群落大多集中在第二象限（靠近第一和第二象限边缘）。肥料处理是决定土壤生物群落利用不同碳源基质种类的主要因素。由 DGGE 条带类型的 PCA 图谱可以看出，NPK 和 MNPK 处理的相似性最高，分布在第一、第二象限。也就是说有机肥的施用对细菌群落结构没有影响，而长期施用化肥对土壤细菌群落结构有很大的影响。

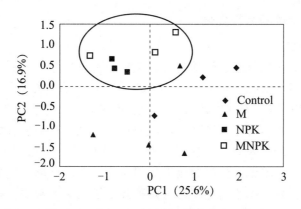

图 4 - 20　不同处理 DGGE 条带主成分分析

3. 土壤微生物呼吸的变化规律

在培养的 16d 内，不同施肥处理土壤的真菌呼吸强度（图 4 - 21）先经过一个上升阶段，然后逐渐降低。在培养的第 16d，土壤真菌呼吸强度表现为 CK > MNPK > M > NPK，其中 MNPK、M 和 NPK 三个处理分别比 CK 降低了 50.9%、54.6%、80.0%。不同施肥处理的细菌呼吸强度如图 4 - 22 所示，不同施肥处理的土壤 CO_2 释放总量均低于 CK，在培养的第 16d，土壤细菌呼吸强度表现为 CK > M > MNPK > NPK，其中 M、MN-PK 和 NPK 三个处理分别比 CK 降低了 28.6%、71.4%、90.5%。由此可以看出，无论哪一种施肥处理，对土壤细菌的呼吸和真菌的呼吸都有一定的抑制作用。其原因可能是施肥降低了微生物活性和有机碳的矿化作用，抑制了土壤真菌和细菌的呼吸强度（刘妍等，2010）。

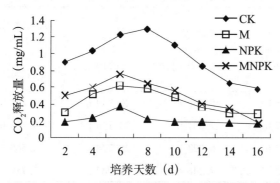

图 4 - 21　长期不同施肥土壤真菌呼吸强度（2007 年）

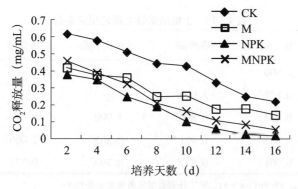

图 4 - 22　长期不同施肥土壤细菌呼吸强度（2007 年）

（二）厚层黑土的酶活性变化

1. 土壤酶活性特征

长期施肥可提高土壤脲酶、磷酸酶、转化酶、过氧化氢酶和脱氢酶活性（表4－9）。与CK相比，三个施肥（NPK、M、MNPK）处理脲酶活性平均增加5.9%、转化酶活性平均增加30.8%、磷酸酶活性平均增加29.1%、过氧化氢酶活性平均增加53.9%、脱氢酶活性平均增加50.7%，这说明长期施肥，特别是有机肥与化肥配施处理对提高土壤酶活性的效果显著。与CK相比，单施化肥、有机肥均可显著增加磷酸酶和脱氢酶的活性，只是单施有机肥的效果更明显些。对转化酶、过氧化氢酶来说，单施有机肥可提高其活性，而单施化肥对这两种酶活性无显著影响。有机无机肥配施显著增加了5种酶活性的原因，主要是化肥的施入补充了不足的土壤养分，肥料中的有效养分为微生物提供了能源与基质，促进了酶活性的增强。而有机肥本身带有大量的外源活生物，在某种程度上起到了接种的作用。因此，有机无机肥配施给土壤生物提供了能源与基质，从而促进了土壤的新陈代谢，土壤质量明显改善，因此在厚层农田黑土上有机肥与化肥配施的效果最佳（刘妍等，2010）。

2. 土壤酶活性之间的相关系性

土壤酶活性的相关分析结果显示，土壤脲酶、磷酸酶、过氧化氢酶、脱氢酶及转化酶酶活性之间存在显著或极显著的正相关关系（表4－10）。说明农田黑土多糖、有机磷的转化，以及氮素循环等生物过程之间关系密切、相互影响，五种酶之间在进行酶促反应时，不仅有自身的专一特性，还存在着共性。

表4－9　长期不同施肥黑土的酶活性特征（2008年）

处　理	脲　酶 [NH$_3$-N mg/ (g·24h)]	磷酸酶 [mg/ (g·24h)]	转化酶 [G mg/ (g·24h)]	过氧化氢酶 [0.1 mol/L KMnO$_4$ mL/ (g·24h)]	脱氢酶 [TPF mg/ (g·24h)]
CK	0.188 b	5.235 c	20.849 b	2.278 b	0.415 c
NPK	0.197 b	7.001 b	23.156 b	3.166 b	0.529 b
M	0.197 b	6.023 b	28.724 a	3.565 a	0.631 b
MNPK	0.203 a	7.246 a	29.962 a	3.789 a	0.716 a

注：同列数据后不同字母表示差异达5%显著水平

表4－10　土壤酶活性之间的相关系数

项　目	脲　酶	磷酸酶	过氧化氢酶	转化酶	脱氢酶
脲酶	1.000	—	—	—	—
磷酸酶	0.825*	1.000	—	—	—
过氧化氢酶	0.837*	0.899**	1.000	—	—
转化酶	0.855*	0.921**	0.802*	1.000	—
脱氢酶	0.901**	0.837*	0.799*	0.721	1.000

注：$r_{0.05} = 0.754$，$r_{0.01} = 0.861$，$n = 4$；*和**分别表示显著和极显著相关

五、长期施肥对厚层黑土土壤线虫群落的影响

（一）厚层黑土的线虫群落组成

本研究通过对农业部哈尔滨黑土生态环境重点野外科学观测试验站不同施肥处理土壤线虫群落的研究，共鉴定出 17 个科 19 个属的土壤线虫（见表 4－11）。其中，食细菌线虫及植物寄生线虫的种类最多，均为 6 个属；其次是捕食/杂食性线虫，有 5 个属；食真菌线虫的种类最少，仅有 2 个属。从不同处理来看，对照及单施有机肥处理共发现 17 个属，单施氮肥及磷肥处理 16 个属，单施钾肥处理仅发现 14 个属。说明由于施肥增加了土壤扰动的次数及强度，使农田土壤线虫种群的种类和数量呈下降的趋势（刘艳军等，2011）。

表 4－11　长期不同施肥厚层黑土线虫群落组成及相对丰度（2009 年）

营养类群	科	属	相对丰度				
			CK	M	N	P	K
食细菌线虫	*Cephalobidae*	*Heterocephalobus*	4.07	8.27	7.68	8.16	6.74
		Acrobeles	5.04	10.00	4.96	7.49	6.52
	Bunonematidae	*Acrobeloides*	8.03	22.09	11.90	25.22	19.17
		Rhodolaimus	0.00	0.37	0.00	0.00	0.00
食真菌线虫	*Monhysteridae*	*Eumonhystera*	0.23	0.91	0.41	0.59	0.60
	Alaimidae	*Alaimus*	0.38	0.50	0.29	0.00	0.00
植物寄生线虫	*Aphelenchidae*	*Aphelenchus*	7.91	8.03	7.75	10.73	7.34
	Anguinidae	*Ditylenchus*	1.03	0.00	0.00	0.19	0.00
	Tylenchidae	*Filenchus*	14.47	13.39	11.66	15.82	10.46
	Hoplolaimidae	*Helicotylenchus*	33.12	20.18	35.28	15.67	23.10
	Pratylenchidae	*Pratylenchus*	14.18	3.70	14.26	7.89	16.02
	Criconematidae	*Macroposthonia*	0.70	0.00	0.29	1.43	0.00
捕食/杂食线虫	*Hemicycliophoridae*	*Hemicycliophora*	1.04	2.65	0.54	1.60	0.14
	Pratylenchidae	*Hoplotyus*	0.00	4.60	0.38	0.00	0.00
	Qudsianematidae	*Microdorylaimus*	2.92	0.97	0.50	1.51	0.45
	Thornematidae	*Mesodorylaimus*	2.75	1.50	2.92	1.03	6.04
	Longidoridae	*Xiphinema*	1.22	0.58	0.95	1.42	1.32
	Belondiridae	*Axonchium*	2.23	1.50	0.25	0.86	1.67
	Aporcelaimidae	*Aporcelaimellus*	0.67	0.75	0.00	0.39	0.43

（二）厚层黑土的线虫营养类群

从研究结果来看，在长期施肥条件下，土壤线虫的总数发生了一定的变化。线虫总数在各个处理中由低到高的顺序为：M＜K＜CK＜N＜P（图 4－23），但各处理之间线虫总数的变化均未达到显著差异水平（表 4－12）。

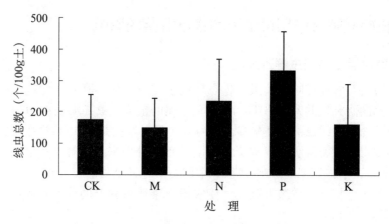

图 4-23　长期不同施肥土壤线虫总数的变化（2009 年）

表 4-12　不同处理间土壤线虫生态学指数差异显著性检验（2009 年）

项　目	处　理	
	F-检验	p 值
线虫 总数 TNEM	1.153	0.365
食细菌线虫 BF	5.94	<0.01
食真菌线虫 FF	1.459	0.229
植物寄生线虫 PP	6.975	<0.01
捕食/杂食线虫 OP	1.378	0.26
WI	5.67	<0.01
香农多样性指数 H′	1.361	0.267
F/B	1164	0.359
自由生活线虫成熟度指数 MI	4.399	<0.01
植物寄生线虫成熟度指数 PPI	1.074	0.41

在土壤线虫群落不同营养类群中，食细菌线虫和植物寄生线虫营养类群的相对丰度较高，而食真菌线虫及捕食/杂食性线虫营养类群的相对丰度较低（图 4-24）。从食细菌线虫来看，除单施氮肥处理（N）土壤食细菌线虫的相对丰度与 CK 相比变化不显著外，其余施肥处理均显著高于 CK（$p < 0.01$）；不同处理植物寄生线虫相对丰度的变化与食细菌线虫不同，除单施氮肥处理（N）土壤植物寄生线虫的相对丰度与 CK 相比变化不显著外，其余施肥处理均显著低于 CK。其中，施钾肥处理（K）的植物寄生线虫相对丰度与 CK 相比达到显著水平（$p < 0.05$），施有机肥（M）及施磷肥处理（P）则达到极显著水平（$p < 0.01$）；而食真菌线虫及捕食/杂食性线虫的相对丰度在不同处理之间的差异均不显著（刘艳军等，2011）。

（三）不同施肥对土壤线虫生态指数的影响

与不施肥对照相比，不同施肥处理土壤线虫群落香农多样性指数（H′）并未发生显著变化，说明单一施肥处理并未对土壤线虫群落多样性产生显著的影响；而从不同处理土壤线虫成熟度指数来看，施肥处理自由生活线虫成熟度指数（MI）均低于对照

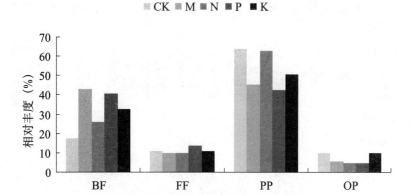

图 4 - 24　土壤线虫营养类群（2009 年）

（CK），其中除单施钾肥处理与对照差异不显著外，其余施肥处理的 MI 值与 CK 相比均达到极显著水平（p < 0.01）；而在本试验当中，不同施肥处理与 CK 之间植物寄生线虫成熟度指数（PPI）的变化不大。此外，从 WI 指数来看，施用有机肥及磷肥处理的土壤 WI 值显著高于不施肥对照（p < 0.01），说明在施用有机肥及磷肥的土壤中，在食微线虫占据主导地位的同时，植物寄生线虫则受到明显的抑制；而单施氮肥及钾肥对食微线虫与植物寄生线虫的比例关系并未产生显著的影响；同时从不同施肥处理 F/B 值的变化来看，长期施用有机肥、氮肥、磷肥及钾肥对土壤中食细菌线虫及食真菌线虫种群的多度并未产生显著的影响（表 4 - 13）。

表 4 - 13　长期不同施肥土壤线虫生态指数的变化（2009 年）

生态指数	处　理				
	CK	OM	N	P	K
WI	0.43	1.20	0.53	1.26	0.85
香农多样性指数 H′	2.01	2.07	1.91	2.09	1.92
F/B	0.5	0.20	0.31	0.28	0.24
自由生活线虫成熟度指数 MI	2.76	2.28	2.37	2.25	2.59
植物寄生线虫成熟度指数 PPI	2.77	2.67	2.81	2.62	2.77

六、作物产量对长期施肥的响应

（一）长期不同施肥条件下轮作周期的作物产量

到 2014 年哈尔滨黑土长期定位试验已经进行了 35 个生长季，进行了 11 个完整的轮作周期，把每个轮作周期 3 种作物（小麦、大豆和玉米）产量相加，作为轮作周期产量，轮作周期产量能够综合反映作物产量的状况。经过 33 年，11 个轮作周期，不同施肥处理之间轮作周期产量的差异加大（图 4 - 25），第一个轮作周期最高产量与最低产量差异为 1 500kg/hm²，到第十一个轮作周期产量差异为 8 312kg/hm²，产量差异增加 5.5 倍，也说明土壤肥力的差异加大。这种产量的差异随着时间的延长呈增加的趋势，并符合对数关系（图 4 - 26）。

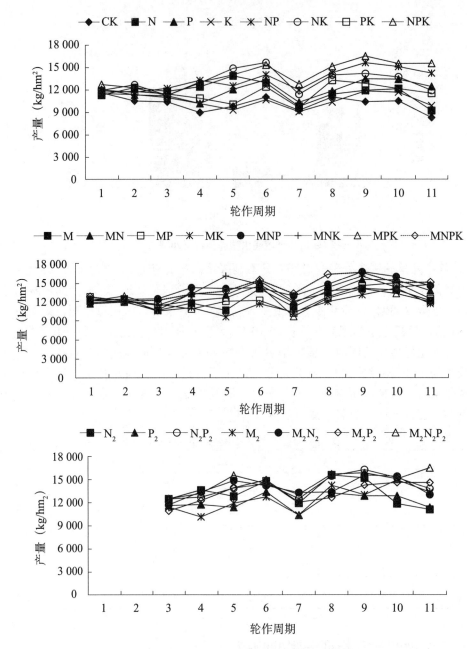

图 4 - 25　长期不同施肥轮作周期的作物产量

总的趋势是有机无机肥配施处理（MNPK、MNP）的产量最高，不施肥及偏施单一肥料（CK、K）产量最低。经过 11 个轮作周期，长期不施肥（CK）情况下，产量下降了 3 316kg/hm²，下降幅度为 28.6 %，平均每个轮作周期下降 2.8%；单施有机肥（M）产量增加了 86kg/hm²，增加幅度 0.6%；单施化肥（NPK）增产 2 828kg/hm²，增产幅度 22.3%，周期平均增产 2.2%；而有机肥与化肥配施（MNPK）条件下，周期产量增加了 2 292kg/hm²，增产幅度为 17.9%，每个轮作周期平均增产 1.7%。即在合理施肥（化肥、化肥与有机肥配合施用）条件下，土壤肥力逐渐提高（周宝库等，2004）。

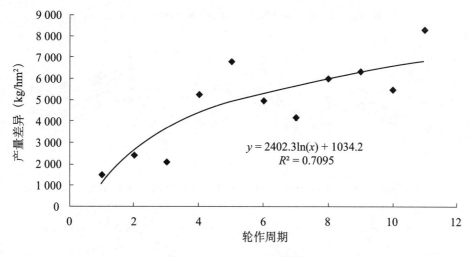

图 4 - 26 不同轮作周期最高产量与最低产量差异的变化

经过 11 个轮作周期，与不施肥相比，单施化肥（NPK）增产 87.6%，单施有机肥（M）增产 47.1%，有机肥与化肥配施（MNPK）增产 82.0%。有机肥对产量的贡献率低于化肥，单施有机肥不能使产量保持在高水平上，有机肥与化肥配施是保持和提高农作物产量的有效途径。

（二）长期不同施肥条件下小麦产量的变化

小麦是对肥料敏感的作物，小麦产量能更好地指示土壤肥力的变化。长期不施肥，小麦产量逐年下降，34 年下降了 39.0%，也反映出土壤肥力逐年下降，单施有机肥小麦产量呈增加趋势，34 年增加了 6.7%，而单施化肥产量增加了 68.3%，有机肥与化肥配施小麦产量呈上升趋势，产量增加了 62.9%。与长期不施肥相比，单施化肥小麦增产 154.7%，单施有机肥增产 89.3%，有机肥与化肥配施增产 165.4%（图 4 - 27）。

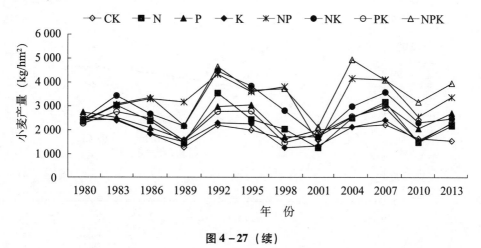

图 4 - 27（续）

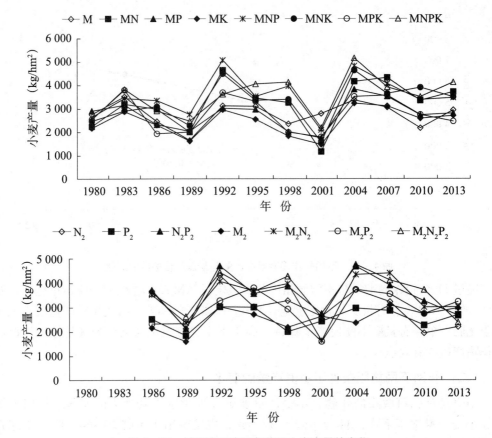

图 4 - 27 长期不同施肥条件下小麦产量的变化

随着试验年限的增加，不同施肥处理的小麦产量差异加大（图 4 - 28）。经过 11 季种植，小麦产量处理间的差异由 660kg/hm² 增加到 2 558kg/hm²，这种差异也符合对数关系。

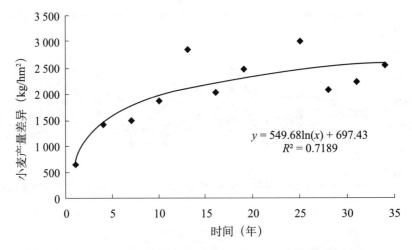

图 4 - 28 长期不同施肥小麦最高产量与最低产量差异的变化

（三）长期不同施肥条件下玉米产量的变化

经长期施肥试验研究，种植 11 季玉米以后（图 4 - 29），长期不施肥处理的玉米产量逐年下降，产量下降了 36.2%；单施氮肥、单施磷肥、单施钾肥及磷钾肥，玉米产量均下降；单施有机肥玉米产量下降了 2.0%；氮磷钾化肥配合施用，玉米产量增加了 20.0%；有机肥与氮磷钾配施，玉米产量增加了 16.7%。与不施肥相比，单施化肥增产 109.5%，单施有机肥增产 61.5%，有机肥与化肥配施玉米增产 104.6%。

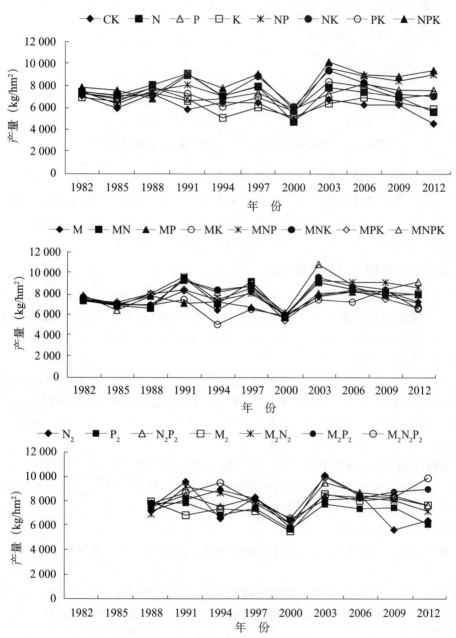

图 4 - 29　长期不同施肥条件下玉米产量的变化

同样也是随着试验年限的增加，不同施肥处理间的玉米产量差异加大（图 4 - 30）。经过 10 季种植，玉米产量的差异由 975kg/hm² 增加到 5 410kg/hm²，这种差异也符合对数关系。

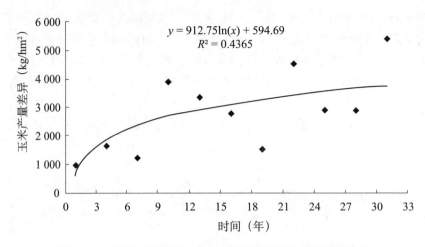

$$y = 912.75\ln(x) + 594.69$$
$$R^2 = 0.4365$$

图 4-30　长期不同施肥玉米最高产量与最低产量差异的变化

（四）长期不同施肥条件下大豆产量的变化

大豆由于具有自身固氮作用，对氮肥需要量较低，对肥料反应不敏感。长期施肥大豆产量年度间变化较大，与长期不施肥相比，单施氮磷钾化肥的处理增产 25.4%，单施有机肥处理增产 22.7%，有机肥与化肥配施增产 29.5%（图 4-31）。

（五）长期施肥对产量的贡献率

计算 12 季小麦的平均产量，小麦施氮肥的增产率为 18.7%、磷肥的增产率为22.7%、钾肥的增产率为 1.3%、有机肥增产率为 41.8%；氮肥对小麦产量的贡献率为15.8%、磷肥为 18.5%、钾肥为 1.3%、有机肥为 29.5%。各养分对小麦产量的贡献率为磷肥 > 氮肥 > 钾肥。

计算 11 季玉米的平均产量，玉米施氮肥增产 17.5%、磷肥增产 16.5%、钾肥增产3.5%、单施有机肥与不施肥相比增产 21.5%；氮肥对玉米产量贡献率为 14.9%、磷肥的贡献率为 14.2%、钾肥的贡献率为 3.3%、有机肥的贡献率为 17.7%。各养分对玉米产量的贡献率为氮肥 > 磷肥 > 钾肥。

同样计算 12 季大豆的平均产量，大豆施氮肥的增产率为 3.4%、磷肥的增产率为18.6%、钾肥的增产率为 12.4%、有机肥增产率为 11.2%；氮肥对大豆产量的贡献率为 3.3%、磷肥为 15.7%、钾肥为 11.1%、有机肥为 10.1%。各养分对大豆产量的贡献率为磷肥 > 钾肥 > 氮肥。

3 种作物中，施肥对小麦产量的贡献率最大，其次是玉米，对大豆产量的贡献率最小。

在氮、磷、钾 3 种养分中，氮肥和磷肥对小麦和玉米产量的贡献率最大，钾肥对小麦和玉米产量的贡献率最小；而磷肥和钾肥对大豆的贡献率最大，氮肥对大豆产量的贡献率最小。

七、基于土壤肥力演变的主要培肥技术

黑龙江省黑土区气候属于温带大陆性季风气候，冬季寒冷干燥，夏季高温多雨，农作物为一年一熟类型，主要栽培作物包括玉米、大豆、春小麦、水稻等。

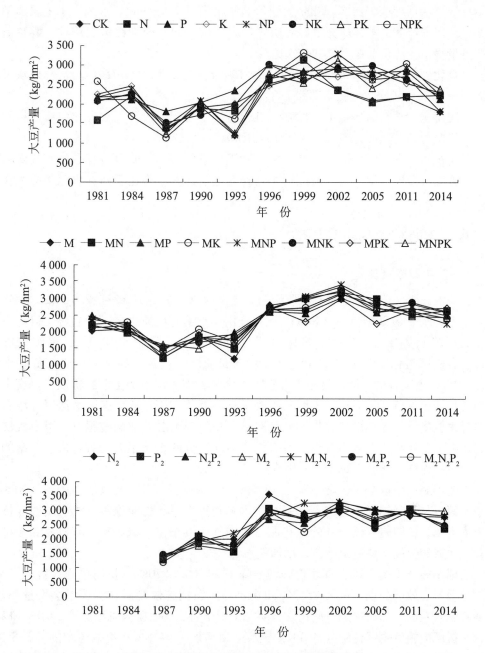

图 4 – 31 长期不同施肥条件下大豆产量的变化

注：2008 年大豆大面积倒伏，未统计产量

过去由于片面理解"以粮为纲"，黑土南部地区大力推广种植玉米，北部大量种植大豆，合理的轮作秩序被打乱，重茬、迎茬面积增加，影响作物生育，且土壤环境平衡被打破，养分过度消耗，使病虫害增多。这样既不利于粮食生产，又不利于土壤肥力的保持。依据 34 年的长期定位试验结果，推荐出小麦—大豆—玉米轮作体系作为黑土培肥保育优化模式。

黑龙江省玉米、小麦氮素（N）适宜用量为 100～200kg/hm^2，建议施肥量为 150kg/hm^2；磷素（P$_2$O$_5$）适宜用量为 45～135kg/hm^2，建议施肥量为 75kg/hm^2；钾素

（K_2O）适宜用量为 60～150kg/hm^2，建议施肥量为量 75kg/hm^2。玉米、小麦属磷敏感作物，须保证苗期磷素供应充足，故磷肥适宜底施。同时应加强氮肥调控，避免前期氮肥过量烧苗，注重前氮后移和分次施氮。

大豆化肥每公顷施用磷酸氢二铵 120～150kg、硫酸钾 100～150kg，瘠薄地块可额外施用尿素 30～50kg。化肥全部种下深施。

在施用化学肥料的基础上，增施有机肥是改土培肥、改善土壤理化性质的根本措施。有机肥可为腐熟的马粪、牛粪等，施用量 15～30t/hm^2。

黑龙江省春季干旱少雨，春季施肥不利于土壤保墒，因此可将春季施肥改做秋季施肥。施肥时期可在秋季上茬收获后，结合翻地或起垄，将化肥和有机肥集中施在原垄沟。

八、主要结论与研究展望

（一）主要研究结论

长期不施肥（CK），土壤有机质由初始土壤的 26.6g/kg 下降到 22.3g/kg，31 年间下降了 16.2%；氮磷钾化肥（NPK）配合施用，土壤有机质也呈下降趋势，但与不施肥相比下降趋势较缓，由 26.6g/kg 下降到 23.5g/kg，下降了 10.3%；单施有机肥（M）、有机肥与化肥配施（MNPK），土壤有机质略有增加；高量有机肥与氮磷配施（$M_2N_2P_2$），土壤有机质增加显著。有机肥与化肥配施能够增加土壤有机质，提高土壤肥力。长期施有机肥对提高黑土腐殖质含量有显著的作用。长期施肥对深层土壤有机质含量也有影响，施有机肥的作用尤其明显，并随着土层的加深施肥对土壤有机质含量的影响呈下降趋势。施用有机肥对有机质不同组分的影响很大，对有机质含量的增加最有效，而施用化肥有机质含量则有所降低。

长期不施肥土壤全氮含量下降了 15.6%，单施氮肥（N）及氮磷钾配施（NPK），土壤全氮也呈下降趋势，但与不施肥相比下降趋势变缓。长期施用有机肥能够保持土壤氮素平衡，长期施有机肥并配施化肥可以增加土壤全氮、碱解氮、有机氮和无机氮含量，保持和提高土壤氮素平衡，增加氮素的潜在供应能力。

长期不施肥土壤全磷、有效磷分别下降了 39.3% 和 70%，长期单施有机肥（M）土壤全磷、有效磷分别下降了 25.2% 和 41.5%。长期施磷肥磷在土壤中会大量积累，并随着施入量的增加而增加。施用常量磷肥土壤全磷、有效磷分别增加了 29.0% 和 3.0 倍；有机肥配施氮磷钾化肥（MNPK）土壤全磷增加了 44.8%，有效磷增加了 3.8 倍；施用二倍量磷肥土壤全磷增加了 68.2%，二倍量磷肥配合二倍量有机肥土壤全磷增加了近 1 倍，有效磷增加了 6.7 倍。施用磷肥对有效性较高的 Ca_2-P、Ca_8-P、Al-P 影响较大，对活性较低的 Ca_{10}-P、O-P 影响较小。积累的磷素大多以有效态的形式存在。经过生物试验，积累在土壤中的磷素能被作物吸收利用。

长期施肥对黑土全钾含量的影响较小。长期不施钾肥和长期不施肥土壤全钾含量有降低趋势，土壤速效钾逐年下降；而长期施钾肥土壤全钾有所增加，土壤速效钾呈缓慢下降的趋势；有机肥与氮磷钾配施土壤速效钾略有增加，但应注意黑土潜在的缺钾现象。

长期施用尿素氮肥会引起黑土酸化，随着氮肥用量的增加，土壤 pH 值降低的幅度加大。31 年单施氮肥（N）的 pH 值由 7.22 下降到 5.94，单施高量氮肥（N_2）pH 值下降到 5.00，pH 值分别下降了 1.28 和 2.22 个单位。氮磷钾配施以及其与有机肥配施的土壤酸度下降趋势有所减缓，氮磷钾配施 pH 值下降了 1.22 个单位，氮磷钾与有机肥配施的 pH 值下降了 1.14 个单位。

施用有机肥可以增加土壤微生物的数量，其丰富度指数和多样性指数也较高。长期施肥由于增加了土壤扰动的次数及强度，使农田土壤线虫种群的种类数量及自由生活线虫的成熟度指数（MI）降低；同时，长期施肥，尤其是施用磷、钾肥及有机肥不仅大大提高了土壤中食细菌线虫的相对丰度，而且对植物寄生线虫也表现出明显的抑制作用。

经过 11 个轮作周期，不同施肥处理之间轮作周期产量的差异加大，达到 5.5 倍。有机无机肥配施处理的产量最高，不施肥及偏施单一肥料产量最低。小麦、大豆、玉米三种作物中，施肥对小麦产量的贡献率最大，其次是玉米，对大豆产量的贡献率最小。

（二）存在问题和研究展望

黑土肥力长期定位监测试验是黑龙江省农业科学院土壤肥料研究所于 1979 年在黑龙江省农业科学院院内黑土上建立的，到 2013 年已经连续观测了 34 年。依托长期定位试验，培养了大批土壤肥力方面的学术人才，取得了一些研究成果，为生产提出了一些合理建议，但是还有很多问题需要深入分析和解决：①学习和参考国内外先进的长期定位试验管理制度，逐步改进和完善长期定位试验管理方法。②与国内外著名学者专家交流，查阅国内外文献著作，学习新方法、新手段，深入挖掘和分析长期定位试验数据，力争总结和发现新的规律和内容。③在传统的分析手段基础上，了解和学习前沿的分析测定方法，利用新方法新技术对历年保存的样品作进一步地分析，以获取更多的样品信息，丰富研究内容。④样品保存要设置专门的储藏室，由专人负责，做到样品保存井然有序，合乎规范。

郝小雨、周宝库、马星竹、高中超、张喜林

参考文献

［1］顾益初，蒋柏藩 . 1990. 石灰性土壤无机磷分级的测定方法［J］. 土壤，22（2）：101 - 110.

［2］蒋柏藩，沈仁芳 . 1990. 土壤无机磷分级的研究［J］. 土壤学进展，18（1）：1 - 8.

［3］李玉影 . 2002. 连续施钾对黑土钾素动态变化影响［J］. 土壤肥料，(3)：18 - 20.

［4］刘妍，周连仁，苗淑杰 . 2010. 长期施肥对黑土酶活性和微生物呼吸的影响［J］. 中国土壤与肥料，(1)：7 - 10.

［5］刘艳军，张喜林，高中超，等 . 2011a. 长期施肥对哈尔滨黑土土壤线虫群落的影响［J］. 土壤通报，42（5）：1 112 - 1 115.

［6］刘艳军，张喜林，高中超，等 . 2011b. 长期施肥对土壤线虫群落结构的影响［J］. 中国农学通报，27（21）：287 - 291.

［7］鲁如坤 . 1991. 土壤农业化学分析方法［M］. 北京：中国农业出版社，1 - 366.

［8］骆坤，胡荣桂，张文菊，等 . 2013. 黑土有机碳、氮及其活性对长期施肥的响应［J］. 环境科学，34（2）：676 - 684.

［9］苗淑杰，周连仁，乔云发，等 . 2009. 长期施肥对黑土有机碳矿化和团聚体碳分布的影响

［J］．土壤学报，46（6）：1 068－1 075.

　［10］王英，王爽，李伟群，等．2008．长期定位施肥对土壤生理转化菌群的影响［J］．生态环境，17（6）：2 418－2 420.

　［11］徐宁，周连仁，苗淑杰．2012．长期施肥对黑土有机质及其组成的影响［J］．中国土壤与肥料，（6）：14－17.

　［12］张喜林，周宝库，孙磊，等．2008．长期施用化肥和有机肥料对黑土酸度的影响［J］．土壤通报，39（3）：321－325.

　［13］周宝库，张喜林，李世龙，等．2004．长期施肥对黑土磷素积累及有效性影响研究［J］．黑龙江农业科学，（4）：5－8.

　［14］周宝库，张喜林．2005．长期施肥对黑土磷素积累、形态转化及其有效性影响的研究［J］．植物营养与肥料学报，11（2）：143－147.

　［15］周宝库，张喜林．2004．黑土长期施肥对农作物产量的影响［J］．农业系统科学与应用研究，21（1）：37－39.

　［16］Wei D, Yang Q, Zhang J Z, et al. 2005. Effect of long-term fertilization on bacterial community structure and diversity in a black soil region［J］．*China Biotechnology*, 25：346－352.

第五章　长期施肥中层黑土肥力演变和培肥技术

黑土是在温带湿润气候区草原化草甸植被下发育的一种具有深厚腐殖质层的土壤，是我国最适合农耕的土壤类型之一。黑土基本剖面构型由腐殖质（A）—淀积层（B）—母质层（C）组成，各层次之间常出现一定厚度的过渡层次。黑土形态上的主要特征是有一个深厚的、从上往下逐渐过渡的黑色腐殖质层，厚度可达 30～70cm，厚的地方可达 100cm 以上。腐殖质层呈舌状向下延伸，多为粒状或团块状结构，土层潮湿松软。淀积层和母质层多为灰棕色或黄棕色，棱块状结构，剖面中可见棕黑色铁锰结核、白色二氧化硅粉末和灰色或黄灰色斑块条纹等新生体。土体通层无石灰性反应，呈中性或微酸性。

吉林省农业科学院于 20 世纪 70 年代末，在吉林省中部重点产粮区（公主岭市）的黑土上建立了"中层黑土土壤肥力和肥料效益长期定位监测试验基地"，开展了黑土资源的保护和利用研究工作。主要研究长期施肥对黑土土壤肥力演变特征、肥料效益及生态环境的影响，并建立作物生产力演变特征预测模型，明确高产土壤培肥机理及关键技术。

一、中层黑土长期试验概况

中层黑土肥力与肥料效益监测基地位于吉林省公主岭市吉林省农业科学院试验地内（东经 124°48′33.9″，北纬 43°30′23″），试验地地势平坦，海拔 220m，年平均气温 4～5℃，年最高气温 34℃，最低气温 −35℃，无霜期 110～140d，有效积温 2 600～3 000℃，年降水量 450～650mm，年蒸发量 1 200～1 600mm，年日照时数 2 500～2 700h。土壤为中层典型黑土，成土母质为第四纪黄土状沉积物。土壤剖面形态基本特征如下。

Aa：0～20cm，耕作层，暗灰色，壤质黏土，粒状、团粒状结构，多根，湿润，疏松多孔，有铁锰结核。

A：21～40cm，灰色，壤质黏土，小团块状、团粒结构，较湿，疏松，多铁锰结核。

AB：41～64cm，灰棕色，粉砂质壤土，小团块结构，根系较少，潮湿，较紧实，多铁锰结核（粒径 2～5mm）。

B：65～89cm，黄棕色，黏壤土，块状结构，少量根系，湿，较紧实，有洞穴和铁锰结核。

BC：90～150cm，暗棕色，黏壤土，棱块状结构，极少量根系，湿，紧实，有锈斑、SiO_2 胶膜，通层无盐酸反应。

试验地原始土壤剖面理化性状见表 5−1 至表 5−3。

表 5 - 1　中层黑土实验点剖面土壤的颗粒组成

发生层次	深度 (cm)	各粒径土壤颗粒含量（%）				质地
		0.2~2.0mm	0.02~0.2mm	0.002~0.02mm	<0.002mm	
Aa	0~20	5.50	32.81	29.87	31.05	壤质黏土
A	21~40	2.91	33.09	37.18	27.15	壤质黏土
AB	41~64	2.75	37.76	45.32	13.00	粉砂质壤土
B	65~89	1.46	38.90	44.18	14.68	黏壤土
BC	90~150	1.41	38.93	44.21	14.45	黏壤土

表 5 - 2　中层黑土实验点剖面土壤物理性状

发生层次	深度 (cm)	容重 (g/cm³)	孔隙组成（%）		
			总孔隙度	田间持水孔隙	通气孔隙
Aa	0~20	1.19	53.39	35.83	18.08
A	21~40	1.27	51.23	38.47	12.76
AB	41~64	1.33	49.83	42.08	7.25
B	65~89	1.35	46.53	34.04	12.49
BC	90~150	1.39	45.02	39.30	5.72

表 5 - 3　中层黑土实验点剖面土壤化学性质

发生层次	深度 (cm)	有机质 (g/kg)	全氮 (g/kg)	全磷 (g/kg)	全钾 (g/kg)	碱解氮 (mg/kg)	有效磷 (mg/kg)	速效钾 (mg/kg)	pH 值
Aa	0~20	22.8	1.40	1.39	22.1	114	27.0	190	7.6
A	21~40	15.2	1.30	1.354	22.3	98	15.5	181	7.5
AB	41~64	7.1	0.57	1.00	22.0	41	7.2	185	7.5
B	65~89	6.8	0.50	0.98	22.1	39	4.2	189	7.6
BC	90~150	6.3	0.38	0.91	22.2	37	4.1	187	7.6

　　黑土肥力与肥效试验始于 1990 年，试验共设 12 个处理：①Fallow（休闲、不种植、不耕作。）②CK（不施肥）；③N；④NP；⑤NK；⑥PK；⑦NPK；⑧M1 + NPK ［M1 为有机肥（猪粪）]；⑨1.5（M1 + NPK）；⑩S + NPK（S 为玉米秸秆）；⑪ M1 + NPK（R）（为玉米—大豆轮作，2 年玉米，1 年大豆）；⑫M2 + NPK ［M2 为有机肥（猪粪），施用量与 M1 不同]。试验不设重复，田间小区随机排列，小区面积 400m²，区间由 2m 宽过道相连。有机肥作底肥，1/3 氮肥和磷、钾肥作底肥，其余 2/3 氮肥于拔节前追施在表土下 10cm 处，秸秆在拔节追肥后撒施土壤表面。氮肥品种为尿素（含 N46%），磷肥为重过磷酸钙（无 N 区施用，含 P_2O_5 46%）和磷酸二铵（N、P 复合区施用，含 P_2O_5 46%、N 18%）。有机肥（猪粪）的养分含量为：N 0.5%，P_2O_5 0.4%，K_2O 0.49%；玉米秸秆的养分含量为：N 0.7%，P_2O_5 0.16%，K_2O 0.75%。具体施肥量见表 5 - 4。

供试作物为玉米和大豆，除处理 11 为玉米—大豆 2∶1（2 年玉米 1 年大豆）轮作外，其余处理为玉米连作，一年一季。玉米品种 1990—1993 年为丹育 13，1994—1996年为吉单 222，1997—2005 年为吉单 209，2006—2013 年为郑单 958；大豆品种 1990—1998 为长农 4 号，1999—2013 年为吉林 20 号；于 4 月末播种，9 月末收获，按常规进行统一田间管理，10 月份采集土壤样品，将小区划分为 3 个取样段，植株样本主要分根、茎叶和籽实 3 部分取样，分别各取 3 株；土壤样品采用"S"形布点取 5～7 点，分层（0～20cm、21～40cm）取样，充分混匀后用四分法缩分至 1kg 左右，风干后进行分析测定和保存。

测定项目与方法：有机质测定采用重铬酸钾法，活性有机质测定采用 $KMnO_4$ 常温氧化—比色法测定，全氮测定采用重铬酸钾硫酸消化法，全 P_2O_5 测定采用高氯酸硫酸酸溶钼锑抗比色法，全钾测定采用氢氧化钠碱熔火焰光度法，水解氮测定采用扩散法，有效 P_2O_5 测定采用碳酸氢钠法，速效钾测定采用火焰光度法，土壤 pH 值测定采用电位法。

表 5-4　不同处理化肥及有机肥施用量

处　理	N（kg/hm^2）	P_2O_5（kg/hm^2）	K_2O（kg/hm^2）	有机肥（t/hm^2）
CK	0	0	0	0
N	165	0	0	0
NP	165	82.5	0	0
NK	165	0	82.5	–
PK	–	82.5	82.5	–
NPK	165	82.5	82.5	–
M1 + NPK	50	82.5	82.5	23
1.5（M1 + NPK）	75	123.7	123.7	34.6
S + NPK	112	82.5	82.5	7.5
M1 + NPK（R）	50	82.5	82.5	23
M2 + NPK	165	82.5	82.5	30

注：M1 和 M2 为有机肥（猪粪），S 为玉米秸秆，R 为轮作

二、长期不同施肥黑土有机质、氮、磷、钾和 pH 值的演变规律

（一）长期不同施肥黑土有机质的演变规律

1. 黑土有机质含量的变化

土壤有机质的含量是衡量农田土壤潜在肥力的主要指标之一。长期施肥 23 年后，不同施肥处理 0～20cm 表层土壤有机质含量有一定变化。图 5-1 显示，施用化肥处理的土壤有机质含量均呈现下降趋势。不施肥处理（CK）和施化肥处理前 12 年有机质含量基本稳定，但后 12 年有所下降，其中，CK、N 和 NPK 处理后得年（2010—2012平均值）有机质含量较前 3 年（1989—1991 平均值）分别下降了 14%、22.1% 和3.3%，但 NPK 处理有机质含量下降不明显，休闲地土壤有机质含量增加了 9.7%。

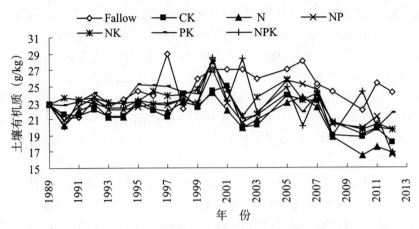

图5-1　长期不施肥和单施化肥的土壤有机质含量变化

长期施肥 23 年后，有机无机肥配施处理的土壤有机质含量均呈现上升趋势（图 5-2），尤其后 12 年有机质显著上升。1.5（M1+NPK）、M2+NPK 和 M1+NPK处理的土壤有机质含量后 3 年（2010—2012 平均值）较前 3 年（1989—1991 平均值）分别增加了 69.5%、56.1% 和 52.2%。但是，S+NPK 处理土壤有机质含量总体波动不大，维持在原有水平，表明秸秆还田并没有促进黑土总有机质含量的提高，这与张璐（张璐等，2009）的研究结果一致。总之，有机肥（粪肥）与化肥配合施用，是有效增加土壤有机质的重要措施。

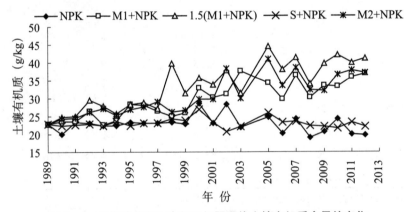

图5-2　长期施化肥和有机无机肥配施土壤有机质含量的变化

2. 黑土活性有机碳含量的变化

长期不施肥（CK）与初始土壤相比，黑土活性有机碳含量基本维持不变；长期不平衡施化肥处理（NP 和 N）的黑土活性有机碳含量分别下降了 3.6% 和 13.8%；氮磷钾平衡施用（NPK）显著降低了黑土活性有机碳含量，降幅为 6.0%（图 5-3）。

长期有机无机肥配施的 M1+NPK 和 1.5（M1+NPK）处理的黑土活性有机碳含量显著上升，与试验初始比较，活性有机碳含量增加了 57.6% 和 62.7%，长期秸秆还田处理（S+NPK）土壤活性有机碳显著增加了 57.6%。活性有机碳含量均为有机肥和化肥配施>秸秆还田>施化肥>不施肥（图 5-4）。结果表明，有机无机肥配施不仅提高了土壤总有机碳含量，对活性有机碳的水平也具有明显的提升作用（张璐等，2009；佟小刚等，2008）。

104

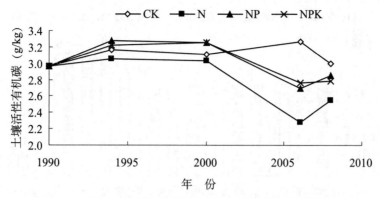

图 5-3　长期不施肥和单施化肥土壤活性有机碳含量的变化

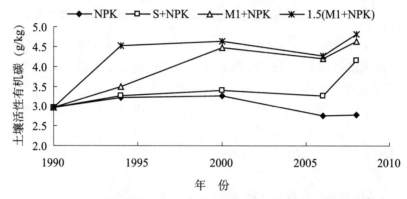

图 5-4　长期施化肥和有机无机肥配施土壤活性有机碳含量的变化

3. 黑土不同大小颗粒有机碳组分的变化

长期施肥黑土不同大小颗粒中有机碳含量和分布状况如图 5-5。从图中可以看出，不施肥处理黑土砂粒、粗粉砂粒、细粉砂粒、粗黏粒及细黏粒有机碳含量分别为 1.71g/kg、2.77g/kg、3.06g/kg、5.10g/kg 和 1.14g/kg（佟小刚，2008）。与不施肥处理相比，有机无机肥配施处理［M1＋NPK、1.5（M1＋NPK）］的各颗粒有机碳含量增加了 145.5%～154.3%、65.3%～83.0%、34.4%～43.5%、22.4%～27.0% 和 6.8%～8.8%，但增量有机无机肥配施处理［1.5（M1＋NPK）］与常量有机无机肥配施（M1＋NPK）相比，并不能进一步显著增加砂粒、粗黏粒和细黏粒的有机碳含量。除细黏粒外，有机无机肥配施的其他各级颗粒有机碳含量均显著高于其他施化肥处理，说明施用有机肥对增加土壤各级颗粒有机碳含量的作用显著。

施用有机肥处理的砂粒和粗粉砂粒中有机碳的分配比例显著提高了 58.4%～70.8% 和 11.0%～16.6%，而细粉砂粒、粗黏粒和细黏粒的分配比例分别降低了 7.4%～9.7%、17.8%～18.0% 和 26.9%～31.1%。与不施肥处理比较，秸秆与无机肥配施（S＋NPK）可以显著增加黑土砂粒、粗粉砂粒及细粉砂粒的有机碳含量，增加幅度分别为 50.4%、42.7% 和 8.7%，虽然该处理粗黏粒和细黏粒有机碳含量与不施肥处理相比存在差异，但差异不显著，说明黏粒有机碳含量不受秸秆与无机肥配施影响。与不施肥处理相比，单施氮肥（N）和氮磷肥配施（NP）处理的砂粒、粗粉砂粒、细粉砂粒和粗黏粒有机碳含量分别提高了 40.6%～44.9%、30.4%～38.0%、16.7%～

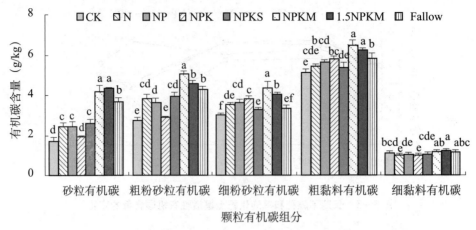

图 5-5　长期不同施肥黑土不同大小颗粒结合的有机碳含量（2007 年）

20.3% 和 6.7% ~ 11.2%；而氮磷钾平衡施用（NPK）仅显著增加了细粉粒和粗黏粒的有机碳含量，增加幅度分别为 25.4% 和 13.6%。施用化肥各处理均降低了细黏粒的有机碳含量，降低幅度为 6.9% ~ 9.3%。不同施肥处理下砂粒有机碳含量平均增加的幅度最高，达到 80.6%，分别是粗粉砂粒、细粉砂粒、粗黏及细黏粒有机碳含量平均增加幅度的 1.8 倍、3.6 倍、5.6 倍和 13.1 倍，可见砂粒中有机碳含量增加幅度最高，说明砂粒有机碳组分库对施肥的响应最敏感。因此施肥可改善中层黑土有机碳的性质，提高土壤有效肥力。

4. 黑土团聚体组分有机碳的变化

长期施肥下中层黑土总有机碳在不同团聚体有机碳组分中的分布状况见图 5-6（佟小刚，2008）。从图 5-6 可以看出，不同施肥粗自由颗粒有机碳和细自由颗粒有机碳（cfPOC 和 ffPOC）分别占总有机碳的 7.0% ~ 13.0% 和 1.6% ~ 7.1%，与不施肥相比，有机无机肥配施 [M1 + NPK 和 1.5（M1 + NPK）] 粗自由颗粒有机碳和细自由颗粒有机碳的比例提高幅度分别达到 0.7 ~ 1.0 倍和 1.3 ~ 1.4 倍，秸秆还田（S + NPK）和各化肥处理（N、NP 和 NPK）的细自由颗粒有机碳比例提高了 1.3 倍和 0.5 ~ 1.2 倍；粗自由颗粒有机碳比例不受秸秆还田的影响，但氮磷钾平衡施用的粗自由颗粒有机碳比例提高了 30.5%。撂荒对粗自由颗粒有机碳和细自由颗粒有机碳比例的影响一致，使该组分的比例分别显著提高了 1.0 倍和 0.8 倍。

中层黑土中粗自由颗粒有机碳和细自由颗粒有机碳（cfPOC 和 ffPOC）含量均以有机无机肥配施 [M1 + NPK、1.5（M1 + NPK）] 处理最高，分别达到 2.40 ~ 2.45g/kg 和 1.24 ~ 1.54g/kg，是不施肥处理的 2.9 ~ 3.0 倍和 3.4 ~ 4.2 倍；秸秆还田对粗自由颗粒有机碳含量无显著影响，但它使细自由颗粒有机碳显著增加 0.49g/kg，而且与施化肥处理比较差异显著。施化肥各处理的粗自由颗粒有机碳和细自由颗粒有机碳含量比不施肥显著增加了 0.20 ~ 0.47g/kg 和 0.28 ~ 0.29g/kg。撂荒地的粗自由颗粒有机碳和细自由颗粒有机碳含量也比不施肥显著增加，增加量分别为 0.96g/kg 和 0.36g/kg。

不同施肥条件下黑土微团聚内物理保护性有机碳（iPOC）占总有机碳的 9.0% ~ 15.2%，与不施肥处理相比，有机无机肥配施和休闲地 [M1 + NPK、1.5（M1 + NPK）和 Fallow] 的物理保护有机碳的比例分别显著提高了 62.0% ~ 67.5% 和 21.0%，含量

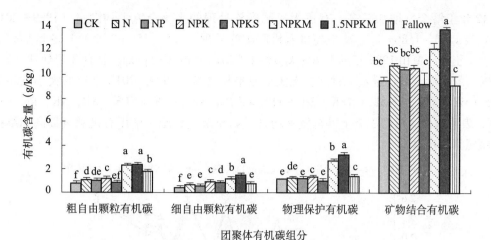

图5-6 长期不同施肥黑土团聚体组分的有机碳含量（2007年）

分别显著增加了1.65~2.09g/kg和0.37g/kg，增幅为不施肥处理的1.5~1.9倍和0.3倍，其余处理的物理保护有机碳比例均比不施肥有所降低，但差异未达显著水平；而且物理保护有机碳含量也仅在NPK处理显著增加了0.29g/kg，秸秆还田处理的该组分含量也有所降低，但与不施肥处理的差异也不显著。休闲、秸秆还田和施用化肥处理的矿物结合态有机碳含量均没有显著增加，其中有机无机肥配施［M1+NPK和1.5（M1+NPK）］处理的矿物结合态有机碳含量显著降低，降幅为18.3%~21.0%，而且其比例也降低；撂荒地的矿物结合态有机碳比例的降幅最大，达13.7%，且与不施肥处理差异显著。

（二）长期不同施肥黑土氮的演变规律

1. 黑土全氮含量的变化

土壤全氮包括所有形式的有机和无机氮素，综合反映了土壤的氮素供应状况。不同施肥处理耕层土壤（0~20cm）全氮含量的变化趋势与有机质基本相同。单施化肥和不施肥处理，23年间耕层土壤全氮呈缓慢下降趋势，各处理土壤全氮平均含量（1989—2012年）为1.25~1.31g/kg，与初始值1.4g/kg相比，有所下降，但总体下降不明显（图5-7）。

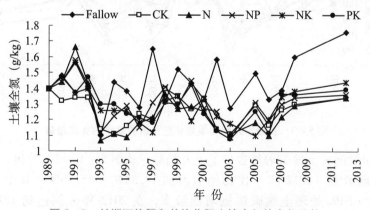

图5-7 长期不施肥和单施化肥土壤全氮的变化趋势

有机肥（粪肥）与化肥配施处理的土壤全氮表现为上升趋势（图5-8），尤其在后12年土壤全氮增加较多。有机无机肥配施处理的土壤全氮平均含量（1989—2012年）为1.63～1.86g/kg，其中高量有机肥配施处理［1.5（M1 + NPK）］的增加幅度最大，土壤全氮由1989年的1.40g/kg增加到2012年的2.65g/kg。秸秆还田处理（S + NPK）的土壤全氮含量基本稳定。土壤全氮平均含量（1989—2012年）的大小顺序为1.5（M1 + NPK）> M2 + NPK > M1 + NPK > Fallow > S + NPK > NPK、NP、NK、PK > N、CK，表明有机无机肥配施土壤全氮平均含量高于单施化肥，施用有机肥可提高和维持土壤氮素供应水平。

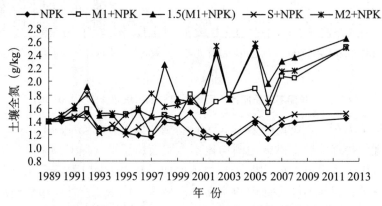

图5-8　长期施化肥和有机无机肥配施土壤全氮的变化趋势

2. 黑土碱解氮含量的变化

土壤碱解氮主要来源于土壤有机质的矿化和施入的氮肥。连续施肥23年后，不同处理耕层（0～20cm）土壤碱解氮差异明显（图5-9）。总体来看，不施肥（CK）、单施化肥处理的土壤碱解氮含量均呈下降趋势，其中PK和NPK处理土壤碱解氮（2012年）比初始值（1990—1991平均值）分别下降了19.4%和9.77%。

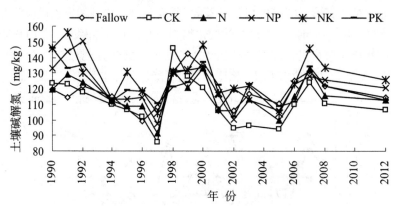

图5-9　长期不施肥和单施化肥土壤碱解氮的变化趋势

有机无机肥配施土壤碱解氮含量呈上升趋势，从图5-10可以看出，有机无机配施处理土壤碱解氮（2012年）比初始值增加18.53%～45.55%，其中1.5（M1 + NPK）和M2 + NPK处理土壤碱解氮增加最多，在2012年分别达到182.3mg/kg和185.5mg/kg。秸秆还田处理（S + NPK）土壤碱解氮（2012年）比初始值下降了14.9%，下降到103.9mg/kg。土壤碱解氮平均含量（1990—2012年）的大小顺序为1.5（M1 + NPK）> M2 + NPK、M1 + NPK > NPK、NP、NK > N、PK、S + NPK、休闲、

CK，表明有机肥料（粪肥）对提高土壤碱解氮的作用好于秸秆还田和单施化肥。

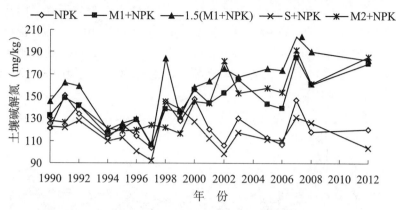

图 5 - 10　长期施化肥和有机无机肥配施土壤碱解氮的变化趋势

3. 黑土有机氮组分的变化

不同施肥处理耕层土壤有机氮各组分含量差异很大（表 5 - 5）。在 M2 + NPK 处理中，铵态氮、氨基酸态氮和氨基糖态氮含量最高，秸秆还田处理（S + NPK）土壤铵态氮、氨基酸态氮、酸不溶氮含量均为最低，与 M1 + NPK 和 M2 + NPK 处理之间差异显著，而酸解未知氮含量显著高于其他施肥处理，可见秸秆还田与化肥配施有利于酸解未知氮含量的提高。在不施肥的 CK 处理中，氨基酸态氮和氨基糖态氮含量均最低，但酸解未知氮含量略高于其他处理，由于新加入的有机物质对原有有机质分解的促进作用，使有机氮组分含量发生变化。

耕层土壤铵态氮的相对含量在各施肥处理中变化不显著，相对比较稳定，说明施肥对铵态氮的相对含量影响很小或者没有影响。各施肥处理耕层土壤氨基酸态氮和氨基糖态氮的相对含量均比对照明显提高，且以 M2 + NPK 处理最高。有机氮各组分含量在不同施肥处理中表现为酸不溶氮 > 氨基酸态氮 > 铵态氮 > 酸解未知氮 > 氨基糖态氮（张俊清，2004）。

表 5 - 5　不同处理对耕层（0 ~ 20cm）土壤有机氮各形态含量的影响（2000 年）

（单位：mg/kg）

处 理	酸解全氮	铵态氮	氨基态氮	氨基糖氮	酸解未知氮	酸不溶氮
CK	792 b	267 bc	277 d	29 c	219 a	384 bc
NPK	779 bc	286 ab	326 c	42 b	125 c	410 bc
M1 + NPK	830 ab	275 b	367 b	44 b	145 c	461 b
1. 5（M1 + NPK）	723 c	290 ab	353 bc	40 b	39 e	550 a
M2 + NPK	850 a	297 a	405 a	64 a	85 d	494 ab
S + NPK	824 ab	251 c	325 c	43 b	206 ab	336 c

注：同列数据后不同字母表示处理间差异达 5% 差异水平

（三）长期不同施肥黑土磷的演变规律

1. 黑土全磷含量的变化

从 0 ~ 20cm 土层土壤全磷的变化（图 5 - 11）可以看出，CK、N 和 NK 处理土壤全磷含量呈平缓下降趋势，后3年（2005—2007年平均值）与1989年的初始值比较分别下降了7.6%、15.6%和13.7%；PK和NP处理全磷含量没有下降，后几年还有所提高，后3年（2005—2007年平均值）与初始值比较提高了10%左右，原因可能是植株带走的磷（由于产量低）少于施入的化肥磷和；休闲（Fallow）处理土壤全磷含量总体变化很小。各处理的土壤全磷平均含量（1989—2007年）为PK > NP > 休闲 > CK > NK > N。

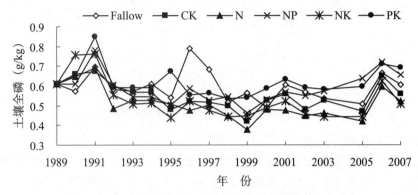

图5－11　长期不施肥和单施化肥土壤全磷含量的变化

长期有机无机肥配施处理的土壤全磷呈上升趋势（图5－12），尤其是1999年以后土壤全磷富集现象非常明显。其中1.5（M1＋NPK）和M2＋NPK处理的土壤全磷（2005—2007年3年均值）分别达到1.727g/kg和1.693g/kg，比试验初始值增加了185%、179%。秸秆还田（S＋NPK）土壤全磷也呈缓慢增加趋势，比试验初始值增加了18.9%。NPK处理的土壤全磷总体上略有下降，但不明显。表明有机无机肥配施土壤全磷含量明显高于单施化肥的NPK处理，全磷的增加幅度远超过氮和钾等养分。

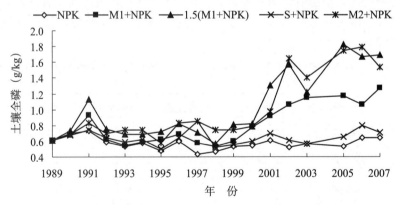

图5－12　长期施化肥和有机无机肥配施土壤全磷含量的变化

2. 黑土有效磷含量的变化

长期不施肥和单施化肥土壤有效磷的变化趋势与土壤全磷基本一致（图5－13），但变化幅度较大。PK、NP（图5－13）和NPK处理（图5－14）土壤有效磷含量增加明显，尤其在1999年后土壤有效磷富集现象最为突出，由试验初始的11.79mg/kg分别增加到60.95mg/kg、49.8mg/kg和39.7mg/kg（2008—2012两年平均值），增加了几倍。CK、N、NK和休闲4个处理的土壤有效磷均呈下降趋势，下降幅度为3.24 ~

7.19mg/kg。表明当前的施磷水平既可提高黑土的有效磷含量，同时也能够满足作物生长的需求。

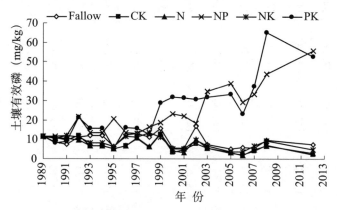

图 5 – 13　长期不施肥和单施化肥土壤有效磷含量的变化

长期有机无机肥配施处理的土壤有效磷变化趋势与全磷基本一致，但变化幅度较大（图 5 – 14）。S + NPK 处理土壤有效磷呈缓慢上升趋势，由试验初的 11.19mg/kg 增加到 38mg/kg（2008—2012 两年均值）。有机无机肥配施各处理土壤有效磷增加非常显著，其中 1.5（M1 + NPK）、M2 + NPK 处理（2008—2012 两年均值）比试验初始值分别增加了 246.2mg/kg、183.4mg/kg，表明有机无机肥配施是提高土壤有效磷含量的最有效措施。

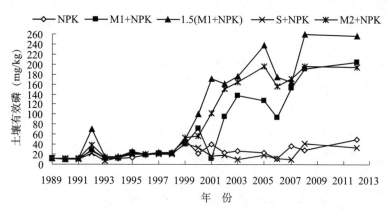

图 5 – 14　长期施化肥和有机无机肥配施土壤有效磷含量的变化

3. 黑土有机磷组分的变化

黑土耕层土壤磷素中大部分以有机磷形态存在（表 5 – 6），土壤有机磷占全磷的比例为 56.08% ~ 74.76%，含量为 139.94 ~ 210.23mg/kg，平均为 181.85mg/kg。在有机磷各组分中，活性有机磷含量在各肥料处理中变化不大，为 2.48 ~ 4.76mg/kg，平均 3.55mg/kg，占有机磷总量的 1.95%；中活性有机磷含量最高，为 77.20 ~ 106.80mg/kg，平均为 94.29mg/kg，占有机磷总量的 51.85%；中稳性有机磷平均含量为 57.77mg/kg，约占有机磷总量的 31.77%，高稳性有机磷含量平均为 26.25mg/kg，约占有机磷总量的 14.43%。因此，黑土耕层土壤中有机磷组分的含量顺序为：中活性有机磷 > 中稳性有机磷 > 高稳性有机磷 > 活性有机磷（张俊清，2004），与国内外的报道基本一致。

表 5-6 不同处理耕层（0~20cm）土壤有机磷组分含量及其比例 （2000 年 10 月）

处理	Olsen-P (mg/kg)	活性有机磷		中活性有机磷		中稳性有机磷		高稳性有机磷		总有机磷		全磷
		含量 (mg/kg)	占总有机磷 (%)	含量 (mg/kg)	占总有机磷 (%)	含量 (mg/kg)	占总有机磷 (%)	含量 (mg/kg)	占总有机磷 (%)	含量 (mg/kg)	占全磷 (%)	含量 (mg/kg)
Fallow	6.80	4.18	2.76	84.17	55.56	48.68	32.13	14.50	9.57	151.53	58.13	260.67
CK	5.57	3.09	1.99	97.46	62.58	36.23	23.26	18.96	12.17	155.75	62.98	247.31
N	2.41	2.76	1.97	77.20	55.17	44.33	31.68	15.65	11.18	139.94	61.41	227.88
NP	33.47	3.39	1.87	94.90	52.35	57.68	31.82	25.32	13.97	181.29	67.29	269.42
NK	7.46	3.57	2.09	90.05	52.76	60.32	35.34	16.73	9.80	170.66	74.76	228.28
PK	40.85	3.57	1.82	104.41	53.05	58.46	29.70	30.36	15.43	196.81	65.51	300.42
NPK	32.40	2.98	1.59	86.30	46.07	65.39	34.90	32.68	17.44	187.35	66.42	282.06
M1+NPK	40.84	3.46	1.70	105.44	51.76	61.38	30.13	33.44	16.41	203.71	67.67	301.03
1.5(M1+NPK)	68.96	2.48	1.18	96.92	46.10	70.24	33.41	40.58	19.30	210.23	66.83	314.57
S+NPK	18.89	4.75	2.50	95.47	50.22	61.12	32.15	28.76	15.13	190.10	70.08	271.24
M1+NPK (R)	66.14	3.58	1.19	92.29	49.07	63.78	33.92	28.40	15.10	188.06	57.40	327.61
M2+NPK	80.23	4.76	2.30	106.80	51.65	65.61	31.73	29.61	14.32	206.78	56.08	368.75
平均值	33.67	3.55	1.95	94.29	51.85	57.77	31.77	26.25	14.43	181.85	64.20	283.27

在各施肥处理中，有机无机肥配施处理的耕层土壤全磷、有机磷总量、各形态有机磷平均含量均比单施化肥处理高，而且有机磷的比例有所降低，说明施用有机肥后土壤有机磷及其组分含量的增加主要归因于土壤全磷含量的增加，并且配施处理可促进土壤有机无机磷形态的转化。

不施用磷肥的 N、NK 处理土壤中活性、高稳性有机磷含量均降低，N 处理有机磷总量、中活性有机磷含量均明显低于对照（CK），但 PK、Ml + NPK、M2 + NPK 处理中活性有机磷含量高于对照，其他各处理中活性有机磷含量与 CK 差异不大。各处理中稳性、高稳性（N、NK 处理除外）有机磷含量均高于 CK，而活性有机磷各处理间均差异不大。表明活性、中活性有机磷的植物有效性较高，较易转化为对植物有效的形态。

（四）长期不同施肥黑土钾的演变规律

1. 黑土全钾含量的变化

从图 5 – 15 和图 5 – 16 可以看出，单施化肥和有机无机肥配施处理的土壤全钾变化趋势基本一致。各处理土壤全钾的平均含量（1989—2007 年）都在 19.0g/kg 左右，各处理间没有明显差异。表明无论施钾肥或有机肥与否，对黑土全钾含量的影响不明显，这与张会民等的研究结果一致。

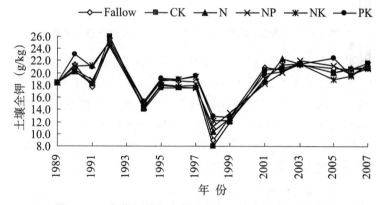

图 5 – 15　长期不施肥和单施化肥土壤全钾含量的变化

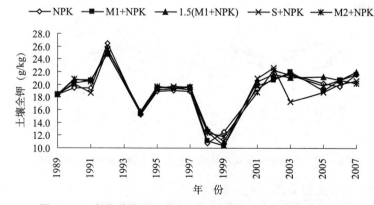

图 5 – 16　长期施化肥和有机无机肥配施土壤全钾含量的变化

2. 黑土速效钾含量的变化

长期不施钾肥处理中，CK、N 和 NP 处理的土壤速效钾均呈下降趋势（图 5 - 17），后 3 年（2010—2012 年）土壤速效钾平均含量比前 3 年平均含量（1989—1991 年）分别降低了 16.9mg/kg、35.7mg/kg 和 27.5mg/kg。在施钾肥的处理中，NK 处理土壤速效钾含量略有下降，而 PK 处理有所提高，后 3 年（2010—2012 年）土壤速效钾平均含量比前 3 年（1989—1991 年）增加了 11.46mg/kg，这或许是 PK 处理的作物产量下降的原因。休闲（Fallow）处理土壤速效钾呈增加趋势，后 3 年（2010—2012 年）比前 3 年（1989—1991 年）增加了 88.91mg/kg。

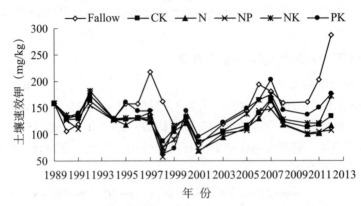

图 5 - 17   长期不施肥和单施化肥土壤速效钾含量的变化

由图 5 - 18 可以看出，经过 23 年的培肥，单施化肥 NPK 和秸秆还田（S + NPK）处理土壤速效钾含量波动不大，保持原有水平。而秸秆还田没有提高土壤速效钾含量，秸秆中钾去向的是值得进一步研究和探讨的问题。有机无机肥配施处理土壤速效钾含量增加显著，其中 1.5（M1 + NPK）和 M2 + NPK 处理后 3 年（2010—2012 年）土壤速效钾平均含量比前 3 年平均含量（1989—1991 年）分别增加了 169.75mg/kg 和 83.31mg/kg，表明有机无机肥配施是提高黑土速效钾含量最有效的途径。

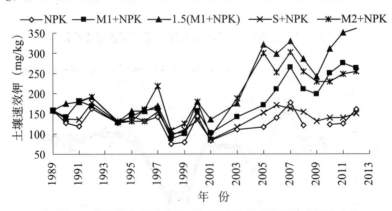

图 5 - 18   长期施化肥和有机无机肥配施土壤速效钾含量的变化

3. 黑土缓效钾含量的变化

施肥 15 年后，不施钾肥土壤缓效钾含量比 1990 年的初始值降低了 72.2 ~ 134.3mg/kg，降低幅度为 7.3% ~ 13.7%（表 5 - 7）；NPK 处理土壤缓效钾含量基本稳定；有机无机肥配施处理（M1 + NPK）土壤缓效钾含量略有增加，增加 43.7mg/kg。

表明长期不施钾肥可促使以蒙脱石和水云母为主要黏土矿物的黑土缓效钾不断释放，使土壤缓效钾含量降低（张会民，2007）。

表5-7　长期不同施肥土壤缓效钾含量的变化

处　理	1990 年含量 （mg/kg）	2005 年含量 （mg/kg）	增减量 （mg/kg）	增减率 （%）
CK	982.4	910.2	-72.2	-7.3
N	982.4	848.1	-134.3	-13.7
NP	982.4	867.1	-115.3	-11.7
NPK	982.4	974.5	-7.9	-0.8
M1 + NPK	982.4	1026.1	43.7	4.5

（五）黑土土壤 pH 值的演变规律

长期定位试验结果表明，不施肥处理土壤酸度无明显变化，施化肥土壤酸化明显，NP、NK 和 NPK 处理 20 年间土壤 pH 值下降了 1.5 左右，但 S + NPK 及有机肥 + NPK 处理的土壤 pH 值明显高于 NPK（图 5 - 19），尤其是近几年，M2 + NPK 处理的土壤 pH 值比 NPK 高 1.3 左右，20 年间有机无机肥配施处理的土壤 pH 值没有下降，年际间无明显差异，表明单施化肥可明显导致土壤酸化，有机无机肥配施具有防止土壤酸化的作用，这一结论与多数研究结果相一致。

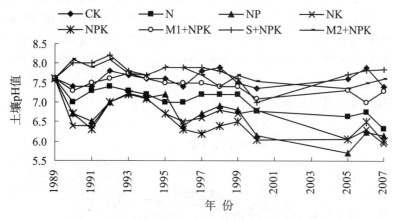

图 5 - 19　长期不同施肥下土壤 pH 值的变化趋势

三、长期不同施肥玉米产量的演变规律及肥料效应

由于玉米产量的波动掩盖了施肥的长期效应，根据滑动平均法计算 3 年的平均产量。如图 5 - 20 中 1991 年的产量是 1990—1992 年 3 年玉米的平均产量，1992 年的产量是 1991—1993 年的平均产量，依次类推。从图 5 - 20 可以看出，CK 和 PK 处理玉米产量最低，两个处理间产量没有差异，PK 处理平均产量（1990—2012 年）为 3 917kg/hm²，表明氮肥对玉米产量有着重要影响。在施化肥处理中，NPK 处理的玉米产量最高，平均产量（1990—2012 年）达到 9 128kg/hm²，NP 与 NPK 处理之间差异不显著，说明施钾对玉米的增产效果不明显。各处理平均产量（1990—2012 年）的大小顺序为

NPK > NP > NK > N > PK、CK。

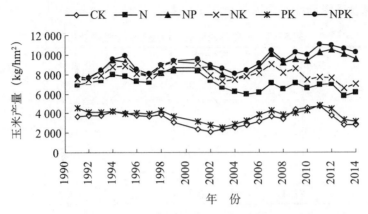

图 5-20　长期不施肥和施化肥玉米产量的变化趋势

　　氮、磷和钾肥对玉米产量的效应差异很大。用 23 年的平均产量计算农学效率，NPK 与 PK 处理比较，1kg 氮肥的农学效率为 31.6kg；NPK 与 NK 处理比较，1kg 磷肥的农学效率为 12.6kg；NPK 与 NP 处理比较，1kg 钾肥的农学效率为 4.69kg。表明在黑土上玉米产量的肥料效应为 N > P > K。

　　从图 5-21 可以看出，经过 23 年的培肥，1.5（M1 + NPK）和 M2 + NPK 处理的玉米产量最高，但两者之间差异不显著，其中，M2 + NPK 处理的玉米平均产量（1990—2012 年）为 10 033kg/hm²；等氮量施肥处理 M1 + NPK、S + NPK 和 NPK 的玉米总产量差异不显著，总体是前 11 年（1990—2000 年）NPK 高于 S + NPK 和 M1 + NPK 处理，后 12 年（2001—2012 年）S + NPK 和 M1 + NPK 处理的玉米产量高于 NPK。用 23 年的平均产量计算农学效率，M2 + NPK 与 NPK 处理比较，1kg 有机氮肥（粪肥）的农学效率为 6.03kg。总体来看，施用有机肥和秸秆还田具有长期的养分累积效应，对培肥土壤和农业可持续发展具有重要意义。

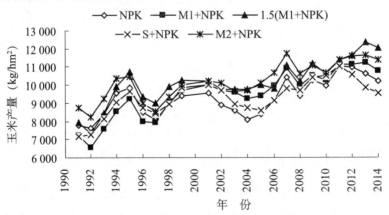

图 5-21　长期施化肥和有机无机肥配施玉米产量的变化趋势

四、依托长期试验及长期试验结果提出的土壤培肥技术模式

　　土壤有机质是衡量土壤肥力高低的重要指标。目前东北地区土壤有机质下降明显，平均每年下降 0.01%，提升土壤有机质最有效简捷的方法是利用有机无机肥配施技术，

此技术已成为一项不可或缺的提升土壤肥力技术。

根据黑土长期土壤肥力和肥料演变规律和机制，明确了用有机氮代替部分无机氮肥机制，明确了黑土有机无机培肥对土壤生产力及粮食增产贡献率的作用，提出了黑土区有机肥氮替代部分化肥氮施用技术模式（在适宜氮用量为170kg/hm^{2}时，秸秆氮替代30%化肥氮素）。此模式既减少了化肥氮投入，又增加了土壤供氮能力，因此，有机肥氮替代部分化肥氮是吉林省黑土区春玉米氮素管理的最有效途径之一。

秸秆还田替代部分无机氮肥施用技术模式。玉米每年秋天收获时用机械进行收获籽粒和粉碎秸秆，玉米收获机功率要达到80马力（1马力≈735W，全书同）以上确保秸秆彻底粉碎至4~8cm，然后用80马力的旋耕机（具有起垄施肥功能）将秸秆旋耕至土壤深度25cm以下，使土壤与秸秆混合均匀，防止秸秆起堆影响翌年出苗，同时起垄施底肥减少翌年春播时土壤水分的散失。底肥用量：N为45kg/hm^2，P_2O_5为5.5kg/hm^2，K_2O为5.5kg/hm^2，在玉米拔节期追肥，将74kg/hm^{2}氮肥追施入土壤10cm以下。此项技术适宜于东北黑土区，尤其适宜于半干旱区域（春播坐水种一定程度上解决了秸秆还田出苗率低的问题。）

五、主要结论与研究展望

（一）主要结论

长期定位试验中有机肥与化肥配施处理对黑土培肥效果最佳，可显著提高土壤有机质、全氮、全磷、碱解氮、有效磷和速效钾，但对土壤全钾含量没有明显影响；无论施钾肥或有机肥与否，对黑土的全钾含量均没有显著影响。

24年连续秸秆还田（S+NPK）土壤有机质含量总体波动不大，维持在原有水平；但长期秸秆还田土壤活性有机碳显著增加了57.6%；与不施肥处理比较，秸秆与无机肥配施（S+NPK）可以显著增加中层黑土砂粒、粗粉砂粒及细粉砂粒的有机碳含量，增加幅度分别为50.4%、42.7%和8.7%。表明秸秆还田虽然没有增加黑土总有机质数量，但提高了土壤有机质的质量。

长期有机无机肥配施的M1+NPK和1.5（M1+NPK）处理黑土活性有机碳含量显著上升，与试验初始土壤比较，活性有机碳含量增加57.6%~62.7%。与不施肥处理相比，有机无机肥配施的M1+NPK和1.5（M1+NPK）处理黑土砂粒、粗粉砂粒、细粉砂粒、粗黏粒和细黏粒有机碳含量分别增加了145.5%~154.3%、65.3%~83.0%、34.4%~43.5%、22.4%~27.0%和6.8%~8.8%。结果表明有机无机肥配施不仅提高了土壤总有机碳含量，对活性有机碳及不同颗粒有机碳的水平也具有明显的提升作用。

单施化肥土壤酸化趋势明显，有机无机肥配施具有防止土壤酸化的作用。不施肥处理土壤酸度无明显变化，施化肥土壤酸化明显，NP、NK和NPK处理20年间土壤pH值下降1.5个单位左右，但S+NPK及有机肥+NPK处理的土壤pH值明显高于NPK处理，尤其是近几年，M2+NPK处理土壤pH值比NPK处理高1.3个单位左右，20年间有机无机肥配施处理的土壤pH值没有下降，年际间差异不明显。

氮、磷、钾和有机肥对玉米产量的影响有很大差异。NPK与PK处理相比，1kg氮肥的农学效率为31.6kg；NPK与NK处理比较，1kg磷肥农学效率为12.6kg；NPK与

NP 处理比较，1kg 钾肥的农学效率为 4.69kg；表明在黑土上玉米产量的肥料效应为 N > P > K。M2 + NPK 与 NPK 处理比较，1kg 有机氮肥（粪肥）的农学效率为 6.03kg。

在等氮量的施肥处理 M1 + NPK、S + NPK 和 NPK 处理中玉米总产量差异不显著，前 11 年（1990—2000 年）NPK 处理 > 高于 S + NPK 和 M1NPK 处理，后 12 年（2001—2012 年）S + NPK 和 M1 + NPK 处理的玉米产量高于 NPK 处理，但总体上没有明显差异。说明秸秆还田和施有机肥具有长期的养分累积效应，对培肥土壤和农业可持续发展具有重要意义。

（二）研究展望

（1）构建黑土肥力和生产力预测模型。依据长期定位试验时间的连续性、信息量丰富和数据准确可靠等特征，建立模型预测土壤肥力演变及生产力的未来变化趋势，为农业的可持续发展提供决策依据。

（2）长期不同施肥对生态环境影响的研究。研究长期不同施肥条件下土壤温室气体（CO_2、N_2O 和 CH_4）的排放特征，明确长期不同施肥与温室气体的排放的响应机制。

（3）长期不同施肥生物多样性的变化。开展长期不同施肥对田间杂草、土壤动物和微生物群落的影响。

朱平、高洪军、彭畅、张秀芝

参考文献

［1］朱平，彭畅，高洪军，等.2002. 长期定位施肥条件下黑土剖面氮素分布与动态［J］. 植物营养与肥料学报，8（增刊）：106－109.

［2］朱平，彭畅，高洪军，等.2009. 长期培肥对土壤肥力及玉米产量的影响［J］. 玉米科学，17（6）：105－108.

［3］张璐，张文菊，徐明岗，等.2009. 长期施肥对中国 3 种典型农田土壤活性有机碳库变化的影响［J］. 中国农业科学，42（5）：1 646－1 655.

［4］张晋京，窦森，朱平，高洪军，王立春.2009. 长期施用有机肥对黑土胡敏素结构特征的影响—固态13C 核磁共振研究［J］. 中国农业科学，42（6）：2 223－2 228.

［5］柳影，彭畅，徐明岗，等.2011. 长期不同施肥条件下黑土的有机质含量变化特征［J］. 中国土壤与肥料，（5）：7－11.

［6］孙宏德、朱平.2000. 黑土肥力和肥料效益演化规律的研究［J］. 玉米科学，8（4）：70－74.

［7］彭畅，朱平，高洪军，等.2004. 长期定位监测黑土壤肥力的研究—黑土耕层有机质与氮素转化［J］. 吉林农业科学，29（5）：29－33.

［8］高洪军，朱平，彭畅，等.2007. 黑土有机培肥对土地生产力及土壤肥力影响研究［J］. 吉林农业大学学报，29（1）：65－69.

［9］高洪军，彭畅，李强，等.2010. 长期施肥对黑土养分供应能力和土壤生产力的影响［J］. 玉米科学，18（6）：107－110.

［10］高洪军，窦森，朱平，等.2008. 长期施肥对黑土腐殖质组分的影响［J］. 吉林农业大学学报，30（6）：825－829.

［11］高洪军，彭畅，张秀芝，等.2011. 长期秸秆还田对黑土碳氮和玉米产量的影响［J］. 玉米

科学，19（6）：105－107，111.

［12］安婷婷，汪景宽，李双异，等.2008.施用有机肥对黑土团聚体有机碳的影响［J］.应用生态学报，2（19）：369－373.

［13］彭畅，高洪军，李强，朱平.2008.长期施肥和气候因素对东北黑土区玉米产量的影响［J］.玉米科学，16（4）：179－183.

［14］张俊清，朱平，张夫道.2004.有机肥和化肥配施对黑土有机氮形态组成及分布的影响［J］.植物营养与肥料学报，10（3）：245－249.

［15］李忠芳，徐明岗，张会民，等.2009.长期施肥下中国主要粮食作物产量的变化［J］.中国农业科学，42（7）：2 407－2 414.

［16］陈盈，闫颖，张旭东，等.2008.长期施肥对黑土团聚化作用及碳、氮含量的影响［J］.土壤通报，39（6）：1 288－1 292.

［17］佟小刚.2008.长期施肥下我国典型农田土壤有机碳库变化特征［D］.北京：中国农业科学院.

［18］张俊清.2003.长期施肥对我国主要土壤有机氮磷形态与分布的影响［D］.北京：中国农业科学院.

［19］KouT J, Zhu P, Huang S, *et al.* 2012. Effects of long-term cropping regimes on soil carbon sequestration and aggregate composition in rainfed farmland of Northeast China［J］. *Soil & Tillage Research*, 118：132－138.

第六章　有机无机肥配施条件下中层黑土肥力演变与产量效应

黑土是我国主要耕地土壤之一，总面积达 1.0×10^7 hm²，耕地面积 7.0×10^6 hm²，占吉林、黑龙江两省总耕地面积的 50%。黑土土质肥沃，但由于近年来重用轻养，土壤有机质呈下降趋势，养分大量耗损，黑土层变薄，土地板结，土壤结构恶化，颜色由黑变黄，当地人称其为"破皮黄""火烧云"（孙宏德，1991；孙宏德，2000）。据统计，现在黑土区每年流失 0.3~1.0cm 的黑土表层，而形成 1cm 表土则需要 400 年的时间。照此下去再有 50 年，黑土层将会流失殆尽（殷明，2009）。

针对此状况，1980 年开始在黑土长期定位监测基地——吉林公主岭试验基地，开展了长期施用有机肥和化肥以及二者配施对土壤肥力演变和作物增产效果的定位试验，以揭示长期不同施肥条件下土壤养分演变规律和对作物持续增产的效果，探明有机肥和化肥对黑土土壤培肥和作物增产的有效途径，为科学施肥、实现黑土耕地质量稳定提升、作物持续稳产高产提供理论依据和技术支撑。

一、有机无机肥配施长期试验概况

试验地位于吉林省公主岭市（东经 124°48′33.9″，北纬 43°30′23″），海拔高度约 220m，年平均气温 4~5℃，无霜期 125~140d，有效积温 2 600~3 000℃，年降水量450~600mm，年蒸发量 1 200~1 600mm，年日照时数 2 500~2 700h。试验地土壤为中层黑土，经过 1978—1980 年 3 年匀地后，1980 年开始试验；试验开始时的耕层土壤（0~20cm）有机质含量 28.1g/kg，全氮 1.89g/kg，全磷 1.4g/kg，有效磷 21.9mg/kg，速效钾 153mg/kg。

（一）试验设计

试验为裂区设计，主处理为有机肥，设 3 个施肥水平，即 M0（不施有机肥），M30（施有机肥 30t/hm²）、M60（施有机肥 60t/hm²）；副处理为化肥，设 8 个处理：CK（不施肥对照）、N、P、K、NP、NK、PK、NPK，肥料施用量 N、P_2O_5、K_2O 分别为 150kg/km²、75kg/hm²、75kg/hm²，共 24 个处理，不设重复。小区面积100m²［7 垄 ×（20.4m × 0.7m）/垄］，随机排列。试验地无灌溉设施，作物生长期内不灌水，为自然雨养农业。

试验用氮肥为尿素或磷酸二铵（含氮 46% 或 18%），磷肥过磷酸钙，钾肥为氯化钾或硫酸钾。有机肥为堆肥（猪粪和牛粪），1980—1992 年有机质含量为 8%~10%、全氮 0.45%~0.55%；1993—2007 年有机质含量 16%~22%、全氮 0.66%~0.87%。

供试作物为玉米，不同年份种植的品种为：玉米杂交种吉单 101（1980—1988年），丹玉 13（1989—1993 年），吉单 304（1994—1996 年），吉单 209（1997—2003年），郑单 958（2004—2008 年）。

土样采集均于每年 10 月玉米收获后进行，多点采集 0~20cm 耕层土样，混均后按照鲁如坤（2000）的方法测定土壤有机质、全氮、碱解氮、全磷、有效磷、全钾、速效钾含量以及 pH 值和容重等指标。

（二）数据处理与计算方法

产量变异系数 CV（%）＝标准差/平均产量×100

产量可持续性指数 SYI＝（平均产量－标准差）/最高产量

相对产量（%）＝各处理产量/当年全区最高产量×100

肥料农学效率（kg/kg）＝（全肥区产量－缺某种肥料区产量）/施肥量

肥料当季利用率（%）＝（全肥区养分吸收量－缺某种肥料区养分吸收量）/施肥量 ×100

使用 Excel2003、DPS7.55、SASS8.0 和 Origin8.0 软件进行数据处理、绘图、统计分析和多重比较（LSD 法），显著水平为 $p < 0.05$。

二、长期有机无机肥配施黑土有机碳和氮、磷、钾的演变规律

（一）土壤有机碳的演变规律

长期施用有机肥在提高土壤有机质和改善土壤养分状况方面的作用显著，优于化肥（高洪军，2007；Galantini，2006）；化肥对提高土壤有机碳、有机氮库等有微弱作用（隋跃宇，2005；Manna，2005）。

从图 6-1 可以看出，长期施用化肥条件下，土壤有机碳（SOC）均有不同程度的下降趋势，其中 P、K、NP 和 PK 处理有显著或极显著的降低，其斜率分别为 -0.033 9、-0.060 1、-0.062 8 和 -0.045 7，而其他处理的变化不明显（Majumder，2007）。经过 30 年的施用化肥，NPK 处理的 SOC 变化最小，为 -3.17%，这是由于 NPK 处理的玉米产量显著高于其他处理，相应的作物地下部根系量增大，加大了根系碳的投入，可以在一定程度上缓解 SOC 的降低（Smith，2004）。

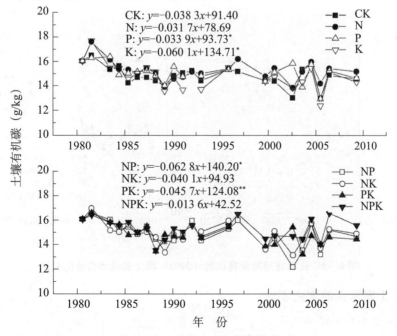

图 6-1　长期施用化肥黑土有机碳含量的变化

注：部分年份数据缺失，因此折线在数据不完整处断开，本章余图同

长期施用有机肥（M30 和 M60）均可极显著提高土壤有机碳含量（图 6 - 2 和图 6 - 3）。其中，单施高量有机肥处理的 SOC 年递增率高于单施低量有机肥处理，即 k_{M60}（0.274 1）> k_{M30}（0.172 1），不同量的有机肥与化肥配施可以进一步提高 SOC 的增加率。但与低量有机肥投入相比，高量有机肥投入的 SOC 年增加率不是随着有机肥投入量翻倍而翻倍，这是由于随着高量碳的投入，土壤中的 C/N 超过了适宜值，土壤处于固碳阶段（Zhang，2010；Fang，2005）。

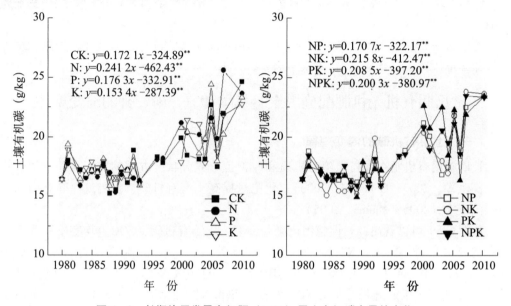

图 6 - 2　长期施用常量有机肥（M30）黑土有机碳含量的变化

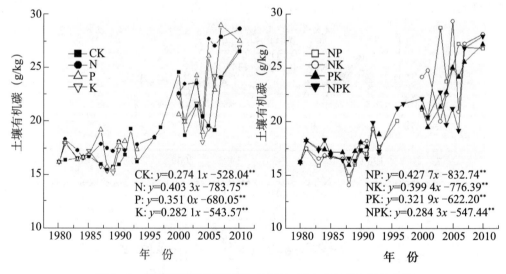

图 6 - 3　长期施用高量有机肥（M60）黑土有机碳含量的变化

（二）土壤氮素的演变规律

1. 全氮含量的变化

图 6 - 4 显示，在长期施化肥条件下（M0），土壤全氮均有显著或极显著的下降趋势，其中 NP 和 NK 处理的下降速度最快，其斜率分别为 - 0.021 5 和 - 0.021 7。

试验结果表明，长期施用化肥会导致土壤全氮含量降低，从土壤和可持续发展的角度来看，需要改善这一问题，应考虑土壤的氮素培肥（蔡祖聪，2006；Chaudhury，2005）。

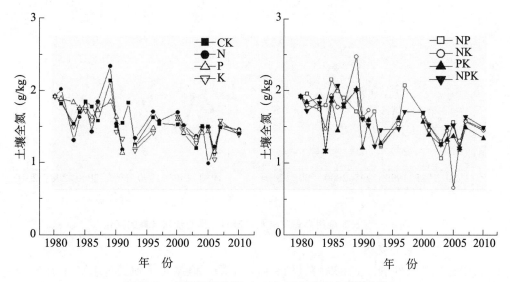

图6-4　长期施用化肥（M0）黑土全氮含量的变化

长期施用常量有机肥（M30）可以在一定程度上提高土壤全氮含量（图6-5），但其中仅 M30+N 处理的全氮含量有显著提高，提高速率为 0.017 9g/（kg·a）。高量有机肥区（M60）所有处理的土壤全氮含量均显著或极显著提高（图6-6），其中 M60+NP 处理的提高速度最快，为 0.031 6g/（kg·a）。

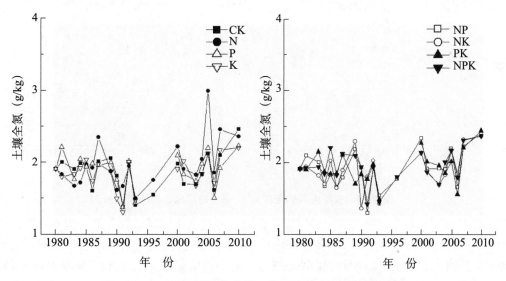

图6-5　长期施用常量有机肥（M30）黑土全氮含量的变化

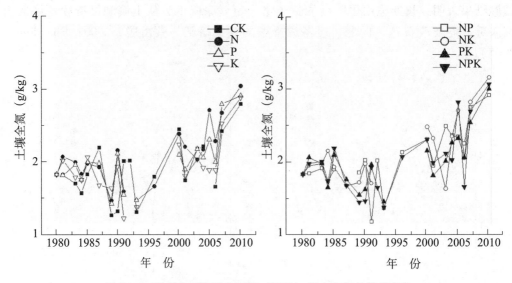

图6-6 长期施用高量有机肥（M60）黑土全氮含量的变化

2. 碱解氮含量的变化

长期施化肥条件下，土壤碱解氮均有微弱下降，但没有达到显著水平（图6-7）。试验结果表明，化肥的长期施用不利于土壤碱解氮的保持（巨晓棠，2002）。

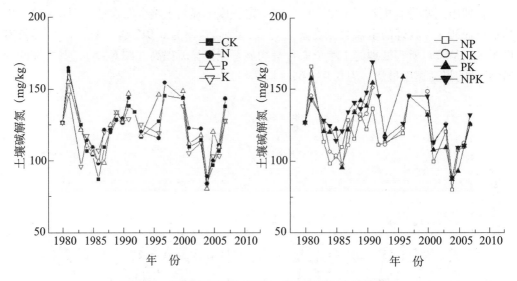

图6-7 长期施用化肥（M0）黑土碱解氮含量的变化

长期施用常量有机肥（M30）可以一定程度地提高土壤碱解氮含量（图6-8），其中M30+N、M30+NP、M30+NK和M30+NPK处理达到了显著水平，土壤碱解氮的年增长率分别为1.38mg/（kg·a）、1.19mg/（kg·a）、1.07mg/（kg·a）和1.16mg/（kg·a）。高量有机肥区（M60）土壤碱解氮均显著或极显著提高（图6-9），其中M60+P处理的提高速度最快，为2.17mg/（kg·a）。说明长期施用有机肥可以提高土壤碱解氮含量，施高量有机肥则可以显著提高土壤碱解氮，因此，施用有机肥是提高土壤氮素的重要措施（王伯仁，2002）。

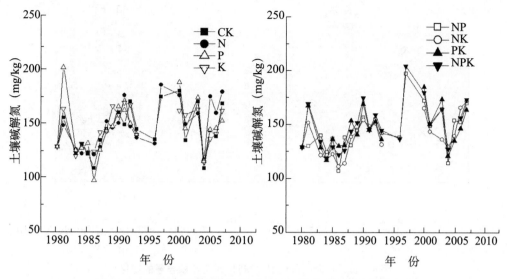

图 6 - 8　长期施用常量有机肥（M30）黑土碱解氮含量的变化

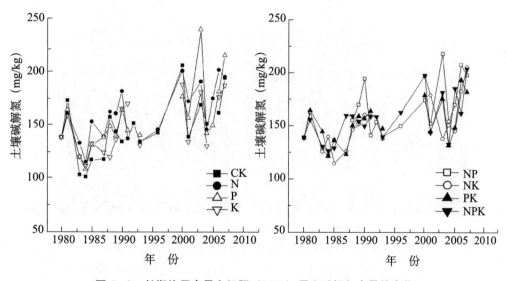

图 6 - 9　长期施用高量有机肥（M60）黑土碱解氮含量的变化

（三）土壤磷素的演变规律

1. 全磷含量的变化

长期施用化肥土壤全磷含量呈微弱上升趋势，其中 P 和 PK 处理显著上升，其斜率分别为 0. 014 1 和 0. 014 9（图 6 - 10）。表明化学磷肥的长期供应可以提高土壤的全磷含量，但是 NP 和 NPK 处理同样有化学磷肥但土壤全磷含量却没有显著增加，这可能是由于磷在土壤中的稳定性所致（林葆，1996）。

长期施用常量和高量有机肥（M30 和 M60）均可以极显著地提高土壤全磷含量（图 6 - 11 和图 6 - 12），其中，常量有机肥区的 M30 + N 处理土壤全磷提高幅度最大，为 0. 075 2g/（kg·a），高量有机肥区的 M60 + P 处理提最快，为 0. 112 0g/（kg·a）。

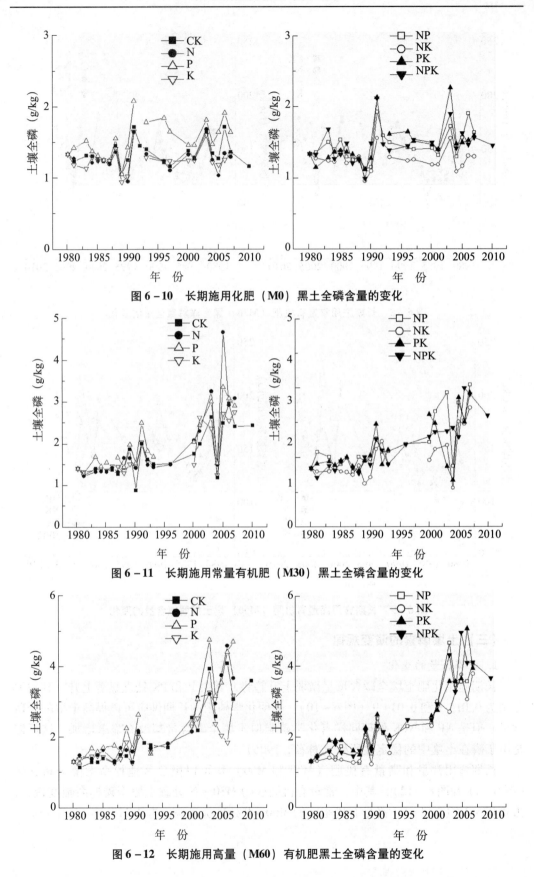

图 6 - 10　长期施用化肥（M0）黑土全磷含量的变化

图 6 - 11　长期施用常量有机肥（M30）黑土全磷含量的变化

图 6 - 12　长期施用高量（M60）有机肥黑土全磷含量的变化

2. 有效磷含量的变化

如图 6 - 13 所示，长期施用化肥条件下，土壤有效磷含量呈微弱的下降趋势，其中 CK、N、K、NP、NK 和 NPK 处理有显著下降，其斜率分别为 - 1. 10、- 0. 75、- 0. 78、- 0. 49、- 0. 63 和 - 0. 90，而 P 和 PK 处理的土壤有效磷含量变化不显著，这是由于化学磷肥的供应可以延缓土壤有效磷的降低，土壤缺磷现象会有明显改善（高静，2009；Aulakh，2007）。

长期施用常量和高量有机肥（M30 和 M60）均可以显著或极显著地提高土壤有效磷含量（图 6 - 14 和图 6 - 15），其中，常量有机肥区的 M30 + N 处理土壤有效磷的提高最快，为 4. 44mg/（kg・a），高量有机肥区的 M60 + NK 处理提高最快，为 7. 62mg/（kg・a）。试验结果表明，施有机肥可以显著提高土壤有效磷含量，其中施高量有机肥的处理年提高速率高于施常量有机肥（Griffin TSC，2003；Xu，2009）。

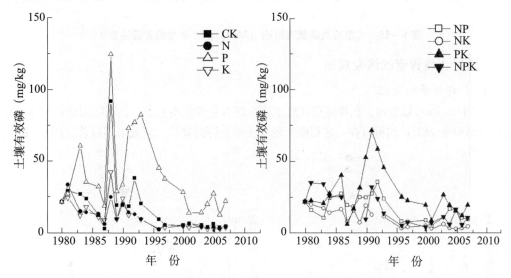

图 6 - 13　长期施用化肥（M0）黑土有效磷含量的变化

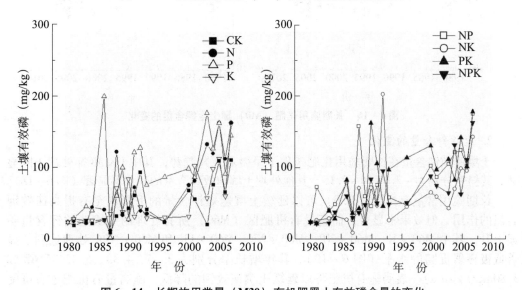

图 6 - 14　长期施用常量（M30）有机肥黑土有效磷含量的变化

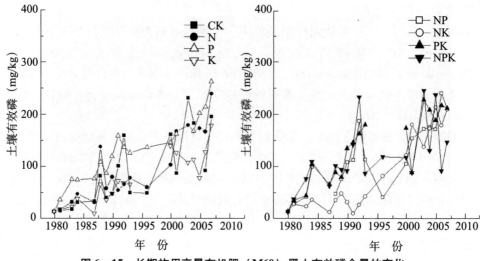

图6-15　长期施用高量有机肥（M60）黑土有效磷含量的变化

（四）土壤钾素的演变规律

1. 全钾含量的变化

从图6-16可以看出，长期施用化肥土壤全钾含量变化不显著，长期施用常量和高量有机肥（M30和M60）均可以在一定程度上延缓土壤全钾的降低，但效果不显著（图6-17）。

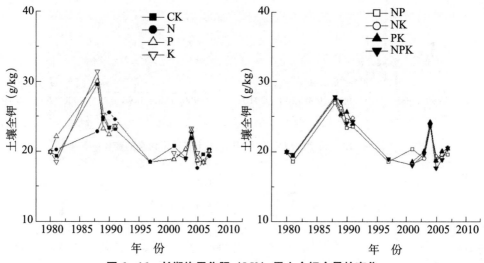

图6-16　长期施用化肥（M0）黑土全钾含量的变化

2. 速效钾含量的变化

土壤速效钾含量在长期施用化肥条件下呈微弱下降趋势，其中CK和N处理下降显著，其斜率分别为-2.39和-2.15，其他处理土壤速效钾含量的变化不显著（图6-18）。

长期施用常量有机肥（M30）可以延缓土壤速效钾含量的下降甚至有提高速效钾含量的作用，但效果不显著；而高量有机肥区（M60）所有处理的土壤速效钾含量明显上升，其中M60+K、M60+NP、M60+NK、M60+PK和M60+NPK处理达到了显著或极显著提高的水平（图6-19），其年增长率分别为3.45、4.35、5.35、5.62和3.80mg/（kg·a）。表明施有机肥可以延缓土壤速效钾的降低，施高量有机肥才有可能显著提高土壤的速效钾含量，这一结果与Ping Zhu（2007）等人的研究结果一致。

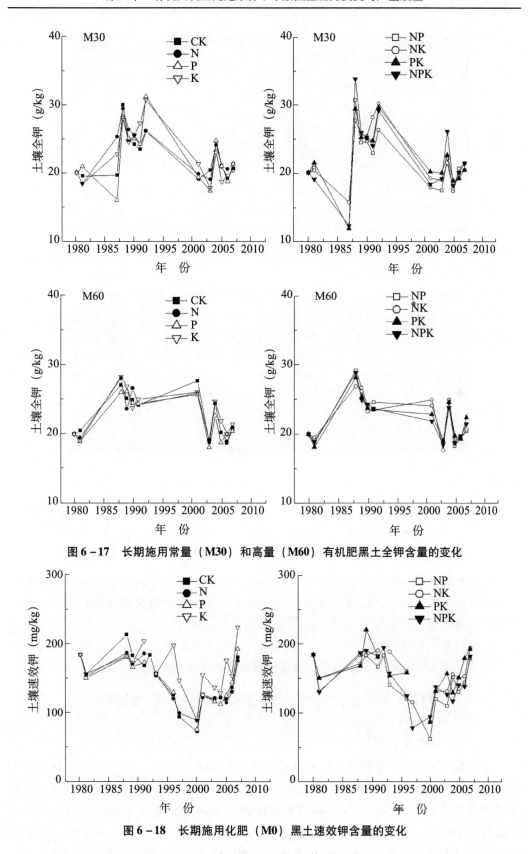

图 6-17 长期施用常量（M30）和高量（M60）有机肥黑土全钾含量的变化

图 6-18 长期施用化肥（M0）黑土速效钾含量的变化

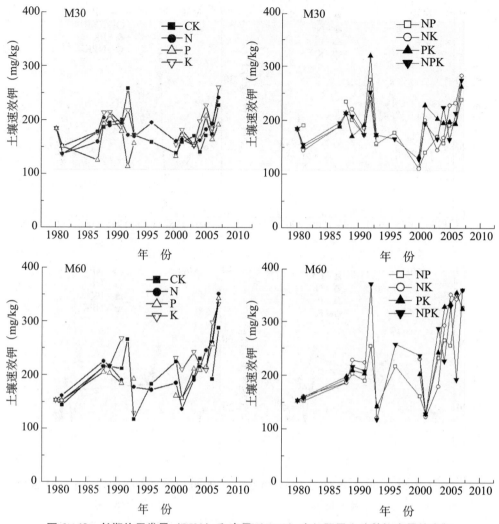

图 6-19　长期施用常量（M30）和高量（M60）有机肥黑土速效钾含量的变化

　　总体来看，不施肥和单施化肥处理的土壤全氮、速效磷和速效钾含量随试验年限的增长呈显著下降趋势，其他处理的变化不显著；而施有效磷及其与化肥配施均可以维持和提高土壤养分含量，施有机肥的效果明显优于化肥。在 30 年的土壤培肥过程中，有机肥和化肥对作物产量、土壤有机碳、全氮、碱解氮、全磷、有效磷和速效钾均有显著或极显著的影响，但是对土壤全钾含量的影响不显著。

三、长期有机无机肥配施黑土容重和 pH 值的演变规律

（一）土壤容重的变化

　　土壤容重是评价土壤物理性状的重要指标。从表 6-1 可以看出，不施肥处理的土壤容重有所增加，从试验初期的 $1.29g/cm^3$ 增长到 2009 年的 $1.44g/cm^3$；长期施用化肥土壤容重也有增加的趋势，2009 年 NPK 处理为 $1.35g/cm^3$。但是长期施用有机肥则可以降低土壤容重，2009 年施用有机肥处理的土壤容重为 $1.21\sim1.25g/cm^3$，均比试验初期的土壤容重低。这表明有机肥可以改良土壤物理性状，从而促进作物根系的生长。

表6-1　长期施用有机肥和化肥条件下的黑土容重及孔隙组成（2009年）

处　理	容　重 （g/cm³）	孔隙组成（%）		
		总孔隙度	田间持水孔隙	通气孔隙
供试前（1980年）	1.29	50.9	31.8	18.1
CK	1.44	49.1	32.9	17.2
NPK	1.35	49.8	31.8	18.4
M30	1.21	51.1	33.7	15.6
M30 + NPK	1.23	51.7	35.1	15.5
M60	1.23	54.0	39.8	15.3
M60 + NPK	1.25	57.1	38.5	19.6

（二）土壤 pH 值的变化

如图6-20所示，在长期单施化肥的条件下，土壤 pH 值呈微弱下降趋势，但变化不明显；长期施用常量和高量有机肥（M30 和 M60）的处理土壤 pH 值也有稍微的降低，但差异均不显著。

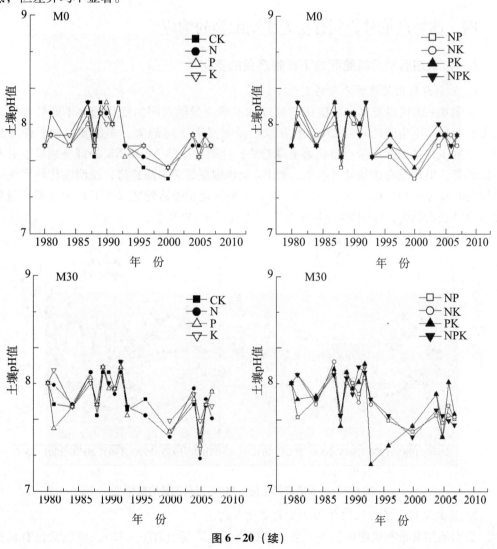

图 6-20（续）

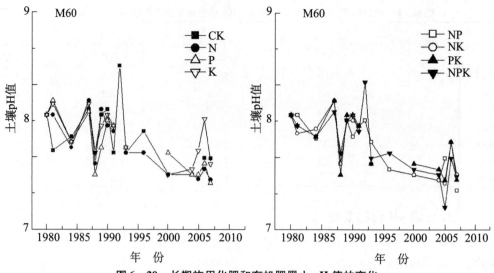

图 6-20　长期施用化肥和有机肥黑土 pH 值的变化

四、作物产量对长期有机无机肥配施的响应

（一）长期有机无机肥配施下作物产量的变化

1. 长期施用化肥作物产量的变化

从图 6-21 可以看出，单施化肥处理的玉米产量随时间的变化趋势不同处理间有显著的差异。不施肥处理（CK）的玉米产量呈显著下降趋势，单施氮、磷、钾处理（N、P 和 K）的玉米产量也呈显著下降趋势；化肥配施的 NP 和 NK 处理分别呈上升和下降趋势，但均没有达到显著水平，而 PK 处理则呈显著下降趋势，说明在作物产量中氮肥具有优先限制作用（李忠芳，2012）；氮磷钾化肥配施处理（NPK）的玉米产量呈极显著增长的趋势，施肥 30 年后玉米产量提高了 44.95%。

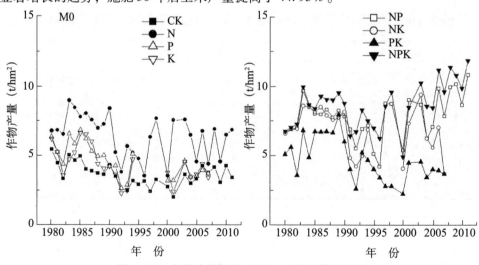

图 6-21　长期施用化肥（M0）玉米产量的变化

2. 长期施用常量有机肥作物产量的变化

长期施用常量有机肥可显著或极显著提高玉米产量（图 6-22）。单施常量有机肥

的处理（M30）其玉米产量呈极显著增长趋势，并且年递增率最高，达到了 157.4kg/
（hm² · a）；常量有机肥和化肥完全配施处理（M30 + NPK）玉米产量也呈极显著增长
趋势，其年递增率为 103.3kg/（hm² · a）。经过 30 年的长期施肥，不同处理的玉米产量
趋于一致。这说明，单施常量有机肥可以在较长时间内提高作物产量，而有机肥和无
机肥配施则可在短时间内持续提高作物产量（徐明岗，2006）。

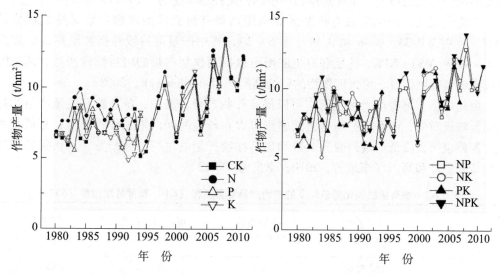

图 6 - 22　长期施用常量有机肥（M30）玉米产量的变化

3. 长期施用高量有机肥作物产量的变化

长期施用高量有机肥可显著或极显著地提高玉米产量，并且各处理间存在趋同高
产的趋势，和常量有机肥的变化趋势一致（图 6 - 23）。单施高量有机肥处理（M60）
的玉米产量呈极显著增长趋势，年递增率最高为 146.1kg/（hm² · a），与 M30 处理相
比，产量提高的时间更早；高量有机肥和化肥完全配施处理（M60 + NPK）玉米产量也
呈极显著的增长趋势，但年递增率最低为 73.8kg/（hm² · a）；说明高量有机肥和化肥配
施同样可在短时间内持续提高作物产量。

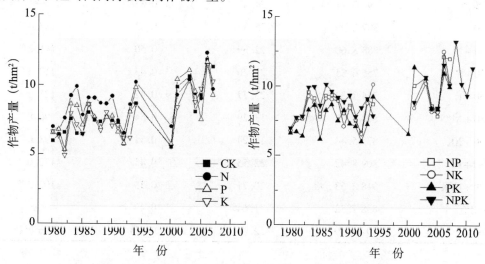

图 6 - 23　长期施用高量有机肥（M60）玉米产量的变化

（二）作物产量变异系数（CV）和可持续指数（SYI）对有机肥和化肥的响应

单施化肥区、施用常量有机肥区和施用高量有机肥区作物产量的变异系数（CV）分别为24.4%、21.6%和19.0%（表6–2），其中M30 + NP和M60 + NPK处理的变异系数最低。这说明有机肥可以降低作物产量的变异系数，保持作物的稳定高产，而与化肥的配合施用则可进一步提高作物产量的稳定性（李忠芳，2010）。

单施化肥区、施用常量有机肥区和施用高量有机肥区的作物产量可持续性指数（SYI）分别为0.33、0.48和0.49（表6–2），其中产量可持续性指数最高的处理为M30 + NP和M60 + NPK。化肥和有机肥增可以提高作物产量的可持续性指数，两者配合施用的效果则更好，可保证作物的持续高产（BhattacharyyaR，2008）。

由此可见，施有机肥和化肥均可以提高作物产量，其中，单独施有机肥产量的提升需要较长时间，而有机肥与化肥配施则可以在较短时间内增加作物产量；有机肥和化肥配施也可以降低产量的变异系数和提高作物产量的可持续性指数，从而保证了作物的持续稳产和高产（李忠芳，2010；李忠芳，2012）。

表6–2　施有机肥和化肥条件下的作物产量变异系数（CV）和可持续指数（SYI）

处　理	平均产量 （kg/hm²）	变异系数 CV（%）	可持续性指数 SYI	斜率 k [kg/(hm² · a)]
CK	363 6.65	22.87	0.20	−34.8*
N	640 1.62	23.71	0.35	−57.6*
P	462 8.79	26.85	0.25	−95.9**
K	436 1.46	28.78	0.22	−75.5*
NP	782 3.88	20.09	0.45	52.1
NK	682 4.83	23.73	0.38	−70.8
PK	500 7.99	30.26	0.25	−93.6**
NPK	867 0.08	19.00	0.51	82.6**
平均值	591 9.41	24.41	0.33	—
M30	807 2.99	25.87	0.43	157.4**
M30 + N	888 3.60	22.39	0.50	111.8**
M30 + P	756 6.35	21.26	0.43	110.3**
M30 + K	754 3.30	23.77	0.42	126.0**
M30 + NP	898 4.93	17.29	0.54	96.8**
M30 + NK	872 5.44	19.24	0.51	98.6**
M30 + PK	809 8.42	22.55	0.45	132.0**
M30 + NPK	918 3.53	20.71	0.53	103.3**
平均值	838 2.32	21.64	0.48	—
M60	794 3.19	22.09	0.45	146.1**

（续表）

处　理	平均产量 （kg/hm²）	变异系数 CV（%）	可持续性指数 SYI	斜率 k [kg/(hm²·a)]
M60 + N	881 9.85	15.63	0.54	80.7**
M60 + P	810 8.82	21.18	0.46	111.6**
M60 + K	778 5.42	21.47	0.44	130.8**
M60 + NP	869 9.47	19.67	0.51	97.7**
M60 + NK	852 5.14	17.77	0.51	79.0**
M60 + PK	816 8.32	18.97	0.48	107.8**
M60 + NPK	927 4.63	15.37	0.57	73.8**
平均值	841 5.61	19.02	0.49	—

注：斜率为时间和作物产量之间的拟合直线 $y = kx + b$ 中的 k 值；$*/**$ 表示 k 呈增加/降低趋势的显著性（$p < 0.05$）/极显著性（$p < 0.01$）

五、作物产量与土壤肥力的关系

（一）作物相对产量与土壤有机碳的关系

土壤有机碳与作物相对产量呈及显著的非线性相关（图 6 - 24）。在本研究中土壤有机碳含量的梯度范围为 12.49 ~ 29.31g/kg，当用曲线模型拟合时，将土壤有机碳临界值界定为作物相对产量趋近于最大值的 95%，此时土壤有机碳显著反应点的土壤有机碳含量为 18.68g/kg。

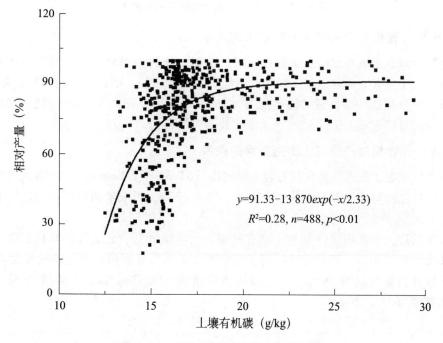

$$y = 91.33 - 13\ 870exp(-x/2.33)$$
$$R^2 = 0.28,\ n = 488,\ p < 0.01$$

图 6 - 24　作物产量与土壤有机碳的关系

（二）作物相对产量与土壤碱解氮的关系

在本研究中土壤碱解氮含量有较大的范围（80.6～239.3mg/kg），土壤碱解氮含量与玉米产量之间呈极显著的非线性相关关系（图6-25），当玉米相对产量趋近最大值的95%时，土壤碱解氮含量为173.5mg/kg，这与徐建明（2010）等以往的研究结果相类似。

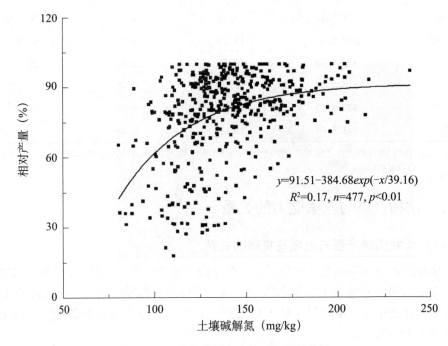

图6-25 作物产量与土壤碱解氮的关系

（三）作物相对产量与土壤有效磷的关系

研究发现，土壤有效磷含量超过一定标准时，作物产量将不再增加。从图6-26可以看出，土壤有效磷含量与玉米相对产量呈非线性相关，相关性达到了极显著水平。在本研究中土壤速效磷含量的梯度范围为2.5～265.2mg/kg，当用曲线模型被拟合时，玉米相对产量趋近最大值的95%，土壤速效磷含量为32.1mg/kg。

（四）作物相对产量与土壤速效钾的关系

在本研究中土壤速效钾含量有较大的梯度（62.2～358.1mg/kg），土壤速效钾含量与玉米产量之间呈极显著非线性相关关系（图6-27），当玉米相对产量趋近最大值的95%时，土壤速效钾含量为277.1mg/kg。

综上所述，玉米相对产量与土壤有机碳、土壤碱解氮、土壤有效磷和土壤速效钾均呈非线性相关关系，其相关性达到了极显著水平，当玉米相对产量趋近最大的95%时，土壤有机碳含量为18.68g/kg，碱解氮含量为173.53mg/kg，有效磷为32.15mg/kg，速效钾为277.12mg/kg。

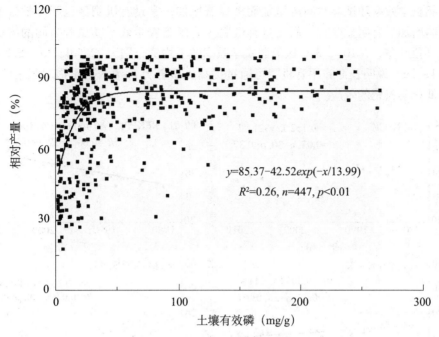

图 6 - 26　作物产量与土壤有效磷的关系

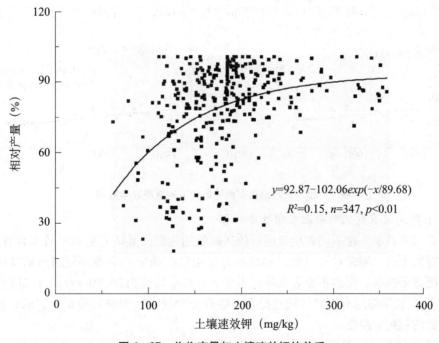

图 6 - 27　作物产量与土壤速效钾的关系

六、长期有机无机肥配施下的养分利用效率

（一）化肥农学效率的变化

1. 长期施用有机肥对氮肥农学效率的影响

从图 6 - 28 可以看出，不同施肥区的氮肥农学效率存在明显差异。在不施有机肥

区，氮肥农学效率随试验时间的增加而极显著增加；常量有机肥区氮肥农学效率随试验时间的增加没有明显变化；而高量有机肥区的氮肥农学效率随试验时间的增加而显著降低（段英华，2010），3个区氮肥农学效率的平均值分别为22.56kg/kg、5.20kg/kg和5.01kg/kg。说明长期施用有机肥可通过提高土壤养分含量满足作物对氮素的需求，从而降低化学氮肥的效应。

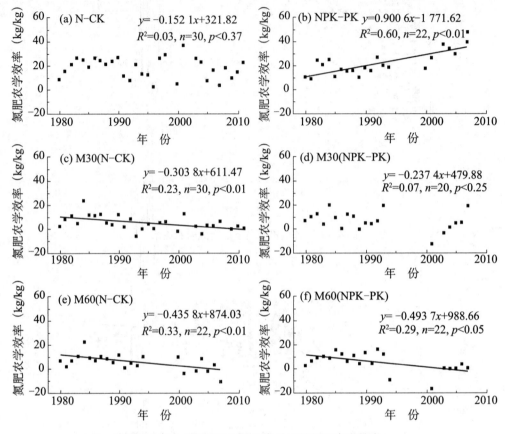

图6-28 长期施用有机肥条件下的氮肥农学效率

2. 长期施用有机肥对磷肥农学效率的影响

图6-29显示，在不同有机肥用量的基础施用化肥，其磷肥的农学效率存在差异。在不施有机肥区、施常量有机肥区和高量有机肥区的磷肥农学效率随时间的变化趋势分别为极显著提高、提高不显著和降低不显著，其平均值为20.90kg/kg、1.21kg/kg和5.26kg/kg。长期施用有机肥可通过提高土壤养分含量满足作物对磷素的需求，从而使化学磷肥的利用率降低。

3. 长期施用有机肥对钾肥农学效率的影响

不同有机肥用量处理区的钾肥农学效率存在明显差异（图6-30）。在不施有机肥区、常量有机肥区和高量有机肥区的钾肥农学效率随时间的变化趋势为显著增长、没有变化和显著降低，平均值为分别为13.43kg/kg、2.00kg/kg和1.48kg/kg。说明长期施用有机肥可以提高土壤养分含量，以满足作物对钾素的需求，从而使化学钾肥的效应降低。

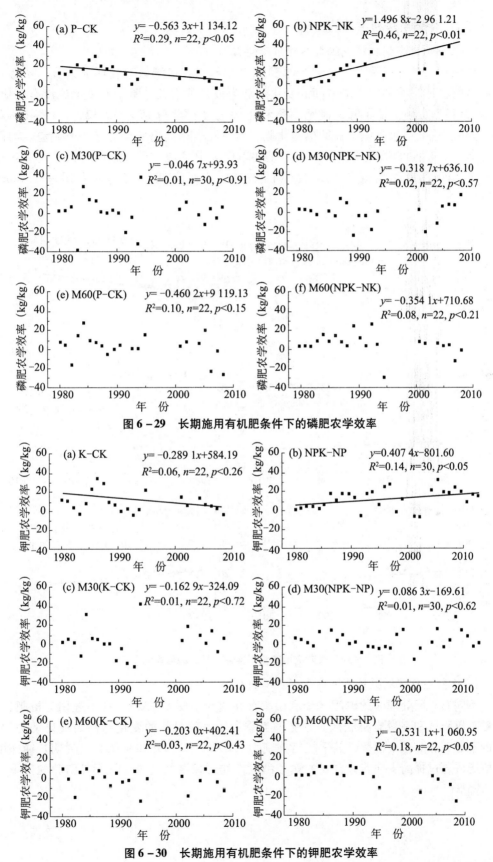

图 6 – 29　长期施用有机肥条件下的磷肥农学效率

图 6 – 30　长期施用有机肥条件下的钾肥农学效率

（二）化肥当季利用率的变化

1. 长期施用有机肥对氮肥当季利用率的影响

从图6-31可以看出，氮肥当季利用率在不同有机肥区存在明显差异。不施有机肥区的氮肥当季利用率随时间的变化趋势为极显著增长，常量有机肥区没有变化，高量有机肥区为显著降低，氮肥当季利用率的平均值分别为50.32%、11.46%和17.57%。这一结果显示，长期单施化肥，其氮肥当季利用率呈显著上升趋势，与闫鸿媛等（2011）的研究结论一致，但是在本研究中发现，长期施用有机肥可通过提高土壤养分含量而满足作物对氮素的需求，从而降低氮肥当季利用率（Yang，2006）。

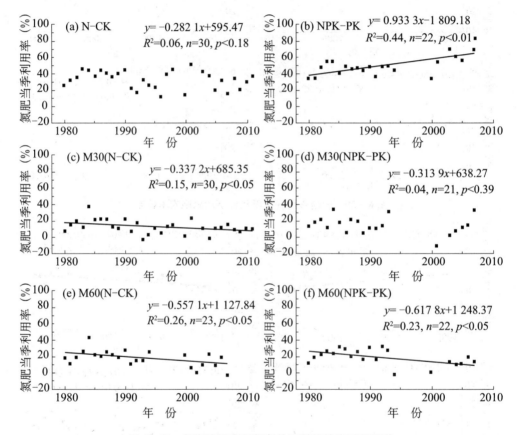

图6-31　长期施用有机肥条件下氮肥的当季利用率

2. 长期施用有机肥对磷肥当季利用率的影响

不同有机肥处理区的磷肥当季利用率存在差异（图6-32）。在不施用有机肥区、常量有机肥区和高量有机肥区其磷肥的当季利用率随时间的变化趋势为极显著增加、降低不显著和降低不显著，其平均值分别为9.89%、3.90%和9.06%。说明长期施用有机肥可通过提高土壤养分含量的途径满足作物对磷素的需求，从而使磷肥的当季利用率降低。

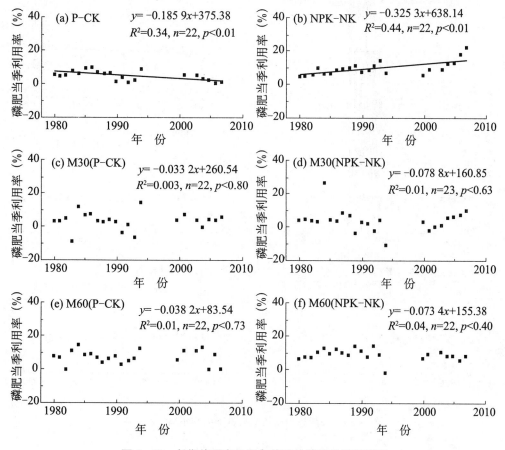

图6-32 长期施用有机肥条件下的磷肥当季利用率

3. 长期施用有机肥对钾肥当季利用率的影响

图6-33显示，在不同有机肥用量基础上施化肥其钾肥的当季利用率存在一定差异。不施用有机肥区的钾肥当季利用率随时间呈为极显著增加的趋势，常量有机肥区的钾肥当季利用率随试验时间的增长没有明显变化，而高量有机肥区的钾肥当季利用率随试验时间的增长则显著降低，其平均值为分别为7.61%、0.91%和0.66%。说明长期施用有机肥可以通过提高土壤养分含量来满足作物对钾素的需求，从而使钾肥的当季利用率降低。

综上所述，氮磷钾肥配施条件下的化肥农学效率和当季利用率随着施肥年限的延长呈上升趋势，并且达到显著或极显著水平（段英华，2010；段英华，2012；高静，2009）；常量有机肥区和高量有机肥区的化肥农学效率、当季利用率和累积利用率随施肥年限的延长为变化不明显或显著降低的趋势，即随着土壤肥力水平的提升（摄晓燕，2009），化肥的效应呈逐年下降的趋势。

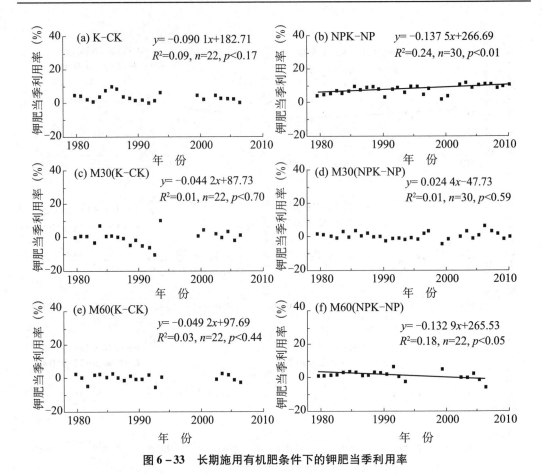

图 6-33　长期施用有机肥条件下的钾肥当季利用率

七、基于土壤肥力演变培肥技术模式

本研究发现长期施肥可以显著提高土壤有机碳含量，作物产量也随之增加。但是当土壤有机碳提高到一定程度，产量则不再增加，即作物产量与土壤有机碳含量呈非线性的相关关系，并且其相关性达到极显著水平。本研究探讨了当玉米相对产量趋近最大值的 95% 时，土壤有机碳含量为 18.68g/kg，可以作为维持作物高产的适宜的有机碳（SOC）含量。Janzen 和 Howard 从产量的角度研究得出，多数土壤作物产量不再明显增加的 SOC 适宜值是 20g/kg，即土壤有机质（SOM）为 34g/kg，与本研究结果相近。因此，当土壤肥力足够高时，即在该区域当 SOC 含量水平达到 18.68g/kg 时，作物产量将不再增加。也就是说，在生产实际中可以用该指标来指导土壤增肥中有机肥的施用量。另外，在此基础上，我们估算了作物根茬碳和有机肥碳的总和，即总碳投入量，结果显示总碳投入量与土壤有机碳呈极显著的正相关关系，原因主要是土壤有机碳含量的高低取决于有机物质的输入量和作物根茬的残留量，尤其是有机肥碳对土壤有机碳提高的效果更为明显。在长期培肥条件下，由于根茬碳和有机肥碳的 30 年持续投入，该区域的土壤有机碳年固存速率达到了 0.146 3t/（hm²·a），而年分解速率为 0.17t/（hm²·a），因此要维持该区域土壤有机碳储量不变，碳的投入量应维持在 1.16t/（hm²·a）。张文菊等人的研究发现，该地区的土壤有机碳年固存速率为 0.158 3t/（hm²·a），与本研究的结果基本一致。

八、主要结论与研究展望

（一）主要结论

不论是有机肥还是化学肥料，对作物均具有极好的增产效果，通过长期施用，两者的产量效果几乎没有差异，有机肥料同样具有持续的增产作用和满足作物高产需要的能力。另外，氮磷钾配施可降低产量变异系数，提高产量的可持续性指数，施有机肥则可进一步提升产量的可持续性，使农业生产系统的可持续性增强；而不均衡施肥致使农业生态系统的养分不均衡，导致其可持续性差。

不施肥和单施化肥处理的土壤全氮、有效磷和速效钾含量随试验年限的增加呈显著下降的趋势，而有机肥及其与化肥配施均可以维持和提高土壤养分含量，有机肥的效果显著优于化肥。在30年的有机培肥过程中，有机肥和化肥对作物产量，以及土壤有机碳、全氮、碱解氮、全磷、有效磷和速效钾均有显著或极显著的影响，但是对土壤全钾含量的影响不显著。

玉米相对产量与土壤有机碳、碱解氮、有效磷和速效钾均呈非线性相关关系，并且其相关性达到了极显著水平；当玉米相对产量趋近最大值的95%时，土壤有机碳含量为18.68g/kg，碱解氮为173.53mg/kg，有效磷为32.15mg/kg，速效钾为277.12mg/kg。

作物产量与土壤有机碳呈极显著的非线性相关关系；总碳的投入与土壤有机碳极显著正相关。在该区域土壤有机碳的年固存速率为0.146 3t/（hm^2·a），年分解速率为0.17t/（hm^2·a），因而要维持该区域土壤有机碳储量不变，其碳的投入量应维持在1.16t/（hm^2·a）。

氮磷钾肥配施条件下的化肥农学效率和肥料当季利用率随着施肥年限的延长呈上升趋势，并且达到显著或极显著水平；常量有机肥区和高量有机肥区的化肥农学效率和肥料当季利用率随试验年限的增加分别呈变化不显著和显著降低趋势，即随着土壤肥力水平的提高，化肥的效应呈逐年下降趋势。

（二）存在问题和研究展望

长期试验有其定位性和延续性，还可弥补和弱化气候因素的影响，因此更能揭示和说明一些科学问题。但在本定位试验中仍存在尚待进一步研究的问题。

（1）相对土壤化学指标，土壤的物理性质监测年限偏少。土壤物理性质对土壤肥力质量具有重要影响，但由于土壤物理性质较稳定，因此监测相隔的年份过长，导致其年份数据明显少于化学指标，比如土壤容重数据的缺失，由于该指标是土壤有机碳库统计分析的重要参数，因此影响土壤有机碳库统计分析的准确性。

（2）秸秆产量、有机肥年矿化率等一些重要数据的获得。比如在该区域，有机肥矿化率等重要参数会直接影响估算结果，建议通过短期试验进行补充测定，以保证试验数据的完整性和分析的科学性。

李慧、张文菊、段英华、孙楠、卢昌艾、何亚婷、张璐、朱平、彭畅

参考文献

［1］鲍士旦.2000.土壤农化分析［M］.北京：中国农业出版社.

［2］蔡祖聪，钦绳武．2006.华北潮土长期试验中的作物产量、氮肥利用率及其环境效应［J］．土壤学报，43（6）：885－891.

［3］段英华，徐明岗，王伯仁，等.2010.红壤长期不同施肥对玉米氮肥回收率的影响［J］．植物营养与肥料学报，16（5）：1 108－1 113.

［4］高洪军，朱平，彭畅，等.2007.黑土有机培肥对土地生产力及土壤肥力影响研究［J］．吉林农业大学学报，29（1）：65－69.

［5］高静，张淑香，徐明岗，等.2009.长期施肥下三类典型农田土壤小麦磷肥利用效率的差异［J］．应用生态学报，19（9）：2 142－2 148.

［6］巨晓棠，刘学军，张福锁.2002.尿素配施有机物料时土壤不同氮素形态的动态及利用［J］．中国农业大学学报，7（3）：52－56.

［7］李忠芳，徐明岗，张会民，等.2012.长期施肥下作物产量演变特征的研究进展［J］．西南农业学报，25（6）：2 387－2 392.

［8］李忠芳，徐明岗，张会民，等.2010.长期施肥和不同生态条件下我国作物产量可持续性特征［J］．应用生态学报，20（5）：1 264－1 269.

［9］林葆，林继雄，李家康.1996.长期施肥作物产量和土壤肥力的变化［M］．北京：中国农业出版社.

［10］鲁如坤.2000.土壤农业化学分析方法［M］．北京：中国农业科技出版社.

［11］摄晓燕，谢永生，郝明德，等.2009.黄土旱塬长期施肥对小麦产量及养分平衡的影响［J］．干旱地区农业研究，27（6）：27－32.

［12］隋跃宇，张兴义，焦晓光，等.2005.长期不同施肥制度对农田黑土有机质和氮素的影响［J］．水土保持学报，19（6）：190－194.

［13］孙宏德，朱平.2000.黑土肥力和肥料效益演化规律的研究［J］．玉米科学，8（4）：70－74.

［14］孙宏德，李军.1991.黑土肥力和肥料效益定位监测研究［J］．吉林农业科学，8（3）：42－45.

［15］王伯仁，徐明岗，文石林，等.2002.长期施肥土壤氮的累积与平衡［J］．植物营养与肥料学报，8（增刊）：29－34.

［16］徐建明，张甘霖，谢正苗，等.2010.土壤质量指标与评价［M］．北京：科学出版社.

［17］徐明岗，梁国庆，张夫道，等.2006.中国土壤肥力演变［M］．北京：中国农业科学技术出版社.

［18］闫鸿媛，段英华，徐明岗，等.2011.长期施肥下中国典型农田小麦氮肥利用率的时空演变［J］．中国农业科学，44（7）：1 399－1 407.

［19］殷明.2009.长期不同施肥对黑土基本性状及土壤有机碳组成的影响［D］．南京：南京农业大学.

［20］Aulakh M S，Garg A K，Kabba B S. 2007. Phosphorus accumulation，leaching and residual effects on crop yields from long-term applications in the subtropics［J］. *Soil Use and Management*，23：417－427.

［21］Bhattacharyya R，Kundu S，Prakash V，*et al.* 2008. Sustainability under combined application of mineral and organic fertilizers in a rainfed soybean-wheat system of the Indian Himalayas［J］. *European Journal of Agronomy*，28：33－46.

［22］Chaudhury J，Mandal U K，Sharma K L，*et al.* 2005. Assessing soil quality under long-term rice-based cropping system［J］. *Communications in Soil Science and Plant Analysis*，36：1 141－1 161.

［23］Fang C，Smith P，Smith J U，*et al.* 2005. Incorporating microorganisms as decomposers into models to simulate soil organic matter decomposition［J］. *Geoderma*，129：139－146.

［24］Galantini J，Rosell R. 2006. Long-term fertilization effects on soil organic matter quality and dynamics under different production systems in semiarid Pampean soils［J］. *Soil and Tillage Research*，87：72－79.

［25］Majumder B，Mandal B. 2007. Soil organic carbon pools and productivity relationships for a 34 year old rice-wheat-jute agroecosystem under different fertilizer treatments ［J］. *Plant Soil*, 297: 53 – 67.

［26］ Manna M C, Swarup A, Wanjari P H, *et al.* 2005. Long-term effect of fertilizer and manure application on soil organic carbon storage, soil quality and yield sustainability under sub-humid and semi-arid tropical ［J］. *India Field Crops Research*, 93: 264 – 280.

［27］ ZhuP, Ren J, Wang L C, *et al.* 2007. Long-term fertilization impacts on corn yields and soil organic matter on a clay-loam soil in Northeast China ［J］. *Journal of Plant Nutrition and Soil Science*, 170: 219 – 223.

［28］ Smith P. 2004. Carbon sequestration in cropland: the potential in Europe and the global context ［J］. *European Journal of Agronomy*, 20: 229 – 236.

［29］ Griffin T S, Honeycutt C W, He Z. 2003. Changes in soil phosphorus from manure application ［J］. *Soil Science of Society America Journal*, 67 (2): 645 – 652.

［30］ Tang X, Ma Y B, Hao X Y, et al. 2009. Determining critical values of soil Olsen-P for maize and winter wheat from long-term experiments in China ［J］. *Plant Soil*, 323: 143 – 151.

［31］ Yang S, Li F M, Suo D R, *et al.* 2006. Effect of long-term fertilization on soil productivity and nitrate accumulation in Gansu oasis ［J］. *Agricultural Sciences in China*, 5 (1): 57 – 67.

［32］ Zhang W J, Xu M G, Wang B R, *et al.* 2009. Soil organic carbon, total nitrogen and grain yields under long-term fertilizations in the upland red soil of southern China ［J］. *Nutrient Cycling in Agroecosystems*, 84: 59 – 69.

［33］ Zhang W J, Wang X J, Xu M G, *et al.* 2010. Soil organic carbon dynamics under long-term fertilizations in arable land of northern China ［J］. *Biogeosciences.* 7: 409 – 425.

第七章　不同耕作方式下的中层黑土肥力演变

　　吉林省玉米种植主要集中在吉林省中西部平原区，土壤类型以黑土为主。该区域属一年一熟的雨养农业区，年降水量平均500mm左右，自然降水年际间和时空分布差异较大，常受旱涝灾害的影响。该地区在生产上广泛采用的耕作方式主要以小型机具灭茬打垄为主，并有小面积大型机具翻耙作业。目前两种现行的耕作方式存在种种弊端，以小型机具灭茬打垄为主体的耕作方式，由于整地次数多，作业深度不够，导致耕地耕层越来越浅，犁底层加厚，土壤物理结构变差；以翻耙为主体的耕作方式，对于土壤扰动次数和幅度大，导致土壤有机质含量下降迅速。同时两种耕作方式均无法实现大量秸秆还田，使土壤长期缺乏有机物料的补充，而且长期地表裸露，土壤侵蚀严重。目前东北黑土区大面积的土壤有机质逐年减少（年平均下降0.1‰~0.2‰），粮食单产在5 000~6 000kg/hm^{2}徘徊，难以实现作物的持续高产和高效。

　　对现行生产中不同耕作方式下农田耕层结构及其与作物生长相关的主要土壤生态因子的调查结果表明，不同耕作方式形成了不同的耕层土壤结构，在现行的耕作方式下形成的耕层构造模式不利于土壤生态环境因子的充分协调和利用，已经成为制约作物生长的主要因素。目前在该区域生产中大面积应用的耕作措施已经回到传统的垄作上来，只是由原来的人力、畜力作业变成了小四轮和小机械作业，由于长期的机具辗压，导致犁底层明显加厚并上移，这种长期采用小四轮灭茬起垄作业的田块，在地表下5~10cm左右已形成明显的犁底层，犁底层的土壤容重达1.4g/cm^{3}左右，坚实的犁底层抑制了作物根系的生长，同时也阻断了土壤水分的上下运移及空气流动，严重影响作物的生长发育。部分地区有小面积田块仍采用大型机具翻耙播的作业方式，采用这种耕作方式对土壤结构的破坏主要表现在：一是在整个土体的翻转与旋耙作业的共同作用下，土壤有机质矿化加速，土壤的微团聚体遭到破坏，从土壤微形态上降低了土体结构的稳定性；二是通过对耕层土壤的整体翻围，导致整体耕层土壤容重下降，使土壤孔隙过大，土体疏松，春季土壤墒情散失严重，同时也降低了作物根系的稳定性，容易形成大面积的倒伏。

　　为了探讨不同耕作方式对土壤质量的影响，吉林省农业科学院自1983年开始在吉林省的玉米主产区公主岭市布设了长期耕作定位试验。

一、黑土长期耕作试验概况

　　黑土长期耕作定位试验设置在吉林省公主岭市，该区属温带大陆性季风气候，雨热同季，降水量集中在4—9月，年平均降水量594.8mm，年平均气温5.6℃，无霜期144天，全年有效积温2 900~3 000℃。土壤类型以黑土为主，土壤有机质含量较高，是玉米商品粮生产的主产区。

　　黑土长期耕作试验有两个，一个是位于吉林省公主岭市区吉林省农业科学院实验站内，始于 1983 年的长期免耕定位试验；另一个是 1995 年开始在公主岭市范家屯镇设立的长期少耕定位试验。

（一）公主岭市免耕长期定位试验（始于 1983 年）（Ⅰ）

土壤类型为黑土，母质为第四纪黄土状沉积物，质地为黏壤土。试验设置连年翻耕（翻耕，CK）和连年免耕（免耕）2 个处理。翻耕处理在每年玉米收获后（10 月中旬）进行机械翻耙，深度约为 20cm，翌年春季直接采用播种机播种；免耕处理常年免耕，采用免耕机直接播种，无其他耕作措施。试验地总面积 1.3hm^2，采取大区对比，每个试验区面积 1 467m^2，每处理 3 次重复。

各处理采用玉米连作、一年一熟的种植制度，肥料施用量一致，年施纯 N 200kg/hm^2、P$_2$O$_5$ 100kg/hm^2、K$_2$O 80kg/hm^2，施用肥料种类分别为尿素、磷酸二铵与氯化钾，全部磷、钾肥与 1/3 氮肥在播种时施入，余下的氮肥在玉米拔节期表施。秋季收获采用人工收获，连年免耕处理留约 30cm 根茬，连年翻耕处理留根茬 10cm 左右，随耕翻作业埋入表层下，除根茬外余下秸秆移除不还田。

（二）公主岭范家屯镇长期少耕定位试验（始于 1995 年）（Ⅱ）

试验地总面积 0.9hm^2，试验设置宽窄行条带深松少耕处理（深松少耕）与常规灭茬打垄处理（灭茬打垄，CK）。试验采取大区对比，每个试验区面积 1 000m^2，每处理 3 次重复。两处理施肥量相同，均为年施氮 N 200kg/hm^2、P$_2$O$_5$ 100kg/hm^2、K$_2$O 80kg/hm^2。

（1）宽窄行条带深松少耕处理：变现行 65cm 的均匀垄种植为宽（90cm）窄（40cm）行种植，采取平作，变常规的翻耙或灭茬打垄作业为宽行间条带深松作业。秋收时采取人工收获，留茬 30 ~ 40cm。

（2）灭茬打垄处理（CK）：灭茬打垄是目前本地区的主要耕作方式，主要是采用灭茬机在上年秋季或当年春季进行灭茬作业，然后采用传统犁具趟出垄形，垄上播种。

二、长期免耕与翻耕条件下黑土肥力演变和玉米产量的变化

（一）土壤有机质含量的变化

土壤有机质是土壤肥力的重要指标，黑土一直被认为是高产土壤，土壤有机质含量较高。但随着长期的开垦利用，不合理的耕作措施导致了土壤有机质逐年降低。多数研究表明，不同耕作方式对土壤有机质有明显影响。长期免耕与翻耕定位试验的研究结果表明，长期免耕条件下更有利于土壤有机质的累积。

连年免耕与翻耕 13 年（1995 年），免耕处理区 10 ~ 30cm 土层土壤有机质含量较翻耕区略低，但表层（0 ~ 10cm）有机质含量略有增加（表 7 - 1）。这表明了免耕条件下根茬在地表自然腐烂，使表层有机质含量增加；而翻耕处理将根茬翻埋在地表以下，增加了 10cm 以下土层的有机质含量。

2008—2012 年连续采取了 0 ~ 20cm 土层的混合土样进行有机质含量的测定，其结果显示，连年免耕处理土壤有机质呈上升趋势，定位试验 30 年时（2012 年）免耕处理的有机质含量较翻耕处理增加了 3.5g/kg（图 7 - 1），二者差异达极显著水平。

表 7 - 1　长期免耕土壤有机质含量（1995 年）　　（单位：g/kg）

土层深度	翻耕（CK）	免　耕	免耕比翻耕增加
0～10cm	26.5	27.0	0.5
11～20cm	24.8	21.8	−3.0
21～30cm	24.9	23.7	−1.1

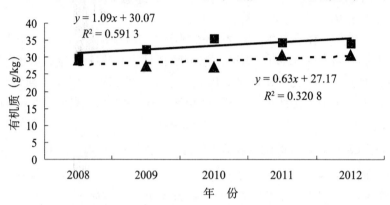

图 7 - 1　长期免耕土壤有机质含量的变化

　　长期免耕较翻耕处理有机质含量增加的原因主要为，一是免耕田的长期留高茬增加了有机物料的还田量；二是免耕处理的土壤呼吸量显著降低（表 7 - 2）。免耕模式土壤呼吸值极显著低于翻耕，有利于土壤有机质的累积。

表 7 - 2　长期免耕下的土壤呼吸强度（2011 年）　［单位：μmol/（m² · s）］

耕作方式	重　复						平均值
	1	2	3	4	5	6	
翻　耕	1.324	1.135	1.275	1.454	1.448	1.246	1.314a
免　耕	1.022	0.916	0.726	0.719	0.721	0.818	0.820b

注：同列数据后不同字母表示差异达 1% 显著水平

（二）土壤全氮含量的变化

　　在免耕定位试验 13 年时（1995 年），分别测定了不同处理 0～10cm 与 11～20cm 土层土壤的全氮含量，结果显示，免耕区全氮含量略低于翻耕区；表层 0～10cm 的土壤全氮含量均高于 11～20cm 土层（表 7 - 3）。

　　2008—2012 年连续采取 0～20cm 土层的混合土样对全氮含量进行了测定，结果显示连年免耕处理土壤全氮含量显著高于翻耕处理（图 7 - 2）。

表 7 - 3　长期免耕耕层土壤全氮含量（1995）　　（单位：g/kg）

土层深度	翻耕（CK）	免　耕	免耕比翻耕增加
0～10cm	1.72	1.62	−0.1
11～20cm	1.5	1.36	−0.14

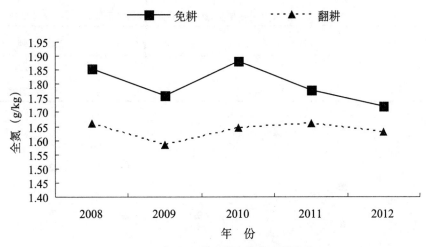

图 7-2　长期免耕土壤全氮含量的变化

（三）土壤全磷含量的变化

在免耕定位试验 13 年时（1995 年），免耕区 0～10cm 土层土壤的全磷含量略高于翻耕区，11～20cm 的含量略低于翻耕区（表 7-4）。2008—2012 年连续采样的测定结果（图 7-3）显示，连年免耕土壤的全磷含量显著高于翻耕处理。

表 7-4　长期免耕耕层土壤全磷含量（1995 年）　　　　（单位：g/kg）

土层深度	翻耕（CK）	免　耕	免耕比翻耕增加
0～10cm	0.53	0.54	0.01
11～20cm	0.47	0.41	-0.06

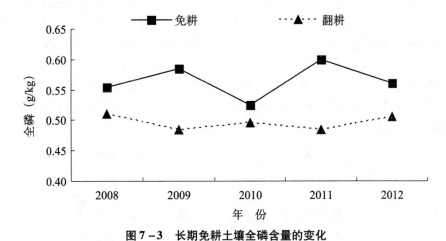

图 7-3　长期免耕土壤全磷含量的变化

（四）土壤有效磷含量的变化

免耕定位试验 13 年（1995 年）的测定结果显示，0～10cm 土层与 10～20cm 土层土壤的有效磷含量均为免耕区高于翻耕区（表 7-5）。从 2008—2012 年，0～20cm 的土壤有效磷含量，免耕与翻耕处理有显著差异（图 7-4）。

表 7-5　长期免耕耕层土壤有效磷含量（1995 年）　　　　（单位：mg/kg）

土层深度	翻耕（CK）	免　耕	免耕比翻耕增加
0~10cm	12.5	29.5	17
11~20cm	5.8	7.6	1.8

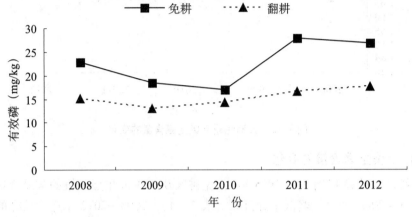

图 7-4　长期免耕土壤有效磷含量的变化

（五）土壤容重的变化

土壤容重是反应土壤物理性状的主要指标。土壤容重对于作物生长有明显影响，容重低土壤疏松，有利于自然降水的入渗与通气，但容重过低也会影响作物根系与土壤的接触，会导致倒伏情况的发生；容重过高则土壤过于紧实，影响耕层土壤水、肥、气的调节而会对作物生长发育产生不良影响，而耕作方式是调节土壤容重的直接措施之一。

分别于秋季收获后测定不同处理 0~30cm 的土壤容重（图 7-5），结果表明，长期免耕处理 0~30cm 土层的土壤容重显著大于翻耕处理，免耕区 1983—2013 年容重变化较小，1983 年土壤容重为 1.32g/cm³，2013 年为 1.36g/cm³，30 年增加只了 0.06g/cm³；翻耕区土壤容重随着耕作年限的增加有上升趋势，1983 年的测定结果为 1.23g/cm³，2013 年为 1.34g/cm³，30 年增加了 0.11g/cm³。翻耕区 0~30cm 土层整体容重的增加速率大于免耕区。

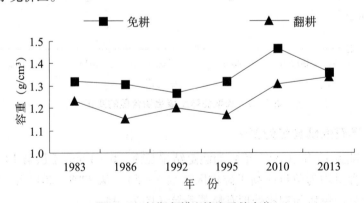

图 7-5　长期免耕土壤容重的变化

良好的土壤团粒结构能充分协调土壤水、肥、气、热，改良耕性并有利于作物根系的发育，同时可以提高对各种环境变化的缓冲能力。翻耕处理区土壤容重的增加是由于翻耙作业导致土壤结构破坏，与机械作业辗压的缓冲能力下降有关。从定位试验13年（1995年）的测定结果（表7-6）来看，免耕区耕层（0~30cm）土壤水稳性团粒较翻耕区高2.53%；表层（0~10cm）免耕比翻耕高19.93%，说明地表残茬的长期积累有利于水稳性团粒的形成。

表7-6　长期免耕土壤团粒结构组成的变化（1995年）

耕作方式	土层深度（cm）	各粒级团粒占比（%）								免耕比翻耕增加（%）
		>5 mm	3~5 mm	2~3 mm	1~2 mm	0.5~1mm	0.25~0.5mm	<0.25 mm	>0.25mm	
翻耕（CK）	0~10	0.26	0.41	1.57	2.58	10.98	18.49	65.75	34.29	—
	11~20	0.34	0.86	1.48	3.11	9.99	32.61	51.61	48.39	—
	21~30	0.45	1.03	2.43	8.23	16.2	28.22	43.44	56.56	—
	0~30	0.35	0.77	1.83	4.64	12.39	26.44	53.6	46.42	—
免耕	0~10	2.91	0.77	2.93	4.64	14.72	28.25	44.87	54.22	19.93
	11~20	0.19	1.44	2.54	4.88	12.74	25.7	52.7	47.49	-0.9
	21~30	0.13	0.65	2.2	5.44	11.39	25.34	57.57	45.19	-11.37
	0~30	1.07	0.95	2.56	4.99	12.95	26.43	51.71	48.95	2.53

（六）土壤水分的变化

翻耕与免耕0~60cm土壤水分含量的全年变化无显著差异，全年土壤水分变化趋势一致；但春播前后（4月20日—5月10日）免耕处理的含水量较翻耕高1.1~1.6个百分点，说明免耕措施对春季土壤保水提墒的效果好于翻耕（图7-6）。

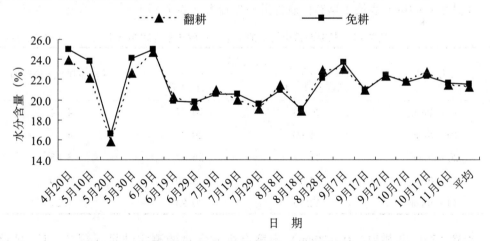

图7-6　长期免耕0-60cm土层土壤水分含量的变化（2012年）

（七）玉米产量的变化

试验至2013年，共进行了31年，其中，26年对产量结果进行了调查，产量数据显示（图7-7），免耕与翻耕处理比较，其中有7年减产，19年增产，免耕区26年平均产量为8 998.6kg/hm²，翻耕区平均产量为8 741.4kg/hm²，统计结果差异不显著。

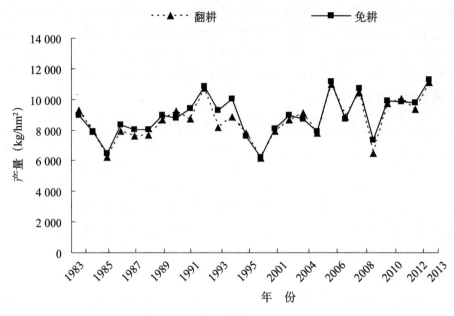

图 7-7　长期免耕玉米产量的变化

三、长期条带深松少耕与灭茬打垄条件下黑土肥力演变和玉米产量的变化

（一）土壤有机质的演变规律

1. 总有机质含量的变化

深松少耕 11 年（2006 年）时，其 0～50cm 土层土壤有机质含量高于灭茬打垄处理，尤其是 0～10cm 表层土壤有机质含量差异较大（表 7-7）

表 7-7　长期深松少耕下的土壤有机质含量（2006 年）　　　　（单位：g/kg）

土层深度	耕作方式		深松少耕比 CK 增加
	灭茬打垄（CK）	深松少耕	
0～10cm	26.03	30.17	4.14
10～20cm	24.60	29.22	4.62
20～30cm	22.32	26.17	3.85
30～40cm	22.10	28.60	6.50
40～50cm	22.15	20.93	-1.22

2008—2012 年耕层（0～20cm）土壤有机质含量的测定结果（图 7-8）显示，2010 年以前，灭茬打垄与深松少耕土壤有机质含量无明显变化；但 2010 年以后，深松少耕土壤有机质有上升趋势，至 2012 年深松少耕处理的土壤有机质含量达到 30.9g/kg，较灭茬打垄处理增加 1.4g/kg。

2. 活性有机质的变化

活性有机质是土壤有机质中具有较高有效性的那部分有机质，对土壤质量和土壤

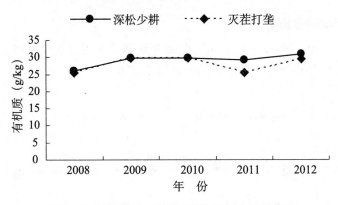

图7-8　长期深松少耕下土壤有机质含量的变化

肥力变化的反应比有机质更加灵敏。深松少耕定位试验11年时的结果显示，深松少耕处理0~20cm耕层土壤活性有机质含量比灭茬打垄高4.2%，但20cm以下土层则低于灭茬打垄（表7-8）。

表7-8　长期深松少耕下土壤活性有机质含量（2006年）　（单位：g/kg）

土层深度	耕作方式		深松少耕比CK增加
	灭茬打垄（CK）	深松少耕	
0~10cm	4.34	4.43	0.09
10~20cm	4.06	4.32	0.26
20~30cm	4.03	4.01	-0.02
30~40cm	3.62	3.46	-0.16
40~50cm	3.42	3.00	-0.42

（二）土壤全氮含量的变化

2008—2012年0~20cm土层土壤全氮含量的测定结果（图7-9）可以看出，两种耕作方式下土壤全氮含量差异均不显著。

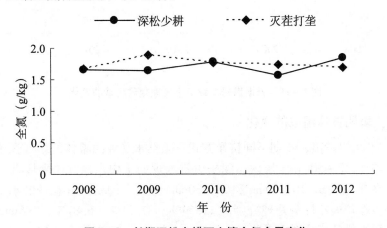

图7-9　长期深松少耕下土壤全氮含量变化

（三）土壤全磷含量的变化

2008—2012 年 0～20cm 土层土壤的全磷含量测定结果（图 7－10）显示，土壤全磷含量年际间及两种耕作方式处理间的差异均不显著。

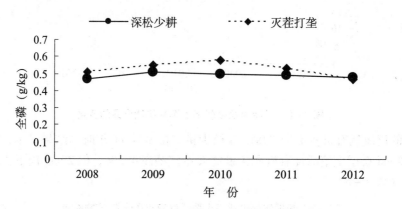

图 7－10　长期深松少耕下土壤全磷含量变化

（四）土壤速效磷含量的变化

2008—2012 年连续测定了 0～20cm 土壤的速效磷含量（图 7－11），统计分析结果表明，不同耕作方式下土壤速效磷含量的年际间和处理间的差异也均不显著。

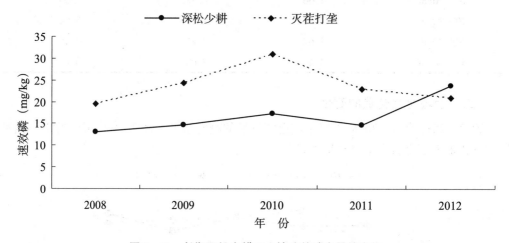

图 7－11　长期深松少耕下土壤速效磷含量的变化

（五）土壤团聚体组成的变化

从表 7－9 可以看出，长期不同耕作方式下土壤水稳性团聚体的组成在不同耕作方式下有较大差异，0－30cm 土层内，深松少耕处理的土壤水稳性团聚体含量显著高于灭茬打垄；在 0～10cm、10～20cm 和 20－30cm 土层，＞0.25mm 粒径的水稳性团聚体含量，深松少耕较灭茬打垄处理分别高 11.54%、31.71%、6.87%，＞5mm 粒径的水稳性团粒深松少耕处理分别为灭茬打垄处理的 2.1 倍、6.5 倍和 0.3 倍。

表7-9 长期深松少耕下土壤水稳性团聚体的组成

耕作方式	土层深度（cm）	各粒径占比（%）					
		>5mm	2~5mm	1~2mm	0.5~1mm	0.25~0.5mm	>0.25mm
灭茬打垄（CK）	0~10	7.29	9.28	9.63	24.57	17.38	68.14
	10~20	3.19	5.13	5.11	19.27	21.22	53.90
	20~30	9.43	9.73	9.01	26.18	17.92	72.27
深松少耕	0~10	22.58	7.36	12.76	24.49	12.48	79.68
	10~20	23.87	21.37	13.93	19.45	6.99	85.61
	20~30	12.55	15.95	13.26	24.24	13.15	79.14

（六）土壤容重的变化

不同耕作措施对土壤容重会产生直接影响，常规灭茬打垄措施由于常年浅层耕作，导致土壤表层结构破坏，同时由于动力与机具的辗压作用，致使土壤容重有增加的趋势；而深松少耕方式通过行间深松降低了耕层土壤容重。对灭茬打垄，条带深松处理的苗带与行间深松带的土壤容重测定结果（图7-12）显示，深松少耕处理0~40cm土壤容重低于灭茬打垄处理，而且行成了苗带紧行间松的耕层构造模式（苗带容重高于深松带容重），有利于协调耕层土壤的水、肥、气、热状况。条带深松少耕与灭茬打垄措施相比0~40cm土层土壤的根系量明显增加，在玉米吐丝期和乳熟期达到显著水平，深松少耕分别比灭茬打垄处理的根系量高19.2%和18.4%（图7-13）。

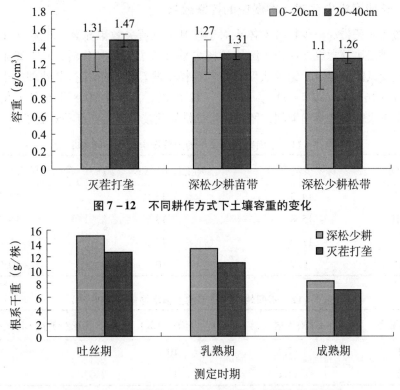

图7-12 不同耕作方式下土壤容重的变化

图7-13 不同耕作方式下玉米不同生育期的根系干重

（七）土壤水分含量的变化

深松少耕与常规灭茬打垄处理比较，耕层土壤有机质含量增加，土壤容重降低，从而促进了耕层土壤环境的改善，对水肥的协调能力也明显增加。多年的研究结果显示，深松少耕处理的耕层土壤水分较常规灭茬打垄明显提高了1.7～2.6个百分点（表7-10）。

表7-10 不同耕作方式下玉米不同生育期0～50cm土层土壤水分含量变化 （单位:%）

年份	处理	玉米不同生育期土壤水分含量					深松少耕比CK平均增加
		苗期	拨节期	大喇叭口期	抽雄期	灌浆期	
2006	深松少耕	24.9	24.8	25.2	23.9	34.1	1.68
	灭茬打垄（CK）	24.0	24.1	24.0	23.5	28.9	
2007	深松少耕	22.5	26.2	24.6	23.8	22.1	1.84
	灭茬打垄（CK）	20.0	22.6	23.5	21.5	22.4	
2008	深松少耕	22.8	27.3	24.0	23.5	23.8	1.7
	灭茬打垄（CK）	21.1	23.0	23.9	21.9	23.0	
2009	深松少耕	22.8	27.3	24.0	23.5	23.8	1.7
	灭茬打垄（CK）	21.1	23.0	23.9	21.9	23.0	
2010	深松少耕	25.8	24.7	24.6	24.7	34.2	2.62
	灭茬打垄（CK）	24.0	24.2	23.3	22.3	27.1	

（八）长期深松少耕对土壤侵蚀的控制效果

立茬覆盖＋条带深松少耕技术体系对于控制土壤流失效果显著。2008年于春播前对留茬深松少耕田块及常规灭茬打垄田块的扬尘量进行了采集和分析，3月20日至5月5日进行了土壤风蚀的测定，结果表明，留茬深松少耕较常规灭茬打垄处理的土壤风蚀量降低了10%～16.7%（表7-11）；从表7-12可以看出，在2008年6月上旬至7月下旬，田间土壤水蚀量在多雨期间，留茬深松少耕处理较常规灭茬打垄降低了17.9%。

表7-11 不同耕作方式下的土壤扬尘量（2008年）

采样时间	深松少耕（g）	灭茬起垄（CK）（g）	深松少耕比CK减少（%）
3月20日	14.3	15.2	14.3
4月5日	15.8	17.6	16.7
4月20日	11.2	12.3	11.4
5月5日	9.7	10.9	10.0

表7-12 不同耕作方式下的土壤水蚀量（2008年）

样品编号	深松少耕（g）	灭茬起垄（CK）（g）	深松少耕比CK减少（%）
Ⅰ	7.8	10.2	—
Ⅱ	11.6	13	—

（续表）

样品编号	深松少耕（g）	灭茬起垄（CK）（g）	深松少耕比 CK 减少（%）
Ⅲ	7.1	9.1	—
平均	8.83b	10.7a	17.9

注：同行数据后不同字母表示差异达 5% 显著水平

（九）不同耕作方式下玉米产量的变化

立茬覆盖条带深松少耕处理与常规灭茬打垄处理的玉米产量年份间波动较大，但趋势一致（图 7-14）。对比分析的结果表明，立茬覆盖条带深松少耕处理的玉米产量明显高于灭茬打垄，13 年间平均比灭茬打垄增产 13.3%，经方差分析，其产量差异达到显著水平。

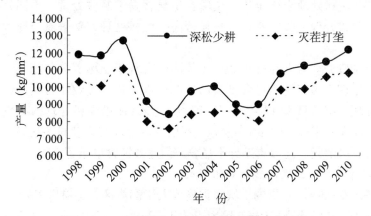

图 7-14 不同耕作方式下玉米产量的变化趋势

四、基于长期定位试验的土壤耕作技术模式

耕层土壤环境质量的好坏主要两个方面决定，一是土壤耕层的物理性状，二是耕层土壤的养分状况。耕层土壤物理性状的好坏主要是由耕层深度和土壤容重这两个指标来反映。长期定位试验结果表明，不同耕作措施对土壤容重变化的影响明显。长期免耕多年来土壤容重变化幅度不大，但整体上容重还是明显高于连年翻耕处理。从灭茬打垄处理与条带深松少耕处理的结果来看，常规灭茬打垄处理的容重显著高于条带深松少耕处理。综合分析，条带深松少耕处理是通过深松打破了犁底层，耕层的整体容重降低，同时条带深松技术行间的土壤容重低于苗带土壤容重，形成了苗带紧行间松的耕层结构。这种土壤结构更有利于调节土壤的水、气等状况。苗带紧实有利于提墒保苗，而行间疏松有利于自然降水的蓄积。

土壤有机质含量是衡量土壤养分状况的重要指标。从长期定位试验的结果来看，长期免耕与少耕技术较常规的翻耕与灭茬打垄技术更有利于土壤有机质的累积。

对土壤物理性状与土壤养分状况的分析及玉米产量的调查结果综合来看，在东北黑土区采取少耕技术更有利于实现对耕地的可持续利用。即将现行耕作方法中的均匀垄（65cm）种植，改成宽行 90cm，窄行 40cm 的宽窄行种植，追肥期在 90cm 宽行结合追肥进行深松（深松深度 25～30cm，幅宽 40～45cm），秋收时苗带留高茬（40cm 左右）。秋收后用条带旋耕机对宽行进行旋耕，达到播种状态，窄行留高茬自然腐烂还田；第二年春季在旋耕过的宽行播种，形成新的窄行苗带，追肥期再在新的宽行中耕深松追肥，即完成了立茬深松少耕种植。

五、主要结论与展望

（一）主要结论

1. 不同耕作方式对土壤养分变化的影响

长期免耕较连年翻耕处理有利于耕层土壤养分的积累，调查结果表明，长期免耕处理土壤有机质含量呈明显的上升趋势，连年翻耕处理土壤有机质含量多年变化不明显。定位试验 30 年时（2012 年）免耕处理较翻耕处理的土壤有机质增加了 3.5g/kg，差异显著。连年免耕处理土壤全氮、全磷含量显著高于翻耕处理，不同处理全钾含量差异不显著。免耕处理土壤速效磷含量显著高于翻耕处理，碱解氮与速效钾两处理间差异不显著。

条带深松少耕处理与灭茬打垄处理比较同样有利于土壤养分的积累。分析结果表明，深松少耕处理土壤有机质总含量及活性有机质含量、缓效性有机质含量均明显高于灭茬打垄处理，定位试验 17 年时（2012 年）条带深松少耕处理的有机质含量达到 30.9g/kg，较常规灭茬打垄增加 1.4g/kg。深松少耕处理与灭茬打垄比较，土壤全量养分差异不显著，碱解氮、速效磷差异不显著，但速效钾含量显著增加。

2. 不同耕作方式对土壤物理性状的影响

长期免耕区 0～30cm 土层的土壤容重显著大于翻耕区，免耕区 1983—2013 年的土壤容重变化较小，1983 年测定的土壤容重为 1.32g/cm³，2013 年为 1.36g/cm³，30 年只增加了 0.06g/cm³；翻耕区土壤容重随耕作年限的增加有上升趋势，1983 年为 1.23g/cm³，到 2013 年上升至 1.34g/cm³，30 年增加了 0.11g/cm³。翻耕区 0～30cm 耕层整体容重增加速率大于免耕区。免耕区耕层内水稳性团粒较翻耕区高 2.53%；表层（0～10cm）免耕区高 19.93%，说明地表残茬的长期积累有利于水稳性团粒的形成。

条带深松少耕处理与常规灭茬打垄处理比较，容重明显降低。0～20cm 土层土壤容重降低 0.04～0.2g/cm³，20～40cm 土层降低 0.16～0.21g/cm³。在 0～10cm、10～20cm、20－30cm 土层，>0.25mm 粒径的水稳性团聚体含量，深松少耕处理较灭茬打垄处理分别高 11.54%、31.71%、6.87%，>5mm 粒径的水稳性团粒深松少耕处理分别为灭茬打垄处理的 2.1 倍、6.5 倍和 0.3 倍。

3. 不同耕作方式对土壤含水率的影响

连年免耕与连年翻耕玉米全生育期土壤含水率差异不显著，但春季免耕处理水分含量明显高于翻耕处理；条带深松少耕处理的耕层土壤水分较常规灭茬打垄处理明显提高，提高幅度为 1.68～2.62 个百分点。

4. 不同耕作方式对产量的影响

从对玉米产量的调查结果来看，免耕与翻耕处理多年产量差异不显著。立茬覆盖条带深松少耕处理的玉米产量明显高于灭茬打垄，13 年间深松少耕处理平均比灭茬打垄增产 13.3%，方差分析结果显示，不同处理玉米产量的差异达显著水平。综合土壤物理性状、土壤养分状况及作物产量，表明在东北黑土区实行深松少耕技术具有良好的效果。

（二）主要问题与研究展望

近年来各国对土壤的保护性耕作技术越来越重视，保护性耕作技术发展速度也较快。土壤的保护性耕作技术主要包括秸秆覆盖技术与免耕播种技术两个方面。在农业发达的国家保护性耕作应用面积逐年增加，而我国由于受机械化发展水平的限制，土壤保护性耕作技术在生产上的应用范围还很小。

目前我们设置的耕作方式长期定位试验包括的免耕技术与条带少耕技术也属于保护性耕作技术，但是与美国、加拿大等保护性耕作技术比较仍有很大差异。主要是秸秆还田量不足，目前定位试验设置的免耕与少耕技术仅是通过留高茬实现了部分秸秆的还田。因此就目前的研究结果来看，不同机械耕作措施的长期应用对土壤环境的影响仅是在现有根茬还田量下的结果，而土壤环境的变化与土壤的有机物料归还量有密切关系，因此下一步应该考虑在不同耕作处理下进一步设置裂区，增加有机物料还田量的处理。

同时耕层土壤环境变化对生物多样性也有一定的影响，因此应该进一步考虑在长期不同耕措施下对田间杂草、土壤动物、土壤微生物群落影响等方面的研究。

刘武仁、郑金玉、罗洋、郑洪兵、李瑞平

参考文献

[1] 刘武仁，郑金玉，罗洋，等.2008a.玉米留高茬少、免耕对土壤环境的影响［J］.玉米科学，16（4）：123－126.

[2] 刘武仁，郑金玉，罗洋，等.2008b.玉米宽窄行种植的土壤水分变化规律研究［J］.农业与技术，28（3）：40－43.

[3] 刘武仁，郑金玉，罗洋，等.2008c,东北黑土区发展保护性耕作可行性分析［J］.吉林农业科学，33（3）：3－4,13.

[4] 刘武仁，郑金玉，罗洋，等.2011.玉米秸秆还田对土壤呼吸速率的影响［J］.玉米科学，19（2）：105－108,113.

[5] 廉晓娟，吕贻忠，刘武仁，等.2009.不同耕作方式对黑土有机质和团聚体的影响［J］.天津农业科学，15（1）：49－51.

[6] 吕贻忠，廉晓娟，刘武仁.2008.保护性耕作对土壤有机质特性的影响［M］//中国农作制度研究进展2008：305－309.

[7] 吕贻忠，廉晓娟，赵红，等.2010,保护性耕作模式对黑土有机碳含量和密度的影响.农业工程学报，26（11）：163－169.

[8] 范钦桢，谢建昌.2005.长期肥料定位试验中土壤钾素肥力的演变［J］.土壤学报，42（4）：591－599.

[9] 郑圣先，李明德，戴平安，等.1995,湖南省主要旱地土壤供钾能力的研究［J］.中国农业科学，28（2）：43－50.

[10] 徐明岗，梁国庆，张夫道，等.2006.中国土壤肥力演变［M］.北京：中国农业科学技术出版社.

第八章　长期施肥棕壤肥力演变与培肥技术

　　棕壤是辽宁省主要耕作土壤之一，面积约 497.6 万 hm²，占全省土壤总面积的 36.32%。辽宁省棕壤主要分布于辽东山地丘陵及其山前倾斜平原、辽西山前倾斜平原和冲积平原。此外，棕壤还广泛出现在辽西山地的医巫闾山、松岭山和努鲁尔虎山的垂直带中，位于褐土和淋溶褐土之上。目前棕壤种植作物主要有玉米、大豆、花生等。其中玉米为辽宁省种植的第一大作物，到 2007 年玉米种植面积占辽宁省全省粮食作物面积的 63.64%，为我国优质玉米的重要产地。

　　随着复种指数的不断提高，为了追求粮食高产大量施入高浓度复合肥，而有机肥的用量逐年减少；此外土壤资源的不合理利用，破坏了农田生态系统的平衡，使土壤侵蚀日趋加剧，在这种形势下棕壤原有的肥沃腐殖质层也快速流失，使土壤物理性状恶化，肥力降低。针对这些问题，在老一辈农业化学家姚归耕教授的倡议下，于 1979 年建立了棕壤肥料长期定位试验，旨在通过观测长期不施肥、单施化肥、有机肥配施化肥等条件下棕壤理化性质的演变规律及对作物生长的影响，为合理施肥和提高土壤肥力提供依据。

一、棕壤长期试验概况

（一）试验地概况

　　棕壤肥料长期定位试验位于辽宁省沈阳市沈阳农业大学棕壤试验站内（东经 123°33′，北纬 40°48′），地处松辽平原南部的中心地带，属于温带湿润—半湿润季风气候区。年均气温 7.0 ~ 8.1℃，10℃以上积温 3 300 ~ 3 400℃，无霜期为 148 ~ 180d，作物生长季降水量平均为 547mm。试验地为旱地棕壤，成土母质为第四纪黄土性母质上的简育湿润淋溶土。长期试验从 1979 年开始，初始耕层（0 ~ 20cm）土壤基本性质为：有机质含量 15.9g/kg，全氮 0.8g/kg，全磷 0.38g/kg，全钾 21.1g/kg，碱解氮 105.5mg/kg，有效磷 6.5mg/kg，速效钾 97.9mg/kg，pH 值 6.5。采用玉米—玉米—大豆一年一熟轮作制。

（二）试验设计

　　棕壤田间定位试验设 3 个区组，为不施有机肥区、低量有机肥区（M₁）、高量有机肥区（M₂）。每个区组内设 9 个处理，即：不施肥（CK）、低量氮肥（N₁）、高量氮肥（N₂）、低量氮肥 + 磷肥（N₁P）、低量氮肥 + 钾肥（N₁K）、低量氮肥 + 磷肥和钾肥（N₁PK）、磷肥 + 钾肥（PK）、单施磷肥（P）、单施钾肥（K），共计 27 个处理组合。其中 CK、M₁、M₂ 处理在 1979—1993 年保持 4 次重复，其余处理无重复。每个小区 160m²，随机排列。无灌溉设施，不灌水。

　　1994 年因修高速公路，田间小区有部分组合被破坏，但田间所有处理组合整体（0 ~ 120cm 厚）整段迁移，每个处理组合 2 次重复，修成了带有地下排水采集器的微区 36 个（每个微区 2m²），继续进行轮作施肥试验。原后山试验地调整为 15 个处理组合，保留了其中主要的田间试验处理：①不施肥（CK）；②低氮＋磷（N_1P）；③低氮＋磷钾（N_1PK）；④低氮（N_1）；⑤高氮（N_2）；⑥低量有机肥（M_1）；⑦低量有机肥＋低氮＋磷（M_1N_1P）；⑧低量有机肥＋低氮＋磷钾（M_1N_1PK）；⑨低量有机肥＋低氮（M_1N_1）；⑩高量有机肥＋高氮（M_1N_2）；⑪高量有机肥（M_2）；⑫高量有机肥＋低氮＋磷（M_2N_1P）；⑬高量有机肥＋低氮＋磷钾（M_2N_1PK）；⑭高量有机肥＋低氮（M_2N_1）；⑮高量有机肥＋高氮（M_2N_2）。其中CK、M_1、M_2处理也重复两次。肥料用量为：玉米年份N_1 120kg/hm^2、N_2 180kg/hm^2、P_2O_5 60kg/hm^2、K_2O 60kg/hm^2；大豆年份N_1 30kg/hm^2、N_2 60kg/hm^2、P_2O_5 90kg/hm^2、K_2O 90kg/hm^2。有机肥为猪厩肥，其有机质平均含量119.6g/kg，全氮N 5.6g/kg，P_2O_5 8.3g/kg，K_2O 10.9g/kg，用量为M_1 13.5t/hm^2（风干基），M_2 27t/hm^2。因长期施用有机肥，土壤有机质和肥力水平提高，使大豆产量有下降的趋势，故从1992年开始，种植大豆的年份不施有机肥。各种肥料均做基肥一次施入。

（三）测定项目与方法

在每年秋季作物收获后采集0～20cm耕层土样。土壤有机碳分组方法参考Wander等人和Kolbl等人的分离方法，提取物经元素分析仪测定。有机氮分组采用6mol/LHCl水解—蒸馏法（鲁如坤，2000）。磷分组采用Hedley法修正体系，按一定顺序提取土壤磷。提取出来的各级磷用钼锑抗比色法进行测定。土壤有效态钙、镁采用1mol/L NH_4OAc（pH值＝7）浸提，ICP法测定，其他项目的测定采用常规方法。

二、长期施肥棕壤有机碳和氮、磷、钾的演变规律

（一）土壤有机碳的演变规律

1. 有机碳总量的变化

图8-1显示，经过33年的长期定位施肥，土壤总有机碳（TOC）含量表现为高量有机肥配施化肥＞M_2＞M_1＞低量有机肥配施化肥＞单施化肥＞CK。化肥区（化肥单施的4个处理，以下类同）整体上土壤有机碳含量处于降低趋势；不施肥处理（CK）土壤有机碳含量到2012年与初始土壤相比降低了8.90%，年均降幅为0.27%。低量有机肥区（M_1与M_1配施氮、磷、钾的5个处理，以下类同）和高量有机肥区（M_2与M_2配施氮、磷、钾的5个处理，以下类同）土壤有机碳均呈上升趋势。主要原因是施有机肥增加了土壤碳源，有利于有机碳的累积，同时促进了作物的生长与产量的提高，使每年残留的作物根茬较多，从而提高了土壤有机碳含量。因此施用有机肥尤其是有机肥配施化肥有利于提高土壤有机碳的再生和积累，从而增强了土壤养分的供贮能力。

各施肥处理土壤总有机碳之间差异显著。长期施入高量氮肥N_2处理土壤有机碳含量最低，为8.26g/kg。主要原因是其作物产量低，每年通过作物残茬归还土壤的有机物料较少；而不施肥处理（CK）尽管没有任何肥料投入，但由于产量远远低于N_2处理，从土壤中携带走的碳较少，因此含量比N_2高。单施化肥处理土壤总有机碳含量为8.26～8.75g/kg，平均为8.58g/kg。根茬是土壤有机物料的主要来源，有研究表明，根茬残留量与作物产量有明显的正相关关系（Buyanovsky和Wagner，1998）。化肥区及不施肥处理土壤有机碳含量都低于原始土，降幅为6.91%～10.37%，可见长期单施化肥或不施肥都会明显导致土壤肥力下降。

单施用有机肥的处理以及有机肥配施化肥处理的土壤总有机碳含量为 9.88～11.02g/kg，平均为 10.44g/kg，较 CK 和单施化肥处理平均分别增加 2.04g/kg 和 1.86g/kg。可以看出有机肥在提高有机碳含量方面有不可忽视的作用，其原因主要在于有机肥本身也是土壤有机碳的前身（武天云，2003）。其中低量有机肥区土壤总有机碳含量范围为 9.88～10.41g/kg，平均为 10.10g/kg，比 CK 增加 1.70g/kg，增幅 20.2%，比单施化肥各处理增加 15.3%、16.4%、17.0% 和 22.2%。高量有机肥区土壤总有机碳含量范围为 10.60～11.02g/kg，平均为 10.79g/kg，比 CK 增加 2.39g/kg，增幅 28.4%，比单施化肥各处理增加 23.3%、24.6%、24.8% 和 30.5%。方差分析表明，有机肥和化肥配合施用与不施肥和单施化肥处理的土壤有机碳含量差异显著。

高量有机肥区的土壤有机碳显著高于低量有机肥区。其中 M_2、M_2N_1PK 分别比 M_1、M_1N_1PK 增加 5.9% 和 6.0%。说明有机肥施用量的增加对提高土壤有机碳含量有显著的作用。

（a）化肥区耕层土壤有机碳含量

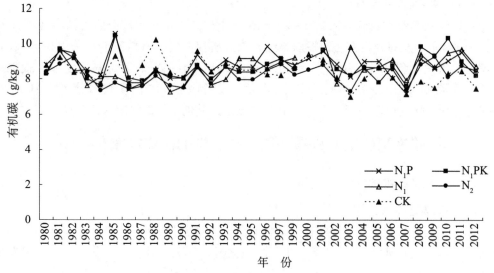

（b）低量有机肥区耕层土壤有机碳含量

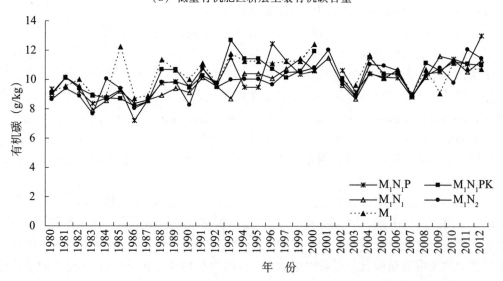

图 8-1（续）

（c）高量有机肥区耕层土壤有机碳含量

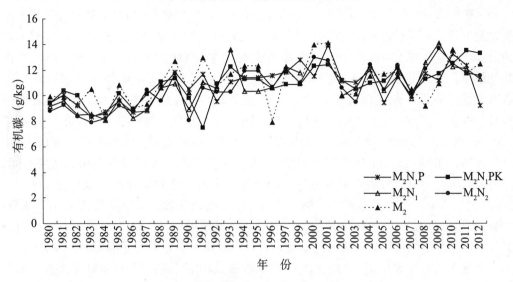

图 8-1 长期不同施肥土壤总有机碳含量的变化

注：部分年份数据缺失，因此折线在数据不完整处断开

2. 各组分有机碳比例的变化

图 8-2 显示，土壤游离态颗粒有机碳（FPOC）和土壤闭蓄态颗粒有机碳（OPOC）占土壤土壤总有机碳（TOC）的比例均表现为有机肥区＞不施肥处理＞化肥区，CK 与单施化肥处理 N_1P、N_1PK、N_1 之间均有显著差异。单施有机肥处理与有机无机肥配施处理的 FPOC 和 OPOC 占土壤 TOC 的比例均明显高于单施化肥及不施肥处理，且差异显著。高量有机肥处理的 FPOC/TOC 和 OPOC/TOC 与低量有机肥处理相比差异不显著。

长期不同施肥处理土壤矿物结合态有机碳（MOC）与总有机碳（TOC）的比例（MOC/TOC）的变化趋势为化肥处理＞无肥处理＞有机肥处理。说明有机肥或有机无机配施降低了土壤的 MOC/TOC。原因可能在于有机肥有利于土壤团聚体的形成和稳定，进一步保护了颗粒有机碳，相对抑制了活性碳库向惰性碳库的转化，提高了土壤颗粒有机碳（POC）占 TOC 的比例，从而降低了 MOC 占 TOC 的比例。

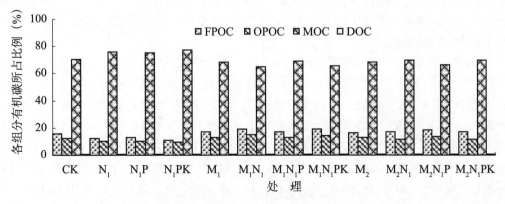

图 8-2 长期不同施肥土壤有机碳各组分所占比例（2005 年）

不同施肥处理土壤可溶性有机碳（DOC）占 TOC 比例（DOC/TOC）的变化趋势与 FPOC/TOC 和 OPOC/TOC 基本相同。有机肥处理与不施肥处理的 DOC/TOC 显著高于单施化肥处理。高量有机肥区与低量有机肥区之间的差异不显著。就相同施肥处理不同组分而言，在土壤有机碳库中，MOC 所占比例最高，其次为 FPOC、OPOC，DOC 所占比例最小。MOC 占土壤 TOC 的 64.85% ~ 76.12%，矿物（即 < 0.053mm 黏砂粒）结合有机碳（MOC）是土壤有机碳储备和稳定性增加的最重要的有机碳组分，其次是 POC，其中，FPOC 与 OPOC 分别占 11.12% ~ 19.17%、9.81% ~ 14.88。彭新华（2003）等应用与本研究相同的土壤分级程序研究了植被恢复下土壤有机碳库的组成，结果表明，OPOC 占土壤 TOC 的比例比 FPOC 所占比例高。本试验与其研究结果不同，这种差异可能一方面可能是取样方法上的差异，在彭新华的研究中，取样深度为 0 ~ 5cm；另一方面，植被类型和气候条件的差异也可能是导致结果差异的原因（王刚等，2004）。尽管 DOC 只占土壤全碳的很小部分，在本研究中只占 0.70% ~ 0.99%，但是其在土壤结构中的迁移对团聚体的形成及其稳定性具有重要作用（Zsolnay，1996）。

土壤有机质（碳）不是越多越好。从棕壤 30 多年的长期定位试验结果来看，每年连续施用猪厩肥 13.5 ~ 27t/hm^2，土壤有机质在最初的 3 ~ 6 年逐渐增加，10 年后基本趋于稳定，达到 18 ~ 19g/kg。长期施用化肥土壤有机质比试验前略有下降，但基本稳定在 15g/kg 左右。本试验研究发现，当土壤有机质含量接近 19g/kg 时，继续施用有机肥料会影响大豆的生长和产量。

（二）土壤氮素的演变规律

1. 全氮含量的变化

经过 33 年的长期定位施肥不同处理土壤全氮的含量均有所提高（图 8 – 3）。整体上 1979—1994 年 15 年间土壤全氮含量缓慢上升，但增加幅度不大。化肥区全氮含量的年份间波动较大，而低量有机肥区和高量有机肥区则一直处于上升趋势。1994 以后，各处理土壤全氮含量趋向于平衡，尽管年份间略有不同，但整体上与 1994 年相比差异不大。针对不同处理间的变化以 2007 年为例进行分析比较。

单施化肥处理的土壤全氮含量范围在 1.04 ~ 1.07g/kg，平均为 1.05g/kg，较 CK 增加 10.53%，差异达到显著水平。原因在于化肥施入土壤后，大部分的氮转化为作物可以吸收利用的形态，未被作物利用的则通过各种途径损失掉，但也有相当一部分残留于土壤之中，加之长期施肥过程中增加了作物的根茬量，因而其比不施肥（CK）处理的全氮含量略有增加。

单施有机肥和有机无机肥配施处理的土壤全氮含量为 1.10 ~ 1.30g/kg，平均 1.17g/kg，较 CK 和单施化肥分别增加 23.49% 和 11.73%。其中高量有机肥区土壤全氮含量为 1.19 ~ 1.30g/kg，平均为 1.23g/kg，与 CK 相比增幅为 29.87%；M_2N_1P、M_2N_1PK、M_2N_1 处理的土壤全氮含量较相应的化肥处理（N_1P、N_1PK、N_1）增幅分别为 25.6%、16.0%、12.9%，且差异显著，并明显高于 CK 处理。低量有机肥区土壤全氮含量范围为 1.10 ~ 1.14g/kg，平均 1.11g/kg，与 CK 相比增幅为 17.1%；除 M_1N_1PK 处理外，M_1N_1P、M_1N_1 处理的土壤全氮含量与相应的化肥处理相比差异均不显著。高量有机肥区与低量有机肥区相比，各处理的全氮含量增幅在 7.2% ~ 16.6%，且差异显著。

土壤全氮含量总的变化趋势为高量有机肥区＞低量有机肥区＞化肥区＞不施肥处理，尤以高量有机肥单施和高量有机肥配施化肥的效果最好，这与 31 年不同区组间所提的结论一致，说明长期施肥可以提高土壤全氮含量，而有机肥在保持和提高土壤氮素水平方面比化肥具有更大作用，且全氮含量随有机肥用量的增加而增加。韩晓日等（1995）和梁国庆等（2000）的研究也得到了类似的结论。

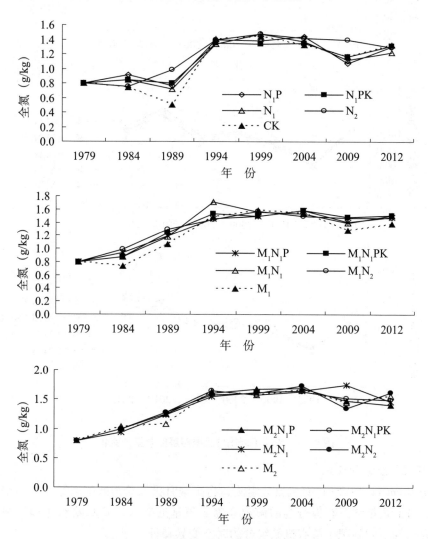

图 8 - 3　长期不同施肥土壤全氮含量的变化

2. 碱解氮含量的变化

由图 8 - 4 可以看出，经过 33 年的长期定位施肥土壤耕层的碱解氮含量各区组间变化差异较大。化肥区和低量有机肥区及不施肥处理碱解氮含量都处于下降趋势，只有高量有机肥区略有增加。不施肥处理降低了 21.9%，化肥区降低幅度为 9.5% ~ 12.8%，平均为 11.3%；高量有机肥区普遍增加，增加幅度为 0.6% ~ 19.1%，以 M_2N_1PK 处理增加幅度最大。

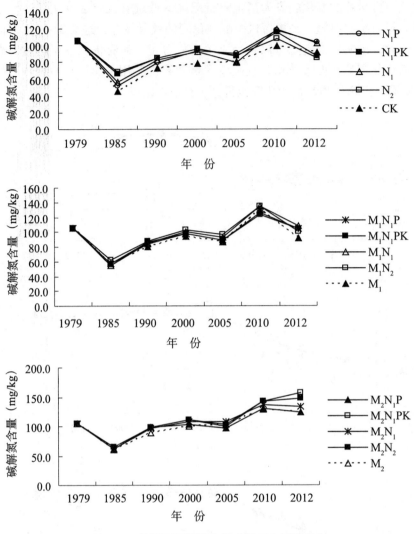

图 8 - 4　长期不同施肥土壤碱解氮含量的变化

3. 有机氮组分的变化

采用 Bremner（1967）有机氮分组法，将土壤有机氮分为酸解态氮和非酸解态氮两大部分，进而再把酸解态氮分为酸解氨态氮、氨基酸态氮、氨基糖态氮和酸解未知态氮，研究长期不同施肥土壤有机氮组分的时空变异特征。

从表 8 - 1 可以看出，各处理耕层土壤的酸解有机氮含量的范围为 649.1 ~ 992.5mg/kg。经过 31 年的长期轮作施肥，土壤酸解有机氮的总量增加，处理间差异极显著。单施化肥区，酸解有机氮含量为 688.2 ~ 722.8mg/kg，平均 706.4mg/kg，各处理间差异不显著，但均显著高于 CK 处理；单施有机肥处理，酸解有机氮含量为 796.7 ~ 889.0mg/kg，平均为 842.8mg/kg，比 CK 平均增加 29.85%，且 M_1 和 M_2 处理间差异显著；有机肥和化肥配施处理的土壤酸解有机氮含量显著增加，平均含量为 888.1mg/kg，较 CK 平均增加 36.82%，较单施化肥区平均增加 25.72%。高量有机肥区与低量有机肥区相比其含量差异显著，以 M_2N_1PK 和 M_2N_1P 处理的酸解有机氮含量较高，这与韩晓日等（1995）的研究结论基本一致。

表 8 - 1　长期不同施肥耕层土壤有机氮各组分的含量（2007 年）　（单位：mg/kg）

处　理	酸解有机氮					非酸解氮
	氨态氮	氨基酸氮	氨基糖氮	未知态氮	总和	
N_1P	223.7de	297.5c	66.4cd	120.5b	708.1d	326.9ab
N_1PK	232.3d	302.4c	65.2cd	122.9b	722.8d	342.2ab
N_1	216.3e	285.1cd	62.7d	124.1b	688.2d	361.8a
CK	210.2e	272.9d	61.5d	104.5b	649.1e	295.9b
M_1N_1P	240.9cd	376.1ab	82.4bc	116.8b	816.2c	298.8b
M_1N_1PK	252.0c	378.6ab	86.1b	109.4b	826.1c	308.9b
M_1N_1	231.1de	368.8b	75.0c	131.5b	806.4c	298.6b
M_1	226.2de	356.5b	71.3cd	142.6b	796.7c	298.3b
M_2N_1P	289.7ab	393.0a	100.4a	209.4a	992.5a	307.6b
M_2N_1PK	299.7a	387.2ab	99.0a	172.1ab	957.9ab	277.1bc
M_2N_1	279.7b	381.5ab	87.5b	180.7ab	929.5b	255.5c
M_2	268.1b	372.8ab	80.3bc	167.8ab	889.0b	326.0ab

注：同列数据后不同字母表示处理间差异达 5% 显著水平

（1）酸解氨态氮和氨基酸态氮。二者均是可矿化氮产生的主要来源（李菊梅和李生秀，2003）。酸解氨态氮含量的变化范围为 210.2～299.7mg/kg。单施化肥区各处理酸解氨态氮平均含量为 224.1mg/kg，除 N_1PK 外其他各处理与 CK 相比差异均不显著；有机无机肥配施各处理的酸解氨态氮平均含量为 265.5mg/kg，比 CK 平均增加 26.31%。其中高量有机肥区各处理酸解氨态氮的含量明显高于低量有机肥区和化肥区，而低量有机肥区除 M_1N_1PK 外，其他各处理与化肥区相比差异均不显著。说明土壤酸解氨态氮的增加一方面来源于有机肥，另一方面来源于土壤固定态铵（沈其荣和史瑞和，1990）。氨基酸态氮含量的变化范围为 272.9～393.0mg/kg。单施化肥处理的土壤氨基酸态氮平均含量为 295.0mg/kg，较 CK 平均增加 8.09%，但差异不明显。施用有机肥处理与 CK 及单施化肥处理相比，土壤氨基酸态氮含量平均增幅分别为 39.56% 和 29.11%，达到显著水平。由此可见，长期施肥，尤其是高量有机肥与化肥配施，能显著提高土壤酸解氨态氮和氨基酸态氮含量。其原因主要是长期施用有机肥不但增加了植物在土壤中的生物残留量，促进土壤微生物的代谢作用，而且还能培肥地力。随着有机肥用量的增加，对土壤酸解氨态氮和氨基酸态氮的积累也有一定作用，增加了氮的库容，从而为有机氮向可矿化氮转化创造了更有利的条件。

（2）氨基糖态氮。主要来自于土壤微生物的合成，与微生物量的关系密切（徐阳春等，2002）。氨基糖态氮的含量为 61.5～100.4mg/kg。与其他有机氮组分相比，含量最低。由表 8 - 1 可以看出，长期单施化肥对土壤氨基糖态氮的影响很小，且各处理与 CK 间差异不显著；而单施有机肥和有机肥与化肥配施后氨基糖态氮在土壤中的含量变化较大，平均含量为 85.2mg/kg，与单施化肥相比增加了 31.7%，达到显著水平，尤以 M_2N_1P、M_2N_1PK 处理的效果最好。可能是因为长期有机无机肥配施改变了土壤条件，进而提高了氨基糖态氮的含量。

（3）酸解未知态氮。酸解未知态氮中有20%~49%为非α-氨基酸态氮，是酸解液中较不易分解的氮，其含量为104.5~209.4mg/kg，平均为141.9mg/kg。所有施肥处理与CK相比酸解未知态氮含量均有所增加，但只有M_2N_1P处理的增加达到显著水平。

（4）非酸解态氮。非酸解态氮即残渣氮，它包括被矿物牢固结合的氮、与酚环联结的氨基酸和杂环状氮化物及由木质素固定的氮，其含量为255.5~361.8mg/kg，平均308.1mg/kg。非酸解态氮在土壤中存在状态比较稳定，短期内很难矿化。但Ivarson（1979）的研究结果认为，6mol/L HCl水解后的残渣氮（即非酸解态氮）是可以被微生物分解的，这也说明了经过长期轮作施肥，M_2N_1处理非酸解氮含量最小的原因。

（三）磷素的演变规律

1. 全磷含量的变化

从图8-5可以看出，经过33年长期不同施肥，不同处理间全磷含量的变化差异较大。化肥区中有磷素投入的处理（N_1P、N_1PK）略有增加，增加了13.60%和21.84%；而没有磷素投入的处理（N_1、N_2、CK）全磷含量下降了9.01%~11.33%，可见增加磷素投入可有效增加土壤全磷含量。随着施氮量的增加，磷素下降幅度加大。

有机肥配施化肥处理的土壤全磷含量明显增加，高量有机肥区平均增加85.32%，远远高于低量有机肥区的38.13%。不同处理的增加幅度不同，其中M_2N_1PK处理增幅最大，为105.10%，年增幅为1.21%。其他有机肥配施化肥处理的土壤全磷含量明显增加，增幅为18.71%~105.10%。可见施用有机肥或有机肥与化肥配施能显著提高土壤全磷含量，这主要是由于施用的有机肥中含有大量磷素，另外磷具有明显的后效，土壤中固定的磷素会逐渐释放，作物吸收的磷量远小于磷的投入量，从而导致土壤磷素的大量积累。

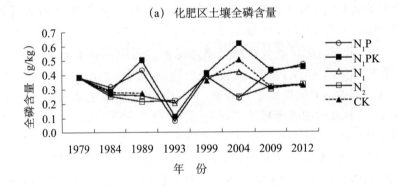

(a) 化肥区土壤全磷含量

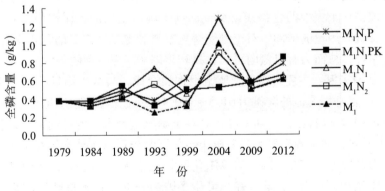

(b) 低量有机肥区土壤全磷含量

图8-5（续）

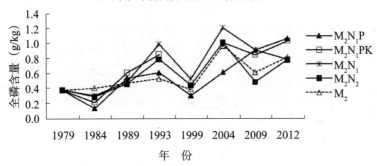

（c）高量有机肥区土壤全磷含量

图 8-5 长期不同施肥土壤全磷含量的变化

2. 有效磷含量的变化

由图 8-6 可知，随着种植年限的增加，土壤中有效磷含量的变化规律不同区之间差异较大。化肥区中 N_1P 和 N_1PK 两个处理上升较快，1999 年以后尽管个别年份出现极大值，但总体趋势开始下降。到 2012 年 N_1P 处理有效磷含量平均为 14.0mg/kg，与原始土相比增加了 114.84%；N_1PK 处理增加了 154.05%，有磷素投入可明显增加土壤有效磷含量。CK、N_1、N_2 处理有效磷含量与原始土差别不大，略有增加或基本持平。单纯施入氮肥也导致了有效磷增加可能是由于土壤 pH 值下降，活化了土壤中原有的难溶态磷。

（a）化肥区土壤有效磷含量

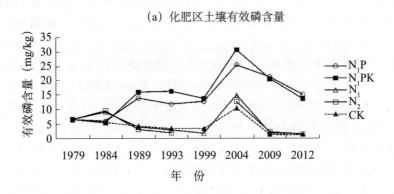

（b）低量有机肥区土壤有效磷含量

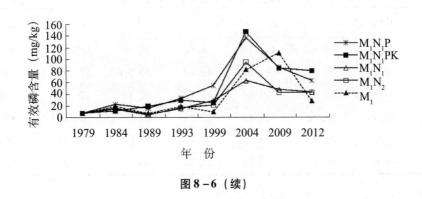

图 8-6（续）

(c) 高量有机肥区土壤有效磷含量

图 8 - 6　长期不同施肥土壤有效磷含量的变化

　　无论是低量有机肥配施化肥还是高量有机肥配施化肥都会引起土壤有效磷急剧增加。低量有机肥区增加量为 20.3 ~ 30.6mg/kg，增幅为 313.05% ~ 532.07%。高量有机肥区增加量明显高于低量有机肥区，增加量为 41.2 ~ 60.3mg/kg，增幅为 634.11% ~ 927.47%，最高增加了近 10 倍。说明有机肥或有机无机配施对不断提高土壤中的有效磷含量有显著的作用。

（四）活性无机磷、有机磷各形态含量的变化

　　由表 8 - 2 可以看出，$NaHCO_3$ - Pi 的含量变化范围为 12.9 ~ 300.3mg/kg，各处理之间差异极显著。经过 30 年的耕种，不施磷肥的处理土壤 $NaHCO_3$ - Pi 的含量低于初始土壤，其中以 N_1 处理的含量最低，为 12.9mg/kg，比初始土壤和 CK 分别减少 47.7% 和 12.6%，这可能是由于氮肥的施用促进了作物的生长发育，增加了作物对土壤磷的需求。N_1PK 和 N_1P 处理的 $NaHCO_3$ - Pi 平均含量为 71.3mg/kg，较 CK 处理增加了 2.82 倍，且与 CK 和 N_1 处理差异显著。有机肥区 $NaHCO_3$ - Pi 含量为 89.6 ~ 300.3mg/kg，平均为 210.9mg/kg，比 CK 处理增加 13.26 倍，是施磷化肥区处理的 2.96 倍；有机肥区各处理 $NaHCO_3$ - Pi 含量的差异显著，各处理 $NaHCO_3$ - Pi 含量从高到低依次为 $M_2N_1P > M_2N_1PK > M_2N_1 > M_2 > M_1$，其中 M_2 处理的 NaOH-Pi 含量是 M_1 处理的 2.34 倍。由此可见长期施用化肥和有机肥都提高了土壤 $NaHCO_3$-Pi 含量，特别是有机肥与化肥配施，能显著提高土壤 $NaHCO_3$ - Pi 含量，且随着有机肥用量的增加，$NaHCO_3$-Pi 的积累量也有一定的提高，从而增强了土壤的供磷能力。

表 8 - 2　长期不同施肥耕层土壤各形态磷的含量（2008 年）　　　（单位：mg/kg）

处　　理	$NaHCO_3$ - Pi	NaOH - Pi	HCl - Pi	$NaHCO_3$ - Po	NaOH - Po	Res - P	Totalextracted P
初　　始	24.7g	48.6h	111.3e	26.5e	22.8e	157.1i	391.0f
N_1P	72.2f	86.8f	94.6f	43.1d	33.9cd	177.3g	508.1e
N_1PK	70.3f	85.5f	93.6f	41.3d	32.1d	179.5g	502.4e
N_1	12.9h	54.2g	73.8g	27.8e	22.1e	189.8e	380.6g
CK	14.8h	42.4i	70.9g	29.8e	24.0e	173.5h	355.4h
M_1	89.6e	99.1e	137.9d	44.3d	36.7c	213.2c	620.9d

（续表）

处 理	NaHCO$_3$–Pi	NaOH–Pi	HCl–Pi	NaHCO$_3$–Po	NaOH–Po	Res–P	TotalextractedP
M$_2$N$_1$P	300.3a	231.1a	228.6a	84.3a	54.9a	217.1b	111 6.3a
M$_2$N$_1$PK	230.0b	196.4b	208.2b	82.0ab	56.0a	185.8f	958.5b
M$_2$N$_1$	224.3c	171.8c	173.0c	78.7bc	46.3b	205.8d	899.8c
M$_2$	210.2d	155.1d	172.6c	77.6c	47.3b	229.5a	892.3c

注：同列数据后不同字母表示处理间差异达5%显著水平

　　NaOH-Pi 的含量为 42.4～231.1mg/kg，方差分析表明各处理之间差异极显著。NaOH-Pi 含量总体表现为：M$_2$N$_1$P > M$_2$N$_1$PK > M$_2$N$_1$ > M$_2$ > M$_1$ > N$_1$P > N$_1$PK > N$_1$ > 初始土壤 > CK。CK 处理 NaOH-Pi 含量低于初始土壤，差异显著。可见长期不施肥不仅会使 NaHCO$_3$-Pi 的含量降低，也可导致 NaOH-Pi 含量的降低，说明在活性无机磷库减少的情况下，植物可同时从土壤中吸收中等活性的无机磷来保证其正常生长。化肥区土壤 NaOH-Pi 含量范围为 54.2～86.8mg/kg，其中 N$_1$P 和 N$_1$PK 处理之间差异不显著，平均含量为 86.2mg/kg，较单施氮肥和 CK 处理分别增加 58.93% 和 103.23%，可见化学磷肥可显著增加土壤 NaOH-Pi 含量。有机肥区 NaOH-Pi 平均含量为 170.7mg/kg，分别是化肥区和 CK 的 2.26 倍和 4.03 倍，达到了差异显著水平。可见施用有机肥或有机无机配施能明显提高土壤 NaOH-Pi 的含量。其原因是长期施用有机肥，使土壤中有机质有一定的积累，有机质所含的磷可以通过矿化作用而转变成为有效态的矿质磷。同时，有机质在分解过程中还可能产生有机络合剂，它对 Al-P、Fe-P、Ca-P 类化合物中的铝、铁、钙等金属成分有络合作用，能把磷从这些不溶性磷酸盐中释放出来而成为有效态磷。

　　不同施肥处理土壤 HCl-Pi 的含量范围为 70.9～228.6mg/kg，总体表现为有机肥区 > 初始土壤 > 化肥区。化肥区和 CK 处理的 HCl-Pi 含量比初始土壤有所减少，均达到差异显著水平。其中 CK 处理的 HCl-Pi 含量比初始土壤减少了 36.3%。化肥区 HCl-Pi 含量为 73.8～93.6mg/kg，平均为 87.4mg/kg，较初始土壤减少了 21.5%，较 CK 处理提高了 23.23%，各化肥处理均与 CK 和初始土壤差异显著，N$_1$PK 与 N$_1$P 处理之间 HCl-Pi 的含量差异不显著。从中可以看出，长期单施化肥，尤其是无磷素投入的化肥处理，在土壤磷素耗竭过程中，HCl-Pi 也能缓慢地进行转化。有机肥区土壤 HCl-Pi 含量为 137.9～228.6mg/kg，平均 184.1mg/kg，较初始土壤含量有所增加，增幅为 65.45%，是化肥区平均含量的 2.11 倍。高量有机肥区施磷肥的处理（M$_2$N$_1$P、M$_2$N$_1$PK）HCl-Pi 含量高于不施磷肥的处理（M$_2$、M$_2$N$_1$），且差异显著，施高量有机肥与施低量有机肥相比土壤 HCl-Pi 含量增加了 25.2%。可见在有机肥区施入土壤中的磷在相当长的时间里有一部分丧失了肥效，尤其以高量有机肥区更为明显。

　　从表 8-2 还可以看出，经过了 30 多年的不同施肥土壤 NaHCO$_3$-Po 含量发生很大的变化，其含量的大小顺序为有机肥区 > 化肥区 > CK > 初始土壤。不施肥和单施化肥处理与初始土壤之间差异不显著，N$_1$P 和 N$_1$PK 处理的 NaHCO$_3$-Po 含量平均为 42.2mg/kg，较 CK 增加 41.74%，而 N$_1$P 和 N$_1$PK 处理的 NaHCO$_3$-Pi 含量却比 CK 增加了 2.82 倍。说明施化肥对 NaHCO$_3$-Po 含量的提高作用不如对 NaHCO$_3$-

Pi 的大；高量有机肥区 $NaHCO_3$-Pi 的含量明显提高，但各处理之间差异不显著，平均含量为 80.7mg/kg，比 CK 处理增加 1.71 倍，可见有机肥特别是高量有机肥对增加土壤 $NaHCO_3$-Pi 含量的作用较大，原因可能是由于有机肥的施入增加了土壤中的生物残留量，使微生物的代谢作用增强，从而增加了土壤中 $NaHCO_3$-Pi 的含量，这与王旭东等（1997）的研究结论相一致。

各处理土壤 NaOH-Po 的含量为 22.1~54.9mg/kg（表 8-2），其中 CK 处理和单施氮肥处理的 NaOH-Po 含量与初始土壤差异不显著，施化肥磷的处理 NaOH-Po 含量略有增加，但增幅不大，可见化肥的施用对土壤中 NaOH-Po 的含量影响不大。高量有机肥区 NaOH-Po 含量为 36.7~54.9mg/kg，平均含量为 51.1mg/kg，是 CK 处理的 2.13 倍，施磷肥的处理 M_2N_1P 和 M_2N_1PK 之间 NaOH-Po 含量差异不显著，但均高于不施磷肥的处理 M_2 和 M_2N_2，且差异显著。M_2N_1PK 和 M_2N_1P 处理比相对应的化肥处理（N_1PK、N_1P）增幅较大，分别增加 74.18% 和 61.76%。可见不仅施有机肥比对照和施化肥土壤中的中等活性有机磷明显增加，而且有机肥配施磷肥比单施有机肥也有比较明显的增加，说明有机肥的施入可以显著增加土壤中等活性有机磷库，对中等活性有机磷的培肥是有利的，这与刘小虎等（1999）在棕壤定位试验地上得出的研究结论相一致。

土壤 Res-P 组分是沉淀的无机磷加上胡敏酸化的有机磷（Hedley 等，1982）。随着 Res-P 的进一步分级，长期施肥引起的 Res-P 变化多半是由于有机磷成分的存在。从表 8-2 可以看出，Res-P 含量总体表现为有机肥区 > 化肥区 > CK，不同施肥处理其含量的变化范围为 173.5~229.5mg/kg，各处理间差异显著，且均高于初始土壤中的 Res-P 含量；化肥区和有机肥区平均含量分别比初始土壤增加 16% 和 33.85%，这说明多年单施有机肥、单施化肥及有机肥与化肥配施均可增加土壤残余态磷的含量，也说明经过多年的耕作会有一部分磷转化为无效磷。

（五）钾素的演变规律

1. 全钾含量的变化

由图 8-7 可知，经过 33 年长期定位施肥，土壤耕层全钾变化不大。尽管短期年份间略有差异，但从长期来看，全钾含量基本维持不变，与初始土壤持平。到 2012 年各处理全钾含量略有增加，但增加幅度非常小，仅为 0.87~1.73g/kg。其中，化肥区增加幅度为 0.84~1.26g/kg，平均增加 2.18g/kg，年变化率仅为 0.062%；低量有机肥区增加幅度为 0.98~1.39g/kg，平均增加 1.09g/kg，年变化率仅为 0.033%；高量有机肥区增加幅度为 0.87~1.73g/kg，平均增加 1.28g/kg，年变化率仅为 0.039%。尽管不同区、不同处理间有所差异，但差异不显著。可见长期不同施肥不能明显使土壤全钾含量发生变化。

2. 速效钾含量的变化

由图 8-8 可知，经过 33 年长期定位施肥，各处理土壤速效钾含量与初始土壤相比变化趋势明显不同。单施化肥处理（除 N_1PK、CK 外）均降低，到 2012 年，N_1 处理下降 10.24%，N_2 下降 11.96%，N_1P 下降 13.84%，N_1PK 与初始土壤相比增加 5.21%，CK 处理速效钾增加 0.44%。低量有机肥区各处理（除 M_1N_1PK 外，17.65%）尽管都处于增加趋势，但增加幅度普遍不高，增加幅度在 0.07%~4.36%。高量有机肥区各

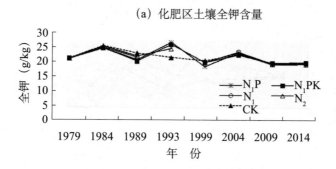

(a) 化肥区土壤全钾含量

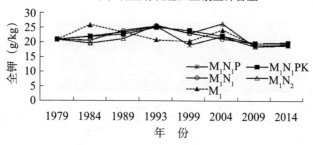

(b) 低量有机肥区土壤全钾含量

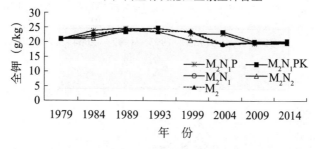

(c) 高量有机肥区土壤全钾含量

图8-7 长期不同施肥土壤全钾含量的变化

处理速效钾含量均上升，增加幅度都在10%以上。其中以 M_2N_1PK 处理的上升幅度最大，为30.10%。可见随着有机肥用量的增加，土壤速效钾含量增加显著；而有机肥用量较低时，对提高土壤速效钾含量的作用不明显。

以2009年为例，不同施肥条件下速效钾含量的大体变化范围为 67.4～109.7mg/kg，平均为87.7mg/kg。单施化肥和不施肥各处理土壤速效钾含量差异显著，速效钾含量的变化范围为67.4～97.4mg/kg，平均81.4mg/kg；N_1PK 处理略低于1979年的初始土壤，但差异未达到显著水平；而 CK、N_1 和 N_1P 处理的速效钾含量均比初始土壤显著降低，分别降低10.7%、19.0%和31.2%。在施用有机肥的各处理中，单施有机肥的处理与初始土壤相比速效钾含量的大小顺序为 M_2（101.0mg/kg）>初始土壤（97.9mg/kg）>M_1（75.5mg/kg），M_2 与初始土壤差异不显著。有机肥与化肥配施的各处理均高于与之对应的单施化肥处理，即 $M_2N_1PK > N_1PK$，$M_2N_1 > N_1$，$M_2N_1P > N_1P$，且差异显著。

3. 缓效钾含量的变化

从图8-9可以看出，2009年各处理的缓效钾含量范围为650.9～765.9mg/kg，平

173

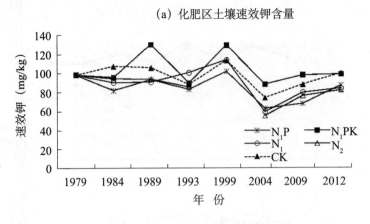

(a) 化肥区土壤速效钾含量

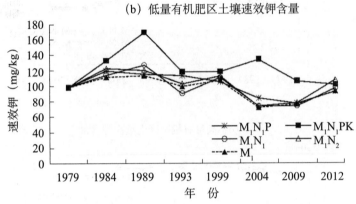

(b) 低量有机肥区土壤速效钾含量

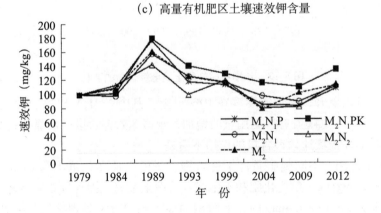

(c) 高量有机肥区土壤速效钾含量

图 8-8　长期不同施肥土壤速效钾含量的变化

均为 703.1mg/kg。在单施化肥和不施肥处理中，缓效钾含量的范围为 650.9 ~ 700.0mg/kg，其中，N_1PK 处理的缓效钾含量高于 CK、N_1 和 N_1P 处理，且差异显著；与 1979 年初始土壤相比，以上 4 个处理均降低。

在施有机肥的处理中，各处理之间缓效钾含量差异显著，大小顺序为 M_2N_1PK（765.9mg/kg）＞M_2（750.0mg/kg）＞M_2N_1（728.4mg/kg）＞M_2N_1P（712.4mg/kg）＞M_1（701.4mg/kg）；与 1979 年初的始土壤相比，M_2N_1PK 和 M_2 缓效钾含量均提高，但 M_2 与初始土壤的差异未达显著水平，其他处理均降低。

土壤缓效钾含量与全钾、速效钾含量的趋势基本一致，有机肥与化肥配施的处理（M_2N_1PK、M_2N_1P、和 M_2N_1）显著高于单施化肥处理（N_1PK、N_1P 和 N_1），分别高出 12.63%、7.47% 和 10.85%。

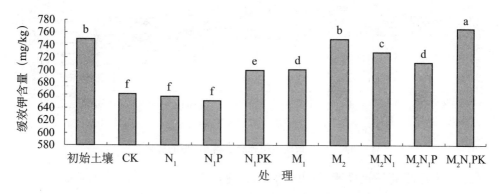

图 8-9 长期不同施肥耕层土壤缓效钾含量的变化（2009 年）

三、长期不同施肥棕壤 pH 值、CEC 值、容重及生物活性的变化

（一）土壤 pH 值的变化

长期不同施肥处理不同年份耕层土壤 pH 值的变化规律如图 8-10 所示。连续 33 年不同施肥后，各处理土壤 pH 值的大小顺序为：N_2、$N_1 < N_1PK$、$N_1P < CK <$ 低量有机肥配施化肥、高量有机肥配施化肥 $< M_1$、M_2。其中，施化肥的各处理土壤 pH 值均有所下降，且单施高量氮肥处理（N_2）的土壤 pH 值下降幅度最大，下降了 0.71，低氮处理下降了 0.49。CK 处理 pH 值略有下降，与初始土壤相差不大，仅降低了 0.08，降低幅度低于施用化肥的其他处理。M_2 处理土壤 pH 值升高了 0.40；有机肥配施化肥处理的土壤 pH 值尽管也有所降低，但经过 33 年长期施肥，降低幅度很小，基本在 0.02～0.25 个单位，其 pH 值保持相对稳定的状态。

氮的输入是加速农田土壤酸化的重要因子，这主要与氮循环过程中产生大量的酸有关，如 NH_4^+ 的硝化作用、NO_3^- 的积累和淋失等。施高量氮肥处理（N_2）土壤 pH 值大幅下降可能是由于施入的氮肥在脲酶等的作用下发生水解，生成不稳定的碳铵，碳铵先进行水解后硝化，而硝态氮不能很快被作物全部利用时会在土壤中积累或淋失，进而导致土壤酸化。CK 处理土壤 pH 值的下降，可能是由于被淋失或者被作物吸收的盐基离子长期得不到补充也会导致土壤离子的不平衡，从而导致土壤 pH 值略有下降。单施有机肥处理土壤 pH 值升高可能是由于有机肥一般都含有较丰富的钾、钠、钙、镁等营养元素，它可以补充给土壤大量的盐基离子，增加土壤的缓冲性能。有机肥配施化学氮肥处理土壤 pH 值开始呈下降趋势，但随着种植年限的增加，其 pH 值保持相对稳定不变。可能是由于有机肥的施入改善了土壤理化性状，增强了土壤的缓冲能力，进而减缓施氮肥后土壤的酸化强度，使 pH 值维持在一个相对稳定的水平。可见施用有机肥能提高或维持土壤酸度，防止土壤酸化的发生。

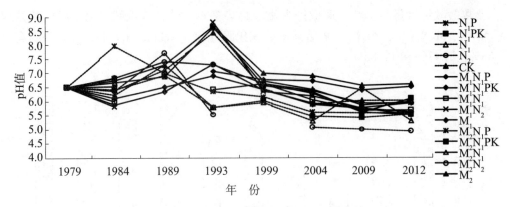

图 8-10 长期不同施肥土壤 pH 值的变化

（二）土壤阳离子代换量（CEC 值）的变化

由图 8-11 可以看出，经过 33 年的长期定位施肥不同处理及区组间耕层土壤 CEC 值发生了明显变化。不施肥处理 2010 年耕层土壤的 CEC 值为 14.6cmol/kg，与初始土壤（1979 年，15.4cmol/kg）相比下降了 5.3%。单施化肥处理耕层土壤 CEC 值为 14.0cmol/kg，与初始土壤相比下降了 9.0%。低量有机肥配施化肥和高量有机肥配施化肥两个区组的土壤 CEC 值分别为 15.2cmol/kg 和 15.6cmol/kg，与初始土壤相比基本没有变化。可见随着种植年限的增加，不施肥及单施化肥都会明显降低耕层土壤的 CEC 值，影响养分在土壤中的保存；而有机肥和化肥配施可以很好地维持土壤 CEC 值，提高土壤保肥能力。

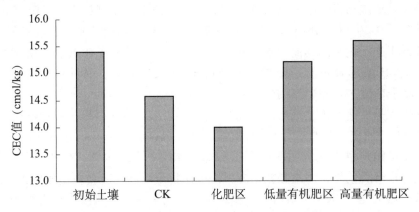

图 8-11 长期不同施肥土壤 CEC 值的变化（2010 年）

（三）土壤容重的变化

图 8-12 显示，2004 年种植大豆期间，土壤容重为 1.14~1.20g/cm³，不同处理间差异不大。2008 年种植玉米时，土壤容重为 1.23~1.43g/cm³，不同处理间差异较大，不施肥和单施化肥处理的土壤容重较大，分别为 1.43g/cm³ 和 1.40g/cm³，低量有机肥配施化肥及高量有机肥配施化肥两个区组容重较低，分别为 1.27g/cm³ 和 1.23g/cm³，较为适合作物生长。

（四）土壤酶活性的变化

针对土壤酶活性，于 2009 年选取了长期定位试验中的 6 个处理进行不同生育时期

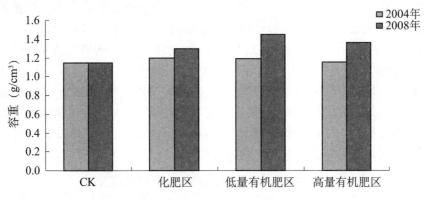

图 8－12　长期不同施肥土壤容重的变化

的测定。从玉米生育期脲酶活性的变化（表 8－3）可以看出，各处理酶活性均在拔节期达到最大值，之后逐渐降低。收获后 CK、N_1 处理的脲酶活性略低于播前水平，分别低 1.3%、22.6%；N_1P 处理比播前增加 33.5%；M_2、M_2N、M_2NP 处理比播前有大幅增加，增幅分别达到 108.1%、92.5%、134.4%。说明增施有机肥能显著提高土壤脲酶活性。不同时期化肥区各处理中，脲酶活性表现为 $N_1 < N_1P < CK$，N_1 处理的脲酶活性均为最低，与对照比降低了 6.9%～37.7%，说明长期单施氮肥造成土壤肥力结构不均衡，在一定程度上会抑制土壤脲酶活性；氮磷配施后脲酶活性得到恢复，与 CK 处理水平相当，说明磷肥能改善和促进脲酶活性，补偿氮肥对其的削弱；有机肥配施化肥处理的脲酶活性显著升高，M_2、M_2N、M_2NP 处理的脲酶活性总量分别比 CK 提高了164.8%、165.0%、165.8%，说明合理施肥对提高脲酶活性有显著影响。从整个玉米生育时期的脲酶活性来看，为 $M_2NP > M_2N > M_2 > CK > N_1P > N_1$。张小磊等（2007）研究认为，氮肥与有机肥合理配施可以消除单施氮肥对脲酶的抑制作用，与本试验的结果一致。

表 8－3　长期不同施肥土壤脲酶活性的变化　（单位：$NH_3- N$ mg/kg 土）

处　理	玉米不同生育时期土壤脲酶活性				
	播前	拔节期	大喇叭口期	灌浆期	收获后
CK	870c	1 080c	898d	718c	858e
N_1	691d	751d	83.6e	520d	535f
N_1P	718d	1 031c	808e	712c	958d
M_2	1 325a	2 940b	2 428b	2 267a	2 756b
M_2N_1	1 336a	3 121a	2 512a	2 183b	2 571c
M_2N_1P	1 262b	3 083a	2 310c	2 144b	2 958a

注：同列数据后不同字母表示处理间差异达5%显著水平

土壤转化酶能促进蔗糖水解生成葡萄糖和果糖，对增加土壤中易溶性物质起着重要作用（杨朝辉等，2007），它不仅能够表征土壤生物学活性强度，也可以作为评价土壤熟化程度和土壤肥力的指标。研究表明，一般情况下，土壤肥力越高，转化酶活性越强。比较玉米不同生育时期的转化酶活性（表 8－4）可知，各处理酶活性在拔节期和灌浆期较高，这与王聪翔等人的研究结果相同（王聪翔等，2005），各处理拔节期转化酶活性比施肥前高约 59.0% ~110.0%。大喇叭口期与收获期转化酶活性较低，但仍高于施肥前，说明施肥及种植作物有助于转化酶活性的提高。不同生育时期 N_1 处理的转化酶活性较 CK 低，且差异显著，这与张小磊、柳燕兰等人的研究结果一致。其他各处理转化酶活性均高于 CK，以 M_2N_1P 处理最高。分析生育期内酶活性的总量，为 $M_2N_1P>M_2N_1>M_2>N_1P>CK>N_1$，$M_2$、$M_2N_1$、$M_2N_1P$ 处理的转化酶活性总量分别比 CK 提高 20.2%、20.5%、28.4%，说明化肥与有机肥长期配合施用能增强土壤的转化酶活性。在其他施肥条件一致的情况下，氮磷配施处理的土壤转化酶活性均高于单施氮肥处理，说明增施磷肥有助于转化酶活性的增强。

表 8 – 4　长期不同施肥土壤转化酶活性的变化

[单位：（0.1mol/L Na$_2$S$_2$O$_3$）mL/g 土]

处　理	玉米不同生育时期土壤转化酶活性				
	播前	拔节期	大喇叭口期	灌浆期	收获后
CK	2.6b	4.1d	3.5c	4.2c	3.2d
N_1	1.9c	3.5e	3.0d	4.0c	2.7e
N_1P	2.6b	4.2d	4.0b	4.8b	4.0c
M_2	2.6b	4.7c	4.4a	5.6a	4.0c
M_2N_1	2.5b	5.3b	4.4a	4.8b	4.3b
M_2N_1P	3.0a	5.4a	4.3a	5.5a	4.4a

注：同列数据后不同字母表示处理间差异达 5% 显著水平

表 8 – 5 结果表明，不同施肥处理酸性磷酸酶在玉米拔节期、大喇叭口期及灌浆期活性均较高，之后大幅降低。收获后土壤酸性磷酸酶活性比播前下降了 12% ~38%。整个生育期内各处理酸性磷酸酶活性总量表现为 $M_2<M_2N_1P<M_2N_1<N_1P<CK<N_1$，在同样化肥水平的基础上增施有机肥会在一定程度上抑制酸性磷酸酶活性，在施化肥的各处理中 N_1P 的酸性磷酸酶活性最低。有研究表明，土壤中无机磷增加是磷酸酶活性减弱的一个原因（孙瑞莲等，2003）。在有机肥和化肥配施处理中，M_2N_1P 在多数时候酸性磷酸酶活性高于 M_2 处理且达到显著水平，但低于 M_2N_1 处理，说明有机肥和化肥均衡配施更有利于提高酸性磷酸酶活性。从时间尺度上看，棕壤酸性磷酸酶活性在玉米生育前期（播种至拔节期）有一个明显的提高（16% ~58%）；大喇叭口期至灌浆期土壤酸性磷酸酶活性较高，收获后各处理酶活性水平相当，且比播前降低约 12% ~38%。

表 8 – 5　长期不同施肥土壤酸性磷酸酶活性的变化　（单位：mg 酚/kg 土）

处　理	玉米不同生育时期土壤酸性磷酸酶活性				
	播前	拔节期	大喇叭口期	灌浆期	收获后
CK	1 232b	1 456c	1 874a	1 645c	844ab
N_1	1 407a	1 632a	1 821a	1 722b	878a
N_1P	981d	1 550b	1 742b	1 852a	860a
M_2	9 67d	1 414c	1 598c	1 442e	805b

（续表）

处 理	玉米不同生育时期土壤酸性磷酸酶活性				
	播前	拔节期	大喇叭口期	灌浆期	收获后
M_2N_1	1 172b	1 501bc	1 710b	1 465de	860a
M_2N_1P	1 082c	1 538b	1 595c	1 514d	862a

注：同列数据后不同字母表示处理间差异达5%显著水平

四、长期不同施肥棕壤中量元素含量的演变规律

（一）全钙含量的变化

由图 8 – 13 可以看出，1979—2009 年，土壤中全钙的含量随种植年限的增加发生了明显的变化。总体上看，各年限土壤全钙含量表现为有机肥区 > 单施化肥区 > 无肥处理，不同处理全钙含量的变化趋势有所差异。各处理全钙含量从试验前（1979 年）到 1993 年均呈上升趋势，增加幅度为 0.56 ~ 1.43g/kg，年递增率为 0.67% ~ 1.71%，其中，CK 处理增加幅度最小，M_2N_1 处理增加幅度最大；1993—2009 年，CK、N_1P、N_1PK、M_2N_1PK 和 M_2N_1 处理全钙含量呈下降趋势，下降幅度最大的为 CK 处理，降幅为 0.61g/kg，N_1、M_2N_1P 和 M_2 处理则呈上升趋势，其中 M_2 处理的增加幅度最大，为 0.37g/kg。

总体来说，经过 31 年的长期施肥，到 2009 年各处理的全钙含量都有一定程度的增加，施有机肥的处理增加最为明显，各个处理间差异不太明显，这说明在长期施肥条件下，影响土壤全钙含量的因素不是单一的，如植物的种类、天气变化和人为因素的影响等。连续施用农家肥，土壤中的钙含量会降低，而长期施用过磷酸钙能显著提高土壤中的含钙量，长期施用氮肥和钾肥可减少土壤中的钙含量。

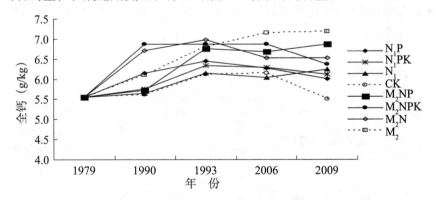

图 8 – 13 长期不同施肥对土壤全钙含量的影响

表 8 – 6 显示，与对照相比，长期施肥，土壤水溶态钙、可氧化态钙和残渣态钙含量都有所增加；施有机肥的处理弱酸溶态钙和可还原态钙平均含量分别比对照高19.75% 和 13.41%，而施化肥处理二者的平均含量稍低于对照，可能是由于有机肥的施入带入了一定量的钙，而其他形态的钙易转化为弱酸溶态钙和可还原态钙。许仙菊等（2004）指出，随着外界条件的变化土壤中钙的形态会发生改变。

表8-6　长期不同施肥耕层土壤各形态钙的含量　　　　（单位：mg/kg）

处　理	水溶态钙	弱酸溶态钙	可还原态钙	可氧化态钙	残渣态钙
N_1P	0.07cd	0.85a	1.91a	0.18a	2.09b
N_1PK	0.08cd	0.98a	1.98a	0.14a	2.45ab
N_1	0.06d	0.87a	1.91a	0.17a	2.49ab
CK	0.05d	0.92a	2.02a	0.16a	2.01b
M_2N_1P	0.09bcd	1.14a	2.17a	0.16a	2.20b
M_2N_1PK	0.12b	1.13a	2.25a	0.21a	2.49ab
M_2N_1	0.20a	1.06a	2.33a	0.20a	2.14b
M_2	0.10bc	1.09a	2.43a	0.20a	3.31a

注：同列数据后不同字母表示处理间差异达5%显著水平

（二）全镁含量的变化

与土壤全钙相似，全镁含量也受各种因素的制约，如成土母质、母质中晶格镁和层间镁的释放和淋溶程度、风化程度、气候、植被覆盖以及利用方式等（黄鸿翔等，2000）。因此，在多个因素的共同影响下，不同处理的土壤全镁含量随年限的增加可能会出现较大差异。由图8-14可以看出，1979—2009年，随种植年限的增加，各处理中土壤全镁含量均有所变化。总体上看，CK处理1979—2006年土壤全镁含量变化不明显，到2009年含量减少；单施化肥的处理中，N_1P和N_1PK处理1979—2006年全镁含量呈上升趋势，到2009年稍有降低，N_1处理的变化不明显；施有机肥的处理，M_2N_1和M_2的土壤全镁含量随种植年限的增加呈上升趋势，而M_2N_1P和M_2N_1PK处理到2009年则稍有下降。各年份土壤全镁含量大致表现为有机肥区＞单施化肥区＞无肥处理。

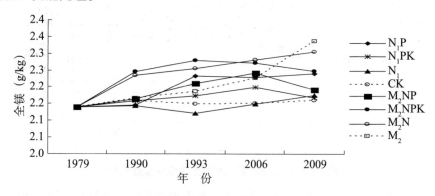

图8-14　长期不同施肥对土壤全镁含量的影响

从表8-7可以看出，单施化肥处理的土壤水溶态镁、弱酸溶态镁、可还原态镁、可氧化态镁和残渣态镁的平均含量分别为0.015g/kg、0.129g/kg、0.121g/kg、0.250g/kg和1.543g/kg；施有机肥处理的各形态镁含量分别为0.027g/kg、0.178g/kg、0.168g/kg、0.316g/kg和1.619g/kg，可见施有机肥能不同程度地提高各形态镁的含量。与对照相比，单施化肥处理的水溶态镁、弱酸溶态镁和可氧化态镁含量都有所增加但不显著，可还原态镁和残渣态镁含量则有所减少；有机肥处理除残渣态镁含量有所减少外，其他形态的镁含量均高于对照。

表 8-7　长期不同施肥耕层土壤各形态镁的含量（2009 年）　（单位：mg/kg）

处　理	水溶态钙	弱酸溶态钙	可还原态钙	可氧化态钙	残渣态钙
N_1P	0.016cd	0.111c	0.109c	0.260a	1.421a
N_1PK	0.017cd	0.139bc	0.121bc	0.234a	1.585a
N_1	0.013d	0.136c	0.132abc	0.256a	1.624a
CK	0.013d	0.119c	0.144abc	0.237a	1.649a
M_2N_1P	0.022ab	0.174ab	0.142abc	0.271a	1.485a
M_2N_1PK	0.029ab	0.179a	0.160abc	0.348a	1.387a
M_2N_1	0.033a	0.183ab	0.182ab	0.321a	1.830a
M_2	0.024bc	0.176ab	0.189a	0.324a	1.775a

注：同列数据后不同字母表示处理间差异达 5% 显著水平

五、作物产量对长期施肥的响应

（一）长期不同施肥对玉米产量的影响

由图 8-15 可知，不同年份间玉米的产量差异较大，这主要受降水、气候、品种等因素的影响。1982—1993 年各处理玉米产量呈缓慢上升趋势；1993—1997 年产量略有波动，总体上趋向于稳定；1997—2007 年产量上升幅度加快；此后基本趋向于稳定（个别年份降低）。尽管不同年份间差异较大，但不同处理的规律相似。不施肥处理（CK）平均产量为 4 630kg/hm^2，在所有处理中最低。单施化肥区中平均产量 N_1 处理为 6 594kg/hm^2，N_2 处理为 7 123kg/hm^2，N_1P 处理为 7 986kg/hm^2，N_1PK 处理为 8 441kg/hm^2。随着施氮量的增加，玉米产量增加，但其效果远远小于氮磷配施和氮磷钾配施。低量有机肥配施化肥区中 M_1 处理的平均产量为 8 228kg/hm^2，M_1N_1 处理为 9 329kg/hm^2，M_1N_2 处理为 9 216kg/hm^2，M_1N_1P 处理为 9 663kg/hm^2，M_1N_1PK 处理为 9 727kg/hm^2。高量有机肥配施化肥区中 M_2 处理的平均产量为 9 185kg/hm^2，M_2N_1 处理为 9 831kg/hm^2，M_2N_2 处理为 10 043kg/hm^2，M_2N_1P 处理为 9 531kg/hm^2，M_2N_1PK 处理为 10 099kg/hm^2。在所有处理中，产量最高的为高量有机肥配施氮磷钾肥处理（M_2N_1PK），其平均产量比不施肥处理高 181.1%，比氮磷钾处理高 19.4%。有机肥配施化肥，各处理的产量平均值都在 9 200kg/hm^2 以上；而单施有机肥，无论是低量还是高量，效果都不如有机肥和化肥配施。不施有机肥的玉米产量均在 8 500kg/hm^2 以下，说明施入的养分种类越多，产量提高越明显。单施低量有机肥处理产量低于氮磷钾配施，说明有机肥用量较低时，增产效果不如多种化肥配施。

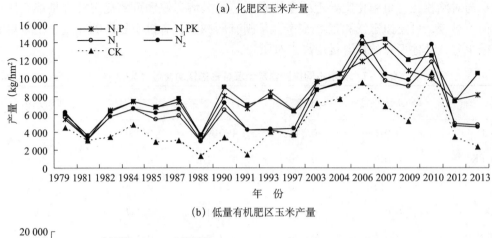

(a) 化肥区玉米产量

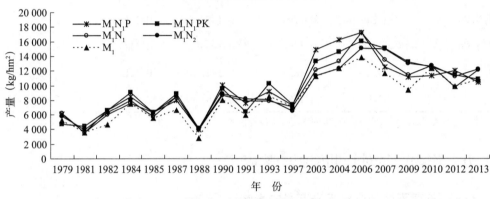

(b) 低量有机肥区玉米产量

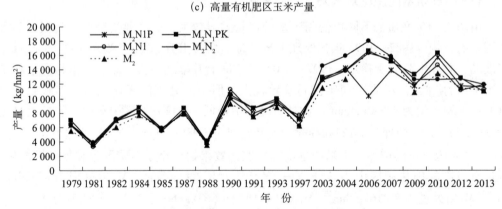

(c) 高量有机肥区玉米产量

图 8-15　长期不同施肥玉米产量的变化

（二）长期不同施肥对大豆产量的影响

由图 8-16 以看出，不同年份间大豆产量差异也较大。1980—1989 年大豆产量缓慢上升；1989—2011 年大豆产量迅速增加；2008 年由于在大豆苗期遭受了严重虫害，尽管采取了一定补救措施，但产量受到的较大影响，因此 2008 年大豆产量处于较低水平。尽管不同年份间差异较大，但对比不同处理可得到相似的规律。不施肥处理（CK）的大豆平均产量为 1 855kg/hm²，在所有处理中产量最低。单施化肥处理中 N₁ 处理平均产量为 2 490kg/hm²，N₂ 处理为 2 570kg/hm²，N₁P 处理为 2 679kg/hm²，N₁PK 处理为 2 946kg/hm²。随着施氮量的增加，大豆产量没有明显变化。而采用氮磷配施和氮磷钾配施对提高大豆产量有明显的效果。低量有机肥配施化肥区处理中 M_1 处理的平均产量为 2 943kg/hm²，M_1N_1 处理为 3 168kg/hm²，M_1N_2 处理为 3 460kg/hm²，M_1N_1P 处理为 3 121kg/hm²，M_1N_1PK 处理为 3 268kg/hm²。高量有机肥配施化肥处理中 M_2 处理的平均产量为 3 270kg/hm²，M_2N_1 处理为 3 278kg/hm²，M_2N_2 处理为 3 479kg/hm²，M_2N_1P 处理为 3 227kg/hm²，M_2N_1PK 处理为 3 337kg/hm²。在施用有机肥的前提下，增施各种化肥对提高大豆产量的作用不明显，低量有机肥配施化肥及高量有机肥配施化肥处理中，各处理的平均产量在 3 121 ~ 3 479kg/hm²，差异不显著。

（a）化肥区大豆产量

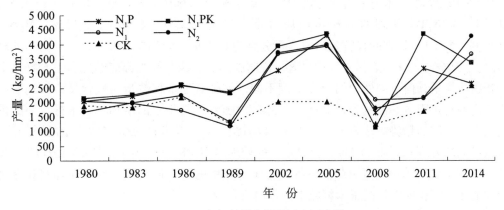

（b）低量有机肥区大豆产量

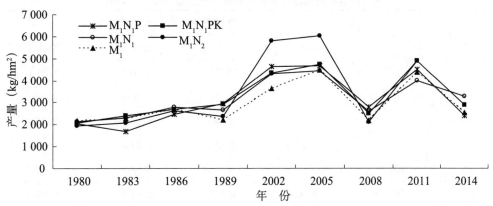

（c）高量有机肥区大豆产量

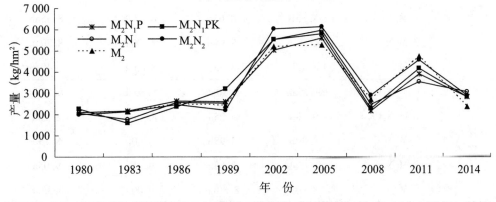

图 8 – 16　长期不同施肥大豆产量的变化

（三）长期不同施肥对作物品质的影响

1. 玉米籽粒蛋白质含量的变化

由表 8-8 可以看出，随着氮肥用量的增加，玉米籽粒蛋白质的含量也相应增加，从比较各不同施肥处理可以看出，在有机肥施用量一定的情况下化肥氮肥施用量多的处理玉米籽粒中蛋白质含量高；在化学氮肥用量一定的情况下，有机肥施用量多的处理玉米籽粒中蛋白质含量高；有机肥与化肥配施，蛋白质含量比单施化肥或单施有机肥处理的高，且有机无肥与化肥配施与单施化肥的相应处理比较差异均显著。N_1、N_1P、N_1PK 处理玉米籽粒中的蛋白质含量分别为 8.60%、8.65%、8.75%；M_1N_1、M_1N_1P、M_1N_1PK 处理的籽粒蛋白质含量分别为 8.85%、8.90%、9.95%；M_2N_1、M_2N_1P、M_2N_1PK 处理的籽粒蛋白质含量分别为 8.80%、9.15%、9.35%，均高于处理 CK 的 7.59%，与 CK 之间差异性显著。说明施用氮、磷、钾肥都能够提高玉米籽粒中的蛋白质含量，但不同处理的提高幅度不同，施肥对玉米籽粒蛋白质含量的影响顺序为：高量有机肥区＞低量有机肥区＞化肥区。随着施肥年限的增加，玉米籽粒中的蛋白质含量呈增加趋势。从表 8-8 中还可以看出，4 年玉米籽粒蛋白质含量的平均值，含量最低的处理 CK 为 7.59%，含量最高的处理 M_2N_2PK 为 9.10%，是 CK 处理的 1.20 倍。$N_2 > N_1$ 说明施用高量氮肥能够提高玉米籽粒中的蛋白质含量。施氮磷钾肥和有机肥均能在一定程度上提高玉米籽粒中的蛋白质含量。

表 8-8　长期不同施肥对玉米籽粒蛋白质含量的影响（2007 年）　　（单位：%）

施肥区	处理	各年份玉米籽粒蛋白质含量			
		2007 年	2006 年	2004 年	2003 年
化肥区	N_1P	8.65b	8.65c	8.70ab	8.55ab
	N_1PK	8.70b	8.70c	8.85a	8.85a
	N_1	8.60b	8.40c	8.50ab	8.35b
	N_2	8.85ab	8.85bc	8.85ab	8.75ab
	CK	8.15c	7.85d	7.40c	6.95c
低量有机肥区	M_1N_1P	8.90ab	8.85bc	8.85ab	8.55ab
	M_1N_1PK	8.95ab	9.05ab	9.05ab	8.60ab
	M_1N_1	8.85b	8.65c	8.75ab	8.35ab
	M_1N_2	8.95ab	8.95b	9.00a	8.70ab
	M_1	8.75b	8.55c	8.65ab	8.40ab
高量有机肥区	M_2N_1P	9.15ab	9.10ab	8.80ab	8.55ab
	M_2N_1PK	9.30a	9.25a	8.95ab	8.90a
	M_2N_1	8.80b	8.95b	8.60b	8.15b
	M_2N_2	9.15ab	8.55c	9.15a	9.05a
	M_2	8.80b	8.80bc	9.00a	8.35ab

注：同列数据后不同字母表示处理间差异达 5% 显著水平

2. 大豆籽粒蛋白质含量的变化

表8-9显示，随着氮肥用量的增加，大豆籽粒蛋白质含量也相应增加，在有机肥施用量一定的情况下，化学氮肥施用量多的处理大豆籽粒中的蛋白质含量高；在化学氮肥用量一定的情况下，有机肥施用量多的处理大豆籽粒中的蛋白质含量高；有机肥和化肥配施处理的大豆籽粒蛋白质含量比单施化肥或单施有机肥处理的高，且有机肥和化肥配施与单施化肥的相应处理差异均显著。化肥处理中的 N_1、N_2 籽粒蛋白质含量均高于 CK 处理，且差异显著，但 N_1、N_2 处理的差异不显著，说明氮肥能够显著提高大豆籽粒中蛋白质含量；N_1P、N_1PK 处理的蛋白质含量也高于 CK，但三者之间的差异不显著。施低量有机肥和高量有机肥的处理籽粒蛋白质的含量变化与施化肥处理基本一致。因此可以看出各施肥区中最高值均出现在含 N_2 的处理中，说明氮素是影响蛋白质的首要因素。

表8-9 长期不同施肥对大豆籽粒蛋白质含量 （单位:%）

施肥区	处理	2005 年			2002 年		
		蛋白质含量（%）	差异显著性 $F_{0.05}$	差异显著性 $F_{0.01}$	蛋白质含量（%）	差异显著性 $F_{0.05}$	差异显著性 $F_{0.01}$
化肥区	N_1P	43.20	b	AB	42.70	d	C
	N_1PK	43.60	bc	C	42.75	d	C
	N_1	43.05	bc	BC	42.55	d	C
	N_2	43.45	ab	AB	42.85	d	C
	CK	42.85	c	BC	41.75	e	C
低量有机肥区	M_1N_1P	43.40	ab	AB	45.75	ab	A
	M_1N_1PK	43.65	a	A	45.95	a	A
	M_1N_1	43.10	bc	B	45.15	b	AB
	M_1N_2	43.25	b	AB	44.80	b	AB
	M_1	42.95	b	BC	44.35	c	B
高量有机肥区	M_2N_1P	43.50	bc	C	45.70	ab	A
	M_2N_1PK	43.65	a	A	45.70	ab	A
	M_2N_1	43.30	ab	AB	45.70	ab	A
	M_2N_2	43.75	a	A	45.95	a	A
	M_2	43.00	ab	AB	45.35	ab	AB

3. 玉米籽粒淀粉含量的变化

由表8-10可以看出，CK 处理中淀粉含量最低，而且其含量在逐年降低，由于长期不施用任何肥料，土壤中的养分含量在逐年下降，导致作物不能够吸收充足的养分，因此 CK 处理中玉米淀粉的含量逐年降低，且是各个处理中含量最低的，施化肥的处理之间的差异性不显著，但是与 CK 之间的差异均显著，说明施氮磷钾肥能够提高玉米籽粒中的淀粉含量。施有机肥的各处理玉米淀粉含量较 CK 均有不同程度的提高，M_1、M_2 处理的淀粉含量为 71.65%，71.75%，分别为 CK 的 1.02 倍和 1.03 倍，且差异显著，说明有机肥单施和有机肥与化肥配合施用均能够增加玉米籽粒中的淀粉含量。不同年份各处理之间的玉米淀粉含量不尽相同，说明不同的品种之间，玉米籽粒中的淀粉含量差异较大。

表 8 - 10　长期不同施肥对玉米籽粒淀粉含量的影响

施肥区	处理	淀粉含量（%）			
		2007 年	2006 年	2004 年	2003 年
化肥区	N_1P	72.45b	69.25b	69.30d	68.30d
	N_1PK	72.7ab	69.85a	70.10bc	69.50c
	N_1	72.35bc	69.35ab	68.30ef	68.25d
	N_2	72.55ab	69.60ab	69.85c	69.70bc
	CK	69.95e	68.25c	68.15f	68.15d
低量有机肥区	M_1N_1P	72.35bc	69.40ab	69.45d	69.50c
	M_1N_1PK	72.85a	69.45ab	69.80c	69.70bc
	M_1N_1	72.2bc	68.55c	69.40d	69.30c
	M_1N_2	72.45b	69.50ab	70.25b	70.00b
	M_1	71.65d	68.40c	68.45e	69.15c
高量有机肥区	M_2N_1P	72.15bc	69.15b	70.10bc	69.75bc
	M_2N_1PK	72.6ab	69.55ab	71.25a	70.95a
	M_2N_1	72.1c	69.05bc	69.40d	69.55c
	M_2N_2	72.4b	69.50ab	70.35b	70.05b
	M_2	71.75d	68.40c	69.35d	69.20c

注：同列数据后不同字母表示处理间差异达 5% 显著水平

4. 玉米籽粒中 8 种必需氨基酸含量的变化

由表 8 - 11 可以看出，各施肥处理必需氨基酸含量的顺序为：缬氨酸 > 苏氨酸 > 亮氨酸 > 苯丙氨酸 > 甲硫氨酸 > 异亮氨酸 > 赖氨酸 > 蛋氨酸。不同施肥处理对蛋氨酸、缬氨酸、苏氨酸、亮氨酸含量的影响差异明显；对苯丙氨酸、甲硫氨酸、异亮氨酸、赖氨酸含量影响差异不显著。施有机肥的各处理 8 种必需氨基酸含量呈现普遍高于化肥处理的趋势。

表 8 - 11　长期不同施肥对玉米籽粒 8 种必需氨基酸含量的影响（2006 年）

（单位：mg/kg）

处理	苏氨酸	缬氨酸	甲硫氨酸	异亮氨酸	亮氨酸	苯丙氨酸	赖氨酸	蛋氨酸
N_1P	5.53	18.77	2.61	2.48	2.24	4.17	2.29	1.04
N_1PK	5.21	17.98	2.47	1.58	5.01	2.53	1.61	1.43
N_1	6.09	22.31	3.06	2.46	7.29	4.06	1.95	2.09
CK	4.67	15.68	2.80	2.20	5.42	3.12	1.89	2.17

（续表）

处　理	苏氨酸	缬氨酸	甲硫氨酸	异亮氨酸	亮氨酸	苯丙氨酸	赖氨酸	蛋氨酸
M_1N_1P	4.86	17.61	2.10	1.88	6.05	3.57	2.11	1.38
M_1N_1PK	5.31	2.39	1.82	6.56	2.92	2.03	1.11	1.90
M_1N_1	3.96	15.08	2.26	2.02	6.14	3.25	1.61	0.92
M_1	4.78	20.92	2.95	2.13	6.67	3.71	1.29	1.36
M_2N_1P	4.79	2.29	2.46	7.55	3.61	2.35	4.69	3.51
M_2N_1PK	5.02	13.98	2.13	2.13	6.71	3.58	1.80	2.01
M_2N_1	4.40	9.97	2.19	1.86	7.63	3.35	3.78	4.19
M_2	4.00	9.71	1.75	1.66	6.42	3.04	3.85	3.31

六、基于土壤肥力演变的主要培肥技术

（一）长期有机物料投入可显著提高土壤有机质

目前全国土壤肥力普遍降低，土壤有机质明显下降，导致土壤板结，产量降低，品质下降。辽宁省土壤主要以棕壤、褐土和草甸土为主，棕壤是辽宁省主要耕作土壤之一，面积约497.6万 hm^2，占全省土壤总面积的36.32%，种植作物主要为玉米、花生、大豆等。近年来随着盲目追求单产，大量施入化肥而轻视有机肥，导致土壤有机碳含量不断降低，土壤性质恶化。为保证农业可持续发展，提高土壤肥力。利用棕壤肥料长期定位试验结果，提出棕壤有机碳提升轻简技术。

以定位试验15个处理33年耕层土壤有机碳含量数据为依托，计算不同处理有机碳盈亏数量、年变化率等指标。长期有机物料投入能显著提高土壤有机质含量，棕壤连续33年耕作条件下，施用有机肥（M_1、M_2）及有机无机配合（M_1N_1PK，M_2N_1PK），土壤有机碳增加量分别达到1.68g/kg、3.37g/kg、1.90g/kg和3.69g/kg。由1979年的低肥力土壤（有机质含量15.9g/kg）到2012年均变为高肥力土壤（土壤有机质含量分别为18.8g/kg、21.7g/kg、19.3g/kg和22.3g/kg）。有机肥料对增加土壤有机质的效果好于化学肥料，施用有机肥或有机肥与化肥配合施用，是有效增加土壤有机质的重要措施。

（二）提升棕壤有机质的有机物料投入量

如图8-17所示，棕壤长期定位试验各处理有机碳增加量与其相应的碳投入量呈线性相关。由模拟的曲线方程可知，棕壤有机碳转化效率为0.8015t/（$hm^2 \cdot a$），即年投入1t/hm^2有机物料碳，其中0.8015t能进入土壤有机碳库。统计分析表明，要维持棕壤有机碳含量（即有机碳变化量为0t/hm^2），每年需要维持投入有机碳0.7715 t/（$hm^2 \cdot a$），除CK处理外，其余各处理碳投入量都大于维持量，即相当于每年常规施用氮肥的根茬等有机碳的投入量，不需要再增加有机肥投入，即可保持土壤碳平衡。而要提升土壤有机质含量10%，则每年每公顷需要投入含水量60%的鲜猪粪12t。

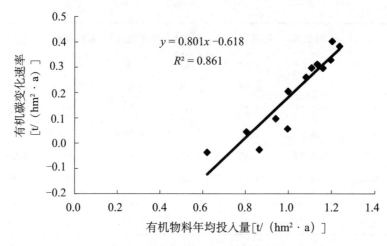

$$y = 0.801x - 0.618$$
$$R^2 = 0.861$$

图 8 − 17　有机物料年均投入量与有机碳变化速率的响应关系

七、主要结论

（1）长期有机肥的投入不仅能够培肥地力，改善土壤结构，更重要的是能够增大土壤作为"碳汇"的能力，并在弥补单独施用化肥的亏缺及维持氮库平衡方面起着重要作用。

（2）与 1979 年初始土壤相比，长期施肥土壤全氮、全磷库容有上升趋势，全钾变化不大。

（3）长期施肥可以提高耕层土壤有机氮各组分的含量，在不同施肥处理中基本是氨基酸态氮 >非酸解态氮 >酸解氨态氮 >酸解未知态氮 >氨基糖态氮。单施化肥处理，对耕层土壤有机氮的含量和组成没有明显影响；而有机无机肥配合施用，尤其是高量有机肥和化肥配施的作用最大，其中对氨基酸态氮的影响最为显著。

（4）长期定位施用化学磷肥、有机肥或有机肥与化肥配合施用均能提高土壤中全磷和速效磷的含量，但有机肥与化肥配合施用对土壤全磷和有效磷的提高最为明显。

与种植前的含量相比，施磷肥区和有机肥区各形态磷的含量都有不同程度的增加，以有机肥与化肥配施的处理增加最为明显。有机肥与化肥配合施用能显著提高土壤各形态磷的含量，从而有效地扩大了土壤磷库，不同施肥处理耕层土壤各形态磷均表现为：有机肥区 >化肥区 >CK，不施肥和单施氮肥处理的各形态无机磷的平均含量均比种植前有所减少，而各形态有机磷和残余态磷的平均含量高。

各施肥处理中无机磷主要以 NaOH-Pi 和 HCl-Pi 的形态存在，有机磷主要以 NaOH-Po 的形态存在。施磷肥和有机肥能提高土壤中的 $NaHCO_3$-Pi 比例，化肥的施入对土壤中 Res-P 的比例影响不大，有机肥和有机无机配施可明显降低土壤中 Res-P 的比例，从而增强土壤磷的有效性。各施肥处理土壤中 NaOH-Pi、HCl-Pi、NaOH-Po 的比例变化不大。

随着种植年限的增加，CK 和单施氮肥处理的 $NaHCO_3$-P 和 NaOH-P 含量的变化比较平缓，施磷化肥的处理 $NaHCO_3$-P 和 NaOH-P 的含量随着种植年限的增加而缓慢上升，施有机肥的处理 NaHCO3-Pi 和 NaOH-Pi 含量不断增加，而 $NaHCO_3$-Po 和 NaOH-Po 的含量呈先升高再降低再显著升高的变化趋势。HCl-Pi 和 Res-P 的的变化趋势较为复杂。

（5）长期单施化肥加剧了土壤的酸化进程；长期不施肥使得土壤贫瘠化，破坏了土壤的化学性质；一定量的有机肥或有机无机配施可以有效地控制土壤酸化，提高土壤化学性质的稳定性。

（6）长期不同施肥棕壤酶活性随玉米生育期的推进而有规律地变化。土壤脲酶、转化酶活性高峰出现在玉米拔节期，酸性磷酸酶活性高峰出现在玉米大喇叭口期；玉米收获后，土壤转化酶、脲酶均高于播前或与播前相当，而酸性磷酸酶活性则低于播前；在同样化肥水平上增施有机肥，能增加脲酶、转化酶活性，而降低酸性磷酸酶活性。

（7）1979—2009 年，各形态钙、镁随时间的变化趋势为：土壤水溶态钙、弱酸溶态钙、可还原态钙和可氧化态钙均呈上升趋势，残渣态钙则呈下降趋势；各形态镁与钙的变化趋势相同。

（8）长期有机肥与化肥配合施用可以显著提高玉米产量、改善品质；但对于提高大豆产量的效果不如玉米。

（9）长期施肥可通过改善植物营养和生长环境条件对其产品品质产生良好的影响。无论是单施有机肥或单施单质化肥或单质肥料的配合施用，还是有机无机配合施用，都能有效地提高玉米、大豆的品质。从提高的幅度看，其趋势为有机肥与化肥配施 >单施有机肥 >单质化肥配施 >单质化肥单施。

韩晓日、杨劲峰、李娜、王月

参考文献

［1］鲁如坤．2000．土壤农业化学分析方法［M］．北京：中国农业科学技术出版社．

［2］Buyanovsky G A，Wagner G H．1998．Changing role of cultivated land in the global carbon cycle［J］．*Biology and Fertility of Soils*，27：242 – 245．

［3］武天云．2003．黄土高原和北美大平原主要农业土壤的有机碳性质和动态对比研究［D］．兰州：兰州大学．

［4］彭新华．2003．不同恢复植被下土壤有机碳库对团聚体形成及其稳定性的影响［D］．中国科学院南京土壤研究所．

［5］王刚，王春燕，王文颖，等．2004．子午岭森林灰褐土保护有机碳的能力及各密度组分生化特征［J］．科学通报，49（24）：2 562 – 2 567．

［6］Zsolnay A．1996．Dissolved humus in soil waters［M］// Piccolo A（Ed.），Humic substances in terrestrial E cosystems．Amsterdam：Elsevier Science．171 – 224．

［7］韩晓日，陈恩凤，郭鹏程．1995．长期施肥对作物产量及土壤氮素肥力的影响［J］．土壤通报，26（6）：244 – 246．

［8］梁国庆，林葆，林继雄，等．2000．长期施肥对石灰性潮土氮素形态的影响［J］．植物营养与肥料学报，2000，6（1）：3 – 10．

［9］Bremner J M．1967．Nitrogenous compounds［M］// McLaren AD，Peterson G H，et al．，Soil Biochemistry．New York：Marcel Dekker，19 – 66．

［10］李菊梅，李生秀．2003．可矿化氮与各有机氮组分的关系［J］．植物营养与肥料学报，9（2）：158 – 164．

［11］沈其荣，史瑞和．1990．不同土壤有机氮的化学组分及其有效性的研究［J］．土壤通报，21

（2）：54 – 57.

［12］徐阳春，沈其荣，茆泽圣. 2002. 长期施用有机肥对土壤及不同粒级中酸解有机氮含量与分配的影响［J］. 中国农业科学，35（4）：403 – 409.

［13］Ivarson K C, Schnitzer M. 1979. The biodegradability of the "unknown" soil nitrogen［J］. *Canadian Journal of Soil Science*，59：59 – 67.

［14］王旭东，张一平，李祖荫. 1997. 有机磷在娄土中组成变异的研究［J］. 土壤肥料，（5）：16 – 18.

［15］刘小虎，邹德乙，康笑峰，等. 1999. 长期轮作施肥对棕壤有机磷组分及其动态变化的影响［J］. 土壤通报，30（4）：178 – 180.

［16］Hedley M J, Stewart J W B. 1982. Method to measure microbial phosphates in soils［J］. *Soil Biology and Biochemistry*，14：377 – 385.

［17］张小磊，安春华，马建华，等. 2007. 长期施肥对城市边缘区不同作物土壤酶活性的影响［J］. 土壤通报，38（4）：667 – 671.

［18］杨朝辉，韩晓日，刘岱松，等. 2007. 包膜复合肥料对盆栽大豆土壤酶活性的影响［J］. 安徽农业科学，35（18）：5 493 – 5 495.

［19］王聪翔，闻杰，孙文涛，等. 2005. 不同保护性耕作方式土壤酶动态变化的研究初报［J］. 辽宁农业科学，（6）：16 – 18.

［20］孙瑞莲，赵秉强，朱鲁生，等. 2003. 长期定位施肥对土壤酶活性的影响及其调控土壤肥力的作用［J］. 植物营养与肥料学报，9（4）：406 – 410.

［21］许仙菊，陈明昌，张强，等. 2004. 土壤与植物中钙营养的研究进展［J］. 山西农业科学，32（1）：33 – 38.

［22］黄鸿翔，陈福兴，徐明岗，等. 2000. 红壤地区土壤镁素状况及镁肥施用技术的研究［J］. 土壤肥料，（5）：19 – 23.

第九章　长期施肥均壤质褐潮土肥力演变

昌平潮土土壤肥力与肥料效应长期试验基地，其土壤属燕山山前交接洼地分布的均壤质褐潮土，同时也代表着地下水大幅度下降的潮土类型，在我国目前的潮土类型中有着广泛的代表性。这种类型的土壤，其发育过程受水的作用减弱，土壤有机质分解增强，但因基础肥力较高，在通气状况改善后，如果利用措施得当，更有利于培育成为高产土壤（沈善敏，1998）。

一、均壤质褐潮土长期施肥试验概况

褐潮土肥力长期定位监测试验开始于 1991 年。试验基地位于北京市昌平区境内（东经 116°15′，北纬 40°13′），地处南温带亚湿润大区，属海河流域（上游区），黄淮海区的燕山太行山山麓平原农业区，温榆河洪积冲积扇褐潮土粮区。成土母质为黄土性母质，属潮土土类，脱潮土亚类的粘身两合土土种，简称北京褐潮土。试验基地海拔 20m，年平均温度 11℃，≥10℃ 的积温 4 500℃，年降水量 600 mm，年蒸发量 2 301mm，无霜期 210d。灾害性天气主要是春旱和夏季暴雨。试验地基础土壤（1989 年）剖面性质见表 9 - 1，0 ~ 20cm 耕层土壤有机质含量 11.7g/kg，全氮 0.64g/kg，全磷 1.6g/kg，全钾 17.3g/kg，碱解氮 49.7mg/kg，有效磷 12mg/kg，速效钾 87.7mg/kg，pH 值 8.7。

表 9 - 1　土壤剖面特征

剖面深度（cm）	特　　征
0 ~ 20	土层呈褐色，壤土，根系多
20 ~ 52	土层呈浅褐色，壤土，根系多
52 ~ 80	土层褐黑色，黏壤土，有黄豆大小的粒状结构，质地较黏
<80	土层浅褐色，黏壤土，氧化还原交替，夏季有水，多锈斑

褐潮土肥力及肥料效应长期定位试验从 1991 年开始实行冬小麦—夏玉米顺序轮作制，冬小麦品种为 8693，夏玉米品种唐抗 5 号。原方案为 12 个处理 4 个重复，小区面积 100m²，由于小区面积小无法进行有效隔离，造成试验操作艰难，不利于长期进行，于1996 ~ 1997 年进行小区调整，1996 冬作休闲，1997 春作小麦施肥，1997 夏玉米未施肥，试验增至 13 个处理，小区面积改为 200m²，无重复。到 2005 年为第 15 个生长季。除 1997 年夏玉米未施肥外，化肥每季作物均施用，氮肥为尿素，磷肥为过磷酸钙，钾肥为氯化钾。有机肥分猪厩肥（M）和玉米秸秆（S）两种。化肥于小麦和玉米播种前一次性施入，厩肥和秸秆还田一年施 1 次，于小麦播种前做基肥。O 为不种植作物的撂荒地，CK 为种植作物不施肥对照处理，NPK + W 处理的灌水量为其他处理灌水量的

2/3，Nh + PK 为氮肥过量施用处理，所有处理的施肥情况及试验设计详见表 9 - 2。播种后每试验小区选取两个有代表性的样方进行作物生长发育调查和取样，小区单打单收，测定干生物量和籽粒重。

表 9 - 2　长期定位试验处理及施肥量　　　　　　　　　　（单位：kg/hm^2）

处 理	小麦季					玉米季		
	N	P_2O_5	K_2O	有机肥	秸秆	N	P_2O_5	K_2O
O	0	0	0	0	0	0	0	0
CK	0	0	0	0	0	0	0	0
N	150	0	0	0	0	150	0	0
NP	150	75	0	0	0	150	75	0
NK	150	0	45	0	0	150	0	45
PK	0	75	45	0	0	0	75	45
NPK	150	75	45	0	0	150	75	45
NPKM	150	75	45	22 500	0	150	75	45
1.5NPKM	150	75	45	33 750	0	150	75	45
NPKS	150	75	45	0	2 250	0	0	0
NPK + W	150	75	45	0	0	150	75	45
Nh + PK	225	75	45	0	0	225	75	45

二、长期施肥褐潮土有机质和氮、磷、钾的演变规律

（一）土壤有机质的演变规律

土壤有机质是土壤的重要组成部分，又是植物矿质营养和有机营养的源泉，同时也是表征土壤质量与肥力的重要因子，其含量高低与土壤肥力水平紧密相关（黄昌勇，2000）。由图 9 - 1 可知，褐潮土不同施肥条件下土壤有机质的变化程度不同，统计分析表明，随着试验年限的延长，Nh + PK 处理的土壤有机质处于持平状态，PK 和 NPK 处理呈上升趋势，其余处理均呈现显著上升趋势，各处理有机质年增加速率为 0.21~0.45g/kg，其中撂荒地和施用有机肥的处理年增加速率较高，O 为 0.39g/（kg·a）、NPKM 为 0.31g/（kg·a）、1.5NPKM 为 0.45g/（kg·a）。在进行长期定位监测试验前（1989 年）土壤有机质含量为的 11.7g/kg，经过 15 年不同的施肥措施与耕作管理后（2005 年），土壤有机质含量较高的处理为 O（17.6g/kg）、NPKM（16.6g/kg）、1.5NPKM（19.1g/kg）、NPKS（16.6g/kg）。1.5NPKM 处理的土壤有机质增幅最大为 55.2%（图 9 - 1b）；其次为撂荒地，增加幅度为 42.7%（图 9 - 1a）；NPKM 与 NPKS 处理次之，有机质含量分别增加 36.8% 和 36.7%。其余单施化肥处理的土壤有机质增加幅度较小，但所有处理的土壤有机质含量均没有下降。可见有机肥与化肥配合施用对于增加土壤有机质、提高土壤肥力具有非常重要的作用（宋永林，2007）。

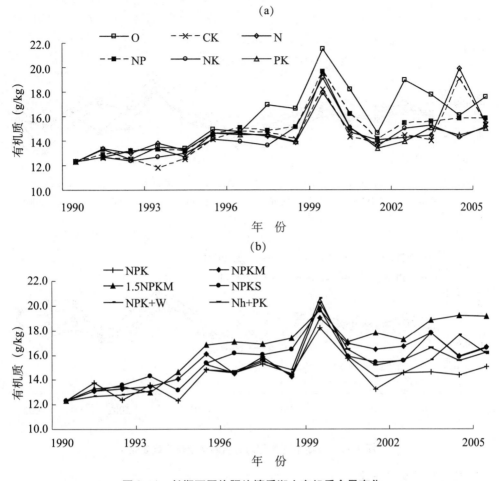

图 9 - 1　长期不同施肥均壤质潮土有机质含量变化

（二）土壤氮素的演变规律

1. 全氮的变化规律

氮素是植物营养三要素之一，作物对氮素的需求量较大。土壤全氮是表征土壤供氮能力的重要指标之一，也是影响农作物产量和品质的主要限制因子。褐潮土长期定位试验研究结果（图 9 - 2）表明，仅撂荒地和施用有机肥的处理全氮含量随施肥年限的增加呈上升趋势，其余处理呈持平或微弱下降趋势。另外，Nh + PK 处理的全氮含量呈显著上升趋势，原因可能是由于该处理的施氮量是其他施氮处理的 1.5 倍，且施用的氮肥是化学肥料。与有机质的变化规律一致，经过 15 年不同施肥处理后褐潮土全氮含量较高的处理有：O 为 0.85g/kg，NPKM 为 0.92g/kg，1.5NPKM 为 0.95g/kg。与起始值相比，撂荒地的全氮含量增加了 0.06g/kg，增幅为 7.59%，说明撂荒是养地的重要措施（图 9 - 2a）。长期施用有机肥能够保持土壤的氮素平衡，有机肥与氮素化肥配合施用，土壤全氮含量增加，NPKM 与 1.5NPKM 处理增加最多，分别为 0.17g/kg 和 0.10g/kg，增幅为 22.7% 和 11.5%。而 NPKS 处理的全氮含量下降了 0.04g/kg，可能与秸秆腐解需消耗氮素有关；NPK + W 处理土壤全氮含量降低，降低幅度为 12.6%。可见，在种植作物的条件下，长期施用化肥并配合有机肥可以保持和提高土壤氮素含量，增加氮的潜在供应能力。

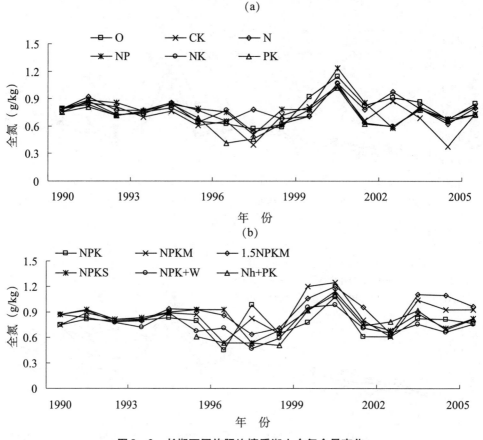

图 9 - 2　长期不同施肥均壤质潮土全氮含量变化

2. 碱解氮的变化规律

土壤碱解氮也称土壤速效氮，是可供作物吸收利用的氮素。在褐潮土长期定位试验中碱解氮的变化规律与土壤全氮一致。统计分析结果表明，各处理碱解氮水平在1991年与2001年有所增加，其余年份变化相对平稳。与起始值相比，褐潮土经过15年长期不同施肥处理，土壤碱解氮含量均有增加。总体而言，在种植作物的情况下，不施氮处理土壤碱解氮的增加幅度最小；平衡施肥包括 NPK 平衡施用、化肥配施有机肥或秸秆还田处理，土壤碱解氮含量增加最多（图 9 - 3b）。

（三）土壤磷素的演变规律

1. 全磷的变化规律

经统计分析，随着试验年限的延长，褐潮土长期定位试验土壤全磷含量仅有1.5NPKM 处理呈显著上升趋势，年增长速率为 0.05g/kg。NPKM、Nh + PK 处理土壤全磷呈上升趋势，撂荒地、NPK 和 NPKS 处理保持平稳状态，CK、N、NP、NK 和 PK 处理下均呈下降趋势。图 9 - 4 仅列出了 1999 年后全磷的变化规律，15 年不施肥的 O 和 CK 处理，土壤全磷含量由 1990 年的 0.66g/kg 下降到 2005 年的 0.59g/kg 和 0.60g/kg，下降幅度分别为 10.6% 和 9.09%（图 9 - 4a）。N 和 NK 处理土壤全磷含量也有所下降，N 处理下降低了 0.05g/kg，NK 处理下降低了 0.10g/kg。施用磷肥的处理土壤全磷有所累积，与初始土壤相比，NPK 和 NPK + W 的处理土壤全磷增加幅度不大，均为 1.43%，NPKS 处

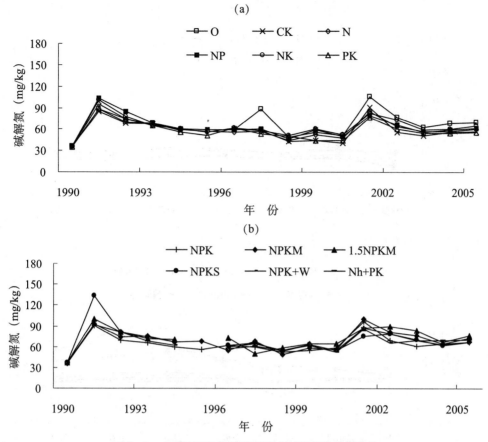

图9-3　长期不同施肥均壤质潮土碱解氮的含量变化

理增加了 0.05g/kg，增加幅度为 7.14%；NPKM 和 1.5NPKM 处理的土壤全磷增加量最多，分别为 0.37g/kg 和 0.53g/kg，增幅为 52.9% 与 75.7%（图 9-4b）。经过 15 年的施肥后，NPK 与 NPK + W 处理的土壤全磷含量是不施肥（CK）的 1.2 倍，NPKS 处理是 CK 的 1.3 倍，NPKM 处理是 CK 的 1.8 倍。说明施磷可提高土壤全磷含量，尤其是化肥配施有机肥，随着磷素施入量的增加，土壤全磷含量增加，这与李莉等人（2005）的研究结果一致。因此，挖掘土壤累积磷的潜力，可减少磷肥施用量，降低环境风险。

2. 有效磷的变化规律

土壤有效磷含量代表可供作物当季吸收利用的磷素水平，最能反映土壤的供磷水平，对指导生产施肥以及评价农业环境磷风险具有重要意义。经统计分析，随着试验年限的延长，褐潮土长期定位试验施用有机肥的处理土壤有效磷含量呈显著上升趋势，年增加速率 NPKM 为 8.2mg/kg、1.5NPKM 为 9.1mg/kg，Nh + PK 和 NPK + W 处理的有效磷也呈显著上升趋势，但年增长速率较低（图 9-5）。O、NPK、NPKS 处理和不平衡施肥的 PK、NP 处理土壤有效磷保持平稳状态。N 和 NK 处理的土壤有效磷呈显著下降趋势，年下降速率分别为 0.2mg/kg 和 0.4mg/kg。经过 15 年的不同施肥，与 1990 年土壤有效磷 4.6mg/kg 相比，到 2005 年 O 与 CK 处理分别下降到 3.2mg/kg 和 3.0mg/kg（图 9-5a）；N 和 NK 处理土壤有效磷分别下降了 1.9mg/kg 和 2.2mg/kg，降幅为 41.3% 和 55.0%。施用磷肥处理的土壤有效磷有不同程度的增加，与初始土壤相比，

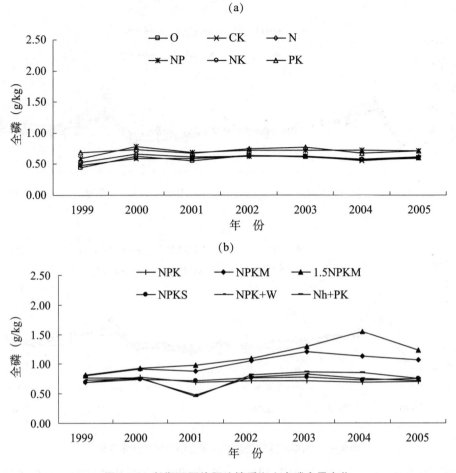

图 9-4　长期不同施肥均壤质潮土全磷含量变化

施用化学磷肥及磷肥与秸秆配施处理土壤有效磷含量增加了 3.1~4.7 倍，而有机肥与磷肥配施的处理与原始土壤相比，有效磷含量增加达 34 倍之多（图 9-5b），并且有机肥与磷肥配施处理的土壤有效磷含量比其他处理均高出很多倍。可见，长期施用有机肥有利于土壤有效磷的积累。

（四）土壤速效钾的演变规律

土壤速效钾含量的高低是判断土壤钾素丰缺的重要指标。随着试验年限的延长，褐潮土不同施肥处理土壤速效钾的变化见图 9-6。从图 9-6 可以看出，随试验年限的延长，土壤速效钾含量在有机肥处理（NPKM 和 1.5NPKM）下呈微弱上升趋势，在平衡施肥（NPK 和 NPKS）处理下呈持平状态，在撂荒地和施钾肥处理（PK、NK）下呈明显上升趋势，在长期不施肥（CK）和不施钾肥（N、NP）处理下呈下降趋势。经过 15 年的施肥，O 与 NK 处理的土壤速效钾含量上升幅度最大，分别为 28.4% 和 29.3%。与不施肥相比，长期施用氮磷钾化肥（NPK）和有机肥与化肥配施（NPKM）处理的土壤速效钾增加了 1.1~1.4 倍。说明施用有机肥在增加褐潮土速效钾方面的效果不明显。

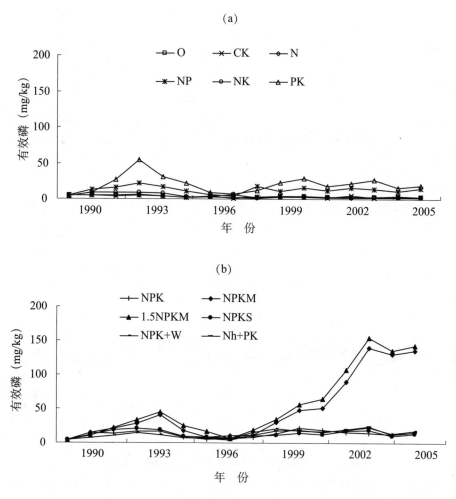

图 9 - 5　长期不同施肥均壤质潮土有效磷含量变化

三、长期施肥条件下作物产量的变化规律

(一) 小麦产量的变化规律

与对照相比, 施肥处理下冬小麦的籽粒产量和秸秆产量均有不同程度的提高 (表 9 - 3 和图 9 - 7)。在化肥处理中, NPK 处理的增产效果最为明显, 但 NPK 和 NP 处理的产量差异未达到显著水平, 说明钾肥在该地区冬小麦上无明显的增产效果; 而与 NK、PK 处理的产量相比, NPK 的增产幅度达到了显著水平, 说明该地区 N、P 仍是限制冬小麦产量的主要因子。NPK + W 与 NPK 处理的籽粒产量和秸秆产量未达到显著差异水平, 说明冬小麦在种植过程中将灌水量减少为原有的 2/3 对产量并无影响, 因此可以在实践中减少灌水量以节约农业用水。不论 NPK 配施有机肥还是秸秆, 小麦的产量均比单施化肥的处理 NPK 有较大幅度的提高, 说明在合理施用氮、磷、钾肥的基础上, 配施有机肥仍可挖掘土地的生产潜力。1.5NPKM 和 NPKM 处理的籽粒产量和秸秆产量差异未达到显著水平, 说明有机无机配合施用时, 适量有机肥可提高小麦产量,

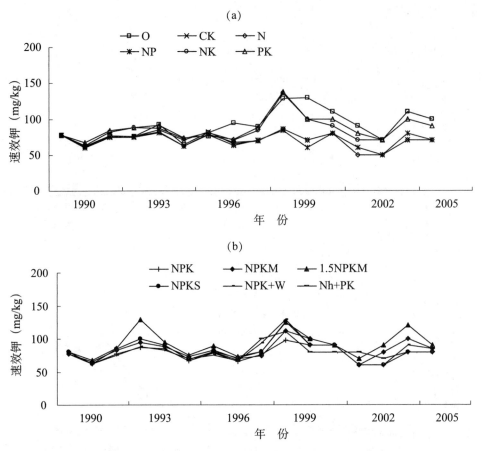

图9-6　长期不同施肥均壤质潮土速效钾含量变化

但过量有机肥并没有增产效果。

　　从不同施肥处理的年际产量的变异系数可以分析各施肥处理的产量稳定性（表9-3），高产组（NPK、NPKM、1.5NPKM、NPKS、NPK+W和NP）的年际变异系数较小，低产组（CK、N、NK和PK）的年际变异系数较大，可见氮磷钾配合特别是氮磷钾与有机肥配合施用表现了很好的高产稳产性。

　　对于各施肥处理之间的差异性，经济产量与生物学产量一致。但同一处理生物学产量的稳定性与经济产量的高低并不一致，生物学产量稳定性最高的是NPK+W和NPKM处理，经济产量稳定性最高的是NPK+W和NP处理。

表9-3　1991—2005年冬小麦产量平均值统计

处　理	籽　粒			秸　秆			
	籽粒产量（kg/hm²）	标准差	变异系数	秸秆产量（kg/hm²）	标准差	变异系数	经济系数
CK	605 c	268	0.44	1 618 c	735	0.45	0.37
N	692 c	337	0.49	2 095 c	1 063	0.51	0.33

（续表）

处　理	籽　粒			秸　秆			
	籽粒产量（kg/hm²）	标准差	变异系数	秸秆产量（kg/hm²）	标准差	变异系数	经济系数
NP	2 914 b	706	0.24	7 339 b	2 183	0.30	0.40
NK	875 c	494	0.56	2 394 c	1 468	0.61	0.37
PK	1 128 c	424	0.38	3 001 c	1 185	0.39	0.38
NPK	3 530 ab	974	0.28	8 313 ab	2 054	0.25	0.42
N PKM	4 022 a	1 102	0.27	9 807 a	2 092	0.21	0.41
1.5NPKM	3 891 a	1 086	0.28	9 842 a	2 732	0.28	0.40
NPKS	3 509 ab	873	0.25	8 369 ab	2 124	0.25	0.42
NPK + W	3 497 ab	851	0.24	8 461 ab	1 704	0.20	0.41

注：同列数据后不同字母表示差异达5%显著水平

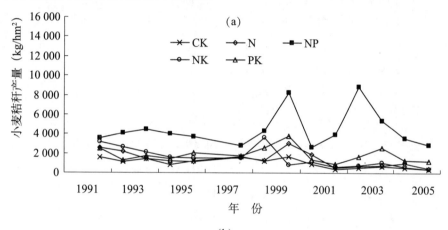

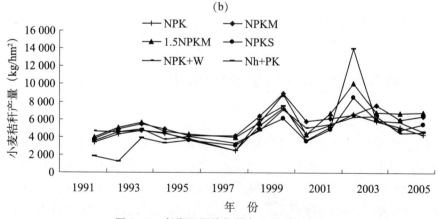

图9-7　长期不同施肥的冬小麦秸秆产量

（二）玉米产量的变化规律

由于1997年小麦没有施肥，产量差异较小，这种差异是由前期施肥的后效引起的。有机无机配合（NPKM）与长期施化肥的N、NP、NK、PK和CK处理的玉米籽粒产量差异均达到了显著水平（表9-4），充分显示了有机无机配合提高产量的重要作用，这与刘恩科等人（2007）的研究结果一致。NPKM处理的玉米籽粒产量与NPK、

1.5NPKM、NPKS 和 NPK＋W 处理的差异未达到统计学上的显著水平。NP 处理的玉米籽粒产量显著高于 CK、N、NK 和 PK 处理，说明磷肥是影响玉米产量的重要的因素。玉米秸秆产量（图 9－8）与籽粒产量（表 9－4）的统计结果有一定的相似性，即 NPKM 处理与 CK、N、NK 和 PK 处理的秸秆产量差异均达到了显著水平。玉米籽粒产量的变异系数为 0.25～0.54，秸秆产量的变异系数为 0.29～0.44。玉米的经济系数变化范围较大，为 0.36～0.47，冬小麦的经济系数变化范围为 0.33～0.42（表 9－3），说明玉米经济产量受施肥的影响比小麦更敏感，更需平衡施肥以保证高产。不同施肥玉米产量年际间出现先下降后上升的趋势，这可能与气象因素的变化或土壤肥力的变化有一定的关系，还有待进一步研究。

表 9－4　1991—2005 年夏玉米产量平均值统计

处　理	籽　粒			秸　秆			
	籽粒产量（kg/hm²）	标准差	变异系数	秸秆产量（kg/hm²）	标准差	变异系数	经济系数
CK	1 878 c	703	0.37	5 227 c	1 711	0.33	0.36
N	2 265 c	1 229	0.54	5 848 c	2 483	0.42	0.39
NP	4 156 b	1 419	0.34	8 977 ab	3 931	0.44	0.46
NK	2 539 c	1 171	0.46	6 778 bc	2 741	0.40	0.37
PK	2 697 c	660	0.24	6 578 c	2 452	0.37	0.41
NPK	4 831 ab	1 341	0.28	10 209 a	3 421	0.34	0.47
NPKM	5 379 a	1 372	0.25	11 211 a	3 282	0.29	0.48
1.5NPKM	5 082 ab	1 447	0.28	11 209 a	3 839	0.34	0.45
NPKS	4 901 ab	1 313	0.27	10 865 a	3 629	0.33	0.45
NPK＋W	4 995 ab	1 266	0.25	10 555 a	3 097	0.29	0.47

注：同列数据后不同字母表示差异达 5% 显著水平

四、长期不同施肥条件下的肥料回收率

（一）氮肥的回收率

长期不同施氮肥处理显著影响作物的氮肥回收率（图 9－9）。小麦、玉米氮素回收率对施肥的响应相似，均为施有机肥的处理（NPKM、1.5NPKM）、施秸秆和氮磷钾平衡施肥（NPKS、NPK）高于不平衡施肥处理。小麦季氮素回收率表现为氮磷钾平衡施肥处理高于施有机肥和不平衡施肥及对照，这可能是因为有机肥处理投入了过多的氮素造成其回收率低于平衡施肥处理；玉米季氮肥回收率表现为施用有机肥处理高于氮磷钾平衡施肥和不平衡施肥及对照。随着种植年限的延长，施用有机肥、秸秆和氮磷钾平衡施肥处理的小麦和玉米的氮素回收率表现为逐渐升高，但在回收率升至 60% 左右时保持稳定，偏施氮肥处理（N、NK）表现为下降趋势，说明施有机肥以及平衡施肥有利于提高和稳定氮肥回收率。另外，1.5NPKM 处理的氮肥回收率在 1992 年和 2004 年比同年其他处理偏高，可能是由于其产量较高，作物携出的氮素也较多；1997

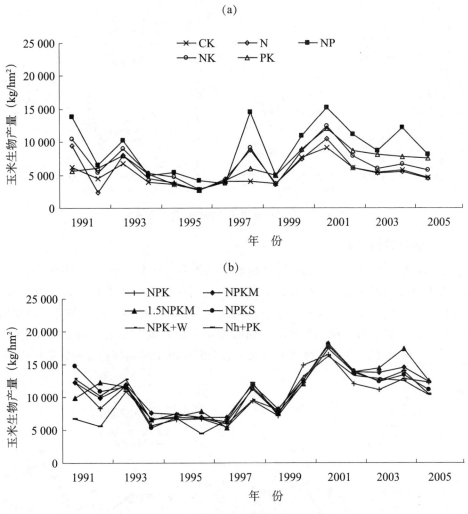

图 9-8　长期不同施肥夏玉米总产量

年玉米季所有处理的氮肥回收率普遍较低，可能与该年春小麦茬未施肥有关。

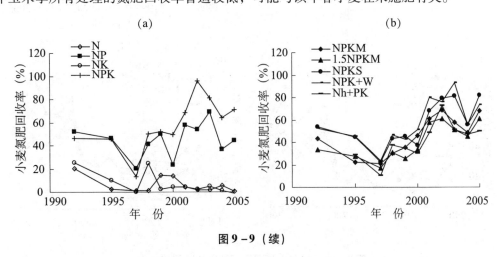

图 9-9（续）

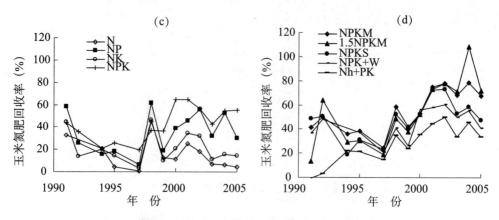

图9-9　褐潮土长期不同施肥的氮肥回收率

（二）磷肥的回收率

长期不同施肥处理显著影响作物对磷素的回收率（图9-10）。从图9-10中可以看出，随着种植年限的延长，小麦、玉米的磷肥回收率各处理均表现为逐渐上升的趋势，并在到达40%~60%时保持稳定，这可能是因为磷肥较强的后效促进了作物增产，提高了磷肥回收率。小麦和玉米的磷肥回收率均是施有机肥、秸秆和氮磷钾平衡施肥处理高于不平衡施肥，说明施有机肥以及平衡施肥有利于提高和稳定磷肥的回收率。

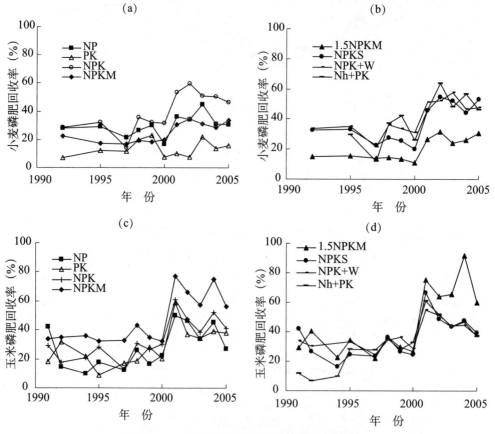

图9-10　褐潮土长期不同施肥的磷肥回收率

（三）钾肥的回收率

褐潮土钾肥回收率比氮肥和磷肥回收率高，且在长期不同施钾肥处理下差异明显（图9－11）。小麦、玉米的钾肥回收率表现为施有机肥处理、秸秆和平衡施肥处理高于不平衡施肥。随着种植年限的延长，施有机肥、秸秆和氮磷钾平衡施肥处理的小麦和玉米钾肥回收率均表现为逐渐上升最后趋于稳定，而小麦钾肥回收率在不平衡施肥（NK、PK）时呈下降趋势，玉米钾肥回收率在不平衡施肥时呈微弱上升最终保持稳定，这与前一茬作物施有机肥有一定关系。

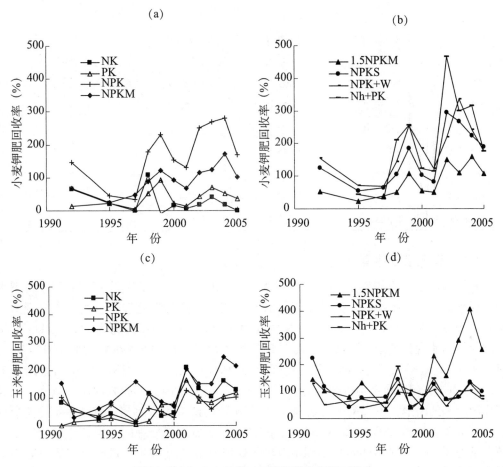

图9－11　褐潮土长期不同施肥措施钾肥回收率

五、长期不同施肥条件下褐潮土的养分表观平衡

（一）氮素表观平衡

从表9－5可以看出，不同施肥处理条件下褐潮土氮素的盈亏程度不同，不施氮肥处理的土壤氮素均表现为亏缺，年平均亏缺量CK为64.9kg/hm^2、PK为74.8kg/hm^2。施氮肥处理均表现为盈余，盈余量从高到低的顺序为1.5NPKM > Nh + PK > NPKM > N > NK > NP > NPKS > NPK > NPK + W。施有机肥和Nh + PK处理的盈余最多，年均盈余量在215.2～297.1kg/hm^2，这是因为其投入的氮素较多，远高于作物所需的氮素；

偏施氮肥处理（N、NK、NP）的氮素盈余也相对较高，年均盈余量为 111.0 ~ 195.4kg/hm²；施秸秆和平衡施肥处理的氮素盈余最少，年均盈余量为 84.7 ~ 89.0kg/hm²，不到施有机肥和 Nh + PK 处理盈余量的 50%，说明合理的氮肥用量及平衡施肥有利于降低土壤氮素的盈余量，从而达到合理利用资源和提高氮肥利用率的目的。

表 9 - 5　长期施肥下褐潮土氮素表观平衡（1991—2005 年）　（单位：kg/hm²）

处　理	总投入量	总带走量	表观盈亏	年均盈亏
CK	0.0	973.4	-973.4	-64.9
N	4 350.0	1 418.9	2 931.1	195.4
NP	4 350.0	2 685.1	1 664.9	111.0
NK	4 350.0	1 642.0	2 708.0	180.5
PK	0.0	1 122.7	-1 122.7	-74.8
NPK	4 350.0	3 078.1	1 271.9	84.8
NPKM	6 803.4	3 574.9	3 228.5	215.2
1.5NPKM	8 030.1	3 618.5	4 411.6	294.1
NPKS	4 540.1	3 205.1	1 335.0	89.0
NPK + W	4 350.0	3 080.2	1 269.8	84.7
Nh + PK	6 525.0	2 920.8	3 604.2	240.3

（二）磷素表观平衡

长期施肥条件下褐潮土磷素表观平衡情况见表 9 - 6，可以看出不同施肥条件下褐潮土磷素盈亏的程度不同，盈亏规律与氮素一致。不施磷肥处理的土壤磷素表现为亏缺，年均亏缺量 CK 为 8.6kg/hm²、N 处理为 9.6kg/hm²、NK 处理为 11.3kg/hm²。施磷肥处理均表现为盈余，盈余量从高到低的顺序为 1.5NPKM > NPKM > PK > NP > Nh + PK > NPKS > NPK > NPK + W，施用有机肥处理的盈余最多，1.5NPKM 年均盈余量为 123.6kg/hm²，NPKM 年均盈余量为 89.7kg/hm²，主要是因为其投入的磷素较多，远高于作物所需的磷素；不平衡施肥处理（PK、NP）的磷素盈余也相对较高，年均盈余量 PK 为 41.2kg/hm²，NP 为 35.3kg/hm²；施秸秆和平衡施肥处理的氮素盈余最少，年均盈余量为 29.5 ~ 31.6kg/hm²，不到施有机肥处理盈余量的 50%，说明合理的磷肥用量及平衡施肥有利于控制土壤磷素的盈余量，达到合理利用肥料资源和提高磷肥利用率的目的。

（三）钾素表观平衡

从表 9 - 7 可以看出，不同施肥处理条件下褐潮土钾素盈亏程度不同，其盈亏规律与氮、磷有所不同。不施钾肥处理的土壤钾素表现为亏缺，年均亏缺量为 NP（85.4kg/hm²）> N（44.3kg/hm²）> CK（39.5kg/hm²）。施钾肥处理中仅施有机肥的处理因为其投入的钾素较高造成土壤钾素表现为较高的年盈余量外，其余施钾肥处理分为两类：一类为不平衡施肥处理，其盈亏量均较低，如 NK 处理年均盈余 6.6kg/hm²、PK 处理年均亏缺 0.2kg/hm²，其原因是不平衡施肥导致作物产量较低，从而携出的钾也相对较少；另一类为平衡施肥处理（NPK、NPKS、NPK + W 和 Nh + PK），其土壤钾素均表现为亏缺，年亏缺量为 $46.9 \sim 55.7 kg/hm^2$，说明在褐潮土上钾素不是影响产量的主要限制因子。

表 9-6 长期施肥下褐潮土磷素表观平衡 (1991—2005 年) （单位：kg/hm^2）

处 理	总投入量	总带走量	表观盈亏	年均盈亏
CK	0.0	128.7	-128.7	-8.6
N	0.0	144.6	-144.6	-9.6
NP	949.8	420.8	529.0	35.3
NK	0.0	169.9	-169.9	-11.3
PK	949.8	331.7	618.0	41.2
NPK	949.8	484.6	465.1	31.0
NPKM	1 961.1	616.1	1 345.0	89.7
1.5NPKM	2 466.8	612.9	1 853.9	123.6
NPKS	977.2	502.8	474.4	31.6
NPK+W	949.8	507.6	442.1	29.5
Nh+PK	949.8	424.4	525.3	35.0

表 9-7 长期施肥下褐潮土钾素表观平衡 (1991—2005 年) （单位：kg/hm^2）

处 理	总投入量	总带走量	表观盈亏	年均盈亏
CK	0.0	593.2	-593.2	-39.5
N	0.0	664.2	-664.2	-44.3
NP	0.0	1 281.0	-1 281.0	-85.4
NK	1 082.9	1 182.1	-99.3	-6.6
PK	1 082.9	1 079.9	3.0	0.2
NPK	1 082.9	1 811.5	-728.6	-48.6
NPKM	3 027.3	2 545.8	481.5	32.1
1.5NPKM	3 999.5	2 897.2	1 102.3	73.5
NPKS	1 327.9	2 075.6	-747.7	-49.8
NPK+W	1 082.9	1 918.1	-835.2	-55.7
Nh+PK	1 082.9	1 786.7	-703.8	-46.9

六、主要结论

经过 15 年不同施肥后，土壤有效磷和土壤速效钾均未出现明显的下降，土壤有机质、全氮都有不同程度的提高，有机无机配合以及摆荒对地力培肥的作用较为明显。有机无机肥配合施用使土壤有机质、有效磷和全氮均增加。不同施肥条件下冬小麦籽粒产量的大小顺序为：NPKM > 1.5NPKM > NPK > NPKS > NPK+W > NP > PK > NK > N > CK；玉米籽粒产量的大小顺序为：NPKM > 1.5NPKM > NPK+W > NPKS > NPK > NP > PK > NK > N > CK。总之，有机无机配施对小麦和玉米有较好的增产作用；施化肥处理中 NPK 的产量表现较好，体现了氮磷钾合理配比和平衡施肥的优势；施用 1kg 的 N、P_2O_5 和 K_2O 分别增产小麦 16.01kg、35.39kg 和 13.69kg，增产玉米 14.23kg、30.56kg 和 14.99kg。在褐潮土上，每吸收 1kg 氮（N）小麦产量可提高 33kg，玉米产量可提高 30kg；每吸收 1kg 磷（P）小麦产量提高 165kg，玉米产量提高 193kg；每吸收 1kg 钾（K），小麦产量提高 23kg，玉米产量提高 34kg；施用有机肥和平衡施肥处理的土壤氮、磷均表现为盈余，钾除施有机肥处理之外其余处理均表现为亏缺。建议周边农民在生产中可以考虑在长期试验的基础上，适当减少氮和磷的用量，增加钾的投入，以促进农业生产的可持续发展。

张淑香、展晓莹、张丽、吴启华

参考文献

[1] 刘兴文，顾国安，朱祥明，等.1986.试谈黄河冲积物的成层性对潮土性质的影响和在土壤分类中的地位 [J].土壤，(5)：250–253.

[2] 李加林，刘闯，张殿发，等.2006.土地利用变化对土壤发生层质量演化的影响 [J].地理学报，61 (4)：378–388.

[3] 王红，张爱军，张瑞芳，等.2007.太行山山前平原区地下水下降对该区土壤性质的影响 [J].生态环境，16 (5)：1 518–1 520.

[4] 吴凯，唐登银，谢贤群.2000.黄淮海平原典型区域的水问题和水管理 [J].地理科学进展，19 (2)：136–141.

[5] 沈善敏.1998.中国土壤肥力 [M].北京：中国农业出版社.

[6] 鲁如坤.2000.农业土壤化学分析方法 [M].北京：中国农业科学技术出版社.

[7] 宋永林，唐华俊，李小平.2007.长期施肥对作物产量及褐潮土有机质变化的影响研究[J].华北农学报，22 (B8)：100–105.

[8] 李莉，李絮花，李秀英，等.2005.长期施肥对褐潮土磷素积累、形态转化及其有效性的影响 [J].土壤肥料，(3)：32–35.

[9] 刘恩科，赵秉强，胡昌浩，等.2007.长期施氮、磷、钾化肥对玉米产量及土壤肥力的影响 [J].植物营养与肥料学报，13 (5)：789–794.

[10] 高静，徐明岗，张文菊，等.2009.长期施肥对我国 6 种旱地小麦磷肥回收率的影响 [J].植物营养与肥料学报，15 (3)：584–592.

[11] 韩宝文，王激清，李春杰，等.2011.氮肥用量和耕作方式对春玉米产量、氮肥利用率及经济效益的影响 [J].中国土壤与肥料，(2)：28–34.

第十章　长期施肥重壤质潮土肥力演变与培肥技术

潮土是天津市面积最大的土壤类型，为 8 368.66km² ，约占全市土地面积的 72% ，多分布在宝坻区、武清区、宁河县、静海县及各郊区。潮土土体构型复杂，沉积层次明显，土体构型和质地排列受河流泛滥影响在不同地区有很大差异。地下水的状况也在很大程度上影响了潮土的基本特征。由于地下水埋藏浅，可借毛管作用上升至地表，因此呈现明显的返潮现象。地下水的频繁升降，氧化还原作用的交替发生，影响了土壤中物质的溶解、移动和积淀，在土壤剖面中形成明显的锈纹锈斑。经长期的人类耕作，耕作层的土壤疏松多孔，有效养分表土显著高于心土，作物根系的穿插打乱了原有的冲积物层次。在低平地区，由于排水不畅，地下水位高，矿化度也高，易盐渍化，形成盐化潮土。在一些洼地，土壤质地偏黏，内、外排水条件差，地下水位高，受季节性积水和短期积水的影响，土壤在潮土的基础上具有了明显的沼泽化过程，土色较灰暗，底部具有灰色的潜育层，往往夹有大量砂姜，湿度增大，形成湿潮土。

潮土由于在垦殖前生草时间短，有机质积累少，垦殖后作物秸秆又大量移出，尽管采取了一些培肥措施，如施用有机肥料或部分秸秆还田、种植绿肥等，但土壤有机质的累积量仍不多，土壤养分含量低或缺乏，大部分属中产、低产土壤，作物产量低而不稳，因此加强对潮土的合理利用与改良显得尤为重要。由此在该地区开展土壤肥力演变规律和施肥效益方面的研究，对保护本地区土壤资源、提高土壤肥力以及合理施肥、实现潮土地区农业的可持续发展具有重要意义。

一、重壤质潮土长期定位试验概况

重壤质潮土肥料长期定位试验设在位于天津市武清区的天津市农业科学院试验基地新区内，地处暖温带半湿润大陆性季风气候区，东经 116°57′ ，北纬 39°25′ ，海拔 11m ，年平均气温 11.6℃ ，≥10℃积温4169 ℃ ，年降水量606.8 mm，主要集中在6—9月，无霜期约为212 d，年日照时数2 705 h，年蒸发量1 735.9 mm，温、光、热资源丰富，适于多种作物生长。

试验地为重壤质潮土，成土母质为河流冲积物，1979 年开始试验。试验开始时的耕层土壤（0～20cm）的基本性质为：有机质含量 17.6g/kg，全氮 10.6g/kg，全磷6.8g/kg，全钾16.1g/kg，碱解氮89.8mg/kg，有效磷17.4mg/kg，速效钾203.8mg/kg，pH 值 5.7。

试验设 9 个处理：①不施肥（CK）；②氮肥（N）；③氮、磷肥（NP）；④氮、钾肥（NK）（1995 年开始）；⑤磷、钾肥（PK）（1995 年开始）；⑥氮、磷、钾肥（NPK）；⑦氮肥＋有机肥（NM）；⑧半量氮肥＋有机肥（0.5NM）；⑨氮肥＋秸秆（NS）；⑩氮肥＋绿肥（NGM）。每处理4 次重复，小区面积4m² ，随机排列。各小区之间用 100 cm 深的水泥埂隔开，根据作物长势进行灌溉。

肥料年施用量为 N 495kg/hm^2，P$_2$O$_5$ 142.5kg/hm^2，K$_2$O 71.3kg/hm^2，施用的氮、磷、钾肥分别为尿素、过磷酸钙和氯化钾，各处理施肥量见表 10-1，所有施氮小区的纯氮用量相同，其中有机肥料 1999 年前为大粪加炉灰渣，养分含量为 N 4.7g/kg、P$_2$O$_5$ 13.3g/kg 和 K$_2$O 6.4g/kg，从 1999 年开始有机肥改为发酵后的鸡粪（含 N 11.2g/kg），有机肥处理中有机肥带入磷、钾养分不计入总量。有机肥（氮）的施用量占总氮的 40%。试验开始的前几年种植田菁作为绿肥，后因田菁种子不易得到，改为翻压青玉米秸秆替代田菁作绿肥。种植制度为小麦—玉米轮作一年两熟，小麦季氮肥施用量占全年的 74%，磷肥和钾肥以及有机肥全部在小麦播种前作基肥一次施施入，玉米季只施氮肥，其用量占全年用量的 26%。小麦季氮肥 50% 作基肥，50% 于返青期和拔节期追施（各1/2）；玉米季的氮肥全部作追肥，于五叶期和大喇叭口期分两次施入。

各小区单独测产，在小麦和玉米收获前取样，进行考种和经济性状测定。土壤样品于秋季作物收获后采集，均采 0~20 cm 耕层土样，按常规方法进行处理后贮存备用。

表 10-1　不同施肥的肥料施用量　（单位：kg/hm^2）

处　理	小　麦					玉　米		
	氮（N）	磷（P$_2$O$_5$）	钾（K$_2$O）	秸秆（鲜基）	粪肥（风干基）	氮（N）	秸秆（鲜基）	粪肥（风干基）
CK	0	0	0	—	0	0	0	0
N	285	0	0	—	0	210	0	0
NP	285	142.5	0	—	0	210	0	0
NK	285	0	71.3	—	0	210	0	0
PK	0	142.5	71.3	—	0	0	0	0
NPK	285	142.5	71.3	—	0	210	0	0
NM	285	0	0	—	11 535	210	0	0
0.5NM	142.5	0	0	—	5 768	105	0	0
NS	285	0	0	全部还田	0	210	全部还田	0
NGM	285	0	0	30 600	0	210	30 600	0

二、长期施肥重壤质潮土有机质和氮、磷、钾的演变规律

（一）有机质的演变规律

土壤有机质是土壤肥力高低的重要指标之一，长期施肥对土壤有机质有显著影响。长期不同施肥条件下，土壤有机质均呈上升的变化规律（图 10-1）。不施肥处理（CK）的土壤有机质含量从 1979 年开始时的 17.6g/kg 上升到 2012 年的 20.3g/kg，增加幅度为 15.3%，33 年的平均值为 20.4g/kg；其余不同施肥处理的土壤有机质含量提高更明显。特别是长期施氮肥加有机肥（NM）的土壤有机质增加最多，到 2012 年已经达到 43.2g/kg，分别较试验开始时的初始值和 CK 增加了 25.6g/kg 和 22.9g/kg，33 年的平均值为 29.8g/kg，比 CK 的平均值增加了 9.4g/kg，增幅为 46.1%。秸秆还田（NS）和种植绿肥（NGM）处理的土壤有机质 33 年平均值分别较不施肥（CK）土壤增加 3.9g/kg 和 1.8g/kg，增幅分别为 19.1% 和 8.8%。单施氮肥（N）的土壤有机质与 CK

相比增幅不大，33 年平均值较 CK 增加了 1.2g/kg。因为土壤缺乏磷、钾等养分，单施氮肥的作物生长较差，残留于土壤中的根茬量少，从而使土壤有机质增加不明显。NP 和 NPK 处理的土壤有机质提高的效果好于 NS 和 NGM 处理，33 年平均值分别比 CK 增加了 4.2g/kg 和 4.9g/kg，增幅为 20.6% 和 24.1%，同时比基础值增加了 39.8% 和 43.8%。

　　有机肥与化肥配施，是增加土壤有机质含量最有效和最重要的措施。粪肥与氮肥配施（NM）处理的土壤有机质在 33 年间基本上以较快的速度在增加，而秸秆还田（NS）和种植绿肥（NGM）的土壤有机质在增加一定年限后（1990 年，施肥 11 年后）开始趋于稳定。在本试验中，平衡施肥（NPK）和不平衡施肥（NP）处理对增加土壤有机质含量的效果也较好，与秸秆还田（NS）和种植绿肥（NGM）的效果相当，其原因有待进一步研究。

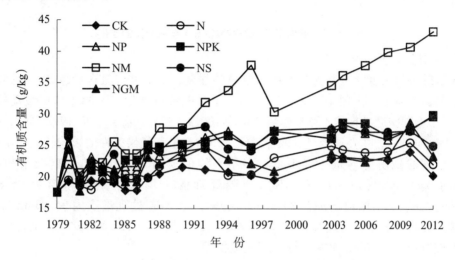

图 10-1　长期不同施肥重壤质潮土有机质含量的变化

（二）氮素的演变规律

1. 全氮含量的变化

农田土壤中的氮素除来自于施入的各种含氮肥料和作物残体外，降水、灌溉和微生物固氮也能增加部分氮素，而土壤氮素损失途径除被作物吸收移走外，还有淋失、侵蚀以及变成气态氮而挥发等。长期不同施肥条件下，土壤全氮的变化与土壤有机质的变化趋势基本一致，呈随时间而持续上升的变化规律（图 10-2）。不施肥（CK）土壤的全氮多年平均含量比初始值（1.06g/kg）稍有下降，下降幅度为 1.89%；单施氮肥（N）处理的土壤全氮平均值与初始值相比也有一定上升，为 1.15g/kg，说明单施氮肥也能提高土壤全氮含量，其他施肥处理的土壤全氮含量均呈现增加的趋势。NP 和 NPK 处理的多年平均值为 1.23g/kg 和 1.26g/kg，较初始值分别增加 0.17g/kg 和 0.20g/kg，增幅为 16.04% 和 18.87%；较 CK 分别增加 18.27% 和 21.15%。表明化肥配合施用能保持土壤养分平衡，提高作物根系和残茬生物量，增加土壤中微生物的生物量。而氮肥与有机物料配施的 NM、NS 和 NGM 处理土壤全氮平均值较初始值上升 13.58%~26.17%，比 CK 高 15.76%~28.60%，且随着种植年限的增加，全氮含量逐渐增高，其中 NM 处理 2012 年土壤全氮含量达到了 1.67g/kg，比初始值增加了 0.61g/kg，增幅为 57.55%，说明施用有机肥对增加土壤全氮含量具有十分重要的作用。

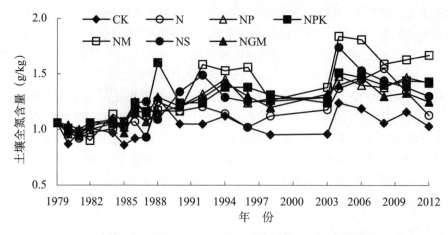

图 10 - 2　长期不同施肥重壤质潮土全氮含量的变化

2. 碱解氮含量的变化

土壤碱解氮可反映土壤为当季作物供氮的强度，土壤碱解氮含量越高，为当季作物提供的氮就越多。由图 10 - 3 可以看出，土壤碱解氮含量在不同年份中波动较大，如 1982 年不同施肥处理的土壤碱解氮含量为 100.4 ~ 174.1mg/kg，而 1992 年时，仅为 62.4 ~ 94.7mg/kg，主要原因是受取样时间、作物产量和气候条件的影响较大。不施肥（CK）土壤的碱解氮含量始终最低，多年平均值仅为 86.38mg/kg，略低于初始值（89.8mg/kg），降幅为 3.81%。不同施肥处理的土壤碱解氮平均值为 96.83 ~ 110.00mg/kg，比初始值增加 7.83% ~ 22.49%，除 NPK 处理最小为 96.83mg/kg 外，其他施肥处理间的差异不明显，NS 处理碱解氮含量最大为 110.00mg/kg。化肥与有机物料配施对提高碱解氮的效果与化肥间配施相近。

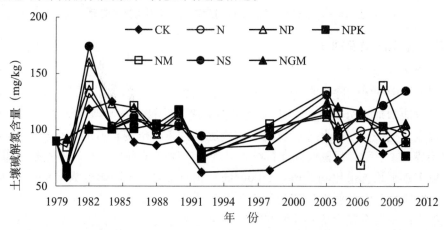

图 10 - 3　长期不同施肥重壤质潮土碱解氮含量的变化

（三）磷素的演变规律

1. 全磷含量的变化

土壤全磷是土壤无机磷和有机磷的总和，可反映土壤磷库大小和潜在的供磷能力。施磷肥是作物持续增产的有效措施。连续种植作物而不施磷肥，土壤磷将耗竭而变得更为缺乏。长期不同施肥，土壤全磷含量发生了明显的变化（图 10 - 4）。33 年不施肥

（CK）和单施氮肥（N），土壤全磷含量基本无变化，比初始值仅增加了4.1%和2.1%，其主要原因是这两个处理的作物长势较差，吸收的磷素较少，灌水和降水中带入的磷基本上可抵消作物对磷的吸收量。施用磷肥使土壤磷积累较多，随施磷年限的延长土壤全磷的积累也越来越多，33年后施NP和NPK处理的土壤全磷含量较试验前的初始值（0.68g/kg）分别提高了0.50g/kg和0.57g/kg，增幅为74.2%和84.4%。氮肥与有机肥配施（NM）对提高土壤全磷含量效果明显，33年后比试验前增加了0.82g/kg，增幅为120.8%。另外，NP处理的土壤全磷较N处理提高了70.7%，NM处理较N处理提高了116.3%，表明有机肥对土壤全磷含量的增加效果要优于无机磷肥。秸秆还田、绿肥与氮肥配施（NS、NGM）对土壤全磷含量的影响不大，33年后，土壤全磷仅比试验前分别提高了7.1%和8.7%。从土壤全磷含量的变化来看，有机磷在土壤中更容易积累，有机肥对土壤磷素的增加效果较化学磷肥好。

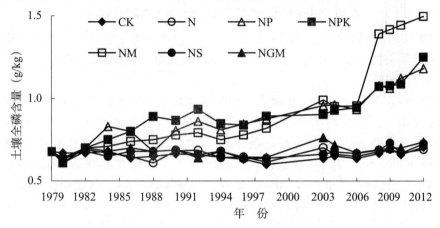

图10-4　长期不同施肥重壤质潮土全磷含量的变化

2. 有效磷含量的变化

土壤有效磷是土壤中对植物有效或较容易被植物吸收利用的磷，是植物所需磷素的强度指标，可以反映土壤的供磷水平。图10-5显示，长期不施肥（CK）和单施氮肥（N）的土壤有效磷从试验前的17.4mg/kg下降到2010年的4.22mg/kg和3.85mg/kg，降幅超过了75%，个别年份（2003年）的有效磷含量非常低，土壤达到极度缺磷的严重程度。施磷肥的NP和NPK处理的土壤有效磷有一定提高，增加幅度为46.6%和36.0%。氮肥与秸秆还田配施（NS）和与绿肥配施（NGM）处理从试验开始就对土壤中有效磷有明显的消耗，随着试验的进行，有效磷含量持续下降，到2010年分别比试验前下降了76.3%和78.9%，其有效磷含量与CK和N处理相当，表明秸秆还田和施用绿肥对增加有效磷没有效果（姚炳贵，1997）。氮肥与有机肥配施（NM）处理31年后，土壤有效磷达到了95.87mg/kg，比试验前土壤提高了451.0%，可见施有机肥料可明显增加土壤的有效磷含量，且效果好于化学磷肥。由此可见，在潮土上长期施有机肥料可使土壤磷素含量不断提高，这也是有机肥提高土壤质量的一个重要标志。

（四）钾素的演变规律

钾是作物必需的三大营养元素之一，对作物产量和品质的提高有良好的作用。钾

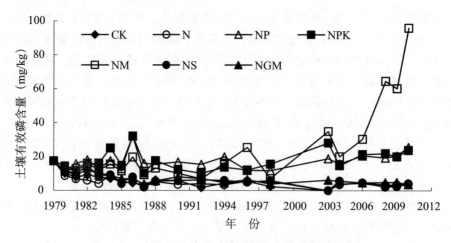

图 10-5　长期不同施肥重壤质潮土有效磷含量的变化

是作物体内 60 多种酶的活化剂，并对作物碳、氮代谢有明显的调节作用。合理施用钾肥能提高作物的抗逆性，节约生产成本和提高经济效益（张鸿龄，2007）。

1. 全钾含量的变化

土壤全钾作为土壤钾素的总储量，可以作为判定一个地区土壤钾库丰缺的指标，其含量主要取决于土壤的矿物组成，以矿物钾形态为主，矿物钾一般占土壤全钾的 90%~98%。在潮土上长期不同施肥条件下，土壤全钾的变化趋势基本一致（图 10-6）。秸秆还田（NS）和不施肥（CK）处理的土壤全钾多年平均含量最高，均为 18.92g/kg，比初始值增加了 17.20%；此外，单施氮肥（N）、氮肥配施绿肥（NGM）处理的土壤全钾平均值也较初始值提高较多，增幅分别为 16.01% 和 17.21%。NP、NPK 和 NM 处理全钾含量的多年平均值变化较小，比初始值提高 10.08%~12.41%。产生这一现象的原因可能是 NP、NPK 和 NM 处理的作物生长较好，作物带出的钾也多；另外由于钾主要以离子状态存在于土壤中，随水的移动性大，难于保存，所以施化学钾肥的 NPK 处理全钾含量也较低。总体来看，本试验中各处理的土壤钾素表现为略有盈余，但各处理的年季间变化较大，NPK 处理的土壤全钾含量提高不明显，所以建议应加大钾肥的用量以保持土壤钾素的平衡。

2. 速效钾含量的变化

土壤速效钾（包括水溶性钾和交换性钾）是当季作物钾素的主要供给源。在长期的施肥耕种过程中，土壤速效钾受耕作、作物吸收、施肥量及缓效钾的影响。从图 10-7可以看出，1980—1998 年各处理的土壤速效钾含量持续下降，而 1998—2010 年则表现为持续上升，2012 年又开始下降。不施钾肥的 NP 处理土壤速效钾含量最低，33 年平均仅为 128.9mg/kg，其次为 NPK、NM 和 N 处理，CK 的土壤速效钾含量在所有处理中处于较高水平，主要原因是 CK 处理的作物生长状况最差，作物吸收带走的钾素也少。氮肥与秸秆（NS）和绿肥配施（NGM）两个处理的土壤速效钾含量最高，多年平均分别为 167.8mg/kg 和 163.8mg/kg，说明在本试验条件下，氮肥配合种植绿肥或秸秆还田可缓解土壤钾素亏损和维持土壤的钾素平衡，是改良土壤、培肥地力、提高土壤供肥和保肥能力的有效措施（王德芳，2003）。

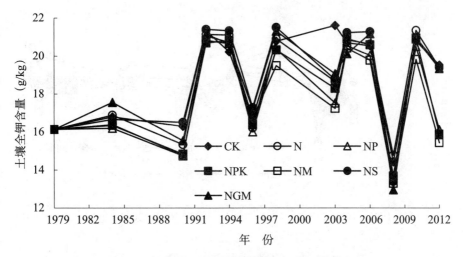

图 10 - 6　长期不同施肥重壤质潮土全钾含量的变化

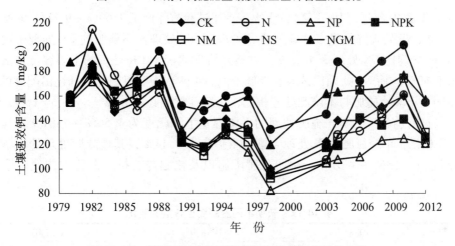

图 10 - 7　长期不同施肥重壤质潮土速效钾含量的变化

三、长期施肥重壤质潮土理化性质的变化特征

（一）土壤 pH 值的变化

　　pH 值是土壤重要的基本性质，也是影响肥力的因素之一。它直接影响土壤养分的存在状态、转化和有效性。施肥 5 年至 33 年间（1984—2012 年），不同施肥处理的土壤 pH 值的变化趋势基本一致（图 10 - 8），开始 4 年下降，随后的 3 年快速上升，然后又开始下降，1996 年以后则维持稳定或缓慢上升的趋势。不同施肥处理的土壤 pH 值的变化幅度为 7.7 ~ 8.8，CK 处理的 pH 值变幅为 8.0 ~ 8.8，并且在很多年份，CK 的 pH 值均高于各施肥处理。总体而言，不同施肥处理的土壤 pH 值基本维持在 8.1 ~ 8.4，处理间的相差不大，而年季间的差异则相对较大。因此，在天津潮土上施化肥或有机肥对 pH 值的影响均较小，而气候环境因素（如降水等）可能是影响潮土 pH 值变化的主要因素。

（二）土壤容重的变化

　　土壤容重受土壤有机质含量、土壤孔隙度、耕作方式、栽培制度等多种因素的影

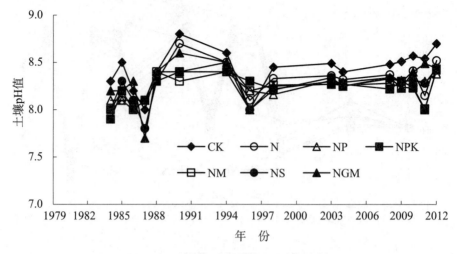

图 10 – 8　长期不同施肥潮土 pH 值的变化

响。试验开始 10 年后（1988 年），土壤容重比试验前降低了 4.69% ~ 9.38%（表 10 –
2），其中以 NS 处理降低最多；施肥的 N 处理和 NM 处理比不施肥的 CK 处理土壤容重
大，而 NS 处理比 CK 处理低 4.13%。试验开始 20 年后，CK 处理的土壤容重比试验前
增加了 5.47%，而 NS 处理比试验前降低了 10.94%，表明氮肥与秸秆还田配合可使土
壤容重明显下降。施肥与不施肥处理相比，土壤容重降低了 4.44% ~ 15.56%。试验 25
年后，与试验前相比，不同施肥处理的土壤容重下降幅度为 1.56% ~ 7.81%；与不施
肥的 CK 相比，单施氮肥的 N 处理土壤容重提高了 2.44%，其他施肥处理的土壤容重
降低幅度为 1.63% ~ 4.07%。说明化肥配施以及化肥与有机肥配施均能使土壤容重
下降。

表 10 – 2　长期不同施肥潮土容重的变化

处　理	1988 年			1998 年			2003 年		
	容重 （g/cm³）	比对照 增减 （%）	比试验前 增减 （%）	容重 （g/cm³）	比对照 增减 （%）	比试验前 增减 （%）	容重 （g/cm³）	比对照 增减 （%）	比试验前 增减 （%）
CK	1.21	—	-5.47	1.35	—	5.47	1.23	—	-3.91
N	1.22	0.83	-4.69	1.29	-4.44	0.78	1.26	2.44	-1.56
NP	1.20	-0.83	-6.25	1.20	-11.11	-6.25	1.21	-1.63	-5.47
NK	—	—	—	—	—	—	1.18	-4.07	-7.81
PK	—	—	—	—	—	—	1.19	-3.25	-7.03
NPK	—	—	—	—	—	—	1.20	-2.44	-6.25
NM	1.22	0.83	-4.69	1.25	-7.41	-2.34	1.20	-2.44	-6.25
NS	1.16	-4.13	-9.38	1.14	-15.56	-10.94	1.20	-2.44	-6.25

　　注：试验前（初始）土壤容重为 1.28 g/cm³

（三）土壤孔隙度的变化

　　土壤结构在很大程度上取决于土壤颗粒的不同垒结，通常以土壤孔隙度来表征。
土壤毛管孔隙度是表征土壤水、热、气交换是否畅通的一个重要指标，同时影响土壤的保肥供肥能力，是土壤质量好坏的一个主要指标。施肥 20 年后（1998 年），不同施肥处理的土壤毛管孔隙度比不施肥的 CK 提高 0.6% ~5.5%（表 10-3），其中以 NS 和 NM 处理较高；土壤总孔隙度则提高 2.3% ~10.5%，同样以 NS 和 NM 处理较高。试验 25 年后（2003 年），不同施肥处理的土壤毛管孔隙度比不施肥的 CK 低 0.08% ~2.95%，总孔隙度除 N 处理比 CK 低 0.99% 外，其他处理均比 CK 高 0.66% ~1.65%。总体来讲，适当的有机无机配施可改善土壤的孔隙状况，使土壤越来越疏松，结构越来越好，但同时还应考虑耕作技术措施等的影响。

表 10-3　长期不同施肥潮土孔隙度的变化

处　理	1998 年				2003 年			
	毛管孔隙度（%）	比对照增减（%）	总孔隙度（%）	比对照增减（%）	毛管孔隙度（%）	比对照增减（%）	总孔隙度（%）	比对照增减（%）
CK	42.6	—	48.1	—	41.70	—	53.36	—
N	43.2	0.6	50.4	2.3	38.94	-2.76	52.37	-0.99
NP	45.7	3.1	53.9	5.8	40.23	-1.47	54.02	0.66
NK	—	—	—	—	40.94	-0.76	55.01	1.65
PK	—	—	—	—	41.14	-0.56	54.68	1.32
NPK	—	—	—	—	41.05	-0.65	54.24	0.88
NM	46.0	3.4	58.6	10.5	41.62	-0.08	54.35	0.99
NS	48.1	5.5	56.2	8.1	38.75	-2.95	54.35	0.99

注：基础土壤毛管孔隙度和总孔隙度分别为 48.1% 和 51.7%

四、长期施肥重壤质潮土微生物和酶活性的变化

（一）土壤微生物种群的变化

土壤微生物参与多种土壤反应过程，如养分的矿化—同化、氧化—还原等，是植物养料转化和有机碳代谢及污染物降解的驱动力，也是有机质和速效养分的一部分，在土壤肥力演变，尤其是养分循环中具有重要意义，同时也是反映农田土壤物理化学和生物学性状的指标之一（徐惠风和刘兴土，2009）。

试验区潮土微生物组成总数量以放线菌为主，细菌次之，真菌最少（表 10-4）。不同施肥处理的主要微生物类群的数量产生有明显差异，6 月和 9 月平均，放线菌数量 CK 处理为 5.68×10^6 cfu/g 土，施化肥的 N、NP、NK、PK、NPK 处理平均分别为 2.80×10^6 cfu/g 土、5.75×10^6 cfu/g 土、3.75×10^6 cfu/g 土、7.10×10^6 cfu/g 土、7.73×10^6 cfu/g 土，NS 处理最多，达到了 10.00×10^6 cfu/g 土，NM 和 NGM 处理分别为 4.72×10^6 cfu/g 土和 6.07×10^6 cfu/g 土。放线菌数量以单施氮（N）处理最少，只有 2.80×10^6 cfu/g 土，仅为 CK 处理的一半左右，此外 NK 处理的放线菌数量也较少，为化肥配施处理中最少的。施有机肥和绿肥的 NM 和 NGM 处理土壤放线菌数量与无机肥配施处理相当，可见，施有机肥（物料）对土壤放线菌数量的增加不明显。在放线菌数量的季节性变化中，除 N 和 PK 处理在 9 月比 6 月高以外，其余处理均为 6 月高于 9 月。

表 10 – 4　长期不同施肥潮土细菌、真菌和放线菌数量的变化（2008 年）

处　理	细菌（1×10^6 cfu/g）		真菌（1×10^3 cfu/g）		放线菌（1×10^6 cfu/g）	
	6 月	9 月	6 月	9 月	6 月	9 月
CK	2.00	2.30	3.00	6.40	8.00	3.35
N	0.58	1.37	4.60	4.80	2.40	3.20
NP	1.28	1.24	2.10	4.30	10.00	1.49
NK	0.71	1.28	1.90	3.00	6.00	1.50
PK	0.45	2.45	3.50	3.90	2.60	11.60
NPK	0.66	1.24	6.30	6.50	13.00	2.45
NM	0.70	2.50	8.00	6.30	6.00	3.43
NS	1.30	9.30	3.14	10.00	11.10	8.90
NGM	1.70	1.80	4.20	6.20	10.50	1.64

　　不同施肥处理 6 月和 9 月平均细菌数量的大小为 NS > CK > NGM > NM > PK > NP > NK > N > NPK。NS 处理的细菌数量最大，达到了 5.30×10^6 cfu/g 土，而 CK 的细菌数量也大于其余处理，说明施肥反而减少了土壤中细菌数量。另外，施用有机物料的处理细菌数量高于施化肥的处理。N 和 NPK 处理的土壤细菌数量最少，仅为 0.98×10^6 cfu/g 土和 0.95×10^6 cfu/g 土。除 NP 处理外，不同施肥处理间细菌的季节变化表现为 9 月多于 6 月。

　　真菌数量的变化反映土壤酸度的变化。不同施肥对潮土土壤真菌数量的影响各异，6 月和 9 月平均，真菌数量 CK 与 N 处理均为 4.70×10^3 cfu/g 土；NP、NK、PK 处理的真菌数量小于 CK，而 NPK、NM、NS 和 NGM 处理的真菌数量大于 CK，其中以 NM 处理最多，达到了 7.15×10^3 cfu/g 土。说明氮肥与有机物料配施以及化肥平衡配施均能明显增加土壤的真菌数量。真菌数量在季节变化不同施肥均表现为 9 月高于 6 月。

　　以上结果说明，配施有机肥有利于土壤细菌、真菌数量的增加，可改善土壤的生物环境与供肥性能（王慎强，2001）。而对于放线菌，氮肥与有机肥配施以及化肥配施均能增加其数量，但也有个别化肥处理的放线菌数量低于 CK。

（二）土壤酶活性的变化

　　土壤酶是土壤中植物、动物、微生物活动的产物，催化土壤中的生物化学反应，可使有机养分有效化，是土壤生态系统代谢过程中的重要动力，大多数酶具有主要的专一性酶促反应，同时还对土壤中物质转化有多种作用，其活性可作为土壤性质和土壤肥力的重要指标。酶活性大小可表征生化反应的方向和强度，在营养物质转化、有机质分解、污染物降解及修复等方面起着重要的作用（关松荫，1986）。

　　蛋白酶参与土壤中氨基酸、蛋白质以及含蛋白质氮的有机化合物的转化。它们的水解产物是高等植物的氮源之一。从表 10 – 5 可以看出，6 月和 9 月平均，CK 处理的土壤蛋白酶为 0.19mg NH_2–N/（g·24h），施化肥、配施有机肥（NM）、和秸秆还田（NS）处理的蛋白酶活性为 0.13 ~ 0.18mg NH_2–N/（g·24h），均低于 CK，其中 PK 处理最高，为 0.18mg NH_2–N/（g·24h），NP 和 NPK 处理最低，仅为 0.13mg NH_2–N/（g·24h）。说明施化肥和有机肥降低了土壤中的蛋白酶的活性。NGM 处理的蛋白酶活性为 0.20mg NH_2–N/（g·24h），高于 CK。在季节变化上，不同施肥处理土壤蛋白酶活性大致表现为 6 月高于 9 月。

蔗糖酶不仅能够表征土壤生物学活性的强度，也可以作为评价土壤熟化程度和土壤肥力水平的一个指标。6 月和 9 月平均，蔗糖酶活性 CK 处理为 1.11mg 葡萄糖/(g·24h)，施化肥的处理为 0.96～1.46mg 葡萄糖/(g·24h)，其中 N 和 NK 处理略低于 CK，NPK 处理较高，达到了 1.46mg 葡萄糖/(g·24h)。NM、NS 和 NGM 处理的蔗糖酶活性分别为 1.53mg 葡萄糖/(g·24h)、1.79mg 葡萄糖/(g·24h) 和 1.28mg 葡萄糖/(g·24h)，由此可见，施化肥和氮肥与有机肥配施均可增加土壤蔗糖酶活性，其中以秸秆还田（NS）的效果最好。蔗糖酶活性的季节变化各处理均表现为 6 月高于 9 月。

表 10 - 5　长期不同施肥潮土几种酶活性的变化（2008 年）

处　理	蛋白酶活性 [mg NH₂-N / (g·24h)]		蔗糖酶活性 [mg 葡萄糖/ (g·24h)]		脲酶活性 [mg NH₃-N / (g·24h)]		磷酸酶活性 [mg 酚/ (g·24h)]	
	6 月	9 月	6 月	9 月	6 月	9 月	6 月	9 月
CK	0.23	0.15	1.39	0.83	63.51	81.07	1.71	1.52
N	0.22	0.11	1.07	0.85	54.17	78.54	1.34	1.33
NP	0.13	0.13	1.43	1.19	79.96	69.05	1.51	1.27
NK	0.18	0.11	0.83	1.34	54.33	74.42	1.29	1.43
PK	0.23	0.13	1.49	1.10	53.38	85.18	1.66	1.42
NPK	0.12	0.14	1.58	1.33	85.50	102.58	1.68	1.33
NM	0.15	0.19	1.27	1.78	86.72	88.82	1.74	1.53
NS	0.17	0.13	1.74	1.84	72.37	96.10	1.80	1.64
NGM	0.22	0.17	1.38	1.18	62.08	89.93	1.81	1.37

注：表中酶活性均以鲜土表示

脲酶直接参与含氮有机化合物的转化，其活性强度常用来表征土壤氮素供应强度。此外土壤脲酶活性及其动态变化还可反映土壤健康状况和营养水平（李东坡，2003）。不同施肥处理中，脲酶活性 CK 为 72.29mg NH₃-N /(g·24h)，N、NP、NK、PK、NPK 处理的变幅为 64.38～94.04mg NH₃-N /(g·24h)，平均 73.71 mgNH₃-N /(g·24h)，略高于 CK；NM、NS、NGM 处理分别为 87.77mg NH₃-N /(g·24h)、84.24mg NH₃-N /(g·24h) 和 76.01 mg NH₃-N /(g·24h)，说明配施有机物料可提高土壤脲酶活性。脲酶活性不同处理均表现为 9 月高于 6 月，与蛋白酶和蔗糖酶相反。

磷酸酶在土壤磷循环中起重要作用，可以反映土壤磷素的有效化强度。6 月和 9 月平均，CK 处理的磷酸酶活性为 1.62mg 酚/(g·24h)，施化肥处理为 1.34～1.57mg 酚/(g·24h)，平均 1.43mg 酚/(g·24h)；氮肥与有机肥（物）配施的 NM、NS、NGM 处理分别为 1.64mg 酚/(g·24h)、1.72mg 酚/(g·24h)、和 1.59 mg 酚/(g·24h)。施化肥和氮肥与绿肥配施的处理土壤磷酸酶活性降低，而氮肥与有机肥和秸秆还田配施可提高土壤磷酸酶活性。磷酸酶活性的季节性变化基本上表现为 6 月高于 9 月。

一般认为，施有机肥不仅可以提高土壤养分含量，而且也能改善土壤养分供给状况和土壤生物环境，为作物持续高产创造良好的土壤条件。单一施用化肥不利于土壤微生物的生长繁殖，特别是单施氮肥，土壤中细菌、真菌、放线菌数量均处于最低值或较低值，土壤蔗糖酶、脲酶和磷酸酶活性也最低。秸秆还田（NS）、氮肥配施有机肥（NM）均能提高土壤中各微生物量以及各种土壤酶活性，在不同施肥中均处于最高，因此，从土壤微生物和土壤酶活性方面考虑，氮肥与秸秆还田配合以及氮肥与有机肥配施这两个措施对于改善土壤的生物学环境，提高土壤肥力，保持土壤健康，促进土壤良性生态循环有实际意义，对潮土来说是较好的培肥措施。

五、作物产量对长期施肥的响应

施肥是增加作物产量的主要措施之一，但作物的产量同时受气候、品种、病虫害、灌溉及灌溉水质等多种因素的影响。为消除年际间气候等因素的影响，本研究中作物产量用每 5 年的平均产量为基数展开讨论（PK 和 NK 两个处理从 1995 年开始）。

（一）长期不同施肥作物产量的演变规律

作物的产量与施肥管理关系密切（樊廷录，2004）。天津潮土长期定位试验结果表明，在不同施肥条件下，各处理小麦和玉米产量的变化显著（图 10 - 9）。不同施肥处理的小麦产量在 1992 以前无显著差异，但 1992 年后 NM 和 NPK 处理的小麦产量显著高于其他处理。除个别年份有波动外，NM 和 NPK 处理的小麦产量呈现随施肥年限的增加而显著增加的趋势，单施氮肥（N）处理则表现为显著下降的趋势（王德芳，2002）。氮肥配施秸秆（NS）、绿肥（NGM）处理的小麦产量基本维持在较高水平，且二者差异不明显。玉米产量在整个试验阶段表现出随时间而波动的趋势，除 CK 外，1985 年前各施肥处理间无明显差异，1985 年后，单施氮肥（N）玉米产量则呈现持续下降的趋势，而 NPK、NM 和 NS 处理则维持在相对稳定的水平。总体上，NM 和 NPK 处理的小麦和玉米产量均显著高于其他处理。

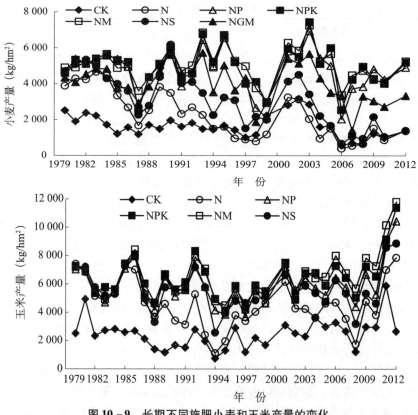

图 10 - 9　长期不同施肥小麦和玉米产量的变化

（二）作物产量对长期施氮肥的响应

氮肥是农业生产中需要量最大的肥料品种，它对提高作物产量，改善农产品的品质有重要作用。作物产量受长期施用氮肥的响应见表 10－6 与表 10－7。长期单施氮肥，由于养分供应失调，小麦产量呈逐年下降趋势，与不施肥的 CK 相比，其增产率由 1980—1984 年的 100.65% 持续下降至 1995—1999 年的 −27.52%，然后有一定上升，到 2006—2010 年增产率为 −3.40%。30 年单施氮肥平均增产 36.41%。不施氮肥的 PK 处理种植 10 年后，2006—2010 年的小麦均产下降到与 CK 和单施氮相当的水平，仅为 881kg/hm²。而 NPK 处理在 30 年内基本能维持较高的产量，30 年平均产量 4 934kg/hm²，仅 2006—2010 年间的产量相对较低，1995—2010 年比 PK 处理增产 73.24% ～354.48%，15 年平均增产 141.70%。

单施氮肥对玉米的增产效应优于对小麦的增产。不施肥的 CK 处理玉米产量较低，但较稳定，30 年平均产量 2 364kg/hm²。单施氮肥比不施肥各年际间增产 41.73% ～173.97%，30 年平均增产 85.60%；不施氮肥的 PK 处理玉米产量较低，15 年平均产量 2 827kg/hm²；而化肥平衡配施的 NPK 处理，除 1995—1999 年外，玉米产量能维持较高的水平，平均产量在 6 000kg/hm² 以上，15 年间比 PK 增产 84.00% ～151.72%，平均增产 118.86%。可见氮肥对玉米产量的增加效果很明显。所以在试验区的潮土上，为维持作物稳定的高产量，应特别重视氮肥的投入。

表 10－6　小麦产量受长期施氮肥的响应（1995—2010 年）

年　份	小麦产量（kg/hm²）		增产率	小麦产量（kg/hm²）		增产率
	CK 处理	N 处理	（%）	PK 处理	NPK 处理	（%）
1980—1984	2 143	4 300	100.65	—	5 226	—
1985—1989	1 424	2 798	96.49	—	4 489	—
1990—1994	1 662	2 451	47.47	—	5 292	—
1995—1999	1 497	1 085	−27.52	1 779	4 592	158.12
2001—2005	2 423	2 174	−10.28	3 464	6 001	73.24
2006—2010	823	795	−3.40	881	4 004	354.48
30 年平均	1 662	2 267	36.41	2 041	4 934	141.70
30 年总计	49 860	68 020	36.43	30 630[*]	72 980[*]	138.26

表 10－7　玉米产量受长期施氮肥的影响（1995—2010 年）

年　份	玉米产量（kg/hm²）		增产率	玉米产量（kg/hm²）		增产率
	CK 处理	N 处理	（%）	PK 处理	NPK 处理	（%）
1980—1984	3 062	5 923	93.44	—	6 187	—
1985—1989	1 990	5 452	173.97	—	6 573	—
1990—1994	1 735	3 068	76.83	—	6 372	—
1995—1999	1 864	3 571	91.58	2 032	5 115	151.72
2001—2005	2 910	4 594	57.87	3 462	6 370	84.00
2006—2010	2 624	3 719	41.73	2 988	6 511	117.90
30 年平均	2 364	4 388	85.60	2 827	6 188	118.86
30 年总计	70 930	131 630	85.59	42 410[*]	89 980[*]	112.17

（三）作物产量对长期施磷肥的响应

不施磷肥的 NK 处理，前 10 年（1995—2005 年）小麦产量能维持较高水平，平均产量 3 000kg/hm² 以上，但后 5 年（2006—2010 年）由于土壤磷素的日益亏缺，其平均产量迅速降至 1 222kg/hm²（表 10-8）。NPK 处理的小麦产量一直保持在较高水平，其增产率逐年升高，由 1995—2005 年的 47.65% 上升至 2006—2010 年的 227.66%，虽然在最后 5 年（2006—2010 年）其小麦产量也有一定的下降，但由于 NK 处理的小麦产量下降严重，所以 NPK 处理相对于 NK 处理的增产率反而大幅上升。15 年间磷肥的平均增产率为 98.92%，总产量也增加了 96.18%。

不施磷肥的 NK 处理在试验期内（1995—2010 年）玉米产量维持在稳定状态，平均为 4 764kg/hm²，但在该时间段内，NPK 处理的玉米产量持续增加，与 NK 相比，3 个阶段的增产率分别为 10.62%、22.01% 和 46.38%，15 年平均增产率为 29.88%。所以在该试验条件下，不施磷肥虽然能保持玉米产量的稳定，但为了获得玉米产量的进一步提高，还应重视磷肥的投入。同时还可看出，磷肥对玉米的增产效果小于小麦。

表 10-8　作物产量受长期施磷肥的响应（1995—2010 年）

年　份	小麦产量（kg/hm²）		小麦增产率	玉米产量（kg/hm²）		玉米增产率
	NK 处理	NPK 处理	（%）	NK 处理	NPK 处理	（%）
1980—1984	5 226	—	—	6187	—	—
1985—1989	4 489	—	—	6 573	—	—
1990—1994	—	5 292	—	—	6 372	—
1995—1999	3 110	4 592	47.65	4 624	5 115	10.62
2001—2005	3 109	6 001	93.02	5 221	6 370	22.01
2006—2010	1 222	4 004	227.66	4 448	6 511	46.38
30 年平均	2 480	4 934	98.92	4 764	6 188	29.88
1995—2010 年总计	37 200	72 980[*]	96.18	71 460	89 980[*]	25.92

（四）作物产量对长期施钾肥的响应

钾是影响作物品质和抗逆性的主要限制因子，土壤中有效性钾含量的高低将直接影响作物的生长、产量和品质。表 10-9 显示，不施钾肥的 NP 处理，小麦产量在 1980—2005 年的 25 年间基本维持在一个稳定的范围，产量为 4 135～5 741kg/hm²，仅 2006—2010 年的 5 年间平均产量为 3 731kg/hm²，30 年的平均产量为 4 720kg/hm²，可见在该试验区，不施钾肥也可维持 10 年左右的较高的小麦产量。在施氮磷的基础上增施钾肥（NPK），1980—1989 年其增产效果不明显，仅为 0.83% 和 0.38%，而 1995—1999 年增产率达到了 10.97%，其他年份的增产率在 4.53%～7.32%，30 年的平均增产率为 4.53%。

不施钾肥在整个试验期内（30 年）对玉米产量的影响不大，NP 处理的玉米产量最低，1995—1999 年为 4 587kg/hm²，其他年份为 5 601～6 223kg/hm²，30 年的平均产量为 5 696kg/hm²。而 NPK 处理的玉米产量除 1995—1999 年外，均在 6 000kg/hm² 以上，其增产率为 2.79%～13.97%，30 年的平均增产率为 8.64%。说明在该试验条件下，钾肥对玉米具有一定的增产作用，同时也能维持玉米产量处于稳定的高产状态。

表 10 – 9 作物产量受长期施钾肥的响应

年 份	小麦产量（kg/hm²）		小麦增产率	玉米产量（kg/hm²）		玉米增产率
	NP 处理	NPK 处理	（%）	NP 处理	NPK 处理	（%）
1980—1984	5 183	5 226	0. 83	6 019	6 187	2. 79
1985—1989	4 472	4 489	0. 38	6 223	6 573	5. 62
1990—1994	5 057	5 292	4. 65	5 601	6 372	13. 77
1995—1999	4 138	4 592	10. 97	4 587	5 115	11. 51
2001—2005	5 741	6 001	4. 53	6 036	6 370	5. 53
2006—2010	3 731	4 004	7. 32	5 713	6 511	13. 97
30 年平均	4 720	4 934	4. 53	5 696	6 188	8. 64
30 年总计	141 610	148 020	4. 53	170 890	185 640	8. 63

（五）作物产量对长期施有机肥的响应

从表 10 – 10 可以看出，在化学氮肥施用量相同的条件下，30 年不同有机物料与氮肥配施处理的小麦产量均显著高于单施氮肥（N）。单施氮肥的小麦产量持续下降，由前 5 年（1980—1984 年）的 4 300kg/hm² 下降到了 795kg/hm²，其 30 年的平均产量仅为 2 267kg/hm²。施有机肥的 NM 处理 30 年平均产量最高，为 5 033kg/hm²，比单施氮（N）增产 121.98%，其中，2 个周期的增幅达到了 334.19% 和 425.91%。其次为施绿肥（NGM），比单施氮增产 81.72%。NS 处理的产量最低，为 3 166kg/hm²，增幅 39.64%。2006—2010 年，NGM 处理的小麦产量有一定的提高，在该年限周期内 NGM 处理比 N 处理增产 5 倍多，具体原因有待进一步的研究。总之，施有机肥（物料）可保持小麦产量的相对稳定，但增产效果最好的是氮肥与有机肥配施（NM），其次为氮肥与绿肥配施（NGM），氮肥与秸秆还田（NS）的效果最差。

表 10 – 10 小麦产量受长期施有机肥的响应

年 份	N 处理产量（kg/hm²）	NM 处理		NS 处理		NGM 处理	
		产量（kg/hm²）	增产率（%）	产量（kg/hm²）	增产率（%）	产量（kg/hm²）	增产率（%）
1980—1984	4 300	5 164	20. 09	4 835	12. 44	5 366	24. 79
1985—1989	2 798	4 570	63. 33	3 396	21. 37	4 245	51. 72
1990—1994	2 451	5 502	124. 48	4 006	63. 44	3 750	53. 00
1995—1999	1 085	4 711	334. 19	2 400	121. 20	2 142	97. 42
2001—2005	2 174	6 068	179. 12	3 185	46. 50	4 055	86. 52
2006—2010	795	4 181	425. 91	1 173	47. 55	5 162	549. 31
30 年平均	2 267	5 033	121. 98	3 166	39. 64	4 120	81. 72
30 年总计	68 020	150 980	121. 96	90 970	33. 70	108 600	59. 66

同样，在化学氮肥施用量相同的条件下，30 年不同有机物料与氮肥配施处理的玉米产量均比单施氮肥显著增加，但其影响小于对小麦产量的影响（表 10 – 11）。单施氮肥的玉米产量也呈持续下降的趋势，但下降幅度比小麦小，30 年的平均产量为 4 388kg/hm²。氮肥配施不同的有机物料处理中，NM 处理的 30 年平均产量最高，为 6 242kg/hm²，比 N 处理增加 42.25%，同时其增产率随种植时间不断上升。与对小麦产量的影响不同，NS 处理的玉米产量高于 NGM 处理，30 年平均为 5 429kg/hm²，比 N 处理增加 23.73%。配施绿肥对玉米产量的影响较小，NGM 处理 30 年平均比 N 增产

10.13%，同时其增产效果不稳定，有 2 个周期还出现了减产的现象，分别为 1980—1984 年（减产 27.71%）和 1995—1999 年（减产 4.51%）。

表 10 - 11　玉米产量受长期施有机肥的响应

年　　份	N 处理产量（kg/hm²）	NM 处理		NS 处理		NGM 处理	
		产量（kg/hm²）	增产率（%）	产量（kg/hm²）	增产率（%）	产量（kg/hm²）	增产率（%）
1980—1984	5 923	6 001	1.32	6 130	3.49	4 282	-27.71
1985—1989	5 452	6 469	18.65	5 846	7.23	5 647	3.58
1990—1994	3 068	6 185	101.60	5 340	74.05	5 337	73.96
1995—1999	3 571	5 123	43.46	4 701	31.64	3 410	-4.51
2001—2005	4 594	6 554	42.66	5 603	21.96	5 673	23.49
2006—2010	3 719	7 118	91.40	4 955	33.23	4 646	24.93
30 年平均	4 388	6 242	42.25	5 429	23.73	4 833	10.13
30 年总计	131 630	187 260	42.26	162 880	23.74	144 980	10.14

六、长期施肥重壤质潮土农田肥料回收率

（一）氮肥回收率

长期连续单施氮肥，氮肥的回收率随种植年限的增加呈不断下降趋势（图 10 - 10），在开始种植的 10 年，氮肥平均回收率可以达到 24.3%，之后氮肥平均回收率仅为 7.6%；随着种植年限的增加，氮钾配合施用（NK）的氮肥的回收率也逐年降低，平均回收率为 9.3%，氮磷配合（NP）在整个种植期氮的回收率都比较稳定，说明潮土的供钾能力较强，在一定时期内可以满足作物对钾素的吸收；氮磷钾配合（NPK）氮肥的回收率较高，平均为 37.4%，为各处理中最高的；氮肥和有机肥配合（NM），在种植前期氮的回收率相对较低，但是随着种植年限的增加，氮的回收率维持在较高水平；在长期氮肥与秸秆还田配合的条件下（NS），氮的回收率变化不大，平均为 20%。由此可见，在长期种植过程中，采用有机无机配合的施肥措施可有效地提高氮肥的回收率。

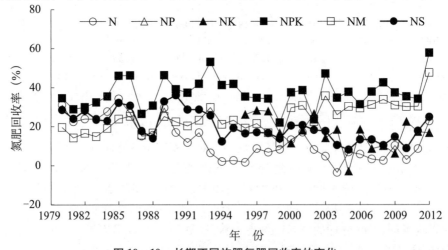

图 10 - 10　长期不同施肥氮肥回收率的变化

（二）磷肥回收率

从图 10 - 11 可以看出，随着种植年限的增加，磷肥的回收率有较大的波动性，其中 NS 处理的磷肥回收率相对较高，平均为 106.4%；在缺素处理中，磷钾配合（PK）处理的磷肥回收率显著低于其他处理，其磷肥平均回收率仅为 7.5%，而氮磷配合（NP）处理，磷肥的回收率较高，在整个种植过程中其磷肥平均回收率为 67.4%，与氮磷钾配合处理（NPK）的差异不大，再次证明该土壤的供钾能力较强。

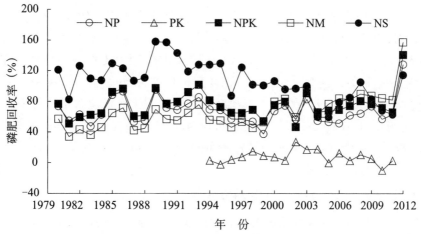

图 10 - 11　长期不同施肥磷肥回收率的变化

（三）钾肥回收率

在整个种植过程中，不同处理的钾肥的回收率也呈波动变化趋势（图 10 - 12），且不同处理之间的钾肥的回收率差异较大。其中 NPK 处理的钾肥的回收率明显高于其他处理，并且在整个种植过程中其回收率一直维持在较高水平，平均回收率达到了239.7%；NM 处理的钾的回收率相对也较高，并且在整个种植过程中的变化较小，平均回收率为 139.6%；NS 处理的钾的回收率变化较为平稳，但相对较低，其平均回收率仅为 69.8%；在缺素处理中，PK 处理的钾肥回收率最低，平均仅为 25.4%，显著低于其他处理。

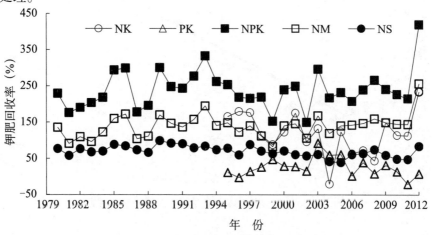

图 10 - 12　长期不同施肥钾肥回收率的变化

七、基于土壤肥力演变的重壤质潮土有机质快速提升技术

（一）长期有机物料投入可显著提高土壤有机质含量

土壤有机质是衡量土壤肥力高低的重要指标之一，它能促使土壤形成结构，改善土壤物理、化学和生物学条件，提高土壤的吸收性能和缓冲性能，同时它本身又含有植物所需要的各种养分，如碳、氮、磷、硫等。长期有机物料的投入能显著提高土壤有机质含量，潮土连续 33 年的耕作条件下，均衡施用无机肥（NPK）及氮肥与有机物料配合（NM，0.5NM，NS，NGM），土壤有机质年增加量分别达到 0.32g/kg，0.72g/kg，0.48g/kg，0.27g/kg 和 0.29g/kg。由 1979 年的中肥力土壤（有机质含量 17.6g/kg）到 2012 年均变为高肥力土壤（土壤有机质含量分别为 29.9g/kg，43.2g/kg，36.5g/kg，25.0g/kg 和 29.7g/kg）。有机肥料对增加潮土有机质含量的效果非常显著，无机肥平衡施用（NPK）对增加潮土有机质含量的效果也较好，其提升效果与 NS、NGM 处理相当。综合考虑，氮肥与秸秆还田配合，或氮肥与有机肥配合施用，是有效增加土壤有机质的重要措施。

（二）提升潮土有机质的有机物料投入量

天津潮土长期定位试验各处理有机碳增加量与其相应的碳投入量（未考虑根茬等有机物投入）呈显著线性相关（图 10－13）。由模拟的曲线方程可知，天津潮土有机碳转化效率为 0.090 8t/（hm²·a），即年投入 1t 的有机物料碳，其中 0.090 8t 能进入土壤有机碳库。统计分析表明，维持潮土有机碳含量（即有机碳变化量为 0t/hm²），每年无需额外投入有机碳，即相当于每年常规施用化肥和根茬等有机碳的投入量，即可使土壤碳增加。而要提高土壤有机质含量 10%，则每年每公顷需要投入发酵鸡粪 16t。

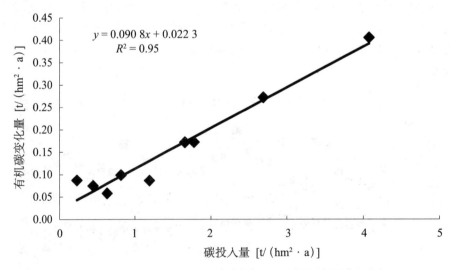

图 10－13　潮土有机碳含量对碳投入量的响应关系

八、主要结论与展望

（一）主要结论

综上所述，在潮土旱地上，施肥和耕作有利于土壤有机质的累积，但不同的施肥模式差异较大，仅施化肥土壤有机质含量增加了24.7%，氮肥和有机肥配合施用，土壤有机质可提高40%，氮肥加秸秆还田也是增加土壤有机质含量的有效途径，其有机质含量可增加29.1%。在该定位试验中，氮肥的施用量可以保持土壤氮素的平衡，在施用磷肥的各处理中，土壤磷素出现了一定的盈余；经过长期施肥处理，土壤钾素有一定的亏缺，土壤速效钾含量有一定程度的降低，但是土壤全钾含量均不同程度地增加，说明潮土的供钾能力较强，尤其是氮肥加秸秆还田，土壤钾素有一定的盈余，土壤全钾含量也增加了2.5%，可见秸秆还田是补充土壤钾的有效途径。

通过对长期定位试验中土壤有机质、养分含量以及作物产量的分析，表明氮肥与秸秆还田配合及氮肥与有机肥配施在保持作物高产的同时又可以提高土壤肥力，是两种比较好的施肥模式。

（二）研究展望

长期定位试验一般开始得较早，土壤肥力较低。目前，在农业生产中过量施肥现象普遍存在，土壤养分含量较高，如何把长期肥料定位试验的研究结果应用于高肥力土壤，将是需要解决的主要问题。在今后的研究中，应把长期肥料试验结果与肥料效应的试验相结合，更好地指导实际生产。

任顺荣、高伟、杨军

参考文献

[1] 鲍士旦.2000.土壤农化分析［M］.北京：中国农业出版社.

[2] 陈敏鹏，陈吉宁.2007.中国区域土壤表观氮磷平衡清单及政策建议［J］.环境科学，28（6）：1 305-1 310.

[3] 樊廷录，周广业，王勇，等.2004.甘肃省黄土高原旱地冬小麦—玉米轮作制长期定位施肥的增产效果［J］.植物营养与肥料学报，10（2）：127-131.

[4] 关松荫.1986.土壤酶及其研究法［M］.北京：中国农业出版社.

[5] 李东坡，武志杰，等.2003.长期培肥黑土脲酶活性动态变化及其影响因素［J］.应用生态学报，14（12）：2 208-2 212.

[6] 鲁如坤.2000.土壤农业化学分析方法［M］.北京：中国农业科学技术出版社.

[7] 鲁如坤.1998.土壤—植物营养原理与施肥［M］.北京：化学工业出版社.

[8] 王德芳，姚炳贵，高宝岩，等.2002.不同施肥处理对作物产量的影响—津郊潮土长期定位试验［J］.天津农业科学，8（2）：11-14.

[9] 王德芳，姚炳贵，高宝岩，等.2003.津郊潮土长期定位试验中施钾效应研究［J］.天津农业科学，9（1）：20-22.

[10] 王慎强，蒋其鳌，钦绳武，等.2001.长期施用有机肥与化肥对潮土土壤化学及生物学性质的影响［J］.中国生态农业学报，9（4）：67-69.

[11] 徐惠风，刘兴土.2009.长白山区沟谷沼泽乌拉苔草（Carex meyeriana）湿地土壤酶活性与

氮素、土壤微生物相关性研究［J］．农业环境科学学报，28（5）：946－950.

　　［12］徐明岗，梁国庆，张夫道，等．2006.中国土壤肥力演变［M］．北京：中国农业科学技术出版社.

　　［13］姚炳贵，姚丽竹，王萍，等.1997.津郊潮土磷素组成及其演变规律的定位研究［J］．华北农学报，12（3）：94－100.

　　［14］张鸿龄，梁成华，孙铁珩.2007.长期定位施肥对保护地土壤供钾特性的影响［J］．生态学杂志，26（9）：1 339－1 343.

第十一章　长期施肥褐土肥力演变与培肥技术

我国褐土面积 2 516 万 hm^2，主要分布于半干旱、半湿润偏旱的辽西、冀北、晋西北，以及燕山、太行山、吕梁山与秦岭等山地、丘陵和晋南、豫西、晋东南等处的盆地中。山西省是我国褐土分布最集中也是比较典型的区域，褐土面积 724.1 万 hm^2，占全国褐土总面积的 28.8%，山西省的主要耕作土壤中有 286.1 万 hm^2 是褐土。

褐土属于半淋溶土纲，半暖温半淋溶土亚纲。褐土主要发育在富含碳酸钙的母质上，组成褐土黏粒的主要矿物是水云母和蛭石类，褐土分布区的年降水量 450 ~ 600mm，年干燥度 1.2 ~ 1.3，其形成的气候特点是冬干夏湿、高温和多雨季节一致，导致土壤发育过程中石灰性物质在剖面中发生了淋溶和累积，同时伴随有黏粒的形成与淀积。根据褐土土壤成土发育程度及附加的其他成土过程特点，山西省褐土土类可划分为褐土、石灰性褐土、淋溶褐土、潮褐土和褐土性土 5 个亚类，其中褐土性土是山西省分布最广、面积最大的一个亚类，是山西省最主要的旱作农业土壤。

褐土性土是分布于褐土区内海拔 800 ~ 1 500m 丘陵低山地带、具有褐土的成土过程、但发育程度较差的一个褐土亚类。黏化钙积过程均处于初级阶段，通体有石灰反应，有明显的钙积层，但部位不定、厚度也不等，有黏化现象，一般无黏化层形成，母质特征明显。

一、褐土肥力和肥料效益长期试验概况

褐土肥力和肥效长期定位试验设在山西省寿阳县（北纬 37°58′23.0″、东经 113°06′38″），海拔 1 130m，试验地块基本平坦，褐土性土壤，成土母质为马兰黄土，土层深厚，地下水埋深在地表 50m 以下。属中纬度暖温带半湿润偏旱区大陆性季风气候区，年均气温 7.4 ℃，年均降水量 500mm，而年均蒸发量为年均降水量的 3 倍多，约 1 600 ~ 1 800mm。该区气候特征为一年四季分明、季节温差大、无霜期 130d 左右。

供试土壤剖面性状：0 ~ 30cm 为耕层，灰褐色，轻壤土，疏松，少量灰渣侵入，根系多；30 ~ 45cm 为犁底层，浅灰黄色，中壤土，紧实，少量灰渣侵入，根系中量；45 ~ 65cm，钙积层，浅黄红色，轻中壤土，有中量丝状钙积，较紧实，根系少量；65 ~ 200cm，心土层，浅黄色，轻壤土，较疏松。

长期定位试验始于 1992 年春。针对农业生产实际，采用三因素四水平正交设计，设置不同用量氮、磷化肥与有机肥配施以及不施肥对照（$N_0P_0M_0$）和单施高量有机肥（$N_0P_0M_6$），共 18 个处理，（具体处理和施肥量见表 11 – 1）。试验小区面积 66.7m^2，无重复，随机排列。秋季结合耕翻地将全部肥料一次施入。供试氮肥为尿素（含 N 46%），磷肥为过磷酸钙（含 P_2O_5 14%，太原），有机肥为牛粪（风干），其有机质含量 90.5g/kg、全氮 3.93g/kg、全磷（P_2O_5）1.37g/kg、全钾（K_2O）14.1g/kg。

试验开始时耕层土壤（0 ~ 20cm）基本性质为：有机质含量 23.8g/kg，全氮

1.05g/kg，全磷（P_2O_5）1.73g/kg，碱解氮 106.4mg/kg，有效磷 4.84mg/kg，速效钾 100mg/kg，pH 值 8.3。春季播种时间一般在 4 月 15—25 日，收获时间一般在 9 月 20 日—10 月 10 日。供试玉米品种 1992 年为中单 2 号、1993—1997 年为烟单 14 号、1998—2003 年为晋单 34 号，2004—2011 年为强盛 31 号。种植密度 49 500～52 500 株 hm^2。在玉米收获前分区取样，进行考种和经济性状测定，各小区单独测产，同时取植株分析样。玉米收获后的 10 月上中旬，在各小区按"之"字形采集 0～20cm、20～40cm 土壤，每区每层取 5 个点混合成一个样，室内风干，磨细过 1 mm 和 0.25 mm 筛，装瓶保存备用。

土壤有机质测定方法为重铬酸钾容量法，全氮测定采用半微量凯氏法，全磷测定采用碱熔—钼锑抗比色法。全钾测定采用 $HNO_3 - HCLO_4$ 消煮—火焰光度法。碱解氮测定采用碱解扩散法，硝态氮测定采用 2mol/L KCl 浸提流动注射分析仪分析。有效磷测定采用 Olsen 法，速效钾测定采用 1mol/L NH_4OAC 浸提—火焰光度法。土壤含水量测定采用烘干法；土壤容重和三相比采用 DZK - 1130 型三相测定仪测定。微生物生物量 C 用熏蒸提取—容量分析法测定，微生物生物量 N 用熏蒸提取—全氮测定法测定，脲酶使用靛酚盐比色法测定，碱性磷酸酶使用磷酸苯二钠比色法测定。玉米植株和籽粒样品的全氮、全磷和全钾含量，用 $H_2SO_4 - H_2O_2$ 消煮后、分别用凯氏定氮法、钒钼黄比色法和火焰光度计法测定。

表 11 - 1　长期定位试验不同施肥处理和施肥量　　　　　（单位：kg/hm^2）

处理	施肥量			处理	施肥量		
	氮（N）	磷（P_2O_5）	有机肥（M）		氮（N）	磷（P_2O_5）	有机肥（M）
$N_1P_1M_0$	60	37.5	0	$N_3P_2M_3$	180	75.0	67 500
$N_1P_2M_1$	60	75.0	22 500	$N_3P_3M_0$	180	112.5	0
$N_1P_3M_2$	60	112.5	45 000	$N_3P_4M_1$	180	150.0	22 500
$N_1P_4M_3$	60	150.0	67 500	$N_4P_1M_3$	240	37.5	67 500
$N_2P_1M_1$	120	37.5	22 500	$N_4P_2M_2$	240	75.0	45 000
$N_2P_2M_0$	120	75.0	0	$N_4P_3M_1$	240	112.5	22 500
$N_2P_3M_3$	120	112.5	67 500	$N_4P_4M_0$	240	150	0
$N_2P_4M_2$	120	150.0	45 000	$N_0P_0M_0$	0	0	0
$N_3P_1M_2$	180	37.5	45 000	$N_0P_0M_6$	0	0	135 000

二、长期不同施肥褐土有机质和氮、磷的演变规律

（一）土壤有机质的演变规律

土壤有机质既是植物矿质营养和有机营养的源泉，又是土壤微生物的能源物质，同时也是形成土壤结构的重要因素（史吉平，1998）。长期施用有机肥和化肥对土壤有机质都具有一定的影响，从寿阳褐土长期试验不同施肥 20 年后的结果可以看出（图 11 - 1），不施肥与单施氮、磷肥各处理土壤有机质含量呈现逐年下降趋势，各处理土壤有机质年减少速率分别为 $N_0P_0M_0$ 0.21g/（kg·a），$N_1P_1M_0$ 0.23g/（kg·a），$N_2P_2M_0$ 0.23g/（kg·a），$N_3P_3M_0$ 0.19g/（kg·a），$N_4P_4M_0$ 0.16 g/（kg·a）。而氮磷化肥和有机肥

配施可以有效地减缓土壤有机质的下降，$N_2P_1M_1$处理的下降速率为 0.15 g/(kg·a)，而 $N_3P_2M_3$ 和 $N_4P_2M_2$ 处理土壤有机质则略有提高，分别为 0.06 g/(kg·a) 和 0.05 g/(kg·a)。单施高量有机肥（$N_0P_0M_6$）处理可以显著增加土壤有机质含量，其增速为 0.38 g/(kg·a)。经过 20 年的耕作施肥发现，氮磷化肥与有机肥配施各处理的土壤有机质含量（2011年）分别为 $N_2P_1M_1$ 16.3g/kg，$N_3P_2M_3$ 21.6g/kg，$N_4P_2M_2$ 24.8g/kg，比对照（$N_0P_0M_0$ 15g/kg）分别上升 8.7%、44.0%、65.3%。由于有机肥投入量的不同，各处理间差异较明显。而大量施用有机肥的 $N_0P_0M_6$ 处理土壤有机质含量为 29.4g/kg，较不施肥处理提高 96.0%，说明随有机肥施入量的增加，土壤有机质含量明显提高。

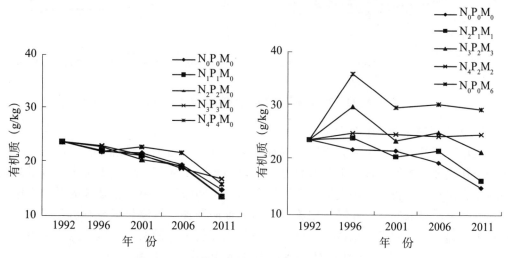

图 11-1　长期不同施肥土壤有机质含量的变化

（二）土壤氮素的演变规律

1. 土壤全氮含量的变化

土壤中的氮素绝大部分以有机态存在，其含量和分布与土壤中有机物质的形成量和分解量密切相关。长期施肥、温度、水分、土壤质地等因素均对土壤氮素的分布与转化产生显著影响（李菊梅等，2003）。从图 11-2 可以看出，不施肥与单施氮、磷化肥各处理肥的土壤全氮含量呈现逐年下降趋势，$N_0P_0M_0$、$N_1P_1M_0$、$N_2P_2M_0$、$N_3P_3M_0$、$N_4P_4M_0$ 处理的土壤全氮减少量分别为 0.007g/(kg·a)、0.003g/(kg·a)、0.004g/(kg·a)、0.004g/(kg·a)、0.003g/(kg·a)，说明高量和超高量施用氮肥并不能提高土壤中的全氮含量。而氮磷化肥与有机肥配施可以有效地提高土壤的全氮含量，同时随着有机肥投入量的增加各处理全氮含量随之增加，年增率分别为 $N_2P_1M_1$ 0.001g/(kg·a)、$N_4P_2M_2$ 0.009g/(kg·a)、$N_3P_2M_3$ 0.011g/(kg·a)。单施高量有机肥的 $N_0P_0M_6$ 处理土壤全氮含量显著增加，年增速为 0.031g/(kg·a)。经过 20 年的耕作和施肥发现，氮磷化肥与有机肥配施各处理的土壤全氮含量在 2011 年时分别为 $N_2P_1M_1$ 0.98g/kg、$N_3P_2M_3$ 1.21g/kg、$N_4P_2M_2$ 1.37g/kg，较不施肥对照（$N_0P_0M_0$ 0.88g/kg）提高了 11.6%、37.5%、55.7%，不同有机肥施入量的各处理间差异显著。单施高量有机肥的 $N_0P_0M_6$ 处理土壤全氮含量为 1.97g/kg，较不施肥对照提高 123.9%。长期施用氮肥虽然能提高土壤的供氮能力，但是真正能增加土壤有机氮库、显著提高土壤供氮能力并使土壤在供氮方式上具有渐进性和持续性的只有施用有机肥。但在生产中有机肥的施用量要合理，过量施用虽然可以提高土壤的全氮含量，同时也可能会造成土壤中氮素的富集，从而导致生态环境的污染。

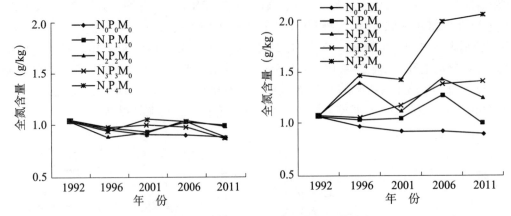

图 11-2　长期不同施肥土壤全氮含量的变化

2. 土壤碱解氮含量的变化

土壤碱解氮表示土壤可为当季作物提供氮的强度，当土壤碱解氮含量高时，土壤为当季作物提供的氮较多。土壤碱解氮的变化趋势与全氮相一致，土壤全氮含量高则碱解氮含量也相对较高。从表 11-2 可以看出，长期施用氮磷化肥处理的耕层土壤碱解氮含量有明显的提高，并随氮肥施用量的增加而增加，氮磷化肥与有机肥配施的效果更加明显，有机肥投入量越大，碱解氮增加幅度越大。耕层土壤碱解氮含量由高到低依次 $N_0P_0M_6 > N_3P_2M_3 > N_4P_4M_0 > N_3P_3M_0 > N_4P_2M_2 > N_2P_1M_1 > N_2P_2M_0 > N_1P_1M_0 > N_0P_0M_0$。由此可见，施有机肥有利于提高土壤当季作物的供氮能力，同时可降低氮肥投入量，减少其对环境的影响。不施肥对照处理的耕层土壤碱解氮含量近 15 年间处于相对稳定的范围内，这与作物吸收消耗较少（作物产量较低）、作物残茬腐解及干湿沉降等有关。

表 11-2　长期不同施肥土壤碱解氮含量的变化

处　理	碱解氮含量						
	基础样 （mg/kg）	1996 年 （mg/kg）	2001 年 （mg/kg）	2006 年 （mg/kg）	2011 年 （mg/kg）	1996—2011 平均值（mg/kg）	比对照增加 （%）
$N_0P_0M_0$	106.40	87.00	72.80	72.20	71.50	75.88	—
$N_1P_1M_0$	106.40	100.00	71.20	75.50	79.80	81.63	7.58
$N_2P_2M_0$	106.40	89.50	82.20	81.00	79.80	83.13	9.56
$N_3P_3M_0$	106.40	84.20	105.30	109.10	112.80	102.85	35.55
$N_4P_4M_0$	106.40	91.10	122.80	103.00	103.20	105.03	38.42
$N_2P_1M_1$	106.40	87.80	78.90	86.70	94.40	86.95	14.60
$N_3P_2M_3$	106.40	141.50	91.90	100.80	109.60	110.95	46.23
$N_4P_2M_2$	106.40	104.10	88.70	95.70	102.70	97.80	28.90
$N_0P_0M_6$	106.40	122.8	126.1	139.5	114.6	125.75	65.7

3. 土壤剖面中硝态氮含量与分布

2008 年各处理 0~300cm 剖面 NO_3-N 的测定结果（图 11-3）表明，不施肥

230

（$N_0P_0M_0$）整个剖面硝态氮含量都非常低，0～300cm 硝态氮含量为 0.33～9.84mg/
kg。如果将不施肥处理 0～300cm 土壤剖面的 NO_3^--N 含量视为自然土壤的 NO_3^--N
含量标准，其他处理与之比较，若含量大于 1.02mg/kg，说明多余部分是由施肥引起并
从上层淋溶或迁移下来的；若含量小于不施肥处理的对应层次的含量，说明没有 NO_3^--N
的迁移。从图 11-3 可以看出，施肥量低的 $N_1P_1M_0$ 处理与 $N_0P_0M_0$ 处理的 NO_3^--N 的分布
趋势非常接近，整个剖面硝态氮含量也非常低，0～300cm 各土层硝态氮含量为 0.25～
14.22mg/kg，但其各层含量比 $N_0P_0M_0$ 对应层次的含量稍高，300cm 处的含量为
1.88mg/kg，大于 $N_0P_0M_0$ 处理（0.54mg/kg），可以认为 60cm 以下土层稍有 NO_3^--N
的迁移，但是整个剖面没有 NO_3^--N 累积。$N_1P_1M_0$ 处理年施 N 60kg/hm²、P_2O_5
37.5kg/hm²，其整个剖面的硝态氮含量也非常低，主要是因为施肥量低，其中的氮肥
用量不能满足作物生长的需要，土壤中的氮素处于亏缺状态。

$N_2P_2M_0$ 处理 0～20cm 土层的 NO_3^--N 含量为 26.86mg/kg；20～40cm 含量升高至峰
值，为 29.20mg/kg，40～60cm 处含量降低，160cm 处又升高接近峰值，为 27.53mg/kg，
300cm 处的含量达 6.32mg/kg，平均含量为 12.82mg/kg。$N_3P_3M_0$ 和 $N_4P_4M_0$ 两个处理的
NO_3^--N 在 0～300cm 剖面中的含量都很高，其平均含量分别是 $N_0P_0M_0$ 处理的 18 倍和
26 倍，整个剖面均有 NO_3^--N 的迁移。$N_3P_3M_0$ 处理 0～20cm 土层的 NO_3^--N 含量最
高，达 66.31mg/kg，20cm 以下含量下降，80cm 处又渐渐升高，至 160cm 处接近最高
含量，为 61.69mg/kg，300cm 处的含量为 3.72mg/kg，平均含量 31.13mg/kg；$N_4P_4M_0$
处理 0～300cm 剖面硝态氮分布趋势与 $N_3P_3M_0$ 处理基本相同，整个剖面出现两个峰值，
140cm 处出现最高峰值，为 93.66mg/kg，300cm 处的含量为 15.52mg/kg，平均含量为
44.56mg/kg。Lars Bergstorm 等的试验结果表明，施氮量在 N 100～200kg/hm² 范围内，
淋溶量随施氮量的增加而增加。研究表明（李生秀，1995），氮肥用量为 187.5kg/hm²，
淋失量相当于施氮量的 36.2%；氮肥用量为 375kg/hm²，淋失量相当于施氮量的
38.3%。$N_3P_3M_0$ 和 $N_4P_4M_0$ 两个处理 0～300cm 剖面 NO_3^--N 含量较高，而且有很明显
的向下迁移。$N_2P_2M_0$ 处理 NO_3^--N 平均含量较 $N_3P_3M_0$、$N_4P_4M_0$ 两个处理低，在 80～
240cm 剖面土体中，其含量也较 $N_3P_3M_0$、$N_4P_4M_0$ 处理对应的土层低。说明长期施较高
量或高量的化肥，土壤硝态氮会大量积累和淋移；氮肥和磷肥合理配施可使土壤剖面
中的硝态氮累积量适当降低。

长期施用高量有机肥的 $N_0P_0M_6$ 处理，0～20cm 土层的 NO_3^--N 含量为 14.22mg/kg，
40～80cm 土层有所降低，80cm 以下土层含量逐渐升高，120～140cm 土层其含量最高，
达 49.58mg/kg，140cm 以下则含量逐渐降低，280～300cm 土层其含量为 1.78mg/kg，说
明长期单施高量有机肥也会导致土壤硝态氮的累积和淋移。有机肥与化肥配施对土壤中
NO_3^--N 的影响主要与化肥的施用量有关。$N_2P_1M_1$ 处理与 $N_0P_0M_6$ 处理的 NO_3^--N 含量及
分布趋势非常接近，其平均含量是 $N_0P_0M_0$ 的 11 倍左右，160cm 处出现最高峰值，为
44.32mg/kg。有机无机配施的高量施肥处理 $N_3P_2M_3$ 和 $N_4P_2M_2$，其 0～300cm 土体
NO_3^--N 含量显著增加，二者均在 160cm 处出现最高峰值，分别为 147.42mg/kg、
130.75mg/kg。$N_4P_2M_2$ 处理的土壤硝态氮除在 140cm 以上的土壤层中含量较高外，在
140cm 以下的土层中的分布也较多，说明两处理的土壤硝态氮已经淋失到下层土壤。
由此可以得出，长期合理施用有机肥及有机肥与化肥合理配合施用能有效地减少硝酸

盐的淋失，缓解硝态氮在土壤中的积累。

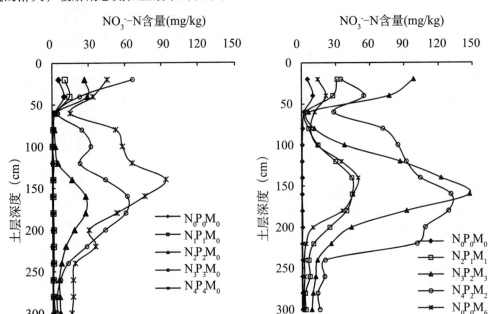

图 11-3　长期不同施肥土壤剖面中硝态氮的分布（2008 年）

（三）土壤磷素的演变规律

1. 土壤全磷含量的变化

磷是植物生长发育不可缺少的营养元素之一，既可以作为植物体内许多有机化合物的组成成分，又能以各种形式参与植物体内的新陈代谢过程。植物的生长成熟与土壤中磷的供应能力息息相关，磷可以直接影响植物的生长发育，同时影响植株收获物的品质。土壤全磷量即磷的总贮量，包括有机磷和无机磷两大类。土壤中的磷素大部分是以缓效性状态存在，因此土壤全磷含量并不能作为土壤磷素供应的指标，全磷含量高时并不意味着磷素供应充足，而全磷含量低于某一水平时，却可能意味着磷素的供应不足。通过 20 年土壤全磷含量的测定结果（图 11-4）可以看出，除不施肥处理外其他各处理的全磷含量均呈逐年上升的趋势，并且单施氮磷化肥各处理的土壤全磷含量随着磷肥施用量的增加而增加，各处理土壤全磷年增长速率分别为 $N_1P_1M_0$ 0.008g/（kg·a）、$N_2P_2M_0$ 0.009g/（kg·a）、$N_3P_3M_0$ 0.015g/（kg·a）、$N_4P_4M_0$ 0.022g/（kg·a）。氮磷化肥与有机肥配施的各处理土壤全磷含量随着有机肥投入量的增加而升高，各处理年增长速率为 $N_2P_1M_1$ 0.009g/（kg·a），$N_4P_2M_2$ 0.022g/（kg·a），$N_3P_2M_3$ 0.026g/（kg·a）。单施高量有机肥的 $N_0P_0M_6$ 处理土壤全磷含量显著增加，年增长速率为 0.031g/（kg·a）。经过 20 年的耕作和施肥发现，氮磷化肥与有机肥配施各处理的土壤全磷含量（2011 年）分别为 $N_2P_1M_1$ 2.01g/kg、$N_3P_2M_3$ 2.89g/kg、$N_4P_2M_2$ 2.31g/kg，比不施肥对照（$N_0P_0M_0$ 1.86g/kg）分别提高 8.1%、55.4%、24.2%。而单施高量有机肥的 $N_0P_0M_6$ 处理土壤全磷含量为 2.88g/kg，较 $N_0P_0M_0$ 处理提高 54.8%。全磷虽然不能作为土壤磷素供应能力的指标，但是由于长期施用磷肥造成了土壤中的全磷富集，导致土壤中存在大量的缓效磷。因此，如何提高土壤中有机磷的矿化与难溶性磷酸盐的溶解使之转化为植物可利用的有效磷，提高土壤磷素供应能力，减少生态环境的污染是今后科研工作的重点。

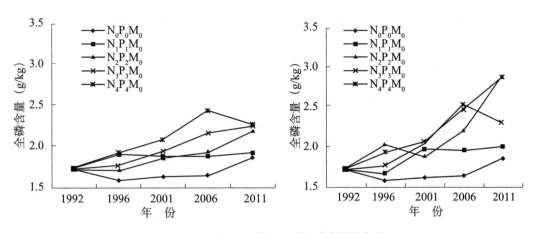

图 11 - 4 长期不同施肥土壤全磷含量的变化

2. 土壤有效磷含量的变化

土壤有效磷是土壤中可被植物直接吸收的磷组分，是土壤磷素养分供应水平高低的重要指标，在农业生产中一般采用土壤有效磷作为指导施磷肥的指标，有效磷含量是决定磷肥效果的主要因素。通过对长期不同施肥试验土壤有效磷的含量分析，土壤中有效磷的变化趋势与全磷相一致。从图 11 - 5 可以看出，长期施用氮、磷化肥的处理耕层土壤有效磷含量明显提高，并随磷肥施用量的增加而增加，各处理的年增加速率为 $N_1P_1M_0$ 0.47mg/(kg·a)，$N_2P_2M_0$ 0.65mg/(kg·a)，$N_3P_3M_0$ 1.07mg/(kg·a)，$N_4P_4M_0$ 1.54mg/(kg·a)。当氮磷化肥与有机肥配施时土壤有效磷含量的增加更为显著，有机肥投入量大的处理，有效磷含量也高，如 $N_2P_1M_1$ 处理的有效磷年增加速率为 0.87mg/(kg·a)，$N_3P_2M_3$ 为 2.17mg/(kg·a)，$N_4P_2M_2$ 为 2.70mg/(kg·a)。单施高量有机肥的处理有效磷年增速率最高，为 3.36mg/(kg·a)。由此可见，施有机肥有利于提高土壤有效磷的供应能力，可降低化学磷肥的投入，但同时也应考虑有机肥的合理施用量，减少其对环境的影响。

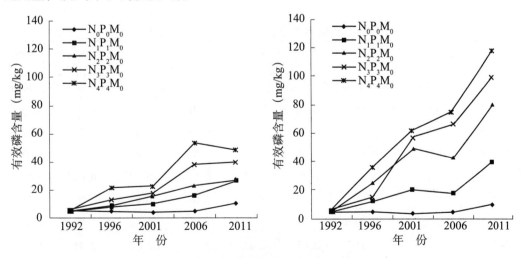

图 11 - 5 长期不同施肥土壤有效磷含量的变化

3. 土壤有效磷与全磷的相关性

长期施肥条件下不同施肥处理土壤有效磷和全磷存在相似的变化趋势。有效磷与全磷的关系可分为 3 类，单施氮磷化肥处理（$N_1P_1M_0$、$N_2P_2M_0$、$N_3P_3M_0$、$N_4P_4M_0$），氮磷化肥与有机物配施和单施高量有机肥处理（$N_2P_1M_1$、$N_3P_2M_3$、$N_4P_2M_2$、$N_0P_0M_6$），以及不施肥对照处理（$N_0P_0M_0$）。结果（表 11 -3）表明，三类处理中，土壤有效磷与全磷之间均有显著的正相关关系，土壤全磷每增加 1.00g/kg，有效磷则相应分别增加 63.37mg/kg、71.89mg/kg 和 22.00mg/kg。

表 11 -3　土壤有效磷与全磷的相关关系

处　理	有效磷与全磷的相关方程	相关系数 R^2	样本数（n）
$N_1P_1M_0$、$N_2P_2M_0$、$N_3P_3M_0$、$N_4P_4M_0$	$y = 63.37x - 103.2$	0.852	16
$N_2P_1M_1$、$N_3P_2M_3$、$N_4P_2M_2$、$N_0P_0M_6$	$y = 71.89x - 105.6$	0.701	16
$N_0P_0M_0$	$y = 22.00x - 31.71$	0.935	4

注：y 为土壤有效磷含量（mg/kg）；x 为土壤全磷含量（g/kg）

（四）土壤微量元素有效含量的变化

长期定位试验中，氮磷化肥与有机肥配合的处理在 1992 年春季时 0～20cm、20～40cm 土层基础土样的有效锌含量分别为 0.75mg/kg、0.76mg/kg，有效锰含量分别为 18.18mg/kg、16.46mg/kg，有效铜含量分别为 1.95mg/kg、1.99mg/kg，有效铁含量分别为 12.52mg/kg、11.10mg/kg。从表 11 -4 可以看出，氮磷化肥与有机肥配合施用可以显著提高耕层（0～20cm）土壤中的有效锌含量，单施高量有机肥土壤有效锌含量增加更为明显。单施化肥及氮磷化肥与有机肥配施处理的土壤有效锰含量随试验年限的增加有明显下降趋势（表 11 -5），只有单施高量有机肥的处理，在试验的 20 年（2011 年）后还可以维持耕层（0～20cm）土壤的有效锰含量不降低。施肥 20 年后，各处理 0～20cm 土层土壤中的有效铜含量均有所提高，单施高量有机肥的处理有效铜含量增加最多，达 3.61mg/kg（表 11 -6）。单施化肥处理的土壤有效铁含量均呈下降趋势（表 11 -7），氮磷化肥与有机肥配施处理的两个土层中的有效铁含量 2011 年与试验开始时（1992 年）的基础土壤差异不显著，只有单施高量有机肥的处理有效铁含量显著提高。

表 11 -4　长期不同施肥土壤有效锌（Zn）含量的变化　　　　（单位：mg/kg）

处　理	1996 年 10 月有效锌含量		2001 年 10 月有效锌含量		2006 年 10 月有效锌含量		2011 年 10 月有效锌含量	
	0～20cm	20～40cm	0～20cm	20～40cm	0～20cm	20～40cm	0～20cm	20～40cm
$N_0P_0M_0$	0.87	0.48	0.86	0.42	1.01	0.35	1.18	0.79
$N_1P_1M_0$	0.77	0.34	0.74	0.67	0.87	0.33	0.76	0.31
$N_2P_2M_0$	0.74	0.40	0.91	0.46	0.92	0.46	1.27	1.08
$N_3P_3M_0$	0.94	0.36	0.79	0.37	0.77	0.23	0.86	0.41
$N_4P_4M_0$	0.99	0.61	0.98	0.44	1.00	0.47	0.97	0.53
$N_2P_1M_1$	0.95	0.50	1.33	0.78	1.91	0.50	2.11	0.89
$N_3P_2M_3$	1.95	0.51	2.02	1.02	2.33	0.77	2.88	2.56
$N_4P_2M_2$	0.91	0.44	1.77	0.68	2.37	1.95	3.68	1.34
$N_0P_0M_6$	2.30	1.32	2.81	2.82	4.19	3.12	5.19	2.25

表 11 – 5　长期不同施肥土壤有效锰（Mn）含量的变化　　　　（单位：mg/kg）

处　理	1996 年 10 月 有效锰含量		2001 年 10 月 有效锰含量		2006 年 10 月 有效锰含量		2011 年 10 月 有效锰含量	
	0～20cm	20～40cm	0～20cm	20～40cm	0～20cm	20～40cm	0～20cm	20～40cm
$N_0P_0M_0$	19.31	11.48	19.2	13.48	11.46	7.66	7.56	11.00
$N_1P_1M_0$	16.68	10.45	15.46	9.37	11.20	7.49	5.85	3.61
$N_2P_2M_0$	16.83	10.60	19.17	11.41	11.89	8.82	5.50	10.65
$N_3P_3M_0$	24.41	12.30	19.88	13.42	11.19	6.21	4.25	3.71
$N_4P_4M_0$	21.52	14.57	25.53	13.31	11.12	6.85	5.32	6.02
$N_2P_1M_1$	18.61	12.55	22.28	11.78	16.83	8.52	5.60	4.80
$N_3P_2M_3$	20.65	12.72	24.57	18.14	17.63	9.34	5.56	9.92
$N_4P_2M_2$	21.96	12.54	27.85	18.23	17.76	9.60	5.90	4.47
$N_0P_0M_6$	35.20	22.61	30.57	14.66	21.97	10.42	18.61	5.59

表 11 – 6　长期不同施肥土壤有效铜（Cu）含量的变化　　　　（单位：mg/kg）

处　理	1996 年 10 月 有效铜含量		2001 年 10 月 有效铜含量		2006 年 10 月 有效铜含量		2011 年 10 月 有效铜含量	
	0～20cm	20～40cm	0～20cm	20～40cm	0～20cm	20～40cm	0～20cm	20～40cm
$N_0P_0M_0$	1.67	1.54	1.95	1.64	1.71	1.45	2.08	1.75
$N_1P_1M_0$	1.88	1.43	1.90	1.73	1.69	1.45	2.14	1.88
$N_2P_2M_0$	1.82	1.44	1.84	1.70	1.71	1.51	2.45	2.20
$N_3P_3M_0$	1.93	1.55	2.06	1.74	1.73	1.35	2.26	1.54
$N_4P_4M_0$	2.19	1.82	2.08	1.84	1.74	1.68	2.20	1.67
$N_2P_1M_1$	1.79	1.60	1.94	1.81	1.88	1.48	2.65	2.10
$N_3P_2M_3$	1.87	1.49	2.50	1.98	1.95	1.62	2.70	2.58
$N_4P_2M_2$	1.86	1.69	2.35	1.93	2.06	1.88	2.86	1.78
$N_0P_0M_6$	2.12	2.00	2.88	2.10	2.91	3.07	3.61	2.37

表 11 – 7　长期不同施肥土壤有效铁（Fe）含量的变化　　　　（单位：mg/kg）

处　理	1996 年 10 月 有效铁含量		2001 年 10 月 有效铁含量		2006 年 10 月 有效铁含量		2011 年 10 月 有效铁含量	
	0～20cm	20～40cm	0～20cm	20～40cm	0～20cm	20～40cm	0～20cm	20～40cm
$N_0P_0M_0$	10.89	9.00	10.81	9.22	7.14	7.15	7.89	8.75
$N_1P_1M_0$	12.36	8.83	10.8	8.97	11.35	10.98	8.07	8.03
$N_2P_2M_0$	12.16	8.80	10.88	9.19	11.38	8.11	9.55	10.15
$N_3P_3M_0$	13.74	9.07	12.77	9.95	8.69	6.11	8.83	7.49
$N_4P_4M_0$	13.24	11.06	13.56	10.21	8.62	8.19	8.76	8.40
$N_2P_1M_1$	13.02	10.37	11.79	10.34	13.12	10.20	10.94	10.29
$N_3P_2M_3$	15.75	10.27	15.03	11.20	11.90	8.91	11.99	14.34
$N_4P_2M_2$	13.64	9.54	16.42	11.54	10.57	9.82	13.21	10.75
$N_0P_0M_6$	23.86	13.44	18.87	15.23	16.88	14.08	17.11	13.64

三、长期不同施肥褐土 pH 值的变化

土壤 pH 值是土壤重要的化学性质，对土壤肥力有很大影响。土壤微生物的活动、土壤有机质的分解，土壤营养元素的释放与转化及土壤发生过程中的元素迁移，都与土壤 pH 值有关。20 年长期定位试验不同施肥处理的结果（图 11 - 6）表明，除不施肥处理外，单施化肥各处理的土壤 pH 值均出现逐年上升的趋势，随着肥料施用量的增加，pH 值逐年增加，与试验初始值 8.3 比较，$N_1P_1M_0$ 处理 pH 值提高了 0.058，$N_2P_2M_0$ 提高了 0.066，$N_3P_3M_0$ 提高了 0.12，$N_4P_4M_0$ 提高了 0.158。主要原因是试验施用的氮肥为尿素，尿素在水的作用下分解成氨水和二氧化碳，而氨水呈碱性。而氮磷化肥与有机肥配施处理的土壤 pH 值则出现逐年下降趋势，与试验初始值相比，$N_2P_1M_1$ 处理的 pH 值降低了 0.042，$N_3P_2M_3$ 降低了 0.12，$N_4P_2M_2$ 降低了 0.14。单施高量有机肥的处理 pH 值降低得最多，降低了 0.22。原因在于施有机肥可以增加土壤中的有机质含量，有机质中含有大量的腐殖酸等，可降低土壤的 pH 值。另外，有机质还能有效地吸附土壤中的正负离子，并促进土壤团粒结构的形成，是天然的土壤酸碱缓冲剂，可对土壤酸碱度进行调节，使碱性土壤的 pH 值下降。

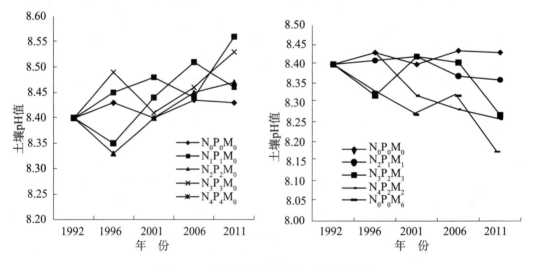

图 11 - 6　长期不同施肥土壤 pH 值的变化

四、长期不同施肥褐土微生物量碳、氮含量及酶活性

（一）土壤微生物量碳、氮含量的变化

氮磷化肥与有机肥配合处理（2007 年）的 0~20cm 土层土壤微生物量碳在玉米不同生育期的变化如图 11 - 7 所示。将玉米生育期分为前期、中期、后期，从图 11 - 7 可以看出，不施肥处理的微生物量碳在生育中期最大，整个生育期呈先增大再减小的趋势；长期中量、高量单施化肥，中量、高量有机无机肥配施及高量有机肥处理的微生物量碳均呈先增大再减小的趋势；低量单施化肥和低量有机无机肥配施处理的微生物量碳呈增加趋势。其原因是不施肥和施低量肥不能为土壤输入新的碳源，导致土壤中的 C/N 比下降，加速了土壤中有机碳的减少，玉米生育中期也是微生物迅速繁殖的时

期，缺少碳源会使微生物的繁殖较慢，微生物量碳达到最大值需要更长的时间。

图 11 - 7 还表明，长期单施化肥处理（$N_1P_1M_0$、$N_4P_4M_0$）的微生物量氮在玉米生育中期最大，整个生育期呈先增加再减少的趋势；氮磷化肥与有机肥配施（$N_2P_1M_1$、$N_4P_2M_2$）及长期单施高量有机肥（$N_0P_0M_6$）处理的微生物量氮均呈先增加后减少的趋势；不施肥（$N_0P_0M_0$）及 $N_3P_2M_3$ 处理的微生物量氮呈先减少后增加的趋势；长期单施化肥（$N_2P_2M_0$、$N_3P_3M_0$）处理的微生物量氮呈减少趋势。

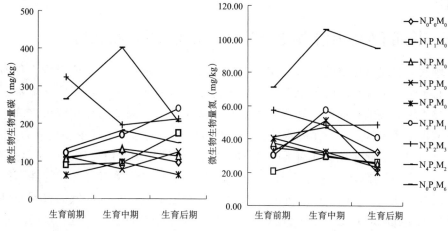

图 11 - 7　长期不同施肥玉米生育期微生物量碳和氮的变化（2007 年）

（二）土壤酶活性的变化

2007 年测定的不同处理在玉米不同生育期 0 ~ 20cm 土层土壤脲酶活性的结果见图 11 - 8。从图 11 - 8 可以看出，不施肥处理的脲酶活性在玉米生育中期最小，整个生育期脲酶活性呈先减小再增大的趋势，且不同时期的活性变化不大，基本保持稳定。其原因可能是长期不施肥导致土壤中缺乏被脲酶作用的底物，影响了脲酶活性。其他处理的脲酶活性均呈先增加再减小的趋势。

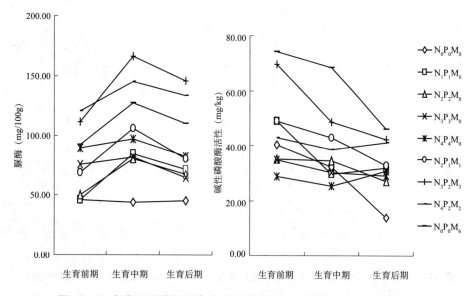

图 11 - 8　长期不同施肥玉米生育期土壤脲酶和碱性磷酸酶活性的变化

单施化肥（$N_1P_1M_0$、$N_4P_4M_0$）及化肥与有机肥配施（$N_4P_2M_2$）处理的碱性磷酸酶活性在玉米生育中期最小（图11-8），碱性磷酸酶活性呈先减小再增大的趋势。其他处理碱性磷酸酶活性均呈下降趋势。单施高量有机肥处理的碱性磷酸酶活性在玉米生长的各个时期均高于其他处理。说明施入大量有机肥可以提高土壤的碱性磷酸酶，并能保持其稳定在较高的水平。与玉米生育前相比，生育后期的碱性磷酸酶活性几乎所有处理都减少，可能是因为秋季的气温和土壤表层温度下降，影响了土壤的碱性磷酸酶活性。

五、长期不同施肥土壤水分贮量的变化及其作物利用

土壤水分状况对作物的光合作用、生长发育和产量形成均有重要影响。我国褐土主要分布于半干旱、半湿润偏旱区，作物生长发育所需水分主要依靠自然降水，自然降水通过土壤的接纳和储存，转化为土壤水，从而持续不断地为作物提供水分。褐土分布区域自然降水特点：一是降水量有限，季节分配不均匀，冬春季多大风而降水少，春旱十分突出，因此避免春播前土壤水分的散失、保证作物全苗对作物产量至关重要；二是55%~70%的降水集中在6月、7月、8月3个月内，常有强度大的降雨产生径流，造成水土流失，所以提高水分的入渗速率十分重要。针对该区域的自然条件，了解和掌握长期施肥对褐土土壤水分状况的影响，可为我国褐土区制定合理的施肥培肥措施，充分利用有限的自然降水资源提供科学依据。

（一）土体水分贮量的变化

土体贮水量主要受年际降水量的影响，年降水量大则当年秋季土体贮水量多、年降水量少则当年秋季土体贮水量下降；施肥对土体贮水量也有一定程度的影响，降水量大时施肥对土体贮水量的影响就大，在特别干旱年份各施肥处理的土体贮水量基本趋于一致（图11-9）。

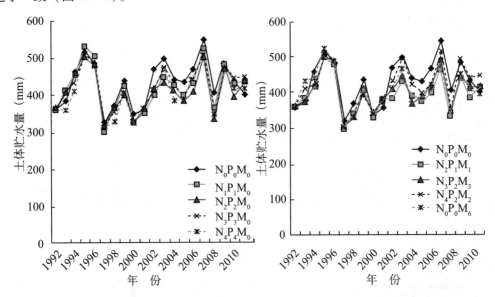

图11-9 长期不同施肥2m土体贮水量的变化（1992—2011年每年10月的贮水量）

不施肥处理由于作物产量低，土壤水分没有被作物充分吸收利用，土体的贮水量

较高；单施化肥处理的土体贮水量有随化肥施用量的增加而减少的趋势，过量施用化肥可能导致土壤水分过多无效损耗；化肥与有机肥配合处理的土体贮水量随有机肥用量的增加而增多（图 11 - 10），主要是有机肥具有增加降水入渗、减少土壤水分过度散失的作用。与 1992 年 4 月 18 日试验开始前 2m 土体贮水量（358.8mm）相比，2010 年 4 月各施肥处理的土体贮水量均有所增多，说明在一定时段内、在目前的种植制度和施肥水平下，褐土土体贮水量能够保持相对稳定的水平。

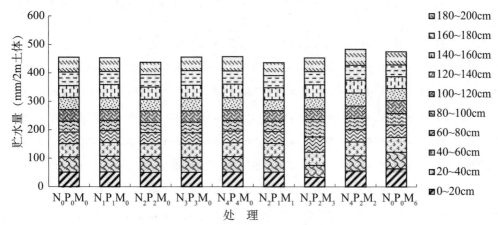

图 11 - 10　长期不同施肥 2m 土体的贮水量（2010 年 4 月）

（二）玉米对土壤水的利用

不施肥和施低量化肥玉米生育期耗水总量最低，过量施用化肥耗水量最高，单施有机肥耗水较少（表 11 - 8）。各年度不同施肥水平玉米生育期的耗水量差异较大，但从 20 年间土体贮水量结果看，土壤有自我调节水分供应的能力，在现阶段的施肥水平条件下，没有造成土壤水分的过渡耗竭。寿阳县长期施肥定位试验的春玉米年平均耗水 389.2 ~ 406.9mm，按照屯留、长武、喀左等地区春玉米平均需水量约 500mm 计算，满足率为 77.2% ~ 81.2%，其中，来自降水约占 94.6% ~ 99.5%，来自土壤贮水供应的占 0.5% ~ 5.4%，土壤贮水供应量很少，但不同降水年型的差异则十分明显。干旱年份土壤贮水量对玉米生长发育所需水分的供应起着十分重要的作用。

从表 11 - 9 可以看出，2007 年玉米生育期降水量 451.5mm，玉米耗水量在 370.3 ~ 431.3mm，玉米生长发育过程的耗水全部来自于生育期降水，土壤贮水量增加了 20.2 ~ 81.2mm，达到田间持水量的 67.1% ~ 79.5%，为翌年玉米的生长提供了一个良好的土壤水分环境。1996 年玉米生育期降水 475mm，玉米耗水量为 474.6 ~ 497.8mm，耗水量接近玉米需水量，玉米耗水主要来自生育期降水，秋季土壤贮水量与播前土壤贮水量基本持平，土壤含水量维持在玉米生长发育较适宜的范围之内。2005 年玉米生育期降水 359.3mm，玉米耗水量为 368.6 ~ 394.6mm，播前土壤贮水量和生育期降水量均偏低，耗水量不到需水量的 4/5，玉米耗水除主要来自生育期降水外，土壤贮水也有一定的消耗，玉米产量受到一定影响。1997 年玉米生育期降水 162mm，只是正常年份降水的 40% 左右，是一个严重干旱的年份，玉米耗水量 307.2 ~ 322.5mm，耗水有一半来自土壤贮水，土壤贮水在维持玉米正常生长发育中发挥了重要作用，降低了因气候干旱造成的玉米减产损失。由于1998年播前土壤贮水严重不足，该年度虽然降水正常，但玉米产量仍受到一定影响。各年度玉米耗水量的多少与生育期降水量、播前土壤贮水量的关系非常密切。

表11-8　长期不同施肥玉米生育期耗水量　　　　　　　　（单位：mm）

处理	1992年	1993年	1994年	1995年	1996年	1997年	1998年	1999年	2000年	2001年	2002年	2003年
$N_0P_0M_0$	357.6	447.7	441.8	536.2	478.8	316.7	381.1	354.8	284.8	340.4	384.0	349.1
$N_1P_1M_0$	372.7	422.4	427.6	504.6	462.2	319.2	388.6	368.8	293.2	360.4	446.8	378.8
$N_2P_2M_0$	381.1	399.9	465.3	538.6	473.1	314.2	392.9	372.4	303.3	357.0	435.1	388.0
$N_3P_3M_0$	393.3	401.3	470.4	511.2	478.8	315.0	402.3	378.5	298.3	332.2	441.7	370.3
$N_4P_4M_0$	388.8	430.9	491.4	512.8	487.6	315.7	423.7	366.5	315.4	355.2	451.0	367.7
$N_2P_1M_1$	387.2	419.1	483.1	521.2	482.7	318.1	410.2	365.2	301.1	337.9	467.6	369.1
$N_3P_2M_3$	400.6	412.3	476.4	542.3	489.6	307.2	419.4	368.4	296.3	345.0	440.8	372.6
$N_4P_2M_2$	395.5	419.1	471.6	527.7	478.6	322.5	422.6	379.8	284.2	336.3	417.3	365.3
$N_0P_0M_6$	368.6	385.5	458.2	523.4	481.9	320.2	417.5	377.1	289.5	337.1	444.3	385.2

处理	2004年	2005年	2006年	2007年	2008年	2009年	2010年	2011年	总耗水量	2m土体贮水量 2011年10月	2m土体贮水量 1992年4月
$N_0P_0M_0$	410.9	372.5	325.4	406.7	450.7	349.6	349.6	446.1	7784.5	400.4	358.8
$N_1P_1M_0$	403.4	394.6	361.5	386.4	514.1	320.0	355.1	417.3	7897.7	433.3	358.8
$N_2P_2M_0$	412.8	372.0	351.0	391.6	510.6	320.2	365.9	390.3	7935.3	432.7	358.8
$N_3P_3M_0$	415.9	368.6	339.3	420.1	505.2	315.7	345.1	351.2	7855.4	446.1	358.8
$N_4P_4M_0$	420.4	399.1	354.3	431.3	498.4	332.9	370.2	424.5	8137.7	415.7	358.8
$N_2P_1M_1$	414.6	399.0	350.9	420.3	479.4	321.3	371.6	404.5	8024.0	413.2	358.8
$N_3P_2M_3$	434.6	375.2	327.0	384.6	498.3	359.9	366.7	409.0	8026.0	411.2	358.8
$N_4P_2M_2$	399.0	392.5	340.3	370.3	498.3	310.5	372.1	394.2	7897.7	446.6	358.8
$N_0P_0M_6$	424.3	389.7	350.6	392.2	508.7	332.2	395.7	434.2	8016.1	397.2	358.8

从玉米水分利用效率的20年平均值看，施肥对提高玉米水分利用效率的影响较明显（表11-10），不施肥处理玉米水分利用效率最低。单施化肥处理，随化肥施用量的增大，玉米水分利用效率提高，但过量施用化肥，玉米水分利用效率则呈现下降的趋势。施用有机肥的处理玉米水分利用效率较高，氮磷化肥与有机肥配施的$N_4P_2M_2$处理，玉米水分利用效率最高，是不施肥处理的2.29倍。从各年度玉米水分利用效率的平均值看，降水正常年份和偏旱年份的玉米水分利用效率总体水平较高，而丰水年和极端干旱年的玉米水分利用效率总体水平较低，丰水年存在水分过度消耗或产生地面径流损失的问题。1999年由于春季土壤极度干旱和后期降水过多，玉米水分利用效率最低，

只达到 20 年平均值的 43 % 左右。1993 年由于受雹灾为害，限制了玉米水分利用效率的提高。

表 11 − 9　不同降水年型的玉米耗水量及土体贮水状况

处　理	丰水年（2007 年）					正常年（1996 年）				
	播前贮水（mm）	收获后贮水（mm）	贮水量变化（mm）	耗水来源		播前贮水（mm）	收获后贮水（mm）	贮水量变化（mm）	耗水来源（%）	
				生育期降水（%）	土壤贮水（%）				生育期降水（%）	土壤贮水（%）
$N_0P_0M_0$	513.2	558.0	+44.8	100	0	486.1	489.6	+3.5	100	0
$N_1P_1M_0$	468.7	533.8	+65.1	100	0	490.4	503.5	+13.1	100	0
$N_2P_2M_0$	446.4	506.3	+59.9	100	0	474.6	476.8	+2.2	100	0
$N_3P_3M_0$	482.3	513.7	+31.4	100	0	482.1	478.6	−3.5	99.3	0.7
$N_4P_4M_0$	478.1	498.3	+20.2	100	0	485.6	473.3	−12.3	97.5	2.5
$N_2P_1M_1$	439.3	470.5	+31.2	100	0	485.5	478.1	−7.4	98.5	1.5
$N_3P_2M_3$	436.6	503.5	+66.9	100	0	497.8	483.8	−14.0	97.2	2.8
$N_4P_2M_2$	444.3	525.5	+81.2	100	0	482.4	479.1	−3.3	99.3	0.7
$N_0P_0M_6$	440.0	499.3	+59.3	100	0	495.8	489.2	−6.6	98.7	1.3

处　理	偏旱年（2005 年）					特旱年（1997 年）				
	播前贮水（mm）	收获后贮水（mm）	贮水量变化（mm）	耗水来源		播前贮水（mm）	收获后贮水（mm）	贮水量变化（mm）	耗水来源（%）	
				生育期降水（%）	土壤贮水（%）				生育期降水（%）	土壤贮水（%）
$N_0P_0M_0$	421.1	377.4	−43.6	88.28	11.72	455.5	320.9	−134.6	57.50	42.50
$N_1P_1M_0$	395.5	374.3	−21.2	94.64	5.36	456.2	299.0	−157.2	50.75	49.25
$N_2P_2M_0$	398.4	338.7	−59.8	83.93	16.07	447.9	295.7	−152.2	51.56	48.44
$N_3P_3M_0$	389.6	339.4	−50.2	86.37	13.63	459.5	306.5	−153.0	51.43	48.57
$N_4P_4M_0$	362.1	343.2	−18.9	95.27	4.73	459.0	305.3	−153.7	51.31	48.69
$N_2P_1M_1$	351.1	335.7	−15.5	96.13	3.87	451.1	300.5	−150.6	52.66	47.34
$N_3P_2M_3$	381.6	342.8	−38.8	89.66	10.34	443.2	298.0	−145.2	52.73	47.27
$N_4P_2M_2$	376.8	350.5	−26.3	93.30	6.70	457.7	297.2	−160.5	50.23	49.77
$N_0P_0M_6$	366.6	344.8	−21.8	94.40	5.60	472.2	314.0	−158.2	50.59	49.41

表 11 - 10　长期不同施肥和降水年型条件下的玉米水分利用效率

[单位：kg/(hm². mm)]

处　理	各年份水分利用效率										
	1992年	1993年	1994年	1995年	1996年	1997年	1998年	1999年	2000年	2001年	2002年
$N_0P_0M_0$	7.54	6.93	7.54	5.73	8.36	6.62	5.92	5.66	7.65	10.41	7.16
$N_1P_1M_0$	13.32	11.37	14.45	13.97	13.91	9.24	13.96	6.56	10.21	15.22	12.53
$N_2P_2M_0$	16.75	12.35	14.66	8.77	14.79	9.78	13.19	8.12	11.97	15.39	17.25
$N_3P_3M_0$	14.94	11.08	15.68	11.81	15.95	10.86	14.32	8.22	10.10	18.08	13.65
$N_4P_4M_0$	15.01	11.52	12.83	12.86	15.11	10.21	14.95	8.19	11.19	15.19	12.66
$N_2P_1M_1$	18.25	11.16	14.90	10.71	17.42	12.00	17.65	6.51	13.21	17.77	18.24
$N_3P_2M_3$	17.66	12.74	17.40	12.63	17.96	13.82	15.11	6.39	13.06	17.28	16.87
$N_4P_2M_2$	21.81	14.31	16.37	16.08	16.88	14.69	19.76	6.82	16.50	19.35	22.86
$N_0P_0M_6$	19.04	13.15	15.99	14.51	16.63	12.19	15.64	11.51	16.10	17.74	16.78
年度平均	16.04	11.62	14.42	11.90	15.22	11.04	14.50	7.55	12.22	16.27	15.33

处　理	各年份水分利用效率									20 年平均值
	2003年	2004年	2005年	2006年	2007年	2008年	2009年	2010年	2011年	
$N_0P_0M_0$	8.01	8.04	7.98	9.82	10.84	8.57	11.64	11.39	13.22	8.45
$N_1P_1M_0$	16.49	14.03	18.96	14.72	19.05	14.77	13.25	18.01	14.09	13.91
$N_2P_2M_0$	17.56	19.68	23.79	21.59	20.42	15.70	14.32	18.90	18.20	15.66
$N_3P_3M_0$	17.12	16.54	21.18	18.48	20.73	15.06	18.40	18.31	17.34	15.39
$N_4P_4M_0$	15.95	16.36	19.29	15.19	22.20	15.08	16.89	16.30	16.06	14.65
$N_2P_1M_1$	22.21	20.24	23.04	22.25	27.55	21.77	21.34	20.41	17.01	17.68
$N_3P_2M_3$	21.49	20.30	24.85	22.38	28.10	18.43	19.33	21.11	19.07	17.80
$N_4P_2M_2$	22.06	24.03	25.32	25.09	25.67	19.42	18.28	22.27	18.55	19.31
$N_0P_0M_6$	20.40	22.16	22.18	24.81	29.88	21.67	20.95	23.60	20.56	18.77
年度平均	17.92	17.93	20.73	19.37	22.72	16.72	17.15	18.92	17.12	15.74

六、长期不同施肥作物的养分利用及产量变化

（一）玉米对氮、磷、钾养分的吸收利用

2006 年春季播种后，分别在苗期、拔节期、大喇叭口期、抽雄期和成熟期 5 个时期采集玉米植株样，并测定了各施肥处理的玉米吸收的氮、磷、钾养分量（图 11 - 11、图 11 - 12 和图 11 - 13）。从图中可以看出，在单施氮磷化肥的条件下，每公顷施用量低于 N 120kg、P_2O_5 75kg 时，玉米吸收的氮、磷、钾养分量随氮、磷施用量的增加而增加；每公顷施用量超过 N 120kg、P_2O_5 75kg 后，玉米吸收的氮、磷、钾养分量不再增加而表现为减少，过量单施氮磷化肥不利于玉米对氮、磷、钾养分的吸收利用。有机肥对玉米苗期和拔节期氮、磷、钾养分的吸收利用有十分明显的促进作用。

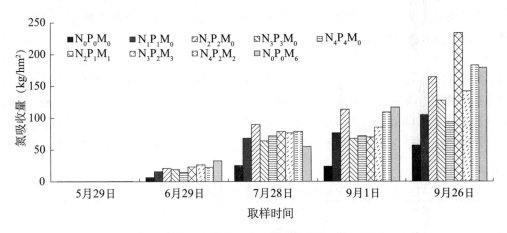

图 11 – 11　长期不同施肥玉米对氮素的吸收动态（2006 年）

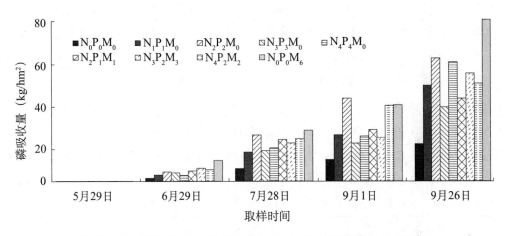

图 11 – 12　长期不同施肥玉米对磷素（P_2O_5）的吸收动态（2006 年）

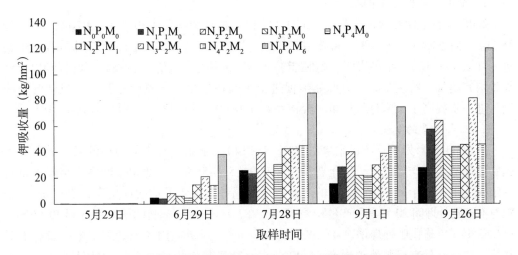

图 11 – 13　长期不同施肥玉米对钾素（K_2O）的吸收动态（2006 年）

在不施肥条件下，玉米吸收的养分主要来自土壤中养分的分解释放和大气干湿沉降、土壤自生固氮等输入农田的养分量（表11-11）。单施低量化肥处理的的玉米地上部携出的氮量多于施入的氮；随着施入氮、磷量的增加，氮、磷的利用率降低；随着氮、磷肥施入量的增加，玉米从土壤中携出的钾素量增大，各施肥处理玉米从土壤中携出的钾素量由不施肥的1 401.7kg/hm²，提高到2 112.9～3 121.2kg/hm²；施用超量氮磷肥可导致玉米吸钾量的下降；年施氮量为N 120～165kg/hm²、年施磷量为P_2O_5 37.5～65.3kg/hm²时，氮、磷素可基本达到平衡；在目前施有机肥的水平下，钾素仍然出现亏缺。

表11-11 长期不同施肥的土壤养分平衡和肥料回收率（1992—2011年）

处 理	施肥投入量（kg/hm²）			玉米地上部吸收量（kg/hm²）			养分盈亏量（kg/hm²）			肥料回收率（%）	
	N	P_2O_5	K_2O	N	P_2O_5	K_2O	N	P_2O_5	K_2O	N	P_2O_5
$N_0P_0M_0$	0	0	0	913	481	1 402	-913	-481	-1 402	—	—
$N_1P_1M_0$	1 200	750	0	2 502	693	2 113	-1 302	57.3	-2 113	132.5	28.2
$N_2P_2M_0$	2 400	1 500	0	2 578	836	2 711	-178	664	-2 711	69.4	23.6
$N_3P_3M_0$	3 600	2 250	0	2 963	922	3 121	637	1 328	-3 121	57.0	19.6
$N_4P_4M_0$	4 800	3 000	0	2 837	943	2 708	1 963	2 057	-2 708	40.1	15.4
$N_2P_1M_1$	3 300	1 306	1 034	3 092	961	3 417	208	344.8	-2 383	66.1	36.7
$N_3P_2M_3$	6 300	3 170	3 102	3 400	1 069	4 824	2 900	2 100	-1 722	39.5	18.6
$N_4P_2M_2$	6 600	2 613	2 068	3 305	1 118	4 383	3 295	1 495	-2 315	36.3	24.4
$N_0P_0M_6$	5 400	3 340	6 204	3 295	1 210	5 051	2 105	2 130	1 153	44.1	21.8

（二）作物生长发育与产量变化

1. 作物的生长发育状况

2006年春季播种后，在苗期（5月27日）、拔节期（6月30日）、大喇叭口（7月28日）、抽雄期（9月1日）和成熟期（9月26日）5个时期，测定了玉米株高、生物量等（表11-12）。结果表明，施肥能够促进玉米的生长发育，株高、茎叶穗轴以及籽粒量均有增加，特别是能十分明显地促进玉米幼苗的生长；氮磷化肥与有机肥配合施用可进一步提高了玉米籽粒产量，经济系数由0.407～0.447增大到0.461～0.481。

2. 玉米产量的变化

从20年玉米累计总产量结果看（图11-14），施肥具有十分明显的增产效果。不施肥处理的玉米产量最低，历年变动为2.009～5.145t/hm²，变化幅度同当年降水量有一定的关系，近年来不施肥处理的产量有增加趋势，多年平均增加量为3.24t/hm²。施肥与不施肥处理间20年累积产量相差45.38～87.14t/hm²，施肥的增产率达到70.06%～134.53%。单施化肥处理增产45.38～59.09t/hm²，过量施用化肥处理玉米产量有下降趋势。单施高量有机肥处理增产84.99t/hm²，化肥与有机肥配合施用的处理玉米可增产76.97～87.14t/hm²。从图11-14还可以明显看出，同单施化肥处理比较，化肥与有机肥配合施用处理的玉米产量明显上了一个台阶。

表 11-12　长期不同施肥各生育期玉米株高和生物量

处　理	苗　期		拔节期		大喇叭口期		抽雄期		成熟期		
	株高（cm）	干重（g/株）	株高（cm）	干重（g/株）	株高（cm）	干重（g/株）	株高（cm）	干重（g/株）	株高（cm）	茎叶穗轴干重（g/株）	籽粒干重（g/株）
$N_0P_0M_0$	22.5	0.41	66.6	68.80	150.2	51.87	167.0	71.21	155.0	75.3	56.7
$N_1P_1M_0$	21.5	0.36	75.8	10.60	165.8	73.86	163.7	127.5	180.0	134.1	130.0
$N_2P_2M_0$	23.3	0.39	82.0	12.28	175.2	90.97	181.3	170.7	170.0	133.7	173.3
$N_3P_3M_0$	20.0	0.37	79.4	14.06	159.2	63.90	184.0	102.6	170.0	85.9	113.3
$N_4P_4M_0$	20.1	0.38	70.2	9.52	153.8	72.16	164.7	106.3	175.0	93.3	96.67
$N_2P_1M_1$	22.7	0.43	82.0	14.12	167.4	80.38	163.3	130.9	183.0	92.8	113.3
$N_3P_2M_3$	23.1	0.47	85.0	15.84	166.4	85.49	174.3	124.6	170.0	145.5	153.3
$N_4P_2M_2$	20.9	0.44	80.4	14.74	167.8	76.20	169.7	162.7	170.0	116.6	140.0
$N_0P_0M_6$	24.2	0.49	93.6	18.68	174.6	81.91	171.0	170.8	175.0	137.7	183.3

注：2006 年期间调查，玉米品种为强盛 31 号

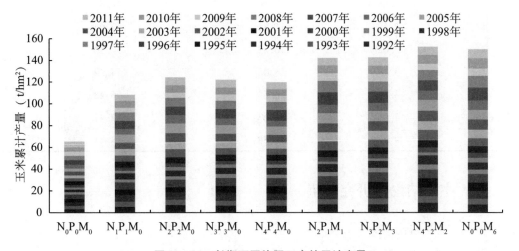

图 11-14　长期不同施肥玉米的累计产量

七、基于土壤肥力演变的培肥技术模式

（一）长期有机物料投入可显著提高土壤有机质含量

　　土壤有机质对土壤的理化性质及植物的生长具有重要影响，有机质可促进土壤团粒结构的形成，改善土壤的通气性，提高土壤对养分的保存能力等。因此土壤有机质可作为土壤肥力的重要指标之一。长期有机物料的投入能显著提高土壤有机质含量，褐土旱地连续 20 年的耕作和施肥条件下，施用有机肥（$N_0P_0M_6$）及氮磷化肥与有机肥配合（$N_3P_2M_3$、$N_4P_2M_2$），土壤有机质的年均增加量分别达到了 0.27g/kg，0.06g/kg 和 0.05g/kg。有机肥料对增加土壤有机质的效果好于化肥，施用有机肥或有机肥与化肥配施，是加土壤有机质的有效增而重要的措施。

（二）维持和提升褐土土壤有机质的有机肥还田量估算

土壤有机质在土壤中处于分解、积累的动态过程。如果分解量大于新积累量，土壤有机质含量下降，相反有机质含量增加，土壤肥力则提高。采用不施肥处理全年作物吸氮量及播前土壤全氮量计算氮素年矿化率的方法，估测了试验区域的土壤有机质矿化率，其变化幅度为 2.19%～4.94%，平均为 3.12%；牛马粪以及普通农家肥等有机肥的腐殖化系数和新形成有机质的分解速率分别为：0.438、0.395 和 0.476。在此基础上估算了维持和提高区域内土壤有机质 1 年和 3 年需还田的有机物料量（表 11 – 13）。

表 11 – 13　区域土壤有机质平衡的估算

土壤起始有机质含量（g/kg）	维持起始有机质 1 年需还田的有机物料量（t/hm²）		3 年后土壤有机质提高 1g/kg，需每年还田的有机物料量（t/hm²）
	骡马牛粪（风干）	普通农家肥	普通农家肥
6	0.33	1.80	37.64
8	1.17	6.30	42.15
10	1.68	9.05	44.88
12	2.19	11.81	47.64
14	3.02	16.32	52.16
16	3.42	18.48	54.32
18	3.80	20.64	56.48
20	4.01	21.63	57.47
25	9.72	52.58	88.41

八、主要结论与研究展望

（一）主要结论

褐土不同施肥长期定位试验 20 年，取得如下主要结论。

不施肥和单施氮磷化肥处理的土壤有机质含量呈下降趋势，0～20cm 土层 20 年内下降了 2.2～10.1g/kg；氮磷化肥与有机肥配施处理的土壤有机质略有上升；单施高量有机肥土壤有机质含量明显提高，20 年内增加了 5.6g/kg。土壤全氮含量的变化与施氮量的多少有关。不施肥和单施低量化肥处理的土壤剖面硝态氮贮量低于试验初始时的贮量；施氮量超过 N 120kg/hm² 后，硝态氮在土壤中就有明显的累积，单施化肥处理，随氮肥施用量的增加土壤剖面中的硝态氮贮量随之增加，以硝态氮形式残留在土壤剖面中的量占到总施氮量的 23.92%～44.56%。

长期单施高量有机肥和氮磷化肥与有机肥配施处理的土壤微生物量碳、氮增加，随有机肥施入量的增加，微生物量碳、氮显著提高。而单施化肥对微生物生物量碳、氮的影响不同：适量的氮磷肥配施可以提高微生物量碳和氮，过低或过高量的氮磷肥配施微生物量碳、氮则减少。长期单施化肥和氮磷化肥与有机肥配施可以明显提高褐土的土壤脲酶活性，而对碱性磷酸酶活性的影响较小。长期单施高量有机肥褐土土壤脲酶和碱性磷酸酶活性均显著提高。

氮磷化肥与有机肥配合施用可促进作物对土壤水分的吸收利用，但在目前的种植制度和施肥水平下，褐土土体贮水量能够保持相对稳定的状态。氮磷化肥与有机肥配合施用各处理的玉米生育期耗水总量存在一定差异，而由于施肥具有十分明显的增产效果，致使玉米水分利用效率得到显著提高。

施肥能够促进玉米的生长发育，株高、茎叶穗轴以及籽粒量均有增加，特别是有机肥能十分明显地促进玉米幼苗的生长；施肥具有十分明显的增产效果，不施肥处理的玉米产量最低，历年的变化为 $2.009 \sim 5.145t/hm^2$，变化幅度同当年降水量有一定的关系，多年平均为 $3.24t/hm^2$。施肥与不施肥处理间 20 年玉米累积产量相差 $45.38 \sim 87.14t/hm^2$，施肥增产率达到 $70.06\% \sim 134.53\%$。单施化肥处理增产 $45.38 \sim 59.09t/hm^2$，过量施用化肥玉米产量则有下降趋势。单施高量有机肥处理玉米增产 $84.99t/hm^2$，氮磷化肥同与有机肥配合施用玉米可增产 $76.97 \sim 87.14t/hm^2$。同单施化肥处理比较，氮磷化肥与有机肥配合施用的玉米产量明显上了一个台阶。

施肥能够促进玉米对氮、磷、钾的吸收，特别是有机肥对玉米苗期和拔节期氮、磷、钾的吸收利用有十分明显的促进作用。单施低量化肥的玉米地上部分携出的氮量比施入的氮量多；随着施入氮、磷量的增加，氮肥、磷肥利用率降低；随着氮肥、磷肥施入量的增加，玉米从土壤中携出的钾素量增大，各施肥处理玉米从土壤中携出的钾量由不施肥的 $1401.7kg/hm^2$，提高到 $2112.9 \sim 3121.2kg/hm^2$；超量施用氮肥、磷肥导致玉米吸钾量的下降；年施氮量为 N $120 \sim 165kg/hm^2$、施磷量为 P_2O_5 $37.5 \sim 65.3kg/hm^2$ 时，氮、磷就可基本达到平衡；在目前的有机肥施用水平下，钾素仍然出现亏缺。

（二）存在问题与研究展望

虽然选择在我国褐土典型区域、褐土区域对种植的主要作物之一春玉米和影响褐土质量的主要因素——施肥进行了长期系统的研究，但我国褐土土壤分布范围极为广泛，从辽西向西南延伸，经内蒙古东南，沿燕山、太行山、吕梁山以东的山西高原，豫西、关中到甘肃省的西秦岭地区等，是我国粮食、蔬菜、果品等重要产区，农业生产方式多种多样，影响褐土质量演变规律的因素众多，也十分复杂。如何将这一区域的研究成果合理应用到我国其他褐土区域，是需要继续深入研究的课题。

受研究经费及技术设备的制约，一些研究项目无法开展。如来源于农田环境的养分量的测定、农田土壤水分蒸散量和作物蒸腾量的测定、氮的硝化反硝化损失、农田钾素的循环利用等问题。而这些问题的解决，会有助于准确理解褐土农田水分养分循环规律，合理指导褐土农田的水肥管理。

相信随着技术的不断进步，人们科学认知水平的提高以及科学研究的继续深入，同农业技术推广部门的更加紧密结合，长期施肥褐土肥力演变与培肥技术的研究成果会越来越广泛地得到应用。

致谢：本研究得到了国家科技攻关项目（85 - 007 - 01 - 04、96 - 004 - 04 - 02、2001BA508B09、2006BAD29B05 和 2011BAD09B01），国家高新技术研究发展计划项目（2002AA2Z4311 - 07），国家公益性行业（农业）科研专项（201203030 - 08），山西省科技攻关项目（2006031042）的资助。

王久志、马玉珍、李红梅、杨治平、王静、程滨、贾伟、于婧文、路慧英等同志做了部分研究和分析测试工作，特此致谢。

周怀平、杨振兴、解文艳、关春林

参考文献

［1］史吉平，张夫道，林葆.1998.长期施肥对土壤有机质及生物学特性的影响［J］.土壤肥料，3：7－11.

［2］李菊梅，王朝辉，李生秀.2003.有机质、全氮和可矿化氮在反映土壤供氮能力方面的意义［J］.土壤学报，40（2）：232－238.

［3］李生秀，李世清，高亚军.1995.氮肥品种和用量对氮素淋失的影响［C］//汪德水.旱地农田肥水关系原理与调控技术.北京：中国农业科技出版社，341－345.

［4］李红梅，关春林，周怀平，等.2007.施肥培肥措施对春玉米农田土壤氨挥发的影响［J］.中国生态农业学报，15（5）：76－79.

［5］贾伟，周怀平，解文艳，等.2008.长期有机无机肥配施对褐土微生物生物量碳、氮及酶活性的影响［J］.植物营养与肥料学报，14（4）：700－705.

［6］关春林，周怀平，解文艳，等.2009.长期施肥对褐土磷素累积及层间分别的影响［J］.山西农业科学，37（3）：64－67.

［7］解文艳，樊贵盛，周怀平，等.2011.旱地褐土长期定位施肥土壤剖面硝态氮分布与累积研究［J］.华北农学报，26（2）：180－185.

［8］周怀平，解文艳，关春林.2013.长期秸秆还田对旱地玉米产量、效益及水分利用的影响［J］.植物营养与肥料学报，19（2）：321－330.

第十二章　长期玉米秸秆还田褐土的肥力演变

玉米秸秆是一种重要的生物资源，也是很好的有机肥资源，秸秆和粪肥还田是我国传统农业的精髓。玉米秸秆中含有较高的有机质和作物生长发育所必需的营养元素，对增加土壤有机质、改善土壤结构、提高土壤肥力，增加作物产量、改善作物品质都具有明显的作用。

我国褐土区域正处于我国的玉米产业带上，玉米种植面积的比例较高，玉米秸秆成为了褐土区最主要的农作物秸秆种类，也是褐土区域最重要的有机肥源。但是，随着我国玉米种植面积的扩大、玉米单位面积产量的迅速提高，我国玉米秸秆量从 1980年的 8 950 万 t，增加到 2005 年的 20 208 万 t，其中山西省玉米秸秆量从 1980 年的 315.4 万 t 迅速增加到 2005 年 893.4 万 t（毕于运等，2008），据估算，2011 年山西省玉米秸秆量达到了 1 025.5 万 t，占农作物秸秆总量的 64.8%，出现了玉米秸秆资源的阶段性过剩、地区性过剩和结构性过剩，导致在玉米秸秆的利用方面出现诸多问题，秸秆的废弃和焚烧现象十分普遍。

因此本研究团队从 1992 年秋开始，在山西省寿阳县开展了玉米秸秆还田的长期定位试验，设置秸秆覆盖还田、秸秆直接还田和秸秆过腹还田 3 种方式，同时结合春季施肥和秋季深施肥，在农田尺度上研究长期玉米秸秆不同还田方式对褐土肥力演变与持续利用的影响，以期为玉米秸秆及水肥资源的高效利用、培育高质量的褐土农田提供理论依据和技术支持。

一、秸秆还田长期试验概况

秸秆还田长期定位试验位于山西省寿阳县（北纬 37°58′23.0″、东经 113°06′38″），试验始于 1992 年秋季，采用裂区设计，主区为春季施肥（S）和秋季施肥（A），副区为施适量氮肥、磷肥（化肥），以及化肥＋秸秆覆盖还田、化肥＋秸秆直接还田、化肥＋秸秆过腹还田（牛粪）3 个不同秸秆还田方式共 4 个处理。小区面积 54m²，无重复。春季施肥是结合春播，穴施或浅条施化肥，施肥深度 4~7cm，秋季施肥是结合秋深耕翻地，条施或全耕层深施肥，施肥深度 10~30cm。氮、磷化肥全部底施，生育期不再追肥。具体施肥处理及施肥量见表 12-1。

供试氮肥为尿素，含 N 46%，磷肥为过磷酸钙（太原市生产），含 P_2O_5 14%。牛粪（试验区奶牛厂风干牛粪），其有机质含量 90.5g/kg、全氮 3.93g/kg、全磷（P_2O_5）1.37g/kg、全钾（K_2O）14.1g/kg。玉米秸秆（风干）有机碳含量 44.3%、全氮 7.39g/kg、全磷 0.44g/kg、全钾 27.5g/kg。试验开始时的耕层土壤（0~20cm）有机质含量 27.1g/kg、全氮 1.07g/kg、全磷（P_2O_5）1.78g/kg、碱解氮 79.0mg/kg、有效磷 2.80mg/kg、速效钾 95.0mg/kg、pH 值 8.3。春季播种时间一般在 4 月 15—25 日，9 月 20 日至 10 月 10 日收获。供试玉米品种 1993—1997 年为烟单 14 号，1998—2003 年为晋单 34 号，2004—2011 年为强盛 31 号，种植密度 49 500~52 500 株/hm²。在玉米收

获前分区取样，进行考种和经济性状测定，各小区单独测产。玉米收获后的 10 月上中旬按"之"字形采集每个小区 0 ~ 20cm 和 20 ~ 40cm 土层土壤样品，每区每层取 5 个点混合成 1 个样，室内风干，磨细过 1mm 和 0.25mm 筛，装瓶保存备用。

表 12 - 1　长期定位试验不同秸秆还田方式及施肥量

主　区	副　区	施肥量
春施肥（S）	S_1	适宜施肥量（化肥），N 150kg/hm², P₂O₅ 84kg/hm²
	S_2	秸秆覆盖还田，秸秆量 6t/hm²，配施适宜化肥量
	S_3	秸秆直接还田，秸秆量 6t/hm²，配施适宜化肥量
	S_4	秸秆过腹还田，牛粪（湿）45t/hm²，配施适宜化肥量
秋施肥（A）	A_1	适宜施肥量，N 150kg/hm², P₂O₅ 84kg/hm²
	A_2	秸秆覆盖还田，秸秆量 6t/hm²，配施适宜化肥量
	A_3	秸秆直接还田，秸秆量 6t/hm²，配施适宜化肥量
	A_4	秸秆过腹还田，牛粪（湿）45t/hm²，配施适宜化肥量

土壤有机质测定方法为重铬酸钾容量法，全氮测定采用半微量凯氏法，全磷测定采用碱熔—钼锑抗比色法。全钾测定采用 HNO_3 – $HCLO_4$ 消煮—火焰光度法。碱解氮测定采用碱解扩散法，硝态氮测定采用 2mol/L KCl 浸提流动注射分析仪分析。有效磷测定采用 Olsen 法，速效钾测定采用 1mol/L NH_4OAC 浸提—火焰光度法。土壤含水量测定采用烘干法；土壤容重和三相比采用 DZK – 1130 型三相测定仪测定。微生物生物量 C 用熏蒸提取—容量分析法测定，微生物生物量 N 用熏蒸提取—全氮测定法测定，脲酶使用靛酚盐比色法测定，碱性磷酸酶使用磷酸苯二钠比色法测定。玉米植株和籽粒样品的全氮、全磷和全钾含量用 H_2SO_4 – H_2O_2 消煮后，分别用凯氏定氮法、钒钼黄比色法和火焰光度计法测定。

二、不同秸秆还田方式褐土有机质和氮、磷的演变规律

（一）褐土有机质的演变规律

土壤有机质是土壤肥力的重要标志之一，直接影响着土壤的保肥性、保水性、耕性、通气性和缓冲性等，秸秆还田是提升土壤有机质的一项重要措施。从图 12 - 1 可以看出，寿阳褐土长期试验的不同秸秆不田方式处理，土壤有机质含量则均呈现逐年下降的趋势，春施肥各处理土壤有机质年减少速率分别为 S_1 0.32 g/(kg·a)、S_2 0.25 g/(kg·a)、S_3 0.27 g/(kg·a)、S_4 0.16 g/(kg·a)。秋施肥各处理土壤有机质年减少速率分别为 A_1 0.37 g/(kg·a)、A_2 0.29 g/(kg·a)、A_3 0.26 g/(kg·a)、A_4 0.14 g/(kg·a)。造成这一结果的原因，可能是供试土壤初始有机质含量较高，每年还田的有机物腐殖化新生成的有机质低于有机质矿化所消耗的量。

经过 19 年不同秸秆还田方式的耕作，秸秆还田后土壤有机质含量均比秸秆不还田处理高，春季施肥秸秆还田处理土壤有机质的含量（2011 年）分别为 S_2 18.3g/kg、S_3 17.5g/kg、S_4 21.3g/kg，较秸秆不还田处理（S_1 15.5g/kg）提高 13.3%、9.5%、28.6%。秋施肥秸秆还田处理土壤有机质含量（2011 年）分别为 A_2 16.7g/kg、A_3

19.8g/kg、A_4 23.9g/kg，较秸秆不还田处理（A_1 15.5g/kg）提高 4.4%、19.9%、40.3%。说明秸秆还田可以有效减缓土壤有机质的降低。

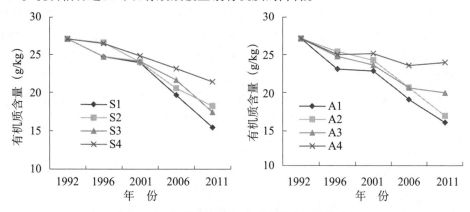

图 12-1　不同秸秆还田方式土壤有机质的变化

（二）褐土氮素的演变规律

1. 土壤全氮含量的变化

从历年土壤全氮的测定结果（图 12-2）可以看出，春季施肥各处理土壤全氮年增加速率分别为 S_1 -0.006g/（kg·a）、S_2 -0.001g/（kg·a）、S_3 0.001g/（kg·a）、S_4 0.006g/（kg·a）。秋季施肥各处理土壤全氮年增加速率分别为 A_1 -0.004g/（kg·a）、A_2 0.002g/（kg·a）、A_3 0.002g/（kg·a）、A_4 0.008g/（kg·a）。经过 19 年的试验发现，无论是春季施肥还是秋季施肥，秸秆还田处理的土壤全氮含量均比秸秆不还田处理高，春季施肥秸秆还田处理全氮含量（2011 年）分别为 S_2 0.98g/kg、S_3 1.08g/kg、S_4 1.24g/kg，较秸秆不还田处理（S_1 0.87g/kg）提高 12.6%、24.1%、42.5%。秋季施肥秸秆还田处理全氮含量（2011 年）分别为 A_2 1.07g/kg、A_3 1.14g/kg、A_4 1.24g/kg，较秸秆不还田处理（A_1 0.94g/kg）提高 13.8%、21.3%、31.9%。从不同秸秆还田方式可以看出，土壤全氮含量的高低依次为秸秆过腹还田 > 秸秆直接还田 > 秸秆覆盖还田 > 秸秆不还田。春季施肥和秋季施肥相应处理相比，秋季施肥的各处理全氮含量均高于春季施肥各处理，说明秸秆还田与秋季施肥相配合，能够提高土壤全氮含和土壤的供氮能力。

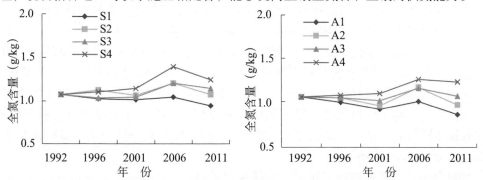

图 12-2　不同秸秆还田方式土壤全氮的变化

2. 土壤碱解氮含量的变化

土壤碱解氮含量可反映土壤对当季作物的供氮强度。土壤碱解氮的变化趋势与土壤全氮相一致，土壤全氮含量高则碱解氮也相对较高。从图 12-3 可以看出，在试验的 19 年间各处理的碱解氮含量均出现逐年下降的趋势，其中春季施肥的秸秆不还田处理（S_1）的下降速率小于秸秆还田处理，即碱解氮年减少速率分别为 S_1 0.41mg/（kg·a）、S_2 0.84mg/（kg·a）、S_3 0.73mg/（kg·a）、S_4 0.48mg/（kg·a）；而秋施肥各处理土壤碱解氮年减少速率分别为 A_1 1.66 mg/（kg·a）、A_2 1.42mg/（kg·a）、A_3 1.00mg/（kg·a）、A_4 0.89mg/（kg·a）。即秸秆不还田处理的减少速率最大。同时可以看出，秋季施肥较春季施肥对应处理的碱解氮含量年均分别降低 23.3%、11.6%、5.3%、7.7%。其主要原因在于秋季施肥有利于土壤碱解氮供应能力的提高，可促进植物的生长和氮素的吸收利用，作物从土壤中吸取了较多的碱解氮，致使土壤中碱解氮含量降低。

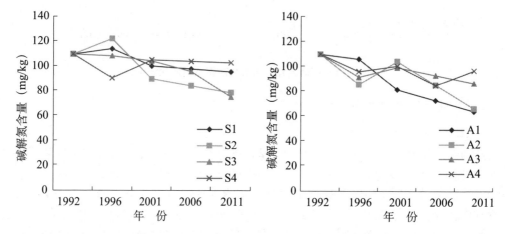

图 12-3　不同秸秆还田方式土壤碱解氮含量的变化

3. 褐土剖面硝态氮含量与分布

于 1993 年播种前和 2008 年 4 月采集了各处理 3m 深的土壤剖面样品，对各层次土壤硝态氮（NO_3-N）含量进行了测定，结果（图 12-4、图 12-5、图 12-6）表明，不同秸秆还田方式和施肥方式，对土壤硝态氮的分布规律和累积量都存在明显影响。与试验开始时相比，2008 年春季施肥各处理土壤剖面中硝态氮的分布存在明显差异，而硝态氮累积量均大幅度增加。

春季施肥条件下，不同秸秆还田方式在 0~60cm 土层硝态氮含量较低，60~100cm 土层硝态氮含量逐渐升高，100~160cm 出现累积高峰后逐渐降低，到 220cm 处硝态氮含量趋于平稳。秋季施肥条件下，不同秸秆还田方式在 0~40cm 土层出现较高的累积峰，在 40~60cm 处硝态氮含量有下降趋势，而到 60~100cm 处硝态氮含量逐渐升高，在 100~160cm 处达到积峰后又逐渐降低，到 220cm 时趋于平稳。秋季施肥土壤表层硝态氮含量高，有利于作物吸收，肥料利用效率较高，淋溶下移情况没有春施肥剧烈。但秸秆覆盖还田的土壤硝态氮累积峰明显下移，这可能与秸秆覆盖的土壤贮水量明显增加，水分入渗深度加深有关。

2008 年春季施肥的秸秆不还田、秸秆覆盖还田、秸秆直接还田和秸秆过腹还田 4 个处理的土壤硝态氮累积量均大幅度增加，较试验初期（1993 年）分别增加了 701.9kg/hm²，585.6kg/hm²，724.6kg/hm²，1 103.0kg/hm²。以秸秆过腹还田处理的土壤硝态氮累积量增加最多、秸秆覆盖还田增加最少。同时可以看出，春季施肥各处理土壤硝态氮累积量相应的比秋季施肥高。

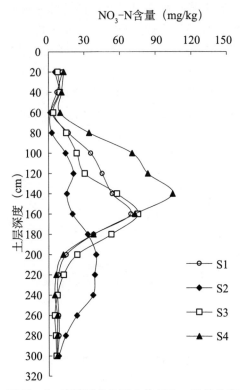

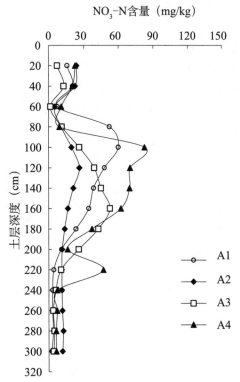

图 12-4　春施肥各处理土体 NO$_3$-N 的分布　　　**图 12-5　秋施肥各处理土体 NO$_3$-N 的分布**

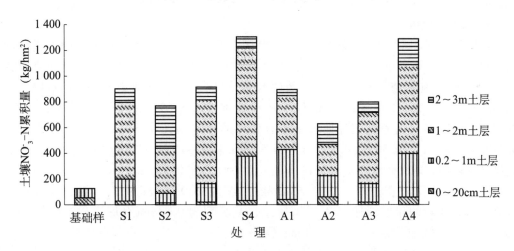

图 12-6　不同秸秆还田方式不同土层土壤 NO$_3^-$-N 累积量

（三）褐土磷素的演变规律

1. 土壤全磷含量的变化

磷是植物生长发育不可缺少的营养元素之一，既可以作为植物体内许多有机化合物的组成成分，又能以各种形式参与植物体内的新陈代谢过程。植物的生长成熟与土壤中磷的供应能力息息相关，磷可以直接影响植物的生长发育，同时还影响植株收获物的品质。土壤全磷量即磷的总贮量，包括有机磷和无机磷两大类。土壤中的磷素大部分是以缓效性状态存在，因此土壤全磷含量并不能作为土壤磷素供应的指标，全磷含量高时并不意味着磷素供应充足，而全磷含量低于某一水平时，却可能意味着磷素的供应不足。通过分析 19 年长期定位试验中不同秸秆还田方式土壤全磷含量的测定结果（图 12 –7），看出除秸秆不还田处理 S_1 和 A_1 外，其他处理土壤全磷含量均出现逐年上升的趋势，春季施肥各处理土壤全磷年增速 S_2、S_3、S_4 分别为 0.005g/（kg·a）、0.004g/（kg·a）、0.011g/（kg·a）。秋季施肥 A_2、A_3、A_4 分别为 0.007g/（kg·a）、0.008g/（kg·a）、0.018 g/（kg·a）。无论是春季施肥还是秋季施肥处理，秸秆还田后土壤全磷含量均比秸秆不还田处理高。

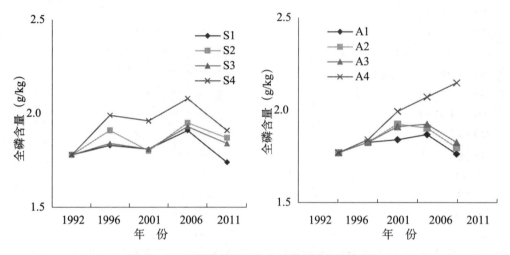

图 12 –7　不同秸秆还田方式土壤全磷含量的变化

2. 土壤有效磷含量的变化

研究发现（图 12 –8），无论是春季施肥还是秋季施肥，秸秆还田处理的土壤有效磷含量均高于秸秆不还田处理，表明秸秆还田和秋季施肥有利于提高土壤有效磷的供应能力。春季施肥秸秆还田处理有效磷含量（2011 年）分别为 S_2 9.19mg/kg、S_3 10.55mg/kg、S_4 55.18mg/kg，较秸秆不还田处理（S_1 8.09g/kg）分别提高 13.6%、30.4%、582.1%；春季施肥各处理土壤有效磷的年增加速率 S_1、S_2、S_3、S_4 分别为 0.379mg/（kg·a）、0.567mg/（kg·a）、0.530mg/（kg·a）、1.736 mg/（kg·a）。秋季施肥秸秆还田处理有效磷含量（2011 年）分别为 A_2 18.09mg/kg、A_3 21.55mg/kg、A_4 67.30mg/kg，较不还田处理（A_1 11.53mg/kg）提高 56.9%、86.9 %、483.7%。秋季施肥土壤有效磷的年增加速率 A_1、A_2、A_3、A_4 分别为 0.614mg/（kg·a）、0.718mg/（kg·a）、0.833mg/（kg·a）、2.108 mg/（kg·a）。

3. 不同秸秆还田方式对土壤无机磷形态的影响

2006 年不同秸秆还田方式土壤各形态无机磷的含量见表 12 –2。从表 12 –2 可以看出，Ca_8 –P 和 Ca_{10} –P 占到土壤无机磷总量的 73.99%（A_4 处理）以上，远高于其他各形态土壤无机磷的总和。秸秆过腹还田处理 A_4 和 S_4 的土壤 O –P 和 Ca_{10} –P 所占比例为各处理中最小。秸秆还田各处理的土壤 Ca_2 –P、Ca_8 –P、Al-P 和 Fe-P 含量均高于当季单施化肥处理；秋季施肥各处理的土壤 Ca_2 –P 含量均高于相应的春季施肥处理。春季施肥秸秆不还田处理 S_1 的 Ca_2 –P 和 Ca_8 –P 含量最低，秋季施肥秸秆过腹还田的 A_4 处理土壤 Ca_2 –P 与 Ca_8 –P 含量最高。同季秸秆覆盖还田与秸秆直接还田处理的各形态无机磷含量没有明显差异。

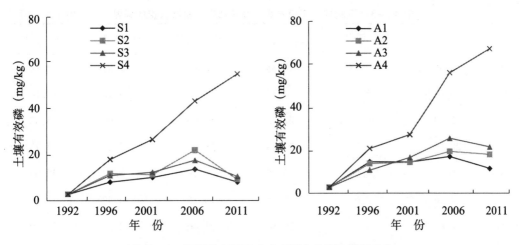

图 12 - 8 不同秸秆还田方式土壤有效磷含量的变化

表 12 - 2 不同秸秆还田方式土壤各形态无机磷含量及其所占比例

处 理	无机磷含量（mg/kg）						占总无机磷的比例（%）					
	$Ca_2 - P$	$Ca_8 - P$	Al-P	Fe-P	O-P	$Ca_{10} - P$	$Ca_2 - P$	$Ca_8 - P$	Al-P	Fe-P	O-P	$Ca_{10} - P$
S_1	4.73	97.33	38.25	33.51	57.10	379.44	0.77	15.95	6.27	5.49	9.36	62.17
S_2	8.05	102.94	52.13	54.72	57.48	392.61	1.21	15.41	7.80	8.19	8.61	58.78
S_3	7.70	113.25	40.13	45.68	60.80	379.50	1.19	17.50	6.20	7.06	9.40	58.65
S_4	32.98	126.50	51.25	48.80	51.25	412.23	4.56	17.50	7.09	6.75	7.09	57.02
A_1	5.02	100.75	38.13	36.91	52.91	396.55	0.80	15.99	6.05	5.86	8.40	62.92
A_2	8.51	112.43	44.63	40.77	66.52	379.78	1.30	17.23	6.84	6.25	10.19	58.19
A_3	9.21	107.11	44.25	52.08	56.44	403.98	1.37	15.91	6.57	7.74	8.39	60.02
A_4	33.85	142.50	51.63	50.59	54.99	400.95	4.61	19.40	7.03	6.89	7.49	54.59

长期秸秆还田处理，土壤中各形态无机磷含量均呈增加趋势（表 12 -3）。A_4 和 S_4 处理的土壤 $Ca_2 - P$ 和 $Ca_8 - P$ 含量的增加幅度较高，远高于其他处理。秸秆还田各处理的 $Ca_2 - P$、$Ca_8 - P$、Al-P 和 Fe-P 含量的增量均高于秸秆不还田处理，秋季施肥各处理的土壤 $Ca_2 - P$ 含量增量均高于相应的春施肥处理。同季秸秆覆盖还田和秸秆直接还田处理间的土壤各形态无机磷含量的增量没有明显的规律性。

各处理土壤的 $Ca_{10} - P$ 所占总无机磷的比例均有所下降（表 12 -4），其中下降幅度最大的是秸秆过腹还田的 A_4 和 S_4 处理，并且秸秆还田各处理土壤 $Ca_{10} - P$ 所占比例的下降幅度均较秸秆不还田处理高。除秸秆不还田的 S_1 和 A_1 处理的土壤 $Ca_2 - P$ 所占比例有所下降，其余各处理土壤的 $Ca_2 - P$、$Ca_8 - P$ 和 Al-P 所占比例都有所升高。除秸秆过腹还田处理 A_4 和 S_4 的土壤 O-P 以及 S_1 处理的土壤 Fe-P 所占总无机磷的比例略有降低外，其余各处理的土壤 Fe-P 和 O-P 所占比例都略有升高。

表 12 – 3　不同秸秆还田方式土壤各形态无机磷含量的增量　　（单位：mg/kg）

处　理	Ca$_2$–P 增量	Ca$_8$–P 增量	Al-P 增量	Fe-P 增量	O –P 增量	Ca$_{10}$–P
S$_1$	0.36	40.58	20.88	2.89	12.91	2.96
S$_2$	3.68	46.19	34.75	24.10	13.28	16.14
S$_3$	3.33	56.50	22.75	15.06	16.60	3.02
S$_4$	28.60	69.75	33.88	18.17	7.06	35.75
A$_1$	0.65	44.00	20.75	6.28	8.72	20.08
A$_2$	4.14	55.68	27.25	10.15	22.32	3.30
A$_3$	4.84	50.36	26.88	21.46	12.24	27.50
A$_4$	29.48	85.75	34.25	19.97	10.79	24.48

表 12 – 4　不同秸秆还田方式土壤各形态无机磷百分比的增量　　（单位:%）

处　理	Ca$_2$–P 增量	Ca$_8$–P 增量	Al-P 增量	Fe-P 增量	O –P 增量	Ca$_{10}$–P 增量
S$_1$	− 0.05	5.23	2.99	− 0.29	1.01	− 8.89
S$_2$	0.38	4.70	4.52	2.41	0.26	− 12.28
S$_3$	0.36	6.79	2.92	1.28	1.05	− 12.41
S$_4$	3.74	6.78	3.81	0.97	− 1.25	− 14.04
A$_1$	− 0.03	5.27	2.77	0.08	0.05	− 8.14
A$_2$	0.48	6.52	3.56	0.47	1.85	− 12.87
A$_3$	0.54	5.20	3.29	1.96	0.04	− 11.04
A$_4$	3.78	8.69	3.75	1.11	− 0.86	− 16.47

4. 不同秸秆还田方式对土壤有机磷组分的影响

2006 年的测定结果显示，不同秸秆还田方式各处理土壤的中等活性有机磷占到了总有机磷的 78.39% 以上。秸秆还田各处理的各有机磷组分均较秸秆不还田处理高。秋季施肥各处理的活性有机磷含量较春季施肥对应各处理高。秸秆过腹还田（A$_4$、S$_4$）的土壤有机磷各组分含量均为最高（表 12 – 5）。

各处理土壤的活性有机磷、中等活性有机磷和中等稳定性有机磷含量均有增加（表 12 – 6）。除秸秆不还田处理（S$_1$、A$_1$）和春季施肥秸秆覆盖还田处理 S$_2$ 的高稳定性有机磷含量略有下降外，其余各处理均有所提高。

从表 12 – 7 可以看出，各处理土壤的活性有机磷占总有机磷的比例较试验开始时均有所提高，提升幅度最明显的是秋季施肥秸秆过腹还田处理 A$_4$。除 S$_1$、A$_1$ 和 S$_2$ 处理土壤的中等活性有机磷所占比例略有上升外，其余各处理均下降。只有 S$_4$ 和 A$_4$ 处理土壤的中等稳定性有机磷和高稳定性有机磷所占总有机磷的比例有所升高，其余各处理均略有下降。

表 12 - 5　不同秸秆还田方式土壤有机磷各组分的含量及其所占比例　（单位:%）

处理	有机磷含量（mg/kg）				占总有机磷的比例（%）			
	L-OP	MR-OP	HR-OP	ML-OP	L-OP	MR-OP	HR-OP	ML-OP
S_1	8.10	8.96	2.70	146.31	4.88	5.39	1.63	88.10
S_2	8.50	10.89	4.13	159.50	4.64	5.95	2.25	87.15
S_3	9.91	11.51	5.88	157.54	5.36	6.22	3.18	85.23
S_4	17.09	16.75	12.25	179.02	7.59	7.44	5.44	79.53
A_1	8.36	9.22	3.25	144.17	5.07	5.59	1.97	87.38
A_2	12.28	11.97	5.38	158.71	6.52	6.35	2.85	84.27
A_3	12.07	11.46	5.25	161.55	6.34	6.02	2.76	84.88
A_4	18.33	19.48	13.88	187.50	7.66	8.15	5.80	78.39

注：L - OP 为活性有机磷；MR-OP 为中稳定性有机磷；HR-OP 为高稳定性有机磷；ML-OP 为中活性有机磷

表 12 - 6　不同秸秆还田方式土壤有机磷各组分含量的增量　（单位：mg/kg）

处理	L-OP 增量	MR-OP 增量	HR-OP 增量	ML-OP 增量
S_1	2.75	0.75	-1.73	36.99
S_2	3.15	2.68	-0.31	50.18
S_3	4.56	3.30	1.45	48.22
S_4	11.74	8.54	7.82	69.70
A_1	3.01	1.01	-1.18	34.85
A_2	6.93	3.76	0.95	49.39
A_3	6.72	3.25	0.82	52.23
A_4	12.98	11.27	9.45	78.18

注：L - OP 为活性有机磷；MR-OP 为中稳定性有机磷；HR-OP 为高稳定性有机磷；ML-OP 为中活性有机磷

表 12 - 7　不同秸秆还田方式土壤有机磷各组分百分比的增量　（单位:%）

处理	L-OP 增量	MR-OP 增量	HR-OP 增量	ML-OP 增量
S_1	0.67	-1.05	-1.85	2.23
S_2	0.44	-0.50	-1.23	1.28
S_3	1.16	-0.22	-0.30	-0.64
S_4	3.39	0.99	1.96	-6.34
A_1	0.87	-0.86	-1.51	1.51
A_2	2.32	-0.10	-0.63	-1.60
A_3	2.14	-0.43	-0.72	-0.99
A_4	3.46	1.70	2.32	-7.48

注：L - OP 为活性有机磷；MR-OP 为中稳定性有机磷；HR-OP 为高稳定性有机磷；ML-OP 为中活性有机磷

（四）褐土微量元素有效性的变化

研究结果（表 12 - 8 至表 12 - 11）表明，不同秸秆还田方式可以提高土壤有效锌含量，秸秆过腹还田土壤有效锌含量最高，秋季施肥各处理的土壤有效锌含量均高于春季施肥相应各处理；各处理土壤有效锰含量呈逐年显著下降的趋势，即使是秸秆过腹还田土壤有效锰含量也降低明显，而秋季施肥各处理较春季施肥对应处理下降缓慢；0~20cm 土层中，除秸秆直接还田土壤有效铜含量略有降低外，其余各处理均有所提高，秋季施肥各处理土壤有效铜含量均高于春季施肥相应处理。而 20~40cm 土层中，各处理土壤有效铜均有所降低，秋季施肥各处理土壤有效铜含量均低于春季施肥对应处理；除秸秆过腹还田处理的土壤有效铁含量基本维持平衡外，其他各处理均呈明显下降趋势。

表 12-8　不同秸秆还田方式不同年份的土壤有效锌含量　（单位：mg/kg）

处　理	1996 年 10 月有效锌含量		2001 年 10 月有效锌含量		2006 年 10 月有效锌含量		2011 年 10 月有效锌含量	
	0~20cm 土层	20~40cm 土层	0~20cm 土层	20~40cm 土层	0~20cm 土层	20-40cm 土层	0~20cm 土层	20~40cm 土层
S_1	1.00	0.51	0.91	0.89	0.83	0.48	0.71	0.52
S_2	1.21	0.82	1.36	0.79	1.35	0.51	0.94	0.68
S_3	0.99	0.65	0.94	0.72	1.30	0.43	0.86	0.71
S_4	1.56	0.81	1.86	0.75	2.00	0.51	2.50	1.14
A_1	1.25	1.25	1.25	0.76	1.27	0.34	0.77	0.61
A_2	0.90	0.57	1.25	0.64	1.17	0.38	1.08	0.80
A_3	0.83	0.68	1.14	0.61	1.31	0.38	1.19	0.84
A_4	1.16	0.60	1.53	1.15	1.73	0.87	2.56	1.22

注：1992 年秋季基础土样 0~20cm、20~40cm 土层的有效锌含量分别为 0.75mg/kg、0.76mg/kg

表 12-9　不同秸秆还田方式不同年份的土壤有效锰含量　（单位：mg/kg）

处　理	1996 年 10 月有效锰含量		2001 年 10 月有效锰含量		2006 年 10 月有效锰含量		2011 年 10 月有效锰含量	
	0~20cm 土层	20~40cm 土层	0~20cm 土层	20~40cm 土层	0~20cm 土层	20~40cm 土层	0~20cm 土层	20~40cm 土层
S_1	20.88	15.46	23.87	19.44	11.01	7.08	4.98	5.11
S_2	22.96	12.97	21.89	15.64	19.44	8.67	5.30	2.74
S_3	21.81	17.47	21.73	13.55	17.54	7.17	5.43	2.93
S_4	26.42	10.60	25.46	15.69	16.11	7.33	5.98	3.62
A_1	16.61	13.14	26.57	18.54	17.65	7.78	4.36	4.65
A_2	17.01	14.87	27.97	13.95	18.97	7.11	6.69	10.75
A_3	15.88	11.12	25.86	14.95	16.17	7.91	7.62	7.72
A_4	18.43	13.36	27.12	18.38	17.89	8.70	10.91	5.24

注：1992 年秋季基础土样 0~20cm、20~40cm 土层的有效锰含量分别为 18.18mg/kg、16.46mg/kg

表 12 – 10　不同秸秆还田方式不同年份的土壤有效铜含量　　（单位：mg/kg）

处　理	1996 年 10 月有效铜含量		2001 年 10 月有效铜含量		2006 年 10 月有效铜含量		2011 年 10 月有效铜含量	
	0 ~ 20cm 土层	20 ~ 40cm 土层	0 ~ 20cm 土层	20 ~ 40cm 土层	0 ~ 20cm 土层	20 ~ 40cm 土层	0 ~ 20cm 土层	20 ~ 40cm 土层
S_1	2.09	1.85	2.06	2.10	1.71	1.68	1.99	1.72
S_2	1.98	1.93	2.63	2.15	1.82	1.63	2.00	1.80
S_3	2.31	1.91	1.92	1.90	1.73	1.71	1.86	1.57
S_4	2.05	1.92	2.53	1.98	1.93	1.65	2.34	1.95
A_1	1.83	1.8	2.11	1.86	1.80	1.41	2.11	1.21
A_2	1.86	1.63	2.10	1.91	1.70	1.19	2.07	1.32
A_3	1.73	1.58	2.00	1.79	1.54	1.49	1.90	1.29
A_4	1.93	1.59	2.38	2.17	1.96	1.76	2.41	1.64

注：1992 年秋季基础土样 0 ~ 20cm、20 ~ 40cm 土层的有效铜含量分别为 1.95mg/kg、1.99mg/kg

表 12 – 11　不同秸秆还田方式不同年份的土壤有效铁含量　　（单位：mg/kg）

处　理	1996 年 10 月有效铁含量		2001 年 10 月有效铁含量		2006 年 10 月有效铁含量		2011 年 10 月有效铁含量	
	0 ~ 20cm 土层	20 ~ 40cm 土层	0 ~ 20cm 土层	20 ~ 40cm 土层	0 ~ 20cm 土层	20 ~ 40cm 土层	0 ~ 20cm 土层	20 ~ 40cm 土层
S_1	14.48	10.62	11.95	11.53	10.22	9.49	7.93	12.38
S_2	13.18	12.41	12.45	11.17	12.13	10.62	8.25	9.07
S_3	12.39	11.33	10.74	10.79	10.92	9.56	10.06	8.24
S_4	15.29	12.36	14.54	11.66	12.89	10.21	12.09	12.66
A_1	11.46	11.18	12.48	10.81	12.31	9.28	9.37	7.30
A_2	12.24	10.88	13.89	10.59	9.51	6.87	9.47	8.91
A_3	11.76	9.70	12.38	10.45	12.46	9.78	8.63	8.13
A_4	13.77	10.90	14.22	11.70	15.54	12.14	12.22	10.12

注：1992 年秋季基础土样 0 ~ 20cm、20 ~ 40cm 土层的有效铁含量分别为 12.52mg/kg、11.10mg/kg

三、不同秸秆还田方式褐土 pH 值的变化

土壤 pH 值是土壤重要的化学性质，对土壤肥力有很大影响。土壤微生物的活动、土壤有机质的分解，土壤营养元素的释放与转化，以及土壤发生过程中元素的迁移，都与土壤 pH 值有关。通过对 19 年长期不同秸秆还田方式定位试验数据（表 12 – 12）的分析发现，春季施肥条件下，除秸秆过腹还田处理外，其他各处理耕层土壤 pH 值均高于试验初始值，而秸秆不还田处理的土壤 pH 值最高，主要原因在于试验中施用的氮肥为尿素，尿素在水的作用下分解成氨水和二氧化碳，而氨水是碱性的。通过秸秆还田可以在一定程度上对土壤 pH 值进行调节，无论是秸秆直接还田还是过腹还田最终均能增加土壤中有机质的含量，因为有机质的组成主要是腐殖质等，其成分能有效地吸附土壤中的正负离子，并促进土壤团粒结构的形成，是天然的土壤酸碱缓冲剂，从而

可调节土壤酸碱度，使碱性土壤 pH 值下降。在秋季施肥条件下，秸秆不还田处理的土壤 pH 值与初始值持平，而不同秸秆还田方式各处理的土壤 pH 值均为下降趋势，过腹还田处理土壤 pH 值降低了 0.07。

表 12-12 不同秸秆还田方式土壤 pH 值的变化

处理	春施肥土壤 pH 值		处理	秋施肥土壤 pH 值	
	1993 年	2011 年		1993 年	2011 年
S1	8.4	8.47	A1	8.4	8.4
S2	8.4	8.45	A2	8.4	8.38
S3	8.4	8.42	A3	8.4	8.37
S4	8.4	8.35	A4	8.4	8.33

四、不同秸秆还田下褐土土壤微生物碳氮含量及酶活性变化

（一）不同秸秆还田下褐土土壤微生物碳氮含量变化

2007 年长期试验 0~20cm 土壤微生物生物量碳（MBC）在不同生育期内动态变化情况见图 12-9。将玉米生育期分为前期、中期、后期，秋施肥秸秆过腹还田 A_4 处理 MBC 在生育中期最大，MBC 呈先增大再减小的趋势。春施肥中秸秆不还田 S_1、直接还田 S_3 以及秋施肥秸秆直接还田 A_3 处理 MBC 呈先减小再增大的趋势。秋施肥秸秆不还田 A_1 和覆盖还田 A_2 处理的 MBC 呈增大趋势，春施肥秸秆覆盖还田 S_2 和过腹还田 S_4 处理的 MBC 呈减小趋势。

秋施肥秸秆过腹还田 A_4 处理表现出生育中期的 MBC 达到了最大，说明随着夏季温度的升高，土壤中有机物分解加快会有更多养分释放出来，从而满足微生物繁殖的需要，使 MBC 增加。春施肥秸秆直接还田 S_3 处理在生育中期的 MBC 很低，是由于作物旺盛生长促使根系对养分吸收强烈，同时生育中期温度适合微生物的繁殖需要，但这些处理土壤中的养分不能同时满足根系吸收和微生物繁殖的需要，以至于减少了微生物数量。在生育后期，秋施肥秸秆不还田 A_1 和覆盖还田 A_2 处理相对于春施肥秸秆覆盖还田 S_2 和过腹还田 S_4 处理的 MBC 还能有所增强，这是其根系依然保持活性及残留根系分解相对缓慢有关系。

不同秸秆还田方式试验 0~20cm 土壤微生物生物量氮（MBN）在不同生育期内动态变化情况如图 12-10。春施肥秸秆覆盖还田 S_2 的 MBN 在生育中期最大，从玉米生育前期到中期再到后期，MBN 呈先增大再减小的趋势，秋施肥秸秆不还田和秸秆还田各处理的 MBN 也是呈先增大再减小的趋势。春施肥秸秆不还田 S_1 及过腹还田 S_4 处理的 MBN 呈先减小再增大的趋势，春施肥秸秆直接还田 S_3 和秋施肥秸秆覆盖还田 A_2 处理 MBN 呈减小趋势。生育中期，MBN 处于最大峰值的处理与土壤中的碳氮源丰富及有适合 C/N 比适于土壤微生物繁殖是有关系的，而生育中期 MBN 减少的施肥处理与之相反。

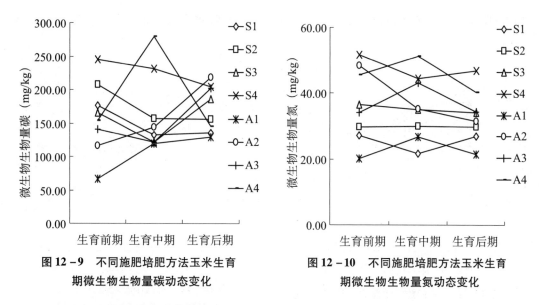

图 12-9 不同施肥培肥方法玉米生育期微生物生物量碳动态变化

图 12-10 不同施肥培肥方法玉米生育期微生物生物量氮动态变化

（二）不同秸秆还田下褐土土壤酶活性变化

2007 年不同秸秆还田方式试验 0~20cm 土壤脲酶活性在不同生育期内动态变化情况如图 12-11。仅有春施肥秸秆覆盖还田 S_2 处理的脲酶活性在生育中期最大，从玉米生育前期到中期再到后期，脲酶活性呈先增大再减小的趋势。这说明在玉米生长旺盛期，脲酶作用底物充足，促使脲酶活性增大。春施肥秸秆不还田 S_1、直接还田 S_3 和秋施肥秸秆覆盖还田 A_2 处理脲酶活性在生育中期最小，脲酶活性呈先减小再增大的趋势。春施肥秸秆过腹还田 S_4、秋施肥秸秆不还田 A_1、直接还田 A_3 和过腹还田 A_4 处理的脲酶活性呈减小趋势。这表明玉米根系能吸收到足够的 N 素营养，微生物释放矿物态氮保证了玉米旺盛生长的需要。

不同秸秆还田方式试验 0~20cm 土壤碱性磷酸酶活性在不同生育期内动态变化情况如图 12-12。从玉米生育前期到中期再到后期，春施肥秸秆覆盖还田 S_2 处理碱性磷酸酶活性在中期最小，在玉米生育期呈先减小再增大的趋势。其余所有处理包括碱性磷酸酶活性都呈减小的趋势。原因在于不同秸秆还田对碱性磷酸酶的影响是相同的。由于磷酸酶是诱导酶，微生物和根对磷酸酶的分泌与正磷酸盐的缺乏强度呈正相关，缺 P 时植物根的磷酸酶活性会成倍增长，反之则不增长。另外，新磷酸酶的合成或者土壤中已有磷酸酶活性均要受无机磷酸盐的抑制。造成碱性磷酸酶的活性减少除了与秋季温度降低有关，还可能因为玉米生长后期根系活动减少和代谢能力下降对土壤中有效磷素需要减少，从而使得碱性磷酸酶活性降低。

五、不同秸秆还田方式褐土水分及利用率的变化

我国褐土主要分布于半干旱、半湿润偏旱区，作物生长发育所需水分主要依靠自然降水，自然降水通过土壤的接纳和储存，转化为土壤水从而为作物提供水分。褐土分布区域自然降水有两大特点，一是降水量有限、年际间变率大、季节间分配不均匀、冬春季多大风而降水少、春旱十分频繁，因此应避免春播前土壤水分的过分散失、保证作物全苗和作物产量不受影响；二是降水主要集中在 6 月下旬到 9 月上旬，常有强

度大的降雨产生径流，造成水土流失，在生产上提高降水的入渗速率十分重要。

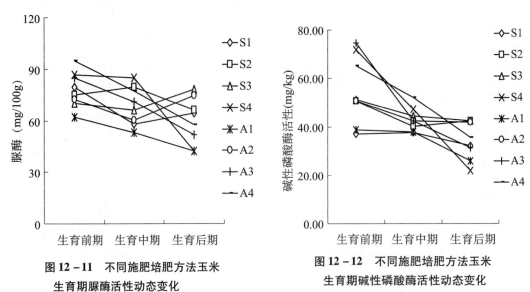

图 12-11　不同施肥培肥方法玉米
生育期脲酶活性动态变化

图 12-12　不同施肥培肥方法玉米
生育期碱性磷酸酶活性动态变化

研究结果（表 12-13）表明，不同秸秆还田和施肥方式，对降水入渗、贮存、保蓄和利用都有显著影响。秋季施肥和春季施肥其土壤贮水量差异不十分明显，秸秆还田处理的土壤贮水量增加，特别是秸秆过腹还田处理的土壤贮水量明显增加，同秸秆不还田（S_1）相比 3m 土体多贮水 21.23~75.07mm。秋季施肥各处理 19 年玉米生育期的耗水总量略低于春季施肥相应处理，但差异不显著；比较秸秆还田方式，19 年玉米生育期耗水总量由低到高的顺序为：秸秆覆盖还田 < 秸秆直接还田 < 秸秆过腹还田 < 秸秆不还田。

从表 12-14 可以看出，长期试验 19 年的玉米水分利用效率值，秋季施肥各处理均高于相应的春季施肥；比较秸秆还田方式，玉米水分利用效率由高到低的顺序为：秸秆过腹还田 > 秸秆覆盖还田 > 秸秆直接还田 > 秸秆不还田。

表 12-13　试验前后各处理不同土层的土壤贮水量　　　　　　（单位：mm）

处理	不同土层深度土壤贮水量					
	0~20cm	20~80cm	80~200cm	200~300cm	0~200cm	0~300cm
S_1	35.90	133.15	232.11	249.50	401.15	650.65
S_2	34.10	124.40	227.48	251.77	385.99	637.75
S_3	35.31	133.82	227.43	246.31	396.45	642.76
S_4	39.76	136.39	244.89	250.84	421.04	671.88
A_1	34.23	129.96	218.13	245.55	382.52	627.87
A_2	37.03	129.09	228.10	252.01	394.21	646.23
A_3	35.04	136.80	225.76	244.57	397.60	642.17
A_4	40.33	141.07	252.45	269.10	433.85	702.94

注：表中数据为 2010 年 10 月 17 日测定数据；1992 年试验开始前 0~20cm、20~80cm、80~200cm 和 0~200cm 土层土壤的贮水量分别为 29.74mm、113.76mm、236.20mm 和 379.70mm

表 12－14　不同秸秆还田方式玉米的水分利用效率　　[单位：kg/(hm² · mm)]

处理	各年份水分利用效率									
	1993 年	1994 年	1995 年	1996 年	1997 年	1998 年	1999 年	2000 年	2001 年	2002 年
S_1	12.51	14.12	7.35	13.22	7.96	12.81	4.33	8.89	13.18	12.25
S_2	12.88	14.40	8.77	15.50	9.65	17.19	9.24	10.81	19.54	10.99
S_3	14.56	13.31	7.37	15.90	10.60	14.62	7.10	11.46	15.39	12.21
S_4	14.68	14.96	8.84	16.04	10.80	15.90	6.60	11.85	18.59	15.15
A_1	13.71	14.76	8.68	15.48	11.46	14.68	6.41	9.02	20.61	14.93
A_2	13.90	16.36	10.13	16.14	11.91	19.78	9.13	11.67	23.11	13.54
A_3	16.71	15.73	9.68	16.11	11.66	15.63	9.12	12.66	20.66	14.17
A_4	16.54	16.48	9.50	17.30	12.93	18.08	8.61	13.60	22.90	18.15

处理	各年份水分利用效率									19 年平均值
	2003 年	2004 年	2005 年	2006 年	2007 年	2008 年	2009 年	2010 年	2011 年	
S_1	13.52	13.98	15.94	14.42	16.38	18.14	11.74	20.40	11.41	12.77
S_2	22.45	16.68	22.95	17.72	20.44	20.05	17.81	25.72	11.39	16.01
S_3	19.88	19.02	19.04	22.23	21.51	25.16	14.56	20.51	13.12	15.66
S_4	20.87	21.24	19.08	21.27	22.60	21.36	15.05	22.87	19.01	16.67
A_1	16.91	15.59	20.83	16.07	19.12	19.19	16.28	21.15	11.50	15.07
A_2	22.86	18.85	29.42	21.20	23.43	17.96	20.61	24.89	15.30	17.90
A_3	20.83	18.93	25.69	19.99	23.54	20.44	18.46	25.14	15.57	17.41
A_4	22.22	22.67	25.30	19.53	24.36	21.54	17.91	24.28	16.90	18.36

六、不同秸秆还田方式作物的养分利用及产量变化

（一）玉米对氮、磷、钾养分的吸收及利用

2006 年不同生育期玉米植株吸收利用氮、磷、钾养分状况如表 12－15 所示，可以看出，秋季施肥的玉米植株吸收养分量高于春季施肥，这种差异在玉米苗期到拔节期最为明显；秸秆过腹还田的处理玉米苗期到拔节期生长迅速，植株吸收氮、磷、钾养分量明显高于其他处理；秸秆覆盖还田处理，玉米在大喇叭口期前生长缓慢，吸收的氮、磷养分量较低，中后期玉米生长速度加快，到成熟末期吸收的养分量超过了秸秆直接还田处理。

表 12-15　不同秸秆还田方式玉米各生育期的氮、磷、钾养分吸收量

（单位：kg/hm²）

处理	苗期吸收量			拔节期吸收量			大喇叭口期吸收量			抽雄期吸收量			成熟期吸收量		
	N	P_2O_5	K_2O	N	P_2O_5	K_2O	N	P_2O_5	K_2O	N	P_2O_5	K_2O	N	P_2O_5	K_2O
S_1	0.32	0.05	0.07	17.27	3.37	7.57	69.30	13.27	21.69	76.23	24.27	39.19	101.80	35.58	37.55
S_2	0.23	0.03	0.10	7.58	1.41	3.77	67.00	12.21	34.11	90.19	34.76	43.13	124.05	46.48	64.59
S_3	0.35	0.05	0.16	19.96	4.33	10.33	65.94	11.81	31.02	82.92	25.66	36.87	104.02	38.39	54.06
S_4	0.49	0.08	0.31	28.13	6.65	14.89	79.22	20.60	53.46	116.34	50.59	59.14	148.09	53.70	71.61
A_1	0.27	0.04	0.09	23.49	4.63	7.96	77.68	16.63	20.97	84.45	35.14	39.90	110.80	40.97	42.02
A_2	0.20	0.03	0.09	7.53	1.39	5.04	73.97	16.73	30.75	98.88	31.86	53.72	126.36	41.85	70.35
A_3	0.22	0.03	0.10	19.64	4.38	10.22	68.94	15.09	31.42	105.66	45.68	42.79	121.97	39.58	54.92
A_4	0.32	0.05	0.18	22.30	5.21	10.67	85.05	22.25	62.90	123.38	48.28	67.11	147.27	55.82	89.16

通过对试验各处理 1993—2011 年投入的氮、磷、钾量与玉米植株吸收的氮、磷、钾量的比较，粗略估算了各施肥处理的养分盈亏状况（表 12-16）。在施肥量相同的前提下，秋季施肥较春季施肥玉米氮、磷、钾养分吸收量分别增加了 112.8~474.6kg/hm²、119.8~144.8kg/hm²、11.3~578.4kg/hm²；秸秆过腹还田处理的氮、磷盈余量过大，可能会导致环境危害；秸秆还田可促进玉米吸收较多的钾素，同时秸秆是重要的钾肥资源，通过秸秆还田可归还 50%~70% 的钾素于土壤，可减缓土壤速效钾降低的速度，但归还土壤的钾素还不足以补偿玉米植株从土壤中汲取的钾，因而造成钾素的亏缺，如果这种状况不改变，该区域缺钾土壤面积会进一步扩大，玉米施钾的增产效果就会显现出来。

表 12-16　不同秸秆还田方式的养分平衡和肥料回收率（1993—2011）

处理	肥料投入量 （kg/hm²）			玉米地上部吸收量 （kg/hm²）			养分盈亏量 （kg/hm²）			肥料回收率 （%）	
	氮 （N）	磷 （P_2O_5）	钾 （K_2O）	氮 （N）	磷 （P_2O_5）	钾 （K_2O）	氮 （N）	磷 （P_2O_5）	钾 （K_2O）	氮 （N）	磷 （P_2O_5）
S_1	2 850.0	1 596.0	0	2 784.8	736.9	2 695.5	65.2	859.1	-2 695.5	67.07	17.59
S_2	3 740.9	1 709.0	1 716.7	3 020.7	892.0	3 407.7	720.2	817.0	-1 691.0	57.40	25.50
S_3	3 796.2	1 715.7	1 824.0	2 873.8	879.9	2 916.7	922.4	835.8	-1 092.7	52.70	24.70
S_4	5 415.0	3 163.5	2 946.9	3 221.7	1 061.0	3 412.3	2 193.3	2 102.5	-465.4	43.37	19.12
A_1	2 850.0	1 596.0	0	2 897.6	856.7	2 706.7	-47.6	739.3	-2 706.7	71.03	25.10
A_2	3 740.9	1 709.0	1 716.7	3 495.3	1 036.8	3 798.5	245.6	672.2	-2 081.8	70.09	33.98
A_3	3 796.2	1 715.7	1 824.0	3 220.6	990.6	3 246.7	575.6	725.1	-1 422.7	61.83	31.15
A_4	5 415.0	3 163.5	2 946.9	3 444.0	1 195.6	3 990.7	1 971.0	1 967.9	-1 043.8	47.47	23.37

注：不施肥处理 1993—2011 年玉米植株地上部吸收的养分量为 N 821.38kg/hm²、P_2O_5 433.33kg/hm² 和 K_2O 1 261.55kg/hm²

（二）作物生长发育与产量的变化

2006 年在玉米生长期间，对各处理玉米不同生育期的生长发育状况进行了调查（表 12 - 17），结果表明，秋季施肥各处理的玉米幼苗的生长状况好于春季施肥相应处理；不同秸秆还田方式对玉米籽粒重影响大小的顺序为：秸秆过腹还田 > 秸秆直接还田 > 秸秆覆盖还田 > 秸秆不还田。

表 12 - 17　不同秸秆还田方式不同生育期玉米株高和生物量

处理	苗期 株高 (cm)	苗期 干重 (g/株)	拔节期 株高 (cm)	拔节期 干重 (g/株)	大喇叭口期 株高 (cm)	大喇叭口期 干重 (g/株)	抽雄期 株高 (cm)	抽雄期 干重 (g/株)	成熟期 株高 (cm)	成熟期 茎叶穗轴干重 (g/株)	成熟期 籽粒干重 (g/株)
S_1	23.3	0.34	83.6	15.48	158.0	71.76	164.0	103.2	160.0	91.3	86.7
S_2	22.7	0.31	63.4	4.52	167.2	68.80	179.7	138.0	180.0	120.6	113.3
S_3	22.7	0.40	80.6	12.04	159.8	70.77	172.0	121.0	150.0	100.5	96.7
S_4	24.1	0.50	89.8	14.28	164.8	80.05	176.0	164.0	175.0	130.9	143.3
A_1	20.0	0.35	85.2	14.02	166.2	75.54	171.3	107.0	170.0	123.4	110.0
A_2	19.4	0.26	63.0	4.64	168.4	68.42	203.0	117.0	210.0	136.5	130.0
A_3	20.4	0.38	80.6	11.98	169.6	73.38	181.7	162.1	175.0	80.4	113.3
A_4	21.3	0.39	82.6	13.42	178.2	79.54	178.0	176.0	185.0	129.4	136.7

注：2006 年调查期间的玉米品种为强盛 31 号

不同秸秆还田方式导致玉米产量的明显差异（表 12 - 18）。秋季施肥比春季施肥对应处理，19 年累计玉米籽粒增产 8.47 ~ 15.37t/hm²，增产幅度为 7.05% ~ 15.13%；不同秸秆还田方式各处理间玉米产量也存在一定差异，其产量的高低排列顺序为：秸秆过腹还田 > 秸秆覆盖还田 > 秸秆直接还田 > 秸秆不还田。与春季施肥的 S_1 处理相比，秋季施肥秸秆还田处理的增产效果十分明显，19 年玉米籽粒累计增产 27.02 ~ 39.55t/hm²，增产幅度达 26.61% ~ 38.95%（表 12 - 19），同时增加了 29.50 ~ 42.53t/hm² 的玉米秸秆，为秸秆还田提供了更为充裕的有机肥源。

表 12 - 18　不同秸秆还田方式的玉米产量　（单位：t/hm²）

处理	1993 年	1994 年	1995 年	1996 年	1997 年	1998 年	1999 年	2000 年	2001 年	2002 年
S_1	5.74	7.37	4.69	6.48	3.06	5.38	1.64	2.79	4.48	5.66
S_2	6.03	7.62	5.71	7.47	2.50	6.96	3.42	3.07	6.39	5.35
S_3	6.26	6.92	4.78	7.68	3.34	5.57	2.52	3.53	4.91	5.57
S_4	6.74	7.81	5.64	7.86	3.39	6.86	2.50	3.72	6.32	7.00
A_1	6.32	7.60	4.45	7.68	3.68	6.43	2.45	2.93	6.12	6.69
A_2	6.56	8.36	6.36	7.65	3.81	8.21	3.47	3.49	6.98	6.35
A_3	7.02	8.04	6.12	7.88	3.80	6.72	3.31	4.19	5.99	6.32
A_4	7.31	8.32	5.95	8.27	4.15	7.92	3.29	4.42	6.80	8.13

（续表）

处理	各年份玉米产量									19年总产量
	2003年	2004年	2005年	2006年	2007年	2008年	2009年	2010年	2011年	
S_1	4.78	6.15	5.7	5.09	7.84	8.23	4.39	7.34	5.31	101.56
S_2	6.31	6.69	8.62	5.93	8.61	9.09	6.14	8.56	6.57	121.60
S_3	6.06	7.6	7.3	7.43	9.54	11.34	5.46	7.64	6.66	120.11
S_4	6.73	9.22	6.98	7.96	10.18	9.89	5.71	8.32	7.95	130.60
A_1	5.05	6.82	6.95	5.7	8.84	9.29	5.94	7.89	5.10	116.93
A_2	6.82	7	10.15	6.99	9.32	8.69	6.99	8.52	4.64	130.36
A_3	6.64	7.47	8.34	6.68	9.69	9.56	6.31	9.08	5.42	128.58
A_4	6.88	9.02	7.93	7.19	10.92	10.69	6.59	9.09	8.24	141.11

表12-19 不同秸秆还田方式玉米产量结果的比较

处理	同春季单施适量化肥处理（S_1）相比		春、秋施肥对应处理相比较	
	增产量（t/hm^2）	增产率（%）	增产量（t/hm^2）	增产率（%）
S_1	—	—	—	—
S_2	20.03	19.73	—	—
S_3	18.55	18.27	—	—
S_4	29.04	28.60	—	—
A_1	15.37	15.13	15.37	15.13
A_2	28.80	28.36	8.77	7.21
A_3	27.02	26.61	8.47	7.05
A_4	39.55	38.95	10.51	8.05

　　秋季施肥长期秸秆还田还可以增加种植玉米的经济效益（表12-20），秸秆还田玉米纯收益增加了11 112.86～15896.78元/hm^2，增收率提高18.84%～26.95%。秸秆覆盖还田、秸秆直接还田及秸秆过腹还田，分别增加了秸秆田间覆盖、秸秆粉碎及粪肥运输撒布等劳动用工，每公顷每年劳动用工约增加15个，18年合计劳动用工价增加了4 194.1元/hm^2，秸秆过腹（畜粪肥）还田增加了购买牛粪的成本，18年总计粪肥投入7 426.0元/hm^2。同时还可以看出，降水年型（气候条件）也可通过影响玉米的籽粒产量而影响种植玉米的纯收益。1999年春季大旱，玉米生长中后期降雨偏多，低温寡照，并有早霜严重危害，玉米籽粒产量极低，导致种植玉米的负效益；1997年和2000年玉米生长期内大旱，玉米籽粒产量偏低，种植玉米的效益极低或负效益。

表 12 – 20 不同秸秆还田方式玉米的经济效益　　　　　　　（单位：元/hm²）

处理	各年份经济效益									
	1993 年	1994 年	1995 年	1996 年	1997 年	1998 年	1999 年	2000 年	2001 年	2002 年
A₁	1 416.06	2 621.30	2 238.35	5 996.51	545.07	3 360.24	− 1 342.30	− 787.36	3 138.13	3 290.59
A₂	1 480.34	3 030.14	4 382.65	5 813.67	540.26	5 313.24	− 437.63	− 444.56	3 910.93	2 775.39
A₃	1 725.15	2 825.78	4 099.45	6 099.95	529.09	3 480.54	− 608.83	171.44	2 841.73	2 744.49
A₄	1 744.49	2 824.59	3 718.85	6 360.38	649.97	4 686.54	− 945.23	13.84	3 311.53	4 203.79

处理	各年份经济效益							18 年经济效益总计
	2003 年	2004 年	2005 年	2006 年	2007 年	2008 年	2009 年	2010 年	
A₁	2 056.19	3 393.28	2 472.69	4 601.56	7 572.14	9 130.65	2 768.34	6 525.27	58 996.73
A₂	3 893.99	3 357.44	5 757.72	6 339.64	7 231.22	7 660.65	4 084.34	7 449.41	72 138.83
A₃	3 688.79	3 903.58	3 746.42	5 833.34	8 473.06	9 139.65	2 882.09	8 533.87	70 109.59
A₄	3 466.39	5 209.68	2 755.52	6 141.60	9 720.26	10 435.8	2 707.59	7 887.97	74 893.51

七、主要结论与研究展望

（一）主要结论

不同秸秆还田方式长期定位试验 19 年，取得如下主要结论。

由于供试土壤初始有机质含量较高，各处理土壤有机质含量呈现逐年下降趋势，但秸秆还田可以有效减缓土壤有机质的降低速率。秸秆还田处理土壤全氮含量均比秸秆不还田处理高，土壤全氮含量由高到低为：秸秆过腹还田 > 秸秆直接还田 > 秸秆覆盖还田 > 秸秆不还田，秋季施肥各处理的土壤全氮含量均高于春季施肥相应各处理。在每年施无机氮 150kg/hm² 的前提下，秸秆不还田和 3 种秸秆还田处理的氮素均有盈余，硝态氮累积量均大幅度增加，存在农田土壤硝态氮累积和淋失的氮素基础。长期秸秆还田可以明显降低硝态氮残留率，但在 80cm 土层以下出现了明显的硝态氮累积峰，特别是秸秆过腹还田处理硝态氮累积总量较多，硝态氮被淋失的风险增大，需要加强氮素管理。在单施氮、磷化肥（年施磷量 P₂O₅ 84kg/hm²）的条件下，土壤全磷含量基本维持在试验开始时的水平，而土壤有效磷含量明显提高；长期秸秆还田处理的土壤全磷和有效磷含量明显提高，特别是秸秆过腹还田处理土壤有效磷含量提高到 55.2 ~ 67.3mg/kg，已经存在突出的环境风险。

长期秸秆还田可以提高土壤有效锌和有效铜含量，秸秆过腹还田土壤有效锌和有效铜含量最高；而土壤有效锰含量则呈逐年显著下降的趋势，即使是秸秆过腹还田处理，土壤有效锰含量也明显降低；除秸秆过腹还田处理的土壤有效铁含量基本维持平衡外，其他各处理土壤有效铁均呈明显下降趋势。

长期秸秆还田可以使土壤微生物碳氮量增加，秋施肥提高了土壤脲酶活性，而秸秆还田春施肥中只有秸秆过腹还田提高了土壤脲酶活性。秸秆还田都可以明显提高碱性磷酸酶活性，秸秆过腹还田处理的土壤脲酶和碱性磷酸酶活性都是最高的。

秸秆还田可以减少玉米生育期的耗水量、增加土壤贮水总量、明显提高水分利用效率。19 年内秸秆过腹还田处理的土壤贮水量明显增加，秸秆覆盖还田的保水效果最为明显。不同的降水年型，对水分利用也存在较大影响，偏旱年型玉米水分利用效率最高，丰水年份和偏丰年份应当注意减少降水的无效耗散。

秸秆还田具有显著的增产增收效果。秋季施肥比春季施肥相应处理 19 年累计增产玉米籽粒 8.47 ~ 15.37t/hm²，增产幅度为 7.05 ~ 15.13%；不同秸秆还田方式各处理间玉米产量也存在一定差异，其产量高低顺序为：秸秆过腹还田 > 秸秆覆盖还田 > 秸秆直接还田 > 秸秆不还田。与春季施肥处理（S1）相比，秋季施肥秸秆还田处理的增产效果十分明显，19 年玉米籽粒累计增产 27.02 ~ 39.55t/hm²，增产幅度达 26.61% ~ 38.95%，纯收益增加了 12 831 ~ 18 171 元/ hm²，同时增加了 29.50 ~ 42.53t/hm²的玉米秸秆，为秸秆还田提供了更为充裕的有机肥源。

（二）存在问题与研究展望

虽然选择在我国褐土典型区域、褐土区域种植的主要作物之一春玉米，对影响褐土质量的主要因素进行了长期系统的研究，但我国褐土土壤分布范围极为广泛，从辽西向西南延伸，经内蒙古自治区东南，沿燕山、太行山、吕梁山以东的山西高原，豫西、关中到甘肃省的西秦岭地区等，是我国粮食、蔬菜、果品等重要产区，农业生产方式多种多样，影响褐土质量演变规律的因素众多，也十分复杂。如何将研究成果，合理应用到我国其他褐土区域，需要继续深入研究和探讨。

同时受研究经费及技术设备的制约，一些研究项目无法开展，如来源于农田环境的养分量的测定、农田土壤水分蒸散量和作物蒸腾量的测定、氮的硝化反硝化损失、农田钾素的循环利用等问题。而这些问题的解决，会有助于准确理解褐土农田水分养分的循环规律，合理指导褐土农田的水肥管理。

随着技术的不断进步，人们对科学认知水平的提高以及科学研究的继续深入，农业生产者同农业技术推广部门的结合将更加紧密，长期施肥褐土肥力演变与培肥技术的研究成果会越来越得到广泛应用。

致谢：本研究得到了国家科技攻关项目（85 - 007 - 01 - 04、96 - 004 - 04 - 02、2001BA508B09、2006BAD29B05 和 2011BAD09B01），国家高新技术研究发展计划项目（2002AA2Z4311 - 07），国家公益性行业（农业）科研专项（201203030 - 08），山西省科技攻关项目（2006031042）的资助。

王久志、马玉珍、李红梅、杨治平、王静、程滨、贾伟、于婧文、路慧英等同志做了部分研究和分析测试工作，特此致谢。

周怀平、杨振兴、解文艳、关春林

参考文献

［1］毕于运，王道龙，高春雨，等.2008.中国秸秆资源评价与利用［M］.北京：中国农业科学技术出版社.

［2］周怀平，杨治平，李红梅，等.2004.秸秆还田和秋施肥对旱地玉米生长发育及水肥效应的影响［J］.应用生态学报，15（7）：1 231 - 1 235.

［3］李红梅，关春林，周怀平，等.2007.施肥培肥措施对春玉米农田土壤氨挥发的影响［J］.中国生态农业学报，15（5）：76 - 79.

［4］贾伟，周怀平，解文艳，等.2008.长期秸秆还田秋施肥对褐土微生物碳、氮量和酶活性的影

响 [J]. 华北农学报, 23 (2): 138~142.

[5] 关春林, 周怀平, 解文艳, 等. 2009. 长期施肥对褐土磷素累积及层间分别的影响 [J]. 山西农业科学, 37 (3): 64-67.

[6] 解文艳, 樊贵盛, 周怀平, 等. 2011. 旱地褐土长期定位施肥土壤剖面硝态氮分布与累积研究 [J]. 华北农学报, 26 (2): 180-185.

[7] 解文艳, 樊贵盛, 周怀平, 等. 2011. 秸秆还田方式对旱地玉米产量和水分利用效率的影响 [J]. 农业机械学报, 42 (11): 60-67.

[8] 周怀平, 解文艳, 关春林, 2013. 长期秸秆还田对旱地玉米产量、效益及水分利用的影响 [J]. 植物营养与肥料学报, 19 (2): 321-330.

第十三章　长期施用钾肥壤质潮土肥力演变和作物产量的响应

潮土是河北省平原地区典型的土壤类型，集中分布于京广铁路以东、京山铁路以南的冲积平原和滨海平原，总面积约 420 万 hm^2，占全省土壤面积的 25.8%。成土母质为近代河流沉积物，以黄河、海河、滦河、滹沱河、滏阳河、漳河等河流冲积物为主。河北省潮土类型区因地势平坦，耕作历史长，土壤富含石灰，碳酸钙含量高（8% ~ 15%），pH 值多在 8 ~ 8.5。质地多变，以壤土面积最大，矿质养分中钾含量丰富，土壤全钾含量可达 20 ~ 26g/kg，速效钾多在 120mg/kg 左右。但受成土母质的影响，土壤有机质含量偏低，平均为 6 ~ 10g/kg。河北省潮土区是重要的粮食产区，但长期以来受土壤基础肥力的影响，作物单产水平低，土壤肥力水平提升缓慢。自 20 世纪 80 年代以来，随着经济的发展，农田施肥量大幅度提高，特别是氮肥、磷肥，据统计氮肥、磷肥的单位面积施用量分别高达 N 300kg/hm² 和 P₂O₅ 100kg/hm²（Ju 等，2007）。由于土壤基础肥力低，大量氮、磷养分的投入造成了农田养分供应的不均衡，尤其表现为土壤钾素的亏缺。因此，如何保证该地区潮土钾素肥力的长期稳定和提高以及作物的稳产高产，成为农业科研工作者普遍关注的课题。

一、潮土钾肥长期试验概况

潮土钾肥长期定位试验位于河北省辛集市马兰农场，地处北纬 37.59′22.93″，东经 115.11′28.18″，属于华北平原典型的潮土区。试验地土壤质地为壤质，成土母质为黄河和滹沱河冲击物。辛集市年平均气温为 12.5℃ ，≥10℃积温多年平均 4 653℃，年降水量 447.1mm，年蒸发量 1 211.8mm，年平均日照时数 2 426.9h，无霜期 198d，太阳总辐射量 5 230MJ/m²。当地主要种植作物为冬小麦、夏玉米、棉花、花生等。

潮土钾肥长期定位试验始于 1992 年 10 月，为典型的冬小麦—夏玉米轮作制，冬小麦于每年 10 月播种，翌年 6 月收获，夏玉米于 6 月播种，10 月初收获。冬小麦全生育期因降水稀少需灌溉 3 ~ 4 次，分别为冬前冻水（11 月下旬）、春季返青水（3 月初）、拔节水（4 月初）和扬花水（5 月初），某些年份返青水和拔节水合并为一次。小麦每次灌水量约 750m³/hm²。夏玉米生育期内降水较充沛，一般不需灌水，但在夏玉米播种后为提墒出苗，常灌一次"蒙头水"，灌水量一般不超过 600m³/hm²。

试验地土壤肥力中等，试验开始时的基本理化性状如表 13 - 1 所示。

表 13 - 1　辛集钾肥长期定位试验田土壤基础理化性状（1992 年）

土层深度 (cm)	有机质 (g/kg)	碱解氮 (mg/kg)	Olsen-P (mg/kg)	全钾 (g/kg)	缓效钾 (mg/kg)	交换性钾 (mg/kg)
0 ~ 20	8.7	69.7	12.6	24.4	916.8	83.2
20 ~ 40	5.5	48.3	3.28	25.4	862.0	88.0

试验设 4 个处理：①施氮肥和磷肥（NP）；②氮磷肥 + 小麦秸秆还田（NPSt）；③氮磷钾肥配施（NPK）；④氮磷钾肥 + 小麦秸秆还田（NPKSt）。每个处理 4 次重复，各处理施肥量见表 13 - 2。小区面积 50m²，共 16 个小区。小麦季氮肥 1/2 作基肥，1/2 作追肥分 2 次施用，分别于播种前和返青期至拔节期施入；磷肥、钾肥全部作基肥一次施入。夏玉米季氮肥分基肥和追肥，各 1/2，基肥在播种时施入，追肥在 5 叶期追施；磷肥、钾肥全部做基肥施入。秸秆还田处理只是小麦秸秆还田，还田量为所在小区的所有地上部秸秆，而玉米秸秆不还田，全部移除。小麦播种前旋耕整地，旋耕深度为 15 ~ 20cm；玉米播种前不耕作，为贴茬直播。

表 13 - 2　潮土钾肥长期定位试验处理方案

处　理	养分施用量（kg/hm²）		
	N	P_2O_5	K_2O
NP	225	90	0
NPSt	225	90	0
NPK	225	90	150
NPKSt	225	90	150

二、长期施用钾肥潮土有机质和氮、磷、钾的演变规律

（一）有机质的演变规律

1. 有机质总量的变化

从图 13 - 1 可以看出，从试验开始（1992 年）至 2000 年前后，土壤有机质含量各处理间变异不大，年际间小幅波动。从 2001 年开始，不同处理间出现明显差异，其中 NPKSt 和 NPK 处理的土壤有机质呈增加趋势，至 2012 年，NPKSt 处理的有机质含量由试验开始时的 8.5g/kg，提高到 12.1g/kg，增加了 42.3%，年均增加 0.18g/kg；NPSt 处理由试验开始时的 8.5g/kg，增加到 2012 年的 10.56g/kg，增加了 24.2%，年均增长 0.11g/kg。NP 和 NPSt 处理间差异不明显，均呈年际间波动趋势，至 2012 年两处理的

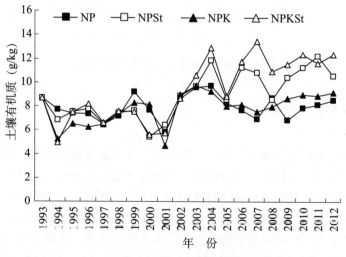

图 13 - 1　不同处理潮土有机质含量的变化趋势

有机质含量与试验开始时没有明显差异。总体来看，NPKSt 和 NPSt 处理的土壤有机质增加较明显，表明在目前的耕作管理条件下，合理施肥能够促进土壤有机质的增加。NPKSt 较 NPK 处理有机质含量的提高更明显，表明在本试验条件下，虽然仅有小麦秸秆还田，但对土壤有机质的提升仍有明显的促进作用。

在国内其他定位试验中，化肥配施有机肥（粪肥）的土壤有机质增加幅度都较单施化肥要大（袁玲等，1993；宋勇林等，2007；赵广帅等，2012）。已有的研究证明，秸秆根茬碳还田量与土壤有机质变化量之间均呈极显著的正相关关系（王文静等，2010），农田氮磷钾肥的投入必然促进了作物根系的发育，从而在土壤中储存了更多的有机物，也大幅度提高了土壤的有机质含量。

2. 有机质含量与有机物料碳投入量的关系

从有机质含量与秸秆有机碳投入量的相关关系（图 13-2）可以发现，NPKSt 和 NPSt 处理的土壤有机质含量与秸秆有机碳累积投入量之间均呈显著的线性相关关系，有机质含量随着秸秆碳投入量的增加而显著增加。NPKSt 处理的回归方程为 $y=0.091\ 1x+5.896$，即每投入 1t 有机碳，土壤有机质增加 0.09g/kg；而 NPSt 处理的有机质含量与秸秆有机碳累积投入量之间也有线性增加的趋势，其回归方程为 $y=0.064\ 5x+6.47$，即每投入 1t 有机碳，土壤有机质增加 0.06g/kg。NPK 处理和 NP 处理有机质含量与有机碳投入量之间的相关性未达到显著水平。

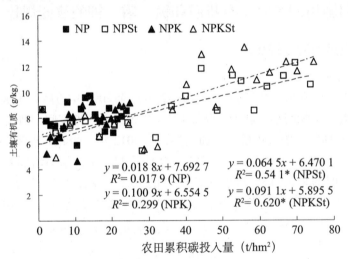

图 13-2　不同处理潮土有机质含量与秸秆有机碳投入量的关系

注：＊表示在 0.05 水平显著

（二）土壤氮素的演变规律

1. 全氮含量的变化

土壤全氮含量年度间呈增加趋势（图 13-3）。从试验开始时到 2003 年，土壤全氮含量各处理间差异不大，呈年际间波动趋势，只略有增加。而 2003—2012 年，土壤全氮含量呈明显的增加趋势，其中 NPK 和 NPKSt 处理增加最为明显，至 2012 年，NPK 处理达到了 1.46g/kg，NPKSt 处理达到了 1.35g/kg，与试验开始时的 0.72g/kg 相比分别增加了 84.6% 和 99.7%；NP 和 NPSt 处理的全氮含量也呈增加趋势，至 2012 年较试验开始时分别达到了 1.02g/kg 和 1.12g/kg，分别增加了 40.2% 和 53.2%。与土壤有机质含量的变化相比，土壤全氮含量增加的时间虽略有滞后，但总体的变化趋势与有机质的一致。

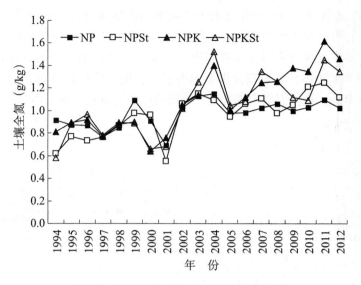

图 13 - 3　不同处理潮土全氮含量的变化

2. 全氮含量与氮肥投入量的关系

土壤全氮含量与氮肥施入量的关系如图 13 - 4 所示。土壤全氮与累积氮素投入量呈线性相关关系，其中 NPSt、NPK 和 NPKSt 处理均达到了显著水平，NP 处理也有随着累积施氮量增加而增加的趋势，但未达到显著水平。

NPK 和 NPKSt 确处理的土壤全氮增长速度最快，NP 处理增产最慢，NPSt 处理的增长速度约为 NP 处理的 2 倍。不施用钾肥的 NP 处理在增加了小麦秸秆还田后，其土壤全氮的增加速度也有显著提高。这充分表明农田养分平衡对土壤全氮含量的影响。

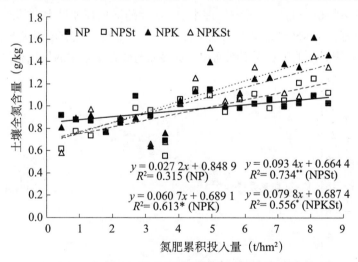

图 13 - 4　不同处理潮土全氮含量与氮肥投入量的关系
注：＊表示在 0.05 水平显著，＊＊表示在 0.01 水平显著

（三）土壤磷素的演变规律

1. 全磷含量的变化

施用磷肥可提高土壤全磷含量，从本试验结果看，不同处理间的土壤全磷含量增加幅度略有不同，但总体上匀随施肥时间的延长呈增加趋势。经过 20 年的定位施用磷

肥，土壤全磷含量从试验开始时的 0.74g/kg 增加到 2012 年的 0.81 ~ 0.83g/kg（图 13 - 5），其中以 NPKSt 处理的增加幅度最大，其次为 NPK 处理，NP 处理的增加幅度最小。由于磷在土壤中非常容易被固定，施磷会明显增加土壤的有效磷含量和土壤磷库。李中阳等（2010）的研究分析了国内多个长期定位试验发现，施用磷肥会明显增加土壤磷的储备，提高土壤全磷含量，本研究结果也证明了这一点。

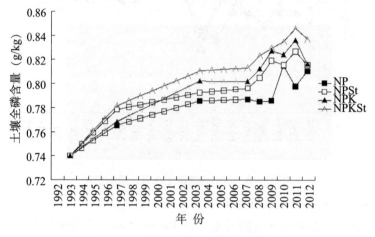

图 13 - 5　不同处理潮土全磷含量的变化

2. 有效磷含量的变化

施用磷肥对土壤有效磷含量的增加有明显的促进作用。在本试验中，各处理的磷肥施用量一致，因此各处理的土壤有效磷含量在不同年度均没有明显的差异，呈逐年上升的趋势（图 13 - 6），从试验开始时的 12.6mg/kg，增加到 2012 年的 25.6 ~ 29.8mg/kg，年均增加 0.65 ~ 0.86mg/kg。在所有处理中 NP 处理的增加幅度最大，其次为 NPSt 处理，再次为 NPK 处理，NPKSt 处理的增加幅度最小，但各处理间没有明显差异。土壤有效磷含量明显随施磷肥时间的延长而不断增加，这显然与磷在土壤中的累积有关。

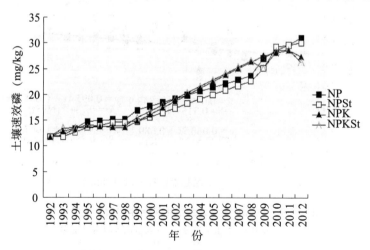

图 13 - 6　不同处理潮土有效磷含量的变化

（四）有效磷含量与磷肥投入量的关系

从土壤有效磷含量与累积磷肥投入量的关系来看（图 13 - 7），不同处理间的有效磷增加幅度相差不大。根据土壤有效磷含量与磷肥投入量的回归方程可以发现，NP、NPSt、NPK 和 NPKSt 四个处理每施入 P 100kg/hm² 可以使土壤有效磷含量增加 1.05 ~ 1.15mg/kg，4 个处理间没有显著差异。这一结果与黄绍敏等（2011）在河南省潮土定位试验中得到的每施入 P 100kg/hm² 可以使土壤 Olsen-P 增加 0.63 ~ 0.72mg/kg 相比略高。但与曹宁（2006）的研究中每施入 P 100kg/hm² 可以使北京潮土和河南潮土的 Olsen-P 增加 1.6mg/kg 和 2.6mg/kg 相比则较低。

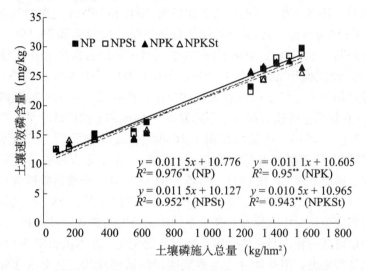

$y = 0.011\,5x + 10.776$
$R^2 = 0.976^{**}$ (NP)
$y = 0.011\,1x + 10.605$
$R^2 = 0.95^{**}$ (NPK)
$y = 0.011\,5x + 10.127$
$R^2 = 0.952^{**}$ (NPSt)
$y = 0.010\,5x + 10.965$
$R^2 = 0.943^{**}$ (NPKSt)

图 13 – 7　不同处理潮土速效磷含量与磷肥投入量的关系

注：＊＊表示在 0.01 水平显著

（五）土壤钾素的演变规律

1. 全钾含量的变化

长期施肥对土壤全钾含量的影响如图 13 – 8 所示。从本试验结果可以看出，土壤全钾含量在年际间的变化不大，不同处理间差异不明显，变化范围在 25.1 ~ 25.4g/kg 之间。在我国北方潮土区，土壤中全钾主要以矿物形态存在，储量巨大，因此施用钾肥在短期内并不能对土壤全钾含量产生影响。

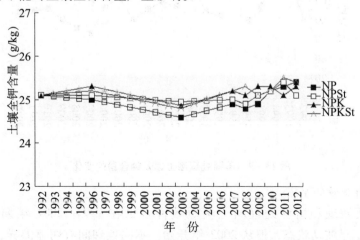

图 13 – 8　不同处理潮土全钾含量的变化

2. 速效钾含量的变化

从图 13 – 9 可以看出，长期施用钾肥对土壤速效钾含量有明显的影响。本定位试验的监测结果显示，不同处理间的速效钾含量在各年度均有明显的差异，其中施钾处理和不施钾处理间差异明显。NP 处理的土壤速效钾含量一直处于较低水平，在不同年份也均较其他处理低，且有下降趋势；NPSt 处理的土壤速效钾含量略高于 NP 处理，但在多数年份均小于 NPK 和 NPKSt 处理。NPK 和 NPKSt 处理的土壤速效钾含量一直保持在较高的水平，并有缓慢上升的趋势，2012 年 NPK 和 NPKSt 处理的速效钾含量分别为 136mg/kg 和 149mg/kg，与试验开始相比分别提高了 63.5% 和 79.1%。NPSt 处理的速效钾含量在前期一直维持在 100mg/kg 左右，2009 年以后也呈上升趋势，2012 年达到了 124mg/kg，较试验开始时提高了 49%，但增长幅度低于 NPK 和 NPKSt 处理。

林治安等（2009）总结了山东省禹城的定位试验结果，显示只施氮磷的处理，在试验开始的 5~6 年后土壤速效钾含量下降到 57~59mg/kg 的极低水平，严重影响了作物产量。王宏庭等（2010）也发现在褐土 16 年连续定位施肥后，只施氮肥、磷肥的 NP 处理的速效钾含量较试验开始时降低了 23.6%。在东北吉林省、辽宁省和黑龙江省，单施氮肥、磷肥处理 NP 在 1993—2006 年的 13 年间，土壤速效钾含量分别较试验开始时降低了 8.2mg/kg、7.2mg/kg、4.8mg/kg（谭德水等，2007）。Qiu 等（2014）认为，吉林长期定位试验中表层速效钾含量的降低可能与速效钾淋融和土壤 pH 值下降等有关，其中最可能的证据是一些含钾矿物组成的变化。在本试验中 NP 处理的作物产量虽然较其他处理略低，但作物并未观察到明显的缺钾症状，其土壤速效钾含量也一直维持在较低水平，并略有下降，但是否其矿物组成等发生了变化尚需要进一步的研究来确认，可能需要进一步深入探讨相应的土壤组成、黏土矿物类型、有机质含量、栽培耕作管理措施差异等因素对土壤速效钾含量变化的影响。

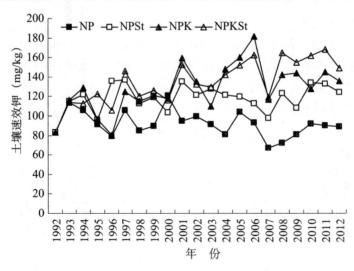

图 13 – 9　不同处理潮土速效钾含量的变化

3. 缓效钾含量的变化

不同钾肥处理和秸秆处理间土壤缓效钾含量在 1993—2001 年期间差异不大（图 13 – 10），呈波动状态，但从 2002 年开始，不同处理间有明显差异，其中 NPKSt 处理的缓效钾含量显著高于 NP、NPSt 和 NPK 处理，年度间呈增加的趋势，而 NP、

NPSt 和 NPK 处理的缓效钾含量则呈波动状态，并没有明显的增加。至 2012 年，NPKSt 处理的缓效钾含量从试验开始时的 916.8mg/kg 上升到 1 259.1mg/kg，NPK 处理略有上升，为 987mg/kg，而 NP 和 NPSt 处理则略有下降，分别下降到 896mg/kg 和 907mg/kg。

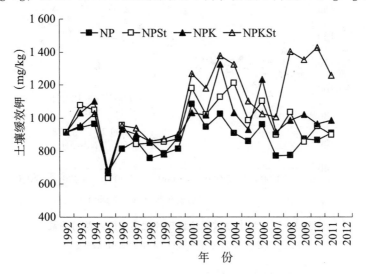

图 13-10　不同处理潮土缓效钾含量的变化

4. 速效钾含量与钾肥投入量的关系

从土壤速效钾含量与钾肥累积施入量（K_2O）的相关关系（图 13-11）可以看出，土壤速效钾含量随钾肥累积施入量的增加呈上升的趋势。NPKSt 处理的回归方程为 $y = 0.009\ 7x + 105.78$，而 NPK 处理的回归方程为 $y = 0.008\ 3x + 103.51$，其相关性均达到了显著水平。NPKSt 处理的速效钾增长幅度略高于 NPK 处理，表明在辛集潮土区域，在平衡施用氮磷钾肥的基础上，秸秆还田有利于土壤钾素肥力的提高。

在没有秸秆还田的条件下，NPK 处理中每增施 K_2O 100kg/hm^2，土壤速效钾含量增加约 0.83mg/kg，而在 NPKSt 处理（NPK 基础上增加小麦秸秆还田），则每增施 K_2O 100kg/hm^2，土壤速效钾含量增加约 0.97mg/kg。可以预见，如果在 NPKSt 的基础上再增加玉米秸秆还田，则土壤速效钾含量的增加会更多。

三、长期施用钾肥潮土 pH 值的变化

从图 13-12 可以看出，长期施肥并没有对土壤 pH 值产生明显的影响。其中 NP、NPSt、NPK 处理在 20 年长期定位施肥后，土壤 pH 值略有下降，从试验开始时的 pH 值 7.8 下降到 pH 值 7.67 ~ 7.72，而 NPKSt 处理的土壤 pH 值仍然维持在 7.81 左右。表明在华北平原潮土区，长期施肥，特别是长期平衡施肥对土壤 pH 值的影响并不显著。

四、作物产量对长期施钾肥的响应与土壤的钾素平衡

（一）作物产量的变化

本试验为钾肥长期定位试验，所有处理的氮、磷施用量均一致，因此本节只讨论长期施用钾肥对作物产量的影响。

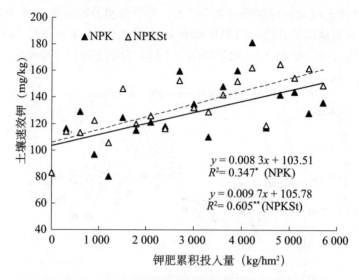

图 13 – 11　潮土速效钾含量与钾肥累积投入量的关系

注：﹡表示在 0.05 水平显著；﹡﹡表示在 0.01 水平显著

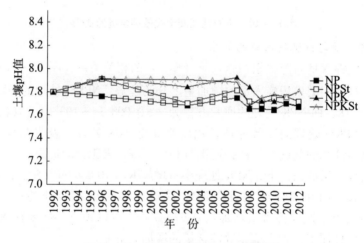

图 13 – 12　不同处理潮土 pH 值的变化

　　从多年小麦和玉米的产量结果来看，钾肥和秸秆还田（小麦）对作物产量是有一定影响。小麦产量总体呈波动状态，除个别年份外，各处理间差异不大，平均产量在 6.1 ~ 6.7t/hm² （图 13 – 13）。而玉米产量平均为 6.3 ~ 7.8t/hm² （图 13 – 14），其中 1993—2002 年间产量水平比较接近，从 2002 年起，产量水平明显提高，NPK 和 NPKSt 处理的最高产量达到 9.5t/hm²。

　　从表 13 – 3 的统计结果可以看出，相同年份不同处理之间的小麦产量均以 NPKSt 处理最高，其次是 NPK 处理，NP 处理的产量最低，表明秸秆还田（小麦秸秆）和施用钾肥对可促进小麦产量的提高；而玉米产量在不同处理间差异比较明显。在多数年份，NPKSt 处理的玉米产量显著高于 NP 和 NPSt 处理（$p < 0.05$），但与 NPK 之间没有明显差异。说明在华北平原夏玉米高产区，增加钾肥投入对提高夏玉米产量有明显的促进作用，这与王宜伦等（2008）的研究结果类似。

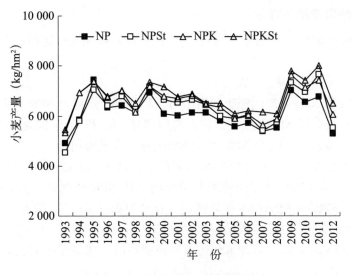

图 13 – 13　不同处理小麦产量的变化

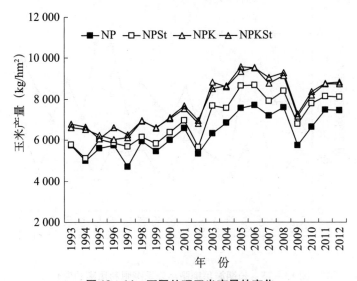

图 13 – 14　不同处理玉米产量的变化

NPKSt 处理的小麦籽粒产量显著高于 NPK，而夏玉米产量两处理间没有明显差异，这可能与小麦秸秆在夏玉米生育期是覆盖在土壤表面，因此秸秆还田的钾素还来不及补充到土壤中以供夏玉米施用；而在小麦季，因为播种前土壤进行翻耕，夏玉米腐熟的小麦秸秆中的养分会进入土壤而发挥作用。

表 13 – 3　钾肥长期定位试验中小麦和玉米的产量统计（1993—2012 年）

处　理	小麦产量（kg/hm²）				玉米产量（kg/hm²）			
	最高产量	最低产量	平均产量	标准差 SD	最高产量	最低产量	平均产量	标准差 SD
NP	7 451	4 904	6 107d	652	7 706	4 723	6 350c	943
NPSt	7 336	4 541	6 283c	686	8 680	5 113	6 964b	1 158
NPK	7 640	5 325	6 568b	628	9 550	6 035	7 684a	1 193
NPKSt	7 800	5 445	6 772a	580	9 581	6 062	7 784a	1 177

注：平均产量后不同字母表示处理间差异达 5% 显著水平

（二）钾肥利用率的变化

以 NP 处理和 NPSt 处理分别作为对照，计算 NPK 和 NPKSt 处理的钾肥利用率。计算公式为：

钾肥利用率 = $(K_1 - K_0)/K_f$

式中，在计算 NPK 处理的钾肥利用率时，K_1 和 K_0 分别为 NPK 和 NP 处理的地上部钾素吸收量；在计算 NPKSt 处理的钾肥利用率时，K_1 和 K_0 分别为 NPKSt 和 NPSt 处理的地上部钾素吸收量。K_f 为 NPK 和 NPKSt 处理的钾肥施用量。

其中小麦季的钾肥利用率年际间呈明显的波动状态，范围为 31.6% ~ 66.8%，呈逐年上升趋势。而 NPKSt 处理的钾肥利用率明显较 NPK 处理低，为 13.4% ~ 35.8%（图 13 - 15）。玉米季钾肥利用率年际间的变化情况如图 13 - 16 所示。其中 NPK 处理的钾肥利用率在 1993—2002 年以前呈波动状态，而 2003—2012 年一直呈较稳定状态，钾肥利用率为 55% ~ 60%；而 NPKSt 处理的钾肥利用率则呈缓慢增加的趋势，利用率在 30% 左右。

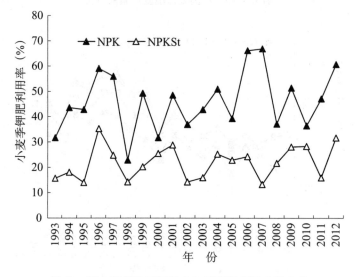

图 13 - 15　长期施用钾肥小麦季钾肥利用率的变化

（三）土壤钾的表观平衡及其与钾含量的关系

1. 土壤钾的表观平衡

在只有小麦秸秆还田的情况下，不同年份的农田土壤钾素表观平衡如图 13 - 17 所示。其中，NP、NPSt 和 NPK 处理的钾素表观平衡（K，下同）都是负值，即农田钾肥投入不能平衡收获物带走量。从 1992—2012 年的累积土壤钾素平衡来看，亏缺量以 NP 处理为最高，年平均亏缺值为 191.7kg/hm²；其次为 NPSt 处理，年平均亏缺值为 119.5kg/hm²；再次为 NPK 处理，年平均亏缺量为 68.9kg/hm²。在所有处理中，只有 NPKSt 处理为盈余状态，年平均盈余量为 92.9kg/hm²（表 13 - 4）。NPK 和 NPSt 两个处理的养分归还率分别为 78.4% 和 57.6%。其中，NPSt 处理（小麦秸秆还田）相当于年施用钾肥 165.4kg/hm²，这一结果略低于孙克刚等（2002）在河南潮土区研究的结果，他的结果表明 NPSt 处理中秸秆还田大约每年归还 216.6kg/hm² 的钾。单施钾肥的 NPK 处理并不能实现土壤钾素的盈亏平衡，只有 NPKSt 处理在施用钾肥基础上秸秆还

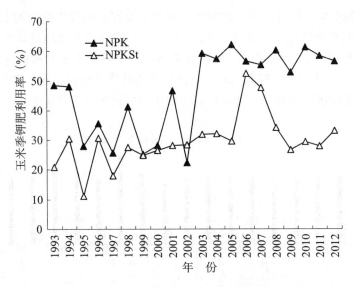

图 13-16 长期施用钾肥玉米季钾肥利用率的变化

田才能实现农田钾素平衡，不出现亏缺。翁丽萍等（1996）的研究结果中发现在年施用 300kg/hm² 钾肥（K_2O）的基础上可以维持土壤的钾素平衡，本研究结果与之类似。

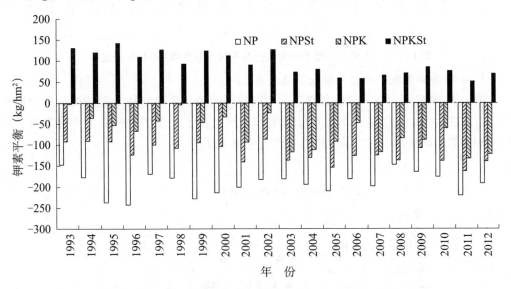

图 13-17 不同处理潮土钾素的表观平衡（仅小麦秸秆还田）

表 13-4 长期施用钾肥土壤钾素平衡的概算（1992—2012 年）

处 理	吸钾量（K，kg/hm²）			钾累积投入量（K，kg/hm²）			钾素累积盈亏（kg/hm²）	归还率（%）
	小麦	玉米	合计	钾肥	秸秆	合计		
NP	2 366	1 474	3 939	0	0	0	-3 839	0.0
NPSt	3 288	2 383	5 621	0	3 238	3 238	-2 383	57.6
NPK	3 407	2 944	6 352	4 979	0	4 979	-1 373	78.4
NPKSt	3 508	3 118	6 627	4 979	3 508	8 487	1 860	128.1

如果小麦和玉米秸秆均还田，重新计算农田土壤钾素表观平衡后发现，只有 NP 和 NPSt 处理的表观平衡为负值（图 13－18）。年平均亏缺量以 NP 处理最高为 122.8kg/hm²，NPSt 年平均亏缺量为 9.96kg/hm²。而 NPK 和 NPKSt 处理的土壤钾素表观平衡则均为正值，分别为 49.0kg/hm² 和 234kg/hm²。这充分说明在华北平原小麦—玉米轮作条件下，秸秆还田条件下配施钾肥对于维持和提高农田土壤钾素肥力十分重要。

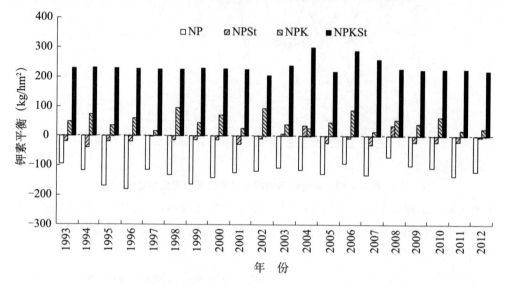

图 13－18　不同处理潮土钾素的表观平衡（小麦和玉米秸秆均还田）

2. 土壤钾素表观平衡与全钾含量的关系

图 13－19 显示，在本试验条件下，不同处理间的盈余与亏缺并未造成土壤全钾含量的增加或降低。这说明在华北平原典型潮土区，由于土壤矿物钾储量十分丰富，短期内的钾素亏缺并不会对土壤全钾含量产生明显的影响。

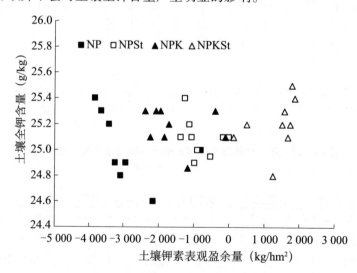

图 13－19　不同处理潮土钾素表观平衡与全钾含量的关系

3. 土壤钾素表观平衡与速效钾含量的关系

从本试验结果来看，不同处理的土壤钾素表观盈亏对土壤速效钾含量产生了明显的影响。其中，NPKSt 处理的速效钾为盈余状态，土壤速效钾含量随着盈余累积量的增加而增加，累积盈余量和速效钾含量呈显著正相关关系（图 13 – 20），其回归方程为 $y = 0.032\,6x + 97.10$，即土壤钾每盈余 $100\mathrm{kg/hm^2}$，则速效钾含量增加 $3.26\mathrm{mg/kg}$；而 NP 处理为钾亏缺，土壤钾素累积亏缺量与速效钾含量呈线性正相关关系，即亏缺量越多速效钾含量下降的越多。NPK 和 NPSt 处理的钾素表观平衡和土壤速效钾含量之间没有明显的相关关系。

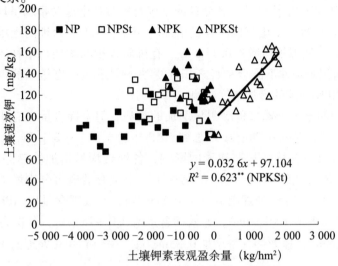

图 13 – 20　不同处理潮土钾素表观平衡与速效钾含量的关系

4. 土壤钾素表观平衡与缓效钾含量的关系

在本试验条件下，只有 NPKSt 处理的土壤累积盈余量与土壤缓效钾含量有显著的正相关关系，即缓效钾含量随着土壤钾累积盈余量的增加而增加。NP、NPSt 和 NPK 处理的钾素表观平衡均为亏缺状态，累积亏缺量与缓效钾含量间并没有明显的相关关系（图 13 – 21）。

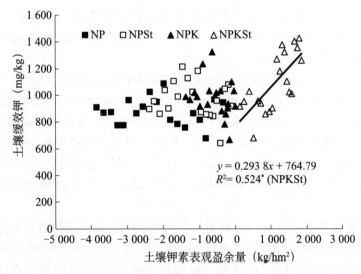

图 13 – 21　不同处理潮土钾素表观平衡与缓效钾含量的关系

五、主要结论与展望

（一）主要结论

辛集钾肥长期定位试验自1992年小麦季开始，至今已开展了20年，主要研究结论如下。

（1）经过20年的定位试验，各处理的土壤有机质和全氮含量均呈增加趋势，其中以NPKSt和NPK处理的土壤有机质含量增加较明显。NPKSt处理的土壤有机质年均增长0.18g/kg，NPK处理年均增长0.11g/kg。有机质含量的增加与秸秆还田和平衡施肥紧密相关，平衡施肥条件下配合秸秆还田能更快的促进土壤有机质的累积。土壤全氮也以NPKSt和NPK处理的增加速度最快。

（2）各处理的土壤全磷含量呈明显增加的趋势，但全钾含量没有明显变化。土壤全磷含量从试验开始时的0.74g/kg增加到2012年的0.81～0.83g/kg。

（3）土壤有效磷含量受长期施磷的影响，各处理均呈增加的趋势，其中NPK和NPKSt处理在每施入P_2O_5 100kg/hm^2的情况下，土壤有效磷可分别增加0.48mg/kg和0.46mg/kg，而NP和NPSt处理则分别为0.5mg/kg。速效钾含量以NPKSt处理的增加幅度最大，每施入K_2O 100kg/hm^2，速效钾含量增加0.97mg/kg，其次为NPK处理，每施入K_2O 100kg/hm^2，速效钾含量增加0.83mg/kg。NP和NPSt处理的土壤速效钾含量呈下降的趋势。

（4）从多年小麦和玉米的产量结果来看，钾肥和秸秆还田（小麦）对作物产量是有一定影响。小麦产量总体呈波动状态，各年份间差异不大，平均产量为6.1～6.7 t/hm^2；而玉米产量平均在6.3～7.8t/hm^2，其中1993—2002年间产量水平比较接近，而2002—2012年，产量水平明显提高。

（5）小麦季和玉米季的钾肥回收率均以NPK处理显著高于NPKSt，且年度间变化幅度较大。其中小麦季钾肥回收率NPK处理一直在40%以上，而NPKSt处理则在30%左右；而在玉米季，NPK处理的钾肥回收率在1993—2002年呈波动状态，而2003—2012年则比较稳定，钾肥回收率在55%～60%；NPKSt处理的钾肥回收率则呈缓慢增加的趋势，回收率在30%左右。

（6）在本试验中，不同处理的农田土壤氮表观平衡均为盈余状态，以NP和NPSt处理盈余最多，NPK和NPKSt处理的盈余量较少。这与NP和NPSt处理的作物产量较低有关。从氮盈余与土壤全氮间的关系可以发现，NPK和NPKSt处理每盈余100kg/hm^2的氮素，土壤全氮可增加0.04～0.06g/kg，而NP和NPSt处理仅增加全氮0.01～0.02g/kg。

（7）土壤磷素表观平衡也处于盈余状态，盈余量与土壤速效磷含量呈极显著的线性相关关系。各处理每盈余100kg/hm^2的磷素，土壤有效磷增加量为1.16～1.18mg/kg。

（8）在只有小麦秸秆还田的情况下，不同年份的农田土壤钾素表观平衡中，NP、NPSt和NPK处理的钾素表观平衡均不负值，即农田钾肥投入不能平衡收获物带走的钾量。亏缺量以NP处理为最大，年平均亏缺231kg/hm^2；其次为NPSt处理，年平均亏缺144kg/hm^2；NPK处理的亏缺量最小，年平均亏缺83kg/hm^2；而NPKSt处理为盈余状态，年平均盈余量112kg/hm^2。在本试验条件下，NPKSt处理每盈余K_2O 100kg/hm^2，土壤速效钾含量增加 2.7mg/kg，相应的缓效钾增加 24mg/kg，但对土壤全钾没有明显的影响。

（二）研究展望

平衡施肥下秸秆还田可以促进土壤有机质的提升。在本试验条件下，无论是秸秆还田处理还是单施化肥处理，土壤有机质均较试验开始时有所增加，尤其是 NPKSt 处理的有机质含量提高更为显著，但就活性有机质组分的变化来说并不清楚。同时，本试验各个处理均有大量的氮素盈余，这些盈余的氮素一部分可能以硝化和反硝化作用以及淋洗而损失，另一部分可能与土壤中的微生物发生作用，从而对土壤有机质的形成与转化造成影响，这尚需对土壤有机质组分进行分析后再确定。

增施磷肥对土壤全磷含量和有效磷含量的提高有明显的促进作用，李中阳等（2010）的研究认为，增施磷肥会促进土壤中相对活性较高的 Ca_2-P、Ca_8-P、$Al-P$ 和 $Fe-P$ 的含量，本研究目前尚未对土壤无机磷组分进行分析，因此有必要在今后的工作中进行探讨。

通常认为，钾在土壤中受到土壤胶体的吸附作用和矿物晶格的固定，虽然在土壤中的移动性比磷要好，但不容易向下迁移。国内刘红霞等（2006）对长期施肥条件下棕壤土壤钾素的向下淋洗与迁移进行了分析，也认为施肥对土壤钾素的向下迁移影响不大。但目前在一些文献中发现钾素在一定条件下可以向下迁移淋洗（Alfaro 等，2004；Kayser 等，2012），进入更深的土壤层次。因此，潮土区土壤中钾素的迁移情况如何，是否也存在一定的迁移需要进一步深入研究，有必要通过对不同层次土壤钾含量的动态监测来了解钾素在潮土的迁移规律。

随着农业生产水平的提高，辛集定位试验的作物产量呈增加的趋势，玉米产量表现更为明显。在目前的定位试验中，已经发现施用钾肥的 NPK 和 NPKSt 处理的玉米产量显著高于不施钾肥的 NP 和 NPSt 处理。因此，有必要对潮土区土壤钾素肥力的维持与提高进行评估，建立北方潮土区土壤钾优化调控管理模式。另外，针对目前广泛推广应用的农田秸秆还田技术，也需要对秸秆还田过程中钾的转化与循环过程进行评价，为构建农田最佳养分管理的技术模式提供依据。

贾良良、刘孟朝、韩宝文、邢素丽、杨军芳

参考文献

［1］曹宁，陈新平，张福锁，等.2007.从土壤肥力变化预测中国未来磷肥需求［J］.土壤学报，44（3）：536-543.

［2］曹宁.2006.基于农田土壤磷肥力预测的我国磷养分资源管理研究［D］.杨凌：西北农林科技大学.

［3］黄绍敏，郭斗斗，张水清.2011.长期施用有机肥和过磷酸钙对潮土有效磷积累与淋溶的影响［J］.应用生态学报，22（1）：93-98.

［4］李中阳，徐明岗，李菊梅，等.2010.长期施用化肥有机肥下我国典型土壤无机磷的变化特征［J］.土壤通报，41（6）：1 434-1 439.

［5］林治安，赵秉强，袁亮，等.2009.长期定位施肥对土壤养分与作物产量的影响［J］.中国农业科学，42（8）：2 809-2 819.

［6］刘红霞，韩晓日，付时丰，等.2006.长期定位施肥对棕壤钾素垂直分布状况的影响［J］.土壤通报，37（5）：950－953.

［7］宋永林，唐华俊，李小平.2007.长期施肥对作物产量及褐潮土有机质变化的影响研究［J］.华北农学报，22（S）：100－105.

［8］孙克刚，杨占平，王英，等.2002.秸秆还田配合施钾对土壤钾的盈亏影响［J］.磷肥与复肥，17（2）：69－71.

［9］谭德水，金继运，黄绍文.2007.长期施钾对东北春玉米产量和土壤钾素状况的影响［J］.中国农业科学，40（10）：2 234－2 240

［10］王宏庭，金继运，王斌，等.2010.山西褐土长期施钾和秸秆还田对冬小麦产量和钾素平衡的影响［J］.植物营养与肥料学报，16（4）：801－808.

［11］王文静，魏静，马文奇，等.2010.氮肥用量和秸秆根茬碳投入对黄淮海平原典型农田土壤有机质积累的影响［J］.生态学报，30（13）：3 591－3 598.

［12］王宜伦，韩燕来，谭金芳，等.2008.钾肥对砂质潮土夏玉米产量及土壤钾素平衡的影响［J］.玉米科学，16（4）：163－166.

［13］翁莉萍，周艺敏，景海春，等.1996.天津地区旱作制度中钾肥定位试验及土壤钾素平衡研究［J］.天津农业科学，（3）：1－4.

［14］袁玲，杨邦俊，黄建国，等.1993.长期施用有机肥和化肥对土壤有机质和氮素的影响［J］.西南农业大学学报，15（4）：314－317.

［15］张会民，吕家珑，李菊梅，等.2007.长期定位施肥条件下土壤钾素化学研究进展［J］.西北农林科技大学学报：自然科学版，1：155－160.

［16］赵广帅，李发东，李运生，等.2012.长期施肥对土壤有机质积累的影响［J］.生态环境学报，21（5）：840－847.

［17］Alfaro M A，Jarvis S C，Gregory P J. 2004. Factors affecting potassium leaching in different soils ［J］. *Soil Use and Management*，20（2）：182－189.

［18］Higgs B，Johnston A. E，Salter J L，*et al.* 2000. Some aspect s of achieving sustainable phosphorus use in agriculture［J］. *Journal of Environmental Quality*，29（1）：80－87.

［19］Ju X T，Kou C L，Christie P，*et al.* 2007. Changes in the soil environment from excessive application of fertilizers and manures to two contrasting intensive cropping systems on the North China Plain［J］. *Environmental Pollution*，145：497－506.

［20］Kayser M，Benke M，Isselstein J. 2012. Potassium leaching following silage maize on a productive sandy soil ［J］. *Plant Soil Environment*，58（12）：545－550.

［21］Qiu S J，Xie J G. Zhao S C，*et al.* 2014. Long-term effects of potassium fertilization on yield，efficiency，and soil fertility status in a rain-fed maize system in northeast China ［J］. *Field Crop Research*，163，1－9.

第十四章　长期施肥平原潮土肥力演变和作物产量的响应

　　潮土指冲积平原或山区沟谷低地，地下水位较高，地下水直接参与成土过程的土壤，因为有返潮现象故俗称作"潮土"。潮土及灌淤土系列是中国重要的农耕土壤资源，这类土壤是在长期耕作、施肥和灌溉的影响下形成的，在成土过程中，获得了一系列新的属性，使土壤有机质累积、土壤质地及层次排列、盐分剖面分布等都发生了很大变化。

　　潮土曾称浅色草甸土，主要分布于黄淮海平原、辽河下游平原、长江中下游平原及汾渭谷地，以种植小麦、玉米、高粱和棉花为主。土壤剖面中沉积层次明显，黏砂相间，地下水位较浅，土壤中、低层氧化还原交互进行，有明显的锈纹斑及碳酸盐分异与聚积。有些地区出现沼泽化和盐渍化。在黄河淤积平原潮土的质地老河床和天然堤上多为砂土，老河床两侧缓斜平地多为轻壤土，浅平洼地则为黏土。土壤有机质含量仅 $6 \sim 10g/kg$。碳酸钙含量 $60 \sim 80g/kg$，含钾量可达 $20g/kg$ 左右，含磷量多在 $1 \sim 2g/kg$。土壤含盐量一般不超过 $1g/kg$，但在洼地边缘可达 $5 \sim 10g/kg$。土壤呈弱碱性反应，pH 值 $7.5 \sim 8.5$。

　　潮土一般地处温暖、半干旱半湿润的季风气候区，年平均温度 $12 \sim 15℃$，$\geqslant 10℃$ 积温 $3\,400℃$ 左右，年降水量 $500 \sim 650mm$，分布极不均匀，$60\% \sim 70\%$ 的降水量集中于 6—8 月，而冬春季节仅占 10% 左右，干湿季节明显。年平均蒸发量为 $1\,800 \sim 2\,600mm$，比降水量高 $3 \sim 4$ 倍，水热条件分配不匀是造成潮土有机质难于大量积累、易发生盐渍化和常常发生春旱秋涝的根本原因。潮土是黄淮海平原的主要土类，气候条件为光热充足，雨热同季，加之潮土土层深厚，矿质养分丰富，有利于深根作物生长；但土壤的有机质、氮素和磷含量偏低，且易旱涝，局部地区有盐渍化问题，如经过合理的地力培肥和土壤改良，潮土将有很大的生产潜力。

　　在河北省分布面积最大的两个土壤种类是潮土和褐土，两者合计占耕地面积的 50% 以上。潮土主要分布在京广铁路以东、京山铁路以南的广大冲积平原，习惯称作河北低平原（河北省土壤普查办公室，1991）。低平原是河北省主要粮食产区之一，粮食作物的播种面积约占河北省 39%，产量约占 43%。其中，小麦播种面积占全省的 45%，产量占 47%，玉米播种面积占 38.4%，产量占 43.5%。棉花占河北省面积和产量的 90% 以上（王慧军，2010）。因此开展潮土的土壤肥力演变特征研究对河北省的粮食安全和农业经济具有重要意义。

一、平原潮土肥力长期试验概况

（一）试验地基本情况

　　河北衡水潮土长期定位试验研究始于 1981 年秋季。试验地点位于衡水市河北省农林科学院旱作农业研究所试验站内（北纬 37°44′，东经 115°47′）。该区域为温带半湿润向半干燥地区的过渡带，海拔 28 m，属东亚大陆性季风气候，年内干湿两季分明，旱季长雨季短，年降水量为 510～550mm，分布极为不均，年平均气温 13℃，最高气温 43℃，最低气温 -23℃，无霜期 200d 左右，全年 0℃以上积温 4 877℃，热量充足，光照时间长。试验地土壤为潮土，成土母质为河流冲积物。试验初始时的耕层土壤有机质含量 11.5g/kg、碱解氮含量 51mg/kg、有效磷含量 12mg/kg，种植制度为冬小麦—夏玉米，一年两作。

（二）试验设计

试验采用裂区设计，主处理为化肥，其中施氮量设 0kg/hm² （A1）、90kg/hm² （A2）、180kg/hm² （A3）、360kg/hm² （A4） 4 个水平，每个处理以 N:P₂O₅ 为 3:2 的比例配施相应量的磷肥；副处理为秸秆，施用量为 0kg/hm² （B1）、2 250kg/hm² （B2）、4 500kg/hm² （B3）、9 000kg/hm² （B4），以当地收获后的玉米秸秆经粉碎后施入。共 16 个处理，每个处理 3 次重复，小区面积 37.5m²，田间随机排列。秸秆和磷肥均在小麦播种整地前一次底施，氮肥在小麦季和夏玉米季各施一半；小麦季的氮肥 50% 作底肥，50% 作追肥，夏玉米季氮肥全部作追肥。氮肥采用尿素，磷肥采用过磷酸钙，试验不施钾肥。灌溉条件为深井灌溉。

二、长期施肥平原潮土有机质和氮、磷、钾的演变规律

（一）平原潮土有机质的演变规律

1. 有机质含量的变化

有机质是土壤肥力的最重要的指标之一，而施肥是影响土壤有机质的重要因素。1981—2012 年各处理耕层（0～20cm）土壤有机质的变化趋势见图 14-1。从图 14-1 可以看出，施化肥处理随定位试验时间的延长，土壤有机质呈增加的趋势（马俊永等，2007；林治安等，2009），但表现出时段差异。在试验的前 10 年，土壤有机质变化幅度较小，10 年后化肥和秸秆处理的土壤有机质均呈现一定的增加趋势。如 A4B1 处理，到 2012 年耕层土壤有机质从最初的 11.5g/kg，提高到 13.6g/kg，提高幅度为 18.3%；A2B1 处理耕层土壤有机质从开始时的 11.5g/kg 上升到 2012 年的 12.72g/kg，提高了 10.6%。在施肥处理之间，施肥量大的处理较施肥量小的处理，土壤有机质增加幅度大，如 A4B1 处理比 A2B1 处理在 2012 年有机质含量高 6.9%，施秸秆的处理也表现出同样趋势。

为了量化不同处理土壤有机质年的变化幅度，采用趋势分析的方法来估算有机质的年度变化率。

具体分析方法按线性模型：$y = kx + b$；为与初始有机质含量进行比较，将式中的截距 b 设为试验初始时的有机质含量 11.5g/kg，其斜率 k 即代表有机质的平均年变化率，单位为 g/（kg·a），负值表示有机质含量有降低趋势，正值代表有增加趋势。如：A4B1 处理，按上述趋势分析方法得到的趋势线方程为 $y = 0.094 1x + 11.51$，其 k 值为 0.094 1，即表示该处理有机质的平均年增为 0.094 1g/（kg·a），各处理的具体分析结果见表 14-1。

从表 14-1 可以看出，不同施肥处理的有机质的平均年增率为 0.009～0.15g/kg，

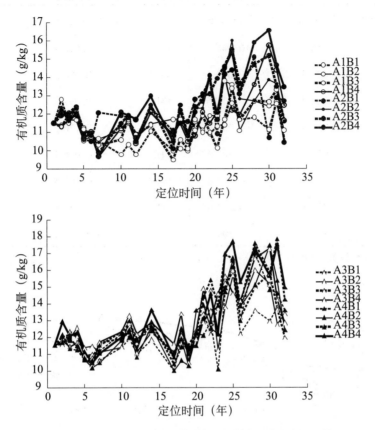

图 14-1　不同施肥处理平原潮土土壤有机质的变化趋势

长期不施肥的处理（A1B1）有机质呈递减趋势。施化肥可明显提高潮土的有机质含量，且随用量的增加有机质的年增幅增大。施氮量为 N 360kg/hm² 的 A4B1 处理有机质年均增加 0.094 1g/kg，而施氮量 N90kg/hm² 的 A2B1 处理年均有机质增加量为 0.058 9g/kg，A4B1 较 A2B1 的增幅大 59.8%。增施秸秆也有提高有机质年增量的作用，施用秸秆 9 000kg/hm² 的 A4B4 处理的有机质年增率为 0.149 4g/kg，较不施秸秆的 A4B1 处理有机质年增率提高了 58.8%。

　　在不施任何肥料的情况下（A1B1），有机质的年增量为负值，呈现一定的递减趋势，平均每年降低 0.016g/kg。而不施化肥只施少量秸秆的处理，有机质则呈稳中有增趋势，如施秸秆 2 250kg/hm² 的 A1B2 处理，土壤有机质还可保持年增加 0.022 5g/kg 的趋势。

　　表 14-1 结果还表明，随着施肥量的增加，尤其是化肥用量的增加，对有机质的影响也呈增大的趋势，表现在随施肥量的增加拟合趋势的决定系数增大。

　　图 14-2 显示，随化肥氮用量的增加，土壤有机质年增量呈现明显的增加趋势，且与氮的用量呈现较好的二次曲线关系，其拟合的决定系数均在 95% 以上（表 14-2），而在相同的氮肥施用量基础上，秸秆施用量大的处理土壤有机质的年增量相应也大。

表 14 - 1　不同施肥平原潮土土壤有机质的年变化量

处　理	k 值 [g/(kg·a)]	R^2 ($n=26$)	处　理	k 值 [g/(kg·a)]	R^2 ($n=26$)
A1B1	-0.016	-0.048 4	A3B1	0.070 1	0.261 3*
A1B2	0.022 5	0.089 7	A3B2	0.090 3	0.325 7*
A1B3	0.008 8	0.018 6	A3B3	0.097 7	0.350 4*
A1B4	0.050 3	0.215 6*	A3B4	0.126 6	0.468 4*
A2B1	0.058 9	0.188 8*	A4B1	0.094 1	0.335 1*
A2B2	0.060 9	0.244 3*	A4B2	0.102 8	0.351 2*
A2B3	0.076 8	0.233 6*	A4B3	0.150 3	0.519 6*
A2B4	0.101 2	0.399 6*	A4B4	0.149 4	0.484 7*

注：*表示相关性显著，达0.05显著水平

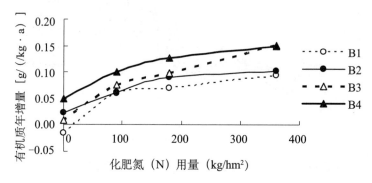

图 14 - 2　平原潮土有机质年变化量随化肥氮用量的变化趋势（1981—2012 年）

表 14 - 2　不同秸秆用量下化肥氮与潮土有机质年增加量的关系

秸秆处理	秸秆用量（kg/hm²）	拟合二次方程	R^2 ($n=4$)
B1	0	$y=-0.000\,001x^2+0.000\,7x-0.010\,7$	0.950 1*
B2	2 250	$y=-0.000\,000\,8x^2+0.000\,5x+0.022$	0.999 1*
B3	4 500	$y=-0.000\,000\,8x^2+0.000\,7x+0.012\,9$	0.979 6*
B4	9 000	$y=-0.000\,000\,9x^2+0.000\,6x+0.051\,6$	0.996 1*

注：*表示相关性显著，达0.05显著水平

2. 有机质含量与有机物料（秸秆）碳投入量的关系

在不考虑根系碳投入量的条件下，施入秸秆的碳投入对平原潮土有机质的影响见图14 - 3，从图14 - 3可以看出，不同化肥施用量下，潮土耕层有机质年均增加量随秸秆施用量的增加呈提高趋势，采用线性拟合方法进一步对各趋势进行量化分析，从表14 - 3结果来看，秸秆用量相同时化肥用量高的处理有机质年增加量明显高，总的看来，在所有处理中，每增施 1kg/hm² 秸秆，土壤有机质年均提高 0.000 005 ～ 0.000 007g/kg，或者说，每增施 1 000kg/hm² 秸秆，土壤有机质年均提高 0.005 ～

0.007g/kg，平均0.006g/kg。

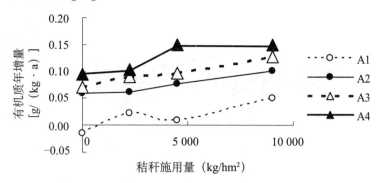

图14-3　平原潮土耕层有机质年增加量与秸秆施用量的关系（1981—2012年）

表14-3　不同化肥用量下秸秆施用量与有机质年增加量的关系

化肥处理	化肥氮用量（N kg/hm²）	拟合方程	R^2（$n=4$）
A1	0	$y = 0.000006x - 0.0089$	0.7972
A2	90	$y = 0.000005x + 0.0548$	0.9603*
A3	180	$y = 0.000006x + 0.0724$	0.9833*
A4	360	$y = 0.000007x + 0.0978$	0.7424

注：*表示相关性显著，达0.05显著水平

（二）平原潮土氮素的演变规律

1. 全氮含量的变化

由于该定位试验的土壤全氮数据仅到2002年，因此只对定位初期的土壤全氮的变化趋势进行分析（图14-4）。从图中可以看出，2002年之前各处理的土壤全氮随试验年限的变化不明显，但总的趋势是施肥量大的处理土壤全氮含量较高，施肥量小的全氮含量有降低的趋势。但到2002年不同施肥处理土壤全氮之间差异明显。用上述同样的趋势分析法对不同施肥处理的土壤全氮进行量化处理，拟合的各参数见表14-4。从表14-4的结果来看，多数拟合值的R^2值较低，表明各施肥处理土壤全氮随试验年限的变化趋势不明显，从拟合直线的斜率来看，多数为负值，因此在小麦—玉米一年二熟种植制度下，全年施氮360kg/hm²以下，大多数土壤全氮呈轻微的降低趋势。对拟合方程进一步分析，其斜率与施肥量的关系发现，拟合的斜率随施肥量的增加有变大的趋势（图14-5），当化肥氮用量大于360kg/hm²以上时，斜率变为正值，而施氮量小于180kg/hm²斜率则多为负值。因此在平原潮土小麦—玉米的种植制度下，全年施氮肥少于180kg·N/hm²时则土壤全氮呈稳中趋降的趋势，且氮肥用量越少，这种趋势越强。

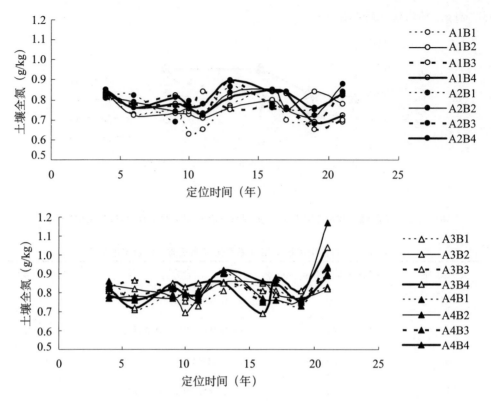

图 14－4　平原潮土土壤全氮随时间的变化趋势

表 14－4　土壤全氮趋势分析拟合线性方程参数

处　理	k 值	R^2 $(n=12)$
A1B1	− 0. 007 4	0. 133 2
A1B2	− 0. 004	0. 620 6*
A1B3	− 0. 005 7	0. 475 4*
A1B4	− 0. 004	0. 085 3
A2B1	− 0. 003 4	0. 099 4
A2B2	− 0. 002 6	0. 206 1
A2B3	− 0. 003 7	0. 028 2
A2B4	− 0. 000 9	0. 049 5
A3B1	− 0. 002 4	0. 475 2*
A3B2	− 0. 002	0. 071 5
A3B3	− 0. 000 4	0. 013 5
A3B4	0. 001 4	0. 044 1
A4B1	− 0. 001 8	0. 024 7
A4B2	0. 001 5	0. 028 9
A4B3	− 0. 000 04	0. 014 8
A4B4	0. 000 2	0. 014 5

注：* 表示达到 0. 05 显著水平

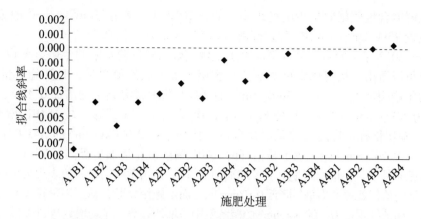

图 14 – 5　土壤全氮拟合方程斜率随施肥量的变化趋势

2. 碱解氮含量的变化

图 14 – 6 显示，虽然不同年份土壤碱解氮的变化幅度较大，但总的变化趋势是施化肥的处理土碱解氮随时间呈增加的趋势。如 A4B1 处理，到 2012 年土壤碱解氮从试验初始时的 53.5mg/kg 提高到 77.43mg/kg，增幅 44.7%；A2B1 处理到 2012 年碱解氮提高到 61.1mg/kg，提高了 14.2%。由图 14 – 6 还可以看出，在相同年份，施化肥量大

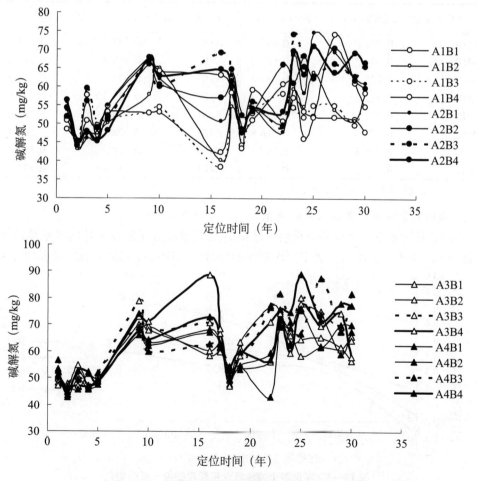

图 14 – 6　平原潮土土壤碱解氮随时间的变化趋势

的处理碱解氮含量较施肥量少的处理高，如在 2012 年，施氮量 360kg/hm² 的 A4B1 处理较施氮量 90kg/hm² 的 A2B1 处理碱解氮高 16.3mg/kg，提高 26.7%。

1981—2012 年不同施肥处理平原潮土土壤速效氮随试验年限的变化见表 14 - 5，从分析结果可以看出，增施化肥可明显提高耕层土壤的碱解氮含量，且随施氮量的增加碱解氮的年增幅增大。施氮量 360kg/hm² 的 A4B1 处理碱解氮年均增加 0.43mg/kg，而施氮量为 90kg/hm² 的 A2B1 处理年均增加量为 0.32mg/kg，较 A4B1 增幅降低 34.48%。施用秸秆可提高土壤碱解氮含量，秸秆用量 9 000kg/hm² 的 A4B4 处理碱解氮年增量为 0.762 8mg/kg，较不施秸秆的 A4B1 碱解氮年增加量提高了 77.1%。

不施肥条件下，在秸秆用量少于 4 500kg/hm² 时，碱解氮年增量一般表现为负值，呈递减趋势，不施秸秆处理平均每年降低 0.07mg/kg。而不施用化肥，秸秆用量较大时碱解氮含量也增加，如秸秆用量为 9 000kg/hm² 的碱解氮则呈增加趋势，年均增量达到 0.19mg/kg。

随着化肥用量的增加，土壤碱解氮的年均增加趋势越来越明显，而在不施或者施氮量较低的情况下，平原潮土碱解氮的变化趋势不明显。土壤碱解氮变化趋势的差异性可以用拟合方程 k 值表示，化肥用量越大，其 k 值越高，反之亦然。随秸秆施用量的变化趋势与化肥相似，即随着化肥用量的增加，增施秸秆可明显提高土壤的碱解氮含量，化肥用量少时，增施秸秆的作用较弱。化肥与秸秆对土壤碱解氮均有明显的提高作用。

表 14 - 5　不同施肥平原潮土土壤碱解氮的年变化量

处　理	k 值 [mg/(kg·a)]	R^2 ($n = 20$)	处　理	k 值 [mg/(kg·a)]	R^2 ($n = 20$)
A1B1	− 0.071 6	− 0.097	A3B1	0.337 7	0.292 1*
A1B2	0.039 3	0.006 2	A3B2	0.450 8	0.287 3*
A1B3	− 0.023 4	− 0.054 7	A3B3	0.679 1	0.411 9*
A1B4	0.192 1	0.114 4	A3B4	0.635 5	0.315 7*
A2B1	0.322 9	0.239 7*	A4B1	0.430 7	0.263 6*
A2B2	0.370 4	0.386 8*	A4B2	0.508 2	0.503 3*
A2B3	0.395 5	0.297*	A4B3	0.739	0.546 8*
A2B4	0.404 5	0.37*	A4B4	0.762 8	0.585 6*

注：* 表示相关性显著，达 0.05 显著水平

3. 碱解氮含量与氮肥投入量的关系

不同秸秆用量下，平原潮土耕层土壤碱解氮年增量与化肥投入量的关系见图 14 - 7。从图 14 - 7 可以看出，二者呈二次曲线的特征。二次曲线的拟合方程及其决定系数

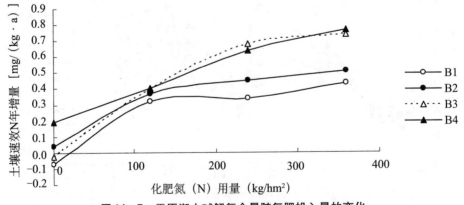

图 14 - 7　平原潮土碱解氮含量随氮肥投入量的变化

如表 14 - 6 所示。拟合结果显示，不同秸秆用量下，土壤碱解氮与氮肥投入量的二次曲线关系明显，决定系数均在 90% 以上，并且随秸秆用量的增加碱解氮含量提高。

表 14 - 6　不同化肥用量下秸秆施用量（kg/hm²）与碱解氮年均增量的关系

秸秆处理	拟合二次方程	R^2（$n=4$）
B1	$y = -0.000\,005x^2 + 0.003\,2x - 0.048\,7$	0.929 6*
B2	$y = 0.000\,005x^2 + 0.002\,9x + 0.050\,7$	0.980 3*
B3	$y = -0.000\,006x^2 + 0.004\,4x - 0.027\,8$	0.998 9*
B4	$y = -0.000\,001x^2 + 0.002\,2x + 0.186$	0.996 1*

注：* 表示相关性显著，达 0.05 显著水平

从图 14 - 8 看，当化肥用量较少时，土壤碱解氮含量随秸秆用量的增加呈线性增加趋势，但当化肥用量较大时，秸秆用量在 4 500kg/hm² 以下，碱解氮含量随秸秆用量的增大而提高，但秸秆用量高于 4 500kg/hm²，碱解氮含量随秸秆用量的变化不明显，这可能与秸秆中的氮养分含量及秸秆的 C∶N 比值的变化有关。

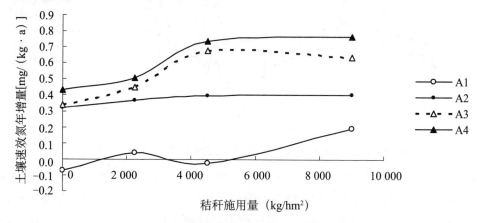

图 14 - 8　平原潮土碱解氮含量随秸秆施用量的变化

（三）平原潮土有效磷的变化趋势

1. 有效磷含量的变化

从图 14 - 9 可以看出，不同年份土壤速效磷的变化幅度较大，施化肥 P_2O_5 较多的处理土壤有效磷呈增加的趋势，而不施或施化肥 P_2O_5 少的处理，则呈一定的降低趋势。如 A4B1 处理，即不施秸秆，施化肥氮 N 360kg/hm²、P_2O_5 240kg/hm²，土壤有效磷从最初的 6.8mg/kg，提高到 2011 年的 30.43mg/kg，提高了 3.45 倍；而不施秸秆施化肥（N 90kg/hm²、P_2O_5 60kg/hm²）的 A2B1 处理，耕层土壤有效磷从最初的 6.8mg/kg 提高到 2011 年的 7.85mg/kg，提高了 15.4%。在相同年份，施磷量大的处理土壤有效磷高于施磷量小的处理，如化肥磷（P_2O_5）用量为 240kg/hm² 的 A4B1 处理比施磷量 60kg/hm² 的 A2B1 处理，在 2011 年土壤有效磷高 22.6mg/kg，提高幅度为 74.2%。

采用趋势分析法，对土壤有效磷的变化趋势作量化处理，从表 14 - 7 可以看出，增施磷肥 P_2O_5 可明显提高耕层土壤的有效磷含量，且随施用量的增加有效磷的年增幅增大，而磷肥用量少的处理有效磷呈一定的减少趋势。如施 P_2O_5 240kg/hm² 的 A4B1

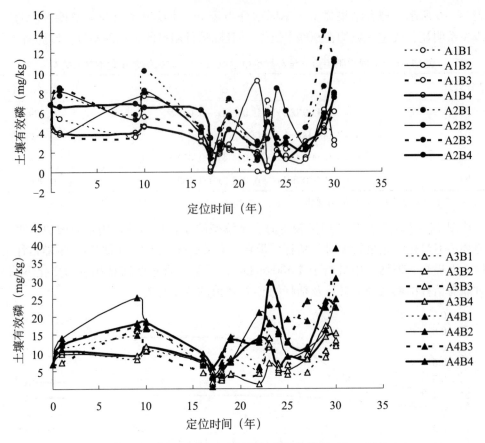

图 14－9　不同施肥平原潮土有效磷的变化趋势（1981—2012 年）

处理有效磷年均增加 0.371mg/kg，而施 P_2O_5 60kg/hm^2 的 A2B1 处理有效磷年均减少 0.081 7mg/kg。土壤有效磷增加或降低的磷肥用量的临界值大概为 P_2O_5 120kg/hm^2，低于该用量土壤有效磷倾向于降低，且用量越少降低幅度越大。增施秸秆可明显提高土壤有效磷含量，施用秸秆 9 000kg/hm^2 的 A4B4 处理有效磷年增率为 0.450 8mg/kg，较不施用秸秆的 A4B1 处理，有效磷的年增率提高了 21.6%，说明磷肥和秸秆配合，有助于提高土壤磷的有效性。

表 14－7　不同施肥平原潮土耕层土壤有效磷的年变化量

处　理	k 值 [g/(kg·a)]	R^2 ($n=16$)	处　理	k 值 [g/(kg·a)]	R^2 ($n=16$)
A1B1	− 0.175 6	0.058 2	A3B1	0.012 7	0.005 8
A1B2	− 0.158 7	0.065 6	A3B2	0.043 4	0.011 7
A1B3	− 0.189	0.138 1	A3B3	0.040 9	0.007 4
A1B4	− 0.171 9	0.259 1[*]	A3B4	0.133 4	0.082 9
A2B1	− 0.081 7	0.080 1	A4B1	0.370 7	0.241[*]
A2B2	− 0.079 8	0.088 6	A4B2	0.334	0.079 9
A2B3	− 0.038 2	0.026 7	A4B3	0.495	0.292 2[*]
A2B4	− 0.093 9	0.012 3	A4B4	0.450 8	0.173 7

注：* 表示相关性显著，达 0.05 显著水平

2. 有效磷含量和磷肥投入量的关系

图 14 – 10 显示，土壤有效磷主要与化肥磷的投入有密切关系（董旭等，2008），当磷肥投入量小时，土壤有效磷的年增率为负值，表现为土壤磷素养分长期亏缺，有效磷呈一定下降趋势，而磷肥投入量大时，土壤速效磷的年增率为正值，会出现土壤有效磷的累积。土壤有效磷年增率与化肥磷投入量的线性拟合方程见表 14 – 8，结果表明，在磷肥用量小时，亏缺和累积的平衡点大约在 P_2O_5 75 ~ 92kg/hm²。秸秆用量影响外源磷施用量的平衡点，随秸秆用量的增加平衡点降低，表明秸秆有一定活化土壤磷的作用。拟合线性方程斜率表明，每公顷 100kg 的施磷量每年可提高土壤速效磷 0.21 ~ 0.28mg/kg。

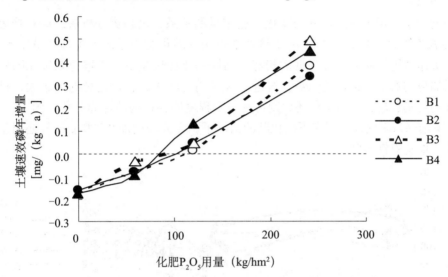

图 14 – 10　土壤有效磷年变化率与化肥磷用量的关系

表 14 – 8　土壤有效磷年变化率与化肥磷用量的线性拟合参数

化肥处理	拟合方程	R^2（$n = 4$）	平衡施肥量（kg/hm²）
B1	$y = 0.002\ 3x - 0.212$	0.968 5*	92.2
B2	$y = 0.002\ 1x - 0.185\ 3$	0.986 4*	88.2
B3	$y = 0.002\ 8x - 0.219\ 5$	0.967*	78.4
B4	$y = 0.002\ 7x - 0.204\ 2$	0.983 1*	75.6

注：*表示相关性显著，达 0.05 显著水平

表 14 – 9 表明，从回归参数来看，秸秆施用量在 2 250kg/hm² 以下时，其决定系数很小，施秸秆对土壤有效磷的影响较小；而秸秆施用量在 4 500kg/hm² 以上时，决定系数明显增大，秸秆对土壤有效磷有明显影响，且随秸秆用量的增加土壤有效磷年增率增大。从拟合方程可以得出，每公顷施用 1 000kg 秸秆土壤有效磷平均年可提高约 0.01mg/kg。

表 14 – 9　土壤速效磷年变化率与秸秆用量的线性关系

化肥处理	拟合方程	R^2（$n = 4$）
A1	$y = -0.000\ 000\ 4x - 0.172\ 3$	0.014 5
A2	$y = -0.000\ 000\ 9x - 0.069\ 8$	0.020 9
A3	$y = 0.000\ 01x + 0.006\ 5$	0.905 9*
A4	$y = 0.000\ 01x + 0.371\ 8$	0.356 4

注：*表示相关性显著，达 0.05 显著水平

（四）平原潮土钾的演变规律

1. 速效钾含量的变化

长期不同施肥平原潮土速效钾含量的变化趋势见图 14 - 11。由于各处理没有施入化肥钾，因此随着试验时间的延长，不同施肥处理土壤速效钾呈现稳定或出现一定的降低趋势。一般规律是化肥用量大的处理，作物产量较高，因此从土壤中吸收的钾就多，钾的耗竭比较严重，土壤速效钾降低幅度大。秸秆还田会有部分钾归还到土壤中，秸秆施用量大的处理，土壤速效钾增加较多，说明秸秆对土壤速效钾的降低具有一定的减缓作用。

为进一步分析土壤速效钾的变化与施肥量的关系，用趋势分析法，计算趋势拟合线的斜率（图 14 - 12）。图 14 - 12 清楚地表明，随化肥用量的增加即从 A1 至 A4 方向，土壤速效钾呈向右下方降低的趋势。而同一化肥用量下，土壤速效钾又随秸秆用量的增加呈向右上方提高的趋势。这进一步说明，施用氮、磷化肥的量越大，对土壤钾养分的耗竭也越大，而秸秆还田则可在一定程度回补耗竭的钾养分量。图 14 - 12 还表明，只有 A1B4 处理，即在不施化肥的情况下，每公顷增加 9 000kg 秸秆还田量，才可保障土壤速效钾不降低。

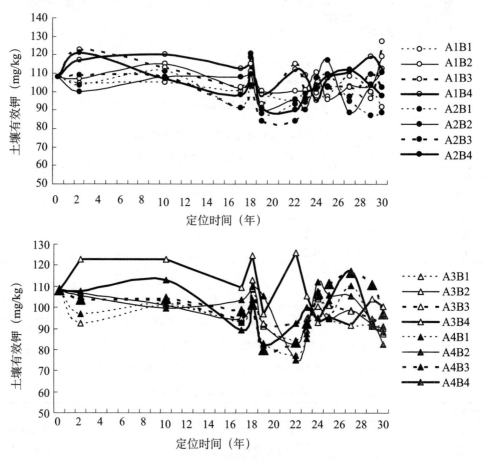

图 14 -11　平原潮土长期不同施肥处理土壤速效钾变化趋势

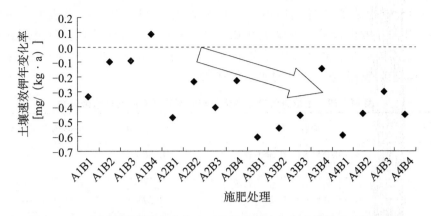

图 14-12　土壤速效钾的年变化率（趋势线斜率）与施肥处理之间的关系

2. 速效钾含量和肥料投入量的关系

为进一步分析平原潮土速效钾随长期施肥的数量关系，分别将土壤速效钾的年均变化率与化肥氮用量和秸秆施用量的关系作图（图 14-13、图 14-14）。从图 14-13 可以看出，土壤速效钾的年变化率随氮肥用量的变化除 1 个处理外，其他均为负值，说明随化肥氮用量的增加，土壤速效钾呈年均递减的趋势。对这一趋势进行量化处理，

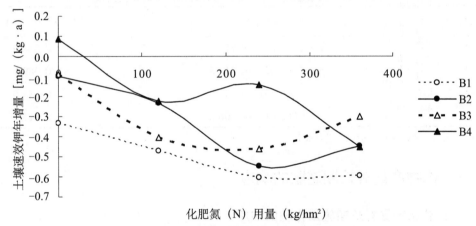

图 14-13　平原潮土速效钾的变化率与化肥氮用量的关系

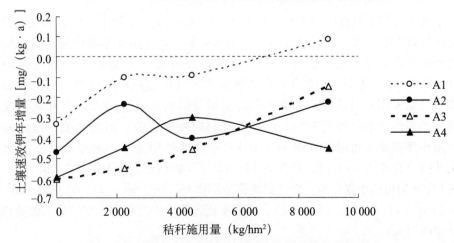

图 14-14　平原潮土速效钾的变化率与秸秆施用量的关系

将图 14 – 13 中的数值进行线性拟合，其参数见表 14 – 10，结果表明，每公顷施 N 100kg，土壤速效钾含量年均降低 0.06 ~ 0.13mg/kg。而且只有在每公顷还田秸秆 9 000kg，氮用量不大于 36.5kg/hm² 的情况下，才能使秸秆回补的钾养分补充钾的耗竭量，使土壤速效钾保持在一个相对平衡的状态。

表 14 – 10　土壤速效钾年变化率与氮肥施用量的线性拟合参数

秸秆处理	拟合方程	R^2（$n=4$）	平衡施肥量（kg/hm²）
B1	$y = -0.000\,8x - 0.363\,1$	0.867 9	—
B2	$y = -0.001\,1x - 0.128\,5$	0.746 7	—
B3	$y = -0.000\,6x - 0.211\,9$	0.291 7	—
B4	$y = -0.001\,3x + 0.047\,4$	0.796 8	36.5

注：* 表示相关性显著，达 0.05 显著水平

同样方法对图 14 – 14 的结果进行线性拟合（表 14 – 11），从表 14 – 11 的分析结果可知，随秸秆还田量的增加，施用化肥氮耗竭的钾养分在减少，每公顷 1 000kg 的秸秆还田量年均可提高土壤速效钾 0.01 ~ 0.05mg/kg。

表 14 – 11　土壤速效钾年变化率与秸秆施用量的线性关系

化肥处理	拟合方程	R^2（$n=4$）
A1	$y = 0.000\,04x - 0.275\,2$	0.884 9
A2	$y = 0.000\,02x - 0.412\,8$	0.389 1
A3	$y = 0.000\,05x - 0.645\,9$	0.956 5 *
A4	$y = 0.000\,01x - 0.506\,2$	0.214

注：* 表示相关性显著，达 0.05 显著水平

三、作物产量对长期施肥的响应

（一）作物产量对长期施用化肥的响应

1. 小麦产量对长期施用化肥的响应

平原潮土长期不同施肥小麦产量的变化趋势如图 14 – 15 所示。从总的变化趋势来看，施氮量较大的处理小麦产量有明显的增加趋势，而不施肥小麦产量相对初始产量的变化不大或有一定的减产趋势。对图 14 – 15 的小麦产量数据进行线性趋势分析（表 14 – 12），结果表明，小麦年产量的变化率与化肥氮施用量呈典型的二次曲线关系。即在化肥氮用量较低时，年增产率随氮用量的增加迅速增大，当施氮量进一步增加时其产量的年增产幅度变小，并且逐渐趋向一个定值，即极大值，超过极大值后，产量年增产率不再增加（图 14 – 16）。不同秸秆用量下小麦年增产率与化肥氮的二次曲线方程见表 14 – 13，根据表 14 – 13 计算的秸秆处理 B1、B2、B3、B4 分别对应的化肥氮用量的小麦年增产率的最大值分别为 69.2kg/（hm²·a）、66.9kg/（hm²·a）、75.2kg/（hm²·a）和 83kg/（hm²·a）。其结果还表明，小麦年增产率的最大值随秸秆用量的增加而增大。

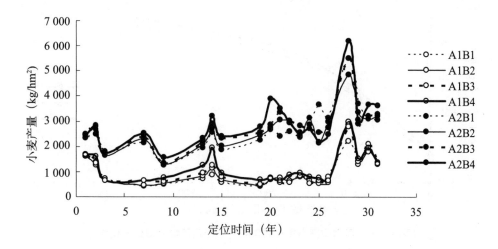

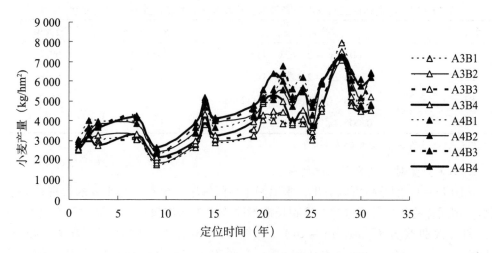

图 14 – 15　平原潮土长期不同施肥小麦产量的变化

表 14 – 12　不同施肥小麦产量的变化趋势参数

处　理	k 值 [kg/(hm² · a)]	处　理	k 值 [kg/(hm² · a)]
A1B1	– 116. 99	A3B1	26. 462
A1B2	– 113. 8	A3B2	27. 622
A1B3	– 112. 46	A3B3	32. 03
A1B4	– 106. 92	A3B4	37. 46
A2B1	– 30. 222	A4B1	70. 524
A2B2	– 32. 937	A4B2	67. 307
A2B3	– 28. 648	A4B3	75. 773
A2B4	– 21. 207	A4B4	81. 32

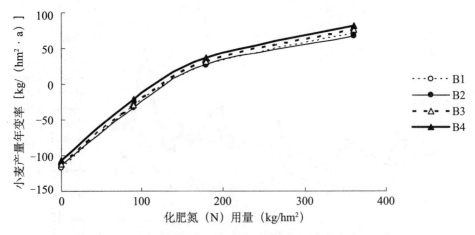

图 14 – 16　不同施肥小麦产量年变化率随化肥氮用量的变化特征

表 14 – 13　不同秸秆还田量小麦产量的变化趋势与化肥氮的关系（二次曲线方程）

秸秆处理	拟合方程	R^2（$n=4$）	最大值
B1	$y = -0.006\,3x^2 + 2.163x - 116.42$	$0.999\,8^*$	69.2
B2	$y = -0.006\,2x^2 + 2.12x - 114.36$	$0.999\,8^*$	66.9
B3	$y = -0.006\,2x^2 + 2.158\,5x - 112.68$	1^*	75.2
B4	$y = -0.006\,2x^2 + 2.168\,9x - 106.71$	1^*	83.0

注：*表示相关性显著，达 0.05 显著水平

2. 玉米产量对长期施用化肥的响应

从图 14 – 17 的结果可以看出，平原潮土不同施肥玉米产量与小麦的表现趋势极为相似。用同样的趋势分析方法，得到长期不同施肥玉米产量与化肥氮的关系（图 14 – 18）和二次曲线方程（表 14 – 14）。计算 B1、B2、B3、B4（即施秸秆 0kg/hm²、2 250kg/hm²、4 500kg/hm²、9 000kg/hm²）处理下，分别对应的化肥氮用量的玉米年均最大增产率为 70.3kg/(hm²·a)、77.4kg/(hm²·a)、84.1kg/(hm²·a) 及 93.3kg/(hm²·a)，其最大值较小麦高，同样随秸秆施用量的增大玉米的年均增产率增大。

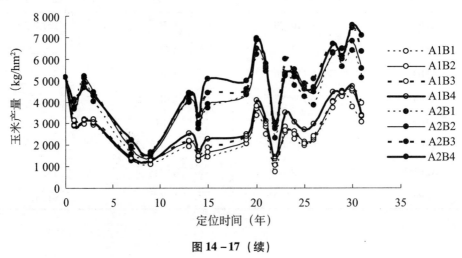

图 14 – 17（续）

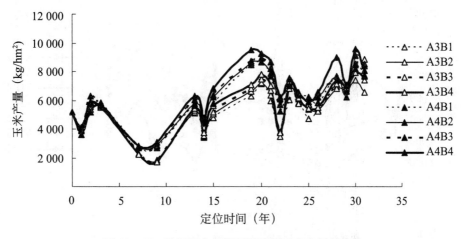

图 14 – 17 平原潮土长期不同施肥玉米产量的变化

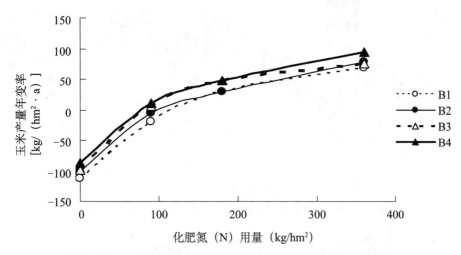

图 14 – 18 不同施肥玉米产量的年变化率随化肥氮用量的变化特征

表 14 – 14 不同秸秆还田量下玉米产量的变化趋势与化肥氮的关系（二次曲线方程）

秸秆处理	拟合方程	R^2（$n=4$）	最大值
B1	$y = -0.006\,6x^2 + 2.181\,8x - 109.98$	$0.998\,1^*$	70.3
B2	$y = -0.006x^2 + 2.045\,2x - 96.879$	$0.988\,4^*$	77.4
B3	$y = -0.008x^2 + 2.394x - 95.048$	$0.991\,9^*$	84.1
B4	$y = -0.006\,3x^2 + 2.106\,8x - 82.825$	$0.988\,6^*$	93.3

注：* 表示相关性显著，达 0.05 显著水平

3. 小麦和玉米周年总产量对长期施用化肥的响应

平原潮土长期不同施肥小麦和玉米年总产量的变化如图 14 – 19。可以看出，长期不同施肥小麦、玉米年总产量的变化与小麦和玉米产量的年变化规律相似。趋势分析法得到的不同施肥年总产量随化肥氮变化的二次曲线图及其方程见图 14 – 20 和表 14 – 15。B1、B2、B3、B4（即施秸秆 0kg/hm²、2 250kg/hm²、4 500kg/hm²、9 000kg/hm²）处理下，分别对应的小麦玉米周年产量的年均最大增产率为 142.3kg/（hm² · a）、138.5kg/（hm² · a）、152.1kg/（hm² · a）及 179kg/（hm² · a）。其最大值随秸秆用量的增加而增大。

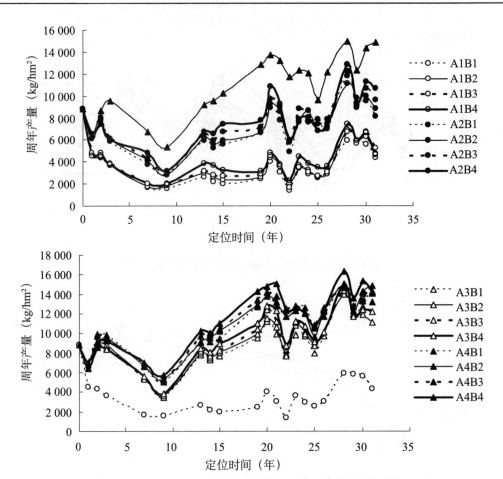

图 14-19　平原潮土不同施肥小麦和玉米总产量的周年变化

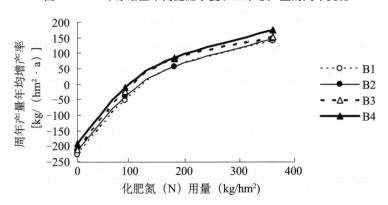

图 14-20　不同施肥小麦和玉米总产量的年变化率随化肥氮用量的变化特征

表 14-15　不同秸秆还田量下小麦和玉米总产量的变化趋势与化肥氮的关系（二次曲线方程）

秸秆处理	拟合方程	R^2（$n=4$）	最大值
B1	$y = -0.003\ 2x^2 + 2.172\ 4x - 226.4$	0.999 2[*]	142.3
B2	$y = -0.003\ 1x^2 + 2.082\ 6x - 211.24$	0.997 9[*]	138.5
B3	$y = -0.003\ 6x^2 + 2.276\ 3x - 207.73$	0.998 3[*]	152.1
B4	$y = -0.003\ 1x^2 + 2.137\ 8x - 189.54$	0.997 0[*]	179.0

注：[*] 表示相关性显著，达 0.05 显著水平

（二）作物产量对长期施用秸秆的响应

1. 小麦产量对长期施用秸秆的响应

上述对长期施用化肥小麦、玉米及其年总产量的变化趋势进行了量化分析，在此基础上对长期施用秸秆小麦产量的变化趋势进行量化分析，图 14 – 21 表明，小麦产量年变化率与秸秆施用量的关系呈线性特征，线性拟合参见表 14 – 16。可以看出，随化肥用量的增加，长期施用秸秆的小麦年均增产率增大，平均值为 0.001 3kg/（kg·a），即每公顷施用秸秆 1 000kg，年均增产小麦 1.3kg/（hm²·a）。增施秸秆可改善小麦的穗部结构，是增产的主要原因之一（郑春莲等，2006）。

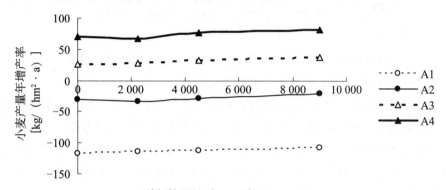

秸秆施用量（kg/hm²）

图 14 – 21 不同施肥小麦产量年变化率随秸秆用量的变化特征

表 14 – 16 不同化肥用量下小麦产量的年增量随秸秆用量的变化

化肥处理	拟合方程	R^2（$n = 4$）
A1	$y = 0.001\ 1x - 116.82$	0.987 6[*]
A2	$y = 0.001\ 2x - 32.796$	0.779 7
A3	$y = 0.001\ 3x + 25.84$	0.976 1[*]
A4	$y = 0.001\ 4x + 68.128$	0.791 6

注：[*] 表示相关性显著，达 0.05 显著水平

2. 玉米产量对长期施用秸秆的响应

依照同样方法，对玉米产量与秸秆用量进行分析，从图 14 – 22 可知，玉米年均增产率与秸秆施用量呈线性关系。根据表 14 – 17 的线性参数进行计算，不同化肥处理下，秸秆施用量的平均增产值为 0.002 7kg/（kg·a），即每公顷施用 1 000kg 秸秆，玉米年均增产 2.7kg/hm²，增产幅度约是小麦增产幅度的 2 倍。说明增施秸秆可提高玉米产量，其主要原因可能是与改善了玉米的光合特性有关（曹彩云等，2009）。

表 14 – 17 不同化肥处理下玉米产量年增量随秸秆用量的变化

化肥处理	拟合方程	R^2（$n = 4$）
A1	$y = 0.002\ 6x - 109.67$	0.958[*]
A2	$y = 0.003\ 3x - 15.892$	0.850 9
A3	$y = 0.002\ 3x + 29.889$	0.700 7
A4	$y = 0.002\ 7x + 68.577$	0.930 5[*]

注：[*] 表示相关性显著，达 0.05 显著水平

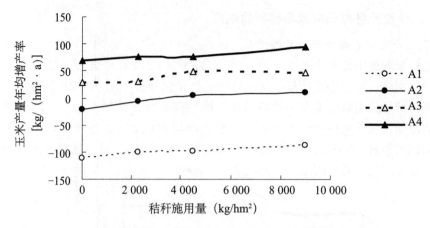

图 14 - 22　不同施肥玉米产量年变化率随秸秆用量的变化特征

3. 小麦和玉米年总产量对长期施用秸秆的响应

采用线性模型方法，根据小麦和玉米长期定位试验的产量资料，分析年均增产率与秸秆用量的关系（图 14 - 23，表 14 - 18），计算出不同化肥用量下，单位秸秆量的平均增产量为 0.004kg/hm²，即每公顷年施用 1 000kg 秸秆，玉米和小麦年均可增产约 4kg/hm²，其小麦约占增产的 1/3，玉米约占 2/3，秸秆对玉米的增产作用优于小麦。利用多年平均产量计算的结果与之相似（马俊永等，2005）。

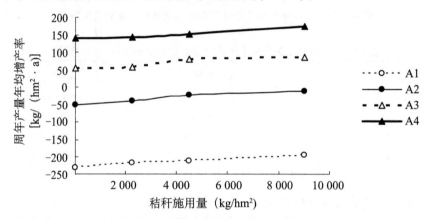

图 14 - 23　不同施肥小麦和玉米周年产量的年变化率随秸秆用量的变化特征

表 14 - 18　不同化肥处理下小麦和玉米周年产量年增量随秸秆用量的变化

化肥处理	拟合方程	R^2 （$n=4$）
A1	$y = 0.003\ 7x - 226.49$	0.970 7 *
A2	$y = 0.004\ 5x - 48.687$	0.954 3 *
A3	$y = 0.003\ 6x + 55.733$	0.827 6
A4	$y = 0.004\ 1x + 136.7$	0.973 9 *

注：* 表示相关性显著，达 0.05 显著水平

四、长期施肥农田生态系统养分循环与平衡

（一）长期施肥对肥料利用率的影响

肥料利用率或者肥料回收率是表征施肥技术是否合理的一项重要指标。传统的计算公式为：肥料利用率（%）＝（施肥区肥料养分吸收利用量－对照区养分吸收利用量）／施肥量×100。式中的对照区和施肥区应是同一个地力基础。但是长期定位试验中，由于对照长期不施肥，土壤养分不断耗竭，经过多年试验，与施肥区的土壤肥力会产生大的差异，因此如果用多年不施肥的对照区计算肥料的利用率则会出现利用率偏高的问题。因此长期定位试验尤其是本研究涉及的定位试验在利用现有历史资料分析肥料利用率时会出现困难。由于本长期定位试验主要研究化肥和秸秆配施的效果，在设计上化肥氮、磷以固定比例施用，并且不施钾肥，所以主要分析氮肥的利用率。表 14 - 19 和表 14 - 20 是根据 2009 年的植株产量和养分测定结果，以不施肥的 A1B1 为对照，计算的氮肥料利用率的数据（参照黄绍敏等，2006；段英华等，2010）。从表 14 - 19 和表 14 - 20 可以看出，许多值尤其是在氮施用量低的处理中，氮肥利用率出现超过 100% 的情况，而其他处理的最低利用率也超过 70%，数值明显偏高。因此，为了估算长期定位试验的氮肥利用率，利用 2012 年对部分处理区内设置的当年不施肥对照的数据，来比较采用统一对照与各自当年对照的氮肥利用率的差异（表 14 - 21），从分析结果来看，以各自当年对照计算的氮肥利用率比采用多年不施肥的统一对照的值要小得多，A4B1、A4B3、A4B4 处理采用各自当年对照计算的氮肥利用率分别为 37.3%、21.2% 和 19.4%。而采用统一对照（A1B1）计算的周年氮肥利用率分别为 99.1%、91.5%、86.3%，从二者各自的平均值看，前者只是后者的 0.28 倍。

表 14 - 19　平原潮土长期定位不同施肥周年植株对氮的吸收量（2009 年）　　（单位：kg/hm²）

处　理	籽粒吸收量		秸秆吸收量		总吸收量
	小麦	玉米	小麦	玉米	
A1B1	48.8	56.4	19.4	22.8	147.5
A1B2	67.2	61.4	26.3	24.0	178.8
A1B3	59.9	61.1	21.6	22.2	164.6
A1B4	70.1	68.1	27.2	25.5	190.7
A2B1	124.4	101.4	35.1	38.7	299.4
A2B2	105.5	100.4	31.7	26.7	264.2
A2B3	116.7	107.7	38.9	32.1	295.2
A2B4	131.7	107.4	41.9	27.8	308.9
A3B1	184.1	118.4	56.9	33.8	393.0
A3B2	156.8	116.1	45.6	24.2	342.6
A3B3	165.2	121.1	41.9	42.0	369.9
A3B4	165.2	125.6	50.6	36.6	377.7
A4B1	190.2	130.5	56.4	37.7	414.9
A4B2	189.3	129.8	67.1	33.9	420.0
A4B3	192.4	125.7	60.9	32.9	412.4
A4B4	188.9	152.6	74.4	39.6	455.4

表 14 –20　平原潮土不同施肥小麦玉米氮肥利用效率（2009 年）

处　　理	氮施入量（kg/hm²）	氮利用量（kg/hm²）	氮利用率（%）	处　　理	氮施入量（kg/hm²）	氮利用量（kg/hm²）	氮利用率（%）
A1B1	0	147.45	—	A3B1	180	393	136.4
A1B2	0	178.8	—	A3B2	180	342.6	108.4
A1B3	0	164.55	—	A3B3	180	369.9	123.6
A1B4	0	190.65	—	A3B4	180	377.7	127.9
A2B1	90	299.4	168.8	A4B1	360	414.9	74.3
A2B2	90	264.15	129.7	A4B2	360	420	75.7
A2B3	90	295.2	164.2	A4B3	360	412.35	73.6
A2B4	90	308.85	179.3	A4B4	360	455.4	85.5

注：肥料利用率（%）=（施肥区养分吸收量－无肥区养分吸收量）/养分施用量×100

表 14 –21　平原潮土长期定位试验部分处理采用当年对照与统一对照计算的氮肥利用率（2012 年）

处　　理	小麦和玉米周年产量（kg/hm²）	氮肥利用率（%）		各自当年对照的利用率与统一对照利用率的比值
		统一对照（A1B1）	各自当年对照	
A4B1	15 618.0	99.1	—	
A4B3	14 995.8	91.5	—	
A4B4	16 525.5	86.3	—	
A4B1 当年对照	13 073.3	—	37.3	
A4B3 当年对照	12 662.6	—	21.2	
A4B4 当年对照	12 049.2	—	19.4	
统一对照（A1B1）	4 636.8	—	—	
平　　均		92.3	26.0	0.28

（二）平原潮土有机碳循环与平衡

1. 有机碳的平衡

土壤有机碳平衡分析有许多方法（马成泽等 1990；崔志祥等，1995；迟凤琴等，1996），长期定位研究有连续观测数据，可利用年变化率来分析。为了计算平原潮土有机碳的平衡与投入的有机碳的利用效率，则需要分析不同有机碳（OC）的年增量。本研究中投入的总有机碳量包括秸秆有机碳和根系带入的有机碳。以前述章节（表 14 –1）中已经计算出的不同施肥处理有机质的年均增量值进行转换，可求得有机碳的年固定量。按照 4 个秸秆处理即 0kg/hm²、2 250kg/hm²、4 500kg/hm² 和 9 000kg/hm² 的碳含量可计算不同处理的有机碳投入量；归还的根茬有机碳量可按照根系占生物产量的比例计算，经试验测定，小麦和玉米耕层根系量平均约占生物产量的 20%；根系和秸秆的有机碳含量按 45% 计算。按以上方法进行计算，河北平原潮土小麦和玉米长期不同施肥的有机碳投入和产出量见表 14 –22。结果表明，碳利用率随秸秆施用量的增加而降低，如在 A4 处理（即施氮量 N 360kg/hm²）的基础上秸秆还田量为 0kg/hm²、2 250kg/hm²、4 500kg/hm²、9 000kg/hm² 处理相对应的碳利用率分别为 5.82%、

4.3%、4.65%、3.1%，呈逐渐变小趋势。不施用化肥的处理碳利用率明显偏低。在不施秸秆或秸秆用量小时，固碳量为负值。进一步对所有处理的碳投入量和固定量进行回归分析（图14−24），得到小麦—玉米种植体系平原潮土固碳量与碳投入量的总体关系方程为 $y=0.025\,3x+0.018\,6$（$R^2=0.494\,7$），即随碳投入量的增大土壤的年固碳量提高。

表 14−22 平原潮土小麦玉米种植制度下不同碳投入与有机碳固定情况

处 理	有机质年增量 [g/(kg·a)]	折合有机碳 (t/hm²)	秸秆碳 (t/hm²)	根茬碳 (t/hm²)	总投入碳 (t/hm²)	碳利用率 (%)
A1B1	−0.016	−0.021	0	0.64	0.64	−3.25
A1B2	0.022 5	0.029	1.0	0.69	1.70	1.73
A1B3	0.008 8	0.011	2.0	0.71	2.74	0.42
A1B4	0.050 3	0.066	4.1	0.80	4.85	1.35
A2B1	0.058 9	0.077	0	1.31	1.31	5.88
A2B2	0.060 9	0.079	1.0	1.36	2.37	3.35
A2B3	0.076 8	0.100	2.0	1.41	3.44	2.92
A2B4	0.101 2	0.132	4.1	1.45	5.50	2.40
A3B1	0.070 1	0.091	0	1.68	1.68	5.43
A3B2	0.090 3	0.118	1.0	1.73	2.74	4.30
A3B3	0.097 7	0.127	2.0	1.76	3.79	3.36
A3B4	0.126 6	0.165	4.1	1.83	5.88	2.81
A4B1	0.094 1	0.123	0	2.11	2.11	5.82
A4B2	0.102 8	0.134	1.0	2.11	3.12	4.30
A4B3	0.150 3	0.196	2.0	2.19	4.22	4.65
A4B4	0.149 4	0.195	4.1	2.24	6.29	3.10

注：有机碳含量 = 0.58 × 有机质含量；根茬及秸秆有机碳含量均按45%计算

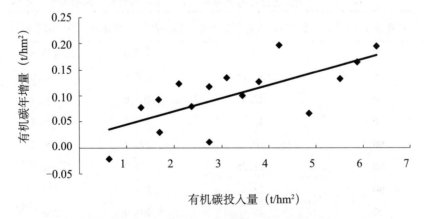

图 14−24 平原潮土年固碳量与碳投入量的关系

2. 有机碳平衡与有机碳投入量的关系

为进一步分析潮土碳投入和产出以及平衡状况，对表14−22中不施秸秆的4个处理的数据进一步进行回归分析（图14−25），得到线性回归方程 $y=0.096\,5x−0.070\,9$

（$R^2 = 0.938\ 8$），计算出土壤碳平衡时 $x = 0.735 \text{t}/\text{hm}^2$，折合秸秆 $1.63\text{t}/\text{hm}^2$。即需要年投入 $0.735\text{t}/\text{hm}^2$ 以上有机碳才能保持潮土有机质含量不降低。

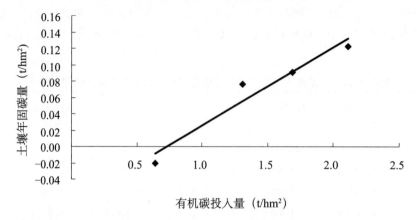

图 14 - 25 不施秸秆情况下平原潮土年固碳量与碳投入量的线性回归

（三）长期施肥土壤氮素的表观平衡

1. 土壤氮素的表观平衡

投入和产出的养分平衡问题对持续农业和深入研究施肥技术具有重要意义。单位面积养分投入和产出平衡可按以下公式计算：某养分投入产出平衡量 = 某养分投入量 -（秸秆和籽粒吸收的该养分量 - 秸秆还田的该养分量）。2009 年平原潮土不同施肥条件下小麦和玉米籽粒及秸秆中吸收利用的氮养分量以及两者周年的总利用量、平衡量见表 14 - 23。结果表明，在周年小麦和玉米两季 N $360\text{kg}/\text{hm}^2$ 的施肥量下，所有处理投入产出平衡均为负值，表明在平原潮土区，周年小于 $360\text{kg}/\text{hm}^2$ 的施氮量，其年产出均大于年投入，同时随氮肥施用量的增大氮亏缺量减少。不施秸秆仅施化肥的 A1B1、A2B1、A3B1、A4B1 处理，氮养分的亏缺值分别为 $147.5\text{kg}/\text{hm}^2$、$209.4\text{kg}/\text{hm}^2$、$213\text{kg}/\text{hm}^2$、$54.9\text{kg}/\text{hm}^2$。在相同化肥用量下，秸秆还田可以减少氮素的亏缺。

表 14 - 23 不同施肥处理氮养分投入与产出平衡情况（2009 年）（单位：kg/hm^2）

处 理	化肥氮养分投入量	还田秸秆氮养肥投入量	秸秆籽粒总养分量	净产出养分量	平衡量
A1B1	0	0	147.5	147.5	- 147.5
A1B2	0	11.25	178.8	167.6	- 167.6
A1B3	0	22.5	164.6	142.1	- 142.1
A1B4	0	45	190.7	145.7	- 145.7
A2B1	90	0	299.4	299.4	- 209.4
A2B2	90	11.25	264.2	252.9	- 162.9
A2B3	90	22.5	295.2	272.7	- 182.7
A2B4	90	45	308.9	263.9	- 173.9
A3B1	180	0	393	393	- 213
A3B2	180	11.25	342.6	331.4	- 151.4
A3B3	180	22.5	369.9	347.4	- 167.4

（续表）

处　理	化肥氮养分投入量	还田秸秆氮养肥投入量	秸秆籽粒总养分量	净产出养分量	平衡量
A3B4	180	45	377.7	332.7	−152.7
A4B1	360	0	414.9	414.9	−54.9
A4B2	360	11.25	420	408.8	−48.8
A4B3	360	22.5	412.4	389.9	−29.9
A4B4	360	45	455.4	410.4	−50.4

2. 土壤氮素表观平衡和氮肥投入量的关系

土壤氮素表观平衡与氮肥投入量的关系如图 14−26 所示。从图 14−26 可以看出，平原潮土小麦和玉米周年氮投入与产出的差值与氮肥投入量呈二次曲线关系（双曲线），在施氮量 200kg/hm² 以下时，投入产出差值变化不大，在施氮量 200～360kg/hm² 范围内，随氮肥施用量的增加投入和产出的差值减小，即土壤氮的亏缺减少。经计算平原潮土小麦玉米两季氮总投入量在 429.7kg/hm² 时土壤氮素才能达到平衡。

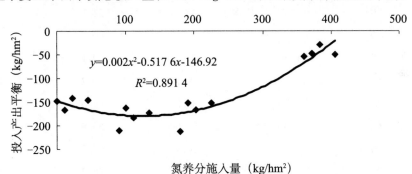

图 14−26　土壤氮素表观平衡和氮肥投入量的关系

3. 土壤氮素表观平衡和土壤速效氮含量的关系

进一步分析河北平原潮土小麦—玉米种植制度下，土壤速效氮含量与土壤氮表观平衡（本试验施氮范围实际上是氮素亏缺的）的关系，将两者数据进行线性回归分析。从图 14−27 分析结果来看，氮素的投入产出亏缺值与土壤速效氮含量有一定的线性关系：$y = 0.0483x + 67.798$（$R^2 = 0.2186$）即随土壤氮素亏缺值的减小，土壤速效氮呈一定的增加趋势，但这种趋势比较弱，相关性不显著。

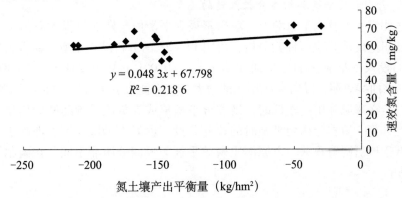

图 14−27　土壤氮素表观平衡和土壤有效氮含量的关系

（四）长期施肥土壤磷素的表观平衡

1. 土壤磷素的表观平衡

在对河北低平原小麦—玉米种植制度不同施肥处理氮素平衡分析的基础上，进行磷的平衡分析。从表 14-24 的结果来看，磷养分从施肥总量角度分析比较容易达到平衡。在 A2 处理的磷养分施用量条件下，即 60kg/hm² 左右的 P_2O_5 即可实现周年平衡，但产量只有 600kg/hm² 左右。目前生产上的产量远高于该产量，因而会出现磷的大量盈余，因此提高磷肥的利用率是关键，即施磷量有很大减少的空间。

表 14-24　不同施肥处理磷养分（P_2O_5）投入与产出平衡情况　（单位：kg/hm²）

处　理	化肥 P_2O_5 养分投入量	还田秸秆 P_2O_5 养分投入量	秸秆籽粒 总养分量	净产出养分量	平衡量
A1B1	0	0	33.6	33.6	-33.6
A1B2	0	9	36.2	27.2	-27.2
A1B3	0	18	39.3	21.3	-21.3
A1B4	0	36	35.8	-0.2	0.2
A2B1	60	0	72.1	72.1	-12.1
A2B2	60	9	79.2	70.2	-10.2
A2B3	60	18	80.3	62.3	-2.3
A2B4	60	36	91.9	55.9	4.1
A3B1	120	0	100.7	100.7	19.3
A3B2	120	9	95.3	86.3	33.7
A3B3	120	18	112.9	94.9	25.1
A3B4	120	36	97.7	61.7	58.3
A4B1	240	0	117.5	117.5	122.5
A4B2	240	9	126.7	117.7	122.3
A4B3	240	18	112.8	94.8	145.2
A4B4	240	36	135.0	99.0	141.0

2. 土壤磷素表观平衡和磷养分投入量的关系

将上述测定和计算的平原潮土土壤磷素表观平衡值与磷养分投入总量（包括化肥磷和秸秆还田中的磷）进行回归分析，由图 14-28 的分析结果来看，磷养分的平衡值与磷养分的投入量呈显著的二次曲线关系：$y = 0.001\,4x^2 + 0.264\,3x - 28.876$（$R^2 = 0.983\,1$）。该曲线表明，随着磷肥用量的增大，其平衡值迅速增加，即土壤磷的盈余量迅速变大。但在磷肥施用量较低时，磷养分平衡值或为负值或者随磷肥用量的增加递增缓慢。经计算，磷养分达到平衡时的磷养分投入量为 77.5kg/hm²。即高于该值则磷有累积，低于该值则磷亏缺。平原潮土磷的平衡与氮养分明显不同，在磷肥用量大时磷容易累积。

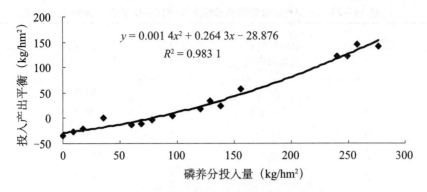

图 14 - 28　土壤磷素表观平衡和磷养分投入量的关系

3. 土壤磷素表观平衡和土壤有效磷含量的关系

进一步将土壤有效磷含量与磷养分的投入产出差值进行回归分析，发现它们之间有很好的线性相关关系（图 14 - 29）。决定系数在 0.96 以上。磷养平衡值每提高 1 个单位，即每公顷磷养分盈余 1kg，土壤速效磷可提高 0.09mg/g。

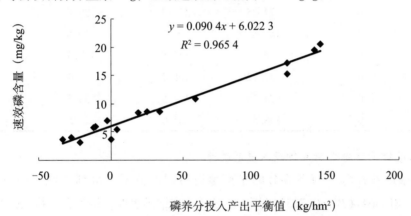

图 14 - 29　土壤磷素表观平衡和土壤有效磷含量的关系

（五）长期施肥土壤钾素的表观平衡

1. 土壤钾素的表观平衡

由于本定位试验在最初的设计时，考虑到潮土钾速效养分主要来自黏土矿物，一般比较丰富。因此最初的设计没有施用钾肥，投入的钾养分就只有来自施入作物秸秆部分。根据上述的养分投入产出平衡的计算方法，土壤钾的养分平衡见表 14 - 25。结果表明，在不施秸秆时，土壤的钾平衡均为负值，表现为土壤钾亏缺，并且随化肥（氮、磷）用量的增加，亏缺量增加，如 A1B1、A2B1、A3B1、A4B1 处理对应的钾亏缺值分别为 - 33.6mg/kg、- 72.1mg/kg、- 100.7mg/kg 和 - 117.5mg/kg。而随秸秆用量的增加土壤钾的平衡差值增大，所有全量秸秆还田的 B4 处理，钾平衡均为正值，即表现为钾有一定的盈余。如 A1B4、A2B4、A3B4、A4B4 所对应的平衡值分别为 112.7mg/kg、56.6mg/kg、50.8mg/kg、13.5mg/kg。说明在氮、磷化肥用量大时，如果不施用足量钾肥则必须加大秸秆还田量才能保持土壤钾养分的平衡和肥力的持续。

表 14-25　不同施肥处理钾养分投入与产出平衡情况（2009 年）（单位：kg/hm^2）

处　理	化肥钾养分投入量	还田秸秆钾养分投入量	秸秆籽粒总养分量	净产出养分量	平衡量
A1B1	0	0	33.6	33.6	-33.6
A1B2	0	37.125	36.2	-0.9	0.9
A1B3	0	74.25	39.3	-35.0	35.0
A1B4	0	148.5	35.8	-112.7	112.7
A2B1	0	0	72.1	72.1	-72.1
A2B2	0	37.125	79.2	42.0	-42.0
A2B3	0	74.25	80.3	6.1	-6.1
A2B4	0	148.5	91.9	-56.6	56.6
A3B1	0	0	100.7	100.7	-100.7
A3B2	0	37.125	95.3	58.2	-58.2
A3B3	0	74.25	112.9	38.6	-38.6
A3B4	0	148.5	97.7	-50.8	50.8
A4B1	0	0	117.5	117.5	-117.5
A4B2	0	37.125	126.7	89.6	-89.6
A4B3	0	74.25	112.8	38.5	-38.5
A4B4	0	148.5	135.0	-13.5	13.5

2. 土壤钾素表观平衡和钾投入量的关系

将土壤速效钾含量与钾养分的平衡值进行回归分析，得到线性回归方程：$y = 0.9404x - 81.564$（$R^2 = 0.715$）（图 14-30）。该结果表明，钾养分的投入产出平衡值与钾养分投入量成比例增加，经计算，钾的投入产出达到平衡时的钾养分投入量为 $86.7kg/hm^2$，这表明在河北平原潮土小麦—玉米种植制度下如果只采用秸秆还田方式，则需要还田秸秆 $5256.6kg/hm^2$ 才能保证土壤钾的投入和产出平衡。

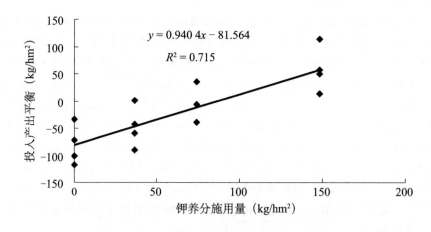

图 14-30　土壤钾素表观平衡和钾肥投入量的关系

3. 土壤钾素表观平衡和土壤有效钾含量的关系

为分析土壤速效钾含量与钾养分平衡的数量关系，将两者数据资料进行回归分析，发现它们之间有一定的线性关系：$y = 0.073\,9x + 98.507$（$R^2 = 0.730\,2$）（图 14 – 31）。说明钾养分平衡值每提高 1 个单位，即每公顷钾盈余 1kg 时土壤速效钾可提高 0.073 9mg/kg。

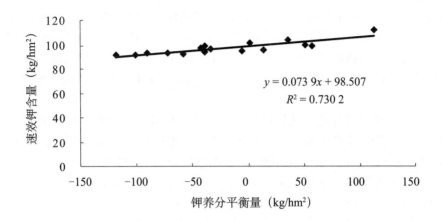

图 14 – 31　土壤钾素表观平衡和土壤有效钾含量的关系

五、主要结论与研究展望

（一）主要结论

1. 平原潮土有机质的演变规律

在小麦—玉米轮作制度下，从 1981—2012 年不施肥时平原潮土耕层土壤有机质呈一定下降趋势，施化肥与秸秆处理的有机质随试验时间的延长呈增加的趋势。在试验的前 10 年有机质含量变化较慢，10 年后化肥和秸秆处理的土壤有机质有明显的增加趋势。采用趋势分析方法，估算长期不同施肥条件下的有机质年均变化率可知，增施化肥可明显提高平原潮土的有机质含量，且随施用量的增加其年增幅增大。有机质年均增量与化肥氮投入量呈较好的二次曲线关系，拟合方程的决定系数均在 0.95 以上。在相同的化肥用量下，有机质的年增加量随秸秆用量的增加而增大。平原潮土增施 1 000kg/hm² 秸秆，土壤有机质年均可提高 0.005 ~ 0.007g/kg。

2. 平原潮土氮、磷、钾的演变规律

（1）从 1981—2012 年，平原潮土全氮含量随施氮量的增加而增加。趋势分析结果表明，斜率随施氮肥量的增加有变大的趋势，在化肥氮用量为 N 360kg/hm² 时，斜率多为正值，而施氮量在 N 180kg/hm² 以下则多为负值。平原潮土年施氮量少于 N 180kg/hm² 时全氮含量有稳中趋降的趋势，且氮肥用量越少，降低越多。各施肥处理的土壤全氮含量与试验年限关系不明显。

（2）施化肥土壤速效氮含量随时间呈现一定的增加趋势，不施化肥速效氮保持稳定或降低。土壤速效氮年增量随化肥施用量的变化呈二次曲线特征，决定系数在 0.990 以上。增施秸秆速效氮含量增加，在不施化肥的条件下，秸秆用量少于 4 500kg/hm²

时，速效氮年均增量为负值，呈递减趋势。对照处理的速效氮平均每年降低 0.07mg/kg。不施化肥时秸秆用量较大也可增加速效氮含量，如秸秆用量为 9 000kg/hm² 的速效氮年均增量可达 0.19mg/kg。

（3）施化肥磷较多的处理随定位试验时间的延长，土壤有效磷呈增加的趋势，而不施或施磷少时则有一定的降低。土壤有效磷与化肥磷的投入关系密切，磷肥投入量小时有效磷的年增率为负值，土壤磷处于亏缺状态，而化肥磷用量大时有效磷年增率为正值，出现磷的累积。土壤磷亏缺和累积的平衡点大约在施磷量 P_2O_5 75～92kg/hm²。每公顷施入 100kg 的磷，土壤有效磷年可提高 0.21～0.28mg/kg。秸秆用量也影响磷的平衡点，一般表现为随秸秆用量的增加平衡点降低，表明秸秆有一定活化土壤磷的作用。随秸秆用量的增大土壤有效磷的年增量提高，每公顷施入 1 000kg 秸秆土壤有效磷平均年可提高约 0.01mg/kg。

（4）由于施肥处理中没有化肥钾的投入，因此随着定位试验时间的延长，不同施肥处理土壤速效钾呈现稳定或一定的降低趋势。一般特征是随氮、磷化肥用量的增加，土壤钾的耗竭加重。秸秆还田可对土壤速效钾的降低有明显的缓解作用。每公顷施 N 100kg，土壤速效钾年均降低 0.06～0.13mg/kg。如每公顷还田秸秆 1 000kg，速效钾可年均增加 0.01～0.05mg/kg。本试验中，在秸秆还田量为 9 000kg/hm² 的情况下，施氮量不大于 N 36.5kg/hm² 时，土壤钾才能保持平衡。

3. 作物产量对长期施肥的响应

（1）平原潮土长期不同施肥小麦、玉米及其周年产量随化肥用量的增加而增加。采用趋势分析法估算的年均产量变化率与化肥用量的回归分析结果表明，小麦、玉米和周年总产的年均产量变化率与化肥施用量呈典型的二次曲线关系。即在化肥用量较低时，年增产率随化肥用量的增大迅速增加，但化肥用量进一步增大时产量的增幅变小，并且逐渐趋向极大值，超过极大值后，产量年增加率不再增加。0kg/hm²、2 250kg/hm²、4 500kg/hm²、9 000kg/hm² 秸秆施用量分别对应的最大年均增产率小麦为 69.2kg/(hm²·a)、66.9kg/(hm²·a)、75.2kg/(hm²·a) 和 83kg/(hm²·a)；玉米为 70.3kg/(hm²·a)、77.4kg/(hm²·a)、84.1kg/(hm²·a) 及 93.3kg/(hm²·a)；小麦玉米周年总产为 142.3kg/(hm²·a)、138.5kg/(hm²·a)、152.1kg/(hm²·a) 及 179kg/(hm²·a)。化肥年均增产最大值随秸秆用量的增加而增大。

（2）长期不同施肥小麦、玉米及其周年总产量的年均变化与秸秆施量符合线性特征；随化肥用量的增加，施用秸秆的年均增产率增大；每公顷施用 1 000kg 秸秆，小麦年均增产 1.3kg/hm²、玉米增产 2.7kg/hm²、小麦玉米周年总增产约 4kg/hm²。玉米年均增产率约是小麦的 2 倍。

4. 长期施肥下农田生态系统养分循环与平衡

由于本长期定位试验在设计上化肥氮、磷成固定比例施用，并且没有钾肥投入。因此主要分析了氮肥利用率。根据 2009 年的植株产量和养分测定结果，以长期不施肥处理为对照计算的氮肥料利用率，许多值尤其低氮用量下的肥料利用率出现超过 100% 的情况，而其他处理利用率也超过 70%，数值明显偏高。因此利用 2012 年对部分处理区内设置的当年不施肥对照，以各自对照计算 A4B1、A4B3、A4B4 处理的氮肥料利用率分别为 37.3%、21.2% 和 19.4%。平均仅是按长期不施肥统一对照计算的利用率的 0.28 倍。

根据长期不同施肥处理各自年均有机质的变化量,计算有机碳年固定量,结果表明:不施秸秆或秸秆用量小时,固碳量为负值。对所有处理的碳投入量和固定量进行回归分析得到小麦—玉米种植体系的关系方程:$y = 0.025\ 3x + 0.018\ 6$($R^2 = 0.494\ 7$),即整体上来看,随碳投入量的增大土壤的年固碳量提高。碳利用率随秸秆施用量增加而降低,如在施氮量 N 360kg/hm² 下,秸秆还田 0kg/hm²、2 250kg/hm²、4 500kg/hm²、9 000kg/hm² 对应的碳利用率分别为 5.82%、4.3%、4.65%、3.1%,呈现逐渐变小趋势。不施化肥处理的碳利用率明显偏低。仅施化肥不施秸秆处理的土壤年固碳量与有机碳投入量的回归方程为 $y = 0.096\ 5x - 0.070\ 9$($R^2 = 0.938\ 8$),以此计算的土壤碳平衡时的 $x = 0.735$t/hm²,折合为等碳量的秸秆为 1.63t/hm²,即在无秸秆还田的情况下需要投 0.735t/hm² 以上有机碳才能保持潮土有机质不降低。

平原潮土在小麦—玉米两季周年施氮量小于 N 360kg/hm² 时,氮平衡为负值,并随化肥氮施用量的增大亏缺减小。秸秆还田有减少氮素亏缺的作用。小麦玉米的氮周年投入与产出的差值与氮肥投入量呈二次曲线关系,随氮肥施用量的增加亏缺减小。经计算平原潮土小麦玉米两季总投入氮养分量在 429.7kg/hm² 时才能达到氮的平衡。氮素的平衡值与土壤速效氮含量有弱线性关系:$y = 0.048\ 3x + 67.798$($R^2 = 0.218\ 6$)。

平原潮土小麦玉米两季种植下,磷养分比较容易达到平衡,在施入 P_2O_5 60kg/hm² 左右即可实现磷的周年平衡,但年产量只有 600kg/hm² 左右。目前实际生产中的作物产量远高于该产量,施磷量也大,因而会出现磷的大量盈余,因此提高磷肥的利用效率是关键。磷养分的投入产出平衡差值与磷的投入量呈显著的二次曲线关系:$y = 0.001\ 4x^2 + 0.264\ 3x - 28.876$($R^2 = 0.983\ 1$)。磷养分平衡时的磷投入量为 77.5kg/hm²。土壤有效磷含量与磷的平衡值之间有很好的线性关系,平衡值每提高 1 个单位速效磷可增加 0.09mg/kg。

平原潮土小麦、玉米种植在不施秸秆时,土壤钾平衡均为负值,表现为钾亏缺,并且其亏缺值随氮、磷化肥用量的增加而增加,但随秸秆用量的增加亏缺减小。在秸秆还田量为 9 000kg/hm² 时,所有处理钾的平衡均为正值,即表现有一定程度的钾盈余。因此在氮、磷化肥用量较高时,如果不施用足量的钾肥则必须加大秸秆还田量才能保持土壤钾养分的平衡和肥力的持续。

土壤钾养分平衡值与钾养分投入量存在线性关系:$y = 0.940\ 4x - 81.564$($R^2 = 0.715$),即钾的平衡值与钾的投入量成比例增加,经计算钾平衡时的钾投入量为 86.7kg/hm²,即河北平原潮土小麦—玉米种植制度下如果只采用秸秆还田方式,则需要秸秆还田量 525 6.6kg/hm² 才能保持土壤钾的平衡。土壤速效钾含量与钾的平衡值存在一定的线性关系:$y = 0.073\ 9x + 98.507$($R^2 = 0.730\ 2$),钾平衡值每提高 1 个单位,即每公顷有 1kg 的 K_2O 盈余,土壤速效钾可提高 0.073\ 9mg/kg。

(二)存在问题和研究展望

平原潮土肥料长期定位试验虽然时间较长,土壤有机质、土壤速效养分、产量的资料比较全,但全氮资料不全,全磷、全钾数据缺失,另外对土壤理化性状、酶和生物学性状的测定次数也偏少,测定的随机性较大。因此今后拟对一些偏少及缺失的数据在可能的情况下进行补充测定,计划每 2~3 年测定一次全量养分,每 5~7 年测定一次土壤物理性状等。

　　随着研究的发展和科学进步，长期肥料定位试验的研究内容也在不断更新和发展中，包括了传统内容的深入和新内容的拓展。在传统的土壤养分、有机质、土壤理化性状、土壤微生物、土壤酶等土壤肥力演变相关性状研究的基础上（徐明岗等，2006），有机质研究可向环境碳循环、碳组分和C3、C4来源组成等方向拓展，养分向模型模拟方向及大气沉降量等方面，微生物向基因水平的研究发展，另外随着气候变暖，长期施肥与粮食生产的碳排放，土壤酸化、土壤污染环境安全等也将成为长期施肥定位试验研究的重点。

　　作为定位时间30多年的平原潮土长期肥料定位试验，今后在进一步深入研究潮土土壤肥力演变特征与粮食持续高产等传统重点内容的基础上，将在低平原地力演变机制及中低产田快速培肥理论与技术方面，不同施肥情况下粮食生产与碳排放关系理论和低碳粮食生产，土壤肥力中微量元素的演变与粮食持续增产，低平原土壤肥力与节水生产，养分淋溶动态与数量化模型分析以及土壤重金属污染的演变与粮食安全等方面开展工作。

马俊永、李科江、郑春莲、曹彩云、党红凯、郭丽

参考文献

　　[1] 曹彩云，郑春莲，李科江，等.2009.长期定位施肥对夏玉米光合特性及产量的影响研究 [J].中国生态农业学报，17（6）：1 074 – 1 079.

　　[2] 迟凤琴，宿庆瑞，王鹤桥.1996.不同有机物料在黑土中的腐解及土壤有机质平衡的研究 [J].土壤通报，27（3）：124 – 125.

　　[3] 崔志祥，樊润威，张三粉，等.1995.内蒙古河套灌区中、低产田土壤有机质平衡量化指标 [J].华北农学报，10（4）：105 – 109.

　　[4] 董旭，娄翼来.2008.长期定位施肥对土壤养分和玉米产量的影响 [J].现代农业科学，15（1）：9 – 11.

　　[5] 段英华，徐明岗，王伯仁，等.2010.红壤长期不同施肥对玉米氮肥回收率的影响 [J].植物营养与肥料学报，16（5）：1 108 – 1 113.

　　[6] 关松荫.1986.土壤酶及其研究法 [M].北京：中国农业出版社.

　　[7] 河北省土壤普查办公室.1991.河北省土壤图集 [M].北京：农业出版社.

　　[8] 黄绍敏，宝德俊，皇甫湘荣，等.2006.长期定位施肥小麦的肥料利用率研究 [J].麦类作物学报，26（2）：121 – 126.

　　[9] 林治安，赵秉强，袁亮，等.2009.长期定位施肥对土壤养分与作物产量的影响 [J].中国农业科学，42（8）：2 809 – 2 819.

　　[10] 马成泽.1990.不同施肥制度下农田土壤有机质平衡移动的趋势 [J].安徽农学院学报，（2）：99 – 104.

　　[11] 马俊永，曹彩云，郑春莲，等.2010.长期施用化肥和有机肥对土壤有机碳和容重的影响 [J].中国土壤与肥料，（6）：38 – 42.

　　[12] 马俊永，李科江，曹彩云，等.2007.有机—无机肥长期配施对潮土土壤肥力和作物产量的影响 [J].植物营养与肥料学报，13（2）：236 – 241.

　　[13] 马俊永，李科江，曹彩云，等.2005.直接施用秸秆增产作用的定位试验研究 [J].河北农业科学，9（3）：55 – 57.

　　[14] 沈善敏.1995.长期土壤肥力试验的科学价值 [J].植物营养与肥料学报，1（1）：1 – 9.

［15］王慧军．2010．河北省粮食综合生产能力研究［M］．石家庄：河北科学技术出版社．

［16］王俊华，胡君利，林先贵，等．2011．长期平衡施肥对潮土微生物活性和玉米养分吸收的影响［J］．土壤学报，48（4）：766－772．

［17］徐明岗，梁国庆，张夫道，等．2006．中国土壤肥力演变［J］．北京：中国农业科学技术出版社．

［18］赵秉强，张夫道．2002．我国的长期肥料定位试验研究［J］．植物营养与肥料学报，8（增刊）：3－8．

［19］郑春莲，李科江，马俊永，等．2006．长期定位秸秆与化肥配施对冬小麦产量及穗部性状的影响［J］．河北农业科学，10（增刊）：9－12．

第十五章　长期施肥轻壤质潮土肥力演变特征

潮土是我国面积最大的一类旱作土壤，占全国总耕地面积的 16.55%，仅次于水稻土。主要分布于黄淮海平原，辽河下游平原，长江中下游平原及汾、渭谷地。潮土土层深厚，矿质养分丰富，有利于深根作物生长，其分布区域地形平坦开阔，光热资源充足，以种植小麦、玉米、棉花为主，是我国粮、棉、油及一些名特优产品的重要产区。潮土成土母质为河流沉积物，土壤的形成与地下水紧密相关，地下水位浅使土壤长期处于毛管水饱和状态，土壤中低层氧化还原交互进行，有明显的锈纹斑及碳酸盐分异与聚积。有些地区出现沼泽化和盐渍化。

我国潮土分布面积最大的区域是黄淮海平原，占全国潮土总面积的 69.4%，占黄淮海平原耕地总面积的 90% 以上。黄淮海平原潮土类型区基本的栽培制度为冬小麦—夏玉米一年两熟。由于受季风气候的影响，旱涝交替、腐殖质分解强烈、地下水周期性升降变化，旱作条件下土壤腐殖质积累少，造成土壤有机质、氮和磷含量偏低，局部地区土壤盐渍化等。因此，培肥改土是潮土地区面临的共性问题。

一、轻壤质潮土长期定位试验概况

长期试验设在中国农业科学院山东禹城试验站，位于华北平原中东部，东经 116°34′，北纬 36°50′，属暖温带半湿润季风气候。光热资源丰富，年平均气温 13.4℃，最高 26.9℃，最低 −2.5℃；≥0℃ 积温 4 951℃，≥10℃ 积温 4 441℃；年日照时数 2 640h；无霜期 206d；雨热同季，多年平均降水量 569.6mm，最大 1 144.4mm，最小 248mm，70% 以上的降水集中在 6—9 月；水面蒸发量 2 094.5mm。试验地土壤类型为潮土，成土母质为黄河冲积物，耕层质地轻壤（黏粒 21.4%；粉粒 65.6%；砂粒 13.0%）。在我国最大的平原——华北平原 1 700 万 hm^2 耕地中，轻壤质潮土占 70% 以上，在本区域具有广泛代表性。本区域基本的粮食作物种植制度为冬小麦（济麦 22）—夏玉米（郑单 958）一年两熟。

试验设：①对照（不施肥，CK）；②常量施肥（1/2 有机肥 + 1/2 化肥，MF）；③常量有机肥（CM）；④常量化肥（CF）；⑤高量施肥（全量有机肥 + 全量化肥，HM）；⑥高量化肥（HF）共 6 个处理，每处理重复 4 次，小区面积 4m×7m=28m^2。种植方式为冬小麦—夏玉米一年两熟制，肥、水、管理等措施参考当地传统种植习惯，采用常规栽培模式。

试验于 1986 年 10 月冬小麦播种开始；常量施肥区的化肥年施用量为 N 375 ~ 450kg/hm^2，P_2O_5 135 ~ 225kg/hm^2，高量施肥区的施肥量为常量施肥区的 2 倍。因黄河冲积平原土壤一向被认为是富钾土壤，试验开始时只设置了氮、磷两种营养元素，自 1992 年起开始增施钾肥，年施肥量为 K_2O 150kg/hm^2。按照全年施肥总量，冬小麦、夏玉米各 50%，其中全部磷肥、钾肥和 40% 的氮肥作基肥，其余 60% 的氮肥做追肥；有机肥选用当地农户或畜牧养殖场的腐熟牛粪，主要养分含量为 N 1.00% ~ 1.84%，P_2O_5 0.58% ~ 1.02%，K_2O 1.15% ~ 1.98%，施用量根据每年所用肥料样品的分析结果，以全氮含量为标准进行折算，小麦、玉米每季作物各 50%，做基肥一次性施入，部分年份全年有机肥在冬小麦播种前一次性施入；氮、磷、钾化肥分别用尿素、磷酸二铵、过磷酸钙和硫酸钾，以肥料样品的养分含量计算施肥量。试验开始前多年的种植方式也为冬小麦—夏玉米一年两熟制，地力条件均匀。

二、长期施肥潮土有机质和氮、磷、钾的演变规律

(一) 有机质的演变规律

从图 15 - 1 和图 15 - 2 从中可以看出，试验 25 年间，各处理 0～20cm 和 20～40cm 土层土壤有机质含量处于不同程度的上升过程。统计分析结果显示，各施肥处理土壤有机质含量均高于不施肥对照，差异达极显著水平；施有机肥的处理土壤有机质含量随有机肥施用量的增加而增加，有机质含量为 HM > CM > MF；施高量化肥处理（HF）与常量化肥处理（CF）的有机肥增加的效果基本相同，差异不显著；对照处理（CK）21 年间土壤有机质含量并未呈现逐年下降趋势，而是缓慢上升；2007 年以后 20～40cm 土层土壤有机质含量各处理均明显下降。

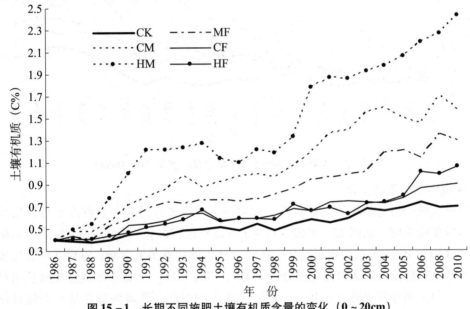

图 15 - 1　长期不同施肥土壤有机质含量的变化（0～20cm）

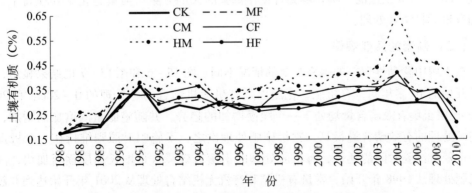

图 15 - 2　长期不同施肥土壤有机质含量的变化（20～40cm）

（二）氮素的演变规律

1. 全氮含量的变化

土壤中90%以上的氮素以有机形态存在，一般情况下全氮含量与有机质呈高度的正相关。图15-3结果显示，不同处理0~20cm土层土壤全氮的变化趋势与有机质相同，全氮含量随有机肥施用量的增加而提高；相同施氮量条件下，有机肥对土壤全氮含量提高的效果远远高于化肥，高量化肥与常量化肥处理的土壤全氮含量基本在同一水平，无明显差异。不施肥对照处理的土壤全氮含量则基本保持在较低水平并且略有下降趋势。

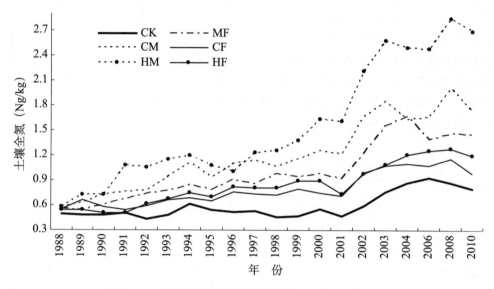

图15-3　长期不同施肥土壤全氮含量的变化（0~20cm）

2. 碱解氮含量的变化

氮是土壤中最为活跃的大量营养元素之一，碱解氮含量在一定程度上可以反映土壤氮素的供应强度。从图15-4和图15-5可以看出，试验初始的2~3年间，单施化肥处理（CF，HF）可以快速提高0~20cm土层土壤的碱解氮含量，以后其增长速度逐渐变缓；有机肥及有机无机结合的处理（MF、CM、HM）土壤碱解氮含量增长相对较为缓慢，但呈现逐年上升之趋势，大约经过5年的时间，其碱解氮含量水平超过化肥处理；20~40cm土层的土壤碱解氮含量在试验的大部分年份为单施化肥处理高于有机肥和有机无机结合处理。

（三）磷素的演变规律

在土壤中移动性较小的磷素与氮的情况不同。图15-6和图15-7的结果显示，在试验开始的10多年间，有机肥、化肥以及有机无机结合的各处理的0~20cm和20~40cm土层土壤有效磷含量均处于一个缓慢增加的趋势，并随施肥量的增加而增加，高量施肥处理的有效磷含量最高，常量施肥处理次之，不施肥对照则维持在一个极低的水平；随着试验时间的延长，有机肥处理的土壤有效磷含量增长速度逐渐加快，高量有机肥处理从1998年开始，常量有机肥和有机无机结合处理从2001年开始达到并超过高量化肥处理，且以高量有机肥处理的上升最为迅速，0~20cm和20~40cm两个土层表现出相同的趋势。

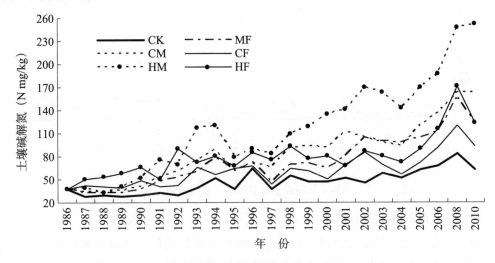

图 15 - 4　长期不同施肥土壤碱解氮含量的变化（0 ~ 20cm）

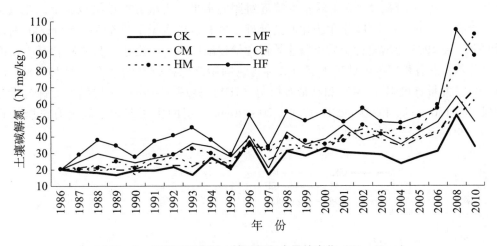

图 15 - 5　长期不同施肥土壤碱解氮含量的变化（20 ~ 40cm）

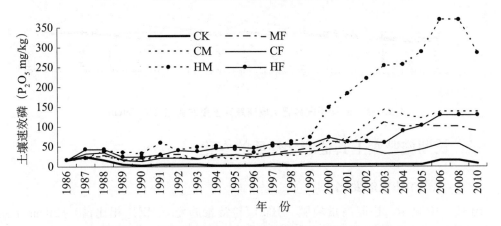

图 15 - 6　长期不同施肥土壤有效磷含量的变化（0 ~ 20cm）

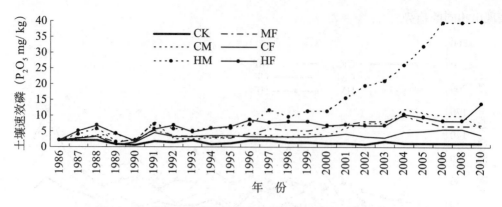

图 15 - 7　长期不同施肥土壤有效磷含量的变化（20～40cm）

（四）钾素的演变规律

华北平原潮土一向被认为是富钾土壤，试验开始时化肥处理没有设计钾肥。通过对田间试验的观察，单施化肥处理在连续施用氮肥、磷肥 3 年后玉米既开始出现缺钾症状，产量逐年下降，5～6 年后基本接近对照的水平。土壤分析结果也显示，在只施氮、磷的情况下，到 1992 年单施化肥的处理土壤有效钾含量下降至 57～59mg/kg 的极低水平，在 1993 年增施钾肥后土壤速效钾含量逐渐回升；而由于有机肥料含有丰富的钾素营养，施有机肥的各处理土壤有效钾含量则始终保持较高的水平（图 15 - 8 和图 15 - 9），常量有机肥（CM）和高量有机肥（HM）处理 0～20cm 土层的速效钾含量分别保持在 150mg/kg 和 200mg/kg 以上。20～40cm 土层的速效钾含量高量有机肥处理（HM）也明显高于其他处理。

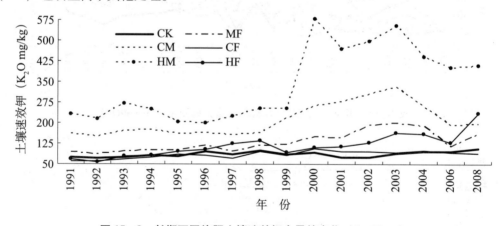

图 15 - 8　长期不同施肥土壤速效钾含量的变化（0～20cm）

三、长期施肥潮土其他理化性质的变化

（一）土壤 pH 值的变化

图 15 - 10 显示，长期高量施肥（HM）与常量施肥（MF）相比，0～20cm 土层 pH 值显著降低；长期施常量有机肥（CM）和常量化肥（CF）土壤 pH 值与对照（CK）没有显著差异；长期施高量有机肥和化肥可降低土壤 pH 值；施高量有机肥比高量化肥处理的 pH 值显著降低。石灰性土壤上长期施用大量有机肥和化肥可以使土壤

pH 值降低，达到土壤酸碱平衡，适宜农作物生长。

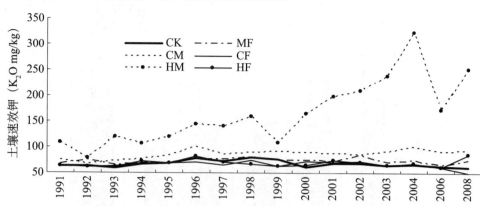

图 15 - 9　长期不同施肥土壤速效钾含量的变化（20 ~ 40cm）

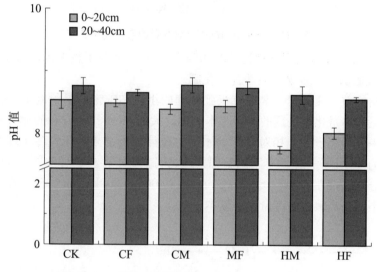

图 15 - 10　长期不同施肥土壤 pH 值变化（2012 年）

（二）土壤容重的变化

与对照相比，长期施肥可以改变土壤容重，施化肥土壤容重呈增加趋势，长期施用有机肥可以显著降低耕层（0 ~ 20cm）土壤容重（图 15 - 11），增加土壤总孔隙度，改善土壤结构，提高土壤的蓄水保墒能力。

四、长期不同施肥作物产量的变化规律

从图 15 - 12 和图 15 - 13 可以看出，不施肥的对照处理在试验开始的 2 ~ 3 年内，作物产量迅速下降，以后逐渐稳定在一个较低的水平，而所有施肥处理的产量均显著高于对照，差异均达极显著水平，说明不论是有机肥或化肥，施肥均具有明显的增产作用。

在不同作物上，有机肥与化肥的增产作用表现出明显差异。对于冬小麦，在试验开始的一段时期内，有机肥的增产效果明显低于化肥，这一现象常量有机肥处理持续

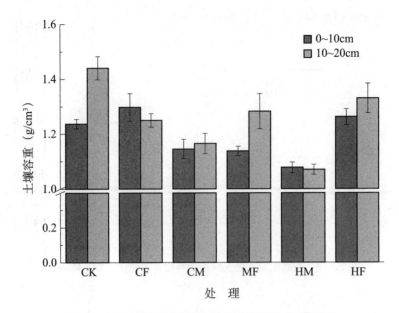

图 15-11　长期不同施肥土壤容重的变化（2013 年）

了 15 年左右，而高量有机肥处理持续时间为 7~8 年。而对于夏玉米，试验开始的 8~10 年间，有机肥的增产效果则显著优于化肥。

　　试验开始的前十几年间，常量有机肥处理的小麦和玉米产量始终低于高量有机肥处理，而常量和高量化肥处理的产量基本相同。大约 15 年以后，各施肥处理的小麦和玉米产量水平分别趋于一个相对稳定的水平。统计分析结果显示，冬小麦和夏玉米产量除与对照的差异显著外，5 个不同施肥处理之间基本不存在显著差异，此时冬小麦和夏玉米产量分别维持在 5 000~6 000kg/hm² 和 8 000~9 000kg/hm²，这一结果与当地常规栽培条件下的高产粮田的产量水平基本一致。

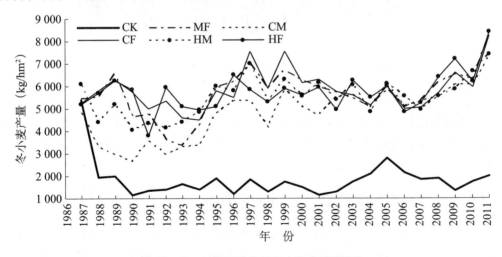

图 15-12　长期不同施肥冬小麦产量的变化

五、主要结论

（1）有机肥与化肥均对提高作物产量有显著作用，在试验开始的 10 多年间，化肥

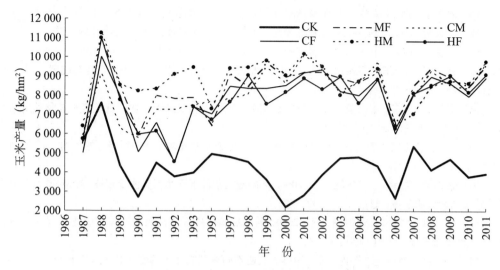

图 15 - 13 长期不同施肥夏玉米产量的变化

对冬小麦的增产效果优于有机肥，而在夏玉米上的结果则相反；有机无机结合处理的作物产量始终处于较高水平；10 多年以后各施肥处理的产量趋于一致，高量施肥不能继续提高作物产量。

（2）有机肥与化肥均能持续提高土壤有机质和氮的含量。施有机肥的效果明显优于化肥，且表现出有机质和氮含量随有机肥用量的增加而提高；在常量施肥条件下，继续提高化肥施用量对于土壤有机碳和有机氮的积累没有显著作用。

（3）施化肥与有机肥均可显著提高土壤速效养分含量，随着试验时间的延长，有机肥的效果逐渐超过化肥，并表现出持续提高土壤速效养分含量的作用。

随着经济的发展，有机肥（农家）的数量将越来越少，远不能满足农业发展需求；建议对施有机肥给予补贴，鼓励施用有机肥；另外应加大对该地区的农业补贴，以提高农民施用有机肥的积极性，这将对发展有机农业和农业的可持续发展有重大意义。

温延臣、袁亮、林治安

参考文献

[1] 石元春，贾大林．1989．黄淮海平原农业图集［M］．北京：北京农业大学出版社．

[2] 全国土壤普查办公室．1997．中国土壤普查数据［M］．北京：中国农业出版社．

[3] 顾庭敏．1991．华北平原气候［M］．北京：气象出版社．

[4] 中国科学院土壤队．1964．华北平原土壤图集［M］．北京：科学出版社．

[5] 熊毅．1961．华北平原土壤［M］．北京：科学出版社．

[6] 林治安，赵秉强，袁亮，等．2009．长期定位施肥对土壤养分与作物产量的影响［J］．中国农业科学，42（8）：2 809 - 2 819．

[7] 沈善敏．1995．长期土壤肥力试验的科学价值［J］．植物营养与肥料学报，1（1）：1 - 9．

[8] 林治安，谢承陶，张振山，等．1997．石灰性土壤无机磷形态、转化及其有效性研究［J］．土壤通报，28（6）：274 - 276．

[9] 唐继伟，林治安，许建新，等．2006．有机肥与无机肥在提高土壤肥力中的作用［J］．中国土壤与肥料，（3）：44 - 47．

［10］沈善敏.1984a. 国外长期肥料试验（一）［J］. 土壤通报，(2)：85－91.

［11］沈善敏.1984b. 国外长期肥料试验（二）［J］. 土壤通报，(3)：134－138.

［12］沈善敏.1984c. 国外长期肥料试验（三）［J］. 土壤通报，(4)：184－185.

［13］林治安，谢承陶，张振山，等.1996. 旱作农田石灰性土壤磷素形态、转化与施肥［J］. 土壤肥料，(6)：26－28.

［14］晁赢，李絮花，赵秉强，等.2009. 长期有机无机肥料配施对作物产量及氮素吸收利用的影响［J］. 山东农业科学，(3)：71－79.

［15］王薇，李絮花，章燕平，等.2007. 长期定位施肥对盐化潮土腐殖质组分的影响［J］. 山东农业科学，(3)：65－67.

［16］林治安，谢承陶，张雪瑶，等.2000. 不同施肥条件下土壤养分演变规律与作物增产效果研究［J］. 自然资源学报，增刊（15）：42－49.

［17］张兴权，林治安，董振国，等.2000. 禹城试验区资源节约型高产高效农业综合发展研究［J］. 自然资源学报，增刊（15）：4－10.

［18］温延臣，李燕青，袁亮，等. 2015. 长期不同施肥制度土壤肥力特征综合评价方法［J］. 农业工程学报，31（7）：91－99.

第十六章　长期施肥非石灰性潮土肥力演变与培肥技术

潮土是山东省面积最大的土壤类型，占全省土壤面积的 38.53%，占耕地面积的 48.12%。潮土在该区的分布有 3 个特点：一是分布集中，76.5% 的潮土集中分布在鲁西北黄河冲积平原，占全省潮土总面积的 56%，山地丘陵区分布的潮土占潮土总面积的 23.5%；二是潮土分布不受地带性条件的限制，凡是地势低平、有河流沉积物的地方都有潮土分布；三是潮土分布受微地貌的控制，在黄河冲积平原这一特征特别明显（郑守龙等，1994）。非石灰性潮土主要分布于鲁东地区的泰山、鲁山、沂蒙山山地南侧的各大、小河流冲积平原，或河流中上游山丘之间的盆状谷地。由于母质来源主要是无石灰性的河流沉积物，土壤均无石灰性反应，pH 值一般小于 7，呈微酸性。在距河流稍远的倾斜平原下部，母质多为河流上中游花岗岩、片麻岩及其他非钙质岩石风化物的近代远河相沉积物，土壤质地较黏重，为重壤土到轻黏土。土色深，常呈浊黄棕色（10YR5/4）。土壤的耕性稍差，适耕期短，耕耙不及时易起"坷垃"，但潜在养分含量较高，作物生长有后劲，群众称之为"黄老土"，为粮食作物主要产地；距河较近处的沉积物多为轻壤质，由于质地良好，并有井灌或河灌条件，宜种粮棉作物，群众多称为"沙黄土"（张俊民等，1986），目前种植的作物主要有小麦、玉米、棉花等，其分布区域是我国重要的粮棉基地。潮土土层深厚，矿质养分丰富，有利于深根作物的生长，但有机质、氮和磷的含量偏低，且易旱涝，局部地区有盐渍化问题，有待改良。因此开展潮土理化性质及土壤养分状况等的研究和分析工作对指导农业生产具有积极的意义。

一、非石灰性潮土长期试验概况

非石灰性潮土长期施肥试验地位于青岛农业大学莱阳试验站（东经 120°42′，北纬 36°54′），试验区属暖温带半湿润季风气候，年平均气温 11.2℃，年降水量为 779.1mm，年蒸发量 2 000mm。成土母质为冲积母质。

长期试验从 1978 年开始，田间试验开始前土壤的基本性质为：土壤有机碳含量 2.38g/kg，全氮 0.5g/kg，全磷 0.46g/kg，速效磷 15mg/kg，速效钾 38g/kg，pH 值 6.80，阳离子交换量（CEC）11.80cmol/kg。土壤容重 1.26 g/cm³。

试验开始时（1978 年）设 9 个处理：①不施肥对照（CK）；②单施氮肥 N 138kg/hm² （N1）；③单施氮肥 N 276kg/hm² （N2）；④单施有机肥 30t/hm² （M1）；⑤有机肥 30t/hm² + 氮肥 N 138kg/hm² （M1N1）；⑥有机肥 30t/hm² + 氮肥 N 276kg/hm² （M1N2）；⑦单施有机肥 60t/hm² （M2）；⑧有机肥 60t/hm² + 氮肥 N 138kg/hm² （M2N1）；⑨有机肥 60t/hm² + 氮肥 N 276kg/hm² （M2N2）；1984 年起增加 3 个处理，即⑩氮磷钾配施，施用量为 N 276kg/hm²，P₂O₅ 90kg/hm²，K₂O 135kg/hm² （N2PK）；⑪氮磷配施，施用量为 N 276kg/hm²，P₂O₅ 90kg/hm² （N2P）；⑫氮钾配

施，施用量为 N 276kg/hm^2，K$_2$O 135kg/hm^2（N2K）。小区面积 33m^2，每处理 3 次重复，随机排列，小区与小区间埋 1m 深玻璃钢间隔。试验地为小麦—玉米轮作制，采用沟灌。有机肥、磷肥和钾肥作基肥，在小麦季施入；氮肥小麦季和玉米季各占 50%。小麦季氮肥部分作种肥，部分在小麦起身期、拔节期追施；夏玉米季氮肥在拔节期和穗期作追肥施用。氮肥用尿素（含 N46%）磷肥用过磷酸钙（含 P$_2$O$_5$ 12%），钾肥用氯化钾（含 K$_2$O 50%），有机肥为猪粪，其有机碳含量 11.6~29g/kg，全氮 2~3g/kg；全磷 0.5~2g/kg。小麦品种自 2003 年至今为烟优 361；玉米品种自 1997 年以来为鲁玉 16 号。

二、长期施肥非石灰性潮土有机质和氮、磷、钾的演变规律

（一）非石灰性潮土有机质的演变规律

1980—2012 年长期施肥条件下非石灰性潮土有机质含量的分析结果表明，长期不施肥土壤有机质含量并未明显降低。与 CK 处理相比，长期单施氮肥或氮磷钾以及氮磷、氮钾配施，非石灰性潮土有机质含量均呈增加趋势（图 16-1），连续施肥 35 年（1978—2012 年）有机质含量增加了 4.26~5.67g/kg；长期单施有机肥或有机肥与氮肥配施的土壤有机质含量增加了 14.28~22.88g/kg，尤其是 M2N1 和 M2N2 处理增加的最多，分别增加了 26.51g/kg 和 26.58g/kg（图 16-2）。与试验开始时（1978 年）相比，土壤有机质年均变化量以连续施用有机肥的处理最大，至 2012 年，其土壤有机质年均增加 0.41~0.65g/kg，变化率为 0.43~0.66g/（kg·a）。说明长期施化肥或有机肥与氮肥配施有利于非石灰性潮土有机质的积累。

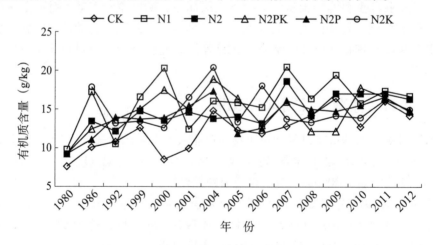

图 16-1 长期施化肥土壤有机质含量的变化

作物根茬是形成土壤有机质的重要来源之一，在一定的轮作条件下，年输入土壤的根茬量因土壤的性质和施肥的不同而异，高施氮量处理的作物根茬输入量均明显大于低氮处理；低氮加猪粪处理和高氮加猪粪处理的根茬量均增加（车玉萍和林心雄，1995）。作物根茬有可能是不施肥处理土壤有机质含量未下降的原因之一。长期氮磷钾肥配施，秸秆还田和有机无机肥配施，潮土粗自由颗粒有机质、微团聚体内自由保护颗粒有机质及矿物结合颗粒有机质的含量均有所提高（佟小刚等，2009）。

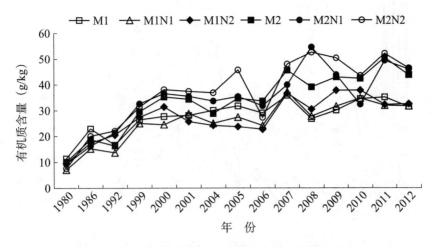

图 16 – 2　长期施有机肥土壤有机质含量的变化

（二）非石灰性潮土氮素的演变规律

1. 土壤全氮的变化

图 16 – 3 和图 16 – 4 显示，长期施用化肥或有机肥处理的土壤全氮含量呈增加趋势。与 1999 年土壤相比，到 2012 年土壤全氮含量以 N1 处理增加的最少，为 0.13g/kg（图 16 – 3）；M2N2 处理增加最多，为 0.96g/kg（图 16 – 4）。相对于试验开始时（1978年），土壤全氮含量在 1999—2012 年间施化肥处理的年均增加量为 0.01 ~ 0.02g/kg，施有机肥的处理年均增加 0.03 ~ 0.07g/kg。以上结果表明长期施化肥（氮肥）或有机肥均能增加土壤中的全氮含量，但施有机肥的效果更好。

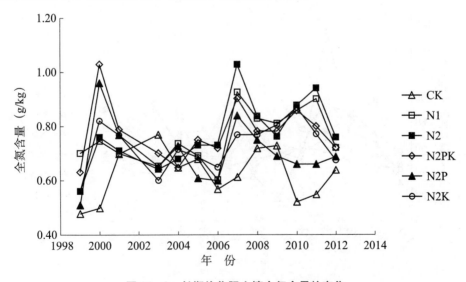

图 16 – 3　长期施化肥土壤全氮含量的变化

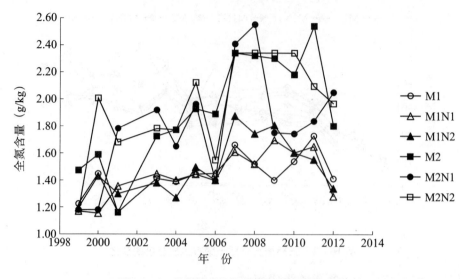

图 16 - 4　长期施有机肥土壤全氮含量的变化

2. 土壤碱解氮的变化

通过对 1999—2012 年土壤碱解氮含量的分析，其结果表明，长期单施氮肥或氮磷钾肥配施处理，非石灰性潮土的碱解氮含量呈增加趋势（图 16 - 5）。与试验开始时（1978 年）相比，2012 年的 N2、N2K、M1N2 和 M2N2 处理的土壤碱解氮年增加量分别为 1.35mg/kg、1.54mg/kg、2.38mg/kg 和 3.21mg/kg，其中 M2N2 处理的土壤碱解氮含量提高的最高，2012 年达到 132.31mg/kg（图 16 - 6）。

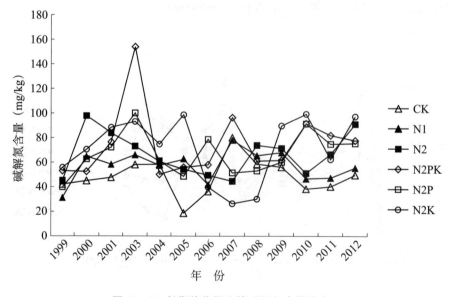

图 16 - 5　长期施化肥土壤碱解氮含量的变化

3. 土壤全氮和氮素投入量的关系

投入氮素的来源除了化学氮肥外，还包括有机肥中的氮素以及作物根茬还田所含的氮素。本试验中 2003 年和 2012 年土壤全氮年变化速率与氮素年均投入量之间的关系如图 16 - 7 所示，从图 16 - 7 可以看出，二者呈显著的正相关关系（$R^2 = 0.179$，$p < 0.05$，$n = 24$）。

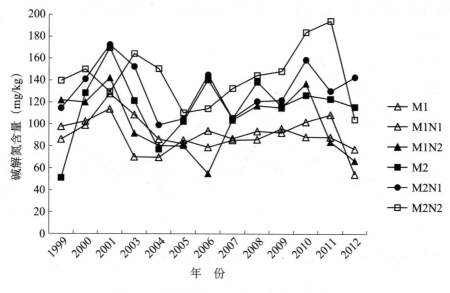

图 16 - 6　长期施有机肥土壤碱解氮含量的变化

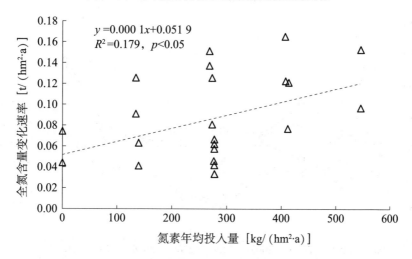

图 16 - 7　长期施肥土壤全氮变化速率与氮素投入量的关系

（三）非石灰性潮土磷素的演变规律

1. 土壤全磷的变化

从图 16 - 8 可以看出，单施氮肥土壤全磷含量与对照处理较接近。氮磷钾肥配施或氮磷肥配施 35 年（2012 年），土壤全磷含量分别为 0.79g/kg 和 0.71g/kg，与对照 0.70g/kg 相比稍有提高，可以看出，化肥氮磷钾平衡施用也有利于土壤全磷含量的提高。

2004—2012 年土壤全磷含量的变化见图 16 - 9。从图 16 - 9 可以看出，与 1978 年土壤全磷含量的 0.46g/kg 相比，长期施有机肥的处理后 3 年的全磷含量的平均值有所增加。到 2012 年，也就是试验的第 35 年，土壤全磷含量 M1 和 M2 处理分别增加到 0.57g/kg 和 0.84g/kg；M1N1 和 M1N2 处理全磷含量分别为 0.53g/kg 和 0.55g/kg；M2N1 和 M2N2 处理全磷含量分别为 0.82g/kg 和 0.85g/kg。可见长期施用有机肥有利于增加土壤的全磷含量，并随着有机肥施用量的增加，全磷含量增加。

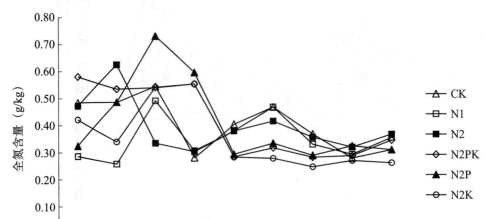

图 16 – 8　长期施化肥土壤全磷含量的变化

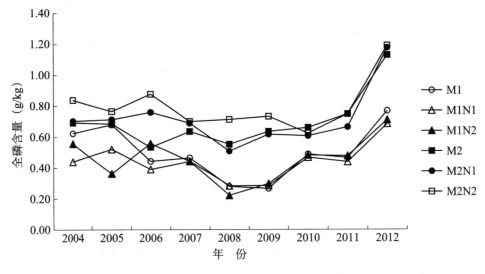

图 16 – 9　长期施有机肥土壤全磷含量的变化

2. 土壤有效磷含量的变化

长期施肥 35 年（2012 年），CK、N1 和 N2 处理的土壤有效磷后 3 年的平均值由试验初（1978 年）的 15mg/kg 分别降低到 4.49mg/kg、4.15mg/kg 和 4.10mg/kg（图 16 – 10）。其中，1978—1985 年间 N1、N2 和 CK 处理的土壤有效磷含量随时间呈快速降低的趋势，到 1985 年，单施氮处理（N1 和 N2）的土壤有效磷含量降低到 4mg/kg 左右；1985—2012 年单施氮肥和不施肥处理的土壤有效磷基本维持在 3.6 ~ 4.8mg/kg。而施用有机肥的处理在 1978—1989 年间土壤有效磷含量均保持平稳，小于 25mg/kg；1989 年以后则快速增加，到 2012 年 M1 和 M2 处理的土壤有效磷含量分别增加到 105.16mg/kg 和 165.32mg/kg，尤其是 M2N2 处理达到了 163.72mg/kg（图 16 – 11）。以上研究结果表明，长期不施磷肥土壤速效磷含量降低，而长期施用有机肥可大幅增加土壤速效磷含量。

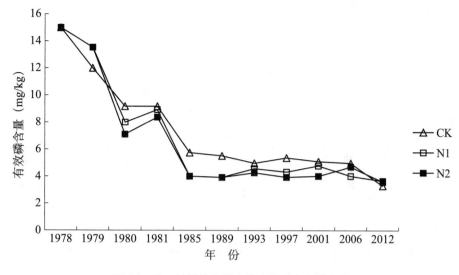

图 16－10　长期施化肥土壤有效磷含量的变化

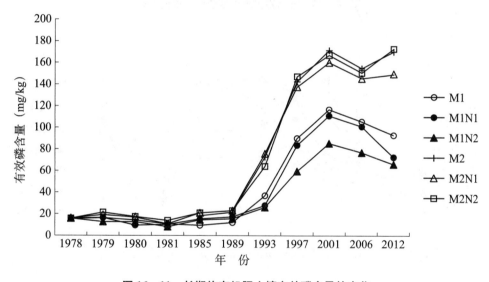

图 16－11　长期施有机肥土壤有效磷含量的变化

（四）非石灰性潮土钾素的演变规律

1. 土壤全钾含量的变化

从图 16－12 和图 16－13 可以看出，长期施肥土壤全钾含量由 1978 年的 16.6g/kg 增加到 2012 年 16.9～18.3g/kg。其中施用有机肥处理的土壤全钾含量平均大于 17g/kg。以上结果表明，与不施肥相比，连续施低量氮肥 23 年，土壤全钾含量并未增加，施高量氮肥处理全钾含量低于不施肥处理；连续施肥 27 年后，施高量氮肥处理全钾含量高于不施肥处理。长期施有机肥 31 年，土壤全钾呈增加趋势，由 1978 年的 16.6g/kg 增加到 2012 年 17.0～19.2g/kg。与 2010 年相比，2012 年施用低量氮肥和高量氮肥全钾含量分别增加了 2.4g/kg 和 1.3g/kg；施用有机肥处埋中单施低量有机肥增加最多，为 2.6g/kg。

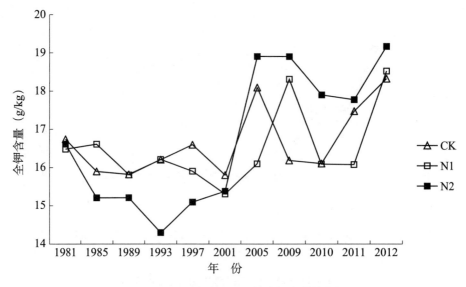

图 16 - 12　长期施化肥土壤全钾含量的变化

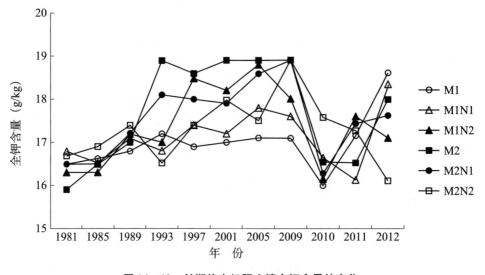

图 16 - 13　长期施有机肥土壤全钾含量的变化

2. 土速效钾的变化

1981—1993 年，长期不施肥或单施氮肥处理的土壤速效钾含量维持在 32.2 ～ 36.8mg/kg，1997—2009 年上述处理则下降了 12.7 ～ 14.5mg/kg，到 2011 年，分别升高了 7.2mg/kg、9.3mg/kg 和 16.8mg/kg。与 1978 年的初始值 38mg/kg 相比，后 3 年 CK、N1 和 N2 处理土壤速效钾含量的平均值分别为 32.8mg/kg、34.9mg/kg、35mg/kg，均低于试验初始时的 38mg/kg（图 16 - 14）；而单施有机肥或有机肥与氮肥配施处理的速效钾含量均高于试验初始时的 38mg/kg（图 16 - 15），含量最高的为 M2 处理达 84.3mg/kg。从上述结果可以看出，长期不施钾肥不利于土壤速效钾的积累；施有机肥，尤其是施高量有机肥有利于提高土壤速效钾含量。史吉平和张夫道（1998）的研究也表明，长期不施钾肥或仅施化学钾肥，土壤的钾素始终亏缺，有机无机肥配合施用土壤钾素可达到平衡且有盈余。

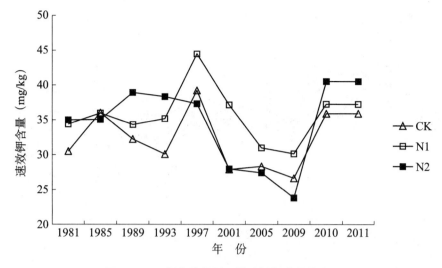

图 16－14　长期施化肥土壤速效钾含量的变化

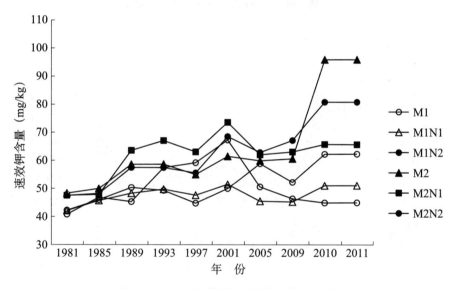

图 16－15　长期施有机肥土壤速效磷含量的变化

三、长期施肥非石灰性潮土容重、阳离子交换量和 pH 值的变化规律

（一）非石灰性潮土 pH 值的变化

1999—2003 年各处理土壤 pH 值均随施肥年限的增加而呈较快的降低趋势。5 年间各处理的土壤 pH 值的平均值均高于试验初始时的 6.8，其中 N2K 处理的 pH 值最低为 6.8，M1 处理的 pH 值最高为 7.4（图 16－16 和 16－17）。2004—2012 年各处理土壤 pH 值维持在 6.8～7.0，并且各处理土壤 pH 值的平均值均低于 7.0。M1 和 M2 处理的 pH 值平均值分别为 6.8 和 6.7；N2PK、N2P 和 N2K 处理的 pH 值平均值为 6.7～6.2。单施有机肥或有机肥配施化肥处理的土壤 pH 值平均值为 6.8～7.0。可以看出，长期不施肥土壤 pH 值没有明显变化；长期单施化肥土壤 pH 值有降低的趋势；施有机肥 26 年土壤 pH 值的变化也不明显。

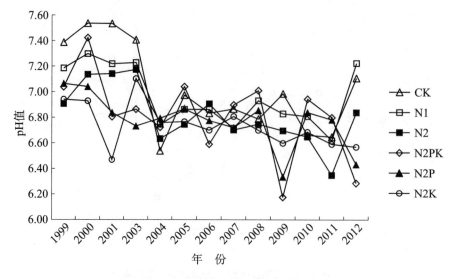

图 16-16　长期施化肥土壤 pH 值的变化

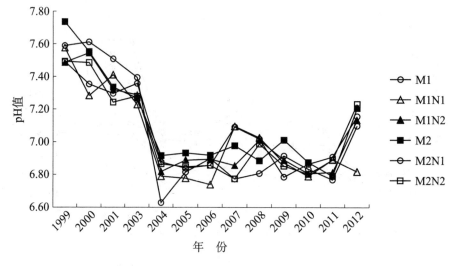

图 16-17　长期施有机肥土壤 pH 值的变化

（二）非石灰性潮土的阳离子交换量（CEC）

图 16-18 显示，与后 3 年的平均值相比，不施肥处理的土壤阳离子交换量由 2004 年的 12.49cmol/kg 下降到 2012 年的 8.73cmol/kg，同样试验时间内，N1 处理由 10.76cmol/kg 降低到 9.75cmol/kg，而 N2、N2P 和 N2K 处理则分别增加了 0.13cmol/kg、0.73cmol/kg 和 0.88cmol/kg；M2N1 和 M2N2 处理分别降低了 0.54cmol/kg 和 0.45cmol/kg，而其他施有机肥处理的阳离子交换量均有所增加，增加最多的是 M1N2 处理，增加了 2.41cmol/kg（图 16-19）。说明长期不施肥或施化肥均不利于提高土壤的阳离子交换量，单施有机肥或有机肥与化肥配施，尤其是施用高量有机肥有利于增加土壤的阳离子交换量。

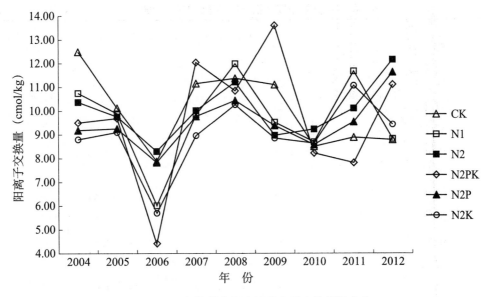

图 16 – 18　长期施化肥土壤阳离子交换量的变化

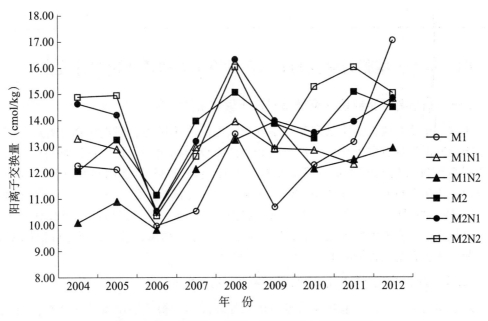

图 16 – 19　长期施有机肥土壤阳离子交换量的变化

（三）非石灰性潮土容重的变化

与对照相比，长期施化肥的处理土壤容重未发生明显变化，长期单施有机肥或有机肥与化肥配施，0～20cm 和 20～40cm 土层土壤的容重均降低（表 16 – 1）。与施化肥相比，施用有机肥的处理土壤容重均降低；施低量有机肥和施高量有机肥处理的土壤容重没有明显差异。说明施有机肥可降低土壤容重，有利于土壤物理性状的改善。

表 16－1　长期不同施肥土壤容重的变化（2003 年）

处　理	不同土层深度的土壤容重（g/cm³）	
	0～20cm	20～840cm
CK	1.27	1.61
N1	1.27	1.67
N2	1.27	1.66
M1	1.16	1.56
M1N1	1.13	1.52
M1N2	1.15	1.54
M2	1.14	1.53
M2N1	1.12	1.51
M2N2	1.12	1.53
N2PK	1.24	1.60
N2P	1.26	1.61
N2K	1.25	1.59

四、基于土壤肥力演变的非石灰性潮土有机质快速提升技术

（一）长期有机物料投入可显著提高土壤有机质含量

土壤有机质对改善土壤物理和化学性质、提高土壤肥力、促进作物良好生长以及增加土壤固碳量具有重要作用，是土壤肥力的重要指标之一。长期有机物料的投入能显著提高土壤有机质的含量，莱阳非石灰性潮土连续 35 年施用猪粪（M2、M2N1、M2N2），土壤有机质含量（2010—2012 年平均值）比试验初始（1978 年）分别增加了22.43g/kg、20.71g/kg 和 23.23g/kg。有机物料对增加土壤有机质的效果比化学肥料好。有机肥与化肥配施是增加土壤有机质的有效措施。然而，通过施用有机物料提高，非石灰性潮土有机质含量的上限需要进一步研究。

（二）提高非石灰性潮土有机质含量的有机物料施入量

除了施用猪粪外，不施肥以及施用化肥处理的作物根系还田碳量亦计算在内。连续施肥 36 年后，2013 年 0～20cm 土层土壤有机碳的变化速率与年均碳投入量（猪粪和作物根茬）呈显著正相关（$R^2 = 0.84$，$p < 0.05$，$n = 12$）。非石灰性潮土的固碳效率为270.44kg/（hm² · a），即每年投入 1t 有机物料碳，其中有 270.44kg 的碳可进入土壤有机碳库。因此要维持有机碳含量（即有机碳的变化量为 0），需要投入有机碳358.56kg/（hm² · a）（图 16－20）。

五、主要结论与展望

（一）主要结论

（1）长期单施有机肥或有机肥与氮肥配施，土壤有机质含量增加了 14.28 ～

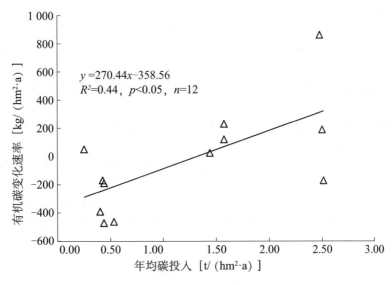

图 16 - 20　有机碳变化速率与年均碳投入量的关系

22.88g/kg，随着施肥量的增加，土壤有机质的积累增多。

（2）长期施用氮肥或有机肥能够增加非石灰性潮土中全氮和有效氮的含量；氮磷钾平衡施用或施有机肥有利于有效氮含量的增加，随着氮肥投入量的增大，土壤全氮和有效氮含量均增加，尤其是有机肥与化肥配施的效果更明显。

（3）长期施用有机肥有利于土壤全磷含量的增加，并随有机肥施用量的加大，土壤全磷含量增加，与试验初始（1978 年）相比，高量有机肥与高量氮肥配施（M2N2 处理）的土壤全磷最高，增加了 0.73g/kg。

（4）氮磷钾肥配施的 3 个处理土壤 pH 值平均值为 6.69～6.72，而单施有机肥或有机肥与化肥配施土壤 pH 值的平均值为 6.84～6.95，说明有机肥的施用延缓了土壤 pH 值的下降。

（5）不施肥处理的土壤阳离子交换量由 2004 年的 12.49cmol/kg 下降到 2012 年的 8.73cmol/kg，施化肥和有机肥处理的阳离子交换量均增加，其中低量有机肥与高量氮肥配施的处理增加最多，增幅为 2.41cmol/kg，即施用有机肥更有利于增加土壤阳离子交换量。

（6）长期单施有机肥或有机肥与化肥配施可明显降低土壤容重。

（7）连续施肥 36 年（2013 年）0～20cm 土层土壤有机碳的变化速率与年均碳投入量（猪粪和作物根茬）呈显著正相关（$R^2 = 0.84$，$p < 0.05$，$n = 12$）。长期施肥有利于增加土壤有机碳的含量，而施有机肥则可明显提升土壤有机碳含量。

（二）研究展望

目前，非石灰性潮土长期定位施肥试验中有关土壤微生物群落特征等相关内容还需要研究；土壤微生物群落特征与土壤有机质演变及养分物质循环的关系尚有待进一步探讨。有机碳在土壤中的固定过程的研究也需进一步深入。可借助同位素示踪技术（如 ^{14}C、^{15}N 等）、DNA 分析技术以及对有机碳分子结构特征的分析，综合研究长期施肥条件下土壤—植物—微生物的物质循环过程。

刘树堂、宋祥云

参考文献

［1］鲍士旦.2000. 土壤农化分析［M］. 北京：中国农业出版社.

［2］车玉萍，林心雄.1995. 潮土中有机物质的分解与腐殖质积累［J］. 核农学报，9（2）：95－101.

［3］段英华，徐明岗，王伯仁，等.2010. 红壤长期不同施肥对玉米氮肥回收率的影响［J］. 植物营养学报，16（5）：1 108－1 113.

［4］史吉平，张夫道，林葆.1998. 长期施用氮磷钾化肥和有机肥对土壤氮磷钾养分的影响［J］. 土壤肥料，（1）：7－10.

［5］佟小刚，黄绍敏，徐明岗，等.2009. 长期不同施肥模式对潮土有机质组分的影响［J］. 植物营养与肥料学报，15（4）：831－836.

［6］郑守龙，李永昌，王耀文，等.1994. 山东土壤［M］. 北京：中国农业出版社.

［7］张俊民，张玉庚，施洪云，等.1986. 山东省山地丘陵区土壤［M］. 济南：山东科学技术出版社.

第十七章　长期不同耕作条件下黄绵土肥力的演变规律

黄绵土是黄土母质经耕种熟化而形成的旱作土壤，具有土层深厚、质地均匀、土体疏松绵软、渗水性、通气性和耕性良好等特点，广泛分布于我国黄土高原丘陵地区，总面积约540hm²。该区域属温带半干旱气候，年降水量为300～500mm，年平均气温7～10℃，无霜期140～180d，降水多集中在7—9月，且多暴雨。在上述气候和地形条件下，土壤容易遭受强烈的侵蚀，是我国生态脆弱地区，同时该区域有着悠久的农耕历史并承受着过度增长的人口压力，面临严重土壤侵蚀和土壤退化等问题（Li 等，2010）。该区域也是我国重要的农业生产区，不断降低的土壤肥力（Zhao 等，2008），影响农业及整个生态系统的可持续发展。

利用中国农科院洛阳旱地农业野外试验的长期耕作定位试验，以生态脆弱区黄土高原东南边缘黄绵土为研究对象，研究长期不同耕作条件下黄绵土的肥力演变和农田冬小麦产量对耕作方式的响应，探讨在人类活动驱动下农田生态系统物质和能量的流动特征，为改良农田管理措施，保证农业生产的可持续发展和生态环境保护提供参考。

一、黄绵土长期耕作定位试验概况

黄绵土耕作长期定位田间试验位于农业部①洛阳旱地农业野外科学观测实验站，地处河南省洛阳市孟津县送庄镇（东经112.56°，北纬34.80°）。田间试验最初始于1999年开始的中比（中国—比例时）国际合作项目，项目设立了田间观测小区进行长期定位试验。试验区位于豫西黄土丘陵地区，属于黄土高原东部边缘，土层深厚（50～100m），土壤类型为壤质黄绵土。气候类型为亚热带和温带的过渡地带，季风环流影响明显，春季多风常干旱，夏季炎热雨量充沛，冬季寒冷雨雪稀少。年平均气温13.7℃；1月最冷，平均为-0.5℃；7月最热，平均26.2℃；年平均积温5 046.4℃。全年平均日照时数2 270.1 h；6月日照时数最长，为247.6 h；2月日照时数最短，为147.5h；全年平均日照率为51%。在作物生长的4—10月，日温差5月最大为12.7℃，8月最小为8.6℃。年均无霜期235 d，年平均降水量650.2mm，保证率80%的降水量为600mm。

试验点多年月平均降水量的分布如图17-1所示，年内月均降雨呈现大陆季风气候特征，季节分配不均，容易形成季节性干旱，60%～80%的降水集中在7—9月，且降雨强度大，历时短，容易造成土壤侵蚀，水分和养分流失严重，采用保护性耕作技术，可有效蓄积降雨水分，保证作物生长需要。

试验地农田在开始试验前已按当地农民的传统方式连续耕作超过30年，土壤的基本物理化学性质均一性较好。试验开始于1999年，表层（0～10cm）土壤有机质含量

---

① 中华人民共和国农业部，全书简称农业部

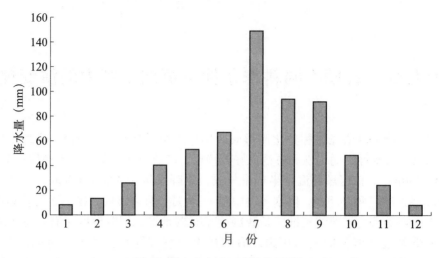

图 17-1　试验站月均降雨量分布

11.5g/kg，全氮 1.10g/kg，全磷 0.69g/kg，全钾 18.0g/kg，碱解氮 82.5mg/kg，有效磷 6.1mg/kg，速效钾 139.5mg/kg；质地为轻壤质，黏粒（<0.002mm）含量 152g/kg，粉砂（0.002~0.02mm）含量 243g/kg，细砂（0.02~0.2mm）含量 582g/kg。为了减少整个试验小区的面积，每个处理只设置一个小区，用小区内多点取样的方式代表处理重复（Jin 等，2007），试验小区并行排列，面积为 3m×30m。

（一）试验设计

试验共设 4 个耕作处理，分别为免耕（NT）、深松（SS）、传统耕作（CT）和一年两茬耕作（TC）。具体为：①免耕。在小麦收获（6 月 1 日左右）时保留 25~30cm 的直立残茬，并且将小麦秸秆脱粒后还田；每年在 9 月 25 日至 10 月 5 日直接播种并同时施肥。②深松。在小麦收获（6 月 1 日左右）时保留 25~30cm 直立残茬，大约在 7 月 1 日，间隔 60cm 深松土 30~35cm 深，在 9 月 25 日至 10 月 5 日播种并同时施肥。③传统耕作。小麦收获时保留（6 月 1 日左右）5~6cm 的直立残茬，秸秆和麦穗带出农田，在 7 月 1—7 日左右翻地 20cm 深，9 月 25 日至 10 月 5 日再次进行深翻地 20cm，并同时结合施肥，接着耙磨，播种小麦。④一年两茬。在小麦收获（6 月 1 日左右）后穴播播种夏花生；在 9 月 25 日至 10 月 5 日收获花生，然后立即进行传统翻地 20cm 深，并同时结合施肥、耙磨，播种小麦。

免耕、深松和传统耕作采用冬小麦—夏季休闲的种植制度，冬小麦行距 20cm。

各处理的施肥量均为 N 150kg/hm²；P_2O_5 105kg/hm²；K_2O 45kg/hm²。氮肥用尿素，磷肥为过磷酸钙，钾肥为硫酸钾。施肥时间均在 9 月中旬左右，小麦播种期在 10 月 5—10 日，播种量 9kg。小麦收获期为 6 月初。病虫害防治用 1 125mL/hm² 氧化乐果。

（二）测定项目与方法

1. 土壤水分的测定

在田间试验观测场的试验小区内安装 TDR（5m、15m、25m 处），每点分 10cm、20cm、30cm、40cm、50cm、70cm、90cm、120cm、160cm 共 9 层观测土壤含水量。在每个小区中间 15m 处安装一组张力计，每个点分 10cm、20cm、30cm、40cm、50cm、70cm、90cm、120cm 共 8 层观测土壤水势。观测频率为 10d 一次，降雨后加测。

2. 土壤水分平衡的计算

一般情况下，土壤水分平衡可用公式 $\Delta S = P + I - ET \pm R \pm D \pm L$ 表示，式中：ΔS 为某一时段内土壤含水量的变化量；P 为降水量；I 为灌溉量；ET 为土壤表面蒸散量；R 为土壤表层径流流入流出量；D 为根区土壤底层水分渗漏或毛管上升水量；L 为土体水分水平交换量。

土壤蓄水量的变化量通过定期测定土壤剖面体积含水量计算；降雨量通过气象站的量雨桶记录；试验地为旱地，灌溉量 I 为 0；径流量通过小区末端的径流计监测得到；深层土壤水分的渗漏或上升及水平运移通过张力计的监测计算，由于测得的量级很小，可以忽略不计。因此，土壤水分平衡方程简化为 $\Delta S = P + I - ET - R$。

降水贮蓄率（%）＝土壤蓄水量增量/降水量×100

3. 土壤养分的测定

从 1999 年开始，每 3 年取一次土壤剖面样，分别测定 0～10cm、10～20cm、20～30cm、30～40cm、40～50cm、50～70cm、70～90cm、90～120cm、120～160cm 土层土壤的有机质、全氮、有效磷和速效钾含量，分析土壤养分的变化状况。

二、长期耕作黄绵土有机质和氮、磷、钾的演变规律

土壤肥力的演变受母质、地形等内在因素以及耕作、施肥等外在因素的综合影响，具有时空变化特征。土壤养分是土壤供肥能力的直接反映。养分循环是生态系统演变的驱动力，也是土壤肥力时空变化的根本原因，农田管理措施直接或间接影响了生态系统的养分循环，最终影响了土壤肥力的演变。研究土壤肥力在时间尺度上变化的经典方法是长期定位监测。本长期试验平台为分析不同耕作管理措施下的土壤养分演变提供了良好的试验条件。

（一）有机质的演变规律

长期不同耕作条件下，土壤有机质年矿化率和腐殖化系数的变化会导致土壤有机质分解量和积累量的变化，免耕（NT）和深松（SS）处理 0～10cm 土层土壤有机质的含量随着年份的增加而增加（图 17-2a），传统耕作（CT）则呈现下降的趋势。经过连续 10 年不同耕作后的 2009 年，免耕处理的有机质含量最高，比传统耕作高 31%，与 2000 年初始值相比增加了 23%，其次为深松处理，比传统耕作高 27%，比 2000 年初始值增加了 23%。免耕和深松处理由于增加了秸秆还田量因而有机碳含量增加，碳投入量的差异也是引起土壤有机碳差异的主要原因（Virto 等，2012），

不同层次土壤有机质含量也不同，10～30cm 土层有机质含量比表层 0～10cm 土层土壤含量低，但其变化趋势与表层相同，免耕（NT）和深松（SS）处理土壤有机质含量变化（图 17-2b）随着年份均呈上升趋势，以深松处理的有机质含量最高，其次为免耕处理，说明深松有利于 10～30cm 土层有机质含量的增加，传统耕作（CT）的有机质含量则随着年份的增加呈下降趋势。

土壤有机碳、氮储量的大小在土壤肥力、农业持续生产以及环境保护等方面都具有重要意义。土壤有机碳含量的高低取决于碳的输入和输出，即以枯枝落叶和死亡根系等凋落物形式归还到土壤中的有机物质输入量，以及土壤有机碳的矿化消耗、侵蚀和淋溶的输出量（Six 等，2006）。土壤中碳、氮的长期稳定受土壤生物、结构及它们

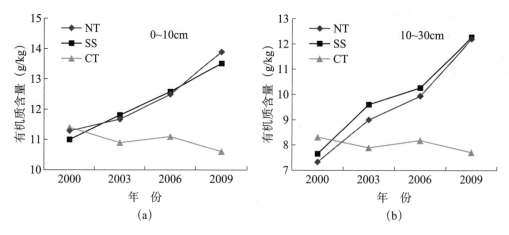

图 17-2　不同耕作条件下土壤有机质的年际变化

相互作用的调节，并受农田管理的影响（Six 等，2002）。大量的研究发现保护性耕作会增加土壤有机碳的含量（逢蕾等，2006；胡宁等，2010；梁启新等，2010；Zhao 等，2013）。也有研究认为免耕措施影响土壤中微生物对有机碳的分解，导致有机碳的分解与矿化速率降低（赵光等，2010）；保护性耕作减少了地面作业，降低了土壤扰动，同时保留的残茬也能通过减低雨滴的击溅来加强土壤水的入渗，从而减少了含较高有机碳的表土流失（李琳等，2006）。本研究发现，经过长达 10 年的不同耕作措施，以免耕和深松为代表的保护性耕作措施显著增加了 0~10cm 表层土壤的有机碳、氮含量，其原因主要是免耕和深松保护性耕作措施可通过秸秆还田直接增加碳、氮输入量，覆盖在土壤表层的秸秆经微生物的转化作用，可直接变为有机碳进入表层土壤；免耕和深松还可减少土壤侵蚀，增加土壤蓄水量，促进了作物地上和地下部的生物生长量，也增加了根系等植物残体进入土壤的量，均直接增加了土壤有机碳的输入。免耕加上作物秸秆还田因停止翻耕扰动和减少农机具压实而改善了土壤结构，有利于增加土壤团聚体的稳定性，保护有机质免遭微生物分解，从而起到减少碳、氮输出损失的作用，促进了土壤有机碳的增加与积累。土壤侵蚀试验证明，免耕和深松明显减少了土壤侵蚀和增加了土壤蓄水和作物产量（王育红等，2002；姚宇卿等，2003；Jin 等，2007）。传统耕作由于没有秸秆还田，并且根系生长量也相对较小，大量减少了有机碳的输入，更因耕作对土壤的扰动，破坏了土壤团粒结构，增加了土壤与空气的直接接触，加速了土壤有机碳的矿化分解作用，由于表层土壤的水流侵蚀，带走含有丰富有机碳的土壤颗粒，极大地降低了表层土壤的有机碳含量。冬小麦和豆科作物花生轮作（TC）与单茬冬小麦—夏季休闲相比，尽管没有秸秆还田，但是还是可以明显地增加土壤有机碳和全氮的含量，其主要原因是夏季的花生根系对有机碳的输入有一定的贡献，并且从水稳性团聚体的分析数据也可以看出，两茬耕作（TC）处理的土壤团聚体具有良好的水定稳性，有利于保护有机碳不被矿化分解。也有研究认为提高复种指数，降低休耕频率可以提高作物产量，同时增加作物残茬和根系有机物的输入，降低休耕频率使土壤有机质的分解速率相对减缓，有利于更多的碳保存在土壤中（杨景成等，2003）。

　　耕作可改变土壤有机碳在剖面中的分布，本试验表明随着土壤深度的增加，有机碳含量有逐步降低的趋势，但不同的耕作措施下降速率不一致。在本研究中经过 10 年的连续耕作试验，保护性耕作措施可增加土壤有机碳在表层的聚集，对 15cm 以下各土层的有机碳、氮储量没有显著影响，这与胡宁等（2010）和张志丹等（2009）的研究结果一致；但是因为每个研究的取样深度和土壤类型有差异，保护性耕作引起的有机碳的表层富集深度有所差异。有机碳表层富集主要是由于保护性耕作中的秸秆还田主要覆盖在地表，使有机物的输入集中在表层土壤中，而且其移动性较差，同时减少土壤翻动和扰动，也促进其表聚，使浅层土壤增加的有机碳不易向较深土层移动。免耕加上秸秆覆盖也可能因其促进了表层土壤水分和养分积累，而使植物根系以及根系分泌物集中分布于表层土壤中，促进了地表有机碳的富集。传统耕作由于对土壤的扰动，使表层土壤均匀混合，因而 0～20cm 土层的有机碳含量较均匀，而下层土壤有机碳的来源主要靠表土中有机碳的向下迁移和少量深层根系的残留，使得土壤剖面中有机碳的含量从上到下逐渐减少，所以耕作措施改变了土壤有机碳在剖面中的分布格局。

保护性耕作对土壤有机碳、氮储量的影响往往因研究地区的不同而差异较大（胡宁等，2010），所以今后还需要在其他地区，在不同的土壤类型、气候条件和种植制度下广泛地开展此类研究，以探讨土壤固碳规律，指导农业生产。

（二）氮素的演变规律

在不同耕作措施处理下土壤氮素含量也表现出显著的年际变化趋势。从图 17－3 可以看出，免耕和深松处理的土壤全氮含量呈逐年明显上升的趋势，其中，耕层全氮含量均以免耕处理最高，其次为深松，传统耕作的全氮含量呈下降趋势，且 0～10cm 较 10～30cm 土层的全氮含量变化明显。土壤全氮主要来源于植物残体的分解，其含量在不同年份之间的变化与植物残留物的还田量密切相关，同时耕作会影响土壤微生物的数量和活性，因而也可对全氮含量产生影响。

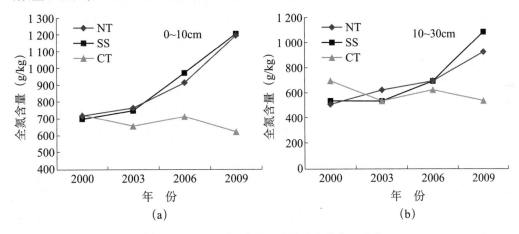

（a）　　　　　　　　　　　　　　　　　　（b）

图 17－3　不同耕作条件下土壤全氮的年际变化

（三）磷素的演变规律

磷素是植物生长的必需的营养元素之一，土壤有效磷是磷库中对作物最为有效部分，能直接供作物吸收利用，是表征土壤供磷能力的重要指标，包含了土壤供磷强度因子和容量因子。由图 17－4 可以看出，在 0～10cm 表层土壤中，免耕和深松处理的有效磷含量均高于传统耕作，随着耕作年限的增加，免耕和深松处理的土壤有效磷含量变化不是很大，而传统耕作土壤有效磷含量呈现逐年减少的趋势，耕作 10 年后，免耕和深松处理的土壤有效磷含量分别比传统耕作高 2.7% 和 2.3%。在 10～20cm 土层土壤中，随着耕作年限的增加，免耕和深松处理的土壤有效磷含量呈增加趋势，而传统耕作呈递减的趋势，与表层有效磷含量的变化趋势一致，耕作10年后，免耕和深松处理的土壤有效磷含量分别比传统耕作高24%和18%。

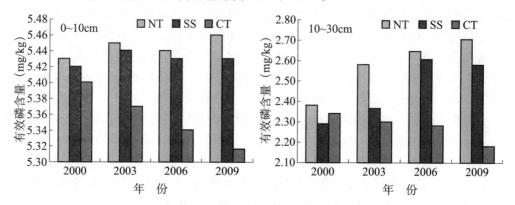

图17-4　不同耕作条件下土壤有效磷的年际变化

　　土壤磷含量受多种因素的影响，作物对磷的吸收携出，以及随坡面水土流失的损失是土壤磷的主要支出途径，而土壤有效磷含量还受土壤有机质、微生物等因素的影响。试验小区所在的黄土坡耕地区，雨季的集中降雨会造成大量的水土流失，同时造成大量的养分流失。耕作措施与径流次数和径流量关系密切。土壤磷的流失与流失的土壤量有关，传统耕作由于土表裸露，受雨滴打击作用形成结皮，遇到暴雨最易形成径流，而免耕和深松处理由于高留茬秸秆能很好地保护表层土壤免受降雨的打击，保持良好的土壤结构，减缓水流速度，使产流次数及径流量都较小，特别是深松处理打破了犁底层，增加了降雨向土壤深层的入渗量；对减缓养分流失有明显的作用；免耕和深松处理由于增加了大量的秸秆还田，从而增加了土壤的有机物含量，提高了土壤水分含量，也有利于增加土壤磷的活性，使土壤有效磷含量增加。

（四）钾素的演变规律

　　钾也是植物必需的营养元素之一，在正常情况下植物的吸钾量一般会超过吸磷量，与吸氮量相近，而喜钾作物的需钾量高于需氮量，钾也是土壤中含量最高的大量营养元素。土壤速效钾是土壤供钾能力的容量因素，被广泛用于土壤供钾能力的预测。土壤钾素肥力的演变是广大科研究工作者普遍关心的问题，在土壤钾素含量、形态、转化及其有效性等方面作了大量的研究，利用肥料长期定位试验对土壤各种形态钾素含量的变化方面已有不少报道，而对长期耕作条件下土壤钾素含量的变化研究则较少。

　　从图17-5可以看出，在0~10cm土层免耕和深松处理土壤速效钾含量呈明显的逐年上升趋势，在试验后期呈快速增加趋势，且二者的速效钾含量均大于传统耕作，以免耕处理最高，其次为深松处理。传统耕作下土壤速效钾含量呈明显的逐年下降趋势。在经过10年的耕作后，免耕和深松处理的土壤速效钾含量分别为传统耕作的5倍和4.6倍。10~20cm土层土壤速效钾含量远低于表层土壤，在试验初期为表层土壤的60%左右，各处理表现出和表层土壤同样的变化趋势，即免耕和深松处理的速效钾含量均高于传统耕作，并呈明显的逐年上升趋势，而传统耕作的速效钾含量较低，且随着试验年限呈明显的下降趋势。

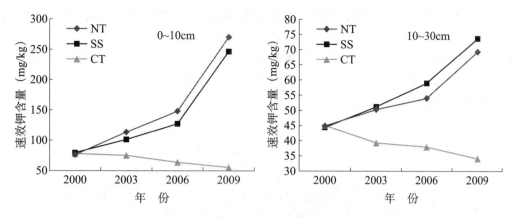

图 17 – 5　不同耕作条件下土壤速效钾的年际变化

土壤钾的本底含量主要取决于成土母质，而变化量则取决于输入和输出的平衡。钾的输入主要是施肥和秸秆还田等，而输出则主要包括作物携出、淋溶和径流损失等。土壤速效钾决定钾的植物有效性，同时受许多物理化学过程的影响，其中土壤对钾素的固定作用是最重要的过程之一。而长期不同的耕作措施会影响土壤有机质含量、黏粒矿物组成及含量、阳离子代换量（CEC）和团聚体颗粒的大小及分布等，这些因素可影响土壤钾素的固定。传统耕作容易形成径流侵蚀，而深松和免耕处理可明显减缓水土流失，同时免耕和深松处理下大量的秸秆还田，使得大量的钾素归还到表层土壤，使速效钾在表层土壤中积聚。

三、作物产量对长期耕作的响应

（一）小麦产量的变化

作物产量是土壤肥力和气候环境等因子以及管理措施综合作用的结果，是土壤肥力的综合表征，也是农业研究和技术发展追求的重要目标之一。不同的耕作措施可改变土壤结构和水分和物质的循环过程，进而影响作物产量。

从图 17 – 6 可以看出，小麦产量有明显的年际变化，最高产量出现在 2007 年，达到 5 664.8kg/hm^2，最小值出现在 2003 年，仅 2 666.7kg/hm^2，各个处理平均年际间产量变异系数达 11.6%，一年两茬（TC）处理的小麦产量较低，并且年际变化比其他处理大，变异系数达 17%。这主要是由于夏季花生生长季土壤蒸散量增加，夏季蓄水量减小，导致在小麦生长季可利用的土壤水分变少，所以受气候年型影响更大。在雨养旱作农业区，土壤水分是作物生长的主要限制因子，保护性耕作对冬小麦产量的影响主要取决于降水量和降水分布情况。在豫西丘陵旱作区，由于自然降水的年际间和一年之内的分布不均匀以及较大的变率，导致作物产量的年际变异较大。从多年的变化趋势看，各耕作处理的小麦产量均表现为增加的趋势，虽然两茬处理（TC）的小麦产量较低，但产量的增加明显，其线性方程的斜率达 78.58，免耕处理则为 65.44。

耕作措施对产量的影响在不同气候和土壤条件下表现出较大的差异，各种耕作措施及其组合在各个研究区域的产量效应差异也很大，由于对保护性耕作的定义存在差异，导致许多研究结果的差异也很大。许多研究报道了保护性耕作可以增产（Hou 等，2012），但效果不显著（张水清等，2012；Ludwig 等，2011；He 等，2011），还有报道说会导致作物减产（Ogle 等，2012；Andruschkewitsch 等，2013；Zhao 等，2013），特别是在冷凉和湿润地区有报道说保护性耕作对产量的影响不大（Berhe 等，2013）。也有报道干旱年份增产，但是湿润年份差异不明显（Morell 等，2011）。但这些研究多是单一年份的产量结果，本研究的多年产量结果表明了长期不同耕作对产量的影响，可较为实际地反映保护性耕作的效应。

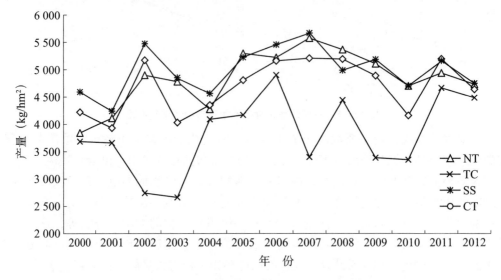

图 17-6　不同耕作条件下的小麦产量变化

产量可持续性指数（*SYI*）是测定系统是否能持续稳定生产的一个可靠参数（李新旺等，2010；李忠芳等，2010），*SYI* 越大，系统的可持续性越好。表示为 $SYI = (\bar{y} - \sigma_{n-1}) / y_{max}$，其中，$\bar{y}$ 为平均产量，σ_{n-1} 为标准差，y_{max} 为最高产量。

从表 17-1 可以看出，深松处理的平均产量和产量可持续性指数最大，说明是该地区最适合的耕作方法。传统耕作虽然产量相对较低，但产量的可持续性指数与深松处理相同，这也说明传统耕作能够在当地采用多年的原因。免耕处理的平均产量相对较高，但是更多受其他自然因素的影响，其产量的可持续性指数低于深松和传统耕作，两茬处理由于受降水和夏季花生生长的双重影响，其小麦产量和产量可持续性指数均最低。

表 17-1　不同耕作处理下小麦产量平均值、标准差、最大值和 *SYI*

处　理	平均值（kg/hm²）	标准差（kg/hm²）	最大值（kg/hm²）	*SYI*
NT	4 830.1	488.2	5 570.4	0.78
SS	4 988.8	402.7	5 664.8	0.81
CT	4 686.1	476.6	5 213.9	0.81
TC	3 819.8	682.9	4 926.0	0.64

（二）作物产量的增产率以及与降水量的关系

图 17-7 显示，免耕相对于传统耕作多年小麦平均增产 3.3%，深松处理自实施初

期就具有显著的增产效果，深松处理相对于传统耕作多年平均增产6.8%，但是不同降水年型下保护性耕作措施对产量的影响不同，表现出夏休闲期降水偏少（如2002年夏休闲降水为133mm，仅为常年同期降水量的30%，见图17－8），或生育期内降水量偏少（如2007年冬小麦生育期降水为117mm，仅为常年同期降水量的50%，见图17－8）的年份增产显著；而在充足的降水年型（如2003—2004年夏休闲和冬小麦生育期降水总量994mm，见图17－8），由于不同耕作处理的蓄水保墒能力的差异较小，导致不同处理间的冬小麦产量差异不显著，其他年型深松和免耕处理对冬小麦产量的影响也不相同。这充分表明在旱作雨养农业区域，水分是作物生产的主要限制因子。深松处理是在7月上旬雨季来临之前对土壤进行了深松和秸秆覆盖，这样既打破了犁地层，增加了土壤蓄水保墒能力，同时最大限度地减少了对土壤结构的破坏，有利于土壤微生物的活动。此外，秸秆覆盖还田，也减少了土壤水分的散失，增加了土壤有机物的输入，培肥了地力，因而也提高了作物产量。免耕处理在实施初期对产量的影响不明显，随着实施年份的增加增产效果逐渐显现，这主要是因为免耕加秸秆覆盖不翻动土壤，实施初期影响土壤的透水性等，微生物的活力和养分的有效性也受到影响，使得小麦根系在表层聚集，导致免耕处理的增产能力低于深松。

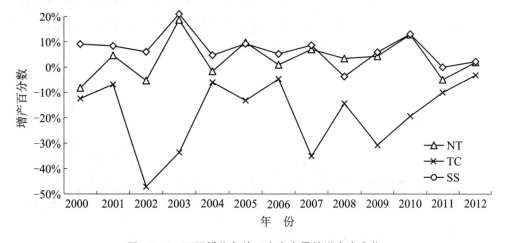

图17－7　不同耕作条件下小麦产量的增产率变化

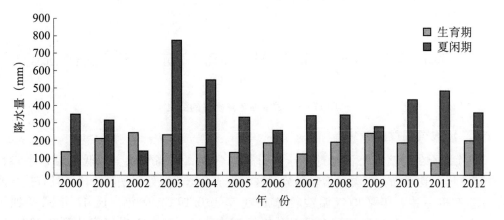

图17－8　小麦生育期和夏季休闲期降雨量的分布

四、试验点气象因素的演变规律

气象因素是农业生产力的重要驱动和影响因子，区域光、热、水条件的改变会影响农业生产品种以及种植制度等农田管理措施，因此在全球气候变化的背景下，深入研究典型区域气候变化特征对指导短期农业生产具有重要意义。

（一）降水量的变化

降水是旱区农业作物生长的唯一水分来源，试验站所在区域多年（1961—2007）平均降水量为 623mm，属于半湿润偏旱区。试验区降水量的年际变化较大（图 17-9），近 50 年来降水量的最大值发生在 2003 年，达到 1 045mm，而最小值在 1997 年，仅 267mm，最大值是最小值的 4 倍。从趋势线可以看出，年均降水量呈减少趋势明显，近 10 年平均降水量下降为 528.9mm，远低于近 50 年的平均值，与多年平均（1961—2007）相比减少了 16.3%。小麦生育期内以干旱缺水为主要特点，夏闲期降水复杂，主要决定于有否强降雨。而其中 2003 年为极端多雨湿润年份，2006 年属干旱年份，总降水量仅为 498mm，占常年平均的 62%，较常年平均减少 125mm。试验站所在地区加之因经济和人口增长引起的工业和生活用水的增加，加剧了水资源的短缺，极端降水和干旱事件的发生也增加了农业生产水资源障碍的风险，因此采取有效的农业管理措施，提高水分利用效率，具有重要的生产意义。

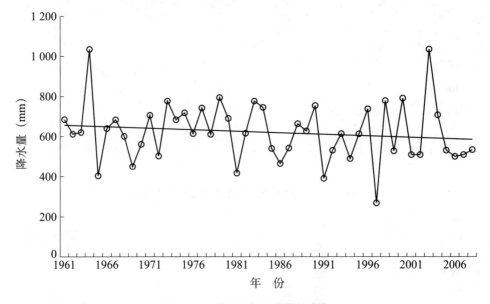

图 17-9　试验站年降水量的变化

（二）大气温度的变化

试验站所在的洛阳市孟津地区全年日平均气温、最高气温、最低气温 3 个参数（图 17-10）均增加，气温呈增暖趋势，这与目前全球气温处于偏高阶段，且有持续偏高的趋势相一致。年平均气温线性增长速率为 0.19℃/10 年，近 47 年来增加了 0.89℃，最低气温和最高气温也呈上升趋势，并且最低气温上升速率达到 0.33℃/10 年，远大于平均气温和最高气温的平均值。冬季增温趋势更明显，该地区冬季线性增温速率达 0.42/10 年（姜志伟等，2009）。温度升高，一般会增加土壤和作物的呼吸速率，不利于有机物在作物体内和土壤中的积累，从某种意义上讲，不利于农田土壤肥力的持续提升。目前该地区正处于较强的偏暖期，气候偏暖加剧了该区域极端气候事件的频发，农业自然灾害日益加剧，农业生产受灾害影响的程度逐年加大。因此更需要深入研究该地区气候变化的趋势和内在规律，增强对农业灾害的监测、预警和预报能力，采取有效农田管理措施，降低自然灾害的风险。

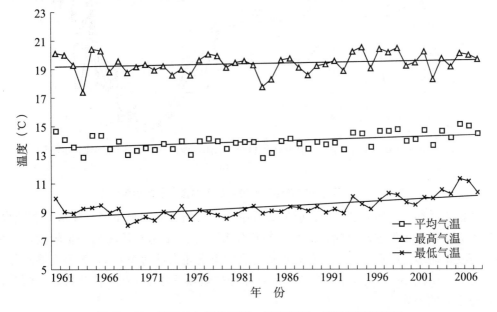

图 17 - 10　试验站年平均气温、最高气温、最低气温的变化

五、土壤水分的演变规律

土壤水分状况决定了土壤中能量的传输和养分运移，随气候、地貌、生长作物以及管理措施的不同而产生很大差异，从而不可避免地造成植物生长状况的差异，最终影响作物的产量和品质。由于降水时间分布的不均匀性、作物水分利用阶段的差异性以及土壤剖面分布的不均衡，造成了土壤水分的时空动态差异。农田水分动态平衡反映了农田水分的季节变化、垂直变化、供需关系，是改进农业耕作栽培与农田水分调控技术，提高旱地农田水分保蓄率、利用率和利用效率的科学依据。因此研究不同管理措施下的土壤水分变化特征，对不同管理措施的评价有重要意义。

（一）季节性变化规律

土壤水分状况取决于水分收支。试验小区由于地下水位很深，在没有灌溉的情况下，土壤水分的唯一来源为大气降水，而土壤水分支出的诸项中，蒸散占主导地位。不同耕作处理小区土壤水分，由于受相似大气、土壤及作物因子的影响，而呈现相似的规律性季节变化。根据土壤水分定位观测得到的土壤水分周年变化的结果，结合当地气候和作物发育特点，从雨季结束小麦播种开始可将其划分为缓慢消耗、相对稳定、大量蒸发、水分恢复 4 个阶段（图 17 - 11），整体表现为"广口偏 V 形"曲线。在不同时段，不同耕作处理的土壤含水量及其离散性特征值表现有不同的特征，依此可以探讨各种耕作措施的节水效应，为农田水分的高效利用提供重要的理论依据。

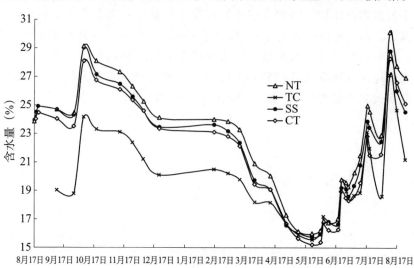

图 17 – 11　不同耕作条件下土壤剖面平均含水量的周年变化

缓慢消耗期，本阶段从 10 月初到 12 月中旬。其间气温明显下降，降水显著减少，土壤水分在经历了雨季恢复阶段后得到较好恢复，含水量达到较高水平。阶段内土壤水分蒸发量略多于同期降水量，各处理小区平均土壤耗水量为 49mm，耕层土壤水分缓慢消耗。本阶段 2m 土层蓄水量免耕和深松处理的差异不显著，而和传统耕作及两茬种植处理之间的差异显著。

相对稳定期，本阶段从头年 12 月中旬到翌年 3 月初。这一阶段降水量很少，仅占年降水量的 4% ~ 5%，月平均气温在 0℃以下，土壤冻结。土壤表层水分变为固态，蒸散很微弱，土壤水分处于相对稳定状态。经过缓慢蒸发阶段，各耕作处理的蓄水作用已充分表现，免耕处理具有最高蓄水量。本阶段的各层土壤水分含量变异系数相对较小，只在表层有微弱的水分含量变化，在 10cm 以下水分含量变异均在 4% 以下，各耕作处理间差异不明显。

大量消耗期，本阶段从 3 月中旬到 6 月初，为雨季来临前的干旱季节。本阶段多年平均降水量仅占全年的 20% ~ 25%，但气温回升快，空气干燥，加之小麦进入旺盛生长期，土壤水分蒸发蒸腾消耗强烈，潜在蒸发量大，为同期降水量的 2 ~ 3 倍，大气干旱突出。本阶段初期，土壤自上而下逐渐解冻，土壤表层含水量较高，形成所谓的土壤返浆，土壤水分极易蒸发掉。小麦叶面积逐渐增大，需水量渐增，使得土壤失墒严重，同时随作物根系伸展，深层土壤含水量也被大量消耗。到本阶段末，土壤含水量达到全年最低。3—5 月是产量形成的关键时期，对水分十分敏感，由于降水的不足，这时的土壤涵蓄水分对于维持小麦生长，保证稳产高产具有重要作用。本阶段 2m 土壤剖面蓄水量虽然各处理间变得差异不显著，但免耕处理依然具有较高的土壤含水量，两茬种植的含水量较低。

水分恢复期，本阶段主要为 7—9 月。多年平均降水量占全年的 58% 左右，自然降水除一部分形成地表径流流失外，大部分渗入土壤使含水量增加，降水量大于土壤潜在蒸散量，土壤水分恢复过程占主导地位，是恢复土壤水分的重要阶段。由于土壤水分活跃，受降水水分补充和晴天大力蒸发的干湿作用，土壤水分含量变异系数较大。本阶段免耕处理在整个土壤剖面具有最高的含水量，而两茬种植土壤剖面的含水量较低，但2m土壤剖面的蓄水量各处理间差异不显著。本阶段土壤水分含量的变异系数在4个阶段中最大，因为经历了干旱季节水分极度消耗后，水分逐渐得到恢复，降水较多，蒸发强烈，所以变异系数较大。

（二）土壤剖面水分垂直变化规律

小麦田土壤水分垂直变化随地区气候类型、降水年型及土壤不同管理措施而有一定的变化。根据土壤含水量的标准差和变异系数（图17－12）可以把土壤水分垂直变化总体上大致分为速变层、活跃层和相对稳定层3个层次。

0～20cm为土壤水分速变层，该层处水分受降水、气温、蒸散、土壤耕作措施等因素的影响显著，其土壤水分表现活跃。由于蒸发强烈，该层通常的水分含量较低，所以应该实施合理的管理措施，改善土壤条件，保持良好的土壤水分和肥力条件，为作物生长创造良好生态环境。20～160cm为土壤水分的活跃层，该层土壤除受降水、蒸发等因素影响外，主要受作物根系的影响，与表层相比受蒸发的影响相对较小，而降水又可以及时补充土壤水分，因而该层土壤是旱地农田重要的蓄水层次，对于保证农作物后期生长与高产具有重要意义。特别是经历了极度干旱的天气，土壤含水量降低到较低水平后，经过雨季的水分恢复，土壤含水量变化较大，变异系数比表层还高。160cm以下为土壤水分相对稳定层。该层受降水和蒸发作用的影响相对较小，作物和土壤管理措施的影响也显著减弱，只有少量的根系分布，对土壤水分的吸收作用减弱。但如遇到特别干旱天气，该层的土壤含水量也会受到影响。

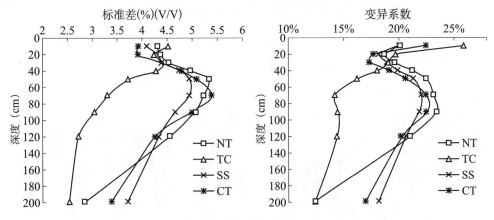

图17－12　土壤剖面含水量的年际变化（标准差和变异系数）

各耕作处理中，免耕、深松和传统耕作小区的土壤含水量的剖面垂直变化具有相似的规律，土壤含水量的变异系数呈S型。表层土壤含水量在两茬种植小区具有较大的变异系数，免耕和深松处理的变异系数较小，主要是因为免耕和深松小区有秸秆的覆盖，可减少土壤水分与外界的直接交流，较好地抑制了表土的水分蒸发，有效促进了降水入渗，因此水分含量变化较为平缓，变异系数较低，有利于作物的生长。在40～120cm土层，免耕、深松和传统耕作小区周年的土壤水分含量有较高的变异系数，由于试验观测阶段降水较少，土壤水分恢复有限，休闲季两茬种植小区的作物吸收大量水分，造成该层次土壤水分含量一直较低，因此其变异系数较低，最低点仅14%。

而其他处理小区休闲季没有作物消耗土壤水分，土壤水分含量相对较高，小麦利用深层的水分较多，特别是在休闲期在前期含水量较低的前提下可得到较好恢复，因此其变异系数也较大。160cm以下深松处理的水分含量变异最大，为18%，传统耕作次之。由于深松处理打破了土壤的致密层，形成虚实相间的良好土壤结构，促进了小麦根系向深处生长，可以利用深层水分也利于降水的水分入渗，使深层土壤水分变得较活跃，变异系数较高。免耕处理没有耕作的扰动，上部水分含量相对较高，水分蓄存和利用主要在上部，下层水分的变异系数较小。

（三）周年变化规律

气候、环境等条件在不同年份间的变化使土壤水分条件存在年际间差异。对于黄土高原的雨养农业而言，该区域农业生产对气候条件的依赖性极强，研究土壤水分的动态变化对于合理管理土壤水分有重要指导意义。不同耕作方式下土壤水分的周年变化规律见图17-13。图17-13中每一个峰值代表着一个年度的变化，每年具有相似的变化趋势，但是不同年份之间，受年度间降水差异的影响，0～160cm土层的贮水量年度间差异明显，夏休闲期土壤贮水总量最高超过了550mm（2003年），而低的仅有350mm左右（2002年），相差高达200mm。小麦收获时土壤贮水量大多在250mm左右（不到田间持水量的40%），土壤的有效水几乎消耗待尽，说明土壤蓄水对小麦生长的重要性。不同耕作方式下土壤水分的差异在不同年度表现不同，在夏休闲期间，在降水充沛时差异不明显（2003年、2004年），在偏旱与平水年份，免耕与深松处理的土壤含水量明显高于传统耕作（2002年、2005年、2007年、2008年），在土壤水分消耗阶段（小麦生长期间）免耕、深松处理有着良好的保墒效果，同样在干旱情况下其差异也较明显（2002—2003年、2006—2007年、2007—2008年）。

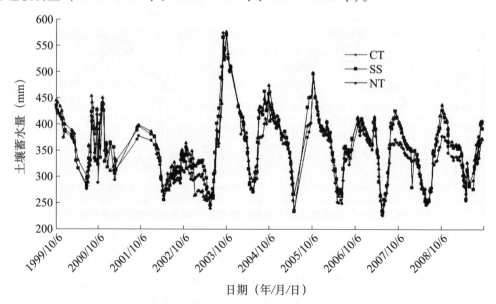

图17-13 不同耕作条件下土壤水分的周年变化

（四）土壤蓄水量与蓄水效率的变化

土壤水是土壤的重要水力学参数，土壤蓄水量影响地表径流侵蚀，溶质运移过程。

表层土壤水分对农田水分和能量流动均有重要影响，决定了降水是入渗还是变为径流，净辐射是显热还是潜热。特别是在干旱和半干旱地区，土壤水分决定了农田的产量。在一年一熟种植制度下，冬小麦生长的需水与降水分配不一致，降水集中在夏季休闲期，而小麦生长处于干旱季节。因此，休闲期土壤对降水贮蓄的多少与小麦产量有着重要的关系。

多数研究表明，保护性耕作能显著提高土壤对降水的贮蓄能力，并提高小麦产量。但降水贮蓄率的提高程度并不是固定不变的，而是随着夏季休闲期内的降水量变化及降水分布的变化而变化的（吕军杰等，2011；Wang 等，2012；姚宇卿等，2012；Hou 等，2012）。从图 17 − 14 中多年蓄水效率和降水量的变化结果可以看出，各处理的降水蓄水效率变幅较大（36% ~75%），这不仅与夏季休闲期的降水总量有关，而且与降水的分布有关。降水量较大或者有暴雨发生（2003 年）的情况下，降水量超过了土壤贮蓄能力导致较低的蓄水效率。降水量较少的情况下，降水蓄水效率较高（2005 年、2006 年，免耕处理的降水贮蓄率高达 75%）；从多年的结果来看，在偏旱年份，深松与免耕处理之间的降水蓄水效率差异不大，但与传统耕作之间的差异较为明显。

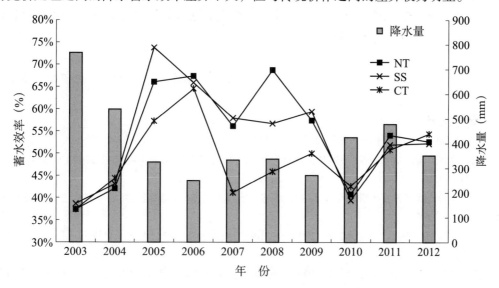

图 17 − 14　不同年份夏季休闲期降水的土壤贮蓄率

六、主要结论

农田耕作是重要的农田管理措施，耕作的目的主要是实现适宜的种床条件和除草等目的，但是不当的农田耕作容易引起土壤结构的破坏和质量退化等问题，保护性耕作的研发与应用主要是通过减少土壤扰动，增加秸秆还田和土表覆盖，结合合理的作物轮作，实现改善土壤结构，特别是在干旱少雨地区增加土壤降水蓄水和利用，保证粮食高产稳产，同时增加农田生态系统的服务功能。

试验地区黄绵土具有结构疏松，容易引发侵蚀的特点，同时该区的降水集中在 7—9 月，且多暴雨发生，所以急需改善农田耕作管理措施。由于试验区的降水量呈明显减少趋势，近 10 年的平均降水量比近半个世纪以来的平均降水量减少了 16%，而气温也正处于变暖期，年平均气温线性增长速率达 0.19℃/10 年，这些外部气候因素的变化使得该区域的农业生产所面临的形势更为严峻，因此保护性耕作技术的应用也是应对气候变化的重要措施。

长期不同耕作条件下，小麦产量主要受降水的影响，呈较大的年际间波动，以免耕和深松为代表的保护性耕作提高了冬小麦产量，深松处理相对于传统耕作多年平均增产 6.8%，同时具有最高的产量可持续性指数（0.81），在干旱年份的增产效果更为明显。土壤水分呈现明显的时空变异性，周年变化可以划分为缓慢消耗、相对稳定、大量蒸发、水分恢复 4 个阶段，整体表现为"广口偏 V 形"曲线。而在土壤剖面上土壤水分含量可划分为速变层、活跃层和相对稳定层 3 个层次，免耕和深松处理表现出了相对较大的时空稳定性和蓄水效率，在干旱年份，免耕加秸秆覆盖的降水贮蓄率高达 75%。

耕作措施改变了土壤养分循环过程，进而影响土壤的养分演变规律。经过十多年的长期耕作，不同耕作处理下碳、氮养分含量在土壤剖面中的含量不同。在土壤表层，土壤全氮含量高低顺序依次为免耕＞两茬种植＞深松＞传统耕作，而在 30~40cm 土层，全氮含量为两茬种植＞深松＞传统耕作＞免耕，免耕显著增加了表层土壤的氮素含量，比传统耕作处理高 31.3%，而深层土壤的全氮含量并没有增加，土壤有机碳含量与全氮具有相似的变化规律。

吴会军、蔡典雄、武雪萍、姚宇卿、吕军杰

参考文献

[1] 鲍士旦.2000. 土壤农化分析［M］. 北京：中国农业出版社.

[2] 逄蕾，黄高宝.2006. 不同耕作措施对旱地土壤有机碳转化的影响［J］. 水土保持学报，20（3）：110－113.

[3] 胡宁，娄翼来，梁雷.2010. 保护性耕作对土壤有机碳、氮储量的影响［J］. 生态环境学报，19（6）：223－226.

[4] 姜志伟，华珞，武雪萍，等.2009. 洛阳孟津地区近 47 年来气温的变化特征［J］. 中国农业气象，（2）：127－132.

[5] 李琳，李素娟，张海林，等.2006. 保护性耕作下土壤碳库管理指数的研究［J］. 水土保持学报，20（3）：106－109.

[6] 李新旺，陈亚恒，王树涛，等.2010. 长期不同施肥下潮土养分生产力及其可持续性演变［J］. 土壤学报，47（3）：555－562.

[7] 李忠芳，徐明岗，张会民，等.2010. 长期施肥和不同生态条件下我国作物产量可持续性特征［J］. 应用生态学报，21（5）：1 264－1 269.

[8] 梁启新，康轩，黄景，等.2010. 保护性耕作方式对土壤碳、氮及氮素矿化菌的影响研究［J］. 广西农业科学，（1）：47－51.

[9] 鲁如坤.2000. 土壤农业化学分析方法［M］. 北京：中国农业科技出版社.

[10] 吕军杰，姚宇卿，张洁，等. 不同耕作方式对坡耕旱地土壤环境及小麦产量的影响［J］. 河南农业科学，2011，40（1）：41－44.

[11] 王育红，姚宇卿，等.2002. 残茬和秸秆覆盖对黄土坡耕地水土流失的影响［J］. 干旱地区农业研究，20（4）：109－111.

[12] 杨景成，韩兴国，黄建辉，等.2003. 土壤有机质对农田管理措施的动态响应［J］. 生态学报，23（4）：787－796.

［13］姚宇卿，吕军杰，王育红，等.2003.保持耕作技术对旱区坡耕地水土流失的影响［J］.西北农业学报，12（2）：41－43.

［14］姚宇卿，吕军杰，张洁，等.2012.深松覆盖对旱地冬小麦产量和水分利用率的影响［J］.河南农业科学，41（4）：20－24.

［15］张水清，黄绍敏，聂胜委.2012.保护性耕作对小麦—土壤系统综合效应研究［J］.核农学报，26（3）：587－593.

［16］张志丹，杨学明，Drury，等.2009.耕作方式对Brookston粘壤土耕层不同深度有机碳分布及稳定性影响［J］.吉林农业大学学报，（2）：185－189.

［17］赵光，唐晓红，罗友进，等.2010.保护性耕作对四川紫色水稻土团聚体组成及有机碳含量与分布的影响［J］.江苏农业科学，（1）：288－292.

［18］Andruschkewitsch R, Geisseler D, Koch H-J, et al. 2013. Effects of tillage on contents of organic carbon, nitrogen, water-stable aggregates and light fraction for four different long-term trials［J］. *Geoderma*, 192：368－377.

［19］Baveye P C, Rangel D, Jacobson A R, *et al.* 2011. From Dust Bowl to Dust Bowl：Soils are Still very much a frontier of science［J］. *Soil Science Society America Journal*, 75（6）：2 037－2 048.

［20］Berhe F T, Fanta A, Alamirew T, et al. 2013. The effect of tillage practices on grain yield and water use efficiency. CATENA, 100：128－138.

［21］He J, Li H, Rasaily R G, et al. 2011. Soil properties and crop yields after 11 years of no tillage farming in wheat-maize cropping system in North China Plain［J］. *Soil and Tillage Research*, 113（1）：48－54.

［22］Hou X, Li R, Jia Z, et al. 2012. Effects of rotational tillage practices on soil properties, winter wheat yields and water-use efficiency in semi-arid areas of north-west China［J］. *Field Crops Research*, 129：7－13.

［23］Jin K, Cornelis W M, Schiettecatte W, et al. 2007. Effects of different management practices on the soil-water balance and crop yield for improved dryland farming in the Chinese Loess Plateau［J］. *Soil and Tillage Research*, 96（1－2）：131－144.

［24］Kahlon M S, Lal R, Ann-Varughese M. 2013. Twenty two years of tillage and mulching impacts on soil physical characteristics and carbon sequestration in Central Ohio［J］. *Soil and Tillage Research*, 126：151－158.

［25］Li X, Fu H, Guo D, et al. 2010. Partitioning soil respiration and assessing the carbon balance in a Setaria italica（L.）Beauv. Cropland on the Loess Plateau, Northern China［J］. *Soil Biology and Biochemistry*, 42（2）：337－346.

［26］Lin H. 2011. Three principles of soil change and pedogenesis in time and space［J］. *Soil Science Society of America Journal*, 75：2 049－2 070.

［27］Ludwig B, Geisseler D, Michel K, et al. 2011. Effects of fertilization and soil management on crop yields and carbon stabilization in soils. A review. *Agronomy for Sustainable Development*, 31（2）：361－372.

［28］Morell F J, LampurlanesJ, Alvaro-Fuentes J, et al. 2011. Yield and water use efficiency of barley in a semiarid Mediterranean agroecosystem：Long-term effects of tillage and N fertilization［J］. *Soil & Tillage Research*, 117：76－84.

［29］Ogle S M, Swan A, Paustian K. 2012. No-till management impacts on crop productivity, carbon input and soil carbon sequestration［J］. *Agriculture, Ecosystems & amp*; Environment, 149（0）：37－49.

［30］Palm C, Blanco-Canqui H, DeClerck F, et al. 2013. Conservation agriculture and ecosystem services：An overview［J/OL］. Agriculture, Ecosystems & *Environment*, http：//dx. doi. org/10. 1016/j. agee. 2013. 10. 010.

［31］Palm C, Sanchez P, Ahamed S, et al. 2007. Soils: A contemporary perspective ［J］. *Annual Review of Environment and Resources*, 32: 99 – 129.

［32］Pastorelli R, Vignozzi N, Landi S, et al. 2013. Consequences on macroporosity and bacterial diversity of adopting a no-tillage farming system in a clayish soil of Central Italy ［J］. *Soil Biology and Biochemistry*, 66 (0): 78 – 93.

［33］Scopel E, Triomphe B, Affholder F, et al. 2013. Conservation agriculture cropping systems in temperate and tropical conditions, performances and impacts. A review ［J］. *Agronomy for Sustainable Development*, 33 (1): 113 – 130.

［34］Six J, Feller C, Denef K, et al. 2002. Soil organic matter, biota and aggregation in temperate and tropical soils-Effects of no-tillage ［J］. *Agronomie*, 22 (7 – 8): 755 – 775.

［35］Six J, Frey S D, Thiet R K, et al. 2006. Bacterial and fungal contributions to carbon sequestration in agroecosystems. Soil Science Society of America Journal, 70: 555 – 569.

［36］Virto I, Barré P, Burlot A, et al. 2012. Carbon input differences as the main factor explaining the variability in soil organic C storage in no-tilled compared to inversion tilled agrosystems ［J］. *Biogeochemistry*, 108 (1 – 3): 17 – 26.

［37］Wang X, Wu H, Dai K, et al. 2012. Tillage and crop residue effects on rainfed wheat and maize production in northern China. Field Crops Research, 132 (0): 106 – 116.

［38］Zhao M, Zhou J, Kalbitz K. 2008. Carbon mineralization and properties of water-extractable organic carbon in soils of the south Loess Plateau in China ［J］. *European Journal of Soil Biology*, 44 (2): 158 – 165.

［39］Zhao X N, Hu K L, Li K J, *et al.* 2013. Effect of optimal irrigation, different fertilization, and reduced tillage on soil organic carbon storage and crop yields in the North China Plain ［M］. *Journal of Plant Nutrition and Soil Science*, 176 (1): 89 – 98.

第十八章　长期施肥黄潮土肥力演变与培肥技术

潮土是我国重要的农业土壤，面积达1 267万 hm^2，广泛分布于黄淮海平原，处在热带向暖温带过度地带，光、热、水资源丰富，适宜多种作物种植，是我国重要的粮棉油生产基地。由于雨量分布不均，易受旱、涝和次生盐渍化威胁，在黄河多次泛滥、改道沉积的作用下，形成了不同质地、土层砂黏相互交错的多种亚类潮土，其土壤肥力较低，是我国面积较大的中低产土壤。河南省的潮土区面积最大、分布广，其面积为357万 hm^2，占全省土地面积的37.4%；潮土耕地面积为333万 hm^2，占全省耕地面积的50%（魏克循，1995）。潮土的土层深厚，养分较全面，适合耕作和种植。潮土区年均降水量645mm，蒸发量1 450mm，平均气温14.4℃，无霜期224 d。潮土集中分布在河南省东部黄淮海冲积平原，西以京广线为界与褐土相连，南以淮河干流为界与水稻土相接，东部和北部均达省界，与安徽、山东、河北三省潮土接壤。另外淮河干流以南，唐河、白河、伊河、洛河、沁河、潩河诸河流沿岸及沙河、颍河上游多呈带状亦有小面积分布。从行政区来看，主要分布在安阳、濮阳、新乡、焦作、鹤壁、开封、商丘、周口、许昌、郑州、驻马店、信阳等地市。

河流沉积物是形成潮土的主要母质，特别是占潮土面积90%以上的豫东北大平原就是黄河历代泛滥沉积而形成的。由于黄河每次决口泛滥时的地点不同，水量大小不同，加之微地形的差异，所以沉积物不仅在水平分布上有粗细的不同，就是在同一地点，亦有不同质地层次的排列，即出现厚薄不同的砂、壤、黏间层，构成了河南省平原潮土区土壤质地的复杂性和剖面质地层次排列的多样性，对土壤的理化性质、水盐运行、人类的生产活动，如施肥管理、种植方式等方面，甚至种植结构方面均有明显的影响。

一、黄潮土长期试验概况

（一）试验地基本情况

"国家潮土土壤肥力和肥料效益长期监测基地"位于河南省现代农业试验基地（原阳县）内（东经35°00′31.9″，北纬113°41′25.5″），距黄河北岸10km。土壤代表类型为潮土，代表区域为黄淮海地区一年两熟、土地高度集约化、小麦、玉米常年轮作种植区域，是我国重要的粮、棉、油生产基地，其独特的气候条件和潮土成土条件，为该地区的农业生产提供了良好的基础。土壤母质为黄土性沉积物质，属潮土土类，黄潮土亚类。土壤质地为轻壤，海拔高度为59m，年平均气温14.4℃，≥10℃积温为4 960～5 360℃，年降水量700mm左右，蒸发量2 300mm左右，无霜期210 d，年日照时数2 000～2 600h，主要种植制度为小麦—玉米、小麦—大豆、小麦—花生轮作。

（二）试验设计

试验设 11 个处理：①撂荒（CK0，不种植，不施肥）；②CK（种植，不施肥）；③N（单施氮肥）；④NP（施氮肥、磷肥）；⑤NK（施氮肥、钾肥）；⑥PK（施磷肥、钾肥）；⑦NPK（施氮肥、磷肥、钾肥）；⑧MNPK（有机肥 + 氮肥、磷肥、钾肥，轮作方式为小麦—玉米）；⑨1.5MNPK（氮素的施肥量为 MNPK 的 1.5 倍）；⑩SNPK（玉米秸秆 + 氮肥、磷肥、钾肥），⑪MNPK（2）（有机肥 + 氮肥、磷肥、钾肥，轮作方式为小麦—大豆）。试验小麦先后依次为豫麦 13、郑太育 1 号、临汾 7203、郑州 891、豫麦 47、豫麦 8998、郑麦 9023、丰优 5 号、郑麦 7698、郑麦 0856，共计 10 个品种；试验玉米先后依次为郑单 8 号（1991—2006 年）、郑单 136、郑单 958、郑单 528、浚单 20，共计 5 个品种。

有机肥和玉米秸秆只在小麦季施用，各处理的氮量相等，有机氮与无机氮之比为 7：3，N：P_2O_5：K_2O = 1：0.5：0.5，小麦玉米季施肥量见表 18 – 1。每年随有机肥和秸秆施入的磷、钾量未计入施肥量。2009 年前小区面积 16m × 25m = 400m^2，无重复，从 2009 年玉米季开始，每处理设 3 个重复，实际小区面积 43m^2，随机区组排列。

表 18 – 1　潮土不同处理的肥料施用量　　　　　　　　　　（单位：kg/hm^2）

| 处　理 | 小麦施肥量 | | | | 玉米施肥量 | | |
| | 化肥 | | | 有机肥/秸秆 | 化肥 | | |
	N	P_2O_5	K_2O	N	N	P_2O_5	K_2O
CK	0	0	0	0	0	0	0
N	165	0	0	0	188	0	0
NP	165	82.5	0	0	188	94	0
NK	165	0	82.5	0	188	0	94
PK	0	82.5	82.5	0	0	94	94
NPK	165	82.5	82.5	0	188	94	94
MNPK	49.5	82.5	82.5	115.5	188	94	94
1.5MNPK	74.2	123.8	123.8	173	282	141	141
SNPK	49.5	82.5	82.5	115.5	282	94	94

氮肥用尿素，磷肥用普通过磷酸钙（开封磷肥厂生产，P_2O_5 含量 12.05%），1991—2003 年钾肥用硫酸钾，2004 年后钾肥用氯化钾。有机肥以马粪、牛粪为主，全氮（N）含量（12 ±4.5）g/kg、全磷（P）含量（6.8 ±2.7）g/kg、全钾（K）含量（7.9 ±3.4）g/kg，施用量根据当年含氮量确定；2002 年前秸秆还田量按照施氮量的70%（115.5kg/hm^2）归还，由于秸秆还田量太大，影响耕地和播种质量，2003 年及以后 SNPK 处理的玉米秸秆全部还田计算带进土壤氮素，与施氮量差额部分用尿素补充。2008 年前每年 6 月 1 日前后用小麦用联合收割机收获，留麦茬高度约 20cm 及小麦颖壳，全部粉碎还田，犁地后播种玉米。玉米秸秆除还田处理小区外其他小区的地上部分全部清理干净。2009 年后小麦玉米人工收获，除秸秆还田处理外小区地上部清理

干净。每年在小麦播种前将有机肥、秸秆，以及氮肥、磷肥、钾肥一次底施。灌水量根据当年的气候状况而定。

1988—1990 年匀地种植，1990 年秋季开始施肥试验，施肥前采集基础土样 0～120cm，按照土层类别确定采集剖面土壤样品，并风干保存。基础土壤的基本理化性质见表 18－2 和表 18－3。试验开始后每年在玉米收获后用施肥前，用土钻按 5 点法采集 0～20cm 混合土样；每季作物收获期间取植株样品，每小区（小麦每点 $2m^2$，玉米每点 $4m^2$）6 个点的平均值为小区产量。

表 18－2　试验前基础土壤的养分及化学性状（匀地前，1998 年剖面）

土层深度（cm）	0～28	28～52	52～87	87～120	土层深度（cm）	0～28	28～52	52～87	87～120
有机质（g/kg）	10.6	5.0	4.0	3.6	CEC（cmol/kg）	10.5	9.8	11.1	10.9
全氮（g/kg）	1.01	0.4	0.37	0.37	$CaCO_3$（g/kg）	48.4	49.2	42.9	30.3
全磷（g/kg）	0.65	0.51	0.5	0.5	pH 值	8.1	8.4	8.3	8.3
全钾（g/kg）	16.9	17.3	17.3	18.6	全盐量（g/kg）	1.1	1.0	1.0	1.0
碱解氮（mg/kg）	76.6	54.1	48.7	65.8	胡敏酸（g/kg）	0.35	0.22	0.18	0.19
有效磷（mg/kg）	21.2	3.8	2.2	2	富里酸（g/kg）	0.86	0.30	0.30	0.29
交换性钾（mg/kg）	71.7	59.2	62.3	54.5	胡敏酸/富里酸	0.41	0.73	0.60	0.655

表 18－3　试验前基础土壤的物理性状

土层深度（cm）	各粒径土壤物理性砂粒含量（%）				各粒径土壤物理性黏粒含量（%）				质地
	0.1～1.0 mm	0.05～0.1 mm	0.01～0.05 mm	总计	0.005～0.01mm	0.001～0.005mm	小于0.001mm	总计	
0～28	9.04	17.5	47.37	73.91	5.04	8.27	12.78	26.09	轻壤
28～52	10.26	18.43	46.28	74.97	3.02	7.64	14.37	25.03	轻壤
52～87	7.91	14.51	46.42	68.84	4.04	8.67	18.45	31.16	中壤
87～120	2.14	13.13	53.54	68.81	6.06	6.67	18.46	31.19	中壤

二、长期施肥条件下黄潮土有机质和氮、磷、钾的演变规律

（一）潮土有机质的演变规律

1. 不同施肥模式下潮土有机质的变化

不施肥处理 21 年间土壤有机质基本维持在 12.0g/kg 上下（图 18－1a）；长期施化肥的处理 NP 和 NPK，土壤有机质含量随施肥年限的增加缓慢增加，二者的变化规

律基本一致，与施肥年限变化的方程分别为 $y_{NPK} = 0.1488x + 10.557$（$R^2 = 0.7841$，$n = 21$，$p < 0.05$）；$y_{NP} = 0.1144x + 11.4545$（$R^2 = 0.7788$，$n = 21$，$p < 0.05$），平均每年分别增加和 0.1488 和 0.1144g/kg。年递增率分别为 1.36% 和 1.11%（图 18 - 1b）。

有机无机肥配合施用，土壤有机质含量随施肥年限的增加持续快速增加（图 18 - 1c），1.5MNPK、MNPK 两个处理 21 年分别增加了 9.69g/kg、7.74g/kg，增加幅度为 86.5% 和 66.7%。可见施用有机肥能快速增加土壤有机质含量，施用机肥量越大，土壤有机质增加愈快。有机质含量与施肥年限之间有极显著的线性关系，MNPK 处理为 $y_{MNPK} = 0.272x + 11.91$（$R^2 = 0.704$，$n = 22$，$p < 0.05$），平均每年增加 0.272g/kg。施用高量有机肥处理（1.5MNPK）二者关系为 $y_{1.5MNPK} = 0.464x + 11.50$（$R^2 = 0.949$，$n = 22$，$p < 0.01$），土壤有机质增加的幅度更大，相当于每年增加 0.464g/kg，年均递增率为 2.8%。长期秸秆还田处理 SNPK 其年际间差异较大，有机质含量与施肥年限之间的关系可表示为 $y_{SNPK} = 0.287x + 11.44$（$R^2 = 0.653*$，$n = 22$，$p < 0.05$），平均每年增加 0.287g/kg，年度递增率为 1.7%。与 MNPK 相比，秸秆还田对土壤有机质的提升速度前期慢后期快（图 18 - 1d）。

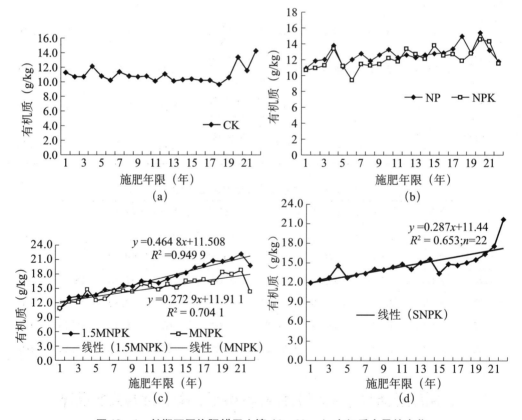

图 18 - 1　长期不同施肥耕层土壤（0～20cm）有机质含量的变化

2. 潮土有机碳含量与有机物料碳投入量的关系

1.5MNPK、MNPK、SNPK 3 个施用有机物料处理，土壤有机碳含量与碳投入量有显著的线性关系（图 18 - 2）。二者关系分别为 $y_{1.5MNPK} = 0.065x + 7.443$（$R^2 = 0.926$，

$p < 0.01$），$y_{\mathrm{MNPK}} = 0.065x + 7.283$（$R^2 = 0.792$，$p < 0.01$），线性关系达到极显著水平，说明 1.5MNPK（图 18 - 2a）与 MNPK（图 18 - 2b）处理平均每投入 1t/hm² 有机碳，土壤有机碳含量增加 0.065g/kg，1.5MNPK 处理有机碳的增幅与 MNPK 处理一致。SNPK 处理（图 18 - 2c）有机碳含量与碳投入量的关系为 $y_{\mathrm{SNPK}} = 0.012x + 7.132$（$R^2 = 0.592$，$p < 0.01$），即平均每投入 1t/hm² 的秸秆有机碳，土壤有机碳增加 0.012g/kg。可以看出，施有机肥土壤有机碳的增加量显著高于秸秆还田。

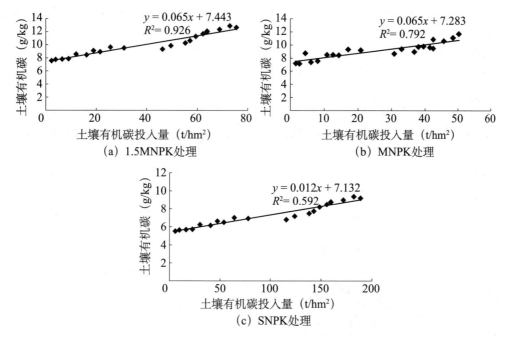

图 18 - 2　长期施有机肥和秸秆还田土壤有机碳含量与有机碳投入量的关系

（二）潮土氮素的演变规律

有研究表明全氮可以作为土壤供氮能力的指标（武俊喜等，2004），包括可供作物直接利用的矿质氮、易矿化有机氮、不易矿化有机氮及黏土矿物晶格固定的铵。也有研究表明（李菊梅等，2003），有机质、全氮与土壤供氮能力之间的关系不稳定，不是良好的土壤供氮能力指标。不论全氮是否是土壤供氮能力的最佳指标，但土壤全氮与作物产量有极显著的正相关关系。本试验经过两年匀地栽培后，各处理基础土壤的全氮含量为 0.54 ~ 0.64g/kg，平均为 0.60g/kg，变异系数为 6.17%，基础地力均匀。经过 21 年的施肥试验后，各施肥处理之间的差异增大，2011 年土壤全氮测定值为 0.62 ~ 1.17g/kg，平均为 0.80g/kg，变异系数为 25.0%。其中全氮含量增加的处理有 1.5MNPK、MNPK、SNPK、N、NPK，比试验开始时的基础土壤分别增加 45.2%、42.4%、37.5%、8.9% 和 6.7%。

1. 不同施肥潮土全氮的变化

长期不施氮肥耕层土壤的全氮含量变化不显著（图 18 - 3a），CK 处理 1990 年基础土壤的测定值为 0.62g/kg，2009—2011 年间的平均值为 0.61g/kg，21 年平均值为 0.62g/kg；PK 处理的全氮含量有增加的趋势，1990 年为 0.54g/kg，2011 年达到 0.64g/kg，21 年增加了 0.1g/kg，增幅为 17.7%。

长期施氮肥的处理土壤全氮含量缓慢增加（图 18 - 3b）。NPK 处理属于平衡施肥模式，其变化规律与 NP 处理相近，随施肥时间的变化为 $y_{NPK} = 0.007x + 0.617$（$R^2 = 0.268$，$N = 22$，$p = 0.014$），年度变异较大，例如，1993 年和 1999 年、2011 年的测定值异常低，变异系数达到 12.59%。每年氮的投入量为 N 325kg/hm², 每年耕层土壤全氮含量增加 0.007g/kg，21 年的增幅为 22%，年均递增率 0.95%。$y_{NP} = 0.010\,4x + 0.6237$（$R^2 = 0.663\,1$，$n = 22$，$p < 0.01$），平均每年增加 0.010 4g/kg，年递增率 1.3%；$y_{NK} = 0.004\,4x + 0.648\,3$（$R^2 = 0.257\,3$，$n = 22$，$p = 0.016$），增加幅度较小，21 年增幅 14.4%。单纯施用氮肥的处理（N）的全氮为（0.69 ± 0.07）g/kg，变异系数 10.43%，随施肥时间的变化为 $y_N = 0.003\,8x + 0.6481$（$R^2 = 0.1196$，$n = 22$，$p = 0.115$），有小幅增加，21 年增幅为 10.4%。

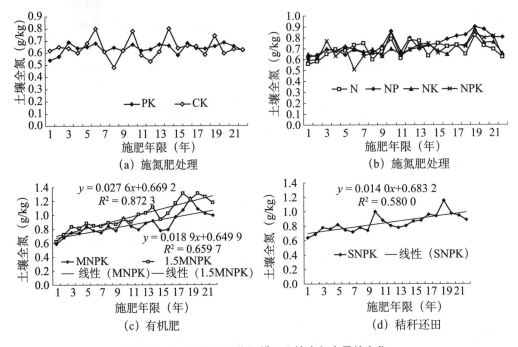

图 18 - 3　长期不同施肥耕层土壤全氮含量的变化

长期施有机肥的处理 MNPK 和 1.5MNPK，其中 MNPK 处理的氮素投入量与 NPK 处理相同，而 MNPK 处理 70% 的氮素是由有机肥提供的，其余 30% 由尿素补充。由图 18 - 3c 可以看出，耕层土壤全氮含量与施肥时间有极显著的线性关系，$y_{MNPK} = 0.018\,9x + 0.649\,9$（$R^2 = 0.659\,7$，$n = 22$，$p < 0.01$），全氮平均每年增加 0.019 6g/kg，21 年增幅为 71.2%，年均递增率达到 2.6%。1.5MNPK 处理的施肥量增加了 50%，耕层土壤全氮的变化规律为 $y_{1.5MNPK} = 0.027\,6x + 0.669\,2$（$R^2 = 0.872\,3$，$n = 22$，$p < 0.01$），平均每年增加 0.027 6g/kg。

SNPK 处理 2003 年前小麦季氮肥的 70% 由玉米秸秆提供，根据每年测定的秸秆含氮量，计算需要投入的秸秆，本田秸秆不足部分由 NPK 处理和 MNPK 处理的秸秆补充。由于大量使用秸秆，导致耕作、播种和小麦出苗受到严重影响，2003 年以后改为该处理的玉米秸秆全部还田，计算秸秆带入的氮素，其余不足部分由尿素补充，这样，以后每年的尿素用量增加，秸秆带入的氮素减少。从该处理耕层土壤全氮含量的变化（图 18-3d）可以看出，2004 年前，土壤全氮增加缓慢，以后增加幅度提高，由 1990 年的 0.64g/kg 提高到 2011 年的 0.88g/kg，增幅为 37.5%，其变化规律为 $y_{SNPK}=0.014\ 0x+0.683\ 2$（$R^2=0.580\ 0$，$n=22$，$p<0.01$），平均每年增加 0.014g/kg，年均递增率为 1.74%。

2. 不同施肥潮土碱解氮含量的变化

不施氮肥处理，耕层土壤碱解氮含量年度之间变化较大（图 18-4a），总的有增加趋势，如 CK 处理，1990 年基础土壤的测定值为 54mg/kg，2009—2011 年的平均值为 74mg/kg，1990—2011 年的平均值 59.2mg/kg，21 年间碱解氮含量增加幅度为 37%；PK 处理也有增加的趋势，1990 年的测定值为 53.2mg/kg，2010 年和 2011 年的平均值 67.4mg/kg，21 年增加了 14.2mg/kg，增幅为 26.7%。

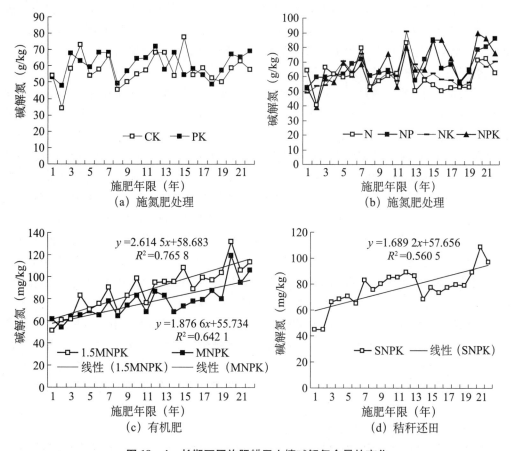

图 18-4　长期不同施肥耕层土壤碱解氮含量的变化

长期施氮肥处理土壤碱解氮含量变化幅度差异较大。NPK 处理属于平衡施肥模式，其变化规律与 NP 相近，2003 年前，这 4 个处理之间碱解氮含量差异不显著，2005 年后，有明显差异，单施氮处理（N）的土壤碱解氮含量随施肥年限的增加最缓慢，21 年只增加了 5.7%，其次是 NK 处理，增加了 40%，21 年后 NP 和 NPK 处理的土壤碱解氮含量分别增加了 58.9% 和 55.1%（图 18-4b）。

从图 18-4c 可以看出，长期施有机肥的处理（MNPK 和 1.5MNPK），耕层土壤碱解氮含量与施肥时间有极显著的线性关系，$y_{MNPK}=1.876\ 6x+55.73$（$R^2=0.642\ 1$，$n=22$，$p<0.01$），平均每年增加 1.88mg/kg，增加幅度为 72.4%，年均递增率达到

2.6%。长期施高量有机肥的处理 1.5MNPK，耕层碱解氮含量极显著地大幅度增加，其与施肥年限的关系为 $y_{1.5MNPK} = 2.614\ 5x + 58.683$（$R^2 = 0.765\ 8$，$n = 22$，$p < 0.01$），21年的增幅为 121.6%，年均递增率达到 4.2%。与 MNPK 处理相比，在肥料投入增加 50% 情况下，土壤碱解氮的增加幅度提高了 46.1%，与肥料增加幅度同步，说明土壤碱解氮含量随着有机肥的增加而同步增加。

SNPK 处理的耕层碱解氮含量也极显著地大幅度增加（图 18-4d），1990 年的测定值为 45.1mg/kg，到 2011 年达到 96.9mg/kg，增幅为 114.8%，年均递增率达到 3.7%。与 MNPK 处理在肥料投入量相同的情况下，土壤碱解氮含量的增加幅度也相近，$y_{SNPK} = 1.689x + 57.656$（$R^2 = 0.5605$，$n = 22$，$p < 0.01$）。

3. 潮土全氮、碱解含量与氮素投入量的关系

投入到土壤中的氮素，一部分被作物吸收利用，超量部分成为盈余，一部分成为土壤氮库中潜在碱解氮，提高全氮含量，氮素的另一种去向为氮的损失（巨晓棠，2002）。无论氮以哪种形式损失，投入的氮素不会全部在土壤中累积。

潮土全氮含量与氮肥投入量的关系

因为本试验每年投入的氮量是固定的，有两个施肥量，分别是 352kg/hm² 和 528.75kg/hm²，氮素投入到土壤中，如果没有被利用，可能会积累在土壤中，并且具有时间累加性。所以，把年度累计进入的氮素与当年土壤氮素水平做散点图，得到线性关系。图 18-5a 是把 8 个施氮肥处理的氮素累积投入量与当年土壤全氮含量共计 21 年的 168 个数据进行分析得到。由该图可知，随着氮素投入增加，土壤全氮有增加趋势，二者的关系为 $y = 0.000\ 036x + 0.635\ 9$（$R^2 = 0.332\ 2$，$n = 168$，$p < 0.01$），线性关系达到极显著水平，表明每投入土壤 1kg 的氮素，土壤全氮增加 0.000 036g/kg。

所有施化学氮肥的处理（N、NK、NP 和 NPK）进行单独分析，氮素累计投入量与全氮含量的关系如图 18-5b。随着氮素投入量的增加，土壤全氮含量有增加趋势，二者的线性关系为 $y = 0.000\ 02x + 0.647$（$R^2 = 0.210$，$n = 84$，$p < 0.01$），线性关系显著，即每投入 1kg 的氮素，土壤全氮含量增加 0.000 02g/kg（图 18-5b）。

对长期施用有机肥处理，包括 MNPK、MNPK（2）、1.5MNPK 和 SNPK，与全氮含量进行分析，结果表明随着氮素投入量的增加土壤全氮含量极显著增加，二者的线性关系为 $y = 0.000\ 048x + 0.684\ 5$（$R^2 = 0.704\ 2$，$n = 84$，$p < 0.01$），即每投入 1kg 的氮素，土壤全氮含量增加 0.000 048g/kg。与纯施化肥相比，有机肥对土壤氮素的提升效果更显著（图 18-5c）。

潮土碱解氮含量与氮肥投入量的关系

将 8 个施氮肥处理的氮素累积投入量与 21 年共计 168 个碱解氮的数据做散点图 18-6a，二者的线性关系为 $y = 0.003\ 7x + 56.07$（$R^2 = 0.320\ 9$，$n = 168$，$p < 0.01$），就是说，每投入土壤 1kg 的氮素，土壤碱解氮可增加 0.003 7mg/kg。

所有施化学氮肥的处理（N、NK、NP 和 NPK）进行单独分析，氮素累计投入量与碱解氮含量的关系如图 18-6b。随着氮素投入量的增加，土壤碱解氮含量有增加趋势，二者的线性关系为 $y = 0.001\ 6x + 57.89$（$R^2 = 0.117\ 5$，$n = 84$，$p < 0.01$）。

长期施有机肥的处理 MNPK、1.5MNPK 和 SNPK，随着氮投入量的增加，土壤碱解氮有极显著的增加趋势，氮投入量与土壤碱解氮的线性关系为 $y = 0.004\ 7x + 59.81$（$R^2 = 0.595\ 5$，$n = 63$，$p < 0.01$），即每投入 1kg 的氮素，土壤碱解氮增加 0.004 7mg/kg（图 18-6a）。

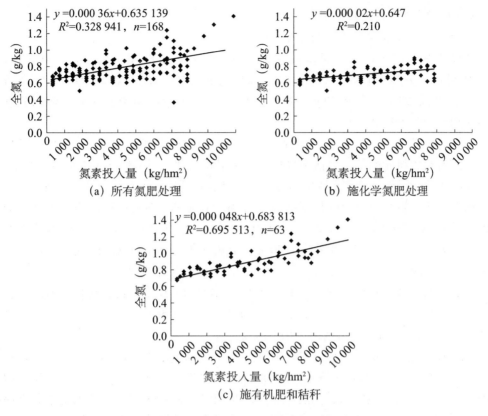

图 18-5 长期不同施肥土壤全氮含量与氮素累积投入的关系

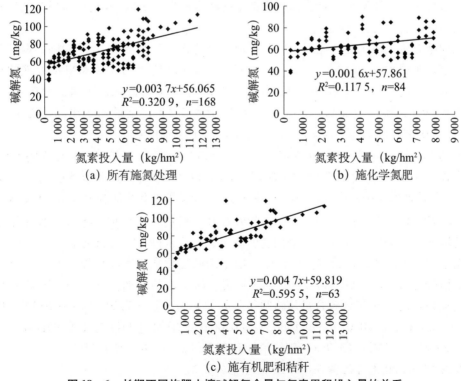

图 18-6 长期不同施肥土壤碱解氮含量与氮素累积投入量的关系

（三）潮土磷素的演变规律

1. 不同施肥潮土全磷含量的变化

长期不施磷肥土壤全磷呈降低趋势，如 CK 处理 1990 年全磷含量为 0.64g/kg，2011 年为 0.61g/kg，下降了 0.03g/kg，降幅为 6.25%。N 和 NK 处理，土壤全磷由 1990 年的 0.62g/kg 和 0.66g/kg 下降到 2011 年的 0.59g/kg 和 0.60g/kg，降幅分别为 4.84% 和 9.0%（图 18-7a）

长期施磷肥处理，分为 3 种情况：一是全部施过磷酸钙，包括 NP、PK、NPK 处理；二是有机无机肥配施，包括 MNPK、1.5MNPK 处理；三是秸秆还田和与化肥配施，即 SNPK 处理，每年进入到土壤中的磷素除了过磷酸钙外，还有秸秆带入的磷。

图 18-7b 显示，长期施用过磷酸钙，土壤全磷总体呈缓慢提高趋势。如 NP 处理，1990 年全磷含量为 0.64g/kg，2011 年为 0.84g/kg，21 年耕层土壤全磷增加了 0.20g/kg，增幅为 31.25%，年递增率为 1.30%。全磷含量与施肥年限的关系表示为 $y_{NP} = 0.012\ 8x + 0.579\ 2$（$R^2 = 0.721\ 3$，$n = 18$，$p < 0.01$）；年度变异较大。

NPK 处理代表平衡施肥模式，土壤全磷 21 年增加了 0.21g/kg，增幅为 32.8%，年递增率 1.3%，与施肥年限的关系为 $y_{NPK} = 0.013\ 7x + 0.565\ 1$（$R^2 = 0.710\ 1$，$n = 18$，$p < 0.01$）；相当于每年全磷增加 0.013 7g/kg。

PK 处理耕层土壤全磷含量 21 年增加了 0.30g/kg，增幅为 49.2%，年递增率 1.9%，方程式为 $y_{PK} = 0.018\ 1x + 0.557\ 5$（$R^2 = 0.850\ 9$，$n = 18$，$p < 0.01$）；年均增加 0.018 1g/kg，在磷肥投入量相同的情况下，PK 比 NP 和 NPK 处理的全磷增幅分别提高 17.95% 和 16.4%。PK 处理的土壤全磷含量提高速度增加的原因是该处理小麦和玉米产量远远低于 NP 和 NPK 处理，作物所携出的磷素较少，所以 PK 处理有更多的磷素积累在土壤中，转化为土壤磷素。

长期施有机无机肥配合处理，尽管过磷酸钙的投入量与 NPK 处理相同，但是有机肥每年带入土壤大量的磷素，导致土壤全磷含量的增加速度更快。MNPK 处理的耕层土壤全磷含量由 1990 年的 0.63g/kg 增加到 2011 年的 1.03g/kg，增加量为 0.40g/kg，增幅为 60.9%，年均增加 0.023 4g/kg，年递增率 2.3%，全磷的变化规律为 $y_{MNPK} = 0.024\ 2x + 0.557\ 4$（$R^2 = 0.884\ 6$，$n = 18$，$p < 0.01$）（图 18-7c）。

长期施高量有机肥的处理 1.5MNPK，化肥和有机肥投入量是 MNPK 处理的 1.5 倍，耕层全磷含量极显著大幅度增加，耕层土壤全磷 21 年增加量为 0.55g/kg，增幅为 87.3%，年均增加 0.038 4g/kg，年递增率 3.0%，全磷的变化规律为 $y_{1.5MNPK} = 0.038\ 9x + 0.525\ 5$（$R^2 = 0.8937$，$p < 0.01$）。与 MNPK 相比，肥料投入增加了 50%，而土壤全磷含量的增加幅度提高了 10.6%，增加速度高于肥料磷素投入的增加幅度。

由于秸秆中的磷素含量较低，耕层土壤全磷的变化在年度间变异较大。图 18-7d 显示，秸秆还田处理（SNPK）2002 年前土壤全磷含量的增加幅度较小，2003 年后增加幅度提高较快。21 年全磷含量与施肥年限的关系为 $y_{SNPK} = 0.014\ 9x + 0.583\ 9$（$R^2 = 0.676\ 1$，$n = 18$，$p < 0.01$），由 1990 年的 0.66g/kg 增加到 2011 年的 0.95g/kg，增加量为 0.29g/kg，增幅为 43.9%，年均增加 0.015g/kg，年递增率 1.75%。

2. 不同施肥潮土有效磷（Olsen-P）含量的变化

土壤养分中有效磷是受施肥影响最大的指标之一（黄绍敏，2011）。1990 年的基础

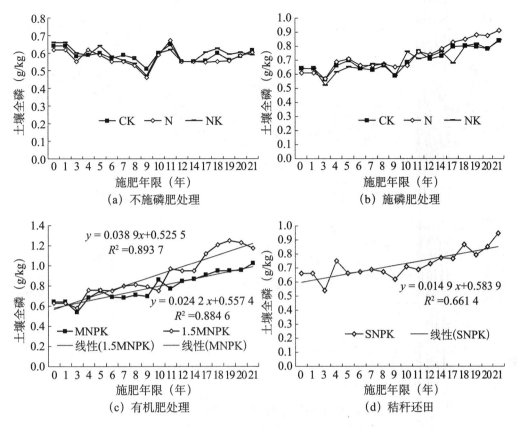

图 18 - 7　长期不同施肥耕层土壤全磷的变化

土壤中有效磷含量为 4.7 ~ 9.6mg/kg，变异系数为 22.6%，经过 21 年不同施肥处理后，耕层土壤中有效磷含量发生了极大变化，2000 年、2001 年不施磷肥的土壤中有效磷含量检测不出来，而施有机肥的 1.5MNPK 处理土壤中有效磷含量却达到 70.8mg/kg。1.5MNPK、MNPK 处理耕层土壤有效磷含量增加显著，分别增加了 64.2mg/kg 和 43.8mg/kg，平均每年增加 4.2mg/kg 和 4.0mg/kg。从其变化速率看，后 10 年比前 11 年增幅快。

由图 18 - 8a 可以看出，不施磷肥土壤有效磷含量前 3 年（1991—1993）降低幅度较大，CK、N、NK 三个不施磷肥处理，耕层土壤有效磷含量分别降低 77%、42.5% 和 55.4%。意味着，土壤有效磷对外源磷素的依赖程度较高。以后变化较小，这三个不施磷肥的处理，1994—2011 年间共计测定了 554 个数据，其中，有 2 个测定值大于 4.0mg/kg，5 个测定值为 3.0 ~ 4.0mg/kg，其余均小于 3.0mg/kg，同期相同处理的全磷含量仍为 0.64 ~ 0.66g/kg，处理间差异不显著。原因是土壤有效磷长期处于极低水平，土壤全磷转化为有效态磷的能力较弱，只有作物生长急需时才释放出来，满足根系吸收需要，由于有效磷水平的降低幅度和降低时间与小麦和玉米的产量几乎同步的。说明有效磷是限制作物产量的关键因素。

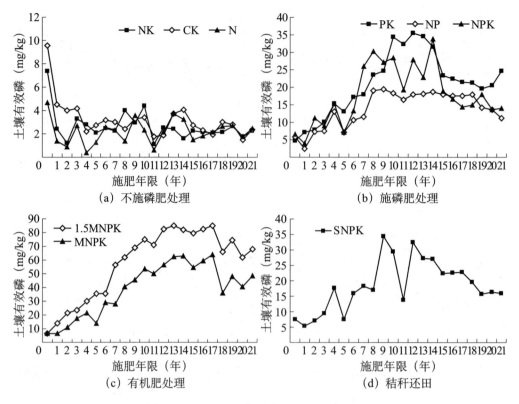

图 18-8　长期不同施肥耕层土壤有效磷的变化

长期施过磷酸钙，土壤有效磷总体趋势是前 10 年快速提高，第 12 ~ 15 年间波动，从图 18-8b 可以看出，1997—2004 年 NPK 处理的耕层土壤有效磷含量在 20 ~ 33.9mg/kg 波动，之后呈下降趋势，由 2005 年的 18.8mg/kg 下降到 2011 年的 14.1mg/kg。类似的 PK 处理，在 2000 年前一直增加，由 1990 年的 4.7mg/kg 增加到 1999 年的 24.6mg/kg，2000—2004 年维持在 31.5 ~ 35.6mg/kg，2005—2011 年又下降至 19.7 ~ 24.7mg/kg。这种变化趋势与磷素平衡存在着极显著的相关性，更进一步证实了土壤磷素的盈余部分转化为土壤全磷和有效磷。

MNPK 处理耕层土壤有效磷从 1990 年的 6.3mg/kg 增加到 2004 年的 63mg/kg，平均每年增加 4.0mg/kg，年递增率达到 11.6%（图 18-8c）；2005—2007 年耕层有效磷含量在 54.4 ~ 64.9mg/kg 范围波动，之后开始下降，由 2007 年的 63mg/kg 下降到 2011 年的 48.6mg/kg，4 年降低了 22.8%。

长期施用高量有机肥和化肥（1.5MNPK），土壤有效磷明显持续增加，而且施有机肥量越多，有效磷含量增加越快，从 1991—2003 年有效磷含量快速增加，到 2003 年达到高峰为 84.8mg/kg，平均每年增加 6.0mg/kg，年递增率达到 12.9%；至 2004—2007 年有效磷含量在 79.7 ~ 84.9mg/kg 波动，以后有一缓慢降低的过程，由 2007 年的 84.9mg/kg 下降到 2011 年的 68.0mg/kg，4 年降幅为 19.9%。

图 18-8d 显示，对每年的测定值进行分析，SNPK 处理的耕层土壤有效磷含量变化分为以下几个阶段：1990—1998 年缓慢增加，由 1990 年的 7.5mg/kg 增加到 1998 年的 17.0mg/kg，8 年内增加幅度为 126.7%；1999—2007 年为有效磷含量较高的维持阶段，除 2001 年的测定值略低外，其余年份均在 22.4 ~ 34.4mg/kg；2007—2011 年为下降阶段，

有效磷从2007年的22.7mg/kg下降到2011年的16.0mg/kg，4年下降了29.5%。

3. 潮土全磷、有效磷含量与磷肥投入量的关系

进入土壤中的磷主要来源于每年施入的化肥，有机肥和玉米秸秆以及每年的小麦残茬及颖壳，小麦、玉米（或大豆）种子也带入部分磷（黄绍敏，2006）。不施磷肥处理磷素主要来源是小麦残茬、颖壳以及作物种子。进入土壤的磷素大部分被作物吸收利用，其余在土壤中以不同形态存在于土壤颗粒中。积累在土壤中的磷素不仅包括当季的盈余，也包括前期累积在土壤中的磷，所以分析土壤磷素状况与磷投入量的关系，需要统计累积到该年度磷素的总量，与当年土壤磷素水平作散点图，以寻找二者的线性关系。

潮土全磷含量与磷素投入量的关系

将7个施磷肥处理的土壤磷素累积投入量与对应的全磷含量进行统计分析，从图18-9a可以看出，随着磷素投入量的增加，土壤全磷有增加趋势，二者的线性关系为 $y=0.0001x+0.5822$（$R^2=0.8046$，$n=147$，$p<0.01$），线性关系达到极显著水平，说明每投入土壤1kg的磷素，土壤全磷可增加0.0001g/kg。

长期施有机肥和矿物磷肥的处理MNPK和1.5MNPK，随着磷素投入量的增加，土壤全磷极显著增加，与磷素累积投入量的线性关系为 $y=0.000015x+0.056814$（$R^2=0.8761$，$n=42$，$p<0.01$），即每投入1kg磷素，土壤全磷增加0.000015g/kg，施有机肥土壤全磷的增幅比施化肥高（图18-9b）。

图18-9c显示，玉米秸秆还田与化肥磷配合，土壤全磷含量与磷素累积投入量的线性关系为 $y=0.000114x+0.619$（$R^2=0.4829$，$n=21$，$p<0.01$）。相当于每投入1kg磷素，土壤全磷增加0.000114g/kg。

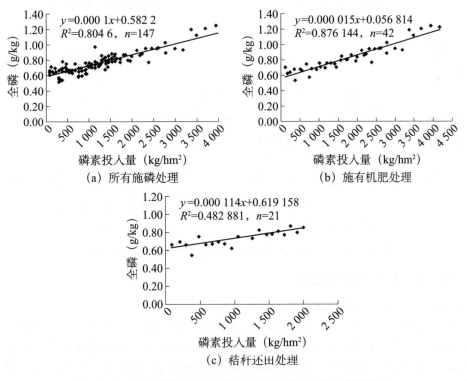

图18-9 长期不同施肥土壤全磷含量与磷累积投入量的关系

潮土有效磷含量与磷素投入量的关系

把所有施磷肥的处理磷素累积投入量与当年土壤有效磷含量进行分析，从图 18 - 10a 可以看出，随着磷投入量的增加土壤有效磷增加，二者关系为 $y = 0.019\,5x + 3.933$（$R^2 = 0.655\,5$，$n = 147$，$p < 0.01$）。就是说每投入土壤 1kg 磷，土壤的有效磷可增加 0.019 5mg/kg。

对施化学磷肥的 PK、NP 和 NPK 处理进行单独分析（图 18 - 10b），可以看出，随着磷投入量的增加耕层土壤有效磷的变化没有明显规律性。

长期有机肥和化肥配施，随着磷投入量的增加土壤有效磷含量呈极显著增加趋势，二者关系为 $y = 0.020\,3x + 6.404\,3$（$R^2 = 0.692\,3$，$n = 63$，$p < 0.01$），线性关系极显著，表示每投入 1kg 磷，土壤有效磷增加 0.0203mg/kg。（图 18 - 10c）。

长期玉米秸秆还田和化肥配合处理，随着磷素投入的增加土壤有效磷含量呈增加趋势，线性关系不显著（图 18 - 10d）。

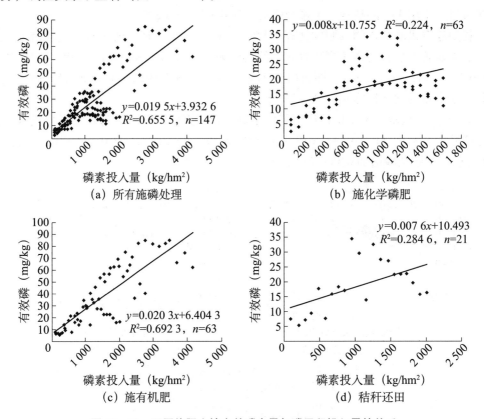

图 18 - 10　不同施肥土壤有效磷含量与磷累积投入量的关系

（四）潮土钾素的演变规律

1. 长期施肥潮土全钾含量的变化

长期不施钾肥的 CK、N、NP 处理在试验初期（试验前 3 年平均）土壤全钾含量分别为 18.8g/kg、17.9g/kg 和 20.3g/kg，经过 10 年种植后 3 个处理土壤全钾含量分别为 15.7g/kg、15.7g/kg 和 15.8g/kg，分别比试验初期降低了 16.3%、11.9% 和 22.2%（图 18 - 11a）。

图 18 - 11b 显示，长期施用化学钾肥的 NK、PK、NPK 处理在试验初期（前 3 年平

均）土壤全钾含量分别为18.9g/kg、18.3g/kg 和18.4g/kg，经过10 年的施肥种植土壤全钾含量分别为 15.9g/kg、15.9g/kg 和15.4g/kg，比试验初期分别降低了 15.9%、13.3% 和16.5%，即全钾量均有显著降低。

长期施有机肥和秸秆还田的处理（MNPK、1.5MNPK、SNPK）在试验初期（前3 年平均）土壤全钾含量分别为18.4g/kg、18.6g/kg 和18.7g/kg，经过10 年施肥种植后3 个处理的土壤全钾含量分别为 15.0g/kg、15.6g/kg 和15.4g/kg，比试验初期降低分别了18.5%、16.1% 和17.6%，即全钾量均显著降低（图18－11c）。

总体上看，在不同施肥条件下，土壤初期的全钾含量无显著差异，平均为18.7g/kg，经过10 年的不同施肥和种植后，所有处理全钾含量平均为15.6g/kg，均比试验初期平均降低了16.6%，说明土壤全钾含量降低与施肥方式无明显关系。

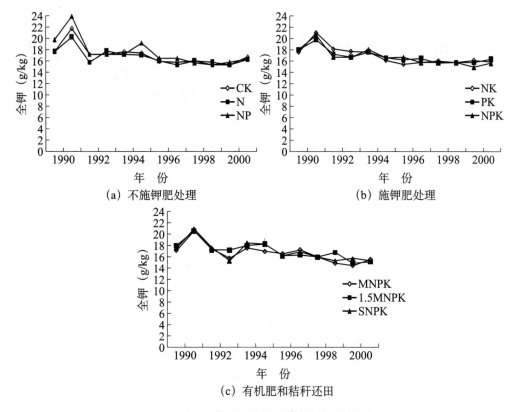

图 18－11　长期不同施肥土壤全钾含量的变化

2. 长期施肥潮土速效钾含量的变化

从图18－12a 可以看出，不施钾肥（CK、N、NP 处理）土壤速效钾含量由1990 年的73.2mg/kg 迅速下降到1996 年的40mg/kg 左右，之后略有回升，维持在53～60mg/kg，达到第二次土壤普查划分的第六级肥力指标水平。

长期施化学钾肥的处理土壤速效钾呈不同程度的增长趋势（图18－12b），其中PK、NK 处理的速效钾含量增幅较大，经过21 年的施肥与耕作后，分别从试验初期（前3 年平均）的66.4mg/kg 和68.7mg/kg 增加到154.2mg/kg 和136.3mg/kg，比试验初期增加了132% 和98%，平均每年增加4.2mg/kg 和3.2mg/kg。而NPK 处理的增加较为缓慢，仅比试验初期增加了11%。

1.5MNPK 处理平均每年施钾 342kg/hm^2，其速效钾含量的变化规律为：$y_{1.5MNPK}=8.11x+34.27$（$R^2=0.932$，$n=22$，$p<0.01$），平均每年增加 8.11mg/kg。相当于每施入 K 1kg/hm^2，土壤速效钾每年增加 0.023 7mg/kg。MNPK 处理平均每年进入 K 228kg/hm^2，速效钾含量的变化规律为：前期增幅小，2002 年以后增加幅度增加，速效钾与施肥时间的关系为：$y_{MNPK}=5.01x+47.41$（$R^2=0.924$，$n=22$，$p<0.01$），平均每年增加 5.01mg/kg，相当于每施入 K 1kg/hm^2，速效钾每年增加 0.022 0mg/kg。秸秆还田对土壤速效钾提高的效果不如有机肥明显，且年际间变化较大（图 18－12c），随施肥时间的线性关系为 $y_{SNPK}=4.88x+44.55$（$R^2=0.797$，$n=22$，$p<0.01$），平均每年进入 K 364kg/hm^2，速效钾平均每年增加 4.88mg/kg，相当于每施入 K 1kg/hm^2，土壤速效钾每年增加 0.013 4mg/kg。

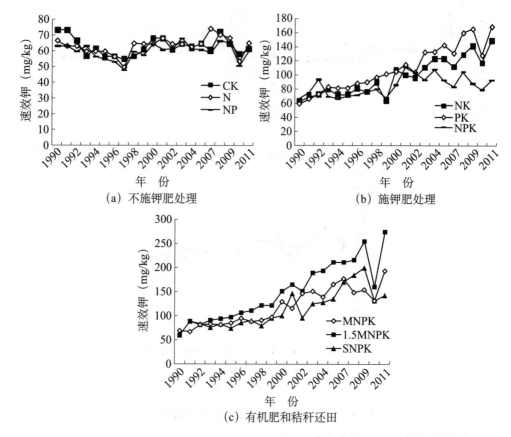

（a）不施钾肥处理　　　　　　　　（b）施钾肥处理

（c）有机肥和秸秆还田

图 18－12　长期不同施肥土壤速效钾含量的变化

综上所述，1990 年各处理土壤速效钾变异系数为 4.9%，平均含量为 73.2mg/kg，属于低钾土壤。经过施肥种植后，土壤中速效钾含量发生了显著变化，2011 年不同处理间的速效钾变化范围在 －13.5～157.6mg/kg。可以看出土壤速效钾的变化有如下两种趋势：一是逐年降低之后逐渐平缓，有 CK、N、NP 三个不施钾肥处理，从试验初期到 1997 年土壤中速效钾含量变为 47.8～54.6mg/kg，属于严重缺钾土壤，这 3 个处理速效钾下降值分别为 18.6mg/kg、16.9mg/kg 和 15.2mg/kg，平均每年下降 2.3mg/kg、2.1mg/kg 和 1.9mg/kg，幅度分别为 25.4%、25.4% 和 24.1%。二是土壤速效钾逐年增加，包括 1.5MNPK、MNPK、SNPK、PK、NK、NPK 处理，到 2011 年这 6 个处理的土壤速效钾含量分别比试验初增加了 214.5mg/kg、125.6mg/kg、79.9mg/kg、109.0mg/kg、86.5mg/kg 和 26.6mg/kg，平均每年增加 9.8mg/kg、5.7mg/kg、3.6mg/kg、5.0mg/kg、3.9mg/kg 和 1.2mg/kg。由此可以看出，不施钾肥土壤速效钾耗竭严重，以当地施氮肥、磷肥的习惯为例，由以前的文章分析看出，不施钾肥对作物的产量影响较小，相反 NP 处理的增产量个别年份在所有处理之首，NP 处理的施肥效益最高，若以此作为施肥指导，是不全面的，甚至是短期行为（张水清等，2010）。因为不施钾肥处理土壤速效钾每年平均以 2.6mg/kg 速度递减，其结果必然是导致土壤速效钾缺乏，使养分比例失衡，作物将不能正常生长。相反，施钾肥特别是配施有机肥或秸秆还田土壤的速效钾含量会大幅度增加，施肥量愈高，速效钾含量增加越快，这是改良土壤、培肥地力、提高土壤供肥和保肥能力的最有效措施。

3. 潮土全钾含量与钾投入量的关系

图 18 – 13a 显示，由于土壤钾素投入量常年小于吸收带走量，土壤全钾含量降低趋势。钾肥用量累积增加，而土壤钾素降低，出现长期施化肥土壤全钾含量随钾素投入量的增加而降低趋势。NK、PK 和 NPK 处理趋势一致。全钾含量随钾素投入量关系为 $y = -0.002x + 18.79$，线性关系达到极显著水平，每增加 1kg 钾到土壤中，土壤全钾含量降低 0.002g/kg。

长期有机无机配施和秸秆还田处理的土壤全钾含量随钾投入量的增加而降低，MNPK、1.5MNPK 和 SNPK 处理表现一致。全钾随钾素投入量变化关系为 $y = -0.000\ 895x + 18.64$，即每增加 1kg 的钾素，土壤全钾含量下降 0.000 895g/kg（图 18 – 13b）。

由此可以看出，不管施肥处理如何，土壤全钾含量均随钾投入量增加而降低，可能的原因是施入土壤的钾有利于作物生物产量的提高，从而增加了作物对土壤钾素的吸收带走量，使土壤全钾含量降低；另一可能的原因是耕层土壤因种植与耕作，土壤钾素的移动性增强，可随灌溉水和降雨淋溶到土壤下层。

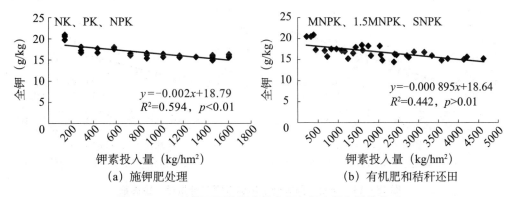

（a）施钾肥处理　　　　　　　　（b）有机肥和秸秆还田

图 18 – 13　长期不同施肥土壤全钾与钾素投入量的关系

4. 潮土速效钾含量与钾投入量的关系

从图 18 – 14a、图 18 – 14b 和图 18 – 14c 可以看出，长期施化肥（NP，PK，NPK）处理，土壤速效钾含量均随钾投入量的增加而增加，但增加幅度有差异。由上述处理土壤速效钾与钾素投入量关系可知，每增加 1kg 钾的投入，土壤速效钾含量分别增加 0.033mg/kg、0.025mg/kg 和 0.007mg/kg，PK > NK > NPK。可能的原因是 NPK 处理作物产量远高于 PK 和 NK 处理，其地上部带走的钾素也较多，使土壤速效钾增加的速度缓慢。

　　施有机肥秸秆还田的和处理土壤速效钾含量均随钾素投入量的增加而增加，但增幅在处理间有差异。MNPK 和 1.5MNPK 处理土壤速效钾随钾素投入量的增加呈增加趋势（图 18－14d），二者关系达到极显著水平，说明每增加 1kg 钾的投入土壤速效钾含量增加相同，均为 0.025mg/kg。而秸秆还田处理（图 18－14e）土壤速效钾的增长速度较有机肥处理相对缓慢，每增加 1kg 的钾素投入，土壤速效钾含量增加 0.014mg/kg。

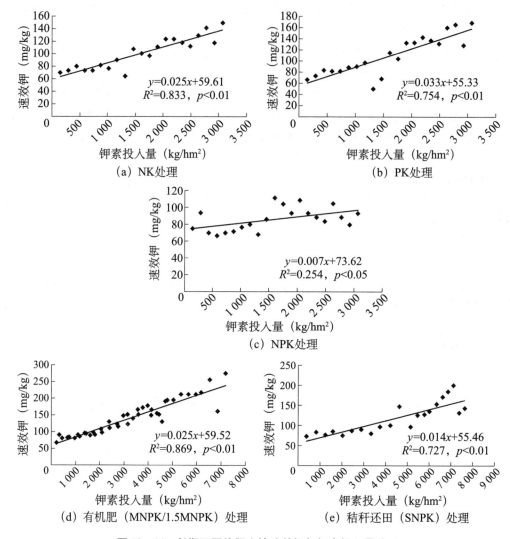

图 18－14　长期不同施肥土壤速效钾与钾素投入量关系

三、长期施肥对黄潮土理化性质的影响

（一）长期施肥对潮土 pH 值的影响

　　2012 年对 1990 年以来每 5 年采集的耕层土壤样品的 pH 值按照相同方法、同一批次、相同仪器和操作人员，再次进行分析测试，结果见表 18－4。1990 年试验前各处理的 pH 值为 8.26～8.56，平均为 8.5±0.08，处理间变异系数为 0.95%，说明试验前

土壤的酸碱度是均匀的。经过多年不同施肥和种植后，将施肥处理分为全施化肥、有机无机肥配合、秸秆还田 3 种类型，其中全施化肥包括 N、NP、NK、PK、NPK 5 个处理 pH 值发生了变化，1995 年全施化肥 pH 的测定值是 8.32，有机无机配合的 pH 值是 8.17，而秸秆还田处理的 pH 值为 8.23，将这 3 个施肥类型的 pH 值进行比较，结果为化肥处理 > 秸秆还田处理 > 有机无机配合处理。2000 年和 2005 年所有处理的 pH 值基本相同，再经过 10~15 年后，化肥处理 pH 值为 8.43，有机无机配合为 8.32，而秸秆还田为 8.35，将这 3 类施肥模式的 pH 值进行比较，结果仍然是化肥处理 > 秸秆还田处理 > 有机无机配合处理。2010 年所有的处理的 pH 值均明显降低，这时化肥处理的 pH 值是 8.12，有机无机配合处理为 8.00，而秸秆还田处理为 7.98，三者比较结果为化肥处理 > 有机无机配合处理 > 秸秆还田处理。

21 年中所有处理随施肥和种植时间增长其 pH 值均有下降趋势，其中施化肥处理土壤 pH 值平均下降了 0.39，降幅为 4.6%；有机无机配施平均下降了 0.49，降幅为 5.8%，秸秆还田处理下降了 0.49，降幅为 5.8%。

表 18-4　不同施肥处理土壤 pH 值的变化（2012 年统一测定）

处　理	土壤 pH 值				
	1990 年	1995 年	2000 年	2005 年	2010 年
O（休闲）	8.26	8.23	8.47	8.36	8.26
CK	8.48	8.31	8.5	8.47	8.17
N	8.52	8.27	8.42	8.56	8.23
NP	8.53	8.37	8.41	8.39	8.16
NK	8.31	8.33	8.45	8.39	8.13
PK	8.56	8.28	8.41	8.45	8.11
NPK	8.62	8.36	8.44	8.35	7.98
MNPK	8.53	8.38	8.24	8.38	7.87
1.5MNPK	8.49	8.03	8.30	8.19	7.95
SNPK	8.47	8.23	8.39	8.35	7.98
MNPK（2）	8.48	8.05	8.39	8.36	8.20
有机肥处理平均值	8.49	8.17	8.33	8.32	8.00
化肥处理平均值	8.51	8.32	8.43	8.43	8.12
全部处理平均值	8.48	8.26	8.40	8.39	8.09
化肥比有机肥增加值	0.02	0.15	0.10	0.11	0.12

（二）长期施肥对潮土容重的影响

1990 年试验前各处理的耕层容重不是按照处理小区测定，只选择了部分处理，平均为 1.55 ± 0.04g/kg，处理间变系数为 2.86%，说明试验前土壤容重较高。经过 20 年不同施肥、种植和一年两次深耕，各处理耕层土壤容重降低。1994 年平均为 1.24g/cm³，比 1990 年降低 20%，处理间以 MNPK 最低，NPK 最高，二者相差 0.2g/cm³。2000 年测定值略有增加，10 个处理土壤容重的平均值为 1.41 g/cm³，处理之间差异减小。2005 年所有所测定耕层容重与 2000 年差异较小，以 1.5MNPK 处理最小，为 1.33 g/cm³，PK 处理最大，为 1.46 g/cm³，比 1.5MNPK 提高 9.8%。

15 年中所有处理随施肥和种植时间增长其容重均有下降趋势，其中 1.5MNPK 处理耕层土壤容重下降了 0.22 g/cm³，降幅为 14.2%，其次为秸秆还田处理，下降了 0.21 g/cm³，降幅为 13.5%。

表 18-5 不同施肥处理土壤容重变化 （单位：g/cm³）

处　理	土壤容重			
	1990 年	1994 年	2000 年	2005 年
CK	1.48	1.26	1.44	1.41
N	—	1.24	1.46	1.35
NP	1.56	1.22	1.37	1.36
NK	—	1.32	1.42	1.45
PK	1.56	1.26	1.40	1.46
NPK	—	1.31	1.44	1.45
MNPK	1.57	1.11	1.37	1.41
1.5MNPK	—	1.19	1.40	1.33
SNPK	1.6	1.26	1.42	1.34
MNPK2	—	1.23	1.41	1.43
平均值	1.55	1.24	1.41	1.40
标准差 Sd	0.04	0.06	0.03	0.05
变异系数 CV(%)	2.86	4.84	2.08	3.56

（三）长期施肥对土壤孔隙度的影响

土壤孔隙是土壤气体储存和流通的主要场所，孔隙度是判断土壤结构优劣和土壤汽液固三相比例的重要指标之一（张宝峰等，2013）。施肥和耕作方式对土壤容重和孔隙度的影响最大。从表 18-6 可以看出，试验前的 1990 年所有处理的孔隙度平均在 42.0%，处理间变异系数 2.9%，处理之间差异不显著。通过长期的施肥、耕作、种植，土壤孔隙度有增加趋势。其中 N、NP、NK、PK、NPK 五个化肥处理，1990 年时孔隙度平均为 41.9%，处理间差异不明显；1.5MNPK、MNPK 两个有机无机配施处理，1990 年平均土壤孔隙度为 41.9%，秸秆还田 SNPK 处理土壤孔隙度为 41.1%。2005 年全部化肥化理的土壤孔隙度为 46.4%，有机无机配合处理为 47.6%，而秸秆还田为 49.4%，对这 3 类施肥模式下的土壤孔隙度进行横向比较，发现化肥处理＜秸秆还田处理＜有机无机配合处理。对其进行纵向比较，所有处理的孔隙度均有增加趋势，其中，化肥处理增加 4.5 个百分点，有机无机配合处理增加 5.7 个百分点，秸秆还田增加 8.3 个百分点，仍然是秸秆还田处理的增幅最大。NPK 处理的孔隙度 15 年增加了 2.2 个百分点，增加最少；孔隙度增加最显著的是 1.5MNPK 处理，15 年增加了 9.0 个百分点，其次是秸秆还田处理，增加了 8.3 个百分点。

表 18 - 6　不同施肥处理土壤的孔隙度　　　　　　　　　　（单位:%）

处　理	土壤孔隙度				
	1990 年	1995 年	2000 年	2005 年	2005 年比 1990 年增减
CK	43. 4	45. 4	45. 7	46. 9	3. 5
N	42. 3	45. 6	44. 9	47. 8	5. 5
NP	41. 1	44. 6	48. 3	48. 5	7. 4
NK	41. 1	43. 6	46. 4	45. 2	4. 1
PK	41. 1	43. 3	47. 2	44. 8	3. 7
NPK	43. 7	43. 6	45. 7	45. 9	2. 2
MNPK	43. 7	45. 6	48. 3	46. 9	3. 2
1. 5MNPK	41. 0	43. 6	47. 2	50. 0	9. 0
SNPK	41. 1	42. 6	46. 4	49. 4	8. 3
平均值	41. 95	44. 32	46. 69	47. 13	5. 18
标准差 Sd	1. 20	1. 11	1. 11	1. 76	2. 32
变异系数 CV(%)	2. 87	2. 50	2. 37	3. 74	44. 78

（四）长期施肥对潮土黏粒含量的影响

1. 对潮土直径小于 0.01mm 的物理性黏粒含量的影响

土壤颗粒组成反映土壤质地，也是判断土壤养分储存、水分运移的重要指标之一。理想的土壤质地应该是中壤到重壤，即直径小于 0.01mm 的土壤颗粒含量在 30% ~ 40%。直径大于 0.01mm 的物理性砂粒含量越高，土壤质地愈轻，即土壤漏水漏肥、砂化可能性越大。从表 18 - 7 可以看出，通过 15 年的施肥、耕作、种植，土壤物理性黏粒含量有增加趋势。将施肥模式分为全部化肥、有机无机肥配合、秸秆还田 3 种类型，1990 年 N、NP、NK、PK、NPK 五个处理直径小于 0.01mm 土壤颗粒含量平均为 33.3%，处理间差异显著；1.5MNPK 和 MNPK 平均为 34.7%，SNPK 处理为 36.4%；到 2005 年，全部化肥处理平均为 38.6%，有机无机配合平均为 40.7%，秸秆还田为 40.5%，比较施肥类型，直径小于 0.01mm 土壤颗粒含量为化肥处理 < 秸秆还田处理 < 有机无机配合处理，比 1990 年所有处理均有增加趋势，其中，全施化肥处理平均增加 5.3 个百分点，有机无机配合平均增加 5.47 个百分点，秸秆还田处理增加 4.1 个百分点，仍然是有机无机配合处理增加最多，无机肥处理次之，秸秆还田增加最少。

2. 对潮土直径小于 0.001mm 的物理性黏粒含量的影响

直径小于 0.001mm 的土壤颗粒属于微粒范围，是有机碳库和养分的集中分布区域。这部分的土粒含量越高，土壤保持水分和养分的能力就越强。从表 18 - 8 可以看出，通过 15 年的施肥、耕作、种植后，小于 0.001mm 的黏粒含量有显著增加趋势。其中 N、NP、NK、PK、NPK 5 个化肥处理，1990 年平均为 18.3%，处理间差异不明显；1.5MNPK、MNPK 处理 1990 年平均为 18.7%，SNPK 处理为 19.2%，这 3 种施肥模式无显著差异。到 2005 年，小于 0.001mm 的黏粒含量，全部化肥处理平均为 23.1%，有机无机配合处理平均 23.3%，秸秆还田为 23.6%，与 1990 年相比，所有处理均有增加趋势，其中全部化肥处理平均增加 4.8 个百分点，有机无机配合平均增加 4.6 个百分点，秸秆还田处理增加 4.4 个百分点，这 3 种施肥模式差异不显著。

表 18 - 7　　不同施肥处理土壤中直径小于 0.01mm 土壤黏粒含量　　（单位:%）

处　理	直径小于 0.01mm 土壤黏粒含量				
	1990 年	1995 年	2000 年	2005 年	2005 年比 1990 年增减
CK	30.4	33.4	37.6	38.2	7.8
N	33.2	36.4	38.5	38.4	5.2
NP	33.4	37.2	38.8	38.6	5.2
NK	35.4	36.5	38.4	38.6	3.2
PK	32.3	36.5	37.6	38.6	6.3
NPK	32.3	36.5	39.6	40.4	8.1
MNPK	34.4	38.6	39.6	40.5	6.1
1.5MNPK	34.4	37.4	39.6	40.7	6.3
SNPK	36.4	36.5	39.3	40.5	4.1
平均值	33.6	36.6	38.8	39.4	—
标准差 Sd	1.8	1.4	0.8	1.1	—
变异系数 $CV(\%)$	5.4	3.8	2.1	2.8	—

表 18 - 8　　不同施肥处理土壤中粒径小于 0.001mm 的黏粒含量　　（单位:%）

处　理	粒径小于 0.001mm 黏粒的含量				
	1990 年	1995 年	2000 年	2005 年	2005 年比 1990 年增减
CK	18.2	18.6	20.6	21.5	3.3
N	17.6	18.5	22.2	22.5	4.9
NP	18.2	19.3	22.3	22.5	4.3
NK	18.6	19.3	22.3	22.6	4.0
PK	18.6	19.5	21.6	24.3	5.7
NPK	18.5	19.6	21.6	23.6	5.1
MNPK	18.2	19.6	22.0	24.4	6.2
1.5MNPK	19.2	20.6	22.4	23.0	3.8
SNPK	19.2	19.8	23.3	23.6	4.4
平均值	18.5	19.5	22.2	23.1	4.55
标准差 Sd	0.49	0.60	0.89	0.91	0.93
变异系数 $CV(\%)$	2.65	3.10	4.01	3.96	20.38

四、长期施肥黄潮土养分平衡状况

（一）土壤氮素的表观平衡

1. 土壤氮素的表观平衡

本试验所用氮肥为尿素，N 含量按 45% 计算，有机肥为新鲜堆沤并测定养分含量后施用，玉米秸秆全部还田，氮不足部分用尿素补充。

各项指标的计算公式：

肥料施入氮量（kg/hm²）＝Σ 每季施用的氮量（kg/hm²）

有机肥施入氮（kg/hm²）＝Σ 施有机肥的量（kg/hm²）×有机肥含氮量（%）

秸秆归还土壤氮量（kg/hm²）＝Σ 秸秆施用量×秸秆含氮量（%）

小麦颖壳归还氮量（kg/hm²）＝Σ 小麦颖壳产量（kg/hm²）×颖壳含氮量（%）

20cm 小麦残茬量＝Σ 秸秆产量×20/该处理株高

残茬归还土壤氮量（kg/hm²）＝Σ20cm 小麦残茬量（kg/hm²）×小麦秸秆含氮量（%）

小麦氮吸收量（kg/hm²）＝Σ（小麦籽粒产量×含氮量＋小麦秸秆量×含氮量）

玉米氮吸收量（kg/hm²）＝Σ（每年玉米籽粒产量×含氮量＋玉米秸秆量×含氮量）

氮总吸收量（kg/hm²）＝Σ（小麦＋玉米）两季吸收氮量（kg/hm²）

氮素总投入＝化肥投入＋秸秆还田带进＋小麦残茬带进＋有机肥带进＋干湿沉降带入

氮素表观平衡（kg/hm²）＝氮素总投入（kg/hm²）－氮总吸收量（kg/hm²）

土壤氮的来源

从表 18-9 可以看出，土壤中的氮主要来源为化肥、有机肥、秸秆、小麦残茬、干湿沉降及每年播种的小麦和玉米种子等。由于小麦生物产量不同，各施肥处理归还到土壤中的氮素量不相同，其中以 1.5MNPK 处理最高，平均每年 11kg/hm²。不施氮肥处理（CK 和 PK）21 年输入到土壤的氮主要来自降水的灌溉水、种子和小麦残茬，经过测定和考种计算得知。施氮肥处理的氮素主要以尿素来源为主，平均每年输入到土壤 375~383kg/hm²，有机肥或秸秆还田处理，氮来源为有机肥、秸秆和尿素。

作物对氮素的吸收量

从表 18-10 看出，小麦地上部吸收氮素各处理差异较大，其中 CK、PK 不施氮肥处理，小麦吸收的氮素较低，年均吸收 36.1kg/hm² 和 34.3kg/hm²，21 年累积吸收氮758.1kg/hm² 和 720.3kg/hm²。施用氮肥处理之间差异较大，N 处理 21 年由于产量较低，吸收的氮素平均每年 59.4kg/hm²；其次是 NK 处理，吸收氮素平均每年 70.3kg/hm²，21 年共计吸收 1 476.3kg/hm²。NP 处理年均吸收 169.0kg/hm²，21 年累积吸收3 549kg/hm²；NPK 处理年均吸收 168.9kg/hm²，21 年累积吸收 3 546.9kg/hm²，与 NP处理相近；氮素累积吸收最高的是 1.5MNPK 处理，年均吸收 180.4kg/hm²，21 年累积吸收 3 788.4kg/hm²；MNPK 处理年均吸收 137.8kg/hm²，21 年累积吸收利用2 893.8kg/hm²；SNPK 处理年均吸收155.7kg/hm²，21 年累积吸收利用3 269.7kg/hm²。

表 18 – 9　1990—2010 年潮土长期施肥试验各处理氮素的来源量

处　理	外源氮素来源量（kg/hm²）						
	化肥	秸秆	有机肥	小麦留茬及 颖壳残留 *	雨水及 灌溉水 **	种子	合计
CK	0	0	0	50. 1	340	91. 4	481. 5
N	7 402. 5	0	0	73. 7	340	91. 4	7 907. 6
NP	7 402. 5	0	0	200. 6	340	91. 4	8 034. 5
NK	7 402. 5	0	0	76. 6	340	91. 4	7 910. 5
PK	0	0	0	42. 7	340	91. 4	474. 1
NPK	7 402. 5	0	0	196. 7	340	91. 4	8 030. 6
MNPK	2 220. 8	0	5 184	172. 0	340	91. 4	8 008. 2
1. 5MNPK	3 331. 1	0	7 776	231. 4	340	91. 4	11 769. 9
SNPK	5 533	1 869	0	181. 7	340	91. 4	8 015. 1

　* 小麦留茬和颖壳，经过测算其还田量，测定其含氮量，计算得到带进土壤氮素量（黄绍敏，2006）。1991—2008 年小麦收割机收获，留茬高度为 20cm，根据每年秸秆总量与含氮量的乘积计算带入土壤的氮素量；

　** 雨水和灌溉水参照卢如坤（2001）的方法计算，21 年总降水量为 11 765mm，带入土壤的 N 141kg/hm²；灌溉水 21 年共带入土壤 N 198. 7kg/hm²

表 18 – 10　1991—2011 年小麦每年地上部吸收的氮素

处　理	吸收氮素量（kg/hm²）							
	1991— 1993 年	1994— 1996 年	1997— 1999 年	2000— 2002 年	2003— 2005 年	2006— 2008 年	2009— 2011 年	平　均
CK	33. 0	41. 3	48. 9	30. 7	26. 6	31. 9	40. 4	36. 1
N	89. 4	61. 8	65. 5	43. 5	52. 2	48. 4	55. 1	59. 4
NP	142. 4	171. 4	174. 8	149. 8	162. 3	221. 5	161. 1	169. 0
NK	110. 1	76. 2	69. 4	48. 6	66. 0	59. 3	62. 6	70. 3
PK	33. 4	40. 9	35. 8	32. 3	26. 8	32. 1	38. 5	34. 3
NPK	141. 1	166. 4	167. 5	144. 0	170. 1	210. 1	183. 2	168. 9
MNPK	105. 8	146. 3	139. 1	120. 2	123. 7	172. 8	157. 6	137. 9
1. 5MNPK	135. 1	178. 5	185. 6	145. 6	165. 9	249. 7	202. 6	180. 4
SNPK	140. 0	171. 7	153. 5	141. 1	114. 6	195. 7	173. 2	155. 7

　　从表 18 – 11 看出，玉米地上部吸收氮素各处理差异较大，其中 CK、PK 不施氮肥处理，玉米吸氮素较低，年均吸收 48. 8kg/hm² 和 47. 8kg/hm²，21 年累积吸收氮 1 024. 8kg/hm² 和 1 003. 8kg/hm²。

　　施用氮肥处理之间差异较大，N 处理 21 年由于产量较低，吸收的氮素平均每年 59.4kg/hm²；NK 处理；吸收氮素平均每年 84.9kg/hm²，21 年共计吸收 1 782.9kg/hm²；NP 处理年均吸收 122.1kg/hm²，21 年累积吸收 2 564.1kg/hm²；NPK 处理年均吸收 131.4kg/hm²，21 年累积吸收 2 759.4kg/hm²，比 NP 处理高 7.6%；氮素累积吸收最高的是 1.5MNPK 处理，年均吸收 157.3kg/hm²，21 年累积吸收 3 303.3kg/hm²；MNPK 处理年均吸收 146.7kg/hm²，21 年累积吸收利用 3 080.7kg/hm²；SNPK 处理年均吸收 146.3kg/hm²，21 年累积吸收利用 3 072.3kg/hm²，与 MNPK 吸收量相近。

表 18 - 11　1991—2011 年玉米每年地上部吸收的氮素

处　理	吸收氮素量（kg/hm²）							
	1991—1993 年	1994—1996 年	1997—1999 年	2000—2002 年	2003—2005 年	2006—2008 年	2009—2011 年	21 年平均
CK	70.4	39.5	44.7	57.7	40.2	38.2	51.0	48.8
N	118.7	62.3	58.5	76.6	50.7	57.6	82.6	72.4
NP	138.9	75.7	108.5	104.1	130.1	146.9	150.6	122.1
NK	112.2	79.8	83.2	78.4	71.8	78.0	91.1	84.9
PK	59.1	33.0	39.5	46.6	45.0	56.5	54.7	47.8
NPK	130.6	75.9	96.4	126.2	150.2	183.0	157.9	131.4
MNPK	149.9	88.2	116.1	125.0	150.6	215.5	181.4	146.7
1.5MNPK	155.0	98.0	149.4	146.9	151.6	202.3	197.8	157.3
SNPK	145.0	90.5	152.3	129.3	140.2	196.5	170.5	146.3

土壤氮素表观平衡

氮素表观平衡不考虑作物吸收来自土壤的氮，仅考虑施入到土壤的氮和作物吸收的氮量，用表观差减计算。表 18 - 12 显示，经过 21 年 42 季的不同施肥处理后，土壤中氮素含量发生了巨大变化，不施肥（CK 处理）土壤中氮素全部亏缺，年度亏缺量 27.7~96.4kg/hm²，平均亏缺（58.2±18.1）kg/hm²，年度变异系数为 31.2%。长期不施氮肥的 PK 处理，平均亏缺（55.1±15.9）kg/hm²，年度变异系数为 28.8%，CK 处理和 PK 处理氮素的年度亏缺相似。

把氮肥施用处理进行比较，施氮处理 21 年全部是平衡为正，表示土壤氮素盈余。其中单施氮肥（N 处理）每年盈余量 127.6~296.2kg/hm²，平均盈余（249.1±41.1）kg/hm²，年度变异系数为 16.5%，所有处理中最高，其次是 1.5MNPK 处理，年度氮素盈余 100.5~334.1kg/hm²，平均（227.9±73）kg/hm²，年度变异系数为 32%；NK 处理的盈余量与 1.5MNPK 处理相近，年度盈余量为 149.6~281kg/hm²，平均（224.2±37.5）kg/hm²，年度变异系数为 16.7%，各处理年度变异最小；NPK、NP 处理每年盈余平均（87.2±57）kg/hm²，21 年平均为（95.6±41.1）kg/hm²，年度变异系数分别为 65.3% 和 61.2%，年度间变异较大。SNPK 处理，氮素年度盈余最少，21 年中有 4 年亏缺，17 年盈余，平均盈余（87±55.6）kg/hm²，年度变异系数 64%。

表 18 – 12　1991—2011 年氮表观平衡[①]

处　理	氮素表观平衡（N kg/hm²）								标准差 Sd（kg/hm²）	变异系数 CV(%)
	1991—1993 年	1994—1996 年	1997—1999 年	2000—2002 年	2003—2005 年	2006—2008 年	2009—2011 年	21 年平均		
CK	−77.0	−79.8	−65.0	−54.0	−58.0	−60.9	−65.9	−58.2	18.1	31.2
N	170.1	205.6	245.8	257.5	249.0	261.8	257.4	249.1	41.1	16.5
NP	104.2	111.1	134.2	144.7	139.1	134.6	108.9	95.6	58.5	61.2
NK	158.8	188.2	212.2	226.9	223.3	241.1	228.7	224.2	37.5	16.7
PK	−65.3	−65.8	−51.3	−46.7	−49.2	−46.6	−48.9	−55.1	15.9	28.8
NPK	108.6	116.9	131.5	146.2	142.4	141.5	125.3	87.2	57.0	65.3
MNPK	121.1	114.5	131.6	150.2	151.4	148.1	132.0	98.5	61.7	62.6
1.5MNPK	269.6	260.1	268.0	292.9	268.0	275.7	236.0	227.9	73.0	32.0
SNPK	100.9	108.0	129.3	132.3	120.5	102.7	86.8	87.0	55.6	64.0

注：①氮素来源含有干湿沉降，具体见表 18 – 9

　　由以上述分析可知，氮素盈余有两种类型，一是氮素供应过大，由于小麦和玉米吸收不完而真正剩余的氮素，比如 1.5MNPK 处理；二是氮素供应正常，小麦和玉米由于产量过低而导致吸收的氮素量少，从而产生的氮素盈余，如 N 和 NK 两个处理。SNPK、NPK 和 NP 3 个处理的氮用量相同，每年氮素略有盈余。

　　2. 小麦、玉米的氮素利用率

　　当季氮素表观利用率的计算公式为：

　　当季氮素表观利用率（%）＝［施肥处理作物当季吸收的 N、P、K 量（kg/hm²）－不施肥处理作物当季吸收的 N、P、K 量（kg/hm²）］×100/施入的 N、P、K 量（kg/hm²）

　　式中，不施氮肥处理作物吸氮量指 CK、PK 处理的平均值、不施磷肥处理作物吸磷量指 CK、N、NK 处理的平均值、不施钾肥处理作物吸钾量指 CK、N、NP 处理的平均值。

　　小麦的氮素利用率

　　从表 18 – 13 可以看出，在 6 个施氮肥处理中 NP、NPK 处理小麦的氮肥利用率最高，21 年平均为 82.2%±21.7% 和 80.3%±16.1%，其次是 SNPK 处理，为 73.2%±17.2%，年际间变异系数分别为 26.3%、20.1% 和 23.4%。MNPK 处理为 62.3%±15.5%。单施氮肥的利用率最低，平均为 14.5%±11.9%，只有 NP 处理的 1/6，其次是 NK 处理，平均为 22.5%±15.2%，二者的年际间差异较大，年度变异系数达到 82.2% 和 67.4%，就是说，单施氮肥或氮钾肥配合施用小麦的氮肥利用率低而不稳，受外界因素的影响最大，而氮磷肥和氮磷钾肥配合施用，氮肥的利用率高而稳定，受栽培因子的影响较小，这与产量的结果一致。表 18 – 13 中以及以后的磷、钾肥回收利用率数据远高于文献中的氮、磷、钾肥利用率（黄绍敏，2005）。

原因是该试验为定位施肥试验，每年的处理小区位置不变、施肥量不变，长期不施氮肥、磷肥、钾肥的作物产量前期逐年降低，以后维持在较低水平，而 NPK 处理的产量稳中有增。

表 18 – 13　小麦的氮素利用率

处　理	氮素利用率（%）							21 年平均	Sd（%）	CV（%）
	1991—1993 年	1994—1996 年	1997—1999 年	2000—2002 年	2003—2005 年	2006—2008 年	2009—2011 年			
N	45.7	12.5	14.0	7.3	15.5	11.4	6.5	14.5	11.9	82.2
NP	45.3	78.9	80.3	71.7	84.5	111.4	82.5	82.2	21.7	26.3
NK	47.6	21.3	16.4	10.3	24.2	17.4	21.6	22.5	15.2	67.4
NPK	52.5	75.9	75.8	68.2	89.8	103.1	84.4	80.4	16.1	20.1
MNPK	25.4	63.7	58.6	53.7	61.8	81.2	73.0	62.3	15.5	25.0
SNPK	66.1	79.1	67.3	66.4	57.1	95.5	82.2	73.2	17.2	23.4

玉米对氮肥利用率

在 6 个施氮肥处理中，MNPK 和 SNPK 处理在玉米季的施肥量与 NPK 相同（表 18 – 1），MNPK 和 SNPK 处理玉米对氮肥的利用率最高（表 18 – 14），分别为 52.7 % ±24.3% 和 52.5% ±20.4%；NPK 处理 21 年氮肥利用率平均为 44.6% ±21.0%，NP 处理平均年度利用率为 39.6% ±19.4%。在所有施氮肥处理中，单施氮肥的利用率最低，平均仅为 12.8% ±8.2%，只有 NP 处理的 1/3，其次是 NK 处理，平均为 21.3% ±8.0%，其余处理在 40.1% ~ 53.0%。玉米单施氮肥、氮钾或氮磷肥，氮肥利用率低而不稳，受外界因素影响较大，全量施肥或有机肥无机肥配合，氮肥的利用率高又稳定，受气候及栽培因子的影响较小，这与玉米产量的结果是一致的（黄绍敏，2006）。

表 18 – 14　玉米对氮肥的利用率（%）

处　理	氮肥利用率（%）							21 年平均	Sd（%）	CV（%）
	1991—1993 年	1994—1996 年	1997—1999 年	2000—2002 年	2003—2005 年	2006—2008 年	2009—2011 年			
N	28.5	13.9	8.7	13.0	4.3	5.4	15.9	12.8	8.2	63.8
NP	45.0	21.0	35.4	27.7	46.6	53.1	52.2	40.1	12.4	30.9
NK	37.8	23.2	21.9	14.0	15.6	16.4	20.4	21.3	8.0	37.6
NPK	36.2	21.2	29.0	39.5	57.3	72.4	56.0	44.5	18.0	40.5
MNPK	37.2	27.7	39.5	38.9	57.6	89.7	68.6	51.3	21.8	42.6
SNPK	40.8	29.0	58.7	41.1	52.0	79.5	62.8	52.0	16.8	32.3

3. 土壤氮素表观平衡与氮肥投入量的关系

不施用氮肥处理（CK 和 PK）氮素来源只有干湿沉降，土壤氮素入不敷出，氮素亏缺，随着施肥时间增加，土壤氮素的亏缺愈来愈大，两者的二线性关系为

$y = -2.325x - 36.976$（$R^2 = 0.9811$，$n = 42$，$p < 0.01$）（图 18 − 15a）。

长期施用氮肥（N、NK、NP、NPK）处理，土壤氮素逐渐盈余（图 18 − 15b），随着施肥时间的延长，氮素投入增加，土壤氮素盈余量愈来愈大，两者关系为 $y = 0.4656x - 18.711$（$R^2 = 0.6281$，$n = 84$，$p < 0.01$），线性关系达到极显著水平，说明每投入 1kg 的氮素，土壤氮盈余 0.46kg。

有机无机配施处理 MNPK 和 1.5MNPK，土壤氮素盈余与氮素投入关系为 $y = 0.4099x - 13.433$（$R^2 = 0.8908$，$n = 42$，$p < 0.01$），即每投入 1kg 氮素，土壤氮素盈余 0.41kg，相当于投入氮盈余率达到 41%（图 18 − 15c）。

秸秆还田（SNPK）处理土壤中氮素累积平衡与氮素投入关系为 $y_{SNPK} = 0.2453x + 146.89$（$R^2 = 0.9662$，$n = 21$，$p < 0.01$），每投入 1kg 的氮素，土壤氮盈余 0.245kg，其投入氮的盈余率达到 24.5%（图 18 − 15d）。

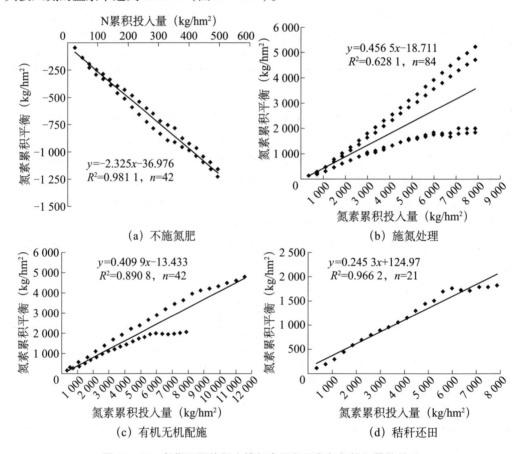

图 18 − 15　长期不同施肥土壤氮素累积平衡与氮投入量的关系

4. 土壤全氮含量与氮素表观平衡的关系

土壤中盈余的氮素，一部分补充土壤氮库中的碱解氮，提高全氮含量（黄绍敏，2006）。长期施氮肥的结果是土壤全氮含量增加。其中有机肥处理土壤全氮增加幅度最大，MNPK 处理 23.5% 的氮素转化为土壤氮，使 0～20cm 土层土壤的全氮由 6.9g/kg 增加到 9.2g/kg；NK 处理转化量最少，只有 5.23%，NP、NPK 处理相同，为 9.7%。秸秆还田对土壤氮素的贡献小于有机肥，17.5% 的氮素转化为土壤氮素。盈余氮素的另一种去向为氮的损失（巨晓棠，2002）。无论氮以哪种形式损失，在所有施氮肥处理中，NK 处理氮素损失量最大，为 72.3%，其次是 N、NP、NPK 处理，损失量基本相同，均为 55%，损失率高的原因可能与作物产量低、生育期间长势差、氮素挥发较多有关。有机肥和秸秆还田处理氮素损失率较低，为 42% ~ 52.5%，有机肥施用量增加，损失率增加，所以，分析 21 年来土壤氮素水平与氮素累积平衡的关系，因为受到多种因素的影响，导致二者的线性关系不显著。

在理想状态下，投入到土壤中的氮素，一部分被作物吸收利用，其余残留或积累在土壤中，转化为土壤氮素一部分，土壤氮素含量就会随着氮素投入量的增大而增加，氮素盈余量增加，土壤氮特别是全氮也会相应增加（黄绍敏，2006）。同理，如果投入的氮素入不敷出，导致土壤氮素亏缺，相应的土壤全氮也应该降低，二者必然有关系。按照这个思路，把 21 年来 9 个试验处理的氮素平衡与土壤全氮含量做散点图，寻找二者的线性关系。

由图 18 - 16a 可以看出，施化氮肥处理（N、NP、NK、NPK），其氮素平衡和土壤全氮的线性关系可以描述为 $y = 0.000\ 0047x + 0.697\ 2$（$R^2 = 0.005\ 37$，$n = 84$，$p > 0.05$），说明二者线性关系不显著。

有机无机配合处理（MNPK 和 1.5MNPK）土壤氮素平衡和全氮关系可以描述为 $y = 0.000\ 1x + 0.686$（$R^2 = 0.554\ 7$，$n = 42$，$p < 0.01$），线性关系极显著，也就是说土壤氮每盈余 1kg，全氮含量增加 0.000 102g/kg（图 18 - 16b）。

秸秆还田处理（SNPK）氮素平衡和土壤全氮的关系为 $y = 0.000\ 102x + 0.704\ 2$（$R^2 = 0.494\ 9$，$n = 21$，$p < 0.01$），线性关系极显著，即氮素每盈余 1kg，土壤全氮增加 0.000 102g/kg（图 18 - 16c）。

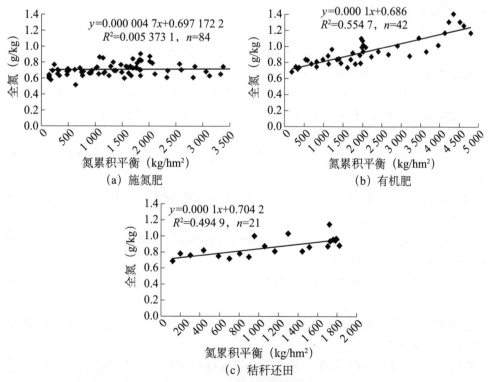

图 18 - 16 长期不同施肥土壤全氮含量与氮素累积平衡的关系

5. 土壤碱解氮含量与土壤氮素表观平衡的关系

把单施氮肥处理，包括 N、NP、NK、NPK，其土壤碱解氮与氮素累积平衡的线性关系为：$y = 0.000\ 2x + 64.167$（$R^2 = 0.000\ 8$，$n = 84$，$p > 0.05$）（图 18 - 17a），说明二者不存在极显著线性关系。

有机肥无机肥配施处理 MNPK 和 1.5MNPK 的土壤碱解氮与氮素累积平衡关系为 $y = 0.010\ 6x + 62.365$（$R^2 = 0.642\ 8$，$n = 42$，$p < 0.01$），线性关系极显著，表示土壤氮素每盈余 1kg，碱解氮含量增加 0.010 6mg/kg（图 18 - 17b）。

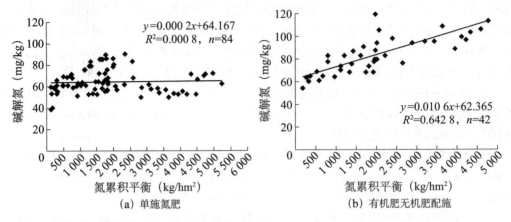

(a) 单施氮肥   (b) 有机肥无机肥配施

图 18 - 17 长期不同施肥土壤碱解氮与氮素累积平衡的关系

（二）土壤磷素的表观平衡

1. 土壤磷素的表观平衡

各项指标计算公式：

肥料带入 P 量（kg/hm²）=Σ 每季施用 P 量（kg/hm²）

有机肥带入 P 量（kg/hm²）=Σ［有机肥量（kg/hm²）×有机肥含 P 量（%）］

秸秆归还到土壤中 P 量（kg/hm²）=Σ［秸秆量（kg/hm²）×秸秆含 P 量（%）］

小麦颖壳归还到土壤中 P 量（kg/hm²）=Σ［小麦颖壳产量（kg/hm²）×颖壳含 P 量（%）］

20cm 小麦残茬量（（kg/hm²）=Σ［秸秆产量（kg/hm²）×20/该处理株高（cm）］

残茬归还土壤 P 量（kg/hm²）=Σ［20cm 小麦残茬量（kg/hm²）×小麦秸秆含 P 量（%）］

种子带入 P 量（kg/hm²）=Σ［小麦播量（kg/hm²）×种子含 P 量% + 玉米播量（kg/hm²）×种子含 P 量%］

小麦 P 吸收量（kg/hm²）=Σ［籽粒产量（kg/hm²）×含 P 量% + 秸秆产量（kg/hm²）×含 P 量%］

玉米 P 吸收量（kg/hm²）=Σ［籽粒产量（kg/hm²）×含 P 量% + 秸秆产量（kg/hm²）×含 P 量%］

P 总吸收量（kg/hm²）=Σ［小麦吸收量（kg/hm²）+ 玉米吸收量（kg/hm²）］

有机肥和秸秆进入土壤的磷素（土壤磷的收入）

从表 18 - 15 可以看出，经过 21 年 42 季的不同施肥和种植后，不施磷肥处理（CK、N、NK），土壤中的磷素来源为 0kg/hm²；而各施磷肥处理每年进入磷素的 77kg/hm² 来自过磷酸钙，MNPK、1.5MNPK 和 SMNPK 处理除了过磷酸钙带入的磷外，有机肥和秸秆也带入了较大量的磷，如 MNPK 处理的磷素投入累积比 NPK 处理高出 74%，21 年磷素累积投入 2 732kg/hm²，其余磷肥处理均为 1 751kg/hm²。SNPK 处理除了过磷酸钙带入的 1 571kg/hm² 外，秸秆带入磷 392kg/hm²，占 SNPK 处理总带入磷的 20%。1.5MNPK 处理进入土壤的磷量最高，21 年累积投入磷 4 111kg/hm²，是 MNPK 处理的 1.5 倍，是 NPK 处理的 2.6 倍，是 SNPK 处理的 2.09 倍。

表 18 - 15　1991—2011 年累积磷（P）的投入和产出及其表观平衡（含有机肥和秸秆投入）

处　理	1991—2011 年累积投入量 （kg/hm²）	1991—2011 年累积产出量 （kg/hm²）	磷的表观平衡 （kg/hm²）
CK	0	433.4	-433.4
N	0	361.9	-361.9
NP	1 648.0	1 022.0	626
NK	0.0	422.9	-422.9
PK	1 648.0	583.5	1 064.5
NPK	1 648.0	1 277.7	370.3
MNPK	2 857.0	1 388.8	1 468.2
1.5MNPK	4 298.3	1 513.4	2 784.9
SNPK	2 057.4	1 367.8	689.6

小麦玉米对磷素的吸收量（投入磷素产出）

表 18 - 15 显示，小麦和玉米两季地上部吸收的磷素各处理差异较大，其中 CK、N、NK 不施磷肥的处理，小麦和玉米吸收的磷素相对降低，21 年累积吸收磷 362 ~ 433kg/hm²，其中 N 处理最低，21 年累积吸收磷 362kg/hm²。同样是磷肥处理，PK 处理 21 年作物产出的磷素仅为 583.5kg/hm²，相当于总投入量的 35.4%，就是说，该处理磷素累积利用率只有 35.4%；NP 处理 21 年累积吸收 1 022kg/hm²，占总投入量的 62.0%，即 NP 处理磷素累积利用率为 62.0%。而在所有施磷肥处理中，磷素累积吸收最高的是 1.5MNPK 处理，21 年为 1 513.4kg/hm²，占总投入量的 35.2%，该处理磷素累积利用率为 35.2%；其次是 MNPK 处理，21 年累积吸收利用 1 389kg/hm²，占总投入量的 48.6%，该处理磷素累积利用率 48.6%；SNPK 处理 21 年累积吸收利用 1 368kg/hm²，占总投入量的 66.5%，该处理磷素累积利用率 66.5%；NPK 和 NP 处理，21 年吸收利用的磷分别为 1 278kg/hm² 和 1 022kg/hm²，分别占总投入量的 77.5% 和 62.0%，其磷素累积利用率分别是 77.5% 和 62.0%。

土壤磷素表观平衡

从表 18 - 15 还可以看出，把年度磷素平衡相加作为累积平衡。施肥时间愈长，磷素亏缺或盈余愈大。经过 21 年 42 季不同施肥处理后，不施磷肥处理（CK、N、NK）土壤中磷素全部亏缺，3 个处理累积亏缺分别为 433kg/hm²、362kg/hm² 和 423kg/hm²。

施磷量相同处理，其中 PK 处理 21 年磷素平衡 1 065kg/hm²，相当于总投入量（1 648kg/hm²）的 64.6%，就是说，该处理磷素累积盈余率为 64.6%；NP 处理 21 年累积平衡 626kg/hm²，占总投入量的 38.0%，也就是说 NP 处理小麦玉米磷素累积利用率 62.0%。而各施磷处理中磷素累积平衡量最高的是 1.5MNPK，21 年磷素累积平衡量 2 785kg/hm²，占总投入量的 64.8%，该处理磷素盈余率 64.8%；其次是 MNPK 处理，21 年累积平衡量 1468.5kg/hm²，占总投入量的 51.4%，该处理磷素累积盈余率 51.4%；SNPK 处理 21 年累积盈平衡 689.6kg/hm²，占总投入量的 33.5%，即该处理磷素累积盈余率为 33.5%。

2. 长期施肥小麦和玉米对磷肥的利用率

小麦的磷素利用率

磷肥在小麦上的当季利用率年度间和处理间差异均较大（表 18 - 16）。5 个施磷肥处理中以 NPK 的最高，21 年平均为 66.3%±25.4%，其次是 NP 处理，为 59.9%±21.3%，二者年际间变异系数分别为 38.2 和 35.6。SNPK 处理秸秆带入的磷为化肥磷的 22%，也就是比 NPK 处理多 22% 的磷，1991—2011 年磷肥在小麦上的当季利用率在 11.8%~81.2%，平均为 47.0%±17.5%，变异系数 37.2。MNPK 处理平均为 30.8%±22.1%；PK 处理磷肥利用率平均为 6.6%±7.2%，年际间变异系数高达 109.5%，低而不稳。从表 18 - 16 还可以看出，磷肥当季利用率有增加趋势，NP 处理第一个 5 年平均为 39.0%，第二、第三个 5 年分别为 54.1% 和 58.6%，第四个 5 年为 81.2%；相应的 NPK 处理分别为 41.9%、51.1%、75.4% 和 90%，说明磷肥具有后效，施肥时间愈长，后效愈明显。

表 18 - 16　小麦的磷素利用率

处理	磷肥利用率（%）							21 年平均值	标准差 Sd（%）	变异系数 CV（%）
	1991—1993 年	1994—1996 年	1997—1999 年	2000—2002 年	2003—2005 年	2006—2008 年	2009—2011 年			
NP	35.0	46.3	50.7	52.6	68.4	90.0	76.6	59.9	21.3	35.6
PK	-5.9	8.8	4.4	7.7	7.5	12.7	10.8	6.6	7.2	109.5
NPK	37.6	51.8	47.3	60.7	83.2	99.9	83.9	66.3	25.4	38.2
MNPK	15.0	16.7	26.1	21.4	32.2	68.3	36.1	30.8	22.1	71.7
SNPK	26.3	41.6	39.8	40.0	41.4	78.7	61.4	47.0	17.5	37.2

玉米的磷素利用率

5 个施磷肥处理 21 年的平均磷肥利用率以 SNPK 和 MNPK 最高，分别为 50.6%±26.1% 和 50.4%±24.7%，其次是 NPK 处理，为 42.3%±21.7%；NP 处理为 36.4%±21.7%；PK 处理磷肥利用率最低，平均为 14.1%±10.8%，只有 NPK 处理的 1/3，其中 3 年为负值，最低 1994 年为 -2.4%，最高时 2009 年为 32.7%，变异系数高达 76.9%，低而不稳。从表 18 - 17 还可以看出，磷肥当季利用率有增加趋势，NP 处理第一个 5 年平均为 15.3，第二、第三个 5 年分别为 29.7% 和 39.8%，第四个 5 年为 58.6%；相应的 NPK 处理分别为 18.0%、35.4%、49.1% 和 64.8%。磷肥利用率增加一是由于磷肥具有后效，施肥时间愈长，后效愈明显，二是不施用磷肥的减产效应。

所有施肥处理的玉米对磷肥利用率顺序为 SNPK = MNPK > NPK > NP > PK（表 18 - 17）。

表 18 - 17　玉米的磷肥利用率

处　理	磷肥利用率（%）							21 年平均值	标准差 Sd（%）	变异系数 CV（%）
	1991—1993 年	1994—1996 年	1997—1999 年	2000—2002 年	2003—2005 年	2006—2008 年	2009—2011 年			
NP	18. 2	14. 6	36. 2	23. 2	49. 1	60. 7	53. 1	36. 4	21. 7	59. 6
PK	7. 8	3. 7	13. 4	11. 9	22. 0	17. 8	22. 0	14. 1	10. 8	76. 9
NPK	21. 6	19. 4	36. 1	37. 9	56. 1	62. 6	62. 8	42. 3	21. 7	51. 3
MNPK	26. 8	24. 6	45. 7	46. 0	66. 6	67. 1	76. 0	50. 4	26. 1	51. 8
SNPK	22. 7	23. 7	54. 8	43. 2	64. 8	66. 6	78. 7	50. 6	24. 7	48. 7

3. 土壤磷素表观平衡与磷素投入量的关系

磷素投入主要通过化肥、有机肥及秸秆带进的，干湿沉降带进的磷素很低，本研究忽略不计。由于本试验设计的施磷肥处理磷素投入量都是每年 77kg/hm^2，小麦和玉米产量变化差异小，品种相对一致，作物携出的磷基本稳定，如此每年的磷素平衡就相对稳定。将 1991—2011 年 7 个施磷肥处理的磷素累积表观平衡与投入量作散点图进行统计分析，得到图 18 - 18a。从图 18 - 18a 中可以看出二者显著的线性关系和发展趋势。

把 NP 和 NPK 处理合并分析，随着磷素投入增加土壤磷素盈余愈大，两者的二关系是 $y = 0.301\ 2x + 39.241$（$R^2 = 0.932\ 3$，$n = 42$，$p < 0.01$），线性关系极显著，说明每投入 1kg 磷素，土壤盈余 0.30kg，相当于该处理投入的磷素盈余率达到 30.1%（图 18 - 18b）。

把有机无机配合处理，包括 MNPK 和 1.5MNPK 两个处理，磷素来源不仅有过磷酸钙带进 77kg/hm^2，有机肥每年带进大量的磷素，每年小麦玉米带走的磷素相对较低，大量磷素盈余。把累积的磷素盈余与磷素投入进行线性回归，随着施肥时间增加磷素盈余愈来愈大，两者的二关系是 $y = 0.645\ 6x - 8.15$（$R^2 = 0.967\ 2$，$n = 42$，$p < 0.01$），线性关系极显著，说明每投入 1kg 磷素，土壤盈余 0.35kg（图 18 - 18c）。

每年玉米秸秆还田处理，磷素来源不仅有过磷酸钙每年 77kg/hm^2，玉米秸秆每年带进大量的磷素，每年小麦玉米带走的磷素相对稳定，每年磷素盈余。把累积磷素盈余量与磷素投入量进行线性回归，二者关系为 $y_{SNPK} = 0.324\ 8x + 85.582$（$R^2 = 0.938\ 3$，$n = 21$，$p < 0.01$），线性关系达到极显著水平，说明每投入 1kg 磷素，土壤盈余 0.324 8kg，相当于该处理投入的磷素盈余率达到 32.48%，高于 NPK 处理，低于 MNPK 处理（图 18 - 18d）。

4. 土壤磷表观平衡与土壤全磷含量的关系

把 3 个施用过磷酸钙处理的土壤磷素累积平衡与全磷含量进行散点回归得到图18 - 19a。两者的二关系为 $y = 0.000\ 2x + 0.610\ 2$（$R^2 = 0.483$，$n = 63$，$P < 0.01$），线性关系达到极显著水平，说明每盈余 1kg 磷素，土壤全磷提高 0.000 2g/kg。有机无机配合施肥模式下，磷素累积平衡与土壤全磷进行散点回归，得到图 18 - 19b。两者的二线性关系是 $y = 0.000\ 2x + 0.582\ 8$（$R^2 = 0.821\ 5$，$n = 42$，$p < 0.01$），线性关系达到极显著水平，说明每盈余 1kg 磷素，土壤全磷提高 0.000 2g/kg。秸秆还田施肥模式下，磷素累积平衡与土壤全磷进行散点回归，得到图 18 - 19c。两者的二线性关系是 $y = 0.000\ 3x + 0.597\ 3$（$R^2 = 0.464\ 9$，$n = 21$，$p < 0.01$），线性关系达到极显著水平，说明每盈余 1kg 磷素，土壤有效磷提高 0.000 3g/kg。

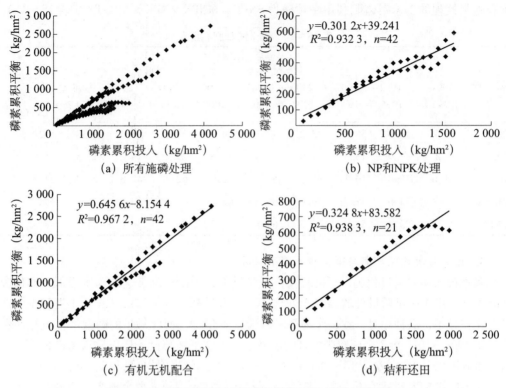

图 18 - 18　长期不同施肥土壤磷素表观平衡与磷投入量的关系

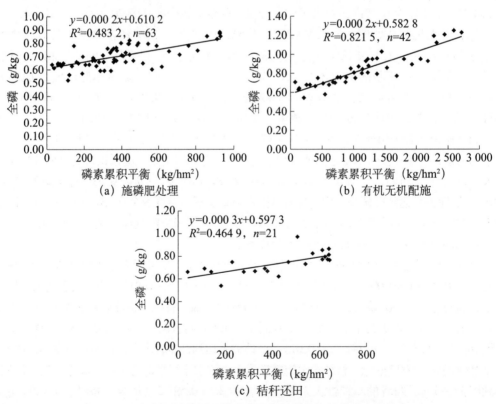

图 18 - 19　长期不同施肥土壤磷素平衡与耕层土壤全磷含量的关系

5. 土壤磷表观平衡与土壤有效磷（Olsen-P）含量的关系

把 8 个施肥处理的磷素累积平衡与土壤有效磷进行散点回归，得到图 18 - 20a。两者关系为 $y = 0.029\,2x + 8.75$（$R^2 = 0.736\,4$，$n = 168$，$p < 0.01$），线性关系达到极显著水平，说明每盈余 1kg 磷素，土壤有效磷提高 0.029mg/kg。

把 3 个磷肥处理的磷素累积平衡与土壤有效磷进行散点回归，得到图 18 - 20b。两者关系为 $y = 0.019x + 10.193$（$R^2 = 0.343\,2$，$n = 63$，$p < 0.01$），线性关系达到极显著水平，说明每盈余 1kg 磷素，土壤有效磷提高 0.019mg/kg。

有机无机配合施肥模式下，磷素累积平衡与土壤有效磷进行散点回归，得到图 18 - 20c。两者的二线性关系是 $y = 0.030x + 13.089$（$R^2 = 0.766$，$n = 42$，$p < 0.01$），线性关系达到极显著水平，说明每盈余 1kg 磷素，土壤有效磷提高 0.03mg/kg。

秸秆还田施肥模式下，磷素累积平衡与土壤有效磷进行散点回归，得到图 18 - 20d。两者关系为 $y = 0.028x + 6.53$（$R^2 = 0.436\,8$，$n = 21$，$p < 0.01$），线性关系达到极显著水平，说明每盈余 1kg 磷素，土壤有效磷提高 0.028mg/kg。

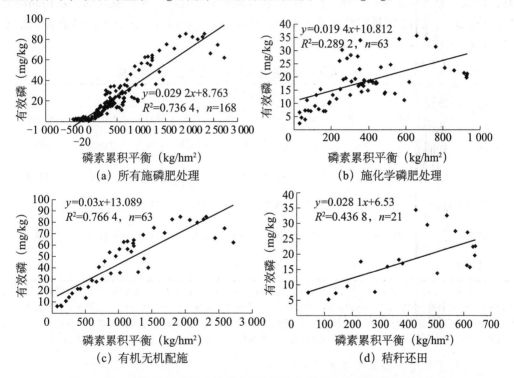

图 18 - 20　长期不同施肥土壤磷素累积平衡与耕层土壤有效磷含量的关系

（三）土壤钾素的表观平衡

1. 土壤钾素的表观平衡

相关指标的计算公式：

肥料带进 K 量（kg/hm²）＝Σ 每季施用的 K 量（kg/hm²）

施用有机肥带入 K（kg/hm²）＝Σ [施用有机肥的量（kg/hm²）×有机肥含 K 量（%）]

施用秸秆归还到土壤中 K 量（kg/hm²）＝Σ [施用秸秆量（kg/hm²）×秸秆含 K 量（%）]

小麦颖壳残留土壤中 K 量（kg/hm²）＝Σ［小麦颖壳产量（kg/hm²）×颖壳含 K 量（%）］

残茬归还土壤 K 量（kg/hm²）＝Σ［小麦残茬量（kg/hm²）×秸秆含 K 量］

种子带进 K 量（kg/hm²）＝Σ［小麦播量（kg/hm²）×籽粒含 K 量（%）＋玉米播量（kg/hm²）×籽粒含 K 量（%）］

小麦 K 吸收量（kg/hm²）＝Σ［小麦产量（kg/hm²）×籽粒含 K 量（%）＋秸秆产量（kg/hm²）×秸秆含 K 量（%）］

玉米 K 吸收量（kg/hm²）＝Σ［玉米产量（kg/hm²）×籽粒含 K 量（%）＋秸秆产量（kg/hm²）×秸秆含 K 量（%）］

K 总吸收量（kg/hm²）＝Σ每年［小麦的吸收量（%）＋玉米吸收量（%）］

土壤钾素投入量

不同处理的土壤钾素投入量差别较大。其中 CK、N 和 NP 处理由于不施用钾肥，其钾素投入量为 0kg/hm²；NK、PK 和 NPK 处理只施用化肥，每年投入的钾素相同均为 146.3kg/hm²，2011 年累积投入量为 3 071.6kg/hm²；而秸秆还田处理的钾素投入量要高于有机肥处理（表 18－18）。

表 18－18　长期不同施肥模式下平均每年土壤钾投入量

钾素来源	各处理钾投入量（kg/hm²）								
	CK	N	NP	NK	PK	NPK	MNPK	1.5MNPK	SNPK
化肥	0	0	0	146.3	146.3	146.3	146.3	219.4	146.3
种子	11.0	11.0	11.0	11.0	11.0	11.0	11.0	11.0	11.0
小麦茬和颖壳	6.5	10.3	26.5	14.9	7.9	38.3	37.0	51.2	42.7
有机肥	0	0	0	0	0	0	81.0	121.4	0
玉米秸秆	0	0	0	0	0	0	0	0	211.5

注：21 年小麦种子用量为 187.5×21＝3 937.5kg/hm²，小麦种子钾含量按照 0.23% 计算，共带进土壤钾为 9.0kg/hm²；玉米种子用量为 37.5×21＝787.5kg/hm²，玉米种子钾含量按照 0.25% 计算，共带进土壤钾为 2.0kg/hm²；小麦收割机收获，留茬高度为 20cm，约占秸秆总量 25%，颖壳全部残留在土壤，这部分钾虽是来自土壤或者肥料，但在计算作物吸收量时候将其计算在内而又没有带出，因此计算投入与平衡时须考虑这部分钾

小麦和玉米每年钾素吸收量

作物钾素吸收量受作物生物产量影响较大，而受作物自身养分含量影响较小。产量较高的处理其钾素吸收量一般也较高。由表 18－19 可以看出，所有施肥模式下，2011 年作物累积钾素吸收量为 1 292.7～7 008.9kg/hm²。有机无机肥料配施处理的钾素吸收量最高，1.5MNPK、SNPK 和 MNPK 处理的钾素累积吸收量分别为 7 008.9kg/hm²、6 274.6kg/hm²、5 587.3kg/hm²，分别比平衡施肥的 NPK 处理高 36.3%、22.0%、8.6%；施用化学钾肥处理的 NPK、PK、NK 处理钾素累积吸收量分别为 5 142.9kg/hm²、1 873.7kg/hm² 和 2 589.8kg/hm²；不施钾肥处理（CK、N、NP）钾素累积吸收量分别为 1 292.7kg/hm²、1 500.7kg/hm² 和 3 005.6kg/hm²，分别是平衡施肥（NPK 处理）25.1%、29.2% 和 58.4%。

表 18-19 长期不同施肥小麦和玉米平均每年钾素吸收量

年份	各处理钾素吸收量（kg/hm²）								
	CK	N	NP	NK	PK	NPK	MNPK	1.5MNPK	SNPK
1991	62.4	110.6	130.2	168.3	80.7	165.0	138.5	153.9	234.9
1992	72.3	102.4	159.3	169.9	85.2	182.3	183.9	228.5	266.8
1993	65.2	79.8	118.8	165.4	97.3	246.5	250.1	294.4	225.0
1994	62.0	63.5	84.1	109.0	62.2	127.1	156.5	205.4	207.1
1995	31.1	62.4	96.0	87.8	34.4	162.1	178.7	242.9	259.2
1996	71.8	64.4	130.3	121.3	87.6	209.9	204.6	263.2	244.6
1997	47.7	55.2	96.9	83.3	63.9	153.5	177.4	271.1	214.0
1998	47.9	45.9	93.3	66.6	50.9	155.3	179.2	206.1	284.7
1999	84.0	58.2	118.0	154.8	72.1	234.0	225.3	371.4	244.9
2000	68.5	71.1	149.0	95.7	90.7	238.5	249.7	327.1	208.4
2001	112.2	106.6	139.4	161.1	240.8	320.2	389.8	417.0	403.1
2002	76.7	74.9	176.4	101.1	107.4	250.0	238.0	271.6	377.2
2003	74.5	65.6	171.4	148.8	134.2	336.3	392.9	471.3	404.6
2004	58.7	80.2	158.7	136.4	95.3	334.5	345.3	417.7	423.5
2005	41.5	78.9	223.2	154.4	99.7	382.2	466.7	436.2	364.7
2006	38.6	61.2	153.6	99.7	74.8	241.0	278.6	375.2	327.4
2007	73.8	61.3	242.3	136.1	92.9	487.8	474.9	602.4	454.7
2008	53.5	44.1	114.3	98.4	66.3	252.7	279.7	394.3	332.9
2009	56.5	60.8	126.0	92.3	101.6	202.1	262.3	341.1	240.9
2010	47.3	71.4	144.2	115.9	61.8	227.5	256.5	364.4	285.3
2011	46.5	82.1	180.3	123.4	73.9	234.7	258.7	353.3	270.7
平均	61.6	71.5	143.1	123.3	89.2	244.9	266.1	333.7	298.8

土壤钾素累积表观平衡

　　在不考虑钾的下渗损失条件下，用钾素投入量减去钾被作物带走量所得差，作为衡量不同施肥条件下小麦玉米轮作系统钾素表观平衡状况。由表 18-20 可知，非均衡施肥处理的 NK、PK 和有机无机肥料配施的 1.5MNPK、SNPK 四个处理表观平衡为正值，说明土壤钾素盈余，其他处理土壤钾素均为亏缺。NK、PK 处理钾素盈余的量呈逐年增加趋势，主要原因是该处理的作物产量较低，带走钾素总量也较低，施用的钾肥高于作物吸收的钾素总量，致使钾素累积平衡呈增加趋势；1.5MNPK、SNPK 处理主要是2003 年之前钾素投入量较大，每年的钾素投入量大于带走量，导致钾素在土壤中积累，而在 2003 年之后作物带走钾素量不断增加，而钾素投入量小于带走量，导致钾素表观累积平衡逐年下降。若按照此施肥方式，预计在若干年后这两个处理钾素表观平衡也将为负值，出现亏缺。

CK、N、NP 处理的钾素总亏缺量随着年份的增加而增加（表 18 - 20），由于没有施用钾肥而作物每年都带走土壤中大量钾素，导致土壤钾素亏缺严重，入不敷出。NPK处理每年投入钾素量相同，低于钾素带走总量，导致钾素表观平衡为负值；MNPK 处理的钾素在 2001 年之前钾素一直是正平衡状态，而在 2001 年之后每年钾素都亏缺；1.5MNPK 处理和 SNPK 处理到 2005 年之后土壤钾素表观平衡变为负值。

表 18 - 20　长期不同施肥模式下钾素的年度表观平衡

| 年份 | 各处理钾素年度表观平衡（kg/hm²） | | | | | | | | |
---	CK	N	NP	NK	PK	NPK	MNPK	1.5MNPK	SNPK
1991	-62.4	-110.6	-130.2	-22.0	65.5	-18.8	76.9	169.2	152.0
1992	-72.3	-102.4	-159.3	-23.7	61.1	-36.0	42.7	111.5	172.8
1993	-65.2	-79.8	-118.8	-19.1	49.0	-100.2	34.2	132.1	195.7
1994	-62.0	-63.5	-84.1	37.3	84.1	19.2	74.6	141.1	134.7
1995	-31.1	-62.4	-96.0	58.4	111.9	-15.8	27.3	66.1	184.1
1996	-71.8	-64.4	-130.3	25.0	58.7	-63.6	4.3	50.2	180.0
1997	-47.7	-55.2	-96.9	63.0	82.4	-7.2	58.0	82.0	221.8
1998	-47.9	-45.9	-93.3	79.6	95.4	-9.0	24.4	99.2	162.4
1999	-84.0	-58.2	-118.0	-8.5	74.1	-87.8	62.6	60.4	160.8
2000	-68.5	-71.1	-149.0	50.5	55.6	-92.2	43.3	112.3	263.1
2001	-112.2	-106.6	-139.4	-14.8	-94.6	-173.9	-22.6	133.8	10.1
2002	-76.7	-74.9	-176.4	45.2	38.8	-103.7	-32.3	36.9	145.1
2003	-74.5	-65.6	-171.4	-2.5	12.0	-190.0	-221.5	-214.3	-87.1
2004	-58.7	-80.2	-158.7	9.9	50.9	-188.3	-125.2	-87.6	-108.4
2005	-41.5	-78.9	-223.2	-8.2	46.6	-235.9	-262.7	-130.4	-134.7
2006	-38.6	-61.2	-153.6	46.5	71.4	-94.8	-70.7	-63.4	5.8

（续表）

| 年份 | 各处理钾素年度表观平衡（kg/hm²） | | | | | | | | |
	CK	N	NP	NK	PK	NPK	MNPK	1.5MNPK	SNPK
2007	−73.8	−61.3	−242.3	10.1	53.3	−341.5	−267.1	−290.6	−174.8
2008	−53.5	−44.1	−114.3	47.8	80.0	−106.4	−133.4	−174.9	−88.4
2009	−56.5	−60.8	−126.0	54.0	44.7	−55.8	−25.6	14.0	8.6
2010	−47.3	−71.4	−144.2	30.4	84.5	−81.2	−43.3	−44.5	−20.2
2011	−46.5	−82.1	−130.2	22.8	72.4	−88.4	−45.5	−33.4	−10.4

综上所述，不施钾肥处理由于作物每年从土壤中带走钾素，所以钾素表观累积平衡为负值。NK、PK平均每年钾素盈余22.9kg/hm²和57.0kg/hm²，钾素在土壤中不断累积，钾素表观累积平衡呈逐年增加趋势。MNPK、1.5MNPK和SNPK处理在试验前12年（MNPK处理为前10年），平均每年钾素盈余44.8kg/hm²、99.6kg/hm²和165.2kg/hm²，钾素表观累积平衡呈逐年增加趋势，之后钾素出现亏缺，平均每年钾素亏缺量分别为113.6kg/hm²、113.9kg/hm²和67.7kg/hm²，钾素平衡逐年下降。

2. 小麦和玉米的钾素利用率

小麦的钾素利用率

小麦施肥处理间钾肥的当季利用率变化较大，年际间变异也较大。NK处理的小麦季钾素当季利用率为−26.9%~53.5%，第一季肥料利用率最高，而有些年份回收率出现负值，说明施用钾肥完全没有效果；而NPK、MNPK、SNPK处理，钾肥利用率的变化幅度分别为37.7%~200.0%、5.4%~177.6%、18.1%~53.6%，年际变化较大（表18−21）。利用率大于100%是钾素投入小于吸收量，需要从土壤中吸收钾素满足生长和产量需求。

表18−21 长期施肥小麦对钾素的当季利用率

| 年份 | 各处理钾肥当季利用率（%） | | | |
	NK	NPK	MNPK	SNPK
1991	53.5	52.6	5.4	20.4
1994	18.5	64.9	46.0	44.4
1997	0.9	37.7	24.7	18.1
2000	−26.9	109.8	35.1	19.8
2003	−11.9	200.0	177.6	53.6
2006	2.8	162.4	87.5	63.7
2009	−22.2	70.6	34.2	34.5
2011	3.1	135.9	62.7	52.9

玉米的钾肥利用率

长期施肥下，玉米季的钾素利用率与小麦季差别较大（表18−22）。所有处理的钾素当季利用率均为正值，说明钾素对于玉米有增产效果。NK 处理的玉米季钾素当季利用率为 17.2% ~68.2%，平均为 32.5%。而 NPK、MNPK、SNPK 处理，钾肥利用率的变化幅度分别为 16.4% ~122.7%、20.6% ~163.1%、25.8% ~221.5%，均值分别为 67.6%、95.9%、101.5%，年际变化较大。

表 18-22　长期施肥模式下玉米对钾肥的当季利用率

年　份	各处理钾肥当季利用率（%）			
	NK	NPK	MNPK	SNPK
1991	39.3	36.0	38.6	91.0
1994	33.9	16.4	20.6	25.8
1997	20.7	78.4	92.4	106.0
2000	23.1	86.2	100.2	43.8
2003	68.2	122.7	158.0	221.5
2006	17.2	58.4	103.2	103.0
2009	34.0	93.3	163.1	129.2
2011	23.6	49.6	91.1	91.5

3. 土壤钾素表观平衡与钾投入量的关系

非均衡施肥土壤钾素表观平衡与钾投入量的关系

CK、N、NP 处理的钾素投入量为 0kg/hm^2，钾素表观平衡是钾素带走量的负值，不受钾素投入量的影响，因此暂不讨论。

NK 和 PK 处理的土壤钾素平衡均与钾素的累积投入量呈极显著正相关（图 18-21），且回归方程的决定系数达到 0.95 以上。NK 处理每投入 1kg 钾素，其钾素平衡增加 0.181g/kg，而 PK 处理每投入 1kg 钾素，其钾素平衡增加 0.349g/kg。PK 处理由于其产量较低，钾素带走量也较低，其投入一定钾素后，钾素积累较其他处理高。

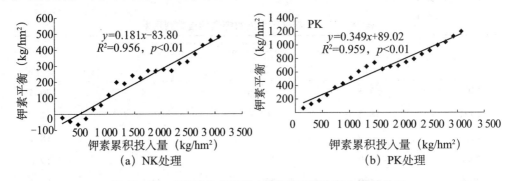

（a）NK处理　　　　　　　　　（b）PK处理

图 18-21　长期非均衡施肥土壤钾素平衡与投入量的关系

长期施用化肥及有机肥土壤钾素表观平衡与投入量的关系

长期施用化肥处理的 NPK 处理由于投入的钾素低于其带走钾素量，因此随着钾素投入量的增加，钾素平衡呈逐年降低趋势，每投入 1kg 钾素，钾素平衡量降低 0.776kg（图 18-22）；有机无机肥料配施（MNPK、1.5MNPK 和 SNPK）处理的钾素平衡与钾素投入量关系比较一致，均为投入量达到一定数值前，平衡量随投入量的增加而增加，之后均随着平衡量的增加而降低。在达到平衡量最大值之前，MNPK、1.5MNPK 和

SNPK 处理每投入 1kg/ hm^2 钾素，钾素平衡量增加 0.169kg/hm^2、0.244kg/hm^2、0.402kg/hm^2。在达到平衡量最大值之后，MNPK、1.5MNPK 和 SNPK 处理每投入 1kg/hm^2钾素，钾素平衡量降低 0.683kg/hm^2、0.369kg/hm^2、0.264kg/hm^2。原因可能是由于有机肥品种及用量的改变，或作物年度吸钾量变化，使得平衡量达到最大值后钾素的投入量小于钾素的带走量，钾素累积平衡量随着投入量的增加而降低。

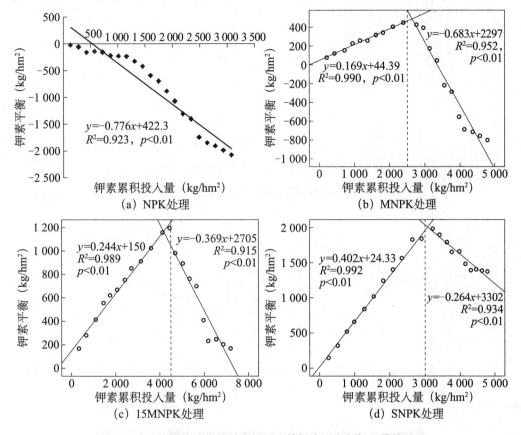

图 18 - 22　长期施用化肥及有机肥土壤钾素平衡与投入量的关系

4. 土壤钾素表观平衡与土壤速效钾含量的关系

不施钾肥土壤钾素表观平衡与速效钾含量的关系

CK、N 和 NP 处理长期不施用钾肥，其钾素平衡逐年降低，但土壤速效钾含量并未出现明显降低（图 18 - 23），常年稳定在 55 ~ 65mg/kg，可能的原因是北方潮土钾库容量较大，当作物吸收速效钾之后，巨大的非交换性钾库会源源不断地转化为交换性钾，或者由土壤晶格中的钾释放出来转化为交换性钾，使得土壤速效钾被吸收后仍能保持在一定范围。

非均衡施肥土壤钾素表观平衡与土壤速效钾含量的关系

长期非均衡施肥条件下的 NK 和 PK 处理土壤钾素平衡与土壤速效钾呈极显著正相关（图 18 - 24）。NK 处理的土壤钾素盈余量每增加 1kg/hm^2，土壤速效钾含量将增加 0.132mg/kg；PK 处理的土壤钾素盈余量每增加 1kg/hm^2，土壤速效钾含量将增加 0.084mg/kg。

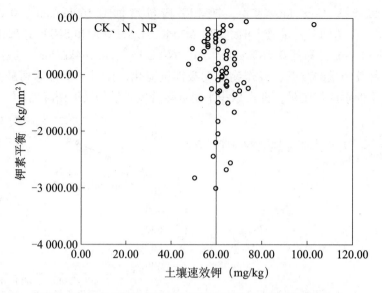

图 18-23　长期不施钾肥土壤钾素平衡与速效钾含量的关系

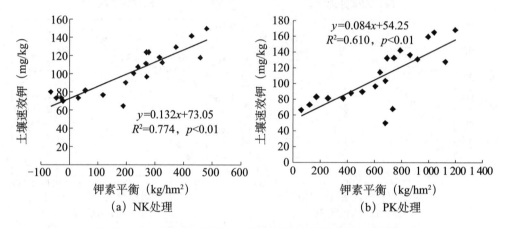

（a）NK处理　　　　　　　　　（b）PK处理

图 18-24　长期施用钾肥下土壤钾素平衡与速效钾含量的关系

平衡施肥及有机无机肥配施土壤钾素表观平衡与土壤速效钾含量的关系

长期施用化肥模式下的 NPK 处理土壤钾素平衡与土壤速效钾呈显著负相关（图18-25），土壤钾素盈余量降低每增加 1kg/hm²，土壤速效钾含量降低 0.008mg/kg。长期施用有机肥料与无机肥料配施处理的土壤速效钾含量与土壤钾素平衡呈极显著负相关关系。而 1.5MNPK 和 SNPK 处理土壤速效钾与钾素平衡之间关系并不明显。主要原因是 1.5MNPK 和 SNPK 处理在开始阶段平均每年钾素盈余 165.2kg/hm² 和 99.6kg/hm²，钾素累积表观平衡呈逐年增加趋势，到 2002 年之后钾素出现亏缺，平均每年钾素亏缺量分别为 113.9kg/hm²、67.7kg/hm²，钾素平衡逐年下降，而速效钾是一直上升的，因此出现 1 个平衡值对于多个速效钾含量，使得回归方程不易确定。

五、基于黄潮土肥力演变和持续提升的培肥技术模式

（一）低肥力土壤的有机质快速提升技术

长期有机物料投入可显著提高土壤有机质含量。土壤的理化性质及植物生长与土

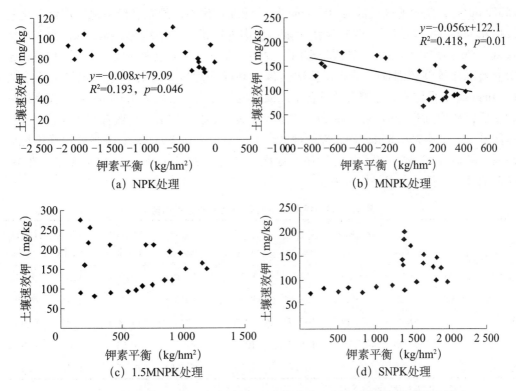

图 18-25　长期施用化肥及有机肥模式下土壤钾素表观平衡和土壤速效钾含量的关系

壤有机质有密切关系。有机质可促进土壤团粒结构的形成，改善土壤的通气性，提高土壤对养分的保存能力等。因此，土壤有机质是衡量土壤肥力高低的主要指标之一。根据潮土定位试验连续 20 年在小麦—玉米轮作条件下施有机肥（M）和有机肥与化肥配施（NPKM、1.5NPKM）的试验结果，土壤有机质年增加量均达到 0.65g/kg。由 1990 年的低肥力土壤（有机质含量 11.2～11.6g/kg）到 2012 年均变为中高肥力土壤（有机质含量为 19.3～20.9g/kg）。有机肥料对增加土壤有机质的效果好于单独使用化学肥料，每年有机肥与化肥配合施用，是快速增加土壤有机质的重要措施。有机肥的使用，无论是猪粪、牛粪还是其他畜禽粪便，在经过彻底的堆沤腐熟过程后，建议施用量在 30～45m³/hm²，按照潮土地区小麦施氮肥（N）的中高产水平在 195～225kg/hm²、磷肥（P_2O_5）一般在 90～120kg/hm²、钾肥用量一般在 60～90kg/hm²、施用有机肥后化肥用量可减少 20%，即氮肥（N）可施 150～195kg/hm²、磷肥（P_2O_5）施 60～90kg/hm²、钾肥（（K_2O）施 45～60kg/hm²，这样既可以快速增加土壤有机质含量，又不会因为土壤 C/N 比失调而影响土壤的有效养分，保证作物的高产稳产。

（二）中肥力土壤的肥力持续提升技术

从河南省行政区不同区域的土壤养分状况（表 18-23）和土壤肥力分级标准（表 18-24）来看，土壤有机质和全氮含量都是以豫西地区最高，豫中最低。豫北、豫南、豫东、豫中地区的土壤有机质含量低于河南省 15.98g/kg 的平均水平，豫中、豫东地区的土壤全氮含量低于全省平均水平。土壤有效磷（P_2O_5，下同）含量以豫北最高，平均为 18.65mg/kg，其次是豫南、豫东地区，平均为 17.8mg/kg，豫西和豫中地区低于全省 17.59mg/kg 的平均值；土壤速效钾（K_2O，下同）含量以豫西最高，平均为

153.2mg/kg，豫中地区最低为 105.4mg/kg，豫北、豫南、豫东、豫中地区均低于全省 121.9mg/kg 的平均值；土壤有效锰含量以豫南地区最高，平均为 24mg/kg，豫东地区最低，平均为 11.5mg/kg，其次是豫西，豫北、豫东、豫中地区均低于全省平均值；土壤有效铜含量以豫南地区最高，其次是豫东和豫西地区，豫北和豫中地区低于全省 16.4mg/kg 的平均值；土壤有效锌含量以豫东地区最高，平均为 1.63mg/kg，豫南地区含量低，平均为 1.22mg/kg，豫北、豫南地区低于全省平均值；土壤有效硼含量以豫中地区最高，平均为 0.83mg/kg，豫西地区最低，平均为 0.29mg/kg；有效铁以豫南地区最高，平均为 22.6mg/kg，最低为豫北地区，平均为 8.81mg/kg，其次是豫东、豫中、豫西地区，均低于全省平均水平。

表 18 - 23　河南省不同区域土壤养分平均值

地　区	有机质 （g/kg）	全氮 （g/kg）	有效磷 （mg/kg）	速效钾 （mg/kg）	有效铁 （mg/kg）	有效锰 （mg/kg）	速效铜 （mg/kg）	速效锌 （mg/kg）	速效硼 （mg/kg）
豫　北	15.68	0.99	18.65	128	8.81	15.8	1.2	1.32	0.64
豫　西	18.08	1.00	15.6	153.2	9.97	16.5	1.5	1.41	0.29
豫　南	15.2	0.97	17.69	107.7	22.6	24	1.8	1.22	0.66
豫　东	15.1	0.95	17.79	126.2	10.2	11.5	1.63	1.63	0.51
豫　中	13.48	0.89	16.43	105.4	10.3	15.22	1.47	1.42	0.83

注：有效磷为 P_2O_5；速效钾为 K_2O

表 18 - 24　河南省土壤有机质和养分指标及分级标准

级　别	有机质 （g/kg）	全氮 （g/kg）	有效磷 （mg/kg）	速效钾 （mg/kg）	有效铁 （mg/kg）	有效锰 （mg/kg）	速效铜 （mg/kg）	速效锌 （mg/kg）	速效硼 （mg/kg）
极　低	≤ 6	≤ 0.2	≤ 5	≤ 50	≤ 2.5	≤ 1	≤ 0.1	≤ 0.3	≤ 0.2
低	6 ~ 10	0.2 ~ 0.5	5 ~ 10	50 ~ 100	2.5 ~ 4.5	1 ~ 5	0.1 ~ 0.2	0.3 ~ 0.5	0.2 ~ 0.5
中	10 ~ 20	0.5 ~ 1.0	10 ~ 20	100 ~ 150	4.5 ~ 10	5 ~ 15	0.2 ~ 1.0	0.5 ~ 1.0	0.5 ~ 1.0
较　高	20 ~ 30	1.0 ~ 1.5	20 ~ 30	150 ~ 200	10 ~ 20	15 ~ 30	1.0 ~ 1.8	1.0 ~ 3.0	1.0 ~ 2.0
高	30 ~ 40	1.5 ~ -2.0	30 ~ 40	200 ~ 250	≥ 20	≥ 30	≥ 1.8	≥ 3.0	≥ 2.0
极　高	≥ 40	≥ 2.0	≥ 40	≥ 250	–	–	–	–	–

注：有效磷为 P_2O_5；速效钾为 K_2O

所以从土壤养分来看，河南省土壤养分含量大部分处于中高水平，也有必要进行培肥。结合长期试验的土壤肥力演变规律，以及肥料和有机物料的关系，每年进行玉米秸秆还田，秸秆中有机碳素的转化效率按 0.035kg/（hm² · a）计，即年投入 1t/hm² 的有机物料碳，其中 0.035t 能进入土壤有机碳库。按照潮土地区小麦中高产水平的氮肥（N）施用量在 180 ~ 195kg/hm²、磷肥（P_2O_5）在 75 ~ 90kg/hm²，钾肥（K_2O）在 45 ~ 60kg/hm²，每年玉米季地上部粉碎、深耕翻压还田，就可以维持土壤有机质含量稳步提升，又能使作物产量达到高产稳产水平。

（三）高肥力土壤的平衡施肥技术

从河南省行政区域来看，土壤有机质和全氮含量都是以豫西地区最高，其次是豫北地区，其有机质含量高于全省 15.98g/kg 的平均水平，豫中、豫东地区土壤全氮含量低于全省平均水平。土壤有效磷含量以豫北最高，平均为 18.65mg/kg，比如河南豫北的新乡市、鹤壁市、焦作市等地区，是河南省的粮食高产区，对于这类土壤，目前的施肥技术应该以土壤养分平衡为原则，量出为入，保持土壤养分持续稳定，既不让土壤养分耗竭，又能保证这类地区的粮食高产稳产。这类地区具有秸秆还田的良好习惯，但是施肥存在的主要问题是氮肥使用过量，建议这类地区的施肥量为：小麦 7 500kg/hm² 以上产量水平的氮肥（N）施用量在 150~180kg/hm²，磷肥（P₂O₅）一般在 75~90kg/hm²，钾肥一般在 45~60kg/hm²，或者钾肥隔年施用；玉米产量在 7 500kg/hm² 以上时，建议氮肥（N）施用量为 180~210kg/hm²，磷肥（P₂O₅）为 60~75kg/hm²，钾肥可以隔年施用。

六、主要结论与研究展望

（一）主要结论

长期有机肥与化肥配合施用，土壤有机质、氮、磷、钾的含量快速增加、有机质的质量改善，有机质组成趋于合理。施用有机肥的处理（MNPK 和 1.5MNPK），21 年土壤有机质持续快速增加 0.339~0.487g/kg，年递增率达到 2.28%~2.0%；耕层土壤全氮含量平均每年增加 0.0196g/kg，年均递增率达 2.6%。有机肥使用量越高，耕层土壤全氮含量增加越快。耕层土壤碱解氮含量随氮肥施用年限的增加极显著增加，平均每年增加 1.88g/kg，增加幅度为 72.4%，年均递增率 2.6%。

长期使用高量有机肥的处理 1.5MNPK，碱解氮增幅为 121.6%，年均递增率 4.2%。与 MNPK 相比，在氮肥增加 50% 的情况下，土壤碱解氮含量的增幅度为 46.1%，与肥料增加幅度同步，土壤碱解氮含量随有机肥的增加而同步增加。

有机无机配施处理（MNPK）耕层有效磷由 1990 年的 6.3mg/kg 增加到 2004 年的 63mg/kg，平均每年增加 4.05mg/kg，年递增率达到 11.6%；2005—2007 年耕层土壤有效磷含量徘徊在 54.4~64.9mg/kg，由 2007 年的 63mg/kg 下降到 2011 年的 48.6mg/kg，属于降低过程，4 年降幅为 22.8%。

长期施用高量有机肥的处理（1.5MNPK），土壤有效磷的持续增加效果更明显，而且施有机肥的量越大，有效磷含量增加越快，21 年平均每年增加 6.0mg/kg，年递增率达 12.9%；2004—2007 年耕层土壤有效磷含量徘徊在 79.7~84.9mg/kg，以后缓慢降低，由 2007 年的 84.9mg/kg 下降到 2011 年的 68.0mg/kg，4 年降幅为 19.9%。

土壤磷盈余量与土壤全磷及 Olsen-P 含量呈极显著线性相关，在考虑环境效应的前提下，保持适度的磷素盈余值，对于稳定和提高土壤全磷和 Olsen-P 含量具有重要作用。

有机肥无机肥配施，每施入钾素（K）50kg/hm²，土壤速效钾（K）每年增加 0.98mg/kg。1.5MNPK 处理的土壤速效钾的增速是 MNPK 的 1.62 倍，基本与施肥量的 1.5 倍一致。秸秆还田效果不如施有机肥明显，且年际间变化较大，平均每年增加 4.88mg/kg。相当于每施入钾（K）50kg/hm²，土壤速效钾（K）每年增加 0.76mg/kg。

与不施肥对照（CK）相比，施有机肥（MNPK、1.5MNPK）土壤黏粒含量显著增加，粉砂粒含量有所降低。施用有机肥能提高土壤团聚体含量，形成土壤大颗粒。施用有机肥的土壤微生物数量增加，过氧化氢酶和磷酸酶的活性提高，均衡施肥有利于提高微生物量氮含量。

长期施用有机肥处理（1.5MNPK 和 MNPK）的土壤有机碳显著高于单施化肥，高于秸秆还田（SNPK）；施用化肥土壤有机碳含量维持在中等偏上水平。

（二）存在问题和研究展望

1. 潮土长期定位试验存在的主要问题

长期定位试验具有时间的长期性和气候的重复性，其信息量丰富，准确可靠，解释能力强，能为农业生产提供依据，它具有常规试验不可比拟的优点。但是由于受到不同因素的限制，在长期定位试验开展的过程中也会出现如下问题。

（1）长期定位试验开展到一定时间，势必会产生一系列的异常现象，如长期试验中不施肥、单施氮肥、不施磷肥和不施氮肥等不合理施肥处理，产量极显著下降和长期维持较低水平，这是长期相同施肥方式的累积效果，与当年不施氮肥、磷肥和钾肥的产量相比，存在显著的不一致，所以，若把这些处理的产量结果作为参比对照来计算肥料效益和利用率，结果往往偏大，与短期试验的结果不符。同样，采用养分平衡法计算肥料利用率，就可以比较准确地计算肥料的利用率，既避免短期试验肥料不能完全利用而导致结果偏低，又能计算清楚肥料的来源与去向，是比较科学的计算方法和试验方法。

（2）种植制度的代表性。由于时间的推移，种植制度在逐渐向最优化方式发展。目前粮食种植逐步由人工向机械化、化学化（施用化肥、农药、除草剂、调节剂）、自动化、规模化、简单化方向转变，长期试验如何适应这种变化，需要在原来长期定位试验的基础上，补充代表不同种植区域的田间监测点，与试验站标准化管理模式下的试验和监测结果相互补充和验证，前者可以揭示科学真相，后者可对前者试验结果进行验证与示范。

（3）试验方法、分析方法、计算方法的连续性和统一性有待标准化。长期肥料试验，时间长、人数多、试验材料、田间管理、实验室分析等，每一步的质量都直接影响监测数据的准确性和真实性。随着科技的发展，新的仪器设备不断出现，产生了很多新的测试手段和方法，也需要有一套完整一致的标准化操作规程，才能保证长期试验的可比性、一贯性和连续性。

2. 研究展望

随着长期定位试验的开展，人类对自然的探索和科学的认识逐渐深入。长期定位试验在土壤肥力演变特征、土壤退化修复、肥料利用效率等方面取得了许多重要的结果。随着科学问题的产生以及新的研究手段和仪器设备的出现，有必要在以下几个方面展开研究。

（1）长期化学品的大量投入对生态环境的影响：比如长期使用化肥、除草剂、农药对土壤微生物群落、土壤重金属等影响的程度。

（2）生物多样性研究：包括长期不同施肥对田间杂草、土壤动物、土壤微生物群落结构的影响。

（3）物料投入后土壤微生物群落的变化规律，以及是否会对土传病害产生影响，进一步揭示有机物料的循环利用机理和利弊。

黄绍敏、张水清、郭斗斗

参考文献

［1］魏克循.1995.河南土壤地理［M］.郑州：河南科学技术出版社.

［2］武俊喜，陈新平，贾良良，等.2004.冬小麦/夏玉米轮作中中高肥力土壤的持续供氮能力［J］.植物营养与肥料学报，10（1）：1–5.

［3］李菊梅，王朝辉，李生秀.2003.有机质、全氮和可矿化氮在反应土壤供氮能力方面的意义［J］.土壤学报，40（2）：232–238.

［4］张宝峰，曾路生，李俊良，等.2013.优化施肥处理下设施菜地土壤容重与孔隙度的变化［J］.中国农学通报，29（32）：309–314.

［5］巨晓棠，刘学军，张福锁.2002.冬小麦与夏玉米轮作体系中氮肥效应及氮素平衡研究［J］.中国农业科学，35（11）：1 361–1 368

［6］鲁如坤，刘鸿翔，闻大中，等.1996.我国典型地区农田生态系统养分循环和平衡研究Ⅱ.农田养分收入参数.土壤通报，27（4）：151–154.

［7］黄绍敏，宝德俊，皇甫湘荣，等.2006.长期定位施肥小麦的肥料利用率研究［J］.麦类作物学报，（2）：121–126；

［8］黄绍敏，宝德俊，皇甫湘荣.2006.长期施用有机和无机肥对潮土氮素平衡与去向的影响［J］.植物营养与肥料学报，12（4）：479–484；

［9］黄绍敏，宝德俊，皇甫湘荣，等.2006.长期定位施肥玉米的肥料利用率研究［J］.玉米科学，14（4）：129–133

［10］黄绍敏，宝德俊，皇甫湘荣，等.2006.长期施用有机和无机肥对潮土磷素平衡与去向的影响［J］.中国农业科学，39（1）：102–108.

［11］鲁如坤，时正元，顾益初.1996.土壤积累态磷研究Ⅱ.磷肥的表现积累利用率［J］.土壤，27（6）：286–289.

［12］鲁如坤.1999.土壤农业化学分析方法［M］.北京：中国农业科学技术出版社.

［13］鲁如坤，刘鸿翔，闻大中，等.1996.我国典型地区农田生态系统养分循环和平衡研究Ⅱ［J］.农田养分收入参数.土壤通报，27（4）：151–154.

［14］张水清，黄绍敏，郭斗斗.2010.长期定位施肥对冬小麦产量及潮土土壤肥力的影响［J］.华北农学报，25（6）：85–88.

第十九章　长期施肥冲积物潮土肥力演变与培肥技术

我国潮土面积2 500多万hm²，广泛分布于我国黄淮海平原以及河谷平原、滨湖低地与山间谷地等，因所处地形平坦，土层深厚，是我国小麦、玉米等粮食作物的主产土壤，也是棉花生产的主要土壤类型之一。潮土耕地资源占我国耕地面积的近16%，但经过长达5 000余年的农业利用，特别是到过去的40年时间内，大多数潮土的肥力水平已退化到中低水平，土壤属性障碍和衍生障碍因素较多，腐殖质积累作用较弱。因此，开展潮土地区中低产田地力提升和可持续发展研究，特别是探索潮土的肥力演变规律、发展潮土培肥新技术是当前土壤和农业科学工作者需要进行的一项迫切的工作。

一、河南封丘潮土（冲积物潮土）长期试验概况

潮土养分长期试验位于河南省封丘县潘店乡中国科学院封丘农业生态实验站内（北纬35°00′，114°24′东经，海拔67.5m），该区域属微斜平原地貌，年均温13.9 ℃，年降水量615.1mm，年蒸发量1 875mm，>10℃有效积温4 580.9 ℃，年日照时数2 310h，太阳辐射总量114kJ/cm²，平均相对湿度69%，无霜期214d。

试验地土壤类型为潮土，母质为黄河冲积物。土壤剖面中0～40cm土层质地为壤土，40～60cm为黏土，60～150cm为粉砂壤土。试验开始前种植粮食作物，以小麦—玉米轮作为主。经过1986～1989年3年匀地后，在1989年小麦季开始试验，种植制度为冬小麦—玉米一年两熟轮作制。试验开始时土壤有机碳含量5.83g/kg、全氮（N）0.45g/kg、全磷（P_2O_5）9.51g/kg、全钾（K_2O）1.93g/kg、速效氮9.51g/kg、速效磷1.93g/kg、速效钾78.8g/kg，pH值8.65。土壤肥力呈缺氮、磷，富钾状况。试验包括7个处理：①不施肥对照（CK）；②氮磷肥（NP）；③氮钾肥（NK）；④磷钾肥（PK）；⑤氮磷钾肥（NPK）；⑥有机肥（OM）；⑦1/2有机肥＋1/2化肥（1/2 OM＋1/2 NPK，或者1/2 OMN）。每个处理4个重复，共28个小区，小区面积47.5m²（5m×9.5m），田间随机排列，试验分4个区组。小区四周埋设了水泥预制板隔层，埋入地下60cm，地上10cm，以防止水、肥及根系的相互渗透。在两层水泥板之间铺设水泥路面，形成宽20cm的小区间小埂，试验小区四周设1.5m以上的保护行。

小麦和玉米季氮肥（N）和钾肥（K_2O）用量均为150kg/hm²，小麦季施磷肥P_2O_5 75kg/hm²，玉米季磷肥用量为P_2O_5 60kg/hm²。氮肥为尿素，钾肥用硫酸钾，磷肥为过磷酸钙。有机肥由粉碎的小麦秸秆、大豆饼和棉籽饼按100∶40∶45的比例混合、经2个月的堆制发酵而成，施用前分析其氮、磷、钾养分含量，以等氮量的标准施用，有机肥中磷、钾不足部分用化肥补充。OM处理每年有机肥施用量约为9 000kg/hm²。1/2OM＋1/2NPK、NPK、NP和NK处理的小麦和玉米季肥料均以基肥和追肥的形式施入，其中，1/2OM＋1/2NPK处理的玉米季有机肥做基肥，追肥施N 75kg/hm²；PK处理因不施氮肥，小麦和玉米季均只施基肥，不施追肥；OM处理的有机肥在小麦和玉米

季均作基肥一次施入，不施追肥，具体施肥量和施肥时期见表 19 - 1。基肥一般在作物播种前一天施入，玉米在 6 月初，小麦在 10 月中旬进行，基肥施入后进行翻耕。玉米追肥在 7 月下旬，小麦在 2 月下旬，均为地表撒施后灌水。长期试验地的具体管理情况见文献（钦绳武等，1998）。

表 19 - 1　试验地具体时期和施肥量　　　　　　　　（单位：kg/hm²）

作　　物	施肥时期	氮肥（N）	磷肥（P₂O₅）	钾肥（K₂O）
小　麦	基肥	90	75	150
	追肥	60	0	0
玉　米	基肥	60	60	150
	追肥	90	0	0

二、长期施肥冲积物潮土有机质和氮、磷、钾的演变规律

（一）有机质的演变规律

1. 有机质总量的变化

20 年的定位施肥试验结果表明，施肥对耕层土壤有机碳含量有明显影响（图 19 - 1）。20 年不施肥处理（CK）的土壤有机质含量从 5.48g/kg 小幅度增加到 7.59g/kg，但没有发生明显的变化。因为在试验开始前 3 年的匀地，使有机质含量特别低，小幅增长可能与植物根系的生长和在土壤中的残留有关。与 CK 相比，除 NK 处理外的其他处理的土壤有机质均有所增加，增幅为 7.8% ~ 108%。其中，长期施用化肥处理的土壤有机质含量增加了 7.8% ~ 26.2%，施有机肥处理增加了 67.7% ~ 108%。从变化趋势来看，施用有机肥的处理（OM、1/2OM + 1/2NPK）在前 3 年有机质含量变化较大，而后增加速率下降，1994 年后，OM、1/2OM + 1/2NPK、NPK 和 NP 处理的有机质增速基本一致。PK 处理有机质含量在试验开始的几年里（1989—1994 年）与 NK 和 CK 的趋势较为一致，之后由于 NK 和 CK 处理的有机质含量下降而低于 PK 处理。

2. 不同相对密度有机质组分的动态变化

尹云峰等（2005）采用相对密度分组法对封丘潮土 1989—2001 年 CK、NPK 与 OM 3 个处理的土壤有机质组分变化情况进行了研究。结果（表 19 - 2）表明，CK 处理的轻组有机质含量存在年际间波动，总体上呈下降趋势，从试验开始（1989 年）的 1.65g/kg 下降到 2001 年的 1.41g/kg。NPK 处理的轻组有机质含量也存在年际间波动，总体上随施肥年限呈增加趋势，从 1989 年的 1.71g/kg 上升到 2001 年的 2.54g/kg，增加幅度达 48%。而 OM 处理的轻组有机质含量呈不断上升趋势，增加幅度为 158%，远远大于 NPK 处理，并且年际间波动不大。土壤中轻组有机质的增加主要是由于施用化肥和有机肥后作物的生物量增大，土壤中的根茬及残落物增多。

重组有机质是土壤有机质的主体部分，也是土壤中比较活跃的组成部分，占整个土壤有机质的 50% 以上，对土壤肥力的保持具有重要意义。通过研究发现，CK 处理的重组有机质含量略呈上升趋势，基本在 4.98g/kg 左右波动；NPK 处理的重组有机质含量总体上随施肥年限而增加，从试验初期的 5.03g/kg 上升到 6.97g/kg，增加幅度为 38%；而 OM 处理的重组有机质含量也随施肥年限的增加呈逐渐上升趋势，增加幅度为

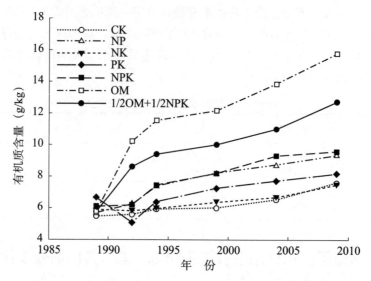

图 19 – 1　不同施肥潮土 0～20cm 土层土壤有机质含量的变化

76%，是 NPK 处理的 2 倍，并且年际间变化趋势基本一致。土壤中重组有机质增加的原因可能是由于试验开始前土壤非常贫瘠，重组有机质含量很低，土壤矿物吸附有机物质的能力还远远没有达到饱和状态，化肥和有机肥的施用大大增加了轻组有机物质的数量，也增加了轻组有机质被土壤矿物吸附的机会，故重组有机质的含量也随之增加。

表 19 – 2　长期施肥不同处理土壤轻组有机质和重组有机质的动态变化

有机质组分	处　理	各年份有机质含量（g/kg）						
		1989 年	1991 年	1993 年	1995 年	1997 年	1999 年	2001 年
轻组有机质	CK	1.65 a	1.43 b	1.34 c	1.22 b	1.79 b	1.45 c	1.41c
	NPK	1.71 a	1.61 b	2.00 b	1.84 b	2.20 b	2.03 b	2.54 b
	OM	1.90 a	2.80 a	3.48 a	4.00 a	4.91a	4.04 a	4.90 a
重组有机质	CK	4.77 a	5.25 b	4.61 c	5.17 c	5.09 c	5.02 c	4.97 c
	NPK	5.03 a	6.31 b	5.44 b	6.45 b	7.03 b	6.40 b	6.97 b
	OM	5.00 a	6.39 a	6.39 a	7.87 a	8.56 a	8.39 a	8.81 a

注：同列数字后不同字母表示处理间差异达 5% 显著水平
资料来源：尹云峰等，2005

（二）氮素的演变规律

1. 全氮含量的变化

从时间上看，氮是限制作物生长和产量形成的首要因素，而土壤中的氮是植物氮素的最重要来源。土壤全氮是反映土壤氮素供应能力的重要指标，其受环境因素和田间管理措施的影响较大。潮土长期试验 0～20cm 土层土壤全氮含量 20 年的变化如图 19－2所示，可以看出 0～20cm 土层土壤全氮与土壤有机质的变化趋势基本一致，施用有机肥有助于提高土壤全氮含量。施有机肥 OM 和 1/2OM＋1/2NPK 处理土壤全氮呈上升趋势，分别由试验开始前的 0.44g/kg 上升到 2009 年的 0.98g/kg 和 0.79g/kg。而 CK

处理的土壤全氮略有下降，2009 年为 0.41g/kg。土壤全氮的变化说明施用有机肥有机氮在土壤中容易积累，有机肥对土壤氮素的增加较化学氮肥快，化学氮肥在土壤中难于积累而损失（巨晓棠，2002）。潮土长期试验中 PK 处理 20 年未施氮肥，耕层土壤全氮含量并没有下降，反而略有增加，而 NK 处理的表层土壤全氮含量却没有增加，说明在该地区大气中的氮沉降也是土壤全氮积累的重要因素，而且无机氮在土壤中如果不被作物吸收则会以其他形式向上或向下迁移，从耕层中流失。

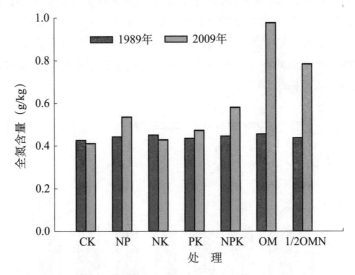

图 19 – 2　不同施肥潮土 0 ~ 20cm 土层土壤全氮含量的变化

2. 硝态氮和铵态氮的含量的变化

2004 年玉米收获后，蔡祖聪和钦绳武（2006）对 0 ~ 100cm 剖面中的硝态氮（$NO_3^- - N$）和铵态氮（$NH_4^+ - N$）含量进行了测定。在各处理中土壤无机 N 以 $NO_3^- - N$ 为主，$NH_4^+ - N$ 含量均小于 1mg/kg（图 19 – 3）。在 0 ~ 20cm 土层土壤中，OM 处理的 $NO_3^- - N$ 含量最高，但也仅为 10.4mg/kg。除 NK 处理外，其他各处理未发现 $NO_3^- - N$ 向土壤剖面深层迁移的现象，20cm 以下土层 $NO_3^- - N$ 含量均小于 4.5mg/kg。但是 NK 处理的土壤 $NO_3^- - N$ 含量随着剖面深度的增加而增加，在 80 ~ 100cm 土层中，$NO_3^- - N$ 含量达到 22.8mg/kg。

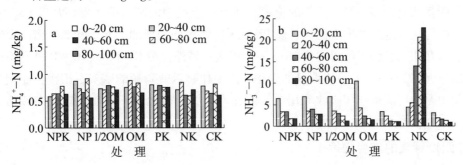

图 19 – 3　2004 年玉米收获后土壤剖面中 $NH_4^+ - N$（a）和 $NO_3^- - N$（h）含量的分布

资料来源：蔡祖聪和钦绳武，2006

（三）磷素的演变规律

1. 全磷含量的变化

潮土长期试验结果表明，试验 20 年后 CK 和 NK 处理 0～20cm 土层土壤中的全磷含量与长期试验开始前基本相同，而其余处理的全磷含量均有所增加（图 19－4），其中以 PK 处理增加最多，由试验开始时的 0.49g/kg 分别上升到 2009 年的 0.83g/kg，这是因为作物带走的磷素较少，所以残存在土壤中的磷素较多。NPK 和 NP 处理的土壤全磷含量无显著差异，而 OM 和 1/2OM＋1/2NPK 处理土壤全磷含量显著低于 NPK 处理。因潮土呈弱碱性，土壤中的钙离子含量较高，所以施入土壤的磷肥易于被固定，而不易移动，与 NPK 相比，OM 和 1/2OM＋1/2NPK 处理作物带走的磷较多而残留少，因此土壤全磷含量的增加亦相对较少。

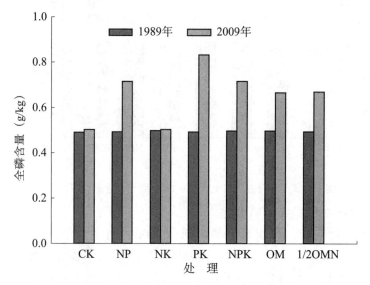

图 19－4　不同施肥潮土 0～20cm 土层土壤全磷含量的变化

2. 无机磷组分的变化

潮土各级形态无机磷的含量 CK 处理在试验 5 年后与 1989 年初始土壤无明显差异（表 19－3），而 PK 处理由于作物产量很低，作物吸收带走的磷量较少，因而残留在土壤中的磷量相对较高，经过 5 年的施肥后残留在土壤中的肥料磷主要还是以 Ca_2-P 和 Ca_8-P 的为主，这两种形态的无机磷 PK 比 CK 处理分别增加约 6 倍和 2.5 倍。磷肥施入潮土后在相当长的时间里主要向 Ca_8-P 转化，另外，Al-P、Fe-P、O－P 也有不同程度的积累，但是 $Ca_{10}-P$ 没有明显的变化。说明作物迟效磷源的磷灰石矿物，在相当长的时间内是不可能被作物吸收利用的，而施入土壤的磷肥也不可能在短期内转化成磷灰石（顾益初和钦绳武，1997）。

（四）钾素的演变规律

经过 20 年的施肥（1989—2009 年）处理后，各处理 0～20cm 土层土壤的全钾含量（19.0～19.8g/kg）均高于试验开始前（18.6g/kg），且各处理间差异不显著（图 19－5），这可能是因为本试验在开始试验前匀地 3 年，土壤中的钾有所降低，后种植作物逐渐达到平衡。另外，尽管该地区土壤钾素储量比较丰富，但是 NP 处理的土壤钾含量 20 年后已低于 CK 处理，且有继续下降趋势，说明在长期不施钾肥的情况下，土壤的钾库会亏损，特别是在对作物产量要求越来越高的形势下，更需要补充土壤钾素。

表 19 – 3　试验五年后土壤无机磷形态的变化

年　份	处　理	各形态无机磷含量（mg/kg）							全　磷
		Ca_2-P	Ca_8-P	Al-P	Fe-P	O-P	$Ca_{10}-P$	总量	
1989	初始土壤	2.08	27.4	12.1	15.9	40.1	336.9	434.1	498
1994	CK	1.86	24.8	9.08	13.5	35.7	336.6	421.4	485.8
	NP	2.55	50.8	18.7	22.2	49.3	336.3	479.8	544
	NK	2.82	26.2	9.74	13.9	36.1	328.3	406.1	492
	PK	10.9	60.4	21.8	37.3	47.3	337.7	515.5	576.1
	NPK	2.76	53.2	20.6	22.4	46.5	337.7	483.2	547.3
	OM	4.85	45.1	14.9	18.9	45.7	332.7	472.5	544.3

资料来源：顾益初和钦绳武，1997

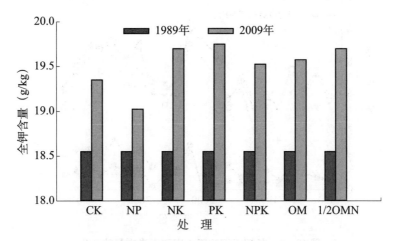

图 19 – 5　不同施肥潮土 0～20cm 土层土壤全钾含量的变化

（五）作物产量对长期施肥的响应

小麦和玉米产量的演变规律如图 19 – 6 所示，可以看出，在试验第一年，施肥处理和不施肥处理的产量即有显著差异，总体来说，平衡施肥的各处理的作物产量均高于缺素处理。NPK 处理的产量最高，1/2OM + 1/2NPK 次之。由于封丘地区土壤钾含量较高，缓效钾可以转化为速效钾供作物吸收，故 NP 处理的作物产量在前 12 年均与 NPK 处理无显著差异，说明在此区域无秸秆还田的情况下，不施钾肥可以维持 12 年的稳定产量。而氮肥和磷肥缺乏则显著降低作物产量，缺磷尤其明显，至近几年 NK 处理的产量已逐步低于 CK 处理。

小麦 23 年的平均产量以 NPK 处理最高为 4 716kg/ hm² （为烘干重，下同），其次为 1/2OM + 1/2NPK 处理（4 677kg/hm²），且两个处理产量接近，年际变化比较小，变

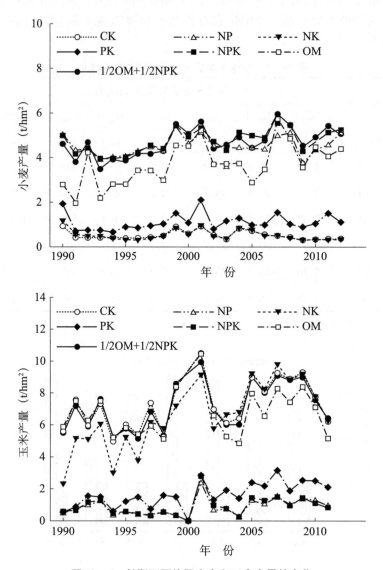

图 19 - 6　长期不同施肥小麦和玉米产量的变化

异系数分别为 10.9% 和 13.7%。NPK 和 1/2OM + 1/2NPK 处理的产量趋势也基本一致，最高产量出现在 2007 年，最低产量出现在 1993 年。NP 处理在前 12 年其产量与 1/2OM + 1/2NPK 处理无显著差异，NP 处理的最高产量出现在 1999 年，2000 年后产量显著低于 NPK 和 1/2OM + 1/2NPK，且有逐步下降的趋势。OM 处理 23 年的平均产量为 3 716kg/ hm²，显著低于 NPK、1/2OM + 1/2NPK 和 NP，有随试验时间增长而增加的趋势。通过小麦产量与气象因素的相关分析发现，OM 处理的小麦产量与 5 月平均温度具有显著的相关性（蔡祖聪和钦绳武，2006），但是相对于前面 3 个处理（NPK、1/2OM + 1/2NPK 和 NP）其平均产量的变异系数要大得多，为 25.5%。PK、NK 和 CK 处理自试验第二年后产量基本比较稳定，PK 明显高于 NK 和 CK 处理，NK 和 CK 处理的产量无显著差异。

玉米产量总体的变化规律与小麦相似。但是由于 2000 年夏季洪水，玉米绝收，该季玉米绝收后所有地上部分全部还田，2001 年产量显著提高。23 年玉米的平均产量与小麦的平均产量规律一致，均为 NPK > 1/2OM + 1/2NPK > NP > OM > PK > CK > NK，但是近 10 年产量则为 OM > NPK > 1/2OM + 1/2NPK > NP > PK > CK > NK，OM 处理的玉米产量显著高于 NPK 处理。NP 处理的产量在 2003 年以前基本与 NPK 处理相当，二者无显著差异，自 2003 年后，产量显著下降，后 10 年玉米的平均产量仅为 NPK 处理的86.7%。平衡施肥各处理年平均产量的变异系数为 OM > NPK > 1/2OM + 1/2NPK，数值在 21.1% ~ 31.6%。各处理变异系数的排序在不同的气候年型下基本一致，气候条件主要影响产量的高低，也就是说气候条件对于不同处理玉米产量的影响作用是基本一致。与小麦相同，PK 处理的玉米平均产量明显高于 NK 和 CK 处理，NK 和 CK 处理间产量无显著差异。

三、长期施肥冲积物潮土生物活性及多样性的变化

（一）长期不同施肥对土壤酶活性的影响

土壤中几乎所有的生化反应和物质循环都是通过土壤酶的催化作用来完成的，土壤酶的活性是土壤肥力的重要指标。土壤脱氢酶属于氧化还原酶系，它自一定的基质中析出氢或氢的供体而进行氧化作用，反映土壤微生物新陈代谢的整体活性，可作为微生物氧化还原能力的指标。转化酶又称蔗糖酶，是广泛存在于土壤中的一个重要的酶，它对增加土壤中易溶性营养物质起着重要作用（孙瑞莲等，2003）。脲酶的酶促反应产物氨是植物的氮源之一，其活性反映土壤有机态氮向有效态氮的转化能力和土壤无机氮的供应能力。土壤磷酸酶能将有机磷酯水解为无机磷酸，土壤中有机磷是在它的作用下才能转化成可供植物吸收的无机磷。土壤微生物生物量是土壤有机质中最活跃和最易变化的部分，对植物养分具有贮存和调节作用，其大小和活性直接影响养分的矿化和固定，即影响土壤酶活性。2002—2005 年，王俊华等（2007）在潮土长期定位试验中采集土壤，分析了土壤酶活性的动态变化，并进一步研究了施肥处理对潮土的酶活性和微生物生物量的影响。

1. 对脱氢酶活性的影响

不同施肥处理土壤脱氢酶活性及其年际变化见图 19 - 7。2003—2005 年，单施有机肥（OM）处理土壤脱氢酶活性显著高于 1/2OM + 1/2NPK 处理，而施化肥处理之间的差异越来越小，其中 NK 处理有低于 CK 的趋势。从年际的变化看，土壤脱氢酶活性在所有处理下均呈现逐年降低的趋势，但降低的幅度也趋于平缓。由于供试土壤缺氮、磷而富钾，缺氮、磷的施肥处理相比之下不利于增强土壤脱氢酶活性的，其中以缺磷的处理最为严重，因为缺氮可通过生物固氮或大气沉降等途径得到一定的缓解，而施钾与否对脱氢酶没有产生明显的影响。土壤中存在着非专一性（如糖、有机酸、氨基酸、醇类及酚类化合物）和专一性（如腐殖物质）两类可以作为氢供体的基质，脱氢酶活性的减弱可能缘于基质的减少或微生物活性的降低。

2. 对转化酶活性的影响

从图 19 - 8 可以看出，土壤转化酶活性在长期不同施肥处理之后也产生了显著

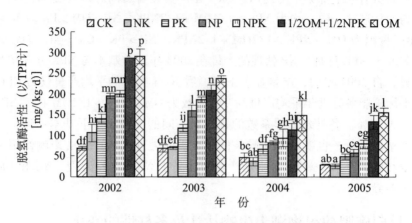

图 19 - 7　长期不同施肥土壤脱氢酶活性的变化

注：图中柱上不同字母表示处理间差异达 5% 显著水平

资料来源：王俊华等，2007

差异，而且随着年限的延长差异不断增大。单从 2005 年的结果来看，施有机肥处理的转化酶活性显著高于施化肥处理，且单施有机肥（OM）处理又显著高于 1/2 OM + 1/2NPK 处理，而在单施化肥的处理中，NPK、NP 的转化酶活性显著高于 PK，但 NK 处理又有低于 CK 的趋势。在各化肥处理间，施磷的处理（NPK、NP、PK）转化酶活性普遍高于缺磷处理（NK），表明磷肥在提高土壤转化酶活性方面起重要作用。2002—2005 年，各施肥处理的土壤转化酶活性均有不同程度的增加，一方面可能是土壤含碳量的增加为转化酶提供了更多的酶促基质，另一方面可能是化肥中氮、磷、钾的施入调节了土壤中的养分比例，为微生物的活动和酶活性的提高创造了良好的条件。

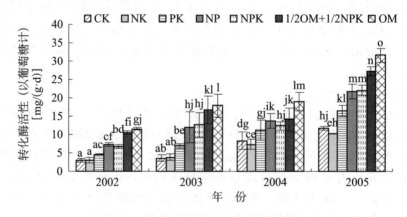

图 19 - 8　长期不同施肥土壤转化酶活性的变化

注：图中柱上不同字母表示处理间差异达 5% 显著水平

资料来源：王俊华等，2007

3. 对脲酶活性的影响

不同施肥处理土壤脲酶活性及其年际变化见图 19 - 9，可以看出，单施有机肥（OM）处理的土壤脲酶活性一直最高，且随着年限的增长，1/2 OM + 1/2NPK 处理

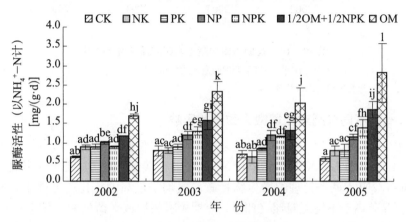

的优势也逐渐变得明显，而 NPK、NP 处理也较施 PK 和 NK 的脲酶活性高。值得注意的是，NK 处理并没有产生明显的底物刺激作用，表明磷肥也直接或间接地影响土壤脲酶活性。从图 19-9 还可以看出，未平衡施肥处理的土壤脲酶活性并不随年限的增加而增强，其中 PK 与 NK 处理对土壤脲酶活性的增强作用相当有限，只有 NP 处理的脲酶活性随着年限的延长与不施肥对照相比达到显著水平；而 OM、1/2OM+1/2NPK 以及 NPK 三个处理的土壤脲酶活性随着年限的增加呈现一定的增高趋势，表明均衡施肥可增强土壤脲酶活性，这对土壤氮素的正常供应也极为重要。

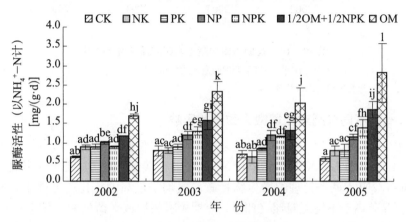

图 19-9　长期不同施肥土壤脲酶活性的变化

注：图中柱上不同字母表示处理间差异达 5% 显著水平

资料来源：王俊华等，2007

4. 对磷酸酶活性的影响

图 19-10 显示，OM 与 1/2 OM+1/2 NPK 两个处理的土壤磷酸酶活性普遍高于 NPK 与 NP，而 PK 与 NK 处理与 CK 没有显著差异。在本研究中由于 2003 年是在夏季收获小麦后采集的土样，各施肥处理的土壤磷酸酶活性均明显高于其他 3 年的测定结果（其他 3 年均是于秋季收获玉米后采集土样），说明磷酸酶活性对环境或管理因素引起的变化较敏感，具有时效性。

总体来说，在长期不同施肥后，土壤脱氢酶、转化酶、脲酶和磷酸酶的活性均产生了较大的差异，总体上是施肥高于不施肥，施肥处理的从高到低顺序为 OM、1/2OM+1/2NPK、NPK、NP、PK、NK。同时，脱氢酶活性随着年限的增加逐渐下降，转化酶与磷酸酶的活性趋于增高，而脲酶活性的年际变化规律在不同施肥处理间互不相同。其中，夏季收获小麦后采样其磷酸酶活性明显高于秋季收获玉米后采样的测定结果，说明磷酸酶活性对因环境或管理因素引起的变化较敏感，具有很强的时效性。

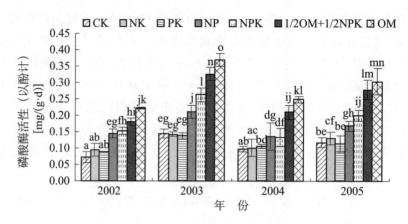

图 19 – 10　长期不同施肥土壤磷酸酶活性的变化

注：图中柱上不同字母表示处理间差异达 5% 显著水平

资料来源：王俊华等，2007

（二）长期不同施肥对土壤微生物量的影响

从表 19 – 4 可以看出，各处理的土壤 pH 值与试验初始时相比均有较明显的下降，其中 OM、1/2 OM + 1/2 NPK、NPK 和 NP 处理的土壤 pH 值又显著低于其他处理；OM 与 1/2OM + 1/2NPK 两个处理的微生物量碳、氮均是最高的，化肥处理中只有 NPK 的微生物量氮显著高于不施肥对照（CK），表明施有机肥或平衡施肥（NPK）（由于土壤富钾，所以 NP 处理也较接近平衡施肥）均能更有效地调节土壤的酸碱度向中性靠近，而土壤养分尤其是有机肥的施入大大增加了土壤微生物量，这意味着微生物数量与活性的提高，从而会增强土壤酶活性。例如，不同施肥处理对反映土壤微生物整体活性的脱氢酶的影响与对土壤微生物量的影响规律完全一致。

从表 19 – 4 还可以看出，单施有机肥（OM）处理的土壤有机碳含量最高，1/2 OM + 1/2 NPK 处理次之，NPK、NP 处理再次，PK 和 NK 处理与对照没有显著差异，这与不同施肥处理对土壤转化酶活性的影响规律基本一致。具有相似规律的还有不同施肥处理对土壤脲酶活性的影响与对全氮含量的影响是基本一致的。需要特别指出的是，不同施肥处理对土壤速效磷的影响与对磷酸酶活性的影响整体上是一致的，其中 PK 处理因为缺少氮的投入而导致作物同时减少了对磷的吸收，所以土壤中相对丰富的有效磷并不能真实地反映土壤的磷酸酶活性，这与现有文献的报道是完全一致的。OM、1/2 OM + 1/2 NPK 处理的土壤微生物量碳、氮最高，而施化肥处理中只有 NPK 处理的微生物量氮显著高于不施肥对照，其他处理与对照没有显著差异。

（三）土壤动物群落组成与多样性

在 2008 年 9 月和 2009 年 2 月，采用改良干漏斗方法（Modified Tullgren）对黄淮海地区长期定位施肥试验土壤动物进行调查。在长期试验地 21 个小区中共收集到土壤动物 3 964 只，主要是中小型土壤动物，占土壤动物总数 96.9%。优势类群有 4 类：棘跳科、等节跳科、甲螨亚目和前气门亚目；常见类群有 2 类：球角跳科和中气门亚目；其他类群为稀有类群或极稀有类群（表 19 – 5）。从取样时间上看，土壤动物数量具有显著的季节性变化，与 2 月相比，9 月大型土壤动物增加了 1.51 倍，小型土壤动物增加了 0.85 倍。棘跳科、长角跳科、中气门亚目、双尾目、原尾纲和综合纲在 9 月数量均有显著增加，而球角跳科、圆跳科和隐翅甲科的数量在两个取样时间上无明显差异，蜱（螨）纲从 2 月到 9 月，其数量反而减少甚至没有收集到。鞘翅目和双翅目幼虫在时间变化上存在差异，前者在 9 月数量较少，而后者从 2 月到 9 月，数量有显著增长。

表 19-4 长期不同施肥对土壤基本理化性质与微生物生物量的影响（2005 年）

处 理	pH 值 (H₂O)	有机碳 (g/kg)	全氮 (g/kg)	速效磷 (mg/kg)	微生物量碳 (mg/kg)	微生物量氮 (mg/kg)
CK	8.34(0.08) a	4.68(0.37) d	0.46(0.03) f	0.84(0.46) e	160.4(18.3) c	15.35(6.22) dc
NP	8.17(0.05) b	6.00(0.56) c	0.64(0.03) d	9.55(0.21) d	210.8(26.3) c	23.29(3.95) bc
NK	8.36(0.02) a	4.06(0.40) d	0.48(0.02) f	1.06(0.67) e	168.6(4.0) c	8.28(1.53) d
PK	8.29(0.04) a	4.58(0.45) d	0.56(0.01) e	26.86(0.90) a	176.0(19.5) c	20.56(6.24) bcd
NPK	8.15(0.07) b	5.95(0.18) c	0.69(0.04) c	9.23(0.78) d	223.6(8.4) c	29.16(7.16) b
OM	8.10(0.04) b	9.96(0.98) a	1.20(0.03) a	23.31(1.06) b	414.1(34.0) a	55.00(5.74) a
1/2OM + 1/2NPK	8.13(0.03) b	8.12(0.38) b	0.96(0.03) b	11.84(1.61) c	326.4(38.8) b	44.03(13.66) a

注：括号内数据表示标准差，同列数据后不同字母表示处理间差异达 5% 显著水平
资料来源：王俊华等，2007

表 19-5 潮土动物群落的组成和数量（0~20cm）

类 群		2009 年 2 月统计数量	2008 年 9 月统计数量	总 计	频 度	多 度	大 小
弹尾目 Collembola	棘跳科 Onychiuridae	252	635	887	22.38	+ + +	Me&Mi
	球角跳科 Hypogastruridae	60	62	122	3.08	+ +	Me&Mi
	鳞跳科 Tomoceridae	2	0	2	0.05	+	Me&Mi
	等节跳科 Isotomidae	137	519	656	16.55	+ + +	Me&Mi
	驼跳科 Cyphederidae	1	6	7	0.18	+	Me&Mi
	长角跳科 Entomobryidae	0	18	18	0.45	+	Me&Mi
	圆跳科 Sminthuridae	13	11	24	0.61	+	Me&Mi
蜱螨目 Acari	甲螨亚目 Oribatida	438	357	795	20.06	+ + +	Me&Mi
	中气门亚目 Mesostigmata	37	189	226	5.70	+ +	Me&Mi
	前气门亚目 Prostigmata	413	612	1 025	25.86	+ + +	Me&Mi

（续表）

类 群		2009 年 2 月统计数量	2008 年 9 月统计数量	总 计	频 度	多 度	大 小
鞘翅目 Coleoptera	隐翅甲科 Staphylinidae	15	18	33	0.83	+	Ma
	葬甲科 Silphidae	0	2	2	0.05	+	Ma
	扁甲科 Cupedidae	1	0	1	0.03	+	Ma
	苔甲科 Scydmaenidae	0	5	5	0.13	+	Ma
	粪金龟科 Geotrupidae	0	2	2	0.05	+	Ma
同翅目 Homoptera	蚜科 Aphididae	3	0	3	0.08	+	Ma
膜翅目 Hymenoptera	蚁科 Formicidae	1	6	7	0.18	+	Ma
啮虫目 Psocoptera		1	3	4	0.10	+	Ma
双尾目 Diplura		0	30	30	0.75	+	Me&Mi
蜘蛛目 Araneae		3	21	24	0.60	+	Ma
综合纲 Symphylans		0	17	17	0.41	+	Me&Mi
蜦（蚨）纲 Pauropoda		17	0	17	0.41	+	Me&Mi
原尾纲 Protura		3	12	15	0.37	+	Me&Mi
幼 虫 Iarvae	鞘翅目 Coleoptera	3	0	3	0.08	+	Ma
	双翅目 Diptera	7	32	39	0.98	+	Ma
总 计 Total	大型 Ma	34	89	123	3.10		
	中小型 Me. & Mi	1 373	2 468	3 841	96.90		

注：Me&Mi—中小型；Ma—大型；＋＋＋，＋＋，＋分别表示优势类群（占总数比例＞10%），常见类群（占总数比例1%～10%）和稀有类群（占总数比例＜1%）

数据来源：朱强根等，2010

不同施肥处理下土壤动物多样性指数见表 19 - 6。从类群数 S 来看，在 2 月表现为 OM＞PK＞NPK＞1/2 OM + 1/2 NPK＞NK＞NP＞CK，9 月表现为 1/2 OM + 1/2 NPK＞OM＞PK＞NPK = NP＞NK＞CK。在两个取样时间上均表现出施有机肥的 OM 处理土壤动物类群丰富度显著提高，不施肥的处理 CK 的类群数最少。PK 处理的土壤动物类群数高于 NPK、NP 和 NK 处理，说明施氮肥没有显著提高土壤动物的类群丰富度。从多样性指数 H' 来看，在 2 月表现为 OM＞1/2 OM + 1/2 NPK＞PK＞CK＞NP＞NPK＞NK，9 月为 NPK＞1/2 OM + 1/2 NPK＞NP＞CK＞PK＞OM＞NK。由于 Shannon 多样性指数同时受到土壤动物分布的优势度和均匀度的影响，所以 CK 处理其相对较低的优势度和较高的均匀度使得其在两次取样时间上均有较大的 Shannon 多样性指数。OM 处理在 2 月具有最高的 H' 值，而在 9 月多样性指数仅高于 NK 处理，且低于其他处理。主要原因是 9 月 OM 处理的土壤动物优势类群得到了迅速的增加，增大了优势度而降低了 H' 值。从取样时间上看，9 月土壤动物类群数 S 和多样性指数 H' 均显著高于 2 月，而优势度指数 λ 和均匀度 Js 在两次取样时间上差异不明显。

表 19 - 6　长期不同施肥潮土土壤动物群落多样性（0～20cm）

取样时间	指　标	CK	NP	NK	PK	NPK	OM	1/2OM + 1/2NPK
2009 年 2 月	类群数 S	7	8	9	12	11	13	10
	优势度指数 λ	0.243	0.260	0.317	0.255	0.267	0.220	0.212
	多样性指数 H'	1.587	1.561	1.393	1.623	1.535	1.749	1.697
	均匀度 Js	0.816	0.750	0.634	0.653	0.640	0.682	0.737
2008 年 9 月	类群数 S	12	14	13	16	14	18	19
	优势度指数 λ	0.203	0.190	0.265	0.211	0.167	0.223	0.182
	多样性指数 H'	1.855	1.920	1.733	1.786	1.981	1.783	1.971
	均匀度 Js	0.746	0.728	0.676	0.644	0.751	0.617	0.669

数据来源：朱强根等，2010

（四）施肥对杂草群落结构和长势的影响

尹力初等在 2003 年调查了小麦和玉米生长季的杂草状况。玉米季共记录了 13 种杂草，其中马唐羊草和香附最多（表 19 - 7）。不同施肥处理下杂草种类和密度也有所不同。NPK、OM、1/2OM 处理杂草种类更多。缺氮处理不影响杂草种类的分布，但是缺磷、缺钾处理下杂草种类变少。CK 处理的杂草密度最高，而 OM 处理的杂草密度最低（Yin 等，2006）。

小麦季在长期试验田中共发现 14 种杂草（表 19 - 8），NPK 处理的杂草以婆婆纳、荠菜、小花糖芥最多，PK 处理无心菜最多，NP 以小花糖芥为主，NK 和 CK 处理以离子芥为主，OM 和 1/2OM 处理则以婆婆纳为主（Yin 等，2005）。

表 19 - 7　长期不同施肥玉米季各种杂草的生长密度

杂草种类	各处理杂草生长密度（株/m²）						
	CK	NP	NK	PK	NPK	OM	1/2OM + 1/2NPK
芦苇 *Phragmites communis* Trin.	7	1	25.2	0.6	2.5	0.6	0.9
狗尾草 *Setaria viridis*（L.）Beauv.	1.2	1.2	0.1	0.1	3.8	0.6	1.2
兔耳草 *Calystegia hederacea* Wall.	—	0.1	0.4	0.1	0.2	0.8	0.2
铁苋菜 *Acalypha australis* L.	0.4	2.2	0.2	0.9	3	1.8	1.5
地锦草 *Euphorbia humifusa* Willd	—	0.3	0.2	0.2	0.3	1.1	0.8
马齿苋 *Portulaca oleracea* L.	—	2.5	—	1.8	3	0.8	6
马唐羊草 *Digitaria ischaemum*（S）Shreb.	143.3	12.1	53.7	18.9	31.5	8.8	19.5
龙葵 *Solanum nigrum* L.	—	—	—	0.1	0.1	0.1	0.3
牛筋草 *Eleusine indica*（L.）Gaertn.	0.1	0.8	0.2	1.7	0.3	0.4	0.3
干旱型两栖蓼 *Polygonum amphibium* L.	3.4	—	—	—	—	4.3	—

（续表）

杂草种类	各处理杂草生长密度（株/m²）						
	CK	NP	NK	PK	NPK	OM	1/2OM + 1/2NPK
香附 *Cyperus rotundus* L.	—	15	—	87.9	5	2.6	2.3
刺儿地老虎 *Cephalanoplos segetum*（B） Kitam.	6.1	—	2.5	1.2	1.6	1.2	1.8
木贼 *Equisetum hiemale* L.	1.8	—	—	2.3	0.2	—	—
总密度 Total density	163.3	35.2	82.6	115.8	51.5	23.1	34.8

注：（Yin 等，2006）

表 19-8　长期不同施肥小麦季各种杂草的丰度

杂草种类	各处理杂草丰度（%）						
	CK	NP	NK	PK	NPK	OM	1/2OM + 1/2NPK
荠菜 *Capsella bursa-pastoris*（L.）Medic.	—	7.2	—	25.5	31.7	18.8	12.5
小花糖芥 *Erysimum cheiranthoides* L.	—	56.1	—	12.3	34.3	20.5	9.3
刺儿地老虎 *Cephalanoplos segetum*（B） Kitam.	6.7	0.2	4	0.6	0.3	1.2	0.4
婆婆纳 *Veronica persica* Poir.	—	0.5	—	2.3	25.5	45.8	71.6
无心菜 *Arenaria serpyllifolia* L.	—	13.6	—	49	5.2	4.7	3
麦瓶草 *Silene conoidea* L.	—	1.9	—	2.8	—	—	1.1
播娘蒿 *Descurainia sophia*（L.）Schur.	—	2.6	—	5.5	2.8	2.4	1.9
猪殃殃 *Galium aparine* L.	—	15.7	—		—	3.1	—
芦苇 *Phragmites communis* Trin.	20.8	2.1	33.5	1	—	0.1	0.3
节节草 *Equisetum ramosissimum* Desf.	—		10.4	—	0.3	0.4	
离子芥 *Chorispora tenella*（Pall.）DC.	68.9	—	48.2				
兔耳草 *Calystegia hederacea* Wall.	1.4	—	4			0.2	0.1
广布野豌豆 *Vicia cracca* L.				1		0.1	
干型两栖蓼 *Polygonum amphibium* L.	2.1	—	—	—	—	2.5	—

注："—"表示无此类杂草
数据来源：Yin 等，2005

　　不同处理对杂草的长势有明显影响（表 19-9），离子芥在 NK 和 CK 处理小区中占比例最高，但是其他小区则没有发现。婆婆纳、荠菜、小花糖芥和无心菜在 NPK 处理小区长势很好，单株生物量很高，但是在 PK 处理小区的单株生物量显著降低。缺钾对婆婆纳和荠菜的长势有显著影响，但是对小花糖芥和无心菜的长势则影响不大。

表 19 - 9 长期不同施肥小麦季主要杂草种类的生物量

杂草品种	各处理生物量（地上部烘干重，mg/株）						
	CK	NP	PK	NK	NPK	OM	1/2OM + 1/2NPK
婆婆纳 *Veronica persica*	—	131 ± 11	54 ± 1	—	401 ± 93	304 ± 68	283 ± 40
荠菜 *Capsella bursa-pastoris*	—	439 ± 69	21 ± 6	—	620 ± 53	154 ± 24	132 ± 26
小花糖芥 *Erysimum cheiran-thoides*	—	224 ± 58	20 ± 4	—	219 ± 34	60 ± 9	46 ± 6
无心菜 *Arenaria serpyllifolia*	—	93 ± 22	41 ± 11	—	80 ± 1	71 ± 37	72 ± 14
离子芥 *Chorispora tenella*	997 ± 72	—	—	1800 ± 163	—	—	—

注："—"表示无此类杂草

数据来源：Yin 等，2005

四、长期施肥冲积物潮土农田生态系统的养分循环与平衡

（一）长期不同施肥的养分利用率

各处理 20 年的平均养分利用率见图 19 - 11。养分利用率（亦称表观利用率）为施肥处理作物地上部的某养分累积量—缺某养分的施肥处理作物地上部的养分累积量）/施肥量。总体来说，平衡施肥（OM、1/2OM + 1/2NPK、NPK）的养分利用率均较高，氮肥利用率在 40% 以上，磷肥利用率在 50% 以上，钾肥利用率也达到 28%，但各处理对不同养分的利用率有所差异。除 NP 处理外，缺素处理的养分利用率均很低，甚至是负值。

对于氮肥利用率，由于 2000 年玉米绝收后秸秆还田对后续小麦和玉米的生长产生了一定的影响，2001 年小麦和玉米均明显增产，玉米季 NPK 处理的氮肥利用甚至超过100%，而 2000 年的养分利用率因为只有小麦季产量，所以明显低于往年。除去这两年的数据，NPK 处理的氮肥利用率为 48% ~ 78%，平均达到 63.8%，1/2OM + 1/2NPK处理的氮肥利用率为 43% ~ 73%，OM 处理为 12% ~ 80%，OM 肥处理的氮利用率随年份的延长有增加的趋势。NP 处理在前 12 年由于其籽粒和秸秆中的氮含量均显著高于NPK 处理，所以氮肥的利用率略高于 NPK，2003 年后，随着产量的下降，利用率也有所下降，20 年的平均利用率则略低于 NPK，但高于 1/2OM + 1/2NPK 和 OM 处理。比较小麦和玉米两种作物，小麦季的氮肥利用率低于玉米季，这主要和产量有关，与此同时，玉米季的氮肥利用率变异也相对较大。养分的失量以投入养分量减去作物带走的养分量和土壤残留量计算，氮的损失率以 NK 处理最多，达到 80% 以上。NPK、1/2OM + 1/2NPK 和 OM 处理氮的损失率均为 10% ~ 15%，按以往的研究结果，这部分主要为氨挥发损失，并伴有少量的反硝化和渗漏损失。

磷肥因其具有难于移动的特点，所以是后效最明显的肥料。施磷肥的各处理其磷肥利用率都具有随试验时间的延长而增加的趋势，OM 处理的增加趋势最为明显，相关系数达到 0.619，达到极显著水平。与氮素不同，施有机肥的处理（OM 与 1/2OM +1/2NPK）磷肥利用率显著高于施化肥处理（NPK），OM 处理 20 年的平均磷肥利用率达到 61.7%。这主要是由于有机肥中的有机态磷相对于无机态磷更易于被作物吸收利

用，故利用率提高。但本试验中，即使是 NPK 处理，磷肥利用还是达到了 50% 以上，远高于一些短期试验的结果，其主要原因是前期残留在土壤中的磷将增加可溶性磷的潜在储量，并最终有可能被作物吸收利用，所以研究磷肥利用率需要增长试验年限，才能得到较为准确的结果。对于小麦和玉米而言，玉米的磷肥利用率远高于小麦，如 NPK 处理小麦季的磷肥利用率 20 年平均为 41.2%，而玉米季为 69.2%。

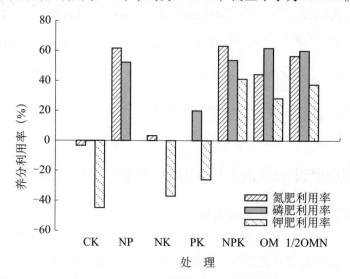

图 19 - 11　20 年来各处理的平均肥料利用率

注：氮肥利用率 =（各处理总吸氮量 - PK 总吸氮量）/总施氮量；磷肥利用率 =（各处理总磷氮量 - NK 总吸磷量）/总施磷量；钾肥利用率 =（各处理总吸钾量 - NP 总吸钾量）/总施钾量）

由于该长期肥料试验布置在相对富钾的潮土上，耕层土壤速效钾含量为 78.8mg/kg，且具有较高的缓效钾含量，因此试验在前期钾肥的利用率甚至出现负值。NPK 处理小麦季前 10 年的钾肥利用率平均值为 6.5%，玉米钾的表观利用率要显著高于小麦，NPK 处理前 10 年的平均值为 39.9%，但是钾的增加既没有增加玉米产量亦没有增加其籽粒的含钾量，而主要是增加了秸秆的钾含量，有很大一部分是玉米对钾的奢侈吸收造成的假象。而自 2001 年后，由于 NP 处理长期不施钾，土壤中的钾素缓冲体系逐步被破坏并慢慢耗竭，钾肥的利用率也逐步增高了。NPK 处理年际作物钾肥利用率（包括小麦和玉米）自 1990 年的 5.0% 增加至 2009 年的 70.7%，相对于氮、磷的利用率而言，钾的利用率后期增加速度更快。可以看出在 2000 年左右尽管 NP 处理的作物产量不低于 NPK，但其吸钾量已显著降低。NPK 处理的钾肥利用率高于 OM 与 1/2OM + 1/2NPK，达到 40%！钾素缺乏最明显的症状为倒伏，特别是玉米，会造成产量下降。在秸秆不还田和不施钾肥的条件下，10 年后本地区土壤有可能出现缺钾症状，所以须适度补充钾肥或推广秸秆还田。

（二）潮土有机碳的转化与平衡

1. 有机碳的转化

2003 年在玉米收获后采集耕层土样测定土壤有机碳含量，在长期试验积累的数据基础上，用 $dCs/dt = hA - kCs$ 公式拟合试验开始后土壤有机碳含量随时间（t）的变化，并计算进入到土壤的有机物质（A）的腐殖化系数（h）和土壤有机质量（Cs）的矿化系数（k）。采用非线性拟合方法模拟田间实际测定的土壤有机碳含量，拟合结果（表19-10）表明，除处理NK外，其他处理土壤有机碳的动态变化均可以用上述公式进行拟合，尤其以OM和1/2OM处理的拟合效果最好。拟合得出该土壤有机物质腐殖化系数为0.25~0.43，与该地区实测的腐殖化系数相一致。土壤有机质的矿化系数（k）随着土壤有机质含量的提高而增加，并可用指数方程拟合（图19-12），OM处理的矿化系数已经达到0.177/a。这一结果说明，在OM处理的基础上，继续增加土壤有机碳含量将由于土壤有机质矿化系数的大幅度增加而使土壤平衡有机碳含量的提高越来越困难。如果对该土壤停止施用大量有机肥，有机碳含量将迅速下降。也就是说，依靠大量施用有机肥提高土壤有机碳含量所增加的有机碳是不稳定的，停止大量施用有机肥料后，有机质将在短时间内矿化，并排放出大量的CO_2。

从公式可知，当土壤有机碳输入和输出量相等时土壤有机碳含量达到平衡状态，即为平衡有机碳含量（Ce）：$Ce = hA/k$。

从上述拟合公式的结果计算的平衡有机碳含量在各处理之间有很大的差异，范围从NK处理的1.96g/kg到OM处理的8.86g/kg（表19-10）。由此说明，特定的土壤平衡有机碳并非是一个固定的常数，而是一个随肥料管理方式不同的变数。在各处理中，NP处理的平衡有机碳含量高于NPK处理，这与实际不符，是由于在表19-10中计算土壤有机碳输入量（A）时使用的是14年的平均产量，NP处理前几年产量与NPK处理无显著差异，但随着种植时间的延长，后几年已经表现出钾素的缺乏并影响到作物产量。所以，NP处理以后的预期产量将低于前14年的平均产量，即土壤有机碳输入量（A）将小于前14年的平均值，平衡有机碳含量也将随之减小。

表19-10　封丘长期试验土壤有机碳含量变化及拟合参数

处　理	2003年容重（t/m³）	土壤有机碳（g/kg）			腐殖化系数 h	矿化系数 k（/a）	R^2
		1989年	2003年	平衡含量			
CK	1.58	4.33 b	3.90 f	2.12	0.34	0.025	0.219[**]
NP	1.50	4.42 ab	5.28 d	6.43	0.25	0.032	0.206[**]
NK	1.56	4.59 a	4.08 f	1.96	0.25	0.022	0.047
PK	1.54	4.47 ab	4.67 e	4.70	0.42	0.027	0.296[**]
NPK	1.52	4.47 ab	5.68 c	6.00	0.43	0.059	0.320[**]
OM	1.42	4.49 ab	8.72 a	8.86	0.34	0.177	0.903[**]
1/2OM + 1/2NPK	1.46	4.58 a	7.24 b	7.74	0.31	0.109	0.770[**]

注：同列数据后不同字母表示处理间差异达5%显著水平；** 表示相关性极显著
数据来源：Cai and Qin, 2006

比较平衡有机碳含量与2003年实际土壤有机碳含量（表19-10）还可以看出，1/2OM+1/2NPK和OM处理2003年测定的有机碳含量已经非常接近新的平衡点，而且土壤有机碳含量的变化动态也显示，即使是OM处理，土壤有机碳含量的变化曲线也已趋于平缓。因此该地区即使大量施用有机肥，也将在15~20年达到新的平衡点。国外许多研究者认为，农田土壤增加固碳潜力可以维持50年，但在这一地区看来是不现实的。

从土壤平衡有机碳含量的计算公式可以看出，输入到农田的有机物质量（A）是决

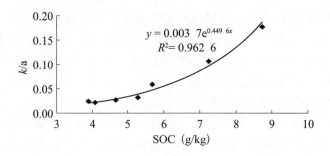

图 19 – 12　土壤有机碳含量与有机质矿化系数的关系

数据来源：Cai and Qin, 2006

定平衡有机碳含量的关键因素，增加每年输入土壤的有机物质量将可提高土壤的平衡有机碳含量。但是，实际上，腐殖化系数（h）和土壤有机碳矿化系数（k）并非与土壤有机物质输入量完全独立，从图 19 – 12 可以看出，随着土壤有机碳含量的提高，土壤有机碳的矿化系数呈指数增加。所以，随着输入土壤有机物质数量的增加和土壤有机碳含量的提高，土壤有机碳的矿化系数（k）增大，这将导致土壤平衡有机碳的增加幅度降低。由此可以看出，在封丘潮土地区，通过大量施用有机肥料虽然可以提高土壤有机碳的平衡含量，但代价将不断增大，而且已如上所述，通过大量输入有机物质来提高土壤有机碳含量，这样保持的土壤平衡有机碳含量也是极不稳定的。

2. 土壤呼吸

孟磊等于 2002 年 6 月至 2003 年 6 月在玉米—小麦轮作期内对土壤呼吸进行了研究，结果发现，施用有机肥土壤年呼吸量显著高于其他处理，但有机肥处理与化肥处理（NPK）之间没有显著差异，但是平衡施肥处理（NPK）则显著高于缺素处理（NP、NK、PK）。NK、PK 处理土壤年呼吸量与 CK 处理接近。从表 19 – 11 可以看出，土壤呼吸释放的 CO_2 主要来自玉米生长期，占年呼吸总量的 56% ~ 59%，小麦生长期仅占 32% ~ 37%，其余为农田休闲期的排放，占 7% ~ 9%。结合作物生长时期的天数，可计算出各阶段的土壤呼吸速率，各阶段土壤呼吸速率为玉米生长期 > 休闲期 > 小麦生长期。

表 19 – 11　长期不同施肥对土壤呼吸的影响

处　理	年排放总量 (CO_2 – Ckg/hm²)	玉米生长期		小麦生长期	
		排放量 (CO_2 – Ckg/hm²)	占年排放量的比例（%）	排放量 (CO_2 – Ckg/hm²)	占年排放量的比例（%）
CK	1 937 d	1 142 c	59	609 c	32
NP	3 004 c	1 727 b	57	1 039 b	35
NK	2 008 d	1 161 c	58	679 c	34
PK	2 141 d	1 229 c	57	735 c	34
NPK	3 336 b	1 880 b	56	1 224 a	37
OM	3 873 a	2 278 a	59	1 316 a	34
1/2OM + 1/2NPK	3 733 a	2 134 a	57	1 313 a	35

注：同列数据后不同字母表示处理间差异达 5% 显著水平

数据来源：孟磊等，2005

（三）潮土氮素的表观平衡

1. N_2O 排放量

不施氮处理（CK 与 PK）潮土的小麦与玉米季总 N_2O 排放量最低，这两个处理的全年 N_2O 排放量显著低于其他施肥处理（表 19 – 12）。总体来说，小麦季土壤的 N_2O 排放量低于玉米季。除 OM 处理外，其余处理小麦季土壤的 N_2O 排放量约为玉米季的一半。玉米季 1/2OM + 1/2NPK 处理的土壤 N_2O 排放量最高，但是与其他施氮处理无显著差异；而小麦季 OM 处理的土壤 N_2O 排放量最高（$N_2O – N$ 390 g/hm^2），并显著高于其他施氮处理土壤。OM 处理土壤全年 N_2O 排放量最高为 $N_2O – N$ 856 g/hm^2，但只略高于 1/2OM + 1/2NPK 和 NPK 处理，三者之间并没有显著差异。

表 19 – 12　2002—2003 年长期不同施肥的土壤 N_2O 排放量

（单位：$N_2O – N$ g/hm^2）

处　理	玉米生长期	小麦生长期	全　年
CK	76 ± 18 b	62 ± 9 c	150 ± 13 c
NP	415 ± 60 a	147 ± 13 bc	585 ± 67 b
NK	371 ± 0.9 a	181 ± 12 bc	593 ± 20 b
PK	61 ± 4.3 b	65 ± 12 c	138 ± 14 c
NPK	503 ± 160 a	241 ± 39 b	767 ± 140 ab
OM	434 ± 23 a	390 ± 105 a	856 ± 110 a
1/2OM + 1/2NPK	555 ± 82 a	232 ± 15 b	818 ± 103 ab

注：同列数据后不同字母表示处理间差异达 5% 显著水平

数据来源：Meng 等，2005

2. 土壤氨挥发

氨挥发是肥料氮素损失的重要途径之一，损失率因土壤类型、气候条件、肥料用量、施肥时间和方式等不同而存在很大差异。倪康等（2009）利用长期定位试验平台，采用间歇密闭通气法，研究了有机无机肥长期施用条件下小麦季土壤氨挥发损失及其影响因素，结果表明，不同肥料种类和配施强烈地影响着土壤的氨挥发，在施 N 150kg/hm^2 小麦季氨挥发损失量以 NK 和 OM 处理最高，分别达到 N 17.9kg/hm^2 和 15.7kg/hm^2，占氮肥用量的 10.5% ~ 11.9%，显著高于 NPK、NP 和 1/2OM + 1/2NPK 处理。氮磷钾肥平衡施用或者有机肥无机肥配施均可以减少土壤的氨挥发损失（表 19 – 13）。

3. 土壤氮残留量和总利用率

与长期试验开始前比较，2003 年玉米收获后，除 CK 处理外，其他各处理 0 ~ 20cm 土层土壤全氮含量均有所增加。根据玉米收获后实际测定的土壤容重，计算出 14 年后土壤全氮含量的变化，并看作是土壤残留氮量（表 19 – 14）。土壤残留的氮量以 OM 处理最大，1/2 OMN 次之。应该特别注意的是 PK 处理，14 年中未施用任何氮肥，作物地上部分吸收了 670kg/hm^2 的氮，而土壤表层氮量不仅没有下降，反而增加 N 220kg/hm^2，与收获的作物地上部分吸收的氮合计增加了 N 890kg/hm^2。将地上部分收

表 19-13　小麦生长期肥料氮的氨挥发损失量和损失率

处　理	基　肥		追　肥		全生育期	
	氨挥发量（Nkg/ hm²）	占施氮比例（%）	氨挥发量（Nkg/ hm²）	占施氮比例（%）	氨挥发量（Nkg/ hm²）	占施氮比例（%）
NP	10. 9 b	12. 1	0. 39 a	0. 64	11. 3 b	7. 54
NK	17. 7 b	19. 6	0. 21 a	0. 36	17. 9 a	11. 93
NPK	11. 8 b	13. 2	0. 30 a	0. 49	12. 1 b	8. 09
OM	15. 7a	10. 5	0. 02 b	—	15. 7 a	10. 47
1/2OM +1/2NPK	11. 3 b	12. 6	0. 09 b	0. 12	11. 4 b	7. 6

注：同列数据后不同字母表示处理间差异达 5% 显著水平

数据来源：倪康等，2009

获物吸收的氮和土壤残留氮减去处理 PK 的合计氮量作为回收的氮量，回收氮占施氮量的百分数作为氮回收率，则处理 NPK、NP、1/2OM + 1/2NPK 和 OM 的氮回收率达到 66% ~ 75%，其中以 1/2OM + 1/2NPK 处理为最高，其次为 OM。NK 处理的氮回收量仅与 PK 相当，为 N 917kg/hm²，回收率仅为 0.7%（表 19 - 14）。

表 19-14　14 季小麦和 13 季玉米的籽粒氮含量、作物氮吸收总量、土壤（0~20cm）残留量及平均氮利用率和回收率

处　理	籽粒氮含量（g/kg）		氮吸收量（kg/hm²）		土壤残留氮量（kg/hm²）	氮利用率（%）		回收率（%）
	小麦	玉米	小麦	玉米		小麦	玉米	
CK	24. 4 b	13. 3 b	228 e	319e	- 35 f	—	—	—
NP	21. 1 c	12. 4 c	1 566 a	1 662 a	415 d	60. 0 a	61. 8 a	65. 5
NK	29. 2 a	16. 7 a	308 d	541d	69 f	0. 1 d	8. 4 c	0. 7
PK	16. 9 f	9. 9 f	305 d	365 e	220 e	—	—	—
NPK	20. 4 d	12. 1 c	1 561 a	1 634 a	589 c	59. 8 a	60. 5 a	68. 9
OM	17. 1 f	10. 6 e	1 011 c	1 258 c	1 529 a	33. 6 c	42. 5 b	69. 2
1/2OM +1/2NPK	18. 2 e	11. 5 d	1 380 b	1 535 b	1 132 b	51. 2 b	55. 7 a	75. 2

注：同列数据后不同字母表示处理间差异达 5% 显著水平

数据来源：蔡祖聪和钦绳武，2006

　　值得注意的是 PK 处理，虽然没有施用任何氮肥，但作物产量仍然显著高于 CK 和 NK 处理，作物吸收和土壤残留的氮总量达到 890kg/hm²，平均每年进入土壤的氮量达到 63kg/hm²。供试地区采用地下水灌溉，1994 年和 1999 年测定的灌溉水全氮含量小于 1mg/Lm，即使全年灌溉 5 次，每次灌溉水量以 1 200m³/hm² 计，灌溉水带入的氮量也不足 10kg/hm²。因此在小麦和玉米轮作条件下，可能发生自生固氮或联合固氮作用，但其量估计很少（朱兆良和文启孝，1992），其他的活性氮应该来之于大气沉降。如果

按 PK 处理的氮回收量估算，供试地区大气干湿沉降的氮可能超过 50kg/hm²，这也可能是 PK 处理能够长期维持相当的小麦和玉米产量，并使土壤全氮含量有所增加的主要原因。

土壤中氮素损失的途径主要有氨态氮挥发、硝态氮淋失和反硝化等。倪康等（2009）研究表明，冬小麦季氨挥发量占氮肥用量的 7.6% ~ 11.93%，而 PK 处理土壤中累积了大气沉降氮的这一现象说明，氨挥发损失的氮可能有相当一部分回到了农田。本试验中，全年施氮量为 300kg/hm²，除 NK 处理作物不能正常生长的情况外，各处理并没有发生 $NO_3 - N$ 向下迁移的现象。由此也可以得出，在这样的施氮量条件下，只有氮的供应量相对于其他营养元素过量时，才会出现 $NO_3 - N$ 的向下迁移。至于 N_2O 的排放，以 PK 处理为基准，排放系数最高的 OM 处理仅为 0.24 %（Meng 等，2005）。可见 N_2O 的排放系数远低于全国旱地的排放系数，更低于《1997 年 IPCC 国家温室气体排放清单编制指南》中的 N_2O 排放系数缺损值（1.25 %）。

综上所述，在我国华北平原潮土上，冬小麦—夏玉米轮作制中，每季作物施氮 150kg/hm²，并实行氮肥和磷、钾肥配施，不但可以保持作物合理的产量，可使氮肥利用率达到 60 % 左右，而且连续 14 年试验未发现 $NO_3^- - N$ 向土壤耕层以下迁移，N_2O 排放系数也远低于世界农田平均水平，因此对环境的影响也很小。

（四）潮土磷素的表观平衡

施肥处理 15 年后，OM 处理的土壤中累积的磷显著低于 NPK 处理，说明施有机肥可以减少土壤对磷的固定。施入的磷肥可利用率更高，从表 19 - 15 可以看出，OM 处理作物吸收的磷量显著高于 NPK 处理，而磷的损失量则低于 NPK 处理（Du 等，2011）。

表 19 - 15　试验 15 年后 NPK、OM 与 CK 处理的土壤磷平衡　（单位：kg/ hm²）

处　理	磷总 输入量	作物 携出量	土壤 累积量	损失量
CK	0	61 c	—	—
NPK	885	501 b	292 a	92 a
OM	885	576 a	260 b	49 b

注：同列数据后不同字母表示处理间差异达 5% 显著水平

数据来源：Du 等，2011

（五）潮土钾素的表观平衡

2009 年，长期不同施肥潮土钾素输入、输出及平衡状况见表 19 - 16。土壤钾素的输入包括施肥和种子钾，主要为施肥。由表 19 - 16 可以看出，平衡施肥处理（OM、1/2OM + 1/2NPK、NPK）作物吸收的钾高于缺素处理和不施钾处理，一方面是因为这几个处理的产量高，另一方面在籽粒和秸秆中的钾素含量也较高。值得注意得是，NP 处理在多年不施钾的情况下，作物每年平均带走的钾素为 152.4kg/hm²，这主要是潮土中缓效钾库较大，可以提供作物可利用的钾，但是随着年限的增加，钾素供应会逐渐下降，进而会引起减产。各处理土壤钾素盈余值表现为施钾肥的各处理土壤钾素盈余，不施用钾肥的各处理土壤钾素亏损。不同处理土壤钾素盈余值范围为 - 151.7 ~ 240.7kg/hm²，这一结果与孙海霞等（2009）的研究结果一致。

表 19 - 16　长期不同施肥土壤钾素（K₂O）的输入、输出与平衡

[单位：kg/（hm²·a）]

处　理	输入量			输出量	盈余量
	钾肥	种子	小计	作物携出	
CK	0	0.7	0.7	40.8	- 40.1
NP	0	0.7	0.7	152.4	- 151.7
NK	300	0.7	300.7	60.0	240.7
PK	300	0.7	300.7	87.4	213.3
NPK	300	0.7	300.7	255.0	45.7
OM	300	0.7	300.7	222.9	77.8
1/2OM + 1/2NPK	300	0.7	300.7	245.7	55.0

五、基于土壤肥力演变的潮土主要培肥技术模式

（一）平衡适量施用化肥在该地区可以保持较高产量

封丘站长期肥料试验至今已是第 24 年，每年施肥量为 N 300kg/hm²、P_2O_5 135kg/hm²、K_2O 300kg/hm²，获得的作物产量与当地农民平均产量相差不大。平衡施用化肥（NPK）一直保持着最高的产量，且氮、钾肥的利用率也是最高的，磷肥利用率仅次于施用有机肥的处理，能获得很高的养分回收率，且土壤中的养分储量有所增加，而且易于渗漏的氮素增加量也较少。根据监测，本试验中 NPK 处理未出现氮素的渗漏现象。根据以上 23 年的结果，认为在河南省潮土地区平衡、合理地施用化肥能获得较高的作物产量，保持土壤地力的可持续发展。每年的施肥量为 N 300kg/hm²、P_2O_5 135kg/hm²、K_2O 300kg/hm²，既能获得较高的作物产量，也可提高养分的利用率，可作为当地的推荐施肥量。

（二）有机无机配合施用是该地区保证产量和提高地力水平的最优选择

在华北平原潮土上的冬小麦—夏玉米轮作制中，在等氮、磷、钾的施用量条件下，1/2 的有机肥施用量就可以基本保持与化肥相同的产量，且土壤有机质和全氮含量会大幅度提高。但如果全部施有机肥，虽然土壤的全氮含量增加幅度进一步增大，但作物产量显著下降，并且年际间的波动会增大。因此，为了保证粮食安全，以有机肥取代全部化肥是不可取的，在该地区应采取有机无机配合施用，既增加土壤有机质的含量，也可以保证作物产量。

六、主要结论与研究展望

（一）主要结论

在潮土地区，平衡施肥可以增加土壤有机质、氮、磷、钾含量，但单施化肥对土壤有机质的提高作用较小。施有机肥（OM）可显著提高土壤动物类群的丰富性。土壤酶活性与土壤养分密切相关，可反映土壤养分（尤其是碳、氮、磷）转化的强弱，表征土壤肥力，可作为施肥效果评价的一个指标。单施有机肥（OM）、平衡施肥（NPK）或有机无机配施（1/2OM + 1/2NPK）能最有效地调节土壤 pH 值，增加土壤有机碳与全氮含量，提高土壤微生物生物量，增强土壤酶活性。在潮土上，长期施用有机肥最有利于保育土壤的生物化学环境质量。

平衡施肥各处理的作物产量均高于缺素处理。NPK 处理的产量最高，1/2OM + 1/2NPK 次之，但两者无显著差异。OM 处理的总产量显著低于 NPK 和 1/2OM + 1/2NPK。由于封丘地区土壤钾含量较高，缓效钾可以转化为速效钾供作物吸收，因此 NP 处理的作物产量在前 12 年均与 NPK 处理无显著差异，而如果缺氮和缺磷作物产量则显著降低，尤其在缺磷时产量降幅增大，至近几年 NK 处理的产量已逐步低于 CK。OM 处理的小麦产量显著低于 NPK 处理，但是近 10 年 OM 处理的玉米产量则显著高于 NPK 处理。

平衡施肥处理的养分利用率均较高，氮肥利用率在 40% 以上，磷肥利用率在 50% 以上，钾肥利用率也达到 28%。各处理不同养分的利用率有所不同，NPK 处理的氮、钾肥利用率最高，有机肥处理的磷肥利用率最高。OM、1/2OM + 1/2 NPK、NPK 处理之间的 N_2O 排放量和氨挥发量都没有显著差异。

在本试验条件下，单施化肥，如果养分能均衡供应，则作物可持续高产，而且可以维持土壤有机质含量的不降低，甚至可以在一定程度上提高土壤有机质含量。总体上化肥对提高土壤肥力的作用远小于有机肥。从保证粮食安全和提高土壤肥力的角度，在该地区应采用有机肥无机肥配施的措施，既增加土壤有机质含量，也可以保证作物稳产高产。

（二）存在问题和研究展望

1. 潮土长期定位试验存在的主要问题

（1）由于试验于 1989 年布设，当时在该地区没有秸秆还田，但是目前该地区大部分农田都已采用秸秆还田技术，所以近几年测得的试验地土壤有机质含量及其变化情况的代表性相对较差。

（2）品种的更新问题。目前该地区的种植制度没有发生很大变化，但是品种日新月异，试验一方面想保持稳定性，但另一方面品种对作物产量、养分利用率的影响也很大，所以多长时间更换一次品种也是值得探讨的问题。

2. 研究展望

潮土长期定位试验在很多研究者的努力下已经在土壤肥力演变特征、肥料利用效率、土壤温室气体排放特征、生物多样性研究等方面取得了许多重要的结果。随着试验的进行以及新的研究手段和仪器设备的出现和应用，围绕潮土长期定位试验，有必要在以下几个方面展开研究。

（1）长期不同施肥条件下的养分循环及其机理研究。目前主要针对土壤微生物在养分转化和循环方面的作用机理进行了研究，下一步的研究可考虑植物特别是根际对土壤养分循环影响。

（2）长期不同施肥对土壤物理性质影响。目前已经做了部分土壤物理性质的测定，但是土壤物理性质在不同研究尺度下的特征有所不同，所以今后应考虑在微观尺度上研究土壤物理性质，同时，进行田间原位的土壤物理性质研究，以进一步揭示养分的转化和循环机制。

致谢：本文部分内容是在蔡祖聪、王俊华、尹云峰、尹力初、朱强根、杜昌文、孟磊、倪康等同志研究成果的基础上编写的，在此一并表示感谢。

信秀丽、张佳宝、钦绳武、朱安宁

参考文献

［1］蔡祖聪，钦绳武．2006．华北潮土长期试验中的作物产量、氮肥利用率及其环境效应［J］．土壤学报，43（6）：885-891.

［2］傅积平．1978．土壤有机无机复合度测定法［J］．土壤肥料，（4）：40-42.

［3］顾益初，钦绳武．1978．长期施用磷肥条件下潮土中磷素的积累、形态转换和有效性［J］．土壤，（1）：13-16.

［4］巨晓棠，刘学军，张福锁．2002．尿素配施有机物料时土壤不同氮素形态的动态及利用［J］．中国农业大学学报，7（3）：52-56.

［5］孟磊，丁维新，蔡祖聪，等．2005．长期定量施肥对土壤有机碳储量和土壤呼吸影响［J］．地球科学进展，20（6）：687-692.

［6］倪康，丁维新，蔡祖聪．2009．有机无机肥长期定位试验土壤小麦季氨挥发损失及其影响因素研究［J］．农业环境科学学报，28（12）：2 614-2 622.

［7］钦绳武，顾益初，朱兆良．1998．潮土肥力演变与施肥作用的长期定位试验初报［J］．土壤学报，35（3）：367-375.

［8］孙海霞，王火焰，周健民，等．2009．长期定位试验土壤钾素肥力变化及其对不同测钾方法的响应［J］．土壤，41（2）：212-217.

［9］孙瑞莲，赵秉强，朱鲁生，等．2003．长期定位施肥对土壤酶活性的影响及其调控土壤肥力的作用［J］．植物营养与肥料学报，9（4）：406-410.

［10］王俊华，尹睿，张华勇，等．2007．长期定位施肥对农田土壤酶活性及其相关因素的影响［J］．生态环境，16（1）：191-196.

［11］尹文英，等．1998．中国土壤动物检索图鉴［M］．北京：科学出版社．

［12］尹云峰，蔡祖聪，钦绳武．2005．长期施肥条件下潮土不同组分有机质的动态研究［J］．应用生态学报，16（5）：875-878.

［13］郑洪元，张德生．1982．土壤动态生物化学研究法［M］．北京：科学出版社．

［14］中国科学院南京土壤研究所．1981．土壤理化分析［M］．上海：上海科学技术出版社．62-142.

［15］朱强根，朱安宁，张佳宝，等．2010．华北潮土长期施肥对土壤跳虫群落的影响［J］．土壤学报，47（5）：946-952.

［16］朱兆良，文启孝．1992．中国土壤氮素［M］．南京：江苏科学技术出版社．

［17］Cai Z C, Qin S W. 2006. Dynamics of crop yields and soil organic carbon in a long-term fertilization experiment in the Huang-Huai-Hai Plain of China ［J］. *Geoderma*, 136, 708 – 715.

［18］ Du CW, Lei M J, Zhou J M, et al. 2011. Effect of long-term fertilization on the transformations of water-extractable phosphorus in a fluvo-aquic soil ［J］. *Journal of Plant Nutrition and Soil Science*, 174: 20 – 27.

［19］ Ge Y, Zhang J B, Zhang L M, et al. 2008. Long-term fertilization regimes affect bacterial community structure and diversity of an agricultural soil in Northern China ［J］. *Journal of Soils and Sediments*, 8: 43 – 50.

［20］ Gong W, Yan X Y, Wang J Y, ea al. 2009. Long-term manure and fertilizer effects on soil organic matter fractions and microbes under a wheat-maize cropping system in northern China ［J］. *Geoderma*, 149: 318 – 324.

［21］ IPCC (International Panel on Climate Change). 1997. Revised 1996 IPCC guidelines for national greenhouse gas inventories ［M］. Cambridge, UK: Cambridge University Press.

［22］ Martinez L J, Zinck J A. 2004. Temporal variation of soil compaction and deterioration of soil quality in pasture areas of Colombian Amazônia ［J］. *Soil and Tillage Research*, 75: 3 – 17.

［23］ Meng L, Ding W X, Cai Z C. 2005. Long-term application of organic manure and nitrogen fertilizer on N₂O emissions, soil quality and crop production in a sandy loam soil ［J］. *Soil Biology and Biochemistry*, 37: 2 037 – 2 045.

［24］ Swift M J, Heal O W, Anderson J M. 1979. Decomposition in terrestrial ecosystems ［M］. Berkeley: University of California Press.

［25］ Yin L C, Cai Z C, Zhong W H. 2005. Changes in weed composition of winter wheat crops due to long-term fertilization ［J］. *Agriculture Ecosystem and Environment*, 107: 181 – 186.

［26］ Yin L C, Cai Z C, Zhong W H. 2006. Changes in weed community diversity of maize crops due to long-term fertilization. ［J］ *Crop Protection*, 25: 910 – 914.

第二十章　长期施肥下塿土肥力演变和培肥技术

　　尽管陕西省不是全国粮食的主产区，但历年来较高的粮食自给率及目前区域的经济发展水平，决定了其对粮食的需求主要依靠自给，关中地区作为陕西省的粮食主产区，担负着本省粮食自给的主要责任。渭河流经的关中盆地，东西长约360 km，南北宽30~80 km，总面积约2万~3万km²。平原区由于悠久的农垦历史，自然植被已被人工植被所替代，农业生产多以种植小麦、棉花、玉米为主。关中地区主要土地类型为农耕地，占土地面积的近50%，其次是林地和草地，建设用地、水域、未利用土地面积比重较小（宋维念，2012）。该区域年均气温13℃左右，年均降水量550~600mm，主要集中在7—9月，年均蒸发量950~1 000mm，属半湿润偏旱区，常有冬旱和春旱发生。

　　目前关中地区土地利用存在的问题主要有：①耕地面积连年锐减。随着人口的不断增加和经济建设的进一步发展，占用耕地会愈演愈烈，人地矛盾将更加突出。②土地过度利用与低效利用并存。农业用地中，川原区耕地、园地利用集约化程度高，部分耕地因利用过度导致地力下降；山区、丘陵区耕地、林地、草地经营利用则较粗放，产出低而不稳。③土地资源破坏和浪费严重。由于宏观总体规划和调控不足，土地利用中乡村居民宅基地留用过多；盲目发展乡镇企业，乱占滥用耕地；陡坡耕垦，加重水土流失，地力下降后弃耕撂荒又造成土地资源浪费；城市垃圾占用郊区耕地造成土地污染等（康慕谊，1999）。耕地数量的减少和质量的下降已使粮食供给出现相对不足的现象（杨朔，2009）。

　　塿土是陕西关中平原区的主要土壤类型，总面积达97.7万hm²。在陕西省境内，北至渭北台塬海拔850m以下地区、南至秦岭北麓地带均有塿土分布。塿土是我国土壤科学家鉴定命名的土壤类型，是人类以长期使用土粪堆垫为主，伴有黄土自然沉积作用，在黄土母质上经反复旱耕熟化过程而形成的一种优良农业土壤。塿土分布区具有悠久、连续的农耕历史，人为活动对土壤的影响极其强烈，同时塿土分布区又处黄土高原南部，几千年来一直继续着黄土的沉积。因此对这样一种土层深厚、肥力相对较高、具有独特成土过程的土壤，研究其肥力演变十分重要的（徐明岗，2006）。"塿土肥力与肥料效益监测基地"的建立，旨在研究塿土上不同施肥方式的养分供给、作物反应、肥料利用变化趋势以及长期施肥后的土壤物理、化学性质的变化规律、土地生产力演进等科学与生产关键技术问题，对于指导合理施肥、充分发挥塿土土壤增产潜力和肥料效益、更好地利用土地资源，促进陕西关中乃至黄土高原地区农业持续发展有着重要的理论和实践意义。

一、塿土长期试验概况

（一）试验概况

塿土肥力与肥料效益长期试验基地位于陕西省杨凌市高新农业技术产业示范区头道塬上（东经 108°00′83″，北纬 34°17′81″），塬面平坦宽阔，海拔 524.7m。土壤从上到下依次分为耕层、犁底层、老耕层、古耕层、粘化层、钙积层和母质层 7 个发生层次。长期试验主要在灌溉地上进行，试验设 11 个处理：①休闲，耕而不种，无植物生长；②撂荒，不耕不种，植物自然生长；③对照，种作物但不施任何肥料，CK；④单施氮肥，N；⑤磷、钾化肥配合，PK；⑥氮、钾化肥配合，NK；⑦氮、磷化肥配合，NP；⑧氮、磷、钾化肥配合，NPK；⑨有机无机肥配合（M 为有机肥），MNPK；⑩1.5MNPK；⑪化肥与秸秆还田结合（S 作物秸秆），SNPK。试验按冬小麦—夏玉米一年两熟轮作制进行。小区面积 196m² （14m×14m），每处理 1 个重复。

冬小麦年施 N 165kg/hm²，P_2O_5 132.0kg/hm²，K_2O 82.5kg/hm²；夏玉米年施 N 187.5kg/hm²，P_2O_5 56.25kg/hm²，K_2O 93.75kg/hm²。氮肥用尿素，磷肥用过磷酸钙，钾肥用硫酸钾。所有肥料在播前一次施入。SNPK 处理秸秆用量 1990—1998 年为 4 500kg/hm² 小麦秸秆（干质量），1998 年以后为当季处理的全部玉米秸秆，平均 3 700kg/hm²（变幅 2 629～5 921kg/hm²），用铡刀切成约 3cm 长的小段，秋播小麦时一次施入。每年随秸秆施入的氮、磷、钾量未计入施肥量。MNPK 和 1.5MNPK 处理中有机肥氮与无机肥氮的比例为 7∶3，按牛粪含氮量计算施用量（亦为秋播一次施入），有机肥中的磷、钾量未计入施肥量；MNPK 处理中氮、磷、钾用量与其他处理相等；1.5MNPK 处理在小麦上其氮、磷、钾用量均为 MNPK 处理的 1.5 倍，在玉米上其与 MNPK 相等。有机肥牛粪的 C、N、P 和 K 含量平均分别为 30.96%、1.82%、1.01% 和 1.19%；还田玉米秸秆的 C、N、P 和 K 含量平均分别为 40.5%、0.92%、0.08% 和 1.84%。

试验始于 1990 年秋播小麦。1990 年试验开始时耕层（0～20cm）土壤的基本理化性状为：有机质含量 10.90g/kg，全氮 0.83g/kg，全磷 0.61g/kg，全钾 2.28g/kg，碱解氮 61.3mg/kg，有效磷 9.57mg/kg，速效钾 191mg/kg，缓效钾 1 189mg/kg，pH 值 8.62；容重 1.30g/cm³，孔隙度 49.6%，田间持水量 21.1%；质地为重壤，＜2μm、2～20μm 和 ＞20μm 的土壤颗粒含量分别为 16.8%、51.6% 和 31.6%。

1998 年以前冬小麦品种为小偃 6 号，陕 229 和莱州 953，1998—2004 年为陕 253，2005 年后为小偃 22；1998 年以前玉米品种为陕单 9 号和陕 902，1998—2004 年为高农一号，2005 年后为郑单 958。小麦生长期内灌水 2～3 次，每次灌水量为 90mm 左右。玉米灌水量根据降雨情况而定，每次灌水量约为 90mm 左右。

（二）土壤样品采集和分析

1. 土壤样品采集和常规分析

土壤样品采集和常规分析方法见徐明岗等（2006）编著的《中国土壤肥力演变》第十四章。

2. 土壤 Mactotal K 的测定

土壤 Mactotal K 的测定依据 Richards 的方法（1988）。土壤 Mactotal K 由两部分组

成：①土壤层间钾（CRK）；②容易被 HNO_3 溶解提取的非交换性钾（Step K）。具体测定步骤如下：准确称取 5.000 0g 过 1mm 筛的风干土于三角瓶中，用 0.1mol/L 硝酸 50mL 浸泡 16 h，过滤并用 50mL 0.1mol/L 硝酸淋滤 5 次，保存滤液。滤纸上残留土样恒温 32℃烘干（18h），过 1mm 筛，称重置于三角瓶中加入 1mol/L 硝酸 50mL，190℃消煮 7min，冷却离心 5min（4 000 r/min），上清液转至 100mL 容量瓶中蒸馏水定容。离心管中的土样用 1mol/L 硝酸 50mL 连续消煮、提取 9 次。钾含量均采用火焰光度计测定。Mactotal K 量不包括速效钾的含量，Mactotal K 计算方法如下：

$$Mactotal\ K\ (mg/kg) = \sum K + 0.1mol/L\ HNO_3\ K - 1.0mol/L\ NH_4OAC\ K$$

式中，$\sum K$ 是 1mol/L 硝酸连续浸提 9 次钾浓度的总和 mg/kg；0.1mol/L HNO_3 K 为 0.1mol/L HNO_3 浸泡处理滤液中钾的浓度 mg/kg；1.0mol/L NH_4OAc K 是 1mol/L NH_4OAc 浸提的钾，单位为 mg/kg。

CRK 计算公式：

$$CRK\ (mg/kg) = \bar{x}K \times nE$$

式中，$\bar{x}K$ 是 1mol/L 硝酸连续浸提最后三次浸提浓度的平均值，单位为 mg/kg；nE 为连续浸提的次数。

Step K 计算公式：

$$Step\ K\ (mg/kg) = Mactotal\ K - CRK$$

3. 土壤 $KMnO_4$ 可氧化态碳（$KMnO_4$ C）的测定

土壤 $KMnO_4$ 可氧化态碳（$KMnO_4$ C）的测定依据 Blair 等（1995）的方法。具体测定步骤如下：准确称取约含 15mg 有机碳的土壤样品放入离心管，加入 25ml 浓度为 333mmol/L 的 $KMnO_4$ 溶液，振荡 1h，离心 5min，上清液用去离子水稀释定容在 565nm 下比色，根据 $KMnO_4$ 溶液浓度的改变计算可氧化态碳的量。

非 $KMnO_4$ 可氧化态碳含量（non - $KMnO_4$ C）＝有机碳含量 - $KMnO_4$ 可氧化态碳量

二、长期施肥下埁土有机质和氮、磷、钾的演变规律

（一）埁土有机质的演变规律

由图 20 - 1 可见，随着施肥年限的延长，各施肥处理土壤有机质含量存在波动上升的趋势，即使是不施肥处理（CK），20 年后，其耕层土壤有机质含量也略有增加。从各年数据的平均值看，与不施肥处理（CK）相比，有机无机配施处理的土壤有机质含量增加最为明显，其中以 1.5MNPK 处理增加最多，达 94.4%，MNPK 增加 65.0%，SNPK 增加 31.1%；其次为氮磷化肥配合的 NP 和 NPK 处理，土壤有机质含量分别增加 19.4% 和 14.4%，而 N、NK 和 PK 土壤有机质含量则分别仅比对照增加 7.3%、5.3% 和 5.9%。从图 20 - 1 中的变化趋势可见，施有机肥和秸秆还田处理（1.5MNPK、MNPK、SNPK）的有机质含量随时间的波动较大，这可能与土壤施入有机物料后影响了土壤有机质的均质性，导致采样和处理过程的变异性增大有关。

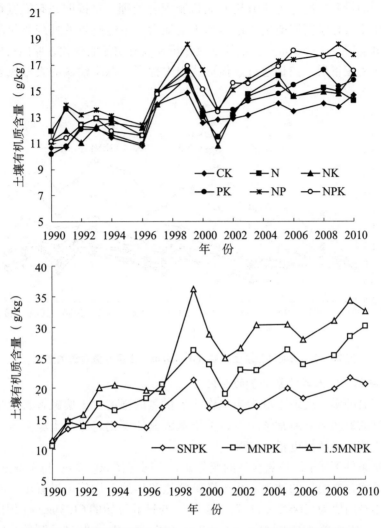

图 20 - 1　长期施肥塿土耕层 (0~20cm) 土壤有机质含量的变化

(二) 塿土氮素的演变规律

1. 长期施肥下塿土全氮含量的变化

由图 20 - 2 可以看出, 长期不同施肥处理的土壤全氮变化不同, 各处理年季间土壤全氮存在明显的波动。根据各年的平均来看, 不施肥处理 (CK) 的各年平均值为 (0.90 ± 0.07) g/kg, 与试验开始的 0.83g/kg 相比, 差异不显著; N 和 PK 处理的平均值则分别为 (0.97 ± 0.11) g/kg 和 (0.93 ± 0.17) g/kg, 与试验开始相比, 差异亦不显著; 可见随着施肥年限的延长, 不施肥 (CK)、单施氮 (N) 和施磷钾肥处理 (PK), 20 年后其耕层土壤全氮含量基本持平。而其他施肥处理土壤全氮含量则有明显的波动但表现为上升趋势, 与不施肥处理 (CK) 相比, 有机肥无机肥配施处理的土壤全氮含量增加最为明显, 其中以 1.5MNPK 处理增加最多, 为 85.8%, MNPK 处理增加 60.4%, SNPK 增加 31.9%, 其次为 NP 和 NPK 处理, 分别增加 19.7% 和 17.7%, NK 增加 12.3%。

总之, 除单施氮肥的 N 处理外, 其他施化肥氮的处理作物产量和土壤全氮含量均增加，但增加的量和幅度远低于有机肥无机肥配合处理。这说明，有机氮在土壤中容易积集，有机肥较化学氮肥能更快地增加土壤氮素。单纯施氮的处理每年施入大量化学氮肥，而其耕层（0～20cm）土壤的全氮含量并没有明显的变化，原因可能一是通过淋溶进入到了土壤下层，二是通过其他形式损失掉了，总之输入的大量氮素的去向应当关注。

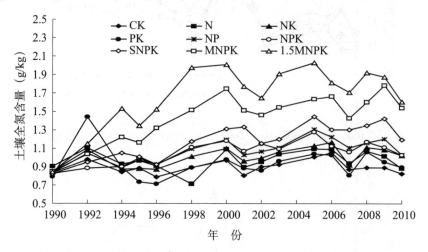

图 20 - 2　长期施肥塿土耕层（0～20cm）土壤全氮含量的变化

2. 长期施肥下塿土碱解氮含量的变化

土壤碱解氮的多少反映土壤为当季作物提供氮的强度，土壤碱解氮含量高时，为当季作物提供的氮较多。通常情况下，土壤碱解氮的变化趋势与土壤全氮一致，土壤全氮高，则土壤中碱解氮也相对较高。

不同施肥条件下塿土碱解氮含量的变化显著不同（图 20 - 3）。与土壤全氮相类似，各处理在年季间存在明显的波动。从土壤碱解氮各年的平均值可以看出，不施肥处理（CK）的各年平均值为（66.5±11.7）mg/kg，与试验开始的 61.3mg/kg 相比，差异不显著；单施氮（N）处理的平均值为（73.6±16.5）mg/kg，与试验开始相比，差异虽不显著，但略有增加；PK 处理的平均值为（59.6±7.1）mg/kg，与试验开始相比，差异亦不显著，但略有下降；而其他施肥处理则有明显的波动上升趋势，与不施肥处理（CK）相比，有机肥无机肥配施处理的土壤碱解氮含量增加最为明显，其中以1.5MNPK 增加最多，达 74.9%，MNPK 增加 56.0%，SNPK 增加 22.9%；而施化肥氮的 NP 处理增加 26.1%，NK 增加 19.9%，NPK 增加 15.7%，N 增加 10.7%；不施氮的 PK 处理下降 10.5%。

从以上结果可以看出，经过 19 年，凡是长期施氮的处理，其土壤碱解氮含量均有不同程度的增加。有机肥无机肥配合尤其是施有机肥的处理土壤碱解氮量增加较多，而仅施用化肥的处理碱解氮增加相对较少。长期不施氮只施磷、钾的土壤易造成土壤碱解氮含量下降，因此，施化学氮肥虽可以提高塿土碱解氮含量，但其效果不如增施有机肥（物料）的明显。

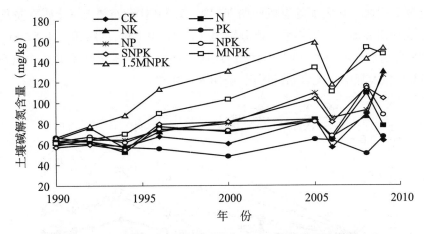

图 20 – 3　长期施肥塿土耕层（0～20cm）土壤碱解氮含量的变化

3. 塿土全氮和氮肥投入量的关系

土壤全氮含量随氮投入量的增加线性增加（图 20 – 4），经回归得方程 $y = 0.051\,4x + 0.750\,6$（$R^2 = 0.703\,2$，$p = 0.005$），表明在塿土小麦—玉米轮作体系下，投入 $1t/hm^2$ 氮大约可增加土壤全氮 $0.05g/kg$。

土壤碱解氮含量随氮投入量的增加也呈线性增加（图 20 – 4），经回归得方程 $y = 6.548x + 60.085$（$R^2 = 0.716\,6$，$p = 0.004$），表明在塿土小麦—玉米轮作体系下，投入 $1t/hm^2$ 氮大约可增加土壤碱解氮 $6.5mg/kg$。

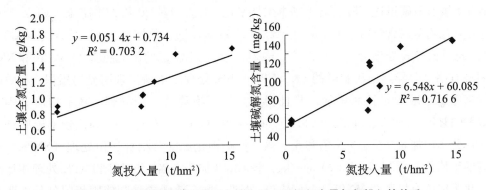

图 20 – 4　长期施肥塿土耕层土壤全氮、碱解氮含量与氮投入的关系

（三）塿土全磷的演变规律

1. 长期施肥下塿土全磷含量的变化

图 20 – 5 显示，塿土耕种 20 年，不施肥（CK）的土壤耕层全磷含量历年平均值为（0.64 ± 0.08）g/kg，单施氮（N）处理为（0.66 ± 0.08）g/kg，NK 处理为（0.68 ± 0.08）g/kg，与试验开始时相比均没有明显的变化，其土壤全磷基本保持在 $0.6g/kg$ 左右。施化肥磷的 PK、NP 和 NPK 处理土壤磷出现明显的累积，全磷含量随施肥年限的延长而呈波动增加的趋势，并且明显高于不施磷的 3 个处理。PK、NP 和 NPK 处理历年平均值分别为（0.92 ± 0.22）g/kg、（0.91 ± 0.16）g/kg 和（0.88 ± 0.18）g/kg，较不施肥处理（CK）分别增加 44.1%、42.2% 和 38.3%。氮磷钾化肥与秸秆还田配合处理（SNPK）的全磷平均值为（0.96 ± 0.19）g/kg，较 CK 增加 50.4%，与 NP 和 NPK

处理相比略有提高。化肥配施有机肥的 MNPK、1.5MNPK 处理土壤全磷含量均随施肥年限的延长而明显提高，历年平均值分别为（1.25 ± 0.35）g/kg 和（1.52 ± 0.44）g/kg，比 CK 分别增加 95.6% 和 139.1%，且均明显高于单施化肥磷的 3 个处理（NP、NPK 和 PK）以及氮磷钾配合秸秆还田（SNPK）处理。

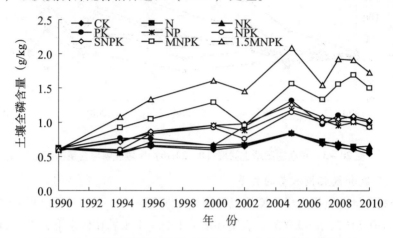

图 20 - 5　长期施肥塿土耕层（0 ~ 20cm）土壤全磷含量的变化

2. 长期施肥下塿土有效磷含量的变化

土壤有效磷是指土壤中对植物有效或较容易被植物吸收利用的磷，是植物所需磷素的强度指标。由图 20 - 6 可以看出，不施磷的 3 个处理（CK、N 和 NK）在试验开始 1 年后土壤有效磷迅速下降，其后基本保持平稳。塿土耕种 20 年，不施肥（CK）处理的土壤耕层有效磷含量历年平均值为（3.6 ± 2.0）mg/kg，单施氮（N）处理为（4.2 ± 2.9）mg/kg，NK 处理为（4.5 ± 2.3）mg/kg，可见不施磷的 3 个处理（CK、N 和 NK）之间没有明显差异。施化肥磷的 PK、NP 和 NPK 处理土壤磷出现明显的累积，有效磷含量随施肥年限的延长而增加，并且明显高于不施磷的 3 个处理，其平均值分别为（32.3 ± 11.0）mg/kg、（23.5 ± 8.2）mg/kg 和（23.3 ± 7.3）mg/kg，较不施肥处理（CK）分别增加 8.0 倍、5.5 倍和 5.5 倍。氮磷钾化肥配合秸秆还田处理（SNPK）有效磷的平均值为（30.0 ± 12.2）mg/kg，较 CK 增加 7.4 倍，与 NP 和 NPK 处理相比略高。化肥配施有机肥的 MNPK、1.5MNPK 处理土壤有效磷含量随施肥年限延长而明显提高，试验开始 8 ~ 10 年后基本保持平稳，其 20 年的平均值分别为（117.2 ± 48.3）mg/kg 和（159.3 ± 64.1）mg/kg，比 CK 分别增加 31.7 倍和 43.4 倍，且均明显高于单施化肥磷的 3 个处理（NP、NPK 和 PK）以及 SNPK 处理；而试验开始 10 年后的历年平均值分别为（140.8 ± 20.2）mg/kg 和（181.7 ± 40.2）mg/kg，比 CK 分别增加 51.1 倍和 66.2 倍，且均明显高于单施化肥磷的 3 个处理（NP、NPK 和 PK）以及 SNPK 处理。

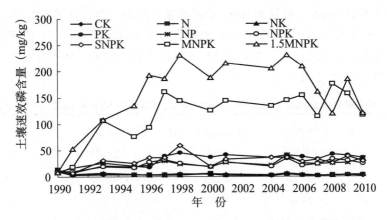

图 20 - 6　长期施肥堘土耕层（0～20cm）土壤有效磷含量的变化

3. 堘土全磷、有效磷含量和磷投入量的关系

土壤全磷含量随磷投入量的增加而增加（图 20 - 7），二者的回归方程为 $y = 0.166$ $4x + 0.623$ 5（$R^2 = 0.966$ 5，$p < 0.001$），表明在堘土小麦—玉米轮作体系中，投入 $1t/hm^2$ 磷大约可增加土壤全磷 $0.17g/kg$。

土壤有效磷含量随磷投入量的增加也呈线性增加趋势，二者的回归方程为 $y = 18.598x + 0.429$ 5（$R^2 = 0.932$ 6，$p < 0.001$），表明投入 $1t/hm^2$ 的磷大约可增加土壤有效磷 $18.6mg/kg$。

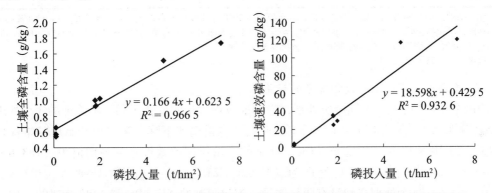

图 20 - 7　长期施肥（20 年）堘土耕层土壤全磷和有效磷含量与磷投入量的关系

（四）堘土全钾的演变规律

1. 长期施肥下堘土全钾、Mactotal K、CRK 和 Step K 含量的变化

由表 20 - 1 可以看出，耕层土壤全钾含量为 21.23～23.03g/kg，全部处理和试验前相比没有显著变化。CK 处理显著低于 PK 和 NPK 及 1.5MNPK（$p < 0.05$），PK 高于 N 处理，其他处理间无显著差异。耕层土壤 Mactotal K（非交换性钾，不包括速效钾）含量变幅为 3 464～4 165mg/kg，NK、PK 处理较试验前略有下降，其他处理均较试验前显著降低。各处理中又以 PK 和 NK 处理的 Mactotal K 含量最高，其次为 SNPK、MNPK 和 NPK，CK、N、NP 处理最低，特别是 CK 和 NP 处理的 Mactotal K 含量显著低于所有施钾处理。各处理土壤的 CRK（土壤层间钾、稳定比率钾）含量变化在 1 670～1 910mg/kg，变化幅度相对较小。和基础样相比，土壤中 CRK 含量除了 PK 处理显著增加外，其余处理均没有显著变化，增施有机肥（秸秆）的处理较 PK 和 NPK 明显下

降。各处理土壤的 StepK（容易被 HNO_3 溶解的非交换钾）含量范围在 1 768 ~ 2 406mg/kg，除 NK 以外其他处理与试验前相比均有较大幅度下降。总体上，不施钾肥处理土壤的 StepK 显著低于施钾肥处理，尤其是 NP 处理耗竭最为严重，施用有机物料的 3 个处理间没有显著差异（表 20 – 1）。

表 20 – 1　长期施肥塿土耕层土壤全钾、Mactotal K、CRK 和 Step K 含量（1990—2010 年）

处　理	全钾含量 （g/kg）	Mactotal K 含量 （mg/kg）	CRK 含量 （mg/kg）	Step K 含量 （mg/kg）
基础样	21. 64 abc	4 265 a	1 706 bc	2 559 a
CK	21. 23 c	3 550 ef	1 683 c	1 867 de
N	21. 49 bc	3 702 def	1 762 bc	1 941 de
NK	22. 42 abc	4 124 abc	1 718 bc	2 406 ab
PK	23. 03 a	4 165 ab	1 910 a	2 255 bc
NP	21. 65 abc	3 464 f	1 695 bc	1 768 e
NPK	22. 88 ab	3 838 d	1 834 ab	2 004 d
SNPK	22. 14 abc	3 932 bcd	1 709 bc	2 223 bc
MNPK	22. 19 abc	3 731 de	1 670 c	2 061 cd
1. 5MNPK	22. 89 ab	3 912 cd	1 692 c	2 220 bc

　　注：基础样指 1990 年的基础土壤测定值，其余处理为 2010 年小麦收获后的土壤样品测定值。Mactotal K 指非交换性钾，不包括速效钾；CRK 指土壤层间钾、稳定比率钾；Step K 指容易被 HNO_3 溶解的非交换钾（Richards，1988）。同列数字后不同字母表示处理间差异达到 5% 显著水平

　　资料来源：葛玮健，2012

2. 长期施肥下塿土速效钾含量的变化

由图 20 – 8 可见，不同施肥处理，土壤速效钾含量的变化不同。不施钾的 3 个处理（CK、N 和 NP）在试验开始 1 年后土壤速效钾含量迅速下降，第二年开始后基本保持平稳。塿土耕种 20 年，不施肥（CK）处理的土壤耕层速效钾含量平均值为（163. 8 ± 19. 4）mg/kg，单施氮（N）处理为（177. 6 ±23. 0）mg/kg，NP 处理为（173. 3 ± 19. 0）mg/kg，3 个处理之间没有明显差异。施化肥钾的 NK、PK 和 NPK 处理的土壤速效钾随施肥年限的延长呈波动增加趋势，并且明显高于不施钾的 3 个处理，其历年的平均值分别为（299. 4 ±62. 3）mg/kg、（280. 7 ±77. 5）mg/kg 和（242. 1 ±36. 4）mg/kg，较 CK 分别增加 82. 7% 、71. 3% 和 47. 8% ，其中 NPK 处理的土壤速效钾略低于 NK 和 PK 处理，这可能是由于 NPK 处理的作物产量较高，随作物地上部携出的钾相对较多。氮磷钾化肥配合秸秆还田处理（SNPK）20 年土壤速效钾平均值为（283. 4 ± 60. 2）mg/kg，较 CK 增加 73. 0% ，比 NPK 处理略高，与 NK 和 PK 处理相当。化肥配施有机肥的 MNPK、1. 5MNPK 处理土壤速效钾含量试验开始后随施肥年限延长而明显提高，10 ~ 12 年后基本保持平稳。其 20 年平均值分别为（332. 4 ±79. 8）mg/kg 和（406. 9 ±110. 7）mg/kg，比 CK 分别增加 102. 9% 和 148. 4% ；而从试验开始 10 年后的平均值分别为（377. 4 ± 73. 5）mg/kg 和（470. 5 ±98. 3）mg/kg，比 CK 分别增加 129. 6% 和 186. 3% 。20 年后，不施钾处理的速效钾含量虽然略有下降，但下降不明显。可能是由于黄土母质下发育形成的塿土，其土壤含钾比较丰富，尽管经过了 20 年作物

的吸收消耗，但通过缓效钾或部分矿物钾的补充，故速效钾下降并不明显。

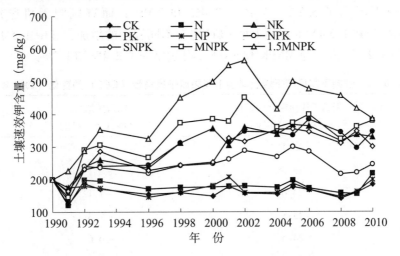

图 20 - 8 长期施肥塿土耕层（0～20cm）土壤速效钾含量的变化

长期不施钾肥的 3 个处理 CK、N、NP，表层土壤速效钾含量基本不变或略呈下降趋势。所有施钾肥处理的表层土壤速效钾含量都有不同程度的上升，其中施有机肥的 1.5MNPK 和 MNPK 处理上升最多，其次为 PK、NK 和 SNPK，NPK 处理增加最少。总之，施钾肥尤其是增施有机肥可补充作物对钾的消耗从而保持或提高土壤速效钾含量。

3. 塿土全钾、有效钾含量和钾投入量的关系

由图 20 - 9 可见，土壤全钾含量随钾投入量的增加呈线性增加趋势，但其线性相关性未达显著水平。从图 20 - 9 还可以看出，土壤速效钾含量随钾投入量的变化趋势与全钾相同，经回归得方程 $y = 18.615x + 198$（$R^2 = 0.722\ 3$，$n = 9$，$p = 0.004$），表明在塿土小麦—玉米轮作体系下，投入 $1t/hm^2$ 钾大约可增加土壤速效钾含量 18.6mg/kg。

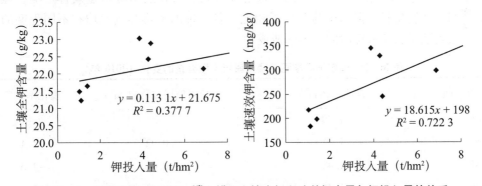

图 20 - 9 长期施肥（20 年）塿土耕层土壤全钾和速效钾含量与钾投入量的关系

三、长期施肥下塿土理化性质的变化特征

（一）长期施肥下塿土阳离子代换量（CEC）的变化

由表 20 - 2 可以看出，试验 10 年后，不同施肥对塿土土壤 CEC 产生了不同的影响。与对照相比，施化肥处理（N、NK、NP、PK 和 NPK）土壤 CEC 均有不同程度的

下降，其中单施氮处理（N）下降最多，下降幅度为8.4%，其后依次为NP、NK、PK和NPK，分别下降了5.2%、4.4%、2.4%和2.0%；而有机肥无机肥配合处理（SNPK、MNPK和1.5MNPK）的土壤 CEC 均有不同程度的增加，其中1.5MNPK处理增幅最大为9.2%，其后为MNPK和SNPK，分别增加了2.4%和1.2%。

表20-2 长期不同施肥下垆土耕层土壤阳离子代换量（CEC）的变化（2000年）

处 理	阳离子代换量（CEC）[cmol（+）/kg]	比对照增减 [cmol（+）/kg]	变化率（%）
CK	25.1	—	—
N	23.0	-2.1	-8.4
NK	24.0	-1.1	-4.4
NP	23.8	-1.3	-5.2
PK	24.5	-0.6	-2.4
NPK	24.6	-0.5	-2.0
SNPK	25.4	0.3	1.2
MNPK	25.7	0.6	2.4
1.5MNPK	27.4	2.3	9.2

（二）长期施肥下垆土容重的变化

表20-3显示，垆土不同施肥和耕作20年后，与不施肥（CK）相比，施化肥处理（N、NK、PK、NP和NPK）的容重基本相同，其中N和NPK处理略有增加，增加率分别为1.1%和0.6%；NK、PK和NP处理略有下降，比CK分别下降了1.3%、2.1%和2.8%；而化肥配施有机物料的处理（SNPK、MNPK和1.5MNPK）其容重较CK分别下降了5.2%、6.4%和9.9%。可见，施用有机肥和秸秆还田可明显改善土壤物理性状，有利于作物生长。但与试验开始时相比，各处理的土壤容重值均有不同程度的增加，这很可能是由于取样时间的不同造成的。

表20-3 长期不同施肥下垆土耕层土壤容重的变化（2010年）

处 理	容重（g/cm³）	比对照增减（g/cm³）	变化率（%）
CK	1.49	—	—
N	1.51	0.02	1.1
NK	1.48	-0.02	-1.3
PK	1.46	-0.03	-2.1
NP	1.45	-0.04	-2.8
NPK	1.50	0.01	0.6
SNPK	1.42	-0.08	-5.2
MNPK	1.40	-0.09	-6.4
1.5MNPK	1.35	-0.15	-9.9

注：试验前（1990年）土壤容重、田间持水量和孔隙度分别为1.30g/cm³、21.2%和49.6%

四、长期施肥对堘土微生物和酶活性的影响

（一）长期施肥下堘土微生物活性的变化

施肥 20 年后，不同施肥处理的土壤微生物量碳含量大小顺序为 1.5MNPK > MNPK > SNPK > NPK > NP > PK > CK > N（表 20－4）。其中有机肥无机肥配施（MNPK、1.5MNPK）处理微生物量碳含量显著高于其他处理，SNPK 处理显著高于无机肥处理及对照（$p < 0.05$）。无机肥处理中以 NPK 处理的微生物量碳含量最高，与 CK、N 和 PK 处理差异显著（$p < 0.05$）。而 NP 处理与 N、PK 及 CK 差异均不显著。各处理土壤的微生物量碳与土壤有机碳的比率（MBC/SOC）变化范围为 2.00%～4.25%，其中有机无机配施的 3 个处理均较高，单施氮肥处理最低，而其他处理差异不显著。土壤微生物量氮含量大小顺次为 MNPK > 1.5MNPK > PK > SNPK > NPK > NP > CK > N，其中有机无机配施（MNPK、1.5MNPK）处理显著高于其他处理（$p < 0.05$），其他处理间均无显著差异。微生物量氮与全氮的比值（MBN/TN）以 MNPK 处理最高，N 处理最低。各处理间土壤微生物量碳与微生物量氮的比率（MBC/MBN）没有显著差异（表 20－4）。本研究结果表明，不同施肥处理能不同程度地提高微生物量碳、氮，其中 MNPK 处理明显高于只施化肥的处理，这与 Goyal（1999）和 Seimek（1999）等的研究结果一致。这是由于施肥直接增加了根系生物量及根系分泌物，促进了微生物的生长和繁殖；同时施用有机肥不但增加了土壤养分，也为微生物提供了充足的碳源，使土壤微生物量碳、氮明显高于单施化肥的处理。SNPK 与 NPK 处理相比可以明显增加土壤微生物量碳的含量，而对微生物量氮没有显著影响。而李娟等（2008）报道，褐潮土玉米秸秆配合氮磷钾可显著增加土壤微生物量氮的含量，而对微生物量碳没有显著影响，这可能与土壤类型以及秸秆和肥料用量有关。本试验结果显示，微生量碳占总有机碳的比例为 2.00%～4.25%，与其他有关的报道一致（Jenkinson 和 Ladd，1981）。

表 20－4　长期施肥对土壤微生物量碳、氮的影响

处　理	微生物量碳 MBC （mg/kg）	微生物量氮 MBN （mg/kg）	MBC/MBN	MBC/SOC （%）	MBN/TN （%）
CK	190.67 d	25.94 b	7.52a	2.52 de	2.77 bc
N	170.52 d	20.23 b	8.43a	2.00 e	1.86 c
PK	219.77 d	42.87 b	5.24a	2.64 de	4.02 ab
NP	235.14 cd	39.94 b	5.89a	2.31 de	3.16 abc
NPK	292.83 c	41.62 b	7.21 a	2.93 cd	3.38 abc
SNPK	379.22 b	42.38 b	9.30 a	3.45 bc	3.11 abc
MNPK	527.00 a	83.10 a	6.43 a	4.14 ab	4.67 a
1.5MNPK	578.06 a	80.93 a	9.30 a	4.25 a	4.07 ab

注：SOC——土壤有机碳；TN——土壤全氮；同列数值后不同字母表示差异达到 5% 显著水平

资料来源：李花等，2011

（二）长期施肥下堘土酶活性的变化

土壤酶是土壤有机体的代谢动力，其活性是土壤生物活性和土壤肥力的重要指标，

能直观反映施肥管理对土壤质量和土壤生产力的影响。长期施用各种化肥或配施有机肥 20 年后，对塿土理化性质和微生物环境产生了影响，引起了土壤酶活性的变化（表 20 – 5）。各处理间蔗糖酶活性的总体趋势表现为 SNPK > 1.5MNPK > MNPK > NP > NPK > PK > N > CK，其中 SNPK 和 1.5MNPK 处理蔗糖酶活性没有明显差异，但均显著高于 CK 和 N 两个处理（$p < 0.05$），其他处理与上述 4 个处理均没有显著差异。

各处理脲酶活性表现为 MNPK > 1.5MNPK > NP > NPK > N > SNPK > PK > CK，其中 MNPK 处理的脲酶活性最高，并显著高于除 1.5MNPK 和 NP 以外的其他处理，PK 和 CK 处理的脲酶活性最低，SNPK、NPK 和 N 以及 1.5MNPK 和 NP 处理间差异不显著。各处理碱性磷酸酶活性的大小顺序为 1.5MNPK > SNPK > MNPK > NP > NPK > N > PK > CK，长期施用有机物料的 3 个处理（1.5MNPK、MNPK 和 SNPK）碱性磷酸酶活性显著高于其他处理，其中 1.5MNPK 处理又显著高于 MNPK 和 SNPK。NP 处理的碱性磷酸酶活性显著高于其他化肥处理以及对照；NPK 与 N 处理相似，但均显著高于 PK 和 CK 处理。长期施肥土壤脱氢酶活性表现为 1.5MNPK > MNPK > SNPK > NP > NPK > PK > N > CK，1.5MNPK 和 MNPK 处理差异显著，且均显著高于其他处理，SNPK 显著高于 NPK、N 和 CK，但与 NP 和 PK 处理差异不显著。

表 20 – 5　长期施肥下塿土土壤酶活性的变化

处　　理	蔗糖酶 [Glucose mg/ (g·24h)]	脲酶 [NH₃– N mg/ (g·24h)]	碱性磷酸酶 [Phonel mg/(g·24h)]	脱氢酶 [TPF mg/(g·24h)]
CK	12.49 b	0.46 c	2.14 e	0.22 e
N	12.65 b	0.94 b	2.33 de	0.22 e
PK	14.83 ab	0.63 c	2.21 e	0.27 cde
NP	19.22 ab	1.07 ab	2.78 c	0.31 cd
NPK	18.89 ab	0.96 b	2.48 d	0.26 de
SNPK	21.49 a	0.90 b	3.05 b	0.33 c
MNPK	19.38 ab	1.25 a	3.04 b	0.47 b
1.5MNPK	20.64 a	1.09 ab	3.67 a	0.54 a

注：同列数值后不同字母表示差异达到 5% 显著水平

资料来源：李花等，2011

塿土上长期有机物料配施氮、磷、钾有助于提高土壤蔗糖酶、脲酶、碱性磷酸酶和脱氢酶的活性，这与其他研究者的结果一致（贾伟，等，2008；郑勇，等，2008；刘骅，等，2008）。另外，有机物施入土壤后可以改善土壤的物理和化学性质，为微生物和土壤动物的生长繁殖提供良了好环境，加速了有机物的分解，可为土壤酶提供更多的底物（Timo 等，2006；Petra 等，2003）。塿土均衡施用化肥（NP 或 NPK 处理）较不施肥也能够增加土壤的酶活性，这与在褐潮土和褐土上的研究结果相似（贾伟等，2008；李娟等，2008），与施肥显著增加作物产量，进而增加根茬还田量以及根系分泌物有关。另外，尽管长期偏施肥（N 和 PK 处理）较不施肥没有导致土壤化学肥力或生物化学肥力的显著降低，但是偏施肥不仅没有增加作物生产力，而且可能导致资源浪费和环境问题。土壤化学性质与微生物量碳、氮以及酶活性的关系表明，土壤碳、氮水平显著影响微生物量碳、氮以及酶活性的高低，可见，提升土壤有机质水平对保持土壤生物健康的重要性。采用适当的施肥方式，可以改善塿土的生物学环境，提高土壤肥力，保持土壤健康状态，为作物高产稳产创造良好的土壤生物化学环境。

五、作物产量对长期施肥的响应

塿土长期施肥条件下，玉米和小麦产量存在年季间的波动（图 20 - 10、图 20 - 11 和图 20 - 12），其变化趋势可分为两类。一类为 CK、N、NK、PK 不均衡施肥方式，其产量较低，试验开始前 5 年产量逐渐下降，5 年后产量处于稳定态状态。另一类为 NP、NPK、SNPK、MNPK、1.5MNPK 施肥方式，产量较高，试验开始的 12 年里，产量在波动中有所提高，12 年后产量在波动中趋稳。表明在塿土地区实现高产的基本条件是合理的氮磷肥料配合。由于塿土中钾素含量较高，短期内氮磷钾配合、氮磷钾配合有机肥和氮磷钾配合秸秆还田与氮磷配合的处理在产量上没有明显的差别。

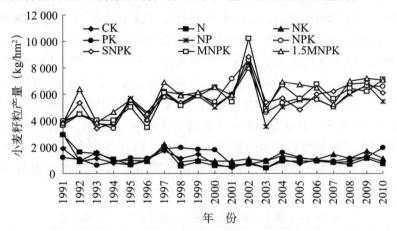

图 20 - 10　塿土长期施肥下小麦籽粒产量的变化

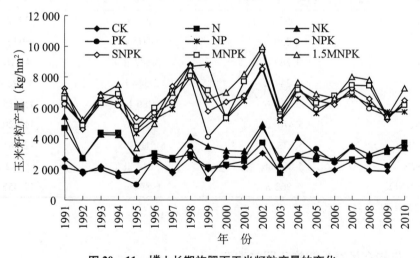

图 20 - 11　塿土长期施肥下玉米籽粒产量的变化

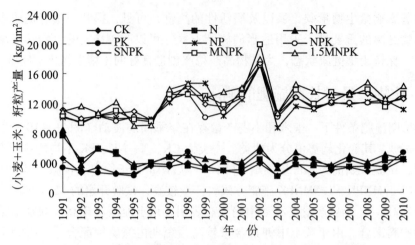

图 20 - 12　塿土长期施肥下年籽粒总产（小麦 + 玉米）的变化

小麦 20 年的平均产量显示，1.5MNPK 处理显著高于 CK、N、NK、PK 和 NP 五个处理，但与 MNPK、SNPK 和 NPK 处理的产量差异不明显（表 20 - 6）。NP 和 MNPK、SNPK 和 NPK 处理产量差异也不显著，但显著高于 CK、N、NK、PK 处理；CK、N、NK、PK 处理间小麦产量也没有明显差异。玉米产量表现为施用有机物料的 3 个处理相似，有机肥处理的产量明显高于单施化肥以及 CK 处理；SNPK 和 NPK、NP 处理间产量没有显著差异，NPK 和 NP 处理的玉米产量均显著高于 CK、N、NK、PK（表 20 - 6）。与小麦产量相比，NK 处理的玉米产量高于 N 处理，而 N 处理高于 PK 和 CK 处理。小麦和玉米总产量表现为 1.5MNPK 处理显著高于除 MNPK 以外的所有处理。MNPK、SNPK、NPK 处理和 NP 处理的产量相似（葛玮健等，2012）。

表 20 - 6　塿土长期试验小麦—玉米轮作 20 年平均产量

处　理	小麦（kg/hm²）	玉米（kg/hm²）	总产量（kg/hm²）
CK	992 c	2235 f	3228 e
N	1 030 c	3 002 e	4 032 cd
NK	1 269 c	3 447 d	4 716 c
PK	1 247 c	2 544 f	3 792 de
NP	5 329 b	6 286 bc	11 615 b
NPK	5 476 ab	6 144 c	11 620 b
SNPK	5 573 ab	6 512 abc	12 085 b
MNPK	5 668 ab	6 644 ab	12 312 ab
1.5MNPK	5 962 a	6 894 a	12 855 a

注：同列数据后不同字母表示差异达到 5% 显著水平

数据来源：葛玮健等，2012

（一）作物产量对长期施氮肥的响应

表 20 -7 为不同施氮处理下氮肥对小麦、玉米和总产量（小麦 + 玉米）增产的贡献。可以看出，单施氮肥时，小麦的增产量仅为 37.8kg/hm²，单位肥料增产量为 0.2kg/kg，氮肥贡献率仅为 3.7%；玉米的增产量为 766.4kg/hm²，单位肥料增产量为

4.1kg/kg，氮肥贡献率为 25.5%；总产量的增产量为 804.2kg/hm²，单位肥料增产量为 2.3kg/kg，氮肥贡献率为 19.9%。在氮磷配施（NPK）时，小麦的增产量为 4 228.3kg/hm²，单位肥料增产量为 25.6kg/kg，氮肥贡献率为 77.2%；玉米的增产量为 3 600.3kg/hm²，单位肥料增产量为 19.2kg/kg，氮肥贡献率为 58.6%；总产量的增产量为 7 828.6kg/hm²，单位肥料增产量为 22.2kg/kg，氮肥贡献率为 67.4%。单施氮对玉米的增产量、单位肥料增产量和肥料贡献率高于小麦，而氮磷钾配施时小麦与玉米基本相当，小麦略高。单施氮时小麦和玉米的增产量、单位肥料增产量和肥料贡献率远远低于氮磷钾配施。可见在塿土上，氮磷钾配施时氮肥才能发挥较大的增产作用，因此要获得高产至少需要氮磷肥配合施用。

表 20 -7 长期不同施氮处理肥料对作物增产量的贡献（1991—2010 年平均值）

作 物	项 目	氮 肥	
		N - CK	NPK - PK
小 麦	增产量（kg/hm²）	37.8	4228.3
	单位肥料 N 增产量（kg/kg）	0.2	25.6
	肥料贡献率（%）	3.7	77.2
玉 米	增产量（kg/hm²）	766.4	3600.3
	单位肥料 N 增产量（kg/kg）	4.1	19.2
	肥料贡献率（%）	25.5	58.6
总产量（小麦 + 玉米）	增产量（kg/hm²）	804.2	7828.6
	单位肥料 N 增产量（kg/kg）	2.3	22.2
	肥料贡献率（%）	19.9	67.4

注：单位肥料增产量 = $\dfrac{某种肥料增加的粮食产量(kg)}{该种肥料用量(kg)}$ （式中，氮肥用量以 N 计，磷肥以 P_2O_5 计，钾肥以 K_2O 计，有机肥以 N 计）；

肥料贡献率（%）= $\dfrac{施肥区农作物产量 - 缺素区农作物产量}{施肥区农作物产量} \times 100$

氮磷钾配施时，在小麦上氮组分的贡献率为 49.3%，磷组分为 49.0%，钾组分为 1.7%；玉米上氮组分的贡献率为 58.5%，磷组分为 43.8%，钾组分为 - 2.3%；总产量（小麦 + 玉米）上的氮组分的贡献率为 53.1%，磷组分为 46.3%，钾组分为 0.03%（表 20 -8）。可见，塿土上施氮对于作物产量的贡献较磷、钾大。

表 20 -8 不同施肥的肥料组分贡献率（1991—2010 年平均） （单位:%）

作 物	NPK			SNPK		MNPK	
	N	P	K	NPK	S	NPK	M
	NPK - PK	NPK - NK	NPK - NP	NPK - CK	SNPK - NPK	NPK - CK	MNPK - NPK
小 麦	49.3	49.0	1.7	97.9	2.1	95.9	4.1
玉 米	58.5	43.8	- 2.3	91.4	8.6	88.7	11.3
小麦 + 玉米	53.1	46.8	0.03	94.8	5.2	92.4	7.6

注：肥料组分贡献率（%）= $\dfrac{某种肥料的增产量}{\sum 所有肥料组分增产量} \times 100$

（二）作物产量对长期施磷肥的响应

由表 20 - 9 可以看出，氮磷配施时，小麦的增产量为 4 299.5kg/hm²，单位肥料的增产量为 32.6kg/kg，磷肥贡献率为 80.7%；玉米的增产量为 3 284.1kg/hm²，单位肥料增产量为 58.4kg/kg，磷肥贡献率为 52.2%；总产量的增产量为 7 583.6kg/hm²，单位肥料增产量为 40.3kg/kg，磷肥贡献率为 65.3%。氮磷钾配施时，小麦的增产量为 4 206.8kg/hm²，单位肥料增产量为 31.9kg/kg，磷肥贡献率为 76.8%；玉米的增产量为 2 697.1kg/hm²，单位肥料增产量为 47.9kg/kg，磷肥贡献率为 43.9%；总产量的增产量为 7 368.2kg/hm²，单位肥料增产量为 36.7kg/kg，磷肥贡献率为 63.4%。无论是氮磷配施还是氮磷钾配施，磷肥对小麦、玉米以及总产量的贡献率均较高。在氮磷钾配施时，小麦上磷组分的贡献率为 49.0%，玉米上磷组分的贡献率为 43.8%，总产量（小麦 + 玉米）磷组分的贡献率为 46.8%（表 20 - 8）。可见，塿土上施磷对于作物产量的贡献居于氮后排第二位。

表 20 - 9　长期不同施磷处理肥料对作物增产量的贡献（1991—2010 年平均）

作　物	项　目	磷　肥	
		NP - N	NPK - NK
小　麦	增产量（kg/hm²）	4 299.5	4 206.8
	单位肥料 P_2O_5 增产量（kg/kg）	32.6	31.9
	肥料贡献率（%）	80.7	76.8
玉　米	增产量（kg/hm²）	3 284.1	2 697.1
	单位肥料 P_2O_5 增产量（kg/kg）	58.4	47.9
	肥料贡献率（%）	52.2	43.9
总产量 （小麦 + 玉米）	增产量（kg/hm²）	7 583.6	7 368.2
	单位肥料 P_2O_5 增产量（kg/kg）	40.3	36.7
	肥料贡献率（%）	65.3	63.4

（三）作物产量对长期施钾肥的响应

表 20 - 10 显示，氮钾配施时，小麦的增产量为 239.1kg/hm²，单位肥料增产量为 2.9kg/kg，钾肥贡献率为 18.8%；玉米的增产量为 445.6kg/hm²，单位肥料增产量为 4.8kg/kg，钾肥贡献率为 12.9%；总产量的增产量为 684.6kg/hm²，单位肥料增产量为 3.9kg/kg，钾肥贡献率为 14.5%。在氮磷钾配施条件下，小麦的增产量仅为 146.4kg/hm²，单位肥料增产量为 1.8kg/kg，钾肥贡献率仅为 2.7%；而玉米的增产量为 -141.5kg/hm²，单位肥料增产量为 -1.5kg/kg，钾肥贡献率为 -2.3%；总产量的增产量为 4.9kg/hm²，单位肥料增产量为 0.03kg/kg，钾肥贡献率为 0.04%。可以看出，氮钾配施时，钾肥对作物略有增产效果；而在氮磷钾配施时，钾肥几乎没对作物增产没有贡献。在氮磷钾配施时，小麦上钾组分的贡献率为 1.7%；玉米上钾组分的贡献率为 -2.3%；总产量（小麦 + 玉米）上钾组分的贡献率为 0.03%（表 20 - 8）。可见在塿土上施钾对于作物产量的增加几乎没有作用，其原因是黄土母质上发育的塿土本身的钾含量很高，可以满足作物生长所需，导致施钾没有效果，以上土壤钾变化的研究结

果也表明了这一点。

表 20-10　长期不同施钾处理肥料对作物增产量的贡献（1991—2010 年平均）

作　物	项　目	钾　肥	
		NK－N	NPK－NP
小　麦	增产量（kg/hm²）	239.1	146.4
	单位肥料 K₂O 增产量（kg/kg）	2.9	1.8
	肥料贡献率（%）	18.8	2.7
玉　米	增产量（kg/hm²）	445.6	－141.5
	单位肥料 K₂O 增产量（kg/kg）	4.8	－1.5
	肥料贡献率（%）	12.9	－2.3
总产量（小麦＋玉米）	增产量（kg/hm²）	684.6	4.9
	单位肥料 K₂O 增产量（kg/kg）	3.9	0.03
	肥料贡献率（%）	14.5	0.04

（四）作物产量对长期施有机肥的响应

由表 20-11 可以看出，氮磷钾配合秸秆还田（SNPK）处理，秸秆还田对小麦的增产量仅为 97.3kg/hm²，单位肥料的增产量为 2.4kg/kg，秸秆的贡献率仅为 1.7%；玉米的增产量为 367.1kg/hm²，单位肥料增产量为 9.1kg/kg，秸秆的贡献率为 5.6%；总产量的增产量为 464.3kg/hm²，单位肥料增产量为 11.5kg/kg，秸秆的贡献率为 3.8%。氮磷钾配施有机肥（MNPK）时，有机肥对小麦的增产量为 192.4kg/hm²，单位肥料增产量为 0.8kg/kg，有机肥的贡献率仅为 3.4%；玉米的增产量为 499.2kg/hm²，单位肥料增产量为 2.1kg/kg，有机肥的贡献率为 7.5%；总产量的增产量为 691.6kg/hm²，单位肥料增产量为 3.0kg/kg，有机肥的贡献率为 5.6%。可见在垆土上，无论是氮磷钾配合秸秆还田还是氮磷钾配施有机肥，有机物料对于作物产量的贡献相对较低。在氮磷钾配合秸秆还田时，小麦上 NPK 化肥组分的贡献率为 97.9%，秸秆组分的贡献率为 2.1%；玉米上 NPK 化肥组分的贡献率为 91.4%，秸秆组分的贡献率为 8.6%；总产量（小麦＋玉米）上 NPK 化肥组分的贡献率为 94.8%，秸秆组分的贡献率为 5.2%。在氮磷钾配施有机肥时，小麦上 NPK 化肥组分的贡献率为 95.9%，有机肥组分的贡献率为 4.1%；玉米上 NPK 化肥组分的贡献率为 88.7%，有机肥组分的贡献率为 11.3%；总产量（小麦＋玉米）上 NPK 化肥组分的贡献率为 92.4%，有机肥组分的贡献率为 7.6%（表 20-8）。可见，垆土上施有机肥对于作物增产的贡献相对较小，主要还是无机氮、磷、钾肥料的贡献。有机肥的主要作用是改善土壤理化性状，从而促进作物对于无机养分的吸收利用。

表 20 - 11 长期施有机肥处理肥料对产量的贡献（1991—2010 年平均）

作　物	项　目	秸秆（S）SNPK - NPK	有机肥（M）MNPK - NPK
小　麦	增产量（kg/hm²）	97. 3	192. 4
	单位肥料有机氮增产量（kg/kg）	2. 4	0. 8
	肥料贡献率（%）	1. 7	3. 4
玉　米	增产量（kg/hm²）	367. 1	499. 2
	单位肥料有机氮增产量（kg/kg）	9. 1	2. 1
	肥料贡献率（%）	5. 6	7. 5
总产量（小麦 + 玉米）	增产量（kg/hm²）	464. 3	691. 6
	单位肥料有机氮增产量（kg/kg）	11. 5	3. 0
	肥料贡献率（%）	3. 8	5. 6

六、长期施肥下农田生态系统养分循环与平衡

（一）长期施肥对肥料回收率的影响

1. 长期施肥对氮素回收率的影响

由表 20 - 12 可见，不同施肥处理的氮素回收率明显不同。单施氮处理（N）的氮素回收率小麦季为 8.0%、玉米季为 14.8%、总回收率（小麦 + 玉米）为 11.7%；NK 处理的氮素回收率小麦季为 10.3%、玉米季为 19.7%、总回收率（小麦 + 玉米）为 15.3%；NP 处理的氮素回收率小麦季为 72.5%、玉米季为 42.6%、总回收率（小麦 + 玉米）为 56.6%；NPK 处理的氮素回收率小麦季为 77.5%、玉米季为 45.2%、总回收率（小麦 + 玉米）为 60.3%；SNPK 处理的氮素回收率小麦季为 67.7%、玉米季为 47.8%、总回收率（小麦 + 玉米）为 58.2%；MNPK 处理的氮素回收率小麦季为 32.5%、玉米季为 77.5%、总回收率（小麦 + 玉米）为 44.8%；1.5MNPK 处理的氮素回收率小麦季为 29.4%、玉米季为 54.1%、总回收率（小麦 + 玉米）为 36.1%。总的看来，单施氮和氮钾配施（N 和 NK）时，其氮素回收率均较低，小麦季、玉米季和总氮素回收率均低于 20 %；氮磷配合（NP 和 NPK），其氮素回收率较高，小麦季为 72.5% ~77.5%，玉米季为 42.6% ~45.2%，总回收率为 56% ~60%；氮磷钾与秸秆还田配合（SNPK）与氮磷（NP）处理的氮回收率相当；氮磷钾配施有机肥处理（MNPK），小麦季的氮素回收率在 30% 左右，玉米季较高达 77.5%；1.5MNPK 处理的玉米季氮素回收率为 54.1%，配施有机肥处理的氮素总回收率为 36% ~45%。可以看出配施有机肥处理的氮素回收率并不是很高，相对于化肥氮磷配合或氮磷钾配合的处理要低，特别是在小麦季，这可能与有机肥施在小麦季有关。另外有机肥处理在前 10 年施入量较大，总的氮输入有可能被低估。在塿土小麦—玉米轮作体系下，氮磷配施是提高氮素回收率的基本保证。

表 20 - 12　塿土长期施肥对氮素回收率影响（20 年）

处　理	肥料投入量（kg/hm²）			地上部携出量（kg/hm²）			养分回收率（%）		
	小麦	玉米	小麦＋玉米	小麦	玉米	小麦＋玉米	小麦	玉米	小麦＋玉米
CK	0	0	0	543	877	1420	—	—	—
N	3 300	3 750	7 050	809	1 433	2 242	8.0	14.8	11.7
NK	3 300	3 750	7 050	883	1 618	2 501	10.3	19.7	15.3
PK	0	0	0	656	1 064	1 719	—	—	—
NP	3 300	3 750	7 050	2 935	2 476	5 411	72.5	42.6	56.6
NPK	3 300	3 750	7 050	3 100	2 574	5 674	77.5	45.2	60.3
SNPK	4 110	3 750	7 860	3 325	2 670	5 995	67.7	47.8	58.2
MNPK	6 997	2 625	9 622	2 815	2 912	5 727	32.5	77.5	44.8
1.5MNPK	10 495	3 938	14 433	3 625	3 007	6 632	29.4	54.1	36.1

注：氮素回收率（%）= $\dfrac{\text{施肥处理植株地上部 N 累积携出量 — 不施肥处理植株地上部 N 累积携出量}}{\text{N 累积投入量}} \times 100$

2. 长期施肥对磷素回收率的影响

不同施肥处理下的磷素回收率明显不同（表 20 - 13）。磷钾处理（PK）小麦季磷素回收率仅为 4.9%、玉米季为 19.4%、总回收率（小麦＋玉米）为 9.2%；氮磷配合（NP）小麦季磷素回收率为 31.8%、玉米季为 62.0%、总回收率（小麦＋玉米）为40.8%；氮磷钾配合（NPK）小麦季磷素回收率为 31.8%、玉米季为 60.7%、总回收率（小麦＋玉米）为 40.5%；氮磷钾与秸秆还田配合（SNPK）小麦季的磷素回收率为 32.8%、玉米季为 66.2%、总回收率（小麦＋玉米）为 42.4%；氮磷钾配施有机肥（MNPK）小麦季的磷素回收率为 11.8%、玉米季为 74.5%、总回收率（小麦＋玉米）为 18.8%；氮磷钾配施高量有机肥（1.5MNPK）小麦季的磷素回收率仅为 9.3%、玉米季为 51.8%、回收率（小麦＋玉米）为 14.0%。总的看来，磷肥不与氮配施（PK处理），其磷素回收率较低，小麦季仅接近 5%、玉米季低于 20%、总回收率低于10%；氮磷化肥相互配合（NP、NPK 和 SNPK）时，其磷素回收率均较高，小麦季在32% 左右，玉米季大于 60%，总回收率大于 40%；氮磷配施有机肥处理，小麦季磷素回收率在 10% 左右，玉米季 MNPK 处理较高达 74.5%，1.5MNPK 为 51.8%，年度总回收率小于 20%。可见施有机肥处理磷的回收率并不是很高，相对于氮磷化肥配合处理要低，特别是在小麦季，这可能与有机肥施在小麦季有关。另外，有机肥处理在前10 年施入量较大，总的磷输入有可能被低估。在塿土上的小麦—玉米轮作体系下，氮磷配施有利于提高磷素回收率。

3. 长期施肥对钾素回收率的影响

由表 20 - 14 可以看出，不同施肥处理下钾素的回收率明显不同。NK 处理小麦季钾的回收率为 28.9%、玉米季为 24.7%、年度总回收率（小麦＋玉米）为 26.8%；PK处理小麦季钾的回收率仅为 5.6%、玉米季为 17.0%、总回收率（小麦＋玉米）为12.0%；NPK 处理小麦季钾的回收率为 187.3%、玉米季为 78.0%、总回收率（小麦＋玉米）为 130.1%；SNPK 处理小麦季钾的回收率为 96.8%、玉米季为 79.0%、总回收率（小麦＋玉米）为 91.5%；MNPK 处理小麦季的钾素回收率为 75.7%、玉米季为

表 20-13　塿土长期施肥对磷素回收率影响（20 年）

处　理	肥料投入量（kg/hm²）			地上部携出量（kg/hm²）			养分回收率（%）		
	小麦	玉米	小麦+玉米	小麦	玉米	小麦+玉米	小麦	玉米	小麦+玉米
CK	0	0	0	79.4	123.3	202.7			
N	0	0	0	74.6	139.5	214.1	—	—	—
NK	0	0	0	95.2	172.8	268.0	—	—	—
PK	1 152	492	1 644	135.4	218.8	354.2	4.9	19.4	9.2
NP	1 152	492	1 644	445.6	428.3	873.9	31.8	62.0	40.8
NPK	1 152	492	1 644	446.3	422.2	868.4	31.8	60.7	40.5
SNPK	1 225	492	1 717	481.6	448.7	930.3	32.8	66.2	42.4
MNPK	3 947	492	4 439	546.9	489.6	1 036.5	11.8	74.5	18.8
1.5MNPK	5 920	738	6 658	630.9	505.8	1 136.6	9.3	51.8	14.0

注：磷素回收率（%） = $\dfrac{\text{施肥处理植株地上部 P 累积携出量 — 不施肥处理植株地上部 P 累积携出量}}{\text{P 累积投入量}} \times 100$

115.2%、总回收率（小麦+玉米）为 86.5%；1.5MNPK 处理小麦季的钾素回收率仅为 74.7%、玉米季为 80.6%、回收率（小麦+玉米）为 77.1%。总的看来，NK 和 PK 处理的钾素回收率较低，小麦季、玉米季和总回收率均低于 30%；NPK、SNPK、MNPK 和 1.5MNPK 处理钾素回收率均较高，小麦季、玉米季和总回收率大于 70%。可以看出在塿土上的小麦—玉米轮作体系中，在氮磷配施的基础上施钾才能提高钾的回收率。

表 20-14　塿土长期施肥对钾素回收率影响（20 年）

处　理	肥料投入量（kg/hm²）			地上部携出量（kg/hm²）			养分回收率（%）		
	小麦	玉米	小麦+玉米	小麦	玉米	小麦+玉米	小麦	玉米	小麦+玉米
CK	0	0	0	639	803	1440			
N	0	0	0	860	974	1831	—	—	—
NK	1 370	1 556	2 926	1 035	1 187	2 223	28.9	24.7	26.8
PK	1 370	1 556	2 926	715	1 067	1 790	5.6	17.0	12.0
NP	0	0	0	2 689	1 679	4 387	—	—	—
NPK	1 370	1 556	2 926	3 205	2 017	5 248	187.3	78.0	130.1
SNPK	3 080	1 556	4 636	3 620	2 033	5 684	96.8	79.0	91.5
MNPK	4 148	1 556	5 704	3 779	2 595	6 374	75.7	115.2	86.5
1.5MNPK	5 455	2 334	7 789	4 713	2 685	7 448	74.7	80.6	77.1

注：钾素回收率（%） = $\dfrac{\text{施肥处理植株地上部 K 累积携出量 – 不施肥处理植株地上部 K 累积携出量}}{\text{K 累积投入量}} \times 100$

（二）塿土有机碳的循环与平衡

1. 塿土有机碳的平衡

由表 20-15 可见，不同施肥处理有机碳的平衡状况不同。所有处理的耕层土壤有机碳平衡均大于 0，可见所有处理的土壤有机碳均表现为累积过程。N 处理土壤有机碳储量变化最小，为 4.3t/hm²；CK 为 7.8t/hm²；NK、PK 和 NPK 处理基本相当，分别为 9.6t/hm²、9.2t/hm² 和 9.3t/hm²；NP 处理为 12.0t/hm²，有机物料和氮磷钾配合处理的有机碳增量较大，SNPK、MNPK 和 1.5MNPK 分别为 13.6t/hm²、29.1t/hm² 和 30.4t/hm²。除 NP 处理外，施无机化肥处理的有机碳变化相对较小，而有机无机配合处理的变化较大，表明施用有机物料有利于土壤有机碳储量的增加。从有机碳转化率来看，SNPK 处理有机碳转化为土壤有机碳的比率最低，仅 10.4%，其次为 N 处理，为 11.5%，1.5MNPK 处理为 15.5%，NPK 处理为 17.2%，MNPK 为 19.0%，CK、NP、NK 和 PK 均大于 20%。可见，单施氮肥不利于有机物料转化为土壤有机碳，NPK 与秸秆还田配合处理的转化率较低，很可能是因为直接施入的秸秆量较大，而其腐殖化系数较低的原因。

表 20-15　不同施肥娄土耕层（0~20cm）土壤有机碳平衡状况（1990—2010 年）

处　理	土壤有机碳储量（t/hm²）		有机碳储量变化量（t/hm²）	有机碳投入量（t/hm²）	有机碳转化率（%）
	1990 年	2010 年			
CK	16.1	23.9	7.8	38.11	20.5
N	18.0	22.3	4.3	37.79	11.5
NK	16.8	26.3	9.6	43.58	21.9
PK	15.4	24.6	9.2	36.67	25.2
NP	16.7	28.8	12.0	56.03	21.5
NPK	16.8	26.1	9.3	54.33	17.2
SNPK	17.0	30.6	13.6	130.70	10.4
MNPK	15.8	45.0	29.1	153.12	19.0
1.5MNPK	17.3	47.7	30.4	196.05	15.5

注：土壤有机碳储量（t/hm²）=有机碳含量（g/kg）×容重（g/cm³）×2；有机碳储量变化量=当前土壤有机碳储量−试验开始时有机碳储量；有机碳转化率（%）= $\dfrac{\text{有机碳储量变化}}{\text{有机碳投入量}}$ ×100

2. 娄土有机碳储量变化与有机碳投入的关系

娄土土壤有机碳储量变化量随有机碳投入量的增加直线增加（图 20-13），经回归得方程 $y = 0.143\,4x + 2.052$（$R^2 = 0.860\,2$，$n = 9$，$p < 0.001$），表明在娄土小麦—玉米轮作体系下，施入土壤的有机碳越多，其有机碳储量变化量越高。投入有机碳大约 1.0t/hm² 时，可以使土壤有机碳储量增加 0.14t/hm²。

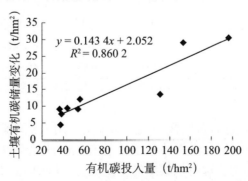

图 20-13　娄土耕层土壤有机碳储量变化量与有机碳投入量的关系

3. 塿土有机碳库特征

休闲地的颗粒有机碳（POC）含量低于撂荒和 NP 处理，颗粒有机碳与土壤总有机碳的比率（POC/TOC）的变化趋势与其相同。撂荒地的 POC 含量和 POC/TOC 比率最高，但与 NP 处理差异不显著（表 20－16）。休闲地的 POC 较低可能是由于其在之前的20 年缺乏植物残体，而撂荒地的 POC 较高可能与较少的团聚体扰动保护了有机质，导致微生物分解的减少有关（Chen，2007）。在有作物种植的轮作体系下，MNPK 处理的POC 含量最高，其次为 SNPK，NP 和 NPK，而不施肥（CK）和不平衡施肥（PK、NK和 N）的 POC 含量最低（表 20－15）。1.5MNPK 处理的 POC/TOC 最高，CK 最低。在所有 11 个处理中，POC/TOC 为 23.4%～46.6%，这与 Camberdella（1992）、Carter（1998）和 Yan（2007）等的研究结果一致。POC 的主要来源是残根、残茬、作物秸秆、畜粪和微生物残骸，各施肥处理 POC 有差异，可能与投入的有机物料不同有关。CK、N、NK 和 PK 处理的 POC 含量最低是由于这些处理的产量最低（表 20－16），而 MNPK处理最高是因为粪肥的施用，这方面的结果与 Yan 等（2007）的结果一致。SNPK、NPK 和 NP 处理的 POC 含量相似，很可能是由于秸秆的施用量相对较少以及采样时间有关（在施用秸秆 7 个月后采样），在此期间微生物可能分解了部分来源于秸秆的不稳定的 POC。

表 20－16　不同施肥处理的土壤颗粒有机碳、轻组有机碳、微生物量碳及其与土壤总有机碳的比率（2010 年）

项　　目	处　　理	颗粒有机碳 POC（g/kg）	轻组有机碳 LFOC（g/kg）	微生物量碳 MBC（mg/kg）	POC/TOC（%）	LFOC/TOC（%）	MBC/TOC（%）
土壤利用方式	休闲	2.27 b	0.28 c	191 b	28.7 b	3.53 c	2.42 b
	撂荒	4.55 a	0.70 a	345 a	42.4 a	6.49 a	3.21 a
	NP	3.82 a	0.49 b	211 b	37.5 a	4.86 b	2.08 b
小麦—玉米种植体系	CK	1.78 e	0.31 c	161 e	23.4 d	4.10 b	2.12 de
	N	2.27 de	0.37 c	144 e	26.6 cd	4.31 ab	1.69 e
	NK	2.36 de	0.38 c	—	28.4 cd	4.58 ab	—
	NP	3.82 bc	0.49 bc	211 cd	37.5 abc	4.86 ab	2.08 de
	PK	2.63 cde	0.39 c	186 de	31.6 cd	4.70 ab	2.23 cde
	NPK	3.39 bcd	0.46 bc	247 c	33.8 bcd	4.55 ab	2.46 bcd
	SNPK	4.01 b	0.57 bc	320 b	36.6 abc	5.19 ab	2.91 abc
	MNPK	5.65 a	0.73 ab	445 a	44.8 ab	5.81 ab	3.16 ab
	1.5MNPK	6.44 a	0.91 a	488 a	46.6 a	6.57 a	3.56 a

注：TOC 表示土壤总有机碳；同列数值后不同字母表示处理间差异达到 5% 显著水平

数据来源：Yang X Y 等，2012

轻组有机碳（LFOC）含量同样明显受到土壤利用方式的影响，撂荒地最高而休闲地最低（表 20－16）。轻组有机碳和土壤总有机碳的比率（LFOC/TOC）与 LFOC含量有相同的趋势。作为土壤有机碳库的主要成分，LFOC 主要来源于未完全分解的如植物废弃物等的新鲜有机物（Mueller，1998），相比 POC 更不稳定（Gregorich，

1996)。撂荒地上原生植物废弃物保留在土壤表面，有利于 LFOC 的累积，而 NP 处理来源于作物的植物废弃物相对有限，休闲地则没有植被生长。由于耕作引起土壤团聚体的破坏使得土壤团聚体保护的有机质更易被土壤微生物分解可能也是 NP 处理 LFOC 较低的原因。在有作物种植的条件下，1.5MNPK 处理的 LFOC 含量最高，并且明显高于除 MNPK 以外的其他处理，单施化肥的处理不管有没有秸秆还田，其 FLOC 和不施肥处理（CK）没有明显差异（表 20 - 16）。除 1.5MNPK 处理的 LFOC/TOC 与不施肥处理有显著差异外，其余各处理基本相同且与不施肥处理没有显著差异，这方面 Yan（2007）和 Wu（2004）等有相同的报道。尽管 NP、NPK 和 SNPK 处理由于作物产量较高和施用秸秆（SNPK）而使得其有机物输入量较高，但这些处理并没有增加 LFOC 的含量，因为在此条件下会刺激微生物的活动和增强分解作用，该假设可从表 20 - 16 的结果，即这些处理的 MBC 比对照高 31% ~ 99%，以及 MBC 与微生物活动相关，和土壤有机质的分解速率有关来印证（Anderson，1990）。1.5MNPK 处理的 LFOC 较高也支持了 Graham（2002）的结论，即有机物投入能增加土壤 LFOC。LFOC/TOC 在 3.53% ~ 6.57%，与在黑土和黑垆土上的研究报道相似（Shi，2007；Wang，2009）。

　　休闲地的微生物量碳（MBC）与 NP 处理没有差异，但明显低于撂荒地（表 20 - 16）。MBC 的变化表明土壤管理措施能影响土壤的生物和生物化学性质（Powlson，1987）。撂荒地的 MBC 含量高于种植农作物的 NP 处理区暗示农田的撂荒导致的有机碳组分在土壤表面累积对于微生物活动具有重要的有益影响，Landgraf（2001）也有相同的报道。尽管休闲地的 TOC 含量显著低于 NP 处理，但这两个处理的 MBC 含量和 MBC/TOC 基本相同。休闲地的高 MBC/TOC 和低 TOC 暗示着该处理的土壤生物活性高，增强了土壤有机质的分解，在某种程度上对于土壤质量的维持是不利的（Jiang，2006）。我们所得出的这一结论与瑞典 the Ultuna Long-term Soil Organic Matter Experiment 的 40 年无草休闲区所得的结果不一致（Witter，1998），可能的原因是没有植物生长时，其他活性碳组分可能给微生物提供养分而维持了 MBC 的含量，也可能与土壤水分状况有关。NP 处理下的生物量产出消耗了更多的土壤水分，在小麦成熟期采样时，土壤微生物受到水分胁迫。在有作物种植条件下，MNPK 处理的土壤 MBC 含量最高（445 ~ 488mg/kg），其次是 SNPK 处理（320mg/kg），NPK 和 NP 处理分别为 247 和 199mg/kg（表 20 - 16）。CK、N 和 NK 处理的 MBC 含量最低，为 144 ~ 191mg/kg。MBC 占 TOC 的比例为 1.69% ~ 3.59%，施有机物料的处理高于其他施化肥和对照处理，Banger（2010）、Wu（2004）和 Yan（2007）等有相似的报道。各处理间 MBC 的不同，可由碳输入的不同来解释，比如增加碳投入不仅导致 MBC 和 TOC 含量提高，并且 MBC/TOC 也较高（Witter，1998）。MBC/TOC 可以指示有机碳转化成微生物碳的效率和分解期间土壤碳的损失，被认为是用于比较不同有机质含量下土壤质量的一个较为敏感的参数（Sparling，1992，1997）。MBC 通常占 TOC 的 1% ~ 5%，本研究的结果也在此范围内。有机物料处理的高的 MBC/TOC 比率可以反映微生物活性，不管是什么机制，对于土壤来说，低的有机碳（TOC）和高比率的土壤生物活性可能暗示着土壤有机质（SOM）的迅速分解，某些程度上对土壤质量的稳定和提高是不利的（Jiang，2006）。

　　$KMnO_4$ 可氧化态碳（$KMnO_4$ C）含量同样显著受土壤利用方式的影响，撂荒地最高，而休闲地最低（表 20 - 17）。NP 处理的 $KMnO_4$ 可氧化态碳与土壤有机碳的比率（$KMnO_4$ C/TOC）与休闲地相同，但明显低于撂荒。与 $KMnO_4$ C/TOC 比率不同，非 $KMnO_4$ 可氧化态碳（non-$KMnO_4$ C）含量 NP 处理和撂荒地间没有明显差异，后者的 $KMnO_4$ C 较高。这与 Blair（1995）的发现相一致，即耕作土壤的 $KMnO_4$ 可氧化态碳显著高于非耕作土壤。在种植作物条件下，有机物料的处理（SNPK 和 MNPK）土壤的 $KMnO_4$ 可氧化态碳高于化肥处理和对照。不同有机物料处理间没有显著差异，化肥处理间也没有显著差异（表 20 - 17）。由于随秸秆和有机肥输入的活性碳较高，有机肥处理的土壤 $KMnO_4$ 可氧化态碳高于化肥处理，这与 Blair（2006）和 Rudrappa（2006）等所得的结果一致。Verma（2010）也有报道表明在小麦—玉米和水稻—小麦轮作系统中，施用有机肥和秸秆后 KMnO4 C 有同样的结果，可能是由于 SNPK 和 MNPK 处理施入的木质素相同，因为有机物料（秸秆和有机肥）的 $KMnO_4$ C 含量与其全碳含量没有对应关系，而是与木质素的含量显著相关（Tirol-Padre，2004）。此外，Blair（2006）也发现了化肥处理和未施肥土壤的 $KMnO_4$ C 含量相同。然而 Rudrappa（2006）的报道则表明，NPK、NP 和 N 处理土壤 $KMnO_4$ C 显著高于对照，并且化肥处理之间也有明显的差异。

表 20 - 17 不同处理的 $KMnO_4$ 可氧化态碳、非 $KMnO_4$ 可氧化态碳、$KMnO_4$ C/TOC 比率和碳管理指数（2010 年）

项 目	处 理	$KMnO_4$ 可氧化态碳（$KMnO_4$ C）（g/kg）	非 $KMnO_4$ 可氧化态碳（non- $KMnO_4$ C）（g/kg）	$KMnO_4$ C/TOC（%）	碳管理指数 CMI
土壤利用方式	休闲	0.75 c	7.14 b	9.5 b	82 c
	撂荒	1.55 a	9.19 a	14.4 a	181 a
	NP	1.05 b	9.11 a	10.4 b	118 b
小麦—玉米种植体系	CK	0.89 b	6.69 d	11.7 c	100 b
	N	0.77 b	7.73 d	9.1 d	85 b
	NK	0.79 b	7.52 d	9.5 d	87 b
	NP	1.05 b	9.11 c	10.4 cd	118 b
	PK	0.75 b	7.62 d	9.0 d	83 b
	NPK	0.95 b	9.09 c	9.4 d	104 b
	SNPK	1.91 a	9.06 c	17.5 a	231 a
	MNPK	1.88 a	10.75 b	14.9 a	223 a
	1.5MNPK	1.91 a	11.97 a	13.8 b	222 a

注：$CMI = CPI \times LI \times 100$，其中，CPI（碳库指数）＝某处理土壤有机碳/CK 处理土壤有机碳；LI（有机碳易变性指数）＝某处理土壤有机碳易变率/CK 处理土壤有机碳易变率；TOC 为总有机碳；有机碳易变率＝$KMnO_4$ C/（TOC-$KMnO_4$ C）。同列数字后不同字母表示处理间差异显著（$p < 0.05$）

数据来源：Yang Xueyun，2012

本试验结果中，$KMnO_4$ C 占 TOC 的比率为 9.0%~17.5%，这与 Blair（1995）、Conteh（1999）和 Rudrappa（2006）等的报道一致。与此相反，非 $KMnO_4$ C 含量各处理间有差异，其中 1.5MNPK 处理最高，其次为 MNPK、SNPK、NPK 和 NP，PK、NK、

N 和 CK 处理最低，这些发现也与 Blair（2006）的研究结果一致。非活性有机碳组分与 TOC 的比率可能具有相似的趋势，由于其占 TOC 的比例较大。

碳管理指数（CMI）是土壤系统碳的动力学标志。碳管理指数的值本身并不重要，但其可反映不同管理策略的影响（Blair，1995）。有机培肥导致 $KMnO_4$ C 占 TOC 的比率增加，并且因此增加了 CMI 值。这些结果揭示了有机物料的施用导致相关的化肥处理和不施肥处理的土壤碳动力学的变化。撂荒地的碳管理指数（CMI）最高，且明显大于 NP 处理，而 NP 处理又大于休闲地。由于 CMI 可用于表明系统是处于衰退还是恢复中（Blair，1995），休闲导致退化而撂荒导致恢复（表 20 – 17）。和 $KMnO_4$ C 一样，有机物料处理间的 CMI 没有显著差异，化肥处理间也没有显著差异，但二者之间差异显著。我们的结果支持这样的假说，即 TOC 中的 $KMnO_4$ 可氧化态碳组分比 TOC 本身对于耕作和农业管理方式的改变更敏感（Haynes，2005；Saha，2011）。

在小麦成熟期，水溶性有机碳与总有机碳的比值（WSOC/TOC）范围为 4.04‰ ~ 6.67‰（表 20 – 18），相对较稳定，其中 SNPK 处理最高，显著高于 CK、N 和 PK 处理，但与 MNPK、NP 和 NPK 无显著差异。在玉米乳熟期，WSOC/TOC 变幅为 2.43‰ ~ 4.25‰，表现为 CK 处理显著高于其他施肥处理，施肥处理间无显著差异。玉米乳熟期的 WSOC/TOC 均明显低于小麦成熟期（任卫东，2011）。

表 20 – 18　不同施肥处理土壤水溶性有机碳与总有机碳的比值

处　　理	小麦成熟期 WSOC/TOC（‰）	玉米乳熟期 WSOC/TOC（‰）
CK	5.09 bc	4.25 a
N	4.84 bc	2.81 b
PK	4.04 c	2.43 b
NP	5.75 ab	3.03 b
NPK	5.57 ab	2.73 b
SNPK	6.67 a	3.13 b
MNPK	5.90 ab	2.98 b

注：WSOC 表示土壤水溶性有机碳，TOC 表示总有机碳；同列数据后不同字母表示处理间差异达 5% 显著水平
数据来源：任卫东，2011

（三）长期施肥下土壤氮素的表观平衡

1. 长期施肥下土壤氮素的表观平衡

表 20 – 19 可见，不施氮处理的氮表观平衡均为负值，CK 和 PK 处理分别为 −915.3kg/hm² 和 −1173.4kg/hm²，氮的盈亏率分别为 −181.3% 和 −214.9%。尽管这两个处理通过氮沉降输入了部分氮素，但不足以满足作物的消耗，表现为土壤氮的耗竭。而所有施氮处理的氮表观平衡均为正值，化肥处理中，N 和 NK 处理的氮表观平衡较高，分别为 5 379.1kg/hm² 和 5 262.6kg/hm²，盈亏率分别为 70.6% 和 67.8%；NP 和 NPK 处理的氮表观平衡略低，分别为 2 386.2kg/hm² 和 2 098.3kg/hm²，其盈亏率分别为 30.6% 和 27.0%；SNPK 处理的氮表观平衡与 NP 和 NPK 相差不大，为 2 742.6kg/hm²，其盈亏率为 31.4%；有机肥和氮磷钾配施处理 MNPK 和 1.5MNPK 的氮表观平衡分别为 4 819.2kg/hm² 和 8 725.2kg/hm²，盈亏率分别为 45.7% 和 56.8%。化肥处理中，

氮肥和磷肥配合处理的氮表观平衡较低，是因为氮磷配施情况下作物产量较高，作物地上部对氮的吸收利用较多，而有氮少磷时，氮表观平衡较高原因是缺磷影响了作物的生长，作物的籽粒和秸秆产量均较低，对氮的吸收也相对较少。

表 20 - 19　不同施肥埁土耕层（0 ~ 20cm）土壤氮素平衡状况（1990—2010 年）

处　理	养分输入量（kg/hm²）	地上部携出量（kg/hm²）	氮表观平衡（kg/hm²）	盈亏率（%）
CK	504.9	1 420.2	-915.3	-181.3
N	7 620.9	2 241.8	5 379.1	70.6
NK	7 763.6	2 501	5 262.6	67.8
PK	545.9	1 719.3	-1 173.4	-214.9
NP	7 797.0	5 410.8	2 386.2	30.6
NPK	7 771.9	5 673.6	2 098.3	27.0
SNPK	8 737.7	5 995.1	2 742.6	31.4
MNPK	10 545.8	5 726.6	4 819.2	45.7
1.5MNPK	15 356.9	6 631.7	8 725.2	56.8

　　注：氮的养分输入量包括肥料投入氮、作物根茬残留氮和大气氮沉降量；养分表观平衡 = 养分输入量 - 地上部携出量；盈亏率（%）= 养分表观平衡/地上部携出量×100（下同）

　　2. 土壤氮素表观平衡和氮肥投入量的关系

　　从图 20 - 14 可以看出，土壤氮表观平衡随氮输入量的增加直线增加，经回归得方程 $y = 0.631\ 1x - 1.415\ 3$（$R^2 = 0.843\ 6$，$n = 9$，$p < 0.001$），表明在埁土小麦—玉米轮作体系下，施入土壤的氮越多，其土壤氮平衡越高，土壤氮的累积越多。在埁土上，小麦—玉米轮作体系下，大约投入 2.24t/hm² 氮时，相当于每年投入 112kgN/hm²，可以使土壤氮保持稳定。

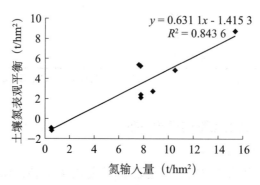

图 20 - 14　埁土氮输入量与土壤氮表观平衡的关系

　　3. 土壤氮素表观平衡和土壤全氮含量的关系

　　图 20 - 15 显示，土壤全氮与土壤氮表观平衡呈正线性相关，经回归得方程 $y = 0.062\ 4x + 0.910\ 8$（$R^2 = 0.490\ 9$，$n = 9$，$p = 0.036$），表明在埁土小麦—玉米轮作体系下，土壤氮盈余越多，土壤全氮含量越高。土壤氮盈余 1.0t/hm²，可使土壤全氮含量增加 0.06g/kg。

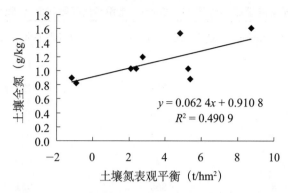

图 20－15　塿土土壤氮表观平衡与耕层土壤全氮的关系

4. 土壤氮素表观平衡和土壤碱解氮含量的关系

从图 20－16 可看出，土壤碱解氮与土壤氮表观平衡呈正的线性相关，经回归得方程 $y = 8.2719x + 79.396$（$R^2 = 0.585$，$n = 9$，$p = 0.017$），表明在塿土小麦—玉米轮作体系下，土壤氮盈余越多，土壤碱解氮含量越高。土壤氮盈余 N 1.0t/hm^2，可使土壤碱解氮含量增加 8.3mg/kg。

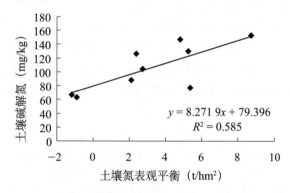

图 20－16　塿土土壤氮表观平衡与耕层土壤碱解氮的关系

（四）长期施肥下土壤磷素的表观平衡

1. 长期施肥下土壤磷素的表观平衡

由表 20－20 可见，不同施肥处理的磷素表观平衡不同。不施磷处理的磷表观平衡均为负值，CK、N 和 NK 处理分别为 －110.8kg/hm^2、－123.9kg/hm^2 和 －166.2kg/hm^2，磷的盈亏率均较低，分别为 －120.6%、－137.3% 和 －163.1%。而所有施磷处理的磷表观平衡均为正值，化肥处理中，PK 处理的磷表观平衡为 1 438.6kg/hm^2，磷的盈亏率为 80.2%；NP、NPK 和 SNPK 处理的磷表观平衡略低，分别为 950.8kg/hm^2、951.3kg/hm^2 和 1 060.8kg/hm^2，其盈亏率分别为 52.1%、52.3% 和 53.3%；有机肥和氮磷钾配施处理的磷表观平衡较高，MNPK 和 1.5MNPK 处理分别为 3 720.3kg/hm^2 和 6 080.4kg/hm^2，盈亏率分别为 78.2% 和 84.3%。化肥处理中，磷和钾配施处理的磷表观平衡较高，是因为磷钾配施情况下，作物产量较低，作物地上部对磷的吸收利用较少。有机肥处理的磷表观平衡较大是因为通过有机肥输入了大量的磷。

表 20 - 20　不同施肥塿土耕层（0～20cm）土壤磷素平衡状况（1990—2010 年）

处　理	养分输入量（kg/hm²）	地上部携出量（kg/hm²）	磷表观平衡（kg/hm²）	盈亏率（%）
CK	91. 9	202. 7	- 110. 8	- 120. 6
N	90. 2	214. 1	- 123. 9	- 137. 3
NK	101. 8	268. 0	- 166. 2	- 163. 1
PK	1 792. 8	354. 2	1 438. 6	80. 2
NP	1 824. 6	873. 9	950. 8	52. 1
NPK	1 819. 8	868. 4	951. 3	52. 3
SNPK	1 991. 1	930. 3	1 060. 8	53. 3
MNPK	4 756. 8	1 036. 5	3 720. 3	78. 2
1. 5MNPK	7 217. 1	1 136. 6	6 080. 4	84. 3

注：磷的养分输入量包括肥料投入磷和作物根茬残留磷，不包括大气沉降；养分表观平衡 = 养分输入量 - 地上部携出量；盈亏率（%）= 养分表观平衡/地上部携出量×100

2. 土壤磷素表观平衡和磷肥投入量的关系

图 20 - 17 显示，磷表观平衡与磷的输入量呈正线性相关，随磷输入量的增加磷表观平衡越大。经回归得方程 $y = 0.868\ 4x - 0.365\ 9$（$R^2 = 0.988\ 5$，$n = 9$，$p < 0.001$），表明在塿土小麦—玉米轮作体系下，施入土壤的磷越多，磷的累积就越多。大约投入 0.42t/hm² 磷时，相当于每年投入 21.1kg P/hm²，可以使土壤磷保持产投平衡。

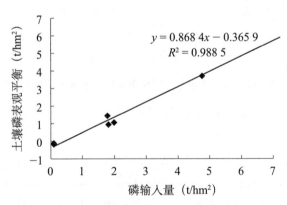

$$y = 0.868\ 4x - 0.365\ 9$$
$$R^2 = 0.988\ 5$$

图 20 - 17　塿土磷输入量与土壤磷表观平衡的关系

3. 土壤磷素表观平衡和土壤全磷含量的关系

由图 20 - 18 可以看出，土壤全磷与磷表观平衡呈正线性相关，经回归得方程 $y = 0.187\ 9x + 0.699\ 2$（$R^2 = 0.940\ 9$，$n = 9$，$p < 0.001$），表明在塿土小麦—玉米轮作体系下，土壤磷盈余越多，土壤全磷含量越高。土壤磷盈余 1.0t/hm² 时，土壤全磷可增加 0.19g/kg。

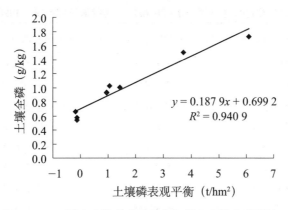

图 20 – 18　垆土土壤磷表观平衡与耕层土壤全磷的关系

4. 土壤磷素表观平衡和土壤有效磷含量的关系

土壤有效磷与磷表观平衡呈正线性相关关系（图 20 – 19），经回归得方程 $y =$ 21.221x + 8.568 1（$R^2 = 0.926\ 2$，$n = 9$，$p < 0.001$），表明在垆土小麦—玉米轮作体系下，土壤磷盈余越多，土壤有效磷含量越高。土壤磷盈余 1.0t/hm^2 时，土壤有效磷增加 21.0mg/kg。

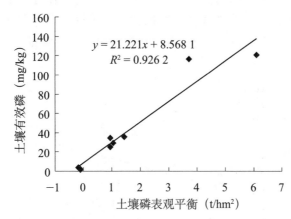

图 20 – 19　垆土土壤磷表观平衡与耕层土壤有效磷的关系

（五）长期施肥下土壤钾素的表观平衡

1. 长期施肥下土壤钾素的表观平衡

由表 20 – 21 可以看出，不同施肥处理的影响钾素的表观平衡。不施钾处理的钾表观平衡均为负值，CK、N 和 NP 处理分别为 –326.6kg/hm^2、–794.0kg/hm^2 和 –2 958.3kg/hm^2，钾的盈亏率分别为 –29.3%、–76.3% 和 –209.7%。而所有施钾处理中，仅 NPK 的钾表观平衡为 –798.6kg/hm^2，其盈亏率为 –18.1%；其余的施钾处理均为正值，NK、PK、SNPK、MNPK 和 1.5MNPK 的钾表观平衡分别为 2 082.2kg/hm^2、2 117.8kg/hm^2、1 241.9kg/hm^2、1 883.3kg/hm^2 和 4 072.0kg/hm^2，钾的盈亏率分别为 48.4%、54.3%、18.0%、22.8% 和 35.5%。在施化肥处理中，PK 和 NK 处理的钾表观平衡较高，这是因为磷钾配施和氮钾配施处理的作物产量较低，作物地上部对钾的吸收利用较少。1.5MNPK 处理的钾表观平衡较大是因为通过有机肥输入了大量的钾。

表 20 –21　不同施肥塿土耕层（0～20cm）土壤钾素平衡状况（1990—2010 年）

处　　理	养分输入量（kg/hm²）	地上部携出量（kg/hm²）	钾表观平衡（kg/hm²）	盈亏率（%）
CK	1 115.0	1 441.6	−326.6	−29.3
N	1 040.1	1 834.1	−794.0	−76.3
NK	4 304.1	2 221.8	2 082.2	48.4
PK	3 899.6	1 781.8	2 117.8	54.3
NP	1 410.5	4 368.7	−2 958.3	−209.7
NPK	4 423.6	5 222.1	−798.6	−18.1
SNPK	6 894.5	5 652.6	1 241.9	18.0
MNPK	8 257.1	6 373.8	1 883.3	22.8
1.5MNPK	11 469.6	7 397.6	4 072.0	35.5

注：钾的养分输入量包括肥料投入钾和作物根茬残留钾，不包括大气沉降；养分表观平衡 = 养分输入量 – 地上部携出量；盈亏率（%）= 养分表观平衡/地上部携出量×100

2. 土壤钾素表观平衡和钾肥投入量的关系

图 20 –20 显示，钾表观平衡随钾输入量呈直线增加的趋势，经回归得方程 $y = 0.475\ 5x - 1.537\ 7$（$R^2 = 0.6376$，$n = 9$，$p = 0.01$），表明在塿土小麦—玉米轮作体系下，输入土壤的钾越多，其土壤钾表观平衡越高，土壤钾的累积越多。在塿土上，小麦—玉米轮作体系下，大约投入 3.23t/hm² 钾时，相当于每年投入 161.7kg K/hm²，可以使土壤钾素保持产投平衡。

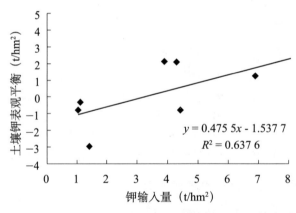

图 20 –20　塿土钾输入量与土壤钾表观平衡的关系

3. 土壤钾素表观平衡和土壤全钾含量的关系

从回归得方程 $y = 0.189\ 7x + 22.076$（$R^2 = 0.377\ 2$，$n = 9$，$p = 0.08$）可以看出（图 20 –21），在塿土小麦—玉米轮作体系下，钾表观平衡与土壤全钾含量之间的线性关系并不显著。

4. 土壤钾素表观平衡和土壤速效钾含量的关系

土壤速效钾与钾表观平衡呈正的线性相关（图 20 – 22），经回归得方程 $y = 33.011x + 262.64$（$R^2 = 0.8055$，$n = 9$，$p = 0.001$），表明在塿土小麦—玉米轮作体系下，土壤钾盈余量越多，速效钾含量就越高，土壤钾盈余 1.0t/hm² 时，可使土壤速效钾含量增加 33.0mg/kg。

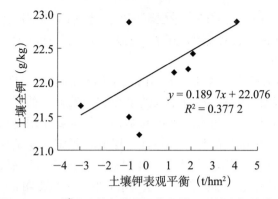

图 20-21　埁土土壤钾表观平衡与耕层土壤全钾的关系

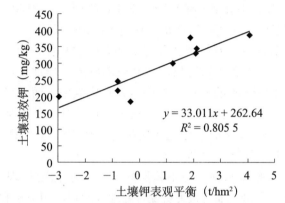

图 20-22　埁土土壤钾表观平衡与耕层土壤速效钾的关系

七、基于土壤肥力演变的主要培肥技术模式

　　土壤肥力包含所有影响植物生长和限制其产量的土壤因素，包括土壤结构和营养元素有效性两个部分，前者通过水分有效性、通气性和根长度与密度 3 方面影响作物产量，后者是以大量元素、中（微）量元素及毒性对作物生长和产量产生影响。土壤有机质是维持土壤肥力的核心，氮、磷、硫等养分的矿化和供应、土壤保肥能力、结构稳定性和持水性都离不开土壤有机质，矿质营养和有机质共同决定了营养元素的有效性。土壤管理可直接影响土壤肥力。

　　土壤培肥措施中，最重要的是要合理施肥。合理施肥含义较广泛，但至少应该是通过施用肥料使土壤能够及时满足作物正常生长的需求，达到高产优质高效的目的，实现较高的经济效益并且最小限度地影响环境。根据上述埁土土壤肥力演变规律的分析以及生产实践得出本区域主要的土壤培肥技术模式为施用有机肥和秸秆还田。

（一）施用有机肥

　　施用有机肥对保持和提高土壤肥力有着重要作用（王旭东，2000；刘军，2004），主要表现在以下方面。

　　（1）增加土壤有机质含量。有机质的含量及品质是土壤肥力的重要指标，一般认为每生产 500kg 的粮食，大致需要消耗 50 ~ 60kg 的土壤有机碳。本研究中施有机肥的 MNPK 处理耕层土壤（0 ~ 20cm）有机质含量明显高于 NPK 处理，且均明显高于对照，土壤全氮、碱解氮、全磷、有效磷含量也有相似趋势（图20-1至图20-3、图20-5和图20-6）。本研究的结果也表明，在塿土上大约投入1t/hm²有机碳，耕层土壤有机碳储量可增加0.14t/hm²。

（2）改善土壤结构和物理特性。土壤微团聚体是以土壤有机黏粒复合体为基础，在有机无机胶结物质的作用下，经过多次的复合和团聚而成的。一般腐殖质多与黏粒结合得紧密，水稳性程度高，为水稳性团粒结构。其主要作用是保持和协调土壤中的水、肥、气、热，影响土壤酶的种类和活性，形成和稳定土壤疏松熟化层。施用有机肥可促进土壤水稳性团粒结构的形成。10年氮磷钾配施有机肥后，土壤中小于10μm的3个粒级团聚体所占比重明显降低；大于10μm的3个粒级团聚体所占比重却明显增加（徐明岗等，2006）。20年有机物料配施氮磷钾处理（SNPK、MNPK和1.5MNPK）的土壤容重较不施肥的CK处理分别下降5.2%、6.4%和9.9%（表20-3）。可见，施用有机肥和秸秆还田可明显改善土壤物理性状，有利于作物生长。

（3）提高土壤生物活性。有机肥料含有很多微生物和各种胞外酶，施用有机肥料不仅可为土壤微生物的生长和繁殖提供碳源和营养物质，增加土壤有益微生物群落和土壤酶活性，有利于土壤物质的转化，提高养分利用效率，而且微生物在其生命活动过程中能合成维生素、叶酸、泛酸、激素、酶等活性物质，从而促进作物的生长和增强作物的抗逆性能。塿土20年有机肥无机肥配施（MNPK、1.5MNPK）处理微生物量碳、氮含量显著高于其余处理（表20-4）。

（4）提高土壤的保肥保水性。与不施肥相比，单施化肥处理土壤阳离子代换量（CEC）均有不同程度的下降，而有机无机配合处理（SNPK、MNPK和1.5MNPK）的土壤CEC均有不同程度的增加，其中1.5MNPK处理增加最大，增加率为9.2%，其次为MNPK和SNPK，分别增加2.4%和1.2%（表20-2）。根据在关中塿土冬小麦—夏玉米一年两熟制上进行的不同施肥长期试验的作物产量结果可以看出，等氮量的有机无机配合处理（MNPK）与无机肥处理（NPK）的小麦和玉米产量变化趋势非常接近，总体上都随时间呈明显上升趋势，稍有不同的是玉米产量的波动性更大一些（图20-10至图20-12）。

（5）提高土壤养分的有效性。有机肥料在分解转化过程中产生的有机酸对土壤中难溶性养分有螯合作用，通过螯合作用可活化土壤潜在的养分，提高土壤中难溶性营养元素的生物有效性（杨玉爱，1994）。

陕西省目前施用的有机肥主要有堆肥、沤肥、厩肥、沼气肥（包括沼气液和残渣）、绿肥、作物秸秆、饼肥和泥肥等。但以堆肥、厩肥为主。渭北旱原、陕南、陕北、关中平原和秦巴山区5个生态区有机肥的施用量和所占面积比例存在很大差异。大体分为3种情况：①陕北丘陵区，75%以上的耕地施用了有机肥；②陕南川道、渭北旱原和秦巴山区，一半左右的耕地施用了有机肥；③关中灌区，25%的耕地施用有机肥。对于大部分生态区而言，20世纪90年代施用有机肥的比例与80年代相比明显下降；90年代以后变化较小（包雪梅等，2003）。由于有机肥和化肥的特点不同，因此从作物生产和培肥土壤并重的角度讲，有机肥与无机化肥配合施用是必然的。化肥的特点是养分含量高，肥效快；有机肥则是养分含量低但全面，除了作物需要的大量营养元素外还有各种中微量元素，但是肥效较缓。这些特点使得它们有更多的互补作用。本研究结果表明，不施肥的对照处理（CK）小麦产量维持在一个非常低的水平（1 000kg/hm²左右），玉米产量则维持在2 235kg/hm²，总产量在3 228kg/hm²（表

20 - 6）。如果以化肥（NPK）处理产量为 100%，则不施肥处理的冬小麦产量大约只有 NPK 处理的 18%，夏玉米只有 36%，总产量只有 28%；有机肥和化肥配合（MNPK）处理冬小麦产量、夏玉米产量和总产量分别为 104%、108% 和 106%（表 20 - 6）。氮磷钾配施有机肥时，小麦产量 NPK 化肥组分的贡献率为 95.9%，有机肥组分的贡献率为 4.1%；玉米产量 NPK 化肥组分的贡献率为 88.7%，有机肥组分的贡献率为 11.3%；总产量（小麦 + 玉米）NPK 化肥组分的贡献率为 92.4%，有机肥组分的贡献率为 7.6%（表 20 - 8）。可见，堪土上施有机肥对于作物产量的增加贡献相对较小，主要还是无机氮、磷、钾肥料的贡献。有机肥的作用主要在对土壤理化性质的改善方面，从而可促进作物对于矿质养分的吸收和利用。这些充分说明：①有机肥和化肥配合施用在作物增产和土壤培肥方面效果明显；②化肥配合有机肥对于稳定产量和增产以及土壤培肥方面的作用优于仅施用化肥；③长期合理施用化肥是粮食生产中不可替代的。本区域有机肥的施用一般宜作基肥，可结合翻地时施用，与土壤充分混合，达到土肥相融，施用量为 8 ~ 10t/hm² （俞明光，2000）。化肥和有机肥配合施用其效果优于单施有机肥，其中无机化肥和有机肥的比例折合为纯氮以 7：3 为宜。

（二）秸秆还田

农作物秸秆富含有机质和作物生长必需的大量元素、中量元素和微量元素。秸秆还田是土壤培肥和地力恢复的重要措施，在传统农业耕作制度下，秸秆还田提供的有机质和营养元素在维持一定的土壤生产力方面起到了重要作用（焦桂枝，2003）。近年来，随着绿色无公害农业的发展，有机肥的施用愈来愈得到重视，农作物秸秆作为有机肥的一个重要来源，对其合理利用可有效地促进农业的可持续发展（孙永明，2005）。根据在关中堪土冬小麦—夏玉米一年两熟制上进行的不同施肥试验，从化肥以及化肥配合有机肥的长期试验的作物产量结果同样可以看出，等氮量的化肥配合秸秆还田处理（SNPK）与无机肥（NPK）处理的小麦和玉米产量变化趋势非常接近，总体上都随时间呈明显上升趋势。如果以化肥（NPK）处理产量为 100%，化肥配合秸秆还田处理（SNPK）的冬小麦、夏玉米和总产量分别为 102%、106% 和 104%（表 20 - 6）。化肥配合秸秆还田处理（SNPK）耕层土壤有机质含量明显高于 NPK 处理，且均显著高于对照，土壤全氮、碱解氮、全磷、速效磷含量也有相似的趋势（图 20 - 1 至图 20 - 3、图 20 - 5 和图 20 - 6）。氮磷钾化肥配合秸秆还田处理（SNPK）耕层土壤速效钾 20 年平均值为（283.4 ± 60.2）mg/kg，较不施肥处理增加 73.0%，相比 NPK 处理略高，与 NK 和 PK 处理相当（图 20 - 8）。长期氮磷钾配合秸秆还田（SNPK）后，土壤中小于 10μm 的 3 个粒级团聚体所占比重明显降低，大于 10μm 的 3 个粒级团聚体所占比重却明显增加，可见秸秆还田后有利于土壤团聚体的形成，可以改善土壤结构（徐明岗等，2006）。容重较不施肥的 CK 处理下降 5.2%（表 20 - 3），可见秸秆还田可明显改善土壤物理性状，有利于作物生长。土壤微生物量碳含量秸秆还田处理显著高于无机肥处理及对照（表 20 - 4）。这些都表明，秸秆还田对于保持和提高堪土土壤肥力均有重要作用。

八、主要结论与研究展望

（一）主要结论

（1）随着施肥年限的延长，各施肥处理土壤有机质含量存在波动上升的趋势，即使是不施肥处理 20 年后，其耕层土壤有机质含量也略有增加。有机无机配施的土壤有机质含量增加最为明显，其次为氮磷化肥配施处理，而非氮磷配合的化肥处理增加最少。堘土耕层土壤有机质含量和有机碳储量的变化量随有机碳投入量的增加而直线增加。在堘土小麦—玉米轮作体系下，大约投入 $1t/hm^2$ 有机碳，耕层土壤有机碳储量增加 $0.14t/hm^2$。

（2）种植作物的轮作体系下，MNPK 处理的 POC 含量最高，其次为 SNPK、NP 和 NPK，而不施肥（CK）和不平衡施肥（PK、NK 和 N）的 POC 最低。POC/TOC 为 23.4% ~ 46.6%，1.5MNPK 处理的 POC/TOC 最高，CK 最低。1.5MNPK 的轻组有机碳（LFOC）含量最高，并且明显高于除 MNPK 以外的其他处理，但是化肥处理不管有没有秸秆还田，其 FLOC 与 CK 处理没有明显差异。LFOC/TOC 为 3.5% ~ 6.6%，除 1.5MNPK 处理的 LFOC/TOC 与不施肥处理有显著差异外，其余各处理基本相同且与 CK 没有显著差异。

长期施肥土壤微生物量碳含量大小顺序为 1.5MNPK > MNPK > SNPK > NPK > NP > PK > CK > N，其中 MNPK 处理显著高于其余处理，SNPK 处理显著高于无机肥处理及 CK。无机肥处理中 NPK 的微生物量碳含量最高，与 CK、N 和 PK 处理间差异显著。各处理土壤 MBC/SOC 比率的变化范围为 1.69% ~ 3.59%，其中有机物处理最高，单施氮肥处理最低，其他处理相似。土壤微生物量氮含量大小顺次为 MNPK > 1.5MNPK > PK > SNPK > NPK > NP > CK > N，其中 MNPK 处理显著高于其他处理，而其他处理间均无显著差异。MBN/TN 以 MNPK 处理最高，N 处理最低，其余处理相似。各处理间土壤 MBC /MBN 没有显著差异。

输入有机物料的处理（SNPK 和 MNPK）土壤 $KMnO_4$ C 高于化肥处理和 CK。不同有机物料间没有显著差异，化肥处理间也差异不明显。$KMnO_4$ C/TOC 为 9.0% ~ 13.8%。有机物料处理间的 *CMI* 没有显著差异，各化肥处理间也没有显著差异，但两者之间差异显著。小麦成熟期，土壤水溶性有机碳（WSOC）与土壤总有机碳（TOC）的比值（WSOC/TOC）范围为 4.04% ~ 6.67‰，相对较稳定，其中 SNPK 处理最高，显著高于 CK、N 和 PK 处理，但与 MNPK、NP 和 NPK 处理无显著差异。玉米乳熟期，WSOC/TOC 的变幅为 2.43‰ ~ 4.25‰，表现为 CK 显著高于其他施肥处理，施肥处理间无显著差异。

（3）堘土耕种 20 年，不施肥（CK）、单施氮（N）和 PK 处理耕层土壤全氮和碱解氮含量基本持平，而其他施肥处理则有明显的波动上升趋势，有机无机配施的土壤全氮和碱解氮含量增加最为明显，其次为施氮处理。不施氮处理（CK 和 PK）的氮表观平衡均为负值，所有施氮处理均为正值。土壤氮表观平衡随氮输入量的增加呈直线增加趋势，在堘土上，小麦—玉米轮作体系下，大约投入 $2.24t/hm^2$ 氮时，可以使土壤氮保持稳定。土壤全氮和碱解氮含量与氮的盈余量呈正的线性相关，土壤氮每盈余 $1t/hm^2$，耕层土壤全氮可增加 0.06g/kg，碱解氮增加 8.3mg/kg。

（4）堘土耕种 20 年，不施磷的 3 个处理（CK、N 和 NK）耕层土壤全磷与试验开始时没有明显的变化，基本保持在 0.6g/kg 左右。化肥配施有机肥的土壤全磷含量均随施肥年限的延长而明显提高，且均明显高于单施化肥磷的 3 个处理（NP、NPK 和 PK）和 SNPK 处理。不施磷的 3 个处理（CK、N 和 NK）的耕层土壤有效磷没有明显差异，施化学磷肥处理的 PK、NP 和 NPK 耕层土壤磷出现明显的累积，且明显高于不施磷的 3 个处理。不施磷处理的磷表观平衡均为负值，而所有施磷处理的磷表观平衡均为正值。

土壤磷表观平衡随磷输入量呈直线增加趋势，在垆土上，小麦—玉米轮作体系下，大约投入 $0.42t/hm^2$ 磷，土壤磷可以保持稳定。耕层土壤全磷和有效磷与土壤磷的表观平衡呈正的线性关系，土壤磷盈余 $1t/hm^2$ 时，耕层土壤全磷可增加 $0.19g/kg$，土壤有效磷可增加 $21.0mg/kg$。

（5）耕层土壤全钾含量为 $21.23\sim23.03g/kg$，全部处理和试验前相比没有显著变化。长期不施肥（CK）和不施钾的 N、NP 处理，表层土壤速效钾含量呈基本不变或略呈下降的趋势。施有机肥的 1.5MNPK 和 MNPK 处理土壤速效钾含量上升最多，其次为 PK、NK 和 SNPK，NPK 增加最少。不施钾处理的钾表观平衡均为负值，所有施钾处理中，NK、PK 和 1.5MNPK 处理的钾表观平衡为正值，NPK、SNPK 和 MNPK 处理为负值。在垆土上，小麦—玉米轮作体系下，大约投入 $3.23t/hm^2$ 钾可以使土壤钾素保持产投平衡。土壤速效钾与钾的盈余呈正的线性相关，在垆土上小麦—玉米轮作体系下，土壤钾盈余 $1t/hm^2$ 时，耕层土壤速效钾可增加 $33.0mg/kg$。

耕层土壤 Mactotal K（非交换性钾）含量变幅为 $3464\sim4165mg/kg$，NK、PK 处理较试验前略有下降，其他处理均较试验前显著降低。各处理的土壤 CRK（层间钾）含量变化在 $1670\sim1910mg/kg$，变化幅度相对较小，和试验前相比 CRK 含量除了 PK 处理显著增加外，其余处理均没有明显变化，有机肥处理较 PK 和 NPK 处理明显下降。土壤 StepK（容易被 HNO_3 溶解的非交换钾）含量范围在 $1768\sim2406mg/kg$，除了 NK 外其他处理与试验前相比均有较大幅度下降；总体上，不施钾肥处理显著低于施钾肥处理，尤其是 NP 处理耗竭最为严重；施用有机物料的 3 个处理间没有显著差异。

（6）与对照相比，施化肥处理（N、NK、NP、PK 和 NPK）土壤阳离子代换量（CEC）均有不同程度的下降，其中单施氮处理下降最多，下降 8.4%，其次为 NP、NK、PK 和 NPK 处理，分别下降 5.2%、4.4%、2.4% 和 2.0%；而有机肥无机肥配合处理（SNPK、MNPK 和 1.5MNPK）土壤 CEC 均有不同程度的增加，其中 1.5MNPK 处理增加最多，增加 9.2%，其次为 MNPK 和 SNPK 处理，分别增加 2.4% 和 1.2%。垆土不同施肥耕作 20 年后，与不施肥（CK）相比，N 和 NPK 处理略有增加，分别增加 1.1% 和 0.6%；NK、PK 和 NP 处理略有下降，分别下降了 1.3%、2.1% 和 2.8%；而配施有机物料的处理（SNPK、MNPK 和 1.5MNPK）较 CK 分别下降了 5.2%、6.4% 和 9.9%。

（7）长期施用各种化肥或配施有机肥引起了土壤酶活性的变化。各处理间蔗糖酶活性的总体趋势表现为 SNPK＞1.5MNPK＞MNPK＞NP＞NPK＞PK＞N＞CK，其中 SNPK 和 1.5MNPK 处理显著高于 CK 和 N 两个处理，而其他处理与上述 4 个处理均没有显著差异。各处理间脲酶活性表现为 MNPK＞1.5MNPK＞NP＞NPK＞N＞SNPK＞PK＞CK，其中 MNPK 显著高于除 1.5MNPK 和 NP 外的其他处理，PK 和 CK 处理的脲酶活性最低，并显著低于其他处理。各处理碱性磷酸酶活性的大小顺序为 1.5MNPK＞SNPK＞MNPK＞NP＞NPK＞N＞PK＞CK，长期施用有机物料的 3 个处理（1.5MNPK、MNPK 和 SNPK）显著高于其他处理，其中 1.5MNPK 又显著高于 MNPK 和 SNPK 处理，NP 处理显著高于其他化肥处理以及 CK；NPK 处理与 N 处理相似，但是显著高于 PK 处理和 CK。长期施肥土壤脱氢酶活性表现为 1.5MNPK＞MNPK＞SNPK＞NP＞NPK＞PK＞N＞CK，1.5MNPK 和 MNPK 处理差异显著，均显著高于其他处理；SNPK 处理显著高于 NPK、N 和 CK 处理，但与 NP 和 PK 处理差异不显著。垆土长期有机物配施氮、磷、钾有助于提高土壤蔗糖酶、脲酶、碱性磷酸酶和脱氢酶的活性。

（8）塿土长期施肥条件下，玉米和小麦产量存在年季间的波动，其变化趋势可分为两类。一类为 CK、N、NK、PK 施肥方式，产量较低，试验开始前 5 年产量逐渐下降，5 年后产量处于稳定状态。另一类为 NP、NPK、SNPK、MNPK、1.5MNPK 施肥方式，产量较高，试验开始的 12 年里，产量有波动但不断提高，12 年后产量趋稳。小麦 20 年平均产量显示，1.5MNPK 处理显著高于 CK、N、NK、PK 和 NP 处理，但和 MNPK、SNPK 和 NPK 处理差异不明显；NP、MNPK、SNPK 和 NPK 处理间产量差异也不显著，但显著高于 CK、N、NK、PK 处理；CK、N、NK、PK 处理小麦产量没有显著差异。玉米产量表现为施用有机物料的 3 个处理相似，有机肥处理明显高于单施化肥以及 CK；SNPK 和 NPK、NP 处理的产量没有显著差异，NPK 和 NP 处理均显著高于 CK、N、NK、PK 处理。氮磷钾配施时，氮、磷和钾各组分对小麦产量的贡献率分别为 49.3%、49.0% 和 1.7%，对玉米产量的贡献率分别为 58.5%、43.8% 和 −2.3%，对总产量（小麦 + 玉米）贡献率分别为 53.1%、46.3% 和 0.03%。塿土上施有机肥对于作物产量的增加贡献相对较小，主要是无机氮、磷肥料的贡献。塿土小麦—玉米轮作体系下，氮磷配施是提高氮肥和磷素回收率的基本保证。

（9）根据塿土土壤肥力演变规律的分析以及生产实践，本区域主要的土壤培肥模式是有机肥化肥配施和化肥配合秸秆还田。

（二）存在问题和研究展望

1. 存在问题

塿土长期肥料定位试验研究主要集中在不同施肥对作物产量、土壤理化性质的影响等方面。在土壤理化性质方面主要研究了对土壤化学特性特别是对土壤养分的影响，而对土壤物理性质的影响研究较少，特别是长期不同施肥对于土壤水分保持和利用的影响。土壤养分的研究主要集中在氮、磷和钾 3 种大量元素和土壤有机质等方面，而对于土壤微量元素没有涉及，另外施肥对于土壤中污染元素（如 Cr、Cd、Hg、Pb 和 As 等）的影响也没有涉及。土壤生物方面的研究较少，仅仅测定了土壤微生物生物量碳和氮、土壤几种酶活性，而对于微生物多样性，特别是施肥对微生物群落结构方面的影响没有涉及。

2. 研究展望

根据以上分析，塿土长期肥料定位试验研究在未来应该加强的方面：不同施肥对土壤物理性质的影响，特别是长期不同施肥对土壤结构以及土壤水分保持和利用的影响；在土壤养分方面可以开展不同施肥对土壤微量元素的影响；对土壤中污染元素（如 Cr、Cd、Hg、Pb 和 As 等）的影响；在土壤生物方面可以利用 Biolog、PLFA 以及 DNA 分析技术对长期不同施肥塿土的土壤微生物多样性进行研究，特别是对微生物群落结构和功能方面的研究需要加强。

孙本华、杨学云、张树兰

参考文献

［1］包雪梅，张福锁，马文奇，等. 2003. 陕西省有机肥肥料施用现状分析评价［J］. 应用生态学报，14（10）：1 669－1 672.

［2］高忠霞，周建斌，王祥，等. 2010. 不同培肥处理对土壤溶解性有机碳含量及特性的影响

［J］．土壤学报，47（1）：115－121．

　　［3］葛玮健，常艳丽，刘俊梅，等．2012．塿土区长期施肥对小麦—玉米轮作体系钾素平衡与钾库容量的影响［J］．植物营养与肥料学报，18（3）：629－636．

　　［4］韩思明，杨春峰，史俊通，等．1988．旱地残茬覆盖耕作法的研究［J］．干旱地区农业研究，（3）：1－12．

　　［5］贾伟，周怀平，解文艳，等．2008．长期有机无机肥配施对褐土微生物生物量碳、氮及酶活性的影响［J］．植物营养与肥料学报，14（4）：700－705．

　　［6］蒋爱萍，杨静．2005．秸秆还田技术及作用［J］．现代农业科技，（3）：45．

　　［7］焦桂枝，马照民．2003．农作物秸秆的综合利用［J］．中国资源综合利用，（1）：19－21．

　　［8］康慕谊，姚华荣，刘硕．1999．陕西关中地区土地资源的优化配置［J］．自然资源学报，4（4）：363－367．

　　［9］李花，葛玮健，马晓霞，等．2011．小麦—玉米轮作体系长期施肥对土微生物量碳、氮及酶活性的影响［J］．植物营养与肥料学报，17（5）：1 140－1 146．

　　［10］李娟，赵秉强，李秀英．2008．长期有机无机肥料配施对土壤微生物学特性及土壤肥力的影响［J］．中国农业科学，41（1）：144－152．

　　［11］刘骅，林英华，张云舒，等．2008．长期施肥对灰漠土生物群落和酶活性的影响［J］．生态学报，28（8）：3 898－3 904．

　　［12］刘军，王益权，王益，等．2004．长期培肥过程中塿土物理性质演变规律［J］．土壤通报，35（5）：541－545．

　　［13］马玉珍，王久志，李红梅，等．1999．旱地玉米秸秆还田秋施肥的增产培肥效应［J］．干旱地区农业研究，（4）：49－53．

　　［14］倪进治，徐建民，谢正苗，等．2003．不同施肥处理下土壤水溶性有机碳含量及其组成特征的研究［J］．土壤学报，40（5）：724－730．

　　［15］秦海生．1998．秸秆的综合利用途径［J］．农业机械化与电气化，（4）：38－45．

　　［16］任卫东，贾莉洁，王莲莲，等．2011．长期施肥对小麦、玉米根际和非根际土壤微生物量碳及水溶性有机碳含量的影响［J］．西北农业学报，20（12）：145－151．

　　［17］宋维念，占车生，李景玉，等．2012．近30年来渭河关中地区土地利用时空格局的遥感分析［J］．中国土地科学，26（2）：56－61．

　　［18］孙永明，李国学，张夫道，等．2005．中国农业废弃物资源化现状与发展战略［J］．农业工程学报，21（8）：169－173．

　　［19］王清奎，汪思龙，冯宗炜，等．2005．杉木人工林土壤可溶性有机质与土壤养分的关系［J］．生态学报，25（6）：1299－1305．

　　［20］王旭东，张一平，吕家珑，等．2000．不同施肥条件对土壤有机质及胡敏酸特性的影响［J］．中国农业科学，33（2）：75－81．

　　［21］徐明岗，梁国庆，张夫道，等．2006．中国土壤肥力演变［M］．北京：中国农业科学技术出版社．

　　［22］阎国敏，霍光军．2005．小麦秸秆还田技术［J］．河北农业科技，（7）：31－34．

　　［23］杨朔，李世平．2009．关中地区城市化过程中土地利用问题研究［J］．中国土地科学，23（7）：79－80

　　［24］杨玉爱，王柯，叶正钱．1994．有机肥料资源及其对数量元素螯溶和利用研究［J］．土壤通报，25（7）：21－25．

　　［25］俞明光．2000．堆肥的制作技术和施用方法［J］．福建农业，（4）：36－42．

　　［26］赵凤霞，温晓霞，杜世平，等．2005．渭北地区残茬（秸秆）覆盖农田生态效应及应用技术实例［J］．干旱地区农业研究，23（3）：90－95．

［27］郑勇，高勇生，张丽梅，等. 2008. 长期施肥对旱地红壤微生物和酶活性的影响［J］. 植物营养与肥料学报，14（2）：316 – 321.

［28］钟华平，岳燕珍，樊江文. 2003. 中国作物秸秆资源及其利用［J］. 资源科学，25（4）：62 – 67.

［29］Anderson T H, Domsch K H. 1990. Application of ecophysiological quotients（qCO_2 and qD）on microbial biomasses from soils of different cropping histories［J］. *Soil Biology and Biochemistry*, 22：251 – 255.

［30］Banger K, Toor G S, Biswas A, et al. 2010. Soil organic carbon fractions after 16-years of applications of fertilizers and organic manure in a Typic Rhodalfs in semi-arid tropics［J］. *Nutrient Cycling in Agroecosystems*, 86：391 – 399.

［31］Blair G J, Lefroy R D B, Lisle L. 1995. Soil carbon fractions based on their degree of oxidation and the development of a carbon management index for agricultural systems［J］. *Australian Journal of Agricultural Research*, 46：1 459 – 1 466.

［32］Blair N, Faulkner R D, Till A R, et al. 2006. Long-term management impacts on soil C, N and physical fertility Part I：Broadbalk experiment［J］. *Soil and Tillage Research*, 91：30 – 38.

［33］Camberdella C A, Elliott E T. 1992. Particulate soil organic matter across a grassland cultivation sequence［J］. *Soil Science Society of America Journal*, 56：777 – 783.

［34］Carter M R, Gregorich E G, Angers D A, et al. 1998. Organic C and N storage, and organic C fractions, in adjacent cultivated and forested soils of eastern Canada［J］. *Soil and Tillage Research*, 47：253 – 261.

［35］Chen H Q, Billen N, Stahr K, et al. 2007. Effects of nitrogen and intensive mixing on decomposition of ^{14}C-labelled maize（*Zea mays L.*）residue in soils of different land use types［J］. *Soil and Tillage Research*, 96：114 – 123.

［36］Conteh A, Blair G T, Lefroy R D B, et al. 1999. Labile organic carbon determined by permanganate oxidation and its relationships to other measurements of soil organic carbon［J］. *Humic Substances Environmental Journal*, 1：3 – 15.

［37］Goyal Sneh C K, Mundra M C, Kapoor K K. 1999. Influence of inorganic fertilizers and organic amendments on soil organic matter and soil microbial properties under tropical conditions［J］. *Biology and Fertility of Soils*, 29：196 – 200.

［38］Graham M H, Haynesm R J, Meyer J H. 2002. Soil organic matter content and quality：effects of fertilizer applications, burning and trash retention on a long-term sugarcane experiment in South America［J］. *Soil Biology and Biochemistry*, 34：93 – 102.

［39］Gregorich E G, Janzen M H. 1996. Storage of soil carbon in the light fraction and macro organic matter［M］// Carter M R, Stewart B A.（Eds.），Advances in Soil Science：Structure and Organic Matter Storage in Agricultural Soils. CRC Lewis：Boca Raton, 167 – 190.

［40］Haynes R J. 2005. Labile organic matter fractions as central components of the quality of agricultural soils：an overview［J］. *Advances in Agronomy*, 85：221 – 268.

［41］Jenkinson D S, Ladd J N. 1981. Microbial biomass in soil：Measurement and turnover.［M］// Paul E A, Ladd J N. Soil Biochemistry：V5. Now York：Marcel Dekker.

［42］Jiang H M, Li F M, Jiang J P. 2006. Soil carbon pool and effects of soil fertility in seeded alfalfa fields on the semi-arid Loess Plateau in China［J］. *Soil Biology and Biochemistry*, 38：2350 – 2358.

［43］Landgraf D. 2001. Dynamics of microbial biomass in Cambisols under a three year succession in north eastern Saxony［J］. *Journal of Plant Nutrition and Soil Science*, 164：665 – 671.

［44］Mueller T, Jensen L S, Nielsen N E, et al. 1998. Turnover of carbon and nitrogen in a sandy loam soil following incorporation of chopped maize plants, barley straw and blue grass in the field［J］. *Soil Biology and Biochemistry*, 30：561 – 571.

［45］Petra M, Ellen K, Bernd M. 2003. Structure and function of the soil microbial community in a long-

472

term fertilizer experiment［J］. *Soil Biology and Biochemistry*, 35：453 – 461.

［46］Powlson D S, Brooks P C, Christensen B T. 1987. Measurement of soil microbial biomass provides an early indication of changes in total soil organic matter due to straw incorporation［J］. *Soil Biology and Biochemistry*, 19：159 – 164.

［47］RichardsJ E, Bates T E. 1988. Studies on the potassium-supplying capacities of southern Ontario soils. II. Nitric acid extraction of nonexchangeable K and its availability to crops［J］. *Canadian Journal of Soil Science*, 68：199 – 208.

［48］Rudrappa L, Purakayastha T J, Singh Dhyan, et al. 2006. Long-term manuring and fertilization effects on soil organic carbon pools in a Typic Haplustept of semi-arid subtropical India［J］. *Soil and Tillage Research*, 88：180 – 192.

［49］Saha D, Kukal S S, Sharma S. 2011. Land impacts on SOC fractions and aggregate stability in typic ustochrepts of Northwest India［J］. *Plant and Soil*, 339：457 – 470.

［50］Shi Y, Chen X, Shen S. 2007. Light fraction carbon and water-stable aggregates in Black soils［J］. *Pedosphere*, 17：97 – 100.

［51］Simek M, Hopkins D W, Kalɑ́ik J, et al. 1999. Biological and chemical properties of arable soils affected by long-term organic and inorganic fertilizer applications［J］. *Biology and Fertility of Soils*, 29：300 – 308.

［52］Sparling G P. 1992. Ratio of microbial biomass carbon to soil organic carbon as a sensitive indicator of changes in soil organic matter［J］. *Australian Journal of Soil Research*, 30：195 – 207.

［53］Sparling G P. 1997. Soil microbial biomass, activity and nutrient cycling as indicators of soil health.［M］// Pankhurst C, Doube B M, Gupta V S R., Biological Indicators of Soil Health. CAB International, Wallingford, UK, 97 – 119.

［54］Timo K, Cristina L F, Frank E. 2006. Abundance and biodiversity of soil microathropods as influenced by different types of organic manure in a long-term field experiment in Central Spain［J］. *Applied Soil Ecology*, 33：278 – 285.

［55］Tirol-Padre A, Ladha J K. 2004. Assessing the reliability of permanganate-oxidizable carbon as an index of soil labile carbon［J］. *Soil Science Society of America Journal*, 68：969 – 978.

［56］Verma B C, Datta S P, Rattan R K, et al. 2010. Monitoring changes in soil organic carbon pools, nitrogen, phosphorus, and sulfur under different agricultural management practices in the tropics［J］. *Environmental Monitoring and Assessment*, 171：579 – 593.

［57］Wang X, Jia Y, Li X, et al. 2009. Effects of land use on soil total and light fraction organic and microbial biomass C and N in a semi-arid ecosystem of northwest China［J］. *Geoderma*, 153：285 – 290.

［58］Witter E, Kanal A. 1998. Characteristics of the soil microbial biomass in soils from a long-term field experiment with different levels of C input［J］. *Applied Soil Ecology*, 10：37 – 49.

［59］Wu T, Schoenau J J, Li F, et al. 2004. Influence of cultivation and fertilization on total organic carbon and carbon fractions in soils from the Loess Plateau of China［J］. *Soil and Tillage Research*, 77：59 – 68.

［60］Yan D, Wang D, Yang L. 2007. Long-term effect of chemical fertilizer, straw, and manure on labile organic matter fractions in a paddy soil［J］. *Biology and Fertility of Soils*, 44：93 – 101.

［61］Yang X Y, Ren W D, Sun B H, et al. 2012. Effects of contrasting soil management regimes on total and labile soil organic carbon fractions in a loess soil in China［J］. *Geoderma*, (177 – 178)：49 – 56.

第二十一章　长期施肥下黄土旱塬黑垆土肥力与作物产量变化特征

黑垆土类（Cumulic Haplustoll，USDA 分类）是在半干旱、半湿润气候条件的草原或森林草原植被下，经过长时期的成土过程，在我国黄土高原地区形成的主要地带性耕作土壤类型之一，主要分布在陕西省北部、宁夏[①]南部、甘肃省东部三省区的交界地区，是黄土高原地区肥力较高的一种土壤，黑垆土农田为旱作高产农田。

黑垆土集中在黄土旱塬区，由侵蚀较轻的甘肃省董志塬、早胜塬及陕西洛川塬、长武塬等塬区，以及渭河谷地以北、汾河谷地两侧的多级阶地形成的台塬所组成，是镶嵌在黄土高原丘陵区内的"明珠"，区域内地势平坦，适宜于机械化旱作，农田土壤土层深厚，土质肥沃，塬地面积占耕地面积的 30%，生产了黄土高原区粮食总产的 40%。

黄土旱塬区曾有小麦亩产半吨粮和玉米亩产超吨粮的高产记录，有"油盆粮仓"之称。近年来，以陕西省渭北和甘肃省陇东为主的黄土旱塬已发展成为我国第二大优质苹果生产基地。因此，旱塬黑垆土一直是黄土高原重要的农业生产和优质农产品基地，在黄土高原旱作农业发展和区域粮食安全中具有重要地位。

黑垆土是发育在黄土母质上的古老耕种土壤，耕种历史悠久，具有良好的农业生产性状，表现为：①蓄水保肥性强，塬区黑垆土降雨入渗深度达 1.6 ~ 2m 以上，2m 土壤贮水量 400 ~ 500mm，可供当年或翌年旱季作物生长期间利用；黑垆土土层厚度深达 1m，土壤代换吸收容量比上层大，孔隙多，蓄水和保肥能力强，表层的养分随水流到垆土层后常被贮藏起来，供作物应用，肥劲足而长。②适耕性好，黑垆土结构良好，耕作层是团块状、粒状结构，质地轻壤至中壤，不砂不黏，土酥绵软，耕性好，耕作比较省力，适耕期长。

黑垆土区盛行一年一熟和两年三熟的种植制度，多以冬小麦和玉米为主，以油料和豆类为主的养地作物面积较小。近年来，随着农业种植结构的调整，果树和蔬菜面积扩大，成为国家的优质苹果生产基地。但由于长期拖拉机翻耕，农田土壤耕层变浅，普遍存在 7 ~ 10cm 厚的比较紧实的犁底层，影响水分下渗和根系下扎；农业生产水平伴随化肥用量和地膜覆盖面积的增加而持续提高，但土壤重用轻养，有机质含量不高，大多数农田属旱薄地，因此，目前在黄土高原区如何持续提高土壤生产力、培育地力和保证粮食安全，农田有机碳与全球气候变化的关系等问题已普遍受到关注，也是土壤学领域需要研究的重大科学与生产问题。

---

① 宁夏回族自治区，全书简称宁夏

一、黑垆土定位试验基本情况

（一）试验地概况及试验设计

试验地点位于甘肃省平凉市泾川县高平镇境内（东经 107°30′，北纬 35°16′）的旱塬区，属黄土高原半湿润偏旱区，土地平坦。海拔高度 1 150m，年均气温 8 ℃，≥10 ℃积温 2 800 ℃，持续期 180 d，年降水量 540mm，其中 60% 集中在 7—9 月，年蒸发量 1 380mm，无霜期约 170d。光、热资源丰富，水热同季，适宜冬小麦、玉米、果树、杂粮杂豆等生长。试验地为旱地覆盖黑垆土，黄绵土母质，土体深厚疏松，利于植物根系伸展下扎，土壤富含碳酸钙，腐殖质累积主要来自土粪堆垫。

试验始于 1979 年，共设 6 个处理：①不施肥（CK）；②氮肥（N，氮 90kg/hm²）；③氮、磷肥（NP，氮 90kg/hm² + P_2O_5 75kg/hm²）；④秸秆加氮、磷肥（SNP，秸秆 3 750kg/hm² + 氮 90kg/hm² + 每 2 年施 P_2O_5 75kg/hm²）；⑤农家肥（M，农家肥 75t / hm²）；⑥氮、磷 + 农家肥（MNP，农家肥 75t/hm² + 氮 90kg/hm² + P_2O_5 75kg/hm²）。试验基本上按 4 年冬小麦—2 年玉米的一年一熟轮作制进行。按大区顺序排列，每个大区为一个肥料处理，面积 666.7m²，大区再划分为 3 个顺序排列的小区作为重复（假重复），小区面积 220m²。农家肥和磷肥在作物播前全部基施，氮肥 60% 做基肥，40% 做追肥；氮肥用尿素，磷肥用过磷酸钙。

试验开始时 1978 年秋季耕层土壤基本理化性质见表 21 - 1。1979 年试验开始的第一季作物为玉米，不覆膜穴播，密度 5.25 × 10⁴ 株/hm²；小麦为机械条播，播种量 187.50kg/hm²；每年冬小麦都是 9 月 15 日播种，6 月 20—30 日收获（根据降水和温度不同有所差异），玉米 4 月 15 日播种，9 月 10—15 日收获。

表 21 -1　试验前土壤基本理化性状（1978 年秋）

处　理	有机质（g/kg）	全氮（g/kg）	全磷（g/kg）	碱解氮（mg/kg）	Olsen P（mg/kg）	速效钾（mg/kg）
CK	10.5	0.95	0.57	60	7.2	165
N	10.4	0.95	0.59	72	7.5	168
NP	10.9	0.94	0.56	68	6.6	162
SNP	11.1	0.97	0.57	78	5.8	164
M	10.8	0.95	0.58	65	6.5	160
MNP	10.8	0.94	0.57	74	7.0	160

2011 年和 2010 年的玉米采用全膜双垄沟集雨种植，播种密度 7.5 ×10⁴株/hm²。试验用氮肥为尿素，磷肥过磷酸钙，农家肥为土粪。磷肥和农家肥在播前一次施入。秸秆处理中，秸秆切碎于播前随整地埋入土壤，当季收获作物秸秆 3 750kg/hm² 相当于 1 600kg/hm² 的碳。其他处理的地上部分全部收获，小麦仅留离地面 10cm 的残茬归还农田，玉米连根挖出。在农家肥处理中，由于未测定每年土粪的养分含量，因而无法确定施入的氮、磷、钾量，但在 1979 年试验开始时测定的农家肥有机质含量为 1.5%、氮 1.7g/kg、磷 6.8g/kg 和钾 28g/kg。

根据农家肥养分调查结果（用于土壤养分循环估算），施入土壤的有机肥的有机质含量为 1.92%、氮 0.158 %、磷 0.16 %、钾 1.482 %。截至 2012 年，试验连续进行了 34 年，其中 23 年为旱地冬小麦，11 年为旱地玉米，2 年为大豆（1999 年）和高粱（2000 年），各年份种植作物及品种见表 21 - 2。

表 21 - 2 长期试验中各年种植作物及品种名称

年　份	作　物	品　种
1979	玉米	中单 2 号
1980	玉米	中单 2 号
1981	小麦	80 平 8
1982	小麦	80 平 8
1983	小麦	80 平 8
1984	小麦	80 平 8
1985	玉米	中单 2 号
1986	玉米	中单 2 号
1987	小麦	80 平 8
1988	小麦	80 平 8
1989	小麦	80 平 8
1990	小麦	80 平 8
1991	玉米	中单 2 号
1992	玉米	中单 2 号
1993	小麦	庆选 8271
1994	小麦	庆选 8271
1995	小麦	15 - 0 - 36
1996	小麦	15 - 0 - 36
1997	小麦	95 平 1
1998	小麦 + 夏休闲期复种大豆	陇原 935 + 晋豆 1 号
1999	高粱	平杂 6 号
2000	黄豆	晋豆 1 号
2001	小麦	93 平 2
2002	小麦	85108
2003	小麦	85108
2004	小麦	陇麦 108
2005	玉米	沈单 16
2006	玉米	中单 2 号
2007	小麦	平凉 44
2008	小麦	平凉 44
2009	小麦	平凉 44
2010	小麦	平凉 44
2011	玉米	先玉 335
2012	玉米	先玉 335

（二）采样与分析方法

1. 产量和土壤养分测定及固碳率计算

在收获期，玉米每个处理收获 40m²，小麦收获 20m²，自然风干后，在 70℃ 烘干，每个处理单独计产。每季作物收获后按三点法采集各处理小区 0～20cm 土层土样 3 个，混合均匀用风干，过 100mm 筛，用于土壤有机质、全氮、全磷、速效磷、速效钾和的分析。土壤有机质采用重铬酸钾容量法（外加热），全氮用凯氏定氮法，全磷用碱熔—钼锑抗比色法，速效磷用 OLsen 法，速效钾用 1mol/L NH_4OAC 浸提—火焰光度法测定。

2. 土壤颗粒分级及其有机碳组分测定

土壤颗粒分级采用 Anderson 等和武天云等的方法：称取 10g 风干土样于 250mL 烧杯，加水 100mL，在超声波发生器清洗槽中超声分散 30min，然后将分散悬浮液冲洗过 53μm 筛，直至洗出液变清亮为止。在筛上得到的是 53～2 000μm 的砂粒和部分植物残体。根据 Stockes 定律计算每一个粒级颗粒分离的离心时间，用离心机对洗出液进行离心。通过不同的离心速度和离心时间分离得到粗粉粒（5～53μm）、细粉粒（2～5μm）、粗黏粒（0.2～2μm）和细黏粒（<0.2μm）。其中细粉粒和细黏粒悬液采用 0.2mol/L $CaCl_2$ 絮凝，再离心收集。以上砂粒、粉粒及黏粒的分级基本以美国农业部制为准。各组分转移至铝盒后，先在水浴锅上蒸干，然后置于烘箱内，60℃ 12h 烘干，烘干后各组分磨细过 0.25mm 筛，采用重铬酸钾法测定有机碳含量。

3. 土壤团聚体分级及有机碳测定

土壤团聚体分级采用 Six 等设计的湿筛分离和比重分组方法。取 100g 风干土样（>8mm）通过 3 个系列筛网湿筛（分别为 2 000μm、250μm 和 53μm 孔径）。通过筛子的分别代表直径 >2 000μm，250～2 000μm 和 53～250μm 的团聚体，将这些团聚体清洗后装盘，60℃烘干 12h。取 5g 蒸干后的团聚体样用 1.85g/mL 的聚乙烯钨酸盐溶液处理，可收集到游离的含轻组有机碳（LFOC）的土壤，用六偏磷酸盐把含重组有机碳部分的大团聚体分散成微团聚体。用上述同样湿筛法可得到含 250～2 000μm，53～250μm 和 <53μm 的微团聚体有机碳（iPOC）的土壤。将所有的含大团聚体和小团聚体有机碳的土壤，以及含游离的轻组有机碳土壤均在 60℃ 蒸干。重组部用偏磷酸盐处理，将其中大团聚体分散为微团聚体，然后用上面同样湿筛方法得到不同微粒大小（250～2 000μm、53～250μm 和 <53μm）微团聚体及其中的有机碳。团聚体有机碳用 EA3000 元素分析仪测定。

4. 土壤微生物碳氮测定

土壤微生物量碳、氮的测定采用氯仿熏蒸提取法，其含量计算是用熏蒸和未熏蒸样品碳、氮含量之差除以回收系数（$K_C = 0.38$，$K_N = 0.54$）。

5. 土壤酶活性测定

土壤中蔗糖酶采用 3,5-二硝基水杨酸比色法测定，碱性磷酸酶用磷酸苯二钠比色法测定，过氧化物酶和多酚氧化酶采用碘量滴定法测定。

6. 土壤活性有机碳测定方法

土壤高活性有机质、中活性有机质和活性有机质分别用浓度为 33mmol/Lm、167mmol/Lm 和 333mmol/L 的 $KMnO_4$ 常温氧化—比色法测定。

7. 有机碳模型建立

土壤有机质矿化率（k）采用氮通量法进行测算，即年有机氮矿化率为不施肥区植物地上部分和根系年吸收的氮量，与上一年作物收获后 0～20cm 土层土壤全氮含量之比。根据土壤有机氮与有机碳同步矿化的原则，可将有机氮矿化率看作有机碳矿化率。

建立土壤有机碳含量变化的 Jenny 模型：

$$SOC_t = SOC_e + (SOC_0 - SOC_e) e^{-kt}$$

式中，SOC_0、SOC_t 分别为试验开始、试验进行到 t 年时的土壤有机碳含量，SOC_e 为达到平衡时的有机碳含量，k 为有机质的矿化率。

二、黑垆土中不同施肥的作物产量变化及对长期施肥的响应

（一）试验期间的降水条件评价

在试验进行的 34 年中，年降水和作物生育期间降水量均有较大差异（表 21 - 3）。对试验中 22 年的冬小麦而言，年均降水、生育期平均降水分别为 568.8mm、288.9mm，年际之间的变异系数依次为 22.6% 和 24.0%；10 年的春玉米年均降水、生育期平均降水分别为 461.7mm、400.2mm，年际之间的变异系数相应为 16.5% 和 20.9%。从表 21 - 2 数据分析可知，1979—2010 年，年降水量每年以 2.5mm 的速度逐年降低，其中 22 年小麦生长年度每年降低 5.3mm，而 10 年玉米生产年度每年增加 0.7mm；小麦生育期降水量每年减少 4.2mm，并达到了显著差异水平，玉米生育期降水量每年也降低 1.9mm。表明在 34 年的试验期间，逐年降低的降水量对小麦生长不利，玉米生长季的水分条件好于小麦。

表 21 - 3　长期试验年份降水量和各年度作物籽粒产量

作物	年份	年降水量（mm）	生长季节降水量(mm)	籽粒产量（t/hm²）（NP 处理）	降水年型
冬小麦	1981	351	191	1.72	干旱
	1987	389	316	4.78	干旱
	1995	319	206	5.23	干旱
	2001	432	282	5.68	干旱
	1982	602	170	5.27	正常
	1988	536	367	4.13	正常
	1993	584	380	4.89	正常
	1994	570	290	4.52	正常
	1996	502	297	3.15	正常
	1997	614	197	2.41	正常
	1998	573	270	2.52	正常
	2002	711	289	3.39	正常
	1983	778	412	3.30	湿润
	1984	689	364	2.99	湿润
	1989	736	267	1.08	湿润
	1990	716	324	3.53	湿润
	2003	679	162	3.74	正常
	2004	425	170	2.09	干旱
	2007	500	177	2.46	干旱
	2008	322	262	3.49	干旱
	2009	351	150	3.35	干旱
	2010	487	190	3.68	正常

（续表）

作 物	年 份	年降水量（mm）	生长季节降水量(mm)	籽粒产量（t/hm²）（NP 处理）	降水年型
	1979	427	380	6.10	正常
	1980	628	553	7.83	湿润
	1985	557	465	10.49	湿润
	1986	370	309	10.79	干旱
春玉米	1991	515	340	4.02	正常
	1992	537	354	3.53	干旱
	2005	505	338	8.05	干旱
	2006	497	407	10.49	正常
	2011	564	359	13.39	湿润
	2012	520	397	12.63	湿润

（二）作物产量的变化趋势

在长期试验中，年度之间产量的变化主要受气候条件特别是降水量的影响，同一年份内肥料对作物产量的影响最大（表 21-4）。小麦产量的年际变异系数在不同肥料处理之间差异很大，不施肥处理为 45%，单施氮肥高达 57.1%，单施农家肥、氮磷配合、有机无机结合的处理为 28%～33%；而玉米产量的年际变异系数为 32%～39%，肥料处理之间的差异小于小麦。从变异系数年平均值看，肥料处理对 22 年小麦产量影响为 MNP > SNP > NP > M > N > CK，对 10 年玉米产量的影响为 MNP > SNP > M > NP > N > CK，在 MNP 处理中农家肥、氮磷化肥的增产贡献率分别为 47.8%、52.2%。说明在黄土高原雨养旱作农业区气候变化对小麦产量的影响要大于玉米，但小麦和玉米产量对施肥的响应均十分显著。

表 21-4　长期定位试验中作物产量的变化趋势

处　理	小麦产量				玉米产量			
	平均 （t/hm²）	变异系数 （%）	年变化率 [kg/(hm²·a)]	R^2	平均 （t/hm²）	变异系数 （%）	年变化率 [kg/(hm²·a)]	R^2
CK	1.58	45.0	-29.5	0.139	3.60	34.9	34.8	0.111
N	2.19	57.1	-77.4	0.312**	4.36	34.8	42.5	0.113
NP	3.95	33.8	-47.6	0.103	7.14	32.8	113.8	0.343
SNP	4.08	28.2	-52.6	0.169	7.72	36.4	147.2	0.399*
M	3.52	33.6	-59.6	0.206*	7.36	39.2	160.8	0.451*
MNP	4.57	31.7	-71.6	0.199*	8.73	37.1	142.8	0.383*

注：* 表示差异显著；** 表示差异极显著

本试验中，随着试验年限的延长，同一施肥处理的小麦产量呈下降趋势性，N、M、MNP 处理的产量年降低量达到显著水平，每年降低 59.6～77.4kg/hm²，减少的产量占产量总变异的 20%～30%。但在试验期限内所有肥料处理的玉米产量呈增加趋势（表 21-4），M、SNP、MNP 三个处理产量的增加达到显著水平，每年增加 142.8～160.8kg/hm²，增加的产量占产量总变异的 38%～45%。表明虽然不施肥处理的小麦、玉米产量没有下降，但年际之间产量的变异系数很高，说明在黄土高原农田自然生态系统中，如果长期没有外界养分的输入，只靠黄土母质分解释放养分和大气养分沉降，作物只能维持较低的产量，小麦、玉米的平均产量分别只有 1.6t/hm²、3.6t/hm² 左右，年际产量在低水平上与降水同步波动。SNP、NP 处理之间的小麦产量，NP、SNP、M 处理之间的玉米产量比较接近，即秸秆还田和施农家肥在确保增产方面具有重要的作用。

在 34 年的黄土旱塬长期试验中，小麦产量的趋势性降低、玉米产量的趋势性增加是降水量变化和土壤肥力演变共同作用的结果，但总体来看气候变化有利于玉米产量的增加，不利于小麦生产，这为压缩小麦面积扩种玉米、建立适雨型种植结构提供了依据。

三、长期施肥下旱塬黑垆土有机碳的演变规律

旱地土壤经过 34 年定位施肥和土壤耕作，不同肥料处理导致土壤有机质、氮、磷、钾肥力要素发生了明显变化。

（一）土壤有机碳的变化特征

1. 土壤碳投入的变化

通过每年收获作物地上部，测定有关年份根系生物量及籽粒、秸秆、根系碳含量，估算各施肥处理的碳投入量。结果表明（表 21-5），经过 30 多年的施肥与种植，各施肥处理旱地作物根茬、秸秆、有机物料投入碳的数量差异很大。34 年的长期试验中，秸秆+氮、磷肥处理（SNP）投入的碳是不施肥（CK）处理的 8.14 倍。截至 2010 年，CK、N、M、NP、SNP、MNP 各处理累计投入土壤的碳量依次为 9.28t/hm²、14.07t/hm²、43.41t/hm²、19.49t/hm²、75.50t/hm²、49.33 t/hm²。施化肥由于增加了地上部生物量而增加了根茬碳的投入，单施氮肥处理的根茬投入碳最少，仅占 SNP、MNP 处理根茬投入碳量的 64.81%、56.26%，但较 CK 增加了 51.62%。在 SNP 处理中秸秆还田投入的碳占 71.44%，MNP 和 M 处理中农家肥投入的碳占 49.31% 和 56.02%。

表 21-5　长期试验中碳投入及碳向土壤有机碳的转化与固定

处理	不同来源的碳投入量（C t/hm²）			碳总投入量（C t/hm²）	土壤有机碳(SOC)贮量（C t/hm²）		有机碳固定率（%）	土壤固碳速率[C t/(hm²·a)]
	根茬	农家肥	秸秆		1979 年	2012 年		
CK	9.28	0	0	9.28	10.32	15.91	60.23	0.082 3
N	14.07	0	0	14.07	10.32	16.32	42.64	0.094 7
NP	19.49	0	0	19.49	10.32	18.90	44.02	0.145 6
SNP	21.71	0	53.94	75.50	10.32	20.83	13.92	0.240 7
M	19.09	24.32	0	43.41	10.32	20.73	23.98	0.326 9
MNP	25.01	24.32	0	49.33	10.32	21.78	23.23	0.357 5

注：根茬碳=籽粒产量×根茬生物量/籽粒产量（平均按0.3计算）×0.45（实测根茬中碳含量）；农家肥碳=农家肥（折干重）×1.137%（实测农家肥中的碳含量）；秸秆碳=秸秆还田量×0.45（实测根茬中碳含量）；输入碳的转化率（%）=2010年较1979年SOC增量/总投入碳量；土壤固碳速率=有机碳与试验年限回归方程中的斜率（图21-1）

2. 施肥对耕层土壤有机碳贮量的影响

秸秆还田、增施农家肥显著提高了土壤有机碳（SOC）含量。试验开始时（1979年）土壤耕层SOC贮量平均为10.32t/hm²，到2010年CK、N、M、NP、SNP、MNP处理的SOC分别为15.91t/hm²、16.32t/hm²、20.73t/hm²、18.90t/hm²、20.83t/hm²、21.78t/hm²，处理之间最大相差1.37倍。连续34年每公顷3.75t秸秆还田与氮磷配合的处理（SNP）SOC分别比N、NP处理增加27.63%、10.21%。在6个肥料处理中，SNP处理投入的碳最多，但其与M和MNP处理相比，高投入的碳并没有显著增加土壤的SOC，这可能是有机肥与秸秆所含碳的质量有关。长期不施肥并没有导致黄土高原旱地农田土壤SOC的下降，而是靠少量根茬维持较低的生产力水平。

3. 土壤有机碳的固定和演变规律

黄土高原旱地农田长期施肥后，由于不同肥料处理输入土壤碳的数量和质量不同，使输入的碳向土壤SOC的转化率明显不同。以2010年较1979年SOC的增加量占投入碳的比率为输入碳转化为土壤SOC作为衡量指标（表21-5），即输入碳以SOC形式固定在0~20cm耕层土壤中的数量，M、SNP、MNP处理输入碳的转化率依此为23.98%、13.92%、23.23%，N、NP处理为42.64%、44.02%，长期不施肥处理CK为60.23%。因此，作物根茬投入碳的转化率最高，为44%~60%，其次是有机肥投入的碳，秸秆还田输入的碳的转化率最低。

长期施肥后旱地农田土壤SOC呈现规律性的变化趋势（图21-1）。在34年中，随着试验年限的增加，N、NP、M、SNP、MNP处理的SOC呈现明显的增加趋势，其中秸秆还田、农家肥处理SOC增加趋势尤其明显，但长期不施肥处理的SOC变化保持稳定趋势。

在SOC与试验年限的一元线性回归方程中，斜率（回归系数）代表年固碳速率，其含义是投入土壤中碳的腐解与土壤碳的矿化达到平衡后土壤年净固定的SOC数量，可以作为SOC演变的一个特征参数。M、SNP、MNP处理的SOC固定速率分别为C 0.326 9t/(hm²·a)、0.240 7t/(hm²·a)、0.357 5t/(hm²·a)。长期增施氮、磷肥虽然增加了SOC，但固碳速率仅为C 0.145 6t/(hm²·a)，是有机物料投入处理的40%~60%。单施氮处理也明显增加了土壤的固碳量，固定速率为C 0.094 7t/(hm²·a)，而长期不施肥处理固定速率为C 0.082 3t/(hm²·a)，达到显著水平，即长期不施肥仅靠根茬还田维持农田碳投入，也有土壤固碳作用。

长期单施化肥（N、NP）能够增加黄土旱塬土壤碳贮量，但增加数量有限，而增施有机肥或秸秆还田的使土壤SOC有较大幅度的增加，因此，有机无机肥配合是旱地农田固碳减排的低碳农业措施，可促进大气中的碳向农田土壤中转移并固定在土壤中。

（二）长期不同施肥土壤有机碳组分的差异

1. 土壤颗粒组成及其有机碳含量的变化

长期施肥对黄土旱塬土壤颗粒组成有明显的影响（表21-6）。施肥大幅度提高了黑垆土土壤颗粒组成中砂粒所占的比例，MNP、SNP处理的土壤颗粒中>53μm的砂粒所占比例为1.96%、2.50%，而单施化肥为1.25%~1.29%，其余颗粒所占比例在各施肥处理之间无明显差异，即长期增施有机肥、秸秆还田并未提高旱塬黑垆土中黏粒

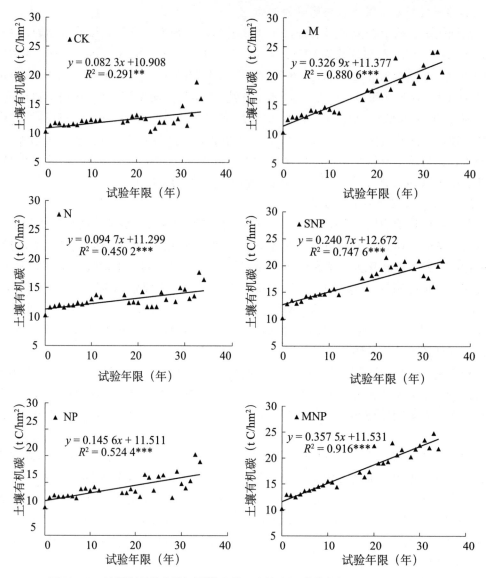

图 21-1　长期施肥黄土旱塬黑垆土耕层土壤有机碳的变化（1979—2012 年）

所占的比例。

　　长期施肥后各粒级的土壤颗粒有机碳（SOC）含量不同处理间差异显著（表 21-7），特别是增施有机肥、秸秆还田的处理，其各粒级土壤颗粒的 SOC 含量均较不施肥和单施化肥的处理明显增加。尽管 6 个肥料处理之间 5~53μm（粗粉砂粒）、2~5μm（细粉砂粒）、0.2~2μm（粗黏粒）、<0.2μm（细黏粒）各粒级土壤颗粒所占比例差异不大，但砂粒、粗粉砂粒、细粉砂粒所含的有机碳在有机肥和秸秆还田处理中明显增加。在土壤总有机碳中，单施氮肥的处理砂粒（>53μm）有机碳含量较低，只有0.75g/kg，施有机肥、秸秆还田处理的砂粒有机碳含量为 1.38~1.81g/kg，是不施肥处理的 2.94~3.85 倍，是单施氮处理的 1.84~2.41 倍（表 21-7）。与不施肥处理相比，长期施肥处理的土壤粗粉砂粒和细粉砂粒中的有机碳含量也明显提高。与土壤总有机碳相比，施肥处理土壤砂粒的有机碳含量增加幅度更加明显，如 MNP 处理的总有

表 21 -6 黄土旱塬长期施肥对土壤颗粒组成的影响 （单位:%）

处 理	砂粒 + 有机质（OM）（>53μm）	粗粉砂粒（5~53μm）	细粉砂粒（2~5μm）	粗黏粒（0.2~2μm）	细黏粒（<0.2μm）
CK	1.09	69.78	9.46	15.44	4.23
N	1.29	68.77	9.88	15.87	4.19
NP	1.25	68.93	9.83	15.77	4.22
M	1.74	69.44	9.63	15.59	3.60
SNP	1.96	68.72	9.66	15.58	4.08
MNP	2.50	68.47	9.99	15.23	3.81

机碳较 CK 和 NP 处理分别增加 32.50%、18.10%，但其砂粒的有机碳却分别比 CK 和 NP 提高了 285.10%、105.70%；N、NP 处理较 CK 的总有机碳分别增加了 7.50%、12.20%，而砂粒有机碳则分别提高了 59.60%、87.20%。

表 21 -7 黄土旱塬长期施肥土壤各粒级有机碳和土壤总有机碳含量 （单位：g/kg）

处 理	总有机碳	砂粒 + 有机质（OM）	粗粉砂粒（5~53μm）	细粉砂粒（2~5μm）	粗黏粒（0.2~2μm）	细黏粒（<0.2μm）
CK	8.70	0.47	1.95	1.99	3.56	0.73
N	9.35	0.75	2.14	2.10	3.54	0.82
NP	9.76	0.88	2.34	2.19	3.61	0.74
M	11.17	1.59	2.41	2.57	3.83	0.77
SNP	11.17	1.38	2.78	2.41	3.82	0.78
MNP	11.53	1.81	2.49	2.88	3.53	0.82

再从土壤总有机碳中不同粒级有机碳含量的比例来看（表 21 -8），各处理之间有机碳含量分布的差异仍然以砂粒 + OM（>53μm）最明显，砂粒中有机碳占总有机碳的比例不施肥处理为 5.40%，N 和 NP 处理分别为 8.02% 和 9.02%，M、SNP、MNP 处理分别为 12.35%、14.23%、15.70%。可以看出，增施有机肥、秸秆还田的处理砂粒中有机碳所占比例是不施肥的 2.29~2.91 倍。尽管分布在砂粒中的有机碳所占比例较小，显著低于粗粉砂粒、细粉砂粒、粗黏粒颗粒，但受不同施肥的影响最大。因此，长期增施有机肥料和秸秆还田后，旱地农田土壤增加的有机碳（SOC）主要固定在 >53μm 的砂粒 + OM 中，长期单施化肥处理固定在砂粒中的有机碳是有机无机配施处理的 1/2 左右。在黄土旱塬黑垆中，砂粒在土壤颗粒组成中占 1.10%~2.50%，但固定的有机碳占总有机碳的 5.40%~5.71%；粗粉砂粒占颗粒组成的 69.67%，固定的有机碳却占总有机碳的 20.00%~25.00%。说明不同颗粒中砂粒有机碳对施肥最敏感，可作为土壤有机碳对土壤管理措施响应的指标。

表 21-8　颗粒有机碳在土壤总有机碳中的分布比例　（单位:%）

处　理	砂粒＋有机质（OM） （＞53μm）	粗粉砂粒 （5～53μm）	细粉砂粒 （2～5μm）	粗黏粒 （0.2～2μm）	细黏粒 （＜0.2μm）
CK	5.40	22.41	22.88	40.92	8.39
N	8.02	22.89	22.46	37.86	8.77
NP	9.02	23.98	22.43	36.99	7.58
M	12.35	24.89	21.58	34.20	6.98
SNP	14.23	21.58	23.01	34.29	6.89
MNP	15.70	21.60	24.98	30.61	7.11

2. 长期施肥对土壤砂粒态有机碳与矿物结合态有机碳比值的影响

土壤砂粒态有机碳（POC，与砂粒胶结）主要由植物细根片断和其他有机残余组成，易被土壤微生物利用，是土壤有机碳碳库中活性较大的部分，相反与惰性矿物结合态有机碳（MOC，与粉粒和黏粒结合）大多被限于土壤矿物表面，是土壤中稳定且周转期长的有机碳。其比值 W（POC/MOC）的提高预示着 MOC 的相应降低和土壤有机碳活性的提高，也反映土壤有机碳质量得到明显提升。W 值越大，表明土壤有机碳较易矿化、周转期较短或活性高，值小则土壤有机碳较稳定，不易被生物所利用。施肥处理尽管尚未明显增加 MOC 的含量，6 个处理的 MOC 为 8.60～9.72g/kg，差异不明显，但其 W 值则有显著差异，与 CK 相比（W 值为 5.47%），不同施肥处理土壤的 W 值均增加（图 21-2），MNP、M、SNP 理的 W 值分别为 18.62%、16.24%、14.41%，N、NP 处理的仅为 9.11%、9.99%。

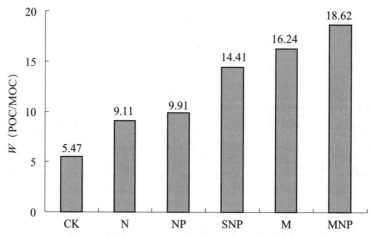

图 21-2　长期不同施肥下黑垆土中砂粒态有机碳（POC）与矿物结合态有机碳含量（MOC）比值

3. 长期施肥对土壤团聚体有机碳的影响

土壤团聚体因多孔性和水稳性的特点而成为土壤肥沃的标志之一，大团聚体（＞250μm）是维持土壤结构稳定的基础，与大团聚体相联系的有机碳比微团聚体中的有机碳更易矿化。从表 21-9 可以看出，长期施肥显著增加了黑垆土耕层土壤大团聚体和微团聚体有机碳氮的含量，团聚体有机碳含量随团聚体粒径的增加而增加，不施肥处理土壤大团聚体（>250μm）的碳含量是微团聚体（<53μm）的9.14倍，施肥后提高到15.83~23.84倍。长期增施有机物料的处理提高了大团聚中容易矿化的有机碳和氮含量，秸秆还田（SNP）、单施有机肥处理（M）的大团聚体有机碳含量达176.30g/kg、150.80g/kg，较单施化肥处理（NP）增加了26.30%、8.00%，是不施肥处理（CK）的2.50~3.00倍。M和MNP处理大团聚体的含氮量为8.00g/kg、9.38g/kg，比N处理增加了64.30%、92.60%，是CK的2.90~3.00倍。长期施有机肥、秸秆还田也提高了团聚体内的碳、氮含量。另外，大团聚体中土壤C/N比明显高于微团聚体，施肥对大团聚体中土壤C/N比有明显影响，而对微团聚体C/N的影响不大。

不同大小团聚体有机碳含量与其含氮量有显著的线性关系：

大团聚体 N 含量 $= 0.041 \times$ SOC 含量 $+ 0.103$（$R^2 = 0.573$）

团聚体内 N 含量 $= 0.077 \times$ SOC 含量 $- 0.001$（$R^2 = 0.947$）

微团聚体 N 含量 $= 0.076 \times$ SOC 含量 $+ 0.026$（$R^2 = 0.866$）

因此，黄土旱塬黑垆土 >250μm 的大团聚体是土壤有机碳、氮的主要贮藏库，大团聚体土壤碳含量显著高于微团聚体，长期增施肥料均显著提高了大团聚体和微团聚体中的碳、氮含量。

表 21 - 9　长期不同施肥的团聚体有机碳和氮含量　　　　（单位：g/kg）

处　　理	大团聚体（>250μm）		团聚体间（53~250μm）		团聚体内（53~250μm）		微团聚体（<53μm）	
	C	N	C	N	C	N	C	N
CK	60.33	2.80	322.20	10.59	27.64	1.83	6.61	0.77
N	92.42	4.87	312.90	14.98	24.63	2.19	5.82	0.67
NP	139.60	6.19	340.40	11.48	37.90	2.86	6.80	0.76
M	150.80	8.00	296.10	14.38	48.40	3.90	8.23	0.93
SNP	176.31	6.18	343.40	12.33	52.82	4.03	7.42	0.85
MNP	145.74	9.38	266.90	15.16	42.11	3.23	9.24	0.91

4. 黄土旱塬黑垆土土壤有机碳的固定机制与土壤有机碳的物理保护

土壤中有机碳的保持机制是阐明土壤对大气 CO_2 的固定作用及其去向的基础问题，它对于寻找促进土壤有机碳储存而巩固陆地系统碳汇具有重要的参考意义。土壤学上传统的有机无机复合理论指出有机碳在土壤中普遍地与无机胶体物质相结合，有机物质与土壤矿物质或黏粒的结合而形成复合体是土壤形成过程的必然产物。根据这一理论，土壤有机碳与结合有机碳的细颗粒含量密切相关。从我们的研究结果可以看出，不同土壤颗粒组成（含量，X）与土壤有机碳存在密切的关系：

砂粒 + OM（>53μm）的 SOC 含量 $= 0.3304X - 1.6578$，$R^2 = 0.683$

细粉砂粒（2~5μm）的 SOC 含量 $= 0.2788X + 6.2808$，$R^2 = 0.307$

黏粒（<2μm）的 SOC 含量 $= -0.1917X + 21.492$，$R^2 = 0.455$

说明，砂粒 + OM、细粉砂粒含量增加有利于旱地土壤有机碳的提高，高含量正荷黏粒增加不利于有机碳含量增加。因此，旱地土壤有机碳保持不能简单地用黏粒结合理论来解释，可能需要从更深的结合机制上分析。

5. 固碳速率与团聚体有机碳、氮含量的关系

土壤团聚体的形成主要依赖于有机形态的胶结物质，土壤碳的固定和养分保持功能主要以团聚体为载体。分析结果（图 21 – 3）表明，土壤年固碳速率同大团聚体（＞250μm）、微团聚体（＜53μm）中的有机碳含量、氮含量呈显著的线性增加关系，即随着团聚体中碳、氮含量的增加，土壤固碳速率提高。虽然大团聚体比微团聚体贮藏了更多的碳、氮养分，但土壤团聚体有机碳含量与年固碳速率的一元一次线性回归分析显示，微团聚体每增加 1 个单位的碳含量其土壤年固碳速率为 0.791t C /（hm^2 · a），显著高于大团聚体 [固碳速率为 0.029t C /（hm^2 · a）]；同样，微团聚体增加 1 个单位的氮含量，土壤固碳速率为 11.507t C /（hm^2 · a），远大于大团聚体 [固碳速率为 0.417 tC/（hm^2 · a）]。考虑到大团聚体和微团聚体对土壤固碳的综合影响，土壤年固碳速率（y）与大团聚体碳（x_1）和微团聚体碳（x_2）含量的关系为：$y = -0.569 + 0.011x_1 + 0.854x_2$（$R^2 = 0.937$），方程中 x_1 和 x_2 的标准化回归系数（用来比较两个变量的重要程度）为 0.321 和 0.743。因此，长期施肥后黄土旱塬黑垆土固碳速率有随土壤团聚体粒径的增大而减小的趋势，微团聚体对土壤有机碳的贡献是大团聚体的 2 倍多，对土壤有机碳的稳定与保持有重要影响。

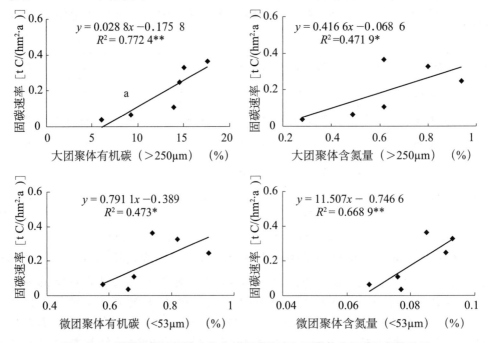

图 21 – 3　长期施肥下黑垆土年土壤固碳速率与团聚体有机碳和氮的关系

（三）长期施肥土壤有机碳活性的变化

1. 土壤活性有机碳的变化

2006 年和 2010 年的测定结果表明，长期施肥后黄土旱塬黑垆土土壤活性有机碳 3 个组成部分存在着很大差异（表 21 – 10）。长期增施有机肥和秸秆还田较均较不施肥、单施化肥，总有机碳、总活性有机碳（能被 333mmol/L KMnO$_4$ 氧化的

有机碳）增加，2006 年玉米、2010 年小麦收获后 MNP 处理土壤的总活性有机碳达到 1.887g/kg、1.865g/kg，较对应年份单施化肥 NP 处理增加 7.6%、51.3%，较不施肥提高 23.0%、68.9%。在增加的活性有机碳中，长期施肥主要是提高了中活性有机碳（能被 167mmol/L KMnO$_4$ 氧化的有机碳）的比例，MNP 处理中活性有机碳占到总活性有机碳的比例 2006 年为 66.3%、2010 年为 89.6%，而单施化肥 NP 仅占 43.9%、55.1%。

表 21-10　长期不同施肥的黄土旱塬黑垆土活性有机碳含量　　　（单位：g/kg）

处　理		总有机碳	33mmol/L KMnO$_4$ 氧化的有机碳	167mmol/L KMnO$_4$ 氧化的有机碳	333mmol/L KMnO$_4$ 氧化的有机碳
2010 年土样（小麦茬）	CK	6.79	0.466	0.564	1.104
	N	6.94	0.426	0.598	1.192
	NP	7.80	0.533	0.679	1.233
	M	12.33	0.669	1.610	1.792
	SNP	8.72	0.609	1.093	1.527
	MNP	11.23	0.682	1.671	1.865
2006 年土样（玉米茬）	CK	6.02	0.432	0.521	1.534
	N	6.43	0.557	0.605	1.799
	NP	6.16	0.706	0.771	1.754
	M	9.62	0.886	0.991	1.787
	SNP	9.95	0.941	1.070	1.889
	MNP	10.34	1.053	1.252	1.887

2. 土壤微生物碳、氮和基础呼吸的变化

土壤微生物量作为土壤养分转化的活性库或源，可部分反映土壤养分转化的快慢，同时也反映了土壤同化和矿化能力的大小，土壤微生物量碳是土壤总有机碳变化的一个快速敏感指标。长期施肥处理均不同程度地提高了耕层土壤微生物量碳，与不施肥相比提高幅度为 5.93% ~ 133%，各处理微生物量碳的大小顺序为 MNP > SNP > M > NP > N > CK（表 21-11）。单施农家肥（M）、秸秆还田与氮磷配施（SNP）以及农家肥与氮磷配施（MNP）比 CK 处理均极显著地提高了土壤微生量碳，提高幅度分别达到 83.15%、93.5% 和 133%，虽然 NP 处理的土壤微生量碳的增加量与 CK 差异达不到显著水平，但其增加幅度为 27.35%，远大于长期单施无机氮肥的处理（N，增幅为5.93%）。土壤微生物量碳占土壤有机碳含量的百分比（SMB-C/SOC）称为微生物商（qMB），更能有效地反映土壤质量的变化，微生物商值越大，土壤有机碳周转越快。施肥处理的土壤 qMB 均高于 CK，SNP 处理土壤 qMB 最大，其次为 MNP、M、NP 和 N，提高幅度依次为 56.9%、52.7%、15.9%、23.1% 和 5.9%，主要是因为施肥可以增加生物产量，改善土壤环境，提高微生物活性。M 和 NP 处理间 qMB 差异不显著，长期氮磷配施（NP）对提高土壤 qMB 的效果优于长期单施氮肥（N）。SNP 处理的 qMB 最高，可能是因为秸秆有机碳被土壤微生物分解转化后，提供土壤微生物的营养增加，使微生物的繁殖及活性增强，不仅提高了土壤有机碳的积累，而且更大幅度地提高了土壤微生物量碳。因此，有机物料的投入可促进土壤有机碳的矿化周转。

表 21 –11　长期不同施肥下的土壤微生物碳氮含量（2009 年）

处　理	微生物碳 SMB – C（mg/kg）	微生物氮 SMB – N（mg/kg）	微生物商 SMB – C/SOC（%）	SMB – N/TN（%）	微生物碳氮比 SMB – C/SMB – N
CK	139.74	17.75	1.86	1.82	7.87
N	148.03	20.17	1.97	2.00	7.34
NP	177.96	33.37	2.36	2.99	5.33
SNP	270.39	39.09	2.92	3.35	6.92
M	255.92	43.96	2.29	3.62	5.82
MNP	325.66	56.26	2.84	4.49	5.79

土壤微生物量氮（SMB – N）是植物有效氮的重要储备，微生物量氮的大小是土壤氮素矿化势的重要组成部分，土壤矿化氮的绝大部分来自于微生物量氮。从表 21 – 11 还可以看出，长期不同施肥处理的微生物量氮为 MNP > M > SNP > NP > N > CK，施肥处理的微生物量氮均高于长期不施肥处理，MNP、M、SNP、NP、N 比 CK 分别提高 216.97%、147.65%、120.2%、88.02% 和 13.61%。农家肥和秸秆等有机物料的投入能极大地提高土壤微生物量氮，进而提高氮的植物有效性。微生物量氮与土壤全氮的比值（SMB – N/TN）可以反映土壤氮素的植物有效性，SMB – N/TN 值高表明土壤氮供应能力强。长期不同施肥条件下 SMB – N/TN 变化趋势与土壤微生物量氮相一致，其大小依次为 MNP > M > SNP > NP > N > CK，MNP、M、SNP、NP、N 较 CK 分别提高 146.7%、98.9%、84.1%、64.3% 和 9.9%。长期有机无机结合（MNP、SNP）和单施农家肥（M）有利于提高旱塬黑垆土氮的供应能力。

土壤呼吸是指土壤释放 CO_2 的过程，是农田生态系统碳循环的一个重要方面，也是土壤碳库主要输出途径，其在一定程度上反映微生物的整体活性，通常作为土壤生物活性、土壤肥力乃至透气性的指标。长期不同施肥条件下旱地土壤基础呼吸量差异明显（表 21 – 12），施肥均能不同程度地增强土壤微生物活性，提高土壤基础呼吸量，与不施肥相比提高幅度为 1.88% ~ 50.54%。长期农家肥与化肥配施处理（MNP）的土壤呼吸量最高，比长期不施肥（CK）增加 CO_2 – C 2.02μg/(g·d)，增幅达 50.54%，其次为长期单施农家肥处理（M），比 CK 增加 CO_2 – C 1.33μg/(g·d)，增幅 33.25%，SNP 处理的土壤呼吸量比 CK 增加 26.61%，而长期单施无机氮肥（N）的土壤基础呼吸量与 CK 差异不显著。

表 21 - 12　长期不同施肥的土壤基础呼吸（2009 年）

项　目	处　理					
	CK	N	M	NP	SNP	MNP
基础呼吸 [CO₂- C μg/(g·d)]	3.99	4.07	5.32	4.74	5.06	6.01
较 CK 增减（±%）	—	1.88	33.25	18.77	26.61	50.54

3. 长期施肥土壤酶活性的变化

土壤酶活性是土壤生物活性的一部分，其活性的增强能促进土壤的物质代谢，从而使土壤养分的形态发生变化，提高土壤养分的有效性。表 21 - 13 显示，长期有机无机配合（MNP、SNP）和单施农家肥（M）在提高旱地土壤蔗糖酶、脲酶、碱性磷酸酶、蛋白酶和过氧化物酶活性方面要优于其他处理。与 CK 相比，32 年 MNP、SNP 和 M 处理的蔗糖酶活性提高了 35.51%、32.48%、29.64%；脲酶活性提高了 11.18%、9.68%、30.72%；碱性磷酸酶活性增加了 196.5%、60.98%、163.79%；蛋白酶活性提高了 50.52%、12.43%、33.84%，过氧化物酶活性提高了 34.87%、54.45%、24.46%。而土壤多酚氧化酶活性的大小顺序则为 NP > N > SNP > CK > MNP > M，长期施用化肥的 N 和 NP 处理土壤多酚氧化酶活性较不施肥（CK）增加 138.46% 和 161.54%，SNP 处理增加 38.46%，而 MNP、M 处理则分别降低了 84.6%、7.69%。说明小麦秸秆和农家肥的投入能够有效降低土壤多酚氧化酶活性，促进土壤有机质的代谢，缓解土壤中过氧化物对作物的胁迫和秸秆、作物根茬转化物醌对植物的毒害作用，从而改善农田土壤生态环境。土壤蔗糖酶、脲酶、蛋白酶、磷酸酶可催化土壤碳、氮、磷的转化，其活性的增强加速了土壤碳、氮、磷的物质代谢和循环。蔗糖酶活性的增强可加速土壤中蔗糖水解成为植物和微生物的营养碳源，蛋白酶与脲酶活性的提高有利于土壤中含氮有机化合物的转化，提高土壤氮素的作物有效性，磷酸酶活性的增强可加速土壤有机磷类化合物水解为作物能吸收利用的无机磷。本研究中，不同处理耕层土壤蔗糖酶、脲酶、蛋白酶和磷酸酶活性的变化与土壤微生量碳、活性有机碳、微生物量氮、碱解氮和有效磷含量的变化规律基本一致。

表 21 - 13　长期不同施肥下的土壤酶活性（2009 年）

处　理	脱氢酶 [mg TPF /(kg·24h)]	磷酸酶 [mg PNP /(kg·h)]	葡萄糖苷酶 [mg PNP/(kg·h)]	脲酶 [mgNH₃/(kg·h)]
CK	55.87	250.09	173.93	3.96
N	60.72	211.08	189.36	4.24
NP	70.46	281.13	194.55	7.25
SNP	72.14	289.42	221.29	9.42
M	83.33	282.14	253.92	7.62
MNP	89.48	333.95	267.86	7.93

注：TPT、PNP 分别表示酶活力单位

（四）长期施肥土壤有机质矿化系数估算及 Jenny-C 模型建立

1. 土壤有机质矿化率估算

土壤有机质年矿化率是指有机质在一年内的矿化量占初始量的百分比。鉴于有机质矿化率与土壤有机氮矿化率同步，有机氮矿化率可看作有机碳矿化率，通常采用氮通量法测算。不同施肥处理土壤有机质矿化率（k），为相应处理地上部和地下根系吸收的总氮量与前一作物收获后耕层 0～20cm 土层全氮量之比。估算结果表明（表 21 – 14），不同施肥处理对土壤有机质的矿化率有明显影响，由于外加有机质及外加氮促进了有机质矿化与激发效应，长期增施肥料可加快有机质的矿化，提高矿化率，但由于土壤有机质矿化受气候因素影响，其矿化率在年份之间差异很大。长期不施肥土壤有机质平均矿化率只有 1.75%，而增加秸秆和有机肥处理的平均矿化率成倍增加，MNP处理的平均矿化率达到 4.31%。

表 21 – 14　长期试验中土壤有机质矿化率（k）估算　　　　　（单位:%）

处　　理	各试验年份矿化率					平均矿化率
	1990 年	1991 年	1997 年	1998 年	2007 年	
CK	3.23	1.70	1.16	1.13	1.51	1.75
N	4.43	2.30	2.24	2.13	3.69	2.96
NP	3.88	3.92	3.68	1.73	3.18	3.28
SNP	3.93	3.69	3.72	2.86	4.76	3.79
M	3.56	2.39	2.90	2.17	2.73	2.75
MNP	4.41	2.99	4.90	4.81	4.44	4.31

2. Jenny-C 模型建立

Jenny 模型是土壤有机质变化最简单的模型，可描述土壤碳的聚积与损失。土壤有机碳变化可表达为 $SOC_t = SOC_e + (SOC_0 - SOC_e) e^{-kt}$，其中 SOC_0、SOC_t、SOC_e 分别代表试验初始、某年、土壤有机碳达到平衡时间的有机碳含量，k 为土壤有机质矿化率，t 为时间（年）。长期不施肥的黄土旱塬农田，地上部生物量很低，小麦籽粒产量 1 050～1 200kg/hm²，玉米产量 3 750kg/ hm²，由于根系和根茬返还，维持着较低的生产力和土壤有机碳（SOC）含量，若干年后土壤有机碳达到平衡（饱和），平衡点为 11.62g/kg（表 21 – 15）。单施化肥（N、NP 处理）增加了根系和根茬还田量，平衡点为 10.09g/kg、12.19g/kg。秸秆还田加氮磷（SNP），平衡点为 12.96g/kg。增施农家肥土壤有机碳平衡点大于单施化肥和秸秆还田加化肥的处理。通过 Jenny C 模型趋势预测，所有处理的 SOC 都增加，长期增加有机物料土壤有机碳均显著提高，达到一定程度后增加幅度减缓。长期单施化肥（N、NP）有机碳增加幅度显著低于有机无机配合。因此，从目前土壤有机碳的实测结果来看，黄土旱塬黑垆土经过 30 多年的长期耕作和施肥，土壤有机碳还未达到饱和点，还有较大的固碳潜力。

表 21 – 15 土壤 Jenny C 模型及土壤有机质饱和值

处 理	Jenny C 模型	达到饱和时土壤有机碳（SOCe）（g/kg）	2010 年土壤有机碳含量（g/kg）
CK	$SOC_t = 11.62 - 5.65e^{-0.017\,5t}$	11.62	8.16
N	$SOC_t = 10.09 - 3.94e^{-0.029\,6t}$	10.09	8.37
NP	$SOC_t = 12.19 - 6.27e^{-0.032\,8t}$	12.19	9.69
SNP	$SOC_t = 12.96 - 6.58e^{-0.037\,9t}$	12.96	10.68
M	$SOC_t = 14.54 - 8.45e^{-0.027\,5t}$	14.54	10.63
MNP	$SOC_t = 13.36 - 7.33e^{-0.043\,1t}$	13.36	11.17

注：公式中 t 为试验年份

四、长期施肥下旱塬黑垆土氮、磷、钾的变化特征

黄土旱塬农田土壤经过 30 多年的施肥与耕作，作物产量和土壤理化性状发生了明显变化，土壤氮、磷、钾肥力指标的变化可揭示土壤质量与作物生产力变化的原因。

（一）土壤氮、磷、钾养分的平均值变化

不同施肥处理对土壤氮、磷、钾全量养分和有效养分有明显的影响，增施肥料均显著提高了旱地农田土壤氮、磷、钾养分的平均值，与试验开始时相比较，土壤养分均出现不同程度的富集（表 21 – 16）。长期增施有机肥和秸秆还田土壤全氮、全磷含量提高，表明土壤氮、磷的总贮量和供应能力逐渐增强，2012 年与 1979 年相比，MNP 处理全氮、全磷增加 16.7%、20.3%，2010 年 MNP 较不施肥 CK 全氮提高了 27.3%、全磷提高了 24.6%。但单施化肥（N、NP）对土壤全氮的影响不大。

表 21 – 16 长期施肥旱地土壤氮、磷、钾养分平均值的变化

处 理	全氮（g/kg）		全磷（g/kg）		速效氮（mg/kg）		速效磷（mg/kg）		速效钾（mg/kg）	
	1979 年	2012 年	1979 年	2012 年	1979 年	2012 年	1979 年	2012 年	1979 年	2012 年
CK	0.95	0.88	0.57	0.57	58.00	51.11	6.80	5.52	165.0	141.2
N	0.92	0.91	0.58	0.57	54.00	57.54	7.00	4.82	165.0	143.9
NP	0.93	0.96	0.57	0.65	55.00	59.11	7.20	14.85	165.0	138.8
SNP	0.97	1.09	0.60	0.69	55.00	65.15	6.40	14.05	168.0	165.1
M	0.94	1.09	0.58	0.63	55.00	64.28	7.00	13.44	165.0	213.5
MNP	0.96	1.12	0.59	0.71	56.00	72.18	7.80	22.85	160.0	211.0

同土壤全量养分变化相类似，长期施肥同样提高了氮、磷、钾速效养分含量，但速效养分增加幅度要显著高于全量养分，尤其是速效磷、速效钾在土壤中明显富集。同试验前比较，MNP 处理土壤速效磷、速效钾增加了 192.9%、31.9%，试验进行到 2012 年时较不施肥处理增加 313.9%、49.4%。长期单施化肥加剧了土壤速效磷、速效钾的过度消耗，N 处理速效磷含量仅 4.82g/kg，较试验前降低了 31.1%，仅为 MNP 处理的 21.1%，NP 处理速效钾在所有处理中最低，为 138.8mg/kg，较试验前降低了 15.9%，是 MNP 处理的 65.8%。

（二）土壤氮、磷、钾养分的时序变化特征

土壤氮、磷、钾养分平均值的变化可以反映长期施肥对土壤肥力的总体影响，但尚看不出施肥后土壤养分变化的时序动态。1979—2012 年土壤氮、磷、钾养分的时间序列变化过程清楚地表明，不同施肥措施对土壤养分演变过程的影响差异很大。

1. 土壤全氮和速效氮的变化

从图 21 -4 可以看出，经过 30 多年的施肥与土壤耕作，长期增施有机肥和秸秆还田的处理土壤全氮的平均值有所增加，并且随着试验年限的增加而有增加趋势；单施化肥土壤全氮平均值基本没有变化，其随时间也基本保持稳定状态；但长期不施肥时全氮呈下降趋势。随着试验年限的延长，土壤速效氮均呈下降趋势（图 21 -5），长期不施肥（CK）、单施氮肥（N）、氮磷肥（NP）的处理土壤速效氮下降幅度更大，一次线性回归方程的 R^2 达到 0.25 ~ 0.36，CK、N、NP 处理每年依次下降 0.87mg/kg、0.92mg/kg、0.69mg/kg。土壤速效氮的趋势性下降可能与每年作物产出带走的氮多、投入土壤的化学氮（只有 90kg/hm²）少等有关，加剧了土壤速效氮养分的逐渐耗竭。但土壤速效氮的趋势性下降与土壤有机碳的趋势性增加存在不一致性，还有待进一步分析。

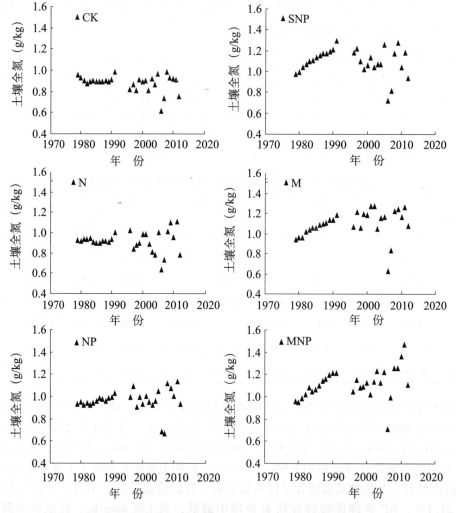

图 21 -4　长期不同施肥下黑垆土土壤全氮的变化趋势

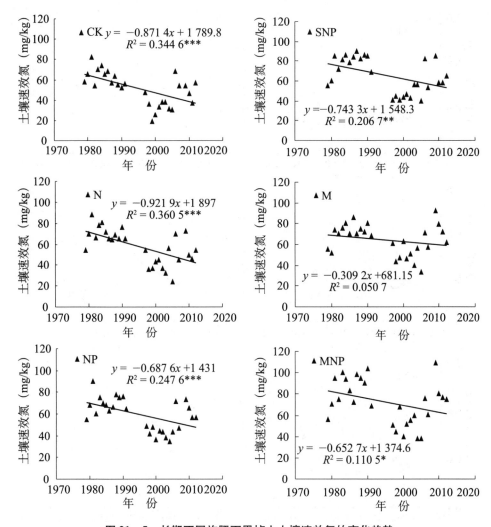

图 21-5 长期不同施肥下黑垆土土壤速效氮的变化趋势

2. 土壤全磷和速效磷的变化

同试验开始时相比，经过 30 多年不同施肥处理，长期不施肥（CK）、单施氮肥（N）的土壤全磷平均值有所降低（图 21-6），NP、SNP、M、MNP 处理的土壤全磷平均值却有所增加，特别是 N、SNP 处理在试验进行到一定时期后土壤全磷似乎开始下降，这与长期不施磷、隔年施磷导致土壤磷不足有关，但从总体变化来看，全磷随时间的变化没有规律性，说明全磷仍然受环境条件的影响年际之间波动性较大。然而，速效磷的变化与全磷明显不同，长期不施肥处理速效磷基本保持稳定，长期单施氮肥导致速效磷含量有降低趋势，其余的增施有机肥（M、MNP）、秸秆还田（SNP）、单施化肥（NP）的 4 个处理速效磷呈现明显的逐年富集趋势（图 21-7），MNP、M、NP、SNP 处理速效磷每年增加 0.89mg/kg、0.42mg/kg、0.47mg/kg、0.38mg/kg。当试验进行到第 20 年（1991 年）时，MNP 处理的全磷含量较 M 处理仅增加 14%，但速效磷含量增加 89%。这清楚地表明，长期有机无机肥料配施土壤磷超过了作物的实际需要，导致了土壤中磷的富集。

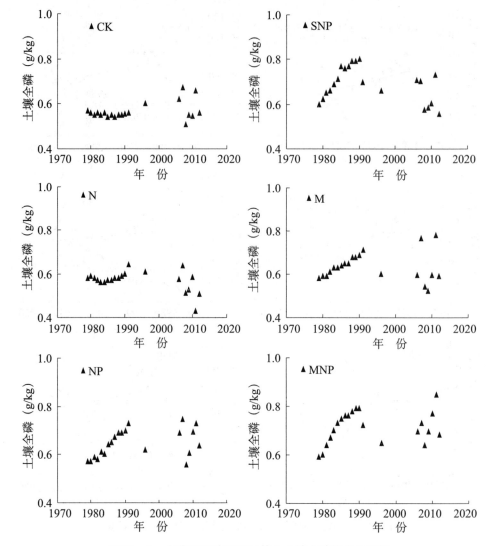

图 21－6　长期不同施肥下黑垆土土壤全磷的变化趋势

3. 土壤速效钾的变化

图 21－8 显示，同速效钾的平均值变化相一致，长期不施有机肥的处理土壤速效钾趋势性降低。CK、N、NP、SNP 处理的速效钾每年分别以 1.07mg/kg、0.95mg/kg、0.91mg/kg、0.99mg/kg 的速度下降，这似乎与黄土高原土壤富钾和土壤钾很少成为限制因素的一般认识不一致。当每年增施有机肥时，如 M、MNP 处理的土壤速效钾每年以 4.68mg/kg、4.42mg/kg 的速度增加，与速效磷一样，土壤速效钾出现逐年富集。研究结果也说明，大量增施化肥后土地生产力日益提高，黄土高原旱地农田土壤钾的携出量也不断增加，土壤速效钾含量势必下降。因此，在黄土高原以小麦、玉米为主的旱地轮作和以化肥为主的施肥制中，速效钾的下降应引起足够的重视，因为长期以来农民一直认为土壤钾含量高，粮食生产很少施用化学钾肥，没有意识到大量增施氮、磷后土壤钾的逐年亏损问题。

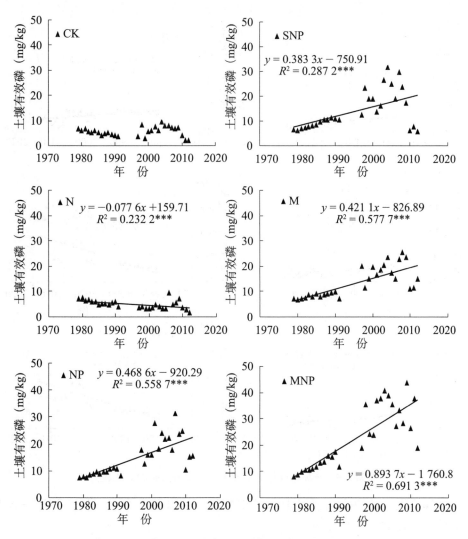

图 21 - 7　长期不同施肥下黑垆土土壤有效磷的变化趋势

（三）铵态氮和硝态氮在土壤剖面的分布特征

不同施肥对黄土旱塬土壤硝态氮（NO_3-N）和铵态氮（NH_4^+-N）含量及其在土壤剖面中的分布有显著影响。从 $0 \sim 100cm$ 土壤剖面的测定结果（表 21 - 17）来看，NO_3^--N 和 NH_4^+-N 集中分布在 $0 \sim 20cm$ 的土层中，NO_3^--N 含量普遍高于 NH_4^+-N。经过 30 多年不同施肥与雨水的淋溶，NO_3^--N 明显向土壤深层移动和积累，运移发生了显著变化。长期不施肥时土壤本身矿化的硝态氮也通过降水向土壤深层移动，但移动数量较少，长期单施氮肥（N）和氮磷肥（NP）增加了 NO_3^--N 向深层积累的数量，在 $80 \sim 100cm$ 处形成了明显的积累层，在该层 N 处理的硝态氮含量达到 $7.589mg/kg$，是 NP 处理的近 7 倍；长期增施有机肥和秸秆还田的处理大幅度降低了 NO_3^- N 向深层的积累，$80 \sim 100cm$ 土层 NO_3^--N 含量不足 $0.5mg/kg$，土壤 NO_3^--N 主要集中于表层，有利于作物吸收利用。在 $0 \sim 100cm$ 的土壤剖面中，同一肥料处理之间 NO_3^--N 与 NH_4^+-N 呈明显的正相关关系，不同肥料处理之间的

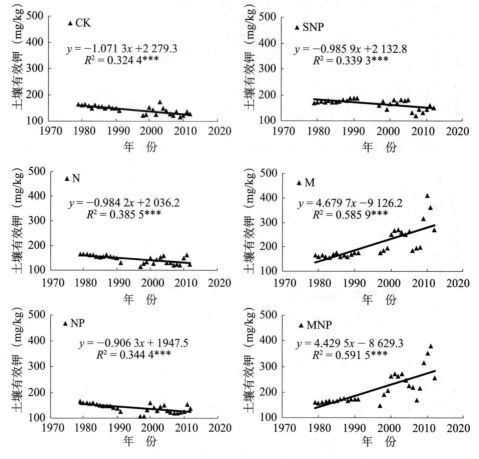

图 21 - 8　长期不同施肥下黑垆土土壤有效钾的变化趋势

$NO_3^- - N$ 和 $NH_4^+ - N$ 也呈显著正相关，说明黄土旱塬土壤 $NO_3^- - N$ 和 $NH_4^+ - N$ 在土壤中呈现有规律的迁移和分布。

表 21 - 17　长期不同施肥的旱地土壤硝态氮和铵态氮分布（2011 年 9 月）

氮形态	土层深度(cm)	CK(mg/kg)	N(mg/kg)	NP(mg/kg)	SNP(mg/kg)	M(mg/kg)	MNP(mg/kg)
	0 ~ 20	15.99	16.23	14.91	21.00	24.93	38.93
	20 ~ 40	6.96	5.52	4.62	4.49	8.22	9.47
$NO_3^- - N$	40 ~ 60	0.15	2.52	1.75	0.37	2.30	5.95
	60 ~ 80	0.47	4.39	0.82	1.42	0.77	1.40
	80 ~ 100	1.05	7.59	1.10	0.05	0.40	0.15
	0 ~ 20	15.92	15.98	7.30	11.96	8.89	15.28
	20 ~ 40	3.44	5.91	2.32	1.75	1.07	3.97
$NH_4^+ - N$	40 ~ 60	3.57	4.54	1.28	3.86	4.14	1.75
	60 ~ 80	2.42	3.52	0.25	3.90	3.01	3.47
	80 ~ 100	0.90	2.97	0.25	7.75	1.32	1.10

　　另外，长期不施肥、单施化肥处理，$0 \sim 20cm$ 土层的 $NO_3^- - N$ 含量显著减少，即肥料失衡导致土壤结构变差，使氮素在土壤中的存在形态不稳定，易淋移到下层甚至损失掉，相反增施有机肥和秸秆还田的处理改善了土壤结构，使氮素在土壤中的存在形态比较稳定，难以淋移到下层。土壤有机质含量对土壤肥力有重要的作用，作物所吸收的氮素大约 2/3 是靠土壤有机质分解提供的。通过相关分析可知，各处理耕层有机碳含量与 $NO_3^- - N$ 含量 (y) 呈一次线性正相关 $(y = 3.615\ 4SOC - 8.613\ 7, R^2 = 0.868\ 9^{***})$，说明有机质对土壤中 $NO_3^- - N$ 有保持和供应的作用。因此，在黄土旱地雨养农业区，要使更多的 $NO_3^- - N$ 保留在耕层，减少其向土壤深层淋洗和累积，减少环境风险，提高肥料利用率，增施农家肥和秸秆还田是一种环境友好型的施肥管理措施。

五、长期施肥下旱地农田系统养分循环与平衡

　　长期施肥后旱地农田土壤养分变化与作物养分吸收利用发生了明显变化，由此影响着农田系统养分投入、产出状况和肥料利用率，关系到土壤环境质量、施肥效益和土壤的持续供肥能力。

（一）农田肥料养分投入产出表观平衡状况

　　在本长期试验中，肥料投入项只计算了化肥及农家肥和秸秆的氮、磷（P_2O_5）和钾（K_2O）的施入量，产出只计算作物地上部秸秆和籽粒携出量。作物根茬吸收量和归还量、降水沉降、种子带入量尚未考虑。从 32 年的试验作物（22 年小麦和 10 年玉米）养分累计投入产出平衡值来看，不同施肥处理氮、磷、钾养分的盈亏量及盈亏率差异很大。

　　1. 氮素养分盈亏状况

　　表 21 - 18 显示，长期不施肥（CK）、NP、SNP 处理的氮素投入量小于作物携出量，土壤氮素为负平衡，说明长期不施肥尽管作物产量水平始终很低，但每年很低的作物生产自然加剧了土壤 N 素的耗竭，每公顷仅施 90kg 化肥 N 也无法满足旱地小麦玉米一年一熟产量增加的需求，N 的亏损率分别为 100%、10.84%、6.67%，偏施 N 处理由于磷素限制养分投入大于作物携带量，土壤氮素出现盈余，盈余率 7.87%。M、MNP 处理 N 素投入量大于其他任何处理，投入量大于携带量，土壤氮素盈余，盈余率 33.45%、52.95%。因而，长期增施农家肥料对持续提高土壤供氮能力有积极作用。

　　2. 磷素养分盈亏状况

　　从磷素投入产出平衡值来看，施磷处理养分投入量大于作物携带量，土壤磷素库收支为明显的正平衡（表 21 - 19），这与土壤有效磷不断富集的趋势一致，NP、SNP、M、MNP 处理平衡盈余率依次为 233.3%、70.7%、357.1% 和 488.7%，隔年施磷的 SNP 处理盈余率最低，增施有机肥和有机肥与化肥配施处理的土壤磷大幅度盈余。有机肥与化肥配施处理，磷的投入量是二者单施之和，但盈亏量却大于二者分别施用之和，即增加了土壤磷素富集。长期不施肥和单施化肥氮的处理，作物不断消耗土壤潜在磷库，导致磷素不断亏损。由于磷是不可再生资源，在生产实际中应充分利用有机肥中的磷，适当减少化肥磷的投入量。

表 21 - 18　长期施肥氮素投入产出平衡及表观回收率和利用率

处　理	氮投入量 (t N/hm²)			氮携出量 (t N/hm²)	氮盈亏量 (t N/hm²)	氮盈亏率 (%)	氮表观回收率 (%)	氮肥农学利用率 (kg/kg)	氮肥生理利用率 (kg/kg)
	化肥氮	有机物氮	总计						
CK	0	0	0	1.48	-1.48	-100	—	—	—
N	2.88	0	2.88	2.67	0.21	7.87	41.2	7.27	17.6
NP	2.88	0	2.88	3.23	-0.35	-10.8	60.8	30.4	50.0
SNP	2.88	0.48	3.36	3.36	-0.24	-6.67	63.1	28.7	45.4
M	0	3.79	3.79	2.84	0.95	33.5	35.8	21.2	59.2
MNP	2.88	3.79	6.67	4.36	2.31	53.0	43.2	17.6	40.7

注：盈亏量 = 养分投入量—携出量；盈亏率 = 盈亏量/携出量；表观回收率 = （施肥区养分携出量—无肥区养分携出量）/养分投入量；氮肥农学利用率 = （施肥区籽粒产量—无肥区籽粒产量）/养分投入量；氮肥生理利用率 = （施肥区籽粒产量—无肥区籽粒产量）/（施肥区携出量—无肥区携出量）。

表 21 - 19　长期施肥磷素（P）投入产出平衡及表观回收率和利用率

处　理	磷投入量 (t P/hm²)			磷携出量 (t P/hm²)	磷盈亏量 (t P/hm²)	磷盈亏率 (%)	磷表观回收率 (%)	磷肥农学利用率 (kg/kg)	磷肥生理利用率 (kg/kg)
	化肥磷	有机物磷	总计						
CK	0	0	0	0.43	-0.43	-100	—	—	—
N	0	0	0	0.46	-0.46	-100	—	—	698.3
NP	2.40	0	2.40	0.72	1.68	233.3	11.8	36.5	303.4
SNP	1.20	0.08	1.28	0.75	0.53	70.7	24.9	75.1	296.8
M	0	3.84	3.84	0.84	3.00	357.1	10.5	20.9	196.8
MNP	2.40	3.84	6.24	1.06	5.18	488.7	10.0	18.8	186.4

3. 钾素养分盈亏状况

从表 21 - 20 可以看出，在黄土高原地区，长期单施化肥且无钾素投入的处理，农田作物生产全部靠消耗土壤钾素，每年消耗土壤钾素 46 ~ 60kg/hm²，钾素投入量始终不及作物携出量，土壤钾长期处于负平衡状态，亏损程度与施钾途径及投入量有密切关系。本地区一直没有施化学钾肥的习惯，长期以来依赖农家肥归还土壤钾素。长期不施钾、单施化肥（NP、N）处理的钾素亏损率达100%。在施化肥基础上增加秸秆还田的处理钾素亏损率仍然在50.7%。然而，增施农家肥的处理，由于其富含钾（农家肥鲜重的 K_2O 含量为 1.482%），使得钾素投入量明显大于作物携出量，钾盈余率达到1 311.5%，这与土壤速效钾逐年增加的趋势是一致的。因此，农家肥在维持和提升黄土高原旱地农田供钾能力方面具有十分重要的作用。

表 21-20 长期施肥钾素（K）投入产出平衡及利用率

处 理	钾投入量（t K/hm²)			钾携出量 （t K/hm²)	钾盈亏量 （t K/hm²)	钾盈亏率 （%）	钾肥生理利用率（kg/kg）
	化肥钾	有机物钾	总计				
CK	0	0	0	1.48	-1.48	-100	—
N	0	0	0	1.95	-1.95	-100	44.85
NP	0	0	0	1.70	-1.70	-100	401.07
SNP	0	1.03	1.03	2.07	-1.05	-50.7	162.70
M	0	35.57	35.57	2.52	33.05	1 311.5	77.15
MNP	0	35.57	35.57	2.52	33.05	1 311.5	112.39

（二）长期不同施肥的肥料表观利用率

以往大量的短期研究结果表明，我国农田氮肥当季利用率为 30%～40%、磷肥为 10%～25%、钾肥在 45% 左右，这不仅造成了严重的资源浪费，还会引发农田及水环境的污染问题。长期定位施肥试验跨越了较长的时间尺度，经历了不同气候年份、不同作物品种，因而可以减少试验误差，较准确地评估肥料利用状况。肥料表观利用率（%）=（施肥区作物吸收养分量 - 无肥区作物养分吸收量）/施肥量×100。

1. 氮素表观利用率的变化

在雨养旱地小麦（22 年）与玉米（10 年）的一年一熟轮作制中，氮素表观利用率平均值为 35%～63%（表 21-18），但不同施肥处理之间差异很大。长期单施化学氮肥的处理氮素表观利用率平均为 41.2%，施氮磷化肥（NP）、秸秆还田与氮磷结合（SNP）的处理氮素表观利用率提高到 60.8%、63.2%，明显高于氮肥的当季利用率，即氮素化肥连续使用时间越长，其累计利用率不断增加，可达到 60% 以上，化肥氮磷配施（NP）较单施氮肥的处理（N）氮素表观利用率提高近 50%，显著减少了投入到农田化肥氮的损失。单施有机肥处理（M）的氮投入较单施化肥处理增加约 30%，但氮素表观利用率减少，平均只有 35.8%，有机肥与化肥配合（MNP）氮的投入是 NP 处理的 2.32 倍，氨素表观利用率为 43.2%，同样较 NP 处理有所减少，但较单施有机肥处理（M）增加了 7.4%。有机肥与化肥配施时，氮素累计利用率大致等于二者分别单施的代数之和，并无明显交互作用。大量研究表明，投入农田土壤中的化肥氮的平均损失率为 33%，有机肥氮的平均损失率为 26%。有机肥与化肥配施投入的氮与作物携出的氮均有增加，但累计利用率要比单施化肥氮的利用率降低，NP 处理投入的氮素 60% 以上通过作物携带移出农田、1/3 挥发损失掉，残留在土壤中的很少，难以起到培肥土壤的作用，而有机肥与化肥配施处理投入的氮素近 45% 是通过作物生产移出土壤、约 1/4 损失掉了，剩余的约 30% 残留在农田土壤中，可持续培肥土壤和增加作物氮素供应。因此，有机肥无机肥配施是旱地农田应长期坚持的培肥措施，为了提高氮素表观利用率可适当减少化肥氮的用量。

2. 磷素表观利用率的变化

从 32 年长期试验中磷素的表观利用率来看（表 21-19），各处理磷的利用率为

10.0%~24.9%。有机肥投入的磷有相当一部分是迟效性磷，单施有机肥（M）处理的磷素利用率平均为10.5%，NP处理的磷素的利用率为11.8%，有机肥与化肥配施处理磷投入量是二者分别单独的代数和，但作物携出的磷量MNP处理只有M、NP单施之和的67.9%，磷素利用率（10.0%）与NP、M处理的基本相当，即有机肥与化肥配施并未提高投入总磷的累计利用率，大部分磷残留在土壤中，这与磷肥有较长的后效、施入土体后淋失、挥发的可能性不大以及利用率不高有关。但在秸秆还田与隔年施磷的SNP处理中，化肥磷的投入量减少了50%，磷素的利用率提高到了24.9%，是其他施磷处理的2倍多。这些结果与王旭东等人的研究结果基本一致，碳磷比（C/P）小的粪肥磷素回收率与化肥磷相当。在旱地雨养农田土壤较低的磷素表观利用率与土壤速效磷逐年高度富集相对应，说明每年施磷肥或过量施磷肥是没有必要的，应该推广隔年施磷。

（三）长期不同施肥的肥料农学效率和生理利用效率

1. 不同施肥制度下肥料的农学效率

农学效率也称农学利用率，表示每千克N、P、K增产的粮食。NP、SNP处理的氮肥农学效率为30.39kg/kg、28.66kg/kg，磷肥农学效率为36.47kg/kg、75.05kg/kg，在所有处理中均较高；单施有机肥（M）的氮、磷肥的农学效率次之，约为20~21kg/kg，特别是MNP处理产量尽管最高，但其农学效率相对较低，约为17~18kg/kg；单施氮（N）处理的农学效率最低为7.14kg/kg，这与其产量较低有关。

2. 不同施肥制度下肥料的生理利用率

肥料生理利用率是反映作物所吸收肥料转化为经济产量的能力。就氮肥的生理利用率而言，单施农家肥的最高，为59.15kg/kg；MNP、NP、SNP处理为40~50kg/kg；N处理最低，为16.65kg/kg，这可能是由于磷的限制，吸收的养分较多地积累在秸秆和叶片等非产量器官中。增施农家肥后氮肥有较高的经济转化能力，增施化学氮促进了土壤潜在磷和施入磷的利用与经济转化，显著提高了磷的经济转化能力，单施氮肥处理的磷的生理利用率高达608.66kg/kg，NP处理为303.37kg/kg，SNP处理为296.76kg/kg，M、MNP处理为186~196kg/kg。化学氮、磷肥配施明显促进了土壤中钾的消耗和经济产出，NP处理土壤钾的生理利用率为401.07kg/kg，秸秆还田、农家肥与氮磷配合（SNP、MNP）降低了钾的生理利用率，分别为162.7kg/kg、112.39kg/kg，单施农家肥（M）与MNP处理投入农田钾的数量、作物携出量基本一样，但前者钾的生理利用率较后者减少31.4%，这是由于MNP处理作物籽粒产量较高的缘故。单施氮肥（N）固然也提高了土壤潜在钾的消耗与经济利用，土壤钾的生理利用率为44.85kg/kg，仅是土壤磷生理利用率的7.4%，说明长期单施化肥氮作物携出钾的数量显著高于携出磷的数量，钾的经济转化能力显著低于磷，从另一个侧面证实单施化肥氮加剧了土壤潜在钾素的消耗。

六、基于土壤肥力演变的主要培肥技术模式

通过黄土旱塬黑垆土30多年的肥料长期定位试验，比较系统地揭示了不同施肥制度下土壤有机碳演变及碳库组分变化、土壤养分演变特征、养分循环及平衡规律、作物产量变化、施肥效应等重要科学及生产技术问题，基于这些研究结果，提出以下持

续提高黄土旱塬黑垆土土壤肥力和作物生产能力的主要施肥培肥技术模式。

（一）增施有机肥和有机无机结合

以人粪尿和大家畜圈粪等为主的农家肥，有机质为 17%～20%，富含氮、磷、钾养分，是改善土壤结构、培肥地力和持续增产的主要物质来源，每公顷每年单施新鲜有机肥 75t，可以满足旱地小麦 $3.5t/hm^2$、玉米 $7.5t/hm^2$ 产量水平对养分的基本需求。在有机肥基础上配施化学氮、磷肥，可使作物产量提高 20%～30%，土壤有机碳逐渐增加，土壤固年碳速率达到 $0.36\ t\ C/hm^2$。但目前农家肥养分的保存率有机质为 50%、氮为 70%，应在增加有机肥肥源的同时，着力提高其养分保存率。

（二）秸秆还田持续培肥地力

旱地农田长期盛行秸秆移出农田和频繁耕作的传统措施，导致产出多归还少、土壤肥力低下。在施氮、磷化肥的基础上，每年将当季作物秸秆归还土壤 $3.75t/hm^2$，可显著提高土壤碳的投入量和土壤有机碳含量，土壤固年碳速率可达 $0.24t\ C/hm^2$，还维持了土壤的钾素平衡，使作物产量提高 3%～8%。因此，要大力推广小麦机械化高留茬少耕还田、玉米机械化收割秸秆粉碎还田等有机质提升技术，持续培肥土壤。

七、主要结论与研究展望

黑垆土是我国黄土高原水土流失地区典型的土壤类型，主要分布在粮果集中的黄土旱塬区，其不同施肥制度下土壤肥力演变规律和施肥培肥技术模式研究，对区域粮食持续增产能力提升具有十分重要的意义。通过旱地小麦玉米一年一熟制下 32 年定位施肥研究及数据挖掘，取得了以下 5 个方面的结论。

（一）降水和施肥是影响旱地黑垆土作物产量的主导因素，降水趋势性减少是作物产量降低的主要原因，但肥料的增产作用仍十分明显，应坚持有机无机结合的施肥原则

在长期试验期间，小麦生长年度降水、生育期降水明显减少，玉米生产年度降水、生育期降水增减不明显，小麦生长的水分环境逐渐恶化，玉米生长的水分条件要好于小麦，由此致使小麦产量趋势性下降，玉米产量趋势性增加。每年玉米的增产量及其占产量变异的比例显著高于小麦的减产量及其占产量变异的比例，这为压夏（小麦）扩秋（玉米）、调整种植结构提供了依据。但无论气候如何变化，施肥均显著增产，施肥对小麦产量的影响为 MNP＞SNP＞NP＞M＞N＞CK，对玉米产量的影响为 MNP＞SNP＞M＞NP＞N＞CK，在 MNP 处理中化肥和有机肥的增产贡献率分别为 52.2% 和 47.8%，即有机肥无机肥结合是提高旱地粮食产量应长期坚持的基本施肥原则。然而，长期不施肥小麦产量（$1.5t/hm^2$）、玉米产量（$3.5t/hm^2$）基本稳定，年际之间产量变异系数较高，说明在黄土高原农田自然生态系统中，如果长期没有外界养分的投入，作物只靠黄土母质分解释放养分和大气养分沉降维持产量，其产量只能在低水平上与降水同步波动。SNP、NP 处理的小麦产量无显著差异，NP、SNP、M 处理的玉米产量也比较接近，说明秸秆还田、农家肥在确保作物增产方面的重要作用。

（二）长期增施有机肥、秸秆还田显著增加了黑垆土土壤碳的固定与积累，提高了活性有机碳的比例，固碳增量主要分布在砂粒和大团聚体中，但微团聚体对土壤的固碳作用显著大于大团聚体，对土壤碳的固定与保持具有重要作用

长期施肥有效促进了黑垆土耕层有机碳的固定与累积，除不施肥靠根茬投入碳维持或提高土壤有机碳水平外，其余所有肥料处理土壤有机碳均随试验年限的延长而增加，特别是施用有机肥、秸秆还田的处理土壤年固碳速率达到了 0.241 ~ 0.358t C/hm²。不同的施肥结构投入农田土壤的碳数量和质量影响其转化率，作物根茬投入碳的转化率最高，为44% ~ 60%，其次是有机肥投入碳的转化率较高，约24%，秸秆还田输入碳的转化率最低，只有14%。长期增施有机肥料和秸秆还田后，旱地农田土壤增加的有机碳主要固定在 >53μm 的砂粒 + OM 中，长期单施化肥固定在砂粒中的有机碳含量是有机无机配施的1/2左右，黑垆中砂粒占土壤颗粒组成的 1.1% ~ 2.5%，但却固定了占总有机碳 5.4% ~ 5.7% 的碳；粗粉砂粒占69.7%，固定的碳占总有机碳的20.0% ~ 25.0%，即施肥对砂粒级有机碳变化的影响最大，砂粒级有机碳增幅显著大于总有机碳增幅，砂粒级有机碳对施肥最敏感，可作为表征土壤有机碳响应土壤管理措施变化的指标。长期增施有机肥、秸秆还田提高了土壤活性有机碳含量及土壤颗粒有机碳（POC）与矿物结合态有机碳（MOC）的比率，提高了土壤有机碳活性，改善了土壤有机碳质量。土壤碳的固定和养分保持功能主要以团聚体为载体，施肥显著增加了团聚体有机碳、氮含量，土壤年固碳速率同大团聚体（ >250μm）、微团聚体（<53μm）中的有机碳含量、氮含量呈显著的线性增加关系。虽然增施有机肥、秸秆还田后大团聚体比微团聚体储藏更多的碳、氮养分，但微团聚体碳含量每增加1个单位土壤的固碳率显著高于大团聚体，同样，微团聚体含氮量增加1个单位的土壤固碳率远大于大团聚体，微团聚体对土壤有机碳的贡献是大团聚体的2倍多，这预示着微团聚对土壤有机碳的保护至关重要。

（三）施肥同步提高了有机质的腐殖化与矿化，但腐殖化系数显著大于矿化系数，使土壤有机碳逐年增加并符合 Jenny-C 模型变化规律

有机质是土壤可持续利用最重要的物质基础，土壤有机质的腐殖化（碳的截取）与矿化（碳的消耗）是碳循环两个同等重要的相反过程，决定着土壤有机质的积累与消耗。长期施肥增加了作物光合作用固定 CO_2 的能力，并转化为相当数量的植物残体和分泌物到土壤中，一方面提高了土壤有机碳的固定率（腐殖化系数），另一方面也增加了土壤微生物碳、氮含量，提高了土壤微生物商、氮的植物有效性、土壤基础呼吸和土壤酶活性，加快了土壤有机碳的分解（矿化系数），从而使土壤养分的形态发生变化，提高土壤养分的有效性。研究结果表明，施肥同步增加了有机质的腐殖化系数与矿化系数，不同物料投入土壤有机碳的腐殖化系数为14% ~ 60%，远远高于1.75% ~ 4.31%的矿化系数，使得土壤有机碳逐年积累。长期不施肥通过土壤根茬归还投入的碳其腐殖化系数高达60.23%，矿化系数只有1.75%；增施有机肥后腐殖化系数在24%左右，矿化系数为2.75% ~ 4.31%。长期增加氮源、碳源（秸秆、有机肥）促进了有机质的矿化与激法效应，矿化系数成倍增加，MNP 处理的矿化系数达到4.31%。旱地黑垆土土壤有机碳的增加符合 $SOC_t = SOC_e + (SOC_0 - SOC_e) e^{-kt}$ 的 Jenny-C 模型，即长期增加有机物料土壤有机碳均显著提高，达到一定程度后增加幅度减缓，逐渐达到平衡点。单施化肥处理增加了根系和根茬还田量，土壤有机碳平衡点为 $10 \sim 12g/kg$，秸秆还田加氮和磷、有机无机结合处理有机碳平衡点提高到 $13 \sim 14.5g/kg$（相当于土壤有机质 $2.2\% \sim 2.5\%$）。因此，从目前土壤有机碳的实测结果来看，黄土旱塬黑垆土经过 30 多年的长期耕作和施肥，土壤有机碳还未达到饱和点，还有较大的固碳潜力。

（四）长期施肥改变了土壤氮、磷、钾养分的变化特征，为合理施肥提供了依据

不同施肥方式明显影响土壤全量养分和有效养分的平均值，土壤养分均出现不同程度的富集。长期增施有机肥和秸秆还田提高了土壤全氮、全磷含量，单施化肥（N、NP）对土壤全氮变化影响不大。氮、磷、钾有效养分同土壤全量养分的变化相类似，但速效养分增加幅度要显著高于全量养分，尤其是增施有机物料有效磷、速效钾在土壤中明显富集。而长期单施化肥加剧了土壤速效磷、速效钾的过度消耗。与全氮变化不同的是，随着试验年限的延长，土壤速效氮均呈下降趋势，这可能与每年作物产出携出的氮多、投入土壤化学氮（只有 $90kg/hm^2$）与农家肥的含氮量低等有关。土壤耕层有机碳与 $NO_3^- - N$ 含量成显著正相关，有机质的提高对土壤中 $NO_3^- - N$ 的保持和供应具有重要作用，长期增施有机肥和有机无机结合使更多的 $NO_3^- - N$ 保留在耕层土壤中，减少了向土壤深层的迁移及累积，环境风险小。总磷的变化没有明显的规律，而速效磷在长期不施肥处理中基本保持稳定，单施氮肥导致速效磷含量明显降低，增施有机肥后速效磷呈明显的富集趋势，土壤磷超过了作物的实际需要。长期不施肥或单施化肥，导致土壤速效钾含量趋势性下降，这似乎与黄土高原土壤富钾和土壤钾很少成为限制因素的一般认识不一致，只有增加有机肥后土壤速效钾才逐年提高，因此，在以小麦、玉米为主的黄土高原旱地轮作和以化肥为主的施肥制中，应重视化学钾肥的施用。

（五）长期增施有机肥和有机无机结合维持了旱地农田系统养分的良性循环与表观平衡，提高了肥料利用率，为科学合理施肥和培肥土壤进而提高粮食生产能力提供了支撑

旱地不同施肥制度明显改变了农田土壤养分变化与作物养分吸收利用状况，对农田系统养分循环及表观平衡和肥料利用产生了深刻影响。长期不施肥或单施氮磷肥投入农田的氮、钾不及作物的携出量，土壤氮、钾呈现负平衡；单施化学氮肥除土壤氮有盈余外，加剧了土壤磷、钾的负平衡，尤其是土壤钾的消耗大于磷的消耗；增施有机肥后土壤养分出现明显的正平衡，其盈余量为钾 > 磷 > 氮。同以往肥料当季利用率相比较，长期施肥提高了肥料的表观利用率，单施化肥的 NP 处理其氮肥表观利用率超过了 60%、磷肥表观利用率接近 12%，单施氮肥（N）和有机肥无机肥结合处理氮、磷表观利用率为 40% ~ 45% 和 10%，秸秆还田加施化肥氮并隔年施磷肥处理磷的表观利用率接近 25%，有机肥中氮的表观利用率约 36%。由此可见，单施化肥（NP）具有增产和提高肥料利用率及农学、生理效率的作用，但起不到培肥土壤的作用，增施有机肥虽然肥料利用率偏低但增产和土壤培肥作用明显，是一项可持续的施肥、培肥土壤和增产的技术模式，有机肥无机肥配施时化学肥料应减量施用，以提高肥料利用率；秸秆还田归还了土壤大量的碳及养分，降低了土壤养分的负平衡，缓慢提高土壤的肥力水平，肥料表观利用率和农学及生理利用率相对较高，应大力倡导小麦、玉米机械化还田技术，提高秸秆还田量，维持养分平衡，提高地力水平，藏粮于地，增加旱地

粮食生产能力。

大量长期试验文献及研究在土壤养分演变、作物生产力变化以及农田系统养分循环等方面积累了大量卓有成效的工作成果，揭示了一批重大科学问题，取得了许多科技成果与支撑技术，但对土壤肥力要素、气候变化、作物生产力之间耦合关系的系统研究方法及其进展、现有大量数据与预测的有效结合、农田土壤碳循环平衡与环境变化、长期施肥土壤坡面结构改善等方面的研究还不够，急需加强。

樊廷录、王淑英、张建军、姜小凤

参考文献

［1］樊廷录，王淑英，周光业，等 . 2013. 长期施肥下黑垆土有机碳变化特征及碳库组分差异［J］. 中国农业科学，46（2）：300 - 309.

［2］佟小刚，徐明岗，张文菊，等 . 2008. 长期施肥对红壤和潮土颗粒有机碳含量与分布的影响［J］. 中国农业科学，41（11）：3 664 - 3 671.

［3］潘根兴，赵其国 . 2005. 我国农田土壤碳库演变研究：全球变化和国家粮食安全［J］. 地球科学进展，20（4）：384 - 392.

［4］樊廷录，周广业，王勇，等 . 2004. 甘肃省黄土高原旱地冬小麦—玉米轮作制长期定位施肥的增产效果［J］. 植物营养与肥料学报，10（2）：127 - 131.

［5］樊廷录 . 2003. 提高黄土高原旱地抗逆减灾能力的肥料定位试验研究［J］. 水土保持研究，10（1）：6 - 8.

［6］高静，徐明岗，张文菊，等 . 2009. 长期施肥对我国 6 种旱地小麦磷肥回收率的影响［J］. 植物营养与肥料学报，15（3）：554 - 592.

［7］刘骅，佟小刚，许咏梅，等 . 2010. 长期施肥下灰漠土有机碳组分含量及其演变特征［J］. 植物营养与肥料学报，16（4）：794 - 800.

［8］徐明岗，梁国庆，张夫道 . 2006. 中国土壤肥力演变［M］. 北京：中国农业科学技术出版社 . 259 - 278.

［9］刘中良，宇万太 . 2011. 土壤团聚体中有机碳研究进展［J］. 中国生态农业学报，19（2）：447 - 455.

［10］索东让 . 2008. 养分平衡及肥料利用率长期定位研究［J］. 磷肥与复肥，24（4）：65 - 69.

［11］吴萍萍，刘金剑，周毅，等 . 2008. 长期不同施肥制度对红壤稻田肥料利用率的影响［J］. 植物营养与肥料学报，14（2）：277 - 283.

［12］王淑英，姜小凤，樊廷录 . 2010. 施肥方式对旱地土壤酶活性和养分含量的影响［J］. 核农学报，24（1）：136 - 141.

［13］方建，张婧，林吴颖，等 . 2009. 长期施肥对麦田土壤微生物垂直分布的影响［J］. 植物生态学报，33（2）：397 - 404.

［14］Anderson D W，Saggar S，Bettany J R，et al. 1981. Particle size fractions and their use in studies of soil organic matter I. The nature and distribution of forms of carbon，nitrogen and sulfur［J］. *Soil Science Society of America Journal*，45：767 - 772.

［15］Balabane M，Plante A F. 2004. Aggregatation and carbon storage in silty soil using physical fraction techniques［J］. *European Journal of Soil Science*，55：415 - 427.

［16］Fan T L，Stewart B A，Payne W A. 2005. Long-term effects of fertilizer and water availability on cereal yield and soil chemical properties in Northwest China［J］. *Soil Sci. Soc. Am. J.*，69：234 - 245.

［17］Fan T L，Wang S Y，Ming T X. 2005. Grain yield and water use in a long-term fertilization trial in

Northwest China ［J］. *Agricultural Water Management*, 76: 36 – 52.

［18］ Fan T L, Xu M G, et al 2008. Trends in grain yields and soil organic C in a long-term fertilization experiment in the China Loess Plateau ［J］. *Journal of Plant Nutrition and Soil Science*, 171 （3）: 448 – 457.

［19］ Liu E K, Changrong Yan, ? Mei X R, et al. 2010. Long-term effect of chemical fertilizer, straw, and manure on soil chemical and biological properties in northwest China ［J］. *Geoderma*, 158: 173 – 180.

［20］ Liu E K, Yan C. R, Mei X R, et al. 2013. Long-term effect of manure and fertilizer on soil organic carbon pools in dryland farming in Northwest China ［J］. *PLoS One*, 8 （2）: 535 – 546.

［21］ Tiessen H, Stewart J W B. 1983. Particle-size fractions and their use in studies of soil organic matter. II. Cultivation effects on organic matter composition in size fractions ［J］. *Soil Science Society of America Journal*, 47: 509 – 514.

第二十二章　长期施肥黄绵土肥力演变和培肥技术

黄绵土广泛分布于甘肃省东部和中部、陕西省北部、山西省西部、宁夏[①]南部、河南省西部和内蒙古等地，常和黑垆土、灰钙土等交错存在，是黄土高原分布面积最大的土壤类型（黄自立，1996）。黄绵土形成于土层深厚而性状松脆的黄土母质，是黄土高原的主要土壤类型之一。该土类耕作历史悠久，但土壤侵蚀非常严重，地形支离破碎。由于原有土壤剖面通过水土流失等途径自上而下逐渐被剥蚀，熟土层无法完整保存，同时还伴随着严重的土壤养分流失，导致黄绵土的保肥能力差，土壤退化、瘠薄、生产力低下，已严重制约着该区域农业的可持续发展（Wu 等，2004；杨封科等，2011）。

施肥可提高土壤肥力水平、增加作物产量、改善土壤的物理化学性状、促进土壤中团粒结构的形成、降低土壤容重、增大土壤的降水入渗率、降低土壤侵蚀风险（Tisdall，1994）。施用化肥可以增加作物产量和地下生物量（Rasool 等，2008）；施用堆肥、厩肥及绿肥等有机肥料还田是培肥土壤和提高作物产量的有效措施。有机肥源自于动植物，富含植物生长所需的营养物质，包括多种有机酸、肽类以及氮、磷、钾和微量元素，可为植物生长发育提供全面营养，其肥效持续时间长，可增加土壤有机碳储量，促进微生物的繁殖，改善土壤的理化性质和微生物活性（Karlen 和 Doran，1993）。

始于 1981 年的黄绵土土壤肥料长期定位试验的主要任务是探讨长期施用有机肥或化肥对土壤肥力的影响及其机制，在此基础上建立黄绵土合理的土壤培肥模式，以期为黄绵土区作物高产稳产、土壤质量提升与退化耕地修复和农业可持续发展提供理论依据和技术支持。

一、黄绵土长期试验概况

（一）试验地基本情况

试验地位于甘肃省天水市秦州区天水市农业科学研究所中梁试验站试验示范基地（北纬 34°05′，东经 104°5′）。海拔 1 650m，温带大陆性气候。1981—2011 年平均气温 11.5℃，最高气温 35℃，最低气温 -19℃，≥0℃积温 4 134℃，≥10℃的年有效积温 3 513℃。年均日照时数 2 099h，太阳辐射 5 468MJ/m²，生理辐射 2 679MJ/m²，其中年积温≥5℃的生理辐射为 1 862MJ/m²，≥10℃的生理辐射为 1 602MJ/m²。无霜期 185d。1981—2011 年均降水量 500mm（321~831mm），60% 的降水量分布于 7~9 月份，年平均蒸发量 1 493mm。试验始于 1981 年，土壤类型为黄绵土，土壤母质为第四纪风成黄土，其砂粒（2~0.05mm）、粉粒（0.05~0.002mm）和黏粒（<0.002）含量所占比例分别为 7.65%、68.50% 和 23.85%。试验开始时（1981 年）0~20cm 耕层土壤基本理化性质为：有机碳含量 8.50g/kg、有机质 14.65g/kg、全氮 0.82g/kg、全磷 0.66g/kg、全钾 16.6g/kg、碱解氮 73.0mg/kg、速效磷 8.6mg/kg、速效钾 190mg/kg，土壤 pH

---

① 宁夏回族自治区，全书简称宁夏

值 8.54，阳离子代换量（*CEC*）11.08cmol/kg。

（二）试验设计

试验采用裂区设计，主处理为施有机肥（M）和不施用有机肥，副处理为不施化肥、单施氮肥（N）、氮磷肥配合施用（NP）、氮磷钾肥配合施用（NPK），共组成 8 个处理，即 CK（不施有机肥和化肥）、N、NP、NPK、M、MN、MNP 和 MNPK，每个处理 3 次重复。小区面积 33.3m²（长 8.33m，宽 4m），随机区组排列。1981—1992 年每年施 N 90kg/hm²、P_2O_5 45kg/hm² 和 K_2O 45kg/hm²，1993－2010 年每年施 N 150kg/hm²、P_2O_5 75kg/hm²、K_2O 75kg/hm²。氮肥用尿素或硝酸铵，磷肥用普通过磷酸钙或磷酸二铵，钾肥用硫酸钾；有机肥为农家土粪，其有机碳、全氮、全磷（P）和全钾（K）含量的平均值分别为 20.1g/kg、3.0g/kg、1.16g/kg 和 11.1g/kg，碱解氮、速效磷和速效钾含量的平均值分别为 274mg/kg、189mg/kg 和 190mg/kg。1981 年施有机肥 60t/hm²，1982 年、1983 年和 1984 年每年施有机肥 15t/hm²，1985—2010 年每年施有机肥 30t/hm²。

1981—2010 年所有作物均为人工开沟播种，行距 15cm，种植密度与当地大田生产相同。氮肥、磷肥、钾肥及有机肥作基肥播前一次施入。历年种植作物以冬小麦为主，小麦、油菜、胡麻不规律轮作。30 年中，1987 年、2000 年和 2003 年 3 年的种植作物为油菜，1991 年为胡麻，其余年份均为小麦。田间杂草人工拔除，其他栽培管理措施与当地农业生产相同。

（三）样品采集与测定方法

在每年收获后的 10d 内用直径 5cm 的土钻按"S"形在各小区取耕作层（0～20cm）土样 5 个点，然后混成 1 个混合样，土壤样品立即装入塑料自封袋带回实验室，室内风干后按测定项目的要求研磨过筛，进行土壤基本理化性质的分析测定。2010 年在小麦拔节期取各小区耕作层（0～20cm）土样（方法同上），样品剔除茎叶及其他残渣后过 2mm 筛，放入自封袋中 4℃保存，测定土壤酸性磷酸酶、碱性磷酸酶、脲酶和 β－葡萄糖酶活性。

采用 Excel 绘图、SPSS 软件进行数据的相关性分析及显著性检验。

二、长期施肥黄绵土有机质和氮、磷、钾的演变规律

（一）黄绵土有机质的演变规律

1. 有机质含量的变化

土壤有机质是土壤肥力的基础，在提供植物生长所需养分、促进作物生长发育，改良土壤结构、提高土壤保水保肥能力，以及促进土壤微生物活动等方面发挥着重要作用。长期不同施肥条件下黄绵土有机质含量的变化如图 22－1 所示。从图 22－1 可以看出，施有机肥的处理土壤有机质的含量显著高于不施有机肥的处理。从 1982—2010 年土壤有机质含量的平均值看，不同施肥处理的高低顺序为 MNPK（19.78g/kg）＞MNP（19.35g/kg）＞M（19.19g/kg）＞MN（19.07g/kg）＞NP（17.52g/kg）＞NPK（17.50g/kg）＞N（17.00g/kg）＞CK（16.41g/kg）。与对照相比各施肥处理土壤有机质含量提高的幅度为 MNPK（20.58%）＞MNP（17.93%）＞M（16.97%）＞MN（16.27%）＞NP（6.82%）＞NPK（6.67%）＞N（3.60%）。施有机肥处理的提高幅度均大于不施有机肥的处理，说明长期施有机肥能明显增加土壤有机质含量，这主要是因为有机肥本身含

有较多的有机质（有机肥中有机质含量平均为 34.65g/kg）。不施有机肥而单施化肥也能提高土壤有机质含量，单施氮肥（N）土壤有机质含量提高的幅度最小，氮磷配施（NP）提高的幅度最大（6.82%）。施有机肥的处理中，有机肥与氮磷钾肥配合施用（MNPK）的土壤有机质含量提高的幅度最大为 20.58%，与有机肥和氮磷钾肥配合施用有利于作物的生长、增加作物生物量，从而使残留在土壤中的有机物的量增加，进而提高了土壤有机质含量有关。

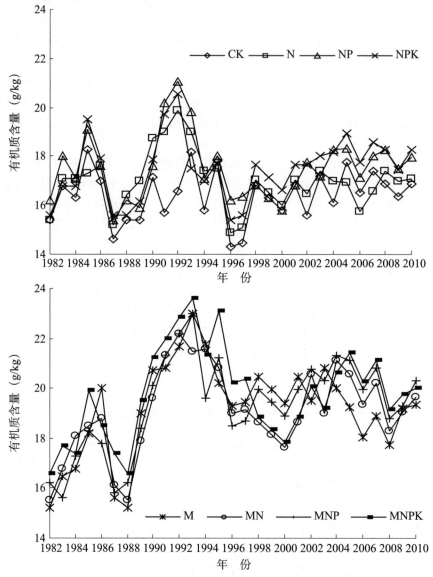

图 22-1 长期不同施肥黄绵土有机质含量的变化

采用直线趋势线法（直线回归方程）获得土壤有机质含量的年度变化趋势，以趋势线的斜率（年变化值）的大小来评定土壤有机质含量随时间的变化情况，以年变化值除以起始年度的有机质含量作为年均变化百分比（张金涛等，2010）。由表 22-1 可以看出，除单施氮肥（N）处理的土壤有机质含量随施肥年限的增加呈较弱的下降趋势外（达不到显著水平），其他处理有机质含量均随施肥年限的增加而增加，其中 MN 处理土壤有机质的含量显著增加（$p < 0.05$，$n = 29$），年增加 $0.080g/kg$，年增率为 0.546%；MNP 处理有机质含量增加极显著（$p < 0.01$，$n = 29$），年增加 $0.121g/kg$，年增率为 0.826%。

施肥增加土壤有机质含量的主要原因是施肥增加了作物的生物产量以及根系生物量，归还土壤的根系量增多提高了土壤有机质含量。施有机肥提高土壤有机质的效果要好于不施有机肥。有机肥和化肥配施对土壤有机质含量提高的幅度较大，能加速耕层土壤有机质的积累。

表 22 - 1　长期不同施肥黄绵土有机质含量的变化趋势

处　理	直线回归方程	相关系数 r	年变化值 $[(g/(kg \cdot a)]$	年均变化百分比（%）
CK	$y = 0.020x - 24.418$	0.167	0.020	0.136
N	$y = -0.013x + 42.421$	0.093	-0.013	-0.089
NP	$y = 0.009x - 0.740$	0.059	0.009	0.061
NPK	$y = 0.043x - 68.159$	0.283	0.043	0.293
M	$y = 0.072x - 124.182$	0.318	0.072	0.491
MN	$y = 0.080x - 140.953$	0.388*	0.080	0.546
MNP	$y = 0.121x - 222.924$	0.547**	0.121	0.826
MNPK	$y = 0.062x - 104.387$	0.285	0.062	0.423

注：** 表示相关性在 0.01 水平显著；* 表示相关性在 0.05 水平显著；y 为有机质含量，x 为年限；$n = 29$

2. 有机质含量和有机肥碳投入量的关系

黄绵土有机质含量和有机肥碳投入量的关系见表 22 - 2。在施有机肥条件下，M 和 MNP 处理的有机质含量和有机肥碳投入量之间呈显著线性正相关关系（$p < 0.05$，$n = 28$），而 MN 和 MNPK 处理有机质含量和有机肥碳投入量二者之间的相关关系不显著。在 M 和 MNP 处理中每投入 $1kg/hm^2$ 的有机肥碳，土壤有机质含量分别增加 $0.008g/kg$ 和 $0.009g/kg$。黄绵土有机质矿化强烈，含量普遍较低，增施有机肥是提高黄绵土有机质的主要方式。

表 22 - 2　有机质含量与有机肥碳投入量的关系

处　理	直线回归方程	相关系数 r	变化值 $[(g/kg) / (kg/hm^2)]$
M	$y = 0.008x + 14.741$	0.426*	0.008
MN	$y = 0.005x + 16.229$	0.300	0.005
MNP	$y = 0.009x + 14.385$	0.463*	0.009
MNPK	$y = 0.006x + 16.582$	0.309	0.006

注 * 表示相关性在 0.05 水平显著；y 为有机质含量，x 为有机肥碳投入量；$n = 28$

（二）黄绵土氮素的演变规律

1. 全氮含量的变化

从图 22 - 2 可以看出，有机肥与化肥配施对黄绵土全氮含量的提高幅度大于单施化肥。1982—2010 年各年份土壤全氮含量的平均值与对照相比，各施肥处理土壤全氮

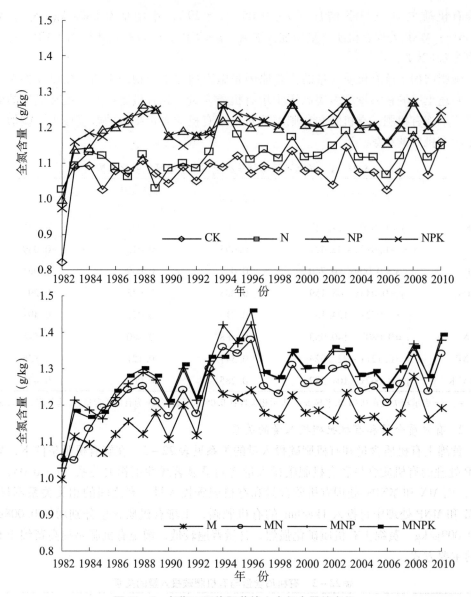

图 22－2　长期不同施肥黄绵土全氮含量的变化

含量的提高幅度为 MNPK（21.04%）＞ MNP（20.74%）＞ MN（16.89%）＞ NPK（12.92%）＞NP（12.34%）＞M（9.14%）＞N（4.44%）。MNPK 处理土壤全氮含量的提高幅度最大，单施氮肥（N）提高幅度最小。有机肥与化肥配施土壤全氮含量的提高幅度较大，化肥与化肥配施的次之，单施有机肥或单施氮肥的较差。有机肥与化肥配施、氮磷钾化肥配施均能提高土壤全氮含量的主要原因是这些处理条件下作物生长较好，相应的作物根系的生物量较多，根茬还田量较大。单施有机肥和单施氮肥处理的作物生长不如前者，因此其产生的根茬还田量相对较少，不利于土壤全氮含量的提高。此外，由于有机肥在土壤中的分解转化速度较慢，残留在土壤中的有机肥对土壤全氮含量也有一定的贡献，这也可使土壤全氮含量有所增加。

　　长期施肥条件下黄绵土全氮含量的变化趋势可用直线回归方程描述（表 22－3）。可以看出，不施肥、单施化肥、施有机肥和有机无机配施处理的土壤全氮随时间均呈显著或极显著性的正相关关系，但是施有机肥处理的土壤全氮年变化速率均高于不施有机肥的处理。这主要是由于施入的有机肥本身的全氮含量较高（有机肥全氮含量的平均值为 3.0g/kg）。各施肥处理土壤全氮含量的年变化值均比较小，其原因是氮素大部分被当季作物所吸收和利用，在土壤中的残留量较少，基本上没有后效。

表22-3　长期不同施肥黄绵土全氮含量的变化趋势

处　理	直线回归方程	相关系数 r	年变化值 g/(kg·a)	年均变化百分比（%）
CK	$y = 0.003x - 4.463$	0.392 *	0.003	0.366
N	$y = 0.002x - 3.447$	0.396 *	0.002	0.244
NP	$y = 0.003x - 3.947$	0.426 *	0.003	0.366
NPK	$y = 0.003x - 4.753$	0.444 *	0.003	0.366
M	$y = 0.004x - 6.553$	0.525 **	0.004	0.488
MN	$y = 0.006x - 9.817$	0.595 **	0.006	0.732
MNP	$y = 0.006x - 9.926$	0.584 **	0.006	0.732
MNPK	$y = 0.006x - 9.857$	0.592 **	0.006	0.732

注：** 表示相关性在 0.01 水平显著；* 表示相关性在 0.05 水平显著；y 为全氮含量，x 为年限；$n = 29$

2. 碱解氮含量的变化

土壤碱解氮作为能被作物直接吸收利用的氮素，其含量大小更能客观地反映土壤供氮能力的强弱。长期施肥条件下黄绵土碱解氮含量的变化情况见图22-3。除了1994年和1996年土壤碱解氮含量出现较大波动外，其余年份则变化不大。对1982—2010年各年份土壤碱解氮含量取平均值，得到与对照相比各施肥处理的碱解氮含量的提高幅度为 MNPK（23.58%）＞MN（17.80%）＞M（16.99%）＞MNP（16.34%）＞NPK（7.63%）＞NP（7.24%）＞N（5.82%）。施有机肥的处理土壤碱解氮含量的提高幅度均大于不施有机肥处理，这主要是由于有机肥中所含的氮素可分解释放出来，提高了土壤碱解氮含量。

MNPK 处理土壤碱解氮含量的提高幅度最大，单施氮肥提高幅度最小。单施有机肥或有机肥与化肥配施土壤碱解氮含量提高的效果均好于单施氮肥或氮肥与磷、钾化肥配施的处理。

长期施肥条件下黄绵土碱解氮含量的变化趋势用直线趋势线进行描述，结果见表22-4。不施有机肥条件下土壤碱解氮含量随化肥施用年限的增加呈下降趋势，而施有机肥土壤碱解氮含量则随化肥施用年限的增加呈上升的趋势，但在两种条件下土壤碱解氮含量与施肥年限之间的线性关系均不显著。

3. 全氮、碱解氮含量与氮肥投入量的关系

施用和不施有机肥条件下黄绵土全氮含量和氮肥投入量的关系见表22-5。从表22-5可以看出，不施有机肥条件下，单施氮肥处理的土壤全氮含量和氮肥投入量呈极显著的线性正相关关系（$p < 0.01$，$n = 28$），NPK 处理土壤全氮含量和氮肥投入量呈显著线性正相关关系（$p < 0.05$，$n = 28$）。施用有机肥条件下各处理土壤全氮含量和氮肥投入量均呈极显著的线性正相关关系，其原因是施用的有机肥中本身的氮素含量较高（有机肥全氮含量的平均值为 3.0g/kg）。各处理条件下每施入 1kg/hm² 的氮素所引起的

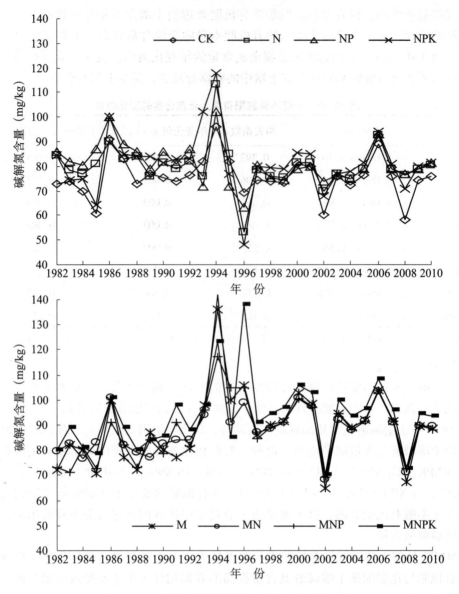

图 22 – 3　长期不同施肥黄绵土碱解氮含量的变化

表 22 – 4　长期不同施肥黄绵土碱解氮含量的变化趋势

处　理	直线回归方程	相关系数 r	年变化值 [mg/(kg·a)]	年均变化百分比 （%）
CK	$y = -0.068x + 212.405$	0.071	-0.068	-0.093
N	$y = -0.147x + 373.446$	0.136	-0.147	-0.201
NP	$y = -0.323x + 726.872$	0.337	-0.323	-0.442
NPK	$y = -0.110x + 301.691$	0.077	-0.110	-0.151
M	$y = 0.367x - 644.111$	0.216	0.367	0.503
MN	$y = 0.226x - 360.958$	0.144	0.226	0.310
MNP	$y = 0.459x - 828.143$	0.332	0.459	0.629
MNPK	$y = 0.324x - 552.803$	0.197	0.324	0.444

注：y 为有效氮含量，x 为年限；$n = 29$

土壤全氮含量的变化值均比较小，这主要是由于氮肥属于速效肥，肥料的当季利用率高，在土壤中存留的时间短较。总的来说，外源氮素的输入是黄绵土氮素的主要来源。

表 22 – 5　全氮含量与氮肥投入量的关系

处　　理	直线回归方程	相关系数 r	变化值 $[\,(\mathrm{g/kg})\ /(\mathrm{kg/hm^2})\,]$
N	$y = 0.001x + 1.024$	0.514 **	0.001
NP	$y = 0.000\,4x + 1.162$	0.303	0.000 4
NPK	$y = 0.001x + 1.144$	0.460 *	0.001
M	$y = 0.002x + 1.001$	0.527 **	0.002
MN	$y = 0.001x + 0.967$	0.711 **	0.001
MNP	$y = 0.001x + 1.057$	0.696 **	0.001
MNPK	$y = 0.001x + 1.031$	0.703 **	0.001

注：** 表示相关性在 0.01 水平显著；* 表示相关性在 0.05 水平显著；y 为全氮含量，x 为氮肥投入量；$n = 28$

表 22 – 6 显示，在不施有机肥的条件下，各处理土壤碱解氮含量和氮肥投入量之间呈线性负相关关系，但相关性均不显著。而在施用有机肥条件下，MNP 处理的土壤碱解氮含量和氮肥投入量之间呈极显著的线性正相关关系（$p < 0.01$，$n = 28$）；M、MN 和 MNPK 处理土壤碱解氮含量和氮肥投入量之间的线性正相关性不显著。这可能是由于土壤碱解氮能快速被作物吸收利用或通过淋溶或挥发损失，在土壤中的存留量少、存留时间短，所以造成了土壤碱解氮含量与氮肥投入量之间的关系不明显。

表 22 – 6　碱解氮含量与氮肥投入量的关系

处　　理	直线回归方程	相关系数 r	变化值 $[\,(\mathrm{g/kg})\ /(\mathrm{kg/hm^2})\,]$
N	$y = -0.020x + 82.547$	0.065	– 0.020
NP	$y = -0.095x + 93.060$	0.344	– 0.095
NPK	$y = -0.051x + 87.838$	0.123	– 0.051
M	$y = 0.286x + 64.800$	0.281	0.286
MN	$y = 0.119x + 64.361$	0.338	0.119
MNP	$y = 0.087x + 59.118$	0.503 **	0.087
MNPK	$y = 0.067x + 65.727$	0.364	0.067

注：** 表示相关性在 0.01 水平下显著；y 为土壤碱解氮含量，x 为氮肥投入量；$n = 28$

（三）黄绵土磷素的演变规律

1. 全磷含量的变化

长期不同施肥条件下黄绵土全磷含量的变化情况见图 22 – 4。1982—2010 年各年份土壤全磷含量的平均值与对照相比，不同施肥处理土壤全磷含量提高的幅度为 NP（7.03%）＞ MNPK（6.86%）＞ MNP（6.51%）＞ NPK（3.43%）＞ M（0.84%）＞ MN（0.72%）＞ N（－1.85%）。由此可以看出，各施肥处理对黄绵土全磷含量的影响较小，单施氮肥（N）土壤全磷含量有所降低，可能是因为氮肥的施入促进了作物的生长，使作物从土壤中吸收了较多的磷素，在没有外源磷素输入的情况下，导致土壤全磷含量的降低。磷肥的施入对土壤全磷含量的影响较大，有磷肥施入的处理土壤全磷含量较高，没有磷肥施入土壤全磷含量由较低，但各处理间的差异很小。

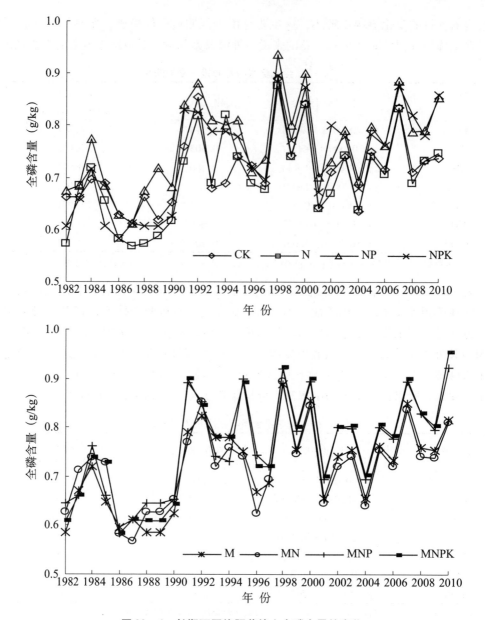

图 22 - 4　长期不同施肥黄绵土全磷含量的变化

　　长期施肥条件下黄绵土全磷含量的变化趋势见表 22 - 7。不施有机肥的 NP 和 NPK 处理土壤全磷含量与施肥年限之间呈极显著的线性正相关关系（$p < 0.01$，$n = 29$），CK 和 N 处理土壤全磷含量与施肥年限之间呈显著线性正相关关系（$p < 0.05$，$n = 29$）；对于 CK 来说，随着种植年限的增加土壤全磷含量没有出现明显下降趋势，说明土壤还保持有一定水平的供磷能力。施有机肥的 M、MNP 和 MNPK 处理的土壤全磷含量与施肥年限之间呈极显著的线性正相关关系（$p < 0.01$，$n = 29$），MN 处理二者之间呈显著线性正相关关系（$p < 0.05$，$n = 29$）。由于有机肥中含有磷（有机肥全磷含量的平均值为 1.16g/kg），这些磷的施入也增强了施用有机肥条件下各处理土壤全磷含量与施肥年限之间的正相关性。各处理土壤全磷含量的年变化值均比较小，主要是因为磷有后效，当季作物的利用率比较低。

表 22 - 7　长期不同施肥黄绵土全磷含量的变化趋势

处　理	直线回归方程	相关系数 r	年变化值 [g/(kg·a)]	年均变化百分比 (%)
CK	$y = 0.003x - 5.986$	0.401^*	0.003	0.455
N	$y = 0.005x - 8.473$	0.459^*	0.005	0.758
NP	$y = 0.005x - 8.784$	0.490^{**}	0.005	0.758
NPK	$y = 0.007x - 13.856$	0.653^{**}	0.007	1.061
M	$y = 0.006x - 10.946$	0.563^{**}	0.006	0.909
MN	$y = 0.004x - 7.156$	0.411^*	0.004	0.606
MNP	$y = 0.007x - 13.766$	0.613^{**}	0.007	1.061
MNPK	$y = 0.008x - 14.725$	0.621^{**}	0.008	1.212

注：$**$ 表示相关性在 0.01 水平下显著；$*$ 表示相关性在 0.05 水平下显著；y 为全磷含量，x 为年限；$n = 29$

2. 有效磷含量的变化

图 22 - 5 显示，施肥处理均能增加土壤有效磷的含量（1982—2010 年各年份有效磷含量的平均值），其中 MNP 和 MNPK 处理的土壤有效磷含量提高幅度最大，分别达到了 280% 和 277%；单施氮肥对土壤有效磷含量提高的幅度最小，为4.2%；M、MN、NPK 和 NP 处理土壤有效磷的含量也显著提高，提高幅度分别为131%、130%、128% 和 116%。没有磷素输入的处理（N 和 CK）从 1996 年开始土壤有效磷含量基本达到了平衡，可能是由于长期不施磷肥，土壤固有的磷素的释放在作物生长的条件下达到了一个平衡状态。M、MN、NPK 和 NP 处理从 1981年试验开始后土壤有效磷含量就维持在一个较为稳定的值，说明作物生长所需要的磷和土壤的供磷水平达到了一种平衡状态。MNPK 和 MNP 处理土壤有效磷含量显著提高，1982—1995 年随着施肥年限的增加土壤有效磷含量逐步提高，1995 年之后有效磷含量基本稳定，表明有机肥和化肥配施能极大地提高土壤有效磷含量。施有机肥的处理土壤有效磷含量的提高幅度大于不施有机肥的处理，主要是有机肥本身含有一定量的磷（有机肥全磷含量的平均值为 1.16g/kg），这部分磷容易分解释放，对提高土壤有效磷含量做出了贡献。

长期施肥条件下黄绵土有效磷含量的变化趋势可用直线方程进行描述（表 22 - 8）。从表中可以看出，不施有机肥的 CK 和 N 处理土壤有效磷含量与施肥年限呈极显著的线性负相关关系（$p < 0.01$，$n = 29$），说明不施肥和单施氮肥随着种植年限的增加土壤有效磷含量会极显著降低；NPK 处理的土壤有效磷含量随着施肥年限的增加极显著提高（$p < 0.01$，$n = 29$）。施有机肥的 MNP 和 MNPK 处理土壤有效磷含量与施肥年限之间呈极显著的线性正相关性关系（$p < 0.01$，$n = 29$），M 和 MN 处理其线性相关不显著，说明在施有机肥的条件下，化学磷肥仍然是提高土壤有效磷含量的重要磷素来源。

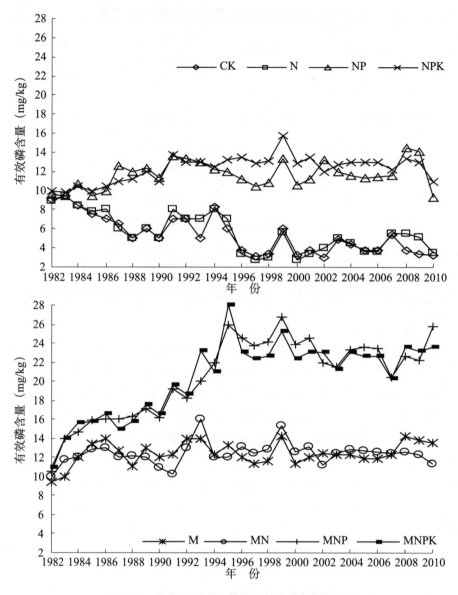

图 22 - 5　长期不同施肥黄绵土有效磷含量的变化

表 22 - 8　长期不同施肥黄绵土有效磷含量的变化趋势

处　理	直线回归方程	相关系数 r	年变化值 [mg/(kg · a)]	年均变化百分比 （ % ）
CK	$y = -0.180x + 364.085$	0.783 **	-0.180	-2.093
N	$y = -0.163x + 331.722$	0.696 **	-0.163	-1.895
NP	$y = 0.051x - 91.110$	0.309	0.051	0.593
NPK	$y = 0.093x - 174.091$	0.574 **	0.093	1.081
M	$y = 0.044x - 75.123$	0.312	0.044	0.512
MN	$y = 0.026x - 39.778$	0.184	0.026	0.302
MNP	$y = 0.396x - 768.972$	0.800 **	0.396	4.605
MNPK	$y = 0.359x - 697.019$	0.778 **	0.359	4.174

注：** 表示相关性在 0.01 水平下显著；y 为有效磷含量，x 为年限；$n = 29$

3. 全磷、有效磷含量与磷肥投入量的关系

黄绵土全磷含量和磷肥投入量的关系见表 22-9。NPK 处理土壤全磷含量和磷肥投入量之间呈极显著线性正相关关系（$p < 0.01$，$n = 28$），NP 处理土壤全磷含量和磷肥投入量之间呈显著线性正相关关系（$p < 0.05$，$n = 28$），说明在不施有机肥的条件下，化学磷肥是影响土壤全磷含量的主要因素，也是土壤磷素的主要来源。M 和 MN 处理土壤全磷含量与磷肥投入量之间的线性正相关关系不显著，这主要是因为有机肥本身含有的磷以有机磷为主，这部分磷易于分解释放，被当季作物吸收利用得较多，在土壤中存留的部分比较少，所以 M 和 MN 处理土壤全磷含量与磷肥投入量之间的相关关系表现得不明显；而 MNP 和 MNPK 处理土壤全磷含量和磷肥投入量之间呈显著的线性正相关关系（$p < 0.05$，$n = 28$），说明施用和不施用有机肥，化学磷肥都是影响土壤全磷含量的主要因素，也是土壤磷素的主要来源。

表 22-9　全磷含量与磷肥投入量的关系

处　理	直线回归方程	相关系数 r	变化值 $[(g/kg)/(kg/hm^2)]$
NP	$y = 0.005x + 0.626$	0.401*	0.005
NPK	$y = 0.008x + 0.521$	0.561**	0.008
M	$y = 0.003x + 0.630$	0.185	0.003
MN	$y = -0.0003x + 0.732$	0.019	-0.0003
MNP	$y = 0.005x + 0.480$	0.476*	0.005
MNPK	$y = 0.005x + 0.490$	0.448*	0.005

注：** 表示相关性在 0.01 水平下显著；* 表示相关性在 0.05 水平下显著；y 为全磷含量，x 为磷肥投入量；$n = 28$

表 22-10 显示，不施有机肥条件下，NPK 处理的土壤有效磷含量和磷肥投入量之间呈极显著的线性正相关关系（$p < 0.01$，$n = 28$），而 NP 处理其线性正相关关系不显著。施有机肥的 MNP 和 MNPK 处理土壤有效磷含量和磷肥投入量之间呈极显著的线性正相关关系（$p < 0.01$，$n = 28$）；M 和 MN 处理土壤有效磷含量和磷肥投入量之间的相关性不显著。说明化学磷肥是影响土壤有效磷含量的主要因素，也是土壤磷素的主要来源，同时也和磷肥的后效性有关。

表 22-10　有效磷含量与磷肥投入量的关系

处　理	直线回归方程	相关系数 r	变化值 $[(mg/kg)/(kg/hm^2)]$
NP	$y = 0.013x + 11.390$	0.061	0.013
NPK	$y = 0.118x + 9.105$	0.573**	0.118
M	$y = 0.049x + 10.953$	0.250	0.049
MN	$y = 0.018x + 11.917$	0.087	0.018
MNP	$y = 0.328x + 0.979$	0.875**	0.328
MNPK	$y = 0.289x + 3.200$	0.823**	0.289

注：** 表示相关性在 0.01 水平下显著；y 为有效磷含量，x 为磷肥投入量；$n = 28$

（四）黄绵土钾素的演变规律

1. 全钾含量的变化

长期不同施肥条件下黄绵土全钾含量的变化情况见图 22-6。从图 22-6 可以

看出，各年份 MNP、MN、N 和 NP 处理全钾含量的平均值与 CK 相比有所降低，但降低幅度不大，分别下降了 2.77%、3.00%、3.00% 和 3.40%，可能是由于施肥促进了作物的生长，作物从土壤中吸收了更多的钾素。MNPK、M 和 NPK 处理的土壤全钾含量有所提高，提高幅度分别为 2.66%、2.65% 和 0.96%，提高幅度也较小。

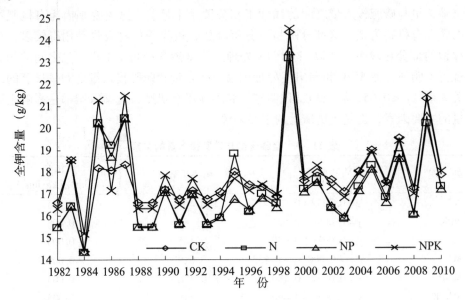

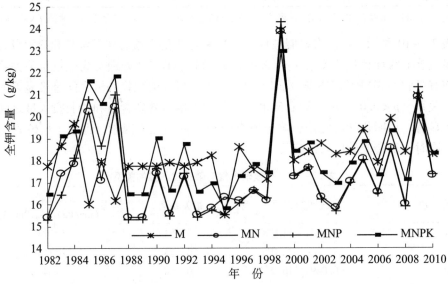

图 22-6 长期不同施肥黄绵土全钾含量的变化

表 22-11 表明，除 MNPK 外，其他各处理土壤全钾含量与施肥年限均呈线性正相关关系，但相关性均不显著。说明对于黄绵土来说，长期施用（NPK、MN-PK）或不施用（CK、N、NP、M、MN、MNP）化学钾肥对土壤全钾含量基本没有影响，这主要是因为黄绵土本身钾素的含量较高，钾肥的施入对全钾含量的影响比较小。

表 22 – 11　长期不同施肥黄绵土全钾含量的变化趋势

处　理	直线回归方程	相关系数 r	年变化值 [g/(kg·a)]	年均变化百分比（%）
CK	$y = 0.073x - 127.874$	0.363	0.073	0.440
N	$y = 0.040x - 63.255$	0.177	0.040	0.241
NP	$y = 0.041x - 64.088$	0.180	0.041	0.247
NPK	$y = 0.044x - 69.934$	0.190	0.044	0.265
M	$y = 0.064x - 109.182$	0.353	0.064	0.386
MN	$y = 0.024x - 30.674$	0.106	0.024	0.145
MNP	$y = 0.019x - 20.558$	0.075	0.019	0.114
MNPK	$y = -0.018x + 54.372$	0.086	-0.018	-0.108

注：y 为全钾含量，x 为年限；$n = 29$

2. 速效钾含量的变化

MNPK 处理土壤速效钾含量的提高幅度最大（图 22 – 7），其次为 NPK 处理。各年份土壤速效钾含量的平均值与 CK 相比，各施肥处理土壤速效钾含量的提高幅度大小顺序为 MNPK（15.66%）> NPK（9.60%）> M（4.51%）> MN（2.82%）> MNP（2.13%）> NP（-0.86%）> N（-3.31%），可以看出，NP 和 N 处理的土壤速效钾含量有所降低。

长期施肥条件下黄绵土速效钾含量的变化趋势采用直线趋势见表 22 – 12。可以看出，不施有机肥的 CK、N 和 NP 处理土壤速效钾含量与施肥年限之间呈负相关关系，其中 N 处理的负相关性显著（$p < 0.05$，$n = 29$），这主要是因为 CK、N 和 NP 处理均没有钾素的施入，随着作物种植年限的增加，作物持续不断地从土壤中吸收钾素，导致土壤速效钾含量与施肥年限之间呈负相关性；NPK 处理的速效钾含量与施肥年限之间呈极显著线性正相关性（$p < 0.01$，$n = 29$），说明外来钾素对土壤速效钾含量有显著影响。在施有机肥条件下，MN 处理土壤速效钾含量与施肥年限之间呈显著正相关（$p < 0.05$，$n = 29$），MNPK 处理呈极显著正相关（$p < 0.01$，$n = 29$）；由于有机肥中含有钾素，所以 M、MN、MNP 和 MNPK 四个处理的土壤速效钾含量与施用年限之间均呈线性正相关关系。

表 22 – 12　长期不同施肥黄绵土速效钾含量的变化趋势

处　理	直线回归方程	相关系数 r	年变化值 [mg/(kg·a)]	年均变化百分比（%）
CK	$y = -0.115x + 403.092$	0.143	-0.115	-0.061
N	$y = -0.402x + 970.139$	0.466*	-0.402	-0.212
NP	$y = -0.294x + 757.283$	0.333	-0.294	-0.155
NPK	$y = 0.654x - 1116.695$	0.500**	0.654	0.344
M	$y = 0.240x - 298.723$	0.299	0.240	0.126
MN	$y = 0.347x - 515.219$	0.401*	0.347	0.183
MNP	$y = 0.220x - 262.622$	0.224	0.220	0.116
MNPK	$y = 0.921x - 1638.001$	0.472**	0.921	0.485

注：** 表示相关性在 0.01 水平下显著；* 表示相关性在 0.05 水平下显著；y 为有效钾含量，x 为年限；$n = 29$

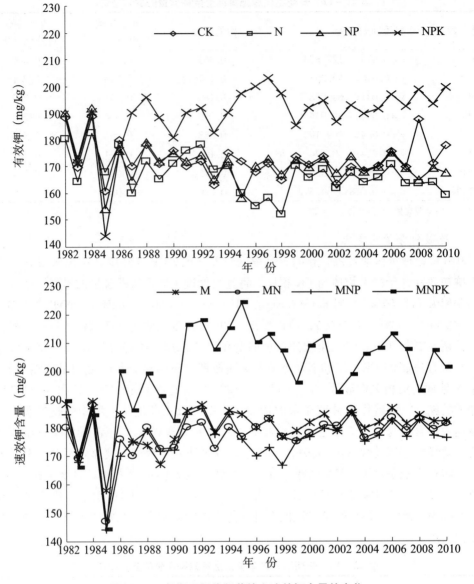

图 22 - 7　长期不同施肥黄绵土速效钾含量的变化

3. 全钾、速效钾含量与钾肥投入量的关系

施用和不施用有机肥条件下，各处理土壤全钾含量与钾肥投入量之间的相关性均不显著，这是因为黄绵土区土壤本身钾素含量较高，导致施入的钾肥对土壤全钾含量的影响不显著。

黄绵土速效钾含量与钾肥投入量的关系见表 22 - 13。不施有机肥的 NPK 处理土壤速效钾含量和钾肥投入量呈极显著的线性正相关关系（$p < 0.01$，$n = 28$）。施有机肥条件下，MNPK 处理的土壤速效钾含量与钾肥投入量呈极显著的线性正相关关系（$p < 0.01$，$n = 28$），M、MN 和 MNP 处理土壤速效钾含量与钾肥投入量呈显著线性正相关关系（$p < 0.05$，$n = 28$）。说明施用和不施用有机肥条件下，外源钾素都是影响土壤速效钾含量的主要因素，也是土壤速效钾的主要来源。

表 22 – 13　速效钾含量与钾肥投入量的关系

处　理	直线回归方程	相关系数 r	变化值 $[(g/kg)/(kg/hm^2)]$
NPK	$y = 0.486x + 163.810$	0.531^{**}	0.486
M	$y = 0.052x + 163.991$	0.398^{*}	0.052
MN	$y = 0.063x + 157.555$	0.444^{*}	0.063
MNP	$y = 0.066x + 155.172$	0.418^{*}	0.066
MNPK	$y = 0.218x + 120.042$	0.765^{**}	0.218

注：** 表示相关性在 0.01 水平下显著；* 表示相关性在 0.05 水平下显著；y 为有效钾含量，x 为钾肥投入量；$n = 28$

三、长期施肥黄绵土容重和 pH 值的变化

（一）土壤容重的变化

长期不同施肥黄绵土容重的变化如图 22 – 8 所示。与 CK 相比，施用有机肥可降低小麦开花期的土壤容重，但降低效果不显著；N 和 NPK 处理的土壤容重增加，但与 CK 的差异也不显著。总体来看，有机肥的施用对降低土壤容重有一定的积极作用。

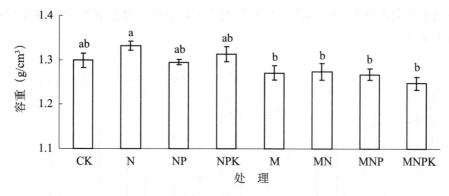

图 22 – 8　长期不同施肥小麦开花期 0～20cm 土壤容重的变化（2010 年）

注：柱上不同字母表示处理间差异在 5% 水平显著

（二）土壤 pH 值的变化

图 22 – 9 显示，与不施肥对照（CK）相比，除了单施有机肥的处理（M）外，其他施肥处理土壤的 pH 值均显著降低（$p < 0.05$，$n = 24$），土壤有酸化的趋势。氮肥的施入是造成土壤 pH 值下降的主要原因，施入土壤中的氮首先发生矿化反应生成 $NH_4^+ - N$，矿化过程中积累的 $NH_4^+ - N$ 随后会发生硝化反应生成（$NO_3^- + NO_2^-$）– N，这两个过程的发生最终会导致 H^+ 的积累，从而引起土壤 pH 值的下降，造成土壤酸化。有机肥与化肥配合施用比单施化肥对土壤 pH 值降低的幅度要大。土壤 pH 值的大小和土壤中营养元素的有效性有关，对于初始 pH 值为 8.54 的黄绵土来说，pH 值的降低能增加土壤中营养元素的有效性，更有利于作物的吸收，从而能促进作物的生长。

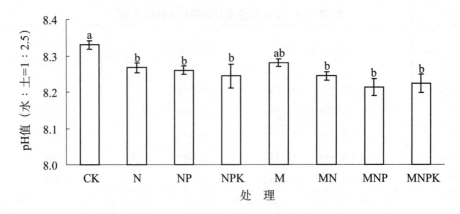

图 22 – 9　长期不同施肥黄绵土 pH 值的变化（2010 年）
注：柱上不同字母表示处理间差异在 5% 水平显著

四、长期施肥黄绵土微量元素的变化

（一）有效锌含量的变化

从图 22 – 10 可以看出，不同施肥处理耕作层土壤有效锌含量处于 0.98 ~ 1.40mg/kg。长期施有机肥较不施有机肥的处理可以提高土壤有效锌含量，但提高的效果不显著。不施有机肥条件下，N、NP 和 NPK 处理与 CK 相比土壤有效锌含量均有所降低，但差异不显著。

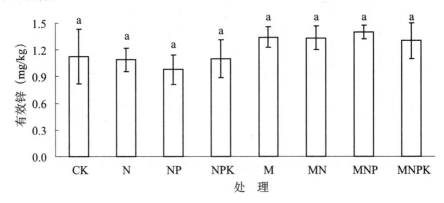

图 22 – 10　长期不同施肥黄绵土有效锌含量的变化（2010 年）
注：柱上不同字母表示处理间差异在 5% 水平显著

（二）有效锰含量的变化

不同施肥处理耕作层土壤有效锰含量的变化范围为 9.75 ~ 11.31mg/kg（图 22 – 11）。施有机肥的 MN 和 MNP 处理土壤有效锰含量显著提高（$p < 0.05$，$n = 24$）。不施有机肥的各处理对土壤有效锰含量的影响不显著。

（三）有效铜含量的变化

从图 22 – 12 可以看出，不同施肥处理耕作层土壤有效铜含量为 2.14 ~ 2.46mg/kg。长期施有机肥的各处理土壤有效铜含量有所提高，但效果不明显。长期不施有机肥的各处理土壤有效铜含量则有所降低。

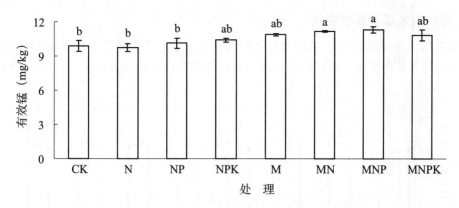

图 22 - 11　长期不同施肥黄绵土有效锰含量的变化（2010 年）

注：柱上不同字母表示处理间差异在 5% 水平显著

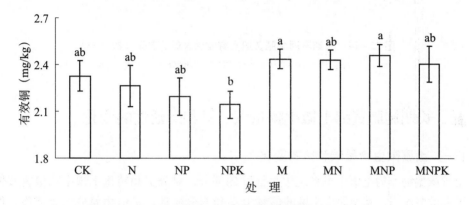

图 22 - 12　长期不同施肥黄绵土有效铜含量的变化（2010 年）

注：柱上不同字母表示处理间差异在 5% 水平显著

（四）有效铁含量的变化

不同施肥处理耕作层土壤有效铁含量的变化范围为 10.40 ~ 13.22mg/kg（图 22 - 13）。与 CK 相比，施有机肥的处理土壤有效铁含量均有所提高，但除 MNP 处理外，M、MN 和 MNPK 处理土壤有效铁含量与 CK 的差异不显著。长期不施有机肥的各处理对土壤有效铁含量没有显著影响。

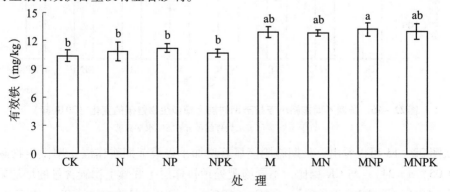

图 22 - 13　长期不同施肥黄绵土有效铁含量的变化（2010 年）

注：柱上不同字母表示处理间差异在 5% 水平显著

（五）有效硼含量的变化

从图 22-14 可以看出，长期施有机肥和长期不施有机肥条件下，各处理对土壤有效硼含量均无显著影响。不同施肥处理土壤有效硼含量的范围为 0.47~0.75mg/kg。

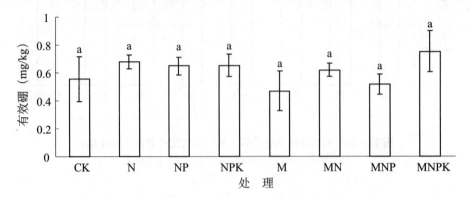

图 22-14　长期不同施肥黄绵土有效硼含量的变化（2010 年）
注：柱上不同字母表示处理间差异在 5% 水平显著

五、长期施肥黄绵土微生物量碳、氮和酶活性的变化

（一）土壤微生物量碳和氮的变化

土壤微生物作为土壤生态系统中最活跃的部分，对分解和转化土壤中动植物残体和有机质有重要作用，其能促进土壤的能量流动和养分循环，是植物养分的源或库，作为土壤肥力水平的活性指标，土壤微生物已逐渐受到土壤学界的高度关注（Zeller 等，2001）。长期施肥对黄绵土微生物量碳和微生物量氮的影响见图 22-15 和图 22-16。

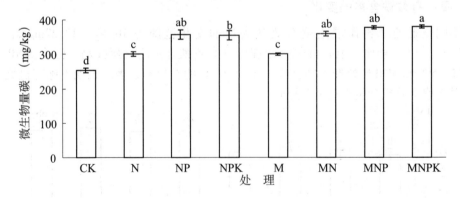

图 22-15　长期不同施肥小麦拔节期耕层土壤微生物量碳的变化（2010 年）
注：柱上不同字母表示处理间差异在 5% 水平显著

从图 22-15 可以看出，长期施肥能显著增加小麦拔节期耕作层土壤微生物碳含量（$p < 0.05$，$n = 24$）。与 CK 相比，不同施肥处理耕作层土壤微生物碳含量的增加幅度为 MNPK（50%）＞ MNP（49%）＞ MN（42%）＞ NP（41%）＞ NPK（40%）＞ M（19%）＞ N（18%）。有机肥与化肥配施对耕作层土壤微生物量碳增加的幅度较大，其次是化肥与化肥配合施用，单施有机肥（M）和单施氮肥（N）的处理的微生物量碳增

加幅度较小。

图 22 - 16 显示，长期施肥能显著提高小麦拔节期耕作层土壤微生物量氮含量($p <$ 0.05，$n = 24$)。与 CK 相比，不同施肥处理耕层土壤微生物量氮的增加幅度为 MNP（80%）> MNPK（79%）> MN（65%）> NP（64%）> NPK（62%）> N（34%）> M（32%）。有机肥与化肥配施对耕作层土壤微生物量氮的增加幅度较大，其次是化肥与化肥配合施用，单施氮肥（N）和有机肥（M）的处理的增加幅度较小，与土壤微生物量碳含量的变化趋势相似。

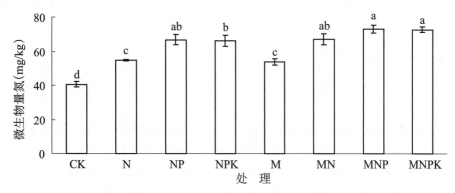

图 22 - 16　长期不同施肥小麦拔节期耕层土壤微生物量氮的变化（2010 年）

注：柱上不同字母表示处理间差异在 5% 水平显著

（二）土壤酶活性的变化

土壤酶与土壤微生物关系密切，诸多研究表明土壤酶活性与土壤微生物活性、微生物量和微生物种群数量等显著相关（Chu 等，2007；Kucharski 等，1991）。土壤酶对土壤中植物所需营养元素的运转有调控作有，土壤酶活性受土壤耕作、施肥、轮作等多种因素的影响（Eivazi 等，2003）。小麦拔节期长期施肥对黄绵土碱性磷酸酶、β - 葡萄糖酶、脲酶和酸性磷酸酶活性的影响见图 22 - 17 至图 22 - 20。

从图 22 - 17 可以看出，MNPK 处理能显著增加小麦拔节期黄绵土耕层土壤碱性磷酸酶的活性，其他施肥处理的影响不显著。

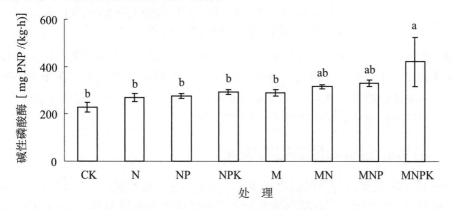

图 22 - 17　长期不同施肥小麦拔节期耕层土壤碱性磷酸酶活性的变化（2010 年）

注：柱上不同字母表示处理间差异在 5% 水平显著

施有机肥的 MN、MNP 和 MNPK 处理和不施有机肥的 NP 和 NPK 处理均能显著增加小麦拔节期耕层土壤 β – 葡萄糖酶的活性（$p < 0.05$，$n = 24$）。单施氮肥（N）和单施有机肥（M）对土壤 β – 葡萄糖酶活性的影响不显著（图 22 – 18）。

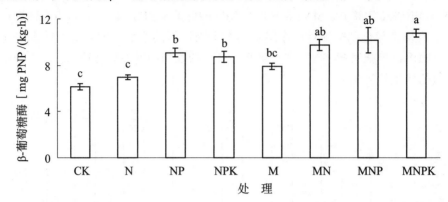

图 22 – 18　长期不同施肥小麦拔节期耕层土壤 β – 葡萄糖酶活性的变化（2010 年）
注：柱上不同字母表示处理间差异在 5% 水平显著

施有机肥的 MN、MNP 和 MNPK 处理和不施有机肥的 N、NP 和 NPK 处理小麦拔节期耕层土壤脲酶的活性均显著增加（$p < 0.05$，$n = 24$）。单施有机肥（M）对土壤脲酶活性的影响不显著（图 22 – 19）。

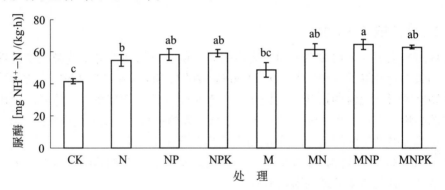

图 22 – 19　长期不同施肥下小麦拔节期耕层土壤脲酶活性的变化（2010 年）
注：柱上不同字母表示处理间差异在 5% 水平显著

施有机肥条件下，MN、MNP 和 MNPK 处理能显著增加小麦拔节期耕层土壤酸性磷酸酶的活性（$p < 0.05$，$n = 24$）；不施有机肥的 NP 和 NPK 处理均能显著增加小麦拔节期耕层土壤酸性磷酸酶的活性（$p < 0.05$，$n = 24$）。单施氮肥（N）和单施有机肥（M）对土壤酸性磷酸酶活性的影响不显著（图 22 – 20）。

六、作物产量对长期施肥的响应

由图 22 – 21 可见，与对照相比各施肥处理的小麦产量均提高。从 1983—2010 年的小麦产量平均值可以看出，不同施肥处理小麦产量的大小顺序为 MNPK（4.41t/hm²）> MNP（4.40t/hm²）> NPK（4.10t/hm²）> MN（4.01t/hm²）> NP（3.99t/hm²）> M（3.25t/hm²）> N（3.00t/hm²）> CK（2.20t/hm²），不同处理间差异达到极限水平，与对照相比产量提高幅度的大小顺序为 MNPK（100.2%）> MNP（99.9%）> NPK

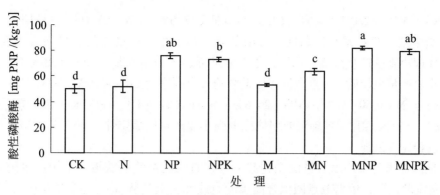

图 22 - 20　长期不同施肥下小麦拔节期耕层土壤酸性磷酸酶活性的变化（2010 年）

注：柱上不同字母表示处理间差异在 5% 水平显著

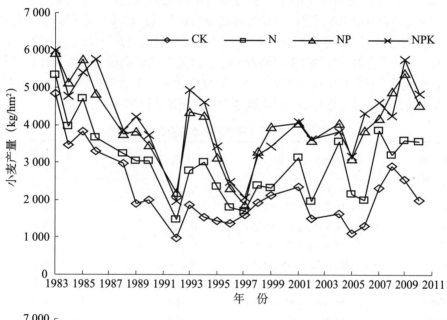

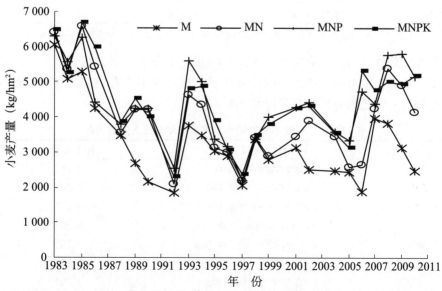

图 22 - 21　长期不同施肥小麦产量的变化

（86.0%）＞MN（82.0%）＞NP（81.3%）＞M（47.6%）＞N（36.1%）。长期不平衡施肥，土壤中某一营养元素长期处于亏缺状态，导致小麦产量均低于平衡施肥的处理，MNPK 处理小麦的产量最高，CK 小麦产量最低，单施有机肥（M）或单施氮肥（N）处理的小麦产量也较低。小麦产量变异系数的大小顺序为 CK（42.9%）＞M（33.5%）＞N（32.1%）＞MN（30.7%）＞NPK（26.6%）＞NP（26.3%）＞MNPK（26.0%）＞MNP（25.6%），与 CK 相比，各施肥处理均能增强小麦产量的稳定性，MNP 和 MNPK 处理小麦产量的稳定性最强。

　　长期施肥条件下小麦产量的变化趋势采用直线趋势线法获得，是用产量随着时间（年）做成散点图，依据散点图拟合简单的直线作为其趋势（一元一次方程），并依据其斜率（年变化值）的大小来评定产量随着时间变化的情况（李忠芳等，2012），拟合结果见表 22 - 14。各处理条件下小麦产量与施肥年限之间呈线性负相关性，其中，对照（CK）的小麦产量与施肥年限之间有显著的线性负相关（$p < 0.05$，$n = 24$），单施有机肥（M）处理的小麦产量与施肥年限之间的线性负相关极显著（$p < 0.01$，$n = 24$）。从年变化值来看，各处理作物产量的降低趋势均较小。此处应该明确的是，影响作物产量的因素很多，土壤肥力只是其中的一方面，如果要综合评价一个试验点各种施肥处理条件下作物产量随施肥年限的变化趋势，还应该考虑到气候等其他环境因素的影响。

表 22 - 14　长期不同施肥小麦产量的变化趋势

处　理	直线回归方程	相关系数 r	年变化值 [kg/(hm² · a)]
CK	$y = -54.374x + 110\,771.872$	0.488 [*]	-54.4
N	$y = -34.888x + 72\,658.914$	0.307	-34.9
NP	$y = -17.876x + 39\,685.205$	0.144	-17.9
NPK	$y = -19.429x + 42\,890.926$	0.151	-19.4
M	$y = -66.745x + 136\,520.626$	0.519 [**]	-66.7
MN	$y = -55.131x + 114\,087.131$	0.379	-55.1
MNP	$y = -13.696x + 31\,749.904$	0.103	-13.7
MNPK	$y = -31.691x + 67\,687.229$	0.234	-31.7

注：[**] 表示相关性在 0.01 水平下显著；[*] 表示相关性在 0.05 水平下显著；y 为小麦产量，x 为年限；$n = 24$

　　长期施肥条件下小麦产量与肥料投入量的关系见表 22 - 15，可以看出，各施肥处理的小麦产量为扣除对照产量之后的相对产量。施用和不施有机肥条件下各处理小麦产量与肥料投入量之间的相关关系均不显著。

表 22 - 15　长期不同施肥小麦产量与肥料投入量的关系

处　理	直线回归方程	相关系数 r
N	$y = 3.020x + 409.456$	0.181
NP	$y = 4.781x + 1\,047.878$	0.267
NPK	$y = 2.887x + 1\,294.111$	0.178
M	$y = -0.028x + 1\,838.476$	0.285
MN	$y = -0.020x + 2\,374.608$	0.152
MNP	$y = 0.015x + 1\,768.471$	0.093
MNPK	$y = 0.009x + 1\,943.443$	0.061

注：y 为小麦产量，x 为肥料投入量；$n = 24$

七、长期施肥黄绵土肥料回收率的变化

肥料回收率的计算公式为：肥料回收率（%）＝（施肥区作物吸收的养分量－不施肥区作物吸收的养分量）×100/施肥量（徐明岗等，2006）。

（一）氮肥回收率的变化

长期不同施肥氮肥回收率的变化如图 22－22 所示。其中有机肥中的氮肥施入量包括有机肥带入的氮素。各年份氮肥回收率的平均值各处理的大小顺序为 NPK（45.5%）>NP（43.7%）>MNPK（32.9%）>MNP（30.6%）>MN（27.2%）>M（26.5%）>N（18.0%），处理间差异达到极显著水平。NPK 处理的氮肥回收率最高，表明平衡施肥有利于提高氮肥的回收率，单施氮肥（N）处理的氮肥回收率最低，说明单施氮肥不仅会造成肥料的浪费，还会给环境带来危害。

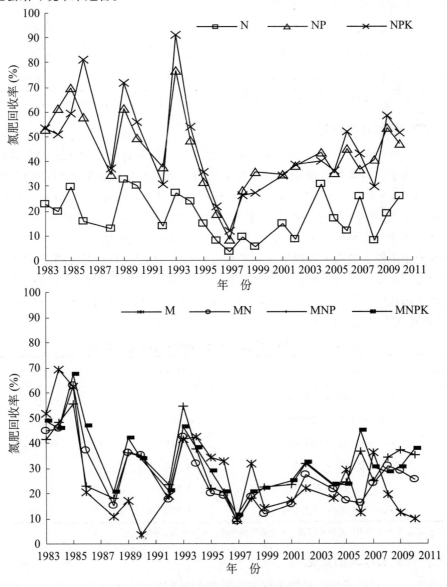

图 22－22　长期不同施肥黄绵土氮肥回收率的变化

长期施肥条件下黄绵土氮肥回收率的变化趋势可用直线趋势线法进行描述。从表 22 – 16 可以看出，各处理条件下氮肥回收率与施肥年限之间均呈线性负相关关系，其中 M 和 MNPK 处理的氮肥回收率与施肥年限之间呈显著的线性负相关（$p < 0.05$，$n = 24$），MN 处理呈极显著的线性负相关（$p < 0.01$，$n = 24$）。从年变化值来看，M 处理的年变化值最大，N 处理年变化值最小。

表 22 – 16　长期不同施肥黄绵土氮肥回收率的变化趋势

处　　理	直线回归方程	相关系数 r	年变化值（％）
N	$y = -0.228x + 472.851$	0.221	-0.228
NP	$y = -0.660x + 1\ 361.615$	0.362	-0.660
NPK	$y = -0.724x + 1\ 490.903$	0.327	-0.724
M	$y = -0.965x + 1\ 953.877$	0.476*	-0.965
MN	$y = -0.815x + 1\ 655.038$	0.535**	-0.815
MNP	$y = -0.357x + 742.563$	0.258	-0.357
MNPK	$y = -0.648x + 1\ 326.436$	0.430*	-0.648

注：** 表示相关性在 0.01 水平下显著；* 表示相关性在 0.05 水平下显著；y 为氮肥回收率，x 为年限；$n = 24$

（二）磷肥回收率的变化

长期不同施肥条件下磷肥的回收率见图 22 – 23。其中有机肥中磷肥施入量包括有机肥带入的磷素。对各年份磷肥回收率取平均值，得到各处理磷肥回收率的大小顺序为 NPK（18.3%）> NP（16.7%）> MN（14.6%）> MNP（12.1%）> MNPK（12.1%）> M（10.8%），处理间差异达到极显著水平，可以看出，各处理的磷肥回收率均较低，这主要是由于磷肥容易被土壤固定，使当季作物的利用率比较低。

长期施肥条件下黄绵土磷肥回收率的变化趋势见表 22 – 17。各处理黄绵土的磷肥回收率与施肥年限之间均呈线性负相关关系，其中 M 处理的磷肥回收率与施肥年限之间有极显著的线性负相关性（$p < 0.01$，$n = 24$）。从年变化值来看，M 处理的年变化值最大，NP 处理年变化值最小。

表 22 – 17　长期不同施肥黄绵土磷肥回收率变化趋势

处　　理	直线回归方程	相关系数 r	年变化值（％）
NP	$y = -0.097x + 211.396$	0.131	-0.097
NPK	$y = -0.152x + 320.971$	0.155	-0.152
M	$y = -0.422x + 853.023$	0.518**	-0.422
MN	$y = -0.334x + 681.571$	0.368	-0.334
MNP	$y = -0.109x + 229.318$	0.195	-0.109
MNPK	$y = -0.196x + 403.306$	0.350	-0.196

注：** 表示相关性在 0.01 水平下显著；y 为磷肥回收率，x 为年限；$n = 24$

（三）钾肥回收率的变化

从图 22 – 24 可以看出，长期不同施肥处理的钾肥回收率的变化，其中有机肥中钾

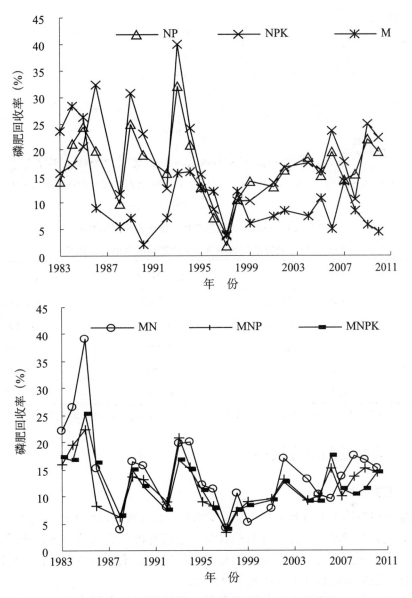

图 22 -23　长期不同施肥黄绵土磷肥回收率的变化

肥施入量包括有机肥带入的钾素。各年份钾肥回收率的平均值不同处理的大小顺序为 NPK（63.7%）＞MNPK（12.8%）＞MNP（12.7%）＞MN（10.5%）＞M（6.7%），处理间差异达到极显著水平，其中 NPK 处理的钾肥回收率最高，表明氮磷配合可促进作物对钾素的吸收，平衡施肥有利于提高钾肥的回收率。

　　长期施肥条件下黄绵土钾肥回收率的变化趋势可用直线回归方程进行描述，结果见表 22 -18。从表 22 -18 可以看出，各处理条件下钾肥回收率与施肥年限之间均呈线性负相关关系，其中，MN 处理的钾肥回收率与施肥年限之间有显著的线性负相关性（$p < 0.05$，$n = 24$），M 处理钾肥回收率与施肥年限之间有极显著的线性负相关（$p < 0.01$，$n = 24$）。从年变化值来看，NPK 处理的年变化值最大，MNP 处理年变化值最小。

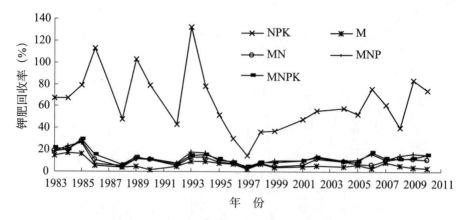

图 22 - 24   长期不同施肥黄绵土钾肥回收率的变化

表 22 - 18   长期不同施肥黄绵土钾肥回收率的变化趋势

处　理	直线回归方程	相关系数 r	年变化值（%）
NPK	$y = -0.836x + 1\ 733.884$	0.262	-0.836
M	$y = -0.266x + 538.237$	0.530 **	-0.266
MN	$y = -0.281x + 572.215$	0.426 *	-0.281
MNP	$y = -0.105x + 223.015$	0.162	-0.105
MNPK	$y = -0.229x + 470.460$	0.354	-0.229

注：** 表示相关性在 0.01 水平下显著；* 表示相关性在 0.05 水平下显著；y 为钾肥回收率，x 为年限；$n = 24$

八、主要结论与研究展望

（一）主要结论

长期施肥对黄绵土土壤肥力和土壤质量的影响情况可以归结为以下几点。

（1）长期施肥能增加黄绵土有机质含量。施用有机肥处理的土壤有机质含量高于不施有机肥的处理；不施有机肥而单施化肥也能提高土壤有机质含量；有机肥和化肥配施对土壤有机质含量提高的幅度大于单施化肥。

（2）长期施肥能增加黄绵土的全氮含量。有机肥与化肥配施对土壤全氮含量的提高幅度大于单施化肥。不施有机肥条件下，各处理土壤全氮含量与施肥年限之间呈显著的线性正相关关系；施有机肥各处理土壤全氮含量与施肥年限之间呈极显著的线性正相关。施氮肥能增加土壤全氮含量，外源氮素的输入是黄绵土氮素的主要来源。

（3）施磷肥对土壤全磷含量的影响较大，施磷处理的土壤全磷含量较高，不施磷肥处理的土壤全磷含量则较低，但各处理间差异很小。施用和不施用有机肥，化学磷肥都是影响土壤全磷含量的主要因素，也是土壤磷素的主要来源。

（4）对于黄绵土来说，长期施用或不施用钾肥对土壤全钾含量基本没有影响，这主要是因为黄绵土本身钾素的含量较高，外来钾肥对土壤全钾含量影响比较小。但是在施用和不施用有机肥条件下，外源钾都是影响土壤有效钾含量的主要因素，也是土壤有效钾的主要来源。

（5）长期施肥能降低土壤的 pH 值和土壤容重，能显著提高小麦拔节期耕作层的土壤微生物量碳和微生物量氮的含量，能提高小麦产量并增强小麦产量的稳定性。长期施用有机肥较不施有机肥的处理可以提高土壤有效态微量元素（有效锌、有效锰、有效铜和有效铁）的含量。

（6）不施有机肥条件下，对照处理由于没有氮素的输入，在1983—2010年土壤氮素一直处于亏缺状态，N、NP和NPK处理的土壤氮素随施肥年限的增加则处于盈余状态。施有机肥条件下，M、MN、MNP和MNPK处理随施肥年限的增加土壤氮素处于盈余状态。施用和不施用有机肥，各处理土壤氮素表观平衡值和氮肥投入量之间均呈极显著的线性正相关关系，说明氮肥投入量是决定土壤氮素表观平衡值大小的主要因素。

（7）不施有机肥条件下，CK和N处理由于没有外来磷肥的施入，两个处理土壤磷素一直呈亏缺状态；NP和NPK处理由于有化学磷肥的施入，土壤磷素一直处于盈余状态。施有机肥条件下，M、MN、MNP和MNPK处理随施肥年限的增加土壤磷素处于盈余状态。施用和不施用有机肥条件下，各处理土壤磷素表观平衡和磷肥投入量之间均呈极显著的线性正相关关系，说明磷肥投入量是决定土壤磷素表观平衡值大小的主要因素。

（8）不施用有机肥条件下，CK、N和NP处理由于没有外源钾素的输入，1983—2010年土壤钾素一直表现为亏缺，NPK处理在试验刚开始时土壤钾素处于亏缺状态，随着钾肥施入年限的增加，土壤中的钾素不断得到补充，1994—2008年土壤钾素转为盈余状态，但盈余值较低，基本处于钾素平衡状态。施用有机肥条件下，M、MN、MNP和MNPK处理的土壤钾素均表现为盈余。施用和不施用有机肥，各处理土壤钾素表观平衡和钾肥投入量之间均呈极显著的线性正相关关系，说明钾肥投入量是决定土壤钾素表观平衡值大小的主要因素。

综上所述，在长期不施有机肥条件下，化肥与化肥配施可以提升黄绵土土壤质量。长期施有机肥，有机肥与化肥配施对黄绵土土壤质量提高的幅度大于同等条件下不施有机肥的处理。均衡施肥是保证作物高产稳产和提升黄绵土土壤质量的有效措施。

（二）研究展望

农田土壤是大气的碳"源"与碳"汇"，除与施肥量、轮作模式、耕作强度等因素有关外，还与肥料、农膜、农药生产及播种、收获等能耗密切相关。目前国内外诸多研究判断农田土壤固碳效应都忽视了农业生产过程中能耗。依托长期定位试验综合考虑能耗、土壤有机碳矿化、呼吸等因素，研究其长期对大气温室效应的影响有重要科学价值。

通过本研究表明，长期施肥对土壤的水分、养分、微生物量、酶活性及土壤物理结构都产生了显著影响。在特定的土壤环境条件下，土壤养分的形态及转化过程也会有明显改变。通过长期定位试验所创造的微生态环境来研究土壤养分形态特征及转化过程对土壤养分调控及管理有重要意义，而目前国内外有关此领域的研究报道鲜见。

车宗贤、俄胜哲、黄涛、袁金华、王婷、杨志奇、罗照霞

参考文献

[1] 黄自立.1987. 陕北地区黄绵土分类的研究［J］. 土壤学报，24（3）：267-274.

[2] 李忠芳，徐明岗，张会民，等.2012. 长期施肥下作物产量演变特征的研究进展［J］. 西南农业学报，25（6）：2 387-2 392.

［3］王金州，卢昌艾，张金涛，等. 2010. RothC 模型模拟华北潮土区的土壤有机碳动态［J］. 中国土壤与肥料，(6)：16－21，49.

［4］徐明岗，梁国庆，张夫道. 2006. 中国土壤肥力演变［M］. 北京：中国农业科学技术出版社，228－231.

［5］杨封科，高世铭，崔增团，等. 2011. 甘肃省黄绵土耕地质量特征及其调控的关键技术［J］. 西北农业学报，20 (3)：67－74.

［6］张金涛，卢昌艾，王金洲，等. 2010. 潮土区农田土壤肥力的变化趋势［J］. 中国土壤与肥料，(5)：6－10.

［7］Blair N, Faulkner R D, Till A R, et al. 2006. Long-term management impacts on soil C, N and physical fertility Part I：Broadbalk experiment［J］. *Soil and Tillage Research*，(91)：30－38.

［8］Chu H Y, Lin X G, Fujii T, et al. 2007. Soil microbial biomass, dehydrogenase activity, bacterial community structure in response to long-term fertilizer management. ［J］ *Soil Biology and Biochemistry*，(39)：2971－2976.

［9］Eivazi F, Bayan M R, Schmidt K. 2003. Selected soil enzyme activities in the historic sanborn field as affected by long-term cropping systems［J］. *Soil Science Plant Nutrition*，(34)：2 259－2 275.

［10］Karlen D L, Doran J W. 1993. Agroecosystem responses to alternative crop and soil management systems in the U. S. corn-soybean belt［M］// International Crop Science I. Madison：Crop Science Society of America：55－61.

［11］Kucharski J, Niklewska T. 1991. The effect of manuring with straw on microbial properties of light soil［J］. *Journal of Soil Science*，(2)：171－177.

［12］Rasool R, Kukal S S, Hira G S. 2008. Soil organic carbon and physical properties as affected by long-term application of FYM and inorganic fertilizers in maize-wheat system［J］. *Soil and Tillage Research*，(101)：31－36.

［13］Tisdall J M. 1994. Possible role of soil micro-organisms in an aggregation in soils［J］. *Plant Soil*，(117)：l45－153.

［14］Wu T Y, Schoenau J J, Li F M, et al. 2004. Influence of cultivation and fertilization on total organic carbon and carbon fractions in soils from the Loess Plateau of China［J］. *Soil and Tillage Research*，(77)：59－68.

［15］Yang C M, Yang L Z, Ouyang Z. 2005. Organic carbon and its fractions in paddy soil as affected by different nutrient and water regimes［J］. *Geoderma*，(124)：133－142.

［16］Zeller V, Bardgett R D, Tappeiner U. 2001. Site and management effects on soil microbial properties of subalpine meadows：a study of land abandonment along a north-south gradient in the European Alps［J］. *Soil Biology and Biochemistry*，(33)：639－649.

第二十三章　长期施肥灌漠土肥力演变和培肥技术模式

灌漠土分布于我国漠境地区的内陆河流域和黄河流域，是在人工灌溉、耕种搅动、人工培肥等作用交替进行下形成的（郭天文，谭伯勋，1998）。甘肃省河西地区土地平坦，水利、肥料、农机等条件较好，分布有大面积灌漠土，因此如何进一步培肥灌漠土的地力，使之成为高产稳产农田，对振兴河西地区经济具有重要的意义。土壤培肥是建立高产稳产农田，实现农业两高一优的基础，为此，从1988年开始在甘肃省武威市开展了灌漠土的肥料效益和土壤肥力演变长期定位试验，主要解决长期施用化肥是否破坏地力引起产量下降、作物高产条件下的定量施肥与肥料配合、土壤中主要养分演变规律与调控措施以及如何提高河西灌区土壤有机质含量等问题。

一、长期试验概况

（一）试验地基本情况

试验地位于甘肃省武威市甘肃省农业科学院武威绿洲农业试验站内（东经102°40′，北纬38°37′），地处温带大陆性干旱气候区，海拔1 504m，年均气温7.7℃，≥10℃的有效积温为3 016℃，年降水量150mm，年蒸发量2 021mm，无霜期约150d，年日照时数3 023h，年太阳辐射总量为140~158kJ/cm²。

试验地土壤为灌漠土。长期试验从1988年开始，初始耕层（0~20cm）土壤有机质含量16.35g/kg，全氮1.06g/kg，全磷1.5g/kg，碱解氮64.4mg/kg，有效磷13.0mg/kg，速效钾180mg/kg，pH值8.8；土壤容重1.4g/cm³、土壤孔隙度47.75%。种植制度为小麦、玉米或小麦/玉米一年一作制。

（二）试验设计

试验根据小麦、玉米对农肥和氮肥的最高产量适宜施用量及单位面积产绿肥和秸秆的最大量为单独施用量，并与农肥、绿肥、秸秆、氮肥的1/2配合施用组成8个处理：①空白对照（CK）；②农肥120 000kg/hm²（M）；③绿肥45 000kg/hm²（G）；④秸秆10 500kg/hm²（S）；⑤化肥N 375kg/hm²（N）；⑥农肥60 000kg/hm² + N 187.5kg/hm²（1/2MN）；⑦绿肥22 500kg/hm² + N 187.5kg/hm²（1/2GN）；⑧秸秆5 250kg/hm² + N 187.5kg/hm²（1/2SN）。试验于1988年3月开始，按3年的轮作周期进行轮作，即小麦/玉米间作—小麦单作—玉米单作的轮作顺序，1999年开始只进行小麦/玉米间作的种植模式（小麦/玉米小倒茬）。小区面积30.01m²，每个处理3次重复，随机区组排列。所用农肥为当地的土圈粪，其有机碳、全氮、全磷、全钾平均含量分别为37.2g/kg、1.90g/kg、2.05g/kg、10.1g/kg；绿肥为箭筈豌豆（陇箭一号）鲜草，有机碳、全氮、全磷、全钾平均含量分别为455.4g/kg、36.9g/kg、7.0g/kg、30.3g/kg。绿肥施用方式为，在前一年的10月初铡成20cm的短截，翻压在30cm的耕层土壤内，随即灌水，以利腐解；秸秆为小麦秸秆，处理方式同绿肥。所用农肥、绿肥和秸秆全部做基肥；氮肥为尿素，1/2 的氮肥在小麦播种时全部撒施，1/2 的氮肥在玉米拔节期及抽雄期追施在玉米带，氮肥追施的方式和时间以及田间管理措施等与当地农田相同；除空白对照外，其他 7 个处理的磷肥用量为 P_2O_5 150kg/hm^2，全部基施。单种小麦的播种量为 375kg/hm^2，带田小麦播种量 225kg/hm^2，玉米保证苗为 67 500株/hm^2，小麦、玉米带田采用 150cm 带幅（小麦 70cm，玉米 80cm）。

二、长期施肥条件下灌漠土有机质和氮、磷、钾的演变规律

（一）长期施肥条件下灌漠土有机质的演变规律

1. 施农肥灌漠土的有机质含量

长期施用农肥对灌漠土有机质含量的影响见图 22-1。由图 22-1 可知，随着施肥年限的增加，各施肥处理的土壤有机质含量均提高。从 1988—2012 年各年份土壤有机质含量的平均值看，不同施肥处理有机质含量的高低顺序为 M（20.52g/kg）>1/2MN（19.64g/kg）>N（17.64g/kg）>CK（17.03g/kg）。与 CK 相比，M 处理的土壤有机质含量提高的幅度最大（20.48%），1/2MN 次之（15.32%），N 处理最小（3.58%），CK 由于没有外源农肥的输入，土壤有机质含量最低。25 年来，使用农肥的处理土壤有机质增加了 10.21~11.56g/kg，提高了 65.79%~68.36%。

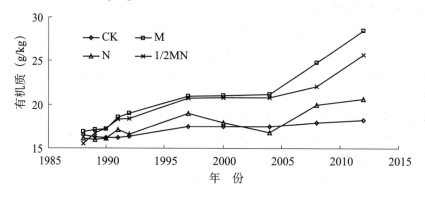

图 23-1　长期施农肥灌漠土有机质含量的变化（1988—2012 年）

2. 施绿肥灌漠土的有机质含量

图 23-2 显示，各施绿肥的处理土壤的有机质含量均有提高。从 1988—2012 年各年份土壤有机质含量的平均值可以看出，不同施绿肥处理的土壤有机质含量的高低顺序为 G（20.28g/kg）>1/2GN（19.22g/kg）>N（17.64g/kg）>CK（17.03g/kg）。与对照相比各施绿肥处理的土壤有机质含量提高幅度的大小顺序为 G（19.08%）>1/2GN（12.85%）>N（3.58%）。25 年来，使用绿肥的处理土壤有机质增加了 8.00~10.81g/kg，提高了 49.22%~70.13%。

3. 施秸秆灌漠土的有机质含量

长期施用秸秆对灌漠土有机质含量有明显影响（图 23-3）。各施秸秆的处理土壤有机质含量均提高，1988—2012 年各年份土壤有机质含量的平均值显示，不同处理土壤有机质含量的高低顺序为 S（19.80g/kg）>1/2SN（18.72g/kg）>N（17.64g/kg）>CK（17.03g/kg）。S、1/2SN、N 比 CK 土壤有机质含量分别提高 16.24%、9.91%、3.58%。

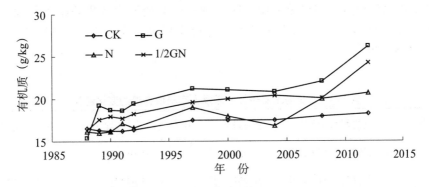

图 23－2　长期施绿肥灌漠土有机质含量的变化（1988—2012 年）

25 年来，使用秸秆的处理土壤有机质增加了 5.53～7.59g/kg，提高了 33.78%～44.31%。

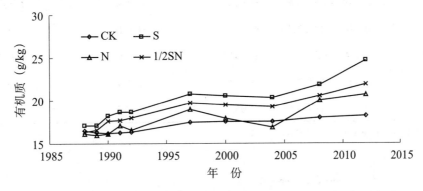

图 23－3　长期施小麦秸秆灌漠土有机质含量的变化（1988—2012 年）

4. 土壤有机质的年变化趋势

采用直线趋势线法（直线回归方程）获得土壤有机质含量的年度变化趋势，以趋势线的斜率（年变化值）的大小来评定土壤有机质含量随时间的变化情况，以年变化值除以起始年度的有机质含量作为年均变化百分比（张金涛等，2010）。土壤有机质含量的年度变化趋势统计分析结果见表 23－1。由表 23－1 可以看出，各处理条件下土壤有机质含量与施肥年限之间均呈极显著的线性正相关关系（$p < 0.01$），说明随着施肥年限的增加土壤有机质含量呈增加趋势。单独施用农肥（M）的土壤有机质含量与施肥年限之间的线性相关系数最大，为 0.96，土壤有机质含量年变化值为 0.42g/kg，年均变化率 2.56%；其次为农肥与氮肥按 1/2 比例配合施用的处理（1/2MN），其相关系数为 0.96，土壤有机质含量年变化值为 0.34g/kg，年均变化率 2.06%；单独施用氮肥处理（N）的相关系数最低，为 0.86，土壤有机质含量年变化值为 0.17g/kg，年均变化率 1.04%。

（二）长期施肥条件下灌漠土氮的演变规律

1. 土壤全氮含量

施农肥灌漠土全氮含量的变化

长期施用农肥的灌漠土全氮含量见图 23－4。从图 23－4 可以看出，各施肥处埋均能提高土壤全氮含量，从 1988—2012 年各年份土壤全氮含量的平均值看，不同施肥处理的土壤全氮含量的高低顺序为 M（1.34g/kg）＞1/2MN（1.28g/kg）＞N（1.16g/

kg）＞CK（1.15g/kg）。与对照相比，M 处理的土壤全氮含量提高幅度最大，1/2MN 次之，N 最小。25 年来，使用农肥的处理土壤全氮增加了 0.73～1.13g/kg，提高了 75.68%～126.77%。

表 23-1　长期施肥条件下灌漠土有机质含量的变化趋势

处　理	直线回归方程	相关系数 r	年变化值 $[g/(kg \cdot a)]$	年均变化率（%）
CK	$y = 0.088x - 159.527$	0.951^{**}	0.088	0.538
M	$y = 0.418x - 813.570$	0.961^{**}	0.418	2.557
G	$y = 0.291x - 559.908$	0.887^{**}	0.291	1.780
S	$y = 0.259x - 496.606$	0.945^{**}	0.259	1.584
N	$y = 0.170x - 322.266$	0.858^{**}	0.170	1.040
1/2MN	$y = 0.336x - 650.902$	0.955^{**}	0.336	2.055
1/2GN	$y = 0.239x - 458.705$	0.922^{**}	0.239	1.462
1/2SN	$y = 0.197x - 375.109$	0.953^{**}	0.197	1.205

注：** 表示相关性在 0.01 水平显著；$n = 10$

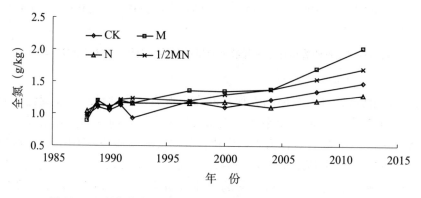

图 23-4　长期施农肥灌漠土全氮含量的变化（1988—2012 年）

施绿肥灌漠土全氮含量的变化

长期施用绿肥能提高土壤的全氮含量（图 23-5），1988—2012 年各年份不同处理土壤全氮含量的平均值的高低顺序为 G（1.32g/kg）＞1/2GN（1.29g/kg）＞N（1.16g/kg）＞CK（1.15g/kg）。与对照相比，G 处理的土壤全氮含量提高了 14.77%，1/2GN 处理提高了 12.36%，N 处理提高了 0.32%。25 年来，使用绿肥的处理土壤全氮增加了 0.61～0.69g/kg，提高了 56.34%～78.91%。

施秸秆灌漠土全氮含量的变化

图 23-6 表明，施秸秆可提高土壤全氮含量，1988—2012 年各年份土壤全氮含量的平均值显示，不同施秸秆处理的土壤全氮含量为 S（1.27g/kg）＞1/2SN（1.21g/kg）＞N（1.16g/kg）＞CK（1.15g/kg）。与对照相比各施秸秆处理的土壤全氮含量提高幅度为 S（10.22%）＞1/2SN（4.89%）＞N（0.32%）。25 年来，使用秸秆的处理土壤全氮增加了 0.43～0.57g/kg，提高了 43.28%～51.97%。

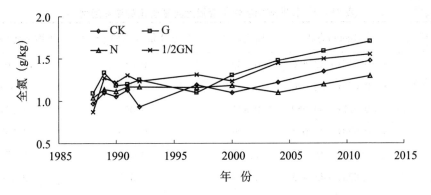

图 23 – 5 长期施绿肥灌漠土全氮含量的变化（1988—2012 年）

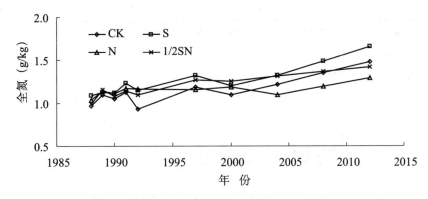

图 23 – 6 长期施小麦秸秆灌漠土全氮含量的变化（1988—2012 年）

土壤全氮的年变化趋势

土壤全氮含量的年度变化趋势统计分析结果见表 23 – 2，由表 23 – 2 可以看出，除了单施氮肥（N）的处理外，其他处理条件下土壤全氮含量与施肥年限之间均呈极显著线性正相关关系（$p < 0.01$），说明随着施肥年限的增加土壤全氮含量呈增加趋势。单施氮肥（N）土壤全氮含量与施肥年限之间呈显著线性正相关关系（$p < 0.05$）。1/2SN处理的土壤全氮含量与施肥年限之间的线性相关系数最大为 0.944，土壤全氮含量的年变化值为 0.015g/kg，年均变化率 1.415%；其次为单独施用农肥的处理（M），相关系数为 0.935，土壤全氮含量的年变化值为 0.035g/kg，年均变化率 3.302%；单独施用氮肥（N）的相关系数最小为 0.693，土壤全氮含量的年变化值为 0.005g/kg，年均变化率为 0.472%。

2. 土壤有效氮含量

施农肥灌漠土有效氮含量的变化

从图 23 – 7 可以看出，长期施农肥均能提高土壤的有效氮含量，1988—2012 年各年份土壤有效氮含量的平均值在不同施肥处理条件下的高低顺序为 M（81.18mg/kg） > 1/2MN（79.95mg/kg） > N（74.09mg/kg） > CK（71.61mg/kg）。与对照相比，不同施肥处理土壤有效氮含量提高的幅度为 M（13.37%） > 1/2MN（11.64%） > N（3.46%）。25 年来，使用农肥的处理土壤有效氮增加了 33.63 ~ 42.85mg/kg，提高了 38.74% ~ 55.14%。

表 23 – 2　长期施肥条件下灌漠土全氮含量的变化趋势

处　理	直线回归方程	相关系数 r	年变化值 [g/(kg·a)]	年均变化率（％）
CK	$y=0.017x-33.456$	0.889 **	0.017	1.604
M	$y=0.035x-68.670$	0.935 **	0.035	3.302
G	$y=0.021x-40.659$	0.867 **	0.021	1.981
S	$y=0.020x-38.085$	0.926 **	0.020	1.887
N	$y=0.005x-9.768$	0.693 *	0.005	0.472
1/2MN	$y=0.023x-45.415$	0.934 **	0.023	2.170
1/2GN	$y=0.018x-34.917$	0.810 **	0.018	1.698
1/2SN	$y=0.015x-28.859$	0.944 **	0.015	1.415

注：** 表示相关性在 0.01 水平显著；* 表示相关性在 0.05 水平显著；$n=10$

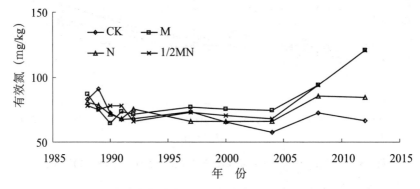

图 23 – 7　长期施农肥灌漠土有效氮含量的变化（1988—2012 年）

施绿肥灌漠土有效氮含量的变化

长期施用绿肥灌漠土有效氮含量见图 23 – 8。由此可以看出，各施绿肥处理均能提高土壤的有效氮含量，1988—2012 年各年份土壤有效氮含量的平均值的高低顺序为 G（83.46mg/kg）＞1/2GN（78.94mg/kg）＞N（74.09mg/kg）＞CK（71.61mg/kg）。与对照相比，不同施肥处理土壤有效氮含量提高的幅度大小为 G（16.55％）＞1/2GN（10.24％）＞N（3.46％）。25 年来，使用绿肥的处理土壤有效氮增加了 14.66 ～48.08mg/kg，提高了 17.74％ ～79.87％。

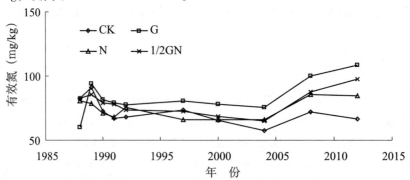

图 23 – 8　长期施绿肥灌漠土有效氮含量的变化（1988—2012 年）

施秸秆灌漠土有效氮含量的变化

各施肥处理均能提高灌漠土壤的有效氮含量（图 23 - 9）。从 1988—2012 年各年份土壤有效氮含量的平均值可以看出，各处理土壤有效氮含量的高低顺序为 S（77.48mg/kg）> 1/2SN（74.84mg/kg）> N（74.09mg/kg）> CK（71.61mg/kg）。与对照相比，施秸秆处理（S）的土壤有效氮含量提高 8.20%，1/2SN 处理提高 4.50%，N 处理提高 3.46%。25 年来，使用秸秆的处理土壤有效氮增加了 16.09 ~ 24.14mg/kg，提高了 22.11% ~ 34.15%。

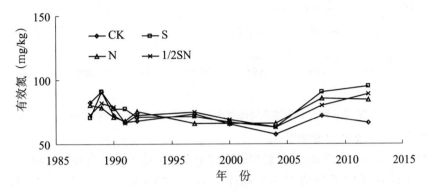

图 23 - 9　长期施小麦秸秆灌漠土有效氮含量的变化（1988—2012 年）

土壤有效氮的年变化趋势

土壤有效氮含量的年度变化分析结果见表 23 - 3，可以看出，不施肥条件下土壤有效氮含量与施肥年限之间呈线性负相关关系，但相关性不显著（$p < 0.05$）。M、G 和 1/2MN 处理土壤有效氮含量与施肥年限之间呈显著线性正相关关系（$p < 0.05$），其余处理的线性相关性不显著。

表 23 - 3　长期施肥条件下灌漠土有效氮含量变化趋势

处　理	直线回归方程	相关系数 r	年变化值 [g/(kg·a)]	年均变化率（%）
CK	$y = -0.613x + 1\ 296.477$	0.556	-0.613	-0.952
M	$y = 1.328x - 2\ 570.499$	0.710*	1.328	2.062
G	$y = 1.030x - 1\ 974.520$	0.643*	1.030	1.599
S	$y = 0.382x - 684.905$	0.296	0.382	0.593
N	$y = 0.228x - 380.537$	0.251	0.228	0.354
1/2MN	$y = 1.221x - 2\ 359.474$	0.646*	1.221	1.896
1/2GN	$y = 0.293x - 506.434$	0.260	0.293	0.455
1/2SN	$y = 0.240x - 404.992$	0.265	0.240	0.373

注：* 表示相关性在 0.05 水平下显著；$n = 10$

（三）长期施肥条件下灌漠土磷的演变规律

1. 土壤全磷含量

施农肥灌漠土全磷含量的变化

长期施用农肥对灌漠土全磷含量的影响见图 23 - 10。可以看出各施肥处理均能提高土壤的全磷含量，1988—2012 年各年份土壤全磷含量的平均值高低顺序为 M

（1.69g/kg）>1/2MN（1.61g/kg）>N（1.49g/kg）>CK（1.44g/kg）；M、1/2MN、N 处理的土壤全磷含量分别比 CK 提高 17.33%、11.88%、3.60%。25 年来，使用农肥土壤全磷增加了 -0.02~0.24g/kg，提高了 -1.44%~15.00%。

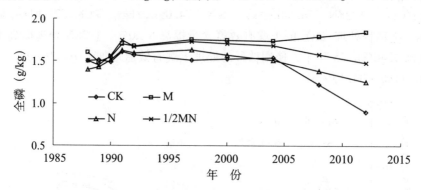

图 23-10　长期施农肥灌漠土的全磷含量（1988—2012 年）

施绿肥灌漠土全磷含量的变化

图 23-11 显示，长期施用绿肥和氮肥均能提高土壤的全磷含量，1988—2012 年各年份土壤全磷含量的平均值的高低顺序为 G（1.55g/kg）>1/2GN（1.51g/kg）>N（1.49g/kg）>CK（1.44g/kg）。与对照相比，施肥处理土壤全磷含量提高的幅度为 G（7.78%）>1/2GN（4.74%）>N（3.60%）。从土壤全磷含量变化的曲线形状看，随着施肥年限的增加，土壤全磷含量从 2000 年开始有下降的趋势。25 年来，使用绿肥土壤全磷减少了 0.16~0.24g/kg，降低了 10.80%~16.00%。

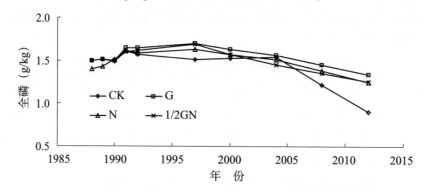

图 23-11　长期施绿肥灌漠土的全磷含量（1988—2012 年）

施秸秆灌漠土全磷含量的变化

长期施用秸秆对灌漠土全磷含量的影响（见图 23-12）。从图 23-12 可以看出，各施肥处理均能提高土壤的全磷含量，1988—2012 年各年份土壤全磷含量的平均值的高低顺序为 S（1.60g/kg）>1/2SN（2.52g/kg）>N（1.49g/kg）>CK（1.44g/kg）。S、1/2SN、N 处理的全磷含量分别比对照提高 11.38%、5.93%、3.60%。从各处理土壤全磷含量的变化曲线看，随着施肥年限的增加，土壤全磷含量从 2000 年开始有下降的趋势。25 年来，使用秸秆土壤全磷减少了 0.03~0.23g/kg，降低了 1.89%~14.42%。

土壤全磷的年变化趋势

由表 23-4 可以看出，CK、G、S、N、1/2GN、1/2SN 处理土壤全磷含量随施肥年限的增加呈下降趋势，其中 CK 处理的土壤全磷含量与种植年限之间呈极显著的线性负

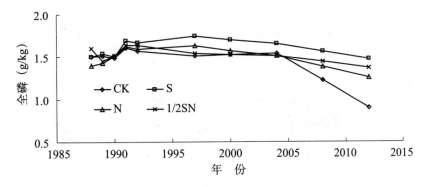

图 23 - 12　长期施小麦秸秆灌漠土的全磷含量（1988—2012 年）

相关关系（$p < 0.01$），1/2GN 和 1/2SN 处理土呈显著线性负相关关系（$p < 0.05$）。施用农肥的处理（M 和 1/2MN）土壤全磷含量则随施肥年限的增加而增加，其中 M 处理土壤全磷含量与施肥年限之间呈极显著线性正相关关系（$p < 0.01$），年增加量为 0.011g/kg，年均变化率为 0.733%，可见施用农肥能提高土壤的全磷含量。

表 23 - 4　长期施肥条件下灌漠土全磷含量的变化趋势

处　理	直线回归方程	相关系数 r	年变化值 [g/(kg·a)]	年均变化率（%）
CK	$y = -0.019x + 39.806$	0.764**	-0.019	-1.267
M	$y = 0.011x - 20.161$	0.852**	0.011	0.733
G	$y = -0.006x - 13.166$	0.450	-0.006	-0.400
S	$y = -0.001x - 3.081$	0.065	-0.001	-0.067
N	$y = -0.007x - 15.019$	0.476	-0.007	-0.467
1/2MN	$y = 2.820 \times 10^{-5}x + 1.553$	0.002	2.820×10^{-5}	0.002
1/2GN	$y = -0.010x - 21.270$	0.668*	-0.010	-0.667
1/2SN	$y = -0.007x + 15.579$	0.689*	-0.007	-0.467

注：** 表示相关性在 0.01 水平显著；* 表示相关性在 0.05 水平显著；$n = 10$

2. 土壤有效磷含量

施农肥灌漠土有效磷含量的变化

长期施用农肥对灌漠土有效磷含量的影响见图 23 - 13。1988—2012 年各年份土壤有效磷含量平均值显示，不同施肥处理土壤有效磷含量的高低顺序为 M（44.30mg/kg）>1/2MN（28.75mg/kg）>CK（13.84mg/kg）>N（13.66mg/kg）。与对照相比，不同施肥处理土壤有效磷含量提高的幅度大小为 M（220.10%）>1/2MN（107.76%）>N（-1.33%）。25 年来，使用农肥土壤有效磷增加了 38.12 ~ 84.64mg/kg，提高了 317.67% ~ 368.00%。

施绿肥灌漠土有效磷含量的变化

长期施用绿肥对灌漠土有效磷含量有显著影响（图 23 - 14）。1988—2012 年各年份土壤有效磷含量的平均值的高低顺序为 G（28.60mg/kg）>1/2GN（19.50mg/kg）>CK（13.84mg/kg）>N（13.66mg/kg）。与对照相比，各施肥处理土壤有效磷含量提高的幅度大小顺序为 G（106.61%）>1/2GN（40.88%）>N（-1.33%）。25 年来，使用绿肥土壤有效磷增加了 4.55 ~ 29.61mg/kg，提高了 28.46% ~ 211.52%。

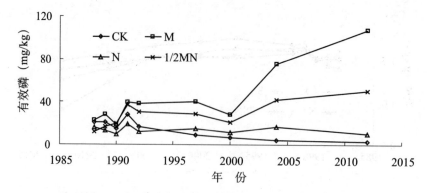

图 23 - 13　长期施农肥灌漠土的有效磷含量（1988—2012 年）

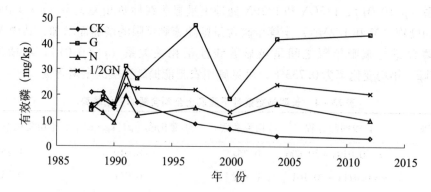

图 23 - 14　长期施绿肥灌漠土的有效磷含量（1988—2012 年）

施秸秆灌漠土有效磷含量的变化

图 23 - 15 显示，长期施用秸秆对灌漠土有效磷含量有一定影响。1988—2012 年各年份土壤有效磷含量的平均值的高低顺序为 S（29.85mg/kg）＞1/2SN（18.58mg/kg）＞CK（13.84mg/kg）＞N（13.66mg/kg）。不同施肥处理与对照相比对土壤有效磷含量提高的幅度为 S（115.70%）＞1/2SN（34.23%）＞N（-1.33%）。25 年来，使用秸秆土壤有效磷增加了 1.05～21.15mg/kg，提高了 5.54%～100.70%。

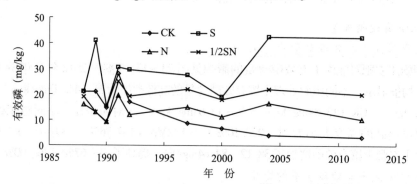

图 23 - 15　长期施小麦秸秆灌漠土的有效磷含量（1988—2012 年）

土壤有效磷的年变化趋势

土壤有效磷含量的年度变化趋势见表 23 - 5，由表 23 - 5 可以看出，CK、S、N、1/2GN、1/2SN 处理土壤有效磷含量随施肥年限的增加而下降，其中 CK 土壤有效磷含量与种植年限之间呈极显著的线性负相关关系（$p < 0.01$）。M、G 和 1/2MN 处理土壤有效磷含量随施肥年限的增加呈上升趋势，但线性相关关系均不显著（$p < 0.05$）。

表 23 - 5 长期施肥条件下灌漠土有效磷含量的变化趋势

处　理	直线回归方程	相关系数 r	年变化值 [g/(kg·a)]	年均变化率（%）
CK	$y = -0.869x + 1\,748.846$	0.879**	-0.869	-6.685
M	$y = 1.393x - 2\,742.465$	0.420	1.393	10.715
G	$y = 0.244x - 461.755$	0.152	0.244	1.877
S	$y = -0.110x + 246.842$	0.076	-0.110	-0.846
N	$y = -0.300x + 610.733$	0.550	-0.300	-2.308
1/2MN	$y = 0.315x - 603.416$	0.198	0.315	2.423
1/2GN	$y = -0.265x - 546.928$	0.358	-0.265	-2.038
1/2SN	$y = -0.183x + 383.285$	0.237	-0.183	-1.408

注：** 表示相关性在 0.01 水平显著；$n = 9$

（四）长期施肥条件下灌漠土钾的演变规律

1. 土壤全钾含量

施农肥灌漠土全钾含量的变化

长期施用农肥的灌漠土全钾含量见图 23 - 16。1991—2012 年各年份土壤全钾含量的平均值显示，不同施肥处理土壤全钾含量的高低顺序为 M（25.05g/kg）＞ CK（24.94g/kg）＞1/2MN（24.67g/kg）＞N（24.32g/kg）。与对照相比，单施农肥（M）土壤全钾含量有所提高，但提高的幅度很小，仅为 0.45%；农肥与氮肥按 1/2 比例配合施用（1/2MN）和单施氮肥（N）的土壤全钾含量则降低。21 年来，使用农肥土壤全钾增加了 5.92 ~ 6.69g/kg，提高了 30.60% ~ 34.60%。

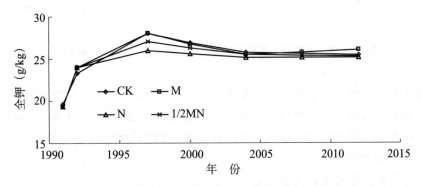

图 23 - 16 长期施农肥灌漠土的全钾含量（1991—2012 年）

施绿肥灌漠土全钾含量的变化

从图 23 - 17 可以看出，1991—2012 年各年份各处理土壤全钾含量的平均值高低顺序为 G（25.10g/kg）＞CK（24.94g/kg）＞1/2GN（24.64g/kg）＞N（24.32g/kg）。与对照相比各施肥处理土壤全钾含量提高的幅度为 G（0.64%）＞1/2GN（-1.20%）＞N（-2.50%），施绿肥土壤全钾提高幅度不大。从各处理条件下土壤全钾含量随施肥年限的变化趋势看，2004 年以后的土壤全钾基本稳定。21 年来，使用绿肥土壤全钾增加了

5.53～5.58g/kg，提高了28.38%～28.59%。

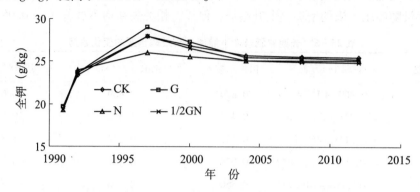

图 23 - 17　长期施绿肥灌漠土的全钾含量（1991—2012 年）

施秸秆灌漠土全钾含量的变化

各施肥处理土壤全钾含量比对照均有所降低（图 23 - 18），1991—2012 年各年份不同施肥处理土壤全钾含量的平均值高低顺序为 CK（24.94g/kg）＞S（24.79g/kg）＞N（24.32g/kg）＞1/2SN（24.02g/kg）。可见各施肥处理均降低了土壤的全钾含量，但降低幅度都很小。各处理条件下土壤全钾含量随施肥年限的变化从 2004 年开始均比较稳定。21 年来，使用秸秆土壤全钾增加了 5.99～6.57g/kg，提高了 31.53%～34.59%。

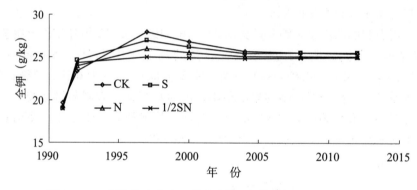

图 23 - 18　长期施小麦秸秆灌漠土的全钾含量（1991—2012 年）

土壤全钾的年变化趋势

土壤全钾含量的年度变化趋势结果见表 23 - 6，可以看出，各处理条件下土壤全钾含量均随施肥年限的增加而增加，但增加趋势均表现不显著（$p < 0.05$）。可能的原因是灌漠土区土壤全钾含量普遍偏高，因此其随施肥年限的增加变化不明显。

2. 土壤速效钾含量

施农肥灌漠土速效钾含量的变化

长期施用农肥灌漠土速效钾含量见图 23 - 19。1988—2012 年各年份不同施肥处理土壤速效钾含量的平均值的高低顺序为 M（318.20mg/kg）＞1/2MN（221.95mg/kg）＞CK（139.92mg/kg）＞N（137.38mg/kg）。与对照相比，单施农肥（M）土壤速效钾含量提高的幅度最大，为 127.42%；农肥与氮肥按 1/2 比例配合施用（1/2MN）的效果次之，为 58.62%；单施氮肥（N）土壤速效钾含量则有所降低。25 年来，使用农肥土壤速效钾提高了 106.94～255.68mg/kg，提高了 42.45%～58.69%。

表 23-6 长期施肥条件下灌漠土全钾含量的变化趋势

处 理	直线回归方程	相关系数 r	年变化值 $[g/(kg \cdot a)]$	年均变化率（%）
CK	$y = 0.174x - 322.894$	0.504	0.174	0.885
M	$y = 0.187x - 348.527$	0.528	0.187	0.951
G	$y = 0.144x - 263.697$	0.389	0.144	0.732
S	$y = 0.172x - 319.450$	0.513	0.172	0.875
N	$y = 0.164x - 302.855$	0.568	0.164	0.834
1/2MN	$y = 0.166x - 306.977$	0.519	0.166	0.844
1/2GN	$y = 0.140x - 255.843$	0.408	0.140	0.712
1/2SN	$y = 0.166x - 307.753$	0.590	0.166	0.844

注：$n = 7$

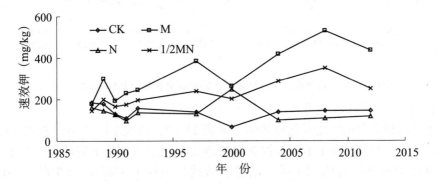

图 23-19 长期施农肥灌漠土的速效钾含量（1988—2012 年）

施绿肥灌漠土速效钾含量的变化

长期施用绿肥对灌漠土速效钾含量的影响见图 23-20。1988—2012 年各年份不同施肥处理土壤速效钾含量的平均值的高低顺序为 G（192.19mg/kg）> 1/2GN（161.21mg/kg）> CK（139.92mg/kg）> N（137.38mg/kg）。与对照相比，单施绿肥（G）处理的土壤速效钾含量提高幅度最大，1/2GN 处理的效果次之，N 处理土壤速效钾含量则有所降低。25 年来，使用绿肥土壤速效钾增加了 -51.11~5.24g/kg，提高了 -42.99%~2.91%。

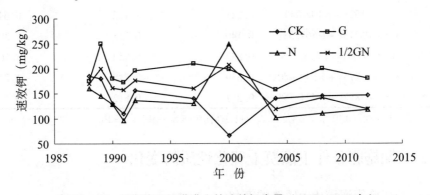

图 23-20 长期施绿肥灌漠土的速效钾含量（1988—2012 年）

施秸秆灌漠土速效钾含量的变化

从图 23 - 21 可以看出，1988—2012 年各年份土壤速效钾含量的平均值在不同施肥处理条件下的高低顺序为 S（197.10mg/kg）> 1/2SN（152.45mg/kg）> CK（139.92mg/kg）> N（137.38mg/kg）。与对照相比，单施秸秆（S）土壤速效钾含量提高的幅度最大，秸秆与氮肥按 1/2 比例配合施用（1/2SN）的效果次之，单施氮肥（N）则降低了土壤速效钾含量。25 年来，使用秸秆土壤速效钾增加了 -27.78 ~ 24.58mg/kg，提高了 -21.83% ~12.63%。

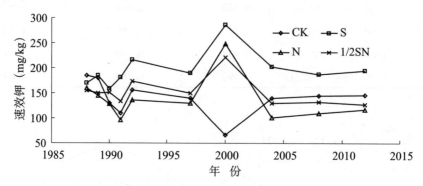

图 23 - 21　长期施小麦秸秆灌漠土的速效钾含量（1988—2012 年）

土壤速效钾的年变化趋势

土壤速效钾含量的年度变化趋势结果见表 23 - 7，由表 23 - 7 可以看出，CK、G、N、1/2GN 和 1/2SN 处理土壤速效钾含量随施肥年限的增加呈下降趋势，其中 1/2GN 处理土壤速效钾含量与施肥年限之间呈显著线性负相关关系（$p < 0.05$）。M、S 和 1/2MN 处理土壤速效钾含量随施肥年限的增加呈增加趋势，其中 M 和 1/2MN 处理土壤速效钾含量与施肥年限之间呈极显著的线性正相关性（$p < 0.01$），说明施用农肥可以极显著增加土壤的速效钾含量。

表 23 - 7　长期施肥条件下灌漠土速效钾含量的变化趋势

处　理	直线回归方程	相关系数 r	年变化值 [g/(kg·a)]	年均变化率（%）
CK	$y = -0.957x + 2\,050.404$	0.240	-0.957	-0.532
M	$y = 11.794x - 23\,235.019$	0.861**	11.794	6.552
G	$y = -0.669x + 1\,527.544$	0.223	-0.669	-0.372
S	$y = 1.152x - 2\,102.741$	0.281	1.152	0.640
N	$y = -0.713x + 1\,561.588$	0.140	-0.713	-0.396
1/2MN	$y = 5.957x - 11\,675.125$	0.823**	5.957	3.309
1/2GN	$y = -2.218x + 4\,590.480$	0.639*	-2.218	-1.232
1/2SN	$y = -0.812x + 1\,774.558$	0.247	-0.812	-0.451

注：** 表示相关性在 0.01 水平显著；* 表示相关性在 0.05 水平显著；$n = 10$

三、长期施肥条件下灌漠土理化性质的变化

（一）长期施肥灌漠土 pH 值的变化

长期施肥对灌漠土 pH 值的影响见图 23 - 22。可以看出，与 CK 相比，施入氮肥

的处理 N、1/2MN、1/2GN 和 1/2SN 土壤的 pH 值均显著降低（$p<0.05$），这主要与氮在土壤中的转化过程有关，氮的硝化过程可导致土壤 pH 值的降低。M、G 和 S 处理的土壤 pH 值也降低，其中 G 处理达到显著水平（$p<0.05$）。1/2GN 处理土壤 pH 值降低的幅度最大，降低了 0.14 个 pH 值单位；其次为 1/2MN，土壤 pH 值降低了 0.13 个 pH 值单位。土壤 pH 值的大小与土壤中营养元素的有效性有关。因此，在碱性土壤上降低土壤 pH 值，可增加营养元素的有效性，更有利于作物的吸收，从而促进作物的生长。

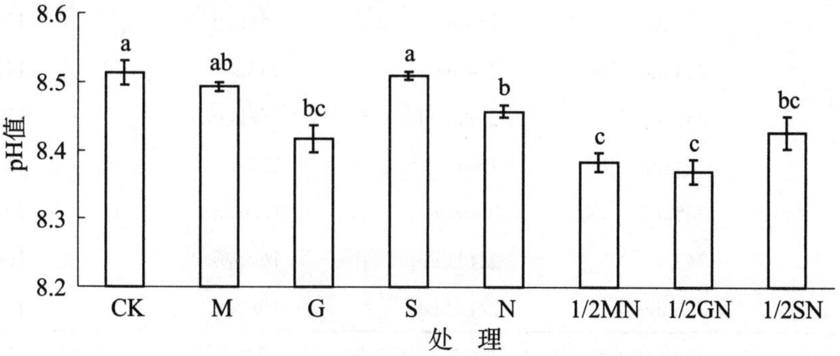

图 23－22　长期施肥灌漠土的 pH 值（2012 年）

注：柱上不同字母表示处理间差异达 5% 显著水平

（二）长期施肥灌漠土全盐含量的变化

长期施肥的灌漠土全盐含量见图 23－23。与 CK 相比，M 处理显著增加了土壤全盐含量（$p<0.05$），增加幅度为 33.10%；S 处理显著降低了土壤全盐含量（$p<0.05$），降低幅度为 8.28%。其他处理对土壤全盐含量的影响不显著（$p<0.05$）。根据土壤盐化分级指标（鲁如坤，2000），各处理土壤全盐含量均远远低于土壤盐化水平，说明长期施肥没有引起土壤的盐化。

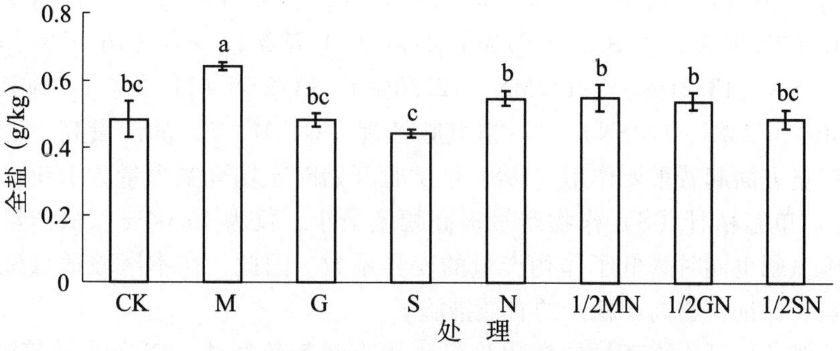

图 23－23　长期施肥灌漠土的全盐含量（2012 年）

注：柱上不同字母表示处理间差异达 5% 显著水平

（二）长期施肥灌漠土微生物量碳的变化

长期施肥灌漠土不同深度（0～7.5cm、7.5～15cm、15～30cm 和 30～50cm）土层的土壤微生物量碳见表 23－8。可以看出，长期施肥能增加 0～7.5cm 土层的土壤微生物量碳，除 M 处理外，其他施肥处理微生物量碳的增加不显著（$p < 0.05$）。单施氮肥显著降低了 7.5~15cm 和 15~30cm 土层的土壤微生物量碳（$p < 0.05$）。

表 23-8　长期施肥灌漠土不同土层深度的土壤微生物量碳（2011 年）

处　理	不同土层深度土壤微生物量碳（mg/kg）			
	0~7.5cm	7.5~15cm	15~30cm	30~50cm
CK	238c	227bcd	195abc	111abc
M	317ab	259abc	158bcd	121ab
G	264abc	264abc	243a	142a
S	253bc	238abcd	153bcd	132ab
N	264abc	158e	132d	127ab
1/2MN	285abc	206cde	180bcd	121ab
1/2GN	243c	216bcde	164bcd	106abc
1/2SN	296abc	248abcd	158bcd	111abc

注：数据之间差异的多重比较采用 LSD 法，同列数据后不同字母表示处理间在 5% 水平差异显著

四、作物产量对长期施肥的响应

1988—2012 年长期不同施肥处理小麦和玉米间作年份的总产量见图 23-24。与对照相比，各施肥处理均能提高作物产量。1988—2012 年的作物产量的平均值在不同施肥条件下的大小顺序为 N（12 926kg/hm²）> 1/2GN（12 850kg/hm²）> 1/2MN（12 531kg/hm²）> 1/2SN（11 829kg/hm²）> G（10 427kg/hm²）> M（8 863kg/hm²）> S（5 696kg/hm²）> CK（4 908kg/hm²）。与对照相比，各施肥处理作物产量提高幅度的大小顺序为 N（163.34%）> 1/2GN（161.79%）> 1/2MN（155.30%）> 1/2SN（140.99%）> G（112.43%）> M（80.56%）> S（16.04%）。作物产量变异系数的大小为 CK（23.90%）> S（22.31%）> M（21.78%）> G（16.57%）> 1/2GN（13.32%）> N（13.21%）> 1/2MN（12.30%）> 1/2SN（11.86%）。施氮肥的处理（N、1/2GN、1/2MN、1/2SN）比不施氮肥处理（G、M、S）的产量高，说明氮肥在提高作物产量方面起着重要作用（1988 年试验开始时土壤全氮含量为 1.06g/kg，处于中等水平）。单施秸秆（S）作物产量提高幅度最小，仅为 16.04%。从产量的变异系数来看，施氮肥也同时降低了作物产量的变异系数。因此，在本区域适量施氮肥是提高作物产量、保证作物高产稳产的有效措施。

长期施肥条件下作物产量的变化趋势采用直线趋势线法，以产量随着时间（年）的变化做散点图，依据散点图拟合简单的直线表示其趋势（一元一次方程），并依据其斜率 [年变化值，单位为 kg/(hm²·a)] 大小来评定产量随着时间变化的情况（李忠芳等，2012），拟合结果见表 23-9。可以看出，各处理条件下作物产量均随施肥年限的增加呈增长趋势，M、G 和 S 处理作物产量与施肥年限之间呈显著线性正相关性（$p < 0.05$），年增加值分别为 173.435kg/hm²、149.631kg/hm² 和 99.560kg/hm²，其余处理的线性正相关性不显著（$p < 0.05$）。

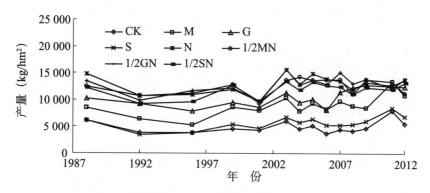

图 23 - 24　长期施肥作物产量的变化（1988—2012 年）

表 23 - 9　长期施肥条件下作物产量变化趋势

处　理	直线回归方程	相关系数 r	年变化值 [g/(kg·a)]
CK	$y = 35.871x - 66\ 937.776$	0.216	35.871
M	$y = 173.435x - 33\ 8515.2$	0.636[*]	173.435
G	$y = 149.631x - 289\ 273.4$	0.613[*]	149.631
S	$y = 99.560x - 193\ 715.4$	0.554[*]	99.560
N	$y = 52.687x - 92\ 603.240$	0.218	52.687
1/2MN	$y = 69.832x - 127\ 337.4$	0.321	69.832
1/2GN	$y = 98.456x - 184\ 350.3$	0.407	98.456
1/2SN	$y = 93.733x - 175\ 911.7$	0.473	93.733

注：＊表示相关性在 0.05 水平显著；$n = 15$

五、长期施肥条件下农田生态系统养分循环与平衡

（一）长期施肥的肥料回收率

肥料回收率采用公式"肥料回收率（%）=（施肥区作物吸收的养分量－不施肥区作物吸收的养分量）×100/施肥量"进行计算（徐明岗等，2006），其中 M、G 和 S 处理中氮、磷、钾肥施入量包括所施农肥、绿肥和秸秆带入的氮、磷、钾量，各处理携出的氮、磷、钾量为作物籽粒和秸秆携出的氮、磷、钾量之和。

1. 氮肥回收率

长期施肥的氮肥回收率见图 23 - 25。氮肥回收率（%）=（施氮处理携出氮量－不施肥处理携出氮量）×100/氮肥施入量（叶优良等，2004）。各年份各处理条件下氮肥回收率的平均值的大小顺序为：S（81.78%）＞1/2SN（71.88%）＞1/2MN（67.96%）＞1/2GN（62.22%）＞N（57.92%）＞G（41.56%）＞M（37.18%）。秸秆还田处理（S）的氮肥回收率最高，这主要是因为在没有外源化学氮肥输入的情况下通过秸秆本身还田的氮素较少，从而使单施秸秆的氮肥的回收率最高。单施农肥（M）的氮肥回收率最低，这与农肥中氮素的释放过程比较缓慢有关。

2. 磷肥回收率

磷肥回收率（%）=（施磷处理携出磷量－不施肥处理携出磷量）×100/磷肥施入

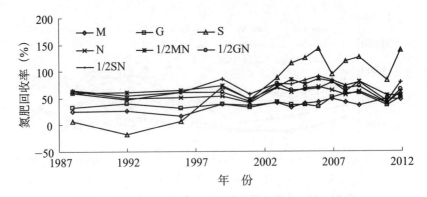

图 23-25　长期施肥灌漠土的氮肥回收率（1988—2012 年）

量。长期施肥对磷肥回收率的影响如图 23-26 所示。对各年份磷肥回收率取平均值得到
各处理条件下磷肥回收率的大小顺序为：1/2SN（127.99%）＞1/2GN（91.14%）＞N
（75.09%）＞1/2MN（34.73%）＞G（29.94%）＞S（13.15%）＞M（8.13%）。有化
学氮肥施入的处理（1/2SN、1/2GN、N、1/2MN），磷肥的回收率要高于没有化学氮肥施
入的处理（G、S、M），表明外源化肥氮的输入可提高磷肥的回收率，化学氮肥在提高磷
肥利用率方面表现出积极作用。

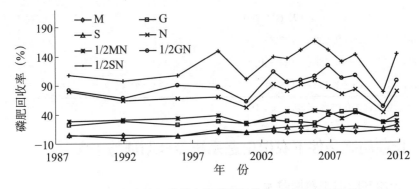

图 23-26　长期施肥灌漠土的磷肥回收率（1988—2012 年）

3. 钾肥回收率

钾肥回收率（%）＝（施钾处理携出钾量－不施肥处理携出钾量）×100/钾肥施入
量。从图 23-27 可以看出，各年份不同处理条件下钾肥回收率的平均值大小顺序为：
1/2SN（371.53%）＞1/2GN（129.35%）＞G（59.95%）＞1/2MN（22.75%）＞M
（7.64%）＞S（-13.19%）。单施秸秆处理（S）的钾肥利用率最低，平均值为负值，而
秸秆与氮肥按 1/2 比例配合施用的钾肥利用率最高，达到了 371.53%，表明在秸秆还田
的条件下，化学氮肥的施用能极大地促进作物对钾素的吸收利用。此外，小麦秸秆的
C/N 值较大，在降解的过程中需要外源氮素的补充，化学氮肥的施用能促进小麦秸秆的
分解，从而也可促进作物的生长，使作物从土壤中吸收了更多的钾素，提高了钾素的回
收率。1/2GN 处理向土壤中输入了大量的氮素，在有外源氮肥施用的情况下，也极大地
提高了钾肥的回收率。

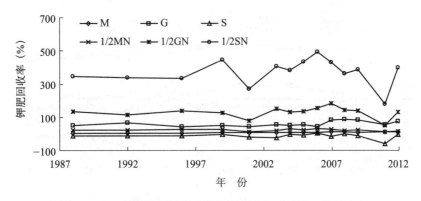

图 23 - 27 长期施肥灌漠土的钾肥回收率（1988—2012 年）

（二）灌漠土有机碳循环与平衡

1. 灌漠土有机碳平衡

土壤有机碳主要来自小麦和玉米根茬及其分泌物、农肥、绿肥和秸秆。在本试验中，1/2MN、1/2GN 和 1/2SN 处理，土壤养分供应相对平衡，小麦和玉米根茬及其分泌物的碳归还量设为收获期地上部生物量碳的 30%，小麦茬设为秸秆产量的 20%；玉米留茬量较少，约占平衡施肥处理秸秆产量的 2.5%。CK、M、G、S 和 N 处理土壤养分供应相对不平衡，小麦和玉米根茬及其分泌物的碳归还量设为收获期地上生物量碳的 40%，小麦茬设为秸秆产量的 30%，玉米茬设为秸秆产量的 3%。小麦和玉米地上部（籽粒 + 秸秆）碳含量取值分别为 39.9% 和 44.4%（王金州等，2010）。试验中土壤有机碳输出量在秸秆不还田的情况下为籽粒和秸秆碳输出量之和，在秸秆还田的情况下为籽粒碳输出量。灌漠土有机碳平衡采用差减法，即输入量与输出量之差。各处理有机碳平衡值随施肥年限的变化情况见图 23 - 28。从图 23 - 28 可以看出，各年份土壤有机碳平衡值的平均值在不同处理条件下的大小顺序为 G（7 196kg/hm²）>S（6 661kg/hm²）> 1/2GN（176kg/hm²）> M（ - 24kg/hm²）> 1/2SN（ - 1 741kg/hm²）> CK（ - 2 389kg/hm²）>1/2MN（ - 5 575kg/hm²）>N（ - 6 493kg/hm²）。G 和 S 处理土壤有机碳盈余值较大，分别达到了 7 196kg/hm² 和 6 661kg/hm²，这主要是由于绿肥和秸秆中有机碳含量均比较高，大量绿肥和秸秆还田将大量的有机碳输入了土壤，从而使 G 和 S 处理的土壤有机碳有了较多盈余。1/2GN 和 M 处理碳的输入和输出基本持平，土壤有机碳基本处于平衡状态。N 处理土壤有机碳亏缺最严重，平均亏缺 6 493kg/hm²，这主要是因为单施氮肥的处理在基施磷肥的条件下作物生长状况较好，而作物秸秆和籽粒移出农田，也使大量的有机碳被移出，造成土壤有机碳大量亏缺。1/2SN 和 1/2MN 处理条件下作物生长状况较好，由于输入到土壤中的秸秆和农肥均减少了一半，所以这两个处理的土壤有机碳也处于亏缺状态。从以上分析可以看出，输入到土壤中有机碳量的大小对灌漠土的有机碳平衡起着主要的作用。

2. 灌漠土有机碳平衡与有机碳投入的关系

从表 23 - 10 可以看出，各处理条件下土壤有机碳平衡值与有机碳投入量之间均呈极显著的线性负相关关系（p < 0.01），说明对于灌漠土来说，在有机碳投入量增加的情况下，有机碳的输出量也在增加，这可能是由于灌漠土地区有机碳矿化强烈，导致

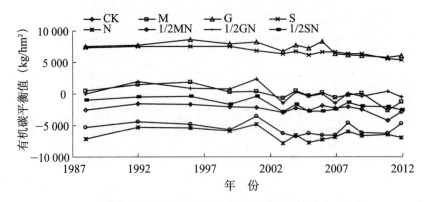

图 23-28　长期施肥条件下灌漠土的有机碳平衡状况（1988—2012 年）

输入的有机碳不能被贮存下来。

表 23-10　灌漠土有机碳平衡与有机碳投入的关系

处　理	直线回归方程	相关系数 r	变化值 [g/(kg·a)]
CK	$y = -1.168x + 171.319$	0.894 **	-1.168
M	$y = -1.376x + 11\ 198.460$	0.979 **	-1.376
G	$y = -1.284x + 28\ 864.499$	0.968 **	-1.284
S	$y = -0.871x + 16\ 211.432$	0.714 **	-0.871
N	$y = -1.235x + 527.145$	0.979 **	-1.235
1/2MN	$y = -2.069x + 7\ 163.011$	0.983 **	-2.069
1/2GN	$y = -1.964x + 24\ 236.781$	0.984 **	-1.964
1/2SN	$y = -1.762x + 12\ 408.405$	0.872 **	-1.762

注：** 表示相关性在 0.01 水平下显著；$n = 14$

3. 灌漠土有机碳库特征

土壤有机碳是反映土壤质量的重要指标之一，土壤有机碳的积累不仅受自然环境的影响，也受人类活动的影响，如耕作方式、肥料施入等（王霞等，2011）。长期施肥对灌漠土不同深度（0~7.5cm、7.5~15cm、15~30cm 和 30~50cm）土壤有机碳的影响情况见表 23-11。可以看出，除了单施氮肥的处理外，其他施肥处理 0~7.5cm 和 7.5~15cm 土层的土壤有机碳含量均显著增加（$p < 0.05$）。

（三）长期施肥土壤氮素的表观平衡

1. 土壤氮素表观平衡

图 23-29 显示，各处理条件下土壤氮素的表观平衡的平均值大小顺序为 G [94.78kg/(hm²·a)] > N [58.50kg/(hm²·a)] > M [43.92kg/(hm²·a)] > 1/2GN [34.25kg/(hm²·a)] > 1/2MN [-2.72kg/(hm²·a)] > 1/2SN [-42.67kg/(hm²·a)] > S [-94.24kg/(hm²·a)] > CK [-99.31kg/(hm²·a)]。1/2MN 处理土壤氮素的平均表观平衡值最小，仅为 -2.72kg/(hm²·a)，说明农肥与氮肥按 1/2 比例配合施用是充分利用氮素的最佳途径，氮素的输入和输出基本达到平衡。G、N、M

和1/2GN处理土壤氮素均处于盈余状态，其中单独施用绿肥的处理（G）土壤氮素盈余值最大，主要是因为绿肥本身氮素含量较高，绿肥的施用量又比较大，氮素的输入量较大。1/2SN和S处理土壤氮素均表现为亏缺状态，其原因可能主要是小麦秸秆的C/N较大，秸秆的分解过程需要消耗大量的氮素，造成土壤中氮素含量降低，影响了作物的生长，导致作物从土壤中吸收的氮量也大为降低。CK由于没有外源氮肥的补充，土壤氮素表现为亏缺状态。

表23-11 长期施肥灌漠土不同土层深度的土壤有机碳含量（2011年）

处 理	不同土层深度土壤有机碳含量（g/kg）			
	0~7.5cm	7.5~15cm	15~30cm	30~50cm
CK	12.40g	11.56f	11.06bc	8.90a
M	16.03a	15.13a	12.83a	9.26a
G	15.10bc	13.66bcd	13.10a	8.86a
S	14.43cd	13.6bcd	11.70abc	8.86a
N	12.90fg	11.96ef	10.56c	8.66a
1/2MN	15.03bc	14.46abc	12.23ab	8.63a
1/2GN	13.40ef	12.96de	11.90abc	8.76a
1/2SN	13.80de	13.43cd	12.36ab	9.26a

注：数据之间差异的多重比较采用LSD法，同一列数据后不同字母表示处理间在5%水平差异显著

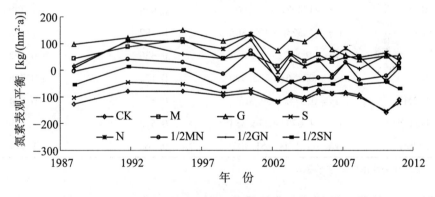

图23-29 长期施肥土壤氮素的表观平衡（1988—2012年）

2. 土壤氮素表观平衡和土壤全氮含量的关系

灌漠土土壤氮素表观平衡和土壤全氮含量的关系见表23-12。M、G、S、1/2GN和1/2SN处理土壤氮素表观平衡值和土壤全氮含量之间呈线性负相关性，但负相关性不显著。CK、N和1/2MN处理土壤氮素表观平衡值和土壤全氮含量之间呈线性正相关性，但正相关性也没有达到显著水平。

表 23 - 12　灌漠土氮素表观平衡和土壤全氮含量的关系

处　理	直线回归方程	相关系数 r	变化值 $[g/(kg \cdot a)]$
CK	$y = 2.747x - 101.678$	0.032	2.747
M	$y = -41.052x + 108.822$	0.627	-41.052
G	$y = -88.817x + 214.470$	0.683	-88.817
S	$y = -68.219x + 0.702$	0.579	-68.219
N	$y = 110.471x - 69.075$	0.270	110.471
1/2MN	$y = 30.596x - 32.255$	0.251	30.596
1/2GN	$y = -16.474x + 61.851$	0.117	-16.474
1/2SN	$y = -53.779x + 29.590$	0.315	-53.779

注：$n = 5$

3. 土壤氮素表观平衡和土壤有效氮含量的关系

从表 23 - 13 可以看出，只有 1/2MN 处理的土壤氮素表观平衡值与土壤有效氮含量之间呈线性正相关性，但相关性不显著，其余处理的土壤氮素表观平衡值与土壤有效氮含量之间均呈线性负相关性，其中 M 处理有显著的负相关关系（$p < 0.05$），其他处理的负相关关系均不显著。

表 23 - 13　灌漠土氮素表观平衡和土壤有效氮含量的关系

处　理	直线回归方程	相关系数 r	变化值 $[g/(kg \cdot a)]$
CK	$y = -1.270x - 10.355$	0.572	-1.270
M	$y = -1.398x + 175.005$	0.945 *	-1.398
G	$y = -1.325x + 199.805$	0.792	-1.325
S	$y = -0.862x - 23.487$	0.430	-0.862
N	$y = -0.856x + 125.970$	0.172	-0.856
1/2MN	$y = 0.574x - 39.315$	0.377	0.574
1/2GN	$y = -1.679x + 176.333$	0.532	-1.679
1/2SN	$y = -1.171x + 51.403$	0.362	-1.171

注：* 表示相关性在 0.05 水平显著；$n = 5$

（四）长期施肥土壤磷素的表观平衡

1. 土壤磷素表观平衡

从图 23 - 30 可以看出，M 处理土壤磷素盈余量较大，平均盈余值达 252.08kg/（hm$^2 \cdot$ a），说明在施用农肥的条件下应酌量减少化学磷肥的施入，以免造成磷肥的浪费和对环境的污染。1/2MN、G 和 S 处理土壤磷素也均表现为盈余状态，其中 1/2MN 和 G 处理主要是因为有大量的农肥和绿肥施入，随之输入到土壤中的磷量也较大，使得土壤磷素有盈余；S 处理则由于土壤中氮素的缺乏而影响了作物对磷的吸收，从而造成土壤中磷素的盈余。N、1/2GN、CK 和 1/2SN 处理土壤磷素均处于亏缺状态，其中 1/2SN 处理土壤磷素亏缺值最大。各处理条件下土壤磷素的表观平衡平均值为 M

$[252.08kg/ (hm^2 \cdot a)] >1/2MN [67.57kg/ (hm^2 \cdot a)] >G [55.92kg/ (hm^2 \cdot a)] >$ S $[30.99kg/ (hm^2 \cdot a)] >N [-17.77kg/ (hm^2 \cdot a)] >1/2GN [-28.39kg/ (hm^2 \cdot a)] >CK [-34.08kg/ (hm^2 \cdot a)] >1/2SN [-44.56kg/ (hm^2 \cdot a)]$。

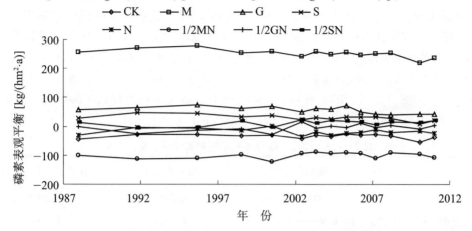

图 23 - 30　长期施肥土壤磷素的表观平衡（1988—2012 年）

2. 土壤磷素表观平衡和土壤全磷含量的关系

灌漠土土壤磷素表观平衡和土壤全磷含量的关系见表 23 - 14。从表 23 - 14 可以看出，M 和 1/2MN 处理土壤磷素表观平衡值和土壤全磷含量之间呈线性负相关关系，但负相关性不显著。其余处理土壤磷素表观平衡值和土壤全磷含量之间均呈线性正相关关系，其中 G 处理的正相关性表现显著（$p<0.05$），其他处理不显著。

表 23 - 14　灌漠土磷素表观平衡和土壤全磷含量的关系

处　理	直线回归方程	相关系数 r	变化值 $[g/ (kg \cdot a)]$
CK	$y=4.569x-40.000$	0.184	4.569
M	$y=-84.088x+399.974$	0.668	-84.088
G	$y=79.899x-66.049$	0.916*	79.899
S	$y=89.335x-108.019$	0.800	89.335
N	$y=50.279x-89.314$	0.626	50.279
1/2MN	$y=-29.843x+118.512$	0.272	-29.843
1/2GN	$y=67.790x-124.027$	0.812	67.790
1/2SN	$y=62.132x-136.277$	0.664	62.132

注：* 表示相关性在 0.05 水平显著；$n=5$

3. 土壤磷素表观平衡和土壤有效磷含量的关系

从表 23 - 15 可以看出，各处理条件下土壤磷素表观平衡值和土壤有效磷含量之间均表现为线性正相关关系，但其均没有达到显著水平。

（五）长期施肥土壤钾素的表观平衡

1. 土壤钾素表观平衡

长期施肥条件下 M 和 1/2MN 处理土壤钾素均表现为盈余状态，平均盈余值分别为 996.88kg/(hm² · a) 和 345.67kg/(hm² · a)（图 23 - 31），这主要是由于施用了大量农肥，农肥中含有一定量的钾素，加之农肥的施用量较大，输入到土壤中的钾素量也较大，导致这两个处理的土壤钾素有较大盈余。G 和 S 处理土壤钾素表观平衡值最小，基本处于平衡状态。CK、1/2GN、1/2SN 和 N 处理土壤钾表现为亏缺，因为 1/2GN、1/2SN 和 N 处理都有外源化学氮肥的输入，加上基施的磷肥，使这 3 个处理的作物生长状况比较良好，吸收的钾素也较多，但由于没有外源化学钾肥的施用，导致土壤钾有一定的亏缺。各处理土壤钾素表观平衡值的平均值大小顺序为 M［996.88（kg/（hm² · a）］＞ 1/2MN［345.67kg/（hm² · a）］＞ G［－13.26kg/（hm² · a）］＞ S［－16.93kg/（hm² · a）］＞ CK［－122.47kg/（hm² · a）］＞ 1/2GN［－162.48kg/（hm² · a）］＞ 1/2SN［－249.05kg/（hm² · a）］＞ N［－303.52kg/（hm² · a）］。

表 23 - 15   灌漠土磷素表观平衡和有效磷含量的关系

处 理	直线回归方程	相关系数 r	变化值［g/（kg · a）］
CK	$y = 0.305x - 41.768$	0.258	0.305
M	$y = 1.896x + 100.310$	0.579	1.896
G	$y = 1.912x - 14.162$	0.690	1.912
S	$y = 1.819x - 34.835$	0.783	1.819
N	$y = 2.079x - 49.385$	0.689	2.079
1/2MN	$y = 1.934x - 7.620$	0.700	1.934
1/2GN	$y = 1.484x - 56.449$	0.804	1.484
1/2SN	$y = 0.540x - 54.002$	0.400	0.540

注：$n = 4$

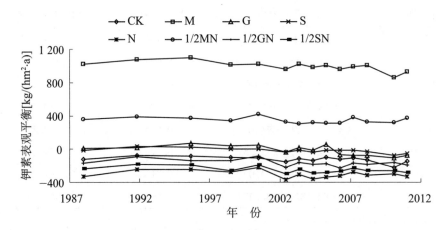

图 23 - 31   长期施肥土壤钾素的表观平衡（1988—2012 年）

2. 土壤钾素表观平衡和土壤全钾含量的关系

土壤钾素表观平衡和土壤全钾含量的关系见表 23 - 16。M 和 1/2MN 处理土壤钾素表观平衡值与土壤全钾含量之间呈极显著线性正相关性（$p < 0.01$），这主要是因为这两个处理施入的农肥中所带入的钾素极大地提高了土壤的全钾含量，所以，使得二者之间呈现极显著线性正相关性。N 处理土壤钾素表观平衡值与土壤全钾含量之间呈极显著线性负相关性（$p < 0.01$），主要原因是单施氮肥土壤钾素表观亏缺值最大，使二

者之间呈极显著的负相关。1/2SN 处理土壤钾素表观平衡值与土壤全钾含量之间呈显著线性负相关性（$p<0.05$），主要是因为该处理的土壤钾素有较大的亏缺。

表 23－16　灌漠土钾素表观平衡和土壤全钾含量的关系

处　理	直线回归方程	相关系数 r	变化值 $[g/(kg \cdot a)]$
CK	$y=-2.600x-47.552$	0.749	-2.600
M	$y=43.634x-102.772$	0.983**	43.634
G	$y=0.905x-52.190$	0.192	0.905
S	$y=1.591x-54.571$	0.504	1.591
N	$y=-10.119x-38.599$	0.971**	-10.119
1/2MN	$y=17.399x-75.012$	0.978**	17.399
1/2GN	$y=-4.370x-45.167$	0.805	-4.370
1/2SN	$y=-7.904x-41.854$	0.922*	-7.904

注：** 表示相关性在 0.01 水平显著；* 表示相关性在 0.05 水平显著；$n=4$

3. 土壤钾素表观平衡和土壤速效钾含量的关系

从表 23－17 可以看出，M、G、N 和 1/2MN 处理土壤钾素表观平衡值和土壤有效钾含量之间呈线性负相关性关系，其余处理土壤钾素表观平衡值和土壤有效钾含量之间呈线性正相关性关系，但相关性均不显著。

表 23－17　灌漠土钾素表观平衡和土壤速效钾含量的关系

处　理	直线回归方程	相关系数 r	变化值 $[mg/(kg \cdot a)]$
CK	$y=0.116x-131.587$	0.079	0.116
M	$y=-0.239x+1095.299$	0.618	-0.239
G	$y=-1.280x+212.630$	0.421	-1.280
S	$y=0.805x-170.285$	0.487	0.805
N	$y=-0.260x-265.887$	0.170	-0.260
1/2MN	$y=-0.036x+368.587$	0.087	-0.036
1/2GN	$y=0.913x-287.411$	0.689	0.913
1/2SN	$y=1.545x-459.152$	0.841	1.545

注：$n=5$

六、基于土壤肥力演变的主要培肥技术模式

河西灌漠土地区农业生产水平较高，是全国高产区之一，近年来无机肥料在农业生产中的应用日益增加，改变了传统农业以"有机农业为主"的结构，逐渐向以无机肥为主的方向发展（包兴国等，1994）。但由于河西地区耕地少，复种指数高，农林牧各业都需要大量的无机肥料，虽然近年来化肥的生产和供应有很大的增加，但目前磷矿资源不足，钾资源缺乏，仍需靠农肥给予补充。

农肥是一种完全肥料，其肥效发挥缓慢且持久，除能供给农作物所需的养分外，

还能为土壤微生物生命活动提供必须的能源和营养物质，而且含有丰富的有机物质，对改良土壤、增加土壤有机质积累、改善土壤理化性状等方面都有良好的作用。无机肥料养分含量高，但成分单一，肥效发挥快，持续时间短，长期单独使用一种肥料，往往会引起养分失调，肥效降低。因此，单施农肥或无机肥都不能适时适量满足作物生长的需要，只有机肥无机肥配合施用，才能达到高产和培肥土壤的双重效果。

（一）有机无机肥料配合施用的适宜比例

有机无机肥料配合施用，既要考虑改良土壤，又要保证能持久和充足地供应养分，以满足作物整个生长期的需要，在当前生产水平条件下，农家肥的施入水平为 45 000 ~ 60 000kg/hm² 时基本上能维持土壤肥力的平衡。但是，单靠施用农肥，只能维持较低生产水平的养分平衡，必须配合施用无机肥料才能获得作物的持续高产，目前河西地区农业生产中最优平均化学氮素施用量为 225 ~ 375kg/hm²，在这一水平上，中等肥力的地块有机无机肥料氮素的适宜比例为 1:1 为好，在高肥力地块上可以达到 1:2，但是对于低肥力土壤，应以培肥地力为主，其适宜比例则以 2:1 较好。

（二）农肥与氮肥配合施用

农肥种类不同，其养分释放的速度也不同，腐熟的农家肥施入土壤后，一般能适时地供应农作物生长所需的养分，但在堆制腐解过程中有养分损失，需配施一定量的无机氮肥才能适时适量地供应作物生长。秸秆直接还田养分损失少，但因秸秆的 C/N 较大，在其腐解前期伴随有土壤中的氮素固定，造成土壤中供氮不足。所以应在施入秸秆的同时配合施用适量的无机氮肥，以调节 C/N，加速秸秆的腐解，缓解土壤供氮的不足，保证农作物生长的需要。

（三）农肥与无机磷、钾肥料配合施用

农家肥和秸秆等含有较丰富的磷、钾养分，施用这些肥料可以部分弥补土壤磷、钾养分的不足。尤其是农家肥可以大量地增加土壤中的钾，因此现阶段河西地区施用农家肥 45 000kg/hm² 可满足作物对钾素的需要，但需施入 P_2O_5 75 ~ 120kg/hm² 的无机磷肥；在将秸秆还田时应配施一定的无机磷、钾肥，才能使磷、钾养分达到平衡。种植豆科绿肥，因其具有固氮能力，对土壤有机质和氮素增加较多，但从土壤中吸收的磷、钾养分也较多，会造成土壤中磷、钾养分含量下降。所以，在种植下茬农作物时，需配合施用无机磷、钾肥才能进一步提高农作物产量。

七、主要结论与研究展望

（一）主要结论

长期施肥对灌漠土土壤肥力和土壤质量的影响可以归结为以下几方面。

（1）长期施肥条件下，各施肥处理土壤有机质含量随施肥年限的增加呈极显著增加趋势（$p < 0.01$）。以单独施用农肥对土壤有机质含量提高的幅度最大，为 20.48%；其次为单独施用绿肥的处理提高 19.08%；单独施用秸秆的处理提高 19.08%，居第三位。农肥、绿肥、秸秆与氮肥按 1/2 比例配合施用可提高土壤的有机质含量 9.91% ~ 15.32%，单施氮肥处理对土壤有机质含量提高的幅度最小为 3.58%。

（2）长期施肥条件下，各施肥处理均能提高土壤全氮和有效氮的含量。单施氮肥

处理的土壤全氮含量随施肥年限的增加呈显著线性增加趋势（$p < 0.05$），其他施肥处理呈极显著线性增加趋势（$p < 0.01$）；单施农肥、单施绿肥和农肥与氮肥按 1/2 比例配合施用土壤有效氮含量与施肥年限之间呈显著线性正相关关系（$p < 0.05$）。土壤全氮含量以单独施用农肥处理提高 15.90%，提高幅度最大，单独施用绿肥的处理提高 14.77%，提高幅度居二，绿肥与氮肥配合施用提高 12.36%，单施秸秆提高 10.22%，农肥、秸秆与氮肥配合使用提高 4.89% ~ 11.36%，单施氮肥仅提高 0.32%。土壤有效氮含量提高幅度最大的是绿肥，为 16.55%，农肥次之，为 13.37%，农肥、绿肥、秸秆与氮肥配合使用提高 4.50% ~ 11.64%，秸秆提高 8.20%，单施氮肥提高最少，仅为 3.46%。

（3）长期施肥条件下，各施肥处理土壤全磷含量提高幅度的大小顺序为 M（17.33%）> 1/2MN（11.88%）> S（11.38%）> G（7.78%）> 1/2SN（5.93%）> 1/2GN（4.74%）> N（3.60%）；土壤有效磷含量提高幅度的大小顺序为 M（220.10%）> S（115.70%）> 1/2MN（107.76%）> G（106.61%）> 1/2GN（40.88%）> 1/2SN（34.23%）> N（-1.33%）；单施农肥处理土壤全磷和有效磷含量提高的幅度均最大，单施氮肥土壤有效磷含量则降低。但是，从土壤全磷和有效磷含量随施肥年限的变化来看，除了单施农肥和农肥与氮肥按 1/2 比例配合施用的处理外，其他处理的土壤全磷含量随施肥年限的增加呈下降趋势；除单施农肥、单施绿肥和农肥与氮肥按 1/2 比例配合施用的处理外，其他处理土壤有效磷含量也随施肥年限的增加呈下降趋势。

（4）长期施肥条件下，各施肥处理土壤全钾含量提高幅度的大小顺序为 G（0.64%）> M（0.45%）> S（-0.61%）> 1/2MN（-1.08%）> 1/2GN（-1.20%）> N（-2.50%）> 1/2SN（-3.70%）；土壤速效钾含量提高幅度的大小顺序为 M（127.42%）> 1/2MN（58.62%）> S（40.87%）> G（37.35%）> 1/2GN（15.22%）> 1/2SN（8.96%）> N（-1.82%），除了单施绿肥和单施农肥的处理外，其他施肥处理均降低了土壤全钾含量；除了单施氮肥的处理土壤速效钾的含量降低外，其他施肥处理的土壤速效钾含量均提高。各施肥处理土壤全钾含量随施肥年限的增加变化不显著。绿肥与氮肥按 1/2 比例配合施用土壤速效钾含量随施肥年限的增加呈显著下降趋势；单施农肥及农肥与氮肥按 1/2 比例配合施用的处理土壤速效钾含量随施肥年限的增加呈极显著增加趋势。

（5）长期施肥条件下，各施肥处理均降低了土壤的 pH 值，其中 1/2GN 处理土壤 pH 值降低的幅度最大，降低了 0.14 个 pH 值单位；其次为 1/2MN，pH 值降低了 0.13 个 pH 值单位。在碱性土壤上降低土壤 pH 值，可增加营养元素的有效性，更有利于作物的吸收，从而促进作物的生长，各施肥处理小麦和玉米的间作产量均提高，作物产量均随施肥年限的增加呈增长趋势。

（6）秸秆还田处理的氮肥回收率最高，单施农肥处理最低。有化学氮肥施入的处理（1/2SN、1/2GN、N、1/2MN）磷肥的回收率高于没有化学氮肥施入的处理（G、S、M）；化学氮肥在提高磷肥利用率方面表现出积极作用。单独秸秆还田处理的钾肥利用率最低，平均值为负值；而秸秆与氮肥按 1/2 比例配合施用的处理钾肥利用率最高，达到了 371.53%。

（7）G 和 S 处理有机碳平均盈余值较大，分别达到了 7 196kg/hm² 和 6 661kg/hm²；

1/2GN 和 M 处理的土壤有机碳基本处于平衡状态；N 处理土壤有机碳有亏缺，平均亏缺 6 493kg/hm^2。输入到土壤中有机碳量的多少对灌漠土的有机碳平衡起着主要的作用。

（8）1/2MN 处理土壤氮素的平均表观平衡值最小，仅为 −2.72kg/（hm^2·a）；G、N、M 和 1/2GN 处理的土壤氮素均处于盈余状态，其中单独施用绿肥的处理土壤氮素盈余值最大；1/2SN 和 S 处理土壤氮素均表现为亏缺。M 处理土壤磷素有较多盈余，平均盈余 252.08kg/（hm^2·a）；1/2MN、G 和 S 处理土壤磷素均表现为盈余，而 N、1/2GN、CK 和 1/2SN 处理均为亏缺，其中 1/2SN 处理土壤磷素亏缺最大。M 和 1/2MN 处理土壤钾素均有盈余，平均盈余 996.88 和 345.67kg/（hm^2·a）；G 和 S 处理土壤钾素表观平衡值最小，基本处于平衡状态；CK、1/2GN、1/2SN 和 N 处理土壤钾素表现为亏缺状态。

（二）存在问题和研究展望

干旱仍然是限制灌漠土地区农业可持续发展的重要因素之一，发展节水农业不仅是当务之急，也是长远之计。灌漠土主要分布在内陆的干旱地区，土壤有机质分解速度快，难以积累，增加土壤有机质含量仍是培肥灌漠土的主要措施之一。

通过灌漠土地区长期定位试验的研究表明，长期施肥能增加土壤的肥力，农肥和化肥配合施用是发展灌漠土地区可持续农业的重要措施。在此基础上，探索新的灌漠土培肥模式也是未来的发展方向。

车宗贤、包兴国、卢秉林、杨新强、张久东、杨文玉

参考文献

[1] 包兴国，邱进怀，刘生战，等.1994.绿肥与氮肥配合施用对培肥地力和供肥性能的研究[J].土壤肥料，(2)：27 – 29.

[2] 郭天文，谭伯勋.1998.灌漠土区吨粮田开发与持续农业建设[J].西北农业学报，7：91 – 96.

[3] 李忠芳，徐明岗，张会民，等.2012.长期施肥下作物产量演变特征的研究进展[J].西南农业学报，25（6）：2 387 – 2 392.

[4] 鲁如坤.2000.土壤农业化学分析方法[M].北京：中国农业科学技术出版社.85.

[5] 王霞，马钊，樊媛.2011.土壤有机碳组分及农业提高措施的研究进展[J].吉林农业，(12)：93 – 94.

[6] 王金州，卢昌艾，张金涛，等.2010.RothC 模型模拟华北潮土区的土壤有机碳动态[J].中国土壤与肥料，(6)：16 – 21，49.

[7] 徐明岗，梁国庆，张夫道.2006.中国土壤肥力演变[M].北京：中国农业科学技术出版社，228 – 231.

[8] 叶优良，包兴国，宋建兰，等.2004.长期施用不同肥料对小麦玉米间作产量、氮吸收利用和土壤硝态氮累积的影响[J].植物营养与肥料学报，10（2）：113 – 119.

[9] 张金涛，卢昌艾，王金洲，等.2010.潮土区农田土壤肥力的变化趋势[J].中国土壤与肥料，(5)：6 – 10.

第二十四章 长期施肥下灰漠土肥力演变与
培肥技术模式

灰漠土是我国荒漠地区主要土壤类型之一，代表着欧亚大陆腹地、温带内陆区域，同时又是西北干旱地区具有代表性的一类土壤，总面积 $1.8 \times 10^6 \, hm^2$。80% 分布在新疆境内，其余分布在甘肃省河西走廊中西段的祁连山山前平原、宁夏贺兰山以西、内蒙古的阿拉善高原东部等，鄂尔多斯高原西北部也有小面积分布。灰漠土主要发育在黄土状母质上，根据母质的来源与沉积特征，以及颗粒和化学组成的不同，可细分为洪积黄土状母质、冲积—洪积红土状母质、冲积黄土状母质，是沙漠中成土物质含砾石少而含细粒多的土壤类型（1980 年新疆第二次土壤普查年）。

灰漠土主要特征是：剖面分化较明显，地表有多角形裂纹，表层为灰棕色大孔状结皮和片状、鳞片状结构层，其下为微带红棕色或浅褐棕色的紧实层，表层有机质含量较低，腐殖质层极不明显；除在山前洪积扇中上部发育的薄层灰漠土为非盐化外，其余大部分为中位或深位盐化，最高含盐层一般在 $40 \sim 60 cm$ 以下，最大含盐量高达 $15 g/kg$，并且大多数含有少量苏打，这些是造成灰漠土白、瘦、偏碱、板结的主要原因。

新疆灰漠土分布地区年平均温度 $5 \sim 8 \,℃$，降水量可达 $100 \sim 200 mm$，植被属旱生，以琵琶柴、梭梭、假木贼和蒿属等为主组成的荒漠植被类型，植被覆盖度一般在 10% 左右，高者可达 20%。虽具有丰富的光热土地资源，但是处于广袤的荒漠背景上的天山北麓灰漠土地带，生态环境非常脆弱，不合理的生产方式成为影响农业持续发展的主要限制因子。然而，高度熟化的灰漠土小麦单产高达 $6\,750 kg/hm^2$ 以上，玉米超过 $12\,000 kg/hm^2$，灰漠土的主要产棉县皮棉产量平均突破 $1\,500 kg/hm^2$，高产田达 $2\,250 kg/hm^2$。生产实践证明灰漠土虽属低产土壤，但增产潜力巨大。

灰漠土区种植模式较多，施肥方式、施肥量差异很大，由于施肥不当，不仅直接影响农产品产量与质量，而且造成资源的浪费，甚至造成环境污染。根据当前灰漠土区施肥现状，针对存在的问题，特别是影响环境质量和资源浪费的问题逐渐成为当前的研究热点时，长期定位肥料试验是以"培肥地力、增加产量"为主要研究内容，针对如何施肥，不仅满足产量和效益、土壤培肥作用，更兼顾施肥的环境效应和资源高效利用，为灰漠土区土壤持续发展提供理论指导和参考依据，丰富干旱区土壤发育规律研究。

一、新疆灰漠土长期试验概况

灰漠土肥力与肥效监测站位于新疆乌鲁木齐市以北 25km 的新疆农业科学院"国家现代农业科技示范园区"内（北纬 $43°95'26''$，东经 $87°46'45''$），地势东高西低，南高北低，坡度 $1/100 \sim 1/70$，海拔高度 600m，地下水位 30m 以下，来自天山北麓的雪水和地下水，年供水量在 450 万 m^3。常年降水量 310mm、蒸发量 $2\,570$mm，年平均气温

7.7℃，年平均日照时数 2 594h，无霜期 156d。该地区光、热资源丰富，适于多种粮、棉作物和瓜果、蔬菜的生长。

（一）试验设计

供试土壤为灰漠土，主要发育在黄土状母质上。长期定位肥料试验始于 1990 年，并在 1988 年和 1989 年进行 2 年匀地。匀地后耕层（0～20cm）土壤基本理化性状：有机质含量 15.2g/kg，全氮 0.868g/kg，全磷 0.667g/kg，全钾 23g/kg，碱解氮 55.2mg/kg，有效磷 3.4mg/kg，速效钾 288mg/kg，缓效钾 1 764mg/kg，pH 值 8.1，CEC 16.2cmol（+）/kg，容重 1.25g/cm³。一年一熟，轮作设为冬小麦、玉米、春小麦（棉花），2009 年以后将春小麦季改为棉花季。

试验设 10 个处理：①不耕作（撂荒，CK_0）；②不施肥、耕作（CK）；③氮（N）；④氮磷（NP）；⑤氮钾（NK）；⑥磷钾（PK）；⑦氮磷钾（NPK）；⑧常量氮磷钾+常量有机肥（NPKM）；⑨增量氮磷钾+增量有机肥（1.5NPKM）；⑩氮磷钾+秸秆还田（4/5NPK+S）。小区长 34.4m，宽 13.6m，面积 468m²，不设重复，小区间隔 40cm，采用预制钢筋水泥板埋深 70cm，地表露出 10cm 加筑土埂，避免了漏水渗肥现象。N、P、K 化肥分别用尿素、磷酸二铵、三料磷和硫酸钾，$N:P_2O_5:K_2O=1:0.6:0.2$；有机肥为羊粪，含 N 8.0g/kg、P_2O_5 2.3g/kg、K_2O 3.0g/kg；秸秆还田是当季作物的秸秆（表 24-1、表 24-2）。

表 24-1　灰漠土肥料试验施肥量（1990—1994 年）

肥 料	1.5NPKM	NPK	NPKM	CK	NK	N	NP	PK	NPKS
羊粪（t/hm²）	60	0	30	0	0	0	0	0	0
N（kg/hm²）	59.6	99.4	29.8	0	99.4	99.4	99.4	0	89.4
P_2O_5（kg/hm²）	40.0	66.9	20.0	0	0	0	66.9	66.9	56.1
K_2O（kg/hm²）	16.5	23.1	8.25	0	23.1	0	0	23.1	20.8

表 24-2　灰漠土肥料试验施肥量（1994 年以后）

肥 料	1.5NPKM	NPK	NPKM	CK	NK	N	NP	PK	NPKS
羊粪（t/hm²）	60	0	30	0	0	0	0	0	0
N（kg/hm²）	151.8	241.5	84.9	0	241.5	241.5	241.5	0	216.7
P_2O_5（kg/hm²）	90.4	138.0	51.4	0	0	0	138.0	138.0	116.6
K_2O（kg/hm²）	19.0	61.9	12.4	0	61.9	0	0	61.9	52.0

施肥方法：总氮量 60% 的氮肥及全部磷、钾肥作基肥，在播种前将基肥均匀撒施地表，深翻后播种；40% 的氮肥作追肥，冬小麦追肥在春季返青期和扬花期各 1 次，春小麦在拔节期和扬花期各追肥 1 次，玉米在大喇叭口期 1 次沟施追肥；棉花（沟灌条件下）在蕾期、花铃期各追肥 1 次，在滴灌条件下，随水滴肥，整个生育期滴水 10～12 次，滴肥 7～9 次。有机肥（羊粪）每年施用 1 次，于每年作物收获后均匀撒施深耕，秸秆还田是利用该小区中当季作物收获后的全部秸秆粉碎撒施后深耕。

长期试验的玉米品种为 Sc704、新玉 7 号、中南 9 号，5 月上旬播种，播种量为

45kg/hm^2，于 9 月下旬收获；棉花品种为新陆早系列和伊陆早 7 号，4 月中下旬播种，播种量为 60～75kg/hm^2，9 月中旬开始收获；春麦品种为新春 2 号、新春 8 号，4 月上旬播种，播种量为 390kg/hm^2，7 月下旬收获；冬麦品种分别为新冬 17 号、新冬 18 号和新冬 19 号，播种量为 375kg/hm^2，9 月下旬播种，翌年 7 月中旬收获。

（二）样品采集方法

在玉米、小麦和棉花收获前取样，进行考种和经济性状测定，同时取植株分析样，冬小麦、春小麦和玉米植株按每小区 3 点，冬小麦、春小麦每点不低于 50 株，玉米不低于 20 株取样。籽粒、茎秆样品经风干粉碎后留作分析和保存之用。

在每季作物收获后取土壤样品，每小区取样 10 个点混合成一个样，取样深度 0～20cm、20～40cm，取样后立即风干保存，并取部分土样磨细过 1mm 和 0.25mm 筛，供测试分析用。

（三）测试分析方法

试验样品采集按照国家土壤肥力与肥料效益监测网制定的统一方法进行。土壤有机质测定采用重铬酸钾容量法；活性有机质测定采用 333mmol/L KMnO$_4$ 氧化的有机质作为活性有机质；土壤全氮测定采用凯氏法，土壤碱解氮测定采用扩散法；全磷测定采用碱熔—钼锑抗比色法，有效磷测定采用 Olsen 法；土壤磷组分测定采用顾益初—蒋柏藩分级法；全钾用氢氟酸—高氯酸（HF-ClO$_4$）消煮、速效钾用 1mol/L NH$_4$OAC 浸提、缓效钾用 1mol/L 硝酸煮沸 10 分钟浸提钾减去速效钾，然后均用火焰光度法测定；植株样品用 H$_2$SO$_4$—H$_2$O$_2$ 消化，采用凯氏法测氮、钼锑抗比色法测磷、火焰光度法测钾。

土壤矿物组成（水云母、绿泥石、蒙脱石、云母—蒙脱石、蛭石、高岭石、石英）采用 Mg 饱和，用乙二醇处理制成定向薄片，X 射线衍射分析；土壤容重用环刀法测定。

矿物颗粒结合有机碳的分离与测定，采用 Anderson 等（1981）和武天云等（2004）的方法对土壤不同大小矿物颗粒结合有机碳进行分离，具体步骤如下：称取 10g 风干土样于 250mL 烧杯，加水 100mL，在超声波发生器清洗槽中超声分散 30min，然后将分散悬浮液冲洗过 53μm 筛，直至洗出液变清亮为止，留在 53μm 上的即为砂粒组分（53～2 000μm）。根据 Stockes 定律计算过 53μm 筛的黏粉粒中每个粒级颗粒分离的离心时间，基于此，分离得到粗粉粒（5～53μm，Coarse Silt，CS）、细粉粒（2～5μm，Fine Silt，FS）、粗黏粒（0.2～2μm，Coarse Clay，CC）和细黏粒（<0.2μm，Fine Clay，FC）。离心过程中粗粉粒和粗黏粒为离心管底部沉淀，直接转移至铝盒；细粉粒和细黏粒为悬液，采用 0.2mol/L CaCl$_2$ 絮凝，再离心收集。以上砂粒、粉粒及黏粒的分级以美国农部标准为准（Diekow J 等，2005）。各组分转移至铝盒后，先在水浴锅上蒸干，然后置于烘箱内，60℃ 下 12h 烘干；烘干后各组分磨细过 0.25mm 筛，采用重铬酸钾法测定有机碳含量。

团聚体有机碳组分分离与测定，按照 Sleutel（2006）和 Six（2000）的方法。采用湿筛和重液悬浮法获得存在于大团聚体（>250μm）中的粗自由颗粒有机碳（Coarse Free Particulate Organic Carbon，cfPOC）、微团聚体间（53～250μm）的细自由颗粒有机碳（Fine Free Particulate Organic Carbon，ffPOC）、微团聚体内物理保护的有机碳（Intramicroaggregate Particulate Organic Carbon，iPOC）及与矿物（<53μm）结合的有机碳（Mineral-associated Organic Carbon，MOC）。具体分组流程详见参考文献（Six J 等，2000）。以单位重量土壤中有机碳含量来表示总有机碳和各组分有机碳的量。

土壤等温吸附磷的测定：土壤样品称取 2.500g 于 100mL 离心管中，分别加入含磷量为 0mg/L、25mg/L、50mg/L、75mg/L、100mg/L 的 0.01mol/L $CaCl_2$ 溶液 25mL，同时加入 3 滴氯仿以抑制微生物的活动。25℃下振荡 1h，静置平衡 24h 后离心（4 000r/min，8min）并测定平衡溶液中磷浓度，根据其浓度变化计算土壤的吸磷量。以平衡溶液的磷浓度为横坐标，以土壤的吸磷量为纵坐标绘制等温吸附曲线，并进行方程拟合。

土壤等温解吸磷的测定：将以上吸附试验的上清液去掉，用 25mL 饱和 NaCl 溶液洗涤 2 次（4 000r/min，离心 8min），以除去游离态磷，每管加 0.01mol/L $CaCl_2$ 溶液 25mL，同时加入 3 滴氯仿以抑制微生物的活动。25℃下振荡 1h，静置、平衡 24h，离心（4 000r/min，8min）取上清液测定解吸磷量，并根据解吸出来的磷占土壤所吸附磷的百分比计算解吸率。

水溶性钾测定方法：取过 1mm 筛土样 5.00g 于 100mL 塑料瓶中，按土水比 1∶10 加蒸馏水，25 ℃ 恒温振荡 30min，过滤，若滤液不清再次过滤、稀释，稀释液中钾用火焰光度计测定。

非特殊吸附钾测定方法：取过 1mm 筛土样 5.00g 于 100mL 塑料瓶中，加 50mL（土液比 1∶10）0.5mol/L 中性 $Mg(OAC)_2$ 溶液，25℃ 恒温振荡 30min，过滤稀释，稀释液中的钾用火焰光度计测定。非特殊吸附钾值 = 0.5mol/L $Mg(OAC)_2$ 浸提钾 – 水溶性钾。

特殊吸附钾测定：取过 1mm 筛土样 5.00g 于 100mL 塑料瓶中，加 50mL（土液比 1∶10）1mol/L 中性 NH_4OAC 溶液，25 ℃ 恒温振荡 30min，过滤稀释，稀释液中的钾用火焰光度计测定。特殊吸附钾值 = 1mol/L NH_4OAC 浸提钾 – 0.5mol/L $Mg(OAC)_2$ 浸提钾。

非交换性钾测定：取过 1mm 筛土样 2.00g 于大硬质试管中，加 20mL 1mol/L HNO_3 溶液，放入油浴锅中加热，待泡沫落后，真正开始沸腾计时 10min，稍冷，乘热过滤于 100mL 容量瓶中，用热蒸馏水洗涤 5~7 次，冷却后定容，稀释，稀释液中的钾用火焰光度计测定。非交换性钾 = 1mol/L HNO_3 消煮浸提钾 – 1mol/L NH_4OAC 浸提钾。

土壤钾素固定方法：称取土样 5g，分别加入 5mL 不同浓度的含钾溶液（0g/L，0.4g/L，0.8g/L，1.6g/L，2.4g/L，3.2g/L，4.0g/L），2 次重复，使其充分混匀，在室内干燥以模拟田间条件下发生的干湿交替过程。样品风干后，加入 50mL 1.0mol/L 醋酸铵浸提液，振荡 30min 后过滤，用火焰分光光度计测定滤液中钾含量。

土壤固钾量和固钾率按下式计算：固钾量（mg/kg）= 外源钾加入量 –（加外源钾处理风干后 NH_4OAC 浸提钾量 – 未加外源钾处理风干后 NH_4OAC 浸提钾量）；固钾率（%）=（固钾量×100）/外源钾加入量。

土壤钾素容量（Q）和强度（I）采用振荡法测试（Rupa T R 等，2001）。

土壤动物测定方法：利用改良干漏斗分离（Modified Tullgren）土壤中的土壤昆虫，利用陷阱法收集活动在地表的各类土壤昆虫；所有昆虫标本鉴定到科（袁峰，1996）。动物体型大小依据其在食物分解过程中作用（Swift 等，1979）进行划分（Swift M J

等，1979），并以此确定土壤昆虫的营养功能团（张贞华，1993）。

土壤微生物测定方法：参照《土壤微生物研究法》（1985），用固体平板法测定细菌、真菌、放线菌、固氮菌数；稀释培养法测定氨化细菌、硝化细菌、反硝化细菌、纤维分解菌数量。

土壤酶活性测定方法：参照《土壤酶及其研究法》（关松荫，1986），过氧化氢酶活性用高锰酸钾滴定法、转化酶活性用硫代硫酸钠滴定、脲酶活性用靛酚盐比色法、磷酸酶活性用磷酸苯二钠比色法测定。

（四）数据处理

数据采用 Excel 2003 和 SPSS 16.0 进行统计分析，处理间显著性检验用 LSD 法（$t = 0.05$）。

有机碳储量（C t/hm^2）$= \sum SOC_i \times D_i \times H_i \times 10^{-1}$，式中，$SOC_i$ 为第 i 层有机碳含量（g/kg）；D_i 为第 i 层土壤容重（g/cm^3）；H_i 为第 i 层的土壤厚度（cm）；i 表示土层。

土壤磷最大缓冲能力（MBC）（mL/g）$=$ 吸附反应常数（K）$\times X_m$，其中，X_m 为土壤最大吸磷量。土壤易解吸磷（RDP）：吸附—解吸过程中加磷量为 0mg/L 时，土壤固相进入液相部分磷的数量。

土壤钾素 Q/I 曲线的一系列参数，如 K$^+$ 平衡活度比（AR_0）、钾位缓冲容量（PBC）、非专性吸附钾（$\triangle K_0$）、专性吸附钾（K_X）等根据 Deby-Hückel 理论计算而来（Moore W J，1972；Sparks D L 等，1981）。土壤活性钾（K_L）由 1mol/L NH$_4$OAC 浸提钾估算而来（Evangelou V P 等，1988），K$^+$ 和 Ca^{2+} + Mg^{2+} 的交换自由能（$\triangle G$）参考 Woodruff 方法（Woodruff C M，1955），即 $-\triangle G = RT\ln AR_0$ 计算而来。

二、长期施肥下灰漠土有机质和氮、磷、钾的演变规律

（一）长期施肥灰漠土有机质的演变规律

1. 灰漠土有机质含量的变化

土壤有机质含量是土壤中各种营养元素特别是氮、磷的重要来源。由于它具有胶体特性，能吸附较多的阳离子，因而使土壤具有保肥供肥能力，提高土壤对酸、碱、盐的缓冲能力，促进土壤团粒结构的形成，改良土壤的物理特性，协调土壤水、肥、气、热之间的关系。一般来说，土壤有机质含量的多少，主要取决于有机物质的年矿化量和年输入、输出量，是土壤肥力高低的一个重要指标。

在新疆灰漠土区长期定位肥料试验设置的轮作制度下，不同施肥措施土壤有机质含量的变化趋势明显（图 24-1）。除施有机肥外，不施肥（CK）和施用化肥，土壤有机质含量经过约 10 年的下降后，继而转为基本稳定。施用有机肥能加速土壤有机质积累，且有机肥施用量越大有机质积累的越快。配施有机肥（1.5NPKM、NPKM）土壤有机质含量呈持续上升态势，年增加量分别为 0.91g/kg 和 0.66g/kg。氮磷钾化肥和秸秆配施还田（NPKS）在耕作了 22 年后土壤有机质含量基本持平，无明显变化。因此在本试验条件下，增施有机肥提高土壤有机质含量的效果优于施用化肥及秸秆还田。

氮磷钾化肥平衡配施，虽然能维持作物高产，但对提高土壤有机质作用较小。NPK

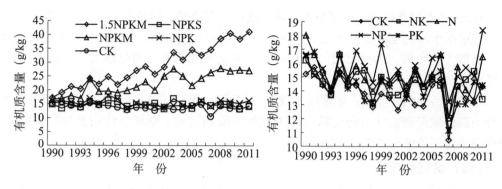

图 24 - 1　长期不同施肥土壤有机质变化

和 NP 处理耕层土壤有机质含量在耕作前 10 年略有下降，下降幅度为 1 ~ 2g/kg，之后稳定在 14g/kg 的水平，比不施肥平均高 1 ~ 2g/kg。长期不施肥（CK）土壤有机质含量持续降低，长期不平衡施化肥（N、NK、PK）处理土壤有机质含量呈降低趋势。其中，以长期不施肥（CK）和长期不施氮肥（PK）处理土壤有机质含量下降幅度较大，氮磷（NP）处理下降较小。这是由于 CK、PK 处理没有氮肥输入，只有作物带出，增加了土壤中氮素的消耗从而加大了有机质的矿化，减少了有机质的累积。

　　综合表明，长期单施化肥不能提高新疆灰漠土有机质含量，只有化肥与有机肥配合施用才能有助于灰漠土有机质的积累，维持和提高土壤肥力。

　　2. 土壤活性有机质的变化

　　土壤活性有机质（AOM）到目前还没有一个严谨、确切的定义。许多研究者把在一定的时空条件下受植物、微生物影响强烈、具有一定溶解性，且在土壤中移动较快、不稳定、易氧化、易分解、易矿化，其形态和空间位置对植物和微生物有较高活性的那部分土壤碳素，确认为土壤活性有机质。许多研究者发现土壤活性有机质对土壤碳的变化较非活性有机质敏感得多，与土壤总有机质（TOM）相比，它随土壤管理措施变化较快，与土壤性质关系更密切，因此认为土壤活性有机质可以作为土壤管理措施引起土壤有机质变化的早期指标。

　　在灰漠土上连续施肥 6 年后，不同处理间土壤活性有机质出现明显的变化（表 24 - 3）。施有机肥均能提高土壤各级活性有机质含量，配施有机肥的两个处理（1.5NPKM、NPKM）土壤活性有机质分别提高了 24.4%、25.9%，差异不大；而中高活性有机质差异较大，并且随着有机肥施用量的增加而呈现倍数增加，例如，配施高量有机肥（1.5NPKM）处理土壤中活性和高活性有机质分别提高了 72.2% 和 45.5%，配施常量有机肥（NPKM）处理分别提高了 11.1% 和 9.1%。因此，有机肥的施用对提高灰漠土活性有机质效果明显，尤其是对提高灰漠土中、高活性有机质效果显著。

　　秸秆还田（NPKS）处理活性和中活性有机质分别下降 7.3% 和 38.9%，而高活性有机质增加 9.1%。单施化肥对活性和高活性级有机质作用不明显，而对中活性有机质影响较大。使施氮处理（N、NP、NPK）的中活性有机质提高了 11.0% ~ 16.7%，不施氮处理（PK）处理下降了 44.4%。对不施肥处理的高、中活性有机质均无明显影响。

表 24-3　不同施肥下灰漠土活性有机质的变化　　　　　（单位：g/kg）

处　理	1995 年			1999 年		
	活性有机质	中活性有机质	高活性有机质	活性有机质	中活性有机质	高活性有机质
CK	2.65	0.9	1.0	2.1	1.5	0.7
N	2.40	2.1	1.0	2.5	1.6	0.5
NK	2.21	1.0	1.1	2.6	1.6	0.8
PK	2.06	1.0	1.2	2.5	1.7	0.7
NP	2.40	2.0	1.1	2.5	1.6	0.8
NPK	3.28	2.1	1.1	3.7	1.3	0.8
NPKS	3.19	1.1	1.2	3.3	1.6	1.1
NPKM	4.33	2.0	1.2	4.5	3.0	1.4
1.5NPKM	4.28	3.1	1.6	5.1	3.8	1.9

注：1989 年试验前土壤活性有机质为 3.44g/kg，中性有机质为 1.8g/kg，高活性有机质为 1.1g/kg

随着施肥年限的延长（10 年）后，使配施有机肥（NPKM、1.5NPKM）处理的活性有机质得到较大幅度的提高，其中，中活性有机质的分别提高了 66.7% 和 111.1%，活性有机质分别提高了 30.8% 和 48.3%，高活性有机质分别提高了 27.3% 和 72.3%，高量有机肥（1.5NPKM）处理的效果尤其好，两者间相差 1.6 倍以上。秸秆还田（NPKS）处理的高活性有机质含量能维持，平衡施肥（NPK）处理的活性级有机质有增加趋势。对不平衡施肥（N、NP、NK、PK）处理的活性有机质均呈下降趋势，下降顺序为：高活性有机质 > 活性级有机质 > 中活性有机质。

长期配施有机肥对增加中高活性有机质的效果快于活性有机质，随着有机肥施用量增大效果更好；秸秆还田对提高土壤活性有机质没有明显效果；单施化肥或不施肥，土壤中活性有机质和高活性有机质均有下降趋势。

3. 不同大小矿物颗粒结合有机碳各组分分布及变化

土壤中矿物颗粒对有机碳的吸附作用被认为是土壤固持有机碳的重要机制，故有机碳研究一直与矿物颗粒研究结合在一起（武天云等，2004）。采用超声分散和离心的方法（Six J 等，2001；Anderson DW 等，1981）得到的不同大小矿物颗粒结合的有机碳在性质和组成上存在显著差异，因此对农业措施的响应也不同（Hassink J，1997）。一般认为，砂粒与有机碳结合非常弱，功能上属于活性有机碳库，也被称为颗粒有机碳（Particulate Organic Carbon，POC）（Schulten HR，1991）；而粉粒和黏粒具有较大的表面积，并通过配位体交换、氢键及疏水键等作用吸附有机碳，这部分有机碳属于惰性有机碳库（Cambardella CA，1992），又称为矿物结合有机碳（Mineral-associated Organic Carbon，MOC）。

长期不同施肥条件下，灰漠土总有机碳在各粒径矿物颗粒中的平均分布比例总体表现为：粗粉粒（27.9%）、粗黏粒（27.1%）> 砂粒（22.6%）> 细粉粒（16.5%）> 细黏粒（5.9%）（图 24-2），可见粗粉粒和粗黏粒上集中的有机碳最多，说明两者是灰漠土中固持有机碳的重要组分。长期施肥对总有机碳分布比例的影响因颗粒大小不同而差异较大。与不施肥相比，配施有机肥（NPKM、1.5NPKM）使砂粒中有机碳比例平均提高了 119.4%，但分配到细粉粒和粗黏粒中的有机碳比例却分别显著（$p <$ 0.05）下降了 40.3% 和 37.9%；平衡施用化肥（NPK）处理使砂粒有机碳比例显著（$p < 0.05$）增加了 57.2%，而不平衡施化肥（N、NP）处理各级矿物颗粒有机碳比例基本接近。说明，不平衡施化肥并不能改变总有机碳在各级矿物颗粒中的分布比例；秸秆还田（NPKS）处理使砂粒有机碳比例下降了 38.2%，其他粒级矿物颗粒有机碳的比例并无显著变化。

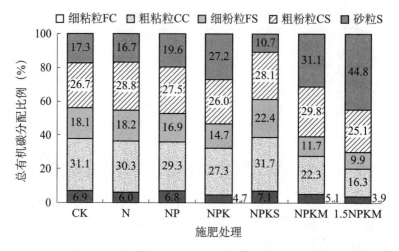

图 24 – 2　长期施肥灰漠土总有机碳在不同大小颗粒中的分布

长期不同施肥 18 年（2007 年）后，与不施肥相比，氮磷配施（NP）处理使细黏粒有机碳含量显著（$p < 0.05$）增加了 11.2%；氮磷钾平衡施用（NPK）使砂粒有机碳含量显著（$p < 0.05$）增加了 66.9%；秸秆还田（NPKS）下细粉粒和细黏粒有机碳分别显著增加了 31.2% 和 9.4%，而砂粒、粗粉粒及粗黏粒的有机碳含量并不受秸秆还田影响（表 24 – 4）。配施有机肥（NPKM 和 1.5NPKM）增加各级矿物颗粒结合有机碳含量的效果最显著（$p < 0.05$），且与其他施肥处理相比，差异亦达显著（$p < 0.05$）水平，砂粒、粗粉粒、细粉粒、粗黏粒及细黏粒有机碳平均增幅分别达到 397.5%、122.9%、29.7%、33.0% 和 39.8%，说明砂粒中有机碳含量对配施有机肥响应最敏感。

表 24 – 4　长期施肥后灰漠土不同大小矿物颗粒结合有机碳含量（2007 年）

（单位：g/kg）

处　　理	砂粒有机碳 S-OC	粗粉粒有机碳 CS-OC	细粉粒有机碳 FS-OC	粗黏粒有机碳 CC-OC	细黏粒有机碳 FC-OC
CK	1.60d	2.47d	1.67c	2.88d	0.64e
N	1.55d	2.68d	1.69c	2.81d	0.56e
NP	2.04cd	2.86d	1.76c	3.05d	0.71cd
NPK	2.68c	2.56d	1.45c	2.69d	0.47e
NPKS	1.05d	2.76d	2.19a	3.1cd	0.7cd
NPKM	5.23b	5.01b	1.97b	3.74ab	0.85ab
1.5NPKM	10.73a	6.00a	2.37a	3.91ab	0.93a

同列数据后不同字母表示不同处理间的差异显著（$p < 0.05$）

灰漠土各级矿物颗粒结合有机碳随施肥时间的持续变化的差异也较大。由图24－3可以看出，长期不施肥或不平衡施用化肥（N、NP）处理仅能维持不同大小矿物颗粒结合有机碳含量的初始水平；平衡施用化肥（NPK）使砂粒有机碳含量以每年0.06g/kg的速率显著上升，但粗粉粒、细粉粒、细黏粒有机碳含量分别以每年0.01g/kg、0.03g/kg和0.02g/kg的速率呈显著下降趋势。

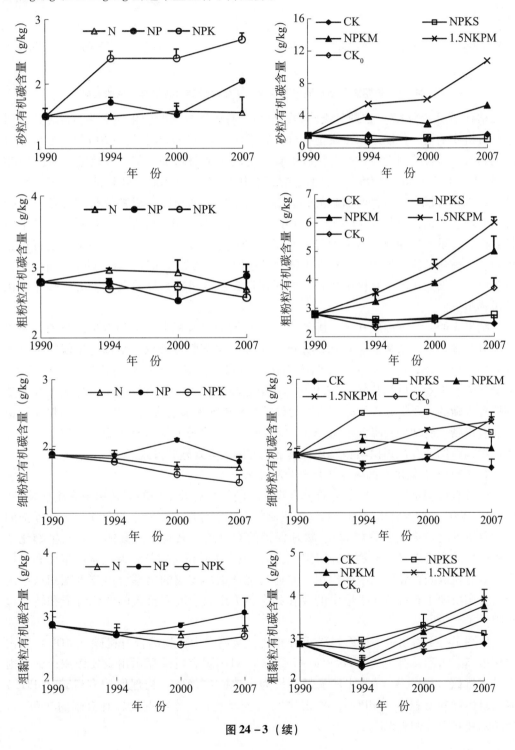

图24－3（续）

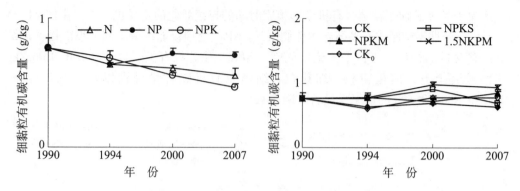

图 24 – 3　长期施肥下灰漠土不同大小矿物颗粒结合有机碳含量的变化

秸秆还田（NPKS）处理各级矿物颗粒结合有机碳含量的变化速率并不显著，说明秸秆有机物的输入仅能平衡灰漠土有机碳的损耗。常量配施有机肥（NPKM）处理随时间的延长，砂粒、粗粉粒、粗黏粒有机碳含量均呈显著增加趋势，其增速分别为每年0.18g/kg、0.13g/kg、0.06g/kg；增量配施有机肥（1.5NPKM）处理的各级矿物颗粒结合有机碳含量均呈显著增加趋势，砂粒、粗粉粒、细粉粒、粗黏粒和细黏粒有机碳含量的增速分别为每年0.49g/kg、0.19g/kg、0.03g/kg、0.07g/kg、0.01g/kg，其中砂粒有机碳含量的增加速率最高，是其他矿物颗粒的2.6～49.0倍，分别是常量有机肥配施和平衡化肥施用处理下砂粒有机碳含量增加速率的2.7和8.2倍，可见增量配施有机肥可显著增加灰漠土有机碳含量，同时说明砂粒有机碳是反映灰漠土有机碳库变化的敏感组分。

结果表明，与不施肥相比，配施有机肥对增加各有机碳组分的效果最显著，并以砂粒有机碳含量的增速（年均0.34g/kg）最高，对施肥最敏感；秸秆还田仅能维持各级矿物颗粒结合有机碳含量；长期施用化肥不利于各级颗粒结合有机碳含量的增加。从分配比例来看，以粗粉粒（27.9%）和粗黏粒（27.1%）有机碳所占比例最高，是固持有机碳的重要组分；配施有机肥使砂粒有机碳比例显著提高119.4%，细粉粒和粗黏粒有机碳比例却分别降低了40.3%和37.9%。说明长期配施有机肥是增加灰漠土各级矿物颗粒结合有机碳积累和提升灰漠土肥力的最有效施肥方式。

4. 灰漠土团聚体有机碳各组分含量及变化

土壤有机碳是组成不同的异质复合物，不同组分有着不同的周转速率和组成特征。Six 等（2002）按照有机碳不同的固存机制将有机碳分成不同概念组分库：未被保护的活性有机碳（游离于团聚体间）、物理保护的有机碳（蔽蓄于团聚体内）及生物化学作用保护的有机碳（被矿物颗粒吸附结合）。该有机碳概念组分强调土壤团聚体和矿物在土壤有机碳固存和转化中的作用，并通过轻微破坏土壤的物理分组技术得到这些组分，真实反映了有机碳在土壤中的存在状态，为细致研究有机碳的变化特征和转化过程提供了先进方法。

由图24 – 4看出：不同有机碳组分相比，灰漠土中矿物结合有机碳（MOC）所占比例最高，占到总有机碳的56.9%～77.8%，对固定有机碳显示出重要作用；细自由颗粒有机碳（ffPOC）所占比例最低，仅为5.9%～9.5%；物理保护有机碳（iPOC）和粗自由颗粒有机碳（cfPOC）所占比例无显著差异，分别占到总有机碳的9.6%～15.6%和6.7%～19.8%。

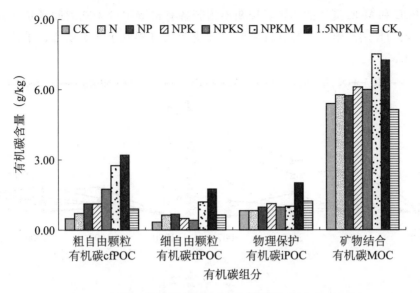

图 24 - 4　长期不同施肥下灰漠土有机碳组分含量（2007 年）

在不同施肥处理中，从图 24 - 4 灰漠土各有机碳组分含量和分布还看出：长期施肥对粗自由颗粒有机碳和细自由颗粒有机碳（cfPOC 和 ffPOC）影响较大。与不施肥相比，不同施肥处理均显著增加了 cfPOC 和 ffPOC 含量，其中以配施有机肥（NPKM 和 1.5NPKM）的 cfPOC 和 ffPOC 含量最高，分别达到 2.65 ~ 3.19g/kg 和 1.20 ~ 1.67g/kg，是不施肥处理的 6.0 ~ 7.0 倍和 3.0 ~ 4.1 倍；其次是秸秆还田（NPKS）处理，cfPOC 和 ffPOC 含量分别为 1.58g/kg 和 0.90g/kg，是不施肥处理的 3.5 倍和 2.2 倍；施化肥处理（N、NP 和 NPK）cfPOC 和 ffPOC 增幅最低，分别为 0.4 ~ 1.1 倍和 0.3 ~ 0.5 倍。

物理保护有机碳（iPOC），除单施氮肥（N）外，其他处理与不施肥处理均达显著差异。其中，配施有机肥处理 iPOC 含量增长了 1.9 ~ 3.2 倍，秸秆还田处理增加了 87.8%；而平衡施肥（NPK）和氮磷配施（NP）的 iPOC 增幅最低，平均仅为 36.2%。

矿物结合有机碳（MOC）受施肥影响较小。与不施肥处理相比，秸秆还田、单施氮肥均未显著增加 MOC。配施有机肥（NPKM 和 1.5NPKM）的 MOC 含量达 7.63 ~ 10.25g/kg，比不施肥显著增加了 42.6% ~ 91.4%。平衡施肥（NPK）和氮磷配施（NP）平均增加了 14.1%。

长期不同肥料配施条件下，灰漠土各有机碳组分演变表现出较大差异。配施有机肥（1.5NPKM 和 NPKM）各有机碳组分均有显著增加，cfPOC、ffPOC 分别比试验初始时（1990 年）提高了 3.6 ~ 4.5 倍和 3.1 ~ 4.8 倍，分别以年均 0.10 ~ 0.13g/kg 和 0.05 ~ 0.07g/kg 的速率显著增加；iPOC、MOC 分别较 1990 年提高 1.1 ~ 2.1 倍和 0.2 ~ 0.6 倍，年均增加速率分别达到 0.05 ~ 0.11g/kg 和 0.09 ~ 0.24g/kg。同时，配施高量有机肥处理（1.5NPKM）的各组分有机碳年均增加速率均显著高于常量有机肥处理（NPKM）。以上结果说明，高量有机肥比常量有机肥能显著增加灰漠土有机碳（图 24 - 5、表 24 - 5）。

与 1990 年相比，长期秸秆还田下 cfPOC 和 ffPOC 含量分别增加了 1.73 倍和 2.1 倍，二者含量随秸秆配施时间延长呈增加趋势，增加速率分别达到年均 0.05g/kg 和 0.03g/kg，而 iPOC 和 MOC 年均变化速率未达显著水平，因此秸秆配施投入的碳源仅能维持 iPOC 和 MOC 碳库的周转。长期不施肥各有机碳组分未随时间延长而表现出明显变化。表明长期不施肥土壤有机碳矿化和腐殖化过程处于平衡状态，维持了土壤有机碳的稳定。

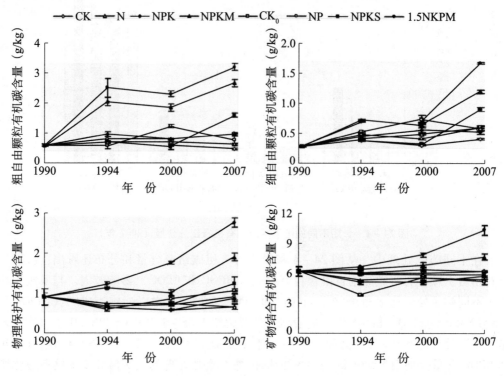

图 24 - 5　长期不同施肥下灰漠土有机碳组分含量变化特征（1990—2007 年）

表 24 - 5　长期施肥灰漠土有机碳组分含量与时间（年）的线性关系（1990—2007 年）

处　理	粗自由颗粒有机碳（cfPOC）		细自由颗粒有机碳（ffPOC）		物理保护有机碳（iPOC）		矿物结合有机碳（MOC）	
	回归方程系数(R^2)	年变化 [g/(kg·a)]	回归方程系数(R^2)	年变化 [g/(kg·a)]	回归方程系数(R^2)	年变化 [g/(kg·a)]	回归方程系数(R^2)	年变化 [g/(kg·a)]
CK	0.518	0.01	0.376	—	0.397	-0.01	0.420	-0.04
N	0.068	—	0.964**	0.02	0.724*	-0.01	0.869*	-0.02
NP	0.815*	0.02	0.701*	0.02	0.037	—	0.126	0.01
NPK	0.418	0.02	0.662	0.01	0.002	—	0.019	—
NPKS	0.620*	0.05	0.710*	0.03	0.379	0.02	0.006	0.01
NPKM	0.730*	0.10	0.826*	0.05	0.728*	0.05	0.979**	0.09
1.5NPKM	0.711*	0.13	0.863*	0.07	0.979**	0.11	0.958**	0.24

注：. * 表示 $p < 0.05$；** 表示 $p < 0.01$

　　长期施用化肥对各有机碳组分含量时序变化影响较小，仅 NP 配施处理使 cfPOC 和

ffPOC 分别比 1990 年提高了 0.6 倍和 1.1 倍，年均增加速率均为 0.02g/kg。但长期单施氮肥使灰漠土 iPOC 和 MOC 分别以年均 0.01g/kg 和 0.02g/kg 的速率降低，说明长期单施氮肥不利于土壤有机碳的积累。

结果表明，与不施肥相比，长期配施有机肥处理（NPKM 和 1.5NPKM）增加各有机碳组分效果最显著，且粗自由颗粒有机碳、细自由颗粒有机碳、物理保护有机碳、矿物结合有机碳增加速率最高，平均分别达到年均 0.12g/kg、0.06g/kg、0.08g/kg 及 0.17g/kg；秸秆还田使粗自由颗粒有机碳和细自由颗粒有机碳分别以年均 0.05g/kg 和 0.03g/kg 的速率增加，而施化肥仅能维持各有机碳组分的含量。不同有机碳组分中以粗自由颗粒有机碳含量增幅最高，平均增幅是其他有机碳组分的 2.1 倍~8.0 倍；矿物结合有机碳所占比例最高，达到 56.9%~77.8%。说明粗自由颗粒有机碳对施肥较敏感，而矿物结合有机碳是灰漠土固存有机碳的主要形式。综上分析，长期有机无机肥配施是提高灰漠土有机碳组分含量和培肥土壤的有效模式。

5. 灰漠土有机碳储量的变化

土壤有机碳库主要分布在 1m 土层土壤（Six J 等，2002；潘根兴，1999），一般根据 1m 土层土壤有机碳含量计算全球土壤碳库（解宪丽等，2004）。我国一般是利用全国土壤普查数据或《中国土种志》数据来估算土壤有机碳储量，这些估算的土壤碳储量有可能存在一定的不确定性（Post W M 等，1982）。本研究选取了灰漠土长期定位肥料试验，比较分析不同施肥处理下 1m 深剖面土壤有机碳的含量与储量，一方面可以精确计算土壤碳储量，另一方面可以研究长期施肥对土壤下层有机碳分布的影响。

土壤剖面有机碳含量由表 24-6 看出，CK、N、NP、NPK、NPKM 五个处理不同土层有机碳含量均表现为 0~20cm > 20~40cm > 40~100cm；NPKS、1.5NPKM 处理不同土层有机碳含量均表现为 0~20cm > 20~40cm > 40~60cm > 60~100cm。说明 NPKS 与 1.5NPKM 处理可以影响到灰漠土 0~60cm 的有机碳含量。

表 24-6 不同施肥处理灰漠土剖面有机碳含量（2009 年）

土 层 (cm)	有机碳含量（g/kg）						
	CK	N	NP	NPK	NPKS	NPKM	1.5NPKM
0~20	7.56±0.11Aa	8.97±0.54Ab	8.79±0.28Ab	8.04±0.42Aab	9.22±0.98Ab	15.86±1.12Ac	21.40±0.45Ad
20~40	6.45±1.20Aa	7.25±0.45Bab	7.08±0.59Ba	6.06±0.98Ba	7.09±1.02Ba	8.85±0.57Bb	12.49±1.31Bc
40~60	3.84±0.52Ba	4.96±0.75Cab	4.13±0.17Ca	3.73±0.37Ca	4.80±1.07Cab	4.03±0.12Ca	5.46±0.81Cb
60~80	3.52±0.37Ba	4.37±0.67Cda	3.46±0.43Ca	3.66±0.45Ca	3.61±0.61Ca	3.61±0.23Ca	3.93±0.51Ca
80~100	3.30±1.06Ba	3.48±0.20Da	3.55±0.38Ca	3.28±0.15Ca	3.96±0.15Ca	3.40±0.20Ca	4.37±1.49Ca

注：表中数据是 3 次重复的平均值；同一行中不同小写字母表示同一层次不同处理间差异显著（$p \leq 0.05$）；同一列中不同大写字母表示同一处理不同层次间差异显著（$p \leq 0.05$）

同一施肥处理不同土壤层次间有机碳含量的变幅存在明显差异：1.5NPKM 处理 0~20cm 土层有机碳含量是 80~100cm 土层的 4.9 倍；CK 处理 0~20cm 土层有机碳含量是 80~100cm 土层的 2.3 倍。0~20cm 土层内，与 CK 相比，NPKM、1.5NPKM 两个处理的有机碳含量显著提高，增幅分别高达 109.7% 和 183.1%；N、NP、NPK、NPKS 处理有机碳含量均有不同程度的提高，增幅在 6.3%~21.9%。20~40cm 土层内 NPKM、1.5NPKM 处理与 CK 相比分别提高了 37.2% 和 93.6%，其余处理有机碳含量与 CK 相比无明显差异。在 40~60cm 土层内 1.5NPKM、NPKS 两处理的有机碳含量比 CK 显著提高了 42.1%、26.3%，其余处理与 CK 相比无明显差异；不同施肥处理之间在 60~100cm 内有机碳含量无明显差异。

灰漠土有机碳储量随着施肥年限延长，配施有机肥（NPKM、1.5NPKM）处理可以显著提高 0~40cm 的有机碳储量，在 0~20cm 土层上有机碳储量 2002 年比 1989 年分别提高了 31.1%、69.3%，2009 年比 2002 年分别提高了 37.2%、43.4%（表 24-7）。在同年内配施秸秆还田（NPKS）处理 0~20cm 土层有机碳储量基本持平，20~100cm 各层次略有下降，下降幅度为 2.4~3.8t/hm²。不施肥、单施化肥（CK、N、NP、NPK）处理在 1m 土体内有机碳储量均有不同程度下降，下降幅度为 1.8~6.6t/hm²。

表 24-7　不同施肥年限灰漠土不同土层的有机碳储量

年限（年）	土层（cm）	有机碳储量（t/hm²）						
		CK	N	NP	NPK	NPKS	NPKM	1.5NPKM
0（1989 年）	0~20	21.5	21.5	21.5	21.5	21.5	21.5	21.5
	20~40	22.9	22.9	22.9	22.9	22.9	22.9	22.9
	40~60	15.9	15.9	15.9	15.9	15.9	15.9	15.9
	60~80	13.7	13.7	13.7	13.7	13.7	13.7	13.7
	80~100	12.0	12.0	12.0	12.0	12.0	12.0	12.0
12（2002 年）	0~20	17.9	21.6	22.0	20.4	21.6	28.2	36.4
	20~40	17.8	19.5	24.3	16.8	19.7	20.0	31.7
	40~60	17.1	16.9	9.6	12.2	8.6	17.2	14.9
	60~80	11.3	12.4	11.5	12.9	9.2	12.7	12.9
	80~100	9.7	12.4	14.4	12.0	9.1	12.4	11.2
20（2009 年）	0~20	18.4±0.3Aa	21.9±1.3Ab	21.4±0.7Ab	19.6±1.0Aab	22.±52.4Ab	38.7±2.7Ac	52.2±1.1Ad
	20~40	17.4±3.2Aa	19.6±1.2Aab	19.1±1.6Ba	16.4±2.7Ba	19.1±2.8Aa	23.9±1.5Bb	33.7±3.5Bc
	40~60	10.7±1.5Ba	13.9±2.1Bab	11.6±0.5Ca	10.4±1.0Ca	13.4±3.0Bab	11.3±0.3Ca	15.3±2.3Cb
	60~80	10.6±1.1Ba	13.1±2.0BCa	10.4±0.3Ca	11.0±1.4Ca	10.8±1.8Ba	10.8±0.7Ca	11.8±1.5Ca
	80~100	10.2±3.3Ba	10.8±0.6Ca	11.0±1.2Ca	10.2±0.5Ca	12.3±3.5Ba	10.5±0.6Ca	13.5±4.6Ca

注：表中 2009 年数据是 3 次重复的平均值；同一行中不同小写字母表示同一层次不同处理间差异显著（$p \leq 0.05$）；同一列中不同大写字母表示同一处理不同层次间差异显著（$p \leq 0.05$）；差异显著性是在同一年份间比较

施肥 20 年后 0~100cm 土层有机碳储量的变化与 1989 年相比，配施有机肥处理的有机碳储量显著上升（图 24-6），1.5NPKM、NPKM 处理有机碳储量分别提高了 40.6t/hm²、9.2t/hm²。其余 4 个处理（N、NP、NPK、NPKS）的有机碳储量略有下降，幅度在 6.7~18.4t/hm²，不施肥（CK）处理有机碳储量下降了 18.6t/hm²。以上结果说明，单施化肥与秸秆还田不能维持灰漠土 1m 土层的有机碳储量。

综上所述，单施化肥和不施肥使灰漠土 1m 土层有机碳储量略有降低。配施有机肥能显著提高土壤有机碳含量和储量。配施高量有机肥（1.5NPKM）能提高 0~20cm 和 20~40cm 土层土壤有机碳含量，分别提高 143.1% 和 46.9%；配施常量有机肥（NPKM）分别提高 80.2% 和 4.1%。配施有机肥（1.5NPKM）在 1m 土体上的有机碳储量提高了 40.6t/hm²。以

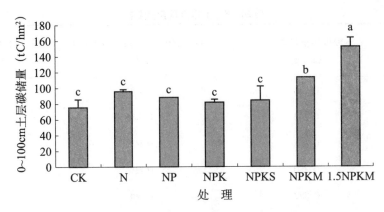

图24-6　施肥20年后（2009年）灰漠土0~100cm土层的有机碳储量

注：柱上不同字母表示不同处理间差异达5%显著水平

上结果表明配施有机肥可以显著提高1m深土体中有机碳储量，主要是提高了0~40cm土层土壤有机碳含量。

（二）长期施肥下灰漠土氮素的演变规律

1. 灰漠土全氮含量的变化

土壤中氮的形态分为无机态和有机态两大类，无机态氮主要为铵态氮和硝态氮，其在土壤中的含量较少，一般只占全氮的1%~2%，土壤中的氮主要以有机态存在，土壤氮素的变化主要取决于生物积累和分解作用的相对强弱。全氮量通常用于衡量土壤氮素的基础肥力，不同施肥的作物生长不同，土壤全氮的变化也不同。

表24-8中数据显示，1991年含量为土壤全氮初始值，2009—2011年含量均值为该3年的平均值（采用后3年平均值与初始值进行比较，以减少气候等因素变化引起的误差）。灰漠土全氮含量除配施有机肥有大幅度增加以外，其他处理均有不同程度下降。施用有机肥（1.5NPKM、NPKM）土壤全氮上升幅度分别为89%、33%，由试验初始值（0.975g/kg、0.941g/kg）分别上升到2011年的1.842g/kg、1.253g/kg。单施化肥处理灰漠土全氮下降了20%左右，含量为0.6~0.7g/kg。秸秆还田处理（NPKS）土壤全氮下降幅度较大分别为39%，含量为0.479g/kg，原因是秸秆还田处理的作物产量相对较高，吸收带出的氮素量大，而氮肥施用量低于化肥处理，不能满足作物生长需要；加之秸秆在腐熟过程中消耗一定量的氮素，导致土壤全氮含量持续下降，下降幅度接近长期不施肥处理。长期不施肥，由于作物连续吸收并带出，土壤全氮含量持续下降。说明长期单施化肥和秸秆还田不能够维持灰漠土全氮含量，导致灰漠土氮素不断被耗竭。

在灰漠土上连续施肥、耕作5~6年内，耕层土壤全氮含量变化较小；之后除配施有机肥处理外，其他处理开始下降，在维持8年左右的小幅下降后，再次出现持续下降（图24-7）。配施有机肥（1.5NPKM、NPKM）土壤全氮年增加速率分别为0.060 3g/kg、0.002 6g/kg；该试验条件下秸秆还田（NPKS）和单施化肥处理土壤全氮含量随年份增加均有降低趋势，年下降速率在0.005~0.001 7g/kg；长期不施肥土壤全氮持续下降，年下降速率在0.022g/kg。而施有机肥土壤全氮有所提高，这主要是化肥氮素除供给当季作物吸收外，耕层土壤中残留较少，基本上无后效，而施有机肥作物生长较好，归还的根茬量较多，有机氮易于在土壤中积累。从土壤全氮含量随时间的变化规律表明，施用有机肥有利于有机氮在灰漠土中的积累，单施化肥和秸秆还田灰漠土氮素难以提高，化学氮肥在土壤中难于积累而

表 24 - 8 土壤全氮含量变化

处　理	1991 年全氮含量 （g/kg）	2009—2011 年全氮含量平均值 （g/kg）	含量变化 （%）
CK	0.780	0.479	-0.39
N	0.843	0.640	-0.24
NP	0.798	0.699	-0.12
NK	0.780	0.604	-0.23
NPK	0.887	0.698	-0.21
NPKS	0.737	0.479	-0.35
NPKM	0.941	1.253	33.0
1.5NPKM	0.975	1.842	89.1

损失（巨晓棠等，2002）。

2. 灰漠土碱解氮含量的变化

土壤碱解氮指土壤中能够迅速被当季作物吸收利用的氮，主要包括存在于土壤水溶液中或部分吸附在土壤胶体颗粒上的氨和硝酸根，还有少部分能够直接被作物吸收利用的小分子氨基酸。

从碱解氮（碱解氮）多年的变化趋势看（图 24 - 8），与 1990 年的基础值相比，到 2011 年为止，配施有机肥（1.5NPKM、NPKM）处理的土壤碱解氮呈上升趋势，其中以高量有机肥（1.5NPKM）处理增加幅度最大，从 1990 年的 64.8mg/kg 增至 2011 年的 152.7mg/kg，碱解氮增加了 87.9mg/kg，年均增加 4.0mg/kg，增幅为 135.7%，年均 6.2%。施氮肥处理（N、NK、NPKS）的土壤碱解氮含量变化不大，基本能够维持起始水平，而施氮肥（NPK、NP）两处理表现出下降趋势，主要原因是这两处理的作物产量一直维持相对较高量，氮素供应不平衡所致。长期不施氮肥处理（PK、CK）土壤碱解氮下降幅度最明显，从 60.4mg/kg 下降到 30.5mg/kg，减少了 29.9mg/kg，年均减少 1.4mg/kg，年均降幅 2.2%，其下降顺序为：PK > CK > NPK > NP。

3. 灰漠土全氮、碱解氮含量和氮肥投入量的关系

所有各施氮处理中，土壤全氮和碱解氮均比不施肥（CK）有不同程度的提高（表 24 -9），其中，全氮提高了 0.03 ~ 0.75g/kg，碱解氮提高了 8.27 ~ 58.47mg/kg，氮储量增加 76.5 ~ 1 653.0kg/hm²，氮储存率增加 1.8% ~ 74.3%，差异较大。

秸秆还田（NPKS）处理土壤氮储量增加 76.5kg/hm²，氮储存率为 1.8%，在所有施肥中属最低水平；配施有机肥（1.5NPKM）处理的土壤全氮储量最高为 3 703.5kg/hm²，而配施有机肥（NPKM）处理的氮储存率最高达 74.3%，说明施用有机肥对增加土壤氮储量效果较好，且施用量越大效果也越显著。投入化肥氮（N、NP、NPK）的处理土壤氮储存率平均提高 6.7%，仅为配施有机肥氮储存率的 10% 左右。说明在新疆灰漠土上单施化肥氮素损失大，配合施用有机肥能有效提高氮储量。

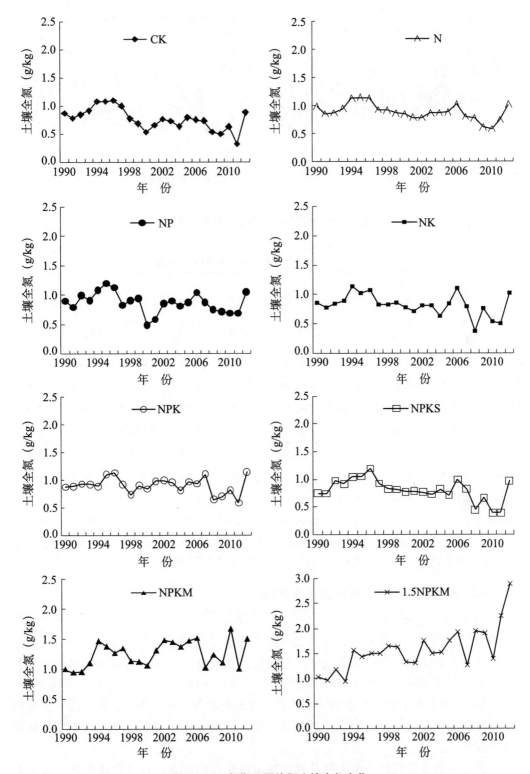

图 24 -7　长期不同施肥土壤全氮变化

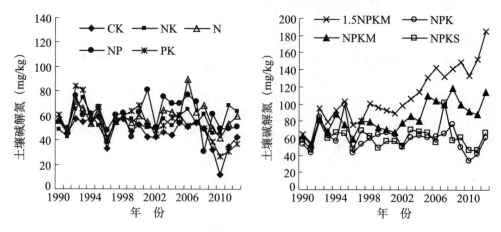

图 24 - 8　长期施肥灰漠土碱解氮的变化

表 24 - 9　投入氮与土壤全氮、碱解氮的关系

处　理	氮投入量 （kg/hm²）	全氮含量 （g/kg）	比 CK 增加 （g/kg）	碱解 氮含量 （mg/kg）	比 CK 增加 （mg/kg）	容重 （g/cm³）	全氮储量 （kg/hm²）	比 CK 增加 （kg/hm²）	氮储存率 （%）
CK	0	0.76	—	47.2	—	1.35	2 050.5	—	—
N	208.5	0.87	0.11	58.05	10.85	1.37	2 397.0	346.5	7.5
NP	208.5	0.86	0.10	60.55	13.35	1.39	2 398.5	348.0	7.6
NK	208.5	0.81	0.05	55.47	8.27	1.34	2 176.5	126.0	2.7
NPK	208.5	0.89	0.13	59.84	12.64	1.28	2 283.0	232.5	5.1
NPKS	187.5	0.79	0.03	60.96	13.76	1.34	2 127.0	76.5	1.8
NPKM	72.0	1.24	0.48	82.38	35.18	1.31	3 232.5	1 182.0	74.3
1.5NPKM	130.5	1.51	0.75	105.67	58.47	1.23	3 703.5	1 653.0	57.4

注：土壤全氮、有效氮及氮投入量为 22 年平均值，氮肥投入以化肥纯氮（N）量计算，有机肥和秸秆中的氮素未计入，因此氮素投入量偏小，而氮储存率相对增大（磷投入的计算方法相同）

（三）长期施肥灰漠土磷素的演变规律

1. 灰漠土全磷含量的变化

磷是作物的必需营养元素，也是肥料的三要素之一，磷素不足对作物的高产、优质均产生巨大的影响。不同施肥制度、土壤类型及其农作制度作物对土壤中磷素和肥料磷的利用程度不同。施入土壤的磷绝大部分残留在土壤中，多以有效性较低的 Fe-P、Al-P、Ca-P、O-P 和有机磷形态存在，从而表现出施肥的后效。因此，利用这一积累的养分库来降低化肥使用量，提高作物产量，减少环境危害，对促进农业的持续发展具有重要的意义。

灰漠土全磷含量较高，但大部分都以难溶性化合物存在，且转化成作物生长需要的有效磷过程缓慢。长期施肥对土壤全磷均有不同程度的影响。在长期定位试验的前 15 年内，各个施肥处理的土壤全磷变化不明显，随着试验的继续，不同施肥措施对土壤全磷含量的影响开始显现（图 24 -9）。连续施肥 21 年后，土壤全磷含量变化最大的是 1.5NPKM 处理，增加了 0.49g/kg，增加幅度为 58.3%，年均增幅 2.6%；其次是 NPK 处理，增加了 0.16g/kg，增加幅度为 20.6%，年均增幅 0.9%。NPKM 和 PK 处理的土壤全磷有增加趋势。NPKS 处理变化不大，基本维持起始值水平。不施磷处理土壤全磷均有下降，从开始的 0.72g/kg 下降到平均 0.66g/kg，下降幅度为 6% ~ 12%，连续耕种而长期不施磷肥，导致土壤磷素的耗竭。

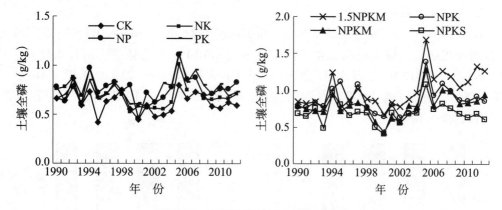

图 24 -9　长期不同施肥土壤全磷变化

2. 灰漠土有效磷（Olsen-P）含量的变化

在新疆灰漠土上，长期施用磷肥土壤有效磷含量呈增加趋势（图 24 - 10）。至 2011 年，配施有机肥（1.5NPKM）处理的土壤有效磷从起始的 24.4mg/kg 增加到 112.1mg/kg，提高了 87.7mg/kg，年均增加 4.0mg/kg，是施肥处理中土壤有效磷增加最为显著的；其次是配施有机肥（NPKM）处理，由开始的 13.2mg/kg 增加至 27.8mg/kg，提高了 14.6mg/kg，增幅为 110.7%，年均增加 0.7mg/kg，增幅达 5.0%。土壤有效磷含量呈显著增加，如 PK 处理，21 年共计增加了 8.2mg/kg，增幅为 8.8%，是单施化肥处理中增加量最高的。NPK、NP 处理的土壤有效磷含量也略有增加，幅度在 2% ~ 5%。NPKS 处理维持初始值水平，变化量较小。长期不施磷肥土壤有效磷 1990—2011 年呈现持续下降趋势，N 处理下降最大，从 4.5mg/kg 降至 1 ~ 2mg/kg，下降了近 3 倍，其次是 CK 处理。土壤有效磷在个别年份增减幅度不一，与种植作物类型有关，另外还与作物的生长发育状况密切相关，例如，PK 化肥而不施用氮肥，作物生长差，吸收利用

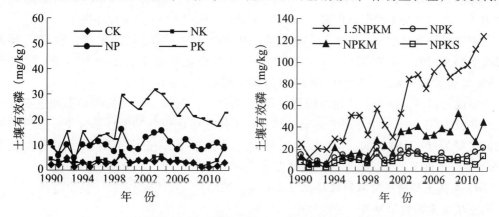

图 24 -10　长期不同施肥土壤有效磷变化

的磷素就少，土壤有效磷累积较快，而施用氮磷肥作物生长较好，磷素在土壤中的积累相对较低。

综上分析，施用磷肥对新疆灰漠土全磷含量的影响要小于对土壤有效磷的影响，长期施磷土壤有效磷积累较多，随施磷年限的延长土壤有效磷的积累越来越多；长期缺磷促进了土壤全磷的转化，转变为易被作物吸收利用的有效磷；长期施用磷肥和配施有机肥能维持和提高土壤有效磷的含量，保障作物的磷素供应。

3. 灰漠土无机磷各形态变化

由图 24 - 11、图 24 - 12 可以看出，新疆灰漠土 24 年（1989—2012 年）的长期定位监测过程中，土壤无机磷总量中的十钙磷（Ca10-P）形态依然占有较大比重，达 40% ~62%（2012 年），其次是八钙磷（Ca8-P）占比达 13% ~25%，铝磷（Al-P）占 8% ~15%，闭蓄态磷（O-P）占 11% 左右，铁磷（Fe-P）占 4% 左右，二钙磷（Ca2-P）占 0.5% ~10%。

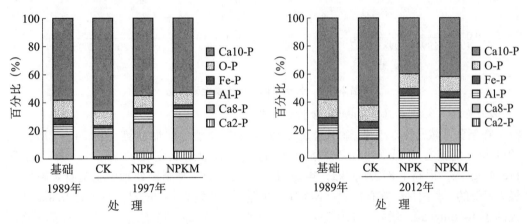

图 24 - 11　土壤无机磷形态变化　　　图 24 - 12　土壤无机磷形态变化

不同处理间纵向（2012 年与 1997 年）比较：只种作物不施肥（CK）处理土壤磷素一直处于耗竭状态，土壤中 Ca10-P、Ca8-P 不断向易于被植物吸收利用的 Ca2-P 形态转化，使得土壤中 Ca10-P、Ca8-P 在无机磷形态中所占比例下降，Al-P 从 4% 增加到 8% 增加了 1 倍，Fe-P、O-P 变化不明显。化肥平衡配施（NPK）处理土壤 Ca10-P 所占比例降低较为显著，从 1997 年的 55% 下降到 2012 年的 40%，Al-P 从 7% 增加到 16% 增加了 1 倍，其余 4 种形态的磷（Ca2-P、Ca8-P、Fe-P、O-P）变化不明显。

配施常量有机肥（NPKM）处理土壤 Ca10-P 所占比例降低较为明显，从 1997 年的 53% 下降到 2012 年的 42%，Ca8-P、Fe-P、O-P 变化不显著，Al-P 从 5.5% 增加到 9.8% 增加了近 1 倍，Ca2-P 从 5% 增加到 10% 增加了 1 倍左右。

由此可以得出结论：长期不施肥（CK）条件下，灰漠土中无机磷形态间主要发生 Ca10-P、Ca8-P 向 Ca2-P、Al-P 形态的转化；平衡施用化肥（NPK）条件下，无机磷形态间主要发生 Ca10-P 向 Al-P 形态的转化、其他形态磷变化不明显；配施有机肥（NPKM）条件下，无机磷形态间主要发生 Ca10-P 向 Ca2-P、Al-P 形态的转化。

4. 灰漠土磷的吸附与解吸特征（王斌等，2013）

土壤磷素的吸附特征

选择灰漠土长期定位试验中 5 个（NPKM、NPKS、NPK、PK、CK）不同含磷水平为研究等温吸附曲线的处理，磷素吸附曲线如图 24 – 13 和图 24 – 14 所示。加入磷浓度在 0 ~ 100mg/L 范围内，随外源磷浓度增加，各处理土壤磷吸附量逐渐增大、吸附率逐渐减小；其中，0 ~ 50mg/L 范围内，除 PK 处理外，吸附量一直呈急速增大趋势；50 ~ 100mg/L 范围内，5 个处理土壤磷素吸附趋势相对放缓。含磷不同水平的各处理，随外源磷量递增、土壤吸附磷素程度变化趋势为先急后缓、最终趋于平衡趋势，而吸附率呈逐渐下降趋势。为了量化各处理土壤磷素吸附的变化程度，本试验选择用等温吸附方程来模拟外源磷量增加、土壤磷素吸附量增大的过程，具体研究含磷不同水平的各处理的土壤磷素吸附特征。

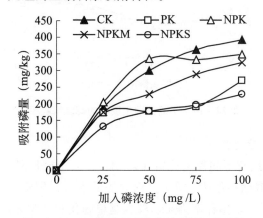

图 24 – 13 不同处理土壤磷的等温吸附曲线

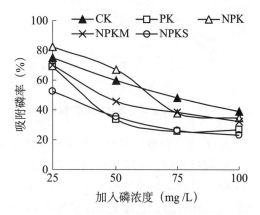

图 24 – 14 磷吸附率随外源磷变化

本研究中选择了 Langmuir 等温吸附方程，模拟含磷不同水平的处理、土壤磷素等温吸附过程，其拟合方程见表 24 – 10。Langmuir 等温吸附方程的表达式为：$C/X = C/X_m + 1/(KX_m)$，式中，X 为土壤吸磷量，C 为平衡溶液中磷的浓度，K 为与吸附能有关的常数，X_m 为土壤最大吸磷量，结果表明，Langmuir 方程拟合方程相关性好、相关系数 r 值均大于 0.95（表 24 – 10），是可供利用的研究土壤磷素的吸附特征的方法。

表 24 – 10 各施肥处理 Langmuir 等温吸附方程

处 理	Langmuir 方程	相关系数
CK	$C/X = 0.002\ 4C + 0.011\ 3$	0.99[**]
PK	$C/X = 0.004\ 1C + 0.023\ 5$	0.95[*]
NPK	$C/X = 0.003C + 0.004\ 9$	0.99[**]
NPKM	$C/X = 0.003C + 0.017\ 8$	0.98[**]
NPKS	$C/X = 0.004\ 3C + 0.031\ 5$	0.98[**]

注："*" 和 "**" 分别表示 $p < 0.05$ 和 $p < 0.01$ 显著水平

土壤磷素的解吸量和解吸率

磷素在土壤中的解吸过程通常被认为是吸附的逆向过程，涉及被吸附磷的再利用。从图 24 – 15 和图 24 – 16 看出，随外源磷用量的增加，含磷不同水平的各处理土壤磷素解吸量均逐渐增加，表明土壤磷的解吸量与外源磷的加入量有关。处理间比较，解吸量大小顺序为 CK > NPKM > PK > NPKS > NPK。解吸磷量占解吸前吸附磷量的百分数即为磷的解吸率，解吸率与解吸量的变化趋势相似，均随外源磷量增加而增大。处理间的解吸率差异顺序为：PK > NPKM > CK > NPKS > NPK，化肥平衡配施（NPK）处理的解吸率显著减小，见图24-16。

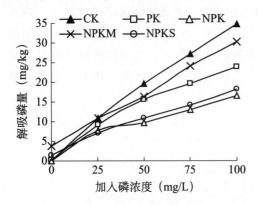

图24-15　不同处理土壤磷的等温解吸曲线

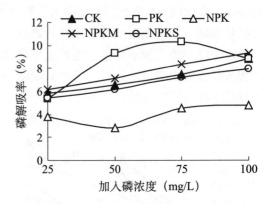

图24-16　不同处理土壤磷的等温解吸率

5. 灰漠土全磷、有效磷含量和磷肥投入量的关系

施磷处理中，土壤全磷储量和磷储存率均有不同程度提高（表24-11）。秸秆还田（NPKS）处理土壤全磷储量为1.87t/hm²，磷储存率为7.8%，均为最低水平；配施有机肥（1.5NPKM）处理全磷储量为2.43t/hm²、磷储存率为42.7%，是单施化肥（NPK）处理的1.1倍。

化肥平衡配施（NPK）处理土壤全磷储量2.24tkg/hm²、磷储存率达20.3%，是施化肥处理中最高的（表24-11）。以上结果说明，配施有机肥土壤磷素储量及储存率的有效增加，主要原因是有机肥的投入所带来的外源磷。

表24-11　投入 P_2O_5 与土壤全磷、有效磷的关系

处理	P_2O_5 投入量 [kg/(hm²·a)]	土壤全磷 (g/kg)	与CK全磷的差 (g/kg)	土壤有效磷 (mg/kg)	与CK有效磷的差 (mg/kg)	容重 (g/cm³)	全磷储量 (kg/hm²)	全磷储量比CK增加量 (kg/hm²)	磷储存率 (%)
CK	0.0	0.62	—	3.01	—	1.35	1 692.31	—	—
PK	121.8	0.75	0.13	19.13	16.12	1.34	2 013.55	321.24	12.0
NP	121.8	0.76	0.13	10.31	7.30	1.39	2 107.83	415.52	15.5
NPK	121.8	0.87	0.25	12.90	9.89	1.28	2 237.25	544.94	20.3
NPKS	102.9	0.70	0.07	9.68	6.67	1.34	1 868.07	175.76	7.8
NPKM	44.3	0.79	0.17	25.37	22.36	1.31	2 067.03	374.72	38.5
1.5NPKM	78.9	0.99	0.37	58.53	55.52	1.23	2 432.82	740.51	42.7

注：土壤全磷、有效磷及 P_2O_5 投入数据为22年平均值，P_2O_5 投入量仅统计化肥带入量

（四）长期施肥灰漠土钾素的演变规律

灰漠土矿质储量相对较丰，说明钾的潜在供应能力。但是，在长期耕作中由于只

重视氮、磷化肥的投入，而忽视了钾肥的使用，加之作物产量的不断提高带出量逐年增加，使土壤钾不断耗竭并得不到补充，在我国北方地区陆续出现了土壤缺钾和施用钾肥增产的报道，且在新疆历来被认为含钾丰富的土壤上施用钾肥获得了显著的增产效果（黄绍文等，1998）。

1. 灰漠土全钾含量的变化

表 24 – 12 显示，在该试验条件下，长期连续耕作土壤全钾含量下降幅度很大，施钾肥处理下降幅度小于不施钾肥处理。以长期不施钾肥且产量相对较高的处理（NP）尤为突出，由初始值的 21.7g/kg 降至 14.7g/kg，下降幅度为 32%；下降幅度较小的是产量较低的单施磷钾肥（PK）处理，下降了 10% 左右；其他各个处理均下降 20% 左右；长期不施肥处理下降了 25%，排列第二。说明钾素的输入与输出不平衡，满足不了作物的需求，使得土壤全钾转化成为了作物吸收利用的钾素。

表 24 – 12　土壤全钾含量变化

处　理	1990 年全钾含量（g/kg）	2012 年全钾含量（g/kg）	全钾含量变化（%）
CK	21.7	16.2	− 0.25
N	21.7	16.5	− 0.24
PK	21.7	19.5	− 0.10
NP	21.7	14.7	− 0.32
NK	21.7	16.4	− 0.24
NPK	21.7	17.2	− 0.21
NPKS	21.7	17.2	− 0.21
NPKM	21.7	17.5	− 0.19
1.5NPKM	21.7	16.8	− 0.23

2. 灰漠土速效钾含量的变化

灰漠土全钾含量虽然很丰富，但土壤的供钾能力主要取决于土壤速效钾和缓效钾的含量。长期施化肥处理土壤速效钾呈现下降趋势（图 24 – 17），尤其是不平衡施肥（N、PK、NK）。21 年来，单施氮肥（N）处理土壤速效钾下降了 185.5mg/kg，年均下降 8.4mg/kg；施钾（NPK、NK）处理下降了 165.5mg/kg 左右，年均下降 7.6% 和7.4%。配施有机肥能加速土壤速效钾的累积，而秸秆还田则降低了土壤速效钾含量，配施有机肥（1.5NPKM、NPKM）处理土壤速效钾含量从初始值（1990 年）498mg/kg、313mg/kg 增加到（2011 年）1 211mg/kg、748mg/kg，年均提高 40.0mg/kg 和 20.7mg/kg，增加了 2.4 倍。

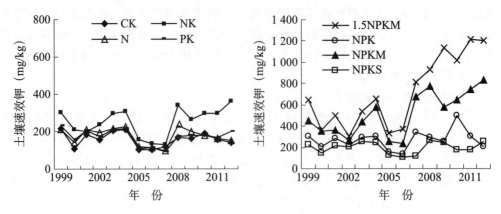

图 24 – 17　长期不同施肥土壤速效钾的变化

3. 灰漠土钾素形态及含量变化

灰漠土钾素分为以下 6 种形态：水溶性钾、非特殊性吸附钾、特殊性吸附钾、速效钾、非交换性钾（缓效钾）、矿物钾。而矿物钾是土壤钾的主要存在形式（表 24 – 13），占到土壤全钾的 90%；其次是非交换性钾，占 7～8%，其他形态的钾仅占土壤全钾的 1% 以下。

土壤矿物钾：施钾处理土壤矿物钾含量高于不施钾处理，以化肥平衡配施（NPK）处理的土壤矿物钾含量相对较高，为 18.1g/kg；不施钾处理以单施氮（N）处理含量最低为 17.1g/kg。土壤矿物钾的变异系数较小，由 1989 年的 3.93% 到 2005 年变为 7.76%。说明土壤矿物钾含量高，并且不容易转化，是固定形态的钾。

土壤非交换性钾：土壤中非交换性钾的变化因施肥处理不同而不同，变异系数为 15%，即变异程度高于全钾和矿物钾，但低于其他形态的钾。以配施有机肥（1.5NPKM）处理的土壤非交换性钾含量及增加量较高，分别为 2 188mg/kg、220mg/kg；秸秆还田（NPKS）处理的土壤非交换性钾含量及增加量较低，分别为 1 489mg/kg、110mg/kg。施化肥对土壤非交换性钾的影响不大，规律性不明显。

土壤水溶性钾：土壤水溶性钾是以离子形态存在于土壤中，可以被植物直接吸收利用（金继运等，1992）。施钾肥能明显提高土壤水溶性钾含量，其中以施化学钾处理（NK、NPK）较为突出，分别增加 43%、27%，配施有机肥（1.5NPKM）处理增加 24%；不施钾（N、NP）处理土壤水溶性钾增减幅度较小。不施肥（CK）处理土壤水溶性钾表现为大幅度下降，下降了 70%，秸秆还田处理下降了 58%，说明秸秆还田带入土壤中的钾不是水溶性钾，而是其他形态的钾。

土壤非特殊性吸附钾：连续耕作土壤非特殊性吸附钾的变异系数较大，变异幅度为 47%～165%。单施化肥处理土壤非特殊性吸附钾都明显下降，平均下降了 91%；不施肥处理（CK）下降了 38%。配施有机肥和秸秆土壤非特殊性吸附钾平均增加 54%，并随着有机肥施用量的增加土壤非特殊性吸附钾含量也增加。

土壤特殊性吸附钾：长期施肥土壤特殊性吸附钾与土壤非特殊吸附钾的变化趋势相反，变异系数是几种钾素形态中变化最大的。单施化肥处理土壤特殊性吸附钾含量平均增加了 14mg/kg。不施肥处理（CK）增加了 17mg/kg。配施有机肥和秸秆还田处理土壤特殊性吸附钾含量极微，说明有机物料中没有该形态的钾素或可以将其转化为其他钾素形态。

土壤交换性钾：长期单施化肥土壤交换性钾明显下降，无论施与不施化肥钾土壤交换性钾均下降了50%左右；配施有机肥和秸秆处理土壤交换性钾都有明显增加，平均增加了60%，而且有机肥中的土壤交换性钾含量高于秸秆。不施肥处理的土壤交换性钾有明显增加趋势。

表24-13 长期定位施肥灰漠土钾素形态变化

处理	年份	全钾 (g/kg)	矿物钾 (g/kg)	非交换性钾 (mg/kg)	交换性钾 (mg/kg)	水溶性钾 (mg/kg)	特殊吸附钾 (mg/kg)	非特殊吸附钾 (mg/kg)
CK	1989	20.2	18.7	1 390.3	0.00	124.8	0	15.0
	2005	20.2	18.6	1 532.4	26.2	73.3	17.0	9.3
N	1989	18.9	17.1	1 631.3	79.7	82.4	0	105.6
	2005	18.9	17.2	1 556.0	33.9	82.4	27.7	6.2
NP	1989	18.9	17.3	1 456.7	56.5	58.1	0	72.6
	2005	19.0	17.4	1 519.4	28.1	64.2	24.8	3.3
NK	1989	20.2	18.3	1 748.2	87.9	118.8	0	96.3
	2005	19.2	17.4	1 678.6	0.00	209.7	18.4	0
PK	1989	19.9	18.5	1 272.1	59.4	58.1	0	69.6
	2005	17.9	16.4	1 319.8	34.0	76.3	9.7	24.3
NPK	1989	20.2	18.1	1 900.8	84.7	130.9	0	105.3
	2005	20.2	18.1	1 935.0	0.00	161.2	12.3	0
NPKS	1989	19.6	18.0	1 396.2	32.2	82.4	0	36.3
	2005	18.9	17.3	1 489.4	70.2	52.0	0.50	69.7
NPKM	1989	19.2	17.4	1 659.8	24.9	149.1	0	29.9
	2005	20.2	18.2	1 816.0	123.0	136.9	0	144.4
1.5NPKM	1989	21.6	19.4	1 969.6	72.3	155.1	0	96.1
	2005	16.8	14.3	2 188.3	119.0	212.7	0	146.9
平均值	1989	19.8	18.13	1 567.6	56.1	102.9	0	69.9
	2005	19.2	17.42	1 665.6	47.1	135.1	0	50.4
占全钾总量	1989	—	90.79	7.92	0.28	0.52	0.07	0.35
百分比（%）	2 005	—	89.78	8.68	0.25	0.70	0.02	0.26
变异系数	1989	4.06	3.93	16.17	53.09	35.89	60.64	46.89
CV（%）	2 005	6.60	7.76	15.14	116.51	58.37	211.14	165.25

土壤不同形态钾素含量之间的相关关系：土壤矿物钾与全钾极显著相关，$r=0.961\,0^{**}$（$n=20$，下同），土壤矿物钾与其他几种形态的钾呈负相关或相关不显著（表24-14）。表24-14中还显示，土壤速效钾与土壤水溶性钾、交换性钾、非特殊性吸附钾达到了

极显著相关，r 值分别为 0.831 9[**]、0.681 8[**]、0.833 9[**]，与土壤非交换性钾呈显著相关，r 值为 0.668 9[*]。说明这几种形态的钾素的有效性较高。

土壤交换性钾与土壤非特殊性吸附钾之间达到极显著相关，$r = 0.921\ 2$[**]，土壤非交换性钾与土壤水溶性钾之间呈显著相关，$r = 0.612\ 6$[*]，说明土壤中各形态钾之间紧密联系，在一定条件下可以相互转化，即作物对土壤速效钾或土壤水溶性钾的吸收，会导致土壤非特殊吸附钾、交换性钾、非交换性钾之间的转化。

土壤特殊性吸附钾与其他几种形态钾素之间均呈负相关关系，与土壤非特殊性吸附钾达到显著负相关，r 值为 -0.651 6[*]，与另外几种形态的钾相关性不显著。说明土壤特殊性吸附钾是交换性钾中不易被作物直接吸收利用的钾，长期单施化肥加速了土壤特殊性吸附钾的积累，而长期配施有机肥能促进其转化为其他形态的钾素。

表 24 - 14　不同形态钾素相关性

钾素形态	全　钾	矿物钾	水溶性钾	速效钾	非交换性钾	交换性钾	非特殊吸附钾
全　钾	1	—	—	—	—	—	—
矿物钾	0.961 0[**]	1	—	—	—	—	—
水溶性钾	0.216 1	0.015 2	1	—	—	—	—
速效钾	0.175 6	-0.048 8	0.831 9[**]	1	—	—	—
非交换性钾	0.020 0	-0.252 5	0.612 6[*]	0.668 9[*]	1	—	—
交换性钾	-0.014 7	-0.149 6	0.180 9	0.681 8[**]	0.388 3	1	—
非特殊吸附钾	0.154 4	0.005 6	0.435 1	0.833 9[**]	0.386 9	0.921 2[**]	1
特殊吸附钾	-0.187 3	-0.137 2	-0.128 7	-0.412 5	-0.076	-0.544 2	-0.658 6[*]

注：$n = 20$，$r_{0.05} = 0.556\ 6$，$r_{0.01} = 0.681\ 5$。

4. 灰漠土钾素的固定特征（张会民等，2008）

选用长期定位肥料试验 2005 年的土壤样品，研究连续不同施肥条件下灰漠土对钾素的固定特征。

在外源钾加入浓度 0.4 ~ 2.4g/L 的范围内，无论长期不施肥、不施钾还是施钾，灰漠土的固钾能力均无明显变化（图 24 - 18 和图 24 - 19），施钾土壤固钾量和固钾率分别为 132.6 ~ 525.7mg/kg 和 9.8% ~ 41.2%，不施钾土壤固钾量和固钾率分别为 145.0 ~ 510.8mg/kg 和 11.3% ~ 39.4%。结果说明，以水云母和绿泥石为主要矿物的灰漠土含钾量丰富，对外源钾的固定能力较高，即使长期不施钾肥土壤含钾矿物组成（土壤水云母、绿泥石和蒙脱石的含量）也没有发生明显的变化（图 24 - 20）。所以，土壤中能固定钾的层间点位数量也没有显著变化，这可能是造成不同施肥灰漠土固钾能力无明显变化的主要原因。

5. 灰漠土钾素的累积释放特征（张会民等，2008）

在长期定位施肥灰漠土上，利用 0.01mol/L CaCl$_2$ 和 0.01mol/L 草酸两种浸提剂测试钾素的累积释放量，各处理中累积释放量分别为 50.1 ~ 138.3mg/kg 和 239.8 ~ 506.1mg/kg（图 24 - 21 和图 24 - 22）。在两种浸提剂中均表现出：配施有机肥（NPKM）灰漠土非交换性钾的累积释放量最大；化肥平衡配施（NPK）的次之，分别为 105.9mg/kg 和 417.2mg/kg；不施钾土壤交换性钾的累积释放量最低，分别为

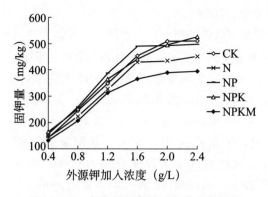

图 24-18 长期施肥条件下灰漠土固钾量

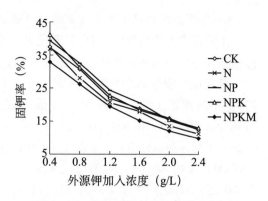

图 24-19 长期施肥条件下灰漠土固钾率

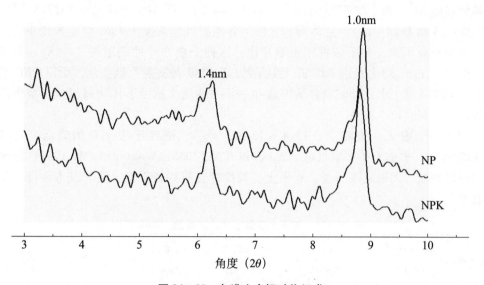

图 24-20 灰漠土含钾矿物组成

注：1.0nm 为水云母；1.4nm 为绿泥石

50.1～70.1mg/kg 和 239.8～340.8mg/kg。不同施肥处理土壤非交换性钾释放量的差异可能与其土壤 1mol/L 硝酸浸提钾含量差异有关，还可能与其他土壤性质的变化有关（刘骅等，2007）。其中，灰漠土以水云母和绿泥石矿物为主的黏土矿物组成特点与土壤非交换性钾的释放有密切关系。

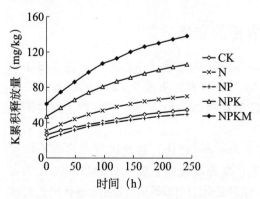

图 24-21 CaCl₂ 连续浸提灰漠土钾累积释放量

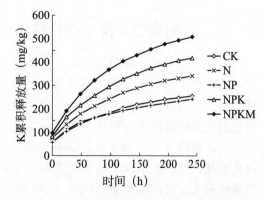

图 24-22 草酸连续浸提灰漠土钾累积释放量

6. 灰漠土钾素 Q/I 关系演变特征（张会民等，2008）

土壤钾素平衡活度比（AR_0）是衡量土壤钾素有效性的指标，一般称为土壤钾素的强度指标（I）。土壤钾素容量用 Q 表示，土壤钾素 Q/I 曲线的一系列参数如本章前文所述。

长期施肥明显影响灰漠土钾素 Q/I 关系曲线及一系列参数（表 24 – 15 和图 24 – 23）。不施钾肥（CK、N 和 NP）土壤 AR_0 值、K_L 值、$-\triangle K_0$ 值和 K_X 值均较小，变化幅度分别为 0.003 80 ~ 0.004 41（mol/L）$^{1/2}$、0.43 ~ 0.46cmol/kg、0.17 ~ 0.18cmol/kg 和 0.26 ~ 0.34cmol/kg，这 3 个处理间差异不大。平衡施化肥（NPK）和配施有机肥（NPKM）土壤 AR_0 值、K_L 值、$-\triangle K_0$ 值和 K_X 值均较大，变化幅度分别为 0.007 96 ~ 0.009 95（mol/L）$^{1/2}$、0.69 ~ 1.12cmol/kg、0.28 ~ 0.41cmol/kg 和 0.41 ~ 0.71cmol/kg，可初步判断，无论施钾与否，灰漠土吸附的钾均主要保持在黏土矿物晶体的边缘点位。不施肥和施 NP 处理土壤 PBC 值较大（43.1 ~ 44.2），施 NPK 土壤 PBC 值较小（34.8）（图 24 – 23 和表 24 – 15）。总体而言，以上各施肥处理灰漠土 PBC 值差异较小，土壤 CEC 含量差异不大；与不施钾肥土壤相比，施钾土壤非专性吸附钾（$-\triangle K_0$）有所增加，但 $-\triangle K_0$ 占 K_L 的比例并未增加，换言之，K_G 并没有发生明显变化，所以 PBC 变化不大，这与灰漠土水云母矿物含量丰富和一年一熟轮作制度下作物每年从土壤中携带走的总钾量相对较少有关。

不施钾土壤 $-\triangle G$ 值略高（13.4 ~ 13.8kJ/mol），施钾土壤 $-\triangle G$ 值略低（11.4 ~ 12.0kJ/mol），根据有关文献报道（Woodruff C M，1955；Woodruff C M，1955）的研究结果可以判断，无论施钾与否，灰漠土有效性钾含量均较丰富，这与其水云母含量较丰富有关。

表 24 – 15　灰漠土钾素 Q/I 曲线参数（2005 年）

处　理	$AR_0 \times 10^{-3}$ （mol/L）$^{1/2}$	K_L （cmol/kg）	$-\triangle K_0$ （cmol/kg）	K_X （cmol/kg）	PBC	$-\triangle G$ （kJ/mol）
CK	4.22	0.46	0.18	0.28	43.1	13.6
N	4.41	0.52	0.18	0.34	41.6	13.4
NP	3.80	0.43	0.17	0.26	44.2	13.8
NPK	7.96	0.69	0.28	0.41	34.8	12.0
NPKM	9.95	1.12	0.41	0.71	41.1	11.4

三、长期施肥灰漠土理化性质—容重的变化

容重是重要的土壤物理性状，是衡量土壤环境好坏的重要指标之一，它直接影响着土壤水肥供应、通气状况及作物根系穿透阻力等因素。灰漠土 22 年的试验结果表明，施肥和不施肥土壤容重均有变化，说明施肥和耕作均可改变土壤容重，而且不同施肥措施影响程度也有差异（图 24 – 24）。

与试验前（1989 年）0 ~ 20cm 基础容重 1.25g/cm³ 相比，各处理容重均有不同程度的变化。配施有机物土壤容重增幅小于对照，配施高量有机肥（1.5NPKM）土壤容重降幅最大，其次是配施有机肥（NPKM）和秸秆还田（NPKS）。说明配施有机肥对改善土壤容重的效果好于秸秆还田，且用量越大，效果越明显。

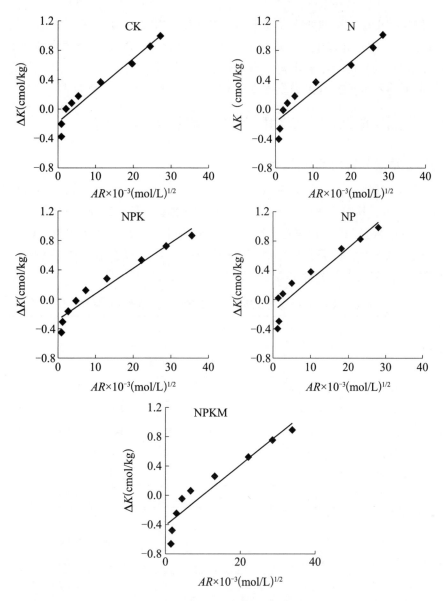

图 24-23　长期施肥条件下灰漠土钾素 *Q/I* 关系曲线

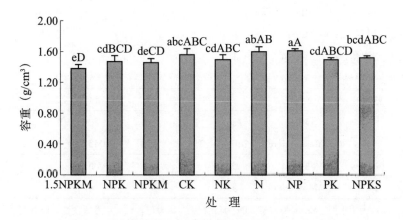

图 24-24　长期不同施肥土壤容重的变化（2011 年）

施化肥处理土壤容重的变化幅度不同，施化肥（NPK、NP）处理土壤容重变化量最大，施氮磷（NP）处理土壤容重增加最大，而施化肥（NPK）处理降幅最大；单施化肥（N、NP）处理的土壤容重均大于 CK 处理。说明，化肥不平衡施用易导致土壤容重增加，平衡施肥或配施有机肥能够改善土壤物理性状，降低土壤容重。

四、长期施肥灰漠土生物群落结构和酶活性的变化

（一）土壤动物群落及功能群的变化

选择灰漠土 4 个不同施肥处理（NPKS、NPK、NPKM、CK），采集土壤昆虫 16 种类群见表 24 - 16。其中，大型昆虫 11 类，优势类群有蚁科（22%）、蟋蟀科（30%）；常见类群有瓢甲科（12%）、蠼螋科（8%）、蓟马科（8%）、叩头甲科（6%）。中小型农田土壤昆虫 5 类，优势类群为等节跳科（47.05%）、疣跳科（27.76%）、长角跳科（23.72%）；常见类群有棘跳科（1.28%）。其余为稀有类群。

表 24 - 16　不同施肥处理农田土壤昆虫群落结构（2004 年）

名　称		体　型	昆虫群落（个）				丰　度	多　度	功能群
			CK	NPK	NPKM	NPKS			
弹尾目	棘跳科	Meso/micro	17	1	2		1.28	**	O
	疣跳科	Meso/micro	4			429	27.76	***	O
	等节跳科	Meso/micro	58	73	58	545	47.05	***	O
	长角跳科	Meso/micro	69	140	91	70	23.72	***	O
	圆跳科	Meso/micro			1	1	0.13		O
直翅目	蟋蟀科	Macro	4	5	1	5	30.00	***	Ph
革翅目	蠼螋科	Macro		2	1	1	8.00	**	O
缨翅目	蓟马科	Macro		3	1		8.00	**	S
同翅目	叶蝉科、幼虫	Macro				1	2.00		Ph
鞘翅目	隐翅虫科	Macro	1				2.00		S
	叩头甲科	Macro	1		2		6.00	**	Pr
	丸甲科	Macro				2	4.00		S
	瓢甲科	Macro	6				12.00	**	Pr/Ph
	拟步甲科	Macro	1		1		4.00		Ca
	出尾覃甲科	Macro		1			2.00		F
膜翅目	蚁科	Macro				11	22.00	***	O
个体数		Macro	13	11	6	20			
		Meso/micro	149	214	152	1 045			
类群数		Macro	5	4	5	5			
		Meso/micro	5	3	4	4			

注：Meso/micro 为中小型，Macro 为大型，Ph 为植食性，Ca 为尸食性，F 为菌食性，Pr 为捕食性，S 为腐食性，O 为杂食性；*** 为优势类群，** 为常见类群

从功能群来看，土壤动物营养功能群共采集到 6 种，其主要营养功能团组成是杂食性、植食性和腐食性。在不同施肥小区中，杂食性营养功能团所占的比例高于植食性营养功能团所占的比例，即杂食性比例依次为 NPKS > NPK > NPKM > CK，植食性土壤昆虫比例依次为 NPKS > NPK > CK > NPKM。表明长期配施秸秆为杂食性营养功能群和植食性营养功能群提供生存条件。

图 24 - 25 显示，新疆灰漠土区肥料的种类与性质影响着土壤昆虫类群多样性与丰富性，且其影响具有不均匀性。从土壤动物类群组成来看，配施秸秆还田（NPKS）处理土壤大型、中型、小型动物个体数较多，为 1 065 个，且疣跳科和等节跳科动物个体数量增加最多，增加近 10 倍以上；类群数为 9 类，优势类群的数量也以 NPKS 处理为最高。施化肥（NPK）处理的动物个体数相对较多，但类群数较低。对照（CK）处理的类群数是所有施肥处理中最高的。即大型土壤动物的个体总数依次是 NPKS > CK > NPK > NPKM；类群数依次为 NPKS = NPKM = CK > NPK。中小型土壤动物个体总数和类群数分别为 NPKS > NPK > NPKM > CK，CK > NPKS = NPKM > NPK。

运用 Kruskal-Wallis 检验法分析显示，不同施肥处理对土壤动物类群分布影响差异显著（$X_{0.05(9)}$ = 23.38，$p < 0.005$），表明农田土壤动物类群分布与施肥有关。主成分分析显示，第一主成分中以配施秸秆（NPKS）贡献最大并且为正值，说明配施秸秆（NPKS）对土壤动物群落呈正向作用。因此，化肥配施秸秆（NPKS）提高了农田土壤动物个体数量。

土壤动物群落多样性指数采用香浓威纳指数（Shannon-Weiner）、均匀性指数（Pielou）和辛普森优势度指数（Simpson Index），即 H'、J、C 来表述。见图 24 - 26，土壤动物多样性指数（H'）依次是 NPKM > NPK > CK > NPKS，均匀性指数（J）依次是 CK > NPK > NPKS > NPKM，辛普森优势度指数（C）依次是 NPK > NPKM > NPKS > CK。说明长期单施化肥对土壤动物的作用较大，辛普森优势度相对较高，配施有机肥（NPKM）处理土壤动物组成最丰富，不施肥处理土壤动物均匀性较高，但辛普森优势度指数较低。

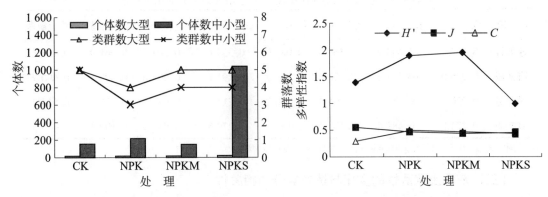

图 24 - 25　灰漠土动物数量和类群变化　　　　图 24 - 26　土壤动物多样性指数

（二）灰漠土微生物类群的变化与速效养分的相关性

灰漠土的微生物组成以细菌为主（表 24 - 17），平均为 16.3×10^6 个/g 土；放线菌次之；再其次是真菌，平均为 3.8×10^4 个/g 土。特殊生理类群是以固氮菌和氨化细菌数量居多，平均为 17.1×10^6 个/g 土；反硝化细菌次之；硝化细菌和纤维分解菌数量较少，分别为 15×10^2 个/g 土、3.3×10^2 个/g 土。

表 24 –17　不同处理灰漠土微生物类群数量

处　理	细菌 （×10⁶ 个/g 土）	真菌 （×10⁴ 个/g 土）	放线菌 （×10⁵ 个/g 土）	固氮菌 （×10⁶ 个/g 土）	氨化细菌 （×10⁶ 个/g 土）	硝化细菌 （×10² 个/g 土）	反硝化细菌 （×10⁴ 个/g 土）	纤维分解菌 （×10² 个/g 土）
CK	17.99	5.96	6.4	15.34	18.0	12.7	6.2	2.21
NPK	6.39	3.42	13.11	14.12	13.1	8.5	10.8	4.36
NPKM	19.82	2.51	10.59	18.91	18.8	6.83	6.83	2.28
NPKS	21.4	3.17	15.83	21.4	18.2	12.6	12.6	4.57

施肥对土壤微生物类群数量影响很大。单施化肥（NPK）处理的几种菌类数量均很低，不仅远远低于配施有机物料的处理，还低于不施肥处理，说明长期单施化肥不利于土壤微生物生长。化肥配施有机肥（NPKM）、秸秆（NPKS）处理的细菌、固氮菌、氨化细菌类群数量比不施肥（CK）处理增加 10% ~ 15%，放线菌、反硝化细菌、纤维分解菌的类群数量比不施肥增加 44% 左右。不施肥（CK）处理的细菌、固氮菌、氨化细菌、硝化细菌数量均高于单施化肥处理，以此来提供作物生长所需的养分。表明土壤微生物的繁殖必需要有一定的生长条件，长期单施化肥土壤腐殖质含量低，不利于微生物生长，而化肥配施有机物料为土壤微生物提供了生长条件，维持或提高了土壤微生物类群数量。

研究还发现，土壤有机质、速效养分与细菌、固氮菌、氨化细菌、纤维分解菌和反硝化细菌呈正相关关系，说明这些微生物类群对提高土壤肥力有促进作用；土壤有机质、速效养分与真菌、硝化细菌和放线菌呈负相关关系，说明这些微生物对提高土壤肥力没有直接作用（表 24 – 18）。

表 24 –18　灰漠土微生物类群数量与土壤速效养分的相关关系

处　理	细　菌	真　菌	放线菌	固氮菌	氨化细菌	硝化细菌	反硝化细菌	纤维分解菌
速效钾	0.052 4	– 0.490 7	– 0.166 4	0.027 0	0.339 6	– 0.204 2	0.061 9	0.139 8
有效磷	0.239 0	– 0.467 5	0.107 6	0.265 7	0.191 8	– 0.205 6	0.009 5	0.690 7 **
碱解氮	0.220 8	– 0.477 9	– 0.005 4	0.250 0	0.211 3	– 0.082 8	0.121 2	0.514 4
有机质	0.224 9	– 0.482 4	– 0.175 1	0.133 1	0.270 8	– 0.083 4	0.109 4	0.436 5

注：$r_{0.05} = 0.530\ 2$，$r_{0.01} = 0.634\ 8$，$n = 22$；** 为极显著相关

（三）灰漠土酶活性的变化与速效养分的相关性

酶活性可以反映土壤熟化程度和肥力水平（表 24 – 19），灰漠土自身过氧化氢酶含量较高，平均达 18.5mL/g，蔗糖酶平均为 4.6mL/g，磷酸酶和脲酶活性分别为 31.3mg/100g 干土、17.2mg/100g 干土。过氧化氢酶能促进过氧化氢分解为水和氧，从而减弱了过氧化氢毒害作用，磷酸酶和脲酶可以分别反映土壤的磷素、氮素状况。

施肥对土壤脲酶、蔗糖酶、磷酸酶活性影响的大小顺序分别为 NPKS > CK > NPKM > NPK、NPKM > NPKS > NPK > CK、NPKM > CK > NPK > NPKS，施肥对土壤中的过氧化

氢酶影响不明显。

　　长期单施化肥处理的脲酶、磷酸酶活性很低，甚至低于不施肥处理。化肥配施秸秆比不施肥处理增加脲酶 25%、增加蔗糖酶 28%，化肥配施有机肥比不施肥处理增加蔗糖酶 31%、增加磷酸酶 24%。长期不施肥土壤脲酶、磷酸酶活性高于单施化肥处理，这与土壤微生物结果一致。说明长期单施化肥酶活性较低，配施有机物料有助于增强土壤酶活性，具有加速土壤熟化的作用。

　　土壤磷酸酶、脲酶、蔗糖酶活性与有机质、速效养分呈正相关，脲酶与速效养分、蔗糖酶与碱解氮、磷酸酶与速效钾和有机质均呈显著相关，过氧化氢酶与土壤养分之间呈负相关（表 24 - 20）。

表 24 - 19　不同处理灰漠土酶活性

处　理	过氧化氢酶 （mL/g 干土）	蔗糖酶 （mL/g 干土）	脲　酶 （mg/100g 干土）	磷酸酶 （mg/100g 干土）
CK	18. 86	3. 59	16. 61	32. 86
NPK	18. 95	4. 63	14. 77	26. 63
NPKM	17. 96	5. 23	15. 34	42. 21
NPKS	18. 06	5. 00	22. 11	23. 52

表 24 - 20　灰漠土酶活性与土壤速效养分的相关关系

处　理	过氧化氢酶	蔗糖酶	脲　酶	磷酸酶
速效钾	− 0. 344 7	0. 359 3	0. 556 4 *	0. 592 3 *
有效磷	− 0. 373 2	0. 488 3	0. 576 9 *	0. 382 6
碱解氮	− 0. 182 0	0. 582 1 *	0. 546 5 *	0. 461 1
有机质	− 0. 077 4	0. 451 3	0. 497 4	0. 559 6 *

　　注：$r_{0.05} = 0.530\ 2$，$r_{0.01} = 0.634\ 8$，$n = 22$；* 显著相关

　　综合土壤生物和酶活性试验结果表明，施肥对灰漠土生物类群、酶活性有一定影响，同时生物类群和酶活性也改变了土壤生态环境：①施肥对灰漠土动物个体及类群数的影响显著，长期单施化肥对土壤动物优势度作用较大，化肥配施有机肥丰富了土壤动物组成，化肥配施秸秆有利于增加土壤动物的丰度，尤其是疣跳科和等节跳科动物个体数量增加近 10 倍，长期不施肥土壤动物均匀性较高，但优势类群数较低。②灰漠土微生物组成以细菌为主，特殊微生物生理类群是以固氮菌和氨化细菌数量居多。长期单施化肥不利于土壤微生物生长，几种菌类数量均较低，化肥配施有机物料增加了土壤微生物类群数量，比对照增加 15%～44%，长期不施肥土壤微生物数量高于单施化肥处理。③灰漠土自身过氧化氢酶含量较高，蔗糖酶次之。土壤 4 种酶活性中除过氧化氢酶与土壤养分之间呈负相关以外，其余 3 种酶活性与土壤速效养分均呈正相关或显著正相关。长期单施化肥土壤脲酶、磷酸酶活性降低，长期不施肥土壤脲酶、磷酸酶活性高于单施化肥处理，化肥配施有机肥或秸秆的土壤脲酶、蔗糖酶、磷酸酶活性比长期不施肥增加了 24%～31%。因此，化肥配施有机物料增加了土壤酶活性，加速了土壤熟化，改变了土壤生态环境。

五、长期施肥作物产量对长期施肥的响应

（一）作物产量对长期施肥的响应

从长期施肥对冬小麦、玉米产量的效果看（图 24-27），1.5NPKM、NPKM、NPKS、NPK、NP 处理小麦产量持续增加，并仍有上升的趋势，玉米产量在连续施肥 10 年后变化幅度减小，趋于稳定；NK、PK、N、CK 处理小麦产量在初始阶段下降幅度较大，至后 7~8 年间转为上下波动，幅度不大，玉米产量由第三年的最低开始转为逐渐上升趋势。小麦、玉米产量的增加均在施肥 5 年（1994 年）以后，其原因一部分来自于施肥量的增加，另一方面可能来自于施肥带来的土壤培肥效应，促进了土壤供肥能力的增加。

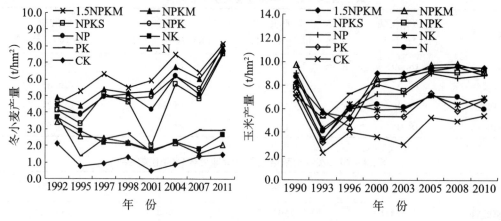

图 24-27　长期施肥对作物产量的影响

肥料农学效率（AE）是指特定施肥条件下，单位施肥量所增加的作物经济产量。它是施肥增产效应的综合体现，施肥量、作物种类和管理措施都会影响肥料的农学效率。通过化肥平衡施肥（NPK）处理的肥料农学效率的分析表明，灰漠土长期施肥下，小麦的农学效率为 7.4~15.5kg/kg，平均效率为 10.6kg/kg，随着施肥年限的延长农学效率有增加趋势；玉米的农学效率为 4.6~10.7kg/kg，平均为 8.1kg/kg，连续施肥 10 年后，玉米农学效率基本稳定在 10% 左右。小麦、玉米 NPK 肥效均随种植年限的延长表现出上升趋势（图 24-28），但相关性不显著；无论是小麦还是玉米，NPK 肥农学效率均为开始时下降，随后又逐年上升，种植作物不同农学效率也不同，小麦的 NPK 农学效率大于玉米。

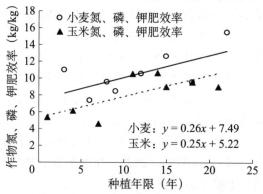

图 24-28　长期施肥作物氮磷钾肥料效率

（二）作物产量对长期施氮肥的响应

作物产量对长期施氮的响应，图 24 – 29 表明，当作物受氮限制时，其产量受到显著影响，小麦产量的影响程度大于玉米产量。利用施氮肥与不施氮肥（NPK、PK）处理来统计小麦、玉米的氮肥效率，小麦氮肥效率随种植年限变化的关系为：$y = 0.66x + 4.16$（$r = 0.80^{**}$，$n = 21$，下同），玉米氮肥效率随种植年限变化的关系为：$y = 0.45x + 2.53$（$r = 0.79^*$），两者均为显著性相关。以上结果说明，一方面，氮素是作物的第一限制因子；另一方面，长期不施氮肥，随种植年限延长，PK 处理氮素会不断被消耗，碱解氮也逐年下降，从而使氮效率不断增大。

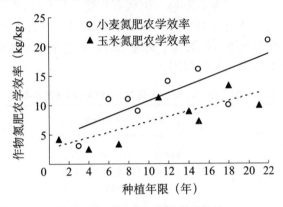

图 24 – 29 长期施肥作物氮效率

每生产 100kg 冬小麦籽粒需要的氮量，因品种、施肥、年际不同而各不相同。据 1992—2007 年的试验结果，不同品种的每 100kg 冬小麦需氮量：新冬 15 号为 2.84kg、5148 为 2.31kg、新冬 19 号为 2.52kg、新冬 18 号为 2.16kg、新冬 28 号为 2.25kg，平均需氮量为 2.39kg（表 24 – 21）。

表 24 – 21 不同年份小麦每生产 100kg 籽粒的需氮量

处 理	需氮量（kg/100kg 籽粒）							
	1992 年 （新冬 15）	1995 年 （5148）	1997 年 （新冬 19）	1998 年 （新冬 19）	2001 年 （新冬 18）	2004 年 （新冬 18）	2007 年 （新冬 28）	平均
CK	2.88	2.50	2.59	3.00	2.18	1.32	2.44	2.42
N	2.78	2.28	2.33	2.23	2.25	2.42	2.43	2.39
NP	2.83	2.72	2.51	3.03	2.07	1.94	1.70	2.40
NK	3.30	2.19	2.35	2.42	2.62	2.46	2.51	2.55
PK	2.76	1.33	2.35	2.26	1.78	1.64	1.82	1.99
NPK	3.70	3.22	2.93	2.55	2.32	2.20	2.27	2.74
NPKS	2.19	1.84	2.04	2.38	2.58	1.84	2.33	2.17
NPKM	2.65	2.78	2.46	2.72	2.47	2.24	2.40	2.53
1.5NPKM	2.49	1.92	2.62	2.48	2.34	2.17	2.32	2.34
平　均	2.84	2.31	2.47	2.56	2.29	2.03	2.25	2.39

注：年份后的括号中为小麦品种名

平衡施化肥（NPK）措施下，冬小麦对氮的吸收最大，平均为2.74kg，不施氮肥（PK）最小，平均为1.99kg，两者相差0.75kg；不平衡施肥（NP、NK）处理百千克籽粒吸氮量不明显。说明长期不平衡施肥，限制了冬小麦对氮素的吸收利用，平衡施肥推动氮素效益的最大化。

每生产100kg玉米籽粒需要氮量：sc704平均需氮量为1.92kg，新玉7号需氮量为1.99kg，中南9号需氮2.02kg，新玉12号需氮1.73kg，新玉41号需氮1.94kg，平均需氮1.92kg。

平衡施肥（NPK）条件下，玉米吸收氮素的趋势与冬小麦一致，对氮素的吸收量是施化肥处理中最大的，平均为2.14kg；配施有机肥（1.5NPKM）玉米对氮素的吸收量最高，平均为2.34kg；不施肥和不施氮肥玉米对氮的平均吸收为1.52kg，低于其他处理（表24-22）。说明配施有机肥和平衡施肥可以促进玉米对氮素的吸收，长期不平衡施肥，限制了玉米对氮素的吸收利用。

表24-22 不同年份玉米每生产100kg籽粒的需氮量

| 处理 | 需氮量（kg/100g籽粒） | | | | | | | | |
	1990年（sc704）	1993年（sc704）	1996年（sc704）	2000年（新玉7号）	2003年（中南9号）	2005年（新玉12）	2008年（新玉41）	2010年（新玉41）	平均
CK	1.74	1.83	1.63	1.54	1.72	1.70	1.74	1.10	1.62
N	2.46	1.16	2.29	2.23	2.13	1.85	2.09	1.45	1.96
NP	2.09	1.62	2.51	1.84	2.24	1.51	2.26	1.80	1.98
NK	1.84	1.68	2.02	2.19	2.07	1.83	1.62	1.54	1.85
PK	1.49	1.28	1.36	1.47	1.46	1.44	1.37	1.51	1.42
NPK	2.65	1.76	2.37	1.99	2.53	1.90	2.32	1.63	2.14
NPKS	1.89	1.74	2.43	2.00	1.94	1.50	2.07	1.62	1.90
NPKM	1.52	1.66	2.42	2.22	2.04	1.91	2.81	2.25	2.10
1.5NPKM	1.91	2.04	2.52	2.47	2.06	1.93	3.64	2.14	2.34
平均	1.96	1.64	2.17	1.99	2.02	1.73	2.21	1.67	1.92

注：年份后括号中为玉米品种名

（三）作物产量对长期施磷肥的响应

长期不施磷肥（NK）处理，土壤有效磷极低为2.0mg/kg左右，随种植年限的延长变化不大。利用化肥氮磷钾和氮钾（NPK、NK）处理为基础数据，来统计小麦、玉米的磷肥效率（图24-30），小麦磷肥效率随种植年限变化的关系为：$y=1.59x+3.07$（$r=0.95^{**}$），玉米磷肥效率随种植年限变化的关系为：$y=1.15x-4.06$（$r=0.88^{**}$），可见磷肥效率与种植年限间有极显著的相关性，两者均有随种植年限的延长，呈现增高的趋势，且磷肥对小麦的增产作用高于玉米。

每生产100kg小麦籽粒需磷量因施肥料不同差异较大，表24-23显示长期不施磷

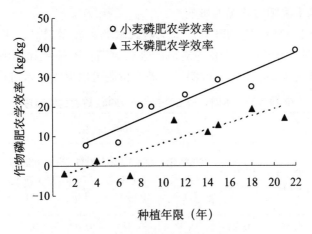

图 24 - 30　长期施肥作物磷效率

（NK、N）显著抑制了小麦吸磷量，平均吸磷量仅为 0.37kg；平衡施用化肥，小麦对磷的吸收量是施化肥处理中最大的，平均为 0.49kg。配施有机肥（1.5NPKM、NPKM）冬小麦对磷素的吸收量最高，平均为 0.52kg；不施肥和不施磷肥冬小麦对磷氮的吸收量低于其他处理（表 24 - 23）。说明，配施有机肥和平衡施肥能有效促进冬小麦对磷素的吸收，不平衡施肥，限制了冬小麦对磷素的吸收利用。

不同品种间百千克籽粒吸磷量：新冬 15 号平均为 0.33kg，5148 为 0.41kg，新冬 19 号平均为 0.43kg，新冬 18 号平均为 0.43，新冬 28 号平均为 0.72kg。说明品种新冬 28 号为高效吸磷型品种（表 24 - 23）。

表 24 - 23　不同年份小麦每生产 100kg 籽粒的需磷量（Pkg）

处　理	需磷量（kg/100kg 籽粒）							
	1992 年（新冬 15）	1995 年（5148）	1997 年（新冬 19）	1998 年（新冬 19）	2001 年（新冬 18）	2004 年（新冬 18）	2007 年（新冬 28）	平均
CK	0.25	0.34	0.41	0.30	0.33	0.34	0.57	0.36
N	0.25	0.31	0.32	0.30	0.31	0.45	0.65	0.37
NP	0.29	0.44	0.44	0.47	0.20	0.48	0.72	0.43
NK	0.25	0.38	0.38	0.23	0.37	0.45	0.58	0.37
PK	0.35	0.47	0.56	0.50	0.46	0.60	0.80	0.53
NPK	0.45	0.45	0.44	0.49	0.40	0.47	0.65	0.48
NPKS	0.27	0.37	0.60	0.41	0.41	0.46	0.80	0.47
NPKM	0.44	0.48	0.50	0.38	0.41	0.54	0.81	0.51
1.5NPKM	0.42	0.46	0.56	0.44	0.38	0.59	0.87	0.53
平　均	0.33	0.41	0.47	0.39	0.36	0.49	0.72	0.45

注：年份后括号中为小麦品种名

每生产 100kg 玉米籽粒需磷量因施肥种植年限的延长，有逐渐增加的趋势。表24 - 24 显示，玉米 sc704 品种对磷的平均吸收量为 0.27kg，新玉 7 号为 0.29kg，中南 9 号为 0.53kg，新玉 12 号为 0.41kg，新玉 41 为 0.51kg，品种间的差异一部分可能来自于种植年限延长后的土壤肥力状况的影响。

配施有机肥（1.5NPKM、NPKM）玉米对磷素的吸收量最高，平均为 0.48kg；长期施磷（PK）处理，玉米百千克籽粒对磷的吸收较高；不施肥和不施磷肥玉米对磷吸收量低于其他处理（表 24 -24）。说明，配施有机肥可以促进玉米对磷素的吸收。

表 24 -24　不同年份玉米每生产 100kg 籽粒的需磷量

处　理	需磷量（kg/100kg 籽粒）								
	1990 年（sc704）	1993 年（sc704）	1996 年（sc704）	2000 年（新玉 7 号）	2003 年（中南 9 号）	2005 年（新玉 12）	2008 年（新玉 41）	2010 年（新玉 41）	平均
CK	0.07	0.34	0.21	0.23	0.38	0.23	0.48	0.38	0.29
N	0.20	0.26	0.22	0.28	0.46	0.33	0.45	0.55	0.35
NP	0.12	0.30	0.32	0.30	0.65	0.22	0.54	0.67	0.39
NK	0.15	0.29	0.24	0.24	0.38	0.40	0.53	0.51	0.34
PK	0.12	0.33	0.38	0.43	0.71	0.59	0.62	0.58	0.47
NPK	0.19	0.34	0.34	0.30	0.48	0.50	0.58	0.55	0.40
NPKS	0.12	0.24	0.35	0.30	0.56	0.40	0.57	0.45	0.37
NPKM	0.30	0.35	0.43	0.30	0.55	0.64	0.72	0.60	0.49
1.5NPKM	0.36	0.36	0.44	0.31	0.48	0.37	0.70	0.65	0.47
平　均	0.18	0.31	0.33	0.29	0.53	0.41	0.58	0.55	0.40

注：年份后括号中为玉米品种名

（四）作物产量对长期施钾肥的响应

新疆灰漠土含钾量丰富，在 22 年内不施钾（NP）处理上，作物仍有增产的趋势，和 NPK 处理相比，在试验开始的前 10 年施用钾肥肥效不明显，后 10 年钾肥的增产效果开始显现。小麦钾肥效率随种植年限变化的关系为：$y = 1.10x - 11.52$（$r = 0.64$），没有显著性相关，小麦的钾肥效率最大值为 18.0kg/kg；玉米钾肥效率随种植年限变化的关系为：$y = 3.93x - 55.13$（$r = 0.81^{**}$），达极显著相关，玉米的钾肥效率最大值为 19.0kg/kg。说明小麦、玉米钾肥效率的潜力相当（图 24 -31）。

灰漠土不同施肥措施下，每生产 100kg 冬小麦籽粒吸钾量，除不施肥处理较低外，其他施钾肥或不施钾肥差异不明显；相对来说，配施有机物料（1.5NPKM、NPKM、NPKS）和平衡施化肥（NPK）的小麦对钾素的吸收量较高，平均为 1.3kg 左右。说明在新疆灰漠土上钾素含量丰富的土壤上，施钾肥仍然能促进作物对钾素的吸收利用（表 24 -25）。

不同品种间，新冬 19 号百千克籽粒年际间吸钾量 0.89 ~ 2.12kg，平均为 1.51kg，年际间差异较大；新冬 18 号年际间吸钾量 0.75 ~ 1.30kg，平均为 1.03kg，年际间差异也较大；新冬 28 号平均吸钾量 1.23kg。说明小麦对钾的吸收因品种不同而存在差异，同一品种不同年际间也存在显著差异，各处理百千克籽粒吸钾量多年平均为 1.26kg。

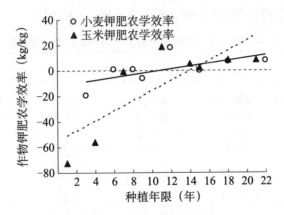

图 24 – 31　长期施肥作物钾效率

表 24 – 25　不同年份小麦每生产 100kg 籽粒的需钾量

处　　理	需钾量（kg/100kg 籽粒）					
	1997 年 （新冬 19）	1998 年 （新冬 19）	2001 年 （新冬 18）	2004 年 （新冬 18）	2007 年 （新冬 28）	平均
CK	0.68	2.17	0.66	0.69	0.98	1.04
N	0.83	2.18	0.73	1.33	1.40	1.29
NP	1.02	1.85	0.44	1.40	1.13	1.17
NK	0.74	2.27	0.61	1.54	1.04	1.24
PK	0.74	2.53	0.61	0.94	1.05	1.17
NPK	1.06	2.04	1.05	1.66	1.24	1.41
NPKS	1.02	2.22	0.93	1.11	1.39	1.33
NPKM	0.99	1.62	0.87	1.52	1.30	1.26
1.5NPKM	0.99	2.24	0.87	1.54	1.52	1.43
平　　均	0.89	2.12	0.75	1.30	1.23	1.26

注：年份后括号中为小麦品种名

不同玉米品种间每生产 100kg 玉米籽粒吸钾量分别为：新玉 7 号 4.48kg，中南 9 号 2.72kg，新玉 12 号 1.85kg，新玉 41 号 3.33kg，平均为 3.14kg。配施有机肥（1.5NPKM、NPKM）玉米对钾素的吸收量最高，平均为 4.0kg 左右（表 24 – 26）。说明长期配施有机肥是提高钾素吸收利用的有效措施。

六、长期施肥下农田生态系统养分循环与平衡

（一）长期不同施肥的肥料利用率

1. 长期施肥作物氮素吸收利用特征

不同肥料长期配施作物对氮素吸收利用作用显著（图 24 – 32），小麦、玉米的吸收趋势一致。小麦、玉米对氮素吸收利用均为配施有机肥处理高于化肥处理，氮磷钾平衡施肥处理高于秸秆还田处理，化肥不平衡施肥处理高于不施肥处理，顺序依次为

1.5NPKM > NPKM > NPK > NPKS > NP > NK、N、PK > CK。

表 24 - 26　不同年份玉米每生产 100kg 籽粒的需钾量

处　理	需钾量（kg/100kg 籽粒）					
	2000 年 （新玉 7 号）	2003 年 （中南 9 号）	2005 年 （新玉 12）	2008 年 （新玉 41）	2010 年 （新玉 41）	平均
CK	4.80	2.92	1.92	2.31	2.12	2.81
N	4.00	2.09	1.64	3.61	2.57	2.78
NP	4.22	2.28	1.18	3.27	2.60	2.71
NK	4.59	2.58	1.60	3.32	2.25	2.87
PK	5.02	3.45	1.96	3.59	2.94	3.39
NPK	3.83	2.96	2.06	2.73	2.28	2.77
NPKS	4.38	2.37	1.53	3.00	2.56	2.77
NPKM	4.49	2.56	2.29	6.24	3.54	3.82
1.5NPKM	4.97	3.27	2.45	7.78	3.21	4.34
平　均	4.48	2.72	1.85	3.98	2.68	3.14

注：年份后的括号中为玉米品种名

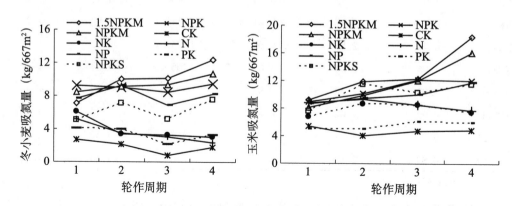

图 24 - 32　长期施肥作物氮素吸收特征

从图 24 - 32 所示氮素吸收量的变化看，施氮肥（无论哪种形态的氮素）均能促进作物对氮素的吸收利用。配施有机肥处理（NPKM、1.5NPKM），小麦、玉米吸收氮素的量持续增大，因此其产量也稳定增加；秸秆还田处理（NPKS）小麦、玉米吸收氮素的量稳定提高；氮磷钾和氮磷配施处理（NPK、NP），小麦、玉米吸收氮素的量相对稳定，后期有增加趋势；化肥不平衡施肥处理（NK、N、PK）小麦玉米氮素吸收量逐年下降，与产量变化一致，其中不施氮素处理（PK）的小麦、玉米的氮素吸收量处在较低水平；不施肥处理（CK）吸氮量缓慢下降。

不同施肥措施对不同作物的影响不同，玉米的吸氮量明显高于小麦。

氮素利用率的变化结果显示（图 24 - 33），配施有机物料的氮素利用率呈现出持续增长趋势，以配施常量有机肥增长量最高；氮磷钾和氮磷配施（NPK、NP）处理的氮素利用率维持稳定且较高；化肥不平衡施肥处理（NK、N）表现出下降趋势。各不同施肥处理 21 年后（2011 年）氮素利用率分别为 NPKM 45.88%、NP 37.15%、NPK 35.57%、1.5NPKM 26.53%、NPKS 27.62%、NK 14.12%、N 13.45%。

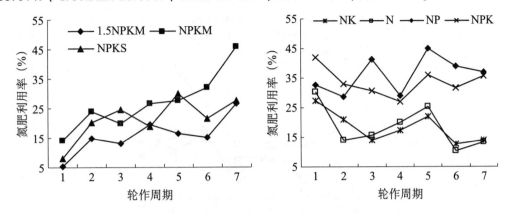

图 24-33　长期施肥灰漠土氮肥利用率变化

2. 长期施肥作物磷素吸收利用特征

与氮素的吸收特征有所不同，小麦、玉米对磷素的吸收利用均有提高（图 24-34），只是提高的幅度有一定差异。小麦、玉米对磷素吸收利用均为配施有机肥处理高于化肥处理，氮磷钾平衡施肥处理高于秸秆还田处理，化肥不平衡施肥处理高于不施肥处理，顺序依次为 1.5NPKM > NPKM > NPK > NPKS > NP > NK、N、PK > CK。

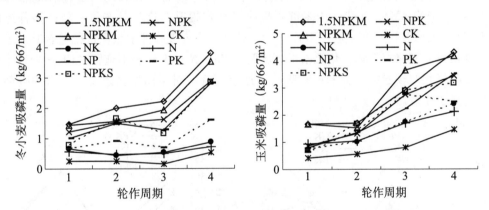

图 24-34　长期施肥作物磷素吸收特征

虽然不同肥料长期配施下，小麦、玉米的磷素吸收量均有提高，但是在吸收的数量上表现出很大不同。图 24-34 所示施磷肥（无论哪种形态的磷素）均能促进作物对磷素的吸收利用。配施有机肥处理（NPKM、1.5NPKM），小麦、玉米吸收磷素的量持续增大，由 1.5kg/667m² 提高到 4.0kg/667m²，是第一轮作周期的 1.8 倍；不施肥（CK）处理小麦玉米磷素吸收量最低，仅从 0.26kg/667m² 提高到 0.35kg/667m²；秸秆还田（NPKS）、氮磷钾和氮磷配施（NPK、NP）处理小麦、玉米吸收磷素的量是第一轮作周期的 1.6 倍左右；化肥不平衡施肥（NK、N、PK）处理小麦、玉米磷素吸收量是第一轮作周期的 1.2 倍以上。而且玉米的吸磷量显著高于小麦。

受作物生长影响，氮磷钾（NPK）平衡施肥处理磷素吸收量提升较快（图 24-34、图 24-35），磷肥的利用率为 25%；长期配施有机肥作物磷素吸收量稳定提升，磷肥的利用率维持在14%左右。施肥20年后各化肥处理磷肥利用率均有小幅提高，仅在10%左右，原因是磷素容易在土壤中累积，尤其是化肥不平衡施肥（PK）处理土壤磷素积累量较大，这有可能增加土壤磷素的环境风险。

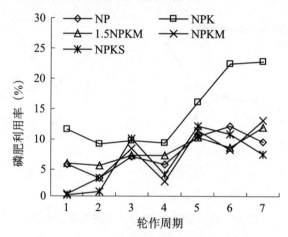

图 24-35　长期施肥灰漠土磷肥利用率变化

3. 长期施肥作物钾素吸收利用特征

图 24-36 显示，小麦、玉米对钾的吸收量要明显高于氮和磷，各处理之间差异显著，高低顺序为 1.5NPKM > NPKM > NPKS > NP > PK、NK、N > CK，结果显示，施钾肥（无论哪种形态的钾素）均能促进作物对钾素的吸收利用。配施有机肥处理（NPKM、1.5NPKM），小麦、玉米钾素吸收量稳定提升，这与其产量一致；秸秆还田（NPKS）、氮磷钾和氮磷配施（NPK、NP）处理，小麦吸收钾素量保持稳定有升，玉米吸收钾素量后期略有下降；化肥不平衡施肥（NK、N、PK）和不施肥（CK）处理小麦钾素吸收量相对较稳定，玉米钾素吸收量逐年下降。对不同作物来说，玉米的吸钾量要显著高于小麦。

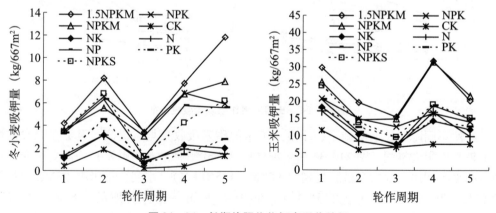

图 24-36　长期施肥作物钾素吸收特征

除不平衡施肥（PK）处理以外，其他各处理钾素利用率变化与其吸收基本相同（图 24-37）。施肥20年后表现为配施有机肥处理的利用率为 57% ~ 80%，高于氮磷钾平衡施肥处理和不平衡施肥处理。

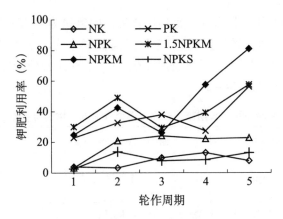

图 24 - 37　长期施肥灰漠土钾肥利用率变化

（二）长期施肥土壤氮素的表观平衡

1. 长期施肥土壤氮素的表观平衡

不同施肥条件下，作物氮素吸收、氮肥利用率、硝态氮累积量及累积率有较大差异（表 24 - 27）。不同处理作物年吸收氮素量表现为配施有机肥高于平衡配施氮磷钾化肥，高于不平衡施化肥，高于不施肥，顺序为 1.5NPKM > NPKM > NPK > NP > CK。而不同处理氮肥利用率不尽相同，化肥配施处理的氮肥利用率高于配施有机物料处理，高量配施有机肥处理的氮肥利用率较低，顺序为 NPK、NP > NPKM > 1.5NPKM。

表 24 - 27　长期施肥处理土壤氮素利用与土壤硝态氮累积

处　理	作物年吸收 [kg/(hm² · a)]	氮肥利用率 （%）	硝态氮累积量 [kg/(hm² · a)]	硝态氮累积率 （%）
CK	45.7	—	—	—
NP	129.9	40.40	9.05	4.3
NPK	138.4	38.86	13.62	6.5
NPKS	120.5	28.81	7.85	3.6
NPKM	162.1	33.17	3.71	0.6
1.5NPKM	175.4	19.09	3.98	1.3

注：①土壤硝态氮累积量为 0～100cm 土壤总硝态氮累积量；
②硝态氮累积率（%）=（施肥处理硝态氮累积量 - 对照处理硝态氮累积量）/总施氮量×100

通过对 0～100cm 土壤硝态氮含量的测定，计算得出土壤硝态氮累积量分别为 NPK > NP > NPKM、1.5NPKM > CK，表现为化肥配施处理高于配施有机肥。单施化肥处理土壤硝态氮累积率为 4.3%～6.5% 显著高于配施有机肥处理，因此长期投入化学氮素，硝态氮在土壤中累积量增高，环境污染的风险也增加。

在干旱半干旱的灰漠土区，土壤氮素输入项主要包括肥料、种子和作物的根茬 3 部分。长期定位肥料试验，除不施肥（CK）外，其他处理每年肥料投入的氮量占总输入的 95% 以上，有机肥（羊粪）中氮素按 0.8% 计入；小麦年播种量 375kg/hm²，玉米年播种量 45.0kg/hm²，小麦和玉米籽粒含氮量加和平均计算，相当于每年投入纯氮 3.75kg/hm²（表 24 - 28）；土壤氮素输出项主要是作物地上部氮素吸收带走的部分。

根据作物产量和平均含氮量计算每年作物带走的氮量为 45.7~175.4kg/hm²，处理间差异很大；不同施肥处理作物吸收带走氮量高低顺序为 1.5NPKM > NPKM > NPK > NP，与盈余率变化趋势相一致，除不施肥处理以外，其他各处理氮素均有盈余，盈余值在 74~414.5kg/hm²（表 24-28）。

表 24-28 长期施肥处理土壤氮素输入、输出与平衡

处　理	输入 [kg/(hm²·a)]			输出 [kg/(hm²·a)]	盈　余	
	氮肥	种子	小计	作物带走	盈余量 [kg/(hm²·a)]	盈余百分比（%）
CK	0	3.75	3.75	45.7	-42	—
N	208.6	3.75	212.3	87.2	125.1	58.9
NP	208.6	3.75	212.3	129.9	82.5	38.6
NPK	208.6	3.75	212.3	138.4	74.0	34.8
NPKS	216.8	3.75	220.5	120.5	100.0	45.3
NPKM	299.8	3.75	303.6	162.1	141.5	46.6
1.5NPKM	586.2	3.75	589.9	175.4	414.5	70.3

2. 土壤氮素表观平衡和氮肥投入量的关系

土壤氮素盈余值是反映土壤氮素平衡的主要指标。长期定位肥料试验中，不同施肥处理土壤氮素盈余值有较大差异，以配施高量有机肥处理盈余率最高，为 70.3%，其余各盈余率在 34.8%~58.9%（表 24-26）。在相同氮素投入量条件下，化肥平衡配施低于化肥不平衡施肥处理；高量配施有机肥（1.5NPKM）土壤氮素盈余量高出常量配施有机肥处理的 3 倍。

3. 土壤氮素表观平衡和土壤氮含量及土壤硝态氮累积量关系

过量投入氮素，盈余的氮素以多种形式存在于土壤中，提高了土壤中碱解氮含量，增加了土壤硝态氮积累。长期定位肥料试验结果表明，土壤氮素盈余量与土壤碱解氮含量达显著线性相关（图 24-38）；与土壤剖面（0~100cm）硝态氮累积量呈负线性关系（图 24-38），相关系数不显著。土壤氮素盈余值越大，土壤碱解氮含量就越高，由线性方程计算可知，在保持土壤氮素平衡（盈余值为 0）时，土壤碱解氮含量为 23.95mg/kg。

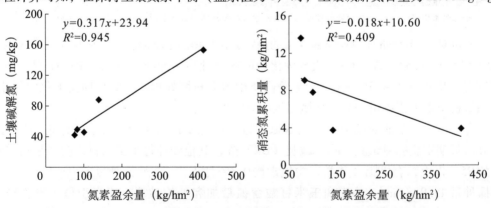

图 24-38 长施肥土壤氮素盈余值与土壤碱解氮及土壤硝态氮累积量关系

（三）长期施肥下土壤磷素的表观平衡

1. 长期施肥下土壤磷素的表观平衡

磷素极易被土壤固定并转化为难溶性磷酸盐而累积在土壤中。施入土壤中的磷，部分被作物吸收带走，大部分累积在土壤中。在干旱半干旱灰漠土区，土壤磷素输入主要有肥料、种子，输出项主要是作物地上部磷素吸收带走。

长期定位肥料试验，磷肥的施用占总输入的 99% 以上，其中有机肥（羊粪）中磷素按 0.23% 计入；种子（小麦和玉米籽粒）带入的磷量加和平均计算，相当于每年投入纯磷 0.61kg/hm² （表 24-29）。每年作物带走磷为 7.8~35.1kg/hm²，处理间差异最大的达 4 倍之多。

表 24-29　长期施肥处理土壤磷素（P_2O_5）输入、输出与平衡

处　理	输入 [kg/(hm²·a)]			输出 [kg/(hm²·a)]	盈　余	
	磷肥	种子	小计	作物带走	盈余量 [kg/(hm²·a)]	盈余百分比（%）
CK	0	0.61	0.61	7.8	-7.2	—
N	0	0.61	0.61	14.0	-13.4	—
NP	138	0.61	138.6	25.1	113.5	81.9
NPK	138	0.61	138.6	26.9	111.7	80.6
NPKS	122.8	0.61	123.4	25.3	98.1	79.5
NPKM	120.4	0.61	121.0	33.9	87.1	72.0
1.5NPKM	233.7	0.61	234.3	35.1	199.2	85.0

2. 土壤磷素表观平衡和磷肥投入量的关系

不同肥料配施磷素盈余状况显著不同（图 24-39），土壤磷素盈余值随着磷肥投入量增加而增加。长期不施肥作物每年带走 7.83kg/hm² 磷素，长期不施磷作物每年带走 14kg/hm² 磷素。配施 1.5 倍有机肥处理磷肥投入量较高，其磷素盈余量也较大，近 200kg/hm²，但磷肥利用率仅为 14% 左右，说明过量投入磷肥只能增加土壤磷素积累。

通过对土壤磷素盈余值与磷肥投入量比较，两者达到极显著线性相关（$r=0.9922^{**}$）。通过线性方程可计算出，在保持土壤磷素平衡时（盈余值为 0），磷肥最低施入用量为 21.84kg/hm²。

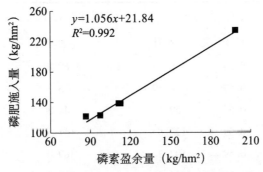

$y=1.056x+21.84$
$R^2=0.992$

图 24-39　长期施肥灰漠土磷素盈余值与磷肥投入量关系

3. 土壤磷素表观平衡和土壤全磷及有效磷含量的关系

由于作物吸收利用的磷素有限，施入土壤中的磷逐渐累积，其土壤全磷和 Olsen-P 含量随着土壤磷素盈余值的增加而增加。长期定位肥料试验结果表明，土壤磷盈余值与土壤全磷及 Olsen-P 含量呈显著线性相关（图 24 – 40）。

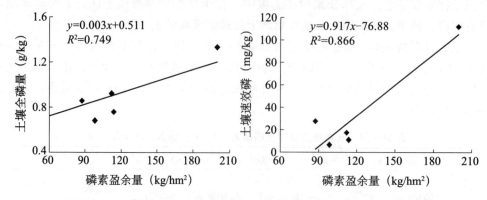

图 24 –40　长期施肥灰漠土磷素盈余值与土壤全磷及有效磷含量关系

土壤磷素盈余值为 0kg/（hm² · a）时，土壤全磷为 0.51g/kg。通过线性回归方程计算可得出，土壤磷素盈余值每升高一个单位（kg/hm²），土壤全磷含量上升 0.003g/kg，土壤 Olsen-P 含量上升 0.92mg/kg。但是，在土壤磷素盈余量过高（200kg/hm²）时，土壤 Olsen-P 含量达到 112mg/kg，过度累积势必对环境产生不良影响。

（四）长期施肥下土壤钾素的表观平衡

1. 长期施肥下土壤钾素的表观平衡

灰漠土是含钾丰富的土壤，对作物供钾能力较强，长期不施肥土壤每年供给作物的钾素为 60.8kg/hm²，除此之外土壤钾素主要来源为施肥，长期定位肥料试验土壤钾素输入、输出及平衡状况见表 24 – 30，施用钾肥占总输入的 99% 以上，施钾与不施钾土壤钾素均表现出亏损状态，不同处理土壤钾素亏缺值范围为 – 87.2 ～ – 16.5kg/hm²。

长期单施氮肥（N）土壤平均年供给作物钾素 93.3kg/hm²，年亏缺 92.7kg/hm²；配施有机肥的处理作物带走钾素显著高于化肥处理，配施常量有机肥（NPKM）处理亏缺钾素较高，与化肥处理一致达到 86kg/hm² 以上；秸秆还田（NPKS）处理作物带走钾素与化肥处理基本持平，亏缺量相对较低（表 24 – 30）。

表 24 – 30　长期施肥处理土壤钾素（K₂O）输入、输出与平衡

处　理	输入 [kg/（hm² · a）]			输出 [kg/（hm² · a）]	盈余 [kg/（hm² · a）]
	钾肥	种子	小计	作物带走	
CK	0	0.59	0.59	60.8	– 60.2
N	0	0.59	0.59	93.3	– 92.7
NPK	58.5	0.59	59.1	146.3	– 87.2
NPKS	127.0	0.59	127.6	144.5	– 16.9
NPKM	101.7	0.59	102.3	189.0	– 86.7
1.5NPKM	197.9	0.59	198.5	215.0	– 16.5

2. 土壤钾素表观平衡和钾肥投入量的关系

土壤钾素盈亏值是反映土壤钾素表观平衡的主要指标，从试验结果看，钾肥投入量的多少与土壤钾素盈亏值呈显著线性关系（$r = 0.576*$）。通过线性方程计算出，在保持土壤钾素平衡时 [盈亏值为 0kg/($hm^2 \cdot a$)]，钾肥施入量为 166.7kg/hm^2（图 24 – 41）。

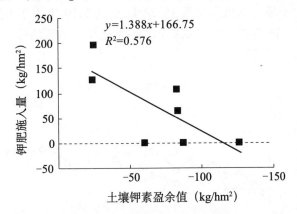

图 24 – 41 长期施肥灰漠土钾素盈亏值与钾肥投入量关系

3. 土壤钾素表观平衡和土壤全钾及速效钾含量的关系

灰漠土全钾含量为 15.2 ~ 19.0g/kg，综合看土壤钾素含量随着钾素亏缺量的减少而增加。土壤钾素亏缺值每减少一个单位（kg/hm^2），土壤全钾含量仅上升 0.016g/kg，土壤速效钾含量上升 4.2mg/kg（图 24 – 42）。从输入和输出计算得出土壤钾素虽然表现出亏缺状态，但由于灰漠土丰富的钾素储量，土壤速效钾含量仍然相对较高，尤其是配施高量有机肥处理土壤速效钾含量在 1 000mg/kg 以上，相对较低的不施肥处理土壤速效钾含量也在 150mg/kg 以上，因此作物吸收的钾素大部分来自土壤供给。

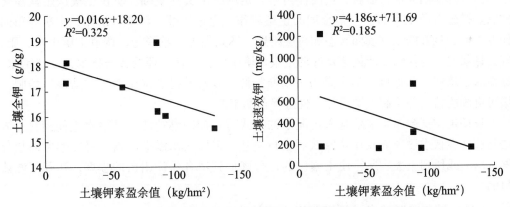

图 24 – 42 长期施肥灰漠土钾素盈亏值与土壤全钾及速效钾含量关系

七、基于灰漠土肥力演变的培肥技术模式

（一）灰漠土有机质快速提升技术

土壤有机质是衡量土壤肥力的主要指标之一，是土壤中各种营养元素特别是氮、磷的重要来源，对土壤的理化性质及植物的生长具有重要的作用，可促进土壤团粒结构的形成，改善土壤的通气性，提高土壤保肥供肥能力。长期定位肥料试验证明，土

壤有机质可有效提高土壤对酸、碱、盐的缓冲能力，协调土壤水、肥、气、热之间的关系。

长期有机肥投入能显著提高土壤有机质含量，20年灰漠土肥料定位试验表明（图24-43），配施有机肥（NPKM，1.5NPKM），土壤有机质年均增加量达到0.54～1.1g/kg。由1990年的低肥力土壤（有机质含量15.2g/kg）到2010年均变为高肥力土壤（土壤有机质含量为27.3～38.5g/kg）。有机肥料对增加土壤有机质的效果好于化肥，有机肥施用量在30t/hm²较为适宜。

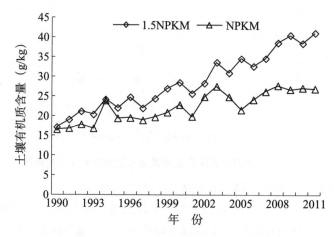

图24-43 配施有机肥快速提升土壤有机质

（二）灰漠土次生盐渍化防治技术

新疆主要限制因素是干旱、盐碱、风沙。由于新疆土壤含盐量高，严重限制了土壤肥力发挥，因此消灭盐碱，提高保苗率，是培肥土壤的基础。防止土壤次生盐渍化的农业措施有两个方面：一是合理的土壤耕作，通过耕翻、耕地、镇压、中耕等田间作业，创造良好的土壤表面状态和耕层构造，达到促进土壤脱盐，调节土壤中水、肥、气、热状况，为作物高产创造良好的土壤环境条件；二是合理的栽培技术，以"治水、除盐碱、培肥"为原则，治水是为了切断盐源，以水淋盐去除土壤里的盐碱，培肥土壤可巩固脱盐，并抑制土壤返盐，促进保苗和丰产。

长期定位试验多年来就是采用灌水的方式进行冲洗淋盐法来防治次生盐渍化，方法是选择春秋季播种前或作物收获后进行洗盐，采取大水漫灌洗盐，将土壤中的盐分淋洗出去或压到土壤底层，使土壤中的盐分降低到适合作物出苗的程度，达到了洗盐目的。

（三）秸秆还田技术减缓了灰漠土速效养分的下降速率

1. 不同作物秸秆还田方法

秸秆直接还田要获得良好效果，必须深耕翻埋，有利于秸秆吸水腐解，通过耕翻、压盖，消除因秸秆造成的土壤架空；调节碳氮比率和补足土壤水分，一般还田秸秆每100kg，需配施1.6kg氮肥；秸秆在土壤中腐解需水量较大，应及时补水，促进秸秆腐解，对后茬作物起到增产作用。

（1）小麦秸秆直接还田：冬、春小麦收获时期一般在7月中下旬，在用机械收获小麦时，小麦的秸秆已经过粉碎，并且留茬较低；人工收获可留茬20～30cm，收获后应及时粉碎秸秆，长度为 15 ~ 20cm。并及时将麦秆均匀还田和根茬一起翻压入土，翻入深度最好在 25 ~ 30cm。

（2）玉米秸秆直接还田：玉米果穗收获一般是在 9 月底至 10 月初，将直立茎秆砍倒粉碎，粉碎长度在 10 ~ 15cm，均匀撒到地里翻入土中，最好是用机械深翻，翻入深度应保证在 25 ~ 30cm 土层中。秸秆直接还田应及时进行翻压，这样有利于秸秆与土壤充分融合，加速秸秆软化和腐熟。

（3）棉花秸秆直接还田：棉花从 8 月中下旬开始第一次收花，分 3 ~ 4 次收获，一般到 10 月初收获完毕。将直立茎秆砍倒粉碎，粉碎长度为 10 ~ 15cm，均匀撒到地里翻入土中，翻入深度应保证在 25 ~ 30cm 土层中。

2. 秸秆直接还田施用量

秸秆还田量要根据土壤有机质含量来确定，因为对不施或少施有机肥的田块来说，突然翻入大量的秸秆，微生物含量少而秸秆多，秸秆不能完全消化分解，影响作物高产。土壤有机质含量较高的土壤，土壤通透性等理化性能较好，微生物含量增加和活性增强，秸秆翻压量可以增大。一般秸秆翻压量在 4 500kg/hm² 以下较为适宜。

3. 秸秆还田技术提升了作物产量、减缓了灰漠土速效养分下降速率

根据灰漠土长期定位肥料试验结果，秸秆直接还田能提高籽粒与茎叶对氮、磷、钾素的吸收能力，秸秆直接还田平均提高茎叶中氮、磷、钾含量为 20% ~ 25%。

秸秆直接还田比单施化肥处理提高了作物产量。每年还田玉米秸秆约 8 500kg/hm² 或小麦秸秆 4 500kg/hm²，比常规单施化肥处理增产 12%，玉米的增产作用比小麦更加明显，表现出显著的增产趋势，并且在后 10 年中显现出持续高产的效果（图 24 – 44）。

在新疆灰漠土上，长期单施化肥土壤速效养分下降趋势明显（图 24 – 8、图 24 – 10、图 24 – 17），而秸秆还田技术能维持土壤速效养分含量（图 24 – 45）。结果表明，有机物料的投入是维持土壤速效养分的有效途径。

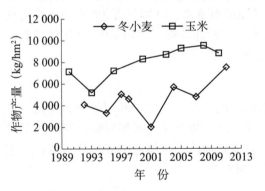

图 24 – 44　秸秆还田技术提高作物产量

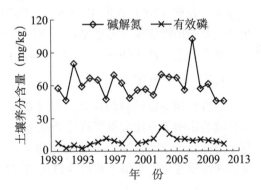

图 24 – 45　秸秆还田技术维持了土壤速效养分

八、主要结论与研究展望

（一）主要结论

有机肥与化肥配合施用，土壤有机质储量累积较快，有机质的质量明显改善；土壤氮、磷、钾养分含量持续增加。土壤有机质主要集中在土壤表层（0 ~ 20cm）和犁底层（20 ~ 40cm）。表层土壤中，长期配施有机肥处理（1. 5NPKM、NPKM）土壤有机质

含量处理（38.5g/kg、27.3g/kg）显著高于单施化肥处理（15.0gkg左右）；秸秆还田（NPKS）能维持土壤有机质含量，施用化肥处理土壤有机质略有下降，不施肥土壤有机质含量持续降低在13.2g/kg偏低水平。

过量的氮肥投入，多余的氮素主要以硝态氮形式存在土壤剖面中，单施化肥土壤硝态氮累积率为4.3%~6.5%，显著高于配施有机肥处理。土壤氮素盈余量与土壤碱解氮含量达显著线性相关，与土壤剖面（0~100cm）硝态氮累积量呈负线性关系，在保持土壤氮素平衡（盈余值为0kg/（hm² · a））时，土壤碱解氮含量为23.95mg/kg。土壤磷盈余值与土壤全磷及Olsen-P含量呈显著线性相关，适度的磷素盈余对于稳定和提高土壤全磷和Olsen-P含量具有重要作用，但是在土壤磷素盈余量过高（200kg/hm²）时，土壤Olsen-P含量达到112mg/kg，过度累积势必对环境产生不良影响。

长期施肥各处理土壤容重均有不同程度的增加，配施有机肥（1.5NPKM）土壤容重增幅小于对照，其次是配施有机肥（NPKM）和秸秆还田（NPKS）。说明配施有机肥对改善土壤容重的效果越明显。

不同肥料长期配施作物对氮磷钾元素吸收利用作用显著，小麦、玉米的吸收趋势一致。小麦、玉米对氮磷钾的吸收利用均以配施有机肥处理高于化肥处理，无论施用哪种形态的氮磷钾元素均能促进作物对该元素的吸收利用。作物吸收氮磷钾量的大小顺序依次为1.5NPKM > NPKM > NPK > NPKS > NP、NK、N、PK > CK。

不同施肥处理氮肥利用率不同，化肥配施处理的氮肥利用率高于配施有机物料处理，高量配施有机肥处理的氮肥利用率较低，顺序为NPK、NP > NPKM > 1.5NPKM；平衡施肥（NPK）处理磷肥利用率最高的为25%，配施有机肥处理作物磷肥利用率维持在14%左右，不平衡施化肥处理磷肥利用率仅有10%左右；长期施肥20年后，配施有机肥的钾肥利用率为57%~80%，高于氮磷钾平衡施肥及不平衡施肥处理。

长期施肥小麦产量对施肥措施的响应较玉米明显，与平衡施肥处理（NPK）相比，不施钾肥处理（NP）在前10年小麦、玉米产量略有下降，降幅仅有3%左右，说明在灰漠土上施用钾肥需要考虑基础土壤钾素水平，一般速效钾在300mg/kg施用钾肥有一定的增产效果，在300mg/kg以上施钾没有增产效果。

（二）研究展望

随着长期定位试验的深入，有关灰漠土肥力演变特征、肥料利用效率、作物产量与品质的影响等方面取得了许多可借鉴的成果。但围绕灰漠土长期定位试验的相关研究还需在如下方面引深：土壤退化修复、不同施肥条件下土壤温室气体排放特征、土壤物理性质变化、土壤生物群落结构与多样性研究等。

刘骅、王西和、王斌、林英华、张会民、解丽娟

参考文献

[1] 鲍士旦. 土壤农化分析 [M]. 2000. 北京：中国农业出版社.

[2] 关松荫. 土壤酶及其研究法 [M]. 1986. 北京：中国农业出版社，206-339.

[3] 黄绍文，金继运，壬释良. 1998. 北方主要土壤钾素形态及其植物有效性研究 [J]. 植物营养与肥料学报，4（2）：156-164.

[4] 解丽娟，王伯仁，徐明岗，等. 2012. 长期不同施肥下黑土与灰漠土有机碳储量的变化 [J].

植物营养与肥料学报, 18 (1): 98 – 105.

[5] 解宪丽, 孙波, 周慧珍, 等. 2004. 中国土壤有机碳密度和储量的估算与空间分布特征 [J]. 土壤学报, 41 (1): 35 – 43.

[6] 金继运等. 1992. 土壤钾素研究进展 [J]. 土壤学报, 30 (1): 94 – 101.

[7] 巨晓棠, 刘学军, 张福锁. 2002. 尿素配施有机物料时土壤不同氮素形态的动态及利用 [J]. 中国农业大学学报, 7 (3), 52 – 56.

[8] 李酉开. 土壤农业化学常规分析方法 [M]. 1983. 北京: 科学出版社, 272 – 273.

[9] 林英华, 刘骅, 张树清, 等. 2007. 新疆农田不同施肥区土壤昆虫群落丰富性与多样性 [J]. 中国农业科学, 40 (7): 1 432 – 1 438.

[10] 刘骅, 林英华, 王西和, 等. 2007. 长期配施秸秆对灰漠土质量的影响 [J]. 生态环境, 16 (5): 1 492 – 1 497.

[11] 刘骅, 林英华, 王西和, 等. 2008. 长期施肥对灰漠土生物群落和酶活性的影响 [J]. 生态学报, 28 (8): 3 898 – 3 904.

[12] 刘骅, 佟小刚, 马兴旺, 等. 2010. 长期施肥下灰漠土矿物颗粒结合有机碳的含量及其演变特征 [J]. 应用生态学报, 21 (1): 84 – 90.

[13] 刘骅, 佟小刚, 许咏梅, 等. 2010. 长期施肥下灰漠土有机碳组分含量及其演变特征 [J]. 植物营养与肥料学报, 16 (4): 794 – 800.

[14] 刘骅, 王讲利, 谭新霞等. 2003. 长期定位施肥对灰漠土磷肥肥效与形态的影响 [J]. 新疆农业科学, 40 (2): 111 – 115.

[15] 刘骅, 于荣, 罗广华等. 2002. 活性有机质测定方法比较及灰漠土碳调控指标 [J]. 新疆农业大学学报, 25 (1): 17 – 20.

[16] 刘骅, 王西和, 张云舒, 等. 2008. 长期定位施肥对灰漠土钾素形态的影响 [J]. 新疆农业科学, 45 (3): 423 – 427.

[17] 鲁如坤. 1999. 土壤农业化学分析方法 [M]. 北京: 中国农业科技出版社.

[18] 潘根兴. 1999. 中国土壤有机碳和无机碳库量研究 [J]. 科技通报, 15 (5): 330 – 332.

[19] 佟小刚, 黄绍敏, 徐明岗, 等. 2009. 长期不同施肥模式对潮土有机碳组分的影响 [J]. 植物营养与肥料学报, 5 (4): 831 – 836.

[20] 王斌, 刘骅, 马义兵, 等. 2013. 长期施肥条件下灰漠土磷的吸附与解吸特征 [J]. 土壤学报, 50 (4): 726 – 733.

[21] 徐明岗, 梁国庆, 张大道, 等. 2006. 中国土壤肥力演变 [M]. 北京: 中国农业科学技术出版社.

[22] 徐明岗, 卢昌艾, 李菊梅, 等. 2009. 农田土壤培肥 [M]. 北京: 科学出版社.

[23] 徐明岗, 于荣, 孙小凤, 等. 2006. 长期施肥对我国典型土壤活性有机质及碳库管理指数的影响 [J]. 植物营养与肥料学报, 12 (4): 459 – 465.

[24] 袁峰. 1996. 昆虫分类学 [M]. 北京: 中国农业出版社.

[25] 张海涛, 刘建玲, 廖文华, 等. 2008. 磷肥和有机肥对不同磷水平土壤磷吸附——解吸的影响 [J]. 植物营养与肥料学报, 14 (2): 284 – 290.

[26] 张会民, 徐明岗, 等. 2008. 长期施肥土壤钾素演变 [M]. 北京: 中国农业出版社, 206.

[27] 张璐, 张文菊, 徐明岗, 等. 2009. 长期施肥对中国3种典型农田土壤活性有机碳库变化的影响 [J]. 中国农业科学, 42 (5): 1 646 – 1 655.

[28] 张贞华. 1993. 土壤动物 [M]. 杭州: 杭州大学出版社.

[29] 中国科学院南京土壤研究所微生物. 1985. 土壤微生物研究法 [M]. 北京: 科学出版社.

[30] Anderson DW, Sagar S, Bettany JR, et al. 1981. Particle size fractions and their use in studies of soil organic matter. I. The nature and distribution of forms of carbon, nitrogen and sulfur [J]. *Soil Science Soci-*

ety of America Journal, 45 : 767 – 772.

[31] Cambardella CA, Elliott ET. 1992. Particulate soil organic matter across a grassland cultivation sequence [J]. *Soil Science Society of America Journal*, 56: 777 – 783.

[32] Diekow J, Meilniczuk J, Knicker H, et al. 2005. Carbon and nitrogen stocks in physical fractions of subtroptical Acrisol as influenced by long-term cropping systems and N fertilization [J]. *Plant and Soil*, 268: 319 – 328.

[33] Evangelou V P, Blevins R L. 1988. Effect of long-term tillage systems and nitrogen addition on potassium quantity-intensity relationships [J] . Soil Science Society of America Journal, 52: 1 047 – 1 054.

[34] Hassink J. 1997. The capacity of soil to preserve organic C and N by their association with caly and silt particles [J]. *Plant and Soil*, 191: 77 – 87.

[35] Post W M, Emanuel W R, Zinke P J, et al. 1982. Soil carbon pools and life zones [J]. *Nature*, 298: 156 – 159.

[36] Rupa T R, Srivastava S, Swarup A, et al. 2001. Potassium supplying power of a typic Ustochrept profile using quantity/intensity technique in a long-term fertilized plot [J]. *Journal of Agricultural Science*, 137: 195 – 203.

[37] Schulten HR, Leinweber P. 1991. Influence of long-term fertilization with farmyard manure on soil organic matter: Characteristics of particle-size fractions [J]. *Biology and Fertility of Soils*, 12: 81 – 88.

[38] Six J, Conant R T, Paul E A, et al. 2002. Stabilization mechanisms of soil organic matter: Implications for C-saturation of soils [J]. *Plant Soil*, 241: 155 – 176.

[39] Six J, Guggenberger G, Paustian K, et al. 2001. Sources and composition of soil organic matter fractions between and within aggregates [J]. *Eur. J. Soil Sci*, 52: 607 – 618.

[40] Six J, Paustian K, Elliott E X et al. 2000. Soil structure and organic matter: I. Distribution of aggregate-size classes and aggregate-associated carbon [J]. *Soil Sci. Soc. Am. J*, 64: 681 – 689.

[41] Sleutel S, Neve S D, Németh T, et al. 2006. Effect of manure and fertilizer application on the distribution of organic carbon in different soil fractions in long-term field experiments [J]. *Eur, J. Agron*, 25: 280 – 288.

[42] Sparks D L, Liebhardt W C. 1981. Effect of long-term lime and potassium applications on quantity-intensity (Q/I) relationships in sandy soil [J]. *Soil Science Society of America Journal*, 45: 786 – 790.

[43] Swift M J, Heal O W, Anderson J M. 1979. Decomposition in Terrestrial Ecosystems [M]. Berkeley: University California Press.

[44] Tisdall J M, Oades J M. 1980. The management of ryegrass to stabilize aggregates of a red-brown earth [J]. *Aust. J. Soil Res.* , 18: 415 – 422.

[45] Woodruff C M. 1955. Cation activities in the soil solution and energies of cationic exchange [J]. *Proceeding of Soil Science Society of America*, 19: 98 – 99.

[46] Woodruff C M. 1955. The energies of replacement of calcium by potassium in soils [J]. *Proceeding of Soil Science Society of America*, 19: 167 – 171.

第二十五章　长期施肥砂壤质潮土肥力演变和培肥技术

潮土是发育于富含碳酸盐或不含碳酸盐的河流冲积物土，受地下潜水作用，经过耕作熟化而形成的一种半水成土壤，因有夜潮现象而得名。其主要特征是土壤腐殖质积累过程较弱，具有腐殖质层（耕作层）、氧化还原层及母质层等剖面层次，沉积层理明显。潮土在江苏省的累计分布面积超过 350 万 hm^2，占全省土地面积的 1/3 多，主要分布于江苏省北部徐淮地区的黄河故道及南通地区。该区属暖温带半湿润气候区，地势平坦，土层深厚，水热资源较丰富，适种性广，又有一定的发展灌溉条件，因而成为江苏省乃至全国主要的农业土壤和重要的粮棉生产基地。

潮土由于发育较弱，土壤的基本性质受成土母质的影响极为深刻，而对于冲积性母质，沉积层次与质地则是最重要的因素。由于黄河泛滥频繁，造成黄泛平原区砂质土壤特别是砂壤土的比例较其他河流冲积平原要高得多。砂土、砂壤土有机质及养分含量低，保水保肥性能也差，大部分属中低产土壤，作物产量低而不稳。随着农业科学技术的不断发展，经过多年的改土培肥后，耕地质量与生产能力得到了大幅度提高，粮食产量一翻再翻，创建出的作物稳产高产实例也不胜枚举。但近些年来，由于农村形势发生了新变化，劳动力短缺，农田投入、特别是有机肥料施用量减少，加上一些不合理的农艺活动，土壤肥力正逐渐退化。在重视并提倡农业可持续发展的今天，土壤的逆向演变已经引起人们的高度关注。因此，在砂壤质潮土上进行土壤肥力与化肥肥效的长期定位试验，研究长期施肥下土壤肥力与作物产量间的关系及变化趋势，不仅对本区域砂壤质潮土的合理利用以及农业增产、农民增收有重要的指导作用，也可对黄淮海平原这个重要农区的全面均衡与可持续发展起到积极的推动作用。

一、长期试验概况

（一）试验地基本情况

砂壤质潮土肥力与肥效长期定位试验设在江苏省徐淮地区徐州农业科学研究所（东经 117°17′，北纬 34°16′）。徐州市地处苏、鲁、豫、皖四省接壤，属暖温带半湿润气候区，年平均气温 14℃，≥10℃ 的活动积温 5 240℃，全年无霜期约 210d，年降水量860mm（主要集中在 7 月和 8 月），年蒸发量 1 870mm，年日照时数 2 317h，地理与气候资源较为优越。试验区土壤为黄泛冲积母质发育的砂壤质潮土，试验从 1980 年秋播开始，试验前进行了 2 季作物的匀地试验。试验开始时的土壤主要理化性状为：有机质含量 10.8g/kg，全氮 0.66g/kg，全磷 0.74g/kg，有效磷 12.0mg/kg，速效钾 63.0mg/kg，缓效钾 738.5mg/kg，pH 值 8.01；物理性黏粒（＜0.01mm）141.1mg/kg，黏粒（＜0.002mm）59.8mg/kg，阳离子交换量 20.4cmol(+)/kg。

（二）试验设计

试验设计按《全国化肥网试验协作研究计划》编号 02 方案进行。主处理两个：

①不施有机肥；②施有机肥（M）；副处理4个：①空白（CK）；②施氮肥（N）；③施氮磷肥（NP）；④施氮磷钾肥（NPK）。氮、磷、钾肥每季施用量为纯 N 150kg/hm²，P_2O_5 75kg/hm²，K_2O 112.5kg/hm²。氮肥为尿素（含 N46%），磷肥为过磷酸钙（13%）、磷酸二铵（含18% N、46% P_2O_5）；钾肥为氯化钾（含55% K_2O）、硫酸钾（含50% K_2O）；有机肥为堆积制腐的厩肥，1981—1984 年每季施用量（鲜基）为马粪37.5t/hm²，1985 年以后改为牛粪18.75t/hm²。有机肥平均含 N 6.31g/kg、P_2O_5 5.14g/kg、K_2O 7.39g/kg，C/N 为20.3。1981—2001 年采用小麦—玉米一年两熟轮作制，2002 年后改为小麦—甘薯一年两熟轮作制。小麦、玉米季有机肥作基肥一次施用，氮肥50%作基肥，50%在小麦拔节期、玉米喇叭口期追施；甘薯季氮、磷、钾肥及有机肥全部作基肥。小麦、玉米平茬收割，人工翻地（20cm）。小区面积33.3m²，随机区组，4 次重复，田间管理措施与大田一致。

在每年作物收获前分区取样进行考种，同时取植株分析样；收获后按之字型采集各处理小区耕层（0~20cm）的混合土样，室内风干后备用。

二、长期施肥下砂壤质潮土有机质和氮、磷、钾的演变规律

（一）砂壤质潮土有机质的演变规律

1. 有机质含量的变化

有机质是土壤的重要组成成分，是衡量土壤肥力水平的一个重要指标（宋春雨等，2008）。长期不同施肥对土壤有机质有显著影响（图25-1）。定位试验31年（至2011年），不施肥处理（CK）的土壤有机质，后3年（2009—2011年）的平均值为9.01g/kg，较试验前的10.8g/kg降低了1.79g/kg，说明砂壤质潮土不施肥，仅依靠每年有限的作物根茬残留物不足以弥补土壤有机质的矿化损失，难以维持土壤有机质的平衡。单施化肥处理（N、NP和NPK），其土壤有机质后3年的平均含量分别比试验前增加了0.31g/kg、1.57g/kg和1.27g/kg，增加幅度不大，基本保持在略高于试前土壤的含量水平上。说明在本试验条件下，要使土壤有机质含量有明显和稳定的提高，单靠施用化肥是很难实现的。

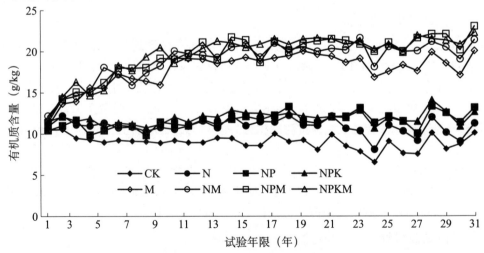

图 25-1 长期施肥土壤有机质含量的消长

施有机肥（M）和有机肥与化肥配施处理（NM、NPM、NPKM），与试验前相比，土壤有机质在 31 年间累计增加了 9.25～12.25g/kg，且后 3 年的平均值也比单施化肥处理提高了 7.77～11.89g/kg。从演变趋势看，由于试验开始的几年（1981—1984 年）有机肥施用量大，基础土壤有机质含量较低，故前期土壤有机质积累相对较快，由前 3 年（1981—1983 年）的平均值 13.59g/kg 迅速升至第四个 3 年（1990—1992 年）的平均值 19.59g/kg，之后有机质的递增速率逐渐趋缓，显示出砂壤质潮土有机质极值稳定的特点。由此可见，增施有机肥有利于土壤有机质的积累，为保证农业的可持续发展，应避免土壤地力的长期耗竭，注意维持并尽量逐步提高土壤有机质含量。

2. 有机质含量与有机物料（农家肥或秸秆）投入量的关系

连续每年向土壤施入一定数量的新鲜有机质（有机肥和作物根茬），并不断形成新的土壤腐殖质，这些新鲜有机物逐年还田对土壤有机质的积累作用，可利用已有的黄淮海地区试验结果提供的参数（王维敏等，1988），代入通用公式进行估算。以砂壤质潮土长期定位试验 10 年为例（表 25 - 1），对土壤有机质含量与有机物料（农家肥或秸秆）投入量之间的关系进行分析，结果表明，每年向土壤投放的有机质和作物根茬折新鲜有机质达到 4 050kg/hm² 时，才能维持土壤有机质的平衡，CK 和 N 处理消耗大于积累，NPK 处理平衡略有盈余，NM 和 NPKM 处理盈余量大而使土壤有机质含量有显著提高。10 年后不同施肥处理的土壤有机质增减（%）估算值与实测值均非常相近。所以依据作物产量、有机肥（农家肥或秸秆）投入量、新鲜有机质的腐殖化系数和原始土有机质含量及其矿化率，可以推算土壤有机质含量的变化趋势。

表 25 - 1 连续施肥 10 年砂壤质潮土有机质增减估算（1981—1990 年）

项　目		CK	N	NPK	NM	NPKM
作物产量 [kg/(hm²·a)]		5 245.5	9 493.5	13 687.5	14 101.5	14 692.5
投入量 [kg/(hm²·a)]	新鲜有机质	0	0	0	0	0
	根茬折新鲜有机质	2 202.0	3 987.2	5 748.7	5 922.6	6 170.8
	有机肥折新鲜有机质	0	0	0	11 812.5	11 812.5
	合计	2 202.0	3 987.2	5 748.7	17 735.1	17 983.3
消耗量 [kg/(hm²·a)]	有机质矿化量	4 050.0	4 050.0	4 050.0	4 050.0	4 050.0
盈亏 [kg/(hm²·a)]		−1 848.0	−62.8	1 698.7	13 685.1	13 933.3
连续施肥 10 年腐殖质积累量（kg/hm²）		−2 326.0	−79.1	2 137.5	17 227.5	17 539.0
相当土壤有机质增减（%）		−0.103	−0.004	0.095	0.765	0.779
土壤有机质含量增减（%）		−0.107	−0.011	0.111	0.763	0.782

注：作物产量与根茬残留量之比为 1:0.6，有机肥及根茬折新鲜有机质系数为 0.7；原始土壤有机质为 10.8g/kg，土壤有机质矿化率 4.68%，新鲜有机质的腐殖化系数近似平均值为 0.3；每年定量施入新鲜有机质后 10 年土壤腐殖质积累率 1.259

（二）砂壤质潮土氮素的演变规律

1. 土壤全氮含量的变化及其与施氮量的关系

农田土壤的氮素除来自于施入的各种含氮肥料和作物残体外，降水、灌溉水和微生物固氮也能增加部分氮素，而土壤氮素损失途径除被作物吸收携出土壤外，还有淋失、侵蚀及转化为气态挥发等，因而土壤氮素的变化相对较为复杂（张炎等，2004；朱兆良，2008）。长期不同施肥处理间土壤全氮的差异随种植年限的延长而增大（表25-2）。小麦、玉米轮作的前21年（1981—2001），不施肥（CK）土壤全氮基本上保持稳定，后9年（2002—2010）呈下降趋势，与试验前（0.66g/kg）相比，第十个3年（2008—2010年）土壤全氮的平均值减少了0.11g/kg；N、NP和NPK处理，前21年土壤全氮随施肥年限有缓慢的上升趋势，之后年际间出现较大的波动，可能与轮作制度的改变有关。尽管甘薯生物产量高，从土壤中吸收的氮素养分多，连续施肥30年，N、NP和NPK处理的土壤全氮仍比试验前有不同程度地提高；施有机肥（M）或有机无机配施处理（NM、NPM、NPKM），由于土壤有机质的积累，第十个3年土壤全氮平均值比试验前增加了0.71~1.0g/kg，并远高于单施化学氮肥的增加值。若以每季化肥和有机肥氮素养分的施入量为自变量（x_1、x_2），第14季（1987年）耕层土壤（以$1.5 \times 105 \times 15kg/hm^2$计）氮素养分储量为因变量（$y_储$），建立$y = b_0 + b_1 x_1 + b_2 x_2$的关系式，可求得土壤氮素养分储量的方程为：

$$y_储 = 219.15 + 0.087\ 6x_1 + 0.425\ 4x_2 \quad (r = 0.953\ 5^{**})$$

以上公式说明，两种肥料氮对土壤氮素的积累作用明显不同。化肥氮在土壤中的残留量为施入量的8.76%，而有机肥氮为42.54%，有机肥对土壤全氮的积累贡献比化肥高4.8倍，可见有机氮在土壤中容易积集。

表25-2　长期不同施肥砂壤质潮土全氮含量

处　理	各年份土壤含氮含量（g/kg）									
	1981—1983年	1984—1986年	1987—1989年	1990—1989年	1993—1995年	1996—1998年	1999—2001年	2002—2004年	2005—2007年	2008—2010年
CK	0.68	0.71	0.74	0.67	0.70	0.75	0.73	0.60	0.51	0.55
N	0.73	0.77	0.86	0.88	0.88	1.11	1.03	1.00	0.77	0.85
NP	0.70	0.75	0.79	0.83	0.86	1.08	0.91	1.01	0.75	0.83
NPK	0.74	0.79	0.83	0.83	0.97	1.09	1.01	0.95	0.85	0.92
M	0.88	1.05	1.25	1.33	1.43	1.58	1.64	1.45	1.29	1.37
NM	0.92	1.13	1.37	1.37	1.52	1.71	1.75	1.65	1.40	1.66
NPM	0.94	1.18	1.32	1.46	1.47	1.65	1.67	1.50	1.42	1.55
NPKM	0.91	1.12	1.34	1.40	1.52	1.72	1.74	1.68	1.50	1.51

2. 土壤硝态氮的含量与剖面分布

土壤剖面中$NO_3^- - N$含量及其分布是作物吸收、长期施肥、土壤类型以及降水等环境条件共同作用下土壤氮素转化、淋洗移动的综合表现。砂壤质潮土连续耕作施肥12

年，土壤剖面不同土层 NO_3^--N 含量发生了明显的变化（图 25 - 2），CK 处理耕层（0~20cm）土壤 NO_3^--N 含量很低，仅为 1.48mg/kg；N 处理 NO_3^--N 含量为 12.56mg/kg，是 CK 的 8.4 倍；NPK、NM 和 NPKM 处理的土壤 NO_3^--N 含量比 CK 高出 2.5~4.6 倍，但明显比 N 处理低。长期单施氮肥，作物生长受到制约，对氮的吸收量少，造成硝态氮的积累和向下淋洗移动，因而在整个土壤剖面（0~100cm）其含量都很高，特别是 40~60cm 土层达到了 21.32mg/kg，比同土层的 NPK、NM、和 NPKM 处理高出 14.27~18.95mg/kg。说明平衡施肥及其与有机无机配合，作物生长较好，根系生长量大，扎根较深，从而增强了对土壤氮素的吸收利用，降低了土壤中 NO_3^--N 浓度和向深层次的淋移量，各层次的含量也较低。说明合理施肥可以有效减少氮素的淋失、避免其对地下水体的污染。

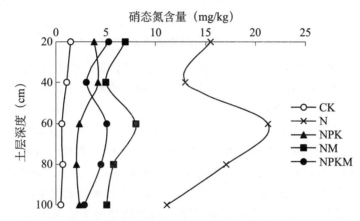

图 25 - 2　长期施肥砂壤质潮土剖面硝态氮含量分布（1992 年）

（三）砂壤质潮土磷素的演变规律

1. 土壤全磷含量的变化

徐州市第二次（1986 年）土壤普查资料显示，砂壤质潮土呈"缺氮少磷富钾"的土壤养分特点，约有 60% 以上农田土壤缺磷，磷素一度是制约本区域作物生长发育和产量提高的重要因子。长期不同施肥，随着种植年限的延长，土壤全磷含量的差异逐渐变大（图 25 -3）。不施磷肥的 CK 和 N 处理，由于土壤磷素处于耗竭状态，全磷含量呈下降趋势，由试验前的 0.74g/kg 降至 2010 年的 0.53g/kg 和 0.50g/kg，分别下降了 28.4% 和 32.4%。NP 和 NPK 处理的土壤全磷含量比试验前提高了 0.15g/kg 和 0.07g/kg，但提高幅度非常小，说明每年增施化学磷肥（P_2O_5）150kg/hm² 可以达到土壤磷素的收支平衡并略有盈余，使土壤全磷含量有所提高。施用有机肥能明显提高土壤全磷含量，特别是有机肥与磷肥配施处理（NPM、NPKM），定位试验 30 年时土壤全磷含量已达到 1.52g/kg 和 1.49g/kg，超过了试验前土壤的 1 倍多。

2. 土壤有效磷含量的变化

土壤有效磷的年际变化及其与施磷量的关系

不施肥（CK）前 3 年土壤耕层（0~20cm）有效磷含量与试验前（12.0mg/kg）相近，第二个 3 年开始迅速下降，大约 10 年后递减速率变缓，15 年后土壤有效磷处于极低水平的状态（表 25 -3）。单施氮肥（N）土壤有效磷的消长趋势与 CK 相似，但各时段的平均值均低于 CK，施氮在一定程度上增加了土壤磷素的消耗。增施磷肥

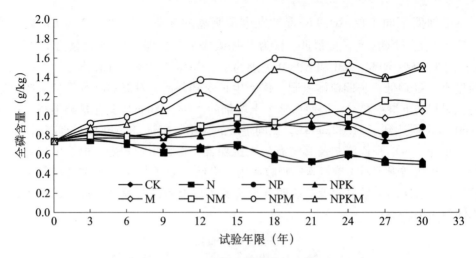

图 25-3　长期施肥砂壤质潮土全磷的消长

（NP、NPK）可以提高土壤有效磷的含量，但增长趋势尚不十分明显，定位 30 年土壤有效磷含量平均较试验前提高了 1.2mg/kg，基本维持在略高于试验前的水平上；配施有机肥（M、NM、NPM 和 NPKM）后，土壤有效磷含量显著增加。特别是厩肥施用量大的前 4 年，磷肥与有机肥配合施用（NPM、NPKM），土壤有效磷增速更明显，4 年后厩肥用量减半，有效磷递增速率相对减缓，第十个 3 年 NPM、NPKM 处理的土壤有效磷平均含量分别比试验前增加了 83.1mg/kg 和 79.5mg/kg，也比 NM 处理高 39.6mg/kg 和 36.0mg/kg，磷肥与有机肥配施有利于减少磷的固定和保持肥料磷的有效度。土壤有效磷的年际变化特征表明，常规施肥条件下，施用磷肥与不施磷肥相比，前者土壤有效磷不易变化，而后者则变化迅速。因此，在农田耕作中应避免土壤地力的长期耗竭，尽量维持并逐步提高土壤有效磷含量，采取有机无机相结合的培肥措施，有利于恢复与建立较大容量的土壤有效磷库。

表 25-3　长期施肥砂壤质潮土耕层（0~20cm）有效磷的变化

年　份	各处理有效磷（mg/kg）							
	CK	N	NP	NPK	M	NM	NPM	NPKM
1981—1983	12.0	8.4	18.4	16.6	32.0	28.7	43.1	43.5
1984—1986	9.8	5.1	20.1	15.6	54.5	47.0	89.0	82.5
1987—1989	5.3	3.9	17.8	11.4	54.5	47.5	75.5	86.3
1990—1992	4.6	4.1	15.2	12.7	64.2	55.2	88.3	86.1
1993—1995	4.4	4.0	14.5	13.6	70.8	57.2	91.8	101.8
1996—1998	4.0	3.9	15.1	13.1	68.9	57.5	98.1	98.5
1999—2001	3.9	3.6	15.5	14.0	71.1	61.8	98.6	96.5
2002—2004	3.5	3.1	13.5	13.0	65.5	57.5	94.5	88.5
2005—2007	3.7	3.3	14.1	12.5	57.6	60.5	89.1	90.5
2008—2010	3.4	3.1	13.3	12.8	63.1	55.5	95.1	91.5

施入土壤中的磷素除被作物吸收外，大部分积累在土壤中，但有一部分磷被土壤"固定"，另一部分进入有效磷库（来璐等，2003）。以每季化肥和有机肥磷素养分的施入量为自变量（x_1、x_2），第十四季（1987年）耕层土壤（0~20cm）有效磷养分储量为因变量（$y_{储有效磷}$），求得两种肥料磷进入土壤有效磷库的方程为：

$$y_{储有效磷} = 12.000 - 0.060 \, 1x_0 + 0.176 \, 1x_1 + 0.172 \, 0x_2 \quad (r = 0.856 \, 8^{**})$$

式中，x_0为施入化肥氮量，表示施氮肥增加了作物对磷的吸收，使土壤有效磷因施氮而减少了6.01%；施入的化肥磷和有机肥磷，分别有17.61%和17.2%进入土壤有效磷库，两者非常相近，而残留的另一部分磷"固定"在土壤中，使全磷含量也有提高。

土壤剖面有效磷含量的分布特征

长期单施氮土壤磷素消耗大，0~80cm土层有效磷含量低于不施肥（CK）；与CK相比，NP和NPK处理土壤剖面各土层有效磷含量均有不同程度的提高（图25-4）。M和NPKM处理土壤剖面有效磷含量高于施化肥处理，这可能与所施厩肥含丰富的磷素养分有关。长期施用磷肥或厩肥，土壤中有部分磷向下层移动。养分的适度下移可以丰富底土的养分含量，对促进作物中后期磷素养分的供应以及减轻由于表土水分不足而引起的产量波动都具有积极意义（鲁如坤，2000）。NPKM处理20~120cm土层有效磷的平均含量分别比NPK和M提高15.8mg/kg和7.5mg/kg，说明磷肥与有机肥配合施用有利于土壤磷的有效化，改善土壤剖面有效磷的分布，提高土壤供磷能力。由于长期采用肥料表施后翻耕，再加上磷在土壤中移动性弱，长期施肥对土壤剖面有效磷含量的影响，上层比下层显著。不同施肥处理土壤有效磷含量均以耕层含量最高、差异最明显，随土层深度的增加逐渐下降，其差异也随之减小。故磷肥施用时要尽量做到深施，或与有机肥配合施用。

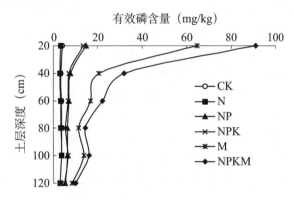

图25-4　长期施肥砂壤质潮土剖面有效磷含量（2000年）

（四）砂壤质潮土钾素的演变规律

1. 土壤速效钾含量及其与施钾量的关系

土壤速效钾（包括水溶性钾和交换性钾）是当季作物钾素的主要供给源。在31年的长期耕作中，不同施肥处理的土壤速效钾含量发生了明显的变化（图25-5）。不施钾肥的CK、N和NP处理，土壤速效钾分别比试验前（63.0mg/kg）下降了12.8mg/kg、15.5mg/kg和12.5mg/kg，下降幅度不大；在NP基础上增施钾肥（NPK），土壤速效钾前4年（1981—1984年）虽有所下降，但总体上是随施肥年限的延长而缓慢上升，大约 10 年后便趋于相对稳定，后 3 年（2009—2011 年）平均值比试验前提高了 7.9mg/kg。表明施入土壤中的钾，除了部分被作物吸收外，还有相当部分被土壤胶体吸附转化为交换性钾，起到了保肥作用。

施有机肥的处理（M、NM 和 NPM），前 4 年由于有机肥用量大，土壤速效钾含量明显高于 NPK 处理，但其后各年度的含量及变化趋势则与施 NPK 相似。说明在本试验条件下长期施用有机肥和无机钾肥对砂壤质潮土速效钾含量有着相似的效应。有机无机相配合的 NPKM 处理，31 年中土壤速效钾含量始终明显高于 NPK 和 NPM 处理，即使自 1985 年后有机肥用量减半，土壤速效钾含量仍能维持在 100mg/kg 左右的较高水平上。可见，增加钾素投入量是维持并提高土壤钾素供应能力的根本措施。

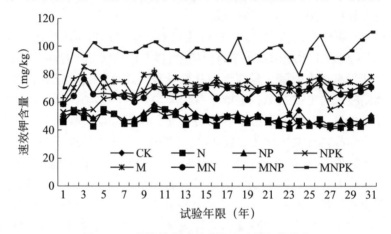

图 25-5　长期施肥砂壤质潮土速效钾的演变

根据施钾量和土壤速效钾含量换算得到下列公式：

$$y_{储速钾} = 16.552 - 0.012\ 2x_0 + 0.044\ 5x_1 + 0.022\ 8x_2 \quad (r = 0.888\ 9^{**})$$

式中，x_0 为施入化肥氮量，表示施氮肥增加了作物对钾的吸收，使土壤速效钾因施氮而减少了 1.22%，而化肥钾和有机肥钾残留在土壤中的速效钾分别为 4.5% 和 2.3%。表明两种肥料钾对提高当季土壤速效钾的效果较小，土壤速效钾是处在动态平衡过程。值得注意的是，长期不施钾或施钾量不足的土壤速效钾含量并没有出现明显的下降，可见砂壤质潮土的供钾容量较大，用 1mol/L HNO₃ 连续提取试验前土壤中的钾（缓效钾）也得到了验证：第一次提取高达 178.5mg/kg，第六次提取仍得 120mg/kg，6 次提取总量达 849.5mg/kg，而速效钾连续两次即被提取完，表明试验土壤速效钾的持续供应能力低，而在土壤钾素亏缺状态下缓效钾是作物长期不断吸收钾的主要来源。

2. 土壤缓效钾的变化

土壤缓效钾是衡量土壤长期供钾潜力的指标，主要受土壤母质的影响，土壤中的钾有多种形态，它们之间没有固定的数量界限，并处于动态平衡（黄绍文等，1998）。不施钾肥（NP）第一年土壤缓效钾含量由试验前的 738.5mg/kg 降至 575.1mg/kg，下降幅度较大，之后经历上升和快速下降的过程（图 25-6）。其中 1984 年和 1986 年两年中土壤缓效钾含量略高于试验前水平，可能是土壤强烈耗竭及作物吸收，加速了土壤矿物的释放并转化为缓效钾所致（杨振明等，1999）。之后主要靠矿物钾的释放来维持作物吸收和土壤钾的动态平衡，2009 年土壤缓效钾含量为 485.6mg/kg，比试验前降低了 250.2mg/kg。施钾肥的 NPK 处理，由于钾释放后土壤层间留有的空位使固钾成为可能，钾肥施入土壤后，除少量钾被作物直接吸收、淋失外，大部分则被土壤胶体吸附，并进入黏土矿物晶层间被固定而转变成缓效钾，从而引起 1983—1987 年 5 年间土壤缓效钾含量的增加，但因土壤钾素处于亏缺状态，随着种植年限的延长土壤缓效钾含量也趋于缓慢下降，2009 年土壤缓效钾含量为 655.7mg/kg，比试验前下降了82.8mg/kg。

NP 和 NPK 处理的土壤缓效钾含量（1981—1991 年）与相应的当季小麦作物产量间呈极显著（$r_{NP} = 0.8164$，$p < 0.01$）和显著（$r_{NPK} = 0.7033$，$p < 0.05$）的正相关，显示出在土壤钾素处于亏缺状态下土壤缓效钾在供给作物营养方面的重要性。值得注意的是，当土壤缓效钾逐渐下降至最低水平时，作物的缺钾矛盾加剧，作物产量和品质下降。因此，在农业生产上应避免土壤钾素的长期耗竭和施钾量不足造成的长期亏缺，且增施钾肥时应实施平衡施肥。

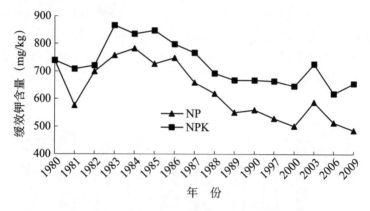

图 25 - 6　长期施肥砂壤质潮土缓效钾的变化

三、长期施肥对砂壤质潮土理化性质的影响

（一）对土壤 pH 值和碳酸钙含量影响

砂壤质潮土经过 20 年（1981—2001 年）的耕作管理，不同施肥耕层土壤的 pH值，与试验前（8.01）相比均有不同程度的降低（图 25 - 7），降幅在 0.29 ~ 0.61。其中以单施氮肥处理（N）的降幅最大，其次是 NM 处理，而 M 和 NPKM 处理的降幅最小。土地利用方式通过影响碳酸盐沉积环境和成土作用而改变 $CaCO_3$ 含量，长期施肥对土壤 $CaCO_3$ 含量有明显影响，从图中可以看出，不同施肥耕层土壤碳酸钙含量，以不施肥处理 CK 的土壤含量最高，施有机肥（M）次之，施肥（N）土壤含量最低，说明长期偏施化学氮肥也能促使石灰性砂壤质潮土酸化并导致碳酸盐含量下降，土壤 pH值与 $CaCO_3$ 含量有极好的相关性（$r = 0.732$，$p < 0.05$）。

（二）对耕层土壤阳离子代换量（CEC）的影响

土壤阳离子代换量的大小影响土壤吸收速效养料的容量及土壤保肥能力，与施肥有密切关系。长期定位试验 20 年，不同施肥耕层土壤的 CEC 值有明显差异（图 25 - 8）。与试验前（20.4cmol/kg）相比，除 NPM 处理土壤 CEC 变化较小外，其他施肥处理的土壤 CEC 均有明显降低，其中施化肥处理（N、NP、NPK）土壤的 CEC 降幅为

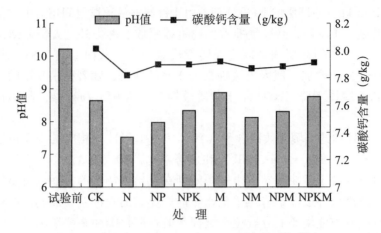

图 25 – 7　长期不同施肥对砂壤质潮土 pH 值及碳酸钙含量影响（2001 年）

3. 1 ~ 3. 44cmol/kg，施有机肥处理（M、NM、NPKM）降幅为 1. 4 ~ 1. 68cmol/kg，可见施有机肥土壤 *CEC* 下降幅度比施化肥土壤小得多。而相关分析也显示，土壤 *CEC* 与有机质含量存在极显著的正相关（$r = 0. 908$，$p < 0. 01$）。增施有机肥可以提高土壤有机质含量，增加土壤中有机、无机胶体，能较好地保持土壤阳离子交换量不下降。

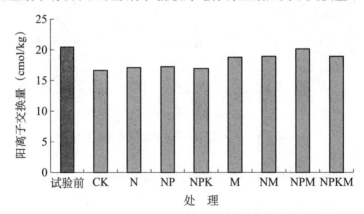

图 25 – 8　长期施肥对土壤 *CEC* 的影响（2001 年）

四、长期施肥砂壤质潮土微生物和酶活性的变化

（一）砂壤质潮土微生物的变化

土壤微生物对土壤的形成发育、物质循环和肥力演变等均有重大影响（孙瑞莲等，2004）。从 1991 年小麦不同生育期土壤微生物的分析结果（图 25 – 9）可以看出，长期施氮、磷、钾（NPK），在小麦分蘖到拔节期土壤微生物数量最多。拔节期过后，随着季节的推移，气温逐渐上升，有机质不断分解，土壤微生物的活动增强，NPKM 处理的微生物数量很快增长并超过 NPK，直至成熟期均保持最高数量，说明施有机肥有益于土壤微生物的生长和繁殖。单施氮肥（N）和不施肥（CK）土壤微生物数量明显较低。在微生物的总数量中，以细菌为主，放线菌次之，真菌最少。而在细菌中，不同施肥处理的土壤微生物均以好气细菌为主（占微生物总数的 58. 2% ~ 86. 1%），其次为芽孢杆菌。好气细菌在整个小麦生育期的消长规律与微生物总量的消长规律

基本一致。

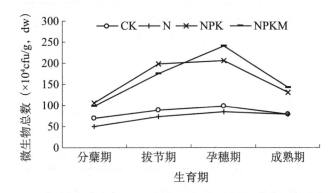

图 25 - 9　长期施肥作物不同生育期土壤微生物数量的变化（1991 年）

不施肥（CK）和单施氮肥（N）的土壤纤维素分解菌数量在小麦分蘖期最低（表 25 - 4），NPKM 处理的土壤纤维素分解菌在孕穗期的数量最高，达到 8.64×10^4 cfu/g（以干土计），远远高于施化肥的 N 和 NPK 处理；不同处理土壤的亚硝酸盐细菌数量，以 N 处理最高，在小麦两个生育期的平均值为 0.907×10^4 cfu/g，高于 CK 的 0.183×10^4 cfu/g、NPK 处理的 0.679×10^4 cfu/g 和 NPKM 处理的 0.536×10^4 cfu/g。固氮菌数量以 N 处理的土壤最低，NPKM 处理最高，在小麦两个生育期平均达 1.026×10^4 cfu/g,，比 N 处理土壤高出 0.35×10^4 cfu/g,，固氮菌数量高有利于土壤固定大气中的氮。

表 25 - 4　不同施肥作物不同生育期土壤特殊生理微生物类群的数量（1991 年）

（单位：$\times 10^4$ cfu/g, dw）

处　理	纤维素分解菌数量		亚硝酸盐细菌数量		好气性自生固氮菌数量	
	分蘖期	孕穗期	分蘖期	孕穗期	分蘖期	孕穗期
CK	0.060	2.925	0.056	0.310	0.683	0.687
N	0.118	1.045	0.309	1.505	0.620	0.669
NPK	1.174	1.100	0.337	1.050	0.756	1.092
NPKM	1.210	8.640	0.063	1.010	0.768	1.283

（二）砂壤质潮土微生物量碳、氮的变化

土壤微生物量是土壤有机质的活性部分，也是土壤中最活跃的因子，在植物营养物质循环中起着重要作用（韩晓日等，1996）。与不施肥（CK）相比，单施氮肥（N）土壤微生物量碳含量变化不大（表 25 - 5），而 NP、NPK 和 NPKM 处理比 CK 提高了 115.17～309.95mg/kg，其中以 NPKM 处理的土壤微生物量碳含量最高，约是 CK 的 2.5 倍。有机肥无机肥配合施用，既补充输入了土壤有机碳源、提高了养分的有效性，又改善了土壤的物理性状，可以大大促进土壤微生物的效应；与土壤微生物量碳相同，长期施肥可以明显提高土壤微生物量氮的含量。但单施化肥处理（N、NP、NPK），由于土壤中缺乏微生物活动所需要的能源和适宜的环境，与 CK 相比其增加值远低于有机肥无机肥配合的 NPKM 处理。

表25-5　长期施肥砂壤质潮土微生物量碳、氮含量（1992年）

处　理	微生物量碳 （mg/kg）	微生物量氮 （mg/kg）	微生物量碳/ 微生物量氮	微生物量碳/全碳 （%）	微生物量氮/全氮 （%）
CK	209.39	5.62	37.3	4.18	0.84
N	310.19	9.33	33.2	4.63	1.06
NP	324.56	10.22	31.7	4.76	1.23
NPK	351.23	18.67	18.8	4.94	2.25
NPKM	519.34	42.22	12.3	4.40	3.02

　　土壤微生物量 C/N 比值，以不施肥（CK）最高，施化肥处理（N、NP 和 NPK）次之，有机肥无机肥配合施用的 NPKM 处理最低。土壤微生物量碳与土壤有机碳的比值变化，不同施肥处理间的差异不大。土壤微生物量氮与土壤全氮的比值，不同施肥处理间的变化趋势与土壤微生物量氮的变化趋势基本一致，其顺序为 NPKM ＞ NPK ＞ NP ＞ N。可见有机肥无机肥配合在提高土壤有机质含量、促进土壤微生物大量繁殖的同时，也增加了对氮的固持。

（三）长期施肥砂壤质潮土酶活性的变化

　　土壤酶活性作为表征土壤性质的生物活性指标，已被广泛用于土壤营养物质的循环转化以及各种农业措施和施肥效果的评价方面（孙瑞莲等，2003）。长期施肥通过改变或影响土壤物理化学或生物学特性进而对土壤酶活性产生影响（表25-6）。与不施肥（CK）相比，长期施氮磷钾化肥处理（NPK）土壤过氧化氢酶活性提高了18.66%，而施氮处理（N）和施氮磷处理（NP）肥的差异不显著。施有机肥处理（M）和有机肥无机肥配施处理（NM、NPM、NPKM）的土壤过氧化氢酶活性均明显高于施化肥。

表25-6　长期不同施肥砂壤质潮土的土壤酶活性

处　理	过氧化氢酶 [mL/(g·d)]		脲酶 [mg/(g·d)]		蔗糖酶 [mg/(g·d)]		碱性磷酸酶 [mg/(g·d)]	
	2004年	2006年	2004年	2006年	2004年	2006年	2004年	2006年
CK	1.33	1.26	1.28	0.47	25.57	21.31	0.72	0.57
N	1.30	1.26	1.56	0.71	33.86	29.79	0.87	0.83
NP	1.29	1.25	1.51	0.94	33.99	30.07	0.80	0.69
NPK	1.58	1.55	1.59	0.78	33.19	26.70	0.99	0.88
M	1.94	1.98	2.29	1.01	39.53	32.99	1.15	0.91
NM	2.20	2.11	2.45	1.27	37.66	34.55	1.21	0.96
NPM	2.15	2.27	2.54	1.39	37.17	33.59	1.17	0.96
NPKM	2.23	2.27	3.05	2.21	41.52	42.25	1.30	1.12

　　施化肥处理间（N、NP、和 NPK）的土壤脲酶活性差异不大，但明显高于不施

肥（CK）。施有机肥处理的土壤脲酶活性高于施化肥处理，2006 年 M 处理比 N、NP、NPK 处理分别为增加 42.25%、7.45%、29.49%。有机无机配施处理（MN、MNP、MNPK）土壤脲酶活性明显高于单施有机肥处理（M），其中以 MNPK 处理的提高幅度最大。总体上看，长期施肥土壤脲酶活性比不施肥（CK）均有不同程度的提高，其原因可能与长期不施肥土壤有机质被不断地矿化分解使得土壤对脲酶的保护容量降低有关。

长期施肥土壤蔗糖酶活性均明显高于不施肥（CK）。施有机肥（M）与有机无机配施（NM、NPM、NPKM）处理间的土壤蔗糖酶活性没有明显差异，但均高于施化肥处理，2004 年和 2006 年 M、NM、NPM 和 NPKM 处理的蔗糖酶活性比 N、NP、NPK 处理分别增加 9.37%~25.09% 和 9.71%~58.26%。表明土壤蔗糖酶活性的高低与土壤有机质含量、土壤肥力密切相关，增施有机肥更有利于提高土壤蔗糖酶活性。

长期施肥后土壤碱性磷酸酶活性与蔗糖酶活性的变化规律非常相似，从 2004 年和 2006 年的测定结果看，长期施肥的土壤碱性磷酸酶活性均明显高于不施肥，其大小顺序为 MNPK > MNP、MN > M > NPK、N > NP > CK。说明养分的均衡和充足地供给有利于土壤的碱性磷酸酶活性的提高。

土壤酶活性之间有一定的内在关系，长期定位施肥土壤过氧化氢酶、脲酶、蔗糖酶和碱性磷酸酶之间的相关系数均达到显著与极显著水平（表 25-7）。说明 4 种土壤酶之间不仅具有自身的专一特性，同时存在着一些共性，而这些有共性关系的土壤酶类，其总体活性在某种程度上反映着土壤的肥力状况。

表 25-7　土壤酶活性之间的相关系性（r）

项　目	过氧化氢酶	脲　酶	蔗糖酶
脲酶	0.926 4**	1	—
蔗糖酶	0.775 2*	0.888 2**	1
碱性磷酸酶	0.963 6**	0.947 3**	0.891 6**

注：r=0.706 7*，显著性相关；r=0.834 3**，极显著性相关

五、作物产量对长期施肥的响应

（一）长期施肥作物产量的演变

受气候和自然因素影响，小麦产量年际间的波动较大，不同处理同一年份的变化趋势则基本一致，即 NPKM > NPK > NP > M > N > CK（图 25-10），前 3 年（1981—1983 年）处理间产量差异较小，3 年后随种植年限的增加差异逐渐变大。从图 25-10 可以看出，CK 处理的小麦产量前 3 年的变化不大，以后逐年下降；单施氮肥处理（N）前 3 年产量较高，4 年后产量开始下降，其产量变化趋势线的斜率较大（-119.86），产量下降速度快，后 3 年（2010—2012 年）平均产量仅为前 3 年的 1/5；NP 处理前 4 年（1981—1984）能维持较高的产量水平，年平均产量可达到 6 230kg/hm²，5 年后由于养分供应不协调，产量也开始下降，可见在富钾的砂壤质黄潮土上连续施用氮、磷肥，4~5 年后也需要增施钾肥；在本试验条件下，即使施氮、磷、钾肥（NPK）尚难

维持最高产量，但自第六年以后产量便开始缓慢下降，其原因可能是氮、磷、钾配比不够合理或施用量不足而影响了高产作物品种增产潜力的发挥。单施有机肥处理（M），由于氮素释放缓慢，小麦产量始终低于 NP 处理，但产量下降速度比 NP 处理平缓，反映出长期施有机肥培育的农田土壤生态系统要比施氮、磷（NP）化肥有较好的稳定性；有机肥与化肥配施处理（NPKM）有明显的增产效果，32 年小麦平均产量较单施化肥（NPK）和有机肥（M）处理分别提高了 14.9% 和 102.3%。从产量演变的趋势看，前 6 年稳定在高产水平，平均年产量高达 6 980kg/hm²，7 年后产量因有机肥用量减半、养分供应量（主要是 N 素养分）减少而有所降低，但产量变化趋势线的斜率非常小（-25.33），后 3 年的平均产量仍能达到前 3 年平均产量的 93%，并保持在平均值为 6 390kg/hm² 的高产水平范围上下波动，说明砂壤质潮土的生产潜力很大，而要获得作物高产稳产，供给均衡、充足的养分是最根本的前提。

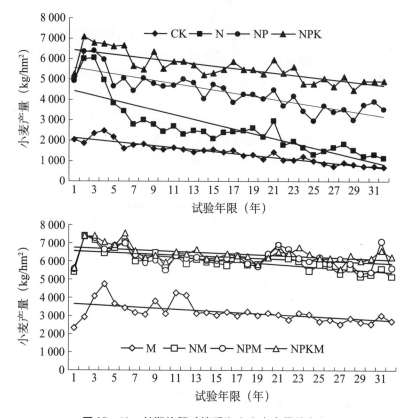

图 25 - 10 长期施肥砂壤质潮土小麦产量的变化

定位试验前 21 年，不同施肥处理的玉米产量，除 NP 与 M 处理年际间有交替变化外，其他处理产量的变化趋势与小麦基本一致（图 25 - 11）。但在后 11 年的甘薯作物上，施肥与产量随种植年限的增加，没有延续这样的变化趋势。施肥量大或配比不合理，遇到高温多雨年份，甘薯茎蔓生长旺盛，会造成地上与地下部生长不协调，导致块根产量下降。从图 25 - 11 可以看出，有些年份 NPKM 处理的产量低于 NPK 处理，N 处理的产量比 CK 低。相同施肥处理不同年际间产量的波动较大，因此其曲线变化趋势差异也较大，表明甘薯作物在块根产量的形成过程中，除去气候因素的影响外，不同施肥方式对其产量的影响比玉米更为明显。

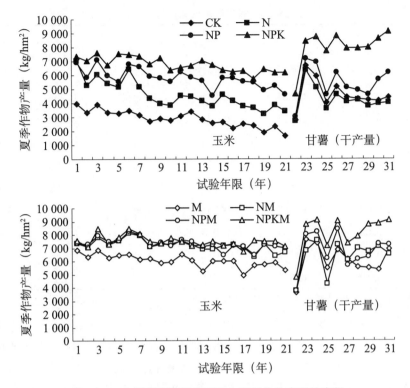

图 25 - 11 长期施肥砂壤质潮土夏季作物产量的变化

(二) 长期施肥作物产量稳定性分析

比较小麦、玉米和甘薯 3 种作物产量的稳定性可看出（表 25 - 8），长期轮作施肥条件下，玉米产量稳定性（变异系数小、稳定性系数高）整体上好于小麦和甘薯。不同施肥处理之间的产量稳定性存在差异，小麦和玉米均是有机无机配合处理的稳定性最高，单施氮肥的稳定性最差，尤其在小麦上表现更明显，反映出小麦对氮肥的敏感性较高。氮、磷、钾平衡施肥在 3 种作物所有施化肥的处理中最高。对于甘薯产量稳定性而言，NPK 和 NPKM 处理不仅产量高（图 25 - 11），而且稳定性也最好，稳定性系数分别达到 0.738 和 0.739，高于 NP 和 NPM 处理，可见甘薯作物高产稳产对钾肥的依赖性大。作物产量年度间的变化除与施肥有关外还受气候、土壤和人为等因素的影响。长期定位试验的结果表明，有机无机肥配施以及氮、磷、钾平衡施肥是提高作物产量稳定性的重要途径。

(三) 作物产量对长期施氮肥的响应

单施氮肥（N）小麦前 3 年（1981—1983）产量较高，之后由于养分供应不均衡，产量下降速度比不施肥（CK）的快，故其增产率逐年下降，9 年后增产率的变化很小（图 25 - 12），而在玉米上也有相似的变化趋势。单施有机肥（M），因有机肥中氮素释放缓慢，产量逐年缓慢下降，所以氮肥与有机肥配合（NM）施用后，氮肥在小麦上的增产率（除前 3 年有机肥用量大、增产率特别高外）随施肥年限的延长而逐渐提高，平均增产率从第二个 3 年（1984—1986 年）的 71% 上升到最后 3 年（2008—2010 年）的 96.1%，且高于单施氮肥（N）的增产效果，这显然与有机肥长期施用的后效有关；在夏玉米上，氮肥与有机肥配合（NM），前 21 年氮肥平均增产率为 20.1%，明显低于

表 25 –8　长期施肥作物产量的稳定性

处　理	小　麦		玉　米		甘　薯	
	变异系数	稳定性系数	变异系数	稳定性系数	变异系数	稳定性系数
CK	0.331	0.384	0.211	0.569	0.233	0.531
N	0.486	0.223	0.221	0.507	0.229	0.515
NP	0.224	0.523	0.116	0.721	0.228	0.586
NPK	0.125	0.686	0.081	0.814	0.156	0.738
M	0.162	0.569	0.083	0.807	0.197	0.635
NM	0.096	0.735	0.062	0.834	0.202	0.663
NPM	0.084	0.765	0.060	0.831	0.209	0.633
NPKM	0.076	0.781	0.057	0.834	0.168	0.739
平均值	0.198	0.583	0.111	0.739	0.202	0.630

注：变异系数 = 标准差/产量平均数；稳定性系数 = （平均产量 – 标准差）/最大产量

单施氮肥（N）的 54.6%，表现出与小麦上相反的结果，虽然增产率有所下降，但产量高、稳产性好，且增产率随施肥年限的增加稳中有升。可见氮肥与有机肥配合，可以提高氮肥肥效，达到高产、稳产、节约成本和培肥土壤的目的。后 9 年因轮作制度的改变，氮肥在甘薯上的增产率显著下降，其中单施氮肥（N）有 2 个年段的平均增产率出现负值。

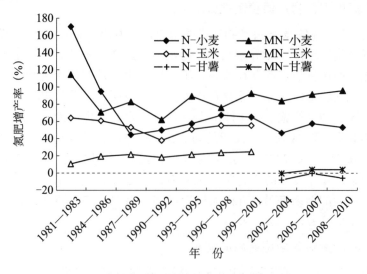

图 25 –12　长期施肥砂壤质潮土氮肥增产率的变化

（四）作物产量对长期施磷肥的响应

在施氮、磷肥（NP）条件下，磷肥在小麦、玉米上的养分效率（每消耗 1kg P_2O_5 养分所生产的籽粒产量），随施肥年限的增加呈现递增、下降、渐趋稳定的变化过程（图 25 –13）。从磷肥肥效的演变可以看出，砂壤质潮土具有明显的磷肥残效迭加效应。受磷肥残效的迭加作用，磷肥的养分效率通常要比人们估算的高（顾益初，1997），如小麦施肥第二年，每千克 P_2O_5 的平均生产作物籽粒仅为 1.1kg，第五年提高到 26.6kg，第十年时则高达 40.5kg。在相同条件下，磷肥对小麦的增产效果明显高于玉米，前 21 年每千克 P_2O_5 平均增产小麦 23.6kg，增产玉米 11.9kg，两者增产量相差近 1 倍。因此，在小麦、玉米轮作中，磷肥的施用应掌握"重冬轻夏"的分配原则。在甘薯上，磷肥 9 年的养分效率平均为 13.4kg/kg，比小麦低，而与玉米相当。

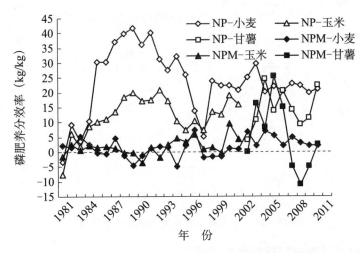

图 25 – 13　长期施肥砂壤质潮土磷肥养分效率的变化

磷肥与有机肥配合（NPM）施用，磷肥的养分效率下降，当有机肥用量较大时，磷肥的增产效果已不明显，前 21 年平均每千克 P_2O_5 增产小麦 0.7kg，增产玉米 1.6kg，远远低于不施有机肥的 NP 处理，且年际间波动大，与施肥年限也无明显的相关关系。原因可能是土壤供磷过多时，作物呼吸作用强，植株地上部与根系生长比例失调，谷类作物的无效分蘖、缺粒秃顶增加，还会诱发缺锰、锌等元素（胡霭堂，1995），因而有些年份磷肥的养分效率出现负值。在本试验的 NPM 处理，可能有机肥中的磷素养分已能满足作物生长发育的需要，再增施磷肥不仅不增产，反而造成作物减产而影响其经济效益。

由此可见，磷肥的有效施用与土壤条件、作物特性、轮作制度以及施肥技术有关，其中土壤的供磷状况是磷肥合理分配和有效施用的重要依据。但磷肥在施用技术上又不像氮肥那样要求严格，研究经济施用磷肥的意义，仅在于从总体上划出一个界限，作为大面积生产时参考。根据磷肥的迭加效应规律和轮作土壤的供磷特点，对 11 年（1985—1995 年）NP 处理土壤有效磷含量与小麦磷肥肥效进行相关性分析，结果表明，磷肥在小麦上的当季表观利用率与土壤有效磷含量可用幂函数曲线表示，而养分效率与土壤有效磷含量呈直线负相关（图 25 – 14），相关系数均达到极显著，客观反映出长期施肥条件下磷肥的肥效与土壤供磷状况之间的关系。从图 25 – 14 不难看出，土壤有效磷含量 <15mg/kg 时，磷肥肥效明显，表现在磷肥利用率的递增速率快、养分效率也高，有效磷含量超过 15mg/kg 后，磷肥利用率下降速度变得缓慢，并随土壤有效磷含量的不断提高而逐渐趋向于一个最低的相对稳定值。由直线方程式计算出，当 $x = 25.4$mg/kg 时，磷肥的养分效率为零，施磷无效，因此可将有效磷含量 15mg/kg 和 25.4mg/kg 分别作为本区域砂壤质潮土土壤供磷状况丰缺的参考值和小麦不需要施用磷肥的土壤有效磷最低界限值 K，可应用由磷肥指数（C）关系推导出的建议施磷

公式 $Q = 0.15 \times C \times (K - P_0)$ （黄淮海平原 C 值范围为 $1.54 \sim 3.45$ ）（王庆仁，1998），按照施肥前基础土壤的有效磷含量 P_0（秋耕前取样测定），计算出小麦的磷肥建议施用量。

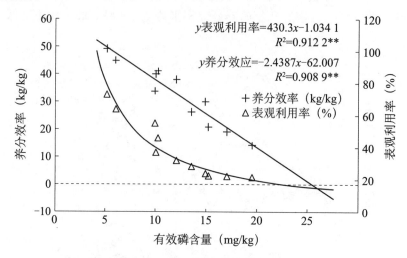

图 25 - 14　土壤有效磷含量对磷肥肥效的影响

（五）作物产量对长期施钾肥的响应

在富钾的砂壤质潮土上，增施钾肥（NPK）有明显和稳定的增产作用（表 25 - 9）。小麦作物除前 3 年增产率较低外，30 年钾肥平均增产率达到了 31%，玉米 21 年平均增产率为 15.6%，而在甘薯作物上钾肥增产率 9 年平均更是高达 47.8%，明显高于小麦和玉米。从钾肥肥效的年度变化看，钾肥长期施用也有后效，但不如磷肥明显。在氮、磷和有机肥（NPM）基础上增施钾肥（NPKM），由于有机肥为土壤提供了丰富的钾素，钾肥的增产效果明显下降，特别表现在小麦和玉米作物上，平均增产率仅为 4.1% 和 1.9%，分别比不施有机肥的 NPK 处理下降了 89.7% 和 87.8%。但在甘薯作物上，钾肥与有机肥配施，钾肥仍具有较高的增产率，9 年平均达到 19.2%，这也进一步证明了甘薯是喜钾作物，所以在甘薯作物的高产栽培上要重视钾肥的投入和氮、磷、钾平衡施肥。

（六）作物产量对长期施有机肥的响应

有机肥与化肥配合施用，有机肥的肥效随氮、磷、钾配合的程度而降低，即 M > NM > NPM > NPKM，这主要是由于配施后养分施入量增加而引起的"报酬递减"，因为有机肥中氮、磷、钾养分的年平均施入量约为化肥用量的 1 倍、1.3 倍和 2 倍。从有机肥增产率的年际变化（图 25 - 15）看，试验前期，M 和 NM 处理的有机肥肥效随施肥年限逐年提高，尤以施 NM 更为明显，其增产率由第一个 3 年的 17.4% 上升到第三个 3 年的 94.7%，提高了 5 倍多。表明有机肥长期施用有明显的后效，主要表现为磷、钾养分的积累。由于轮作制的改变，自 2002 年之后有机肥的增产率有所下降，且年际间的波动也大。有机肥与氮磷、氮磷钾配合施用（NPM、NPKM）处理，其增产率随施肥年限的增长作用很小，30 年的平均增产率为 18.0% 和 7.9%，远低于单施有机肥（M）的平均增产率 113.1%，但作物产量高且稳产性好。

表 25-9　长期施用钾肥作物增产率的变化 （单位:%）

年　份	小　麦		玉　米		甘　薯	
	NPK	NPKM	NPK	NPKM	NPK	NPKM
1981—1983	8.4	0.6	10.9	2.3	—	—
1984—1986	28.1	4.5	9.8	1.0	—	—
1987—1989	22.7	3.7	16.9	2.0	—	—
1990—1992	28.8	5.4	10.9	0.6	—	—
1993—1995	29.2	3.2	26.1	5.7	—	—
1996—1998	19.8	5.4	9.2	3.7	—	—
1999—2001	24.2	2.0	25.9	3.7	—	—
2002—2004	42.7	6.5	—	—	27.8	13.4
2005—2007	54.6	0.4	—	—	53.6	16.1
2008—2010	52.1	9.7	—	—	62.0	29.2
平　均	31.0	4.1	15.6	1.9	47.8	19.2

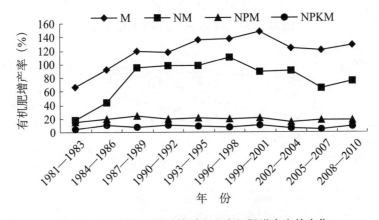

图 25-15　长期施肥砂壤质潮土有机肥增产率的变化

（七）长期施肥作物产量与不施肥作物产量（基础地力）的关系

土壤基础肥力是指在不施肥条件下土壤所具有的生产力，也称地力产量，可反映土壤的基本肥力状况。分别对小麦、玉米和甘薯施肥与不施肥产量间的相关性进行分析，结果显示（图 25-16 至图 25-18），作物施肥产量随着不施肥产量（基础地力）的增加而提高，两者之间存在显著和极显著的正相关关系，这种相关性表明土壤的基础地力和环境因素直接影响着作物的施肥效应。回归方程斜率（k）（不施肥产量每增加一个单位对应施肥产量的增加值）的大小可以反映基础地力对施肥产量的效应大小。换言之，反映施肥作物产量对基础地力和环境的依赖程度。同一土壤环境中，小麦和玉米作物施肥与不施肥产量的回归方程斜率随氮、磷、钾配合程度的提高而降低，即 $k_{NPK} < k_{NP} < k_N$。小麦和玉米 N 处理的斜率最大，不施肥产量每增加一个单位对应的施氮（N）产量的增加值要分别比 NPK 高 $1.16kg/(hm^2 \cdot a)$ 和 $0.79kg/(hm^2 \cdot a)$，表明 N 处理作物产量对基础地力和环境的依赖程度高于 NPK。相同的施肥处理，小麦产量

回归方程的 k 值均比相应的玉米大，这就意味着同一轮作周期内小麦施肥产量对土壤基础地力和环境的依赖程度高于玉米。在 NPK 的基础上增施有机肥（NPKM）可降低作物产量对基础地力和环境的依赖程度，其效果是在小麦上 k 值降低了 $0.61kg/(hm^2 \cdot a)$，玉米则降低了 $0.36kg/(hm^2 \cdot a)$。在甘薯作物上，NP 处理的 $k_{NP} >$ N 处理的 k_N，而 NPK 处理的 $k_{NPK} < k_N$，说明甘薯是喜钾作物，对钾肥比较敏感，增施钾肥可降低其对基础地力的依赖程度。甘薯增施有机肥（NPKM）的作用不明显，但其 k 值均比 N 和 NP 处理的小。显而易见，养分平衡和供应协调，施肥效应提高，地力贡献就降低，合理施肥可以弥补土壤肥力不高以及环境因素对作物产量的影响。

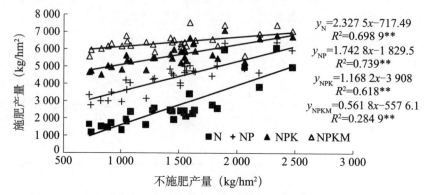

图 25 – 16　小麦施肥与不施肥产量关系

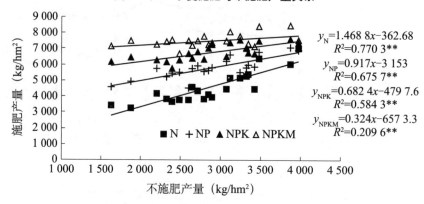

图 25 – 17　玉米施肥与不施肥产量的关系

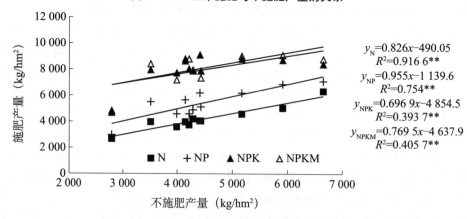

图 25 – 18　甘薯施肥与不施肥产量的关系

（八）长期施肥条件下作物不同基因型的产量响应

作物磷营养基因型的差异不仅存在于不同的种类之间，同时也存在于同一作物的不同品系之间（刘鸿雁等，2004）。挖掘作物自身磷营养的遗传潜力，对节约与充分利用自然资源、建立可持续发展的农业生态体系有十分重要的作用。作物磷高效基因型筛选的研究，大多在温室中采用液培法和砂培法，但是作物在实际生长土壤中吸收的不仅仅是水溶性磷，还有难溶性磷，能够活化土壤中难溶态磷的品种才是生产中最有价值的种质资源，而液培法和砂培法不能完全模拟田间状况，限制了此类品种潜能的发挥。基于长期定位试验 26 年，在施磷（NPK）与不施磷（NK）土壤上，采用耐低磷力、品种适应性和综合力 3 项指标（王庆仁，1998），对 25 个小麦品种（系）和 7 个淀粉型甘薯品种进行评价（表 25 - 10、表 25 - 11）。结果表明，徐麦 25、西农 979 在长期施磷与不施磷土壤上籽粒产量几乎没有差异，耐低磷力强，但其产量都属于中等水平，品种适应性不强，因而不是磷高效型品种，可作为育种材料加以利用；烟辐 188 和矮早 4110，长期施磷与不施磷的籽粒产量相差 2.8 倍和 5.6 倍，即缺磷时产量低，施磷后产量大幅度提高，表明它们对施磷比较敏感，这类品种在种植时必须保证磷肥的供应才能获得高产。徐麦 3 - 54、小偃 54 和徐麦 856 耐低磷能力强、适应性好、综合力高，可以评价为磷高效型品种。同样，徐薯 27 也是磷高效型甘薯品种。这类品种（系）在缺磷地区或磷肥投入量不足的情况下推广应用具有较大的优势。

表 25 - 10　长期施肥对小麦不同品种（系）产量的影响（2006 年）

编　号	品　　种	籽粒产量（g/株）		耐低磷力（%）	品种适应性（%）	综合力（%）
		NK	NPK			
1	陕 225	1.95	3.43	56.9	- 11.8	22.5
2	烟辐 188	1.12	3.17	35.3	- 49.3	- 7.0
3	兰考 906	1.18	2.68	44.0	- 46.6	- 1.3
4	徐麦 936	1.19	2.64	72.3	- 13.6	29.4
5	矮早 4 110	0.57	3.21	17.8	- 74.2	- 28.2
6	皖麦 38	2.14	2.38	89.9	- 3.2	43.4
7	徐麦 856	3.30	3.73	88.5	49.3	68.9
8	小偃 54	3.20	3.40	94.1	44.8	69.5
9	百农 64	1.95	2.35	83.0	- 11.8	35.6
10	周麦 18	2.91	3.32	90.1	31.7	60.9
11	新乡 9 408	2.60	3.87	67.2	17.6	42.4
12	徐麦 3 - 54	3.44	3.76	91.5	55.7	73.6
13	西农 979	2.06	2.12	97.2	- 6.8	45.2
14	豫麦 18	1.87	2.97	63.0	- 15.4	23.8
15	濮麦 9	2.49	2.97	83.8	12.7	48.3
16	矮抗 58	2.91	3.67	79.3	31.7	55.5

（续表）

编 号	品 种	籽粒产量（g/株）		耐低磷力（%）	品种适应性（%）	综合力（%）
		NK	NPK			
17	苏徐2号	2.93	3.62	80.9	32.6	56.8
18	徐麦038	3.17	4.24	74.8	43.4	59.1
19	郑农7号	1.55	3.14	49.4	-29.9	9.7
20	徐麦25	2.49	2.50	99.6	12.7	56.1
21	温麦6号	2.57	3.51	73.2	16.3	44.8
22	淮麦18	1.62	2.23	72.6	-26.7	23.0
23	皖宿9 908	2.39	4.30	55.6	8.1	31.9
24	烟农19	2.53	3.24	78.1	14.5	46.3
25	陕160	1.48	2.54	58.3	-33.0	12.6

注：$F_{品种}=42.85 < F_{0.01}$；$F_{处理}=10.63 < F_{0.01}$；耐低磷力指某个品种不施磷处理的籽粒产量占该品种施磷处理产量的百分数；品种适应性指在不施磷处理下，某个品种的籽粒产量比当年试验的所有品种籽粒产量平均值增减的百分数；综合力指耐低磷力及其品种适应性两项指标的平均值

表25-11　长期施肥甘薯不同品种的产量（2008年）

品 种	块根产量（kg/株）		耐低磷力（%）	品种适应性（%）	综合力（%）
	NK	NPK			
徐薯27	0.787	0.879	89.53	31.27	60.40
徐薯18	0.628	0.670	93.73	13.85	53.79
商薯19	0.436	0.513	84.99	-24.08	30.46
苏渝303	0.525	0.878	59.79	-3.05	28.37
徐薯25	0.418	0.541	77.26	-29.43	23.91
苏薯27	0.601	0.885	67.91	9.98	38.95
徐薯22	0.393	0.601	65.39	-37.66	13.87

注：$F_{品种}=22.174 < F_{0.01}$；$F_{处理}=19.620 < F_{0.01}$；耐低磷力指某个品种不施磷处理的籽粒产量占该品种施磷处理产量的百分数；品种适应性指在不施磷处理下，某个品种的籽粒产量比当年试验的所有品种籽粒产量平均值增减的百分数；综合力指耐低磷力及其品种适应性两项指标的平均值

（九）长期施肥的作物品质

1. 长期施肥对小麦、玉米籽粒品质影响

作物籽粒中蛋白质的品质决定氨基酸的组成及人体必需氨基酸的含量。长期施肥可提高作物籽粒的氨基酸含量(表25-12)，小麦氨基酸总量以N处理最高（18.716%），其次为NM处理。在人体必需氨基酸中，除赖氨酸、苯丙氨酸外，其他5种氨基酸均以N处理最高，说明氮肥对小麦氨基酸含量的影响较大；在玉米上，施肥能使氨基酸含量提高50.3%~67.4%，其中以NM处理的含量（10.2%）为最高，其次为NPK处理。作为评价蛋白质和氨基酸质量的重要指标赖氨酸含量，小麦和玉米种均以NPK处理最高。

表 25 - 12　长期施肥下小麦、玉米籽粒的氨基酸含量（1990 年）　　（单位:%）

作　物	处　理	人体必需氨基酸含量							氨基酸总和
		苏氨酸	结氨酸	蛋氨酸	异亮氨酸	亮氨酸	苯丙氨酸	赖氨酸	
小　麦	CK	0.29	0.48	0.20	0.41	0.72	0.49	0.32	9.81
	N	0.47	0.81	0.28	0.87	1.29	1.15	0.50	18.72
	NP	0.39	0.65	0.20	0.53	1.00	0.91	0.43	14.02
	NPK	0.32	0.54	0.19	0.46	0.83	0.59	0.70	11.73
	NM	0.38	0.66	0.19	0.55	1.03	1.30	0.43	14.86
	变异系数	18.40	20.20	18.40	22.60	22.20	39.50	29.80	24.40
玉　米	CK	0.21	0.32	0.20	0.22	0.67	0.30	0.26	6.07
	N	0.31	0.43	0.28	0.33	1.13	0.47	0.30	9.12
	NP	0.33	0.55	0.23	0.35	1.28	0.51	0.29	9.84
	NPK	0.33	0.46	0.25	0.35	1.27	0.51	0.30	9.85
	NM	0.33	0.48	0.24	0.36	1.33	0.54	0.30	10.16
	变异系数	17.00	15.20	11.50	18.80	23.90	20.40	5.80	18.70

　　施用化肥的小麦籽粒淀粉含量均高于不施肥处理（CK），其大小顺序为 NP > N > NPK > CK，以 NP 处理最高。蛋白质含量以 N 处理最高，但因籽粒产量低，故蛋白质产量也较低；NP 和 NPK 处理的蛋白质含量因"稀释效应"而呈下降趋势，但其蛋白质年产量仍分别比 N 处理高 130.6kg/hm² 和 276.6kg/hm²。合理施肥（NPK）可提高小麦面粉的面筋指数和沉降值，使加工品质得到改善（表 25 - 13）。

表 25 - 13　长期施肥小麦的籽粒品质（2001 年）

处　理	产　量（kg/hm²）	淀粉含量（%）	蛋白质含量（%）	湿/干面筋含量（%）	面筋指数	沉降值（mL）
CK	1 529	54.3	12.96	3.06	88.7	47.7
N	3 172	58.4	14.38	3.01	90.0	51.7
NP	4 671	59.6	12.56	2.88	95.5	48.8
NPK	5 738	57.0	12.77	2.98	97.9	52.7

　　2. 长期施肥对甘薯品质性状的影响

　　长期施肥对甘薯块根淀粉、蛋白质含量的影响与小麦籽粒上相似。作为淀粉型品种（徐薯 18），氮、磷、钾平衡配施处理（NPK），不仅鲜薯产量高，而且干率和淀粉含量也较高，还值得关注的是薯块中还原糖和可溶性糖含量低，这就大大改善了淀粉型品种的加工品质，可以提高淀粉出粉率和加工品质（表 25 - 14）。

表 25 - 14　长期施肥甘薯的块根品质（2008 年）　　　　　　（单位:%）

处　理	淀粉含量	干　率	还原糖含量	可溶性糖含量	蛋白质含量
CK	61. 97	28. 82	6. 74	13. 22	3. 61
N	57. 06	27. 71	5. 12	11. 46	8. 35
NP	62. 03	30. 05	4. 41	10. 04	7. 54
NK	60. 47	27. 38	6. 03	12. 42	6. 92
NPK	61. 81	29. 36	4. 14	9. 40	6. 50
M	60. 51	29. 05	5. 41	11. 30	4. 56

注：品种为徐薯 18

　　糊化特性是评价甘薯淀粉物理特征的重要参数，长期施肥下甘薯淀粉 RVA 特征谱存在明显差异（图 25 - 19），主要表现在出峰的迟早、最高黏度值、最低黏度值和最终黏度值的大小（表 25 - 15）。测试品种徐薯 25，不同施肥处理间在淀粉糊化过程中的黏滞力有明显差异，其大小顺序为 NPK > NP > NK，不施磷（NK）的淀粉最高黏度、最低黏度和最终黏度值比施磷（NPK）分别下降了 7. 9%、18. 6% 和 11. 5%。长期不施磷明显降低了淀粉的黏滞力，可能与土壤缺磷影响了磷在淀粉中的积累、改变了淀粉分子基团的结合，导致淀粉分子结构的差异有关，而由其换算出的崩解值和回复值，以及出峰时间和糊化温度也出现不同程度的差异。可见甘薯淀粉 RVA 特性，除受品种自身遗传因素控制外，也受外界栽培环境条件的影响。

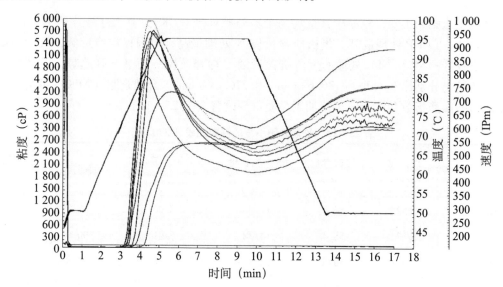

图 25 - 19　长期施肥下甘薯淀粉 RVA 特征图谱（品种为徐薯 18，2007 年）

表 25 - 15　长期施肥下甘薯淀粉 RVA 特征参数（品种为徐薯 25，2007 年）

处　理	最高黏度（cP）	最低黏度（cP）	最终黏度（cP）	崩解值（cP）	回复值（cP）	峰值时间（min）	糊化温度（℃）
NPK	5 927. 3	2 841. 7	3 779. 3	3 085. 6	938. 0	4. 4	73. 1
NP	5 571. 0	2 708. 3	3 630. 0	2 862. 2	921. 7	4. 5	73. 4
NK	5 461. 3	2 313. 0	3 172. 7	3 148. 3	859. 7	4. 5	72. 6

六、长期施肥下农田生态系统养分循环与平衡

(一) 长期施肥的肥料回收率

1. 氮肥回收率

砂壤质潮土长期不同施肥条件下，氮肥回收率随种植年限表现出很大的差异（表25-16）。单施氮肥处理（N），前3年（1981—1983年）氮肥的回收率非常高（58.5%），之后由于养分施用不均衡，制约了作物对氮的吸收利用，氮肥回收率便迅速下降，9年后下降速率趋缓，第十个3年（2008—2010年）的回收率为13.6%，30年氮肥的平均回收率仅为24.6%，所以单施氮肥不利于作物对氮的吸收，会造成氮素的损失；在氮肥基础上配施磷肥（NP）处理，除第一个3年氮肥回收率稍低于单施氮处理外，其余年段均明显高于单施氮肥，30年的平均回收率为52.3%，约是单施氮肥的4倍，增施磷肥可促进作物对氮肥的吸收与利用；氮肥与有机肥配合（NM）处理，氮肥的回收率随施肥年限稳中有升，30年平均为52.0%，远高于单施氮肥，与NP处理的回收率相当。可见氮肥与有机肥配合，可以明显提高氮肥的利用率，达到高产、稳产、节约成本和培肥土壤的目的。

表25-16 不同施肥的氮肥回收率

处　理	各年份氮肥回收率（%）									
	1981—1983年	1984—1986年	1987—1989年	1990—1992年	1993—1995年	1996—1998年	1999—2001年	2002—2004年	2005—2007年	2008—2010年
N	58.5	46.3	30.7	23.0	19.5	15.1	11.6	14.5	13.8	13.6
NP	57.2	60.4	61.7	66.4	55.1	48.6	41.5	47.5	41.0	43.4
NM	46.8	53.0	60.3	50.8	49.2	52.5	49.6	51.7	54.1	52.1

2. 磷肥回收率

施入土壤中的磷肥，除少量被当季作物吸收外，大部分残留在土壤中，这些被土壤所"固定"的磷在以后的年份里可缓慢地供作物利用。因此，在连续施用磷肥的土壤上，作物不仅吸收了当季施入的磷，还吸收了残留在土壤中的磷（田孝忠等，1997）。用生物效应差减法求得NP、NPK和NPM处理每3年的磷肥回收率（表25-17），从表25-17可以看出，NP处理在1981—1992年4个3年的时间段里，磷肥回收率随施肥年限的延长而明显升高，第四个3年比第一个3年高出4倍多，显示出砂壤质潮土中具有明显的磷肥残效迭加效应。在施氮磷（NP）处理基础上配施钾肥（NPK）处理，增加了作物对磷素的吸收，使磷肥的回收率得到相应提高，30年平均回收率为36.5%，高于NP处理的平均回收率31.3%。磷肥与有机肥配合（NPM）处理，由于有机肥带入的磷量高于化学磷肥带入的磷量，从而使NPM处理中化学磷肥的回收率下降，30年磷肥平均回收率为17.4%，约为NP处理的一半。因此在农业生产中，当配施有机肥时，可根据有机肥带入土壤的磷量，适当减少化学磷肥用量，以充分发挥磷肥肥效。

表 25 - 17　不同施肥砂壤质潮土的磷肥回收率

处　理	不同年份磷肥回收率（%）									
	1981— 1983 年	1984— 1986 年	1987— 1989 年	1990— 1992 年	1993— 1995 年	1996— 1998 年	1999— 2001 年	2002— 2004 年	2005— 2007 年	2008— 2010 年
NP	8.9	29.1	32.9	38.0	33.5	34.1	33.0	36.3	32.0	35.1
NPK	13.5	36.3	38.4	42.1	38.1	36.8	37.4	40.1	38.6	43.3
NPM	7.9	9.9	12.0	14.2	20.0	22.6	22.8	23.7	18.8	22.5

3. 钾肥回收率

在富钾的砂壤质潮土上，增施钾肥具有较好的增产效果（表 25 - 9），所以钾肥的利用率也较高（表 25 - 18）。长期施氮磷钾（NPK）处理，除第一个 3 年（1981—1983 年）钾肥的平均回收率较低（为 39.3%）外，第二个 3 年迅速上升至 58.4%，提高了近 1.5 倍，之后便一直保持在较高的水平，30 年钾肥平均回收率为 57.1%。在氮磷钾（NPK）的基础上配施有机肥（NPKM）处理，因施入土壤的有机肥含有丰富的钾，使钾肥的增产效果明显下降，但由于 NPKM 处理的作物生物产量高，特别是作物秸秆（茎蔓）对钾素养分的"奢侈吸收"，促使钾肥的回收率并没有出现降低，30 年平均回收率为 54.9%，与 NPK 处理相当。从钾肥回收率的变化看，钾肥的后效较小，这就意味着随种植年限的延长，作物的高产、稳产对钾肥的依赖性增强。

表 25 - 18　不同施肥砂壤质潮土钾肥回收率

处　理	不同年份钾肥回收率（%）									
	1981— 1983 年	1984— 1986 年	1987— 1989 年	1990— 1992 年	1993— 1995 年	1996— 1998 年	1999— 2001 年	2002— 2004 年	2005— 2007 年	2008— 2010 年
NPK	39.2	58.4	51.4	63.3	64.7	58.2	59.8	61.6	56.5	58.7
NPKM	29.5	62.2	57.6	48.0	60.5	57.6	58.4	60.1	53.8	61.3

（二）长期施肥的有机碳循环与平衡

1. 有机质的循环与平衡

土壤有机质主要来自施入的有机肥和作物根茬的自然还田。由根茬还田量（黄淮海地区小麦、玉米作物产量与其根茬残留量之比平均为 1∶0.6）和腐殖化系数（平均为 0.3）以及有机质矿化率计算得到砂壤质潮土小麦、玉米轮作 21 年土壤有机质的循环与平衡结果（表 25 - 19）。由表 25 - 19 可以看出，长期不施肥（CK）处理，作物年生物产量低，残留土壤的根茬量少，不能满足土壤有机质的矿化损失，土壤有机质含量由试验前的 10.8g/kg 降至 2001 年的 9.3g/kg；N 和 NPK 处理的作物年残留根茬形成的腐殖质量可满足土壤有机质年矿化量并略有盈余，使土壤有机质含量基本维持在稍高于试验前的水平。有机无机配合处理（NM、NPKM），由于增施有机肥促进了作物生长、提高了生物产量又间接地提高了根茬还田量，进而大大促进了土壤有机碳的积累，土壤有机质含量显著提高。

表 25 – 19　长期施肥（1981—2001 年）砂壤质潮土有机质循环与平衡

处　理	投入量 [kg/(hm² · a)]			腐殖质形成量 [kg/(hm² · a)]	有机质矿化量 [kg/(hm² · a)]	有机质积累量 [kg/(hm² · a)]	2001 年土壤有机质含量 (g/kg)
	有机肥	作物根茬	合计				
CK	0	1 801.5	1 801.5	540.5	710.2	-160.7	9.3
N	0	2 243.9	2 243.9	673.2	598.2	75.0	11.5
NPK	0	5 131.4	5 131.4	1 539.4	1 400.1	139.3	12.1
NM	12 075.0	5 374.0	17 449.0	5 234.7	4 056.1	1 178.6	21.2
NPKM	12 075.0	5 401.6	17 476.6	5 243.0	4 032.3	1 210.7	21.8

注：1981—2001 年为小麦、玉米轮作，2002 年后改为小麦、甘薯轮作。

土壤有机质的矿化和腐殖化是土壤碳循环中的两个相反过程，土壤有机质的动态平衡受农业管理措施、环境以及土壤因素等条件制约（金峰等，2000）。在本试验条件下，测算出施 CK、N 和 NPK 处理土壤的有机质矿化率分别为 3.39%、2.32% 和 5.14%，与以往对黄淮海地区农田土壤有机质的很多研究结果较相近（李忠佩等，2002；王维敏等，1988）。而 NM 和 NPKM 处理的土壤有机质矿化率为 8.5% 和 8.22%，这一结果略为偏高。分析其原因可能是试验区气候条件（地处暖温带半湿润气候区，年均降水量 860.5mm，主要集中在 6—9 月，雨热同期分布）比较适宜土壤微生物的活动与繁殖，而有机肥与化肥配合又促进了土壤微生物数量和活性的提高，进而加速了土壤有机质的分解；另外，由于作物生物产量高，新鲜有机物根茬的残留量大，也有利于土壤有机质的活化与更新。

2. 土壤有机碳平衡、固碳效率与有机碳投入的关系

施肥可以增加土壤有机质的积累，即在土壤有机质含量低而未达到平衡时，土壤有机质容易积累并迅速富集起来，土壤有机质的积累量随有机碳投入量的增加而提高，两者呈极显著正相关（图 25 – 20）。但土壤有机质积累不能无限地增加，当投入量与矿化损失量相等时，土壤有机质含量则处于一个新的动态平衡，此时土壤中富裕的有机质则加快其矿化速度。由方程式 $y = 0.081\ 2x - 0.232\ 3$ 可求得：本试验条件下，土壤固碳效率为 0.081，年投入有机碳 2.8t/hm² 可维持土壤有机碳的动态平衡。

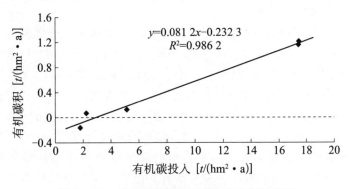

图 25 – 20　土壤有机碳积累量与投入量的关系

3. 砂壤质潮土有机质的适宜平衡水平

有机质是决定土壤保肥供肥性能的物质基础，对保证作物高产稳产有重要作用。

图 25 - 21 显示定位试验 30 年小麦产量与相应年份土壤有机质含量关系及其变化趋势。在试验的开始阶段，由于试验前土壤有机质含量低（10.8g/kg），每年投入的有机肥量大，作物产量随土壤有机质含量的提高而提高，相互之间存在着极显著的正相关（$r = 0.755\,8^{**}$），可见肥力不高的土壤积极采取增加有机质的措施来获得作物高产是必要的。但值得注意的是，随着施肥年限的延长，其相关性不再明显。即有机肥料的稳定投入，能使土壤有机质含量缓慢上升，而作物产量并没有随之提高，因而保持较高的土壤有机质平衡水平从经济方面考虑是不合算的，这就意味着在一定的气候和耕作条件下土壤有机质含量有其适宜范围。从图 25 - 21 不难看出，土壤有机质含量在 14.0 ~ 17.0g/kg 的含量范围内作物产量高，且达到并维持这样的平衡水平所需的投入相对较少，获得的经济效益相对较高。因此，从可持续农业的观点出发，按照土壤有机质的生态平衡和经济管理原则，可以认为本区域砂壤质潮土在小麦—玉米轮作制条件下，农田土壤有机质含量维持在 15.0g/kg 的平衡水平上是比较适宜的。这一结果也与其他学者研究确定的潮土有机质平衡值基本吻合（孟凡乔等，2000；严慧峻等，1997）。

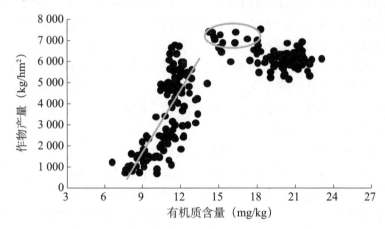

图 25 - 21　砂壤质潮土有机质含量与作物产量的关系

（三）长期施肥土壤氮素的表观平衡

1. 作物对氮素的吸收利用

在砂壤质潮土中，氮素是制约作物生长发育的重要因子。施肥促进了作物对氮素吸收，提高了籽粒和茎叶含氮量。从表 25 - 20 可以看出，不施肥（CK）处理的植株含氮量均较其他施肥处理的低；NPK 处理小麦、玉米籽粒和秸秆的含氮量均低于 N 和 NP 处理，可能与在一定的施氮水平下作物生物量大幅度提高所产生的"稀释效应"有关，但其实际氮吸收量要比 N 和 NP 处理高得多；施有机肥（M）的小麦、玉米籽粒和秸秆的含氮量介于 CK 和施化肥处理之间，说明作物对有机氮的当季利用较化肥氮差。从不同作物植株含氮量来看，小麦籽粒的含氮量高于玉米籽粒和甘薯块根，而甘薯茎蔓的含氮量则明显高于小麦和玉米秸秆。由于甘薯茎蔓的鲜重可达到 13 125 ~ 52 500kg/hm²，促使其还田对维持土壤氮素平衡非常重要。

2. 土壤氮素的表观平衡

从长期施肥的土壤氮素表观平衡（图 25 - 22）看，不施肥（CK）土壤氮素处于耗

表 25 – 20　砂壤质潮土不同施肥作物植株的含氮量

作物		各处理植株含氮量（g/kg）							
		CK	N	NP	NPK	M	NM	NPM	NPKM
小麦	籽粒	16.6	26.1	20.8	19.9	16.9	24.0	23.2	21.9
	秸秆	3.4	7.8	6.6	5.1	4.0	6.6	7.3	6.2
玉米	籽粒	11.1	14.7	13.8	13.3	11.7	15.2	14.5	15.3
	秸秆	5.6	8.2	8.6	6.8	6.1	9.2	8.3	9.1
甘薯	块根	4.8	8.1	7.3	6.7	5.0	8.8	7.0	7.8
	茎蔓	10.2	12.9	12.4	14.5	13.6	15.9	14.6	15.5

注：表中值为 3 年的平均值

竭状态，因作物年收获量逐渐下降，年支出氮量也在逐年减少，年平均亏缺氮 70.1kg/hm^2；施化学氮肥的 N 和 NP 处理，由于养分供应不均衡，作物生长受到制约，生物产量逐年下降，氮吸收量明显减少，土壤表观氮素平衡呈上升趋势。特别是单施氮处理（N），年平均盈余氮量为 138.7kg/hm^2，土壤长期大量的氮素盈余，既造成了氮素的损失，又增加了环境污染的潜在危险。NPK 处理前 5 年土壤氮素稍有亏缺，其余年份基本维持平衡；施有机肥和有机肥无机肥配合，由于试验开始的前 4 年厩肥用量过大，土壤氮素平衡第一个 5 年均出现大量盈余，后 5 个 5 年，厩肥用量减半后土壤氮素的年盈余量明显下降，并保持平衡有余。因此，无论是从作物增产还是环境保护方面考虑，都应该重视氮磷钾的平衡施肥和提倡有机肥无机肥配合施用。

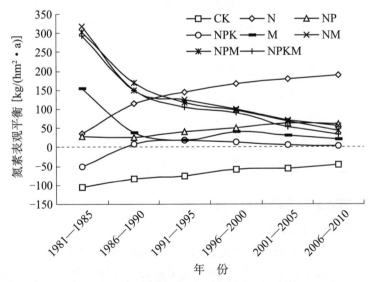

图 25 – 22　长期施肥砂壤质潮土的氮素表观平衡

由于土壤氮素损失途径多（如除被作物吸收携出外，还有淋失、侵蚀及转化成气态而挥发等）、变化较为复杂，且不同肥料氮对土壤氮素的积累作用明显不同，因此长期不同施肥土壤全氮含量与土壤氮素表观平衡间无明显相关性（$r = 0.055$）。土壤氮素表观平衡值高，说明作物对氮素的吸收利用少、氮素的损失大，对环境造成的潜在危险就越大。

（四）长期施肥土磷素的表观平衡

作物对磷素的消耗量随施磷量和氮、磷、钾配合程度的提高而提高（表 25 - 21）。长期不施磷的 CK 和 N 处理，作物每年从土壤中携出的磷分别为 P_2O_5 31.8kg/hm^2 和 34.5kg/hm^2，土壤磷素处于耗竭状态，全磷、有效磷含量分别比试验前降低了 0.21g/kg、8.6mg/kg 和 0.24g/kg、8.9mg/kg。每年施入化学磷肥（P_2O_5）150kg/hm^2 的 NP 和 NPK 处理，土壤磷素达到收支平衡并略有盈余，全磷、有效磷含量比试验前提高 0.15g/kg、1.6mg/kg 和 0.07g/kg、0.3mg/kg，提高的幅度非常小；施用有机肥能明显提高土壤全磷和有效磷含量，特别是施氮磷钾肥及其与有机肥配合施用（NPK、NPKM 处理），土壤磷（P_2O_5）年盈余量分别达到 201.9kg/hm^2 和 197.1kg/hm^2，土壤磷素积累多，第 30 年时土壤全磷含量均已超过试验前的 1 倍，有效磷含量更是比试验前提高了近 8 倍。不同施肥处理间土壤全磷、有效磷含量随土壤磷素表观平衡值的提高而提高，相互之间存在着极显著的正相关（$r_{全磷} = 0.960^{**}$、$r_{有效磷} = 0.973^{**}$）。由此可见，对土壤磷养分比较匮乏的砂壤质潮土来说，通过磷肥与有机肥配合施用，增加土壤磷素盈余，可以保持肥料磷的有效度，提高土壤供磷能力。

表 25 - 21　长期施肥砂壤质潮土磷素的表观平衡与养分含量（1981—2010 年）

处　理	磷素表观平衡 [P_2O_5 kg/(hm^2 · a)]			2010 年土壤养分含量			
	磷施入量	地上部携出量	平衡值	全磷（g/kg）	比试验前增加（g/kg）	有效磷（mg/kg）	比试验前增加（mg/kg）
CK	0	31.8	−31.8	0.53	−0.21	3.4	−8.6
N	0	34.5	−34.5	0.50	−0.24	3.1	−8.9
NP	150	84.9	64.4	0.89	0.15	13.6	1.6
NPK	150	92.7	57.3	0.81	0.07	12.3	0.3
M	181.5	112.5	69.0	1.05	0.31	62.2	50.2
NM	181.5	114.2	67.3	1.14	0.40	59.1	47.1
NPM	331.5	129.6	201.9	1.52	0.78	93.5	81.5
NPKM	331.5	134.4	197.1	1.49	0.75	91.3	79.3

（五）长期施肥土钾素的表观平衡

1. 作物对钾素的吸收利用

不同施肥对小麦、玉米籽粒和甘薯块根的含钾量影响不大（表 25 - 22），小麦籽粒含钾量为 6.15 ~ 6.66g/kg，玉米为 4.08 ~ 5.05g/kg，甘薯为 5.68 ~ 6.25g/kg。小麦、玉米秸秆和甘薯茎蔓的含钾量明显高于相应的籽粒和块根，平均高出 2.0 倍、3.1 倍和 2.1 倍。增施钾肥提高了作物秸秆、茎蔓对钾素养分的吸收，使得 NPK、NPKM 处理的小麦、玉米秸秆和甘薯的茎蔓含钾量比相应不施钾肥的处理（N、NP、M、NM 和 NPM）高。可见作物从土壤中吸收的钾素养分主要积集在秸秆和茎蔓里，因此促使秸秆和茎蔓钾返还农田再利用，对维持土壤钾素平衡、建立高产稳产的养分良性循环有着非常重要的作用。

表 25 –22 砂壤质潮土不同施肥植株含钾量

作　物		不同处理植株含钾量（K_2O g/kg）							
		CK	N	NP	NPK	M	NM	NPM	NPKM
小　麦	籽粒	6.40	6.33	6.48	6.15	6.32	6.66	6.59	6.63
	秸秆	10.92	13.40	9.19	14.86	13.11	13.65	12.55	17.88
玉　米	籽粒	5.05	4.08	4.14	4.27	4.62	4.52	4.71	4.58
	秸秆	9.83	8.97	9.67	17.44	16.72	13.31	13.46	24.47
甘　薯	块根	5.96	5.68	5.85	6.16	6.10	6.07	6.13	6.25
	茎蔓	12.0	10.23	9.97	14.13	13.75	13.51	13.66	15.16

注：表中数据为 5 年的平均值

2. 土壤钾素的表观平衡

砂壤质潮土连续 30 年不施钾肥的 CK 和 NP 处理，作物年均地上部吸收钾量（K_2O）为 59.5kg/hm^2 和 141.0kg/hm^2，土壤钾素处于耗竭状态，致使土壤速效钾含量比试验前分别下降了 19.7mg/kg 和 19.4mg/kg。在施氮磷（NP）的基础上，每年增施 K_2O 225kg/hm^2 的化学钾肥（NPK），土壤钾素未达到表观平衡，年均亏缺 K_2O 44.3kg/hm^2，即使每年配施 37.5t/hm^2 的厩肥（相当于 K_2O 320.1kg/hm^2）的 NPM 处理，土壤钾素仍显亏缺状态，但土壤速效钾含量比试验前有不同程度的提高（表 25 –23）。化肥与有机肥配合的 NPKM 处理，由于钾素投入量大，30 年来则始终保持钾素盈余，土壤速效钾含量显著提高。可见在砂壤质潮土地区，仅靠化学钾肥或有机肥来提供钾素，很难保持土壤钾的收支平衡，只有两者配合施用才能达到土壤钾素平衡有余，而在现阶段一般农田难以施用如此大量的厩肥，因此推广秸秆（茎蔓）还田补充土壤钾素具有非常重要的现实意义。不同施肥处理间土壤的速效钾含量与土壤钾素表观平衡间存在显著的正相关（$r = 0.941^*$），表明采取有机无机相结合增加钾素投入量是维持并提高土壤钾素供应能力的根本措施。

表 25 –23 长期施肥砂壤质潮土钾素的表观平衡与养分含量（1981—2010 年）

处　理	钾素表观平衡 [K_2O kg/($hm^2 \cdot$ a)]			2010 年土壤效钾含量（mg/kg）	比试验前增加（mg/kg）
	钾施入量	地上部携出钾量	平衡值		
CK	0	59.5	−59.5	47.1	−15.9
NP	0	141.0	−141.0	44.6	−18.4
NPK	225.0	269.3	−44.3	66.1	6.1
NPM	320.1	330.5	−10.4	75.3	12.3
NPKM	545.1	384.9	160.2	97.5	34.5

七、基于土壤肥力演变的主要培肥技术模式

（一）维持土壤适量的有机质含量

土壤有机质作为土壤养分循环及肥力供应的核心物质，其含量和形态在一定程度

上能客观反映土壤的肥力水平。农田土壤是受当地生态环境为主要影响因素的一种生态系统，土壤有机质通常保持着相对稳定的动态平衡，即在一定的气候和耕作条件下土壤有机质有其适宜的含量值。因此，在基本农田保育目标的制定时，过高追求土壤有机质含量指标是不现实的、更是不经济的。长期定位试验结果表明，在本区域砂壤质潮土小麦—玉米轮作制下，农田土壤有机质的含量维持在 15～20g/kg 的范围内是比较适宜的，同时在有机质形态上有一定的有效比例，即易氧化碳占总碳值在 50% 以上时可维持地力常新和丰厚、持久的地力贡献率。

根据作物产量指标和土壤有机质增长（平衡）指标，可对土壤有机质的平衡、增加进行预测。以示范基地为例，小麦—甘薯轮作（甘薯地上部茎蔓移出作饲料），土壤有机质含量为 13.3g/kg，有机质矿化率为 5.14%（长期试验 NPK 处理的矿化率）。若计划 5 年内小麦单产保持在 6 000kg/hm^2，并使土壤有机质提高到 15.0g/kg。经计算，每年除将小麦秸草直接粉碎全部还田外，还需再增加 801.4kg/hm^2 的有机肥或秸秆，方可在 5 年后使土壤有机质含量达到 15.0g/kg。若要维持土壤有机质 15.0g/kg 的水平，并保持小麦 6 750kg/hm^2 的高产水平，除小麦根茬补偿外，每年尚需施入土壤的有机肥或秸秆量为 7 681kg/hm^2。

（二）保持土壤养分平衡、合理施用化肥

从长期试验结果看，以 50% 的氮素平均利用率和每年施入化学磷肥（P$_2$O$_5$）150kg/hm^2 概算，砂壤质潮土氮、磷素基本可达到平衡。但考虑到砂壤质潮土的特性，土壤碳、氮、磷库并不充裕，在保证作物高产的氮素营养基础上，还需要不断充实和维护土壤碳、氮、磷营养库，其中定量施氮、合理施氮是平衡施肥的关键，可以依据作物需氮规律确定氮肥施用量，而磷、钾用量易于配置，并做到氮肥与磷、钾肥或有机肥配合施用。对于磷肥的有效施用，需要根据土壤供磷状况分类指导，即如果土壤有效磷 <5mg/kg，可采取一次性大量施用，以加速充实土壤磷库，之后每年补施少量速效磷肥即可；土壤有效磷为 5～15mg/kg，需足量施用磷肥；土壤有效磷为 15～25mg/mg，应减量施用磷肥；当土壤有效磷 >25mg/kg 时，可采取隔季或隔年施用磷肥，或每季施用少量速效磷肥作种肥。这样可以充分发挥肥料的最大增产效益，节约资源，维护农田土壤的生态环境和可持续利用。

（三）持续推行秸秆还田

作物收获后的秸秆，携带着几乎全部的钾、大约 1/3 的氮和磷，同时秸秆也是土壤有效的可供碳源。因而采取秸秆还田是维持土壤—作物生产体系养分再循环的一种有效手段。据长期试验结果，砂壤质潮土每年增施 225kg K$_2$O/hm^2 的化学钾肥或 37.5t/hm^2 的厩肥（相当于 320.1kg K$_2$O/hm^2），土壤钾素仍显亏缺状态，只有两者配合施用才能达到土壤钾素平衡有余。针对我国钾肥资源匮乏以及现阶段大部分农田难以施用大量厩肥的情况，推行秸秆还田，可以达到物尽其用、节约资源和培肥土壤的目的，还能缓解土壤碳特别是钾素养分不平衡的矛盾。

综上所述，建立高产稳产农田，实现农业的可持续发展，必须坚持有机无机相结合的平衡施肥模式。基于长期试验研究结果，针对农村城镇化进程的加快、农村劳动力大量转移而造成的农田有机肥施用量日趋减少的现状以及本区域适宜的气候环境、优越的水热资源（雨热同期分布）特点，提出适合本区域砂壤质潮土培肥技术模式：

通过足量施用 N、P、K 化肥，结合作物新品种应用以及合理轮作等措施，获得作物高产，同时把所增加的作物有机物返回到土壤中去，以改善土壤中的物质循环，形成以无机促有机、有机肥无机肥相结合的土壤培肥技术。

八、主要研究结论与研究展望

（一）主要研究结论

（1）长期施用有机肥或有机无机肥配合施用，有利于土壤有机质和全氮的积累，长期不施肥或单施化肥不利于土壤有机质品质的改善；有机肥配合化肥施用可以增强土壤对养分的供储、调控能力，从而提高土壤肥力水平。砂壤质潮土有机质具有极值稳定性，在高产农田土壤的培育中，要避免盲目追求高的有机质含量，应把维持和提高土壤有机质水平与不断增加作物产量、获得最佳生产效益统一起来。

（2）长期施用有机肥或有机无机结合，有利于土壤全磷的积累，可以明显提高土壤速效磷含量。砂壤质潮土每季、每公顷施用化学磷肥（P_2O_5）75kg，可以维持土壤磷素平衡并略有盈余。由于磷肥的迭加效应，连续施肥 10 年，磷肥的累计表观利用率可以达到 40% 左右，要明显高出一般认为的磷肥当季利用率，常年施用磷肥在砂壤质潮土上逐渐建立起一个较大容量的有效磷库比当季施用足量的磷肥更有利于获得作物的高产稳产。

（3）砂壤质潮土含钾量较丰富，但土壤速效钾的供应能力很低，增施钾肥有明显和稳定的增产效果，并能提高作物的抗逆性。砂壤质潮土每季、每公顷施用化学钾肥 112.5kg K_2O/hm^2，不能维持土壤钾素平衡。推广和实行秸秆钾返回农田再利用，对维持土壤钾素平衡、建立高产稳产的农田环境和土壤养分的良性循环有着重要作用。

（4）长期单施氮肥，由于养分供应不均衡，导致土壤大量的氮素盈余，既造成了氮素的损失，又增加了环境污染的潜在危险；长期单施氮肥对土壤物理性状也有不利影响。

（5）氮、磷、钾平衡施肥可以提高小麦、玉米的加工品质，改善甘薯淀粉型品种的加工品性，合理施用化肥可以提高作物产量、维持地力。有机肥与化肥配合施用，土壤地力贡献系数随施肥年限延长而减小，而且作物产量高、稳定性好，因此有机肥无机肥配合具有培肥地力和增加作物产量两方面的作用。

（二）存在问题和研究展望

1. 存在问题

（1）由于试验开始年代较早，试验处理设计不够完整，小区面积较小。

（2）由于试验年限较长，试验交接资料不全，部分原始资料缺失。

（3）由于长期缺乏稳定经费支持，无能力购进自动化检测仪器来提高监测水平和数据采集的精确性。

（4）缺乏长期试验的标准化建设和监测程序、管理办法、评价方法以及长期试验站间的交流与合作。

2. 研究展望

（1）利用长期试验结果，可以探讨不同施肥土壤肥力以及作物产量的变化趋势，比较有机肥料与矿质肥料、不同肥料组合和施肥技术措施对土壤生态环境的影响，明确作物品质及加工品性与土壤营养环境之间的关系，为制定合理的作物优质高产的施肥技术提供多元化利用模式，为生态与环境保护提供参考。

（2）可以利用肥料长期定位试验平台，加强与作物栽培生理、育种等学科的合作，开展作物逆境条件下养分吸收特性研究，进行品种适应性比较和养分高效基因型品种的筛选，拓宽作物耐低养分的种质资源，为作物品种选育及生产应用提供材料及理论依据。

（3）以长期定位试验为平台，系统研究并揭示长期不同施肥条件下土壤主要肥力因子的演变特征与肥料效应的变化规律，构建适宜本区域高产稳产的农田土壤肥力指标及土壤培肥技术途径，建立农田土壤肥力数据库和模型，更好地为政府决策、指导农民科学施肥服务，并可在本区域同类条件的农业生产上进行大面积的生产验证和示范应用，在短时期内产生较好的经济和社会效益。

张爱君、魏猛、唐忠厚、陈晓光、李洪民、史新敏

参考文献

[1] 鲍士旦.1999.土壤农化分析（第三版）[M].北京：中国农业出版社，30-34.

[2] 程宪国，汪德水，张美荣，等.1996.不同土壤水分条件对冬小麦生长及养分吸收的影响[J].中国农业科学，29（4）：67-74.

[3] 顾益初，钦绳武.1997.长期施用磷肥条件下潮土中磷素的积累、形态转化和有效性[J].土壤，（1）：13-17.

[4] 关松荫.1986.土壤酶及其研究法[M].北京：中国农业出版社，260-339.

[5] 韩晓日，邹德乙，郭鹏程，等.1996.长期施肥条件下土壤生物量氮的动态及其调控氮素营养的作用[J].植物营养与肥料学报，2（1）：16-22.

[6] 胡霭堂.1995.植物营养学（上）[M].北京：北京农业大学出版社.

[7] 黄绍文，金继运，王泽良，等.1998.北方主要土壤钾形态及其植物有效性研究[J].植物营养与肥料学报，4（2）：156-164.

[8] 金峰，杨浩，赵其国.2000.土壤有机碳储量及影响因素研究进展[J].土壤，（1）：11-17.

[9] 来璐，郝明德，彭令发.2003.土壤磷素研究进展[J].水土保持研究，10（1）：45-48.

[10] 李世清，李生秀，李东方.2002.长期施肥对半干旱农田土壤氨基酸的影响[J].中国农业科学，35（1）：63-67.

[11] 李忠佩，林心雄，车玉萍.2002.中国东部主要农田土壤有机碳库的平衡与趋势分析[J].土壤学报，39（3）：351-360.

[12] 刘鸿雁，黄建国，魏成熙，等.2004.磷高效基因型玉米的筛选研究[J].土壤肥料，（5）：25-29.

[13] 刘铮，朱其清，唐丽华，等.1982.我国缺乏微量元素的土壤及其区域分布[J].土壤学报，19（3）：209-223.

[14] 卢金伟，李占斌.2002.土壤团聚体研究进展[J].水土保持研究，9（1）：81-85.

[15] 鲁如坤，时正元，赖庆旺.2000.红壤长期施肥养分的下移特征[J].土壤，（1）：27-29.

[16] 孟凡乔，吴文良，辛德惠.2000.高产农田土壤有机质、养分的变化规律与作物产量的关系[J].植物营养与肥料学报，6（4）：370-374.

[17] 宋春雨，张兴义，刘晓冰，等.2008.土壤有机质对土壤肥力与作物生产力的影响[J].农业系统科学与综合研究，24（3）：357-362.

[18] 孙瑞莲，赵秉强，朱鲁生，等.2003.长期定位施肥对土壤酶活性的影响及其调控土壤肥力的作用 [J].植物营养与肥料学报，9（4）：406-410.

[19] 孙瑞莲，朱鲁生，赵秉强，等.2004.长期施肥对土壤微生物的影响及其在养分调控中的作用 [J].应用生态学报，15（10）：1 907-1 910.

[20] 田孝忠，曹季江.1997.磷肥残效研究 [J].土壤，（5）：251-253.

[21] 王庆仁，李继云，李振声.1998.植物高效利用土壤中难溶性磷研究动态及展望 [J].植物营养与肥料学报，4（2）：107-116.

[22] 王维敏，张明清，王文山，等.1988.黄淮海地区农田土壤有机质平衡的研究 [J].中国农业科学，21（1）：19-26.

[23] 徐明岗，梁国庆，张夫道，等.2006.中国土壤肥力演变 [M].北京：中国农业科学技术出版社.

[24] 严慧峻，刘继芳，张锐，等.1997.黄淮海平原盐渍土有机质消长规律的研究 [J].植物营养与肥料学报，3（1）：1-8.

[25] 杨振明，周文佐，鲍士旦.1999.我国主要土壤供钾能力的综合评价 [J].土壤学报，36（3）：377-385.

[26] 袁可能，张友全.1964.土壤腐殖质氧化稳定性的研究 [J].浙江农业科学，（7）：345-349.

[27] 张炎，史军辉，李磐，等.2004.农田土壤氮素损失与环境污染 [J].新疆农业科学，41（1）：57-60.

[28] 朱兆良.2008.中国土壤氮素研究 [J].土壤学报，45（5）：778-783.

第二十六章　长期施肥砂姜黑土肥力演变与培肥技术

砂姜黑土是我国暖温带南部地区面广量大的一种半水成土，由于其有颜色较暗的表土层和含有砂姜的脱潜层而得名。全国总面积约 400 万 hm^2，是我国重要的粮、棉、油、菜等商品生产基地。安徽省砂姜黑土面积最大，约 165 万 hm^2，约占全国砂姜黑土面积的 41.5%，占安徽省旱地总面积的 41.2%，是安徽省主要的旱地土壤，也是面积最大的中低产土壤。砂姜黑土黏土矿物以蒙脱石、伊利石为主，胀缩系数较大，心土层棱柱状结构发育明显，由于有机质含量低，物理性状差，养分缺乏，严重制约着当地农业生产的发展，因此，加强砂姜黑土地区耕地保育，提高砂姜黑土的质量和生产力，关系到安徽省乃至全国的粮食安全。研究长期不同施肥对砂姜黑土基础肥力、作物产量的影响，探明长期施肥条件下砂姜黑土土壤肥力的演变规律，对加强砂姜黑土地区耕地保育，提高砂姜黑土的质量和生产力具有重要的指导意义。

一、砂姜黑土长期试验概况

砂姜黑土区不同有机肥（物）料长期培肥改土定位试验位于农业部[①]蒙城砂姜黑土生态环境站内（东经 116°37′，北纬 33°13′）。试验站地处皖北平原中部，属暖温带半湿润季风气候，常年平均气温 14.8℃，≥0℃积温 5 438.1℃，≥10℃积温 4 831.0℃，无霜期 212d，最长 234d，最短 188d。太阳辐射量 125.2kcal/cm^2[②]，日照时数 2 351.5h，日照率 53%。年均降水量 872.4mm，最高年降水量 1 444mm，最低年降水量 505mm，年均蒸发量 1 026.6mm。

试验于 1982 年开始。试验地土壤为暖温带南部半湿润区草甸潜育土上发育而成的具有脱潜特征的砂姜黑土（类），普通砂姜黑土亚类，占砂姜黑土类面积的 99% 以上，具有广泛的代表性。试验开始时耕层土壤（0~20cm）基本性质为：有机质含量 10.4g/kg，全氮 0.96g/kg，全磷 0.28g/kg，碱解氮 84.5mg/kg，有效磷 9.8mg/kg，速效钾 125mg/kg。

试验共设 7 个处理：①撂荒（CK_0）；②不施肥（CK）；③施氮磷钾化肥（NPK）；④NPK + 低量麦秸（NPK + LS）；⑤NPK + 全量麦秸（NPK + S）；⑥NPK + 猪粪（NPK + PM）；⑦NPK + 牛粪（NPK + CM）。化肥用量为 N180kg/hm^2，P_2O_5 90kg/hm^2，K_2O 135kg/hm^2。有机肥（物）料全量麦秸为 7 500kg/hm^2，低量麦秸为 3 750kg/hm^2，猪粪（湿）15 000kg/hm^2，牛粪（湿）30 000kg/hm^2。有机物料中带入的氮、磷、钾养分不计入总量。麦秸含氮 5.5g/kg、碳 482g/kg；猪粪（干基）含氮 17.0g/kg、碳 367g/kg；牛粪（干基）含氮 7.9g/kg、碳 380g/kg。氮肥用尿素（含氮 46%），磷肥用普通过磷酸钙（含 P_2O_5 12%），钾肥用氯化钾（含 K_2O 60%），全部肥料于秋季小麦

---

① 中华人民共和国农业部，全书简称农业部；

② 1kcal≈4186J，全书同

种植前一次性施入，后茬作物不施肥。每处理 4 次重复，试验小区面积 66.7m²，完全随机区组排列。1994—1997 年为小麦—玉米轮作，其余均为小麦—大豆轮作。

二、长期施肥砂姜黑土有机质和氮、磷、钾的演变规律

（一）砂姜黑土有机质的演变规律

1. 长期施肥对土壤有机质含量的影响

土壤有机质是土壤的重要组成部分，也是土壤肥力的重要指标，一般来讲，土壤有机质含量与土壤肥力呈正相关。图 26-1 显示，长期不施肥处理的土壤有机质含量随试验年限有所下降，但下降幅度不大，与试验开始时土壤有机质含量较低有关，此时土壤有机质含量处于较低水平的平衡。不施肥土壤有机质含量不是单一递增或递减，而是随时间的推移围绕其平均值上下波动，这与关文玲的研究结果相一致（关文玲，2002）。这可能是由于气候等因素引起的土壤有机质矿化量和腐殖化量年际间波动造成的，矿化量大于腐殖化量时，土壤有机质含量下降，而当矿化量小于腐殖化量时，土壤有机质含量则上升。

长期撂荒处理土壤有机质含量呈缓慢上升的趋势，2011 年较试验前增加了 2.98g/kg，这可能是因为撂荒处理有杂草滋生，每年有一定的植物残根和枯枝落叶还田，生成的有机质量大于矿化分解量。

关于长期单施化肥对土壤有机质含量的影响，研究结果并不一致，一些研究结果表明，连续施用化学肥料会导致土壤有机质含量降低（李霞飞等，1999），也有研究认为，单施化学肥料可以增加回归土壤中的生物量，提高土壤有机质含量（张爱君等，2002）。这与土壤质地、每年回田的生物量多少有一定关系。一般轻质地的土壤通透性良好，土壤有机质的矿化强度大于质地黏重的土壤，不利于有机质的积累和提高；而生产管理水平高的田块，作物的生物量大，每年回归土壤中的残枝落叶和根茬较多，新形成的有机质量大于矿化量，故有机质表现为积累。本试验研究结果显示，单施化肥的处理，土壤有机质含量虽有所波动，但随试验时间的推进呈上升趋势。

增施有机肥（物）料的处理，在试验 29 年后土壤有机质含量均有所提高。加低量麦秸（NPK+LS）处理的有机质绝对量增加了 9.7g/kg，年增加 0.33g/（kg·a）；加全量麦秸（NLP+S）处理的有机质绝对量增加了 12.4g/kg，年增加 0.43g/（kg·a）；加猪粪（NPK+PM）处理的有机质绝对量增加了 12.8g/kg，年增加 0.44g/（kg·a）；加牛粪（NPK+CM）处理的有机质绝对量增加 24.7g/kg，年增加 0.85g/（kg·a）。与单施化肥（NPK）处理相比，NPK+LS 处理的有机质绝对量增加了 4.9g/kg，年增加 0.17g/（kg·a）；NLP+S 处理的有机质绝对量增加了 7.2g/kg，年增加 0.26g/（kg·a）；NPK+PM 处理的有机质绝对量增加了 8.0g/kg，年增加 0.28g/（kg·a）；NPK+CM 处理的有机质绝对量增加了 19.9g/kg，年增加 0.69g/（kg·a）。加不同有机肥（物）料处理的有机质的积累量为加牛粪＞猪粪＞麦秸。除与碳投入量大小有关外，还可能与有机肥（物）料的组成有关，因为牛粪和猪粪都是有机物质经动物体内生化作用后的产物，它们都是质量良好的重组有机物质，易与土壤中的无机矿物形成结构稳定的有机无机复合体。而麦秸则是新鲜的有机物质，易于被土壤中的微生物分解，不利于有机质的积累。

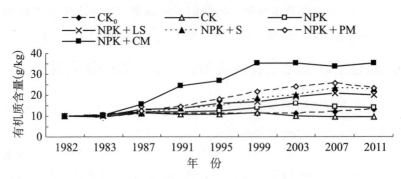

图 26 - 1　长期施肥砂姜黑土有机质含量的变化

　　由图 26 - 1 的结果还可以看出，NPK + CM 处理的有机质含量 2001 年以前一直处于高速增长阶段，当有机质含量达到某一水平以后（在本试验的条件下为 35g/kg 左右），有机质含量不再提高，其值相对稳定。这表明在有机培肥的初期，土壤有机质以积累为主，随着有机质含量的提高，有机质的矿化量增大，在提高对土壤养分供应强度的同时，积累速度减缓。

　　2. 长期施肥对易氧化有机质含量的影响

　　土壤有机质是土壤肥力的重要物质基础，它对土壤肥力的作用不仅决定于其数量，也决定于其质量，尤其是和动态有关的质量。氧化稳定性是土壤有机质的一个重要性质，表征土壤中有机矿质复合体的稳定性，与有机质抵抗氧化的能力有关，也关系到有机质分解的难易，影响养分（特别是氮素）供应的容量和强度，是评价土壤有机质的动态质量指标，也是土壤肥力演变的一项指标。氧化稳定性用氧化稳定系数（*Kos*）来描述，*Kos* 值越大，氧化稳定性越大，有机质的活性越低，反之亦然。由表 26 - 1 可以看出，到 2005 年，不施肥处理土壤易氧化有机质含量较撂荒地降低了 2.92g/kg，而难氧化有机质的含量却增加了 1.31g/kg，表明长期不施肥条件下，易氧化有机质矿化分解及转化为难氧化有机质的量高于形成量，而难氧化有机质的增加量高于分解量，故表现为易氧化有机质含量下降，难氧化有机质含量上升。可见在长期不施肥条件下，易氧化有机质有向难氧化有机质转化的可能。各有机肥（物）料配施化肥的处理，易氧化有机质含量大幅度上升，至 2005 年，有机质绝对含量较撂荒地增加了 4.87 ~ 13.02g/kg，相对含量提高了 53.6% ~ 143.4%，不同有机物料之间对易氧化有机质含量的累积效应是牛粪 > 猪粪 > 麦秸 > 低量麦秸，这与有机质的积累趋势一致。单施化肥的处理，土壤易氧化有机质含量较撂荒地也有提高，绝对含量提高了 1.17g/kg，相对含量提高了 12.88%。

　　由表 26 - 1 还可看出，从 2001—2005 年，NPK、NPK + LS、NPK + S 和 NPK + PM 处理的土壤易氧化有机质含量分别上升了 0.31g/kg、1.59g/kg、3.05g/kg 和 1.88g/kg，分别占同期有机质增加总量的 51.7%、63.6%、64.6% 和 62.7%，且呈稳定上升趋势，而同期难氧化有机质分别增加 0.29g/kg、0.91g/kg、1.66g/kg 和 1.12g/kg，分别占同期有机质增加总量的 48.3%、36.4%、35.4% 和 37.3%。可见，增施有机肥（物）料主要是增加了易氧化有机质含量，化肥处理则正相反，积累的有机质以难氧化有机质为主。因此，连续施用有机肥（物）料配施常量化肥，能够使土壤中易氧化有机质含量增加，进而促进有机质的积累，并使土壤有机质得到活化，促进有机质的更新。

表 26-1　不同处理土壤有机质含量及其氧化稳定性

处　理	年　份	有机质 （g/kg）	易氧化有机质 （g/kg）	难氧化有机质 （g/kg）	氧化稳定系数 （Kos）
CK_0	2001	11.50	8.98	2.52	0.28
	2003	11.29	8.68	2.61	0.30
	2005	11.90	9.08	2.82	0.31
CK	2001	10.00	6.02	3.98	0.66
	2003	10.71	6.41	4.30	0.67
	2005	10.29	6.16	4.13	0.67
NPK	2001	15.90	9.94	5.96	0.60
	2003	16.21	10.13	6.08	0.60
	2005	16.50	10.25	6.25	0.61
NPK + LS	2001	18.29	12.36	5.93	0.48
	2003	19.29	13.03	6.26	0.48
	2005	20.79	13.95	6.84	0.49
NPK + S	2001	18.50	12.42	6.08	0.49
	2003	20.21	13.47	6.74	0.50
	2005	23.21	15.47	7.74	0.50
NPK + PM	2001	22.50	15.01	7.49	0.50
	2003	24.00	15.90	8.10	0.51
	2005	25.50	16.89	8.61	0.51
NPK + CM	2001	35.70	23.49	12.21	0.52
	2003	35.20	23.16	12.04	0.52
	2005	33.81	22.10	11.71	0.53

3. 土壤有机碳贮量的变化量与有机物料碳投入量的关系

不施肥处理土壤有机质含量 2001 年稳定在一个较低的水平，在 10.0g/kg 左右，可以认为土壤有机碳含量保持稳定，而 2001 年后小麦、大豆产量在一个较低的水平浮动，小麦产量平均为 729kg/hm²、大豆产量为 809kg/hm²，则每年小麦、大豆根茬的还田碳量为 239kg/hm²，可以得出每年投入 239kg/hm² 有机碳，砂姜黑土有机碳含量可在较低的水平上维持平衡。

砂姜黑土长期定位试验各处理有机碳增加量与其相应的碳投入量呈显著的线性相关（图 26-2）。由模拟的线性方程可知，砂姜黑土有机碳的转化效率为 0.16t/（hm²·a），即年投入 1t/hm² 有机物料碳，其中 0.16t 能进入土壤有机碳库。统计分析表明，要维持砂姜黑土有机碳含量 ［即有机碳变化量为 0t/（hm²·a）］，每年需要维持投入有机碳 0.75t/hm²，低于单施化肥处理根茬还田带入的有机碳量，因此，不需要再增加有机肥的投入，即可保持土壤碳的平衡。而要使土壤有机质含量提高 10%，则每年需要投入含水量为 60% 的鲜牛粪 16t/hm² 或含水量为 60% 的鲜猪粪 20t/hm² 或麦秸 12t/hm²。

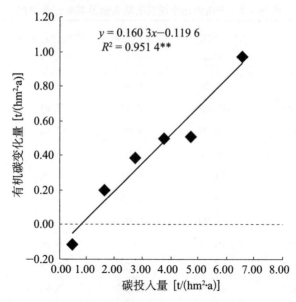

$$y = 0.160\,3x - 0.119\,6$$
$$R^2 = 0.951\,4**$$

图 26-2　砂姜黑土有机碳变化量与有机物料碳投入量的关系

4. 长期施肥对土壤腐殖质结合态碳的影响

一般认为，土壤中的轻组有机碳包括部分非腐解物质和少量的游离态腐殖质，它们既是有机肥（物）料和腐殖质分解后的一类产物，同时又是合成腐殖质的基础物质，在一定程度上可反映土壤内部有机质的动态转化过程，在有机质的更新转化上起着决定性作用。表 26-2 显示，长期不同施肥对土壤轻组有机碳含量有明显影响，不施肥处理的轻组有机碳含量及其占总碳的比例较撂荒处理均有明显下降，轻组有机碳含量的差异达显著水平；长期施用有机肥（物）料处理的轻组有机碳含量及其占总碳的比例均有明显提高，与撂荒、不施肥和长期单施化肥处理间的差异均达极显著或显著水平。这说明施有机肥（物）料后，砂姜黑土中游离的有机物增加，为土壤中有机无机胶体的复合提供了充足的来源，为砂姜黑土有机质品质的改善奠定了物质基础。不同有机肥（物）料对轻组有机碳含量的影响不同，加牛粪（NPK + CM）和猪粪（NPK + PM）处理间、加猪粪（NPK + PM）与加麦秸（NPK + S、NPK + LS）处理间轻组有机碳含量的差异均达显著水平，但其对轻组有机碳占总碳的比例影响不大。长期单施化肥虽可提高轻组有机碳含量，但其增幅远低于增施有机肥（物）料的处理，且占总碳的比例与撂荒相比略有下降，故其增加的有机碳以重组为主。

不施肥处理（CK）的原土复合量较撂荒地（CK_0）下降 0.83g/kg，差异达极显著水平；单施化肥或化肥与有机肥（物）料配施均可明显提高原土复合量，其与 CK 和 CK_0 处理的差异均达到极显著水平；不同有机肥（物）料处理间的原土复合量的增量为加牛粪 > 猪粪 > 麦秸。单施化肥处理的原土复合度较不施肥对照略有上升，而所有增施有机肥（物）料的处理，原土复合度均有不同程度的下降，表明施有机肥（物）料后，提高了土壤有机碳含量，但增加的有机碳并不是完全是复合的，其中一部分以游离的有机碳形式存在。追加复合度的变化趋势与原土复合度相同。追加复合度可以反映土壤中新生成的有机物与土壤无机胶体的结合程度，从总体上看，砂姜黑土的追加复合度较高，表明砂姜黑土新形成的腐殖质多以结合态的形式存在，而结合态腐殖质

表 26 – 2　长期施肥对轻组有机碳含量及其复合度的影响（2005 年）

处　理	总　碳 （g/kg）	轻组有机碳		原土复合量 （g/kg）	原土复合度 （％）	追加复合量 （g/kg）	追加复合度 （％）
		含量 （g/kg）	占总碳比例 （％）				
CK_0	6.90fF	0.57fEF	8.26bA	6.33fF	91.74aA	—	—
CK	5.97gG	0.47gEF	7.87bA	5.50gG	94.50aA	—	—
NPK	9.57eE	0.76eE	7.94bA	8.81eE	92.06aA	2.48	92.88
NPK + LS	12.06dD	2.50dD	20.73aA	9.56dD	79.27bB	3.23	62.60
NPK + S	13.46cC	2.77cC	20.58aA	10.69cC	79.42bB	4.32	65.85
NPK + PM	14.79bB	3.25bB	21.97aA	11.54bB	78.03bB	5.21	66.03
NPK + CM	19.61aA	4.16aA	21.21aA	15.45aA	78.79bB	9.12	71.75

注：数据后不同小写和大写字母分别表示处理间在 5% 和 1% 水平差异显著

有助于良好土壤结构的形成，单施化肥处理虽然追加复合度较高，但追加复合量较低，因此，对质地黏重，通透性、结构性较差的砂姜黑土来说施有机肥（物）料是培肥土壤的最有效措施。

土壤腐殖质绝大部分与黏粒形成有机无机复合体，根据其结合方式和松紧程度，可分为松结态、稳结态和紧结态 3 种。松结态是主要的新鲜的腐殖物质，活性较大，与土壤速效养分关系密切；紧结态与矿质部分结合紧密，不易被微生物分解，对腐殖质累积、养分贮蓄和土壤结构的保持有重要作用。从表 26 – 3 可以看出，砂姜黑土腐殖质以紧结态为主，占总结合碳的 60% 左右，松结态和稳结态各占 20% 左右。到 2005 年，长期不施肥处理（CK）的重组有机碳及 3 种结合态腐殖质含量均有所降低，重组有机碳、松结态和稳结态有机碳含量与撂荒地间的差异均达到显著水平；长期施用有机肥（物）料的处理其土壤松结态、稳结态和紧结态腐殖质的含量较撂荒、不施肥和单施化肥处理都有明显增加，其中施厩肥处理（猪粪和牛粪）的增加量大于施麦秸处理。从各结合态腐殖质的含量占总腐殖质含量的比例可以看出，增施有机肥（物）料，松结态占腐殖质总量的比例明显提高，与撂荒、不施肥和单施化肥处理间的差异均达极显著水平，表明增施有机肥（物）料后土壤中腐殖质的活性增强，这对于提高土壤肥力状况和形成良好的土壤结构都具有重要作用；稳结态的比例相对稳定，除不施肥与增施牛粪处理有明显下降外，其余处理间的差异不明显；紧结态的比例则明显降低，与撂荒和不施肥处理间的差异达极显著水平，与化肥处理间的差异达显著水平。与撂荒和不施肥处理相比，单施化肥也增加了松结态、稳结态和紧结态腐殖质的绝对数量，但松结态、稳结态和紧结态有机碳占腐殖质的比例变化不大。

对于新增结合态碳的分配，低量麦秸处理（NPK + LS）松结态、稳结态和紧结态腐殖质分别占新增总碳量的 41.1%、23.1%、35.8%，全量麦秸处理（NPK + S）为 40.5%、23.3%、36.2%，猪粪处理（NPK + PM）为 43.9%、25.3% 和 30.8%，牛粪处理（NPK + CM）为 37.9%、16.5% 和 45.6%。可以看出不同的有机肥（物）料对腐殖质的结合形态影响不同，增施麦秸和猪粪有利于松结态和稳结态腐殖质的形成，增施牛粪则对松结态和紧结态的贡献最大，而单施化肥其新增的结合碳主要为紧结态的腐殖质。表现为松结态/稳结态以 NPK + CM 处理最高、而松结态/紧结态则以 NPK + PM 处理最高。而 CK 处理下降的腐殖质中，松结态、稳结态和紧结态分别占 24.8%、53.7% 和 21.5%，稳结态下降最多，这可能是在长期外源养分截断的情况下，稳结态腐殖质一部分要降解，为作物生长提供养分，而同时由于有机物质回田量少，土壤腐殖质更新转化慢，其中一部分老化为紧结态腐殖质。

表 26 - 3　长期施肥对腐殖质结合态碳的影响（2005 年）

处　理	重组有机碳 (g/kg)	松结态碳		稳结态碳		紧结态碳		松结态碳/稳结态碳	松结态碳/紧结态碳
		含量 (g/kg)	占结合碳 (%)	含量 (g/kg)	占结合碳 . (%)	含量 (g/kg)	占结合碳 (%)		
CK_0	6.54fE	1.07fF	16.35cC	1.50fE	22.90aA	3.97dC	60.75abAB	0.71dD	0.27cC
CK	5.53gE	0.82gF	14.87cC	1.08gF	19.57bA	3.63dC	65.56aA	0.76dD	0.23cC
NPK	9.08eD	1.87eE	20.61bB	1.90eD	20.92abA	5.31cB	58.47bABC	0.99cC	0.35bcBc
NPK + LS	10.22dCD	2.75dD	26.91aA	2.17dC	21.20abA	5.30cB	51.89cBCD	1.27bB	0.52bcBC
NPK + S	11.24cBC	3.14cC	27.90aA	2.42cC	21.49abA	5.69bcB	50.61cCD	1.30bB	0.55abABC
NPK + PM	12.35bB	3.55bB	28.71aA	2.81cC	22.76aA	5.99bB	48.53cCD	1.26bB	0.59aAB
NPK + CM	16.35aA	4.73aA	28.93aA	3.13aA	19.14bA	8.49aA	51.93cBCD	1.51aA	0.56aA

注：数据后不同小写和大写字母分别表示处理间在 5% 和 1% 水平差异显著

长期不同施肥对不同结合形态的腐殖质含量的影响不同，进而影响到松结态/稳结态、松结态/紧结态比值，特别是松结态/紧结态比值已作为衡量腐殖质品质的一个重要指标受到越来越多学者的重视，比值大标志着腐殖质的活性较高，比值小则表明腐殖质的活性较低。表 26 - 3 还显示，与不施肥对照和单施化肥处理相比，施用有机肥（物）料后松结态/稳结态、松结态/紧结态比值均有较大幅度的提高，表明增施有机肥（物）料可以提高腐殖质的活性。这与他人的研究结论相一致（史吉平等，2002；张电学等，2006），而窦森（1995）在棕壤上的研究结果表明，长期对土壤进行有机培肥后，其松结态/稳结态、松结态/紧结态比值都有所下降，这可能与气候、土壤以及耕作制度有关。本试验的研究结果还表明，长期不施肥与单施化肥处理的松结态/稳结态比值、单施化肥处理的松结态/紧结态比值较撂荒地均有所增大，这与撂荒地长期没有外源有机物质投入、土壤腐殖质更新转化速率低、腐殖质易老化有关。从严格意义上来说，不同结合形态的腐殖质对土壤肥力的贡献不同，因此不能单从松结态/稳结态、松结态/紧结态的上升或下降来评定培肥的效果，也就是说，腐殖质的结合形态，不是某种结合形态的腐殖质含量越高越好，而是要有适当的比例。在本试验条件下，综合土壤的理化性质变化及长期试验的作物产量结果，砂姜黑土上松结态、稳结态和紧结态腐殖质含量的比例为 3:2:5 是合适的。

（二）砂姜黑土氮素的演变规律

1. 长期施肥对土壤全氮含量的影响

土壤全氮是标志土壤氮素总量和供应植物有效氮素的源和库，综合反映土壤的氮素状况，图 26 - 3 显示，长期不同施肥对土壤全氮含量有明显影响。长期不施肥（CK）土壤氮素耗竭导致土壤全氮含量下降，到 2011 年较试验前下降了 0.18g/kg，降幅 18.8%，年下降速率为 0.006g/kg，年降幅 0.65%，2003 年后，土壤全氮虽然仍呈下降趋势，但下降速度变缓。长期单施化肥（NPK）和撂荒处理（CK_0），全氮含量年际间波动幅度较大，但基本维持在一个平衡点，变化幅度较小。在化肥的基础上增施有机肥（物）料，土壤全氮含量均呈上升趋势，增施麦秸、猪粪和牛粪处理的全氮含量较试验前分别增加了 0.32g/kg、0.57g/kg 和 1.08g/kg，增幅 35.0%、64.0% 和 121.3%，年增长速率分别为 0.011g/kg、0.020g/kg 和 0.037g/kg，年增幅 1.23%、2.21% 和 4.18%。全氮含量的增幅为 NPK + CM > NPK + PM > NPK + S > NPK + LS。

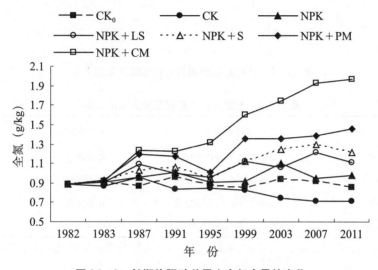

图 26 - 3　长期施肥砂姜黑土全氮含量的变化

2. 长期施肥对土壤碱解氮含量的影响

长期不同施肥条件下土壤碱解氮含量的变化趋势与全氮相同（图 26 - 4），CK 处理的土壤碱解氮含量下降，2011 年较试验前下降了 31.5mg/kg，降幅 36.7%，年下降 1.075mg/kg，年降幅 1.27%。NPK 和 CK_0 处理的碱解氮含量基本维持在一个平衡点，变化幅度较小。在化肥的基础上增施有机肥（物）料，土壤碱解氮含量均呈上升趋势，碱解氮含量的增幅也为 NPK + CM > NPK + PM > NPK + S > NPK + LS。

3. 砂姜黑土全氮、碱解氮含量与氮素投入量的关系

在一定条件下，每种土壤都有一个含氮的平衡值。在不施肥条件下，农田土壤的氮素肥力主要靠生物固氮作用、降雨、灌溉等得以维持，在这种情况下，土壤氮素含量只能保持在很低的水平上。不同施肥措施对土壤氮素含量的影响不同，化学氮肥对土壤氮素的矿化无明显的净激发，也无明显的净残留，对土壤氮素含量的影响不明显，砂姜黑土长期定位试验结果验证了这一点。增施有机肥料，有机肥料中的氮素在土壤中有明显残留，因而有助于土壤氮素含量的提高。氮素含量提高幅度与投入的有机肥料中氮素含量的多少及无机氮投入量的多少有关（表 26 - 4）。

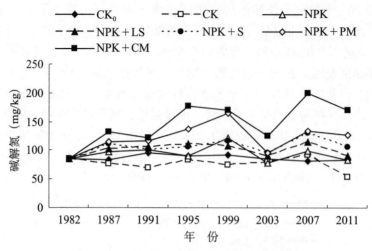

图26-4　长期施肥砂姜黑土碱解氮含量的变化

表26-4　土壤全氮含量和氮投入量的关系

处　理	回归方程	决定系数 R^2	样本数（n）
NPK + LS	$y = 0.047\ 5x + 0.932\ 2$	$0.485\ 3^*$	15
NPK + S	$y = 0.049\ 6x + 0.940\ 3$	$0.682\ 3^{**}$	15
NPK + PM	$y = 0.519\ 4x + 1.023\ 2$	$0.615\ 9^{**}$	15
NPK + CM	$y = 0.530\ 7x + 1.197\ 4$	$0.424\ 1$	15

注：y-土壤全氮含量（g/kg）；x-年投入总氮量 $[t/(hm^2 \cdot a)]$；$*$表示在5%水平显著；$**$表示在1%水平显著

（三）砂姜黑土磷素的演变规律

1. 长期施肥对土壤全磷含量的影响

图26-5显示，长期不施肥土壤的全磷含量有所下降，但下降幅度不大，1982—2011年的29年间，全磷含量下降了25%，这可能与作物产量极低，带走的磷量较少有关。长期单施化肥的处理（NPK），全磷含量年际间波动幅度较大，但基本维持在一个平衡点，变幅较小，表明在现有的产量水平下，每年施入 P_2O_5 90kg/hm^2 就可以满足小麦-大豆轮作作物对磷素养分的需求。在施化肥的基础上增施有机肥（物）料，土壤全磷含量均呈上升趋势，增施麦秸、猪粪和牛粪的处理全磷含量较试验前分别增加了0.14g/kg、0.40g/kg、0.41g/kg，增幅分别为50.0%、144.1%、146.4%，年增长速率为0.004 7g/kg、0.013 9g/kg、0.014 1g/kg，年增幅1.69%、4.97%、5.05%。增施牛粪和猪粪处理的全磷增幅高于麦秸处理，与牛粪和猪粪处理投入的磷量较多有关。从图26-5还可以看出，增施猪粪处理2003年后全磷含量的增幅明显，可能与这一时期猪粪中磷的含量较高有关。

2. 长期施肥对土壤有效磷（Olsen-P）含量的影响

从图26-6可以看出，长期不施肥土壤的有效磷含量下降，至2011年，CK处理的有效磷含量降至极低水平，仅有2.13mg/kg。撂荒处理土壤有效磷含量同样呈下降趋势，与土壤中的有效磷被固定有关。

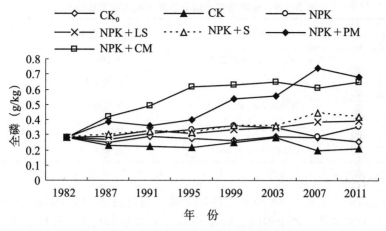

图 26 – 5　长期施肥砂姜黑全磷含量的变化

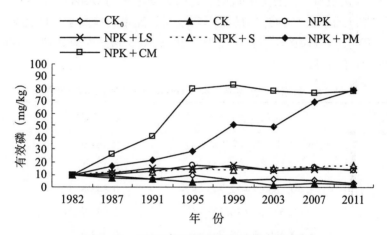

图 26 – 6　长期施肥砂姜黑有效磷含量的变化

　　长期单施化肥的处理，有效磷含量略有上升，由试验开始时（1982 年含量）的 9.8mg/kg 上升到 2011 年的 13.9mg/kg。在化肥的基础上增施有机肥（物）料，土壤有效磷含量表现出随时间逐渐上升趋势，增施麦秸、猪粪和牛粪的处理有效磷含量由试验开始时（1982 年）的 9.8mg/kg 分别上升到 2011 年的 17.7mg/kg、79.2mg/kg、78.0mg/kg，增幅分别为 80.6%、708.2%、695.9%，年增长速率分别为 0.27mg/kg、2.39mg/kg、2.35mg/kg，年增幅 2.78%、24.19%、24.00%。增施猪粪和牛粪处理的土壤有效磷含量较高，超过了磷的环境临界浓度水平。

　　3. 砂姜黑土全磷、有效磷含量与磷肥投入量的关系

　　与氮素不同，施入土壤中的磷素移动性较小，除作物吸收利用外，基本保存中土壤中，当投入到土壤中的磷素含量大于作物吸收量时，表现为土壤磷素的积累，反之磷素处于耗竭状态，土壤磷素含量下降。长期不施磷肥，土壤全磷含量下降。长期施化学磷肥，土壤全磷在土壤中不断累积，在化肥的基础上增施有机肥，土壤全磷的累积速率高于单施化肥处理（表 26 – 5）。

表 26-5 长期施肥土壤全磷随时间的积累曲线

处　理	回归方程	决定系数 R^2	样本数（n）
CK	$y = -0.001\ 5x + 0.253\ 3$	0.284 3	12
NPK	$y = 0.005\ 6x + 0.269$	0.761 3 **	12
NPK + S	$y = 0.004\ 2x + 0.271\ 6$	0.720 2 **	12
NPK + PM	$y = 0.013\ 7x + 0.272\ 2$	0.737 2 **	12
NPK + CM	$y = 0.012\ 2x + 0.364\ 3$	0.864 8 **	12

注：y 为土壤全磷含量（g/kg）；x 为年限；* 表示在 5% 水平显著；** 表示在 1% 水平显著

　　长期不施磷肥，土壤中 Olsen-P 含量下降，下降速率为 0.24mg/（kg·a）（表 26-6）。长期施用磷肥，剩余的磷会引起 Olsen-P 含量的提高。在砂姜黑土区长期施入不同有机和无机磷的条件下，土壤磷累积随时间的变化有显著差异。在每年施入 P_2O_5 90kg/hm² （无机磷，形态为过磷酸钙）时，土壤中的 Olsen-P 以每年 0.12mg/kg 的速度累积。增施有机肥（物）料的处理磷素累积速率明显高于单施化肥，增施猪粪处理（NPK + PM）有效磷的年累积速度为 2.38mg/kg，增施牛粪处理（NPK + CM）的年累积速度为 2.46mg/kg。

表 26-6 长期施肥土壤有效磷（Olsen-P）随时间的积累曲线

处　理	回归方程	决定系数 R^2	样本数（n）
CK	$y = -0.183\ 5x + 7.192\ 5$	0.764 9 **	12
NPK	$y = 0.119\ 2x + 13.023$	0.177 1	12
NPK + S	$y = 0.153\ 6x + 12.245$	0.343 8	12
NPK + PM	$y = 2.377\ 5x + 10.172$	0.953 9 *	12
NPK + CM	$y = 2.466\ 4x + 20.205$	0.743 9 **	12

注：y 为土壤有效磷含量（mg/kg）；x 为年限；* 表示在 5% 水平显著；** 表示在 1% 水平显著

　　4. 砂姜黑土的磷素组成

　　以有机肥（物）料长期定位试验撂荒处理为对照，砂姜黑土有机磷占全磷的 37.12%，有机磷中各组分磷含量的高低顺序为：中活性有机磷（62.88%）＞中稳性有机磷（21.18%）＞高稳性有机磷（14.42%）＞活性有机磷（4.12%）；无机磷占全磷的 62.88%，无机磷中各形态磷含量的高低顺序为：Ca_{10}-P（51.52%）＞O-P（22.04%）＞Fe-P（12.56%）＞Al-P（8.06%）＞Ca_8-P（3.48%）＞Ca_2-P（2.35%），其中钙磷占 57.35%，由以上分析可看出，砂姜黑土中磷素组成以无机磷为主，而钙磷又是无机磷的主要部分。

　　5. 长期施肥对土壤有机磷组分及其有效性的影响

　　砂姜黑土活性有机磷占有机磷总量的 1.98%～20.41%，平均为 8.14%；中活性有机磷占 52.43%～60.28%，平均为 59.00%；中稳性有机磷占 20.57%～27.78%，平均为 22.74%；高稳性有机磷占 6.29%～17.76%，平均为 10.13%。可见砂姜黑土有机磷以中活性有机磷为主，其次为中稳性有机磷。

　　长期施肥对不同组分有机磷的相对含量影响较大。从表 26-7 可以看出，不施肥处理由于土壤磷素长期处于耗竭状态，有效性较高的活性有机磷和中活性有机磷含量的下降幅度较大，而中稳性有机磷和高稳性有机磷下降的幅度相对较小，故表现在相对含量上，与撂荒处理相比，不施肥处理的活性有机磷和中活性有机磷下降，而中稳性有机磷和高稳性有机磷相对含量上升。长期施化肥或化肥与有机肥（物）料配施均可提高活性有机磷的相对含量，增施牛粪处理（NPK + CM）的相对含量最高，较撂荒处理（CK_0）增加了16.30%，较单施化肥处理（NPK）增加了13.33%。增施猪粪和麦秸对活性有机磷的相对含量的提高没有积极的效应。施化肥或化肥与有机肥配施，中活性有机磷的相对含量较撂荒和对照处理均有所下降，特别是 NPK + CM 处理下降的最多，差异达显著水平，这与 NPK + CM 处理活性有机磷相对含量增加最多相一致。中稳性有机磷的相对含量以 NPK + S 处理增幅最大，其次为 NKP + LS 和 NPK 处理，NPK + CM 增幅最小。从表26 – 7还可以看出，所有施肥处理都可以降低高稳性有机磷的相对含量，特别是在化学磷肥的基础上增施有机肥（料物），高稳性有机磷的相对含量下降幅度更大，与撂荒和对照处理相比，差异均达极显著水平。表明长期不施肥，有机磷的老化程度增高，土壤供磷能力降低；而长期施有机肥可增强土壤有机磷的活性，使土壤具有较高的供磷能力。

表26 – 7　长期施肥土壤有机磷组分的相对含量（2005 年）　　　　　（单位:%）

处　理	活性有机磷	中活性有机磷	中稳性有机磷	高稳性有机磷
CK_0	4.11eD	60.28aA	21.18bAB	14.42aA
CK	1.98fE	55.89bcABC	24.36abAB	17.76aA
NPK	7.08dC	58.95abAB	21.84bAB	12.14bB
NPK + LS	7.14cC	55.47abcABC	27.59aAB	9.79bB
NPK + S	9.01cC	52.43cBc	27.78aA	10.77bB
NPK + PM	15.06bB	55.43bcABC	22.75bAB	6.76cC
NPK + CM	20.41aA	52.73cC	20.57bB	6.29cC

注：数据后不同小写和大写字母分别表示处理间在5%和1%水平差异显著

　　有机磷是土壤磷库的重要组成部分，我国大多数土壤的有机磷含量占土壤总磷量的20% ~40%，天然植被下土壤有机磷含量时常可占总磷量的一半以上。土壤有机磷对土壤肥力和植物营养有着重要的影响，许多学者在有机磷的分组、施肥对有机磷及其各组分含量的影响、有机磷组分的植物有效性等方面做了大量的研究工作。施肥对有机磷有着重要的影响，特别是有机肥的施用对土壤有机磷含量的影响愈来愈受到关注。尹金来等（2001）的研究表明，施用猪粪和磷肥显著增加了活性、中活性和中稳性有机磷含量，其中以中稳性有机磷的增幅最大，而高稳性有机磷的变化没有明显规律。王旭东等（1997）的研究表明，施用有机肥可以提高土壤有机磷总量，绿肥和粪肥作用明显，秸秆的作用较小。不同的有机肥对土壤各形态有机磷的影响也不尽相同，猪粪和绿肥可明显增加中活性有机磷和中稳性有机磷的含量，但对活性有机磷含量的影响甚微，小麦秸秆主要增加了中稳性有机磷含量。本试验结果表明，化肥和麦秸处理主要是提高了中活性和中稳性有机磷含量，而增施猪粪和牛粪处理的活性和中活性有机磷的增幅较大，这可能与施入的有机肥（物）料本身以及土壤中腐殖质的组成有关。张亚丽等（1998）研究表明，猪粪中四种有机磷组分含量的大小排序与牛粪完全相同，这可能是增施牛粪和增施猪粪处理以中活性有机磷和活性有机磷积累效应更显著的原因。此外，土壤有机磷以不同形态存在于不同结合态的土壤腐殖质中，增施猪粪和增施牛粪处理的活性腐殖质所占比例最高，这也可能是这2个处理活性有机磷相对含量较高的又一原因。

采用 Olsen 法测得的土壤有效磷与植物吸磷量相关性极显著，该方法被普遍用来测定中性和石灰性土壤的有效磷含量，讨论各形态磷与 Olsen – P 的相关性可说明其有效性。一般来说，土壤有效磷和某组分磷的相关性愈显著，该组分的相对有效性就愈高，对有效磷的影响也就愈大。试验结果的相关分析显示（表26 – 8），土壤有效磷与活性有机磷和中活性有机磷的相关系数为0.993 2 和0.977 8，达极显著相关水平，与中稳性有机磷的相关系数为0.870 6，达显著水平，而与高稳性有机磷间的相关性不显著。以上结果表明活性有机磷和中活性有机磷的活性较大，可作为有效磷的有效磷源，而中稳性有机磷可作为土壤有效磷的潜在磷源，高稳性有机磷有效性较低。从土壤有机磷组分间的相关系数可以看出，活性有机磷和中活性有机磷、中活性有机磷和中稳性有机磷间的相关系数均达极显著水平，表明它们之间关系密切，在一定的条件下可相互转化。

表26 – 8　土壤有效磷和有机磷各组分间的相关性（2005 年）

组　分	活性有机磷	中活性有机磷	中稳性有机磷	高稳性有机磷
中活性有机磷	0.956 2 **	—	—	—
中稳性有机磷	0.846 9 *	0.936 4 *	—	—
高稳性有机磷	0.639 0	0.709 8	0.824 0	—
有效磷	0.992 3 **	0.977 8 **	0.870 6 *	0.634 8

注：* 表示在5% 水平显著；** 表示在1% 水平显著

值得注意的是，两因子间的简单相关关系有时并不能很好地说明多因子共同作用时的复杂关系，甚至可能得出相反的结论。进一步进行通径分析，可以看出（表26 – 9）土壤有机磷各组分对有效磷的重要性依次为活性有机磷（0.612 8）>中活性有机磷（0.482 1）>高稳性有机磷（– 0.052 1）>中稳性有机磷（– 0.056 8），活性和中活性有机磷对有效磷的贡献较大，中稳性和高稳性有机磷的间接通径系数大于直接通径系数，主要是通过影响活性有机磷的含量进而影响有效磷含量。

表26 – 9　土壤有机磷各组分对有效磷的通径系数（2005 年）

组　分	活性有机磷	中活性有机磷	中稳性有机磷	高稳性有机磷
活性有机磷	0.612 8 +	0.461 0	—	– 0.033 3
中活性有机磷	0.585 9	0.482 1 +	– 0.053 2	– 0.037 0
中稳性有机磷	0.519 0	0.451 4	– 0.056 8 +	– 0.042 9
高稳性有机磷	0.391 6	0.342 2	– 0.046 8	– 0.052 1 +

注：+ 表示直接通径系数，其余为间接通径系数

在相关分析的基础上进一步用 SAS 分析软件对土壤有机磷各组分含量和有效磷含量之间的关系进行回归分析，可得方程：

$$y = 0.377\ 5 + 0.690\ 3x_1 + 0.292\ 0x_2 - 0.081\ 3x_3 - 0.738\ 7x_4$$

式中：y 表示有效磷含量；x_1 – 活性有机磷；x_2 – 中活性有机磷；x_3 – 中稳性有机磷；x_4 – 高稳性有机磷。

方程检验结果为 $F = 159.58$，p 小于 0.01，$R^2 = 0.996\ 9$。因此，由回归方程可以看出，活性和中活性有机磷的系数较大，且为正值，而中稳性和高稳性有机磷的系数为负值，这和前面的分析结果相吻合。进一步剔除对 y 值影响小且不显著的自变量，最后可得方程：

$$y = 3.719\ 2 + 1.119\ 0x_1 \qquad F = 320.70,\ p < 0.000\ 1,\ R^2 = 0.981\ 6$$

本方程表明，相对于有机磷而言，所提供的有效磷的 98.16% 是由活性有机磷决定的。

由以上分析可以得出，活性有机磷是有效磷的直接磷源，中活性有机磷是活性有机磷的有效补充，而中稳性有机磷和高稳性有机磷对有效磷的作用较小。

6. 长期施肥对无机磷各组分含量及其有效性的影响

砂姜黑土中无机磷以 Ca_{10}-P 含量最高，其次为 O–P、Al–P 和 Fe–P，Ca_8-P 和 Ca_2-P 含量最低。长期不同施肥对无机磷组分有明显影响。与撂荒处理相比，长期处于磷素耗竭状态的不施肥处理，各形态无机磷含量均有所下降，而各施肥处理则均有上升（表 26 – 10）。

表 26 – 10　长期不施肥对土壤无机磷形态的影响（2005 年）

处　理	各形态无机磷含量（mg/kg）					
	Ca_2–P	Ca_8–P	Al–P	Fe–P	Ca_{10}–P	O–P
CK_0	3.78eE	5.61eE	12.98dC	20.23eE	83.02eC	35.51cC
CK	1.44fDE	2.21fE	6.09eD	11.91fF	79.91eC	34.21cC
NPK	8.22dD	10.98dD	13.51dC	28.38dD	92.72dB	69.77aA
NPK + LS	13.64cC	17.99cC	15.21cC	31.32dD	105.19abA	53.07bBC
NPK + S	15.33cC	20.25cC	19.09bcB	35.99cC	105.8aA	55.68abAB
NPK + PM	45.28bB	52.53bB	57.39aA	47.95bB	99.94bcAB	53.46bABC
NPK + CM	50.47aA	81.01aA	58.38aA	59.61aA	99.39cAB	56.15abAB

注：数据后不同小写和大写字母分别表示处理间在 5% 和 1% 水平差异显著

在定位施肥 23 年后，CK 处理的 Ca_2-P 几乎消耗殆尽，和撂荒（CK_0）处理间的差异达显著水平。长期施化肥或化肥与有机肥（物）料配施均能显著提高 Ca_2-P 的含量，增施有机肥（物）料的处理其 Ca_2-P 上升幅度大于单施化肥处理，差异显著性分析表明，NPK 处理的 Ca_2-P 含量和 NPK + LS、NPK + S、NPK + PM、NPK + CM 处理间的差异达极显著水平。Ca_8-P 含量 CK 较 CK_0 也有明显下降，其差异达极显著水平。所有施肥处理均可显著提高 Ca_8-P 含量，增施麦秸和单施化肥处理间差异不显著，增施猪粪和增施牛粪处理的 Ca_8-P 含量增幅较大，与单施化肥处理间的差异达极显著水平。Al–P 不施肥处理较撂荒明显下降，差异达极显著水平；单施化肥与撂荒处理间无明显差异；所有增施有机肥（物）料的处理 Al–P 含量的增幅均大于单施化肥处理，其差异达显著或极显著水平。不同有机肥（物）料处理间以增施牛粪和增施猪粪处理的 Al–P 含量较高，与增施麦秸处理间的差异达极显著水平。Fe–P 不施肥处理较撂荒也有所下降，但差异并不明显，所有施肥处理 Fe-P 含量较撂荒处理均有明显提高，增施有机肥（物）料处理的增幅大于单施化肥，增施不同有机肥（物）料处理间以牛粪处理的 Fe-P 含量最高，猪粪次之。不施肥处理 Ca_{10}-P 含量比撂荒也有所下降，说明当土壤无机磷处于长期耗竭状态下，Ca_{10}-P 也能表现出一定的有效性。长期单施化肥或化肥与有机肥（物）料配施，Ca_{10}-P 含量较撂荒处理均有明显地提高。与 Ca_2-P、Ca_8-P、Al-P 和 Fe-P 含量变化趋势不同的是，Ca_{10}-P 含量增幅最大的是 NPK+LS 和 NPK+S 处理，与 NPK+CM 处理间的差异达显著水平。CK 处理的 O-P 含量略有下降，所有施肥处理的 O-P 含量均有明显提高，与 CK_0 和 CK 处理间的差异均达极显著或显著水平；不同施肥处理间以 NPK 处理的 O-P 含量最高，不同有机肥（物）料处理间 O-P 的含量差异不明显。

由以上分析可以看出，长期不施肥 Ca_2-P 和 Ca_8-P 的相对含量下降最多，表明在砂姜黑土上这两种组分的无机磷活性最大，其次为 Al-P 和 Fe-P，Ca_{10}-P 和 O-P 的有效性最低；增施牛粪和猪粪的处理，Ca_2-P 和 Ca_8-P 的增量较大。

无机磷各组分的相对含量以 Ca_{10}-P 最高，其次为 O-P，Ca_2-P、Ca_8-P 的相对含量较低。长期不同施肥处理各组分无机磷相对含量的变化趋势不同，与对照相比，所有施肥处理的 Ca_2-P、Ca_8-P、Al-P、Fe-P 呈上升趋势，而 Ca_{10}-P 呈下降趋势（表 26-11）。长期不施磷的处理，活性较强的 Ca_2-P、Ca_8-P、Al-P 和 Fe-P 的相对含量较撂荒均有明显下降。方差分析表明，不施肥和撂荒处理间的 Ca_2-P、Ca_8-P 和 Al-P 的相对含量差异达极显著水平；而较为稳定形态的 Ca_{10}-P 和 O-P 的相对含量则有较为明显的提高，其中 O-P 的相对含量差异达极显著水平。所有施肥处理 Ca_2-P、Ca_8-P、Al-P 和 Fe-P 的相对含量都有明显提高，单施化肥处理 Ca_2-P、Al-P 和 Fe-P 的相对含量和撂荒处理间的差异均达极显著水平；增施有机肥（物）料的处理 Ca_2-P、Ca_8-P、Al-P 和 Fe-P 相对含量的增量较化肥处理大。不同有机肥（物）料处理间增施牛粪、猪粪处理的 Ca_{10}-P 增量大于麦秸，低量麦秸和全量麦秸处理之间无明显差异。相反，所有施肥处理间 Ca_{10}-P 的相对含量都有明显的降低，和撂荒与不施肥处理间的差异均达到了极显著水平。O-P 相对含量的变化趋势则较为复杂，单施化肥和化肥与麦秸配施处理 O-P 的相对含量明显提高，与撂荒处理间的差异达极显著水平，而增施牛粪和增施猪粪的处理，O-P 的相对含量则明显下降。

表 26-11　长期施肥对无机磷组分相对含量的影响（2005 年）

处 理	各形态无机磷组分相对含量（%）					
	Ca_2-P	Ca_8-P	Al-P	Fe-P	Ca_{10}-P	O-P
CK_0	2.35dD	3.48eE	8.06cC	12.56cB	51.52bB	22.04bB
CK	1.06eE	1.63fF	4.49eF	8.77dC	58.86aA	25.20bAB
NPK	3.68cC	4.91dD	6.04E	12.69cB	41.47cC	31.21aA
NPK+LS	5.77bB	7.61cC	6.43dDE	13.25bcAB	44.49cC	22.45bB
NPK+S	6.08bB	8.03cC	7.57cCD	14.27abAB	41.96cC	22.08bB
NPK+PM	12.70aA	14.73bB	16.10aA	13.45abcAB	28.03dD	14.99cC
NPK+CM	12.46aA	20.00aA	14.41bB	14.72aA	24.54dD	13.86cC

注：数据后不同小写和大写字母分别表示处理间在 5% 和 1% 水平差异显著

不同施肥处理无机磷增量的分配比例不同（表 26 - 12），长期单施化肥（NPK）处理，无机磷增量中 Ca_2-P、Ca_8-P 和 $Al-P$ 所占的比例较低，分别只有 7.11%、8.60% 和 0.85%，$Fe-P$ 和 $Ca_{10}-P$ 所占的比例相当，$O-P$ 的比例最高，达 54.86%；低量麦秸（NPK + LS）和全量麦秸（NPK + S）处理的无机磷增量的分配比例相似，均以 Ca_2-P 和 $Al-P$ 所占比例较低，$Fe-P$、Ca_8-P 和 $O-P$ 的比例较高，$Ca_{10}-P$ 所占比例最高；而长期施用厩肥（NPK + PM 和 NPK + CM）处理其无机磷增量的分配比例则有明显不同，活性较高的 Ca_2-P、Ca_8-P、$Al-P$、$Fe-P$ 的所占比例高于 $Ca_{10}-P$ 和 $O-P$，且两者均以 Ca_8-P 所占的比例最高。以上分析表明，化肥和增施麦秸的处理所增加的无机磷以 $Ca_{10}-P$ 和 $O-P$ 为主，而增施猪粪、牛粪可以很大程度上减缓有效性较高的 Ca_2-P、Ca_8-P 向 $Ca_{10}-P$ 和 $O-P$ 的转化，从而提高了土壤磷素的有效性。

表 26 - 12　长期施肥条件下土壤无机磷增量的分配比例（2005 年）

处　理	各形态无机磷增量分配比例（%）						
	Ca_2-P	Ca_8-P	$Al-P$	$Fe-P$	$Ca_{10}-P$	$O-P$	合计
NPK	7.11	8.60	0.85	13.05	15.53	54.86	100
NPK + LS	13.10	16.44	2.96	14.73	29.45	23.32	100
NPK + S	12.69	16.09	6.71	17.32	25.03	22.16	100
NPK + PM	21.24	24.01	22.73	14.18	8.66	9.19	100
NPK + CM	19.14	30.92	18.62	16.15	6.71	8.46	100

土壤有效磷和无机磷各组分间的相关性分析结果（表 26 - 13）表明，土壤有效磷与 Ca_2-P、Ca_8-P、$Al-P$ 和 $Fe-P$ 之间的相关性均达极显著水平，Ca_2-P、Ca_8-P 的相关系数大于 $Al-P$ 和 $Fe-P$，表明 Ca_2-P、Ca_8-P 的活性最高，是土壤有效磷的直接来源，而 $Al-P$ 和 $Fe-P$ 可作为缓效磷源；有效磷与 $Ca_{10}-P$ 和 $O-P$ 的相关性不显著，应为迟效或潜在性磷源。Ca_2-P 与 Ca_8-P、$Al-P$、$Fe-P$，Ca_8-P 与 $Al-P$、$Fe-P$，$Al-P$ 与 $Fe-P$，$Ca_{10}-P$ 与 $O-P$ 相互之间存在着极显著的相关性。由此可以说明，在某种土壤中，各形态无机磷之间保持着相对稳定的比例，即在一定类型的土壤中，各形态磷的组成是相对稳定的。同时说明不同的无机磷组分在一定的条件下可以互相转化，这一点在考虑其有效性时具有实际意义。

表 26 - 13　小麦籽粒含磷量、土壤有效磷和无机磷各组分间的相关性（2005 年）

组　分	Ca_2-P	Ca_8-P	$Al-P$	$Fe-P$	$Ca_{10}-P$	$O-P$	有效磷
Ca_8-P	0.977 2**	—					
$Al-P$	0.990 6**	0.957 2**	—				
$Fe-P$	0.952 6**	0.955 3**	0.921 0**	—			
$Ca_{10}-P$	0.522 8	0.482 3	0.436 9	0.685 2	—		
$O-P$	0.353 4	0.340 6	0.297 4	0.536 3	0.650 0	—	
有效磷	0.993 3**	0.992 0**	0.979 7**	0.965 3**	0.509 0	0.393 0	—
籽粒含磷量	0.978 6**	0.966 6**	0.917 7**	0.975 0**	0.669 5	0.689 7	0.980 7**

注：* 表示在 5% 水平显著；** 表示在 1% 水平显著

小麦籽粒含磷量与 Ca_2-P、Ca_8-P、Al-P 和 Fe-P 之间的相关性均达极显著水平，而与 Ca_{10}-P 与 O-P 之间的相关性不显著，可进一步说明 Ca_2-P、Ca_8-P、Al-P 和 Fe-P 的活性较高，是植物的有效磷源。值得说明的是，Ca_{10}-P、O-P 与土壤有效磷和籽粒含磷量之间的相关系数达不到显著水平，但这并不表明 Ca_{10}-P 与 O-P 是无效磷源，正如前文所述，在土壤磷素处于长期耗竭的状态下 Ca_{10}-P 与 O-P 也表现出了一定的有效性。

从土壤无机磷各组分与有效磷间的通径分析结果（表 26-14）可以看出，土壤无机磷各组分对有效磷的重要性依次为 Ca_8-P（0.432 7）> Ca_2-P（0.426 2）> Al-P（0.082 3）> Fe-P（0.067 7）> O-P（0.006 47）> Ca_{10}-P（-0.046 9），Ca_8-P 和 Ca_2-P 对土壤有效磷的贡献最大。Al-P 和 Fe-P 虽然对有效磷的直接影响很小，但它可通过影响 Ca_2-P 和 Ca_8-P 的含量而间接影响有效磷的含量，因为它们与 Ca_2-P 和 Ca_8-P 都有一个较大的间接通径系数。O-P 和 Ca_{10}-P 虽然与有效磷含量的相关性不显著，但它们也可以在不同程度上通过影响 Ca_2-P 和 Ca_8-P 的含量而间接影响有效磷的含量。

表 26-14　土壤有效磷和无机磷组分间的通径系数（2005 年）

组　分	Ca_2-P	Ca_8-P	Al-P	Fe-P	Ca_{10}-P	O-P
Ca_2-P	0.426 2[+]	0.422 8	0.081 5	0.064 5	-0.024 5	0.022 9
Ca_8-P	0.416 5	0.432 7[+]	0.078 7	0.064 7	-0.022 6	0.022 0
Al-P	0.422 2	0.414 2	0.082 3[+]	0.062 3	-0.020 5	0.019 2
Fe-P	0.406 0	0.413 3	0.075 8	0.067 7[+]	-0.032 1	0.034 7
Ca_{10}-P	0.222 8	0.208 7	0.035 9	0.046 4	-0.046 9[+]	0.042 1
O-P	0.150 6	0.147 4	0.024 5	0.036 3	-0.030 5	0.064 7[+]

注：[+] 表示直接通径系数，其余为间接通径系数

土壤有效磷含量与无机磷组分间的多元回归方程为：

$$y = 4.792 8 + 0.474 0x_1 + 0.330 9x_2 + 0.082 5x_3 + 0.092 6x_4 + 0.100 5x_5 + 0.114 9x_6$$

式中，y 代表有效磷含量，x_1、x_2、x_3、x_4、x_5 和 x_6 分别代表 Ca_2-P、Ca_8-P、Al-P、Fe-P、Ca_{10}-P 和 O-P 含量。（$p < 0.01$，$R^2 = 0.998 9$），由回归方程可以看出，Ca_2-P 的系数最大，其次为 Ca_8-P，Al-P、Fe-P、Ca_{10}-P 和 O-P 的系数远小于 Ca_2-P 和 Ca_8-P，进一步说明了 Ca_2-P 和 Ca_8-P 的活性最大。

7. 耕层土壤各形态有机磷和无机磷对植物磷的营养贡献

长期不施磷处理的土壤有机磷、无机磷各组分的相对降低量可用以表示各组分的植物营养效率，表征各组分磷的有效性。表 26-15 显示，有机磷、无机磷各组分以活性有机磷、Ca_2-P 和 Ca_8-P 的有效性最高，其植物营养效率在 60% 左右，其次为 Fe-P、Al-P 和中活性有机磷，植物营养效率分别为 53.08%、41.13% 和 25.25%，中稳性有机磷、高稳性有机磷、Ca_{10}-P 和 O-P 的有效性最低，特别是高稳性有机磷，23 年来其含量几乎没有变化。从梁国庆等（2001）和向春阳等（2005）的研究分析结果中均可以得出在土壤磷长期耗竭状况下 Ca_{10}-P 有一定的有效性的结论，而多数研究认为 O-P 为无效磷。本研究结果中 O-P 也表现出了一定的有效性，其原因可能为：一是农事活动破坏了氧化铁胶膜，使包被的磷酸盐释放出来，从而被作物吸收利用；二是正如鲁如坤（1990）认为的酸性土壤在淹水条件下，三价铁被还原，与之相结合的闭蓄态磷（O-P）被释放，有效性提高；三是砂姜黑土地区的年降水量多在 900mm 以上，降水

量的 60%~70% 集中分布在 6—9 月，由于砂姜黑土蒙脱石含量高，且黑土层的含量高于耕作层，遇水后黑土层膨胀速度比耕作层高 1 倍，膨胀量比耕作层高 29.3%，加上黏粒淀积，堵塞孔隙，使上层水向下移动困难，造成地表积水，使土壤较长时间处于水分过饱和状态，导致三价铁被还原，从而释放出磷酸盐。

表 26-15 不同形态磷对植物的营养贡献率和植物营养效率（2005 年）

项 目	有机磷组分（%）					无机磷组分（%）				
	LOP	MLOP	MROP	HROP	Ca_2-P	Ca_8-P	Al-P	Fe-P	Ca_{10}-P	O-P
营养贡献率	5.46	33.06	3.36	0.23	5.34	7.76	15.73	19.00	7.10	2.97
营养效率	61.13	25.25	7.30	0.73	61.90	60.61	53.08	41.13	3.75	3.66

注：营养贡献率（%）＝CK 处理 23 年某形态磷的减少量/全磷减少量×100；营养效率（%）＝CK 处理 23 年某形态磷的减少量/撂荒处理该形态磷的量×100；LOP 为活性有机磷；MLOP 为中活性有机磷；MROP 为中稳性有机磷；HROP 为高稳性有机磷

不考虑土壤磷素的淋失及其不同形态间的相互转化，耗竭状态下有机磷、无机磷各组分的减少量占全磷减少量的比例可视为其对植物的营养贡献率。从表 26-15 结果可以看出，有机磷各组分对植物营养的贡献率之和为 42.11%，无机磷各组分和为 57.89%，而有机磷和无机磷占全磷的比例分别为 37.12% 和 62.88%，这表明在砂姜黑土上土壤有机磷的有效性高于无机磷。所有磷组分中，以中活性有机磷的植物营养贡献率最高，其次为 Fe-P 和 Al-P，活性有机磷、Ca_2-P 和 Ca_8-P 的有效性最高，但由于其含量较低，贡献率较小。

（四）砂姜黑土钾素的演变规律

1. 长期施肥对土壤速效钾含量的影响

长期不施肥（CK）处理砂姜黑土的速效钾含量明显下降（图 26-7），1987—2011 年速效钾含量下降了 31.3%。长期单施化肥（NPK）处理，土壤速效钾含量呈下降趋势，1987—2011 年下降了 11.3%，如果每年的钾肥施用量在 K_2O 135kg/hm^2，则不能满足小麦、大豆两季作物的需要，土壤钾素含量下降。在化肥的基础上增施有机肥（物）料，会增加钾的投入量，使供钾量大于作物吸收量，土壤钾素盈余，速效钾含量上升。速效钾含量上升幅度与钾素投入量呈正相关关系，增施牛粪处理（NPK＋CM）的钾素投入量最多，土壤中积累的钾也最多，速效钾含量最高，麦秸处理（NPK＋S）的钾素投入量最低，其速效钾含量较增施牛粪（NPK＋CM）和增施猪粪（NPK＋PM）的处理低。

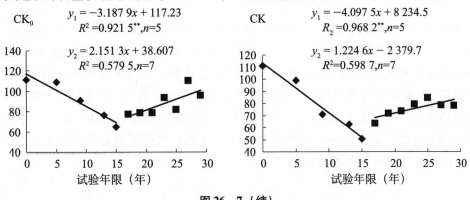

图 26-7（续）

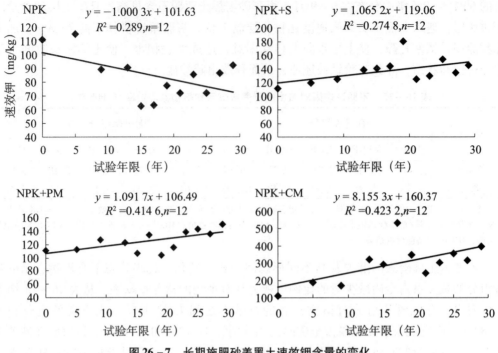

图 26 - 7　长期施肥砂姜黑土速效钾含量的变化

2. 土壤速效钾含量与钾肥投入量的关系

农田生态系统中钾的投入主要有施用的钾肥和有机肥、灌溉和降水所带入的钾，钾的支出主要是作物携出、淋洗和径流带走的钾，当投入量大于支出量时土壤钾素积累，反之钾素亏缺。长期增施有机肥（物）料的处理，投入的钾量大于支出量，土壤速效钾含量均有所提高，提高的幅度与钾的投入总量呈正相关。

三、长期施肥砂姜黑土容重和 pH 值的变化规律

（一）砂姜黑土容重的变化

土壤容重反映土壤的紧实情况，一般来说作物需要一个合适的土壤容重范围，土壤容重过大和过低都不利于作物生长。砂姜黑土质地黏重，土壤容重较大，通气孔隙度、总孔隙度、田间持水量较低，干时结块，湿时泥泞，严重影响作物的生长。

从表 26 - 16 可以看出，从 1995—2010 年，与撂荒处理（CK_0）相比，不施肥（CK）和单施化肥处理（NPK）的土壤容重也有不同程度的降低，表明多年种植作物对质地粘重土壤的不良物理属性也有一定的改良效果。长期单施化肥（NPK）处理，土壤容重比 CK 处理降低 2.68%。长期施用有机肥（物）料均可使土壤容重明显下降。容重以增施牛粪（NPK + CM）处理下降最多，增施猪粪（NPK + PM）次之，增施低量麦秸（NPK + LS）最少。可见长期施用有机肥（物）料能明显降低砂姜黑土的容重，对改善其不良物理性状有重要作用。

表 26 - 16　长期施肥砂姜黑土耕层土壤容重的变化

处　理	1995 年容重（g/cm³）	2000 年容重（g/cm³）	2005 年容重（g/cm³）	2010 年容重（g/cm³）	平均值（g/cm³）	比 CK 增加（g/cm³）	变化率（%）
CK₀	1.42	1.37	1.40	1.43	1.40	0.02	1.77
CK	1.38	1.41	1.38	1.34	1.38	—	—
NPK	1.36	1.27	1.36	1.38	1.34	-0.04	2.68
NPK + LS	1.24	1.25	1.24	1.21	1.23	-0.15	10.57
NPK + S	1.26	1.22	1.20	1.19	1.22	-0.16	11.78
NPK + PM	1.23	1.17	1.23	1.18	1.20	-0.18	12.82
NPK + CM	1.10	1.16	1.13	1.11	1.12	-0.26	18.51

（二）砂姜黑土 pH 值的变化

统计数据显示，近 30 年来，由于施肥不合理、耕种不科学等原因，我国土壤酸化现象较为严重，已影响耕地质量的提升和粮食的高产稳产，并威胁农产品的质量安全。我国南方、东北和东部地区土壤酸化面积逐年扩大，土壤酸化加剧。延缓和防止土壤酸化在今后相当长的时间内是土壤肥料工作者一项重要任务。

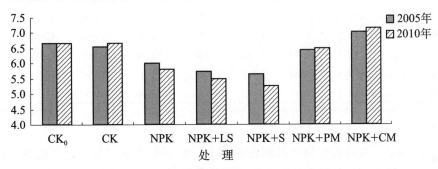

图 26 - 8　长期施肥砂姜黑土 pH 值的变化

砂姜黑土长期定位试验结果（图 26 - 8）表明，2005—2010 年，长期撂荒（CK₀）和不施肥处理（CK）的土壤 pH 值下降很少，或几乎没有下降，而单施化肥（NPK）处理的土壤 pH 值下降了 0.23。说明引起土壤 pH 值下降的主要原因是生理性酸性肥料的使用，而降水等的影响很少。在化肥的基础上增施麦秸（NPK + LS 和 NPK + S）处理的土壤 pH 值也呈下降趋势，甚至低于 NPK 处理，从防止土壤酸化的角度，在砂姜黑土地区麦秸最好采用腐熟还田的方式。长期增施猪粪的处理（NPK + PM），2005—2010 年土壤 pH 值略有上升，其值与 CK 处理相近，可见施用猪粪可以延缓土壤酸化进程。而长期增施牛粪（NPK + CM）处理的土壤 pH 值明显上升。比较猪粪和牛粪的效果，可能与牛粪施用量较大有关。

四、作物产量对长期施肥的响应

（一）长期施肥对作物产量的影响

作物产量与施肥管理的关系极大。砂姜黑土长期定位试验结果表明，在不同的肥料投入条件下，各处理小麦和玉米产量发生了显著变化（表26-17）。施肥处理的小麦产量较对照增产355.95%～442.04%，大豆增产150.84%～232.17%，小麦—大豆增产338.65%～431.03%。施肥是砂姜黑土作物稳产高产的重要措施。有机无机配施的处理与单施化肥相比均表现出增产效果，但对不同的作物其增产效果不同，具体表现为大豆的增产效果最佳。增施不同的有机肥（物）料处理间以牛粪处理（NPK+CM）的增产效果最好，比单施化肥（NPK）小麦增产24.18%、大豆增产32.43%、小麦—大豆产量提高21.20%，这与NPK+CM处理的土壤理化性状优于其他处理的结果相吻合。低量麦秸处理（NPK+LS）和全量麦秸处理（NPK+S）间的产量差异历年均不显著，这可能是由于麦秸在迅速分解的过程中，微生物要消耗大量的氮素，与作物产生养分竞争，另外麦秸量过大也会造成土壤水分的过度消耗而不利于作物生长。

表26-17　长期施肥对作物产量的影响

处　理	小　麦			大　豆			小麦—大豆		
	产量（kg/hm²）	较CK增产（%）	较NPK增产（%）	产量（kg/hm²）	较CK增产（%）	较NPK增产（%）	产量（kg/hm²）	较CK增产（%）	较NPK增产（%）
CK	1 004	—	—	726	—	—	1 527	—	—
NPK	4 578	356.0	—	1 821	150.8	—	6 698	338.7	—
NPK+LS	4 806	378.7	6.38	1 997	175.0	9.65	7 036	360.8	5.18
NPK+S	4 891	387.1	8.75	2 068	184.9	13.58	7 268	376.0	8.65
NPK+PM	5 216	419.5	17.84	2 188	201.3	20.13	7 676	402.7	14.74
NPK+CM	5 442	442.0	24.18	2 412	232.2	32.43	8 109	431.0	21.20

注：小麦产量为1983—2012年平均产量，大豆产量为1998—2012年平均产量，小麦—大豆产量为1998—2012年平均产量

气候特别是降水量对作物产量的影响很大，常引起作物产量的上下波动，降水量过大或过小，波动幅度就越大，这一点可以从变异系数上表现出来。从表26-18可以看出，不同处理间小麦产量、大豆产量的变异系数均以CK处理最大，说明不施肥处理的作物抗逆性较差，产量波动幅度较大。所有施肥处理产量的变异系数都有所下降，表明施肥有减少气候条件引起产量波动的作用。而增施有机肥（物）料，小麦、大豆产量的变异系数均低于单施化肥处理，说明有机肥无机肥配施，可以改善土壤理化性质，增强作物的抗逆能力，不仅有利于高产，还能保障作物稳产。

表26-18　长期施肥小麦、大豆产量的变异

处　理	小麦产量		大豆产量	
	标准差	变异系数（CV,%）	标准差	变异系数（CV,%）
CK	295.9	37.0	353.6	48.7
NPK	641.9	13.5	330.4	18.1
NPK+S	563.7	10.8	288.4	13.9
NPK+PM	460.8	8.4	277.4	12.6
NPK+CM	639.4	10.2	189.3	7.8

（二）长期施肥作物产量的变化趋势

图 26 - 9 显示，CK 处理小麦、大豆产量均呈逐年下降趋势，与土壤养分长期得不到有效补充有关。施肥处理小麦产量虽然年际间有所波动，但总体上呈上升趋势，1983—2012 年，NPK、NPK + LS、NPK + S、NPK + PM 和 NPK + CM 处理小麦产量分别上提高了33.0%、40.3%、46.4%、62.4% 和 41.0%。2005—2012 年，种植小麦为同一品种，NPK、NPK + LS、NPK + S、NPK + PM 和 NPK + CM 处理后 4 年平均产量较前 4 年平均产量分别提高 15.0%、12.0%、13.9%、5.9% 和 5.2%，表明长期平衡施肥及在无机肥的基础上增施有机肥，可以培肥土壤，提高土地生产力，促进作物产量的提高。

施肥处理大豆产量变化趋势与小麦不同，总体上并没有明显的上升趋势，且年际间波动幅度较大，可能的原因是大豆生长季节正值砂姜黑土区降水集中阶段，涝灾频发，由于试验小区间有水泥隔埂，经常因管理不善致使田间积水，大豆死苗、缺苗现象较为严重，从而导致大豆产量没有随土壤肥力的提高而提高。

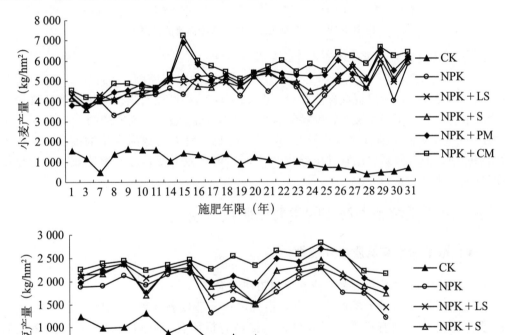

图 26 - 9　长期施肥作物产量的变化趋势

（三）土壤养分含量与作物产量的关系

1. 土壤有机质含量与作物产量的关系

土壤有机质是土壤肥力的基础，可表征土壤肥力的高低，对作物产量有重要影响。从图 26 - 10 可以看出，小麦、大豆的产量和土壤有机质含量呈正相关，随有机质含量的提高小麦、大豆产量提高。有机质含量在 10 ~ 20g/kg 范围内，小麦产量随有机质的增加大幅提高，有机质含量每增加 1g/kg，小麦产量增加 155kg/hm^2；当土壤有机质含量高于 20g/kg 时，小麦产量的增幅减小，有机质含量每增加 1g/kg，小麦增产 73kg/hm^2。而有机质含量每增加1g/kg，大豆产量增加60kg/hm²。因此，在有机培肥砂姜黑土时，如果有机肥源有限，应将有机肥优先施用于有机质含量较低的土壤，这样不仅能快速培肥低产土壤，而且增产增效更为明显。

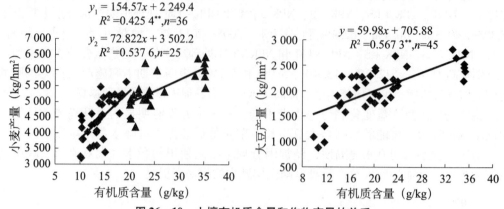

图26-10 土壤有机质含量和作物产量的关系

2. 土壤速效养分含量与作物产量的关系

"旱、涝、渍、僵、瘦"是砂姜黑土生产力较低的主要原因，"瘦"即缺磷少氮，增施氮、磷肥，可以明显提高作物产量。图26-11结果可以看出，土壤碱解氮含量和作物产量有明显的正相关关系，碱解氮含量每提高1mg/kg，小麦增产约14kg/hm²、大豆增产11kg/hm²。土壤有效磷含量在10～20mg/kg，随着有效磷含量的提高，作物产量增幅明显；但有效磷含量在40mg/kg以上时，增产效果变差。土壤速效钾含量与作物产量也呈明显的正相关。

五、基于土壤肥力演变的主要培肥技术模式

（一）砂姜黑土有机质提升技术

1. 长期增施有机物料可显著提高土壤有机质含量

土壤有机质是衡量土壤肥力的主要指标之一。造成砂姜黑土"旱、涝、渍、僵"的主要原因是其土壤有机质含量较低，而提高有机质含量则可明显改善砂姜黑土的"旱、涝、渍、僵"等不良土壤性状，从而提高砂姜黑土的生产力。砂姜黑土区长期定位试验结果表明，增施有机物料可以提高有机质含量，与单施化肥处理相比，在施氮磷钾化肥的基础上增施低量麦秸处理的有机质绝对量可增加4.9g/kg、年增加0.17g/（kg·a）；全量麦秸处理的有机质绝对量增加7.2g/kg、年增加0.26g/kg；增施猪粪处理有机质绝对量增加8.0g/kg、年增加0.28g/（kg·a）；增施牛粪处理有机质绝对量增加19.9g/kg、年增加0.69g/（kg·a）。至2011年，增施全量麦秸、猪粪、牛粪处理的土壤有机质含量分别达22.8g/kg、23.2g/kg、35.1g/kg，较单施化肥处理的14.2g/kg分别提高了60.6%、63.4%和147.2%。

2. 提升砂姜黑土有机质的有机物料投入量

砂姜黑土长期定位试验各处理有机碳增加量与其相应的碳投入量呈显著的线性相关。不同的有机物料转化系数有所不同，麦秸有机碳的转化效率为0.17t/（hm²·a），猪粪有机碳的转化效率为0.11t/（hm²·a），牛粪有机碳的转化效率为0.17t/（hm²·a），

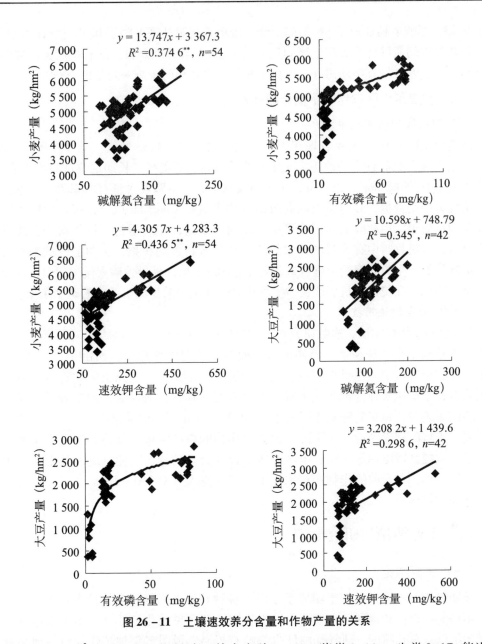

图 26 – 11　土壤速效养分含量和作物产量的关系

即年投入 $1t/hm^2$ 不同的有机物料碳，其中麦秸 0.17t、猪粪 0.11t、牛粪 0.17t 能进入土壤有机碳库。砂姜黑土区土壤有机质含量监测结果表明，每年常规施用化肥处理的作物根茬等有机碳的投入量可维持土壤有机质含量稳定在 15.0g/kg 左右，不需要再增加有机肥的投入，即可保持土壤碳平衡。因此，要在 5 年内使土壤有机质含量提高 10%，则每年每公顷约需投入含水量 60% 的鲜牛粪 16t 或含水量 60% 的鲜猪粪 25t 或麦秸 8t。

3. 有机物料的选择与处理

统计数据显示，近 30 年来，由于施肥不合理、耕种不科学等原因，我国土壤酸化现象较为严重，已影响耕地质量的提升和粮食作物的高产稳产，并且威胁农产品的质量安全。砂姜黑土长期定位试验结果表明，2005—2010 年单施化肥处理的土壤 pH 值下降了 0.23，增施麦秸加速了 pH 值的下降，较单施化肥处理下降了 0.55 个 pH 值单位，而猪粪和牛粪均能维持或提高土壤 pH 值。因此牛粪和猪粪是较好的有机肥源。麦秸如能堆腐还田，效果较直接还田好，也可于每年麦秸还田时配施一定量的石灰。

（二）砂姜黑土区农作物平衡施肥技术

1. 磷肥的合理施用技术

砂姜黑土的"瘦"主要表现在土壤有机质含量低，缺磷少氮，通过多年的施肥，砂姜黑土"瘦"的特性有所改善，土壤有效磷含量有所提高。长期定位试验结果表明，每年投入 P_2O_5 90kg/hm^2，投入量大于作物吸收量，土壤磷素含量有所积累。而据安徽省测土配方施肥数据，砂姜黑土区有效磷平均含量在 15mg/kg 以上，很多地区磷肥没有显著增产效果。因此磷肥的用量可根据作物需求量而定。增施有机物料培肥改良砂姜黑土时，有机物料中有大量的磷素投入，易导致磷素的积累，长期定位试验结果显示，增施猪粪、牛粪处理的土壤有效磷含量达 80mg/kg，易导致磷素流失，引发农业面源污染。因此，在使用有机肥改良砂姜黑土时，应适当减少无机肥中的磷肥用量。

2. 钾肥的合理施用技术

20 世纪 80 年代初期，多数研究指出砂姜黑土有机质贫乏，缺氮少磷而富钾，因此在生产上特别重视增施磷肥、氮磷配合，而忽视钾肥的使用。然而由于产量的提高，加之农民施用有机肥的积极性不高，化学钾肥基本不施，砂姜黑土区的钾素一直处于亏损状态，土壤速效钾含量明显下降，增施钾肥对作物已有显著的增产效果。长期定位试验结果表明，每年的钾肥施用量在 K_2O 135kg/hm^2 时不能满足小麦、大豆两季作物的需要，土壤的钾素含量逐年下降。为满足作物的高产需求和维持并提高土壤钾素肥力水平，应提高钾肥用量。而农作物麦秸中含有大量的钾，因此，应加强麦秸还田的示范推广工作。在目前的作物产量水平下，每年投入 K_2O 150～180kg/hm^2，能够满足作物的高产需求。

六、主要结论与研究展望

（一）主要结论

长期施用有机肥料可使土壤容重下降，各种孔隙度增加，毛管持水量上升，砂姜黑土不良的物理性状得到极大地改善。不施肥处理和单施化肥处理土壤容重也有不同程度的降低，总孔隙度、通气孔隙度也都略有提高，说明多年种植作物对质地黏重土壤的不良物理性状也有一定的改良效果。

增施有机物料可明显提高土壤有机质含量，连续施用有机肥（物）料并配施常量化肥，在充足供应作物所需养分的同时，大量有机物料的投入，使土壤易氧化有机质含量迅速增加，进而促进了有机质的积累，并使土壤有机质得到活化，对养分的调控能力增强。

长期施用有机肥（物）料可明显提高轻组有机碳的含量及其占总有机碳的比例。长期单施化肥虽然能提高轻组有机碳的含量，但其增幅远低于增施有机肥（物）料的处理，且其占总碳的比例与对照相比还略有下降，单施化肥增加的有机碳以重组为主。长期撂荒处理，虽然有机碳总量高于不施肥对照，但其轻组有机碳的比例却低于不施肥对照。因此长期撂荒不利于有机质的更新。

长期施用有机肥（物）料的土壤其松结态、稳结态和紧结态腐殖质的含量较撂荒和不施肥对照均有明显增加，其中增施厩肥（猪粪和牛粪）的增量大于增施麦秸。增施有机肥（物）料，松结态占腐殖质总量的比例明显提高，稳结态的比例相对稳定，而紧结态的比例则明显降低。与撂荒和不施肥处理相比，单施化肥也增加了松结态、稳结态和紧结态腐殖质的绝对数量，但松结态、稳结态和紧结态腐殖质的相对含量（占腐殖质的比例）的变化不大。增施猪粪、牛粪更有利于松结态和稳结态腐殖质的形成，而单施化肥新增的结合碳主要为紧结态的腐殖质。施用有机肥后松结态/稳结态、松结态/紧结态都有较大幅度的提高。

不同结合形态的腐殖质对土壤肥力的作用不同，因此不能单从松结态/稳结态、松结态/紧结态比值的提高或降低来评定培肥的效果，也就是说，对于腐殖质的结合形态，不是某种结合形态的腐殖质含量越高越好，而是要有适当的比例。结合土壤的理化性质变化及长期试验的作物产量结果，在砂姜黑土上松结态、稳结态和紧结态腐殖质含量的比例为 3:2:5 是比较适宜的。

砂姜黑土中有机磷各形态的含量高低顺序为：中活性有机磷 > 中稳性有机磷 > 高稳性有机磷 > 活性有机磷；无机磷占全磷的 62.88%，无机磷中各形态的含量高低顺序为：$Ca_{10}-P > O-P > Al-P > Ca_8-P > Fe-P > Ca_2-P$，其中钙磷占 57.35%，是无机磷的主要部分。在砂姜黑土上活性有机磷、中活性有机磷和中稳性有机磷对植物的有效性较高。增施化学磷肥或有机肥均能提高土壤有机磷含量。氮磷钾化肥与有机肥（物）料配施处理的土壤中活性有机磷和中稳性有机磷增幅较大，氮磷钾肥加牛粪处理主要提高了活性有机磷和中活性有机磷的含量。所有施肥处理之间高稳性有机磷含量差异不显著，但高稳性有机磷的相对含量均降低，特别是在化肥的基础上增施有机肥（物）料，高稳性有机磷的相对含量下降幅度更大。

砂姜黑土上无机磷组分中以 Ca_2-P 和 Ca_8-P 的活性最高，其次为 $Al-P$ 和 $Fe-P$，$Ca_{10}-P$ 和 $O-P$ 的有效性最低。长期施肥可以提高无机磷各组分的含量。单施化肥和化肥增施麦秸处理增加的磷以 $Ca_{10}-P$ 和 $O-P$ 为主，而长期增施厩肥的处理（猪粪和牛粪）新增的无机磷中，活性较高的 Ca_2-P、Ca_8-P、$Al-P$、$Fe-P$ 的所占比例高于 $Ca_{10}-P$ 和 $O-P$。

有机磷和无机磷各组分对植物的营养的贡献大小为：中活性有机磷 > $Fe-P$ > $Al-P$ > Ca_8-P > $Ca_{10}-P$ > 活性有机磷 > Ca_2-P > 中稳性有机磷 > $O-P$ > 高稳性有机磷。活性有机磷、Ca_2-P 和 Ca_8-P 虽然有效性较高，但由于含量相对较低，其对植物的营养贡献率并不是最高。

不施肥处理作物的抗逆性较差，产量波动幅度较大，所有施肥处理产量的变异系数均有所下降，施肥有减少气候条件引起产量波动的作用。长期平衡施肥及在无机肥的基础上增施有机肥，可以培肥土壤，提高土地生产力，促进作物产量的提高。增施有机肥（物）料的处理较单施化肥处理均表现出不同程度的增产效果，大豆的增产效果最佳，其次为玉米，小麦最差。

（二）研究展望

培肥土壤、提升土壤质量的主要目的是提高土地生产力和作物产量，而土壤肥力是土地生产力的基础，因而弄清土壤肥力要素（有机质、氮、磷、钾、pH 值）和作物产量权重的关系，进而采取针对性的培肥措施，将起到事半功倍的效果。今后将重点对土壤肥力因素（有机质、氮、磷、钾、pH 值）和作物产量演变特征进行综合分析，制定出最适合砂姜黑土区的土壤培肥模式。

砂姜黑土质地黏重，黏粒含量高，黏土矿物以蒙脱石为主，胀缩性强，土壤物理性状极差，干时坚硬，湿时泥泞，适耕期短，耕作阻力大，季节性干旱、渍害对作物生长的影响大。砂姜黑土不良的物理性状已成为制约该地区作物产量提高的主要因子，因此，今后还应开展长期不同施肥条件下土壤物理性质的变化特征研究，为砂姜黑土的科学合理培肥提供依据。

王道中、郭志彬、花可可

参考文献

［1］鲍士旦.2000. 土壤农化分析［M］. 北京：中国农业出版.

［2］窦森，徐冰，孙宏德. 黑土培肥与腐殖质特性.1995. 吉林农业大学学报，17（1）：46－51.

［3］关文玲，王旭东，李利敏，等.2002. 长期不同施肥条件下土壤腐殖质动态变化及存在状况研究［J］. 干旱地区农业研究，20（2）：32－35.

［4］黄庆海，赖涛，吴强，等.2003. 长期施肥对红壤性水稻土有机磷组分的影响［J］. 植物营养与肥料学报，9（1）：63－66.

［5］李霞飞，孙建军，吕锦屏.1999. 灌漠土肥料10年定位试验结果［J］. 土壤通报，3（5）：221－223.

［6］梁国庆，林葆，林继雄，等.2001. 长期施肥对石灰性潮土无机磷形态的影响［J］. 植物营养与肥料学报，7（3）：241－248.

［7］鲁如坤.1990. 土壤磷素化学研究进展［J］. 土壤学进展，（6）：1－5.

［8］史吉平，张夫道，林葆.2002. 长期定位施肥对土壤腐殖质结合形态的影响［J］. 土壤肥料，（6）：8－12.

［9］王旭东，张一平，李祖荫.1997. 有机磷在土娄土中的组成变异的研究［J］. 土壤肥料，（5）：16－18.

［10］徐阳春，沈其荣，茆泽圣.2003. 长期施用有机肥对土壤及不同粒级中有机磷含量与分配的影响［J］. 土壤学报，40（4）：593－598.

［11］向春阳，马艳梅，田秀平.2005. 长期耕作施肥对白浆土磷组分及其有效性的影响［J］. 作物学报，31（1）：48－52.

［12］尹金来，沈其荣，周春霖.2001. 猪粪和磷肥对石灰性土壤有机磷组分及有效性的影响［J］. 土壤学报，38（3）：295－300.

［13］张爱君，张明普.2002. 黄潮土长期轮作施肥土壤有机质消长规律的研究［J］. 安徽农业大学学报，29（1）：60－63.

［14］张电学，韩志卿，王秋兵，等.2006. 不同施肥制度下褐土结合态腐殖质动态变化［J］. 沈阳农业大学学报，37（4）：597－601.

［15］张亚丽，沈其荣，曹翠玉.1998. 有机肥料对土壤有机磷组分及生物有效性的影响［J］. 南京农业大学学报，21（3）：59.

［16］赵晶晶，郭颖，陈欣，等.2006. 有机物料对土壤有机磷组分及其矿化进程的影响［J］. 土壤，38（6）：740－744.

第二十七章　长期施肥玉米连作下红壤旱地土壤肥力演变和培肥技术

江西省地处于北纬 24°7′ ~ 29°9′，东经 114°02′ ~ 118°28′，属于热带（中亚热带）湿润气候区，具有亚热带温暖湿润的气候特点，该地区光热充足、雨量充沛、灾害性气候多发。据多年气象数据统计，江西省的年平均气温 16.3 ~ 19.5℃，无霜期在 240 ~ 370d，年均日照总辐射量为 97 ~ 114.5kcal/cm²，年均日照时数为 1 500 ~ 2 100h，年均降水量 1 350 ~ 1 940mm。

红壤是江西省重要的土地资源，总面积 1 081 万 hm²，约占全省土地面积的 70%。成土母质主要有第四纪红色黏土、红砂岩、花岗岩、变质岩等风化物，以红色黏土发育的红壤面积分布最广，主要分布于海拔 50m 以下的低丘陵区，如赣江、抚河两岸，吉泰盆地以及鄱阳湖滨，其坡度平缓，也较集中连片。其自然特性为：土层深厚，酸性强，黏重板结，有机质含量低，保肥保水性能差，生产力水平低。红壤中低产田地约占全省耕地面积的 2/3，再加上近年来不合理的土地利用方式，导致红壤的肥力不断下降，严重制约了江西省的粮食增和产农民增收。

一、江西玉米连作红壤旱地长期试验概况

江西红壤旱地长期试验位于江西省进贤县、江西省红壤研究所内（东经 116°17′23″、北纬 28°35′15″），该区年均气温 18.1℃，≥10℃ 积温 6 480℃，年降水量 1 537mm，年蒸发量 1 150mm，无霜期约为 289d，年日照时数 1 950h。

试验地为第四纪红黏土发育的红壤旱地。试验从 1986 年开始，试验前耕层（0 ~ 20cm）土壤有机碳含量 9.39g/kg，全氮 0.98g/kg，全磷 0.62g/kg，全钾 11.36g/kg，碱解氮 60.3mg/kg，有效磷 12.9mg/kg，速效钾 102mg/kg，pH 值 6.0。种植制度为春玉米—秋玉米—冬闲一年两熟制。

试验共设 10 个处理：①不施肥（CK）；②施氮（N）；③施磷（P）；④施钾（K）；⑤氮磷（NP）；⑥氮钾（NK）；⑦氮磷钾（NPK）；⑧两倍氮磷钾（HNPK）；⑨氮磷钾 + 有机肥（NPKM）；⑩有机肥（OM）。每个处理重复 3 次，小区面积 22.2m²，田间随机排列，小区间用 60cm × 10cm 的水泥埂隔开，水泥埂埋深 40cm，有灌溉设施。

各处理施肥量见表 27 - 1。氮肥为尿素（含 N 46%），磷肥为钙镁磷肥（含 P₂O₅ 12%），钾肥为氯化钾（含 K₂O 60%），有机肥为新鲜猪粪（鲜猪粪的含水率为 70%，烘干猪粪的氮、磷、钾含量分别为 6.0g/kg、4.5g/kg、5.0g/kg）。磷肥、钾肥和有机肥在每季玉米播种前作基肥一次施用，氮肥 2/3 作基肥，1/3 在苗期追施。所有处理的玉米秸秆全部移除，根茬还田，其氮、磷、钾养分含量不计入总量。

试验地的玉米播种量为 45kg/hm²，种植密度为 50cm × 30cm，早玉米为 4 月中旬播种 7 月下旬收获，晚玉米为 8 月上旬播种 11 月上旬收获。小区玉米单收单晒单独测产，

在玉米收获前分区取样，进行考种和经济性状的测定，同时取植株分析样。植株的养分分析参考《土壤农业化学分析方法》。

表 27 – 1　进贤旱地长期施肥试验的肥料投入量

处　理	每季作物施肥量（kg/hm²）			
	N	P₂O₅	K₂O	鲜猪粪
CK	—	—	—	—
N	60	—	—	—
P	—	30	—	—
K	—	—	60	—
NP	60	30	—	—
NK	60	—	60	—
NPK	60	30	60	—
HNPK	120	60	120	—
NPKM	60	30	60	15 000
OM	—	—	—	15 000

每年在秋玉米收获后的 11 月中旬按 5 点采样法采集各处理小区 0～20cm 土层的土壤混合样品，样品于室内自然风干，磨细过 1mm 和 0.25mm 筛，装瓶保存备用。田间管理措施主要是除草和防治玉米病虫害。土壤 pH 值、有机质、全氮、速效磷和速效钾等的分析方法参见《土壤农业化学分析方法》（鲁如坤，2000）。

土壤样品分析方法按《土壤农化分析》（鲍士旦，2000）进行。文献未标注部分指标测定方法为：土壤有机质用重铬酸钾容量法；活性有机质用 KMnO₄ 常温氧化—比色法测定（徐明岗，2000；于荣，2005）；全氮用凯氏法测定；全磷用碱熔－钼锑抗比色法测定；全钾用 NaOH 熔融—火焰光度法测定；碱解氮用扩散法测定；有效磷用 Olsen 法测定；速效钾用 1mol/L NH₄OAC 浸提—火焰光度法。植株样品用 H₂SO₄–H₂O₂ 消化后，采用凯氏法测氮，采用钼锑抗比色法测磷，采用火焰光度法测钾。土壤微生物用固体平板法测定细菌、真菌、放线菌。土壤酶活性测定方法：过氧化氢酶活性用高锰酸钾滴定法、转化酶活性用硫代硫酸钠滴定、脲酶活性用靛酚盐比色法、磷酸酶活性用磷酸苯二钠比色法测定。

二、长期施肥玉米连作红壤旱地土壤有机质和氮、磷、钾的演变规律

（一）土壤有机碳的演变规律

1. 有机碳含量的变化特征

红壤旱地土壤有机碳含量受施肥措施的影响（徐明岗等，2006；卢萍等，2006）。单施或偏施化肥（N、P、K、NP、NK）处理，不利于土壤有机碳的积累，土壤有机碳含量呈现耗减的趋势（图 27 –1），连续施肥 27 年时，土壤有机碳含量从试验前的 9.39g/kg 下降到 7.98～9.18g/kg，下降幅度为 2.25%～14.98%。在 27 年的试验年期间，单施氮（N）、磷（P）和钾（K）的处理，土壤有机碳在试验开始时高于 CK，但

是，随着试验年限的延长，27 年时，N、P 和 K 处理的有机碳含量则与 CK 处理持平或稍高。偏施化肥的 NP 和 NK 处理，在 27 年时有机碳含量分别比 CK 增加 15.2% 和 19.4%。因此，红壤旱地土壤有机质的耗减速度为 CK > N、P、K > NP、NK。这与此前的多数研究结果基本一致，表明长期氮、磷、钾肥不平衡施用对土壤有机碳库的稳定具有负面影响，不利于土壤有机碳的固定。

化肥配合有机肥料可以提高土壤有机碳含量（刘晓利等，2009；Huang 等，2010）。本试验中，土壤有机碳含量在试验 27 年时呈现积累的趋势（图 27 - 1）。连续施肥 27 年，NPKM 和 OM 处理的土壤有机碳含量比试验前分别提高 24.07% 和 16.27%，NPK 和 HNPK 处理的土壤有机碳则比试验前分别降低了 2.60% 和 3.80%；在试验 27 年时，氮磷钾平衡施肥、单施有机肥以及有机肥无机肥配施的土壤有机碳显著高于 CK 处理（$p < 0.05$），其中 NPKM 处理的有机碳含量最高，增幅也最大。说明，在红壤旱地上，氮磷钾和有机肥配合施用是提升土壤有机碳的较好施肥措施，有利于红壤旱地土壤碳库的稳定和增加。

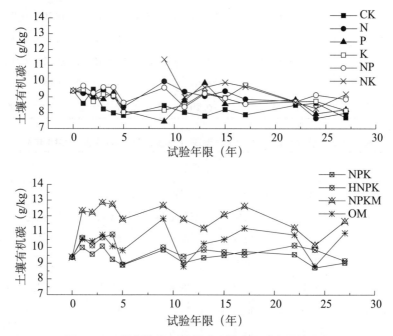

图 27 - 1 长期施肥红壤旱地土壤有机碳含量的变化

通过回归分析发现（表 27 - 2），27 年间土壤有机碳含量与施肥年限的关系不显著（$p > 0.05$），说明施肥年限的延长不会显著提高土壤有机碳含量。这可能与种植玉米对土壤养分的吸收和地力消耗有关。

2. 有机质的化学结构特征

长期施肥对土壤有机质化学结构特征会产生重要的影响（表 27 - 3）。与 CK 相比，单施氮肥（N）土壤有机质的烷基碳和碳水化合物碳含量下降，分别降低了 21.3% 和 7.6%；而芳基碳和羧基碳的含量增加，分别提高了 21.5% 和 24.5%。NPK、HNPK 处理的烷基碳和碳水化合物碳的含量也有所降低，但是降低幅度要小于单施氮肥（N）处理，而芳香碳和羧基碳的含量则增加。单施有机肥（OM）烷基碳含量增加，但是增加幅度较小，仅为 1.1%。由于烷基碳为脂肪族碳，由此说明施用有机肥增强了土壤有机质的脂肪族特性（Diana 等，2009）。OM 处理对芳香碳含量的影响较大，比 CK 处理下降了 9.3%。与 CK 相比，NPKM 处理的碳水化合物碳含量降低了 8.5%，芳香碳含量降低了 15.9%；羧基碳除 K 和 NP 处理与 CK 处理较接近外，其他各施肥处理均高于 CK。

表 27 - 2　土壤有机碳含量的变化及其与试验年限的线性回归

处　理	1986 年有机碳含量（g/kg）	2012 年有机碳含量（g/kg）	变化量（%）	回归方程	p	R^2	样本数（n）
CK	9.39	7.69	-18.10	$y = -0.026x + 8.62$	0.13	0.18	14
N	9.39	7.98	-15.02	$y = -0.043x + 9.44$	0.056	0.40	14
P	9.39	8.21	-12.57	$y = -0.029x + 9.05$	0.155	0.16	14
K	9.39	8.15	-13.21	$y = -0.016x + 9.03$	0.360	0.070	14
NP	9.39	8.86	-5.64	$y = -0.027x + 9.40$	0.045	0.29	14
NK	9.39	9.18	-2.24	$y = -0.050x + 10.22$	0.20	0.23	8
NPK	9.39	9.03	-3.83	$y = -0.019x + 9.64$	0.14	0.17	14
HNPK	9.39	9.15	-2.56	$y = -0.022x + 10.11$	0.22	0.12	14
NPKM	9.39	11.65	24.07	$y = -0.023x + 12.02$	0.48	0.043	14
OM	9.39	10.92	16.29	$y = 0.006\,2x + 10.23$	0.83	0.004	14

表 27 - 3　土壤有机质中不同类型碳（官能团碳）的分布（2010 年）　（单位:%）

处　理	化学位移范围						
	0~45ppm	45~60ppm	60~90ppm	90~110ppm	110~140ppm	140~160ppm	160~220ppm
	烷基碳	甲氧基碳	碳水化合物碳	双烷氧碳	芳基碳	酚基碳	羧基碳
CK	18.3	9.2	30.3	8.3	19.5	5.1	9.4
N	14.4	7.1	28.0	8.9	23.7	6.2	11.7
P	15.9	8.1	29.0	8.6	21.7	5.7	10.9
K	17.3	8.0	30.3	9.2	20.6	5.6	9.2
NP	18.2	7.7	30.2	8.9	20.1	5.4	9.5
NK	15.8	7.3	28.0	9.1	23.5	5.6	10.8
NPK	15.5	7.7	28.6	9.8	20.5	6.3	11.5
HNPK	16.6	7.5	29.0	9.8	20.5	6.0	10.6
NPKM	18.2	8.5	27.7	8.9	18.9	6.8	11.0
OM	18.5	9.0	29.2	9.6	16.4	6.0	11.3

3. 有机碳的周转速率特征

经过 59d 的室内好气培养，通过呼吸释放的 $CO_2 - C$ 的累积量原土（未分级的土壤）中达到 79.3~270.1mg/kg，微团聚体中为 94.3~358.3mg/kg，而粉黏粒中只有 58.8~205.9mg/kg。从表 27 - 4 可以看出，同一施肥处理中，不同土壤有机碳库的周转速率以及半衰期是不同的；而同一粒级土壤有机碳库中，不同施肥处理有机碳的周转速率以及半衰期也存在一定的差异。在原土中，与 CK 相比，OM 和 NPKM 处理的土壤呼吸释放的 $CO_2 - C$ 的累积量较高，并且其周转速率较大，相应的半衰期也较短（为 25～37a），其次为平衡施肥的 NPK、HNPK 处理，并且随着施肥量的增加，有机碳的周转速率加快，而单施化肥（N，P，K 处理）以及 NP、NK 处理的周转速率最慢，半衰期最长。在微团聚体中，与 CK 相比，也是有机肥处理（OM、NPKM）的周转速率最大，半衰期最短（18～28a）。除 HNPK 和 NK 处理外，其他施肥处理的周转速率均较慢，半衰期较长，其中 NPK 处理的周转速率最慢，半衰期最长，为有机肥处理的18～29 倍。在粉黏粒中 P 处理的周转速率最快，半衰其最短为 35a，K 处理次之，半衰期为 63a，CK 处理的周转速率最慢，半衰期最长，达 655a。

表 27－4　原土、微团聚体以及粉黏粒呼吸释放 $CO_2 - C$ 的累积量（$CO_2 - C_t$）及其半衰期（2010 年）

处　理	原土（<2 000μm）			微团聚体（53～250μm）			粉黏粒（<53μm）		
	$CO_2 - C_t$ （mg/kg）	$CO_2 - C_t$/SOC （%）	$t_{1/2}$ （a）	$CO_2 - C_t$ （mg/kg）	$CO_2 - C_t$/SOC （%）	$t_{1/2}$ （a）	$CO_2 - C_t$ （mg/kg）	$CO_2 - C_t$/SOC （%）	$t_{1/2}$ （a）
CK	79	0.99	53	94	2.04	278	59	1.86	655
N	85	0.97	80	96	1.95	119	62	2.53	218
P	84	0.95	200	110	2.39	80[1]	78	3.10	35
K	109	1.23	219	104	1.78	104	85	3.32	63
NP	132	1.49	225	109	1.79	197	86	3.87	94
NK	106	1.19	141	109	1.83	64	79	4.11	204
NPK	127	1.43	72	118	1.58	526	78	3.62	190
HNPK	138	1.56	39	147	2.47	50	83	3.46	113
NPKM	270	3.04	25	358	4.99	18	206	6.44	93
OM	203	2.28	37	287	4.20	28	163	5.08	91

注：SOC 表示土壤有机碳，$t_{1/2}$ 表示半衰期；由于 $p > 0.05$，故不参加讨论（n=3）

同一粒级的有机碳库中，土壤呼吸释放的 $CO_2 - C$ 的累积量占土壤有机碳的比例越大，相应的半衰期越短，呈指数下降趋势。此外，在不同粒级土壤中，无机肥处理（单施肥、施两种肥，以及平衡施肥）土壤呼吸释放的 $CO_2 - C$ 的累积量占土壤有机碳的比例仅为有机肥处理的 1/3～1/2，而相应的半衰期则是有机肥处理的 2～29 倍。

与对照相比，施用有机肥可显著提高土壤有机碳库的周转速率（34%～52%）（$p < 0.05$），从而促进各有机碳库的更新。单施肥或两种无机肥配施，土壤有机碳虽然只提高了 7%～20%，但是由于分解速率慢，半衰期延长了 1.5～2.4 倍。统计分析结果表明，原土碳的半衰期与原土中有机碳（SOC）和活性有机碳（LOC）无显著的相关性（$p > 0.05$），而与 LOC/TOC 之间的比值呈显著的正相关（$R = 0.66^*$，$p < 0.05$）。可见，有机碳的周转与其碳库的组成以及有机质的性质有关，

有关这部分还有待进一步探讨。施入周转速度较快的有机肥不仅可以为作物生长提供养分，而且使部分有机质在土壤中积累，提高土壤有机质含量。有机肥无机肥配合施用，对土壤呼吸具有促进作用，能显著提高土壤养分的有效性，改善土壤的供肥能力。

（二）土壤氮素的演变规律

1. 全氮含量的变化特征

不同施肥红壤旱地的土壤全氮变化不同，不同处理对土壤全氮含量的影响较大（图 27-2）。不施氮处理（CK、P、K）的土壤全氮含量在施肥 27 年时下降了1.14%~5.37%，且明显低于施氮处理。施氮肥有利于土壤氮素的稳定，N、NP、NK处理在 27 年时土壤全氮基本稳定或略有降低，与 CK 处理相比没有明显增加，这表明在红壤旱地上氮肥的不均衡施用对土壤全氮含量的贡献较小，这与段英华等（2010）的研究结果一致，氮肥不均衡施用不利于土壤氮素的积累和回收。

氮磷钾与有机肥配施（NPKM）和单施有机肥（OM）处理的土壤全氮含量始终高于 CK 处理，在施肥 27 年时，土壤全氮含量分别比 CK 处理增加了 30.9% 和26.6%，与试验前相比增幅也最高。而氮磷钾肥配施（NPK）或高倍氮磷钾肥配施（HNPK）处理的土壤全氮的增幅不明显，这可能与旱地玉米连作有关，两季玉米对氮的吸收消耗了大量的土壤氮素，再加上氮素的淋失（鲁如坤等，2000），使得土壤全氮难以积累。

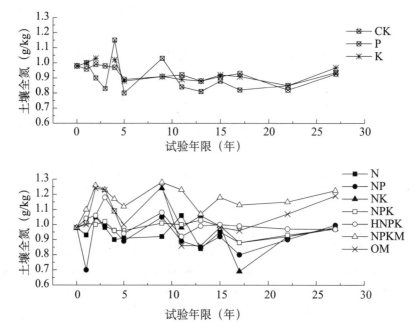

图 27-2　长期施肥红壤旱地土壤全氮含量的变化

在红壤旱地上，虽然 NPKM 和 OM 处理的土壤全氮含量在 27 年时明显增加，且显著高于 CK 处理（$p < 0.05$），但施肥年限的增加与土壤全氮不存在显著的相关关系（$p > 0.05$），说明土壤全氮的累积不会随着施肥年限的增加而增加，其规律与有机碳的变化基本吻合（表 27-5）。

表 27 - 5　红壤旱地土壤全氮含量的变化及其与试验年限的线性回归

处　理	1986 年全氮 含量（g/kg）	2012 年全氮 含量（g/kg）	变化量 （%）	回归方程	p	R^2	样本数 （n）
CK	0.98	0.94	-4.08	$y = -0.003\ 8x + 0.95$	0.30	0.095	13
N	0.98	0.98	0.00	$y = -0.001\ 3x + 0.96$	0.57	0.030	13
P	0.98	0.93	-5.10	$y = -0.003\ 8x + 0.97$	0.16	0.43	13
K	0.98	0.97	-1.02	$y = -0.008\ 0x + 1.062$	0.18	0.15	13
NP	0.98	1.00	2.04	$y = -0.000\ 40x + 0.93$	0.91	0.001 2	13
NK	0.98	0.97	-1.02	$y = -0.005\ 9x + 1.06$	0.44	0.10	8
NPK	0.98	0.97	-1.02	$y = -0.002\ 1x + 1.00$	0.14	0.19	13
HNPK	0.98	0.97	-1.02	$y = -0.003\ 8x + 1.05$	0.12	0.21	13
NPKM	0.98	1.23	25.51	$y = 0.001\ 9x + 1.14$	0.52	0.039	13
OM	0.98	1.19	21.43	$y = -0.001\ 0x + 1.06$	0.83	0.004 2	13

2. 碱解氮含量的变化特征

红壤旱地土壤碱解氮含量的变化与全氮不同。化肥单施或偏施（N、P、K、NP和 NK）处理，土壤碱解氮均稳中有升（图 27 - 3）。连续施肥 22 年时，N、P、K、NP 和 NK 处理的土壤碱解氮含量比试验前略有提高，其原因可能是试验前的土壤碱解氮含量比较低。在 22 年的试验期间，不施氮肥的处理（P 和 K），土壤碱解氮一直高于 CK，可能与作物根系分泌物活化土壤全氮的能力有关。化肥偏施（NP 和 NK）处理，在 22 年间土壤碱解氮含量分别比 CK 增加了 8.4% 和 36.5%，但是，在 22 年时，NP 和 NK 处理的土壤碱解氮基本保持稳定（78.5mg/kg）。反映出在红壤旱地上氮肥长期单施或偏施不仅肥料的利用率不高，而且也不利于土壤碱解氮的积累（王娟等，2010）。

氮磷钾化肥配施或其与有机肥合施可以提高土壤碱解氮含量（陈永安等，1999；王娟等，2010），土壤碱解氮呈现积累的趋势（图 27 - 3）。连续施肥 22 年，NPK、HNPK、NPKM 和 OM 处理的土壤碱解氮含量比试验前分别提高了 28.9%、45.0%、60.4% 和 50.1%，比 CK 处理分别提高了 23.0%、15.9%、44.9% 和 22.7%，其中NPKM 处理的增幅显著高于 NPK、HNPK 和 OM 处理（$p < 0.05$）。说明在红壤旱地上，增施有机肥有利于土壤碱解氮的保蓄。

在长期不同肥料配施条件下，红壤旱地的土壤碱解氮含量均表现出增加趋势（表 27 - 3）。在所有施氮肥处理中，除了 NP 处理增幅低于不施氮肥（36.03%）之外，其余所有施氮处理的的碱解氮含量的增幅为 51.64% ~ 64.74%，均高于不施氮处理，且以有机肥无机肥配施处理的增幅最大。表明施用氮肥尤其是有机无机肥配施可以提高土壤碱解氮的供应能力。

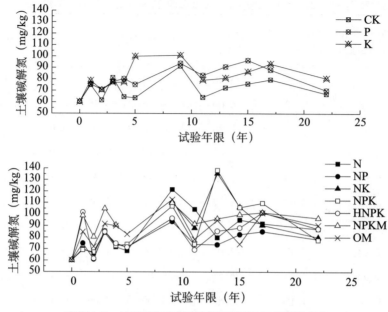

图 27 - 3　长期施肥红壤旱地土壤碱解氮含量的变化

表 27 - 6　红壤旱地土壤碱解氮含量的变化及其与试验年限的线性回归

处　　理	1986 年碱解氮含量（g/kg）	2012 年碱解氮含量（g/kg）	变化量（%）	回归方程	p	R^2	样本数（n）
CK	60.30	74.22	23.08	$y = 0.313\ 2x + 68.724$	0.463 7	0.054 9	12
N	60.30	91.44	51.64	$y = 1.377\ 7x + 71.668$	0.064 1	0.302 1	12
P	60.30	84.92	40.83	$y = 0.710\ 7x + 74.162$	0.123 9	0.220 1	12
K	60.30	86.77	43.90	$y = 0.671\ 3x + 76.35$	0.186 1	0.167 7	12
NP	60.30	82.03	36.04	$y = 0.644\ 3x + 70.753$	0.122 8	0.221 2	12
NK	60.30	92.30	53.07	$y = 0.961\ 4x + 83.978$	0.549 3	0.076 1	7
NPK	60.30	97.77	62.14	$y = 1.807\ 8x + 71.428$	0.062 0	0.306 1	12
HNPK	60.30	92.46	53.33	$y = 0.891\ 1x + 74.375$	0.152 4	0.193 5	12
NPKM	60.30	99.34	64.74	$y = 0.335\ 9x + 96.97$	0.765 4	0.009 3	12
OM	60.30	88.69	47.08	$y = 0.770\ 1x + 79.582$	0.207 7	0.153 6	12

（三）土壤磷素的演变规律

1. 全磷含量的变化特征

红壤旱地的土壤全磷含量受施磷量和施用方法的共同影响。磷肥单施或偏施（P 和 NP）处理，虽然对土壤全磷积累有所贡献，但增幅较小（图 27 - 4），连续施肥 27 年时，P 和 NP 处理的土壤全磷含量比试验前略有提高。随着试验年限的延长，不施磷肥处理（N、K 和 NK）的土壤全磷含量逐渐稳定，施肥 27 年时，N 和 K 处理的全磷含量与 CK 持平或稍高，NP 处理比 CK 增加了 31.1%（$p < 0.05$）。于天一等（2010）研究认为，长期不施磷肥、只施氮钾肥可导致土壤全磷和有效磷含量降低，

表现为土壤氮磷钾养分的比例严重失衡，从而严重制约了土壤肥力和作物产量的提高。

　　氮磷钾配施或施有机肥料可以持续快速地提高土壤全磷含量，土壤全磷呈现明显的积累趋势（图27-4）。连续施肥27年时，NPK、HNPK、NPKM和OM处理的土壤全磷含量比试验前提高12.24%～195.82%，尤其以有机肥无机肥配施的处理（NPKM）增幅最大，土壤全磷含量达到1.83g/kg，比CK提高了193.4%。全磷含量与试验前土壤相比的增幅表现为NPKM>OM>HNPK>NPK、NP、P。王伯仁等（2002）也认为磷肥和有机肥配合施用能明显提高土壤全磷含量，有机无机肥配施可以显著提高红壤磷的有效性和肥料磷的利用率。

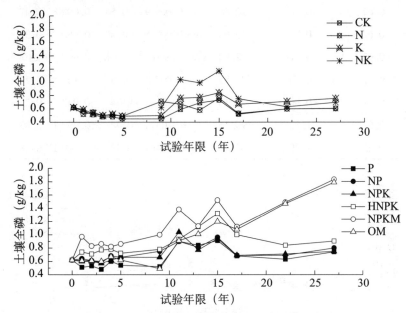

图27-4　长期施肥红壤旱地土壤全磷含量的变化

　　红壤旱地土壤全磷与试验年限的关系，通过回归分析可以发现（表27-7），NPKM和OM处理的全磷含量与施肥年限显著相关（$p < 0.000\ 1$），其随施肥年限的增加而增加，土壤全磷年均增速分别为0.037 4g/kg和0.043 6g/kg。HNPK处理的全磷含量与施肥年限的相关系也达到了显著水平（$p < 0.05$），而其他处理的土壤全磷含量与施肥年限之间的相关性不显著。

　　2. 有效磷含量的变化特征

　　红壤旱地土壤的磷素最为缺乏，因此施用磷肥对提高作物产量的效果最好（孔宏敏等，2004）。红壤旱地土壤有效磷含量与施磷量的关系密切。磷肥单施或偏施处理（P和NP），土壤有效磷含量基本在试验前的水平波动（图27-5）。不施磷肥处理（N、K和NK），由于对土壤磷的长期耗竭，有效磷含量逐渐降低，在试验22年时，有效磷含量均低于试验前水平。氮磷钾配施以及其与有机肥配施和有机肥单施的处理，土壤有效磷含量大幅度提高（图27-5）。连续施肥22年时，NPK、HNPK、NPKM和OM处理的土壤有效磷含量比试验前分别提高了122.6%、212.9%、436.4%和422.5%，比CK处理分别增加280.2%、558.9%、1 012.9%和853.0%，其中NPKM处理的增幅显著高于NPK、HNPK和OM处理（$p < 0.05$）。因此，从提高磷素利用率，

降低磷肥使用的环境风险来看，应提倡磷肥与氮、钾肥和有机肥配合施用（王伯仁等，2002）。

表 27 – 7　土壤全磷变化量及其与试验年限的线性回归

处　　理	1986 年全磷含量（g/kg）	2012 年全磷含量（g/kg）	变化量（%）	回归方程	p	R^2	样本数（n）
CK	0.62	0.61	-1.61	$y = 0.004\ 3x + 0.52$	0.17	0.17	13
N	0.62	0.60	-3.23	$y = 0.003\ 4x + 0.55$	0.25	0.12	13
P	0.62	0.74	19.35	$y = -0.034x + 1.36$	0.056	0.050	13
K	0.62	0.76	22.58	$y = 0.009\ 9x + 0.54$	0.009 8	0.47	13
NP	0.62	0.80	29.03	$y = 0.007\ 5x + 0.65$	0.050	0.30	13
NK	0.62	0.70	12.90	$y = -3 \times 10^{-5}x + 0.81$	0.99	9×10^{-7}	8
NPK	0.62	0.75	20.97	$y = 0.007\ 8x + 0.63$	0.10	0.23	13
HNPK	0.62	0.90	45.16	$y = 0.013x + 0.74$	0.042	0.32	13
NPKM	0.62	1.83	195.16	$y = 0.037x + 0.74$	<0.000 1	0.83	13
OM	0.62	1.79	188.71	$y = 0.044x + 0.47$	<0.000 1	0.88	13

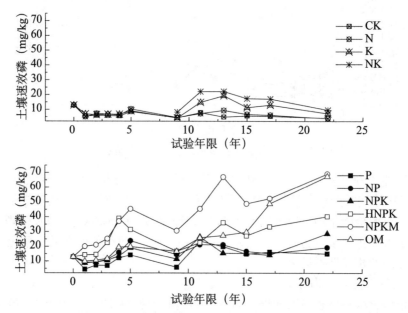

图 27 – 5　长期施肥红壤旱地土壤有效磷含量的变化

红壤旱地土壤有效磷的变化见表 27 – 8，施用磷肥处理的土壤有效磷含量均表现出增加趋势，而不施磷肥处理的有效磷含量则显著降低（$p < 0.05$）。高倍氮磷钾肥（HNPK）、有机无机肥配施（NPKM）和单施有机肥（OM）处理的土壤有效磷含量比试验前显著提高（$p < 0.05$），增幅分别为 161%、341% 和 277%，且表现出随施肥年限的增加而增加（$p < 0.05$），年均增加量分别为 0.920 5mg/kg、2.275 3mg/kg 和 2.229 2mg/kg。NPK、NP 和 P 处理的增幅相对较小，分别为 50.62%、32.40% 和 19.53%。

表 27 – 8　土壤有效磷变化量及其与试验年限的线性回归

处　　理	1986 年有效磷含量（mg/kg）	2007 年有效磷含量（mg/kg）	变化量（%）	回归方程	p	R^2	样本数（n）
CK	12.90	5.11	−60.4	$y = −0.17x + 7.86$	0.097	0.25	12
N	12.90	5.64	−56.3	$y = −0.15x + 8.51$	0.18	0.17	12
P	12.90	15.42	19.5	$y = 0.46x + 8.88$	0.056	0.32	12
K	12.90	10.54	−18.3	$y = 0.19x + 8.30$	0.33	0.094	12
NP	12.90	17.08	32.4	$y = 0.36x + 12.80$	0.077	0.28	12
NK	12.90	14.72	14.1	$y = 0.027x + 15.33$	0.94	0.0011	7
NPK	12.90	19.43	50.6	$y = 0.59x + 10.48$	0.020	0.43	12
HNPK	12.90	33.67	161.0	$y = 0.92x + 18.11$	0.022	0.42	12
NPKM	12.90	56.87	340.9	$y = 2.28x + 20.30$	0.0001	0.78	12
OM	12.90	48.70	277.5	$y = 2.23x + 6.11$	<0.0001	0.84	12

（四）土壤钾素的演变规律

1. 全钾含量的变化特征

在红壤旱地上，所有处理的土壤全钾在 22 年间均表现基本持平或有亏缺状态，但在 22 年时则表现明显提高（图 27 – 6），提高幅度在 25.68%～45.56%，其中以有机肥无机肥配施的增幅最高，其原因有待进一步观测。说明有机肥无机肥配施有利于土壤全钾的累积（王小兵等，2011），而其他不均衡施肥和氮磷钾肥配施土壤全钾的累积幅度均较小。

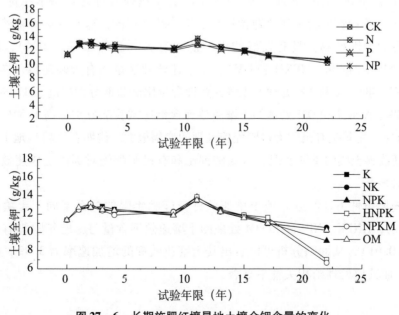

图 27 – 6　长期施肥红壤旱地土壤全钾含量的变化

在本试验中，除了 N、P、NPKM 三个处理的土壤全钾与施肥年限的相关性达到了显著水平（$p < 0.05$）之外，其他处理的土壤全钾与施肥年限的相关性不显著（表 27-9），$p > 0.01$，表明施肥年限的增加与土壤全钾的关系复杂，受不同施肥措施的影响较大。

表 27-9　土壤全钾变化量及其与试验年限的线性回归

处理	1986 年含量（g/kg）	2007 含量（g/kg）	含量变化（%）	回归方程	P	R^2	样本数（n）
CK	11.36	10.09	-11.18	$y = -0.076x + 12.89$	0.079	0.30	13
N	11.36	10.48	-7.75	$y = -0.069x + 12.72$	0.034	0.41	13
P	11.36	10.58	-6.87	$y = -0.067x + 12.63$	0.040	0.39	13
K	11.36	10.24	-9.86	$y = -0.070x + 12.70$	0.075	0.31	13
NP	11.36	10.63	-6.43	$y = -0.062x + 12.75$	0.10	0.27	13
NK	11.36	10.53	-7.31	$y = -0.045x + 12.51$	0.52	0.085	8
NPK	11.36	9.10	-19.89	$y = -0.099x + 12.88$	0.060	0.34	13
HNPK	11.36	7.01	-38.29	$y = -0.13x + 13.06$	0.069	0.32	13
NPKM	11.36	6.67	-41.29	$y = -0.15x + 13.05$	0.043	0.38	13
OM	11.36	10.24	-9.86	$y = -0.073x + 12.66$	0.063	0.33	13

2. 速效钾含量的变化特征

红壤旱地土壤速效钾含量与是否施用钾肥存在密切关系（王伯仁等，2008；王小兵等，2011）。不施钾肥的处理（N、P 和 NP），土壤速效钾含量基本稳定（图 27-7），22 年时，不施钾肥土壤速效钾含量与试验前基本相同，这与红壤钾素养分的自然供给源是各种含钾矿物，具有较好的供钾能力有关（孔宏敏等，2004）；施钾处理（K、NK、NPK、HNPK、NPKM 和 OM），土壤速效钾含量均有大幅提高（图 27-7）。连续施肥 22 年时，K 和 NK 处理的土壤速效钾含量比试验前分别提高了 123% 和 22%。NPK、HNPK、NPKM 和 OM 处理的土壤速效钾含量比试验前分别提高了 34%、165%、132% 和 31%，尤其是有机肥无机肥配施处理的增幅最大。说明在红壤旱地上，施钾肥可以较好地改善土壤的供钾状况，且氮磷钾肥和有机肥配施对提高土壤速效钾的供应能力效果最显著。

不同施肥条件下，红壤旱地土壤速效钾与施肥年限的关系不同于土壤全钾，表 27-10 显示，HNPK、NPKM 和 OM 处理的土壤速效钾含量与施肥年限具有显著的相关性（$p < 0.01$），从回归分析可以看出其土壤速效钾的增加速率为 3.99 ~ 11.10mg/（kg·a），而其他处理则相关性不显著。

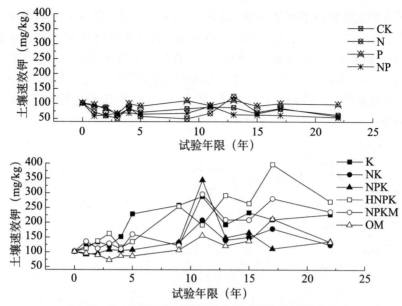

图 27 - 7　长期施肥红壤旱地土壤速效钾含量的变化

表 27 - 10　土壤速效钾变化量及其与试验年限的线性回归

处　理	1986 年速效钾含量（mg/kg）	2007 年速效钾含量（mg/kg）	变化量（%）	回归方程	p	R^2	样本数（n）
CK	102	63.32	-0.38	$y = -0.78x + 87.55$	0.13	0.21	13
N	102	57.98	-0.43	$y = 0.10x + 73.04$	0.92	0.001 1	13
P	102	97.99	-0.04	$y = 0.57x + 90.55$	0.29	0.11	13
K	102	227.40	1.23	$y = 5.92x + 138.61$	0.014	0.47	13
NP	102	54.65	-0.46	$y = -0.72x + 75.08$	0.24	0.14	13
NK	102	124.70	0.22	$y = 1.60x + 128.14$	0.50	0.098	8
NPK	102	136.70	0.34	$y = 3.31x + 109.36$	0.28	0.12	13
HNPK	102	270.70	1.65	$y = 11.10x + 108.57$	0.000 4	0.74	13
NPKM	102	236.70	1.32	$y = 7.73x + 109.59$	0.001 8	0.64	13
OM	102	134.00	0.31	$y = 3.99x + 83.19$	0.006 5	0.54	13

三、长期施肥玉米连作红壤其他理化性质的变化

（一）土壤 pH 值的变化特征

在红壤旱地上，长期施肥可以显著影响土壤的 pH 值。化肥单施或偏施（N、P、K、NP 和 NK）处理，土壤 pH 值呈现急剧下降的趋势（图 27 - 8），连续施肥 27 年时，N、P、K、NP 和 NK 的土壤 pH 值比试验前分别下降了 1.77、0.55、0.85、1.13 和 1.29。单施氮的处理，土壤 pH 值比 CK 明显降低。红壤旱地土壤 pH 值的降低幅度为单施氮肥＞不施肥＞化肥偏施（NP 和 NK）处理，表明不合理施肥将加剧红壤旱地土壤的酸化（王伯仁等，2005）。

　　化肥与有机肥配施或有机肥单施可以维持土壤 pH 值的稳定。连续施肥 27 年时，土壤 pH 值与试验前持平或略有提高，NPKM 和 OM 处理的 pH 值分别比试验前增加 0.12 和 0.35，显著高于 CK 处理（$p < 0.05$），而氮磷钾肥配施的土壤 pH 值则显著降低（$p < 0.05$）。说明在红壤旱地上，施用氮磷钾化肥可降低土壤 pH 值，使土壤酸化加剧，而施用有机肥则可以维持和提高土壤 pH 值，是阻控红壤酸化的较好施肥措施（王伯仁等，2005）。

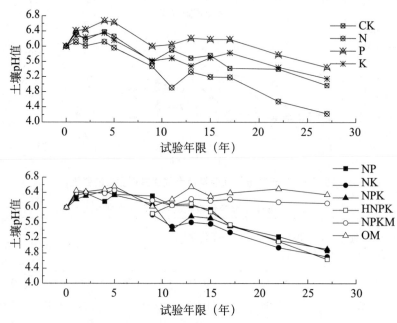

图 27 - 8　长期施肥红壤旱地土壤 pH 值的变化

　　在红壤旱地上，施用化肥可以导致土壤酸化，从表 27 - 11 可以看出，土壤 pH 值与施肥年限存在显著的相关性（$p < 0.001$），回归分析结果显示，土壤 pH 值每年下降 0.02 ~ 0.07。而 NPKM 和 OM 处理的土壤 pH 值与施肥年限的相关性不显著（$p > 0.05$）。

表 27 - 11　土壤 pH 值变化量及其与试验年限的线性回归

处　　理	1986 年 pH 值	2012 年 pH 值	pH 值变化量	回归方程	p	R^2	样本数（n）
CK	6.0	4.97	− 1.03	$y = -0.046x + 6.31$	< 0.000 1	0.83	12
N	6.0	4.23	− 1.77	$y = -0.071x + 6.16$	< 0.000 1	0.91	12
P	6.0	5.45	− 0.55	$y = -0.030x + 6.48$	0.005 8	0.55	12
K	6.0	5.15	− 0.85	$y = -0.038x + 6.23$	0.000 2	0.76	12
NP	6.0	4.87	− 1.13	$y = -0.049x + 6.45$	0.000 1	0.78	12
NK	6.0	4.71	− 1.29	$y = -0.050x + 6.15$	0.000 2	0.92	8
NPK	6.0	4.91	− 1.09	$y = -0.052x + 6.37$	< 0.000 1	0.82	12
HNPK	6.0	4.64	− 1.36	$y = -0.053x + 6.41$	0.011	0.69	8
NPKM	6.0	6.12	0.12	$y = -0.007 1x + 6.30$	0.17	0.18	12
OM	6.0	6.35	0.35	$y = 0.003 3x + 6.32$	0.63	0.024	12

（二）土壤容重的变化

经过 22 年的长期定位施肥，单施磷肥的土壤容重最高，而 K 和 NPKM 处理的容重较低，其他处理则差异不显著。在试验的 27 年时，0～20cm 土层的土壤容重表现为 CK 处理最低，NP 处理最高，而 20～40cm 土层则 NP 处理最低，OM 处理最高。这一结果表明，在红壤旱地上，土壤容重的变化没有明显的规律性，不同施肥措施对土壤容重的影响较小，这与李成亮等（2004）和姜灿烂等（2010）的研究结果不同，可能与试验条件或取样时间有关。

比较 2009 年和 2013 年红壤旱地的土壤容重（表 27-12）发现，与 2009 年相比，2013 年各处理的土壤容重增加了 19.13%～34.23%。各处理土壤容重的增加速率为 0.06～0.10g/（cm³·a）。这可能与 2013 年该地区长期干旱而导致的土壤板结有关。

表 27-12 土壤容重的变化

处 理	2009 年容重（g/cm³）	2013 年容重（g/cm³）	变化量（%）	年均增量 [g/（cm³·a）]
CK	1.15	1.37	19.13	0.06
N	1.11	1.49	34.23	0.10
P	1.2	1.51	25.83	0.08
K	1.08	1.41	30.56	0.08
NP	1.18	1.52	28.81	0.09
NK	1.17	1.41	20.51	0.06
NPK	1.15	1.41	22.61	0.07
HNPK	1.12	1.39	24.11	0.07
NPKM	1.09	1.46	33.94	0.09
OM	1.18	1.42	20.34	0.06

四、长期施肥玉米连作红壤旱地土壤微生物和酶活性特征

（一）红壤旱地土壤微生物量碳和氮

土壤微生物量碳（MBC）是土壤碳周转及储备库，也是土壤有效碳的重要来源，是评价土壤微生物参与土壤中碳转化循环能力的重要指标（俞慎等，1999）。土壤微生物量氮（MBN）主要包括一些极易分解的含氮化合物，如蛋白质、多肽、氨基酸和核酸等，这些化合物有的可被植物直接吸收利用，因此土壤微生物量氮是土壤活性氮重要的"库"和"源"。长期不同施肥对土壤微生物量的大小具有显著影响，从表 27-13 可以看出，单施化肥处理土壤的微生物量含量较低，微生物量碳、氮的平均值分别为 182.13mg/kg 和 14.78mg/kg，郑勇等（2008）的研究也证实了这一结论。而施用有机肥则显著提高了土壤微生物生物量（$p < 0.05$），其中 NPKM 处理土壤的微生物量碳、氮最高，分别为 361.87mg/kg 和 39.17mg/kg，OM 处理次之，分别是 326.88mg/kg 和 37.56mg/kg。在所有施化肥的处理中，N 处理土壤的 MBC 和 MBN 最

低，K 处理次之，而 HNPK 处理最高，其显著高于对照和其他化肥处理（$p < 0.05$），而有机肥处理的土壤微生物量又显著高于 HNPK 处理，主要原因可能是长期高量氮磷钾平衡施肥（HNPK）特别是施用有机肥，不仅可以通过增加作物产量，提高残茬返还和根系分泌物的量而增加土壤有机质，提供微生物必需的能量和碳源底物，而且可以改善土壤微环境，创造适宜微生物生长的生境，有利于微生物生物量的增加（张继光等，2010）。

表 27-13　长期施肥红壤旱地土壤微生物量（2010 年）

处　理	微生物量碳（mg/kg）	微生物量氮（mg/kg）
CK	100. 57e	7. 35e
N	103. 15e	7. 17e
P	150. 34d	11. 56d
K	139. 15de	9. 43de
NP	221. 26c	16. 78c
NK	173. 75d	15. 73c
NPK	217. 67c	18. 93c
HNPK	269. 60b	23. 85b
NPKM	361. 87a	39. 17a
OM	326. 88a	37. 56a

注：同列数据后不同字母表示处理间差异达 5% 显著水平

（二）红壤旱地土壤酶活性

长期不同施肥对红壤旱地土壤转化酶、脱氢酶、脲酶和酸性磷酸酶活性的影响如图 27-9 所示。从图可以看出，不同施肥处理土壤 4 种酶活性均表现出较大差异。研究结果表明，土壤转化酶活性为 6. 43 ~ 11. 58mg/(g·24h)，平均 8. 56mg/(g·24h)，其中，施用有机肥处理的处理（NPKM 和 OM）土壤转化酶活性最高，HNPK 次之，但与有机肥处理（OM）的差异不显著（图 27-9）。

土壤脱氢酶活性变幅较大，为 0. 011 ~ 1. 92mg/(g·24h)，N 和 NK 处理的脱氢酶活性最小，而施有机肥处理的脱氢酶活性最高，均值为 1. 91mg/(g·24h)，P 处理次之，仅为 0. 41mg/(g·24h)。此外，不同施肥处理也显著影响土壤脲酶活性，脲酶活性的变化在 361. 85 ~ 778. 06mg/(g·24h)，施有机肥处理的土壤脲酶活性最高，均值为 763. 02mg/(g·24h)，HNPK 处理次之，为 636. 18mg/(g·24h)，其他处理脲酶活性相对较小且彼此之间差异不显著（图 27-9）。

同样，不同施肥处理对土壤酸性磷酸酶活性也有显著影响，各施肥处理的土壤磷酸酶活性为 1. 32 ~ 2. 49mg/(g·24h)，其中施有机肥的处理土壤磷酸酶活性最高，平均 2. 49mg/(g·24h)。HNPK、NPK、NK 和 N 处理次之，而 CK、P、K、NP 处理最低，其中有机肥处理的土壤磷酸酶活性约是所有化肥处理的 1. 5 倍（图 27-9）。

总之，在红壤旱地长期定位试验中，与不施肥和单施化肥相比，施用有机肥能明显提高土壤转化酶、脱氢酶、脲酶和酸性磷酸酶的活性（张继光等，2010）。

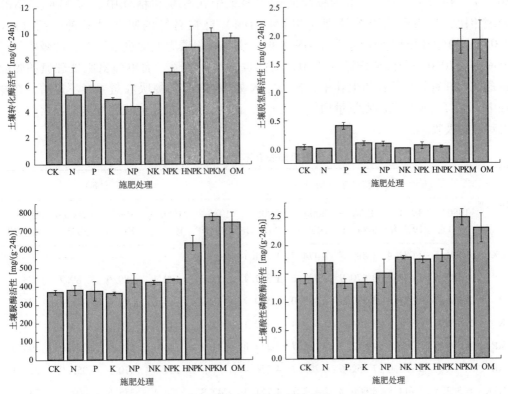

图 27 - 9　长期施肥红壤旱地土壤酶活性 （2010 年）

五、作物产量对长期施肥的响应

由表 27 - 13 可以看出，长期不同施肥处理对玉米平均年产量有显著影响，各时间段大多表现出 NPKM 处理最高，CK 处理最低。不同施化肥处理对玉米产量的影响不同，5 年平均玉米产量均表现为 NPK、HNPK > NP、NK > N、P、K > CK。各处理的增产率也表现出相似的规律。

（一）作物产量对长期施氮的响应

在红壤旱地上，长期施用氮肥对玉米年产量的影响较大（孔宏敏等，2004；颜雄等，2013）。表 27 - 14 显示，与 CK 处理相比，在试验开始之后的 10 年间，单施氮肥处理的玉米年产量显著较高（$p < 0.05$），年均比 CK 高 124%；而以后这种增产趋势慢慢减少，15 年时的玉米年产量平均比 CK 高 89.0%；在 20 年时，单施氮肥处理的玉米产量急剧下降，几乎与不施肥处理相当；单施磷肥和钾肥的产量规律与氮肥不太一致，其增产率表现出先增加后降低的趋势，这可能与磷肥和钾肥的肥效有关，但是从长期来看，单施磷肥和钾肥不利于作物产量的持续提高。长期氮磷钾肥配合施用或与有机肥配合，玉米产量则保持较高的水平，比 CK 增加 3 ~ 6 倍。表明在红壤旱地上，单施氮肥在短期内可以显著提高玉米产量，但是长期效果则不明显，而氮磷钾配合施用和有机肥无机肥配施则可以持续增加玉米产量。

长期不同施肥对玉米各器官的吸氮量和比例如表 27 - 14 所示。从表 27 - 15 可以看出，籽粒的吸氮量占总吸收氮量的 41.8% ~ 61.3%，秸秆的吸氮比例为

30.3% ~48.4%，因此，玉米吸收的氮主要集中在籽粒和秸秆中。与 NPK、HNPK 处理相比，施用有机肥的处理（NPKM、OM）籽粒对氮的吸收量显著提高（$p <$ 0.05），NP 处理的氮吸收量大于 NK 处理，说明施用磷肥能促进玉米对氮的吸收。于天一等（2010）和段英华等（2010）对此也有类似报道。而单施氮肥处理氮的吸收量最低。在籽粒、秸秆和根茬中，N、P、K 处理与 CK 的氮吸收量差异不显著，在穗轴中，N、P、K 处理的吸氮量均低于比 CK，说明施用有机肥或化肥配施能显著促进作物对氮的吸收。

表 27－14　红壤旱地长期不同施肥作物产量的变化

处理	五年平均籽粒产量（kg/hm²）					增产率（%）				
	1986—1990年	1990—1995年	1996—2000年	2000—2005年	2005—2010年	1986—1990年	1990—1995年	1996—2000年	2000—2005年	2005—2010年
CK	1 901.5	2 081.4	1 889.7	1 474.5	1 091.1	—	—	—	—	—
N	4 282.5	4 622.1	3 570.9	2 797.6	1 351.1	125.3	122.1	89.0	89.7	23.8
P	2 565.0	2 992.8	3 390.9	2 085.0	1 589.7	35.0	43.8	79.4	41.4	45.7
K	2 565.0	2 971.8	4 134.0	2 559.4	1 799.1	35.0	42.8	118.8	73.6	64.9
NP	4 593.0	5 080.5	4 812.9	5 125.7	3 214.8	141.7	144.1	154.7	247.6	194.6
NK	—	6 750.0	7 752.6	6 709.7	4 136.4	—	224.3	310.3	355.0	279.1
NPK	6 523.5	7 744.8	8 606.7	7 477.7	4 771.3	243.3	272.1	355.5	407.1	337.3
HNPK	8 493.0	10 030.2	11 513.4	10 756.8	7 459.5	346.9	381.9	509.3	629.5	583.7
NPKM	7 642.5	8 922.3	11 860.2	10 663.7	9 611.6	302.1	328.7	527.6	623.2	780.9
OM	—	4 104.0	7 962.6	7 690.7	7 382.0	—	97.2	321.4	421.6	576.6

表 27－15　长期施肥对玉米各器官吸氮量的影响（2012 年早玉米）

处理	籽粒 吸氮量（kg/hm²）	比例（%）	穗轴 吸氮量（kg/hm²）	比例（%）	秸秆 吸氮量（kg/hm²）	比例（%）	根茬 吸氮量（kg/hm²）	比例（%）	总吸收量（kg/hm²）
CK	15.27cd	54.6	2.33de	8.3	9.40fg	33.6	0.97de	3.5	27.97de
N	4.02d	41.0	0.54f	5.7	4.55g	47.4	0.48e	5.0	9.58e
P	17.19cd	52.8	1.74ef	5.3	12.29efg	37.7	1.34de	4.1	32.57de
K	14.06cd	41.8	2.08e	6.2	16.29efg	48.4	1.23de	3.6	33.65de
NP	34.22bc	50.5	3.74cd	5.5	27.02cde	39.8	2.83bc	4.2	67.81bc
NK	26.61bc	51.6	2.63de	5.1	20.35def	39.4	1.98cd	3.8	51.60cd
NPK	45.33b	52.8	4.51c	5.3	32.55bcd	37.9	3.46ab	4.0	86.88b
HNPK	48.03b	49.0	6.46b	6.6	40.24bc	41.1	3.29abc	3.3	98.01b
NPKM	97.74a	58.6	8.09a	4.9	56.70a	34.0	4.32a	2.6	166.85a
OM	87.63a	61.3	8.47a	5.9	43.37ab	30.3	3.58ab	2.5	143.05a

注：同列数据后不同字母表示处理间差异达 5% 显著水平

进一步分析玉米吸氮量和籽粒产量的关系（图 27 - 10）发现，玉米吸氮量与籽粒产量呈显著的线性关系，相关方程为 $y = 198.99 + 43.54x$（$p < 0.000\,1$），说明增加玉米的吸氮量可以显著提高籽粒产量，当吸氮量增加 $1kg/hm^2$ 时，籽粒产量可以提高 $43.54kg/hm^2$。

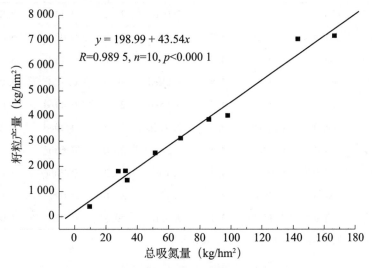

图 27 - 10　玉米吸氮量与籽粒产量的关系（2012 年早玉米）

（二）作物产量对长期施磷的响应

在红壤旱地上，与 CK 处理相比，单施磷肥处理的玉米年产量没有显著增加（表 27 - 16）。磷肥与氮、钾肥长期配合施用，玉米产量增加明显，在试验开始之后的 20 年间，NPK 处理的玉米产量比 CK 平均增加 3.5 倍，比 P 处理平均增加 2.2 倍，但是试验开始后的 20 年时，NPK 处理的玉米产量有所降低；磷肥与氮、钾肥及有机肥配合施用，玉米产量进一步提高，且产量的稳定性进一步增强。表明在红壤旱地上，单施磷肥玉米产量不会显著提高，只有磷肥与氮、钾或有机肥配合施用，才能使玉米产量持续增加。

表 27 - 16 还表明，玉米籽粒对磷的吸收比例达到了 61.8% ~ 73.9%，玉米对磷的吸收主要集中在籽粒中，因此应重视玉米籽实形成期的磷素营养管理。与 NPK 相比，NP、NK 处理根茬的吸磷量差异不显著；与 CK 相比，N、P、K、NP 和 NK 处理的根茬吸磷量差异不显著，说明只有均衡施肥和施用有机肥能显著促进玉米根茬对磷的吸收。从总吸收量来看，施用有机肥的 NPKM 和 OM 处理比 CK 分别提高了 8.4 倍和 6.5 倍。

进一步分析玉米吸磷量和籽粒产量的关系，从图 27 - 11 可以看出，玉米吸磷量与籽粒产量呈显著的线性关系，相关方程为 $y = 951.58 + 150.80x$（$p < 0.000\,1$），说明增加玉米的吸磷量可以显著提高籽粒产量，当吸磷量增加 $1kg/hm^2$ 时，籽粒产量可以提高 $150.80kg/hm^2$。

表 27 - 16　长期施肥对玉米各器官吸磷量的影响（2012 年早玉米）

| 处　理 | 籽　粒 | | 穗　轴 | | 秸　秆 | | 根　茬 | | 总吸收量 (kg/hm²) |
	吸磷量 (kg/hm²)	比例 (%)	吸磷量 (kg/hm²)	比例 (%)	吸磷量 (kg/hm²)	比例 (%)	吸磷量 (kg/hm²)	比例 (%)	
CK	3.45cd	70.4	0.23fg	4.6	1.09ef	22.2	0.14d	2.8	4.90ef
N	0.94d	64.9	0.05g	3.3	0.39f	26.7	0.07d	5.0	1.45f
P	4.17cd	68.2	0.24fg	4.0	1.51ef	24.8	0.18d	3.1	6.10ef
K	2.60d	61.8	0.16fg	3.8	1.29cd	30.5	0.17d	4.0	4.21f
NP	7.63bcd	62.9	0.57de	4.7	3.45cd	28.1	0.49cd	4.0	12.15de
NK	6.12cd	66.9	0.33ef	3.6	2.41de	26.3	0.29cd	3.2	9.15def
NPK	10.44bc	64.4	0.74ed	4.5	4.38c	27.0	0.66bc	4.1	16.21cd
HNPK	13.79b	67.0	0.90bc	4.4	5.19c	25.2	0.70bc	3.4	20.58c
NPKM	30.21a	65.3	1.20a	2.6	12.77a	27.6	2.09a	4.5	46.27a
OM	27.34a	73.9	1.15ab	3.1	7.52b	20.3	0.97b	2.6	36.98b

注：同列数据后不同字母表示处理间差异达 5% 显著水平

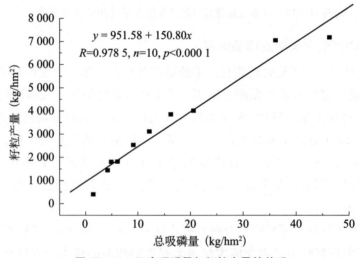

$y = 951.58 + 150.80x$
$R = 0.9785, n = 10, p < 0.0001$

图 27 - 11　玉米吸磷量与籽粒产量的关系

（三）作物产量对长期施钾的响应

在红壤旱地上，长期施用钾肥对玉米年产量的影响较大，表 27 - 16 显示，与 CK 处理相比，单施钾肥处理的玉米年产量没有显著增加。当钾肥与氮、磷肥配合施用，玉米产量则明显提高，在试验开始之后的 20 年间，NPK 处理的玉米产量比 CK 平均增加了 3.5 倍，比 K 处理平均增加 2.1 倍；磷肥与氮、钾肥及有机肥配合施用，玉米产量会进一步提高，且产量的稳定性进一步增强。表明在红壤旱地上，仅单施钾肥对玉米产量的提高效果不明显，只有钾肥与氮、磷肥配合施用以及与有机肥配合，才可以持续增加玉米产量。因此在红壤旱地上，要维持玉米的高产，钾肥应与氮、磷肥以及有机肥配合施用。

从表 27 - 17 还可以看出，玉米秸秆吸收的钾占玉米钾吸收总量的 51.4% ~ 67.9%，玉米对钾的吸收主要集中在秸秆中，且除籽粒外，穗轴、秸秆与根茬对钾的吸收量都高于其对氮、磷的吸收量。从钾的吸收总量来看，不同处理的钾吸收量基本都高于氮和磷的吸收量。

表 27 - 17　长期施肥对玉米各器官吸钾量的影响（2012 年早玉米）

| 处理 | 籽粒 | | 穗轴 | | 秸秆 | | 根茬 | | 总吸收量 |
	吸钾量 (kg/hm²)	比例 (%)	吸钾量 (kg/hm²)	比例 (%)	吸钾量 (kg/hm²)	比例 (%)	吸钾量 (kg/hm²)	比例 (%)	(kg/hm²)
CK	8.54de	27.0	4.54ef	14.3	16.3de	51.4	2.32de	7.3	31.71fg
N	1.83c	19.6	1.07g	11.5	5.16e	55.3	1.27e	13.6	9.33g
P	9.30cde	22.6	3.67f	8.9	24.73cde	60.1	3.46de	8.4	41.17fg
K	6.73de	14.8	4.17ef	9.2	30.83cde	67.9	3.68de	8.1	45.11efg
NP	14.88bcd	17.7	8.47cd	10.1	52.10bcd	61.9	8.77bc	10.4	84.21de
NK	13.21bcde	20.3	6.38de	9.8	39.56cde	60.7	5.97cd	9.2	65.13def
NPK	20.27bc	19.8	9.74bc	9.5	62.39bc	60.8	10.13b	9.9	102.53cd
HNPK	24.17b	17.8	12.02b	8.9	88.39ab	65.3	10.82b	8.0	135.39bc
NPKM	47.28a	24.1	15.41a	7.9	116.53a	60.1	14.63a	7.5	193.84a
OM	41.92a	26.9	15.41a	9.0	88.14ab	56.5	10.43b	6.7	155.90ab

注：同列数据后不同字母表示处理间差异达 5% 显著水平

玉米吸钾量和籽粒产量的关系见图 27 - 12，从图 27 - 12 可以看出，玉米吸钾量与籽粒产量呈显著的线性关系，相关方程为 $y = 128.70 + 36.92x$，$p < 0.000\ 1$。说明增加玉米的吸钾量可以显著提高籽粒产量，当吸钾量增加 1kg/hm² 时，籽粒产量可以提高 36.92kg/hm²。

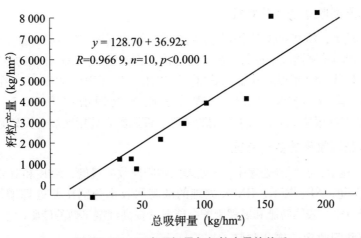

图 27 - 12　玉米吸钾量与籽粒产量的关系

（四）作物产量对长期施有机肥的响应

从图 27 - 13 可以看出，长期施用有机肥对玉米年产量有较大影响。在试验开始之后的 25 年间，单施有机肥处理的玉米年产量比 CK 显著增加，平均增加 419.2%，与氮磷钾肥配合施用的平均产量基本相同。氮磷钾肥和有机肥配合处理的产量最高，在 25 年间 NPKM 处理比 CK 平均增加了 568.8%，比 OM 增加 53.6%，比 NPK 增加 45.1%。结果表明，在红壤旱地上，施用有机肥可以显著提高玉米产量，在试验进行 15 年时，其增产效果与氮磷钾配合施用的处理相同或略高，可能是与有机肥不仅可以提供相应的养分，同时可以改善土壤物理、生物性状有关。当有机肥与氮磷钾肥配合施用后，其增产效果更好。所以，在红壤旱地上，有机肥和氮磷钾肥配合施用是较好的土壤改良及作物营养管理施肥模式。

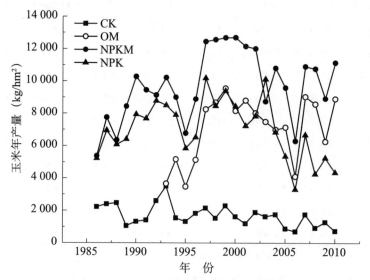

图 27-13 不同有机肥配比籽粒产量变化

六、长期施肥红壤旱地肥料回收率的变化特征

（一）氮肥回收率的变化特征

在红壤旱地上，氮肥回收率受长期不同施肥的影响（图 27-14）。结果显示，在所有处理中，N 处理的氮肥回收率最低。在试验开始后的 10 年间，NP 处理的氮肥回收率与单施氮肥差异不显著，10 年以后其显著增加，平均比 N 处理增加 391.9%；在试验的 25 年间，氮肥回收率 NK、NPK、HNPK 处理分别比 N 处理增加了 592.5%、452.9% 和 521.1%。表明在红壤旱地上，采用氮肥和磷肥、钾肥配合施用能显著提高氮肥的回收率。

（二）磷肥回收率的变化特征

图 27-15 显示，在所有处理中，P 处理的磷肥回收率最低，NPK 和 HNPK 处理较高。在试验的 25 年间，NP、NPK、HNPK 处理的磷肥回收率分别比 P 处理增加了 203.8%、374.8% 和 413.7%。表明磷肥和氮钾肥配合能显著提高红壤旱地的磷肥回收率。

（三）钾肥回收率的变化特征

钾肥的不同施用配比可显著影响红壤旱地的钾肥回收率（图 27-16）。在所有处理中，单施钾肥（K）处理的钾肥回收率最低，NPK 和 HNPK 处理最高。在试验的 25 年间，NK、NPK、HNPK 的钾肥回收率分别比单施钾肥增加了 313.3%、494.3% 和

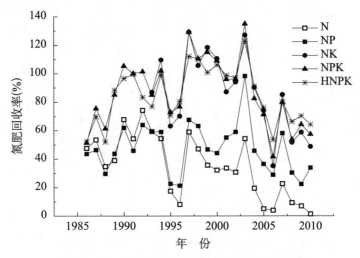

图 27 - 14　长期施肥红壤旱地氮肥回收率的变化

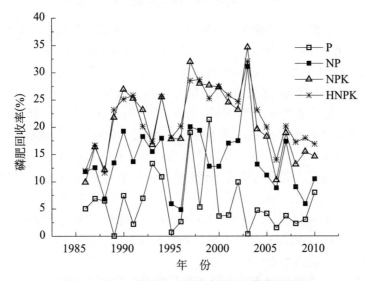

图 27 - 15　长期施肥红壤旱地磷肥回收率的变化

296.5%。因此在红壤旱地上应采用钾肥和氮肥、磷肥相配合的施肥方式，才能显著提高钾肥的回收率。

七、主要结论与研究展望

（一）主要结论

连续施肥 27 年时，不同施肥处理的红壤旱地土壤有机碳含量均明显高于试验前，其中氮磷钾配施有机肥的有机碳增幅较高，且显著高于化肥的不均衡施用处理；施有机肥可以提高土壤的固碳能力，有利于红壤旱地的碳平衡。同时，与对照相比，施用有机肥可显著提高土壤有机碳库的周转速率（34% ~ 52%），从而促进各有机碳库的更新。

高倍量氮磷钾肥（HNPK）、有机无机肥配施（NPKM）和有机肥（OM）处理的土

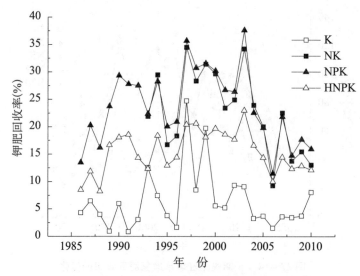

图 27 - 16　长期施肥红壤旱地钾肥回收率的变化

壤全氮、碱解氮、全磷、有效磷和速效钾含量比试验前显著提高，而氮磷钾肥不平衡施用的处理则呈现明显的下降趋势，其中 CK 处理的下降幅度最大。

有机无机肥料配合或有机肥单施可以维持土壤 pH 值的稳定，连续施肥 27 年时，NPKM 和 OM 处理的土壤 pH 值比试验前略有提高，分别比试验前增加 0. 12 和 0. 35，并显著高于 CK 处理，而氮磷钾肥配施的土壤 pH 值则显著降低。说明在红壤旱地上施有机肥可以维持和提高土壤 pH 值，是阻控红壤酸化加剧的较好的施肥措施。

化肥不合理施用可显著影响土壤的微生物活性。在本试验中，化肥不均衡施用处理的土壤微生物量较低，微生物量碳、氮的平均值分别为 182. 13mg/kg 和 14. 78mg/kg；而施有机肥则可显著提高土壤微生物量（$p < 0.05$），其中 NPKM 处理土壤的微生物量碳、氮最高，分别为 361. 87mg/kg 和 39. 17mg/kg，OM 处理次之，分别为 326. 88mg/kg 和 37. 56mg/kg。同时，施用有机肥能明显提高土壤的转化酶、脱氢酶、脲酶和酸性磷酸酶活性，有利于土壤微生物活性的提高。

长期单施氮肥、磷肥和钾肥，玉米产量均较低，且随着试验时间的延长，其产量几乎与不施肥相同。而长期施用有机肥、氮磷钾均衡施肥以及氮磷钾肥与有机肥配合施用可以明显增加玉米产量，提高氮、磷、钾的肥料回收率。

（二）存在问题和研究展望

1. 主要问题

（1）红壤旱地的长期定位试验通过 27 年的发展，积累了一大批宝贵的数据和样品，为国家和地区的农业发展做出了巨大贡献。但是受经费等因素的影响，监测的数据主要是土壤有机质，氮、磷、钾养分和作物产量等，对土壤物理结构和微生物活性的监测和测定较少。

（2）种植作物的品种选择，本试验从 1981 年开始时选择的玉米品种为掖单 13，但随着时间的推移，新的优良品种不断产生，而像掖单 13 这种老品种势必要退出历史舞台，因此，确定今后作物的品种就显得十分重要。

（3）本长期试验已经运行了将近 30 年，目前，单施氮肥的处理由于长期施肥导致土壤酸化加剧，从而使玉米不能正常生长，严重影响了该处理的作物产量，因此探讨如何调整试验和设置裂区对于研究土壤酸化改良就显得尤为迫切。

（4）在本试验设置的背景（20世纪80年代）下，较好的施肥措施是有机无机肥配施，但是在目前随着社会的发展，施用猪粪的方式已显得十分落后，取而代之是缓/控释肥、生物有机肥以及黑炭等，因此，如何优化试验设计，率先研究先进的施肥技术，为引导农民科学施肥提供技术参考也是需要研究的重要课题。

2. 研究展望

今后试验中，在保持原有的常规项目监测的基础上，应加强和深入以下方面的研究。

（1）数据监测和样品分析方面：加强干湿沉降数据的收集和样品的规范化分析。

（2）土壤碳平衡方面：加强不同施肥模式的温室气体排放规律研究、施用有机肥对土壤有机质分组和有机碳矿化速率的研究。

（3）红壤旱地酸化阻控和改良方面：结合现有的试验处理，通过设置裂区试验来深入探讨红壤的酸化阻控技术。

（4）土壤环境方面：深入研究猪粪和矿质肥对土壤重金属含量的影响、猪粪等有机肥对土壤有机污染物的影响等。

黄庆海、柳开楼、叶会财、余喜初、李大明、黄欠如、徐小林、胡惠文

参考文献

［1］鲍士旦. 2000. 土壤农化分析［M］. 北京：中国农业出版社.

［2］陈永安，陈典毫，游有文，等. 1999. 红壤旱地肥力变化及有效施肥技术［J］. 植物营养与肥料学报，5（2）：115－121.

［3］段英华，徐明岗，王伯仁，等. 2010. 红壤长期不同施肥对玉米氮肥回收率的影响［J］. 植物营养与肥料学报，16（5）：1 108－1 113.

［4］姜灿烂，何园球，刘晓利，等. 2010. 长期施用有机肥对旱地红壤团聚体结构与稳定性的影响［J］. 土壤学报，47（4）：715－722.

［5］孔宏敏，何圆球，吴大付，等. 2004. 长期施肥对红壤旱地作物产量和土壤肥力的影响［J］. 应用生态学报，15（5）：782－786.

［6］寇长林，巨晓棠，张福锁. 2005. 三种集约化种植体系氮素平衡及其对地下水硝酸盐含量的影响［J］. 应用生态学报，16（4）：660－667.

［7］李成亮，孔宏敏，何园球. 2004. 施肥结构对旱地红壤有机质和物理性质的影响［J］. 水土保持学报，18（6）：116－119.

［8］李玲，朱捍华，苏以荣，等. 2009. 稻草还田和易地还土对红壤丘陵农田土壤有机碳及其活性组分的影响［J］. 中国农业科学，42（3）：926－933.

［9］刘晓利，何园球，李成亮，等. 2009. 不同利用方式旱地红壤水稳性团聚体及其碳、氮、磷分布特征［J］. 土壤学报，46（2）：255－262.

［10］卢萍，单玉华，杨林章，等. 2006. 绿肥轮作还田对稻田土壤溶液氮素变化及水稻产量的影响［I］. 土壤，38（3）：270－275.

［11］鲁如坤. 2000. 土壤农业化学分析方法［M］. 北京：中国农业科学技术出版社.

［12］鲁如坤，时正元，赖庆旺. 2000. 红壤长期施肥养分的下移特征［J］. 土壤，32（1）：27－29.

［13］王伯仁，徐明岗，文石林，等. 2002. 长期施肥对红壤旱地磷组分及磷有效性的影响［J］.

湖南农业大学学报：自然科学版，28（4）：293 – 297.

　　［14］王伯仁，徐明岗，文石林，等.2008.长期施肥对红壤旱地作物产量及肥料效益影响［J］.中国农学通报，2008，24（10）：322 – 326.

　　［15］王伯仁，徐明岗，文石林.2005a.长期不同施肥对旱地红壤性质和作物生长的影响［J］.水土保持学报，19（1）：97 – 100.

　　［16］王伯仁，徐明岗，文石林.2005b.有机肥和化学肥料配合施用对红壤肥力的影响［J］.中国农学通报，21（2）：160 – 163.

　　［17］王小兵，骆永明，李振高，等.2011.长期定位施肥对红壤旱地土壤有机质、养分和 CEC 的影响［J］.江西农业学报，23（10）：133 – 136.

　　［18］王娟，吕家珑，徐明岗，等.2010.长期不同施肥下红壤氮素的演变特征［J］.中国土壤与肥料，（1）：1 – 6.

　　［19］徐明岗，于荣，王伯仁.2006.长期不同施肥下红壤活性有机质与碳库管理指数变化［J］.土壤学报，43（5）：723 – 729.

　　［20］颜雄，彭新华，张杨珠，等.2013.长期施肥对红壤旱地玉米生物量及养分吸收的影响［J］.水土保持学报，27（2）：120 – 125.

　　［21］于天一，李玉义，逄焕成，等.2010.长期不施磷肥对旱地红壤养分比例与玉米产量的影响［J］.中国土壤与肥料，（2）：25 – 28.

　　［22］俞慎，李勇，王俊华，等.1999.土壤微生物生物量作为红壤质量生物指标的探讨［J］.土壤学报，36（3）：413 – 422.

　　［23］张继光，秦江涛，要文倩，等.2010.长期施肥对红壤旱地土壤活性有机碳和酶活性的影响［J］.土壤，42（3）：364 – 371.

　　［24］张玉铭，胡春胜，毛任钊，等.2003.华北太行山前平原农田生态系统中氮、磷、钾循环与平衡研究［J］.应用生态学报，14（11）：1 863 – 1 867.

　　［25］郑勇.2008.长期施肥对旱地红壤微生物和酶活性的影响.植物营养与肥料学报，14（2）：316 – 321.

　　［26］Diana L D Lima, Sérgio M Santos, Heinrich W Scherer, et al. 2009. Effects of organic and inorganic amendments on soil organic matter properties［J］. *Geoderma*, 150: 38 – 45.

　　［27］Huang S, Zhang W J, Yu X C, et al. 2010. Effects of long – term fertilization on corn productivity and its sustainability in an Ultisol of southern China Agriculture［J］. *Ecosystems and Environment*, 138: 44 – 50.

　　［28］Oades J M. 1984. Soil organic matter and structural stability: Mechanisms and implications for management［J］. *Plant and Soil*, 76: 319 – 337.

　　［29］Six J, Elliott E T, Paustian K, et al. 1998. Aggregation and soil organic matter accumulation in cultivated and native grassland soils［J］. *Soil Science Society of America Journal*, 62 (5): 1 367 – 1 377.

　　［30］Yan X, Zhou H, Zhu Q H, et al. 2013. Carbon sequestration efficiency in paddy soil and upland soil under long – term fertilzation in southern China［J］. *Soil and Tillage Research*, 130: 42 – 51.

第二十八章 长期施肥小麦—玉米轮作下红壤旱地肥力演变和作物产量的响应

红壤是中国铁铝土纲中位居最北、分布面积最广的土类，总面积5 690万hm²，多在北纬25°～31°的中亚热带广大低山丘陵地区，包括江西、湖南两省的大部分，云南、广东、广西①、福建等省（区）的北部以及贵州、四川、湖北、浙江、安徽等省的南部（李庆逵，1996；中国农业百科全书·土壤卷，1996）。红壤区总面积218万km²，占国土面积的22.7%，生产的粮食占全国粮食总产的44.5%，茶、丝、糖占93%，肉类占全国总产的54.8%，是我国粮食、经济作物、肉类产品的重要基地（徐明岗，2006）。我国红壤地区水热资源丰富，年均温15～25℃，年降水量为1 200～2 500mm；干湿季节明显，冬季温暖干燥，夏季炎热潮湿。红壤是富铝化和生物富集两个过程长期作用的结果，具有酸、黏、板、瘦等特点。红壤发育的母质主要有花岗岩、玄武岩、砂页岩、石灰岩的风化物以及第四纪红色黏土。

长期以来，由于红壤区基础设施薄弱，土地开发利用不当，致使丰富的资源得不到充分利用，大部分土壤肥力不高，甚至退化，生态环境遭到破坏（赵其国，2002；曾希柏，1999）。红壤区内中低产土壤面积大，占耕地面积的60%（谢正苗，1998）。土壤中氮、磷、钾比例不协调，肥料利用率低；水田土壤潜育化严重，污染面积扩大（曾希柏，2006）。因此，在红壤地区开展土壤肥力和肥料效益变化规律的研究，制定相应对策，保护土壤、提高土壤肥力和合理施用肥料，提高肥料利用率，实现高产低消耗，为农业生产提供决策性建议具有重大意义。

一、红壤旱地长期定位试验概况

红壤旱地肥力长期定位试验设在湖南省祁阳县中国农业科学院红壤实验站内（东经111°52′32″，北纬26°45′12″）。该试验区地处中亚热带，海拔高度约120m；年平均气温18℃，≥10℃积温5 600℃，年降水量1 255mm，年蒸发量1 470mm，无霜期约300d，年日照时数1 610h，太阳辐射量为4 550MJ/m²。温、光、热资源丰富，适于多种作物和林木生长。

试验地土壤为旱地红壤，成土母质为第四纪红土。经过1988—1990年匀地后开始试验。试验开始时的耕层土壤（0～20cm）基本性质为：有机质含量11.5g/kg，全氮1.07g/kg，全磷0.45g/kg，碱解氮79mg/kg，有效磷10.8mg/kg，速效钾122mg/kg，pH值5.7。

试验设12个处理：①不耕作不施肥（撂荒，CK_0）；②耕作不施肥（CK）；③单施化学氮肥（N）；④施用化学氮、磷肥（NP）；⑤施用化学氮、钾肥（NK）；⑥施用化

---

① 广西壮族自治区，全书简称广西

学磷、钾肥（PK）；⑦施用化学氮、磷、钾肥（NPK）；⑧化学氮、磷、钾肥与有机肥配施（有机肥为猪粪，NPKM）；⑨高量化学氮、磷、钾肥与高量有机肥配施（1.5NPKM）；⑩化学氮、磷、钾肥和有机肥配施（采用不同种植方式，NPKMR）；⑪化学氮、磷、钾肥，同时上茬作物秸秆1/2还田（NPKS）；⑫单施有机肥（M）。

试验采用随机区组设计，2次重复，小区面积200m²。各小区之间用60cm深水泥埂隔开，无灌溉设施，不灌水，为自然雨养农业。肥料用量为年施用纯氮300kg/hm²，N:P_2O_5:K_2O=1:0.4:0.4。各处理肥料施用量见表28-1。所有施氮小区的纯氮用量相同，氮磷钾化肥分别选用尿素（N，46%）、过磷酸钙（P_2O_5，12%）和氯化钾（K_2O，50%）。有机肥料为猪粪（N，16.7g/kg），有机肥料处理中有机肥带入的磷、钾养分不计入总量，NPKM及1.5NPKM、NPKM（R）处理中，有机氮施用量占全氮的70%。采用小麦—玉米一年两熟轮作制，玉米季肥料施用量占全年施肥量的70%，小麦占全年施肥量的30%，肥料在小麦、玉米播种前作基肥一次施用。除NPKS处理作物一半秸秆回田外，其余处理作物地上部分全部带走，回田的秸秆N、P、K养分不计入总量。NPKMR处理为小麦—大豆—红薯轮作，小麦的肥料施用量占全年的30%，其余70%的肥料中，有机肥料施于黄豆，化学肥料施用于红薯。各小区单独测产，在玉米和小麦收获前分区取样，进行考种和经济性状测定，同时取植株样。玉米收获后的9—10月在各小区按之字型采集0~20cm、20~40cm土壤，每小区每层取10个点混合成一个样，样品于室内风干，磨细过1mm和0.25mm筛，装瓶保存备用。田间管理主要是除草和防治玉米、小麦病虫害，其他详细施肥管理措施见文献（王伯仁，2002；徐明岗，2006）。

表 28-1 试验处理及肥料施用量

处 理	玉米季				小麦季			
	N (kg/hm²)	P_2O_5 (kg/hm²)	K_2O (kg/hm²)	猪粪鲜重 (t/hm²)	N (kg/hm²)	P_2O_5 (kg/hm²)	K_2O (kg/hm²)	猪粪鲜重 (t/hm²)
CK	0	0	0	0	0	0	0	0
N	210	0	0	0	90	0	0	0
NP	210	84	0	0	90	36	0	0
NK	210	0	84	0	90	0	36	0
PK	0	84	84	0	0	36	36	0
NPK	210	84	84	0	90	36	36	0
NPKM	63	84	84	29.4	27	36	36	12.6
1.5NPKM	95	126	126	44.1	40	54	54	18.9
NPKMR	63	84	84	29.4	27	36	36	12.6
NPKS	210	84	84	1/2 秸秆还田	90	36	36	1/2 秸秆还田
M	0	0	0	42	0	0	0	18

二、长期施肥下红壤有机质和氮、磷、钾的演变规律

（一）有机质演变规律

1. 有机质总量的变化

施用有机肥料是提高土壤有机质的重要措施。红壤旱地长期试验不同施肥 22 年后，施用有机肥处理土壤有机质含量均呈现显著上升趋势（图 28 - 1）。统计分析表明，各处理土壤有机质年增加速率分别为 NPKM 0.41g/kg，1.5 NPKM 0.44g/kg，NPKMR 0.45g/kg，M 0.51g/kg。秸秆还田和化肥平衡施用处理的土壤有机质年增加速率分别为 NPKS 0.13g/kg 和 NPK 0.11g/kg，两者之间无显著差异。偏施化肥及不施肥土壤有机质基本持平或微弱上升。经过 22 年耕作施肥，施用有机肥各处理的土壤有机质含量（2012 年）分别为 NPKM 24.9g/kg，1.5NPKM 27.8g/kg，NPKMR 25.8g/kg，M 26.1g/kg，分别较对照（CK 14.1g/kg）上升 76.5%、96.8%、82.5% 和 84.6%。秸秆还田和化肥平衡施用处理的土壤有机质含量（2012 年）分别为 NPKS 19.0g/kg，NPK 17.2g/kg，分别较对照（CK 14.1g/kg）上升 34.3% 和 21.9%。有机肥料对增加土壤有机质的效果好于化学肥料，施用化肥土壤有机质整体表现为前期缓慢上升（1991—1998 年），后期平稳。施用有机肥料土壤有机质持续上升，施用有机肥或有机肥与化肥配合施用，是有效增加土壤有机质的重要措施。

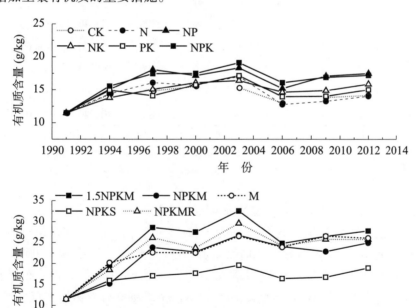

图 28 - 1 不同施肥处理土壤有机质变化

2. 土壤活性有机碳及碳库管理指数的变化

长期施肥显著改变了红壤活性有机碳含量（徐明岗，2000，2005，2006a，2006b，2006c）。长期单施有机肥和有机无机肥配施（M、NPKM 和 1.5NPKM），红壤活性有机

碳含量和碳库管理指数（*CMI*）均随年份显著上升（表 28 - 2），其活性有机碳上升速度与总有机质同步，表现为 1.5NPKM 显著高于 NPKM，显著高于 M。在该试验条件下，长期秸秆还田（NPKS）前期（1990—1995 年）土壤活性有机碳和 *CMI* 有下降趋势，后期（1995—2007 年）土壤活性有机碳和 *CMI* 显著增加。由此说明，施用有机肥能改良农田土壤有机碳质量，提升土壤有效肥力，秸秆施用达到一定数量也具有改良农田土壤有机碳质量和提升土壤有效肥力的作用（佟小刚，2008）。

长期不平衡施用化肥（NP 和 N）后，红壤活性有机碳含量和 *CMI* 随年份显著下降，土壤质量下降。氮磷钾平衡施肥（NPK）红壤活性有机碳含量和 *CMI* 前期下降较快，后期有逐渐上升趋势。不施肥和土地撂荒（CK₀）处理，红壤活性有机碳和 *CMI* 均表现为无显著上升和下降。

表 28 - 2　不同施肥下红壤活性有机碳及碳库管理指数的变化

处　理	活性有机碳（g/kg）				碳库管理指数 *CMI*			
	1990 年	1995 年	2001 年	2007 年	1995 年	1995 年	2001 年	2007 年
CK₀	1.57	1.62	1.28	2.70	100	99.30	72.2	185.4
CK	1.57	1.28	0.99	1.75	100	73.70	52.6	114.8
N	1.57	1.39	1.45	1.32	100	78.40	82.4	80.6
NP	1.57	1.51	1.51	1.52	100	89.60	86.1	93.5
NPK	1.57	1.28	1.10	1.98	100	75.40	61.6	129.2
NPKS	1.57	1.39	1.86	2.73	100	83.30	108.6	192.1
NPKM	1.57	1.74	2.84	3.97	100	106.50	178.2	285.9
1.5NPKM	1.57	1.86	3.25	4.27	100	112.00	195.5	306.3
M	1.57	1.74	1.91	3.95	100	102.40	110.0	282.7

＊碳库管理指数（*CMI*）计算方法：碳库指数（*CPI*）＝样品总有机碳含量（g/kg）/参考土壤总有机碳含量（g/kg）；土壤碳的不稳定性，即碳库活度（*L*）＝样本中的活性有机碳（*LC*）/样本中的非活性有机碳（*NLC*）；碳损失及其对稳定性的影响用活度指数（*LI*）＝样本的不稳定性（*L*）/对照的不稳定性（*Lo*）；碳库管理指数（*CMI*）：$CMI = CPI \times LI \times 100$

3. 长期施肥对红壤不同大小颗粒有机碳组分的影响

红壤中不同大小颗粒所占比例分别为砂粒 11.9%、粗粉砂粒 35.0%、细粉砂粒 10.9%、粗黏粒 30.4% 和细黏粒 10.6%，属于黏土类型（佟小刚，2008；张敬业，2012）。长期施肥显著影响红壤有机碳在不同大小颗粒中的含量和分布（佟小刚，2008，2009；申小冉，2012）。不施肥处理（CK）下红壤砂粒、粗粉砂粒、细粉砂粒、粗黏粒及细黏粒有机碳含量分别为 0.75g/kg、1.11g/kg、1.35g/kg、3.20g/kg 和 1.25g/kg，分别占总有机碳的 9.8%、14.4%、17.6%、41.8% 和 16.3%（图 28 - 2）。单施有机肥及有机无机肥配施（M、NPKM 和 1.5NPKM）不同颗粒有机碳含量分别为 2.26 ~ 3.00g/kg、2.23 ~ 2.79g/kg、2.16 ~ 2.88g/kg、4.76 ~ 6.36g/kg、1.33 ~ 1.78g/kg，施用有机肥对增加土壤各级颗粒有机碳含量的作用显著。秸秆与化肥配施（NPKS）处理也表现出对各级颗粒有机碳含量显著增加的作用，其砂粒、粗粉砂粒、细粉砂粒、粗黏粒及细黏粒有机碳含量分别为 1.44g/kg、1.30g/kg、1.91g/kg、4.27g/kg 和

2. 35g/kg，分别较对照提高 91.9%、17.1%、41.8%、33.4% 和 88.3%。施用化肥（NPK、NP 和 N）红壤砂粒、粗粉砂粒、细粉砂粒、粗黏粒及细黏粒有机碳含量分别为 1.19 ~ 1.75g/kg、1.35 ~ 1.80g/kg、1.83 ~ 1.94g/kg、3.87 ~ 4.13g/kg、2.20 ~ 2.48g/kg，分别较对照提高 58.7% ~ 132.8%、21.2% ~ 61.8%、35.5% ~ 43.9%、20.9% ~ 29.2% 和 75.6% ~ 98.2%。不同大小颗粒间有机碳含量和分配比例存在明显差异，红壤中粗黏粒含量为 30.4%，其有机碳含量和分配比例都显著高于其他颗粒，粗黏粒是红壤在长期施肥下有机碳固存的重要碳库。各级颗粒有机碳对施肥的响应也存在差异，不同施肥处理下砂粒、粗粉砂粒、细粉砂粒、粗黏粒及细黏粒有机碳含量平均增加的幅度分别为 161.6%、71.6%、55.5%、45.8% 和 60.9%，砂粒中有机碳含量增加幅度最高，砂粒有机碳组分库对施肥的响应最敏感。砂粒有机碳属于易分解碳库，易被植物利用。

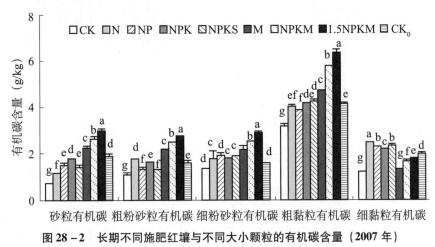

图 28 - 2　长期不同施肥红壤与不同大小颗粒的有机碳含量（2007 年）

4. 长期施肥对红壤团聚体组分有机碳的影响

不同施肥也影响红壤团聚体组分有机碳含量（图 28 - 3）。红壤粗自由颗粒有机碳（cfPOC）占总有机碳的比例为 6.8% ~ 20.7%，细自由颗粒有机碳（ffPOC）为 1.8% ~ 4.9%，物理保护有机碳（iPOC）为 4.6% ~ 10.6%，矿物结合态有机碳为 66.2% ~ 83.7%，是红壤固存有机碳的最重要碳库。与不施肥相比，不同施肥处理显著提高了粗自由颗粒有机碳比例，其中以施有机肥（M、NPKM 和 1.5NPKM）处理提高幅度最大，达到 1.5 ~ 2.0 倍，秸秆还田（NPKS）和各化肥处理（N、NP 和 NPK）分别使该组分有机碳比例提高 40.2% 和 52.2% ~ 75.6%。不同施肥对细自由颗粒有机碳比例的影响表现不一，其中增量有机无机肥配施和氮磷配施使该组分有机碳比例比对照分别显著提高 38.7% 和 43.6%，而摆荒却使其显著降低 64.2%。单施有机肥及与无机肥配施（M、NPKM 和 1.5NPKM）、秸秆还田（NPNS）、单施化肥（NP、NPK）和摆荒处理分别使红壤中物理保护有机碳比例显著增加 40.7% ~ 132.9%、69.9%、32.5% ~ 51.0% 和 74.3%。单施氮处理对物理保护有机碳无显著影响。矿物结合有机碳是土壤中最稳定的有机碳库，它通过矿物颗粒表面的吸附作用被固定，一般很难被分解利用。与不施肥处理相比，单施有机肥及与无机肥配施（M、NPKM 和 1.5NPKM）处理下矿物结合态有机碳比例显著降低，降幅为 16.8% ~ 20.9%，但有机碳含量显著高于其他施肥处理，达到 9.57 ~ 10.35g/kg，比对照增加了 2.03 ~ 2.81g/kg，说明配施有机肥对增加矿物结合态有机碳效果最显著，但不同配施有机肥处理间并无显著差异。秸秆还田和施用化肥处理虽然降低了矿物结合态有机碳含量和比例，但与不施肥处理间差异未达到显著水平。

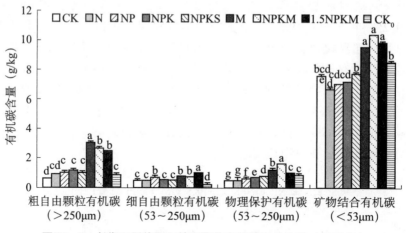

图 28 - 3　长期不同施肥红壤团聚体有机碳组分含量（2007 年）

5. 长期施肥红壤有机碳矿化特征

对 2008 年土壤 CK、NPK、NPKM、NPKS、M 五个处理的 CO_2 释放特征的室内培养研究结果表明，在培养初期，CO_2 产生速率不断提高，并在 2d 左右达到峰值，之后随着培养时间的延长迅速下降，培养 10d 后，趋于稳定。不同施肥处理土壤有机碳矿化释放 $CO_2 - C$ 的速率和积累量差异均显著。培养 69d，有机肥（M）处理 $CO_2 - C$ 的积累释放量（198.4mg/kg）最高，显著高于化肥有机肥配合处理（NPKM，95.7mg/kg），两者均显著高于 NPKS 、NPK 、CK 处理（42.7mg/kg 、52.6mg/kg 、39.8mg/kg）。

利用一次动力学方程模型对累积矿化的 $CO_2 - C$ 进行拟合，其表达式为：

$$C_t = C_0 \ (1 - e^{-kt})$$

式中，C_0 为土壤中潜在有机碳矿化释放的 $CO_2 - C$ 量，也称为土壤中生物活性有机碳库；C_t 为经过 t 时间后土壤中累积释放的 $CO_2 - C$ 量（mg/kg）；k 为生物活性有机碳库的周转速率（/d），半周转期 $T_{1/2} = ln2/k$（d）。拟合的相关系数均达到 0.90 以上（表28 - 3）。土壤潜在 $CO_2 - C$ 释放量 C_0 结果为 M > NPKM > NPK ≈ NPKS > CK。CK 处理的 C_0 显著低于其他处理，说明施用化肥或有机肥均可以提高土壤有机碳矿化量，增加土壤 CO_2 的释放量。M 处理的 C_0 显著高于 NPK 处理，说明施用有机肥对 C_0 的影响较大。不同种类的碳源投入对 C_0 亦有影响，化肥配合有机肥（猪粪）NPKM 处理的 C_0 显著高于化肥配合秸秆 NPKS 处理，这说明施用猪粪相比秸秆更能增加土壤中可供微生物利用的有机碳源，土壤 CO_2 释放量较大（李梦雅，2009a，2009b；戴万宏，2002；张旭博，2011）。

土壤潜在有机碳矿化释放的 $CO_2 - C$ 量即生物活性有机碳库的周转速率（k）的范围为 0.033 ~ 0.064/d，半周转期为 11 ~ 21d。NPKS 与 NPK 处理相比，C_0 没有显著差异，但施用秸秆显著降低了活性有机碳的周转速率常数 k，延长了有机碳库的半周转期。这可能与施肥入的秸秆 C/N 较高难以分解有关，而 NPK 处理中几乎没有人为有机物料的输入，生物活性有机碳主要来源于植物残茬及根系分泌物，易于分解。

表 28 - 3　土壤潜在可释放 $CO_2 - C$ 库（C_0 mean ± SD）的大小、周转速率（k）和半周转期（$T_{1/2}$）

处　理	C_0（mg/kg）	k（/d）	$T_{1/2}$（d）	R^2
M	180.3 ± 7.6a	0.064	11.0	0.95
NPKM	88.5 ± 1.7b	0.051	13.6	0.93
NPK	47.6 ± 2.6c	0.063	11.0	0.96
NPKS	43.4 ± 2.7c	0.033	21.0	0.96
CK	34.5 ± 2.2d	0.064	10.8	0.90

注：不同字母表示经 LSD 检验在 0.05 水平上差异显著

（二）红壤氮素的演变规律

1. 长期施肥下红壤全氮含量的变化

土壤全氮包括所有形式的有机和无机氮素，是标志土壤氮素总量和供应植物有效氮素的源和库，综合反映了土壤的氮素状况。土壤全氮与土壤有机质的变化趋势基本一致，不同施肥处理，作物生长和土壤有机质的累积不同，土壤全氮的变化也不同（表 28 - 4，图 28 - 4）。施用有机肥料（NPKM 和 M 处理）土壤全氮呈上升趋势，分别由试验开始前的 1.07g/kg 上升到 2012 年的 1.45g/kg（M）和 1.38g/kg（NPKM）。统计分析表明单施有机肥（M）土壤全氮年增加速率为 0.027g/kg，有机无机肥配合（NPKM）年增加速率为 0.007g/kg。该试验条件下秸秆还田（NPKS）和化肥平衡施肥（NPK）处理的土壤全氮含量随年份有增加或降低趋势，但并不显著（王娟，2012）。秸秆还田处理（NPKS）土壤全氮含量维持在 0.70 ~ 1.23g/kg，化肥平衡施用（NPK）土壤全氮含量维持在 0.79 ~ 1.26g/kg，说明长期氮磷钾平衡施用及秸秆还田能够保持旱地红壤全氮含量稳定。偏施氮肥（N、NP、NK）土壤全氮含量出现较为明显的下降趋势，分别由试验开始前的 1.07g/kg 下降到 2012 年的 0.78g/kg（N）、0.97g/kg（NP）和 0.88g/kg（NK），分析表明年下降速率分别为 0.006g/kg、0.003g/kg 和 0.004g/kg，长期偏施氮肥导致红壤旱地土壤氮素不断被耗竭。长期不施肥处理（CK），由于作物吸收携出，土壤全氮含量前几年有下降趋势（由初始的 1.07g/kg 下降到最低的 0.54g/kg），后期由于作物产量下降到较低水平，环境输入氮能维持作物生长需要，土壤全氮含量保持平稳（0.73 ~ 0.98g/kg）。从土壤全氮的变化说明施用有机肥的有机氮在土壤中容易积累，有机肥对土壤氮素的增加较化学氮肥为快，化学氮肥在土壤中难于积累而损失（王伯仁，2002d；巨晓棠，2002）。

2. 长期施肥对红壤有效氮含量的影响

土壤有效氮表示土壤可为当季作物提供氮的强度，当土壤有效氮含量高时，土壤为当季作物提供的氮较多。土壤有效氮变化趋势与土壤中全氮相一致（表 28 - 5），施用有机肥（NPKM 和 M 处理）土壤碱解氮含量显著升高，分别由试验开始时的 79.0mg/kg（1991 年）上升到 121.0mg/kg（NPKM 处理，2010—2012 年平均）和 126.7mg/kg（M 处理，2010—2012 年平均），分别升高了 53.2% 和 60.5%。根据每年土壤碱解氮含量结果统计分析得出年增长速率分别为 0.28mg/kg 和 0.14mg/kg。施用有机肥（M）或化肥有机肥配施（NPKM）处理能显著提高旱地红壤碱解氮含量，快速培肥土壤。秸秆还田（NPKS）和化肥平衡施用（NPK）处理土壤碱解氮含量随时间变化基本持平，两处理分别由初始值上升到 86.7mg/kg（NPKS 处理，2010—2012 年平均）和 86.0mg/kg（NPK 处理，2010—2012 年平均），分别升高了 9.8% 和 8.9%。平衡施肥及秸秆还田能够维持旱地红壤碱解氮的稳定。在红壤旱地上不平衡施肥（N、NP 和 NK 处理）土壤碱解氮分别由初始值上升至 80.9mg/kg（NK 处理，2010—2012 年平均），91.0mg/kg（NP 处理，2010—2012 年平均）和 80.7mg/kg（N 处理，2010—2012 年平均），分别较初始值升高 2.5%、15.3% 和 2.1%。不平衡施肥中，由于作物生长吸收等差异，导致土壤碱解氮含量出现显著差异，NP 和 NK 处理土壤碱解氮基本持平，单施氮肥（N）处理土壤碱解氮显著下降，年均下降量为 2.4mg/kg。对照不施肥（CK）处理土壤碱解氮由初始值下降到 62.3mg/kg（CK 处理，2010—2012 年平均），较初始值降低 21.1%，统计分析表明年均下降量为 1.4mg/kg。长期不施氮肥土壤氮素耗竭导致土壤碱解氮下降。

表 28-4　土壤全氮含量变化

处　理	1991 年（g/kg）	2010—2012 年均值（g/kg）	增减百分数（%）
NPKM	1.07	1.35	26.1
M	1.07	1.53	42.7
NPKS	1.07	0.98	-8.8
NPK	1.07	0.97	-9.7
NK	1.07	0.86	-19.3
NP	1.07	0.95	-10.8
N	1.07	0.79	-25.8
CK	1.07	0.84	-21.5

　　注：1991 年含量为初始值；2010—2012 年含量均值系 3 年的平均值；采用后 3 年平均值与初始值进行比较，以减少气候等因素变化引起的误差

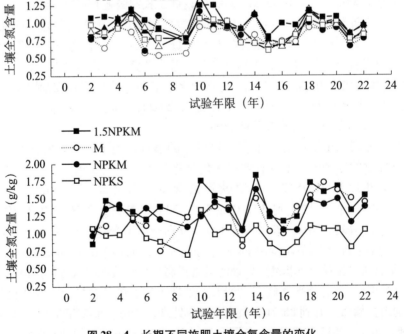

图 28-4　长期不同施肥土壤全氮含量的变化

表 28 - 5　长期施肥对土壤有效氮含量的影响

处　理	1991 年（mg/kg）	2010—2012 年均值（mg/kg）	增减（%）	回归方程	相关系数（R）	样本数（n）
NPKM	79.0	121.0	53.2	$y = 0.28x + 109.8$	0.009	22
M	79.0	126.8	60.5	$y = 0.14x + 116.1$	0.002 0	22
NPKS	79.0	86.7	9.8	$y = -1.9x + 117.6$	0.130 0	22
NPK	79.0	86.0	8.9	$y = -2.2x + 119.6$	0.200 0	22
NK	79.0	80.9	2.5	$y = -0.05x + 90.8$	0.000 1	22
NP	79.0	91.0	15.3	$y = 0.02x + 86.1$	0.000 2	22
N	79.0	80.7	2.1	$y = -2.44x + 127.9$	0.233 0	22
CK	79.0	62.3	-21.1	$y = -1.41x + 85.9$	0.350 0	22

注：1991 年含量为初始值；2010—2012 年含量均值系 3 年的平均值；采用后 3 年平均值与初始值进行比较，以减少气候等因素变化引起的误差；y 为土壤碱解氮含量（mg/kg），x 为时间（试验年数）

3. 长期不同施肥下土壤碱解氮与全氮的相关性

长期施肥条件下不同施肥处理土壤碱解氮和全氮存在相似的变化趋势（王娟，2010）。其土壤全氮与碱解氮关系大致可分成 3 类：增量氮磷钾化肥与有机肥配施（1.5NPKM）处理；氮磷钾配施、与有机肥（秸秆）配施及单施有机肥（NPK、NPKM、NPKS 和 M）处理；不施氮肥（CK 和 PK）+偏施氮肥（NP 和 NK）处理。结果（表 28 -6）表明，3 类处理下土壤碱解氮与全氮之间均呈正相关，土壤全氮每增加 1.00g/kg，碱解氮则相应分别增加 50.1mg/kg、48.8mg/kg 和 17.6mg/kg。

表 28 -6　土壤碱解氮与全氮相关关系

处　理	碱解氮与全氮相关方程	相关系数（R）	样本数（n）
1.5NPKM	$y = 50.1x + 58.9$	0.622*	13
NPK、NPKM、NPKS 和 M	$y = 48.8x + 48.1$	0.464**	61
（CK、PK）+（NP、NK）	$y = 17.6x + 60.1$	0.245[#]	51
全部处理	$y = 56.2x + 33.9$	0.596**	112

注：#为 10% 水平显著；*为 5% 水平显著；**为 1% 水平显著；y 为土壤碱解氮含量（mg/kg）；x 为土壤全氮含量（g/kg）

（三）红壤全磷的演变规律

1. 长期施肥下红壤全磷含量的变化

长期施肥能提高土壤全磷含量（图 28 -5），红壤旱地长期定位试验结果表明，施用有机肥（1.5NPKM、NPKM、NPKMR、M）和秸秆还田（NPKS）处理土壤全磷含量随时间逐渐上升，由试验开始时（1990 年含量）的 0.52g/kg 分别上升到 2012 年的 2.52g/kg（1.5NPKM）、1.71g/kg（NPKM），1.85g/kg（NPKMR）、1.37g/kg（M）和 0.96g/kg（NPKS）。统计分析表明，各处理年增加量分别为 0.08g/kg（$R^2 = 0.83$，$n = 22$），0.05g/kg（$R^2 = 0.77$，$n = 22$），0.06g/kg（$R^2 = 0.84$，$n = 22$），0.05g/kg（$R^2 =$

0.83，$n=22$）和 $0.01g/kg$（$R^2=0.23$，$n=22$）。施用化学磷肥的处理（NPK、NP、PK）土壤全磷也表现缓慢上升趋势，土壤全磷由试验开始时（1990 年）的 $0.52g/kg$ 分别上升到 2012 年的 $0.86g/kg$、$0.83g/kg$、$0.76g/kg$，分别上升了 59.1%、45.7% 和 66.0%。磷素是制约作物生长发育的重要因子，如果土壤连续种植作物而不施用磷肥，由于磷的耗竭，土壤磷素将变得更为缺乏，施用磷肥是作物持续增产的有效措施（曲均锋，2009a，2009b）。在长期不施用磷肥的 CK、N、NK 处理中，土壤全磷表现为缓慢下降的趋势，从开始的 $0.52g/kg$ 分别下降到 $0.40g/kg$、$0.42g/kg$，$0.41g/kg$（2012 年全磷含量），分别下降了 23.4%、19.4% 和 20.7%。

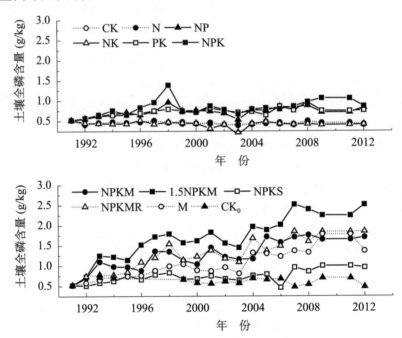

图 28 – 5　长期不同施肥土壤全磷含量变化

2. 长期施肥下红壤有效磷含量（Olsen – P）的演变

红壤旱地上施用磷肥，土壤有效磷（Olsen – P）表现为上升的趋势（图 28 – 6）。由于磷在土壤中相对比较稳定，施用有机肥（1.5NPKM、NPKM、NPKMR、M）和秸秆还田（NPKS）土壤有效磷（Olsen – P）含量随时间逐渐上升，由试验开始时（1990 年含量）的 $12.4mg/kg$ 分别上升到 2012 年的 $248.7mg/kg$（1.5NPKM）、$181.6mg/kg$（NPKM），$180.3mg/kg$（NPKMR）、$161.6mg/kg$（M）和 $38.8mg/kg$（NPKS）。土壤有效磷达到了很高的水平，远远超过了磷环境临界浓度水平。施用化学磷肥的处理（NPK、NP、PK）土壤有效磷（Olsen – P）含量也缓慢上升，土壤有效磷（Olsen – P）含量由试验开始时（1990 年含量）的 $12.4mg/kg$ 分别上升到 2012 年的 $34.3mg/kg$、$40.7mg/kg$、$36.7mg/kg$。不施用磷肥的处理，土壤速效磷表现下降趋势。不施磷肥的 CK、N、NK 处理从 1990 年开始时 $12.4mg/kg$ 下降到 2012 年的 $3.8mg/kg$、$4.8mg/kg$ 和 $2.6mg/kg$，土壤达到极缺磷的严重程度。

由于作物对磷的吸收和移除，不施肥（CK）土壤 Olsen – P 含量随试验时间而下

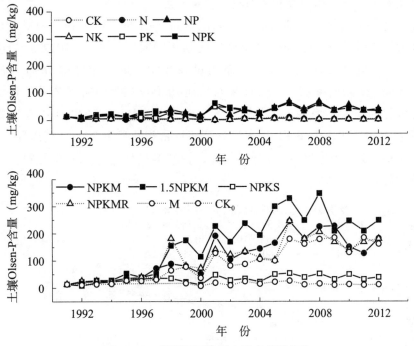

图 28 - 6　长期不同施肥土壤有效磷变化

降，当 Olsen - P 达到 3mg/kg 时，尽管土壤磷平衡一直处于亏缺状态，但 Olsen - P 含量保持平稳（唐旭，2009）。初始土壤 Olsen - P 值对 Olsen - P 含量与试验时间的关系影响很大。不施肥土壤 Olsen - P 随试验时间下降的变化见图 28 - 7，可表示为 Olsen - P = Olsen - Pi × exp（0.10t）（$R^2 = 0.99$，$n = 4$；其中，Olsen - Pi 为初始土壤速效磷含量，t 为时间年）。线性拟合结果表明在土壤 Olsen - P 含量大于 3mg/kg 时该模型能用于预测不施肥条件下 Olsen - P 随试验时间的动态变化。在 N 和 NK 处理中土壤 Olsen - P 含量在时间尺度上的变化趋势与不施肥土壤中 Olsen - P 含量的变化相似。

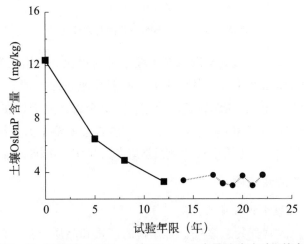

图 28 - 7　不施磷（CK）土壤 Olsen - P 含量随试验时间的变化

3. 红壤全磷、有效磷含量和磷肥投入量的关系

土壤中过多剩余磷引起 Olsen – P 含量的提高（图 28 – 8）。在祁阳旱地长期施入不同有机无机磷条件下，不同处理土壤磷的累积随时间呈现不同的变化规律。在每年施磷 P_2O_5 120kg/hm² （无机磷，形态为过磷酸钙）时，土壤中 Olsen – P 以每年 1.29～1.60mg/kg 的速度累积。其结果与唐旭（2009）等的研究结果一致。该试验中由于有机肥的施入，增加了土壤磷的投入量（NPKM、1.5NPKM 中有机肥不计入肥料总磷量），土壤中 Olsen – P 积累量显著高于常规化肥处理，且超出环境临界值，其年累积速率达到 9.0～14.1mg/kg，因此，在红壤旱地上施入有机肥料，应考虑磷肥的环境负荷。

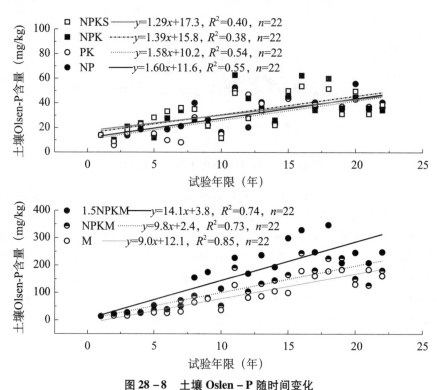

图 28 – 8　土壤 Oslen – P 随时间变化

随着磷肥的不断投入，土壤全磷也在土壤中不断累积，施用化学磷肥（NP、PK、NPK、NPKS）土壤全磷在前 8 年呈线性上升，年累积速率为 0.03～0.06g/kg，试验后期（1999—2012 年），由于土壤结构趋向稳定，土壤全磷含量维持在 0.75～0.84g/kg。施用有机肥料（NPKM、1.5NPKM、M），土壤全磷含量逐渐上升，统计分析表明，自试验开始至今（2012 年），土壤全磷含量积累速率为 0.05～0.08g/kg。

（四）红壤钾的演变规律

1. 长期施肥下红壤全钾含量的变化

钾是作物所需三大营养元素之一，对作物的产量和品质有良好的作用。钾虽然不是作物的结构物质，但它是作物体内 60 多种酶的活化剂，并对作物 C、N 代谢有明显的调节作用。土壤全钾含量主要取决于土壤的矿物组成（张会民，2007a，2009b）。在

红壤旱地不同施肥处理，土壤全钾变化趋势可分为（表 28 - 7）：施用有机肥处理（NPKM、1.5NPKM、M）土壤全钾有微弱上升，分别较初始土壤（1990 年）提高6.8%（M）、9.0%（NPKM）和 10.5%（1.5NPKM）；不施钾肥的 CK、N、NP 处理，土壤全钾含量微弱下降，分别较初始土壤（1990 年）降低 7.5%（CK）、1.5%（N）和 5.3%（NP）；施用化肥的各处理土壤全钾无显著上升或下降趋势，其中 NK、NPK较初始土壤全钾含量上升，PK 和 NPKS 较初始土壤下降。

表 28 - 7　土壤全钾变化

处　理	初始值（1990 年）（g/kg）	2009—2012年均值（g/kg）	较初始值的变化	
			变化值（g/kg）	变化比率（%）
CK	13.3	12.3	-1.0	-7.5
N	13.3	13.1	-0.2	-1.5
NP	13.3	12.6	-0.7	-5.3
NK	13.3	13.6	0.3	2.3
PK	13.3	13.0	-0.3	-2.3
NPK	13.3	13.4	0.1	0.8
NPKM	13.3	14.5	1.2	9.0
1.5NPKM	13.3	14.7	1.4	10.5
NPKS	13.3	12.8	-0.5	-3.8
M	13.3	14.2	0.9	6.8

2. 长期施肥对红壤速效钾和缓效钾含量的影响

长期不施钾肥（CK、N、NP）处理，土壤速效钾含量迅速降低（图 28 - 9），通过长期监测发现，不施钾肥土壤速效钾在前 11 年呈线性下降趋势，以后由于作物产量低，带走的钾素少以及土壤钾矿释放等，土壤速效钾平均维持在 47.7～55.9mg/kg。试验前期土壤速效钾下降速率为施肥的 N 和 NP 处理（年下降速率分别为 6.9mg/kg 和6.0mg/kg）高于不施肥对照（年下降速率为 5.5mg/kg）。

施用化学钾肥（NK、PK、NPK）处理土壤速效钾逐年升高。其中 NK 处理，由于缺磷导致的作物产量低，钾的吸收携出少，前 11 年土壤速效钾上升较快，平均每年升高 17.9mg/kg，后期由于土壤酸化等导致的土壤结构和缓冲体系变化，速效钾维持在215mg/kg 水平。施用磷钾肥处理（PK）的土壤速效钾年增加速率显著高于氮磷钾平衡施肥处理（NPK），两者年速效钾增速分别为 9.7mg/kg 和 4.3mg/kg。

施用有机肥料（NPKM、1.5NPKM、M）处理土壤速效钾也逐年增加。由于钾素投入量的不同，不同处理速效钾年增加速率为 1.5NPKM 处理（15.5mg/kg），显著高于NPKM（10.5mg/kg），显著高于单施有机肥 M 处理（7.7mg/kg）。各处理分别由土壤初始值 104.0mg/kg，上升到 2012 的 451.2mg/kg（1.5NPKM）、318.0mg/kg（NPKM）和 234.1mg/kg（M）。

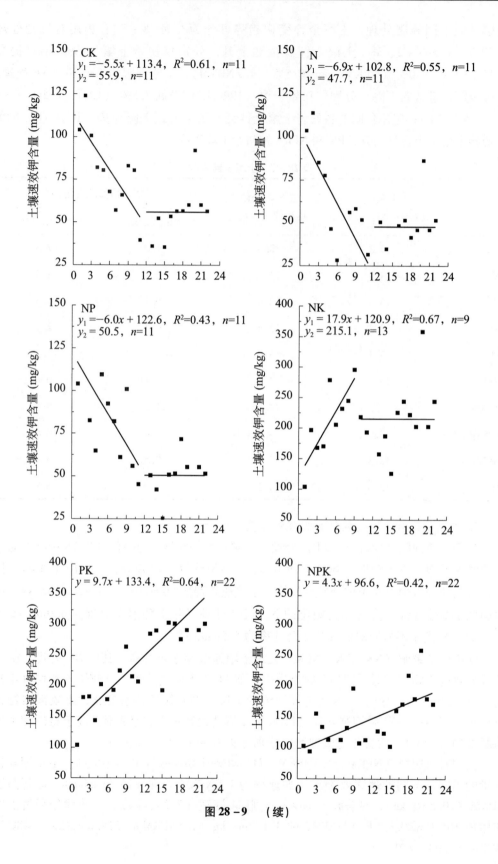

图 28-9 （续）

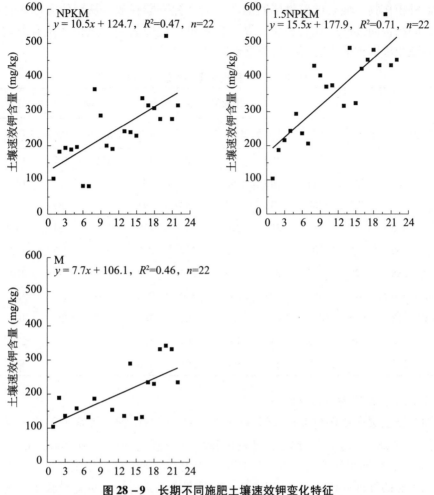

图 28-9　长期不同施肥土壤速效钾变化特征

土壤缓效钾是衡量土壤供钾潜力的指标，缓效钾含量高，土壤供钾能力大。在不施钾肥的处理 CK、N 和 NP，缓效钾逐渐下降，由试验前的 267mg/kg 下降到 2009 年的 155mg/kg、72mg/kg 和 82mg/kg，下降幅度分别为 60%、73% 和 69%。施用有机肥或化肥钾的处理，土壤缓效钾含量逐年上升，缓效钾增加最多的 1.5NPKM 处理，每年递增 12mg/kg。表明长期不施钾肥，土壤钾亏损，造成土壤钾匮乏，形成缺钾土壤，养分失去平衡，影响作物的产量和品质。施用有机肥的处理，有机肥的分解可促使土壤矿物钾释放，使矿物钾向缓效钾和土壤有效钾转化（表 28-8）。

3. 长期施肥红壤钾素固定特征

长期不同施用钾肥形成了不同钾素肥力的红壤，通过外源钾的输入发现，在外源钾浓度 0.4~4.0g/L 的范围内，长期施钾与不施钾红壤对钾素的固定有显著差异，而施钾处理间、不施钾处理间的土壤固钾能力差异不大（张会民，2007b，2007c，2009c）（图 28-10）。施钾土壤钾素固定率为 0.8%~5.0%，不施钾土壤钾素固定率为 3.0%~13.7%。长期不施钾肥的土壤，其钾素固定能力升高，与平衡施用氮磷钾（NPK）化肥土壤相比，不施钾土壤（CK、N、NP）固钾率升高了 2.0%~8.7%，化肥与有机肥配施（NPKM）土壤的固钾能力略低于施 NPK 处理的土壤。以非胀缩性的高岭石为主要矿物、水云母矿物含量极低的红壤对外源钾的固定能力非常低，长期不施钾肥而种植作物，使云母矿物层间的非交换性钾不断释放，从而使云母矿物出现膨胀性的层间结构而逐渐向蛭石转化，黏土矿物可固定钾的层间点位数量有所增加，这可能是导致土壤固钾能力有所提高的重要原因。

表 28-8　不同施肥土壤缓效钾含量

处　理	缓效钾含量（mg/kg）										
	1992 年	1994 年	1996 年	1998 年	2005 年	2006 年	2007 年	2008 年	2009 年	平均	增减
CK	172	229	201	182	77	106	128	196	107	155	-112
N	201	230	211	143	92	74	93	152	72	141	-126
NP	200	228	269	143	112	84	93	170	82	153	-114
NK	350	432	589	356	210	182	130	257	151	295	28
PK	250	388	705	482	315	277	220	439	267	372	105
NPK	288	320	715	269	183	172	152	271	143	279	12
NPKM	356	448	395	705	305	330	236	430	272	386	119
1.5NPKM	473	632	618	812	407	182	342	569	381	491	224
NPKS	327	336	482	347	165	209	164	274	205	279	12
M	502	—	599	434	306	301	190	332	347	376	109

4. 长期施肥红壤钾素释放特征

不同施肥土壤在 0.01mol/L CaCl$_2$ 和 0.01mol/L 草酸两种浸提剂下的累积释放特征基本相似（图 28-11）。各处理土壤累积释放量分别为 30.4~56.8mg/kg 和 40.4~59.4mg/kg。施用钾肥处理（NPKM 和 NPK）土壤非交换性钾的累积释放量显著高于长期不施用钾肥的处理（CK、N 和 NP），不施钾土壤间累积释放量差异较小。施钾处理中 NPKM 处理的土壤非交换性钾的累积释放量最大（52.8~59.4mg/kg），显著高于 NPK 处理土壤（49.1~56.8mg/kg）。不施钾肥处理土壤中，NP 处理土壤非交换性钾的累积释放量最低，这与长期不施钾肥红壤钾素出现耗竭，而在不施钾肥处理中，NP 处理的作物（小麦和玉米）从土壤中携带走的钾素量又最多有关，还可能与 1mol/L 硝酸浸提钾和其他土壤性质的变化有关（徐明岗，2006）。

5. 长期施肥红壤钾素 Q/I 演变特征

土壤钾素平衡活度比（AR_0）是衡量土壤钾素有效性的指标，一般称为土壤钾素的强度指标（I）。连续耕种施肥 15 年后，红壤钾素的 AR_0 值出现明显差异（张会民，2009a，2009b）（图 28-12 和表 28-9）。不施钾肥（CK、N 和 NP）土壤 AR_0 值较小，变化幅度为 0.00041~0.00063（mol/L）$^{1/2}$，其中 CK 大于 N、NP 处理土壤，NP 土壤最小；NPK 和 NPKM 处理土壤 AR_0 值较大，分别为 0.00606（mol/L）$^{1/2}$ 和 0.00958（mol/L）$^{1/2}$。不施钾肥红壤吸附的钾主要保持在黏土矿物晶体的层间楔形点位，施钾土壤吸附的钾主要保持在黏土矿物晶体的边缘点位。

土壤活性钾（K_L）代表达到平衡时土壤固相和液相间 K$^+$ 的交换量，包括非专性吸附钾（$-\triangle K_0$）和专性吸附钾（K_X）两部分。不施钾土壤 $-\triangle K_0$ 值较小，变化幅度为 0.006~0.008cmol/kg，仅占土壤活性钾（K_L）的 11%~14%，说明连续耕种施肥而不施入钾肥土壤溶液中的钾较少（图 28 - 12 和表 28 - 9）。NPK 和 NPKM 处理土壤 $-\triangle K_0$ 值较大，分别为 0.079cmol/kg 和 0.195cmol/kg，占土壤活性钾（K_L）的 36% ~ 40%，说明连续施用钾肥后，有更多的钾素进入到土壤溶液，NPKM 处理土壤 $-\triangle K_0$ 值更大是因为除施入化学钾肥外施入土壤的有机肥本身还含有一定量的钾素。不施钾土壤 K_x 值也较小（0.037 ~ 0.067cmol/kg），说明由于长期不施钾肥导致土壤黏土矿物晶体部分专性吸附点位保持的钾释放出来被作物吸收；施钾土壤（NPK 和 NPKM）K_x 值较大，分别为 0.140cmol/kg 和 0.292cmol/kg，长期施用钾肥后黏土矿物吸附点位保持的钾的释放受到抑制。

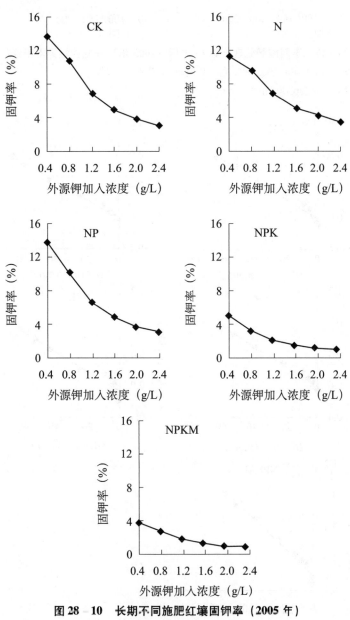

图 28 - 10 长期不同施肥红壤固钾率（2005 年）

图片来源：张会民博士论文

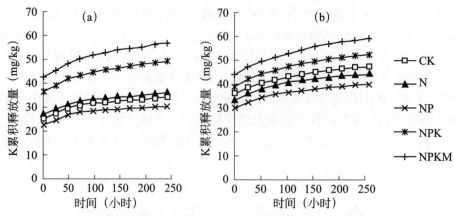

图 28-11　不同施肥处理土壤 15 年后（2005 年）非交换性钾累积释放量

（a）0.01mol/LCaCl₂ 连续浸提；（b）0.01mol/L 草酸连续浸提

图片来源：张会民博士论文

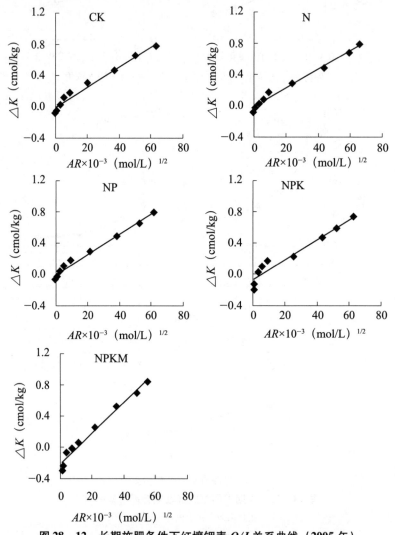

图 28-12　长期施肥条件下红壤钾素 *Q/I* 关系曲线（2005 年）

图片来源：张会民博士论文

土壤钾位缓冲容量（*PBC*）是衡量土壤保持一定供钾强度的能力指标。NPKM 处理土壤的 *PBC* 值最大（20.3），NP 处理土壤次之（13.8），CK、N 和 NP 土壤的 PBC 值（12.7~13.0）最小，且 3 个处理间差异不大（图 28－12 和表 28－9）。除 NPKM 外，其余施肥土壤 *PBC* 值差异不大与红壤黏土矿物以高岭石为主、水云母含量低有关，而 NPKM 处理土壤 *PBC* 值最大与长期化肥和有机肥配合施用后土壤 *CEC* 含量明显增加有关。长期不施钾土壤的 －△G 值较高，变化幅度为 18.3~19.3kJ/mol，长期施钾土壤（NPK 和 NPKM）－△G 值较低，分别为 12.7kJ/mol 和 11.5kJ/mol。不施钾土壤的 －△G值远远高于 Woodruff 等（1955）研究的缺钾阈值，处于缺钾状态，而施钾土壤钾素相对不缺乏。

表 28－9　不同施肥红壤钾素 *Q/I* 关系曲线（2005 年土壤）

处　理	$AR_0 \times 10^{-3}$ $(mol/L)^{1/2}$	$K_L \times 10^{-1}$ (cmol/kg)	$-\triangle K_0 \times 10^{-1}$ (cmol/kg)	$K_X \times 10^{-1}$ (cmol/kg)	*PBC*	$-\triangle G$ (kJ/mol)
CK	0.63	0.75	0.08	0.67	12.9	18.3
N	0.46	0.43	0.06	0.37	12.7	19.0
NP	0.41	0.54	0.06	0.48	13.8	19.3
NPK	6.06	2.19	0.79	1.40	13.0	12.7
NPKM	9.58	4.86	1.95	2.92	20.3	11.5

三、长期施肥下红壤其他理化性质的演变特征

（一）长期施肥下红壤酸化特征

1. 长期施肥的红壤 pH 值变化

在自然条件下，土壤酸化是一个非常缓慢的过程，由于人为活动的影响，比如酸沉降和不当的农田施肥措施等加速了土壤酸化（许中坚等，2002；姜军，2006；Reuss 等，1986；Binkley 等，1989）。红壤上施入尿素能显著降低土壤 pH 值，土壤酸化与施肥密切相关（蔡泽江，2011）。长期施肥对红壤的 pH 值影响见图 28－13。在施用化学氮肥的处理，土壤的 pH 值随施肥年限的增加表现为下降的趋势，有机肥料和化肥配合施用处理（NPKM）和 CK 处理土壤的 pH 值比较稳定，M 处理表现为上升趋势。到 2010 年，N、NP、NPK、NPKS 处理土壤 pH 值分别比试验开始时（1990 年）下降了 1.6、1.5、1.3、1.3，年下降幅度分别为 0.08、0.075、0.065、0.065。而在 M 处理，土壤 pH 值则上升了 0.8，土壤转化为中性土壤。在 CK 和 NPKM 处理中，土壤 pH 值 2010 年分别为 5.7、5.8，保持稳定。由此可见，在红壤旱地上施用化学氮肥是加速土壤酸化的主要原因。施用有机肥料可防止土壤酸化。在 NPKS 处理中，虽然实行作物秸秆还田，但归还量较少，作物秸秆年归还量在 2 500kg/hm² 左右，同时实行作物秸秆还田作物产量比 NPK 处理高，作物相对要吸收土壤较多的养分（钙、镁养分），归还的钙、镁等养分不足以弥补作物吸收和土壤淋溶损失的养分，土壤的 pH 值也出现降低趋势。

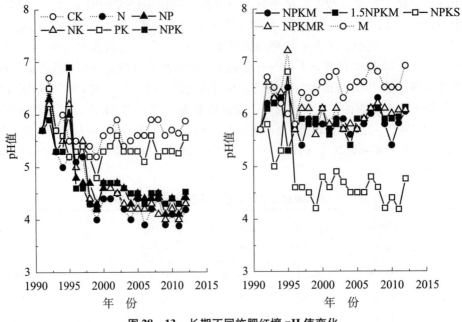

图 28 - 13 长期不同施肥红壤 pH 值变化

2. 长期施肥的红壤酸化速率

对土壤酸化速度的研究，可以明确土壤酸化的快慢和估算中和土壤每年产生的酸所需的石灰量。从表 28 - 10 可知，对于各单施化学肥料和化学肥料加秸秆还田的处理，红壤酸化主要发生在前 8～14 年，其中酸化最快的是 NPK 处理，实际酸化速率为 6.7kmol $(H^+)/(hm^2 \cdot a)$，施肥 8 年即达到稳定 pH 值 4.5；其次是 NP 和 NPKS 处理，实际酸化速率分别为 5.6kmol $(H^+)/(hm^2 \cdot a)$ 和 5.4kmol $(H^+)/(hm^2 \cdot a)$，分别需要 9 年和 8 年达到稳定 pH 值 4.5 和 pH 值 4.6；而 N 处理在前 12 年实际酸化速率分别为 4.9kmol $(H^+)/(hm^2 \cdot a)$。为中和每年产生的酸各处理石灰的需要量为 371～614kg/$(hm^2 \cdot a)$。

CK 处理实际酸化速率为 0.1kmol $(H^+)/(hm^2 \cdot a)$，耕作 18 年后土壤 pH 值没有发生显著变化。而 NPKM 和 M 处理能维持和改善红壤酸度，随有机肥施入到土壤中的碱性物质分别相当于 4kg/$(hm^2 \cdot a)$ 和 190kg/$(hm^2 \cdot a)$ 的石灰。

表 28 - 10 长期施肥对红壤酸化速率的影响（2008 年土壤）

处理	△pH 值	年限 (a)	实际酸化速率 [Kmol (H^+)/ $(hm^2 \cdot a)$]	石灰需要量 [kg/$(hm^2 \cdot a)$]	年限 (a)	平均酸化速率 [kmol(H^+)/ $(hm^2 \cdot a)$]	石灰需要量 [kg/$(hm^2 \cdot a)$]
CK	-0.05	18	0.1	7	18	0.1	7
N	-1.56	12	4.9	449	18	3.2	292
NP	-1.28	9	5.6	515	18	2.8	25
NPK	-1.28	8	6.7	614	18	3.0	272
NPKM	0.02	18	-0.1	-4	18	-0.1	-4
NPKS	-1.11	8	5.4	495	18	2.2	205
M	0.92	18	-2.1	-190	18	-2.1	-190

（二）长期施肥对红壤阳离子交换量（CEC）的影响

由表 28 – 11 可以看出，施肥 18 年后，NP、NPK、NPKS、NPKM、M 处理与 1990 年基础土样相比都显著增加了红壤的阳离子交换量（CEC）。其中以 NPKM、M 处理增加的最大，分别增加了 3.67cmol/kg 和 4.71cmol/kg；其次是 NP、NPK、NPKS 处理，分别增加了 1.33cmol/kg、2.10cmol/kg、1.71cmol/kg，而 N 处理与 1990 年的基础土样相比没有发生显著变化。除 CK 处理外，各处理 CEC 与土壤有机质含量呈极显著正相关（$R^2 = 0.940^{**}$，$n = 7$），这表明增加土壤有机质含量是土壤阳离子交换量增加的主要原因之一。

长期施用化学氮肥导致红壤大量盐基离子随硝态氮淋洗损失，交换性盐基离子总量减少，淋洗损失的盐基离子被交换性氢、铝取代，导致盐基饱和度降低，与 1990 年的基础土壤相比，降低幅度最大的是 N、NP 处理，交换性盐基离子总量分别减少了 6.52cmol/kg、5.41cmol/kg，盐基饱和度分别降低了 73.42% 和 64.99%；其次是 NPK、NPKS 处理，交换性盐基离子总量分别降低了 3.83cmol/kg、3.87cmol/kg，盐基饱和度分别降低了 50.84%、51.74%。而施用有机肥能显著增加土壤的交换性盐基离子总量，增加了土壤的盐基饱和度。而 CK 处理交换性盐基离子总量和盐基饱和度也有所降低。

表 28 – 11　长期施肥对红壤阳离子交换量、交换性盐基离子、盐基饱和度的影响（2008 年土壤）

处　理	阳离子交换量（cmol/kg）	交换性盐基离子（cmol/kg）	盐基饱和度（%）
1990 年样	8.99	8.71	96.99
CK	9.50	6.59	67.79
N	9.30	2.19	23.58
NP	10.32	3.30	33.17
NPK	11.09	4.89	44.08
NPKM	12.66	12.39	97.91
NPKS	10.70	4.84	45.24
M	13.70	13.54	98.78

（三）长期施肥红壤容重的变化

土壤容重反映土壤紧实情况，一般说来作物需要一个合适的土壤容重范围，土壤容重过大和过低都不利于作物生长，容重过大土壤过于紧实，不利于作物根系下扎和生长，而容重过低，作物容易发生倒伏和不利于土壤对养分的保存。土壤容重与施肥管理及土壤的性质有关，特别与土壤有机质数量和质量相关，通过施肥和种植制度的调整，可以改变土壤的容重，促使其向良性方向发展。从表 28 – 12 可见，长期单施氮肥处理，土壤容重比 CK 处理降低 3%，施用其他化学肥料的处理，土壤容重保持基本稳定略有所增加。有机肥料和化学肥料配合施用的处理，土壤容重与 CK 相比增加

$0.26g/cm^3$，单施有机肥料处理，土壤容重比 CK 增加了 $0.19g/cm^3$，有机肥料增加了红壤旱地的土壤容重，有利于提高土壤保肥保水性能。

表 28-12　长期施肥对红壤容重的影响

处　理	土壤容重（g/cm^3）					
	1994 年	1999 年	2006 年	2010 年	平均	比 CK 增加
CK	1.09	1.21	1.12	1.19	1.15	0.00
N	1.03	1.19	1.10	1.15	1.12	-0.03
NP	1.05	1.19	1.15	1.22	1.15	0.00
NPK	1.04	1.39	1.21	1.21	1.21	0.06
NPKM	1.19	1.44	1.51	1.49	1.41	0.26
NPKS	1.07	1.23	1.19	1.21	1.18	0.02
M	1.20	1.40	1.39	1.37	1.34	0.19

四、长期施肥下红壤微生物生物量 C、N 的变化

长期不同施肥 17 年后，土壤微生物量 C、N 结果见表 28-13。撂荒处理的微生物量 C 含量最高，达到 $792.6\mu g/g$；单施氮肥的微生物量 C 最低，只有 $34.4\mu g/g$。所有施加有机肥（物）的处理土壤微生物量 C 高于没有施有机肥（物）的处理，说明有机肥的施入提高了土壤微生物量 C 的含量。长期不施肥处理（CK）> 氮钾肥（NK）> 单施氮肥（N），而低于氮磷（NP）和磷钾（PK）施肥处理，说明施磷肥有利于增加土壤微生物量 C。氮磷钾处理的微生物量 C 明显高于其他无机肥和长期不施肥的处理，说明均衡施无机肥有利于提高微生物量 C。氮磷钾 + 秸秆还田的处理明显高于氮磷钾施肥处理，两者差异显著，说明秸秆还田有利于微生物量 C 的增加。3 个有机无机配施处理的微生物量 C 相比较，三茬轮作（NPKMR）处理 > 常量有机无机配施处理 > 增量有机无机配施处理，三者之间没有明显差异。

不同施肥处理微生物量 N 的含量为 $19.4\sim78.4\mu g/g$。所有施有机肥处理、氮磷钾 + 秸秆还田处理以及撂荒处理的微生物量 N 要明显高于单施无机肥的处理，说明长期单独施无机肥减少了土壤微生物量 N。而长期不施肥处理的微生物量 N 含量略高于单施氮肥和施氮钾肥处理，氮磷钾处理高于其他单独施加无机肥的处理，说明均衡施肥有利于提高微生物量 N 的含量。

土壤微生物量 C_{mic}/N_{mic} 比可反映微生物群落结构信息，其显著变化喻示着微生物群落结构变化可能是微生物量较高的首要原因（Lovell，1994）。由表 28-14 可见，长期单施有机肥处理的 C_{mic}/N_{mic} 比值最高，长期单施氮肥处理的比值最低，说明不均衡施肥将引起土壤微生物群落结构的明显变化。与常量有机无机配施处理相比，增量有机无机配施（1.5NPKM）降低了 C_{mic}/N_{mic} 的比值，说明过量施加肥料，对土壤微生物的群落结构并不能产生有益的影响。

表 28 - 13　不同施肥处理土壤微生物量碳、氮

处　理	C_{mic}（$\mu g/g$）	N_{mic}（$\mu g/g$）	C_{mic}/C_{org}	C_{mic}/N_{mic}
撂　荒	792.6	75.0	68.5	10.6
CK	58.5	21.8	7.9	2.7
N	34.4	19.9	4.8	1.7
NP	97.6	26.9	11.4	3.6
NK	43.7	19.4	4.9	2.3
PK	161.3	27.5	20.3	5.9
NPK	283.9	33.4	33.6	8.5
NPKM	535.8	58.3	40.8	9.2
1.5NPKM	529.7	76.6	38.8	6.9
NPKMR	594.0	77.9	40.8	7.6
NPKS	403.8	54.2	45.7	7.5
M	655.8	78.4	51.5	8.4

注：表中 C_{mic} 和 N_{mic} 分别表示微生物量碳和微生物量氮

微生物商 C_{mic}/C_{org}（C_{org} 表示土壤的有机碳）的变化反映了土壤中输入的有机质向微生物量 C 的转化效率以及土壤中碳损失和土壤矿物对有机质的固定。微生物商的变化比土壤有机碳和微生物量 C 更稳定，表现出更平滑的变化趋势（Sparling，1992）。从表 28 - 13 可以看出，长期撂荒处理的土壤微生物商显著高于施肥耕作处理的土壤。Saggar 等（2001）通过对新西兰马纳瓦图地区的两种土壤（潜育土和淋溶土）的研究也发现，随着农业耕作，微生物量 C 和土壤全碳含量减少（土壤有机碳减少 60%，微生物量碳减少 83%），微生物商变小。除了单施氮肥和氮钾肥处理外，长期各施肥其他处理微生物商显著高于长期不施肥处理，主要是因为施肥可以增加生物产量，改善土壤环境，有利于土壤有机质的降解和微生物量 C 的增加。长期单施氮肥和氮钾肥的处理，其微生物商小于长期不施肥的处理，可能是因为这类长期不均衡施肥造成土壤的团粒结构发生了变化，微生物碳的含量偏低，而同时长期的这种处理使得土壤的碳库系统趋于稳定，从而造成微生物商偏低。

五、作物产量对长期施肥的响应

（一）长期不同施肥作物产量的变化

作物的产量与施肥管理关系密切。红壤旱地长期定位试验结果表明，在不同的肥料投入下，各处理小麦和玉米产量发生显著变化（表 28 - 14）。各处理小麦籽粒 20 年平均产量最低为 334kg/hm²（单施氮肥处理 N），最高 1 662kg/hm²（高量化肥和高量有机肥配合 1.5NPKM），两者相差 5 倍。各处理小麦籽粒产量高低顺利分别为施用有机肥和秸秆还田组（1.5NPKM、NPKM、M、NPKS），显著高于化肥平衡施肥处理（NPK），显著高于偏施化肥处理（NP、PK），高于对照和单施氮肥及氮钾肥处理（N、NK 和 CK）。玉米籽粒产量 20 年平均最低为 281kg/hm²（对照不施肥 CK），最高 5 952kg/hm²（高量化肥和高量有机肥配合 1.5NPKM）。各处理玉米籽粒产量高低顺利分别为高量化肥有机肥配合（1.5NPKM）＞化肥有机肥配合（NPKM）＞单施有机肥（M）＞秸秆还田（NPKS）和化肥平衡施用（NPK）＞化肥偏施和对照（NP、NK、N、PK、CK）。各处理之间20年秸秆平均产量也出现较大差异（表28-15）。

表28-14 长期不同施肥作物产量（1991—2010年平均）变化 （单位：kg/hm²）

处理	籽粒产量		秸秆产量		总生物量	
	小麦	玉米	小麦	玉米	小麦	玉米
CK	383d	281f	858e	871f	1 241e	1 151f
N	334d	600f	897e	854f	1 232e	1 453f
NP	900c	1 811e	1 942de	1 995de	2 843cd	3 805e
NK	352d	885f	892e	1 170ef	1 244e	2 056f
PK	857c	533f	1 623de	1 245ef	2 480de	1 778f
NPK	1 105bc	2 987d	2 270cd	2 680d	3 375bcd	5 667d
NPKM	1 630a	5 103b	3 624ab	4 805b	5 254a	9 908b
1.5NPKM	1 662a	5 952a	4 150a	5 980a	5 811a	11 932a
NPKS	1 268abc	3 528cd	2 640bcd	3 388c	3 907bc	6 916cd
M	1 353ab	3 806c	3 204abc	3 653c	4 557ab	7 459c

注：小写字母表示在0.05水平显著性差异

（二）作物产量对长期施氮肥的响应

从红壤旱地作物产量与氮素吸收变化的关系可以看出，作物产量与氮素吸收呈极显著正相关关系（图28-14）。根据两者相关方程可以计算出，在红壤旱地上每吸收1kg氮，能分别提高小麦和玉米产量23.6kg和35.7kg。

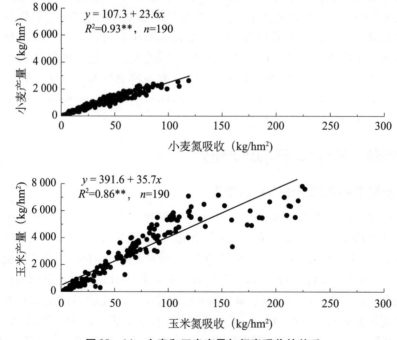

图28-14 小麦和玉米产量与氮素吸收的关系

通过比较不施肥（CK），不施氮肥（PK）和施氮磷钾化肥（NPK）处理的小麦和玉米产量年变化特征可知（图28－15），化学肥料在玉米上的增产作用显著大于小麦。氮磷钾平衡施肥（NPK）处理，前8年玉米产量一直上升，之后由于土壤pH值降低等原因，玉米产量逐年下降。在该试验条件下，小麦和玉米产量与土壤碱解氮含量均呈现显著相关（图28－16）。土壤碱解氮每增加1mg/kg，分别能增加小麦和玉米产量8.3kg/hm²和20.0kg/hm²。

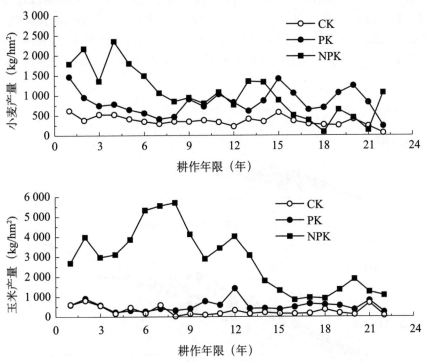

图28－15　不施肥（CK）、施用磷钾肥（PK）及施用氮磷钾肥（NPK）处理小麦及玉米产量

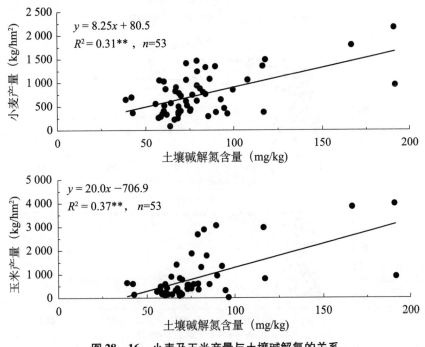

图28－16　小麦及玉米产量与土壤碱解氮的关系

（三）作物产量对长期施磷肥的响应

红壤地区土壤一般表现为磷素养分的缺乏，施用磷肥是解决红壤地区土壤缺磷的重要措施，红壤旱地长期施用磷肥的效果见图 28 – 17 和图 28 – 18。从小麦和玉米产量与磷素吸收关系可以看出，作物产量与磷素吸收呈极显著正相关关系（图 28 – 17）。根据两者相关方程可以计算出，在红壤旱地上每吸收 1kg 磷（P），能分别提高小麦和玉米产量 92.9kg/hm² 和 263.2kg/hm²（图 28 – 17）。小麦及玉米相对产量与土壤 Olsen – P 含量分析可以计算出，小麦和玉米农学阈值分别为 30.4kg/hm² 和 58.1kg/hm²（表 28 – 18）。

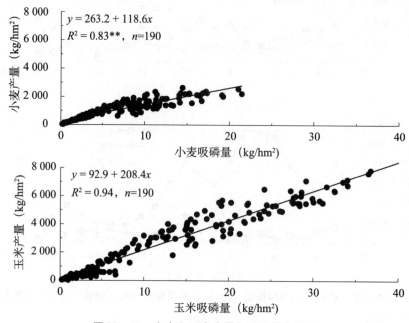

图 28 – 17　小麦和玉米产量与作物磷素吸收

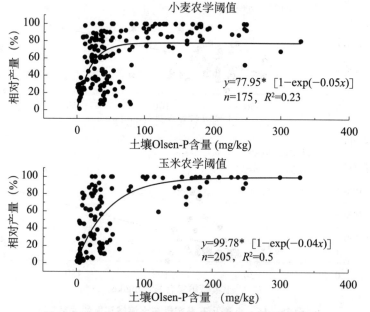

图 28 – 18　小麦及玉米对于土壤 Olsen – P 的农学阈值

（四）作物产量对长期施用钾肥的响应

钾是作物生长的大量营养元素，钾肥效果与土壤性质和作物种类有关。近10年来，钾肥施用量遂年增加，但国内钾矿资源却严重不足，进口依存度较高。据相关的数据显示，截至2008年年底，我国氯化钾基础储存量为3.64亿t，仅占全球基础储存量的2%，中国钾盐基础储存量仅可保证28年左右，钾矿资源已经成为战略物质。因此，监测钾肥的施用效果，对指导钾肥合理施用和节约钾矿资源很有必要。与氮、磷肥料一样，作物产量与钾素吸收量显著相关（图28-19）。小麦和玉米产量随着土壤速效钾含量的升高而增加（图28-20），由相关方程可知，土壤速效钾含量每升高1mg/kg，小麦和玉米产量分别增加13.9kg/hm^{2}和32.6kg/hm^2。

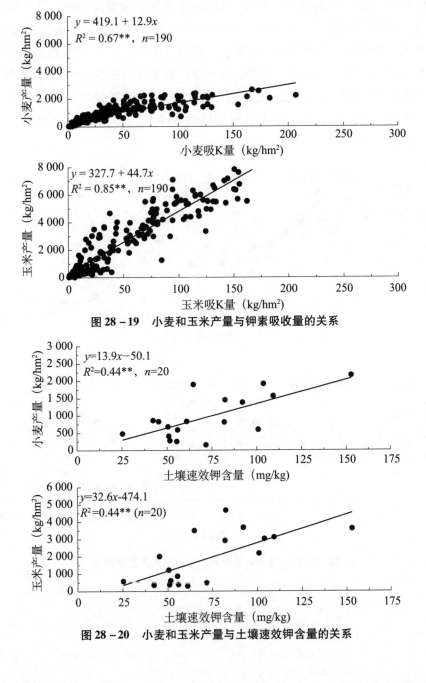

图28-19　小麦和玉米产量与钾素吸收量的关系

图28-20　小麦和玉米产量与土壤速效钾含量的关系

（五）作物产量对长期施用有机肥的响应

有机肥是传统农业的精华，对保持我国地力长新起到了关键作用。红壤地区旱地长期施用有机肥料的监测结果表明（图28-21和图28-22），施用有机肥料前5年M处理小麦和玉米总产量比NPK处理减产12%，NPKM处理增产11%，1.5NPKM处理增产22%，NPKS处理比NPK处理增产19%，秸秆还田表现较好的增产效果。第6~10年，与前5年有相同的结果趋势，即M处理比NPK处理减产17%，NPKM处理比NPK处理增产15%，1.5NPKM处理增产29%，NPKS处理增产6%，有机肥料与化学肥料配施的处理增产效果明显表现为上升趋势。11~15年的统计结果则显示，单施用有机肥料M处理比NPK处理增产50%，NPKM处理增产幅度为109%，1.5NPKM处理增产85%，NPKS处理增产只有19%。16~20年的统计结果表明，施用有机肥料的增产幅度更大，NPKM处理比NPK处理增产高达310%，M处理增产幅度为243%，1.5NPKM处理增产幅度为206%，NPKS处理增产幅度仅为43%，可见有机肥料的增产效果随着试验时间的延长而增加，肥料用量过大的1.5NPKM处理增产效果不如NPKM处理。20年的统计结果表明，施用有机肥料的NPKM、1.5NPKM、NPKS、M处理比NPK增产幅度分别为87%、74%、21%、55%。

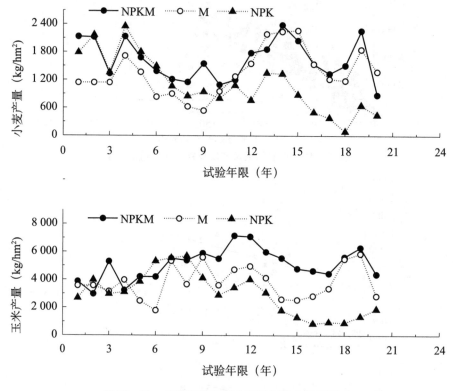

图28-21　施用有机肥对小麦及玉米产量的影响

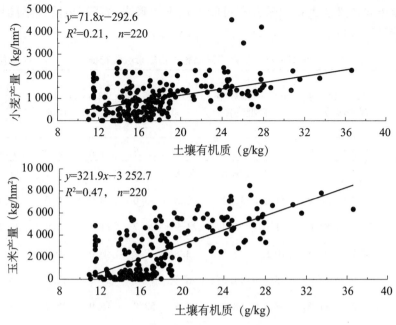

图 28 - 22　小麦及玉米产量与土壤有机质的关系

六、长期施肥下农田生态系统养分循环与平衡

（一）长期不同施肥的肥料回收率

1. 氮肥回收率的变化

长期不同施肥显著影响作物对氮素的吸收利用（表 28 - 15，图 28 - 23）。小麦、玉米对氮素的吸收表现为施用有机肥处理高于氮磷钾平衡施肥处理，高于不平衡施肥及对照，具体顺序为 1.5NPKM > NPKM > M > NPKS > NPK > NP > PK、NK、N、CK。从时间变化上，施用有机肥处理（NPKM、1.5NPKM、M），小麦和玉米对氮素吸收逐渐升高后保持稳定，这与其产量的变化一致；氮磷钾平衡施肥处理（NPK），小麦和玉米吸收氮素前期稳定，由于红壤酸化加剧，pH 值逐渐成为限制因子而影响作物产量，进而影响作物对氮素的吸收利用，到后期，小麦和玉米对氮素的吸收逐渐下降。偏施氮肥处理（NP、NK、N）小麦和玉米氮素吸收量逐年下降，甚至出现绝收现象。不施氮处理（PK、CK），小麦和玉米对氮素的吸收保持在较低水平。对不同作物来说，玉米的吸氮量要显著高于小麦。

氮素回收率的变化与氮素吸收基本相同，分别表现为施用有机肥的处理高于氮磷钾平衡施肥处理，高于不平衡施肥处理（段英华，2010）。各处理施肥 20 年后（2010 年）氮素回收率分别为 1.5NPKM 45.9%、NPKM43.8%、M 33.1%、NPK14.1%、NP6.6%。

2. 磷肥回收率的变化

与小麦和玉米对氮素的吸收特征相类似，长期施用有机肥的处理，作物吸磷量显著高于化肥氮磷钾处理，高于不平衡施肥及对照（高静，2009）。受作物生长的影响，长期施用有机肥作物磷吸收量保持稳定，磷肥的回收率维持在 50% ~60%，施用化肥的各处理，磷肥回收率逐渐下降，施肥 20 年后各处理磷肥回收率降低到 10% 左右。由于磷素容易在土壤中累积，施用有机肥磷肥的年回收率保持稳定，长期大量的有机肥施入，导致土壤磷素的大量积累，有可能增加土壤磷素的环境风险。不同作物之间，玉米的吸磷量显著高于小麦（表 28 – 16，图 28 – 24）。

表 28 – 15　长期不同施肥作物氮素吸收特征 （单位：kg/hm²）

处　理	1991—1995 年氮素吸收量		1996—2000 年氮素吸收量		2001—2005 年氮素吸收量		2006—2010 年氮素吸收量		20 年平均氮素年吸收量（1991—2010 年）	
	小麦	玉米	小麦	玉米	小麦	玉米	小麦	玉米	小麦	玉米
CK	15.3	11.3	10.2	6.6	10.6	5.8	9.2	6.1	11.3	7.5
N	43.7	48.9	11.3	16.2	2.5	3.0	0.0	0.0	14.4	17.0
NP	70.6	81.6	31.0	55.4	21.9	26.7	11.4	17.4	33.7	45.3
NK	50.7	63.5	10.9	25.5	3.8	7.2	0.0	0.0	16.4	24.0
PK	28.9	12.7	18.3	11.3	26.5	13.4	27.0	12.5	25.2	12.5
NPK	73.2	81.2	38.4	88.7	36.3	52.9	16.9	28.2	41.2	62.8
NPKM	73.4	84.2	49.5	104.1	67.0	123.2	55.8	107.5	61.4	104.7
1.5NPKM	90.0	159.8	58.5	198.1	72.9	218.0	60.3	183.7	70.4	189.9
NPKS	83.2	92.7	48.9	95.3	45.2	62.9	21.5	43.6	49.7	73.6
M	55.5	64.5	31.1	75.1	63.8	70.4	51.6	78.5	50.5	72.1

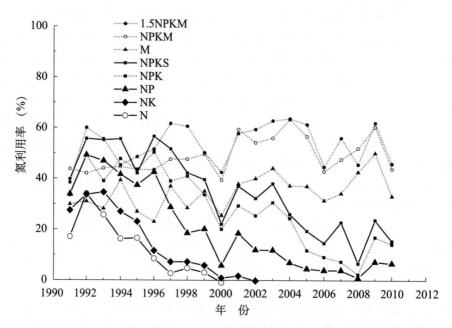

图 28 – 23　长期不同施肥红壤氮肥回收率的变化

表 28 − 16　长期不同施肥作物磷素吸收特征　　　　　　　　　（单位：kg/hm²）

处　理	1991—1995 年磷素吸收量		1996—2000 年磷素吸收量		2001—2005 年磷素吸收量		2006—2010 年磷素吸收量		20 年平均磷素年吸收量 (1991—2010 年)	
	小麦	玉米	小麦	玉米	小麦	玉米	小麦	玉米	小麦	玉米
CK	2.5	2.8	1.7	1.6	1.8	1.4	1.5	1.5	1.9	1.8
N	4.8	7.5	1.2	2.2	0.3	0.4	0.0	0.0	1.6	2.5
NP	8.8	13.8	3.9	8.6	2.8	4.4	1.4	2.8	4.2	7.4
NK	5.4	8.9	1.1	3.1	0.4	1.0	0.0	0.0	1.7	3.2
PK	5.3	4.4	3.4	4.0	4.9	4.5	5.0	4.3	4.6	4.3
NPK	8.8	13.4	4.7	16.3	4.5	9.6	2.0	4.7	5.0	11.0
NPKM	14.8	19.3	10.0	24.4	13.4	28.7	11.2	24.7	12.3	24.3
1.5NPKM	17.4	24.8	11.3	32.3	14.1	34.1	11.7	27.3	13.6	29.6
NPKS	10.4	16.4	6.2	17.6	5.9	11.7	2.7	7.4	6.3	13.3
M	11.9	18.5	6.6	21.5	13.3	20.2	10.9	22.5	10.7	20.7

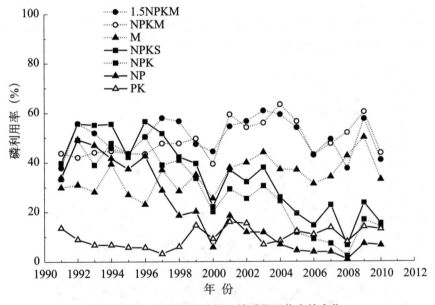

图 28 − 24　长期不同施肥红壤磷肥回收率的变化

3. 钾肥回收率的变化

小麦和玉米对钾的吸收量显著高于氮和磷，各处理之间也达到显著差异水平，高低依次为 1.5NPKM > NPKM > M > NPKS > NPK > PK > NK、NP、N、CK（表 28 − 17）。从时间变化上，施用有机肥的处理（NPKM、1.5NPKM、M），小麦和玉米钾素吸收保持稳定，这与其产量的变化趋势一致；氮磷钾平衡施肥（NPK），小麦和玉米对钾的吸收前期稳定，后期下降。偏施无机肥处理的小麦和玉米钾素吸收量逐年下降。对不同作物来说，玉米的吸钾量显著高于小麦。

表 28 - 17　长期不同施肥作物钾素吸收特征　　　　　　　　（单位：kg/hm²）

处　理	1991—1995 年钾素吸收量		1996—2000 年钾素吸收量		2001—2005 年钾素吸收量		2006—2010 年钾素吸收量		20 年平均钾素年吸收量 (1991—2010 年)	
	小麦	玉米	小麦	玉米	小麦	玉米	小麦	玉米	小麦	玉米
CK	18.4	11.0	11.4	7.3	11.1	6.3	10.0	6.8	12.7	7.9
N	29.7	12.7	8.1	5.1	1.7	0.8	0.0	0.0	9.9	4.6
NP	47.6	28.8	19.3	20.0	11.2	9.5	7.9	6.2	21.5	16.1
NK	49.5	43.6	11.2	20.2	3.9	5.3	0.0	0.0	16.1	17.3
PK	40.1	21.8	22.6	20.3	27.6	20.9	30.4	21.2	30.2	21.0
NPK	85.7	75.1	42.7	68.4	33.9	42.0	21.2	25.7	45.9	52.8
NPKM	110.9	86.3	73.7	98.7	89.8	119.7	78.1	108.8	88.1	103.4
1.5NPKM	152.5	112.1	90.1	133.6	109.3	152.3	95.6	133.3	111.9	132.8
NPKS	105.5	96.5	57.3	91.2	43.6	59.5	26.9	48.6	58.3	73.9
M	77.1	64.4	40.4	73.5	63.3	68.2	57.9	78.4	59.7	71.1

　　钾的回收率变化与其吸收量基本相同，表现为施用有机肥处理高于氮磷钾平衡施肥处理，高于不平衡施肥处理（图 28 - 25）。

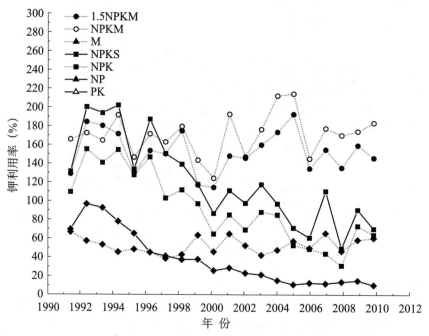

图 28 - 25　长期不同施肥红壤钾肥回收率的变化

（二）红壤有机碳循环与平衡

1. 红壤有机碳转化与平衡

长期不同施肥形成了不同肥力的土壤，土壤有机质（碳）是土壤肥力的核心，土壤中有机碳不断地交替更新，老的有机质不断矿化，新的有机质不断形成。长期施用有机肥，土壤有机质逐年增加，土壤微生物种类和数量显著高于其他处理，土壤有机碳矿化速率也显著增加。通过对不同处理土壤的有机碳分析，结果表明，有机肥处理的土壤有机碳矿化速率显著高于化肥和对照（图 28 - 26）。

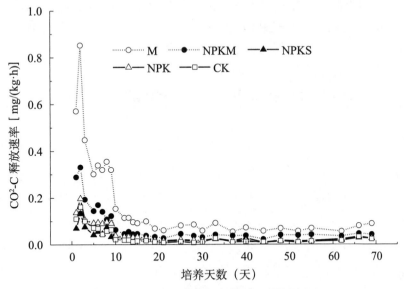

图 28 - 26　长期不同施肥红壤有机碳矿化速率

　　田间不同土壤原位测定的土壤呼吸结果表明，长期施用有机肥料土壤呼吸排放的 CO_2 量要显著高于化肥和不施肥对照（表 28 - 18），各处理全年土壤呼吸排放 CO_2 总量为 M > NPKM > NPK > CK。地面种植作物会显著影响土壤呼吸速率。在玉米生长过程中，由于土壤温度逐渐升高，有利于土壤微生物活动，另外，由于玉米庞大的根系和较高的光合作用强度，在玉米生育期土壤呼吸排放的 CO_2 总量显著高于小麦生育期。对于南方红壤，8—10 月的休闲期，各处理土壤呼吸排放的 CO_2 量也占有相当大的比例（占总排放量的 14.9% ~ 37.0%），因此，有必要充分利用休闲期，增加土壤碳的固定。

表 28 - 18　不同施肥处理的土壤呼吸强度　　　　　　　　　　（单位：t C/hm²）

处　理	呼吸强度			
	小麦季 （11 月至翌年 5 月）	玉米季 （3—7 月）	休　闲 （8—10 月）	年总量
CK	3.29	7.22	2.89	11.27
NPK	3.63	8.13	5.55	15.00
M	8.58	24.45	9.21	38.37
NPKM	12.42	22.75	4.64	31.21

　　从表 28 - 19 和表 28 - 20 可以看出，长期不同施肥后，作物生物量发生显著变化，无论小麦还是玉米，施用有机肥的各处理（M，NPKM）地上部生物量显著高于化肥处理（NPK），高于不施肥对照（CK）。在该试验条件下，农田生态系统碳的来源包括两部分：一是作物通过光合作用吸收大气中的 CO_2，转化为同化产物，该部分碳来源主要

通过作物生物量进行估算；二是人工投入的有机肥碳。施用有机肥处理（M、NPKM），小麦季、玉米季及全年碳平衡均为正值，表现为显著的碳"汇"特征。施用化学肥料处理（NPK），小麦和玉米生育时期，由于作物的光合同化作用，农田生态系统碳平衡为正值（表 28-21），表现为碳"汇"特征，由于休耕期抛荒，土壤净呼吸排放 CO_2，从全年来看，施用化肥 NPK 处理土壤总体为碳"源"特征，全年累积排放 C 0.24t/hm²。对照不施肥（CK）处理，虽然土壤呼吸排放的 CO_2 量较低，但是由于作物生长条件差，作物产量低，光合作用弱，同化大气 CO_2 的能力也低，不同时期均表现为明显的碳"源"特征，全年累计排放 C 1.46t/hm²。

表 28-19   不同施肥处理小麦季农田系统碳表观平衡（2010 年）

项 目	处 理			
	CK	NPK	NPKM	M
地上部生物量（kg/hm²）	1 401.0	2 227.0	4 943.8	4 987.9
地下部根系及残留量（kg/hm²）	347.6	624.8	1 424.0	1 264.5
NPP（kg C/hm²）	786.8	1 283.3	2 865.5	2 813.6
投入有机肥碳（kg C/hm²）	0	0	3 780	5 670
土壤 CO_2 释放总量（kg/hm²）	3 290	3 630	12 420	8 580
土壤碳释放总量（kg C/hm²）	897.3	990.0	3 387.3	2 340.0
土壤碳平衡（kg C/hm²）	-110.5	293.3	3 258.2	6 143.6

注：NPP 为净初级生产力；地下部根生物量和田间残留量分别用作物秸秆产量的 30% 和作物秸秆产量的 5% 进行估算，下同

表 28-20   不同施肥处理玉米季农田系统碳表观平衡（2010 年）

项 目	处 理			
	CK	NPK	NPKM	M
地上部生物量（kg/hm²）	707.5	3 310.4	9 787.5	6 660.3
地下部根系及残留量（kg/hm²）	210.0	1 164.7	1 890.1	1 338.8
NPP（kg C/hm²）	412.9	2 013.8	5 254.9	3 599.6
投入有机肥碳（kg C/hm²）	0	0	8 820	13 230
土壤 CO_2 释放总量（kg/hm²）	7 220	8 130	22 750	24 450
土壤碳释放总量（kg C/hm²）	1 703.3	1 917.9	5 366.9	5 768.0
土壤碳平衡（kg C/hm²）	-1 290.4	95.9	8 708.0	11 061.6

2. 红壤有机碳库特征

由表 28-22 可知，土壤有机碳主要集中在土壤表层（0—20cm）和亚表层（20—40cm），往下土壤有机碳显著降低。表层土壤中，长期施用有机肥处理（1.5NPKM 和 NPKM）土壤有机碳显著高于自然撂荒处理（CK_0），高于秸秆还田处理（NPKS）；施用化肥和对照处理土壤有机碳含量维持在中等偏低水平。

表 28 - 21　不同施肥处理全年农田系统碳表观平衡（2010 年）

项 目	处 理			
	CK	NPK	NPKM	M
全年碳输入碳（t C/hm²）	1.20	3.30	20.72	25.31
全年 CO_2 释放总量（t/hm²）	11.27	15.00	31.21	38.37
全年土壤碳释放总量（t C/hm²）	2.66	3.54	7.36	9.05
土壤碳净固定（t C/hm²）	-1.46	-0.24	13.36	16.26

注：＊土壤碳投入包括作物生物量碳和有机肥投入碳两部分

表 28 - 22　2009 年不同施肥处理红壤剖面有机碳含量　　　　　（单位：g/kg）

土 层 （cm）	处 理				
	CK₀	CK	N	NK	NP
0 ~ 20	10.3 ± 0.6	6.6 ± 1.2	4.9 ± 1.2	6.7 ± 0.4	7.8 ± 1.4
20 ~ 40	6.6 ± 1.1	4.3 ± 1.1	3.5 ± 0.6	4.9 ± 0.8	5.4 ± 0.4
40 ~ 60	3.2 ± 0.8	2.5 ± 0.4	3.3 ± 0.2	4.4 ± 1.3	4.7 ± 0.9
60 ~ 80	3.2 ± 0.4	1.9 ± 0.2	3.0 ± 1.1	5.3 ± 0.5	6.5 ± 1.1
80 ~ 100	3.1 ± 0.3	1.7 ± 0.1	2.8 ± 0.6	5.7 ± 0.4	4.9 ± 2.0
	PK	NPK	NPKS	NPKM	1.5NPKM
0 ~ 20	7.5 ± 0.5	7.9 ± 0.1	8.3 ± 1.7	13.1 ± 3.0	14.3 ± 2.6
20 ~ 40	3.88 ± 0.5	4.1 ± 0.6	4.4 ± 0.6	4.2 ± 0.8	7.0 ± 1.7
40 ~ 60	2.55 ± 0.1	2.9 ± 1.1	4.1 ± 0.8	3.6 ± 1.2	3.5 ± 1.1
60 ~ 80	3.22 ± 0.2	2.4 ± 0.3	4.3 ± 1.3	2.7 ± 0.6	3.1 ± 0.6
80 ~ 100	3.48 ± 0.8	2.9 ± 0.7	3.9 ± 1.9	2.5 ± 0.6	3.8 ± 1.6

（三）长期施肥下红壤氮素的表观平衡

1. 土壤氮素的表观平衡

不同施肥条件下，作物氮素吸收、氮肥利用率、硝态氮累积量及累积率、氮素表观损失率有较大差异（表 28 - 23）。不同处理作物年吸收氮素和氮肥利用率分别为 1.5NPKM > NPKM > NPK > NP > CK，表现为有机肥无机肥配合高于氮磷钾化肥，高于不平衡施肥，高于不施肥对照。通过对土壤硝态氮含量的测定，得出土壤硝态氮累积量为 NP > NPK > NPKM、1.5NPKM > CK，表现为不平衡施肥高于氮磷钾化肥，高于有机肥无机肥配合，高于不施肥对照。根据土壤硝态氮累积率和氮肥利用率，估算出红壤旱地小麦—玉米轮作体系土壤氮素的表观损失率为 9.1% ~ 25.8%。在氮素投入量相同的情况下，氮磷不平衡施肥处理，由于土壤酸化，微生物活动受到限制，施入的氮素在土壤中大量残留，其氮素表观损失率较低。氮磷钾化肥平衡施用处理的氮素利用率低于有机无机肥配合施用，但其土壤硝态氮累积量则显著高于后者，通过估算得出两者表观损失率无显著差异，为 21.8% ~ 25.8%，平均为 24.1%。

表 28 – 23　不同施肥处理土壤氮素利用与土壤硝态氮累积

处　理	作物年吸收 [kg/(hm²·a)]	氮肥利用率 (%)	硝态氮累积量 [kg/(hm²·a)]	硝态氮累积 率（%）	表观损失 率（%）
CK	18.8	—	48.5	—	—
NP	79.0	20.1	261.0	70.8	9.1
NPK	104.0	28.4	185.9	45.8	25.8
NPKM	166.1	49.1	127.5	26.3	24.5
1.5NPKM	260.3	53.7	122.0	24.5	21.8

注：土壤硝态氮累积量为 0～100cm 土壤总硝态累积量；硝态氮累积率（%）＝（施肥处理硝态氮累积量－对照处理硝态氮累积量）/总施氮量×100；氮素表观损失率（%）＝100－硝态氮累积率（%）－氮肥利用率（%）

　　红壤旱地小麦—玉米轮作体系中，土壤氮素输入项主要包括肥料、种子和降水 3 部分。红壤旱地长期定位试验，除对照 CK 不施肥外，其他处理每年肥料投入的氮量占总输入的 95% 以上；小麦年播种量 62.5kg/hm²，玉米年播种量 24.0kg/hm²，按小麦籽粒多年含氮量 2.34%，玉米籽粒多年含氮量 1.13% 计算，相当于每年投入 N1.74kg/hm²；降水带入氮根据多年平均降水量和平均含氮量计算，每年投入 N 14.6kg/hm²（表 28–24）。土壤氮素输出项主要包括作物地上部氮素吸收携出、通过氨挥发和硝化反硝化损失、氮素淋溶损失 3 部分。该试验中，0～100cm 土壤硝态氮累积被当作土壤残留，不计入氮素淋溶损失，但其较高的氮素累积量成为土壤氮素作物当季利用率低的重要原因。根据作物产量和平均含氮量计算每年作物携出的氮是 18.8～260.3kg/hm²，各处理之间差异很大。不同施肥处理作物吸收携出氮量的高低顺序为 1.5NPKM ＞ NPKM ＞ NPK ＞ NP，占总损失的 57.3%～79.9%。根据表观损失率估算的各处理每年土壤氮素损失量为 N 27.3～77.4kg/hm²。根据输入输出计算的各处理氮盈余值为 –2.4～210.0kg/hm²。

表 28 – 24　不同施肥处理土壤氮素输入、输出与平衡

处　理	输入 [kg/(hm²·a)]				输出 [kg/(hm²·a)]			盈　余	
	氮肥	种子	降水	小计	作物携出	损失	小计	盈余量 [kg/(hm²·a)]	盈余百 分比(%)
CK	0	1.74	14.6	16.3	18.8	0	18.8	–2.4	—
NP	300	1.74	14.6	316.3	79.0	27.3	106.3	210.0	70.0
NPK	300	1.74	14.6	316.3	104.0	77.4	181.4	135.0	45.0
NPKM	300	1.74	14.6	316.3	166.1	73.6	239.8	76.6	25.5
1.5NPKM	450	1.74	14.6	466.3	260.3	65.5	325.8	140.5	46.8

　　2. 土壤氮素表观平衡与氮肥投入量的关系

　　土壤氮素盈余值是反映土壤氮素平衡的主要指标。本试验中，不同施肥处理土壤氮素盈余值有较大差异，其中不平衡施肥的 NP 处理占氮肥投入量的 70.0%，氮磷钾化肥平衡施肥 NPK 处理占 45%，化肥有机肥配合的 NPKM 和 1.5NPKM 处理分别占

25.5%和46.8%（表28-24）。在相同氮素投入量条件下，表现为有机无机肥配合低于化肥平衡施肥处理（NPK），低于化肥不平衡施肥处理。高量有机无机肥配合处理（1.5NPKM）土壤氮素盈余量显著高于有机无机肥配合处理。

　　3. 土壤氮素表观平衡和土壤氮含量及土壤硝态氮累积量的关系

　　在土壤氮素投入过量的情况下，多余氮素主要以硝态氮形式存在土壤剖面中。该长期定位试验结果表明，土壤氮素盈余量与土壤表层硝态氮含量及土壤剖面（0~100cm）硝态氮累积量均达显著线性相关（图28-27），土壤盈余值越大，土壤中累积的硝态氮就越多。由线性方程计算可知，在保持土壤氮素平衡（盈余值为0kg/（$hm^2 \cdot a$））时，土壤剖面硝态氮累积量为45.83mg/kg，土壤表层硝态氮含量为3.53mg/kg。

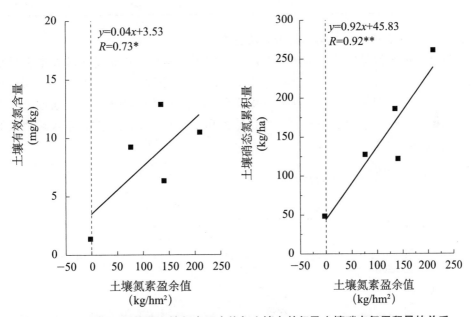

图28-27　长期不同施肥土壤氮素盈余值与土壤有效氮及土壤硝态氮累积量的关系

（四）长期施肥下红壤磷素的表观平衡

1. 土壤磷素的表观平衡

　　磷素容易在土壤中累积，施入土壤中的磷，除一部分被作物吸收携出外，大部分为土壤固定并转化为难溶性磷酸盐。红壤旱地小麦—玉米轮作体系中，土壤磷素输入项主要包括肥料、种子和降水3部分。红壤旱地长期定位试验中，施用磷肥的各处理每年肥料投入的磷量占总输入的99%以上；种子和降水带入少部分磷素，每年投入P_2O_5 1.2kg/hm^2（表28-25）。土壤磷素输出项主要包括作物地上部磷素吸收携出。根据作物产量和平均含P_2O_5量计算，每年作物携出磷量为8.5~98.9kg/hm^2，且各处理之间差异很大。根据输入输出计算的每年各处理磷盈余值为-10.0~239.8kg/hm^2。

表 28 – 25　不同施肥处理土壤磷素（P$_2$O$_5$）输入、输出与平衡

处　理	输入 [kg/(hm^2·a)]				输出 [kg/(hm^2·a)]	盈余 [kg/(hm^2·a)]
	磷肥	种子	降水	小计	作物携出	
CK	0	0.7	0.5	1.2	8.5	−7.3
N	0	0.7	0.5	1.2	9.4	−8.2
NP	120	0.7	0.5	121.2	26.6	94.6
NK	0	0.7	0.5	1.2	11.2	−10.0
NPK	120	0.7	0.5	121.2	20.4	100.8
NPKM	204	0.7	0.5	205.2	36.6	84.6
1.5NPKM	337.5	0.7	0.5	338.7	83.8	121.4
M	150	0.7	0.5	151.2	98.9	239.8

2. 土壤磷素表观平衡与磷肥投入量的关系

土壤磷素盈余值是反映土壤磷素表观平衡的主要指标。该试验土壤磷素主要来源为磷肥投入，磷肥投入量越大，土壤磷素盈余值越高（图 28 – 28）。对土壤磷素盈余值与磷肥投入量进行相关分析，两者达到极显著线性相关（$R = 0.98^{**}$）。通过线性方程可计算出，在保持土壤磷素平衡时 [盈余值为 0kg/(hm^2·a)]，需要施入磷肥最低量为 11.6kg/(hm^2·a)。

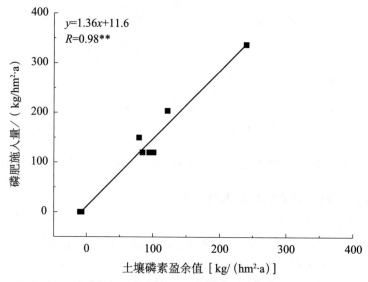

图 28 – 28　长期不同施肥红壤磷素盈余值与磷肥投入量关系

3. 土壤磷素表观平衡与土壤有效磷含量的关系

由于磷素在土壤中难以移动，施入土壤中的磷逐渐累积，其土壤全磷和 Olsen – P 含量也逐渐升高。随着土壤磷素盈余值的增加，土壤全磷及 Olsen – P 含量也随之增加。统计分析表明，土壤磷盈余值与土壤全磷及 Olsen – P 含量呈显著线性相关（图 28 – 29）。土壤磷素盈余值为 0kg/(hm^2·a) 时，土壤全磷及 Olsen – P 含量分别为 0.50g/kg 和 3.14mg/kg。通过线性回归方程计算可得出，土壤磷素盈余值每升高一个单位

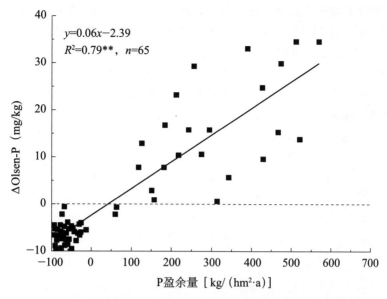

图 28 - 29　长期不同施肥红壤磷素盈余值与土壤有效磷含量关系

［kg/（hm² · a）］，土壤全磷含量上升 0.007g/kg，土壤 Olsen - P 含量上升 0.94mg/kg。因此，在考虑环境效应的前提下，保持适度的磷素盈余值，对于稳定和提高土壤全磷和 Olsen - P 含量具有重要作用。

（五）长期施肥下土壤钾素的表观平衡

1. 长期施肥下土壤钾素的表观平衡

长期不同施肥土壤钾素输入、输出及平衡状况见表 28 - 26。土壤钾素主要来源为施肥，各施钾肥的处理，钾的输入占总输入的 99% 以上。长期单施氮肥（N）和不施肥（CK）土壤平均年供给作物吸收的钾素最低，分别为 17.4kg/hm² 和 24.7kg/hm²（1991—2010 年）。施用有机肥的各处理作物吸收携出的钾素显著高于施化肥处理。各处理土壤钾素盈余值表现为施钾肥的各处理土壤钾素盈余，不施钾肥的各处理土壤钾素出现亏缺。不同处理土壤钾素盈余值范围为每年 -44.7 ~ 80.3kg/hm²。

表 28 - 26　不同施肥处理土壤钾素（K₂O）输入、输出与平衡

处　理	输出 ［kg/（hm² · a）］			输出 ［kg/（hm² · a）］	盈余［kg/（hm² · a）］
	钾肥	种子	小计	作物携出	
CK	0	0.4	0.4	24.7	-24.3
N	0	0.4	0.4	17.4	-17.0
NP	0	0.4	0.4	45.1	-44.7
NK	120	0.4	120.4	40.1	80.3
NPK	120	0.4	120.4	61.4	59.0
NPKM	120	0.4	120.4	118.4	2.0
1.5NPKM	246	0.4	246.4	229.8	16.6
M	369	0.4	369.4	293.6	75.8

2. 土壤钾素表观平衡和钾肥投入量的关系

土壤钾素盈余值是反映土壤钾素表观平衡的主要指标。该试验中土壤钾素主要来源为钾肥投入，钾肥投入量越大，土壤钾素盈余值越高（图28-30）。通过对土壤钾素盈余值与钾肥投入量的分析表明，两者达到显著线性相关（$R=0.70^*$）。通过线性方程可计算出，在保持土壤钾素平衡时［盈余值为0kg/（hm² · a）］，需要施入钾肥的最低用量为91.5kg/hm²。

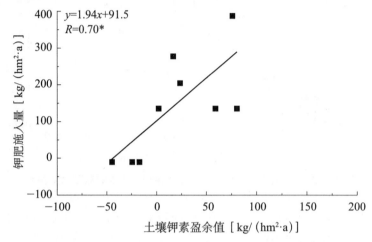

图28-30　长期不同施肥红壤钾素盈余值与钾肥投入量关系

3. 土壤钾素表观平衡和土壤全钾及有效钾含量的关系

由于土壤矿物钾难以分解利用，土壤全钾含量维持在13.4~15.4g/kg。总体来说，土壤全钾含量随着钾素盈余量的增加而增加，但其增加幅度较土壤全氮和全磷低，土壤钾素盈余值每增加一个单位［kg/（hm² · a）］，土壤全钾含量仅上升0.008g/kg（图28-31）。钾素在土壤中容易移动，尤其在降水量较大的南方，钾素极易随地表径流带走，但在该试验条件下，随着钾盈余值的增加，土壤有效钾含量随之升高，土壤钾素盈余值与土壤有效钾呈显著线性相关（$r=0.81$），土壤钾素盈余值每增加一个单位［kg/（hm² · a）］，土壤有效钾含量上升3.41mg/kg，土壤有效钾在土壤中逐渐积累。

七、基于土壤肥力演变的培肥技术模式

（一）红壤有机质快速提升技术

1. 长期有机物料投入对提高土壤有机质的作用

土壤有机质对土壤的理化性质及植物的生长具有重要影响，如促进土壤团粒结构的形成，改善土壤的通气性，提高土壤对养分的保存能力等。因此，土壤有机质是衡量土壤肥力高低的重要指标之一。长期有机物料投入能显著提高土壤有机质含量，红壤旱地连续20年耕作条件下，施用有机肥（M）及有机无机配合处理（NPKM、1.5NPKM），土壤有机质年增加量分别达到0.55g/kg、0.50g/kg和0.58g/kg。由1990年的低肥力土壤（有机质含量11.5g/kg）到2010年均变为高肥力土壤（土壤有机质含量分别为25.4g/kg、22.9g/kg和26.9g/kg）。有机肥料对增加土壤有机质的效果优于化学肥料，施用有机肥或有机肥与化肥配施是增加土壤有机质的有效且重要

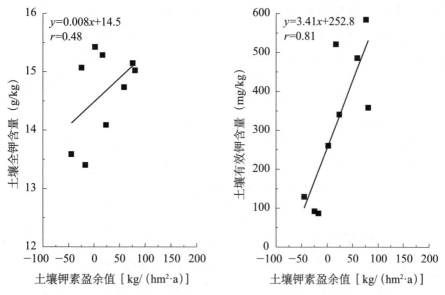

图 28-31　长期不同施肥红壤钾素盈余值与土壤全钾及有效钾含量关系

的措施。

2. 根据红壤有机质含量和有机碳投入量的关系求算维持和提升有机质的有机肥施用量

红壤旱地长期定位试验各处理有机碳增加量与其相应的碳投入量呈显著线性相关（图 28-32）。由模拟的曲线方程可知，红壤旱地有机碳转化效率为 0.14t/（hm² · a），即年投入 1t/hm² 的有机物料碳，其中 0.14t 能进入土壤有机碳库。统计分析表明，要维持红壤有机碳含量 [即有机碳变化量为 0t/（hm² · a）]，每年需要维持投入有机碳 0.36t/hm²，即相当于每年每公顷需要投入鲜猪粪 3.2t（或者秸秆约 1.1t）才能保持土壤碳平衡。在该试验条件下，土壤有机碳库每升高 10%，需要投入鲜猪粪 12.5t（或者秸秆 4.1t）。

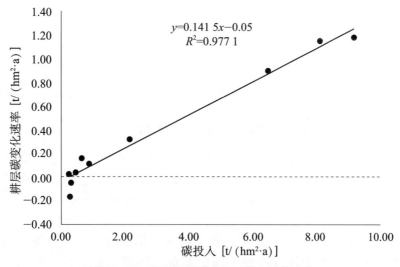

图 28-32　红壤有机碳含量对投入量的响应

（二）红壤酸化防治与改良技术

红壤长期试验结果表明，连续施用化肥对红壤旱地酸化有重要影响，且差异明显。不施肥的 CK 处理，18 年土壤 pH 值降低了 0.2；而施用化肥的处理 N、NP、NK、NPK 土壤 pH 值从 5.7 降到 4.5 左右，降低了 1.2，土壤已趋于强酸性，特别是长期施 N、NK 的土壤 pH 值已降低至 4.2，到了小麦、玉米不能生长的程度，由此可见在红壤旱地上施用化学氮肥是加速土壤酸化的主要原因。相反，施用有机肥料的 NPKM、M 处理土壤的 pH 值有所增加，在 M 处理中，土壤的 pH 值比试验前土壤增加了 0.7～0.8，表明施用有机肥可防止土壤酸化。监测结果见图 28-33 和图 28-34。

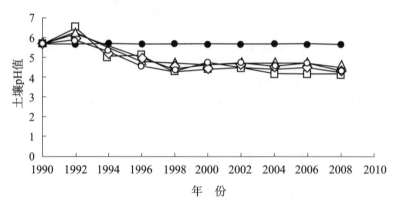

图 28-33　施用化学氮肥的红壤 pH 值的变化

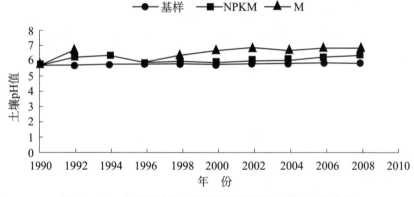

图 28-34　有机肥或有机肥无机肥配施的红壤 pH 值变化

从图 28-34 看出，凡是施用化肥的处理，土壤 pH 值均下降，而有机肥与化肥配合施用，或单施有机肥均显著提高土壤 pH 值，其中单施有机肥（猪粪）的处理，土壤 pH 值上升幅度最大，增加近一个单位，可见施用有机肥（猪粪）能抑制土壤酸化。

土壤酸化的最大特点是土壤中交换性铝含量的增加，导致作物受铝的危害。而红壤的有机质是影响土壤交换性铝活度的重要因素。为了进一步研究红壤有机质含量与土壤活性铝的吸附关系，对长期不同施肥土壤进行了室内模拟试验，结果表明，不同肥料品种，对土壤有机质累积的影响不同，加入等量的铝后，土壤对铝的吸附能力有很大差异，因此再次浸提出来的活性铝含量也不相同。试验结果见表28-27。

表28-27 长期施用不同品种肥料的土壤吸附铝含量 （单位：cmol/kg）

处理	Al 形态	加入铝量							
		0	50	100	200	400	600	800	1 000
厩肥	Ald	0	0	0	0	0	6.9	33.9	83.4
	Ale	0	0	0	2.9	12.8	38.4	118.8	222
	Ala	0	50	100	197.1	387.2	561.6	688.2	778
化肥	Ald	3.4	14.8	27.5	33.9	133.8	217.7	271.7	372.9
	Ale	62.3	89.4	119.8	199.6	312.9	469.4	696.1	884.4
	Ala	0	22.9	42.5	62.7	149.4	192.9	166.2	177.9
化肥+厩肥	Ald	0	0	0	0	0	40.2	61.8	110.1
	Ale	1.6	2.2	2.6	9.6	33.6	145.3	320.9	514.1
	Ala	0	49.4	99	192	368	456.3	480.7	487.5
倍量化肥+厩肥	Ald	0	0	0	3.4	18.6	24.9	49.1	167.4
	Ale	3.2	8	8	9.7	55.9	183.6	344.8	504.4
	Ala	0	45.2	95.2	193.5	347.3	419.6	458.4	498.8
对照	Ald	0	0	2.1	21.2	54.2	108.9	153.4	346.6
	Ale	8	9.6	25.6	62.3	177.2	367.2	440.6	766.6
	Ala	0	48.4	82.4	145.7	353.8	240.8	367.4	241.7

注：Ald、Ale、Ala 分别表示水溶性铝、交换态铝和吸附态铝

以上结果表明施用有机肥可降低代换性铝的含量，减轻铝的毒害，是改良红壤酸性的重要措施。

增施有机肥可以明显阻止土壤酸化，增加土壤有机质含量，提高土壤肥力（表28-28）。与单施化肥比较，化肥和有机肥配合施用或单施有机肥土壤 pH 值升高，土壤有机质、全氮、全磷、全钾，以及速效氮、有效磷、速效钾含量明显升高，说明增施有机肥对土壤酸度和化学性状具有显著的改良作用。

表28-28 施用不同有机肥对红壤酸度和化学性状的改良作用（2007—2009年）

处理	pH 值	有机质 (g/kg)	全氮 (g/kg)	全磷 (g/kg)	有效氮 (mg/kg)	有效磷 (mg/kg)	有效钾 (mg/kg)	缓效钾 (mg/kg)	有效锌 (mg/kg)
CK	5.22	13.1	1.14	0.68	68	23.7	131	196	2.78
100% F	5.08	18.2	1.27	0.60	71	30.9	255	421	3.15
50% F + 50% M₁	5.22	18.8	1.39	0.72	83	48.8	202	394	3.8
50% F + 50% M₂	5.17	20.6	1.33	0.96	88	45.0	190	403	4.4
100% M₁	5.28	19.6	1.45	0.76	88	49.5	179	235	4.45
100% F + 50% M₁	5.12	19.2	1.33	0.88	89	45.0	217	397	4.25

注：F 指化肥，M₁ 指商品有机肥，M₂ 为秸秆；表中数据为最后一季作物收获后测定值

八、主要结论与研究展望

（一）主要结论

有机肥与化肥配合施用或施用有机肥，土壤有机质、氮、磷、钾的含量增加、有机质的质量改善，有机质组成趋于合理。施用有机肥料可以增加土壤对大气中 CO_2 的固定。施用有机肥处理（M、NPKM），小麦季、玉米季及全年碳平衡均为正值，表现为显著的碳"汇"特征。施用化学肥料处理（NPK），小麦和玉米生育时期，由于作物的光合同化作用，农田生态系统碳平衡为正值，表现为碳"汇"特征，休耕期抛荒，土壤净呼吸排放 CO_2，从全年来看，施用化肥的 NPK 处理土壤总体为碳"源"特征。对照不施肥（CK）处理，虽然土壤呼吸排放 CO_2 的量较低，但是由于作物生长条件差，作物产量低，光合作用弱，同化大气 CO_2 的能力低，不同时期均表现为明显的碳"源"特征。

与不施肥对照（CK）相比，施用有机肥（NPKM、1.5NPKM）土壤黏粒含量显著降低，粉砂粒含量有所增加。施用有机肥能提高土壤团聚体含量，形成土壤大颗粒。施用有机肥的土壤微生物数量增加，过氧化氢酶和磷酸酶活性提高，说明均衡施肥有利于提高微生物量 N 的含量。

土壤有机碳主要集中在土壤表层（0～20cm）和亚表层（20～40cm），之下土壤有机碳显著降低。表层土壤中，长期施用有机肥（1.5NPKM 和 NPKM）土壤有机碳显著高于自然撂荒（CK_0），高于秸秆还田处理（NPKS）；施用化肥和对照处理土壤有机碳含量维持在中等偏低水平。在土壤氮素投入过量的情况下，多余氮素主要以硝态氮形式存在土壤剖面中。土壤氮素盈余量与土壤表层硝态氮含量及土壤剖面（0～100cm）硝态氮累积量均有显著的线性相关性，土壤盈余值越大，土壤中累积的硝态氮就越多。土壤磷盈余值与土壤全磷及 Olsen－P 含量呈显著线性相关，在考虑环境效应的前提下，保持适度的磷素盈余值，对于稳定和提高土壤全磷和 Olsen－P 含量具有重要作用。

施用化学氮肥，土壤 pH 值有下降趋势，有机肥料和化肥配合施用土壤 pH 值表现稳定，单施有机肥土壤 pH 值有上升趋势。单施化学肥料和化学肥料加秸秆还田处理，红壤酸化主要发生在前 8～14 年，其中酸化最快的是 NPK 处理，实际酸化速率为 6.7kmol（H^+）/（$hm^2 \cdot a$），施肥 8 年达到稳定的 pH 值＝4.5；其次是 NP 和 NPKS 处理，实际酸化速率分别为 5.6kmol（H^+）/（$hm^2 \cdot a$）和 5.4kmol（H^+）/（$hm^2 \cdot a$），分别需要 9 年和 8 年达到稳定的 pH 值＝4.5 和 pH 值＝4.6。

施用化学肥料，作物产量在开始 3 年有较好的增产效果，随后开始下降，在 N、NK 处理中，8 年后产量达极低水平，已到无产可收的地步，其与土壤 pH 值的变化基本同步。有机肥料增产效果随着试验时间的延长而增加。施用有机肥处理（NPKM、1.5NPKM、M），小麦和玉米对氮素的吸收逐渐升高后保持稳定，氮磷钾平衡施肥（NPK），小麦和玉米对氮素的吸收前期稳定，后期逐渐下降。偏施氮肥的处理（NP、NK、N）小麦和玉米氮素吸收量逐年下降，甚至出现绝收现象。不施氮的处理（PK、CK），小麦和玉米对氮素的吸收保持在较低水平。

（二）研究展望

随着长期定位试验的开展，人类对自然的探索和科学的认识逐渐深入。红壤旱地长期定位试验在土壤肥力演变特征、土壤退化修复、肥料利用效率等研究方面取得了许多重要的结果。随着科学问题的产生以及新的研究手段和仪器设备的应用，围绕红壤旱地长期定位试验，有必要在以下几个方面展开深入研究。

（1）长期不同施肥下对生态环境的影响：主要包括不同施肥条件下土壤温室气体排放特征，土壤硝态氮累积特征，土壤氮、磷的环境临界值研究等。

（2）长期不同施肥对土壤物理性质的影响：土壤物理性质变化需要较长的时间，而长期定位试验由于不同的施肥手段，势必对土壤物理性质产生深远影响，探讨不同施肥条件下土壤物理性质的变化特征，有利于解释土壤的形成和演化规律。

（3）生物多样性研究：包括长期不同施肥对田间杂草、土壤动物、土壤微生物群落的影响等。

（4）红壤酸化特征及其防治技术研究。

王伯仁、李冬初、徐明岗、张淑香、张会民

参考文献

［1］鲍士旦，2000. 土壤农化分析［M］. 北京：中国农业出版社.

［2］蔡泽江，孙楠，王伯仁，等. 2011. 长期施肥对红壤 pH、作物产量及氮、磷、钾养分吸收的影响［J］. 植物营养与肥料学报，17（1）：71－78.

［3］蔡泽江，孙楠，王伯仁，等. 2012. 几种施肥模式对红壤氮素形态转化和 pH 的影响［J］. 中国农业科学，45（14）：2 877－2 885.

［4］曾希柏，刘国栋，苍荣，等. 1999. 湘南红壤地区土壤肥力现状及其退化原因［J］. 土壤通报，30（2）：60－63.

［5］曾希柏，李菊梅，徐明岗，等. 2006. 红壤旱地的肥力现状及施肥和利用方式的影响［J］. 土壤通报，37（3）：434－437.

［6］戴万宏，刘军，王益权，等. 2002. 不同培肥措施下土壤 CO_2 释放及其动力学研究［J］. 植物营养与肥料学报，8（3）：292－297.

［7］董玉红，欧阳竹，李鹏，等. 2007. 长期定位施肥对农田土壤温室气体排放的影响［J］. 土壤通报，38（1）：97－100.

［8］段英华，徐明岗，王伯仁，等. 2010. 红壤长期不同施肥对玉米氮肥回收率的影响［J］. 植物营养与肥料学报，16（5）：1 108－1 113.

［9］高静，张淑香，徐明岗，等. 2009. 长期施肥下三类典型农田土壤小麦磷肥利用效率的差异［J］. 应用生态学报，20（9）：2 142－2 148.

［10］顾益初，蒋柏藩. 1999. 石灰性土壤无机磷分级的测定方法［J］. 中国农业科学，22（3）：53－58.

［11］姜军，徐仁扣，赵安珍. 2006. 用酸碱滴定法测定酸性红壤的 pH 缓冲容量［J］. 土壤通报，37（6）：1 247－1 248.

［12］巨晓棠，刘学军，张福锁. 2002. 尿素配施有机物料时土壤不同氮素形态的动态及利用［J］. 中国农业大学学报，7（3）：52－56.

［13］李梦雅，王伯仁，徐明岗，等. 2009. 长期施肥对红壤有机碳矿化及微生物活性的影响［J］. 核农学报，23（6）：1 043－1 049.

［14］李梦雅，徐明岗，王伯仁，等. 2009. 长期不同施肥下我国旱地红壤 N_2O 释放特征及其对土壤性质的响应［J］. 农业环境科学学报，28（12）：2 645－2 650.

［15］李庆逵.1996. 中国红壤［M］. 北京：科学出版社.

［16］李中阳，徐明岗，李菊梅，等.2010. 长期施用化肥有机肥下我国典型土壤无机磷的变化特征［J］. 土壤通报，41（6）：1 434-1 439.

［17］李忠芳，徐明岗，张会民，等.2012. 长期施肥下作物产量演变特征的研究进展［J］. 西南农业学报，25（6）：2 387-2 392.

［18］李忠芳，徐明岗，张会民，等.2012. 长期施肥和不同生态条件下我国作物产量可持续性特征［J］. 应用生态学报，21（5）：1 264-1 269.

［19］李忠芳，徐明岗，张会民，等.2009. 长期不同施肥模式对我国玉米产量可持续性的影响［J］. 玉米科学，17（6）：82-87.

［20］林葆，林继雄，李家康.1986. 长期施肥作物产量和土壤肥力的变化［M］. 北京：中国农业出版社.

［21］林英华，张夫道，杨学云，等.2004. 农田土壤动物与土壤理化性质关系的研究［J］. 中国农业科学，237（6）：871-877.

［22］刘菊秀，周国逸.2005. 土壤累积酸化对鼎湖山马尾松林物质元素迁移规律的影响［J］. 浙江大学学报，31（4）：381-391.

［23］刘杏兰，高宗，刘存寿，等.1996. 有机无机肥配施的增产效应及对土壤肥力影响的定位研究［J］. 土壤通报，33（2）：138-147.

［24］鲁如坤.2000. 土壤农业化学分析方法［M］. 北京：中国农业科学技术出版社.

［25］庞欣，张福锁，王敬国.2001. 根际土壤微生物量氮周转率的研究［J］. 核农学报，15（2）：106-110.

［26］曲均峰，戴建军，徐明岗，等.2009a. 长期施肥对土壤磷素影响研究进展［J］. 热带农业科学，29（3）：75-80.

［27］曲均峰，李菊梅，徐明岗，等.2009b. 中国典型农田土壤磷素演化对长期单施氮肥的响应［J］. 中国农业科学，42（11）：3 933-3 939.

［28］申小冉，徐明岗，张文菊，等.2012. 长期不同施肥对土壤各粒级组分中氮含量及分配比例的影响［J］. 植物营养与肥料学报，18（5）：1 127-1 134.

［29］孙凤霞，张伟华，徐明岗，等.2010. 长期施肥对红壤微生物生物量碳氮和微生物碳源利用的影响［J］. 应用生态学报，21（11）：2 792-2 798.

［30］佟小刚，黄绍敏，徐明岗，等.2009. 长期不同施肥模式对潮土有机碳组分的影响［J］. 植物营养与肥料学报，15（4）：831-836.

［31］佟小刚，王伯仁，徐明岗，等.2009. 长期施肥红壤矿物颗粒结合有机碳储量及其固定速率［J］. 农业环境科学学报，28（12）：2 584-2 589.

［32］佟小刚，徐明岗，张文菊，等.2008. 长期施肥对红壤和潮土颗粒有机碳含量与分布的影响［J］. 中国农业科学，41（11）：3 664-3 671.

［33］王伯仁，文石林，徐明岗.1998. 不同红壤 SO_4^{2-} 吸附特征研究［J］. 湖南农业科学，（5）：35-37.

［34］王伯仁，徐明岗，黄佳良，等.2002a. 红壤旱地长期施肥下土壤肥力及肥料效益变化研究［J］. 植物营养与肥料学报，8（增刊）：21-28.

［35］王伯仁，徐明岗，申华平，等.2002b. 红壤旱地磷形态与作物吸磷关系的研究［J］. 植物营养与肥料学报，8（增刊）：62-65.

［36］王伯仁，徐明岗，文石林.2005. 长期施肥对红壤旱地磷的影响［J］. 中国农学通报，21（9）：255-259.

［37］王伯仁，徐明岗，文石林，等.2002c. 长期施肥对红壤旱地磷组分及磷有效性的影响［J］. 湖南农业大学学报，28（4）：293-297.

［38］王伯仁，徐明岗，文石林，等．2002d．长期施肥土壤氮的累积与平衡［J］．植物营养与肥料学报，8（增刊）：29－34．

［39］王娟，吕家珑，徐明岗，等．2010．长期不同施肥下红壤氮素的演变特征［J］．中国土壤与肥料，（1）：1－6．

［40］谢正苗，吕军，俞劲炎，等．1998．红壤退化过程与生态位的研究［J］．应用生态学报，9（6）：669－672．

［41］邢素丽，韩宝文，刘孟朝，等．2010．有机肥无机肥配施对土壤养分环境及小麦增产稳定性的影响［J］．农业环境科学学报，S1：135－140．

［42］徐明岗，于荣，王伯仁．2006．长期不同施肥下红壤活性有机质与碳库管理指数变化［J］．土壤学报，43（5）：723－729．

［43］徐明岗，于荣，王伯仁．2000．土壤活性有机质的研究进展［J］．土壤，（6）：3－7．

［44］徐明岗，于荣，孙小凤，等．2006．长期施肥对我国典型土壤活性有机质及碳库管理指数的影响［J］．植物营养与肥料学报，12（4）：459－465．

［45］徐明岗，张夫道，等，2006．中国土壤肥力演变［J］．北京：中国农业科学技术出版社．

［46］闫鸿媛，段英华，徐明岗，等．2011．长期施肥下中国典型农田小麦氮肥利用率的时空演变［J］．中国农业科学，44（7）：1 399－1 407．

［47］于荣，徐明岗，王伯仁．2005．土壤活性有机质测定方法的比较［J］．土壤肥料，（2）：49－52．

［48］张会民，吕家珑，李菊梅，等．2007a．长期定位施肥条件下土壤钾素化学研究进展［J］．西北农林科技大学学报：自然科学版，35（1）：155－160．

［49］张会民，徐明岗，吕家珑，等．2007b．不同生态条件下长期施钾对土壤钾素固定影响的机理［J］．应用生态学报，18（5）：1 011－1 016．

［50］张会民，徐明岗，吕家珑，等．2007c．长期施钾下中国3种典型农田土壤钾素固定及其影响因素研究［J］．中国农业科学，40（4）：749－756．

［51］张会民，徐明岗，吕家珑，等．2009a．长期施肥对水稻土和紫色土钾素容量和强度关系的影响［J］．土壤学报，46（4）：640－645．

［52］张会民，徐明岗，王伯仁，等．2009b．小麦—玉米种植制度下长期施钾对土壤钾素Q/I关系的影响［J］．植物营养与肥料学报，15（4）：843－849．

［53］张会民，徐明岗，张文菊，等．2009c．长期施肥条件下土壤钾素固定影响因素分析［J］．科学通报，54（17）：2 574－2 580．

［54］张敬业，张文菊，徐明岗，等．2012．长期施肥下红壤有机碳及其颗粒组分对不同施肥模式的响应［J］．植物营养与肥料学报，18（4）：868－875．

［55］张璐，张文菊，徐明岗，等．2009．长期施肥对中国3种典型农田土壤活性有机碳库变化的影响［J］．中国农业科学，42（5）：1 646－1 655．

［56］张旭博，徐明岗，张文菊，等．添加有机物料后红壤CO_2释放特征与微生物生物量动态［J］．中国农业科学，44（24）：5 013－5 020．

［57］赵秉强，张夫道，2002．我国的长期试验定位研究［J］．植物营养与肥料学报，（增刊）：3－8．

［58］赵其国．2002．我国东部红壤区退化的时空演变、机理及调控对策［M］．北京：科学技术出版社．

［59］Antle J，Capalbo S，Mooney S，et al. 2002. Sensitivity of carbon sequestration costs to soil carbon rates［J］. *Environmental Pollution*，116：413－422.

［60］Balesdent J，Mariotti A，Guillet B. 1987. Natural[13]C abundance as a tracer for study of soil organic matter dynamics［J］. *Soil Biology and Biochemistry.* 19：25－30.

[61] Bremer E, Eller B H, Janzen H H. 1995. Total and light fraction carbon dynamics during four decades after cropping changes [J]. *Soil Science Society of America Journal*, 59: 1 398 – 1 403.

[62] Christensen B T, Sorensen L H. 1985. The distribution of native and labeled carbon between soil particle size fractions isolated from long term incubation experiment [J]. *Journal of Soil Science*, 36: 219 – 229.

[63] Dick R P. 1992. A review: long – term effects of agricultural systems on soil biochemical and microbial parameters [J]. *Agriculture, Ecosystems and Environment*, 40: 25 – 36.

[64] Duan Y, Xu M, Wang B, et al. 2011. Long – term evaluation of manure application on maize yield and nitrogen use efficiency in China [J]. *Soil Science Society of America Journal*. 75: 1 562 – 1 573.

[65] Edmeades D C. 2003. The long – term effects of manures and fertilizers on soil productivity and quality: A review [J]. *Nutrient Cycling in Agroecosystems*, 66: 165 – 180.

[66] Fan T, Xu M, Song S, et al. 2008. Trends in grain yields and soil organic C in a long – term fertilization experiment in the China Loess Plateau [J]. *Z. Pflanzenernähr. Bodenk.*, 171: 448 – 457.

[67] Fredrickson J K, Balkwill D L, Zachara J M, et al. 1991. Physiological diversity and distributions of heterotrophic bacteria in deep Cretaceous sediments of the Atlantic coastal plain [J]. *Applied and Environmental Microbiology*, 7: 402 – 411.

[68] Garland J I, Mills A L. 1991. Classification and characterization of heterotrophic microbial communities on the basis of patterns of community – level sole – carbon – source utilization [J]. *Applied and Environmental Microbiology*, 57: 2 351 – 2 359.

[69] Gregan P D, Scott B J. 1998. Soil acidification an agricultural and environ – mental problem. [M] //Pratley J E, Robertson A, et al. Agriculture and the environmental imperative. CSIRO Publishing: Melbourne, 98 – 128.

[70] Gregorich E G, Kachanoski, R G and Voroney R P. 1989. Carbon mineralization in soil size fraction after various amounts of aggregate disruption [J]. *Journal of Soil Science*, 40: 649 – 659.

[71] Guckert J B, Cart G J, Johnson T D, et al. 1996. Community analysis by Biolog: curve integration for statistical analysis of activated sludge microbial habitats [J]. *Journal of Microbiological Methods*, 27: 183 – 197.

[72] Zhang H, Xu M, Zhang F, 2009. Long – term effects of manure application on grain yield under different cropping systems and ecological conditions in China [J]. *The Journal of Agricultural Science*, 147, 31 – 42.

[73] He J Z, Shen J P, Zhang L M, et al. 2007. Quantitative analyses of the abundance and composition of ammonia – oxidizing bacteria and ammonia – oxidizing archaea of a Chinese upland red soil under long – term fertilization practices [J]. *Environmental Microbiology*, 9: 2 364 – 2 374.

[74] Insam H, Parkinson D, Domsch K H. 1989. Influence of macroclimate on soil microbial biomass [J]. *Soil Biology and Biochemistry*, 21 (2): 211 – 221.

[75] Jenkinson D S, Rayner J H. 1977. The turnover of soil organic matter in some of the Rothamsted classical experiments [J]. *Soil Science*, 123: 298 – 305.

[76] Lal R. 2004. Soil carbon sequestration impacts on global climate change and food security [J]. *Science*, 304 (11): 1 623 – 1 627.

[77] Lefroy R D B, Lisle L. 1997. Soil organic carbon changes in cracking clay soils under cotton production as studied by carbon fractionation [J]. *Australian Journal of Agricultural Research*, 48: 1 049 – 1 058.

[78] Logninow W, Wisniewski W, Gonet S S, Ciescinska B. 1987. Fractionation of organic carbon based on susceptibility to oxidation [J]. *Polish Journal of Soil Science*, 20: 47 – 52.

［79］ Raun W R, Johnson G V, Phillips S B, Westerman R L. 1998. Effect of long – term N fertilization on soil organic C and total N in continuous wheat under conventional tillage in Oklahoma ［J］. *Soil and Tillage Research*, 47: 323 – 330.

［80］ Schulten H R, Leinweber P. 1991. Influence of long – term fertilization with farmyard manure on soil organic matter: Characteristics of particle – size fractions ［J］. *Biology and Fertility of Soils*, 12: 81 – 88.

［81］ Six J, Conant R T, Paul E A, et al. 2002. Stabilization mechanisms of soil organic matter: Implications for C-saturation of soils ［J］. *Plant and Soil*, 241: 155 – 176.

［82］ Sparling G P. 1992. Ratio of microbial biomass carbon to soil organic carbon as a sensitive indicator of changes in soil organic matter ［J］. *Australian Journal of Soil Research*, 30: 195 – 207.

［83］ Triberti L, Nastri A, Giordani, et al. 2008. Can mineral and organic fertilization help sequestrate carbon dioxide in cropland ［J］. *European Journal of Agronomy*, 29: 13 – 20.

［84］ Xu M, Lou Y, Sun X, Wang W, Baniyamuddin M, Zhao K. 2011. Soil organic carbon active fractions as early indicators for total carbon change under straw incorporation ［J］. *Biology and Fertility of Soils*, 47: 745 – 752.

［85］ Zhang H, Wang B, Xu M. 2008. Effects of inorganic fertilizer inputs on grain yields and soil properties in a long – term wheat-corn cropping system in south China ［J］. *Communications in Soil Science and Plant Analysis* 39: 1 583 – 1 599.

［86］ Zhang H, Xu M, Zhang W, He X. 2009. Factors affecting potassium fixation in seven soils under 15 – year long – term fertilization ［J］. *Chinese Science Bulletin* 54: 1 773 – 1 780.

［87］ Zhang H, Xu M, Shi X, et al. 2010. Rice yield, potassium uptake and apparent balance under long – term fertilization in rice – based cropping systems in southern China ［J］. *Nutrient Cycling in Agroecosystems* 88: 341 – 349.

［88］ Zhang H, Wang B, Xu M, et al. 2009. Crop Yield and soil responses to long – term fertilization on a red soil in southern china ［J］. *Pedosphere* 19: 199 – 207.

［89］ Zhang W, Xu M, Wang B, Wang X. 2009. Soil organic carbon, total nitrogen and grain yields under long – term fertilizations in the upland red soil of southern China ［J］. *Nutrient Cycling in Agroecosystems* 84: 59 – 69.

第二十九章　长期施肥黄壤肥力演变规律与培肥技术

黄壤是中亚热带湿润地区发育的富含水合氧化铁（针铁矿）、呈现黄色的土壤。黄壤集中分布于南北纬度23.5°~30°。在非洲中部、南美洲、北美洲的狭长地带和北美洲南部、东南亚、南亚，以及澳大利亚北部等山地都有分布。在中国，主要分布于贵州、四川两省以及云南、福建、广西、广东、湖南、湖北、浙江、安徽、台湾等省区，是中国南方山区的主要土壤类型之一。

黄壤的形成包含富铝化作用和氧化铁水化作用两个过程。富铝化作用是指铁、铝在风化壳或土壤中富集的过程，是所有发育于热带、亚热带土壤的共有过程。由于热带、亚热带地区高温多雨、岩石风化作用强烈，成土过程中硅酸盐矿物以及水溶性盐、碱金属和碱土金属先后受到破坏和淋失，移动困难的铁、铝含量在土壤中相对增多。氧化铁的水化作用是由于土壤终年处于雨量足、云雾多、相对湿度大（通常在75%以上）、水热状况稳定的环境中，土层经常保持湿润状态，土壤含水量较高（土壤吸湿水含量在10%左右），土体中大量的氧化铁发生水化作用而形成针铁矿，使心土层呈黄色。

黄壤的母质来源广泛，在贵州以花岗岩、砂页岩为主，此外还有第四纪红色黏土及石灰岩风化物。黄壤的交换性盐基含量很低，表土层每100g土壤一般不超过10mg。盐基饱和度一般在10%~30%。呈强酸性（pH值=4.5~5.5）。黏土矿物以蛭石为主，高岭石、伊利石次之。有效磷含量也较低。

黄壤的利用以多种经营为宜。分布于中山山脊和分水岭地区的表潜黄壤和灰化黄壤，因海拔高、坡度陡、土层薄，种植农作物或经济林木均不适宜；原始林地宜以护林和采集、培育药用植物为主。分布于高原丘陵区的黄壤，尤其是老红色风化壳或砂页岩发育的黄壤，在地形坡度较小、土层厚度在1m以上的则可发展农业或农、林综合利用。丘陵下部缓坡和谷地可种水稻、玉米和麦类；丘陵中、上部可以发展果树、茶和油菜等经济作物和薪炭林。

一、黄壤肥力长期试验概况

黄壤肥力长期试验地位于贵州省贵阳市小河经济技术开发区贵州省农业科学院内（东经106°07′，北纬26°11′），地处黔中黄壤丘陵区，平均海拔1 071m，年均气温15.3℃，年均日照时数1 354h左右，相对湿度75.5%，全年无霜期270d左右，年降水量1 100~1 200mm。试验从1995年开始，试验开始前（1994年）在各试验小区采集基础土样，分析其基本理化性状。试验地黄壤的成土母质为三叠系灰岩与砂页岩风化物，试验初始时的土壤基本农化性质为：有机质44.39g/kg，全氮2.03g/kg，碱解氮167.07mg/kg，全磷 2.39g/kg，有效磷 16.97mg/kg，全钾 15.81g/kg，速效钾109.46mg/kg。试验采用大区对比试验，不设重复，小区面积340m²（40m×8.5m），种植制度为一年一季玉米。试验设10个处理：①1/4有机肥＋氮磷钾（1/4M＋NPK）；

②1/2 有机肥 + 氮磷钾（1/2M + NPK）；③常量有机肥（M）；④不施肥（CK）；⑤常量有机肥 + 常量氮磷钾（MNPK）；⑥氮磷钾（NPK）；⑦氮钾（NK）；⑧氮（N）；⑨氮磷（NP）；⑩磷钾（PK）。

肥料种类主要为尿素（含 N 46%）、普钙（含 P_2O_5 16%）、氯化钾（含 K_2O 60%），常规用量为每年施 N 165kg/hm²、P_2O_5 82.5kg/hm²、K_2O 82.5kg/hm²、有机肥 30.5t/hm²。有机肥为新鲜牛粪（平均含 C 10.4%、N 2.7g/kg、P_2O_5 1.3g/kg、K_2O 6g/kg），除 PK 和 CK 处理不施用氮肥外，其余施氮小区的化肥氮素施用量相同。肥料全部在玉米季施用，播种前施氮磷钾肥或配施有机肥作基肥，在玉米生长期追施 2 次氮肥（尿素），其中，在玉米苗期追施 69.04kg/hm²（折合 N 31.76kg/hm²），喇叭口期追施 95.96kg/hm²（折合 N 44.14kg/hm²），冬季不施肥。

试验种植玉米品种为：交 3 单交（1995—1998 年）、黔单 10 号（1999—2000 年、2002—2003 年）、农大 108（2001 年）、黔玉 2 号（2004—2005 年）、黔单 16 号（2006—2012 年）。

目前，贵阳黄壤肥力长期试验点已积累了 1994—1996 年、2006—2012 年的土壤养分分析数据，以及 1995—2012 年作物产量及经济性状的连续测定数据，可为贵州黄壤山区耕地肥力演变和肥料效益评价、农业可持续发展模式与技术研究提供较为丰富的数据支撑。

二、长期施肥黄壤有机质和氮、磷、钾的演变规律

（一）黄壤有机质的演变规律

1. 有机质含量的变化特征

土壤有机质是衡量土壤肥力高低的重要指标之一。施用有机肥可以增加土壤有机质，施肥 18 年后，与试验开始前相比（1994 年），单施 M 土壤有机质含量增加了 10.0%，MNPK 处理有机质增加了 20.1%，1/2M + NPK 增加 14.9%，1/4M + NPK 增加了 3.6%。而不施肥和单施化肥各处理的土壤有机质含量较试验开始前（1994 年）有小幅下降，其中，NK 处理有机质含量降低了 9.16%，降幅最大；NPK 处理土壤有机质含量降低了 5.33%，降幅最小（表 29 – 1）。

表 29 – 1 长期不同施肥黄壤的有机质含量

| 年 份 | 各处理有机质含量（g/kg） | | | | | | | | | |
	1/4M + NPK	1/2M + NPK	M	CK	MNPK	NPK	NK	N	NP	PK
1994	41.6	41.6	45.1	43.1	42.8	39.4	38.2	41.9	41.6	44.9
1996	40.3	42.3	44.3	40.3	44.3	43.7	41.6	45.0	43.7	49.0
2006	45.9	47.8	50.7	38.8	45.2	35.8	35.8	39.1	40.5	39.8
2008	55.3	50.5	55.3	41.1	54.3	43.3	40.4	39.9	41.9	38.5
2010	45.1	50.1	59.8	43.3	36.8	36.8	44.7	38.4	42.8	39.6
2012	43.1	47.8	49.6	40.4	51.4	37.3	34.7	38.9	38.4	41.7

2. 有机质含量与有机肥（牛粪）碳投入量的关系

黄壤有机质含量与有机肥碳投入量呈显著的线性正相关关系（$R^2 = 0.806$，$p < 0.01$，$n = 5$），即当有机肥投入量为 1t/（hm²·a）时，土壤有机质含量在 40g/kg 左右（图 29-1）。

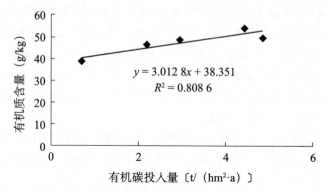

$$y = 3.012\,8x + 38.351$$
$$R^2 = 0.808\,6$$

图 29-1　有机质含量与有机肥投入量的关系（2006—2012 年平均值）

（二）黄壤氮素的演变规律

1. 全氮含量的变化特征

土壤全氮包括所有形态的有机、无机氮素，是标志土壤氮素总量和供应植物有效氮素的源和库，综合反映了土壤的氮素状况（王娟等，2010）。长期施有机肥的各处理，土壤全氮含量随施肥年限的增加呈升高趋势，施肥 18 年，有机肥各处理土壤全氮含量平均提高 22.35%，且均高于 CK（表 29-2）。随着有机肥施用量的增加，全氮含量的增加幅度也增大，施有机肥的各处理间增幅在 13.3%～46.6%。MNPK 增长幅度最大，为 46.6%。长期施用化肥的各处理土壤全氮含量的增加趋势与 CK 相似，在 6% 左右，而 PK 处理全氮含量则较试验开始前（1994 年）下降了 6.25%。可见，施用有机肥对于提高土壤全氮含量的作用较施化肥处理明显。

表 29-2　长期不同施肥黄壤的全氮含量

年　份	各处理全氮含量（g/kg）									
	1/4M + NPK	1/2M + NPK	M	CK	MNPK	NPK	NK	N	NP	PK
1994	1.5	1.7	1.7	1.6	1.5	1.6	1.5	1.5	1.5	1.6
2006	1.8	1.8	2.0	1.6	1.8	1.5	1.6	1.6	1.6	1.5
2010	1.7	2.2	2.2	1.8	2.2	1.4	1.9	1.6	1.8	1.4
2011	1.8	2.1	2.3	1.6	2.3	1.5	1.6	1.6	1.6	1.6
2012	1.7	1.9	2.0	1.7	2.2	1.6	1.6	1.6	1.6	1.5

2. 碱解氮含量的变化特征

长期施肥条件下，不同年份的土壤碱解氮含量波动较大，但是通过比较试验开始 3 年（1994—1996 年）与近 3 年（2010—2012 年）碱解氮含量的平均值，可以发现 MNPK、M、NPK 处理的碱解氮含量有所提高，分别提高了 32.3%、14.7% 和 0.8%，而偏施化肥各处理的碱解氮均呈下降趋势（表 29-3），其中 PK 处理下降最多，达 33.1%。

表 29 - 3　长期不同施肥黄壤的碱解氮含量

年　份	各处理解斛氮含量（mg/kg）									
	1/4M + NPK	1/2M + NPK	M	CK	MNPK	NPK	NK	N	NP	PK
1994—1996 年平均值	127.2	196.9	131.0	159.9	115.9	124.0	128.6	142.0	128.3	162.6
2010—2012 年平均值	122.6	142.8	150.2	118.7	153.3	125.0	119.8	114.9	117.3	108.7

3. 黄壤全氮、碱解氮含量与氮肥投入量的关系

随着氮肥施用量的增加，不同施肥处理土壤全氮含量呈现逐渐增加趋势（图 29 - 2），2006—2012 年高量施氮处理（MNPK）土壤全氮含量与不施氮处理（PK）相比平均高出 37.4%。其中，2010 年，两处理间土壤全氮含量差异最大，MNPK 较 PK 高出 0.78g/kg，增幅 55.3%；2007 年，两处理间土壤全氮含量差异最小，MNPK 较 PK 高出 0.22g/kg，增幅 13.35%。与 CK 相比，MNPK 处理土壤全氮含量平均高出 29.7%，其中，2011 年，两处理间土壤全氮含量差异最大，MNPK 高出 CK 处理 0.77g/kg，增幅 49.4%；2006 年，两处理间土壤全氮含量差异最小，MNPK 较 CK 高出 0.25g/kg，增幅 16.2%。

常规施氮处理（NPK）全氮含量波动较大，与 PK 相比变幅 - 10.4% ~ 6.7%。其中，2007 年，两处理间土壤全氮含量差异最大，NPK 较 PK 处理降低 0.17g/kg，降幅 10.4%；2006 年两处理间土壤全氮含量差异最小，NPK 较 PK 高出 0.01g/kg，增幅 0.72%。NPK 处理与 CK 相比含氮含量下降 1.0% ~ 21.7%，其中，2010 年，两处理间土壤全氮含量差异最大，NPK 较 CK 低 0.39g/kg，降幅 21.7%；2009 年，两处理间土壤全氮含量差异最小，NPK 较 CK 低 0.01g/kg，降幅 1.0%。

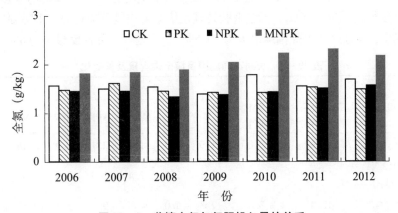

图 29 - 2　黄壤全氮与氮肥投入量的关系

不同氮肥投入水平下，黄壤碱解氮含量与投入量呈正相关关系（图 29 - 3），2006—2012 年间高量施氮处理（MNPK）土壤碱解氮含量与不施氮处理（PK）相比平

均高出 32.6%。其中，2010 年，两处理间土壤碱解氮含量差异最大，MNPK 较 PK 高出 74.1mg/kg，增幅 64.3%；2012 年两处理间差异最小，MNPK 碱解氮含量较 PK 高出 0.22g/kg，增幅 14.5%。MNPK 与 CK 相比平均高出 29.7%。其中，2011 年，两处理间土壤碱解氮含量差异最大，MNPK 较 CK 高出 49.0mg/kg，增幅 46.7%；2009 年，两处理间差异最小，MNPK 较 CK 高出 19.2mg/kg，增幅 15.6%。

常规施氮处理（NPK）碱解氮含量变幅较大，与不施氮处理（PK）相比变幅 -11.9% ~33.3%。其中，2010 年，两处理间土壤碱解氮含量差异最大，NPK 较 PK 增加 38.4mg/kg，增幅 33.3%；2011 年，两处理间差异最小，NPK 较 PK 高出 2.0mg/kg，增幅 1.83%。NPK 与 CK 相比变幅 -7.7% ~10.1%。其中，2012 年两处理间差异最大，NPK 较 CK 高 10.3mg/kg，增幅 10.1%；2009 年两处理间土壤碱解氮含量均为 123.5mg/kg。

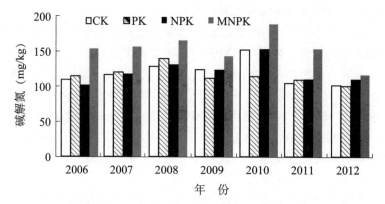

图 29-3　黄壤碱解氮与氮肥投入量的关系

（三）黄壤磷素的演变规律

1. 全磷含量的变化特征

长期施有机肥对土壤全磷含量有一定的提升作用（表 29-4），近 3 年土壤全磷含量较试验开始前（1994 年）均有一定程度的增加，增加幅度为 8.3% ~24.6%，其中 MNPK 处理增加幅度最大，达 24.6%。不施磷肥处理土壤全磷均呈下降趋势，下降幅度为 5% ~10.5%，其中，N 处理的下降幅度最大为 10.5%，CK 处理下降幅度最小为 5%。

表 29-4　长期不同施肥黄壤全磷含量及其变化

项目	各处理全磷含量									
	1/4M+NPK	1/2M+NPK	M	CK	MNPK	NPK	NK	N	NP	PK
1994 年含量（g/kg）	1.9	2.0	1.9	2.0	1.9	2.1	1.9	2.16	1.9	1.9
2010—2012 年均值（g/kg）	2.1	2.2	2.1	1.9	2.4	1.9	1.8	1.9	2.1	2.1
增加幅度（%）	12.3	8.3	12.3	-5.0	24.6	-9.5	-5.3	-10.5	10.5	8.8

2. 黄壤有效磷含量的变化特征

长期施有机肥对土壤有效磷含量也有一定的提升作用（表 29-5），近 3 年土壤有效磷含量较试验初期均有一定程度的增加，增加幅度在 1.2% ~95.5%，其中，MNPK

处理的增加幅度最大，高达95.5%。不施肥或施化肥处理中，仅PK处理近3年土壤有效磷含量较试验初期增加13.7%，其余处理均呈下降趋势，下降幅度为1%～55.2%。其中，CK处理的下降幅度最大，其次为N处理（52%），NP处理下降幅度最小，仅为1%。

表29-5　长期不同施肥黄壤有效磷含量

项　目	各处理有效磷含量									
	1/4M+NPK	1/2M+NPK	M	CK	MNPK	NPK	NK	N	NP	PK
1994—1996年均值（mg/kg）	24.5	27.8	19.5	21.2	30.9	30.6	18.4	22.1	30.6	29.3
2010—2012年均值（mg/kg）	24.8	29.2	27.1	9.5	60.4	23.6	8.9	10.6	30.3	33.3
增加幅度（%）	1.2	5.0	39.0	-55.2	95.5	-22.9	-51.6	-52.0	-1.0	13.7

3. 黄壤全磷、有效磷含量与磷肥投入量的关系

不同施磷处理间土壤全磷含量变化趋势与全氮变化趋势相同，随着磷肥投入量的增加，各处理间土壤全磷含量也呈增加趋势（图29-4）。2006—2012年高量施磷处理（MNPK）土壤全磷含量与不施磷处理（NK）相比平均高出33.7%，其中，2012年两处理间土壤全磷含量差异最大，MNPK较NK高出0.54g/kg，增幅65.9%；2011年两处理间差异最小，MNPK较PK高出0.02g/kg，增幅0.72%。MNPK与CK相比平均高出40.0%，其中，2012年两处理间差异最大，MNPK较CK高出0.55g/kg，增幅67.9%；2011年两处理间差异最小，MNPK较CK低0.01g/kg，降幅0.36%。

常规施磷处理（NPK）全磷含量波动较大，与不施磷处理（NK）相比变幅-9.4%～28.1%。其中，2012年两处理间土壤全磷含量差异最大，NPK较NK高出0.23g/kg，增幅28.1%；2007年两处理间差异最小，NPK较NK低0.03g/kg，降幅1.52%。NPK与CK相比平均高出12.1%，其中，2012年两处理间差异最大，NPK较CK高0.24g/kg，增幅29.6%；2010年两处理间差异最小，NPK较CK低0.01g/kg，降幅0.5%。

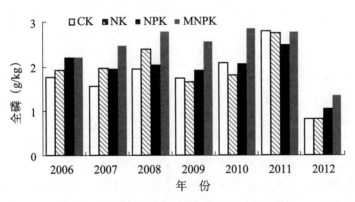

图29-4　黄壤全磷含量与磷肥投入量的关系

不同磷肥投入水平下，各处理间土壤有效磷含量年际间变幅较大（图29-5）。高量施磷处理（MNPK）土壤有效磷含量与不施磷处理（NK）相比平均高出3.4倍。其中，2011年两处理间土壤有效磷含量差异最大，MNPK较NK高64.3mg/kg，增幅714.3%；2008年两处理间差异最小，MNPK较NK高出13.2mg/kg，增幅73.1%。

MNPK 与 CK 相比平均高出 3.1 倍。其中，2012 年两处理间差异最大，MNPK 较 CK 高出 63.9mg/kg，增幅 570.5%；2008 年两处理间差异最小，MNPK 较 CK 高 17.1mg/kg，增幅 123.9%。

常规施磷处理（NPK）有效磷含量与不施磷处理（NK）相比变幅 - 48.0% ~ 222.7%。其中，2012 年两处理间土壤有效磷含量差异最大，NPK 较 NK 高 22.2mg/kg，增幅 222.7%；2010 年差异最小，NPK 较 NK 高 1.4mg/kg，增幅 18.4%。NPK 与 CK 相比平均高出 1 倍，其中，2012 年两处理间差异最大，NPK 较 CK 高 20.9mg/kg，增幅 186.6%；2008 年差异最小，NPK 较 CK 低 4.5mg/kg，降幅 32.7%。

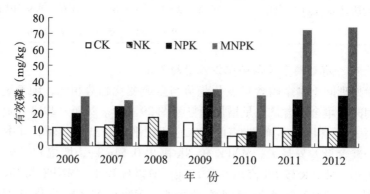

图 29 - 5　黄壤有效磷含量与磷肥投入量的关系

（四）黄壤钾素的演变规律

1. 黄壤全钾含量的变化特征

2010—2012 年，土壤全钾含量与试验初期相比，除 MNPK 处理外，其余处理均呈增加趋势，增加幅度在 2.7% ~ 18.8%（表 29 - 6）。由于作物需钾量较大，MNPK 处理的作物产量最高，带走的养分也最多，因而该处理全钾含量呈下降趋势。

表 29 - 6　长期不同施肥黄壤的全钾含量

项　目	各处理含钾含量									
	1/4M + NPK	1/2M + NPK	M	CK	MNPK	NPK	NK	N	NP	PK
1994—1996 年均值（g/kg）	12.3	12.3	12.8	12.9	14.7	12.7	13.7	13.7	13.4	13.4
2010—2012 年均值（g/kg）	13.6	14.6	14.3	13.9	13.7	13.1	14.6	14.1	14.0	13.8
增加幅度（%）	10.6	18.8	11.2	7.2	-6.4	2.9	7.1	2.7	4.5	3.5

2. 黄壤速效钾含量的变化特征

长期施用有机肥对土壤速效钾含量有一定的提升作用，且随着有机肥施用量的增加，提升作用越明显（表 29 -7）。近 3 年土壤与试验初期土壤相比，施有机肥处理的速效钾含量提高 3.5% ~ 111.5%，MNPK 和 M 处理提高最明显，分别提高 111.5% 和 115.5%。除 PK 处理外，其余不施肥或施化肥处理的土壤速效钾含量近 3 年均低于试验初期，降幅 7.9% ~ 53.5%，其中单施氮肥处理（N）下降最明显，达 53.5%，高于 CK 处理的 22.9%。

表 29 – 7 长期不同施肥黄壤的速效钾含量

项　目	各处理速效钾含量									
	1/4M + NPK	1/2M + NPK	M	CK	MNPK	NPK	NK	N	NP	PK
1994—1996 年均值（mg/kg）	256. 3	267. 8	371. 1	233. 2	390. 6	238. 1	243. 6	236. 1	218. 4	295. 4
2010—2012 年均值（mg/kg）	265. 2	539. 7	785. 0	179. 8	841. 9	193. 7	224. 4	109. 7	124. 4	303. 3
增加幅度（%）	3. 5	101. 5	111. 5	–22. 9	115. 5	–18. 6	–7. 9	–53. 5	–43. 0	2. 7

3. 黄壤全钾、速效钾含量与钾肥投入量的关系

土壤全钾含量与钾肥投入量之间的关系不明显（图 29 – 6）。高量施钾处理（MN-PK）土壤全钾含量与不施钾处理（NP）相比波动较大，变幅 – 18. 1% ~ 17. 0%。其中，2009 年两处理间差异最大，MNPK 较 NP 低 2. 3g/kg，降幅 18. 1%；2008 年差异最小，MNPK 较 NP 高出 0. 6g/kg，增幅 4. 9%。MNPK 与 CK 相比，变幅 – 12. 6% ~ 27. 4%。其中，2008 年两处理间差异最大，MNPK 较 CK 高出 2. 77g/kg，增幅 27. 4%；2012 年，两处理间差异最小，MNPK 较 CK 低 0. 02g/kg，降幅 1. 25%。

常规施钾处理（NPK）全钾含量与 NP 相比变幅 – 18. 3% ~ 10. 3%。其中，2010 年两处理间差异最大，NPK 较 NP 低 2. 3g/kg，降幅 18. 3%；2008 年两处理间差异最小，NPK 较 NP 低 0. 47g/kg，降幅 3. 8%。NPK 与 CK 相比，变幅 – 22. 0% ~ 16. 9%。其中，2010 年差异最大，NPK 较 CK 高 2. 95g/kg，降幅 22. 0%；2006 年差异最小，NPK 较 CK 低 0. 26g/kg，降幅 2. 0%。

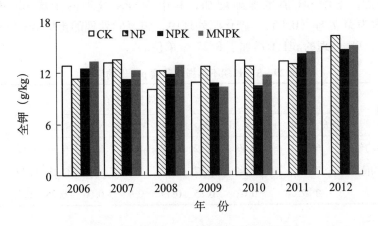

图 29 – 6 黄壤全钾与钾肥投入量的关系

有机肥与化肥配施能明显提高土壤中速效钾含量（图 29 – 7），2006—2012 年高量施钾处理（MNPK）土壤速效钾含量较高，与不施钾处理（NP）相比平均高出 5 倍。其中，2011 年差异最大，MNPK 较 NP 高 747. 7mg/kg，增幅 926. 8%；2008 年差异最小，MNPK 较 NP 高 373. 0mg/kg，增幅 164. 3%。MNPK 与 CK 相比，平均高出 3. 8 倍。其中，2011 年差异最大，MNPK 较 CK 高出 710. 0mg/kg，增幅 600%；2008 年含量差

异最小，MNPK 较 CK 高 350.0mg/kg，增幅 140%。

常规施钾处理（NPK）速效钾含量与不施钾处理（NP）相比变幅 -25.1% ~ 137.6%。其中，2011 年两处理间土壤速效钾含量差异最大，NPK 较 NP 高 111.0mg/kg，增幅 137.6%；2010 年差异最小，NPK 较 NP 高 18.0mg/kg，增幅 10.5%。NPK 与 CK 相比，变幅 -32.0% ~62.0%。其中，2011 年差异最大，NPK 较 CK 高 73.3mg/kg，降幅 62.0%；2012 年差异最小，NPK 较 CK 高 20.5mg/kg，降幅 11.5%。

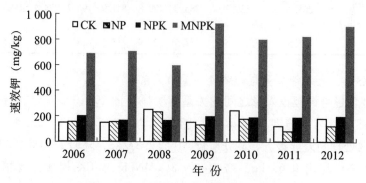

图 29 -7　黄壤速效钾与钾肥投入量关系

三、长期施肥黄壤其他理化性质的变化

（一）长期施肥黄壤 pH 值的变化

2010—2012 年间土壤 pH 值均值与试验初期 3 年均值相比，长期施用有机肥或 CK 处理的土壤 pH 值有所提高（表 29 -8），提高幅度为 0.19 ~ 0.9 个单位。随着有机肥施用量的增加，土壤 pH 值也逐渐增加，其中 MNPK 处理的土壤 pH 值增加最多（0.9），其次为 M 处理（0.85）。施化肥处理中，施氮肥处理的土壤 pH 值降低 0.06 ~ 0.25 个单位，PK 处理的 pH 值增加了 0.27 个单位。

表 29 -8　长期不同施肥黄壤 pH 值的变化

项　　目	各处理 pH 值									
	1/4M + NPK	1/2M + NPK	M	CK	MNPK	NPK	NK	N	NP	PK
1994—1996 年均值	6.57	6.49	6.42	6.68	6.42	6.61	6.50	6.62	6.42	6.51
2010—2012 年均值	7.04	7.14	7.27	6.87	7.32	6.55	6.25	6.40	6.33	6.78
变化幅度	0.47	0.65	0.85	0.19	0.9	-0.06	-0.25	-0.22	-0.09	0.27

（二）长期施肥黄壤阳离子交换量（CEC）的变化

与试验初始土壤 CEC 相比，长期施肥条件下，土壤 CEC 含量呈增加趋势（表 29 -9）。除 1/4M + NPK 处理，其余施有机肥处理的土壤 CEC 均有不同程度增加，MNPK 处理增幅最大，高达 19.9%，其次为 M 处理，增幅 13%。施用化肥处理的土壤 CEC 年际间有一定的波动，但基本保持稳定，其中 PK 处理 CEC 增加了 9.9%，增加幅度最大。

表 29 – 9　长期不同施肥黄壤阳离子交换量（CEC）的变化

项　目	各处理 ECE									
	1/4M + NPK	1/2M + NPK	M	CK	MNPK	NPK	NK	N	NP	PK
1994 年（cmol/kg）	17.4	16.9	16.9	17.1	15.6	16.3	16.3	16.9	16.9	16.2
2010—2012 年均值（cmol/kg）	17.1	18.1	19.1	17.0	18.7	16.3	16.4	16.7	16.2	17.8
增加幅度（%）	−1.7	7.1	13.0	−0.6	19.9	0.0	0.6	−1.2	−4.1	9.9

四、作物产量对长期施肥的响应

（一）玉米产量对长期施氮、磷、钾肥的响应

长期施肥的各处理玉米产量随年份均呈锯齿状波动，总体呈上升趋势，且 NP、NK 处理在试验开始前 6 年产量差异并不大，从第七年开始有所差异（图 29 – 8）。根据产量年际波动趋势线，不同年份产量均以 NPK 处理最高，CK 处理最低，而 NP、NK、PK 处理玉米产量变化为 PK < NK < NP。与 CK 相比，PK、NK、NP 与 NPK 处理的 18 年玉米平均产量均显著提高，但不同施肥模式的增产效应不同（表 29 – 10）。其中，NPK 处理的增幅最大，平均产量达 6 413.6kg/hm²，与 CK 相比增幅达 105.9%；NP 处理次之，平均产量 5 654.5kg/hm²，与 CK 相比增幅达 81.6%；NK 处理平均产量为 5 496.1kg/hm²，略低于 NP 处理，相较于 CK 平均增产 76.5%；PK 处理增产效果较低，均产仅达 3 836.0kg/hm²，与 CK 相比平均增幅 23.2%。可见，在黄壤旱地上氮磷钾配施（NPK）处理提高玉米平均产量的效果最优，NP 处理次之，其后依次为 NK、PK 处理，其中 PK 处理增产率最低。

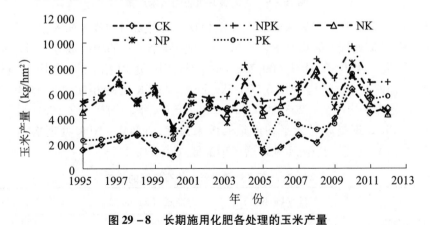

图 29 – 8　长期施用化肥各处理的玉米产量

从玉米产量与施肥效益之间的关系来看，氮肥效应为 8.32、磷肥效应为 4.65、钾肥效应为 3.91（表 29 – 10），氮肥效应远远高于磷肥效应和钾肥效应，说明在黄壤旱地上氮肥的增产效应大于磷肥和钾肥，氮是黄壤区玉米产量的主要限制因子。

表 29 - 10　长期施肥玉米的增产状况及肥料效应（18 年平均）

处　理	玉米产量（kg/hm²）	肥料效应（kg/kg）		
		氮	磷	钾
NPK	6 413.6	8.32	—	—
NP	5 654.5	—	4.65	—
NK	5 496.1	—	—	
PK	3 836.0	—	—	3.91

注：肥料效应 = 施肥增产量/施肥量（谭德水，2009）

（二）玉米产量对长期施有机肥的响应

长期施有机肥对玉米产量的影响与施用氮、磷、钾肥类似，年际间差异比较大，总体呈上升趋势（图 29 - 9）。其中，以 CK 最低，其次为 M 处理。在试验开始的第一年，M 处理的玉米产量明显低于 NPK 处理和 MNPK 处理，但在试验 10 年后，M 处理和化肥处理以及化肥与有机肥配施处理间的玉米产量差异缩小。

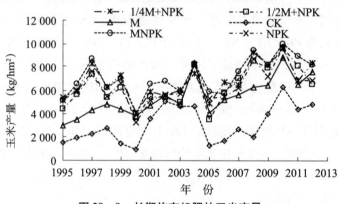

图 29 - 9　长期施有机肥的玉米产量

从 18 年的玉米平均产量来看，与 CK 相比，无论是 1/4M + NPK、1/2M + NPK、M、MNPK 及 NPK 处理均能提高玉米产量，但不同施肥模式的增产效应不同，MNPK 处理的增幅最大，平均产量 7 000.7kg/hm²，与 CK 处理相比平均增幅 139.3%；1/4M + NPK 处理次之，平均产量 6 706.7kg/hm²，与 CK 处理相比平均增幅 129.3%；1/2M + NPK 处理平均产量 6 203.1kg/hm²，相较于 CK 平均增产 112.1%。可见，在黄壤旱地上 MNPK 处理提高玉米平均产量的效果最优，1/4M + NPK 处理次之，其后为 1/2M + NPK 和 M 处理，其中 M 处理增产率最低（表 29 - 11）。

表 29 - 11　玉米产量受长期施有机肥的响应

处　理	产量（kg/hm²）	增产量（kg/hm²）	增产率（%）
1/4M + NPK	6 706.7	3 781.7	129.3
1/2M + NPK	6 203.1	3 278.1	112.1
M	5 249.1	2 324.1	79.5
CK	2 925.0	—	—
MNPK	7 000.7	4 075.7	139.3

注：增产量 = 施肥处理产量 - 不施肥处理产量；增产率（%）= 100% ×（施肥处理产量 - 不施肥处理产量）/不施肥处理产量

五、长期施肥条件下农田生态系统养分循环与平衡

农田养分平衡状况从根本上决定着土壤肥力的演变方向，与施肥效益及生态环境安全具有紧密的联系。长期施肥的重点集中在作物的增产效果上，在一定程度上忽视了土壤肥力的平衡和生态环境问题。盲目地偏施氮、磷化肥，钾肥投入不足，有机肥用量不断减少，造成施肥效益下降、农田生态环境受到破坏。由于农业生态系统在每个循环周期中都存在养分的损失，之所以能不断持续地发展主要靠人为因素的补给和控制。有机肥参与农业生态系统的养分循环、再利用和培肥土壤是中国农业特色之一。

长期施肥条件下黄壤农田生态系统养分循环与平衡研究借用 OECD 的土壤表观养分平衡模型，输入项包括化肥、有机肥（畜禽粪便还田、人粪尿和秸秆还田）、大气沉降和种子带入；输出项包括各种农作物的吸收（玉米、稻谷）。养分输入与输出之差即养分平衡量（周卫军，2002）。

参数的获取依据近几年的文献资料，养分的输入包括化肥、有机肥的施用，秧苗带入以及干湿沉降和灌溉水中带入的养分等。化肥按施用的纯养分计算，有机肥根据施用量×养分含量计算，种子向农田输入的养分及灌溉水、降水的输入，参照鲁如坤（1996a）提出的氮素损失建议参数得到。养分的输出只考虑水稻、玉米收获携出的养分量（籽粒和秸秆）、氮的损失量（氮的反硝化、氨挥发、作物直接排放气态氮化物等）作为系统养分的输出量，对于氮素损失量参照鲁如坤（1996b）提出的氮素损失建议参数。

（一）长期施肥黄壤肥料回收率的变化特征

提高肥料利用率一直是肥料施用研究热点，长期施肥下氮、磷、钾肥利用率（回收率）的变化规律是指导黄壤科学施肥的重要依据。

1. 氮肥回收率

不同施肥方式下作物氮肥利用率年际间变化较大（图 29 - 10）。2000 年以前，NPK 处理的氮肥利用率最高，其次为 MNPK 处理。2000—2004 年的 5 年间，M 处理的氮肥利用率高于其他处理，而 NPK 处理最低。2005—2008 年的 4 年间，3 种施肥处理的氮肥利用率比较接近。从 2009 年开始，各处理间氮肥利用率差异逐渐增大。

总体上，M 处理的氮肥利用率呈现逐年增加的趋势，施肥 16 年后，氮肥利用率提高 35.4%。MNPK 处理的氮肥利用率也提高了 19.2%。而 NPK 处理的氮肥利用率波动较大，施肥 16 年后略高于试验前水平。

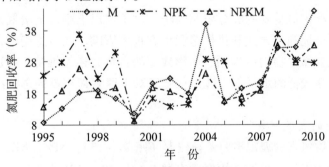

图 29 - 10　长期施肥下黄壤氮肥回收率

2. 磷肥回收率

长期施肥可以提高作物磷肥利用率（图 29 - 11）。1995—1999 年，MNPK 处理的磷肥利用率明显高于 M 和 NPK 处理。随着施肥年限的增加，施有机肥处理较不施有机肥处理的优势越来越明显，尤其是 M 处理的肥料利用率与 MNPK 处理的肥料利用率相当，有些年份甚至超过 MNPK 处理。施肥 16 年后，M 处理的磷肥利用率提高 18.8%，MNPK 处理提高 10.6%，NPK 处理提高 5.2%。

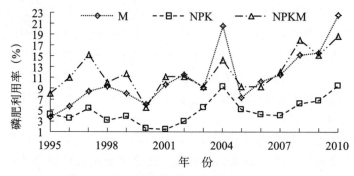

图 29 - 11　长期施肥下黄壤磷肥回收率

3. 钾肥回收率

长期施肥情况下作物钾肥利用率呈增加趋势（图 29 - 12）。3 种施肥处理的钾肥利用率表现为：NPK 处理 > MNPK 处理 > M 处理。施肥 16 年后，NPK 处理的钾肥利用率提高了 20%；化肥有机肥配施 MNPK 处理提高了 8.7%；M 处理提高了 9.2%。

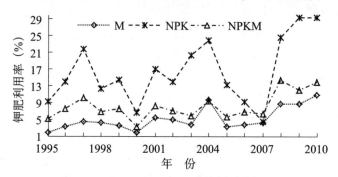

图 29 - 12　长期施肥下黄壤钾肥回收率

（二）长期施肥土壤氮素的表观平衡

氮是农业生产中最重要的养分限制因子。对于农田土壤，土壤氮素的多少除决定于成土条件外，土地利用方式和耕作施肥也有很大影响。在不施肥的条件下，农田土壤的氮素肥力主要靠生物固氮作用、作物残渣的自然归还等维持，在这种情况下，土壤氮素只能维持在较低的水平上。施入化肥氮对土壤氮素积累的影响决定于它在土壤中的净残留量。

1. 土壤氮素的表观平衡

不同施肥黄壤氮素的表观平衡差异较大（图 29 - 13），NPK、NK、NP 三个处理的氮素表观平衡量为正值，表明土壤氮素有盈余，且 NK、NP 处理盈余量相当，略高于 NPK 处理，说明 NPK 处理的作物产量高于 NK 和 NP 处理，作物携出的氮素增加，土壤氮素盈余量减少；PK 和 CK 处理氮素表观平衡量为负值，表明土壤氮素亏缺，且 PK 处理土壤氮素亏缺量大于 CK，说明施用磷、钾肥而不施氮肥，会加快土壤氮素的亏缺，CK 处理土壤氮素平衡量略有亏缺，表明短时间内土壤有机氮矿化大体能满足作物的较低需求，土壤氮素亏缺不严重。

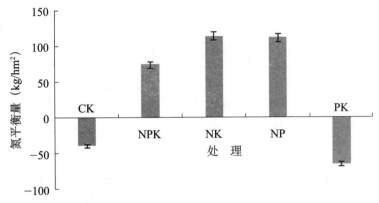

图 29 - 13　长期施肥下黄壤氮素的表观平衡（2006—2012 年平均值）

2. 土壤氮素表观平衡和氮肥投入量的关系

黄壤氮素表观平衡和氮肥投入量的关系见图 29 - 14。如图，随着氮肥投入量的增加，黄壤氮素平衡量也呈增加趋势，具体表现为 MNPK > NPK > PK。

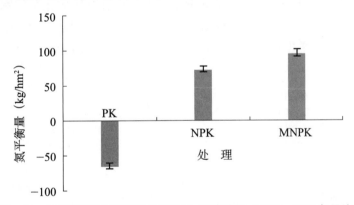

图 29 - 14　黄壤氮素表观平衡与氮肥投入量的关系（2006—2012 年平均值）

3. 土壤氮素表观平衡和全氮含量的关系

投入土壤的氮素经过复杂的转化过程，部分被作物吸收利用，部分被土壤固定吸附，土壤全氮含量作为投入氮素的部分表征与土壤氮素表观平衡之间有一定的相关关系（图 29 - 15）。由 MNPK、NPK 及 PK 处理的土壤全氮含量与土壤氮素表观平衡的关系可知：MNPK 处理的土壤全氮含量逐渐升高时，氮素平衡量逐渐降低，两者负相关，说明高量的氮肥投入可使玉米吸收氮素养分增加，同时土壤全氮含量也在增加，当氮素平衡量为 0kg/hm² 时，即氮素投入等于产出时，土壤全氮含量为 3.65g/kg，当土壤全氮含量高于此值时，土壤氮素平衡量为负值；NPK 处理中，随着氮平衡量的升高，土壤全氮含量也在增加，当氮素平衡量为 0kg/hm² 时，土壤全氮含量为 0.43g/kg，当土壤全氮含量低于此值时，土壤氮素平衡量为负值，高于此值时，土壤氮素平衡量有盈余；PK 处理由于缺少氮素投入，2006—2012 年氮素平衡量均为负值，当氮素平衡量为 0kg/hm² 时，土壤全氮含量为 1.77g/kg，当土壤全氮含量低于此值时，土壤氮素平衡量始终为负值，而高于此值时，土壤氮素平衡量将有盈余。

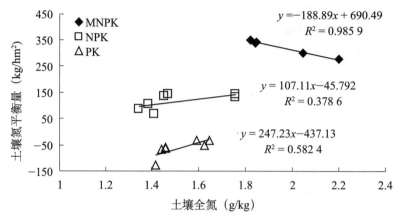

图 29 - 15 黄壤氮素表观平衡与土壤全氮含量的关系（2006—2012 年）

4. 土壤氮素表观平衡和碱解氮含量的关系

MNPK 处理的土壤氮平衡量始终为正值，有盈余；NPK 处理的土壤氮平衡量较低，其与土壤碱解氮含量关系的变化趋势与 MNPK 处理相似，土壤氮平衡量始终为正值，有盈余，但与 MNPK 处理相比，盈余量明显降低，与氮素投入量成正比；PK处理由于不施氮肥，土壤氮素表观平衡量主要由土壤有机氮矿化和作物携出量决定，当氮素平衡量为 0kg/hm² 时，土壤碱解氮含量为 255.98mg/kg，当土壤碱解氮含量大于此值时，土壤氮素平衡量有盈余，该处理土壤氮素表观平衡和碱解氮含量有一定的正相关性（图 29 - 16）。

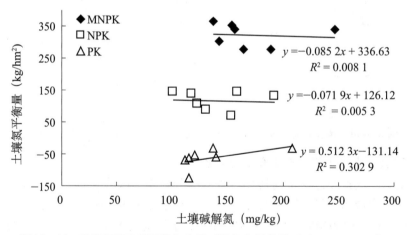

图 29 - 16 黄壤氮素表观平衡与土壤碱解氮含量的关系（2006—2012 年）

（三）长期施肥土壤磷素的表观平衡

磷和氮、钾一样，是植物不可缺少的三要素之一。贵州省黄壤地区磷肥施用量大，一直存在着磷的表观利用率低和肥料生产效率不高的问题。因为在贵州黄壤旱地土壤上，只有在施氮、钾肥的基础上施磷肥作物才能增产，这也是黄壤地区农业生产上不得不年复一年、每季作物都要大量施磷才能获得理想产量的重要原因。因此，如何通过长期定位试验，探讨长期施肥条件下土壤磷素的利用效率，避免和减少磷的环境负效益是今后贵州黄壤地区植物营养与科学施肥研究的重点。

1. 土壤磷素的表观平衡

不同施肥处理土壤磷素的表观平衡差异较大（图 29-17），NPK、NP、PK 三个处理的磷素表观平衡量为正值，表明土壤磷素有盈余，而盈余量 PK 略高于 NP 处理、NPK 处理；NK、CK 处理的磷素表观平衡量为负值，表明土壤磷素亏缺，并且 NK 处理的土壤磷素亏缺量大于 CK，说明施用氮肥、钾肥而不施磷肥，亦会加快土壤磷素亏缺，而不施肥处理土壤磷素平衡量在 0kg/hm² 上下波动，略有亏缺，说明短时间内土壤磷素大体能满足作物较低的需求，土壤磷素亏缺不严重。

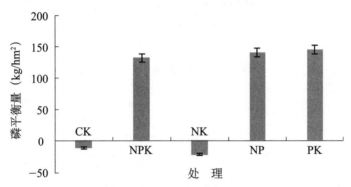

图 29-17　长期施肥黄壤旱地土壤磷素的表观平衡（2006—2012 年平均值）

2. 磷素表观平衡与磷肥投入量的关系

由黄壤磷素表观平衡和磷肥投入量的关系可知：常规施磷（NPK）处理与 MNPK 处理的磷素平衡量较高，平衡量分别为 132.5kg/hm² 和 125.5kg/hm²，而不施磷肥（NK）处理磷素表观平衡量较低，为负值。因此，在农业生产中应通过化肥及有机肥与化肥配施来提高磷肥利用效率（图 29-18）。

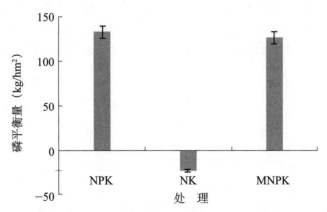

图 29-18　黄壤磷素表观平衡和磷肥投入量的关系（2006—2012 年平均值）

3. 土壤磷素表观平衡与全磷含量的关系

土壤磷素表观平衡与土壤全磷含量呈负相关关系（图 29-19）。MNPK 处理的高量磷肥投入使得玉米吸收的磷素养分增加，同时土壤全磷含量也在增加，当磷素平衡量为 0kg/hm² 时，即磷素投入等于产出时，土壤全磷含量为 43.3g/kg，当土壤全磷含量小于此值时，土壤磷素平衡量有盈余。NPK 处理下，随着磷平衡量的升高，土壤全磷含量在降低，当磷素平衡量为 0kg/hm² 时，土壤全磷含量为 21.9g/kg，土壤全磷含量高于此值时，土壤磷素平衡量为负值，而低于此值时，土壤磷素平衡量有盈余。NK 处理下，由于缺少磷素投入，2006—2012 年磷素平衡量均为负值，当磷素平衡量为 0kg/hm² 时，土壤全磷含量为 −2.87g/kg，即当土壤全磷含量低于此值时，土壤磷素平衡量将有盈余，而高于此值时，土壤磷素平衡量始终为负值。

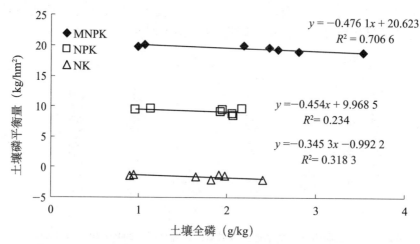

图 29 – 19　黄壤磷素表观平衡与土壤全磷含量的关系（2006—2012 年）

4. 土壤磷素表观平衡与有效磷含量的关系

从图 29 – 20 可以看出，MNPK 处理下，当磷素平衡量为 0kg/hm² 时，土壤有效磷含量为 1 328.2mg/kg。因此当土壤有效磷含量小于此值时，土壤磷平衡量有盈余。NPK 处理，土壤磷平衡量较 MNPK 处理明显降低，与 MNPK 处理不同，随着磷平衡量的升高，土壤有效磷含量也逐渐增加，该处理土壤磷平衡量始终有盈余。NK 处理由于不施磷肥，磷素平衡量始终为负值，当磷素平衡量为 0kg/hm² 时，土壤有效磷含量为 156.2mg/kg，即当土壤有效磷含量大于此值时，土壤磷素平衡量有盈余。

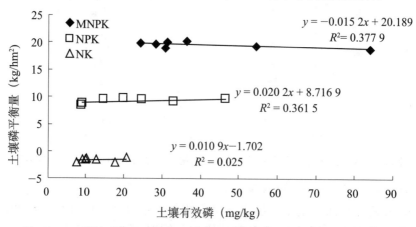

图 29 – 20　黄壤磷素表观平衡和土壤有效磷含量的关系（2006—2012 年）

（四）长期施肥土壤钾素的表观平衡

1. 钾素的表观平衡

不同施肥处理的土壤钾素表观平衡差异较大（图 29 - 21）。从图 29 - 21 可以看出，NPK、NK、PK 三个处理的钾素表观平衡量为正值，表明土壤钾素盈余；而 NK 和 PK 处理盈余量相当，略高于 NPK，说明 NPK 处理的作物产量高于 NK 和 PK 处理，携出的钾量多，土壤钾素的盈余量少；NP、CK 处理的钾素表观平衡量为负值，表明土壤钾素亏缺，并且 NP 处理的土壤钾素亏缺量大于 CK。说明施用氮、磷肥而不施钾肥，会加快土壤钾素亏缺。不施肥处理由于没有钾素补充，农作物需钾量又比较大，导致土壤钾素平衡量始终小于 0kg/hm²。

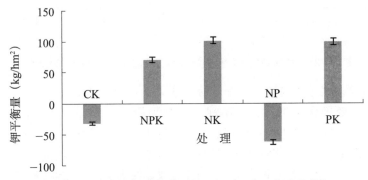

图 29 - 21　黄壤钾素表观平衡（2006—2012 年平均值）

2. 土壤钾素表观平衡与钾肥投入量的关系

随着钾肥投入量的增加，土壤钾素表观平衡量也增加（图 29 - 22）。其中，不施钾（NP）处理的钾素表观平衡量为负值，高量施钾（MNPK）处理的钾素表观平衡量远高于常规施钾（NPK）处理，且二者均为正值。

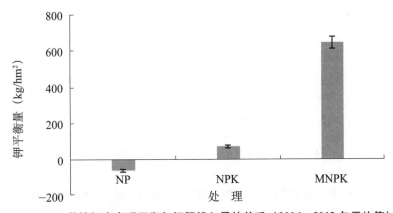

图 29 - 22　黄壤钾素表观平衡与钾肥投入量的关系（2006—2012 年平均值）

3. 土壤钾素表观平衡与全钾含量的关系

黄壤钾素平衡量与土壤全钾含量的相关性见图 29 - 23。随着钾肥施用量的增加，钾素平衡量与全钾含量相关性增强，且均为正相关关系。MNPK 及 NPK 处理下，随着钾素投入量的增加，土壤钾平衡量与土壤全钾正相关；NP 处理由于不施钾肥，钾素平衡量始终为负值，当钾素平衡量为 0kg/hm² 时，土壤全钾含量为 80.38mg/kg，即当土壤全钾含量大于此值时，土壤钾素平衡量有盈余。

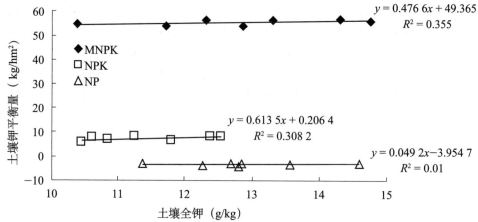

图 29-23　黄壤钾素表观平衡与全钾含量的关系（2006—2012 年）

4. 土壤钾素表观平衡与速效钾含量的关系

随着土壤速效钾含量增加，土壤钾素表观平衡和速效钾含量之间的相关性增强（图 29-24），MNPK 处理土壤速效钾含量与土壤钾平衡量负相关，而钾素的高量投入，使得土壤钾平衡量始终有盈余；NPK 处理，土壤钾平衡量与土壤速效钾正相关，钾平衡量有盈余；NP 处理由于缺少钾素投入，钾平衡量始终为负，但当钾平衡量为 0kg/hm^2 时，土壤速效钾含量为 5 763.3mg/kg，当土壤速效钾含量大于此值时，土壤钾平衡量有盈余。

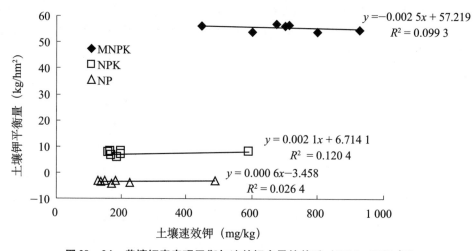

图 29-24　黄壤钾素表观平衡与速效钾含量的关系（2006—2012 年）

六、基于土壤肥力演变的主要培肥技术模式

贵州省黄壤旱地面积大，且肥力水平不一，利用方式对黄壤的理化性质也会产生较大的影响，黄壤长期定位观测点只是黄壤农业利用的一个代表，综合区域内整体情况来看，黄壤存在着酸性较大、养分含量较低、黏粒含量高而质地黏重等不良性状。依据长期试验的结果针对区域性黄壤所存在的问题提出相应的培肥技术措施。

（一）合理施用有机肥

单施有机肥（M）处理18年后，土壤有机质含量增加了10.0%，有机肥与化肥配施（MNPK）处理有机质含量增加了20.1%，1/2 有机肥与化肥配施处理（1/2M + NPK）增加14.9%，1/4 有机肥与化肥配施处理（1/4M + NPK）增加了3.6%。土壤中全氮、碱解氮、全磷、有效磷、速效钾、CEC 等较对照都有所增加。说明长期施用有机肥对土壤培肥具有良好的效果。根据本长期试验的施肥情况，在黄壤区有机肥施用量在 $30t/hm^2$ 左右具有较好的效果，有机肥可作为底肥在播种前施用。

（二）平衡施肥

一是有机肥料与无机肥料配施，可以缓急相济、相互补充，既可以及时满足作物生育期对养分的需要，提高化肥利用率，降低生产成本，增产增收，又能促进微生物活动，改善作物营养条件，保持和提高土壤肥力水平。二是无机肥料中氮、磷、钾肥和中微量元素的相互配合，将肥料三要素合理配比，防止偏施某一种肥料，出现施肥效果差，甚至产生副作用的现象。黄壤长期试验结果表明，有机肥配合化肥施用，可以显著提高作物产量，从长期试验点的作物产量看，玉米均以全量有机肥与化肥配施处理（MNPK）的增产效果最好，增产量达 $4\ 075.7kg/hm^2$，增产率为139.3%。氮磷钾肥配合施用，作物产量增加明显，土壤养分状况也能维持在较高的水平。

平衡施肥在根据土壤条件和作物营养特点选好肥料种类、最适宜用量和配比的基础上，还要考虑配方的实施。即肥料在各个生育期内的适宜用量和分配比例，发挥肥料最大利用率。①一般生育期短的作物在肥料分配上应以基肥为主，追肥早施；而生育期长的作物应加大追肥比例，分次施肥，追肥时首先要考虑作物营养临界期和最大效率期，保证肥料适时有效地被作物利用。②黏质土壤宜采用重基肥、早追肥（前促后控）的施肥方式，以避免后期贪青；壤质土采用基追并重的方式，以防后期脱肥，保持均衡增长。③不同营养元素，施肥方式不同。氮肥，在施肥上应强调基肥和追肥两种方式，其中，总用量的30% ~40%作基肥，60% ~70%在生育期作追肥。磷肥，当季作物种植时磷肥作为基肥，一次集中施用，轮作要将磷肥分配到对磷最敏感的作物上。钾肥，当季作物施用钾，一般宜全部作基肥，特别是生育期短的作物，钾肥应尽量早施，重施基肥，看苗提早追肥。有机肥与化肥配施模式中，年施用氮肥 $165kg/hm^2$、磷肥 $82.5kg/hm^2$、钾肥 $82.5kg/hm^2$、有机肥 $30.6t/hm^2$。播种前施磷、钾肥或有机肥作基肥，在作物生长过程中追施2次氮肥。

七、主要结论与研究展望

（一）主要结论

（1）施用有机肥18年后，可使土壤有机质含量增加3.6% ~20.1%，土壤中全氮、碱解氮、全磷、有效磷、速效钾、CEC 等较试验初期均有所改善；有机肥配合化肥施用，不仅可以显著提高粮食产量，土壤养分状况也能维持在较高的水平。从长期试验点作物产量看，玉米均以全量有机肥与化肥配施处理（MNPK）的增产效果最好，增产量达 $4\ 075.7kg/hm^2$，增产率为139.3%，氮磷钾肥配合施用，作物产量增加明显。

（2）从长期试验的作物产量与施肥效益之间的关系来看，玉米产量对氮肥、磷肥、钾肥的效应为 8.32、4.65、3.91，氮肥效应远远高于磷肥和钾肥，表明在旱地黄壤上氮肥是玉米生产的主要限制因子。

（3）长期施肥条件下农田生态系统的氮、磷、钾素表观平衡与肥料投入量明显相关，随着肥料投入量增加，平衡量也逐渐增加，其中高量施肥 MNPK 处理的氮素、磷素、钾素表观平衡量分别高达 $250 \sim 350 kg/hm^2$、$15 \sim 25 kg/hm^2$ 和 $50 \sim 60 kg/hm^2$，而中量施肥 NPK 处理氮素、磷素、钾素的表观平衡量分别为 $50 \sim 150 kg/hm^2$、$5 \sim 15 kg/hm^2$ 和 $0 \sim 10 kg/hm^2$，但偏施化肥处理（NP、NK、PK）的氮素、磷素、钾素表观平衡量均为负值。

（二）研究展望

（1）建立黄壤肥力演变数据库，对已有数据查缺补漏，对过去缺少的时空信息和重要数据进行重测，可进一步完善数据库相关内容。

（2）在现有试验处理的基础上，增设秸秆还田处理。开展农作物产量、生物量的长期定位监测，采集地上、地下和根茬生物量及土壤碳数据，可深化农田土壤碳循环研究。

（3）以黄壤肥力监测长期试验为依托，开展贵州省山区耕地保育新技术集成、创新与示范，大力实施成果转化，可促进贵州省山区耕地质量与生产能力建设。

蒋太明、李渝、罗龙皂、张雅蓉、肖厚军

参考文献

［1］贵州省土壤普查办公室.1994.贵州省土壤［M］.贵阳：贵州科技出版社.

［2］鲁如坤，刘鸿翔，闻大中，等.1996a.我国典型地区农业生态系统养分循环和平衡研究［J］.Ⅰ.农田养分支出参数.土壤通报，27（4）：145－151.

［3］鲁如坤，刘鸿翔，闻大中，等.1996b.我国典型地区农业生态系统养分循环和平衡研究.Ⅱ.农田养分收入参数［J］.土壤通报，27（4）：151－154.

［4］鲁如坤，刘鸿翔，闻大中，等.1996c.我国典型地区农业生态系统养分循环和平衡研究.Ⅲ.农田养分平衡的评价方法和原则［J］.土壤通报，27（5）：197－199.

［5］谭德水，金继运，黄绍文.2009.灌淤土区长期施钾对作物产量与养分及土壤钾素的长期效应研究［J］.中国生态农业学报，17（4）：625－629.

［6］王娟，吕家珑，徐明岗，等.2010.长期不同施肥下红壤氮素的演变特征［J］.中国土壤与肥料，（1）：1－6.

［7］周卫军.2002.红壤稻田系统养分循环与 C、N 转化过程［D］.武汉：华中农业大学.

［8］张敬业，张文菊，徐明岗，等.2012.长期施肥下红壤有机碳及其颗粒组分对不同施肥模式的响应［J］.植物营养与肥料学报，28（4）：868－875.

第三十章 长期施肥山原红壤肥力演变与培肥技术

红壤具有优越的生产性能，是我国发展农业最有潜力的土壤类型之一（李庆逵，1983）。红壤约占全国土地面积的21%，占云南省土地面积的32.27%。曲靖市土壤类型复杂多样，其中红壤面积最大，有173.27万 hm²。而曲靖市最典型、最具代表性的山原红壤有130万 hm²，占曲靖市红壤面积的75%。山原红壤作为曲靖市红壤的代表性亚类，具有酸性重、盐基不饱和，钾、钠、钙、镁盐基物质流失严重，铁、铝富集的特性，有机质和氮素贫乏，胡敏酸/富里酸的比值偏低，特别是低肥力山原红壤，富里酸碳量相对值更高，磷极易固定，氮利用率较低，土壤质地普遍胶性重，物理性状不良，耕性差。曲靖市玉米种植虽然有种植历史悠久、种植面积大等优势，但在种植技术特别是施肥技术上还存在不少弊端，重施氮、磷肥，轻施甚至不施钾肥的现象普遍存在，有机肥用量少等问题较为突出。因此，研究长期施肥对玉米产量效应及地力变化对山原红壤地区合理高效施肥具有重大意义。

一、山原红壤长期试验概况

试验区位于云南省曲靖市麒麟区越州镇。该区海拔1 906m，北纬25°18′6.8″，东经103°53′55.4″，属低纬高原季风气候。年均温13～15℃，≥10℃的积温3 500～4 000℃，年降水量900～1 000mm，年蒸发量2 000～2 200mm，相对湿度70%～74%。无霜期245d。

试验区土壤为老冲积母质发育的山原红壤，土种为涩红土。土壤质地黏重，土体构型0～20cm为核状，20～45cm为碎块状，45cm以下为大块状，耕层深度20cm。试验前（1978年）耕层土壤有机质含量20.6g/kg，全氮1.0g/kg，速效磷痕量，有效钾67.00mg/kg，碱解氮71.00mg/kg，pH值6.10。种植作物为春玉米，一年一熟，冬季休闲。

试验始于1978年，设4个处理：①施氮N276kg/hm²（N）；②N76kg/hm² + P₂O₅ 120kg/hm²（NP）；③N276kg/hm² + 农家肥30 000kg/hm²（NM）；④N276kg/hm² + P₂O₅120kg/hm² + 农家肥30 000kg/hm²（NPM）；1990年起将NP处理裂区为施钾（K₂O 112.5kg/hm²）（NP + K）和不施钾处理，NM处理裂区为施钾（K₂O 112.5kg/hm²）（NM + K）和不施钾处理，NPM处理裂区为施钾（K₂O 112.5kg/hm²）（NPM + K）和不施钾处理，NM处理裂区为施磷（P₂O₅ 120kg/hm²）（NM + P）和不施磷处理，N处理裂区为施磷与农家肥（P₂O₅ 120kg/hm²、农家肥30 000kg/hm²）（N + PM）和不施磷与农家肥处理。每个处理3次重复，小区面积33.34m²。

肥料施用方法：氮肥30%作苗肥，70%作穗肥；磷肥与农家肥作底肥穴施，钾肥与氮肥混合作苗肥施用，氮肥为尿素，磷肥为普通过磷酸钙，钾肥为硫酸钾。玉米品种为当地大面积推广的杂交种（1978—1984年为水口黄、1985—1988年为京杂6号、1989—1991年为罗单1号、1992—2007年为会单4号，2008年为靖单10号，2009—

2011 年为麒单 7 号），种植密度 67 200 株/hm²。

在每年秋天玉米收获后，采取 0~20cm 耕层土样，每个小区取 5 个点混合，然后再将 3 个重复小区混合为一个样。土壤样品分析按照统一的方法进行，土壤有机质用重铬酸钾容量法测定，全氮用凯氏法测定，全磷用碱熔—钼锑抗比色法测定，全钾用 NaOH 熔融火焰光度法测定，碱解氮用扩散法测定，速效磷用 Olsen 法测定，速效钾用 1mol/L NH₄OAC 浸提—火焰光度法测定。测定方法见参考文献（鲍士旦，2000）。在玉米成熟收获时，每个小区取 3 株测定经济性状，然后取 3 个重复小区的玉米籽粒混合样，测定籽粒的粗脂肪、蛋白质和粗纤维含量。玉米籽粒粗脂肪测定方法参见 GB/T 5512—2008、蛋白质测定方法参见 GB/T 5511—2008，粗纤维测定方法参见 GB/T 5515—2008。

试验数据采用 Microsoft Excel 2000 和 SPSS 统计软件进行计算和统计分析。

二、长期施肥山原红壤有机质和氮、磷、钾的演变规律

（一）有机质的演变规律

施有机肥料是提高土壤有机质的重要措施。山原红壤有机质含量普遍偏低，如何合理施肥，特别是增加有机肥的施用，将会对山原红壤有机质的提升起到关键作用。由图 30-1 可以看出，不同施肥处理 34 年土壤有机质含量的变化表现为，不施有机肥

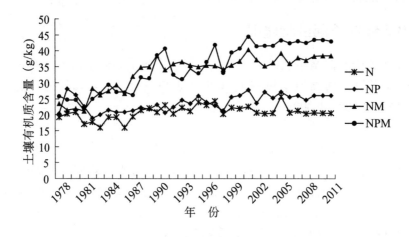

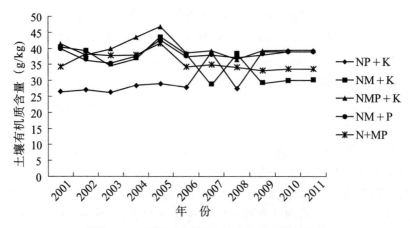

图 30-1　长期不同施肥土壤有机质含量的变化

的 N 和 NP 处理，有机质含量变化不大；而施有机肥的 NM 和 NMP 处理，有机质含量明显增加。34 年 N、NP、NM 和 NPM 处理的有机质平均含量分别为 20.99g/kg、23.87g/kg、33.57g/kg 和 35.43g/kg，与试验前的 20.6g/kg 相比，N、NP、NM 和 NPM 处理有机质含量分别增加了 0.39g/kg、3.27g/kg、12.97g/kg 和 14.83g/kg，增幅分别 1.89%、15.89%、62.96% 和 71.99%。说明长期施用有机肥可显著提高土壤有机质含量，有效地促进土壤微生物的生长和代谢活动，对提高土壤肥力起着重要作用（郑勇，2008）。

NP + K 处理有机质含量由 2001 年的 26.3g/kg 增加到 2011 年的 39g/kg，增幅为 48.3%，且自 2009 年开始几乎稳定不变；与 NP 处理相比，增施钾肥后土壤有机质含量增加。而 NM + K 处理的土壤有机质含量从 2001 年到 2011 年则降低了 10.5g/kg，降幅为 25.9%；且与 NM 处理相比也有下降趋势。经过 11 年的施肥，NPM + K、NM + P 和 N + MP 处理的有机质含量均有下降趋势，但降幅较小，且 N + MP 处理的有机质含量后期基本持平（2006—2011 年）。总之，施有机肥或有机肥与化肥配合施用，是有效增加土壤有机质的重要措施。

（二）氮素的演变规律

1. 全氮含量的变化

土壤氮素水平是评价土壤质量的主要指标之一，直接影响作物的产量与品质（石元亮，2008）。由图 30 - 2 看出，每年施 N 276kg/hm^2，34 年后只施氮肥的处理（N），全氮含量与试验前相比增幅较小，仅增加了 0.03g/kg，NP、NM 和 NPM 处理与试验前相比全氮含量显著增加。经过 34 年的施肥，NP、NM、和 NPM 处理的全氮

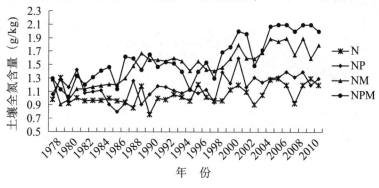

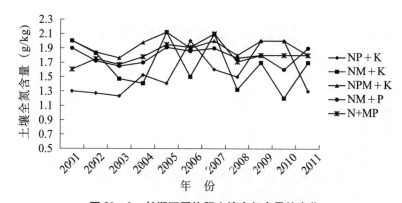

图 30 - 2　长期不同施肥土壤全氮含量的变化

平均含量分别比 N 处理增加了 0.18g/kg、0.46g/kg 和 0.53g/kg，增幅为 1.7%、4.5% 和 5.1%；N、NP、NM 和 NPM 处理的全氮含量比试验前土壤分别增加了 0.03g/kg、0.21g/kg、0.49g/kg 和 0.56g/kg，增幅最大的为 NPM 处理，其次为 NM 处理，说明施有机肥其有机氮在土壤中容易积累。NP + K 处理和 NM + P 处理的土壤全氮含量随着试验年份有小幅度波动，但经过 11 年后全氮含量相同。NM + K 处理和 NPM + K 处理的全氮含量有下降趋势，这与有机质含量的变化趋势基本相同；而 N + MP 处理则呈现微弱的上升趋势。说明不同施肥条件下作物生长和土壤有机质的累积不同，土壤全氮的变化也不同。

2. 碱解氮含量的变化

土壤速效氮反映土壤的供氮状况。图 30 - 3 显示，经过 34 年的施肥与耕种，N、NP、NM 和 NPM 处理的土壤碱解氮含量与试验前相比均显著增加，分别比试验前增加了 46.4mg/kg、50.09mg/kg、65.56mg/kg 和 67.71mg/kg，增幅为 6%、700.5%、92.% 和 95.37%，增幅大小为 NPM > NM > NP > N，说明长期施氮肥可增加土壤速效氮素含量，增施有机肥的效果更好，这一结论与黄绍敏的报道一致（黄绍敏，2006）。NP + K 处理的土壤碱解氮从 2001 年的 131.7mg/kg 增加到 2011 年的 160.1mg/kg，增幅为 21.6%；NM + K、NPM + K 和 NM + P 处理的碱解氮含量呈下降趋势，而 N + MP 处理则呈现上升趋势；从 2006 年开始，5 个不同处理的碱解氮含量基本稳定不变。说明随着试验年限的增加，增施磷、钾肥对土壤碱解氮含量累积的影响较小。

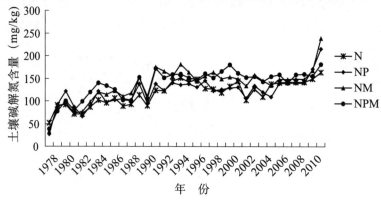

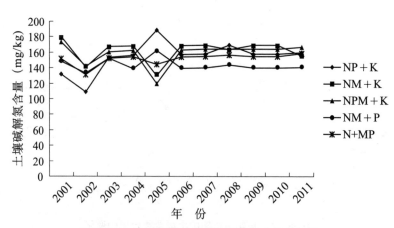

图 30 - 3　长期不同施肥土壤碱解氮含量的变化

（三）磷素的演变规律

1. 全磷含量的变化

长期施肥能提高土壤全磷含量，N、NP、NM 和 NPM 处理的平均全磷含量分别为 0.66g/kg、1.11g/kg、0.77g/kg 和 1.14g/kg（全磷含量仅测定了 19 年），与 1978 年的基础土壤相比，经过 34 年的施肥，N、NP、NM 和 NPM 处理的平均全磷含量分别增加了 0.52g/kg、0.94g/kg、0.63g/kg 和 0.96g/kg（表 30-1）。施磷肥的 NP 和 NPM 的处理，全磷含量比相应的不施磷肥的 N 和 NM 处理显著增加，说明土壤全磷含量与施磷密切相关。

表 30-1　长期不同施肥土壤全磷含量的变化　（单位：g/kg）

年份	各处理全磷含量				年份	各处理全磷含量			
	N	NP	NM	NPM		N	NP	NM	NPM
1980	0.14	0.17	0.14	0.18	1993	0.68	1.05	0.74	1.24
1981	0.67	0.78	0.69	0.82	1994	0.72	1.22	0.87	1.31
1982	0.49	0.82	0.62	0.79	1995	0.67	1.18	0.79	1.36
1983	0.69	0.88	0.71	0.94	1996	0.64	1.44	0.76	1.29
1984	0.89	0.94	0.79	1.08	1998	0.63	1.53	0.90	1.41
1985	0.76	0.93	0.90	1.27	1999	0.73	1.78	0.83	1.19
1987	0.80	1.07	0.66	0.92	2003	0.66	1.27	0.94	1.49
1988	0.54	0.74	0.66	0.92	2010	0.66	1.00	0.94	1.15
1990	0.92	1.27	0.88	1.16	2011	0.83	1.75	1.13	2.00
1992	0.49	1.16	0.73	1.16	平均	0.66	1.11	0.77	1.14

2. 速效磷含量的变化

土壤速效磷是土壤磷贮库中能被作物直接吸收利用的部分，可反映土壤的供磷能力，速效磷含量与磷肥肥效呈显著的负相关。从图 30-4 可以看出，34 年未施磷肥的 N 和 NM 处理速效磷平均含量为 3.29mg/kg 和 8.35mg/kg，与试验前比较有所增加；施磷肥的 NP 和 NPM 处理的速效磷平均含量分别为 47.17mg/kg 和 39.17mg/kg，与试验前比较显著增加。说明在红壤旱地上连续施用磷肥能显著增加土壤中的速效磷含量。磷肥与有机肥配合施用，可减少土壤对磷的固定，活化土壤中难溶性磷化合物，使土壤速效磷含量增加，同时也可提高磷的利用率，减少因施磷过量造成的面源污染。目前我国粮区旱地土壤磷的增产临界值为速效磷高于 30mg/kg（黄绍敏，2006），本试验中，NP 和 NPM 处理的土壤速效磷含量已经达到了增产临界值。从图中还可以看出，NM + K 处理的土壤速效磷含量 11 年几乎维持不变，NP + K、NPM + K、NM + P 和 N + MP 处理的速效磷含量从 2006 年开始也维持在一定的值，变化很小。

由于磷在土壤中的扩散系数小，移动慢，磷肥的当季利用率一般仅为 10% ~25%，肥料中大部分磷素以不同的磷酸盐形态残留于土壤中，可供后季作物吸收利用，表现出明显的残效。从 4 个处理看，长期施入养分全面的处理，作物生长良好，产量高，土壤中累积的磷就少，因此出现了 NP 处理土壤速效磷含量大于 NPM + K 处理的现象。

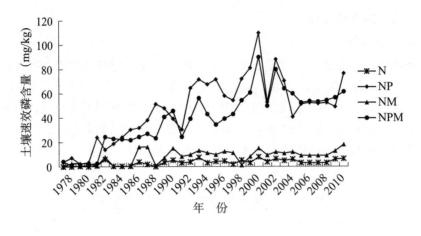

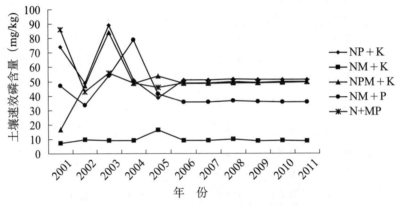

图 30-4　长期不同施肥土壤速效磷含量的变化

通过对长期施钾处理与不施钾处理的土壤速效磷的比较看出，NP+K 较 NP 处理的速效磷减少了 32.6%，NPM+K 也比 NPM 处理减少了 19.5%，说明长期施钾促进了作物对土壤中速效磷的吸收，从而使土壤中留存的速效磷含量降低。长期施有机肥有利于提高土壤的磷素肥力，明显提高土壤磷的有效性。其主要原因是有机肥料在分解过程中产生的有机酸可促进磷酸钙盐的溶解，有机肥料中的碳水化合物也对土壤固相吸附位点有掩蔽作用，有机肥料施入土壤后，能活化土壤磷，减少土壤对化肥磷的固定。图 30-4 还显示，长期施用有机肥的处理土壤速效磷明显低于长期施化肥的处理，这是因为施入有机肥可使土壤养分保持平衡，促进作物高产，大量的速效磷可被作物吸收带走。

（四）钾素的演变规律

1. 全钾含量的变化

16 年的分析的结果（表 30-2）表明，不同处理的全钾含量差异不明显，N、NP、NM 和 NPM 处理的全钾平均含量分别为 5.3g/kg、5.2g/kg、5.3g/kg 和 5.2g/kg。山原红壤缺钾的特性，决定了要维持土壤的钾素平衡，保证作物的吸收，就必须不断从外界加以补充。钾素对作物的产量、品质、抗逆性等均有重要作用。2001 年与 1983 年的土壤全钾含量相比，N、NP、NM 和 NPM 处理分别增加了 5.4g/kg、4.6g/kg、4.0g/kg 和 4.5g/kg，增加了近 1 倍。

表30－2　长期不同施肥土壤全钾含量的变化　　　　　　（单位：g/kg）

年　份	各处理全钾含量			
	N	NP	NM	NPM
1983	5.0	5.0	5.2	5.1
1984	5.0	4.8	4.8	4.6
1985	3.6	3.3	3.1	3.8
1987	6.0	6.3	5.8	5.5
1988	4.7	4.3	4.2	4.3
1990	3.7	3.4	3.5	3.4
1992	4.8	4.4	4.7	4.8
1993	5.1	4.8	5.2	4.9
1994	4.3	4.8	4.5	4.5
1995	5.0	4.8	4.8	4.5
1996	4.8	5.1	4.7	4.8
1998	4.4	4.1	4.4	4.3
1999	4.8	5.4	6.9	4.2
2003	5.1	4.7	4.7	5.0
2010	8.8	8.8	9.2	9.6
2011	10.4	9.6	10.0	9.6
平　均	5.3	5.2	5.3	5.2

2. 有效钾含量的变化

施钾可促进碳代谢，提高植物组织含糖量，可以使植物提前开花成熟，提高植株体内含钾量，增强抗病性（刘晓燕，2006）。由试验结果（图30－5）可以看出，N、NP、NM 和 NPM 处理的有效钾含量分别为 91.73mg/kg、52.13mg/kg、157.23mg/kg 和138.05mg/kg，说明施有机肥的处理有效钾含量显著高于不施有机肥的处理。与试验前土壤相比，N 处理的土壤有效钾含量增加了 24.73mg/kg，NP 处理下降了 14.87mg/kg；NM 处理增加了 90.23mg/kg；NPM 处理增加了 71.05mg/kg。说明在红壤旱地上长期施有机肥而不施化学钾肥也能维持土壤钾素的平衡。山原红壤一般缓效钾含量不高，供钾潜力不足。在此情况下，当土壤有效钾消耗后，能补充的数量并不多，故施钾肥一般有较好的效果，可使土壤有效钾得到补充。从 2001—2011 年有效钾的平均含量可以看出，NP＋K 比 NP 处理增加 91.4mg/kg，增幅达 236.2%；NM＋K 较 NM 处理增加63.5mg/kg，增幅达 46.7%；NPM＋K 较 NPM 处理增加 62.7mg/kg，增幅达 45.3%。说明长期直接施化肥钾，可使土壤有效钾含量充足，保证作物的吸收。但总的来说NP＋K、NM＋K、NPM＋K、NM＋P 和 N＋MP 处理的有效钾含量从 2007 年开始也维持在一定的值，变化很小。

3. 全钾、有效钾含量与钾肥投入量的关系

土壤全钾含量与有机肥投入量关系不明显。土壤有效钾含量与有机肥的投入量呈

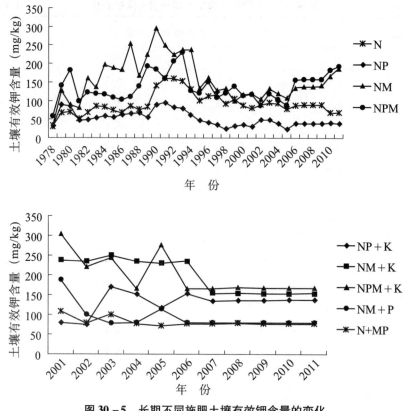

图 30 - 5　长期不同施肥土壤有效钾含量的变化

显著正相关。增加有机肥后，使土壤环境得到改善，土壤中的有效钾含量在没有施钾肥的前提下依然可保持较高水平，当然在有充足的钾养分条件下，土壤中的有效钾含量会更高。综合看来，在长期施有机肥的基础上，平衡施用各种无机养分肥料，能促使土壤有效钾含量不断提高，保证作物增产及土壤养分的平衡。

（五）长期施肥对红壤 pH 值的影响

山原红壤地区土壤最典型的特征就是酸化严重，因此合理的施肥对改良红壤酸性具有重要意义。从 25 年的土壤 pH 值测定结果（图 30 - 6）可以看出，不同处理的 pH 值与试验前的 6.10 相比均呈下降趋势。试验后 25 年的 pH 值平均值（1983—2011 年），N、NP、NM 和 NPM 处理分别为 4.49、4.43、5.04 和 5.23，N 和 NP 处理比试验前降低了 1.61 和 1.67，NM 和 NPM 处理下降了 1.06 和 0.87。说明在红壤旱地上连续仅施氮肥或氮、磷肥会导致土壤酸化，长期施用氮、磷肥和有机肥土壤酸性也呈增加的趋势，但施氮磷肥和有机肥的处理土壤 pH 值比仅施氮肥或氮肥与磷肥处理降低得慢。长期施均衡施无机养分并保持有机肥的长期供给，能使土壤 pH 值保持相对稳定，使山原红壤的酸性减弱，起到较好的改土效果。而长期单施化肥会导致土壤酸性加重，严重影响土壤的理化性状。从 2011 年的分析结果看，NMP + K 比 NPM 处理的土壤 pH 值高 0.12，而 NP + K 也比 NP 处理高 0.17，经过 34 年的施肥耕作，增施钾肥的处理土壤 pH 值均高于不施钾肥的处理，说明钾肥的持续补充能保持土壤中养分的平衡。当红壤旱地土壤酸性增加时，会导致土壤肥力下降，使磷肥的肥效减低，从而影响作物产量的提高，施有机肥可以调节土壤酸性达到改良红壤的目的，尤其是在合理的氮磷钾化肥配施下效果更好。

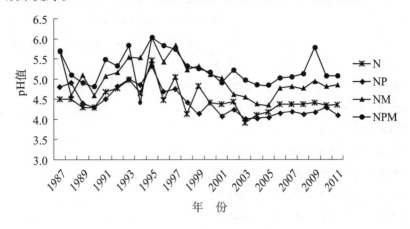

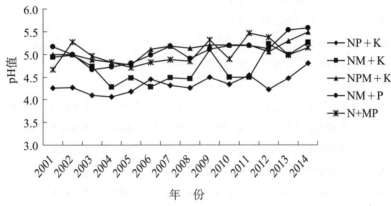

图 30 - 6　长期不同施肥土壤 pH 值的变化

三、作物产量对长期施肥的响应

施化肥和有机肥在提高产量的同时也使土壤肥力发生较大的变化（戴茨华，2002）。从表 30 - 3 的玉米产量结果看出，在红壤旱地上单施氮肥作物不丰产；氮磷配施作物也不高产；氮磷钾配合施用的作物也不能维持高产稳产。说明只有长期均衡的营养供给才能保证作物产量的稳定和不断提高，养分供应不平衡作物产量明显下降，甚至严重影响作物的正常生长，乃至绝产。

（一）作物产量对长期施氮肥的响应

34 年的玉米产量结果（表 30 - 3）显示，在红壤旱地上只施氮肥的处理，因缺磷肥、钾肥，养分严重不平衡，玉米籽粒产量到第八年（1985 年）就绝收；NP 处理前 8 年（1978—1985 年）玉米平均产量是 N 处理的 11.8 倍，但连续施用玉米产量呈减产趋势，第 24 年（2001 年）玉米籽粒绝收；氮肥、磷肥和有机肥配合施用（NPM），前 10 年（1978—1987 年）玉米平均产量为 4 628kg/hm²，最后 10 年（2002—2011 年）玉米平均产量为 6 915kg/hm²，比前 10 年平均提高了 2 287kg/hm²。在云南高原红壤旱地上，氮磷肥与有机肥配合是维持低产红壤生产能力的重要措施，原来产量只有 1 500kg/hm² 的低产红壤经过 34 年的改良培肥，生产能力已经达到中等以上肥力水平。

表 30 – 3　长期不同施肥条件下玉米籽粒的平均产量

年　份	各处理玉米籽粒平均产量（kg/hm^2）								
	N	NP	NM	NPM	NP + K	NM + K	NPM + K	NM + P	N + PM
1978	60. 0	1 665. 0	825. 0	3 195. 0	—	—	—	—	—
1979	240. 0	3 750. 0	2 640. 0	4 320. 0	—	—	—	—	—
1980	435. 0	3 585. 0	1 830. 0	4 725. 0	—	—	—	—	—
1981	315. 0	2 175. 0	1 050. 0	3 135. 0	—	—	—	—	—
1982	420. 0	2 670. 0	1 590. 0	3 960. 0	—	—	—	—	—
1983	195. 0	3 075. 0	2 940. 0	4 395. 0	—	—	—	—	—
1984	0. 0	4 185. 0	4 500. 0	6 045. 0	—	—	—	—	—
1985	255. 0	1 545. 0	2 205. 0	4 445. 0	—	—	—	—	—
1986	0	2 550. 0	3 780. 0	6 225. 0	—	—	—	—	—
1987	0	2 910. 0	1 515. 0	5 835. 0	—	—	—	—	—
1988	0	4 155. 0	2 700. 0	5 580. 0	—	—	—	—	—
1989	0	3 810. 0	2 130. 0	8 310. 0	—	—	—	—	—
1990	0	1 350. 0	2 685. 0	6 075. 0	—	—	—	—	—
1991	0	1 800. 0	3 345. 0	7 950. 0	5 835. 0	3 495. 0	7 890. 0	4 720. 5	7 125. 0
1992	0	3 420. 0	1 575. 0	4 455. 0	5 010. 0	8 640. 0	6 408. 0	3 058. 5	11 040. 0
1993	0	5 265. 0	5 745. 0	8 025. 0	7 245. 0	5 865. 0	8 430. 0	8 010. 0	8 790. 0
1994	0	4 500. 0	5 850. 0	6 810. 0	7 317. 0	5 922. 0	9 375. 0	8 220. 0	8 709. 0
1995	0	2 940. 0	4 380. 0	7 860. 0	6 300. 0	6 699. 0	8 130. 0	6 919. 5	6 630. 0
1996	0	2 115. 0	5 070. 0	7 515. 0	5 520. 0	5 520. 0	8 055. 0	6 894. 0	5 820. 0
1997	0	1 020. 0	5 100. 0	7 890. 0	5 700. 0	6 120. 0	8 220. 0	6 984. 0	6 402. 0
1998	0	1 515. 0	5 025. 0	7 770. 0	6 525. 0	7 780. 5	8 205. 0	8 047. 5	8 050. 5
1999	0	1 305. 0	4 920. 0	7 740. 0	5 610. 0	7 128. 0	8 460. 0	7 590. 0	7 779. 0
2000	0	720. 0	4 620. 0	8 085. 0	6 495. 0	6 700. 5	8 370. 0	8 199. 0	8 547. 0
2001	0	0	4 890. 0	6 060. 0	3 210. 0	4 530. 0	6 675. 0	6 060. 0	6 108. 0
2002	0	0	3 480. 0	6 960. 0	3 345. 0	3 744. 0	7 500. 0	6 987. 0	7 052. 7
2003	0	0	660. 0	5 370. 0	873. 0	873. 0	5 385. 0	5 259. 0	4 428. 0
2004	0	0	3 660. 0	7 890. 0	1 890. 0	4 011. 0	8 385. 0	7 903. 5	8 070. 0
2005	0	0	2 040. 0	5 955. 0	2 250. 0	1 020. 0	6 120. 0	5 490. 0	5 490. 0
2006	0	0	3 060. 0	6 075. 0	3 000. 0	1 860. 0	6 630. 0	5 719. 5	6 549. 0
2007	0	0	2 730. 0	6 840. 0	3 645. 0	1 998. 0	6 180. 0	6 576. 0	7 050. 0
2008	0	0	4 805. 0	7 822. 0	3 657. 0	4 531. 5	8 103. 0	8 078. 0	7 996. 2
2009	0	0	5 721. 0	7 978. 5	4 155. 0	7 078. 5	8 971. 5	8 464. 5	10 138. 5
2010	0	0	4 894. 5	7 363. 5	7 519. 5	7 734. 0	10 320. 1	9 360. 0	9 147. 0
2011	0	0	5 658. 0	6 904. 5	3 367. 5	5 952. 0	7 585. 5	7 852. 5	7 614. 0
平　均	274. 0	2 696. 0	3 435. 0	6 246. 0	4 755. 1	5 104. 9	7 780. 9	6 971. 1	7 549. 3

（二）作物产量对长期施磷肥的响应

在施氮的基础上每年施入 P_2O_5 120kg/hm² （NP 处理），前 8 年（1978—1985 年）玉米平均产量是 N 处理的 11.8 倍，说明磷是红壤的主要障碍因子，但长期仅施用氮、磷肥也不能获得增产，缺钾逐渐成为障碍因子，补充钾肥有显著的增产效果。

（三）作物产量对长期施有机肥的响应

有机肥料与化学肥料配合施用，可以取长补短，缓急相济，充分发挥其效益（沈其荣，2001）。从试验结果看出，有机肥的缺乏会导致长期施用后其他元素的不平衡，不能保持玉米持续增产。从表 30 - 3 可以看出，NM 处理的玉米平均产量比 N 处理增加了 3 161kg/hm²，增加了近 13 倍。通过分析 34 年不同处理的玉米产量，可以看出在红壤旱地上长期施用有机肥和氮肥，在第 1～15 年玉米产量逐年增加，以第 16～24 年增加较快，但到第 25 年后产量又逐年下降，说明红壤旱地长期仅施用氮肥和有机肥，由于磷素缺乏，也可导致养分的不平衡，玉米产量低而不稳，并且使得玉米生育期延长。

（四）作物产量对长期施钾肥的响应

钾对作物产量的影响效果已经被越来越多的施肥实践所证明。由于某一个或另一些土壤养分储备遭受较长期的耗竭，不平衡施肥所产生的效果将是累加的。当土壤中氮、磷含量比较低，单施钾肥的效果往往不明显，随着氮肥、磷肥用量的增加，施钾才能获得增产；反之，当单施氮肥或仅施氮肥、磷肥，不配合施用钾肥，氮肥、磷肥的增产效益也不能得到充分发挥，有时甚至会由于偏施氮肥而导致减产，因此，必须注意氮、磷、钾的合理施用。由于长期施用氮、磷肥料，导致作物对钾素的需求递增，施肥效果尤其明显。从试验的产量结果可以看出，NP 处理由于长期只施氮、磷肥而钾素缺乏，从 1978—2011 年玉米产量始终较低并呈递减趋势，平均产量仅为 2 696kg/hm²，2000 年玉米籽粒开始绝收；而 NP + K 处理由于有了钾素的补充，使产量增加，21 年玉米平均产量为 4 755.1kg/hm²，比 NP 处理增产 2 059.1kg/hm²，增幅为 76.4%；NM + K 处理的玉米平均产量较 NM 增加了 1 669.9kg/hm²，增幅为 48.6%；NPM + K 处理玉米平均产量比 NPM 增加了 1 534.9kg/hm²，增幅为 24.2%，说明在严重缺钾的土壤上，钾素成为产量的限制因素，施钾肥后具有明显的效果。

四、长期施肥对玉米品质变化的影响

对 2008 年收获的玉米籽粒进行粗脂肪、蛋白质、粗纤维的测定，结果（表 30 - 4）可以看出，除了绝收的 NP 处理外，其余 3 个处理在 3 项指标上都存在不同。玉米品种决定了其品质和组成，但不同的肥料养分供给还是会造成不同品质指标的差异。

表 30 - 4 长期不同施肥对玉米籽粒品质的影响（2008 年）

处 理	粗脂肪（%）	蛋白质（%）	粗纤维（%）
NP + K	4.35	7.0	0.8
NPM	4.65	7.6	1.00
NPM + K	4.84	7.7	1.28

从粗脂肪含量上看，NPM + K 处理的含量最高，为 4.84%，比 NPM 处理增加 0.19%，比 NP + K 处理增加 0.49%；而 NPM 处理也比 NP + K 增加了 0.3%。NPM + K 处理的蛋白质的含量也最高，为 7.7%，比 NP + K 增加 0.7%，与 NPM 处理差异不显著；而 NPM 处理比 NP + K 增加了 0.6%。粗纤维含量以 NPM + K 处理最高，为 1.28%，比 NPK 处理增加 0.48%，差异较显著。

由此看出，长期有机肥和化肥合理配合施用能够有效提高玉米籽粒的粗脂肪、蛋白质、粗纤维含量，改善作物品质；同时长期单施化肥的玉米籽粒粗脂肪、蛋白质、粗纤维含量也低于长期配施有机肥的处理。

五、讨　论

通过 34 年的曲靖市山原红壤长期定位试验，可以看出，不同施肥条件下玉米产量、玉米品质和土壤理化性状及土壤有效养分等地力指标上均出现较大的差异，具体表现在以下几点。

（一）长期施肥对作物产量的影响

氮、磷、钾三要素在植物体内对物质代谢的影响是相互促进、相互制约的，因此植物对氮、磷、钾的需要有一定比例，即钾肥肥效与氮肥、磷肥的供应水平有关，当单施氮肥或仅施氮肥、磷肥而不施钾肥时，氮、磷的增产效益得不到充分发挥，有时甚至会由于偏施氮肥而招致减产，因此必须注意氮、磷、钾的合理施用。试验验证了施用过量的氮肥，不利于氮、磷向籽粒的转运，使籽粒产量降低，合理的氮磷钾配比有利于作物对养分的吸收和生物量的积累，从而利于最终产量的形成。氮、钾营养交互作用在作物生长、发育和代谢过程中广泛存在，而且以正交互作用为主，因此氮肥、钾肥的科学施用意义重大。

从试验 34 年的玉米产量结果可知，长期单一的施氮、磷化肥必将破坏作物的营养平衡，产量逐年递减最后导致绝收。配施钾肥多年来产量在一个较低水平上发展，只有在增施有机肥的基础上配施钾肥，方能取得较好的增产效果。而长期施有机肥，对提高作物产量起到了良好的作用，施用有机肥，不仅有明显的增产效果，而且还有显著的稳产作用。

（二）长期施肥对土壤酸化的影响

从试验土壤多年的 PH 值变化情况看，多年施有机肥，不仅可以使山原红壤物理性状得到改善，而且土壤酸性明显降低。特别是在钾与有机肥配合施的条件下，红壤酸性更加明显减弱，改良效果更好。而不合理的单纯施化肥，会造成土壤性质恶化。长期施有机肥，对理化性状不佳的土壤有明显的改良效果，如果与氮磷钾化学合理配施，不仅可保证作物正常生长，还能明显减弱土壤酸性，有益于土壤的改良利用。

（三）长期施肥对土壤有效养分的影响

土壤养分是土壤肥力的重要组成，是作物高产稳产的基础条件。在水、热、气等条件协调一致的前提下，土壤养分含量和供应状况直接影响作物的生长发育和产量高低。

单施有机肥或有机无机肥配合，能显著增加土壤有机质含量。随着施肥时间的推移，土壤中速效氮含量各处理均表现出不同程度的增长，尤其以有机肥配施钾肥的处理较为明显，说明长期科学施用有机肥可以提高土壤中的速效氮含量，而配施钾肥可以更好地保证土壤有效氮含量。有机与无机肥料长期配施可提高土壤肥力和氮肥利用率，有利于作物高产稳产。持续施用化肥固然可以提高土壤的供氮能力，但真正能扩大土壤有机氮库，显著提高土壤供氮能力并使土壤在供氮的方式方面具有渐进性和持续性，唯有施用有机肥。

土壤速效磷水平可表征土壤中可交换磷的数量。由于红壤富含游离氧化铁铝，对磷素具有强烈的固定作用，土壤中的磷不仅可被铁铝氧化物和黏粒矿物表面所吸附，而且还可与铁铝形成难溶性磷酸盐，导致土壤磷的有效性降低。大量施用有机肥，土壤磷的解析率显著增加，土壤有机质与土壤磷解析率呈显著正相关，说明有机肥可降低土壤对磷的吸附量。从试验结果看，在施有机肥的基础上配施钾肥，土壤速效磷含量较高，说明均衡的土壤营养配比可减弱红壤对磷的固定，促进土壤磷的解析。

在土壤钾素循环体系中，有机肥和无机肥是土壤钾的主要来源，对土壤钾素输入总量的贡献达到96%以上，作物收获是土壤钾素输出的主要途径。而就试验地土壤有效钾而言，有机质和化肥钾的长期补充，对本身缺钾的山原红壤来说，必然起到了增加土壤中有效钾含量的作用。

六、结论与展望

（一）主要结论

本试验结果表明，合理长期施肥能够保证山原红壤地区玉米的高产。长期氮磷钾化肥的合理搭配同时增施有机肥，可以保证粮食作物获得高产。过量施用氮肥、磷肥，不仅无法实现高产目标，还会出现产量降低的结果，增施钾肥是保证山原红壤地区作物高产的一项可行措施，增施有机肥，更是节本增效的良好途径。在山原红壤地区的粮食生产中，要克服目前盲目施用氮肥、磷肥，轻施有机肥，不施钾肥的施肥管理方法，只有在合理的氮、磷、钾的比例基础上增施有机肥，才能获得作物的高产稳产。

目前农产品的质量才能更好地体现农产品的价值，优质农产品已成为市场需求的热门产品，生产优质高产的农产品是农业发展的根本目标，除了作物的品种因素外，合理的施肥结构是保证农作物优质高产的基本条件。试验证明，长期合理地使用有机肥和氮、磷、钾化肥，在相同品种条件下可明显改善作物品质，提高农作物产品的商品性。针对当地的土壤条件，应合理进行氮磷钾肥的配比，并长期增施有机肥，以能改善作物品质。

科学合理的施肥能有效改善山原红壤地区土壤的理化性状，降低土壤酸性。山原红壤酸、黏、瘦、薄的特性是客观的现实，然而可通过合理的施肥加以改变。试验表明，长期施有机肥，加上合理的氮磷钾配比，可以有效提高土壤 pH 值，降低土壤酸性，起到改良的改良效果。

高的土壤肥力是保证作物优质高产、农业可持续发展的基础。山原红壤基础地力普遍较差，加之不合理的施肥，土壤养分供应不平衡。长期施用有机肥以及与氮磷钾化肥合理配施，能提高土壤有机质、速效氮、有效钾的含量，促进作物对磷的吸收，降低土壤速效磷的积累。山原红壤地区合理增施化肥，长期施有机肥，将会大幅提高土壤的有效性能和肥力。

（二）研究展望

本长期试验，针对曲靖市山原红壤地区玉米生产存在的问题和实际，为曲靖市山原红壤地区玉米的高产优质栽培提供科学的施肥依据，对指导山原红壤地区玉米栽培和合理施肥研究提供理论基础。通过试验结果的合理的运用，可提高曲靖市山原红壤地区玉米的产量。以长期施有机肥与合理氮磷钾配施的处理 NMP＋K，与当地习惯施肥的结果作比较（以 NPM 处理为代表），每公顷将增产 408kg，增幅达 5.97%。如果依次为依据，可以推算，仅曲靖市 16.2 万 hm^2 的玉米每年至少可增产 6 609.6 万 kg 以上，而云南省至少 15 万 hm^2 以上的山原红壤玉米每年则至少增产 61 200 万 kg 以上，效益十分显著。

山原红壤改良长期以来一直是发展山原红壤地区农业生产的一项重要措施，虽然经过多年的旱地红壤改良，但在一些具体土壤数据指标上仍然存在空白。曲靖市许多红壤改良技术措施缺乏科学的试验数据支撑。本长期试验研究内容能在很大程度上弥补这方面的空白，对指导类似地区土壤改良提供科学依据。

合理的施肥结构可保证作物高产的同时也获得优质的产品。曲靖市山原红壤玉米种植区长期存在不合理的施肥习惯，不仅影响作物高产，而且也阻碍了优质农产品生产的发展。本长期定位试验的研究成果，将对指导相同土壤类型区域高产优质玉米的种植提供科学的参考依据，为曲靖市发展优质玉米种植奠定基础。

合理的施肥结构可保证土壤良好的理化性状和较高的土壤肥力，本试验的研究结论，可以较好地探究山原红壤地区长期不合理施肥的土壤养分变化规律以及揭示导致土壤质地变差的机理制，同时为该地区土壤如何朝着优质高效的良性方向发展提供充足的基础研究数据，为高效持续地提高山原红壤肥力和保持优良的土壤环境条件做出贡献。

赵会玉、王劲松、张永会、汤利、顾朝令、段英华

参考文献

［1］李庆逵．1983．中国红壤［M］．北京：科学出版社．

［2］鲍士旦．2000。土壤农化分析［M］．北京：中国农业出版社．

［3］李寿田，周建明，王火焰，等．2003．不同土壤磷的规定特征及磷释放量和释放率的研究［J］．土壤学报，40（6）：908－912．

［4］徐明岗，于荣，孙小凤，等．2006．长期施肥对我国典型土壤活性有机质及碳库管理指数的影响［J］．植物营养与肥料学报，12（4）：459－465．

［5］刘光崧．1996．土壤理化分析与剖面描述［M］．北京：中国标准出版社．

［6］林葆，林继雄，李家康．1996．长期施肥作物产量和土壤肥力变化［M］．北京：中国农业科学技术出版社．

［7］郑勇，高勇生，张丽梅．等．2008．长期施肥对旱地红壤微生物和酶活性的影响［J］．植物营养与肥料学报，14（2）：316－321．

［8］石元亮，王玲莉，刘世淋．等．2008．中国化学肥料的发展及其对农业的作用［J］．土壤学报，45（5）：852－863．

［9］黄绍敏，宝德俊，黄甫湘荣，等．2006．长期施用有机和无机肥对潮土氮素平衡与去向的影

响 [J]. 植物营养与肥料学报, 12 (4): 479－484.

　　[10] 刘晓燕, 何萍, 金继运. 2006. 钾在植物抗病性中的作用和机理的研究 [J]. 植物营养与肥料学报, 12 (3): 145－150.

　　[11] 戴茨华, 王劲松. 2002. 从长期定位试验论红壤磷的效应 [J]. 土壤肥料, (2): 29－32.

　　[12] 沈其荣, 谭金芳, 钱晓晴, 等. 2001. 土壤肥料学通论 [M]. 北京: 高等教育出版社. 218－231.

第三十一章　长期施肥钙质紫色土肥力演变和培肥技术

　　紫色土是中国一种特有的土壤资源，总面积 2 000 多万 km²，广泛分布于我国的川、渝、滇、黔、湘、徽、浙等省区市，也是四川盆地广为分布的一种主要农业土壤类型（面积 1 127.53 多万 km²），因此，紫色土是川、渝两地粮食和经济作物生产的重要土地资源。四川盆地气候有水、热充沛而光照不足的特点，主要受东南季风影响，全年热量资源丰富，≥10℃年均积温为 5 000 ~ 6 200℃，年均降水量 800 ~ 1 200mm，无霜期 260 ~ 350d。四川盆地受到地形和气流运动影响，全年阴天多晴天少，日照不足，年日照时数 950 ~ 1 650h，太阳辐射量约为 4 200MJ/m²（徐明岗等，2006a）。四川盆地的紫色土是由紫色岩层发育而成的一种非地带性土壤。其母岩呈现多样性，主要有三迭系的飞仙关组和侏罗系的自流井组、沙溪庙组、遂宁组、蓬莱镇组，以及白垩系的城墙岩群和夹关组。由于深受土壤母质特性的影响，形成了相应的碱性、中性和酸性土壤，其中碱性的四川盆地石灰性钙质紫色土分布最广，面积约 400 多万 km²（刘世全和张明，1996）。

　　长期以来，我国科研工作者在紫色土养分流失、高效施肥、土壤培肥与作物栽培等方面开展了大量的研究（朱波等，2006；Su 等，2010；Zhang 等，2011；王明富等，2011；李太魁等，2012），取得较多成果和积累了宝贵的经验，但对钙质紫色土土壤肥力演变和肥力的培育尚缺乏系统研究。为了深入研究钙质紫色土肥力演变规律和土壤培肥技术，提高土壤肥力和耕地的生产能力，实现区域农业可持续发展，四川省农业科学院土壤肥料研究所于 1981 年选择了发育于遂宁组母质的红棕紫泥钙质紫色土，进行了长期的土壤肥力与肥料效益监测，为研究该地区紫色土的肥力演变规律和改良培肥土壤提供科学依据。

一、钙质紫色土肥力演变长期试验概况

　　钙质紫色土长期试验点位于四川省遂宁市船山区永兴镇（东经 105°03′26″，北纬 30°10′50″），地处亚热带湿润季风气候，年均气温 18.5℃，≥10℃ 积温 5 000 ~ 6 200℃，年均降水量 927mm，无霜期 260 ~ 350d，太阳辐射量约为 4 200MJ/m²。

　　试验地土壤为遂宁组母质发育的碱性紫色土——红棕紫泥，质地重壤。长期试验从 1981 年开始，初始耕层（0 ~ 20cm）土壤的基本理化性质为：有机质含量 15.9g/kg，全氮 1.1g/kg，全磷（P_2O_5）1.4g/kg，全钾 26.9g/kg，碱解氮 66.3mg/kg，有效磷 3.9mg/kg，速效钾 130.0mg/kg，pH 值 8.6（徐明岗等，2006a）。实行水稻—小麦一年两熟轮作制。

　　试验设 8 个处理：①不施肥（CK）；②单施氮肥（N）；③氮磷配施（NP）；④氮磷钾配施（NPK）；⑤有机肥（M）；⑥有机肥 + 氮（MN）；⑦有机肥 + 氮磷（MNP）；⑧有机肥 + 氮磷钾（MNPK）。每处理重复 4 次，小区面积 13.3m²，随机区组排列，无独立的灌排渠。肥料用量为年施 N 240kg/hm²、$P_2O_5$120kg/hm²、K_2O 120kg/hm²，于水稻和小麦季各施 50%。试验处理中有施氮、磷或钾的小区氮肥、磷肥或钾肥用量相同。

氮肥、磷肥、钾肥的种类分别为尿素、磷酸二铵和氯化钾，有机肥为农家鲜猪粪，全氮含量 2.0 ~ 2.2g/kg，全磷 1.5 ~ 2.0g/kg，全钾 0.9 ~ 1.0g/kg，有机肥年施用量为 30 000kg/hm²，水稻和小麦季各 50%。MN、MNP、MNPK 处理是在化肥水平基础上增施有机肥。有机肥和磷肥作基肥一次施用，水稻季 60% 的氮肥、50% 的钾肥作基肥，40% 的氮肥和 50% 的钾肥作分蘖肥施用；小麦季 30% 的氮肥、50% 的钾肥作基肥，70% 的氮肥和 50% 的钾肥作拔节肥施用。

二、长期施肥下钙质紫色土有机质和氮、磷、钾的演变规律

（一）长期不同施肥下钙质紫色土有机质演变规律

1. 土壤有机质的变化

土壤有机质是土壤肥力的重要指标之一，是土壤质量和功能的核心，在土壤许多物理、化学和生物特性中发挥着重要作用，是作物高产稳产和农业可持续发展的基础（Pan 等，2009）。土壤有机质也是全球碳循环的重要组成部分，是大气 CO_2 的源和汇，提升农田土壤有机质对促进粮食安全和缓解气候变化具有重要的意义（潘根兴，赵其国，2005；Xu 等，2011）。施肥是提升土壤有机质含量的重要措施之一，其中以施用有机肥或有机肥与化肥配合施用的效果较好（徐明岗等，2006a）。

在遂宁组母质发育的钙质紫色土壤连续 30 年进行不同施肥处理，分别于 1981 年、1986 年、1990 年、1998 年和 2011 年采集不同处理土壤样品，对土壤有机质含量进行了分析，结果表明，除对照外，不同施肥处理土壤有机质含量随耕作年限的延长均呈现持续增加的趋势。张璐等（2009）对长期不同施肥红壤进行的研究结果表明，施肥与土壤有机质关系极为密切，长期不同施肥土壤有机质随时间的变化存在一定的差异。钙质紫色土长期试验不同施肥 30 年后，施用有机肥处理的土壤有机质含量均明显增加（图 31 - 1）。在施有机肥的处理中，土壤有机质含量增加幅度的大小顺序为 MNPK > MNP > MN > M；施化肥的处理中，土壤有机质含量增加幅度表现为 NPK > NP、N；且有机肥与化肥配合施用的各处理土壤有机质含量增加幅度均高于相应的单施化肥处理；CK 处理土壤有机质含量随耕作年限的延长而下降。表明有机肥和化肥配施对土壤有机质提升的效果大于单施化肥，原因是增施有机肥增加了土壤的碳素来源。钙质紫色土有机质快速提升的最佳施肥模式为有机肥和氮、磷、钾化肥配合施用。

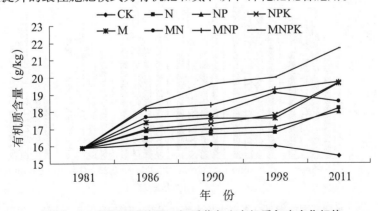

图 31 - 1　长期不同施肥下钙质紫色土有机质年度变化规律

不施肥处理土壤有机质含量不同年份间变化较小，连续耕作30年时CK处理的土壤有机质含量低于试验初始时的土壤，其原因是土壤有机质来源主要依靠土壤矿化释放出碳（李梦雅等，2009），作物根系对土壤碳的投入量小于同时间内土壤碳的输出。不同施肥处理间土壤有机质较试验初始时的增加量差异较大，在单施化肥的处理中，以NP和NPK处理的土壤有机质含量增加幅度最大。与试验初始（1981年）的土壤有机质含量15.9g/kg相比，经过30年不同施肥，CK处理的土壤有机质下降了0.48g/kg；N处理的土壤有机质增加了2.29g/kg，增长了14.40%；NP增加了2.11g/kg，增长了13.27%；NPK增加了3.80g/kg，增长了23.90%。单施有机肥（M）的土壤有机质增加了3.74g/kg，增长了23.52%；MN处理土壤有机质增加了2.70g/kg，增长了17.0%；MNP增加了3.81g/kg，增长了24.00%；MNPK增加了5.77g/kg，增长了36.29%。表明钙质紫色土上无论是单独施用化肥或有机肥与化肥配合施用均能明显地促进土壤有机质的累积，其中以氮磷钾平衡施肥（NPK）和有机肥与氮磷钾配施（MNKP）的效果更明显。

2. 土壤水稳性团聚体组分有机碳的变化

不同施肥影响钙质紫色土水稳性团聚体组分的有机碳含量（图31-2），>5mm团聚体有机碳占总有机碳的比例为8.08%~27.73%，2~5mm团聚体有机碳占19.71%~39.48%，1~2mm团聚体占11.77%~19.41%，0.5~1mm团聚体占14.21%~20.94%，0.25~0.5mm团聚体占6.40%~10.00%，<0.25mm团聚体有机碳占3.10%~5.82%。总体比较不同粒级团聚体的有机碳含量可知，2~5mm的团聚体含量最高，其次为0.5~1mm的团聚体，这两个组分是钙质紫色土固存有机碳的重要碳库。与不施肥相比，不同施肥处理明显提高了各级团聚体中有机碳含量，但施肥处理不同相应地不同粒级团聚体中碳含量提高的幅度不同。单施化肥与施有机肥相应的处理相比，施有机肥的处理均能明显提高各级团聚体中的碳含量。施化肥处理与不施肥相比，N处理主要提高了1~2mm和0.25~0.5mm团聚体中的碳含量；NP处理降低了0.5~1mm团聚体的中碳含量，0.25~0.5mm团聚体的碳含量与CK持平，而其他组分的团聚体碳含量比CK均显著提高；NPK处理主要提高了>5mm、2~5mm和0.25~0.5mm的团聚体中碳含量，而降低了<0.25mm团聚体中的碳含量。施有机肥的处理中，M处

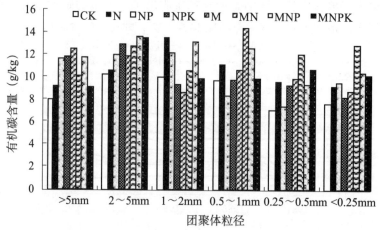

图31-2 长期不同施肥下钙质紫色土水稳性团聚体有机碳各组分含量（2012年）

理对 >5mm 团聚体的碳含量的增加最明显，但其降低了 <0.25mm 团聚体的碳含量；MN 处理增加了 0.5~1mm、0.25~0.5mm 和 <0.25mm 团聚体的碳含量；MNP 处理提高了 2~5mm 和 1~2mm 团聚体中碳含量；MNPK 处理中以 2~5mm 团聚体中的碳含量最高。

3. 土壤活性有机质的变化

土壤有机质在土壤肥力中具有重要的作用。为了保证农业土壤的持续生产力，需要不断维持和提高土壤有机质的数量和质量。20 世纪 70—80 年代，人们从有机质的分解转化方面，对有机质分组进行了更深入的研究，提出了活性有机质的概念（徐明岗等，2000b）。活性有机质即土壤有机质的活性部分，是指土壤中有效性较高、易被土壤微生物分解矿化、对植物养分供应有最直接作用的有机质（Janzen 等，1992；Blair 等，1995）。根据测定时有机质被 3 种不同浓度的 $KMnO_4$（33mmol/L、167mmol/L、333mmol/L）氧化的数量，分成 3 组活性有机质，依次称其为高活性有机质、中活性有机质和活性有机质（Logninow 等，1987；Lef roy 等，1993；徐明岗等，2006bc）。长期不同施肥对钙质紫色土不同活性有机质的影响见表 31-1。单施化肥的不同处理与 CK 比较，仅有 N 处理中活性有机质和高活性有机质含量降低，而其活性有机质含量增加；NP、NPK 处理的 3 种活性有机质含量均高于 CK；其中以 NPK 处理的活性有机质增加幅度最大。有机肥与化肥配施的各处理与 M 处理相比，MN 处理 3 种活性有机质含量均降低，MNP 和 MNPK 处理所有活性有机质含量均明显增加。施有机肥和不施有机肥的相应处理比较，凡是有机肥与化肥配施的处理土壤活性有机碳均高于单施化肥的处理。表明施用有机肥或有机肥与化肥配施可增加土壤活性有机质含量，促使土壤向良好方向发展。

表 31-1　长期不同施肥下钙质紫色土活性有机质的变化（2012 年）　（单位：g/kg）

处　　理	活性有机质	中活性有机质	高活性有机质
CK	2.57	1.85	0.67
N	2.94	1.43	0.02
NP	3.87	2.99	0.85
NPK	4.09	2.83	0.69
M	4.56	2.63	0.69
MN	2.68	1.85	0.26
MNP	5.84	3.50	1.37
MNPK	5.07	2.86	1.00

（二）长期不同施肥下钙质紫色土氮素的演变规律

1. 土壤全氮含量的变化

钙质紫色土不同施肥处理长期稻 - 麦定位耕作后，不同处理试验的 4 个阶段（即试验初始、定位 9 年、定位 17 年和定位 30 年）土壤全氮含量变化见图 31-3。总体分析表明，试验的 4 个阶段所有施肥处理耕层土壤全氮含量均较 CK 处理均有所增加，第二阶段（定位施肥 9 年）N、NP、MN 处理的全氮含量比 CK 处理增加 10% 以上，其中以 MN 处理的增加幅度最大，NPK、MNP、MNPK 增加约 5%。第三阶段（定位 17 年）不同施肥处理土壤全氮含量的差异比第二阶段更大，其中 MNP、MNPK 处理较 CK 增加 23% 以上。第四阶段（定位 30 年）土壤全氮含量以 N 处理较 CK 增加的幅度最大，不施有机肥的处理较 CK 增加 16% 以上，而施有机肥的处理增加 8% 左右。说明长期施不同配比的肥料，土壤全氮含量会出现较大差异。与试验初始时相比，不施肥处理全氮含量一直处于降低状态，且耕作时间越长其下降量越大，但在试验的第四阶段，土壤全氮含量比试验初始时有所增加，可能的原因是大气干湿沉淀和灌溉水带入了部分氮素，使土壤全氮含量增加（Fan 等，2005）；而施肥的 N、NP、NPK、MN、MNP、MN-PK 处理土壤全氮一直均处于积累状态，耕作时间越长全氮增加值越大；只施用有机肥的 M 处理，在连续耕作 9 年后，土壤全氮含量相比试验初始时有所增加，而连续耕作 17 年后，比试验初始时有所降低，在连续耕作 30 年后，又有所增加。

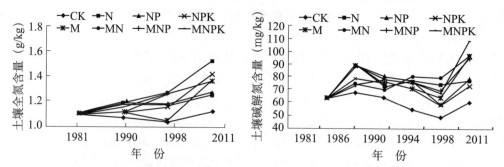

图 31-3 长期不同施肥下钙质紫色土全氮和碱解氮含量随时间的变化

2. 土壤碱解氮与硝态氮含量的变化

土壤碱解氮含量的变化

从图 31-3 可以看出，与试验初始时相比，CK 处理的土壤碱解氮含量明显降低，下降幅度为 4.4%；M 处理因有少量的氮投入，且产出量较小，其含量变化不大，变幅为 66.3~99.0mg/kg；施化学氮肥的 N、NP、NPK、MN、MNP、MNPK 处理因投入了大量的氮肥，土壤碱解氮一直处于盈余状态，含量较试验初始时均有所增加，定位施肥 9 年后不同施肥处理间的差异逐步增大，表明随施肥时间的延长，不同施肥对土壤碱解氮含量的影响更明显。不同阶段碱解氮的分析结果显示，与 CK 相比，施肥处理的碱解氮含量均明显增加。MN、MNP、MNPK 处理的碱解氮平均含量定位施肥 13 年后开始缓慢地高于 N、NP、NPK 处理的平均值，并且随着时间的增加，它们的平均值差值越来越大。有机与无机肥配合施用的处理土壤碱解氮年度间的变异系数均较单施化肥处理大，这主要是施用的有机肥增加了氮素来源。不施肥处理在耕作 5 年后，土壤碱解氮含量高于试验初始时，耕作 9 年后与试验初始时基本持平，而耕作 13 年以后，则低于试验初始时，表明钙质紫色土不施肥连续耕作 9 年后土壤氮素的矿化开始低于作物对养分的吸收，土壤碱解氮呈亏缺状态。仅有 NP 和 NPK 处理在耕作 17 年后土壤碱解氮含量低于试验初始时，其他处理均高于试验初始时，表明钙质紫色土连续耕作 17 年后，NP 和 NPK 处理土壤氮素呈现亏缺，而其他处理则呈现盈余状态。其中以 MN 和 MNPK 处理的盈余量最多。

硝态氮含量及其剖面分布

近年来，调查研究表明，我国许多地区地表水和地下水氮污染严重，这与大量施用氮肥而造成的硝态氮淋失有关（王家玉等，1996）。紫色土经过 13 年连续耕作后，1994 年各施肥处理 0～100cm 剖面土壤硝态氮分析结果显示（表 31 − 2），不同施肥处理土壤中硝态氮含量随土层深度增加总体呈降低趋势，其中 N、MN 处理硝态氮平均含量均超过 20mg/kg，且以 MN 处理最高，分别为 20.61mg/kg 和 22.06mg/kg；NP、MNP 处理次之，硝态氮含量 >16mg/kg；CK、NPK、M 和 MNPK 处理，硝态氮含量在 7～15mg/kg；MNPK 处理的硝态氮含量最低，平均含量仅为 7.83mg/kg，比 CK 低 3.35mg/kg，约为 MN 处理的 1/3。以上结果说明了土壤剖面中硝态氮的含量受控于氮、磷、钾肥的不同组合。单施氮肥土壤中硝态氮含量最高，当氮肥与磷和磷钾配施，土壤剖面中硝态氮含量逐渐减低，无论是否使用了有机肥，其变化趋势一致，说明氮、磷、钾肥的配合施用有利于作物对氮的吸收利用，可降低硝态氮在土壤剖面中的残留和向下层淋溶。在氮磷钾肥的基础上再配施有机肥的效果更好。

表 31 − 2　连续 13 年定位施肥紫色土 0～100cm 剖面中硝态氮含量的变化（1994）

处　理	不同土壤层次中硝态氮含量（mg/kg）					均　值（mg/kg）
	0～20cm	20～40cm	40～60cm	60～80cm	80～100cm	
CK	14.92	11.22	12.32	9.79	7.63	11.18
N	21.90	27.74	16.65	17.14	19.62	20.61
NP	28.03	22.59	15.33	9.75	7.32	16.60
NPK	21.42	14.01	9.37	8.69	7.54	12.21
M	14.95	16.23	14.92	13.07	13.30	14.49
MN	34.89	32.81	19.35	12.49	10.74	22.06
MNP	24.07	20.75	21.32	7.05	10.88	16.81
MNPK	11.61	10.71	3.91	5.06	7.85	7.83
CV（%）	35.8	40.8	39.4	36.5	39.9	—

试验开始后第 13 年不同处理土壤剖面中的硝态氮分布状况见图 31 − 4。由此可以看出，在 0～100cm 土壤剖面中，硝态氮在 0～20cm 的含量较高，随土层深度的增大而降低。在 5 个层次中，第一层（耕层，0～20cm）硝态氮含量占总含量的 28% 左右，第二层（20～40cm）占 25% 左右，第三层（40～60cm）约占 18%，第四、第五层（60～80cm 和 80～100cm）的含量基本一致，各占 14% 左右。不同施肥处理差异较大，单施氮肥（N），第五层中硝态氮含量较第三、第四层高，约占总含量的 19%，这可能与单施氮作物生长不良，根系短，不能充分吸收利用淋失到第五层中的硝态氮有关。单施有机肥处理（M），5 个剖面层次中硝态氮含量差异不大，其变异系数仅为 0.09，各个层次硝态氮含量约占总量的 20% 左右。13 年连续耕作后，N 与 CK 处理相比，5 个剖面层次中的硝态氮含量增加明显，平均增加约 1 倍，其第一累积高峰在 20～40cm 土层，较 CK 相对增加 147.0%；第二累积高峰在 80～100cm 土层中，较 CK 相比增加 157.0%。这可能与长期单施氮肥，土壤中的硝态氮浓度相对增高，又由于作物的吸收量又相对较低，当降雨或灌溉时硝态氮随降水向土壤深层迁移有关，造成过量投入的硝态氮在土壤深层累积，易污染农田生态系统环境。NP 处理硝态氮含量明显高于 CK，硝态氮迁移规律为向下逐层降低，在 60～100cm 土层中其含量与 CK 相比变化不大，因

此，NP 处理短期内不会造成硝态氮在深层土壤中的过多累积，但对环境仍存在一定的威胁。NPK 处理与 CK 相比，在 0~40cm 土层 NPK 处理的硝态氮含量高于 CK，但在 40~100cm 土层中较 CK 处理低，这说明氮磷钾的平衡施用将不会造成硝态氮在下层土壤中的累积，对环境的威胁较不平衡施肥显著降低。施有机肥的 4 个处理中，M 处理与 CK 相比，硝态氮总含量略有增加，增加量主要在 60~100cm 土层。MN、MNP 两处理与 CK 相比，各个剖面层次的硝态氮含量增加明显，0~40cm 土层增加量最多，平均含量相对增加 160.0%、71.5%，而最低层（80~100cm 土层）两处理的硝态氮含量较 CK 略有增加，相对增幅为 40.8%，与 N 处理相比则有较大幅度的降低。配施有机肥的 MN 和 MNP 处理 0~60cm 土层的硝态氮含量有增加的趋势，60~100cm 则有降低的趋势，但与不施肥 CK 相比均有增加的趋势，这可能与施用有机肥后，土壤结构和物理性状得到改善，硝化作用在土壤上层加速有关。在平衡施用化肥的基础上配施有机肥（MNPK），其硝态氮总含量较 CK 低，从不同剖面层次来看，5 个层次硝态氮含量均较 CK 低，40~60cm 土层最低，仅为 3.91mg/kg，说明有机无机肥料的平衡施用对减少土壤硝态氮的淋失，控制硝化速率有很好的作用，有利于减少氮素的损失和避免硝态氮淋溶对地下水体的污染。

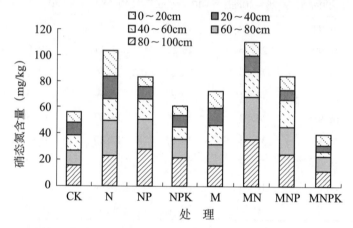

图 31-4　连续 13 年定位施肥紫色土 0~100cm 剖面硝态氮含量分布（1994 年）
资料来源：徐明岗等，2006a

3. 土壤全氮、碱解氮含量和氮肥投入量的关系

由表 31-3 可以看出，相同氮肥投入量对各采样时期不同处理土壤全氮含量的影响较少，而对碱解氮含量的影响明显。连续定位试验 9 年，在不施用有机肥的各处理中，以 CK 处理的土壤碱解氮含量最低，为 66.7mg/kg，NP 处理最高，为 84.0mg/kg，N 和 NPK 处理差异较小。在施有机肥的处理中，以 MN 最低，为 73.0mg/kg，M 处理次之，为 77.7mg/kg，MNP 和 MNPK 处理的差异较小。只有 MNPK 处理的土壤碱解氮含量高于相应的施化肥处理，表明有机肥和氮磷钾配合施用在连续 9 年定位施肥后表现出对土壤碱解氮的增加。定位试验 17 年，在不施用有机肥的各处理中，土壤碱解氮含量以 CK 最小，为 51.1mg/kg；N 处理最高，为 77.4mg/kg；NP 和 NPK 处理间差异较小。在施有机肥的各处理中，土壤碱解氮含量以 M 处理最小，为 67.2mg/kg；MN 处理最高，为 82.6mg/kg；MNP 和 MNPK 处理间差异较小。MN、MNP 和 MNPK 处理的土壤碱解氮含量高于相应的仅施化肥处理，表明有机肥与化肥配施对增加土壤碱解氮含量的效果优于单施化肥料。定位试验 30 年，不同施肥处理对土壤碱解氮含量的

影响规律与定位 17 年的结果相似。

表 31 - 3　长期不同施肥下钙质紫色土全氮、碱解氮和氮肥投入量的关系

处　理	1990 年			1998 年			2011 年		
	全氮 （g/kg）	碱解氮 （mg/kg）	氮肥投入量 （kg/hm²）	全氮 （g/kg）	碱解氮 （mg/k）	氮肥投入量 （kg/hm²）	全氮 （g/kg）	碱解氮 （mg/kg）	氮肥投入量 （kg/hm²）
CK	1.1	66.7	0	1.0	51.1	0	1.2	63.4	0
N	1.2	76.3	2 160	1.3	77.4	4 080	1.3	80.2	7 200
NP	1.2	84.0	2 160	1.2	61.6	4 080	1.3	82.4	7 200
NPK	1.1	79.7	2 160	1.2	61.6	4 080	1.4	76.5	7 200
M	1.1	77.7	642.6	1.1	67.2	1 213.8	1.4	99.3	2 142
MN	1.2	73.0	2 802.6	1.2	82.6	5 293.8	1.3	100.1	9 342
MNP	1.2	81.0	2 802.6	1.3	72.8	5 293.8	1.3	98.2	9 342
MNPK	1.1	81.0	2 802.6	1.3	70.7	5 293.8	1.3	112.1	9 342
CV（%）	4.0	7.1	54.5	8.2	14.7	54.5	5.8	17.9	54.5

（三）长期不同施肥下钙质紫色土土壤磷的演变规律

1. 土壤全磷含量的变化

磷素是紫色土制约作物生长发育的第二大因子，如果土壤连续种植作物而不施用磷肥，由于磷的耗竭，土壤磷素将变得极为缺乏。因此，施用磷肥是作物持续高产的有效措施之一。长期不同施肥条件下钙质紫色土全磷含量随时间变化的趋势见图 31 - 5。由图 31 - 5 可以看出，9 年的连续耕作施肥后，与试验初始时全磷含量 1.35g/kg 相比，不同施肥处理土壤全磷含量均处于亏缺状态，但施用磷肥的土壤亏缺相对较少。17 年的连续耕作施肥后，土壤全磷含量发生了明显的变化。与试验初始时相比，经 17 年耕作后不施肥处理的全磷含量相对降低 11.1%，不施化学磷肥的 N、M 和 MN 处理全磷含量下降明显，施化学磷肥的 NP、NPK、MNP、MNPK 处理与试验初始相比，土壤全磷含量明显增加，且随耕作年限的延长土壤全磷的积累越来越明显，连续 30 年施化学磷肥处理的土壤全磷累积效果更明显。表明在钙质紫色土上每年投入 P_2O_5 120kg/hm² 的化学磷肥对土壤全磷含量累积的效果在连续施肥 17 年才表现出来。因此，连续数年施用足量磷肥后，由于土壤中磷素的积累，作物施磷量可根据具体情况酌减，以节约磷肥资源和提高磷肥利用率（秦鱼生等，2008）。

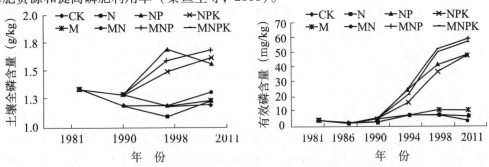

图 31 - 5　长期不同施肥下钙质紫色土全磷和有效磷含量的变化

2. 土壤有效磷含量的变化

长期不同施肥下钙质紫色土有效磷含量变化较大（图 31 - 5），当耕作 4 年时各处理土壤有效磷含量均低于试验初始时的 3.9mg/kg；耕作 9 年，CK、N 和 M 处理土壤有效磷仍处于耗竭状态，仅 NPK 和 MNP 处理的土壤有效磷含量高于试验初始，NP、MN 和 MNPK 处理与试验初始时接近；耕作 13 年以后，所有处理的土壤有效磷含量均高于试验初始。表明不同施肥处理对土壤磷素累积的效果不同，其中 NP、NPK、MNP 和 MNPK 处理对土壤有效磷累积的效果在连续 9 年耕作后表现出来，而不施磷肥的 CK、N、M、MN 处理对土壤有效磷的累积效果在连续 13 年耕作后表现出来。由于该区为雨养农业区，试验田安排在丘陵谷地中部，没有独立的排灌系统，进入试验田的灌溉水必须经过其他农田，灌溉水中会带入一部分养分，包括磷，这是不施磷处理土壤中有效磷含量增加的原因之一。耕作 17 年时不同处理土壤中有效磷含量变化与耕作 13 年规律相似，而 N 处理土壤中有效磷含量较耕作 13 年时有所降低；但耕作 30 年以后，不施磷肥的 CK、N、M、MN 处理土壤中有效磷含量比耕作 17 年时有所下降，其中以 MN 处理降幅最大，施用磷肥的 NP、NPK、MNP、MNPK 处理土壤有效磷含量继续增加。

3. 土壤无机磷组分及形态的变化

表 31 - 4 结果表明，钙质紫色土壤无机磷组分以 $Ca_{10}-P$ 为主，其次为 Al-P 和 Fe-P，而以 O-P 最少。连续耕作施肥 13 年后，所有处理土壤的无机磷含量均发生了很大的变化，$Ca_{10}-P$ 平均含量占无机磷总量的 71.4%，Al-P 为 9.6%，Fe-P 为 9.5%，Ca_8-P 为 7.0%，Ca_2-P 为 1.4%，O-P 为 1.2%。连续施用化学磷肥，土壤无机磷含量增加明显，与不施肥相比，NP、NPK、MNP、MNPK 处理无机磷总量平均增加 187.6mg/kg，相对增加率达 21.1%，其中 NP、MNP 处理较 NPK、MNPK 处理增加量多，这可能与 NPK、MNPK 处理各养分平衡施用，作物产量高，带走的磷素较多有关。有机肥对增加土壤无机磷含量的作用不明显，只施用无机肥料的 N、NP、NPK 与有机无机肥料配合施用的 MN、MNP、MNPK 处理相比，无机磷总量以只施化肥的处理较高，M 处理的无机磷总量低于 CK。

表 31 - 4　连续 13 年定位施肥下紫色土无机磷组分含量（1994 年）

处理	Ca_2-P		Ca_8-P		$Ca_{10}-P$		Al-P		Fe-P		O-P		总量 (mg/kg)
	含量 (mg/kg)	占总量比 (%)	含量 (mg/kg)	占总量比 (%)	含量 (mg/kg)	占总量比 (%)	含量 (mg/kg)	占总量比 (%)	含量 (mg/kg)	占总量比 (%)	含量 (mg/kg)	占总量比 (%)	
CK	7.5	0.8	54.9	6.2	662.0	74.3	77.5	8.7	82.0	9.2	6.8	0.8	890.7
N	7.7	0.8	59.8	6.3	710.0	74.7	79.0	8.3	85.0	8.9	8.5	0.9	950.0
NP	24.6	2.2	98.9	8.8	756.0	67.5	115.0	10.3	110.0	9.8	15.3	1.4	1 119.8
NPK	15.2	1.5	84.1	8.1	718.0	69.3	107.0	10.3	100.0	9.6	12.0	1.2	1 036.3
M	6.9	0.8	43.9	5.0	666.0	75.7	75.0	8.5	80.0	9.1	8.5	1.0	880.3
MN	7.6	0.8	50.0	5.4	688.0	74.0	82.0	8.8	90.0	9.7	12.5	1.3	930.1
MNP	24.2	2.2	99.0	8.9	743.0	66.8	122.0	11.0	108.0	9.7	15.3	1.4	1 111.5
MNPK	21.0	2.0	79.0	7.6	717.0	68.6	114.0	10.9	100.0	9.6	14.5	1.4	1 045.5
均值	14.3	1.4	71.2	7.0	707.5	71.4	96.4	9.6	94.4	9.5	11.7	1.2	995.5

资料来源：徐明岗等，2006a

连续耕作 13 年后，在磷处于耗竭状态的 CK、N 处理中，有效性较高的 Ca_2-P、Ca_8-P、Al-P 组分占无机磷组分总量的 15% 左右，有效性低的 Fe-P、O-P、Ca_{10}-P 组分平均占无机磷组分总量的 84% 左右（表 31-5）。在施化学磷肥的 NP、NPK、MNP、MNPK 处理中，有效性较高的 Ca_2-P、Ca_8-P、Al-P 组分平均占无机磷组分总量的 20% 左右，有效性低的 Fe-P、O-P、Ca_{10}-P 组分平均占无机磷组分总量的 80% 左右，表明施用化学磷肥后，相当比例的残效磷（未被当季作物利用的磷）转化成了有效性高的无机磷组分组。施用有机肥的 M、MN 处理与 CK 相比，高效磷与低效磷组分无明显变化。

表 31-5　连续 13 年定位施肥下紫色土高效与低效无机磷组分变化（1994 年）

处　理	高效性无机磷（mg/kg）				低效性无机磷（mg/kg）			
	Ca_2-P	Ca_8-P	Al-P	所占总量比例（%）	Ca_{10}-P	Fe-P	O-P	所占总量比例（%）
CK	7.5	54.9	77.5	15.7	662.0	82.0	6.8	84.3
N	7.7	59.8	79.0	15.4	710.0	85.0	8.5	84.6
NP	24.6	98.9	115.0	21.3	756.0	110.0	15.3	78.7
NPK	15.2	84.1	107.0	19.9	718.0	100.0	12.0	80.1
M	6.9	43.9	75.0	14.3	666.0	80.0	8.5	85.7
MN	7.6	50.0	82.0	15.0	688.0	90.0	12.5	85.0
MNP	24.2	99.0	122.0	22.1	743.0	108.0	15.3	77.9
MNPK	21.0	79.0	114.0	20.5	717.0	100.0	14.5	79.5

4. 土壤全磷、有效磷含量和磷肥投入量的关系

钙质紫色土连续 9 年、17 年和 30 年不同定位施肥土壤全磷、有效磷含量和磷肥投入量的关系见表 31-6。分析可知，定位试验连续 9 年、17 年和 30 年的磷肥投入与土壤全磷和有效磷含量表现出一致的变化趋势，与不施肥的 CK 相比，无论是有机肥处理还是无有机肥处理，增施磷肥均能有效地提高土壤全磷和有效磷含量。定位施肥连续 9 年，MNP、MNPK 处理与 NP、NPK 比较，增施有机肥没有明显提高土壤全磷和有效磷的含量。定位试验 17 年和 30 年，MNP、MNPK 处理与 NP、NPK 比较，增施有机肥土壤全磷含量增加幅度较小，而土壤有效磷的含量明显提高。说明 MNP 和 MNPK 处理对钙质紫色土磷养分的提高的效果较明显。

（四）长期不同施肥下钙质紫色土钾的演变规律

1. 土壤全钾含量的变化

土壤全钾含量主要取决于土壤的矿物组成。土壤中的钾以矿物钾形态为主，矿物钾占土壤全钾的 90%~98%，矿物钾通过矿化作用转化为速效钾，为作物利用。钙质紫色土长期不同施肥下试验初始、定位 17 年和 30 年不同施肥处理土壤全钾含量的演变趋势见图 31-6，与试验初始时土壤全钾含量 26.89g/kg 相比，经过连续 17 年和 30 年耕作后，紫色土不同施肥处理土壤全钾含量明显降低，且相同处理耕作年限越长下降幅度越大。与试验初始时相比，连续 17 年和 30 年耕作后全钾含量平均值不施钾处理分

别下降了 17.2% 和 19.5% ，施钾处理下降了 17.3% 和 19.1% ，施钾与不施钾处理间的差异不大。这可能与施钾处理生物产量高，带走的钾素量大于施钾量，使土壤钾素处于严重的亏缺状态有关。

表 31-6　长期不同施肥下钙质紫色土全磷、有效磷含量和磷肥投入量的关系

处　理	1990 年			1998 年			2011 年		
	全磷 （g/kg）	有效磷 （mg/kg）	磷肥投入量 （kg/hm²）	全磷 （g/kg）	有效磷 （mg/kg）	磷肥投入量 （kg/hm²）	全磷 （g/kg）	有效磷 （mg/kg）	磷肥投入量 （kg/hm²）
CK	1.24	3.2	0	1.18	7.2	0	1.21	6.0	0
N	1.22	1.2	0	1.10	7.1	0	1.24	5.6	0
NP	1.33	3.7	471.5	1.45	41.8	890.7	1.58	48.3	1 571.8
NPK	1.33	4.2	471.5	1.50	37.3	890.7	1.62	48.3	1 571.8
M	1.25	3.3	199.8	1.17	10.4	377.4	1.23	4.9	666.0
MN	1.21	3.7	199.8	1.20	7.2	377.4	1.31	3.9	666.0
MNP	1.31	5.2	671.3	1.59	50.6	1 268.1	1.69	59.6	2 237.8
MNPK	1.31	3.9	671.3	1.53	52.8	1 268.1	1.63	57.4	2 237.8
CV（%）	3.93	32.0	81.6	14.6	77.3	81.6	14.5	89.3	81.6

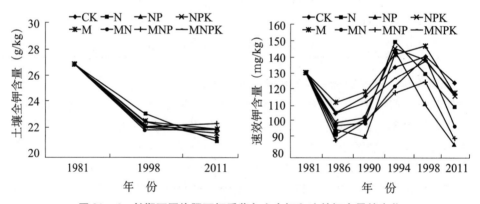

图 31-6　长期不同施肥下钙质紫色土全钾和速效钾含量的变化

2. 土壤速效钾含量的变化

图 31-6 还显示，紫色土 30 年连续耕作期间，随着耕作年限的延长，各处理土壤速效钾含量较 CK 均呈现下降趋势，表明无论施钾或不施钾均会造成钙质紫色土的速效钾耗竭。CK 处理土壤速效钾含量从 1986 年至 2011 年，呈现出先增加后降低的变化趋势，其他施肥处理土壤速效钾含量随时间的变化与 CK 有着极为相似的规律。施有机肥或化学钾肥（NPK、MNPK、M）可补充作物秸秆带走的钾，使土壤速效钾含量年度增加值变大，17 年后土壤速效钾含量较不施钾处理高。施有机肥与不施有机肥相比，施有机肥处理的土壤速效钾平均含量高于不施有机肥处理，表明施有机肥后缓效钾释放速率加快，有利于土壤中速效钾的增加。

3. 土壤全钾、速效钾含量和钾肥投入量的关系

钙质紫色土连续 17 年和 30 年不同定位施肥土壤全钾、速效钾含量和钾肥投入量的关系见表 31 - 7。与试验初始的土壤全钾含量 26.89g/kg 比较，连续 17 年和 30 年种植后土壤全钾明显下降，17 年和 30 年时各处理平均全钾含量分别为 22.3g/kg 和 21.7g/kg，较试验初始时分别下降了 17.1% 和 19.3%。连续耕作 17 年相同施肥处理土壤全钾、速效钾含量明显高于连续种植 30 年，表明在目前这种施肥水平下，钙质紫色土钾素处于耗竭状态。因此应重视钾肥的施用。

表 31 - 7　长期施肥钙质紫色土全钾、速效钾含量和钾肥投入量的关系

处　理	1998 年			2011 年		
	全钾 （g/kg）	速效钾 （mg/kg）	钾肥投入量 （kg/hm²）	全钾 （g/kg）	速效钾 （mg/kg）	钾肥投入量 （kg/hm²）
CK	22.4	141.0	0	21.2	124.0	0
N	23.1	130.0	0	21.0	109.0	0
NP	22.1	110.0	0	21.9	85.0	0
NPK	22.4	139.0	1 693.2	21.9	116.0	2 988
M	22.1	147.0	872	21.6	117.0	1 539
MN	21.9	140.0	872	21.9	97.0	1 539
MNP	22.1	125.0	872	22.3	89.0	1 539
MNPK	22.0	138.0	2 565.2	21.6	117.0	4 527
CV（%）	1.67	8.8	54.9	1.94	13.6	54.9

（五）长期不同施肥下钙质紫色土微量元素的演变规律

微量元素是植物体多种酶的重要组成成分，因此对植物体的新陈代谢起着重要作用（孙明茂等，2006；李本银等，2009）。土壤中的微量营养元素含量的多少也直接或间接地影响作物的生长和发育。

1. 有效锰含量的变化

紫色土壤上不同施肥处理对土壤有效锰含量的影响较大，结果见图 31 - 7。分析可知，与试验初始的土壤有效锰含量相比，连续耕作 9 年，所有施肥处理土壤中有效锰含量均显著降低；连续耕作 17 年时，CK、NP、M、MN、MNPK 处理高于试验初始值，而其他处理均低于试验初始值；连续耕作 30 年时，CK、M、MN 处理的土壤有效锰含量高于试验初始值，其他处理均低于试验初始时的土壤有效锰含量。不同采样时期，施有机肥的处理与相应单施化肥的处理比较，施有机肥的处理对增加土壤有效锰的效果优于单施化肥。

2. 有效硼含量的变化

从图 31 - 8 可以看出，连续耕作 9 年时，所有处理土壤有效硼含量均低于试验初始时的土壤有效硼含量；而连续耕作 17 年，所有处理土壤有效硼含量均显著提高，再到耕作 30 年时，仅有 MNPK 处理的土壤有效硼含量高于试验初始时，而其他处理均低于试验初始时的土壤有效硼含量。

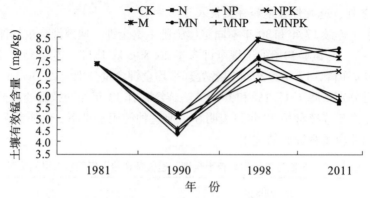

图 31 - 7　长期不同施肥下钙质紫色土有效锰含量的变化

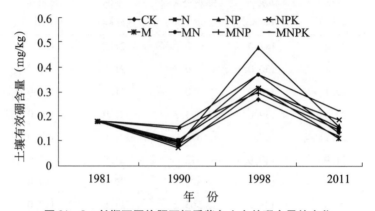

图 31 - 8　长期不同施肥下钙质紫色土有效硼含量的变化

3. 有效钼含量的变化

与试验初始时土壤有效钼含量相比，连续耕作 9 年和 17 年时，所有处理均有提高，而连续耕作 30 年时，仅 CK、N、M 三个处理的有效钼含量还高于试验初始时，而其他处理均比于试验初始时低（图 31 - 9）。

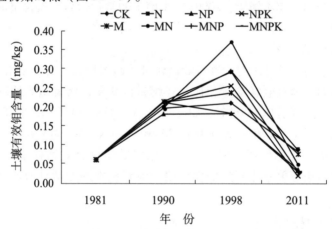

图 31 - 9　长期不同施肥下钙质紫色土有效钼含量的变化

4. 有效锌含量的变化

图 31 - 10 显示，土壤有效锌含量随着耕作时间的延长整体上呈下降趋势，与试验

初始时的有效锌含量相比，连续耕作 9 年时仅 CK 处理的土壤有效锌含量高于试验初始值，其他处理无论是在连续耕作 17 年还是 30 年其有效锌含量均比初始值显著降低，说明紫色土区土壤缺锌，因此在生产中应施一定量的锌肥，以满足作物生长对锌的需求，并保持土壤肥力。

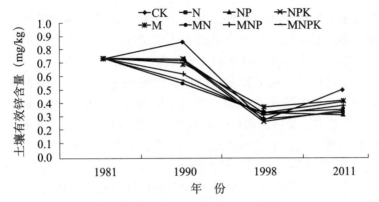

图 31 - 10　长期不同施肥下钙质紫色土有效锌含量的变化

三、长期施肥下钙质紫色土其他理化性质的变化特征

（一）pH 值的变化

pH 值是土壤农化性状的主要指标之一，土壤 pH 值的大小直接影响土壤中养分元素存在形态与土壤供肥能力。国内外大量研究表明，农田施肥管理措施与土壤 pH 值关系密切（Binkley 等，1989；许中坚等，2002；江东吉等，2007）。如白浆土上长期施用化学肥料和秸秆还田均能加速土壤酸化程度（董炳友等，2002）；黑土每年每公顷施用150～300kg 纯氮，施肥 27 年后耕层土壤 pH 值下降了 1.52（张喜林等，2008）；红壤上施入尿素能显著降低土壤 pH 值（曾清如，2005）。长期施肥对钙质紫色土 pH 值的影响见图 31 - 11。与试验初始时的土壤 pH 值相比，耕种 31 年后各单施化肥处理的土壤 pH 值呈下降趋势，CK 处理的 pH 值 31 年后下降了 1.03，施化肥处理 pH 平均下降了 0.93，其中以 NP 处理下降幅度最大，N 处理下降幅度较小，可能的原因是NP 施肥处理中施用了化学磷肥，磷肥制造时磷矿石溶解于硫酸等酸性物质，导致土壤 pH 值下降。施用有机肥的处理（M、MN、MNP、MNPK），经过 30 年土壤 pH 值也呈下降趋势，与试验初始时相比，pH 值平均下降了 0.76，其中以 MNP 处理的下

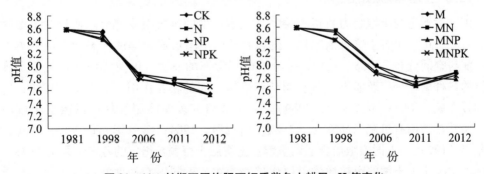

图 31 - 11　长期不同施肥下钙质紫色土耕层 pH 值变化

降幅度最大，MN 处理下降幅度较小。可以看出，施有机肥的处理土壤 pH 值下降幅度比单施化肥小，30 年 pH 降幅小约 0.2。因此，在钙质紫色土上施有机肥可有效防止土壤酸化。

（二）土壤容重的变化

土壤容重是土壤物理形状的重要指标之一，它反映了土壤的紧实状况。土壤容重过大和过小均不利于作物生长，容重过大土壤紧实，不利于作物根系的生长；而容重过小，作物容易发生倒伏，也不利于土壤保肥保水。徐明岗等（2006a）研究表明，土壤容重与土壤性质、施肥管理和种植制度的调整有关；在施肥管理中土壤有机质数量和质量与土壤容重关系密切。长期不同施肥下钙质紫色土耕层容重的变化见表 31 - 8，可以看出，长期施用化学肥料或有机肥与化肥配施均降低了钙质紫色土的容重。单施化肥的处理，土壤容重较 CK 降低了 6.77% ~ 8.27%，其中，以 N 和 NP 处理的土壤容重降幅较小，NPK 处理降幅最大。有机肥与化肥配施处理，土壤容重较 CK 降低 6.02% ~ 11.28%，其中以 MNP 处理的降幅较大，M 的次之，MN 降幅最小。表明施用有机肥或有机无机配合施用，可以降低土壤容重，增加土壤孔隙度，改善作物生长环境。

表 31 - 8　长期不同施肥下钙质紫色土耕层土壤容重的变化

处　理	各年份土壤容量（g/cm³）				均值（g/cm³）	较 CK 增加（g/cm³）	变化率（%）
	1990 年	2005 年	2007 年	2013 年			
CK	1.30	1.27	1.37	1.39	1.33	-	-
N	1.28	1.22	1.22	1.25	1.24	- 0.09	6.77
NP	1.23	1.23	1.23	1.28	1.24	- 0.09	6.77
NPK	1.21	1.25	1.22	1.20	1.22	- 0.11	8.27
M	1.09	1.29	1.18	1.20	1.19	- 0.14	10.53
MN	1.29	1.28	1.16	1.27	1.25	- 0.08	6.02
MNP	1.25	1.22	1.11	1.16	1.18	- 0.15	11.28
MNPK	1.20	1.29	1.09	1.21	1.20	- 0.13	9.78

注：2007 年土壤容重数据来源秦鱼生等（2009）

（三）土壤微形态的变化

土壤微形态与土壤肥力直接相关，是土壤质量的重要组成部分。通过对土壤微形态的研究，可以了解土壤骨骼颗粒、细粒物质、土壤形成物等的形态和土壤各类颗粒的组配与空间分布、形态、结构，并分析微观形态的发生，可使我们获得关于土壤中进行的各种微过程以及成土母质矿物与有机体之间的相互作用（曹升赓，1980；何毓蓉和贺秀斌，2007；秦鱼生等，2009）。大多数研究表明施肥管理可以改变土壤微形态，尤其是施用有机肥（钟美云，1982；何毓蓉，1984；杨秀华和黄玉俊，1990；杨延蕃等，1990）。不同施肥措施下钙质紫色土耕层土壤颗粒组成的鉴定结果见表 31 - 9。土壤母质决定了土壤的粗粒质均以原生矿物为主，不同施肥处理的粗粒质、细粒质有一定变化。单施化肥的处理无有机质残体粗粒质颗粒分布，以原生矿物的石英、长石和云母为主，粗颗粒较多，细粒质颜色为棕色，粗粒质与细粒质紧密接触。有机肥与化肥配合施用的处理其粗颗质有少量有机质残体颗粒分布，且粗颗粒数量少，细粒质颜色为棕褐色，粗粒质与细粒质间较疏松。

表 31-9　长期不同施肥下钙质紫色土耕层土壤颗粒特性（2007 年）

处理	粗粒质（>2μm）	细粒质（>0.25μm）
CK	主要是原生矿物，以石英、长石和云母为主，表面光滑，粗颗粒多	颜色为棕色，与粗粒质接触紧密
N	主要是原生矿物，以石英、长石和云母为主，表面光滑，粗颗粒多	颜色为棕色，与粗粒质接触紧密
NP	主要是原生矿物，以石英、长石和云母为主，表面光滑，粗颗粒多	颜色为棕色，与粗粒质接触紧密
NPK	主要是原生矿物，以石英、长石和云母为主，表面光滑，粗颗粒多	颜色为棕色，与粗粒质接触紧密
M	主要是原生矿物，有少量有机质残体颗粒，表面光滑，粗颗粒少	颜色为棕褐色，与粗粒质间较疏松
MN	主要是原生矿物，有少量有机质残体颗粒，表面光滑，粗颗粒少	颜色为棕褐色，与粗粒质间较疏松
MNP	主要是原生矿物，有少量有机质残体颗粒，表面光滑，粗颗粒少	颜色为棕褐色，与粗粒质间较疏松
MNPK	主要是原生矿物，有少量有机质残体颗粒，表面光滑，粗颗粒少	颜色为棕褐色，与粗粒质间较疏松

资料来源：秦鱼生等，2009

表 31-10 和图 31-12 显示了长期不同施肥下钙质紫色土耕层土壤的显微形态。可以看出，不施肥及单施化肥的处理（CK、N、NP、NPK）土壤孔隙极少，土壤紧实，几乎没有动、植物残体，也没有铁锰结核和腐殖质形成物分布（图 31-12a 至图 31-12d）。NPK 处理土壤孔隙有少量孔道分布，而 CK、N 和 NP 处理土壤孔隙极少，土壤紧实。施有机肥和有机肥与化肥配施的处理（M、MN、MNP 和 MNPK）均有孔道状孔隙的形成，孔隙数量明显增加，有少量的动物、植物残体和细胞组织，有铁锰结核和分散或絮凝状的腐殖质分布（图 31-12e 至图 31-12h）。其中以 MNPK 处理的土壤相对较疏松，通气性和透光性较好。表明钙质紫色土增施有机肥可以明显改善土壤孔隙结构，增加土壤通透性。

表 31-10　长期不同施肥下钙质紫色土耕层土壤孔隙、有机残体和土壤形成物（2007 年）

处理	土壤孔隙	有机残体	土壤形成物
CK	孔隙极少，土壤密实	极少植物残体，半分解状况	无铁锰结核和腐殖质
N	孔隙极少，土壤密实	极少植物残体，半分解状况	无铁锰结核和腐殖质

（续表）

处　理	土壤孔隙	有机残体	土壤形成物
NP	孔隙少，土壤密实	极少植物残体，半分解状况	无铁锰结核和腐殖质
NPK	有少量孔道状孔隙分布，土壤密实	极少植物残体，半分解状况	无铁锰结核和腐殖质
M	有少量孔道状和结构体孔隙分布，土壤密实	少量动、植物残体和细胞组织，半分解状况	极少铁锰结核，少量分散的腐殖质
MN	有少量孔道状和结构体孔隙分布，土壤密实	少量动、植物残体和细胞组织，半分解状况	极少铁锰结核，少量分散的腐殖质
MNP	有少量孔道状和结构体孔隙分布，土壤较密实	少量动、植物残体和细胞组织，半分解状况	极少铁锰结核，少量絮凝状的腐殖质
MNPK	有孔道状、囊状和结构体孔隙分布，土壤较密实	少量动、植物残体和细胞组织，半分解状况	少量铁锰结核，少量絮凝状的腐殖质

资料来源：秦鱼生等，2009

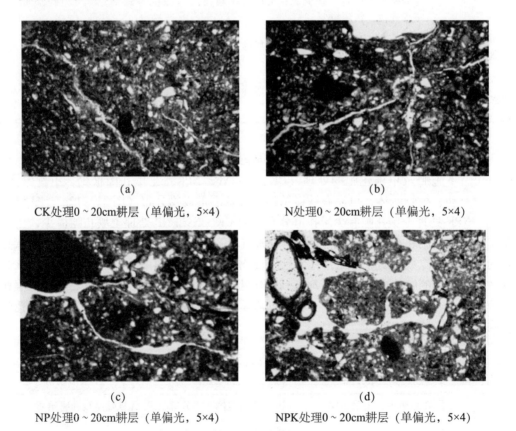

(a)

CK处理0～20cm耕层（单偏光，5×4）

(b)

N处理0～20cm耕层（单偏光，5×4）

(c)

NP处理0～20cm耕层（单偏光，5×4）

(d)

NPK处理0～20cm耕层（单偏光，5×4）

图 31－12 （续）

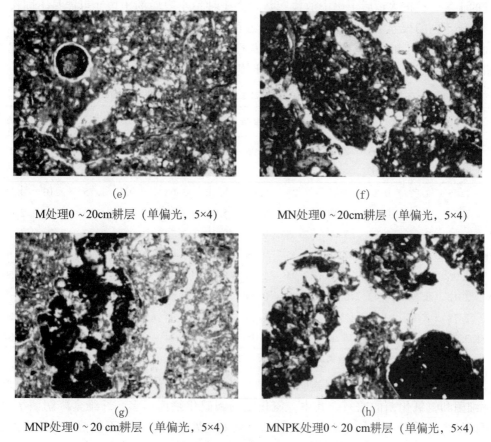

（e）　　　　　　　　　　　　　　（f）

M处理0～20cm耕层（单偏光，5×4）　　　　MN处理0～20cm耕层（单偏光，5×4）

（g）　　　　　　　　　　　　　　（h）

MNP处理0～20 cm耕层（单偏光，5×4）　　　MNPK处理0～20 cm耕层（单偏光，5×4）

图 31 – 12　长期不同施肥下钙质紫色土土壤微结构（2007 年）

图片来源：秦鱼生等，2009

四、长期施肥下钙质紫色土微生物和酶活性的变化

（一）土壤微生物种群数量

农田生态系统中土壤生物多样性是物质和能量转化、循环、利用的基础，是生态系统稳定性和可持续性的保障（Chorover 等，2007）。土壤微生物种类、数量和酶的活性，是反映土壤健康和质量好坏的活性生物指标（Carpenter 等，2000；Liu 等，2007）。土壤微生物特性和土壤酶活性的变化，与土壤质量和土壤生产力关系密切（Brussaard 等，2007）。大量研究表明，不同培肥管理措施在影响土壤有机碳和全氮、碱解氮等养分的同时，亦改变了土壤微生物生态特征（徐阳春等，2002；张平究等，2004；李娟等，2008），施用农家肥、秸秆或化肥均能显著增加土壤微生物生物量和基础呼吸量，其中以农家肥的影响最大（Tiquia 等，2002；辜运富，2009）。长期不同施肥下钙质紫色土水稻和小麦收获后土壤微生物数量的测定结果见表 31 – 11。可以看出，长期不同施肥管理土壤微生物数量发生了明显的变化，钙质紫色土微生物数量以细菌为主，放线菌次之，真菌最少。从土壤微生物数量分析，有机肥与化肥配施处理的微生物数量高于相应的单施化肥处理，施肥处理的微生物数量均高于不施肥对照。不同季节对土壤微生物数量的影响较大，具体表现为细菌和真菌数量在种植水稻的土壤中小于种植

805

小麦的土壤，种植水稻后土壤中放线菌数量高于种植小麦后的土壤，可能是不同作物能够分泌不同的根系分泌物，而土壤中的各种微生物对这些分泌物具有不同的响应，从而表现出数量上的差异。施肥会影响石灰性紫色水稻土的微生物的数量，化肥配施有机肥更有利于提高微生物的数量，维持土壤的生物肥力。

表 31-11　不同施肥条件下钙质紫色土不同年份和不同季节细菌、真菌和放线菌的数量

处理	细菌（×10⁶cfu/g 土）				放线菌（×10⁴cfu/g 土）				真菌（×10³cfu/g 土）			
	2005秋季	2006夏季	2013秋季	2013夏季	2005秋季	2006夏季	2013秋季	2013夏季	2005秋季	2006夏季	2013秋季	2013夏季
CK	1.45	2.09	0.88	2.40	1.23	0.65	5.70	3.68	0.92	1.75	3.10	4.50
N	1.68	2.43	0.63	4.10	1.88	0.27	5.70	3.00	0.65	1.83	1.30	2.00
NP	1.75	2.91	0.92	5.00	2.05	0.89	10.10	2.72	1.04	2.32	3.00	3.50
NPK	2.45	3.38	0.80	2.70	2.35	0.98	3.80	1.45	1.29	3.22	1.20	4.10
M	1.96	2.68	1.09	3.80	2.94	1.02	8.30	3.36	0.91	2.37	4.00	2.50
MN	2.12	3.54	0.42	10.80	3.48	0.99	7.30	2.40	1.07	3.19	0.80	14.70
MNP	2.78	3.76	0.90	12.10	3.78	1.03	7.40	3.94	1.33	3.36	1.70	8.20
MNPK	3.99	4.07	0.73	5.00	3.82	1.25	11.30	2.24	1.51	3.24	1.00	2.00

注：2005 年秋季和 2006 年夏季数据来源于辜运富等（2008a）

表 31-12 表明，长期不同施肥和季节变化均影响土壤中固氮菌、纤维素降解菌、硝化细菌和氨氧化菌的数量，其中，氨化细菌和硝化细菌居多，纤维素降解菌次之，固氮菌最少。无论是秋季或夏季有机肥和化肥配施处理土壤中的固氮菌、纤维素降解菌、硝化细菌和氨氧化菌的数量均高于相应单施化肥处理，其中，MNPK 处理土壤中的上述种群数量最多，CK 处理最少。随季节的变化特点表现为固氮菌、纤维素降解菌和硝化细菌数量夏季高于秋季，而氨氧化菌数量则是秋季高于夏季。

表 31-12　钙质紫色土不同施肥下其他主要微生物类群的数量

处理	2005 年秋季				2006 年夏季			
	自生固氮菌（×10⁴ cfu/g）	纤维素降解菌（×10⁵cfu/g）	硝化细菌（×10⁵ cfu/g）	氨氧化菌（×10⁵ cfu/g）	自生固氮菌（×10⁴ cfu/g）	纤维素降解菌（×10⁵cfu/g）	硝化细菌（×10⁵ cfu/g）	氨氧化菌（×10⁵ cfu/g）
CK	0.48	0.58	0.86	1.16	0.67	0.57	1.35	0.78
N	0.61	0.67	0.54	3.06	0.77	0.87	1.64	1.13
NP	0.67	0.73	0.87	3.05	0.69	0.89	2.2	2.63
NPK	0.78	0.85	0.94	4.01	0.84	0.94	3.29	2.68
M	0.92	0.94	1.03	4.71	0.98	1.17	3.97	2.88
MN	0.92	0.97	1.31	6.86	0.97	1.28	4.03	3.25
MNP	0.97	1.07	1.57	6.85	1.01	1.34	4.45	3.73
MNPK	1.13	1.23	1.7	6.27	1.25	1.67	5.79	3.92

注：2005 年秋季和 2006 年夏季数据来源于辜运富等，2008a

（二）土壤酶活性的变化

土壤酶主要来源于土壤微生物活动和植物根系的分泌物，是土壤生物活性的组成部分，凡各类微生物数量较高的土壤，其综合土壤酶活性也较高，土壤酶活性与土壤微生物活动密切相关（Christine 等，2008）。长期不同施肥处理下钙质紫色土中几种主要土壤酶活性表现出较大差异（表 31 – 13）。脲酶活性与土壤氮素状况密切相关（Christoph 等，2004）。1991 年土壤测定结果显示，不同施肥处理的脲酶活性 CK 最低，N、NP、NPK 处理尿酶活性平均为 9.40mg NH_3 – N/g，MN、MNP、MNPK 处理的平均值为 8.63mg NH_3 – N/g；2013 年 N、NP、NPK 处理的尿酶活性平均为 1.28mg NH_3 – N/g，MN、MNP、MNPK 平均为 1.61mg NH_3 – N/g。表明随着耕作年限的增加，紫色土尿酶活性降低，施有机肥的处理尿酶活性降幅较小，施化肥降幅较大。土壤中过氧化氢酶能促进过氧化氢分解为水和氧，是对解除过氧化氢毒害有一定作用的一种酶。由两季土壤的测定结果可知，CK 处理的过氧化氢酶最低，在 1991 年 MNPK 处理最高，而 2013 年 M 处理最大。施化肥的 N、NP、NPK 三处理，1991 年和 2013 年过氧化氢酶活性的平均值分别为 4.44 和 4.57 个酶活性单位（表 31 – 13），有机肥和化肥配施的 MN、MNP、MNPK 处理，1991 年和 2013 年平均为 5.31 个和 5.10 个酶活性单位。表明有机肥与化肥配施能明显提高土壤的过氧化氢酶活性。磷酸酶活性可以反映土壤的磷素状况。1991 年的测定结果显示，有机肥与化肥配施处理的磷酸酶活性明显高于单施化肥或不施肥处理，而施磷肥处理的土壤磷酸酶活性低于不施磷肥处理，其原因可能是不施磷肥的土壤供磷能力远不能满足作物生长的需要，从而刺激了作物根系分泌较多的磷酸酶，以促进土壤有机磷的矿化来满足作物对磷的需求。在 2013 年，所有施肥处理的土壤磷酸酶活性均比对照有所提高，提高幅度为 0.16 ~ 0.91 个酶活性单位；单施化肥的土壤磷酸酶活性均低于有机肥无机配施处理。

表 31 – 13　长期施肥下钙质紫色土酶活性的变化

处　理	1991 年			2013 年		
	脲酶（mg NH_3– N/g）	过氧化氢酶（0.1mol/L $KMnO_4$ mL/g）	磷酸酶（mg 酚/g）	脲酶（mg NH_3–N/g）	过氧化氢酶（0.1mol/L $KMnO_4$ mL/g）	磷酸酶（mg 酚/g）
CK	7.58	4.07	1.07	0.89	4.12	0.96
N	9.17	4.16	1.05	1.04	4.71	1.38
NP	9.96	4.62	0.96	1.49	4.84	1.25
NPK	9.06	4.53	0.98	1.30	4.18	1.12
M	8.77	4.44	0.99	1.26	6.04	1.73
MN	8.83	4.89	1.11	1.56	5.21	1.87
MNP	8.13	5.34	1.06	1.74	4.50	1.29
MNPK	8.94	5.70	1.13	1.54	5.59	1.26

注：1991 年土壤酶活性数据来自袁玲等（1997）

五、作物产量对长期不同施肥的响应

（一）作物产量对长期施氮肥的响应

钙质紫色土29年连续施用氮肥对水稻和小麦产量的影响见图31－13，与不施肥相比，单施氮肥能明显增加作物产量，CK和单施氮肥处理水稻平均产量分别为3 026.1kg/hm² 和3 972.0kg/hm²，单施氮肥水稻增产31.2%。CK和单施氮肥处理小麦平均产量分别为1 193.9kg/hm² 和1 660.2kg/hm²，单施氮肥小麦增产39.1%。

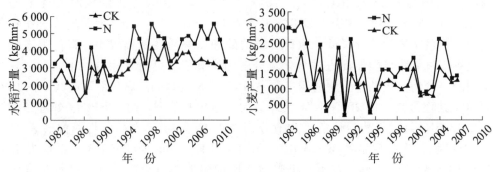

图31－13　水稻和小麦产量对长期施氮肥的响应

（二）作物产量对长期施磷肥的响应

从图31－14可以看出，钙质紫色土29年连续施磷肥后，单施磷肥与不施肥相比，12年内水稻产量明显增加，CK处理的水稻平均产量为2 377.1kg/hm²，单施磷肥处理为3 762.6kg/hm²，水稻增产58.3%。但12年后单施磷肥处理的水稻产量则下降，水稻平均产量为2 352.5kg/hm²，而CK的平均产量为3 484.2kg/hm²。其原因可能是多年连续施用磷肥，磷素在土壤中有大量的累积，再增施磷肥由于过量而导致作物产量下降。单施磷肥处理的小麦产量随着种植年限的延续呈逐渐下降的趋势。

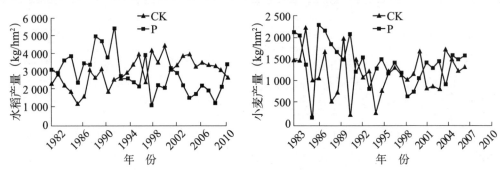

图31－14　水稻和小麦产量对长期施磷肥的响应

（三）作物产量对长期施钾肥的响应

钙质紫色土29年连续施用钾肥对水稻和小麦产量的影响见图31－15，与不施肥相比，总体上单施钾肥对水稻和小麦没有增产作用，在试验的18后小麦的增产效果逐渐明显，但远低于不施肥处理。

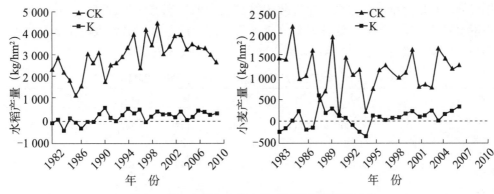

图 31 – 15 水稻和小麦产量对长期施钾肥的响应

（四）作物产量对长期施有机肥的响应

单施有机肥对水稻的增产效果与持续施肥时间的长短有关（图 31 – 16），在试验开始的 6 年内增产效果不明显，而 6 年后水稻产量显著增加。29 年试验期间 CK 和单施有机肥处理的水稻平均产量分别为 3 026.1kg/hm² 和 4 569.6kg/hm²，单施有机肥水稻增产 51.0%。单施有机肥在试验开始的 6 年内对小麦产量的影响不明显，6 年后单施有机肥处理的小麦产量大幅度提高，29 年试验期间 CK 和单施有机肥处理小麦平均产量分别为 1 193.9kg/hm² 和 1 759.2kg/hm²，单施有机肥小麦增产 47.3%。

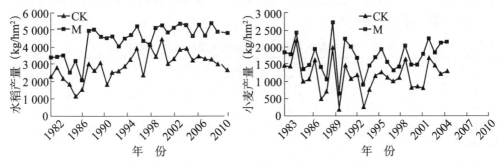

图 31 – 16 水稻和小麦产量对长期施有机肥的响应

六、长期不同施肥下农田生态系统的养分循环与平衡

（一）氮素养分平衡

钙质紫色土连续 30 年定位施肥氮素平衡的分析结果见表 31 – 14，由此可以看出，不同施肥处理氮素平衡状况发生了明显变化。其中 CK、NP、NPK、M 处理土壤氮素出现亏缺状态，CK 处理长期得不到氮素补充，土壤氮素严重亏损，30 年来，土壤氮素总亏缺 2 960kg/hm²，平均年亏损量达到 98.7kg/hm²；M 处理由于氮素投入量较少，30 年来也出现亏缺，土壤氮素总亏缺 1 607kg/hm²，平均年亏损量达到 53.6kg/hm²；NP 和 NPK 因施用了氮肥，土壤氮素亏缺相对较少，30 年来分别亏缺了 10kg/hm² 和 124kg/hm²，平均年亏损量分别为 0.33kg/hm² 和 4.1kg/hm²。N、MN、MNP 和 MNPK 处理，由于不仅氮肥提供氮源，而且有机肥也提供一部分氮源，连续耕作 30 年，不仅不需要消耗土壤中的氮，而且氮素还有盈余，丰富了土壤养分库，培肥了地力。但是，由于 MN 和 N 处理的氮素盈余量偏高，每年氮素盈余量达 107.9kg/hm² 和 92.4kgN/hm²，导致氮肥利

用率极低。长期大量氮素盈余，也导致土壤剖面中的硝态氮含量过高，会造成地表水和地下水源的污染。MNPK 处理因养分较平衡，作物产量高，氮素吸收量大，氮肥利用率高，土壤氮素盈余量为每年 66.4kg/hm²，氮的淋失损失很少。

表 31－14　长期定位施肥下氮素的平衡（1981—2011 年）

项　目	CK	N	NP	NPK	M	MN	MNP	MNPK
氮总投入量（kg/hm²）	0	7 200	7 200	7 200	2 142	9 342	9 342	9 342
作物携出量（kg/hm²）	2 960	4 429	7 210	7 324	3 749	6 105	7 672	7 349
养分平衡（kg/hm²）	－2 960	2 771	－10	－124	－1 607	3 237	1 670	1 993

（二）磷素养分平衡

从表 31－15 可以看出，在钙质紫色土上不施肥处理（CK），30 年的定位耕作水稻和小麦每年平均从土壤中携出磷素 11.5kg/hm²，只施氮（N）处理年携出 12.6kg/hm²，而获得高产的处理（NPK、MNPK）每年平均需要吸收磷素 40.2kg/hm² 和 45.8kg/hm²。从 30 年定位耕作的磷素平衡分析来看，试验中施用化学磷肥的 NP、NPK、MNP 和 MNPK 处理其磷素均表现出盈余状态，而 CK、N、MN 处理由于作物每年吸收携出磷素，导致土壤磷呈现亏缺状态。

表 31－15　长期定位施肥下磷素的平衡（1981—2011 年）

项　目	CK	N	NP	NPK	M	MN	MNP	MNPK
磷总投入量（kg/hm²）	0	0	1 572	1 572	666	666	2 238	2 238
作物携出量（kg/hm²）	346	377	1 317	1 207	588	812	1 329	1 373
养分平衡（kg/hm²）	－346	－377	255	365	78	－146	909	865

（三）钾素养分平衡

紫色土连续 30 年定位施肥条件下，不施肥处理由土壤自然供给作物的钾总量为 3 965kg/hm²，年供应 132.2kg/hm²，由于得不到充足钾肥的补给，导致土壤钾素亏缺（表 31－16）。由于 N、NP、NPK、M、MN、MNP 和 MNPK 处理作物产量高于 CK，使得作物吸收携出的钾素更多，所有处理土壤钾素均表现出亏缺状态，其中以 NP、MNP 处理的亏损量最大。这表明在紫色土上氮肥、磷肥施用充足的情况下，作物对钾素的需求量更高。因此，紫色土上作物种植应重视钾肥的施用。

表 31－16　长期定位施肥下钾素的平衡（1981—2011 年）

项　目	处　理							
	CK	N	NP	NPK	M	MN	MNP	MNPK
钾总投入量（kg/hm²）	0	0	0	2 988	1 539	1 539	1 539	4 527

（续表）

项　　目	处　　理							
	CK	N	NP	NPK	M	MN	MNP	MNPK
作物携出量（kg/hm²）	3 965	4 488	8 847	10 478	6 430	8 388	10 283	11 734
养分平衡（kg/hm²）	－3 965	－4 488	－8 847	－7 490	－4 891	－7 490	－8 744	－7 207

七、基于土壤肥力演变的主要培肥技术模式

紫色土有机质快速提升技术

1. 长期有机物料投入可提高土壤有机质

土壤有机质是衡量土壤肥力高低主要指标之一。长期有机物料投入能显著提高土壤有机质含量，试验初始时（1981 年）土壤有机质含量为 15.9g/kg，紫色土经过 30 年耕作后，氮磷钾平衡施肥土壤有机质增加了 3.8g/kg，增长 23.9%；有机肥与氮磷钾肥配合施用有机质增加了 5.77g/kg，增长 36.3%。钙质紫色土上氮磷钾平衡施肥或有机肥无机肥配合施用均能明显增加土壤有机质的累积，因此施用有机肥或有机肥与化肥配合施用，是有效增加土壤有机质的重要措施。

2. 提升紫色土有机质的有机无机配合技术

紫色土有机质提升的有机无机配合技术为：中等肥力紫色土上种植水稻，每公顷施腐熟优质有机肥 7 500～11 250kg，或商品有机肥 900～1 500kg；配合施用 105～165kg 氮（N）素，一般以 150kg 为宜；45～75kg 磷（P_2O_5）素，一般以 60kg 为宜，60～120kg 钾（K_2O）素，一般以 90kg 为宜，在缺锌的稻田，隔年每公顷施 $ZnSO_4$ 或 $ZnCl_2$ 15kg。有机肥种类为腐熟粪肥或商品有机肥，氮肥种类有尿素、碳酸氢铵、控释氮肥，磷肥种类有过磷酸钙、钙镁磷肥和磷铵，钾肥种类有氯化钾，锌肥种类有硫酸锌或氯化锌。有机肥和磷肥作为底肥在作物移栽前撒施后翻入土中，氮肥基追肥比例为 3:2，60% 氮肥作为底肥，40% 氮肥在分蘖时追施；钾肥基追肥比例为 1:1，50% 钾肥作为底肥，50% 钾肥在拔节时追施。

八、主要结论与研究展望

（一）主要结论

（1）钙质紫色土 30 年连续定位试验研究发现，单独施用氮肥能明显增加作物产量，与不施肥比较，水稻和小麦产量分别增加了 31.2% 和 39.1%。连续单独施用磷肥 12 年能明显增加水稻产量，与不施肥比较，水稻增产 58.3%。12 年后单施磷肥水稻产量不增加反而降低；随种植年限的延续，单施磷肥小麦产量呈逐渐下降的趋势。在试验初始的 18 年内单施钾肥对水稻和小麦的增产效果不明显，随后小麦有逐渐增产的趋势。在试验初始 6 年间单施有机肥对水稻的增产效果不明显，而 6 年后水稻产量大幅增加，与不施肥相比，水稻增产 51.0%。同样的，在试验初始的 6 年内单施有机肥对小麦产量的影响不明显，6 年后小麦产量大幅提高，与不施肥比较，小麦增产 47.3%。

（2）所有施肥处理均能增加土壤有机质的累积。单施化肥土壤有机质增加较缓慢，而有机无机肥配合施用土壤有机质增加显著。钙质紫色土经17年定位施肥后，不同施肥处理土壤中的全氮、碱解氮和硝态氮含量差异较大。不施肥降低了土壤中各种形态氮的含量，施肥则显著增加其含量，施有机肥效果更为显著。耕作13年后，0～100cm土壤剖面中硝态氮平均含量以MN处理最高，达22.06mg/kg；N、NP、MNP处理次之，大于16mg/kg；MNPK处理最低，仅7.83mg/kg。NPK处理40～100cm和MNPK处理0～100cm剖面层次中的硝态氮含量低于CK，说明氮磷钾平衡施肥和有机肥无机肥配施可有效降低氮素的淋失和对环境的污染。

（3）单施氮肥（N）和单施有机肥（M）土壤氮一直处于耗竭状态，而其他施氮处理氮均呈现累积状态，平衡施肥提高了化学氮肥的利用率。钙质紫色土上所有施磷处理土壤磷含量均明显增加，以NP和MNP处理增幅最大，其主要转化成了有效性较高的Ca_2-P、Ca_8-P和Al-P。维持土壤磷素供求平衡的最佳年施磷量约为P_2O_5 80kg/hm^2。试验30年，钙质紫色土上所有处理的土壤钾均处于亏损状态，以NP、MNP处理的钾素亏损量较大，分别达6 488kg/hm^2和7 541kg/hm^2。有机肥和化肥配合施用能够明显降低土壤容重、增加孔隙度，同时增加土壤中微生物数量及土壤酶活性。土壤中微量元素含量变化较大，锌的亏损较明显。

（二）存在问题和研究展望

遂宁钙质紫色土长期定位试验开始于1981年，试验设置CK、N、NP、NPK、M、MN、MNP、MNPK共8个处理，采用水稻—小麦轮作方式，至今有30多年，由于以前项目经费及人力所限，试验研究处于维持状态，对其深入挖掘不足。今后打算从以下几个方面进行研究。

1. 紫色土长期施肥对作物产量的响应及演变特征

通过分析遂宁紫色土长期定位试验历年水稻和小麦的产量数据，研究紫色土不同施肥处理下的产量差异、产量变化趋势、土壤肥力演变和不同时期的肥料农学效率等，揭示紫色土不同施肥对作物产量的影响，明确肥料效应演变规律，评价不同施肥对作物养分吸收和养分平衡的影响。

2. 长期不同施肥下紫色土肥力演变

主要研究不同施肥管理下土壤的物理性状（容重、孔隙度、团聚体、黏粒组成等），化学性质变化（有机质，不同氮、磷、钾形态，不同微量元素形态等）以及土壤微生物种群和数量变化，对比研究不同时期紫色土的土壤肥力状况，研究长期不同施肥对紫色土肥力的影响。

3. 长期不同施肥下紫色土重金属含量的变化

在遂宁紫色土长期定位试验中，研究不同施肥管理下土壤镉、铅、铬、汞、砷等重金属不同形态含量及其重金属的变化规律，明确施肥与作物、土壤重金属的相关关系。

4. 长期不同施肥下紫色土有机碳循环与平衡的变化

主要开展紫色土有机碳平衡，有机碳平衡与有机碳投入的关系以及有机碳库特征，明确紫色土有机碳循环与平衡规律。

樊红柱、冯文强、秦鱼生、陈琨、涂仕华、孙锡发

参考文献

［1］鲍士旦．2000．土壤农化分析［M］．北京：中国农业出版社．

［2］曹升赓．1980．土壤微形态［J］．土壤，12（4）：25－50．

［3］辜运富，云翔，张小平，等．2008a．不同施肥处理对石灰性紫色土微生物数量及氨氧化细菌群落结构的影响［J］．中国农业科学，41（12）：4 119－4 126．

［4］辜运富，云翔，张小平，等．2008b．长期定位施肥对紫色水稻土硝化作用及硝化细菌群落结构的影响［J］．生态学报，5（28）：2 123－2 130．

［5］辜运富．2009．长期定位施肥对石灰性紫色土微生物学特性的影响［D］．雅安：四川农业大学．

［6］顾益初，蒋柏藩．1999．石灰性土壤无机磷分级的测定方法［J］．中国农业科学，22（3）：53－58．

［7］何毓蓉，贺秀斌．2007．土壤微形态学的发展及我国研究现状［M］//中国土壤学会．中国土壤科学的现状与展望．武汉：河海大学出版社，47－63．

［8］何毓蓉．1984．四川盆地紫色土分区培肥的土壤微形态研究［J］．土壤通报，15（6）：263－266．

［9］李本银，汪鹏，吴晓晨，等．2009．长期肥料试验对土壤和水稻微量元素及重金属含量的影响［J］．土壤学报，46（2）：281－289．

［10］李娟，赵秉强，李秀英，等．2008．长期有机无机肥料配施对土壤微生物学特性及土壤肥力的影响［J］．中国农业科学，41（1）：144－152．

［11］李梦雅，王伯仁，徐明岗，等．2009．长期施肥对红壤有机碳矿化及微生物活性的影响［J］．核农学报，23（6）：1 043－1 049．

［12］李太魁，朱波，王小国，等．2012．土地利用方式对土壤活性有机碳含量影响的初步研究［J］．土壤通报，43（6）：1 422－1 426．

［13］刘世全，张明．1996．区域土壤地理［M］．成都：四川大学出版社．

［14］潘根兴，赵其国．2005．我国农田土壤碳库演变研究：全球变化和国家粮食安全地球科学进展［J］．地球科学进展，20（4）：384－393．

［15］秦鱼生，涂仕华，孙锡发，等．2008．长期定位施肥对碱性紫色土磷素迁移与累积的影响［J］．植物营养与肥料学报，14（5）：880－885．

［16］秦鱼生，涂仕华，王正银，等．2009．长期定位施肥下紫色土土壤微形态特征［J］．生态环境学报，18（1）：352－356．

［17］孙明茂，洪夏铁，李圭星，等．2006．水稻籽粒微量元素含量的遗传研究进展［J］．中国农业科学，39（10）：1 947－1 955．

［18］王家玉，王胜佳，陈义，等．1996．稻田土壤中氮素淋失的研究［J］．土壤学报，33（1）：28－36．

［19］王明富，顾会战，彭毅，等．2011．广元土壤氮钾供应水平与烟草氮钾吸收利用规律试验研究［J］．西南农业学报，24（1）：154－158．

［20］徐明岗，梁国庆，张夫道，等．2006a．中国土壤肥力演变［M］．北京：中国农业科学技术出版社，137－150．

［21］徐明岗，于荣，王伯仁．2006b．长期不同施肥下红壤活性有机质与碳库管理指数变化［J］．土壤学报，43（5）：723－729．

［22］徐明岗，于荣，王伯仁．2000c．土壤活性有机质的研究进展［J］．土壤肥料，（6）：3－7．

［23］徐阳春，沈其荣，冉炜．2002．长期免耕与施用有机肥对土壤微生物生物量碳、氮、磷的影响［J］．土壤学报，39（1）：89－96．

［24］杨秀华，黄玉俊．1990．不同培肥措施下黄潮土肥力变化定位研究［J］．土壤学报，27

（2）：186 – 193.

［25］杨延蕃，姚源喜，崔德杰，等．1990. 施肥对土壤微形态影响的观察［J］．莱阳农学院学报，7（3）：186 – 191.

［26］于荣，王伯仁．2006. 长期不同施肥下红壤活性有机质与碳库管理指数变化［J］．土壤学报，43（5）：723 – 729.

［27］于荣，徐明岗，王伯仁．2005. 土壤活性有机质测定方法的比较［J］．土壤肥料，（6）：49 – 52.

［28］袁玲，杨邦俊，郑兰君，等．1997. 长期施肥对土壤酶活性和氮磷养分的影响［J］．植物营养与肥料学报，4（3）：300 – 306.

［29］张璐，张文菊，徐明岗，等．2009. 长期施肥对中国3种典型农田土壤活性有机碳库变化的影响［J］．中国农业科学，42（5）：1 646 – 1 655.

［30］张平究，李恋卿，潘根兴，等．2004. 长期不同施肥下太湖地区黄泥土表土微生物碳氮量及基因多样性变化［J］．生态学报，24（12）：2 818 – 2 824.

［31］钟羡云．1982. 深施有机肥对土壤微结构及作物的影响［J］．土壤，14（2）：61 – 66.

［32］朱波，彭奎，谢红梅．2006. 川中丘陵区典型小流域农田生态系统氮素收支探析［J］．中国生态农业学报，14（1）：108 – 111.

［33］Blair G J, Lefroy R D B, Lisle L. 1995. Soil carbon fractions based on their degree of oxidation and the development of a carbon management index for agri – cultural systems ［J］. *Australia Journal of Agricultur Research*, 46（7）：1 459 – 1 466.

［34］Brussaard L, Ruiter P C, Brown G G. 2007. Soil biodiversity for agricultural sustainability ［J］. *Agriculture, Ecosystems and Environment*, 121：233 – 244.

［35］Carpenter – Boggs L, Kennedy A C, Reganold J P. 2000. Organic and biodynamic management：Effects on soil biology ［J］. *Soil Science Society of America Journal*, 64：1 651 – 1 659.

［36］Christoph W, Mika A K, Hannu I, et al. 2004. Areal activities and stratification of hydrolytic enzymes involved in the biochemical cycles of carbon, nitrogen, sulphur and phosphorus in podsolized boreal forest soils ［J］. *Soil Biology & Biochemistry*, 36：425 – 433.

［37］Christine H S, Leo M C, Maureen O C, et al. 2008. Differences in soil enzyme activities, microbial community structure and short – term nitrogen mineralisation resulting from farm management history and organic matter amendments ［J］. *Soil Biology & Biochemistry*, 40：1 352 – 1 363.

［38］Chorover J, Kretzschmar R, Garcia – Pichel F, et al. 2007. Soil biogeochemical processes within the critical zone ［J］. *Elements*, 3：321 – 326.

［39］Fan M S, Jiang R F, Liu X J, et al. 2005. Christie P. Interactions between non – flooded mulching cultivation andvarying nitrogen inputs in rice – wheat rotations ［J］. *Field Crops Research*, 91：307 – 318.

［40］Janzen H H, Campbell C A, Brandt S A, et al. 1992. Light fraction organic matter in soils from long – term crop rotations ［J］. *Soil Science Society of American Journal*, 56：1 799 – 1 806.

［41］Lefroy R D B, Blair G J, Strong W M. 1993. Changes in soil organic matter with cropping as measured by organic carbon fractions and ^{13}C natural isotope abundance ［J］. *Plant Soil*, 155/ 156：399 – 402.

［42］Liu B, Gumpertz M L, Hu S J, et al. 2007. Long – term effects of organic and synthetic soil fertility amendments on soil microbial communities and the development of southern blight ［J］. *Soil Biology & Biochemistry*, 39：2 302 – 2 316.

［43］Logninow W, Wisniewski W, Strony W M, et al. 1987. Fractionation of organic carbon based on suscepti – bility to oxidation ［J］. *Polish Journal of Soil Science*, 20：47 – 52.

［44］Pan G, Smith P, Pan W. 2009. The role of soil organic matter in maintaining the productivity and yield stability ofcereals in China ［J］. *Agriculture, Ecosystems & Environment*, 42：183 – 190.

［45］Su Z A , Zhang J H, Nie X J. 2010. Effect of soil erosion on soil properties and crop yields on slopes in the Sichuan Basin, China ［J］. *Pedosphere*, 20 （6）: 736 – 746.

［46］Tiquia S M, Lloyd J, Herms D A, et al. 2002. Effects of mulching and fertilization on soil nutrients, microbial activity and rhizosphere bacterial community structure determined by analysis of TRFLPs of PCR – amplified 16SrRNA genes ［J］. *Applied Soil Ecology*, 21 （1）: 31 – 48.

［47］Xu M G, Lou Y L, Sun X L, et al. 2011. Soil organic carbon active fractions as early indicators for total carbon change under straw incorporation ［J］. *Biology Fertilizer and Soils*, 47: 745 – 752.

［48］Zhang J H, Li F C. 2011. An appraisal of two tracer methods for estimating tillage erosion rates under hoeing tillage ［J］. *Environmental Engineering and Management Journal*, 10 （6）: 825 – 829.

第三十二章 长期施肥中性紫色土肥力演变和培肥技术

　　紫色土是在热带、亚热带气候条件下由紫色母岩发育形成的岩性土。我国紫色土面积 2 198.8 万 hm²，集中分布在四川盆地，占全国紫色土面积的 51.5%；此外，在云南、湖南、广西、贵州、湖北、浙江、江西、广东、安徽、福建、陕西、河南、海南和江苏等省区也有零星分布。四川盆地是紫色土分布最集中、面积最大、最具有代表性的区域，紫色土占耕地面积的 68%。该区域光、温、水资源丰富、土壤垦殖率和复种指数高，是全国六大商品粮基地之一。因此，了解紫色土肥力演变规律和生产力状况，对于保障紫色土资源的持续利用、保障国家粮食安全具有重要意义。

　　紫色土为初育岩性土，根据母岩沉积时期岩性差异而导致的土壤 pH 值和碳酸钙含量的差异，将紫色土分为了中性紫色土、石灰性紫色土和酸性紫色土三大亚类。紫色土具有发育浅、土层分化不明显、成土作用迅速、风化程度低、土壤矿质养分含量丰富、自然肥力高等特点，是一种不可多得的宝贵农业资源。但是紫色土区人口密度大，人为活动强烈，加之山地丘陵的地形地貌，母岩岩体松软，风化能力强，土壤抗蚀性差，导致该区域生态环境脆弱，水土流失严重；土壤有机胶体缺乏、稳定性低；有机—无机复合体不仅数量少，而且复合体组成中紧结态和稳结态很少；土壤结构中团聚体数量少、团聚度低、分散性强，因而土壤退化现象普遍发生，使土壤肥力下降，已影响到该区农业的可持续发展。因此，针对提高紫色土肥力和生产力的研究十分重要。

　　本研究以国家紫色土肥力与肥料效益监测基地为平台，利用长期肥料试验的结果，以土壤肥力质量演变为重点，探寻中性紫色土质量演变规律，为保持和提高紫色土肥力、保障紫色土地区农业的可持续发展提供理论依据。

一、中性紫色土肥力与肥效长期试验概况

　　中性紫色土肥力与肥效长期试验设在"国家紫色土肥力与肥料效益监测基地"——重庆市北碚区西南农业大学试验农场（东经 106°26′、北纬 30°26′，海拔266m），地处长江上游河谷北岸、川东平行岭谷南沿、四川盆地紫色土丘陵中心地带、三峡库区内，是典型的紫色土丘陵区。基地于 1989 年建成，1991 年秋季开始试验。基地所在地属亚热带湿润季风气候，年平均气温 18.3℃，平均降水量 1 105mm，降水季节分布不均，4—9 月降水占全年总降水量的78%，10 月到翌年 3 月占22%。在稻麦水旱轮作周期，小麦生长季节（11 月到翌年 4 月）降水 239mm，水稻生长季节（5—8月）降水 637mm，轮作休闲期（9—10 月）降水 230mm。无霜期长达 330 天。雨热同季，气温高，热量资源丰富，四季分明，多云雾少日照，夏季湿热、冬季温暖干燥，9月中旬后温度下降快（石孝均等，2002）。

　　试验土壤由侏罗系沙溪庙组紫色泥岩风化的残积、坡积物发育而成的紫色土类，中性紫色土亚类，灰棕紫泥土属，大眼泥土种，是四川盆地紫色土中最多的一个土属，

约占紫色土类面积的 40%，为四川省和重庆市粮食基地县集中地区。

试验前耕层（0～20cm）土壤有机质含量 24.0g/kg，全氮 1.25g/kg，全磷 0.67g/kg，全钾 21.1g/kg，碱解氮 93mg/kg，有效磷 4.3mg/kg，速效钾 88mg/kg，缓效钾 562mg/kg，pH 值 7.7；容重 1.38g/cm³，黏粒（<0.001mm）和物理性黏粒（<0.01mm）含量分别为 268g/kg 和 577g/kg。

长期试验共设 13 个处理：①只种作物不施肥，CK；②施用化学氮肥，N；③施用化学氮磷肥，NP；④施用化学氮钾肥，NK；⑤施用化学磷钾肥，PK；⑥施用化学氮磷钾肥，NPK；⑦施用厩肥，M；⑧氮磷钾肥与有机肥（厩肥）配施，NPKM；⑨氮磷钾肥与有机肥配施，稻油轮作，NPKM$_{II}$；⑩施用含氯的氮磷钾肥，配施有机肥（厩肥），NPKClM；⑪施用增量氮磷钾肥，配施有机肥（厩肥）1.5NPKM；⑫氮磷钾肥配合秸秆还田，NPKS；⑬永久休闲，F。处理 10 中氮肥用氯化铵、钾肥用氯化钾，其他各施肥处理氮肥均用尿素，钾肥用硫酸钾，磷肥用普钙。处理⑪为化肥增量区，化学氮肥、磷肥、钾肥用量为处理⑥的 1.5 倍。处理⑨为稻—油轮作，其他各处理均为稻—麦轮作，一年两熟。小区面积为 12m×10m＝120m²，无重复。小区之间用 60cm 深的水泥板隔开，互不渗漏，且能独立排灌。

1991—1996 年每季作物每公顷施氮肥 150kg（N），磷肥 75kg（P$_2$O$_5$），钾肥 75kg（K$_2$O）。1996 年秋季起，磷肥、钾肥用量由原来的 75kg 降为 60kg；小麦氮肥用量变为 135kg，处理⑦、处理⑩、处理⑪的有机肥由厩肥（M）改为稻草（S），稻草还田区在小麦季不施钾肥。小麦和水稻 60% 的氮肥及全部磷、钾肥作基肥，小麦 40% 的氮肥于 3～4 叶期追施，水稻 40% 的氮肥在插秧后 2～3 周追施。有机肥每年施用 1 次，于每年秋季小麦播种前作基肥施用，年用量为厩肥 22.5t/hm²、稻草 7.5t/hm²，并于施肥前测定厩肥和稻草中氮、磷、钾的养分含量。其中，厩肥样品无保存，导致其养分含量及年度养分投入量无法核算，从 2012 年起改为鸡粪制成的商品有机肥，氮、磷、钾养分含量分别约为 1.1%、0.9% 和 4%，年用量为 1.5t/hm²；秸秆中氮、磷、钾养分含量每年测定，平均分别为 0.70g/kg、0.08g/kg 和 2.42g/kg。

供试小麦品种：1992—2007 年用西农麦 1 号，2007 年后采用绵阳 31。小麦于当年 11 月上旬播种，翌年 5 月上旬收获。供试水稻品种：1992—1997 年用汕优 63，1998—2001 年为 II 优 868，2002—2005 年为 II 优 7 号，2006—2009 年为 II 优 89，2010 年至今为川优 9527。水稻于 5 月中下旬插秧，8 月中下旬收获；供试油菜品种为渝杂 8 号和渝黄 1 号，于 11 月上旬移栽，4 月底或 5 月初收获。水稻和小麦的种植规格均为行距 24cm，窝距 16.7cm，每公顷 25 万窝左右。小麦播种量为每小区 1.4～1.5kg，即每公顷 117～125kg，每窝 10 粒左右。水稻每窝移栽带 2～3 个分蘖的秧苗一株。

二、长期施肥下中性紫色土有机质和氮、磷、钾的演变规律

（一）中性紫色土有机质的演变规律

土壤有机质是衡量土壤肥力高低的重要指标之一。不同施肥条件下，中性紫色土耕层土壤有机质含量的变化趋势有很大差异（图 32－1）。不施肥处理的有机质含量最低并随时间呈下降趋势，由 1991 年的 21.5g/kg 下降到 2011 年的 19.4g/kg，下降了 9.5%。单施氮肥处理的土壤有机质含量也有所下降，从 24.2g/kg 下降至 22.4g/kg，

下降了 7.7%，其原因可能是氮肥促进了有机质的分解。其他施用化肥的处理土壤有机质含量为 22.4~23.4g/kg，均呈增加趋势，其中 NP 处理增加了 11.2%，增加幅度最大；其次为 NPK 处理。不施用化肥而仅靠秸秆还田也能提高土壤有机质含量，提高幅度为 9.9%。有机无肥配施条件下土壤有机质增加更明显，可增加 2.3~6.0g/kg，占初始值的 10.6%~26.4%，NPKS 处理的增加量最高，NPKM 最低，因此，氮磷钾化肥与秸秆还田配合提高土壤有机质含量的效果最好。

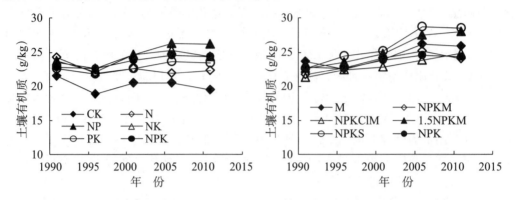

图 32 - 1　长期施肥紫色土耕层（0~20cm）土壤有机质含量（1991—2011 年）

注：数据点为 5 年均值

　　回归方程模拟表明，随耕作年限的增加土壤有机质含量的年均变化速率介于 -0.07~0.3mg/kg，其中，单施氮肥的处理最低，其次为不施肥处理，NPKS 处理最高，长期施用有利于提高土壤有机质，培肥土壤。

　　该试验条件下，不论施肥与否，亚表层（20~40cm）土壤有机质含量都有降低的趋势，降低幅度为 1.9~12.2g/kg，其主要原因是水田改为水—旱轮作后，有机质矿化加速导致亚表层有机质含量降低。其中，NP 处理降低幅度最小，单施有机肥（M）处理的降低幅度最大（图 32 - 2），由于 1996 年后将单施有机肥改为秸秆还田，导致耕层土壤有效氮含量不足，使亚表层土壤有机质分解、矿化加速，加上亚表层有机物质补充不足，可能是 M 处理亚表层土壤有机质含量急剧降低的原因。而高量施肥（1.5NPKM）

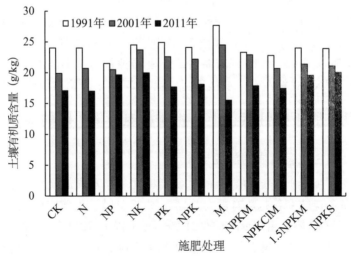

图 32 - 2　长期施肥紫色土亚表层（20~40cm）土壤有机质含量变化

或长期秸秆还田处理（NPKS），一方面可能因为耕层土壤会向亚表层土壤输送一定量的碳，另一方面也可能通过可溶性有机碳的向下淋洗，增加了亚表层土壤的有机碳，从而延缓了亚表层土壤有机质含量的降低。

（二）中性紫色土氮素的演变规律

1. 长期施肥下中性紫色土全氮含量的变化

土壤全氮包括所有形式的有机和无机氮素，综合反映了土壤的氮素状况。长期不同施肥对耕层土壤（0~20cm）全氮含量影响较大（图 32-3）。长期不施肥、非均衡施肥或单独施用有机肥条件下，土壤全氮含量变化不大，甚至有降低的趋势。21 年不同施肥后，在均衡施肥以及有机肥无机肥配施条件下，土壤全氮含量较为稳定甚至增加，尤其是高量化肥投入（1.5NPKM）和均衡施肥配合长期秸秆还田（NPKS）的处理，土壤全氮含量增加迅速，增加量分别达到 0.65g/kg 和 0.33g/kg，比试验前提高了49% 和 26% 。相反，单施有机肥改为秸秆还田处理后，土壤碳氮比增加，导致土壤氮的矿化加速，土壤全氮被消耗，后 5 年（2004—2012 年）尤为明显。可见，平衡施肥尤其是平衡施肥配施有机物料的施肥措施对稳定和提高紫色土的全氮含量至关重要。

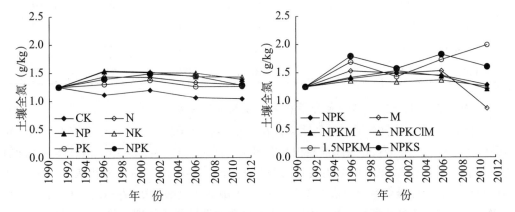

图 32-3 长期不同施肥紫色土耕层（0~20cm）全氮含量

2. 长期施肥下中性紫色土碱解氮含量的变化

由长期淹水改为水旱轮作后，无论施氮肥与否土壤碱解均氮有一个明显降低的过程（图 32-4）。21 年水旱轮作后，不施氮肥的土壤碱解氮含量最低，降低约30mg/kg；

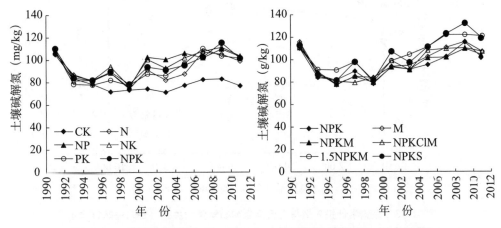

图 32-4 长期施肥耕层（0~20cm）土壤碱解氮含量变化（2 年均值）

1.5NPKM 处理最高，达到 121mg/kg，但也仅比试验前增加了 10mg/kg，说明水旱轮作条件下，土壤理化条件变化较大，土壤碱解氮不易积累。水稻收获后测得土壤剖面中的碱解氮含量，表明耕层土壤碱解氮含量高于夹心层和底土层，且不论施氮与否含量相近（表 32 - 1）。这说明淹水还原条件下施入的氮肥以 $NO_3^- - N$ 或 $NH_3^+ - N$ 的形式向下淋洗并积存在土壤剖面中的量并不大，施入的氮肥除被作物吸收外，可能主要以气态（或地表径流）的形式损失掉了。

表 32 - 1   2011 年水稻收获后土壤剖面中碱解氮含量

| 处 理 | 不同深度土壤剖面中碱解氮含量（mg/kg） | | | | | |
	0 ~ 10cm	10 ~ 20cm	20 ~ 30cm	30 ~ 40cm	40 ~ 60cm	60 ~ 80cm
CK	78	71	65	71	76	75
N	103	87	69	68	70	71
PK	110	86	75	76	78	77
NPK	100	89	70	72	78	73
M	112	90	77	66	59	64
NPKM	106	91	73	74	70	72
1.5NPKM	129	107	86	81	77	77
NPKS	114	96	78	75	68	76

3. 中性紫色土全氮、碱解氮含量和氮肥投入量的关系

耕种 21 年间，不同施肥措施氮肥累计投入量为 0 ~ 9 075kg/hm²，差别较大。水旱轮作条件下，尽管土壤全氮和碱解氮累积并不明显（图 32 - 4、表 32 - 1），但总体上仍随氮肥投入量的增加而增加，并可用线性方程进行模拟（图 32 - 5）。分析表明，每投入 1 000kg 纯氮，土壤碱解氮含量增加 2.2mg/kg，土壤全氮仅增加 0.07g/kg，说明水旱轮作条件下施入的氮素损失严重，因此生产上必须注重氮肥的优化管理，减少环境风险。

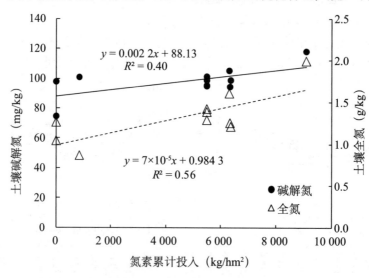

图 32 - 5   氮素累计投入量与土壤全氮和碱解氮的关系（1991—2011 年）

（三）中性紫色土磷素的演变规律

1. 长期施肥下中性紫色土全磷含量的变化

随着耕作年限的增加，施磷处理的土壤全磷含量基本不变甚至增加，而不施磷处理或仅施有机肥（M）处理的土壤全磷总体呈现下降的趋势，耕作 10 后年下降速度加快，表明土壤磷库被耗竭（表 32 - 2）。2006 年不同施肥处理土壤全磷含量为 0.44 ~ 1.03g/kg，其中 NK 处理为 0.45g/kg，比试验前降低了 0.32g/kg，降幅最明显；高磷投入（1.5NPKM）、均衡施肥（NPK）或配合秸秆还田的处理（NPKS）与试验前相比分别增加了 0.35g/kg、0.12g/kg 和 0.28g/kg，增幅达 51%、20% 和 51%，土壤全磷累积明显。

表 32 - 2　长期施肥耕层（0 ~ 20cm）土壤全磷含量

处　理	土壤全磷含量（g/kg）			
	基础值（1991 年）	1996 年	2001 年	2006 年
CK	0.58	0.58	0.57	0.46
N	0.68	0.65	0.56	0.44
NP	0.68	0.91	0.62	0.83
NK	0.77	0.68	0.65	0.45
PK	0.89	0.99	0.75	0.89
NPK	0.62	0.83	0.73	0.75
M	0.70	0.77	0.74	0.44
NPKM	0.85	1.08	0.84	0.83
NPKClM	0.65	0.94	0.75	0.71
1.5NPKM	0.69	1.02	0.86	1.03
NPKS	0.54	1.07	0.82	0.82

2. 长期施肥下中性紫色土有效磷含量的变化

随着耕作时间的延长，所有施磷处理的土壤有效磷含量明显升高（图 32 - 6），但在耕种的 21 年中，前 3 年土壤有效磷含量变化较小，之后快速增加，主要是前 3 年施入到土壤中的磷以吸附固定为主，随着土壤吸附位点的饱和，磷的有效性提高。耕作 10 年至 18 年间土壤有效磷增加较少，可能与 1996 秋季后减施磷肥后土壤中磷的积累相对减少有关。但此后随土壤磷吸附位点的饱和有效磷迅速增加。与土壤全磷的变化趋势类似，未施磷肥的土壤有效磷均较试验前降低（图 32 - 6）。施磷肥可提高土壤有效磷含量，其中以施倍量磷肥（1.5NPKM）和仅施磷钾肥（PK）处理的增加较多，2012 年分别达到 65.2mg/kg 和 54.8mg/kg，比试验前分别提高 15 倍和 13 倍，有效磷年均增加 3.1mg/kg 和 2.5mg/kg；其他常量施磷处理的耕层土壤有效磷年均增加 1.3 ~ 1.5mg/kg。有机肥与化学磷肥配施加快了有效磷的积累，单施化学磷肥后有效磷年均增加 1.3mg/kg，而有机无机配合施用的处理年均增加 1.5mg/kg。单施有机肥改为秸秆还田后土壤有效磷维持在较低的水平（<5mg/kg），属于极度缺磷，不能满足稻麦对磷素的需求。

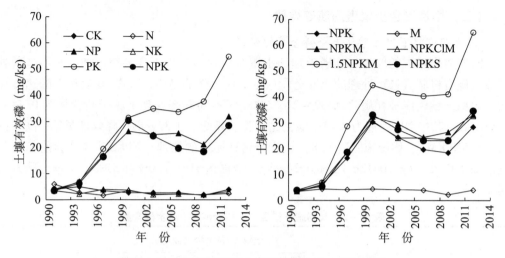

图 32 - 6　长期施肥耕层土壤有效磷含量（3 年均值）

3. 中性紫色土有效磷含量和磷肥投入量的关系

耕种 21 年间（1991—2011 年），不同施肥措施纯磷累计投入量为 0 ~ 1 984kg/hm²，处理间差异很大。土壤有效磷随磷素（P）投入量的增加而增加，并可用线性方程进行模拟（图 32 - 7）。利用回归方程计算表明，每投入 100kg/hm² 磷素，土壤有效磷含量增加约 3mg/kg；在不考虑无磷投入（CK、NK）和低磷投入（M）的条件下，每投入 100kg/hm² 磷素，土壤有效磷含量增加约 3.5mg/kg，有效磷累积速率比我国其他主要土壤类型要高（Cao 等，2012），因此水旱轮作条件下中性紫色土磷素更易累积，应注重磷肥优化管理，满足作物需求的同时减少环境风险。

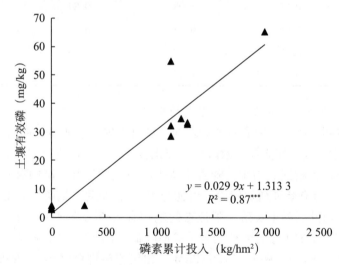

$$y = 0.029\,9x + 1.313\,3$$
$$R^2 = 0.87^{***}$$

图 32 - 7　磷素累计投入量与土壤有效磷的关系（1991—2012 年）

4. 长期施肥对中性紫色土磷组分的影响

在水旱轮作的紫色土上，土壤磷素以无机磷为主，占土壤全磷的 70%（熊俊芬等，2000；孙燕，2008）。其中，无机磷组分以 Ca_{10}-P 为主，占总量的 39.2%，其次为 O-P，占总量的 35.1%，再次为 Fe-P，而 Ca_2-P 最少（表 32 - 3）。施磷处理土壤无机磷总量、各形态无机磷含量均明显高于不施化肥磷处理。在所有处理中，以高量施肥处理的无机磷累积量最大，NPK 和 NPKM 处理的无机磷差异不明显，表明无机磷的累积量主要与化学磷肥的施用量有关。施磷处理土壤 O-P 和 Ca_{10}-P 含量相差不大，而不施化肥磷的处理 O-P 含量明显低于 Ca_{10}-P，说明在水旱轮作长期缺磷条件下，O-P 较 Ca_{10}-P 更易被植物利用。

表 32 - 3　长期施肥耕层土壤无机磷组分（2006 年）

处　理	无机磷组分（mg/kg）						无机磷总量（mg/kg）	占全磷比例（%）
	Ca_2-P	Ca_8-P	Al-P	Fe-P	O-P	Ca_{10}-P		
CK	1.3	6.3	25.6	22.5	72.5	215.0	343.1	74.6
NK	1.6	4.4	13.8	19.1	67.5	150.0	256.3	56.9
PK	11.3	25.0	54.4	91.9	227.5	248.8	658.8	74.0
NPK	6.5	27.5	41.3	45.3	212.5	228.8	561.6	74.9
M	1.3	7.5	17.5	18.5	82.5	145.0	272.5	61.9
NPKM	6.6	24.4	34.4	41.9	192.5	217.5	517.2	62.3
1.5NPKM	12.2	33.1	81.3	117.8	240.0	303.8	788.1	76.5
NPKS	6.6	15.6	37.5	67.5	200.0	238.8	565.9	69.0

（四）中性紫色土钾素的演变规律

1. 长期施肥下中性紫色土全钾含量的变化

钾是作物所必需的三大矿质营养之一，是多种酶的活化剂，参与作物碳、氮代谢，对作物的产量和品质均具有重要影响。土壤全钾含量主要取决于土壤的矿物组成，同时受施肥等因素的影响。稻麦轮作 10 年后，不施钾肥的紫色土耕层土壤全钾含量降低了 6% 左右，其他施钾的土壤全钾变化不大（表 32 - 4）。但是除稻草还田和单施有机肥的处理外，其他施肥处理的土壤全钾有随耕种年限延长而下降的趋势。耕种 15 年后，所有处理的土壤全钾含量都有所减少，下降幅度达 0.5 ~ 4.1g/kg，是试验前的 2% ~ 20%。与单施化肥相比，氮磷钾平衡施肥并配施有机肥在一定程度上减缓了土壤全钾的降低速率，但从长期保持土壤钾肥力而言，仍需要适当增加钾肥的投入。

2. 长期施肥下中性紫色土速效钾含量的变化

稻麦轮作的前 10 年，土壤速效钾含量波动较大，但随着耕作年限的进一步增加，不同施肥处理的速效钾演变趋势逐渐显现（图 32 - 8）。稻麦轮作的 21 年间，不施钾肥的处理（CK、N、NP）耕层土壤速效钾平均降低了 36mg/kg，年均下降 1.8mg/kg；而施钾肥处理的耕层土壤速效钾含量平均增加了 1.2mg/kg，基本保持在一定的水平，但不同施钾处理之间仍有较大差异，其中以施磷钾肥处理（PK）和稻草还田配施化肥的处理（NPKS）速效钾含量增加明显，分别比试验前提高了 31% 和 22%；其次为单施有机肥处理（M），由于 1996 年后改为秸秆还田，钾归还量增加，使得土壤速效钾含量稳定提升，2011 年比试验前增加了 15%；对于单施 NPK 肥处理（NPK）而言，土壤速效钾总体呈现下降的趋势，2011 年比试验前降低约 20%，主要原因是该处理稻麦产量大幅度增加，秸秆移除携走大量的钾素，导致土壤钾素亏缺。相比而言，平衡施肥配合秸秆还田是保持和增加土壤钾素供应的重要措施。

表 32 - 4　长期施肥下耕层土壤全钾含量变化

处　理	土壤全钾含量（g/kg）			
	基础值（1991 年）	1996 年	2001 年	2006 年
CK	20.4	20.1	19.9	19.7
N	20.6	19.4	19.5	17.1
NP	21.1	18.8	19.9	17.6
NK	21.2	20.8	20.9	20.1
PK	21.6	21.5	21.5	17.5
NPK	20.7	20.8	20.2	17.9
M	21.0	21.3	21.1	20.5
NPKM	21.1	21.0	20.9	19.4
NPKClM	21.3	21.5	20.9	18.7
1.5NPKM	20.7	21.6	20.7	18.3
NPKS	21.3	22.7	21.3	19.0

3. 长期施肥下中性紫色土缓效钾含量的变化

土壤缓效钾是衡量土壤供钾潜力的指标，缓效钾含量高，土壤供钾能力大。无论施钾与否，土壤耕层缓效钾含量随耕作年限的增加均呈现降低的趋势（表 32 - 5）。耕作前 5 年，土壤缓效钾含量下降明显，而速效钾含量则相对稳定（图 32 - 8），可能是因为试验初期土壤速效钾被作物吸收而降低时，位于层状硅酸盐矿物层间和边缘吸附力较小的这一部分缓效钾容易释放以补充土壤速效钾，因而缓效钾迅速下降，而速效钾下降不明显。

耕作 15 年后，不施钾处理（CK、N、NP）土壤缓效钾含量平均为 398mg/kg，比试验前降低了 29%；施钾处理土壤缓效钾含量平均为 445mg/kg，比试验前降低 23%，说明施钾肥能在一定程度上减缓土壤缓效钾的降低。施钾处理中，PK 处理降低最少，主要原因是作物携出量低，土壤钾损失较少。

表 32 - 5　长期施肥土壤缓效钾含量变化

处　理	土壤缓效钾含量（mg/kg）			
	基础值（1991 年）	1996 年	2000 年	2006 年
CK	573.0	494.1	442.0	395.0
N	543.0	450.8	436.0	405.0
NP	560.0	484.1	422.0	392.5
NK	572.0	543.9	485.0	420.0
PK	584.0	540.1	506.0	515.0
NPK	541.0	484.5	466.0	442.5
M	608.0	494.1	491.0	487.5
NPKM	580.0	505.8	493.0	487.5

（续表）

处　理	土壤缓效钾含量（mg/kg）			
	基础值（1991 年）	1996 年	2000 年	2006 年
NPKClM	564.0	510.2	443.0	390.0
1.5NPKM	548.0	537.8	488.0	410.0
NPKS	635.0	500.3	492.0	407.5

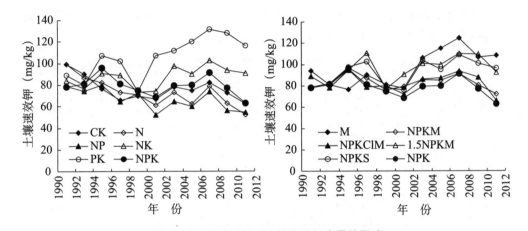

图 32 - 8　长期施肥对土壤速效钾含量的影响

三、长期施肥下中性紫色土其他理化性质的演变规律

（一）长期施肥下中性紫色土 pH 值的变化

水旱轮作条件下，长期施肥能改变土壤 pH 值，尤其是氮肥的施用会导致土壤酸化（图 32 - 9）。中性紫色土上，不施肥处理 21 年间土壤 pH 值基本保持不变或略有增加；施肥 21 年后，土壤 pH 值平均降低 1.0。单独施用有机肥（M）或秸秆还田（NPKS）的处理，pH 值降低幅度最小，仅为 0.3；施用含氯肥料处理（NPKClM），土壤 pH 值下降幅度最大，达到 2.2，平均每年降低 0.11，酸化趋势明显，主要原因可能是含氯肥料阴阳离子吸收不平衡，盐基离子损失加剧导致土壤酸度增加。

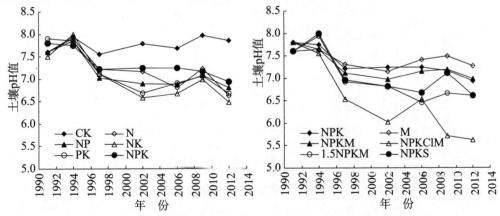

图 32 - 9　长期施肥紫色土耕层土壤 pH 值变化（1991—2012 年）

（二）长期施肥下中性紫色土容重的变化

土壤容重反映土壤的紧实状况，一般说来作物需要一个合适的土壤容重范围，容重过大和过小都不利于作物生长。水旱轮作条件下，施肥对紫色土耕层土壤容重有一定影响（表32－6）。耕作21年后，不施肥与施化肥处理的耕层土壤容重较试验前变化不大，而有机无机配施处理（NPKS、NPKM）土壤容重略有降低，减少量为0.15g/cm³。土壤有机质含量与土壤容重呈显著负相关（图32－10），说明增加土壤有机质含量，可以改变土壤的容重，促使其向良性发展，进而改善土壤物理结构。长期耕种条件下，施肥与否对亚表层（20～40cm）及底层（40～60cm）土壤容重影响不大，耕层以下由于人为扰动少，土壤容重往往高于表层土壤。

表32－6　长期施肥后（21年）中性紫色土不同土层土壤容重的变化（单位：g/cm³）

处　理	试验前（1991年）土壤容重	2011年不同土层土壤容重		
	0～20cm	0～20cm	20～40cm	40～60cm
CK	1.36	1.34	1.33	1.37
N	1.43	1.37	1.40	1.40
NP	1.41	1.30	1.35	1.34
NK	1.33	1.27	1.35	1.29
PK	1.34	1.34	1.35	1.36
NPK	1.43	1.34	1.45	1.42
M	1.31	1.22	1.34	1.33
NPKM	1.42	1.27	1.37	1.37
NPKClM	1.39	1.33	1.45	1.37
1.5NPKM	1.34	1.29	1.40	1.33
NPKS	1.39	1.24	1.37	1.38

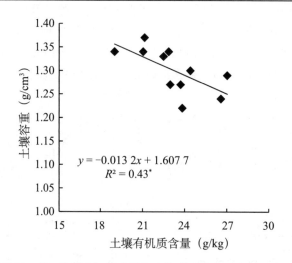

图32－10　土壤有机质含量与土壤容重的关系（2011年）

（三）长期施肥下中性紫色土重金属含量的变化

全国第二次土壤普查结果表明，四川盆地紫色土区大面积缺锌，开始试验时不同小区测得的土壤有效锌含量（DTPA-Zn）介于 0.41 ~ 0.98mg/kg，属于锌缺乏或潜在缺乏的土壤（图 32 - 11）。但是随着耕作年限的增加，土壤有效锌含量有增加的趋势。连续耕作 21 年后，PK 处理有效锌含量增加量最少，为 0.4mg/kg；M 处理和 NPKClM 处理有效锌含量增加量较多，分别增加了 2.9mg/kg 和 1.1mg/kg，比试验前增加 4 倍和 2 倍。紫色土有效锌含量的增加可能与大气锌沉降、酸雨、氮投入、土壤有机质含量和成分、土壤干湿交替、土壤锌形态转化等因素有关，具体原因仍有待进一步研究。

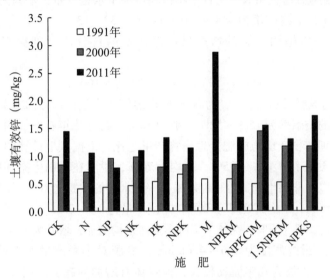

图 32 - 11　长期施肥耕层土壤有效锌含量

施肥等农业生产活动将一定量的重金属如铅、镉等带入土壤，由于其难以移动能会长期累积，从而造成土壤质量恶化，给农业生产和居民健康带来隐患。由图 32 - 12 可知，经过 15 年的耕作，除 CK 外，其他施肥处理土壤有效态铅含量都有一定幅度的增加，最高增加 1 倍（温明霞等，2010）。但是各处理间差异不明显，可能的主要原因是铅的积累主要来源于干湿沉降等外界环境，其贡献大于施肥因素。15 年耕作，不论

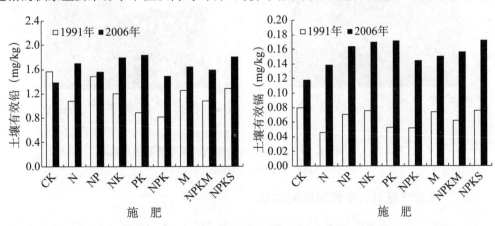

图 32 - 12　长期施肥耕层土壤有效铅和有效镉含量

是否施肥土壤有效态镉含量均显著增加，但施肥处理有效镉含量比不施肥处理高23.4%，说明除干湿沉降外，施肥带入的镉或活化的土壤中的镉也是土壤有效镉含量显著增加的重要因素。

四、作物产量对长期施肥的响应

（一）作物产量对长期施氮肥的响应

1991—2012 年，不施氮处理（PK）的水稻产量为 3.4 ~ 5.9t/hm²，平均 4.6t/hm²。与不施氮相比，施氮处理（NPK）在各个年份均增加了水稻产量，增幅为 0.7 ~ 2.1t/hm²，平均增产 2.1t/hm²，最终产量为 4.4 ~ 9.0t/hm²（图 32 – 13）。

氮肥贡献率是指施用氮肥的增产量占总产量的百分比（刘振兴等，1994），公式为：

$$N\% = (Y_{NPK} - Y_{PK}) / Y_{NPK} \times 100\%$$

其中，N% 为氮肥贡献率；Y_{NPK} 为 NPK 处理的作物产量；Y_{PK} 为 PK 处理的作物产量。氮肥对水稻产量的贡献率为 15% ~ 52%，平均 30%，最近几年有增加的趋势。地力贡献率是指不施肥处理作物产量与施肥处理作物产量之比，根据以上计算的氮肥贡献率，不施氮处理的地力贡献率在 48% ~ 85%，平均为 70%，说明在稻田生态环境中，紫色土依靠灌溉带入的氮以及非共生固氮等也能够维持一定水平的供氮能力（王定勇等，2004）。

1991—2012 年间，不施氮处理（PK）的小麦产量为 0.9 ~ 2.2t/hm²，平均 1.6t/hm²。与不施氮相比，施氮处理（NPK）在各个年份小麦产量均增加，增幅为于 0.6 ~ 2.5t/hm²，平均增产 1.5t/hm²，最终产量为 2.6 ~ 4.6t/hm²。氮肥对小麦产量的贡献率介于 20% ~ 71%，平均为 48%，最近几年波动较大，但总体有增加的趋势。因此可以估算出不施氮处理的地力（氮）贡献率为 29% ~ 80%，平均为 52%，相对于水稻而言，小麦对氮肥的依赖性更高。

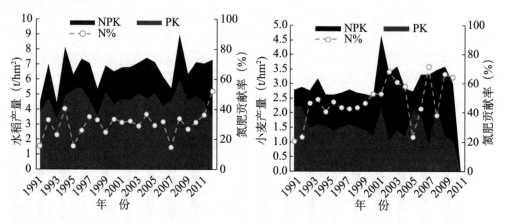

图 32 – 13　水稻、小麦产量对长期施氮的响应及氮肥贡献率

注：黑色部分为氮肥增产量

（二）作物产量对长期施磷肥的响应

1991—2012 年，不施磷处理（NK）的水稻产量为 4.1 ~ 8.3t/hm²，平均产量 5.9t/hm²。与不施磷相比，施磷处理（NPK）在各个年份其水稻产量均有增加，增产量为 0.3 ~

$2.8t/hm^2$，平均增产 $0.8t/hm^2$，最终产量为 $4.4 \sim 9.0t/hm^2$（图 $32-14$）。类似地，磷肥贡献率是指施用磷肥的增产量占总产量的百分比（刘振兴等，1994），公式为：

$$P\% = (Y_{NPK} - Y_{NK})/Y_{NPK} \times 100\%$$

其中，P% 为磷肥贡献率；Y_{NPK} 为 NPK 处理的作物产量；Y_{NK} 为 NK 处理的作物产量。磷肥对水稻产量的贡献率介于 $3.4\% \sim 39\%$，平均值为 12.3%，年际间波动较大，但总体呈上升趋势。不施磷处理的地力贡献率为 $61\% \sim 96\%$，平均为 87%，可见基础地力（磷）对水稻产量的贡献很大。

1991—2012 年，不施磷处理（NK）的小麦产量为 $0.8 \sim 2.8t/hm^2$，平均 $1.6t/hm^2$。与不施磷肥相比，施磷处理（NPK）的小麦产量在各个年份均增加，增幅为 $0.2 \sim 2.7t/hm^2$，平均增产 $1.5t/hm^2$，最终产量为 $2.6 \sim 4.6t/hm^2$。磷肥对小麦产量的贡献率为 $6.6\% \sim 77\%$，平均 47%，总体表现出显著增加的趋势。不施磷处理的地力（磷）贡献率为 $23\% \sim 93\%$，平均为 53%，但下降趋势明显。相对水稻而言，小麦对磷肥的依赖更高，因此磷肥的施用重点应放在旱季作物上。

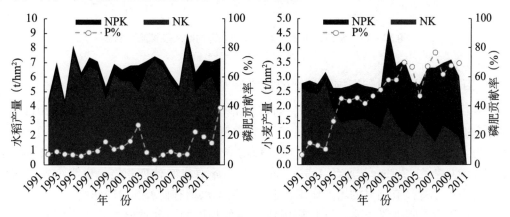

图 32 – 14　水稻、小麦产量对长期施磷的响应及磷肥贡献率
注：黑色部分为磷肥增产量

（三）作物产量对长期施钾肥的响应

1991—2012 年，不施钾处理（NP）的水稻产量介于 $3.7 \sim 8.0t/hm^2$，平均产量为 $6.1t/hm^2$。与不施钾相比，施钾处理（NPK）水稻产量在多数年份均有增加，增幅为 $0 \sim 1.4t/hm^2$，平均增产 $0.6t/hm^2$，最终产量为 $4.4 \sim 9.0t/hm^2$（图 $32-15$）。同样地，钾肥贡献率是指施用钾肥的增产量占总产量的百分比（刘振兴等，1994），公式为：

$$K\% = (Y_{NPK} - Y_{NP})/Y_{NPK} \times 100\%$$

其中，K% 为钾肥贡献率；Y_{NPK} 为 NPK 处理的作物产量；Y_{NP} 为 NP 处理的作物产量。钾肥对水稻产量的贡献率为 $0\% \sim 23\%$，平均 9.4%，耕种前 10 年为 7%，耕种后 11 年为 12%，可见增产率呈上升趋势。因此不施钾处理的地力贡献率为 $77\% \sim 100\%$，平均为 90.6%，说明基础地力（钾）对水稻产量贡献很大，但钾素耗竭的趋势值得注意。

1991—2012 年，不施钾处理（NP）的小麦产量介于 $1.8 \sim 3.6t/hm^2$，平均产量为 $2.6t/hm^2$。与不施钾肥相比，施钾处理（NPK）小麦产量在绝大多数年份都有增加，

增幅为 $-0.1 \sim 1.1 \mathrm{t/hm^2}$，平均增产 $0.5 \mathrm{t/hm^2}$，最终产量为 $2.6 \sim 4.6 \mathrm{t/hm^2}$。钾肥对小麦产量的贡献率介于 $0\% \sim 38\%$，平均为 16%，前 10 年为 9%，后 11 年为 22%，总体表现出显著增加的趋势。不施钾处理的地力（钾）贡献率为 $62\% \sim 100\%$，平均 84%，但下降趋势明显。水稻、小麦对钾肥的依赖增强，因此未来需要注重土壤—作物体系中钾肥的管理。

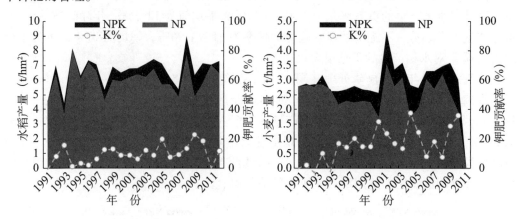

图 32 - 15　水稻、小麦产量对长期施钾的响应及钾肥贡献率

注：黑色部分为钾肥增产量

（四）作物产量对长期施有机肥的响应

有机肥是我国传统农业的精华，对保持地力起到了关键作用。1991—2011 年，单施有机肥处理（前 5 年为厩肥，后 15 年为稻草还田）的水稻产量为 $2.8 \sim 6.1 \mathrm{t/hm^2}$，平均为 $4.4 \mathrm{t/hm^2}$，比不施有机肥的对照处理增产稻谷 23.4%。单施有机肥（M）的小麦产量为 $0.7 \sim 1.7 \mathrm{t/hm^2}$，平均 $1.31 \mathrm{t/hm^2}$，与不施有机肥处理相当。说明小麦季稻草还田对当季小麦没有明显的增产作用，但是对后季水稻有显著的增产作用。

我国秸秆产量非常丰富，秸秆还田作为秸秆利用的一种重要方式，既可避免资源的浪费和环境污染，而且可以提高土壤养分水平，改善土壤结构和理化性状，优化农田生态环境，维持作物高产。与单施化肥（NPK）相比，稻草还田配施化肥处理（NPKS）明显提高了稻谷产量（图 32 - 16）。1991—2011 年，NPKS 处理的平均产量为 $7.1 \mathrm{t/hm^2}$，较 NPK 处理在多数年份上都有增加，平均增产 $0.4 \mathrm{t/hm^2}$，增产率为 5.9%。稻草还田对小麦的增产作用低于水稻，1991—2011 年 NPKS 处理的小麦平均产量为 $3.1 \mathrm{t/hm^2}$，平均增产率为 1.9%。这些结果表明，氮磷钾配合秸秆还田不仅可增加土壤有机质含量，改善土壤肥力，还在一定程度上增加作物产量，因此秸秆还田是改善土壤质量、稳定和提高中性紫色土生产力的重要措施。

（五）长期施肥下作物产量稳定性的变化

产量可持续性指数（Sustainable Yield Index，*SYI*）是衡量系统是否能持续生产的一个参数，*SYI* 值越大系统的可持续性越好（石孝均，2003）。可持续性指数的计算方法如下：

$$SYI = (Y_m - \sigma_{n-1}) / Y_{max}$$

式中，Y_m 为平均产量；σ_{n-1} 为标准差；Y_{max} 为最高产量。长期不同施肥对作物产量和产量稳定性均有显著影响（表 32 - 7）。耕作 21 年间，不施肥处理水稻平均产量最低

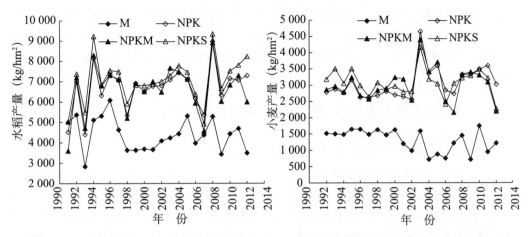

图 32 - 16　长期施用有机肥（M）和秸秆还田（S）水稻、小麦产量的变化（1991—2012 年）

为 3.6t/hm²，NPKS 处理平均产量最高为 7.1t/hm²；不同处理年际间产量有一定波动，变异系数介于 14% ~ 23%；各处理产量可持续指数差异不大，1.5NPKM 处理最低，NPKS 处理最高。

表 32 - 7　长期施肥的稻麦产量及可持续指数（1991—2012 年）

处　理	水　稻			小　麦			周　年		
	平均产量 （t/hm²）	CV （%）	SYI	平均产量 （t/hm²）	CV （%）	SYI	平均产量 （t/hm²）	CV （%）	SYI
CK	3.6	19.9	0.59	1.3	21.8	0.49	4.8	19.1	0.63
N	5.0	18.7	0.61	1.6	32.0	0.41	6.6	16.6	0.65
NP	6.1	17.3	0.62	2.6	19.0	0.58	8.7	13.6	0.69
NK	5.9	18.8	0.57	1.6	37.0	0.35	7.5	16.9	0.62
PK	4.6	13.8	0.67	1.6	26.0	0.52	6.2	12.9	0.69
NPK	6.7	15.9	0.63	3.1	16.4	0.55	9.8	12.1	0.70
M	4.4	18.6	0.59	1.3	26.1	0.55	5.7	16.7	0.61
NPKM	6.6	18.7	0.60	3.0	17.1	0.57	9.7	14.1	0.68
NPK-ClM	6.6	18.7	0.59	3.2	16.8	0.58	10.0	13.0	0.69
1.5NPKM	6.4	22.4	0.55	3.2	22.6	0.48	9.7	17.0	0.64
NPKS	7.1	15.9	0.64	3.1	13.2	0.64	10.3	10.8	0.73

注：CV 为变异系数；SYI 为产量可持续指数

21 年间，不施肥处理小麦平均产量最低为 1.3t/hm²，NPKClM 和 1.5NPKM 处理平均产量最高均为 3.2t/hm²；不同处理年际间产量的变异系数介于 13% ~ 37%，波动性高于水稻；各处理产量可持续指数差异较为明显，NK 处理最低，NPKS 处理最高。

在 21 年的种植中，不施肥处理的周年产量最低为 4.8t/hm²，NPKS 处理最高为 10.3t/hm²；不同处理年际间产量的变异系数介于 12% ~ 19%，波动性小于单个作物；周年产量可持续指数为 0.61 ~ 0.73，其中 M 处理最低，NPKS 处理最高。

产量年际间的波动表明，作物产量除受耕作、施肥等农业管理措施影响外，气候、品种等也是影响作物产量的重要因素。总体而言，NPKS 处理的周年产量最高，且产量最为稳定，因此在紫色土区应积极推广秸秆还田，以培肥土壤，实现农业的可持续发展。

五、长期施肥下农田生态系统养分循环与平衡

（一）长期施肥下肥料回收率的变化

1. 长期施肥下氮肥回收率的变化

长期施氮肥影响氮肥回收率（表32－8）。耕作21年间，与不施氮处理（PK）相比，水稻施氮肥（NPK）的当季回收率（表观回收率，RE）介于20%～59%，平均为37%，除个别年份外，年际间波动不大；小麦施氮肥（NPK）的当季回收率为8%～54%，平均为35%，年际间波动较大，但与耕作年限无明显相关性；一个水旱轮作周期内，氮肥的回收率为17%～53%，平均37%。21年的耕作，氮肥累计回收率为37.2%。

2. 长期施肥下磷肥回收率的变化

从表32－8还可以看出，在耕作的21年间，与不施磷的处理（NK）相比，水稻施磷肥（NPK）的当季回收率为1.8%～76%，平均26%，总体上随耕作年限的增加而增加；小麦施磷肥的当季回收率介于11%～63%，平均为39%，随耕作年限的增加而显著增加；一个轮作周期内，施磷肥的处理磷肥回收率为14%～60%，平均为33%，并随耕作年限的增加而显著增加，说明长期不施磷会导致土壤磷库亏缺，外源施入的磷肥成为作物吸收的主要来源。对于施磷的处理，21年间磷肥累计回收率为32%，由于磷肥在土壤中不易移动，大部分的磷留在了土壤之中，并可能对环境造成潜在危害。

表32－8　长期施肥下肥料回收率的变化 （单位:%）

年 份	氮肥回收率（RE_N）			磷肥回收率（RE_P）			钾肥回收率（RE_K）		
	水稻	小麦	轮作周期	水稻	小麦	轮作周期	水稻	小麦	轮作周期
1992	44	24	34	16	11	14	1.3	0	0
1993	33	50	41	1.8	28	15	48	0	20
1994	59	47	53	8.2	22	15	30	14	22
1995	40	33	37	21	15	18	28	42	35
1996	37	42	42	22	26	26	28	25	30
1997	40	25	34	26	23	27	83	31	57
1998	33	23	29	29	30	29	64	27	45
1999	43	25	34	30	33	31	52	74	63
2000	36	25	32	27	47	37	72	46	59
2001	39	37	40	13	32	23	94	53	73
2002	36	28	33	15	42	29	77	45	61

（续表）

年　份	氮肥回收率（RE_N）			磷肥回收率（RE_P）			钾肥回收率（RE_K）		
	水稻	小麦	轮作周期	水稻	小麦	轮作周期	水稻	小麦	轮作周期
2003	37	54	48	12	59	36	86	86	86
2004	28	36	34	27	45	36	68	36	52
2005	27	38	34	35	56	45	85	32	58
2006	31	26	30	36	43	40	69	50	59
2007	20	22	22	26	35	31	77	0	37
2008	42	46	46	18	63	41	282	73	177
2009	38	34	38	59	56	58	135	27	81
2010	36	49	45	24	55	40	149	69	109
2011	38	41	41	29	50	39	107	69	88
2012	55	42	51	76	45	60	32	92	62
平均回收率	38	35	38	26	39	33	79	42	61
累计回收率	38			32			59		

3. 长期施肥下钾肥回收率的变化

耕作21年间，与不施钾处理（NP）相比，水稻施钾肥（NPK）的钾肥当季回收率介于1%～282%，平均为80%，总体上随耕作年限的增加而增加；小麦施钾的当季回收率为0%～92%，平均为42%，随耕作年限的增加而增加；在一个轮作周期内，施钾处理的钾肥回收率为0%～177%，平均为60%，且随耕作年限的增加而显著增加，说明长期不施钾肥可导致土壤钾库亏缺，作物吸收钾的主要来源于外源施入的钾肥。21年间施钾处理的钾肥累计回收率为59%，可见施入的钾肥大部分被作物吸出携出。由于秸秆中钾含量非常丰富，因此在生产实际中秸秆还田是补充土壤钾库、维持土壤钾肥力的重要措施。

（二）中性紫色土有机碳循环与平衡

1. 土壤有机碳的平衡

长期施肥影响作物碳同化及其在地上和地下部的分配，从而影响土壤有机碳的输入及平衡（表32－9）。耕作21年间，水稻季以根茬凋落物等形式输入土壤的有机碳介于0.72～1.50t/（hm²·a），其中不施肥处理的有机碳输入量最低，NPKS处理最高；小麦季以根茬凋落物等形式输入的有机碳为0.34～0.82t/（hm²·a），CK和M处理输入量最少，1.5NPKM处理最多；以有机肥（或秸秆还田）形式输入的有机碳不同处理间介于0.97～2.51t/（hm²·a），NPKM处理最多；所有处理有机碳总输入量为1.05～4.76t/（hm²·a），其中CK处理最少，NPKS处理最多。1991年紫色土耕层（0～20cm）土壤的有机碳储量以CK处理（33.9t/hm²）最低，N处理最高（40.2t/hm²）。经过21年定位不同施肥后耕层土壤有机碳储量发生了明显变化，储量介于36.4～44.3t/hm²，除N处理表现为碳源效应外，其他处理土壤固碳量为0.52～9.21t/hm²，年均固碳量为0.02～0.42t/（hm²·a），氮磷钾平衡施肥以及有机肥无机肥配施处理的固碳量均高于4t/hm²，因此，有机肥无机肥配施（NPKM、1.5NPKM 及 NPKS）是增加土壤有机碳储量，使土壤由"碳源"转化为"碳汇"的有效措施。

表32-9 长期施肥耕层（0~20cm）土壤有机碳平衡（1991—2013年）

处 理	有机碳年均输入量[t/(hm²·a)]				碳储量（t/hm²）			年均固碳量[t/(hm²·a)]
	水稻季	小麦季	有机肥	总输入	1991年	2013年	土壤固碳量	
CK	0.72	0.34	0	1.05	33.9	37.0	3.15	0.14
N	1.11	0.43	0	1.54	40.2	38.0	-2.13	-0.10
NP	1.25	0.61	0	1.86	38.5	43.2	4.70	0.21
NK	1.30	0.43	0	1.73	36.6	39.1	2.57	0.12
PK	0.92	0.41	0	1.33	35.2	38.2	2.93	0.13
NPK	1.41	0.74	0	2.16	37.9	42.7	4.83	0.22
M	0.91	0.35	2.16	3.42	35.8	36.4	0.52	0.02
NPKM	1.41	0.75	0.97	3.12	35.8	40.1	4.28	0.19
NPK-ClM	1.41	0.78	2.16	4.35	34.2	40.5	6.27	0.28
1.5NPKM	1.45	0.82	2.16	4.43	35.1	44.3	9.21	0.42
NPKS	1.50	0.75	2.51	4.76	36.4	41.8	5.36	0.24

2. 土壤有机碳平衡、固碳效率与有机碳输入量的关系

土壤固碳效率取决于有机碳的输入与有机碳分解的平衡，在中性紫色土上年均有机碳输入量与年均固碳量呈显著的正相关关系（$p < 0.05$），并可以用直线方程进行拟合（图32-17）。回归分析表明，中性紫色土固碳效率为6.6%，即每输入1t有机碳仅有0.066t转化为土壤有机碳。年均有机碳输入量仅需0.2t/hm²即可基本保持土壤碳平衡；年均有机碳输入量大于0.2t/(hm²·a) 时，土壤固碳量为正值，为"碳汇"。

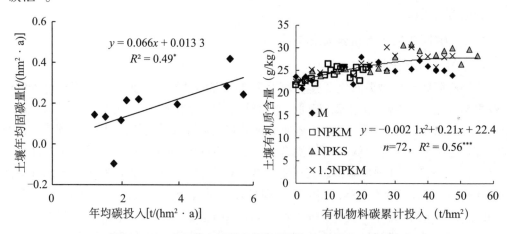

图32-17 有机碳含量及土壤固碳量与有机碳投入的关系

1991—2013 年有机肥无机肥配合施用的处理（NPKM、NPKClM、1.5NPKM 和 NPKS）通过秸秆还田或施用有机肥输入土壤的有机物料碳累计达到 48t/hm²、

$48t/hm^2$、$48t/hm^2$ 和 $55t/hm^2$。回归分析表明，有机物料碳输入量与土壤有机质含量呈非线性相关，并可用一元二次方程进行拟合（图 32－18）。一定范围内随有机物料碳输入量的增加，土壤有机质含量增加；过量的有机物料碳输入土壤有机质含量反而有降低的趋势，可能的原因是长期秸秆还田或秸秆代替有机肥，其 C/N 比过高，一方面使微生物分解有机物受到抑制，另一方面可能会加速原有土壤有机质的矿化从而使有机质的含量降低。由分析可知，21 年间适宜的有机物料碳输入量约为 $50t/hm^2$，年均 $2.2t/hm^2$。因此，从稳定和提高土壤有机质的角度而言，需要考虑有机物料碳的输入量及其 C/N 比，在现有均衡施肥条件下推荐秸秆还田量年均为 $5\sim6t/hm^2$。

（三）长期施肥下土壤氮素的表观平衡

1. 土壤氮素的表观平衡

长期水旱轮作（1991—2011 年），在不考虑氮素的生物固定和气态损失的条件下，不施氮肥处理（CK、PK）的氮素出现明显亏缺，单施有机肥（M），土壤氮素基本平衡，所有施化肥氮的处理氮素都有大量的盈余，盈余量占化学氮肥施用量的 42%～61%（表 32－10）。

表 32－10　长期施肥（1991—2011 年）中性紫色土氮素表观平衡状况

（单位：kg/hm^2）

处　理	21 年氮输入量			21 年氮输出量		表观平衡
	化肥	有机肥	其他	稻麦收获携出	损失	
CK	0	0	1 428	1 897	94	−563
N	5 497	0	1 428	3 412	165	3 348
NP	5 497	0	1 428	4 038	165	2 721
NK	5 497	0	1 428	3 743	165	3 017
PK	0	0	1 428	2 445	165	−1 183
NPK	5 497	0	1 428	4 469	165	2 291
M	0	830	1 428	2 119	94	45
NPKM	5 497	880	1 428	4 592	165	3 048
NPKClM	5 497	830	1 428	5 108	165	2 481
1.5NPKM	8 245	830	1 428	5 166	190	5 147
NPKS	5 497	802	1 428	4 591	165	2 971

注：氮输入项中"其他"包括种苗、降水和灌溉水输入氮；"损失"指渗漏淋失的氮和排水中的氮

21 年不施氮处理的土壤氮素亏缺，导致土壤全氮和碱解氮含量下降，说明消耗了土壤氮素，尽管未考虑其他途径的氮素输入（如水旱轮作体系中的非共生固氮）。施氮处理的土壤盈余的氮包括土壤保存的氮和气态损失的氮，除 1.5NPKM 和 NPKS 处理土壤全氮含量有明显增加外，其他处理全氮含量变化不大，说明气态损失的氮占了很大比例。不均衡施肥（N、NP、NK）的氮素盈余明显比均衡施肥处理高，说明长期均衡施肥是减少氮气态损失的重要途径。

2. 土壤氮素表观平衡和氮肥投入量的关系

土壤氮素输入与氮素表观平衡呈显著的正相关关系，并可用直线方程进行模拟

（图 32-18）。从回归方程可以计算出，每投入 100kg 氮土壤表观平衡增加 62kg，即土壤增加的氮和气态损失的氮占 38kg。实现氮素表观净平衡的年度施氮量为 60.8kg/hm²，显然不能满足水稻、小麦对氮的需求。在氮施用量高于 60.8kg/hm² 时，应考虑氮肥的优化调控，减少氮肥的气态损失。

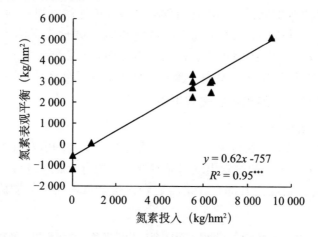

图 32-18　中性紫色土氮素输入与氮素表观平衡的关系（1991—2011 年）

3. 土壤氮素表观平衡和土壤全氮、有效氮含量的关系

氮素表观平衡与土壤全氮呈显著的正相关，并可用线性方程进行模拟（图 32-19）。回归分析表明，每盈余 1 000kg/hm² 的氮素，耕层土壤全氮才能增加 0.1g/kg，即增加 260kg/hm²，大约 74% 盈余的氮素主要以气态形式损失掉了，但是二者的相关系数小。由于没有考虑土壤剖面中其他土层全氮含量的变化量，因此可能会高估氮素气态损失所占的比例。

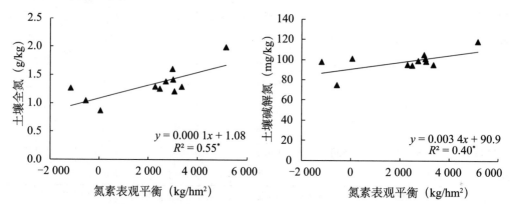

图 32-19　中性紫色土氮素表观平衡（1991—2011 年）与土壤全氮和碱解氮的关系

氮素表观平衡与耕层土壤碱解氮含量也呈显著的正相关关系，并可用线性方程进行模拟（图 32-20）。但是相关系数较小，说明土壤碱解氮含量的变化不仅仅依赖于土壤氮素的表观平衡，可能和土壤全氮及氮素气态损失的平衡关系更为密切。

（四）长期施肥下土壤磷素的表观平衡

1. 土壤磷素的表观平衡

不考虑沉降、种子和灌水带入的磷，则化肥和有机肥带入的磷是土壤磷素的最主要来源。表 32 -11 表明，21 年间不同处理磷素输入量为 0 ~ 1 984kg/hm²，除不施磷和有机肥处理外，化肥中的磷是主要的磷源；不考虑排水带走的磷，作物携出为磷最主要的去向，其中水稻携出量大于小麦，21 年间，共携出磷 272 ~ 833kg/hm²，占磷素输入量的 41% ~ 118%。耕作 21 年后，不同施肥处理的表观平衡出现明显差异，盈亏量介于 -397 ~ 1 164kg/hm²，年均盈亏量为 -20 ~ 58kg/hm²，其中 NK 处理的亏缺量最大，而 1.5NPKM 处理的盈余最多。单施有机肥（M）土壤磷素仍表现一定的亏缺，因此仅施有机肥或秸秆还田不能满足作物对磷的需求。

表 32 -11　长期施肥（1991—2011 年）中性紫色土磷素表观平衡（单位：kg/hm²）

处 理	磷输入量			磷输出量			表观平衡	年平均盈亏量
	化肥	有机肥	总和	小麦	水稻	总和		
CK	0	0	0	93	179	272	-272	-14
N	0	0	0	77	216	293	-293	-15
NP	1 113	0	1 113	238	412	650	463	23
NK	0	0	0	89	309	397	-397	-20
PK	1 113	0	1 113	181	327	508	604	30
NPK	1 113	0	1 113	298	438	737	376	19
M	0	315	315	109	263	372	-57	-3
NPKM	1 113	154	1 267	293	454	747	520	26
NPKClM	1 113	154	1 267	341	492	833	433	22
1.5NPKM	1 669	315	1 984	332	488	820	1 164	58
NPKS	1 113	99	1 212	297	507	804	407	20

2. 土壤磷素表观平衡和磷肥投入量的关系

土壤磷素投入量与土壤磷素表观平衡显著正相关，并可用直线方程进行模拟（图 32 -20）。回归分析表明，每投入 100kg 纯磷土壤磷表观平衡增加 70kg；由表 32 -8 可知，21 年间磷素累积回收率为 32%，即每投入 100kg 纯磷，累计被作物吸收 32kg，加上盈余部分基本与投入量持平，说明紫色土磷素损失量（如径流或排水）可能占总投入量的很少部分。实现土壤磷素表观净平衡的年度施磷量为 23.4kg/hm²，折合 P_2O_5 为 53.2kg/hm²，显然不能满足水稻、小麦生产的需求。但在磷肥（P_2O_5）的周年施用量高于 53.2kg/hm² 时，应考虑磷肥的优化调控，减少磷素的累积和环境风险。

3. 土壤磷素表观平衡/磷盈余和土壤有效磷含量的关系

土壤磷素平衡是决定土壤有效磷含量高低的关键因素，能解释土壤有效磷含量变异的 93%（图 32 -21）。磷素表观平衡为负值时，土壤有效磷含量基本稳定在 2 ~ 4mg/kg。随着磷素表观平衡的增加，土壤有效磷含量迅速增加；整体而言，土壤每累积 100kg 磷素，土壤有效磷增加 4.4mg/kg，说明中性紫色土上施磷，有效性高，较易累积（Tang 等，2011；Zhang 等，2013）。水稻、小麦生长最适宜的有效磷含量约为 20mg/kg，通过回归分析可知，此时土壤磷素表观平衡约为 111kg/hm²，年均磷素投入

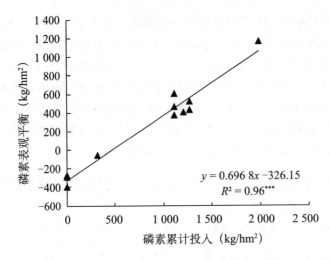

图 32 – 20　中性紫色土磷素累计投入与磷素表观平衡的关系（1991—2011 年）

量为 31.4kg/hm²，折合 P_2O_5 为 71.3kg/hm²，可见本试验中的均衡施肥的施磷量高于理论施磷量，因此，应该适当减少周年磷素投入量，但施磷对小麦的增产极为重要，因此应增加小麦季的施磷比例（图 32 – 14）。

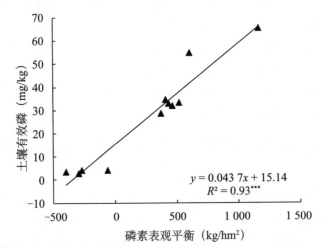

图 32 – 21　中性紫色土磷素表观平衡（1991—2011 年）与土壤有效磷的关系

（五）长期施肥下土壤钾素的表观平衡

1. 土壤钾素的表观平衡

耕作 21 年后，不同施肥处理施入土壤的钾量为 0 ~ 4 524kg/hm²，除沉降、种子和灌水带入的钾素外，化肥和有机肥带入的钾是土壤钾素最主要的来源（表 32 – 12）。钾的主要去向是稻麦收获携出，平均约占总携出量的 86%。长期不同施肥，处理间钾的表观平衡出现明显差异，盈亏量介于 – 2 617 ~ 349kg/hm²，年均盈亏量为 – 131 ~ 17.5kg/hm²，不均衡施肥（N 和 NP 处理）钾的亏缺最大，而 NPKS 和 M 处理钾盈余量最多。单施有机肥（M）土壤钾素有一定的盈余，但因为缺少氮、磷，仅能维持较低水平的作物产量。均衡施用化肥（NPK）会导致土壤钾素大量亏缺，但通过秸秆还田则可明显增加钾的投入，实现土壤钾素的净盈余，一方面有利于维持土壤钾肥力，另一方面可通过替代小麦季的部分钾肥而减少费用，提高了经济效益。

表 32 - 12　长期施肥（1991—2011 年）中性紫色土钾素表观平衡状况

（单位：kg/hm²）

处　理	21 年钾输入量			21 年钾输出量		表观平衡
	化肥	有机肥	其他	稻麦收获携出	损失	
CK	0	0	555	1 828	428	- 1 701
N	0	0	555	2 744	428	- 2 617
NP	0	0	555	2 740	428	- 2 613
NK	2 116	0	555	3 404	556	- 1 290
PK	2 116	0	555	2 537	556	- 423
NPK	2 116	0	555	3 717	556	- 1 603
M	0	2 470	555	2 248	428	348
NPKM	2 116	789	555	3 876	556	- 973
NPKClM	1 369	2 470	555	4 570	556	- 733
1.5NPKM	2 054	2 470	555	4 461	556	61
NPKS	1 369	2 894	555	3 912	556	349

注：输入项中"其他"包括种苗、降水和灌溉水输入的钾；"损失"指渗漏、排水流失的钾

2. 土壤钾素表观平衡和钾肥投入量的关系

土壤钾素投入与土壤钾素（K）表观平衡显著正相关，并可用直线方程进行拟合（图 32 - 22）。回归分析表明，每投入 100kg 钾土壤钾素表观平衡增加 54kg；由表 32 - 8 可知，21 年间钾素累积回收率为 59%，即每投入 100kg 钾肥，累计被作物吸收 59kg，加上表观平衡增加量超过了钾素投入量，说明紫色土消耗了一部分土壤原有的钾库，而土壤缓效钾含量的逐渐降低（表 32 - 5）即说明了这一点。实现土壤钾素表观净平衡的年度施钾量为 205kg/hm²，折合 K_2O 为 247kg/hm²（仅考虑肥料投入），比均衡施肥处理（NPK）的施钾量（120kg/hm²）多 1 倍，仍比 NPKS 处理多 34kg/hm²，因此从进一步提高作物产量和维持土壤钾肥力的角度考虑，中性紫色土在水旱轮作条件下仍应增加施钾量。

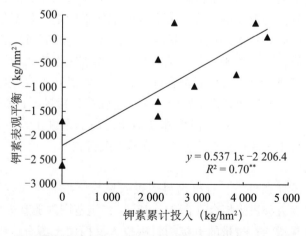

图 32 - 22　中性紫色土钾素累计投入与钾素表观平衡的关系（1991—2011 年）

3. 土壤钾素表观平衡和土壤全钾含量的关系

21 年耕种后，不同处理土壤全钾含量介于 18.3 ~ 27.2g/kg，与钾素表观平衡无明显关系（图 32 – 23），可能的原因是土壤速效钾（速效钾、缓效钾）仅占土壤全钾的极小部分，其变化仍不足以影响土壤全钾。

4. 土壤钾素表观平衡和土壤速效钾含量的关系

土壤钾素平衡与土壤速效钾含量呈显著正相关，并能用线性方程进行拟合（图 32 – 23）。回归分析表明，土壤每累积 100kg 钾素，耕层土壤速效钾增加 1.6mg/kg，土壤钾素实现表观净平衡时，耕层土壤速效钾含量为 87mg/kg，对于水稻、小麦生产而言，该含量中等偏低，同样说明目前该体系钾肥投入不足。

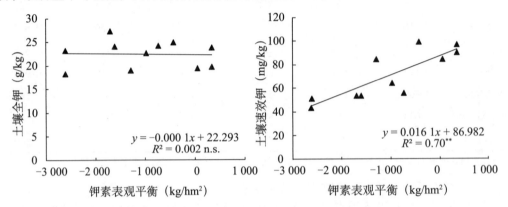

图 32 – 23　中性紫色土钾素表观平衡与土壤全钾和速效钾的关系（1991—2011 年）

注：n. s. 表示差异不显著

六、基于土壤肥力演变的紫色土培肥技术模式

（一）紫色土有机质提升技术

1. 长期有机物料投入可显著提高土壤有机质含量

土壤有机质对土壤的物理、化学和生物性质及作物的生长都具有重要作用，如促进土壤团粒结构的形成，改善土壤的通气性，提高土壤保水保肥能力及活跃微生物功能等。因此，土壤有机质是衡量土壤肥力高低的主要指标之一。紫色土稻田改为水旱轮作后，加速了有机质的矿化，使之含量降低，因此长期的有机物料投入能恢复、稳定并提高土壤有机质含量（图 31 – 2）。有机肥料对增加土壤有机质含量的效果好于化学肥料，施用有机肥或有机肥与化肥配合施用，是有效提升土壤有机质含量的重要措施。有机物料中，秸秆还田效果优于厩肥。在农业轻简化背景下，厩肥来源基本绝迹，而作物秸秆来源广、数量大，在机械化程度不断提高的条件下，秸秆还田简单易行，可操作性强，是紫色土农区提高土壤有机质含量的关键技术。

2. 秸秆还田量

紫色土在水旱轮作条件下，有机物料碳投入量与土壤有机质含量并非线性相关，而是可以用一元二次方程进入拟合（图 31 – 18）。一定范围内随有机物料碳投入量的增加，土壤有机质含量增加；过量的有机物料碳投入反而使土壤有机质含量有降低的趋势，因此秸秆还田量要适宜，避免过量。由分析可知 21 年间适宜的有机物料碳投入量

约为 $40 \sim 50t/hm^2$，年均 $1.7 \sim 2.3t/hm^2$，折合水稻秸秆 $4.3 \sim 5.4t/hm^2$。从稳定和提高土壤有机质的角度而言，需要考虑有机物料的碳投入量和 C/N 比，在现有均衡施肥条件下推荐水稻秸秆的还田量为每年 $5t/hm^2$，即在水稻产量约 $8 \sim 10t/hm^2$ 时（收获指数 50% 左右），一半秸秆还田即可。

（二）紫色土高产高效的培肥技术模式

稳定地提高并实现作物高产和资源高效利用，同时保障粮食安全和保护生态环境是我国农业发展所面临的两个重大挑战，也是未来农业的发展方向，因此土壤—作物体系的养分管理非常关键。紫色土水旱轮作条件下，不同施肥处理使该体系的生产力和可持续性发生了极大变化（表31－7）。耕作 21 年间，NPKS 处理水稻和周年产量最高，产量可持续指数最高，甚至高于倍量施肥处理（1.5NPKM），同时实现了作物高产（$> 10t/hm^2$），资源高效利用（N、P、K 的累计回收率达到 37.2%、32.9% 和 60.7%）。从土壤生物、化学、物理及综合肥力而言，氮磷钾化肥与秸秆还田配合，除恢复和提升土壤有机质含量外，对培肥土壤、土壤健康、作物产量及可持续性以及养分高效利用，避免和减轻农业面源污染都十分重要，因此推广氮磷钾平衡施肥配合秸秆还田是紫色土区培肥土壤，实现农业可持续发展的重要技术措施。

七、主要结论与研究展望

（一）主要结论

通过 21 年紫色土稻麦一年两熟水旱耕作和长期施肥，获得了以下有关我国西南地区中性紫色土肥力演变及生产力可持续性的若干规律性认识。

（1）中性紫色土是我国肥力相对较高的一类土壤，是国家粮食主产区之一，21 年不施肥仍然能获得 $4.9t/hm^2$ 的基础地力产量（其中水稻为 $3.6t/hm^2$、小麦为 $1.3t/hm^2$）。长期施用氮磷钾化肥、及其与有机肥配合施用土壤有机质和氮素肥力提高、磷有效性提高，稻麦持续高产，能维持中性紫色土生产力和土壤肥力。氮、磷、钾的不均衡施用尤其是缺氮或少磷，稻麦产量和化肥肥效逐年降低，土壤有机质含量下降，紫色土壤供应氮、磷、钾养分的能力逐年降低。

（2）长期稻草还田与化肥配施，具有明显的培肥增产效应。长期稻草还田提高了土壤有机质和氮含量、维持了土壤钾素供应，降低了土壤容重；21 年间获得了最高的稻麦产量，与单施化肥相比，水稻平均增产 6%、小麦平均增产 2%。

（3）在 21 年的稻麦耕种中，土壤有机质和养分在表层维持或略有提高，但导致了亚耕层（$20 \sim 40cm$）有机质和氮的耗竭，这可能与浅耕和肥料浅施有关。因此，对于紫色土需要通过深耕深施或种植深根作物等其他维持或提高亚耕层土壤肥力的措施，以维持紫色土生产力的可持续性。

（4）氮肥是稻麦高产的主要限制因子之一，但是氮肥不能连年单独施用。单施氮肥其肥效和利用率均逐年下降；氮肥与磷、钾肥配施，氮肥肥效稳定，水稻氮肥利用率 21 年平均为 38%，小麦平均为 35%。氮磷钾以及氮磷钾与有机肥配合施用可减少氮素的损失，提高氮肥的稻麦利用率和土壤保存率。水旱轮作体系中，环境输入的氮每年高达 $126kg/hm^2$，在氮素资源优化管理中应予以重视。

（5）在水旱轮作下，21 年稻麦轮作对磷肥的累积回收率为 32%，即每投入 100kg

磷肥，累计被作物吸收 32kg；磷素盈余量占总投入量的 68%，即每盈余 100kg 磷素，土壤有效磷增加 4.4mg/kg。从目前施磷处理土壤有效磷的累积、磷素表观平衡和作物需求的角度分析，稻麦磷肥管理可以采用维持性施用磷肥（施磷量为作物携出量）。

（6）与试验前相比，无论施钾与否紫色土全钾、缓效钾含量有降低的趋势；从钾素的收支平衡来看，除施氮磷钾结合秸秆还田处理的钾素有盈余外，其余处理钾均有亏缺。从稳定作物产量和维持土壤钾肥力两方面考虑，年度钾肥施用量应维持在 K_2O 247kg/hm^2。在我国钾资源贫乏的状况下，秸秆还田是减少土壤钾素亏缺和维持土壤钾素肥力的重要措施。

（7）中性紫色土酸化严重，无论施化肥或化肥与有机肥配施，土壤都出现了明显的酸化，土壤 pH 值下降速率每年高达 0.1 个单位（NPKClM 处理）；尤为严重的是，土壤酸化可能是导致土壤一些重金属元素的活性增强的重要原因，不论施肥与否土壤有效锌含量增加，有效重金属铅、镉含量增加。对于川、渝广大的紫色土区而言，除提高空气质量，减少酸沉降外，在农业措施方面应适量施用白云石、石灰等酸性土壤改良剂以阻控土壤酸化的趋势。

（8）长期施肥影响紫色土的生物学肥力，有机肥与化肥配合施用能协调土壤碳氮比，有利于土壤中微生物的生存和繁衍，是保持微生物种群数量多样性及稳定性的重要措施。其中，氮肥和有机肥是影响微生物种群数量和活性的重要因素，是提高紫色土生物肥力的关键。

（二）研究展望

紫色土长期定位试验在土壤肥力演变特征、肥料利用效率和土壤污染与健康等方面取得了一些结果。随着新的科学问题的产生，未来研究应着眼于：①紫色土碳氮足迹、平衡与固碳潜力评价；②紫色土磷、钾时空变化的模拟、预测及其推荐施肥；③长期施肥条件下，紫色土微量元素、重金属元素的有效性、转化及平衡；④长期施肥条件下紫色土生产力变化及其预测；⑤气候变化对紫色土水旱轮作体系的影响；⑥不同施肥的经济效益评价及可持续性。

石孝均、张跃强、郭涛

参考文献

［1］李红陵，王定勇，石孝均．2005．不均衡施肥对紫色土稻麦产量的影响［J］．西南农业大学学报，27（4）：487-490．

［2］李学平，石孝均．2007．长期不均衡施肥对紫色土肥力质量的影响［J］．植物营养与肥料学报，13（1）：27-32．

［3］李学平，石孝均．2008．紫色水稻土磷素动态特征及其环境影响研究［J］．环境科学，29（2）：434-439．

［4］刘振兴，杨振华，邱孝煊，等．1994．肥料增产贡献率及其对土壤有机质的影响［J］．植物营养与肥料学报，（1）：19-26．

［5］石孝均，刘洪斌，黄英，等．2002．紫色土肥力与肥料效益定位试验研究［J］．植物营养与肥料学报，8（增刊）：53-61．

［6］石孝均，毛知耘，赵秉强，等．2002．稻草还田对紫色水稻土肥力及水稻产量影响的定位试

验研究 [J]. 植物营养与肥料学报, 8 (增刊): 16 – 20.

[7] 石孝均, 王定勇, 刘洪斌, 等. 2002. 水旱轮作系统中氮素迁移与平衡 [J]. 植物营养与肥料学报, 8 (增刊): 75 – 81.

[8] 田秀英, 石孝均. 2003. 不同施肥对稻麦养分吸收利用的影响 [J]. 重庆师范学院学报: 自然科学版, 20 (2): 44 – 47.

[9] 田秀英, 石孝均. 2005. 定位施肥对水稻产量与品质的影响 [J]. 西南农业大学学报, 27 (5): 725 – 728.

[10] 田秀英, 石孝均. 2003. 定位施肥对小麦产量和品质的影响研究 [J]. 西南师范大学学报: 自然科学版, 28 (2): 283 – 287.

[11] 王定勇, 石孝均, 毛知耘. 2004. 长期水旱轮作条件下紫色土养分供应能力的研究 [J]. 植物营养与肥料学报, 10 (2): 120 – 126.

[12] 王玄德, 石孝均, 宋光煜. 2005. 长期稻草还田对紫色水稻土肥力和生产力的影响 [J]. 植物营养与肥料学报, 11 (3): 302 – 307.

[13] 温明霞, 高焕梅, 石孝均. 2010. 长期施肥对作物铜、铅、镉、铬含量的影响 [J]. 水土保持学报, 24 (4): 119 – 122.

[14] 熊靖, 张旦麒, 石孝均, 等. 2013. 长期不同施肥与秸秆管理对紫色土水稻田 CH_4 排放的影响 [J]. 西南师范大学学报: 自然科学版, 38 (5): 98 – 102.

[15] 熊俊芬, 石孝均, 毛知耘. 2000. 定位施磷对土壤无机磷形态土层分布的影响 [J]. 西南农业大学学报, 22 (2): 123 – 125.

[16] 熊俊芬, 石孝均, 毛知耘. 2000. 长期定位施肥对紫色土磷素的影响 [J]. 云南农业大学学报, 15 (2): 99 – 101.

[17] 熊明彪, 石孝均, 毛知耘. 2001. 水稻生育期内紫色土钾素动态变化的研究 [J]. 西南农业大学学报, 23 (4): 350 – 352.

[18] 熊明彪, 舒芬, 宋光煜, 等. 2001. 多年定位施肥对紫色土钾素形态变化的影响 [J]. 四川农业大学学报, 19 (1): 44 – 47, 69.

[19] 熊明彪, 舒芬, 宋光煜, 等. 2003. 施钾对紫色土稻麦产量及土壤钾素状况的影响 [J]. 土壤学报, 40 (2): 274 – 279.

[20] 熊明彪, 田应兵, 宋光煜, 等. 2004. 紫色土 K^+ 吸附解吸动力学研究 [J]. 土壤学报, 41 (3): 354 – 361.

[21] 易时来, 石孝均, 温明霞, 等. 2004. 小麦生长季氮素在紫色土中的迁移和淋失 [J]. 水土保持学报, 18 (4): 46 – 49.

[22] 易时来, 石孝均. 2006. 油菜生长季氮素在紫色土中的淋失研究 [J]. 水土保持学报, 20 (1): 83 – 86.

[23] 张会民, 徐明岗, 吕家珑, 等. 2007. 长期施钾下中国 3 种典型农田土壤钾素固定及其影响因素研究 [J]. 中国农业科学, (4): 4 – 13.

[24] 张会民, 徐明岗, 吕家珑, 等. 2009. 长期施肥对水稻土和紫色土钾素容量和强度关系的影响 [J]. 土壤学报, 46 (4): 640 – 645.

[25] 周丕东, 石孝均, 毛知耘. 2001. 氯化铵中氯的硝化抑制效应研究 [J]. 植物营养与肥料学报, 7 (4): 397 – 403.

[26] Cao Ning, Chen Xinping, Cui Zhengling, et al. 2012. Change in soil available phosphorus in relation to the phosphorus budget in China [J] Nutrient Cycling in Agroecosystems, 3: 78 – 86.

[27] Tang Xu, Shi Xiaojun, Ma Yibing, et al. 2011. Phosphorus efficiency in a long-term wheat-rice cropping system in China [J]. Journal of Agricultural Science, 149: 297 – 304.

[28] Zhang Yueqiang, Wen Mingxia, Li Xueping, et al. 2014. Long-term fertilization causes excess sup-

ply and loss of phosphorus in purple paddy soil [J]. *Journal of the Science of Food and Agriculture*, 94 (6): 1 175 – 1 183.

[29] Zhang Yueqiang, Zhang Lamei, Shi Xiaojun. 2014. Agronomic and Microbial Responses to Long-term Straw Return in Purple Paddy Soil [J]. *Journal of Pure and Applied Microbiology*, 8 (3): 1 939 – 1 946.

[30] ZhouXinbin, Shi Xiaojun, Zhang Lamei, et al. 2012. Effect of long-term fertilization on characteristic of microbes in purple paddy soil [J]. *Energy Education Science and Technology part A*, 30 (2): 637 – 642.

[31] Zhou Zhifeng, Shi Xiaojun, Zheng Yong, et al. 2014. Abundance and community structure of ammonia-oxidizing bacteria and archaea in purple soil under long-term fertilization [J]. *European Journal of Soil Biology*, 60 (1): 24 – 33.

第三十三章　长期施肥黄壤性水稻土肥力演变与培肥技术

黄壤性水稻土的形成是黄壤区长期人为种植水稻的结果，其成土母质多为长期侵蚀残留的坡积物和红色黏土残积物，肥力差异较大。高肥力黄壤性水稻土耕层土壤有机质含量 30~40g/kg，全氮、全磷含量 2~3g/kg，低肥力水稻土有机质含量仅 10~20g/kg，全氮、全磷含量一般为 0.5~1g/kg，其有效性养分含量低且养分之间不协调。黄壤性水稻土一般分布在较为平缓的地形上，耕作历史悠久，在贵州省分布广、面积大，占全省水稻土总面积的 70% 左右，是贵州省粮油作物的重要生产基地。

一、黄壤性水稻土长期试验概况

黄壤性水稻土肥力长期定位试验位于贵州省贵阳市小河经济技术开发区贵州省农业科学院内（东经 106°07′，北纬 26°11′），地处黔中黄壤丘陵区，平均海拔 1 071m，年平均气温 15.3℃，年降水量 1 100~1 200mm，年平均日照时数 1 354h，相对湿度 75.5%，全年无霜期 270d 左右。定位试验区的成土母质为三叠系灰岩与砂页岩风化物。试验站目前已积累了 1994—1996 年、2006—2012 年的土壤养分变化数据和 1995—2012 年作物产量及经济性状方面的资料。

定位试验从 1995 年开始，试验开始前（1994 年）在各试验小区采集基础土样，分析其基本理化性状。试验采用大区对比试验，小区面积 201m²（35.7m×5.6m），不设重复。种植制度为一年一季水稻。试验共设 10 个施肥处理：①不施肥（CK）；②氮（N）；③氮磷（NP）；④氮钾（NK）；⑤磷钾（PK）；⑥氮磷钾（NPK）；⑦常量有机肥（M）；⑧常量有机肥 + 常量氮磷钾（MNPK）；⑨1/4 有机肥 + 氮磷钾（1/4M + NPK）；⑩1/2 有机肥 + 氮磷钾（1/2M + NPK）。

试验用氮肥为尿素（含 N46%），磷肥为普钙（含 P_2O_5 16%），钾肥为氯化钾（含 K_2O 60%）。年施肥用量为 N 330kg/hm²，P_2O_5 72kg/hm²，K_2O 137kg/hm²。有机肥料为新鲜牛粪（平均含 C 10.4%，N 2.7g/kg，P_2O_5 1.3g/kg，K_2O 6g/kg），常量施用量是 36.7t/hm²。除 PK 和 CK 处理不施用氮肥外，其余施氮小区的化肥氮素施用量相同。肥料全部施用在水稻季，在水稻播种前按处理分别施用氮磷钾肥或配施有机肥作基肥，各处理的氮肥在水稻生长期中追肥 2 次尿素，其中分蘖期追施尿素 36.69kg/hm²（折合 N 16.88kg/hm²），抽穗期追施尿素 69.31kg/hm²（折合 N 31.88kg/hm²）。冬季不施肥。

种植的水稻品种为：金麻粘（1993—1998 年）、农虎术（1999—2001 年）、香两优 875（2007—2008 年）、汕优联合 2 号（2009 年）和茂优 601（2010—2012 年）。

二、长期施肥黄壤性水稻土有机质和氮、磷、钾的演变规律

（一）黄壤性水稻土有机质的演变规律

1. 有机质含量的变化

与1994年的初始土壤相比，施肥18年后M处理土壤有机质含量增加了51.92%（表33-1），MNPK处理增加了53.19%，1/2M+NPK处理增加了46.38%，1/4M+NPK处理增加了40.62%；NPK和NP处理的土壤有机质含量较1994年的初始土壤分别增加了0.36g/kg和0.55g/kg，其他单施化肥的3个处理，土壤有机质含量均有所降低。

表33-1　长期不同施肥黄壤性水稻土的有机质含量

年份	各处理有机质含量（g/kg）									
	1/4M+NPK	1/2M+NPK	M	CK	MNPK	N	NPK	NK	NP	PK
1994	28.96	24.73	26.14	25.40	25.94	24.43	23.81	24.99	21.98	22.22
1996	24.56	23.42	28.87	24.59	27.71	27.66	24.38	28.05	24.59	27.66
2006	27.33	25.14	28.68	21.75	32.27	22.78	26.16	20.76	24.04	24.20
2008	26.40	23.50	29.40	24.39	28.03	26.79	21.65	20.14	19.61	22.90
2010	26.49	29.20	31.78	25.37	29.27	23.67	24.17	18.50	22.53	22.13

2. 有机质含量与有机物料（牛粪）碳投入量的关系

黄壤性水稻土有机质含量与有机碳投入量呈显著性的正相关关系（$R^2 = 0.720$，$p < 0.01$，$n = 5$），即当土壤中有机物料投入量为1t/（hm² · a）时，土壤有机质含量在43g/kg左右（图33-1）。

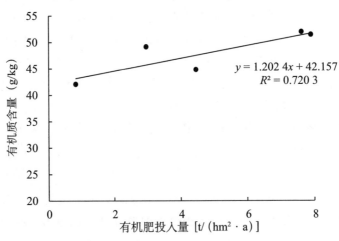

$$y = 1.202\,4x + 42.157$$
$$R^2 = 0.720\,3$$

图33-1　有机质含量与有机肥投入量的关系（2006—2010年）

（二）黄壤性水稻土氮素的演变规律

1. 全氮含量的变化

土壤全氮包括所有形态的有机、无机氮素，是标志土壤氮素总量和供应植物有效氮素的源和库，综合反映了土壤的氮素状况（王娟等，2010）。黄壤性水稻土连续施肥

18 年后，各处理全氮含量变化为：长期施有机肥的各处理（M、MNPK、1/4M + NPK、1/2M + NPK）土壤全氮含量分别较 1994 年增加了 30%、18.99%、16.81% 和 14.22%，其中，以 M 处理增幅最大。长期单施化肥的各处理及 CK 处理，土壤全氮含量均呈现下降趋势。N、NPK、NK、NP、PK 及 CK 处理的土壤全氮含量较 1994 年分别下降了 2.15%、11.85%、9.55%、8%、6.35% 和 13%（表 33 - 2）。

表 33 - 2　长期不同施肥黄壤性水稻土的全氮含量

年 份	各处理土壤全氮含量（g/kg）									
	1/4M + NPK	1/2M + NPK	M	CK	MNPK	N	NPK	NK	NP	PK
1994	1.88	1.99	2.00	2.05	2.09	1.86	2.11	1.99	2.00	1.89
1996	2.63	2.20	2.42	2.09	2.31	1.98	2.09	2.00	2.09	1.98
2006	2.16	2.33	2.85	1.55	2.78	1.93	1.94	1.94	1.87	1.89
2010	1.92	1.69	2.12	1.50	1.08	1.74	1.55	1.81	1.46	1.77
2012	2.26	2.19	2.60	1.78	2.58	1.82	1.86	1.80	1.84	1.77

2. 碱解氮含量的变化

长期施肥下各处理的土壤碱解氮含量均呈现降低趋势。连续施肥 18 年后，1/4M + NPK、1/2M + NPK、MNPK 和 M 处理的土壤碱解氮含量较 1994 年分别降低 15.45%、21.02%、19.55% 和 9.64%；施用化肥的 N、NPK、NK、NP 和 PK 处理的土壤碱解氮含量分别降低 36.25%、28.05%、37.27%、36.62% 和 35.53%。可见，施用化肥的各处理土壤碱解氮含量降幅大于有机肥与化肥配施处理，其中，单施有机肥处理的土壤碱解氮含量降幅最小（表 33 - 3）。

表 33 - 3　长期不同施肥黄壤性水稻土的碱解氮含量

年 份	各处理土壤碱解氮含量（mg/kg）									
	1/4M + NPK	1/2M + NPK	M	CK	MNPK	N	NPK	NK	NP	PK
1994	163.27	168.76	170.15	190.00	183.42	168.76	148.19	171.50	174.24	155.04
1996	181.13	241.50	181.13	181.13	204.18	164.66	170.15	148.19	164.66	137.22
2006	80.85	168.42	116.48	116.50	164.97	116.03	116.10	201.07	113.75	84.22
2010	172.87	139.94	166.00	107.02	137.20	118.00	126.22	115.25	131.71	137.20
2012	138.04	133.28	153.75	106.62	147.56	107.58	106.62	107.58	110.43	99.96

3. 土壤全氮、碱解氮含量与氮肥投入量的关系

与 CK 相比，随氮肥施用量的增加，各处理土壤中全氮含量增加了 2% ~ 30%（图 33 - 2）。与 CK 相比，碱解氮含量除 PK 处理降低 1% 外，NPK、MNPK 处理分别高出 2% 和 36%（图 33 - 3）。MNPK 处理（施氮量为 429kg/hm^2）土壤中全氮和碱解氮含量要明显高于其他处理，其全氮含量分别较 CK、PK 和 NPK 处理高 30%、27% 和 27%，碱解氮含量分别较 CK、PK 和 NPK 处理高 36%、38% 和 34%。

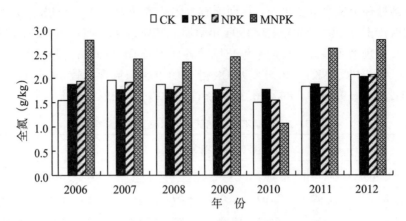

图 33-2　黄壤性水稻土全氮含量与氮肥投入量的关系

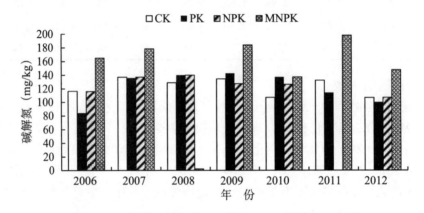

图 33-3　黄壤性水稻土碱解氮含量与氮肥投入量的关系

（三）黄壤性水稻土磷素的演变规律

1. 全磷含量的变化

长期施有机肥或化学磷肥对土壤全磷含量有一定的提升作用（表 33-4）。2010—2012 年土壤全磷含量较试验开始前（1994 年）均有一定程度的增加，增幅 10.53% ~ 82.29%。其中，NPK 处理增加幅度最大，达 82.29%，不施磷肥处理 CK、N、NK 的土壤全磷均呈下降趋势，降幅 2.48% ~ 15.10%，其中 CK 处理降幅最大，为 15.10%，N 处理下降幅度最小，为 2.48%。

表 33-4　长期不同施肥黄壤性水稻土的全磷含量

项目	各处理全磷含量									
	1/4M + NPK	1/2M + NPK	M	CK	MNPK	N	NPK	NK	NP	PK
1994 年含量（g/kg）	1.88	1.67	1.79	1.92	1.90	1.75	0.96	1.72	1.49	1.60
2010—2012 年均值（g/kg）	2.19	2.07	2.10	1.63	2.10	1.71	1.75	1.57	1.99	2.01
增加幅度（%）	16.31	23.95	17.50	-15.10	10.53	-2.48	82.29	-8.91	33.78	25.83

2. 有效磷含量的变化

与土壤全磷变化规律相似，长期施用有机肥的各处理土壤有效磷含量较试验开始前（1994 年）均有不同程度增加（表 33 – 5），增幅介于 35.92% ~ 61.92%，其中，1/2M + NPK 处理增幅最大，达 61.92%。不施磷肥处理中，N 和 NK 处理较试验初期有小幅增加，增幅分别为 14.56% 和 8.57%，CK 处理有小幅下降，降幅为 6.08%。而施磷肥处理除 NPK 处理有小幅下降，降幅 3.36% 外，NP、PK 有效磷含量均明显增加。

表 33 – 5　长期不同施肥黄壤性水稻土的有效磷含量

项 目	各处理有效磷含量									
	1/4M + NPK	1/2M + NPK	M	CK	MNPK	N	NPK	NK	NP	PK
1994 年含量（mg/kg）	17.03	13.83	15.22	16.82	18.85	13.48	16.67	13.42	13.12	13.42
2010—2012 年均值（mg/kg）	23.15	22.39	23.45	15.80	27.74	15.44	16.11	14.57	19.69	20.18
增加幅度（%）	35.92	61.92	54.07	-6.08	47.18	14.56	-3.36	8.57	50.05	50.35

3. 土壤全磷、有效磷含量与磷肥投入量的关系

土壤全磷和有效磷含量均随磷肥施用量的增加而增加（图 33 – 4、图 33 – 5）。高量施磷（MNPK）处理（施磷 141.6kg/hm²）的土壤全磷和有效磷含量要明显高于常规施磷（NPK）处理（施磷 72.15kg/hm²）和不施磷（NK）处理。与 CK 相比，MNPK 和 NPK 处理的土壤全磷含量分别高出 38% 和 5%，而 NK 处理降低了 5%；MNPK 高出

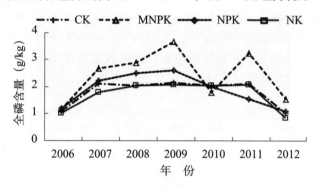

图 33 – 4　黄壤性水稻土全磷含量与磷肥投入量的关系

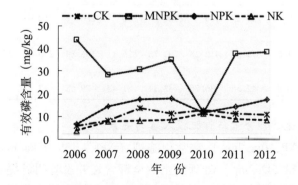

图 33 – 5　黄壤性水稻土有效磷含量与磷肥投入量的关系

其余各处理 31% ~ 45%，以高出 NK 处理最多。与 CK 相比，MNPK 处理的土壤有效磷含量高出 2 倍，NPK 处理高出 36%，而 NK 处理降低 22%；MNPK 处理土壤有效磷含量高出各处理的 1.22 ~ 2.89 倍，其中仍以高出 NK 处理最多。

（四）黄壤性水稻土钾素的演变规律

1. 全钾含量的变化

不论施钾与否，各处理全钾含量均呈下降趋势（表 33 - 6）。2010—2012 年，试验各处理全钾含量较试验开始前（1994 年）降低了 4.97% ~ 24.95%，其中，M 处理全钾含量降幅最小，为 4.97%，1/2M + NPK 处理降幅最大，达 24.95%。

表 33 - 6　长期不同施肥黄壤性水稻土的全钾含量

项目	各处理全钾含量									
	1/4M + NPK	1/2M + NPK	M	CK	MNPK	N	NPK	NK	NP	PK
1994 年含量（g/kg）	16.30	17.42	15.16	15.28	16.44	16.32	16.11	16.16	16.17	16.43
2010—2012 年均值（g/kg）	14.35	13.07	14.41	12.95	13.18	13.00	14.38	13.47	12.79	13.18
增加幅度（%）	-11.98	-24.95	-4.97	-15.25	-19.81	-20.32	-10.74	-16.63	-20.92	-19.76

2. 速效钾含量的变化

长期施用有机肥可提高黄壤性水稻土速效钾含量（表 33 - 7）。2010—2012 年间施用有机肥的各处理速效钾含量较试验开始前（1994 年）均有所增加，增幅为 0.57% ~ 81.42%，其中，MNPK 处理增幅最大，为 81.42%，1/4M + NPK 处理增幅最小，为 0.57%。不施钾肥或单施化肥各处理的速效钾含量较试验开始前（1994 年）均有所降低，降幅为 0.52% ~ 41.57%，其中，NK 处理降幅最小，为 0.52%，NP 处理降幅最大，为 41.57%。

表 33 - 7　长期不同施肥黄壤性水稻土的速效钾含量

项目	各处理速效钾含量									
	1/4M + NPK	1/2M + NPK	M	CK	MNPK	N	NPK	NK	NP	PK
1994 年含量（mg/kg）	290	280	300	300	290	280	310.95	280	290	280
2010—2012 年均值（mg/kg）	291.67	399.22	410.28	201.78	526.11	196.89	270.00	278.55	169.44	279.67
增加幅度（%）	0.57	42.58	36.76	-32.74	81.42	-29.68	-13.17	-0.52	-41.57	-0.12

3. 土壤全钾、速效钾含量与钾肥投入量的关系

与不施钾肥（NP，0kg/hm²）和常规施钾（NPK，139.95kg/hm²）处理相比，高量施钾（MNPK，754.5kg/hm²）处理的土壤全钾含量并没有明显提高，部分年份甚至低于 NP 和 NPK 处理（图 33 - 6）。土壤速效钾含量与钾肥施用量正相关，随着钾肥施用量的增加，土壤速效钾含量亦增加（图 33 - 7），与 CK 相比，NPK 处理土壤速效钾含量高出 12%，MNPK 处理高出 155%，NP 处理降低 15%；MNPK 处理高出其他处理 1.27 ~ 2 倍，其中以高出 NP 处理最多。

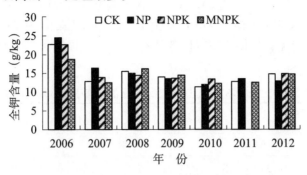

图 33 - 6　黄壤性水稻土全钾含量与钾肥投入量的关系

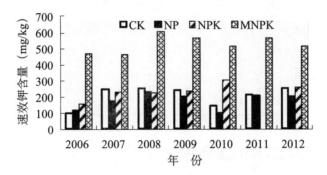

图 33 - 7　黄壤性水稻土速效钾含量与钾肥投入量关系

三、长期施肥对黄壤性水稻土理化性质的影响

（一）黄壤性水稻土 pH 值的变化

2010—2012 年土壤 pH 值与试验开始前（1994 年）相比，除 MNPK 处理外，长期施用有机肥的处理土壤 pH 值均有所提高（表 33 - 8），增幅 0.06 ~ 0.25，且随着有机肥施用量的增加，土壤 pH 值呈增加的趋势，M 处理提高最多（0.25）。同时，CK 处理的土壤 pH 值也升高了 0.17。施化肥处理中，N 和 NPK 处理的 pH 值分别增加了 0.08 和 0.48，其他各处理变化不大。

表 33 - 8　长期不同施肥黄壤性水稻土的 pH 值

年　份	各处理 pH 值									
	1/4M + NPK	1/2M + NPK	M	CK	MNPK	N	NPK	NK	NP	PK
1994 年测定值	7.14	7.11	7.20	7.07	7.28	7.01	6.51	6.83	6.81	6.86
2010—2012 年均值	7.20	7.22	7.45	7.24	6.92	7.09	6.99	6.82	6.82	6.85
变化量	0.06	0.11	0.25	0.17	-0.36	0.08	0.48	-0.01	0.01	-0.01

（二）黄壤性水稻土阳离子代换量（*CEC*）的变化

施用有机肥可以提高土壤阳离子代换量（*CEC*），且随着有机肥施用量的增加而增大（表33-9），1/4M+NPK、1/2M+NPK、MNPK和M处理的土壤*CEC*较1994年分别升高2%、6%、10%和10%；与CK变化相似，施用化肥的各处理土壤*CEC*保持平稳，且略有降低。可见，长期施用有机肥能有效改善土壤阳离子代换量，从而提升土壤保肥能力。

表33-9 长期不同施肥黄壤性水稻土的阳离子代换量（*CEC*）

| 年份 | 各处理 *CEC*（cmol/kg） | | | | | | | | | |
	1/4M+NPK	1/2M+NPK	M	CK	MNPK	N	NPK	NK	NP	PK
1994	19.04	18.39	18.10	17.74	17.96	17.10	15.73	17.24	17.02	16.67
2007	19.30	18.58	19.70	16.62	18.96	16.92	16.42	16.23	17.31	16.52
2008	19.61	19.32	17.24	13.07	19.25	18.57	16.74	16.02	16.81	16.31
2009	18.81	18.51	19.70	17.24	20.54	16.81	16.72	16.32	16.95	15.82
2010	18.10	16.62	18.89	15.32	13.93	15.30	15.22	15.88	16.32	16.62
2011	19.44	19.47	19.90	17.78	19.75	16.74	17.57	16.21	16.97	15.95

四、作物产量对长期施肥的响应

（一）作物产量对长期施氮、磷、钾肥的响应

由长期施肥条件下水稻产量年际波动趋势线可见（图33-8），各处理的水稻产量波动较大，但总体呈上升趋势。2006—2008年水稻产量以NK处理最高，NP处理次之，NPK处理居第三，PK处理与CK产量相近。2009年起，NP处理水稻产量大幅提高，相反，NK处理水稻产量却明显降低。2006—2012年各处理间水稻平均产量，与CK相比，NPK、NK、NP和PK处理均明显提高，但不同施肥模式增产效应不同（表33-10）。其中，NPK处理增幅最大，平均产量5 714.4kg/hm²，与CK相比平均增幅30.1%；NP处理次之，平均产量5 698.9kg/hm²，与CK相比平均增幅29.8%；NK处

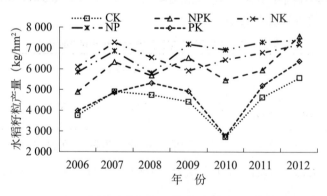

图33-8 水稻产量对长期施氮肥、磷肥、钾肥的响应

理平均产量 4 802.6kg/hm²，相较于 CK 平均增产 9.4%；PK 处理增产效果最低，平均产量仅为 3 898.4kg/hm²，与 CK 相比平均增幅 3.2%。可见，黄壤性水稻土各施肥处理与旱地相似，以 NPK 配施处理提高水稻产量的效果最优，NP 处理次之，其后依次为 NK、PK 处理，PK 处理增产率较低。

从水稻产量与施肥效益之间的关系来看，氮肥效应为 5.50、磷肥效应为 5.53、钾肥效应为 0.09（表 33 - 10），氮肥效应与磷肥效应相当，高于钾肥效应，说明黄壤性水稻土上，氮、磷元素均是水稻生产的限制因子。钾肥对黄壤性水稻土水稻产量的增产效果不明显，可能与土壤钾在淹水条件下的固定及释放有关（陈克文，1989）。

表 33 - 10　长期施肥水稻的增产状况及其肥料效应（18 年平均值）

处 理	水稻产量（kg/hm²）	肥料效应（kg/kg）		
		氮	磷	钾
NPK	5 714.4	5.50	—	—
NK	4 802.6	—	5.53	—
NP	5 698.9	—	—	0.09
PK	3 898.4	—	—	

注：肥料效应 = 施肥增产量/施肥量
资料来源：谭德水，2009

（二）作物产量对长期施有机肥的响应

长期试验结果表明（图 33 - 9），各处理的水稻产量以 CK 处理最低，其他各处理产量分别较 CK 高出 69% ~ 95%，其中，以 MNPK 和 1/4M + NPK 处理产量最高，分别高出 95% 和 84%，M 处理相对较低，高出对照 69%。

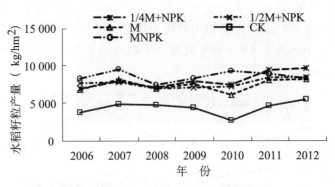

图 33 - 9　水稻产量对长期施有机肥的响应

2006—2012 年各处理间水稻平均产量，与 CK 相比，施用有机肥各处理水稻产量明显提高（表 33 - 11）。其中，以 MNPK 处理的水稻增产效果最佳，平均产量 8 582.1 kg/hm²，与 CK 相比增幅 95%；1/4M + NPK 处理次之，平均产量 8 071.0kg/hm²，较 CK 增产 84%；1/2M + NPK 处理平均产量 7 671.8kg/hm²，较 CK 增产 75%。可见，在黄壤性水稻土上 MNPK 处理提高玉米平均产量的效果最优，1/4M + NPK 处理次之，其后为 1/2M + NPK、M 处理，M 处理增产率最低。

表 33 – 11　长期施有机肥对水稻产量的影响

处　理	产量（kg/hm²）	比 CK 增产（kg/hm²）	增产率（%）
1/4M + NPK	8 071.0	3 680.3	84.0
1/2M + NPK	7 671.8	3 281.1	75.0
M	7 434.6	3 043.9	69.0
CK	4 390.7	—	—
MNPK	8 582.1	4 191.5	95.0

五、长期施肥农田生态系统养分循环与平衡

农田养分平衡状况从根本上决定着土壤肥力的演变方向，与施肥效益及生态环境安全具有紧密的联系。长期施肥的重点集中在作物的增产效果上，在一定程度上忽视了土壤肥力的平衡和生态环境问题。农业生产活动中盲目地偏施氮、磷化肥，钾肥投入不足，有机肥用量不断减少，造成施肥效益下降、农田生态环境受到破坏。由于农业生态系统在每个循环周期中都存在养分的损失，之所以能不断持续地发展主要靠人为因素的补给和控制。有机肥参与农业生态系统的养分循环、再利用和培肥土壤是中国农业特色之一。

（一）黄壤性水稻土肥料回收率的变化

提高肥料利用率一直是肥料科学研究热点，长期施肥条件下的氮、磷、钾肥利用率（回收率）的变化规律对黄壤性水稻土科学施肥具有重要意义。

1. 对氮肥回收率的影响

长期单施有机肥处理（M，氮肥施用量为 98.9kg/hm²）的氮肥利用率较高，在 58% ~97% 波动，变幅较大，平均值为（76.1 ± 15.8）%（$n = 7$），高出其他处理的 1.6 ~2.8 倍。其他施肥处理的氮肥利用率较为接近，以 MNPK 略高，2006—2012 年平均利用率为 29%，其次为 1/4M + NPK 处理，平均利用率为 23%，1/2M + NPK 处理的利用率为 20%（图 33 – 10）。

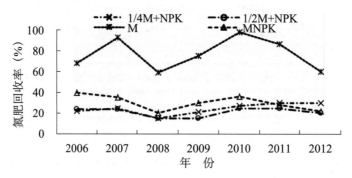

图 33 – 10　长期不同施肥黄壤性水稻土肥料氮回收率的变化

2. 对磷肥回收率的影响

各处理间磷肥利用率变化趋势与氮肥利用率相似，长期单施有机肥处理（M，磷肥施用量为 47.7kg/hm²）的磷肥利用率较高，在 20% ~27% 波动（图 33 – 11），平均

值为（24.4±2.6）%（n=7）。其多年平均值高出其他处理45%~88%。其他施肥处理磷肥利用率较为接近，以 MNPK 和 1/4M+NPK 处理略高，2006—2012 年平均利用率为分别为17%、16%，1/2M+NPK 处理的利用率为13%。

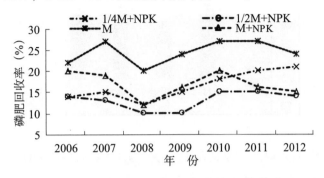

图33-11　长期不同施肥黄壤性水稻土磷肥料回收率的变化

3. 对钾肥回收率的影响

钾肥利用率也以 1/2M+NPK 处理较低，与氮肥、磷肥利用率的情况一致（图33-12），但与氮肥、磷肥不同，1/4M+NPK 处理（钾肥施用量为191.9kg/hm²）的钾肥利用率较高，在15%~43%波动，平均值为（25.29±9.46）%（n=7）。其多年平均值高出其他处理16%~65%，以高出 1/2M+NPK 处理最多。MNPK 处理的钾肥利用率高于 M 处理，2006—2012 年平均值高出 M 处理的18%。

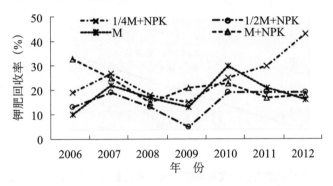

图33-12　长期不同施肥黄壤性水稻土肥料回收率的变化

（二）黄壤性水稻土氮素的表观平衡

农田土壤普遍缺氮，氮也是农业生产中最重要的养分限制因子。对于农田土壤，土壤氮素的多少除决定于成土条件外，与利用方式和耕作施肥有直接的关系。在不施肥的条件下，农田土壤的氮素肥力主要靠生物固氮作用、作物残渣的自然归还等维持，此种情况下，土壤氮素只能维持在较低的水平，施入的化肥氮素对土壤氮素积累的影响决定于它在土壤中的净残留量。

1. 氮素的表观平衡

长期施肥条件下，黄壤性水稻土不同施肥处理的氮素表观平衡差异较大（图33-13）。N、NPK、NK 和 NP 处理的氮素表观平衡量为正值，土壤氮素有盈余，N、NK 和 NP 处理盈余量相当，均高出 NPK 处理，表明 NPK 处理作物产量要高于 N、NK 和 NP 处理，作物携出的氮素多，土壤盈余量少；PK 和 CK 处理的氮素表观平衡量为负值，表明土壤氮素亏缺，且 PK 处理的亏缺量大于 CK 的 2 倍多，可见只施用磷、钾肥而不施氮肥，会加速土壤氮素的亏缺。

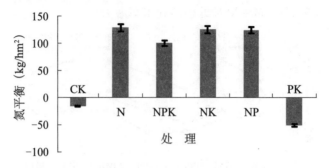

图 33 – 13　长期施肥下黄壤性水稻土氮素的表观平衡（2006—2012 年平均值）

2. 氮素表观平衡与氮肥投入量的关系

氮素表观平衡和氮肥投入量呈显著的正相关关系（$R^2 = 0.832\,1$，$p < 0.01$，$n = 4$），随着氮肥投入量增加，氮盈余量也增加（图 33 – 14）。由于不施氮肥的 PK 处理其作物产量较 CK 高，从土壤中携出的氮素养分多，导致其氮素表观平衡量低于 CK 处理。当氮素平衡量为 0 时，即氮素投入 = 氮素产出时，氮肥投入量为 61.27kg/hm^2。因此，氮肥投入量在 $0 \sim 61.27\text{kg/hm}^2$ 及 $61.27 \sim 100\text{kg/hm}^2$ 时，氮素接近平衡，当氮肥投入量大于 100kg/hm^2 时氮素明显盈余。

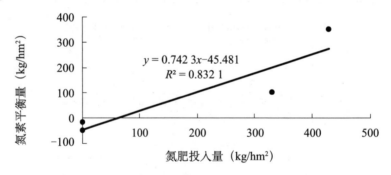

图 33 – 14　黄壤性水稻土氮素表观平衡与氮肥投入量的关系（2006—2012 年平均值）

（三）黄壤性水稻土磷素的表观平衡

磷和氮、钾一样，是植物不可缺少的三要素之一。贵州黄壤地区磷肥施用量大，一直存在着磷的表观利用率低和肥料效率不高的问题。贵州黄壤性水稻土上施磷是氮、钾两元素肥料增产的必须条件，为此黄壤地区农业生产上不得不年复一年，每季作物都要大量施磷才能获得理想产量。因此，如何通过长期定位试验，探讨长期施肥条件下提高土壤磷素利用效率的途径，避免和减少磷的环境负效益，是今后贵州黄壤地区植物营养与科学施肥研究的重点。

1. 磷素的表观平衡

不同施肥处理稻田土壤磷素的表观平衡值差异很大（图 33 – 15），NPK、NP、PK 三个处理的磷素表观平衡量为正值，土壤磷素有盈余，NP 和 PK 处量的盈余量略高于 NPK，表明 NPK 处理作物产量高于 NP 和 PK 处理，因而携出的磷量较多，土壤磷素的盈余量少；NK 和 CK 处理的磷素表观平衡量为负值，土壤磷素亏缺，并且 NK 处理的亏缺量大于 CK，可见施用氮肥、钾肥而不施磷肥，同样会加快土壤磷素亏缺。

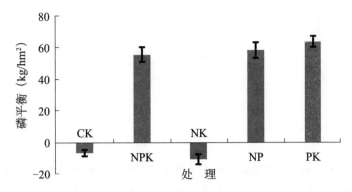

图33-15 长期施肥黄壤性水稻土磷素的表观平衡（2006—2012 年平均值）

2. 磷素表观平衡与磷肥投入量的关系

磷肥投入量与磷素平衡量呈显著性的正相关关系（$R^2 = 0.9019$，$p < 0.01$，$n = 4$），高量施磷处理和中量施磷处理的磷素平衡量也高，即随着磷肥投入量增加，黄壤性水稻土磷素平衡量也逐渐增加（图 33-16）。当磷素平衡量为 0kg/hm² 时，即磷素投入 = 磷素产出，磷肥投入量为 10.74kg/hm²，因此，当磷肥投入量在 0 ~ 10.74kg/hm² 及 10.74 ~ 25kg/hm² 时，磷素接近平衡，当磷肥投入量大于 25kg/hm² 时磷素明显盈余。

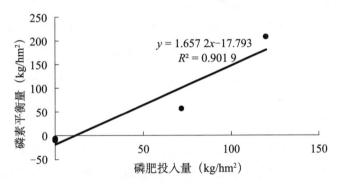

图 33-16 黄壤性水稻土磷素表观平衡和磷肥投入量的关系（2006—2012 年平均值）

（四）黄壤性水稻土钾素的表观平衡

1. 土壤钾素的表观平衡

长期施肥条件下，黄壤性水稻土钾素的表观平衡在不同施肥处理间有很大差异（图 33-17）。NPK、NK、PK 处理的钾素表观平衡量为正值，土壤钾素有盈余；而 NPK 和 NK 处理的钾盈余量相当，但分别低于 PK 处理 49% 和 41%，主要原因在于 PK 处理的作物产量低于 NPK 和 NK 处理，作物携出的钾量少，土壤钾素的盈余量就多；NP 和 CK 处理的钾素表观平衡量为负值，土壤钾素亏缺，并且 NP 处理土壤钾素亏缺量大于 CK 处理的 43%，表明施用氮肥、磷肥而不施钾肥，会加快土壤钾素亏缺。

2. 钾素表观平衡与钾肥投入量的关系

钾素表观平衡和钾肥投入量呈显著的正相关关系（$R^2 = 0.9374$，$p < 0.01$，$n = 4$），随着钾肥投入量的增加，钾素平衡量也呈现增加趋势（图 33-18）。MNPK 处理远高于不施钾（NP）和常规施钾（NPK）处理，当钾素平衡量为 0kg/hm² 时，即钾素投入 =

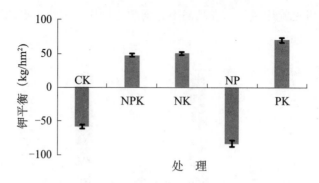

图 33-17　长期施肥黄壤性水稻土钾素的表观平衡（2006—2012 年平均值）

钾素产出，钾肥投入量为 51.3kg/hm²，因此，当钾肥投入量在 0 ～ 51.3kg/hm² 及 51.3～100kg/hm² 时，钾素接近平衡，当钾肥投入量大于 100kg/hm² 时钾素明显盈余。

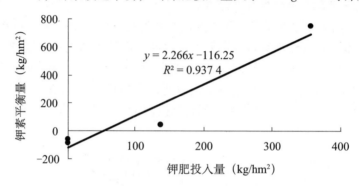

图 33-18　黄壤性水稻土钾素表观平衡与钾肥投入量的关系（2006—2012 年平均值）

六、主要结论

（1）连续施用有机肥 18 年后，黄壤性水稻土有机质提高了 51.92%，其中，MNPK 处理的土壤有机质含量可提高 53.19%，1/2M + NPK 提升 46.38%，1/4M + NPK 处理增加 40.62%。与对照相比，土壤有效磷、有效钾和 CEC 均有所增加。有机肥配施化肥可显著提高作物产量，以 MNPK 处理最高，增产 4 191.5kg/hm²，增幅 95%；1/4M + NPK 处理产量高于 1/2M + NPK，分别比 CK 增产 84% 和 75%；NPK 处理增产 38%，单施有机肥处理增产 69%。

（2）从黄壤性水稻土施肥的水稻产量效应来看，氮肥效应为 5.50，磷肥效应 5.53，钾肥效应 0.09，氮肥效应与磷肥效应相当，但远高于钾肥效应，说明氮、磷是黄壤性水稻土水稻生产的主要限制因子。

（3）长期施肥条件下，当氮肥、磷肥和钾肥投入量分别大于 61.27kg/hm²、10.74kg/hm² 和 51.3kg/hm² 时土壤中养分开始出现盈余。

蒋太明、李渝、罗龙皂、张雅蓉、肖厚军

参考文献

［1］陈克文，卢伟娥．1989．水稻土供钾特性及其与土壤水分的关系［J］．福建农学院学报，18

（1）：56 – 61

　　[2] 鲁如坤，刘鸿翔，闻大中，等.1996a. 我国典型地区农业生态系统养分循环和平衡研究.Ⅰ农田养分支出参数 [J]. 土壤通报，27（4）：145 – 151.

　　[3] 鲁如坤，刘鸿翔，闻大中，等.1996b. 我国典型地区农业生态系统养分循环和平衡研究.Ⅱ农田养分收入参数 [J]. 土壤通报 27（4）：151 – 154.

　　[4] 鲁如坤，刘鸿翔，闻大中，等.1996c. 我国典型地区农业生态系统养分循环和平衡研究.Ⅲ农田养分平衡的评价方法和原则 [J]. 土壤通报，27（5）：197 – 199.

　　[5] 谭德水，金继运，黄绍文.2009. 灌淤土区长期施钾对作物产量与养分及土壤钾素的长期效应研究 [J]. 中国生态农业学报，17（4）：625 – 629.

　　[6] 王娟，吕家珑，徐明岗，等.2010. 长期不同施肥下红壤氮素的演变特征 [J]. 中国土壤与肥料，（1）：1 – 6.

　　[7] 周卫军.2002. 红壤稻田系统养分循环与 C、N 转化过程 [D]. 武汉：华中农业大学.

第三十四章　长期施肥下黄棕壤性水稻土肥力演变和培肥技术

黄棕壤属淋溶土，在北亚热带落叶常绿阔叶林下，土壤经强度淋溶，呈酸性反应（pH值4.5~5.5），是盐基不饱和（50%甚至更低）的弱富铝化土壤。该类土壤土体铁的游离度达50%以上，表层盐基饱和度接近50%，向下逐渐降低，到B层可低到20%~30%。黏粒矿物中含高岭石，偶见三水铝石。该类土壤除具有弱富铝化特征外，还具有酸化特征和黏化特征；全剖面呈酸性反应，各发生层均含交换性氢、铝，特别是土壤B层的交换性氢、铝含量高。根据代表性剖面的分析结果，交换性氢、铝可达4~10cmol（+）/kg，占交换性阳离子总量的40%~80%。

黄棕壤分布于长江中、下游沿江两侧，包括江苏省、安徽省、湖北省、陕西省南部和河南省西南部等地，在江南诸省山地垂直带中亦有分布，总面积1 804万 hm^2 ，其中以湖北省的分布面积最大，达600万 hm^2 。黄棕壤分布区人口稠密，耕作历史悠久，所以分布于低地的黄棕壤大部已被开垦为水田，并在人为的耕作培肥下形成黄棕壤性水稻土，并成为了我国重要的粮食作物和经济作物的产区。该区农业耕作复种指数大、作物产量高，土壤肥力变化较快，因此，开展黄棕壤性水稻土肥力长期定位试验研究，弄清楚该地区农田土壤的肥力演化特征同时提出高产培肥技术模式，对这一重要农区的农业持续稳产高产有着重要的意义（徐明岗等，2006）。

一、黄棕壤性水稻土肥力演变长期试验概况

黄棕壤性水稻土肥力长期定位试验设在湖北省武汉市武昌区，湖北省农业科学院南湖试验站（北纬30°28′，东经114°25′），本区属北亚热带向中亚热带过渡型的地理气候带，光照充足，热量丰富，无霜期长，降水充沛。年平均日照时数2 080h，日平均气温≥10℃的总积温为5 190℃，年均降水量1 300mm左右，年均蒸发量1 500mm，无霜期230~300d。土壤类型为黄棕壤发育的黄棕壤性水稻土，属潴育水稻土亚类，黄泥田土属。地形为垄岗平原，海拔高度20m。提水灌溉，排灌方便。

试验于1981年水稻生长季开始，试验前耕层土壤（0~20cm）的主要性状为：有机质含量27.4g/kg，全氮1.8g/kg，全磷1.0g/kg，全钾30.2g/kg，碱解氮150.7mg/kg，铵态氮9.4mg/kg，有效磷5.0mg/kg，速效钾98.5mg/kg，pH值6.30。

试验共设9个处理：①不施肥（CK）；②化学氮肥（N）；③化学氮磷肥（NP）；④化学氮磷钾肥（NPK）；⑤常量有机肥（M）；⑥化学氮肥+常量有机肥（MN）；⑦化学氮磷肥+常量有机肥（MNP）；⑧化学氮磷钾肥+常量有机肥（MNPK）；⑨化学氮磷钾肥+1.67倍有机肥（M′NPK）。氮肥用尿素，磷肥用磷酸一铵，钾肥用氯化钾，每年施用量为纯N 150kg/ hm^2 ，P_2O_5 75kg/ hm^2 ，K_2O 150kg/ hm^2 ，N∶ P_2O_5 ∶ K_2O =1∶0.5∶1。有机肥料为鲜猪粪，堆置田头一周腐熟后施用，常量施用量为11 250kg/ hm^2 ，高量施用量为18 750kg/ hm^2 ，鲜猪粪含C 282.1g/kg、

N 15.1g/kg、P_2O_5 20.8g/kg、K_2O 13.6g/kg，水分含量69%。一年两熟，水稻—小麦轮作，水稻化肥施用量占全年施肥量的60%，小麦占40%，有机肥施用量水稻与小麦各占50%。在水稻和小麦季磷肥、钾肥均采用移栽或播种前一次全层基施，水稻季氮肥40%基施、40%作分蘖肥、20%作穗肥；小麦季50%作基肥、腊肥25%、拔节肥25%（表34-1）。

每个处理设3次重复，小区面积40m²（8m×5m），随机排列，小区之间用40cm深混凝土埂隔开，每个重复之间有40cm宽的混凝土水沟。

水稻和小麦收获后地上部分全部移走，根茬和根系翻耕后留在土壤中。各小区种水稻时定点10株，小麦定点一行中1m进行分蘖调查。各小区单收单打计产，在水稻和小麦收获前按小区取样，进行考种和经济性状测定，同时取植株分析样。水稻和小麦收获后按之字型采集0～20cm土层土壤，室内风干，布袋保存，田间管理与大田相同。田间管理措施主要是除草和防治小麦、水稻病虫害，其他详细施肥管理措施参见前期发表的文献（胡诚等，2010，2012；李双来等，2010）。

表34-1　试验处理及养分施用量　　　　　　　　　　（单位：kg/hm²）

处　理	水　稻				小　麦			
	猪　粪	N	P_2O_5	K_2O	猪　粪	N	P_2O_5	K_2O
CK	0	0	0	0	0	0	0	0
N	0	90	0	0	0	60	0	0
NP	0	90	45	0	0	60	30	0
NPK	0	90	45	90	0	60	30	60
M	11 250	0	0	0	11 250	0	0	0
MN	11 250	90	0	0	11 250	60	0	0
MNP	11 250	90	45	0	11 250	60	30	0
MNPK	11 250	90	45	90	11 250	60	30	60
M′NPK	18 750	90	45	90	18 750	60	30	60

注：氮肥用尿素，含N46%；磷肥用磷酸一铵，含N 10%、P_2O_5 46%；钾肥用氯化钾，含 K_2O 60%；猪粪含 N 15.1g/kg，含 P_2O_5 20.8g/kg，含 K_2O 13.6g/kg，水分含量69%

二、长期不同施肥条件下黄棕壤性水稻土土壤有机质、氮、磷、钾的演变规律

（一）黄棕壤性水稻土土壤有机质的演变规律

1. 土壤有机质含量的变化

经过32年的试验，黄棕壤性水稻土土壤有机质在同一处理不同年份间有一定的波动（图34-1和图34-2），这主要是由于取样时间的不同、取样误差、分析系统误差等因素所致，但从不同处理同一年的结果比较可知，施有机肥各处理土壤有机质均比不施有机肥各处理显著增加（$p < 0.05$），且随着试验时间的延长，差距逐渐增大。不施肥对照的土壤有机质在2012年与试验开始时的1981年相比有所下降，其主要原因是每年水稻与小麦有大量的生物量被带走，而又没有肥料的补充，使得土壤的有机质分

解矿化，从而降低了土壤有机质含量；仅施化学氮肥和氮磷肥处理在试验开始前几年有机质含量比不施肥处理弱有增加，但随着时间的延长，土壤有机质有下降的趋势，其原因可能是由于土壤养分逐渐失去平衡，作物的生物量减小，残留在土壤中的根茬量随之减小；与试验开始时的 1981 年相比，NPK 处理的有机质含量由 27.3g/kg 增加到 28.1g/kg，只增加了 0.8g/kg，增加比较缓慢，基本维持平衡；有机肥处理（M）比 CK 至 2012 年增加了 4.79g/kg；MN、MNP、MNPK、M′NPK 处理分别比 CK 增加了 9.22g/kg、5.23g/kg、7.35g/kg、6.56g/kg。

由此说明施用有机肥是提高土壤有机质的主要措施；化学氮磷钾肥平衡施用或与有机肥配施能加快土壤有机质的累积；长期只施用氮肥与长期不施肥土壤有机质均有缓慢下降的趋势，这与其他人的研究结果相似（杨帮俊等，1990；曾木祥等，1992；林葆等，1994；王伯仁等，2002；乔艳等，2007）。

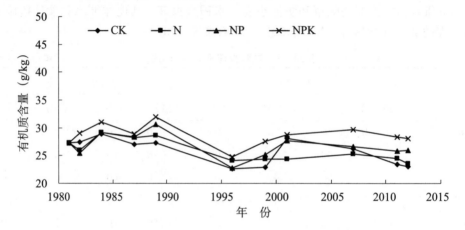

图 34-1　长期施用化肥土壤有机质含量的变化

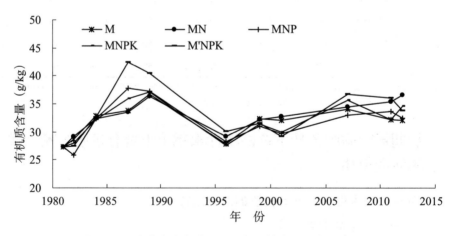

图 34-2　长期化肥与有机肥配施土壤有机质含量的变化

2. 土壤有机质含量与有机物料（农家肥或秸秆）碳投入量的关系

随着有机肥投入的增加，耕层土壤有机质含量呈现增加的趋势，32 年后耕层土壤有机质含量与有机肥碳输入量呈极显著的正相关关系，回归方程为：y（耕层土壤有机质含量）$= 0.109 1x$（累计有机肥碳输入量）$+ 25.71$，$R^2 = 0.758 2$，$p < 0.01$。

（二）黄棕壤性水稻土土壤氮素的演变规律

1. 土壤全氮含量的变化

试验各处理土壤全氮的变化和有机质的变化规律基本相似（图34-3和图34-4），其中不施肥处理的土壤全氮含量与基础土样相比稍有下降，只施氮肥土壤全氮变化不明显，说明单施氮肥并不能提高土壤全氮含量，不均衡的营养状况不仅不利于作物的生长，同时也不利于土壤养分的积累；2000年NPK处理的土壤全氮含量比不施肥增加了0.25g/kg，增幅为14.3%；单施有机肥及有机无机配施的处理，均比不施肥和单施化肥各处理的土壤全氮含量高，而且随着种植年限的增加全氮含量逐渐增高，2010年M、MN、MNP、MNPK、M′NPK处理的土壤全氮含量分别比CK增加了34.2%、31.6%、45.3%、35.3%及42.1%。

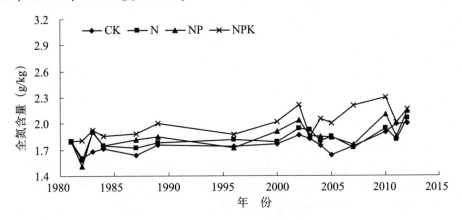

图34-3　长期施化肥土壤全氮含量的变化

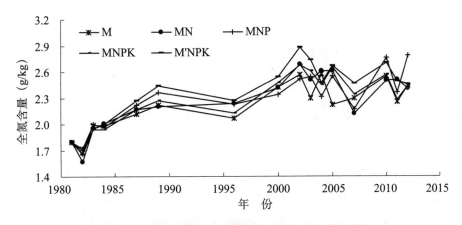

图34-4　长期化肥与有机肥配施土壤全氮含量的变化

从表34-2可以看出，在试验的前8年，CK与N处理的土壤全氮的含量略有下降，中间10年基本不变，后10年有所增加，年增加量13.1~15.1mg/kg；而NP和NPK处理，土壤全氮含量一直缓慢增加，32年中其年增加量为1.7~28.0mg/kg；而施有机肥的处理在试验的前8年增加较快，年变化量50.1~79.5mg/kg，之后增速变慢，但仍保持增加趋势，年变化量为8.7~41.7mg/kg。说明有机肥对增加土壤中全氮含量具有十分重要的作用，土壤有机质与土壤全氮二者有显著的正相关，因为有机肥提高了土壤有机质含量，不仅增加了氮源，同时增加了土壤有机胶体，从而提高了土壤对养分离子的吸附作用，可减少土壤养分的流失。试验结果也表明，氮磷钾肥与有机肥配施对土壤全氮含量的贡献更大。

表 34-2　不同时期土壤全氮含量的变化量与年变化量 （单位：mg/kg）

处理	1981—1989 年		1989—2000 年		2000—2010 年	
	变化量	年变化量	变化量	年变化量	变化量	年变化量
CK	-43.00	-5.38	11.00	1.00	130.65	13.06
N	-15.00	-1.88	7.00	0.64	151.02	15.10
NP	49.00	6.12	60.00	5.45	191.50	19.15
NPK	202.00	25.25	19.00	1.73	280.37	28.04
M	421.00	52.63	204.00	18.55	123.46	12.35
MN	401.00	50.13	214.00	19.45	86.78	8.68
MNP	559.00	69.88	-19.00	-1.73	416.78	41.68
MNPK	473.00	59.13	199.00	18.09	94.58	9.46
M′NPK	636.00	79.50	102.00	9.27	163.18	16.32

2. 土壤碱解氮含量的变化

在同一年份中，CK、N、NP 处理的碱解氮含量较其他处理低（图 34-5，图 34-6）。32 年不同施肥后，NPK 处理碱解氮含量比 CK 增加了 19.7%，有机肥无机肥配施的各个处理，均比 CK 有所增加，增加幅度为 50.8%~51.1%，其中以 M′NPK 增加最多。与基础土样比较，CK、N、NP 处理的碱解氮含量都略有增加，而 NPK、M、MN、MNP、MNPK、M′NPK 处理均有较大增加，以 M′N 处理增加最多，到 2012 年增加了 89.6mg/kg，增幅达 59.5%；无机肥料平衡施用（NPK 处理）对土壤碱解氮的含量也有较大的影响，到 2012 年增加了 39.6mg/kg，增幅达 26.3%。可见有机肥无机肥配合施用对提高土壤碱解氮含量具有较大的作用，其主要原因是有机肥的施入提高了土壤有机胶体对铵离子及硝酸根离子的吸附作用。土壤碱解氮与全氮含量具有明显的正相关关系。

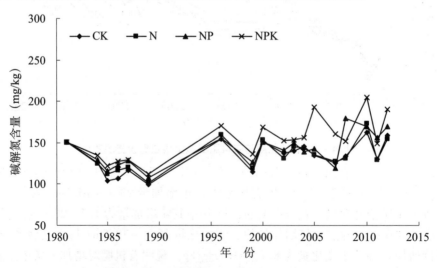

图 34-5　长期施化肥土壤碱解氮含量的变化

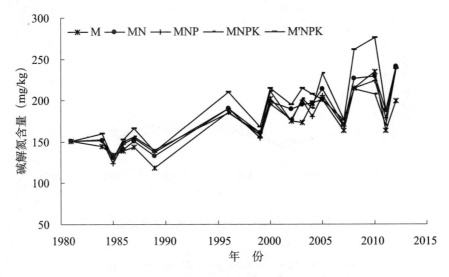

图 34 - 6　长期化肥与有机肥配施土壤碱解氮含量变化

3. 土壤全氮、碱解氮含量与肥料氮投入量的关系

随着肥料氮投入的增加，试验 32 年后耕层土壤全氮含量呈增加的趋势，与总的肥料氮输入量呈显著的正相关关系，二者的回归方程为：y（耕层土壤全氮含量）$= 0.089\ 6x$（累计肥料氮输入量）$+ 1.442$，$R^2 = 0.625\ 4$，$p < 0.05$。

随着氮投入的增加，试验 32 年后耕层土壤碱解氮含量呈增加的趋势，与总的肥料氮输入量呈极显著的正相关关系，二者的回归方程为：y（耕层碱解氮含量）$= 9.679\ 2x$（累计肥料氮输入量）$+ 146.62$，$R^2 = 0.696\ 5$，$p < 0.01$。

（三）黄棕壤性水稻土土壤磷素的演变规律

1. 土壤全磷含量的变化

磷是作物所必需的三大营养元素之一。由于磷在土壤中的移动性差，当季利用率低（李庆逵等，1998）。图 34 - 7 和图 34 - 8 显示，随着种植年限的延长，与基础土样相比，不施磷肥的 CK 和 N 处理土壤全磷平均含量均略有下降；施磷肥的 NP、NPK 处理均有所提高，但增加幅度不大；而有机肥无机肥配施处理均比基础土样和 CK 增加，特别是 MNP、MNPK、M'NPK 处理的增幅最大，种植 20 年后其土壤全磷含量已是基础土样的 3.3 倍、3.5 倍、4.1 倍，其主要原因是施用的有机肥为猪粪，而猪粪中含磷量高，且多为有机活性磷，同时磷肥在土壤中不易流失，具有累积作用，这一结果与其他人的研究结果相似（林葆等，1994；王伯仁等，2002）。

2. 土壤有效磷含量的变化

土壤有效磷的变化规律与全磷基本相同（图 34 - 9、图 34 - 10）。施用有机肥可以明显地提高土壤有效磷含量，施化学肥料的所有处理其有效磷含量与基础样比较增幅较小。在试验的前 8 年，化肥处理的土壤有效磷含量与基础土样比较增加较慢，单施氮肥土壤有效磷含量呈亏缺状态，而施有机肥的各个处理土壤有效磷含量比基础土样增加了 5.8 ~ 14.5 倍；在试验的中间 10 年，所有施磷处理的土壤有效磷含量是增加的，其累积加速，化肥处理比基础土样增加 1.7 ~ 2.0 倍，有机肥处理增加

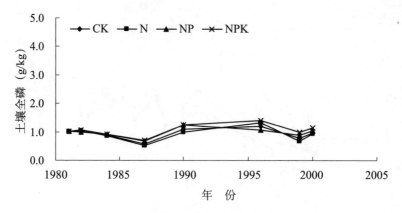

图34-7　长期施化肥土壤全磷含量的变化

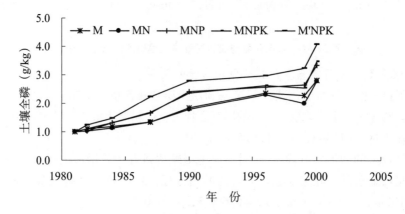

图34-8　长期化肥与有机肥配施土壤全磷含量变化

16.6~29.7倍；2001—2012年土壤有效磷含量快速累积，化肥处理比基础土样增加6~23.2倍，有机肥处理比基础土样增加38.3~65.8倍（表34-3）。说明长期施用猪粪，土壤有效磷含量会大量累积。由此看出，有机无机肥料配合施用对提高土壤有效磷的含量具有明显的促进作用。

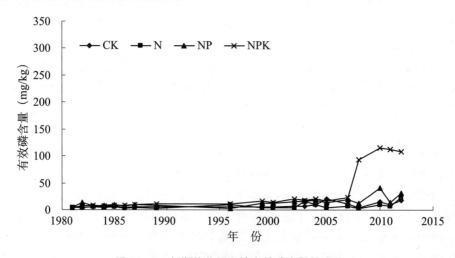

图34-9　长期施化肥土壤有效磷含量的变化

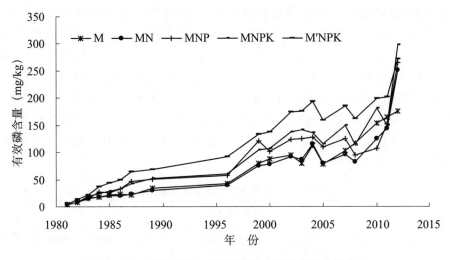

图 34 - 10　长期化肥与有机肥配施土壤有效磷含量变化

表 34 - 3　不同时期土壤有效磷的平均含量及变化率

处　理	1981—1989 年		1990—2000 年		2001—2012 年	
	平均含量 （mg/kg）	较基础样 增减（%）	平均含量 （mg/kg）	较基础样 增减（%）	平均含量 （mg/kg）	较基础样 增减（%）
CK	5. 0	10. 3	5. 49	21. 9	11. 40	153. 4
N	4. 3	- 5. 3	6. 27	39. 4	9. 17	103. 9
NP	8. 4	85. 7	9. 16	103. 5	20. 10	346. 7
NPK	8. 0	77. 5	13. 59	202. 0	58. 75	1 205. 5
M	18. 4	309. 0	69. 80	1 451. 1	119. 87	2 563. 7
MN	17. 6	290. 7	64. 66	1 336. 9	119. 11	2 546. 8
MNP	26. 5	489. 1	93. 62	1 980. 5	136. 70	2 937. 9
MNPK	26. 5	487. 8	90. 66	1 914. 6	158. 15	3 414. 5
M'NPK	37. 9	742. 3	120. 99	2 588. 6	191. 79	4 162. 0

3. 土壤全磷、有效磷含量与肥料磷投入量的关系

随着磷投入的增加，耕层土壤全磷含量呈现增加的趋势，试验32年后耕层土壤的全磷含量与肥料磷的总输入量呈极显著的正相关关系，回归方程为：y（耕层全磷含量）＝ 0. 205 3x（累计肥料磷的输入量）＋ 0. 454 3，R^2 ＝ 0. 912 7，$p < 0.01$。

耕层土壤有效磷含量随肥料磷投入量的增加也呈增加趋势，试验32年后耕层土壤有效磷含量与肥料磷的总输入量呈显著的正相关关系，回归方程为：y（耕层有效磷含量）＝ 30. 947x（累计肥料磷的输入量）＋ 28. 343，R^2 ＝ 0. 822 2，$p < 0.05$。

（四）黄棕壤性水稻土土壤钾素的演变规律

1. 土壤全钾含量的变化

长期不同施肥，土壤全钾含量在所有处理中均表现为下降趋势（表 34 - 4），到

2000年与基础土样相比平均下降幅度为3.85~5.64g/kg。在各处理中CK下降最多，NPK处理下降最少。试验中不施钾肥的各处理土壤全钾均表现为下降，同时施用有机肥及在中稻、小麦季分别施用化学钾肥 K_2O 90kg/hm^2、60kg/hm^2 的情况下，土壤全钾含量也下降，其主要原因是施有机肥或有机肥配施氮磷钾肥的处理作物产量高、生物量大，籽粒和秸秆从土壤中带出的钾素多，使土壤出现钾素亏缺状况，而且随着种植年限的增加亏缺越来越大，因此在长江流域稻麦两熟区，每年施用钾肥 K_2O 150kg/hm^2 是不够的，必须加大钾肥的投入量，并提倡秸秆还田，这样才能保持土壤钾素平衡，进一步提高作物产量。

表34-4　长期施肥土壤全钾含量的变化　　　　　　　　　　（单位：g/kg）

处理	各年份钾含量								比基础样的增减量[a]
	1982年	1983年	1984年	1987年	1990年	1996年	1999年	2000年	
CK	29.03	29.03	26.34	27.24	25.79	26.17	24.80	24.58	-5.64
N	29.29	29.48	26.24	26.97	25.68	26.48	25.80	24.71	-5.51
NP	29.37	28.94	25.32	27.40	25.94	26.65	25.70	24.68	-5.54
NPK	28.48	28.30	26.40	27.77	26.12	27.06	27.30	26.37	-3.85
M	27.92	28.14	25.54	28.35	25.56	25.98	25.20	25.46	-4.76
MN	27.60	27.59	25.13	27.96	26.03	26.16	22.00	25.20	-5.02
MNP	30.13	28.50	25.82	27.55	23.17	26.20	23.10	24.67	-5.55
MNPK	28.79	27.49	25.97	27.61	23.81	26.66	23.10	24.94	-5.28
M'NPK	28.54	27.02	26.14	27.52	26.57	26.82	23.50	24.19	-5.43

注：基础土样的全钾含量为30.22g/kg，a指2000年的全钾含量与基础样的差值

2. 土壤缓效钾含量的变化

土壤缓效钾含量可反映土壤潜在供钾能力，本试验供试作物均为当地高产当家品种，需钾量大，从而导致土壤缓效钾亏损较多。就现有结果看（表34-5），施有机肥处理比不施钾肥处理土壤缓效钾的下降速度稍慢，但由于施钾量不够，加上作物产量高，土壤缓效钾仍大幅度下降。各处理缓效钾年平均下降9.73~15.50mg/kg，因此，要保持土壤缓效钾的平衡必须加大钾肥的施用量。

3. 土壤速效钾含量的变化

土壤速效钾是作物当季可以直接利用的钾素来源，直接影响当季作物的产量，但土壤速效钾受土壤缓效钾和钾肥施用量以及作物产量的影响。与基础土样相比，在试验的前10年，施化肥各处理土壤速效钾含量基本保持平衡，平衡施用化肥（NPK）及施用有机肥各处理土壤速效钾含量有所增加。32年后，平衡施用化肥（NPK）、有机肥（M）、有机肥加氮磷钾（MNPK）、高量有机肥加氮磷钾（M'NPK）处理其土壤速效钾均有不同程度的增加，尤其是M'NPK处理增加较多（表34-6）。因此，要保持土壤速效钾含量不下降，同时提高土壤的生产力，适宜有机肥与氮磷钾肥配合施用。

表 34 -5　长期施肥土壤缓效钾含量的变化　　　（单位：mg/kg）

处　理	各年份缓效钾含量				平均年变化量
	1984 年	1987 年	1990 年	2000 年	
CK	421.8	375.7	358.0	202.0	-13.7
N	408.7	363.0	351.0	176.7	-14.5
NP	408.6	364.1	331.0	160.0	-15.5
NPK	412.3	408.5	389.0	188.3	-14.0
M	384.5	369.3	372.0	198.3	-11.6
MN	376.1	370.5	308.0	211.6	-10.3
MNP	387.8	332.2	329.0	217.9	-10.6
MNPK	386.5	376.9	328.0	230.8	-9.73
M′NPK	378.2	386.0	338.0	211.7	-10.4

表 34 -6　长期施肥不同年份土壤速效钾含量　　　（单位：mg/kg）

处　理	各年份速效钾含量								
	1981 年	1982 年	1984 年	1986 年	1990 年	1996 年	2000 年	2002 年	2012 年
CK	99	99	100	109	102	105	85	117	113
N	99	94	99	103	97	104	77	113	112
NP	99	96	100	105	97	101	83	112	114
NPK	99	102	124	133	133	130	94	140	140
M	99	99	117	115	100	104	84	119	127
MN	99	109	108	111	108	110	95	98	127
MNP	99	102	106	110	105	110	86	112	120
MNPK	99	104	146	151	142	151	141	200	179
M′NPK	99	111	148	165	159	160	193	213	187

4. 土壤全钾、速效钾含量和钾肥投入量的关系

耕层土壤全钾含量与肥料输入的钾量没有显著的相关性。但是随着肥料钾投入量的增加，32 年试验之后耕层土壤速效钾含量呈增加趋势，速效钾含量与累计肥料钾输入量呈显著的正相关关系，二者的回归方程为：y（耕层有效钾含量）= 7.899 4x（累计肥料钾输入量）+ 107.59，R^2 = 0.942 2，$p < 0.05$。

三、长期不同施肥条件下黄棕壤性水稻土土壤理化性质的演变规律

（一）黄棕壤性水稻土土壤 pH 值的变化

从土壤 pH 值结果来看，各处理土壤均有中性化趋势，所有处理土壤 pH 值由 1981

年的 6.5 变化到 2012 年的 7.3~7.4（图 34-11、图 34-12）。

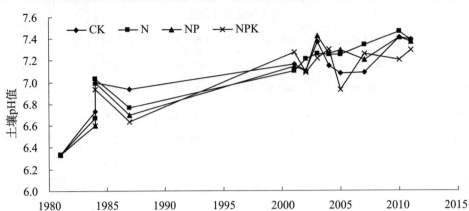

图 34-11　长期施化肥土壤 pH 值的变化

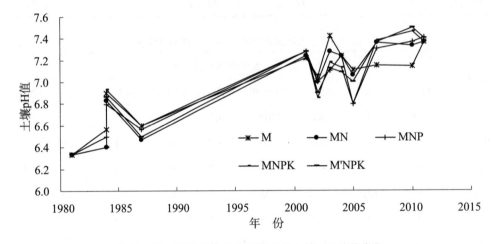

图 32-12　长期化肥与有机肥配施土壤 pH 值的变化

（二）黄棕壤性水稻土土壤阳离子代换量与盐基代换量的变化

由表 34-7 可知，1981—2000 年土壤阳离子代换量（*CEC*）和土壤盐基代换量（*BEC*）不施肥处理和只施化肥各处理均有所降低，而施有机肥和有机肥与化肥配施的各个处理均有所提高，以单施有机肥的处理提高最多，在化肥基础上施有机肥的处理比单施有机肥的处理 *CEC* 和 *BEC* 低。从试验结果来看，有机肥有提高土壤 *CEC* 和 *BEC* 的作用，但长期施用化肥有降低土壤 *CEC* 和 *BEC* 的趋势。

（三）土壤容重与孔隙度的变化

土壤容重是土壤重要的物理性质之一，对土壤的耕性和作物生长有直接的影响。土壤容重受土壤有机质含量、土壤孔隙度、耕作方式、栽培制度等多种因素的影响。在该长期定位试验中于 1985 年小麦收获后和 1987 年、2002 年、2006 年、2012 年水稻收获后分别进行了土壤容重的测试，结果见表 34-8。

同一年的结果进行比较，施肥各处理的土壤容重均比不施肥处理低，氮磷钾配合比只施氮肥或氮磷肥处理低；施有机肥的各处理土壤容重明显小于不施肥处理和单施化肥的各处理，尤其是有机肥及高量有机肥与氮磷钾肥配施的处理对降低土壤容重的效果十分明显。

表 34 - 7　长期施肥土壤阳离子代换量（CEC）和盐基代换量（BEC）的变化

（单位：cmol/kg）

处　理	阳离子代换量（CEC）			盐基代换量（BEC）		
	基础样	2000 年	增减量	基础样	2000 年	增减量
CK	22.67	20.49	-2.18	23.48	23.71	-0.23
N	22.67	20.24	-2.47	23.48	22.50	-0.98
NP	22.67	21.12	-1.55	23.48	22.23	-1.25
NPK	22.67	21.52	-1.15	23.46	21.34	-2.14
M	22.67	23.49	1.23	23.48	24.55	1.07
MN	22.67	23.68	1.01	23.48	23.72	0.24
MNP	22.67	23.42	0.75	23.48	24.39	0.91
MNPK	22.67	23.11	0.44	23.48	23.85	0.37
M'NPK	22.67	23.52	0.95	23.48	24.17	0.69

表 34 - 8　长期施肥土壤容重的变化

处理	1985 年		1987 年		2002 年		2006 年		2012 年	
	容重（g/cm³）	比对照增减（%）	容重（g/cm³）	比对照增减（%）	容重（g/cm³）	比对照增减（%）	容重（g/cm³）	比对照增减（%）	容重（g/cm³）	比对照增减（%）
CK	1.19	—	1.29	—	1.39	—	1.38	—	1.26	—
N	1.11	-6.32	1.25	-2.57	1.33	-4.67	1.35	-2.17	1.24	-1.81
NP	1.07	-9.97	1.12	-13.15	1.34	-4.02	1.28	-7.25	1.19	-5.91
NPK	1.06	-10.95	1.14	-11.21	1.29	-7.26	1.33	-3.62	1.23	-2.99
M	0.98	-17.58	1.07	-16.58	1.30	-6.61	1.24	-10.14	1.10	-13.25
MN	0.97	-18.31	1.23	-4.12	1.23	-11.64	1.22	-11.59	1.14	-9.72
MNP	0.94	-21.06	1.12	-13.15	1.25	-10.56	1.17	-15.22	1.05	-16.70
MNPK	0.96	-19.43	1.19	-7.63	1.25	-10.49	1.23	-10.87	1.11	-11.87
M'NPK	0.93	-21.85	1.08	-15.64	1.25	-10.27	1.25	-9.42	1.07	-14.95

（四）其他土壤理化性质的演变规律

1. 土壤团聚体的变化

2002 年在中稻水田中对各处理土壤取样进行土壤团聚体的测定，结果见表 34 - 9。由于取样是在中稻生长的水田中，土壤团聚体测定有一定的困难，导致其结果规律性不明显，仅供参考。

表 34 – 9　长期施肥土壤团聚体的变化（2002 年）

处　理	干筛含量（%）					
	>5mm	5～2mm	2～1mm	1～0.5mm	0.5～0.25mm	<0.25mm
CK	90.19	6.17	1.18	1.11	0.57	0.78
N	89.39	6.26	1.33	1.39	0.78	0.85
NP	90.09	5.97	1.32	1.16	0.64	0.82
NPK	88.24	7.28	1.65	1.33	0.65	0.86
M	87.57	7.62	1.78	1.36	0.76	0.91
MN	87.84	7.6	1.59	1.39	0.72	0.85
MNP	87.32	7.73	1.74	1.46	0.78	0.95
MNPK	86.9	7.7	1.72	1.69	0.95	1.05
M′NPK	85.37	8.25	1.84	1.64	1.9	1
处　理	湿筛含量（%）					
	>5mm	5～2mm	2～1mm	1～0.5mm	0.5～0.25mm	<0.25mm
CK	65.62	5.01	3.76	5.33	3.52	16.76
N	76.51	4.44	2.95	2.96	1.72	11.42
NP	77.97	3.6	3.39	2.79	2.09	10.16
NPK	71.6	4.3	2.53	3.57	3.39	14.6
M	72.5	6.58	3.36	3.84	2.44	11.27
MN	67.14	10.06	4.47	4.55	3.79	9.99
MNP	58.12	8.99	5.97	8.22	5.98	12.72
MNPK	57.97	9.87	6.01	7.97	7.12	11.07
M′NPK	66.28	7.86	4.52	4.79	3.92	12.63

2. 土壤质地、结构和土壤耕性的变化

为探讨长期施肥对土壤质地的影响，在 1987 年和 1999 年用沉降比重法对各处理的土壤颗粒组成进行了测定，结果见表 34 – 10。由表 34 – 10 可以看出，1981—1987 年 M′NPK、MNPK、MNP 三个处理的土壤质地由黏土变为壤质黏土；至 1999 年所有施有机肥的处理，土壤质地均由黏土转变为壤质黏土，但施化肥的各处理和不施肥处理的土壤质地等级没有发生变化。其主要原因是施有机肥可使土壤有机质增加，土壤有机胶体将 <0.002mm 的颗粒黏接成较大的颗粒，从而改变了土壤的质地。

根据田间的耕作实践，施有机肥的各处理土壤松散，易于耕作，尤其是高量有机肥及常量有机肥与氮磷钾肥配施的两处理易耕性非常明显；而只施化肥的各处理与不施肥处理的土壤耕性比施有机肥的处理差，尤其是单施氮肥和不施肥两处理，土壤板结，耕层土块大、死块多，土块不易破碎。

表 34 - 10　长期施肥土壤的颗粒组成

处理	1987 年土壤颗粒组成				1999 年土壤颗粒组成			
	2 ~ 0.02 mm（%）	0.02 ~ 0.002 mm（%）	< 0.002 mm（%）	质地	2 ~ 0.02 mm（%）	0.02 ~ 0.002 mm（%）	< 0.002 mm（%）	质地
CK	15.09	37.70	47.22	黏土	15.0	36.0	49.0	黏土
N	14.41	37.71	47.79	黏土	14.1	35.9	50.0	黏土
NP	14.39	38.33	47.27	黏土	13.2	36.9	49.9	黏土
NPK	15.12	38.72	46.42	黏土	15.3	35.9	48.8	黏土
M	14.19	40.21	45.60	黏土	16.4	39.0	44.6	壤质黏土
MN	14.52	40.31	45.17	黏土	16.4	39.0	44.6	壤质黏土
MNP	15.88	39.79	44.33	壤质黏土	17.8	37.8	44.4	壤质黏土
MNPK	16.06	39.53	44.44	壤质黏土	17.4	38.0	44.6	壤质黏土
M'NPK	16.87	38.84	44.29	壤质黏土	17.4	40.1	42.5	壤质黏土

四、作物产量对长期施肥的响应

（一）长期不同施肥条件下作物产量的变化

施肥是增加作物产量的主要措施之一，但作物的产量同时受气候、品种、土壤、病虫害、灌溉及灌溉水质等多种因素的影响（马力等，2011）。长期不同施肥条件下中稻和小麦产量的变化见图 34 - 13 至图 34 - 16 和表 34 - 11、表 34 - 12。可以看出，受气候、品种等因素的影响，同一处理不同年份间作物产量波动较大，同一年份间各处理差异明显。试验结果表明，不施肥处理的产量最低，单施氮肥 4 年后，小麦产量基本与不施肥相当，8 年后则比不施肥处理的产量低。而 NP 处理比不施肥和单施氮肥处理增产效果显著，与单施氮肥处理相比增产率随着试验年限的增加而增大；NPK 处理与对照相比，小麦、中稻在试验开始后的前 5 年年平均增产 163.2%、51.3%，到最近 4 年年平均增产分别为 77.6%、28.2%；NPK 处理与 NP 比较，在试验开始后的前几年仅稍有增产，但到 13 年以后，NPK 处理的小麦产量开始高于 NP 处理，而 NPK 和 NP 的稻谷产量水平接近，并交替变化，这可能与钾在淹水条件下的释放有关；在试验开始时单施有机肥处理（M）的增产效果稍高于 N 处理，但比 NP 和 NPK 处理低，但在水稻上试验 3 年后，在小麦上试验 7 年后，M 处理的增产量即高于 NP，而且接近 NPK，并逐步有高于 NPK 处理的趋势；有机肥加氮肥的处理（MN）比 NPK 与 M 处理的增产效果好，主要是因为有机肥中含有较多的有效磷和一定的钾及微量元素。MNP 处理的水稻产量与 MN 基本相当，而小麦产量比 MN 处理高，而且随着试验时间的延长，增产幅度越来越大，这主要是小麦比水稻对磷的需求更加敏感；与对照相比，有机肥加氮磷钾（MNPK）处理在水稻上平均增产 48.8%，在小麦上平均增产 174.5%，与 MNP 相比试验开始的前 5 年增产幅度较大，增幅达到 12.6%，到第 10 年仅稍有增产，10 年以后产量持平或还有微弱减产；与对照相比，高倍有机肥加氮磷钾肥（M'NPK）在试验开始的前 5 年增产效果在所有处理中最明显，但 5 年后作物的产量却低于 MNPK 处理，有的年份甚至低于 MNP 和 MN 处理，总之产量不稳定，其主要原因是在试验开始的前几年土壤肥力水平还不高，施肥的效果显著，而随着施肥年限的延长，土壤养分的积累较多，同时施肥量又较高，作物生长旺盛，遇长时间阴雨天气或大风天气，容易发生倒伏，另一方面也最容易受病虫害的侵袭，从而导致减产。

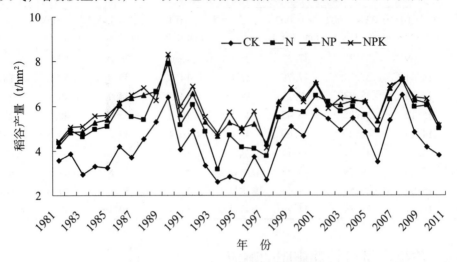

图 34−13　长期施化肥稻谷产量的变化

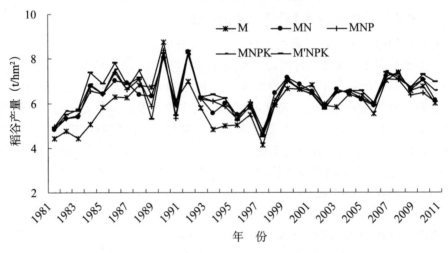

图 34−14　长期化肥与有机肥配施稻谷产量的变化

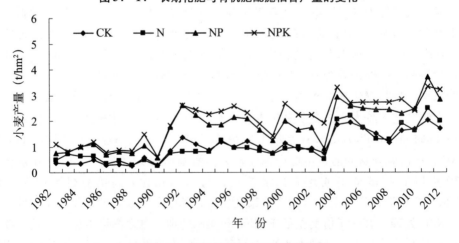

图 34−15　长期施化肥小麦产量的变化

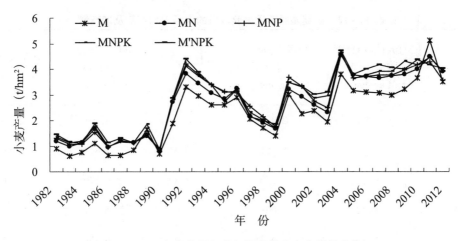

图 34 - 16　长期化肥与有机肥配施小麦产量的变化

1982—1990 年，所有处理的小麦产量均较低，为 368 ~ 1 274kg/hm²；1991—2003 年，各处理的小麦表现为增产，增产幅度 76.2% ~ 80.0%；2004—2012 年增产持续，增产幅度为 30.6% ~ 114.1%（表 34 - 11）。水稻产量的变化与小麦不同，1982—1990 年处于增产阶段，之后的 10 年各个处理产量基本保持稳定，1999—2012 年只略有增产，增产幅度 2.8% ~ 25.3%（表 34 - 12）。

表 34 - 11　长期施肥不同试验年份的小麦平均产量及增产量

处　理	1982—1990 年产量（A）（kg/hm²）	1991—2003 年产量（B）（kg/hm²）	B 比 A 增产（%）	2004—2012 年产量（C）（kg/hm²）	C 比 B 增产（%）
CK	368	995	170.4	1 686	69.4
N	482	868	80.1	1 858	114.1
NP	837	1 809	116.1	2 709	49.7
NPK	963	2 224	131.0	2 905	30.6
M	866	2 391	176.2	3 563	49.0
MN	1 173	2 784	137.2	3 983	43.1
MNP	1 182	3 019	155.4	3 979	31.8
MNPK	1 274	2 990	134.6	4 115	37.6
M'NPK	1 268	3 076	142.6	4 163	35.4

（二）作物产量对长期施氮肥的响应

从图 34 - 17 可以看出，单施氮肥与对照相比，32 年水稻一直具有增产效应，最少增产 8.6%，最多可增产 66.1%。但是 MN 与 M 处理相比，在试验的前 8 年表现为增产；之后连续 3 年减产，1992—2001 年基本都呈增产趋势，2001 年之后的变化幅度较小。

在试验的前 7 年（1982—1988 年），单施氮肥（M）与对照相比，小麦一直表现为增产，1989 年之后，基本上呈减产趋势。但是 MN 与 M 处理相比，除 1989 年之外，一直表现为增产，在试验的前 7 年增产幅度较大，为 32.9% ~ 94.0%，之后增产幅度下

表 34 -12 长期施肥不同试验年份的水稻平均产量及增产量

处 理	1981—1987 年产量（A）（kg/hm²）	1988—1998 年产量（B）（kg/hm²）	B 比 A 增产（%）	1999—2012 年产量（C）（kg/hm²）	C 比 B 增产（%）
CK	3 536	3 903	10.4	4 891	25.3
N	5 064	5 081	0.3	5 873	15.6
NP	5 283	5 720	8.3	6 270	9.6
NPK	5 476	5 908	7.9	6 281	6.3
M	5 285	5 964	12.9	6 394	7.2
MN	6 091	6 230	2.3	6 587	5.7
MNP	6 101	6 282	3.0	6 459	2.8
MNPK	6 231	6 399	2.7	6 583	2.9
M′NPK	6 428	6 265	-2.5	6 618	5.6

降。因此，长期施用氮肥，在试验的前 7 年，无论是单施氮肥比对照、还是氮肥配施有机肥比单施有机肥处理，小麦与水稻均表现为增产，7 年之后氮肥对小麦与水稻的增产效应各有不同。

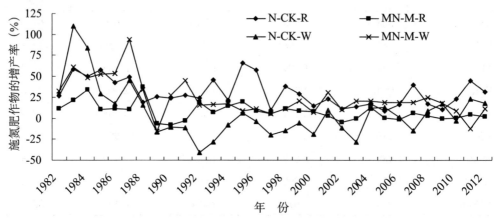

图 34 -17 施氮肥对水稻、小麦的增产效应

注：N-CK 表示施氮肥处理作物产量相比 CK 的增产率；MN-M 表示 MN 处理相比 M 处理的增产率；R 代表水稻，W 代表小麦

（三）作物产量对长期施磷肥的响应

图 34 -18 显示，水稻产量，施氮磷肥（NP）比单施氮肥（N），除了 4 个试验年份（1981 年、1982 年、1989 年、2003 年）没有增产效果之外，其他年份均有增产效应，增产率在 2.2% ~ 47.2%。但是有机肥配施氮磷肥（MNP）与有机肥加氮肥（MN）相比未表现出持续增产的效应。

NP 与 N 处理相比小麦一直表现为增产，增产率在 8.0% ~227.3%，但是 MNP 比 MN 处理对小麦产量的影响和对水稻产量的影响相似（图 34 - 18），说明有机磷肥基本可以替代部分化学磷肥的效果。

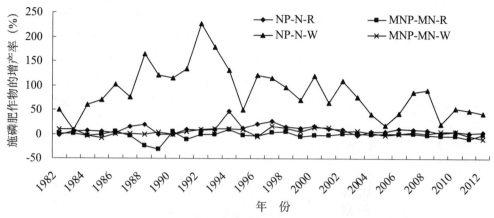

图 34 - 18　施磷肥对水稻、小麦的增产效应

注：NP-N 表示施磷肥处理作物产量相比 N 处理的增产率；MNP-MN 表示 MNP 处理相比 MN 处理的增产率；R 代表水稻，W 代表小麦

（四）作物产量对长期施用钾肥的响应

对于水稻产量（图 34 - 19），NPK 与 NP 处理相比，在试验的前 5 年（1981—1985年），一直具有增产作用，增产率为 4.2% ~5.4%；1990—1995 年也一直有增产作用，增产率为 2.9% ~8.9%；其他试验年份的水稻产量有增有减。但是 MNPK 与 NPK 处理相比其增产效果不稳定。

从图 34 - 19 还可以看出，施用氮磷钾肥（NPK）比单施氮磷肥（NP）处理，小麦产量除了 1984 年、2010 年之外，一直表现为增产，增产率在 0.2% ~101.9%。但 MN-PK 与 MNP 处理相比，在试验的前 5 年，表现为增产，1987 年之后，其增产效果不稳定。

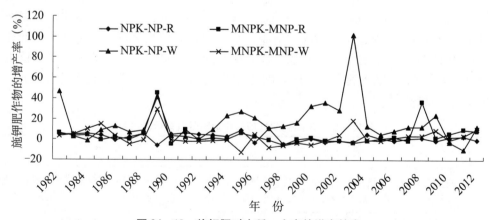

图 34 - 19　施钾肥对水稻、小麦的增产效应

注：NPK-NP 表示施钾肥处理作物产量相比 NP 处理的增产率；MNPK-MNP 表示 MNPK 处理相比 MNP 处理的增产率；R 代表水稻，W 代表小麦

（五）作物产量对长期施有机肥的响应

从图 34 - 20 可以看出，施有机肥（M）处理比对照（CK），32 年水稻一直具有增产效应，增产率在 8.8% ~ 91.1%，平均增产 45.3%。有机肥配施氮磷钾（MNPK）处理比氮磷钾（NPK）处理，水稻产量除了 1990 年、1991 年、2002 年、2003 年有少量减产之外（ - 7.9% ~ - 0.1%），其他试验年份都表现增产，最高增产 39.7%。

对于小麦产量，M 与 CK 处理相比，32 年一直具有增产效应，增产率为 63.0% ~ 236.4%，平均增产 131.8%。MNPK 与 NPK 处理比较，32 年也一直具有增产效果，但是增产幅度没有施用有机肥比对照明显，增产率在 1.1% ~ 37.5%，平均增产 37.4%。

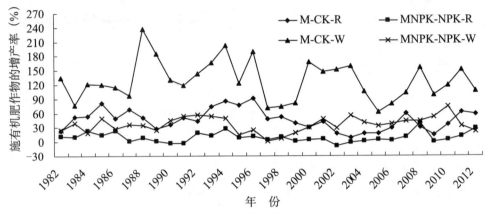

图 34 - 20　施用有机肥对水稻、小麦的增产效应

注：M-CK 表示施有机肥处理作物产量相比 CK 的增产率；MNPK-NPK 表示 MNPK 处理相比 NPK 处理的增产率；R 代表水稻，W 代表小麦。

（六）长期施肥与作物品质的关系

将历年作物籽粒和秸秆中的全氮含量进行平均，再换数成作物粗蛋白含量，结果见表 34 - 13。施肥各处理与对照比较，水稻籽粒粗蛋白含量均有提高，提高幅度为 2.19% ~ 18.47%，水稻秸秆中粗蛋白含量除单施氮肥处理与对照基本相当外，其他处理均比对照有所提高，增加幅度 5% ~ 33.7%；小麦籽粒粗蛋白含量比水稻高，但施肥对其粗蛋白含量的影响较小，而施肥对小麦秸秆的含氮量影响较大，单施氮肥处理的小麦籽粒和秸秆粗蛋白含量高于对照，在有机肥配施氮肥的 4 个处理中小麦籽粒粗蛋白含量比 CK 略有增加，而小麦秸秆的粗蛋白含量提高较多。总之氮肥施用量越大，作物粗蛋白含量越高。

表 34 - 13　不同施肥处理对作物粗蛋白含量的影响

处　理	水　稻				小　麦			
	籽粒 （%）	比 CK 增加 百分点（%）	秸秆 （%）	比 CK 增加 百分点（%）	籽粒 （%）	比 CK 增加 百分点（%）	秸秆 （%）	比 CK 增加 百分点（%）
CK	7.20	—	3.28	—	12.36	—	3.09	—
N	7.41	0.21	3.22	0.06	14.39	2.03	3.56	0.47
NP	7.36	0.16	3.44	0.16	12.26	- 0.10	2.96	- 0.13

（续表）

处　理	水　稻				小　麦			
	籽粒（%）	比 CK 增加百分点（%）	秸秆（%）	比 CK 增加百分点（%）	籽粒（%）	比 CK 增加百分点（%）	秸秆（%）	比 CK 增加百分点（%）
NPK	7.59	0.39	3.47	0.19	11.95	-0.41	3.18	0.09
M	7.49	0.29	3.54	0.26	11.89	-0.47	3.08	-0.01
MN	8.27	1.07	4.20	0.92	12.88	0.52	3.61	0.52
MNP	8.53	1.33	4.33	1.05	12.91	0.55	4.02	0.93
MNPK	8.25	1.05	3.95	0.67	12.90	0.54	3.83	0.74
M′NPK	8.44	1.24	4.39	1.11	13.21	0.85	4.09	1.00

注：表中数据为分析结果的平均值

五、长期施肥条件下农田生态系统养分循环与平衡

（一）长期不同施肥处理的肥料回收率

1. 长期施肥的氮肥回收率

从氮肥回收率结果来看（以不施肥处理为对照）（图 34-21、图 34-22），施有机肥（M）处理的氮肥回收率最高，年平均为 69.6%。单施氮肥处理（N）的氮肥回收率最低，有逐年下降的趋势。氮磷配合（NP）施用处理氮肥回收率高于单施氮肥，氮磷钾配合（NPK）施用处理氮肥回收率高于氮磷配合（NP），有机肥加氮肥处理（MN）与 NPK 处理的氮肥回收率基本接近。有机肥加氮磷肥（MNP）或加氮磷钾肥（MNPK）处理的氮肥回收率较高，年平均为 50.0%、49.1%。高量有机肥加氮磷钾肥（M′NPK）处理，由于氮素施用量的增加，与 MNPK 处理比较氮肥回收率有所降低。比较 MNP 与 NP、MNPK 与 NPK 处理可知，有机无机肥料配合施用的氮肥回收率较高。比较年份间的变化，1992—1996 年，除单施氮肥由于养分失衡，其氮肥回收率有所降低外，其他各处理由于这几年气候非常适合小麦生长，且小麦含氮量高，氮肥回收率均特别高，说明气候也是影响肥料回收率的重要因素。

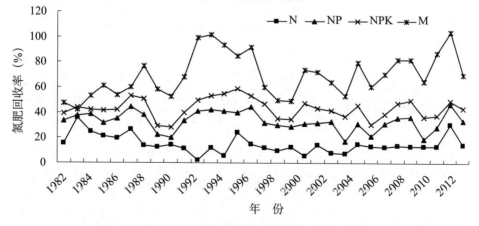

图 34-21　单施化肥与有机肥氮素回收率的变化

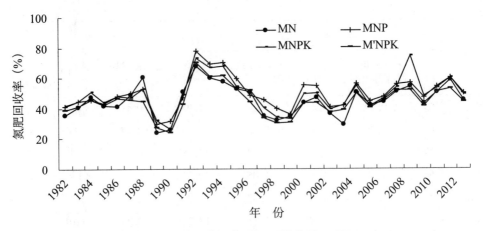

图 34-22　化肥与有机肥配施氮素回收率的变化

2. 长期施肥的磷肥回收率

由于磷素在土壤中容易被固定，磷肥当季回收率一般较低（以不施肥处理为对照），见图 34-23、图 34-24。年平均年回收率结果显示，在不同施肥情况下施磷肥的回收率不同，与对照相比，各处理磷素平均年回收率在 20.5%～48.9%，以氮磷钾肥配合施用（NPK）处理的磷肥回收率最高。增施钾肥能提高磷肥年回收率 2.8%～

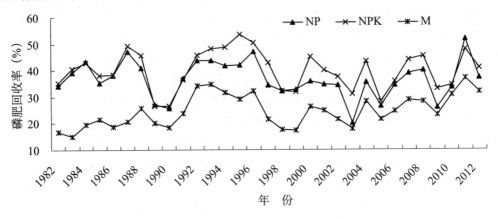

图 34-23　单施化肥与有机肥磷素回收率的变化

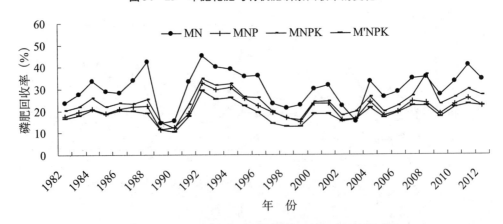

图 34-24　化肥与有机肥配施磷素回收率的变化

14.4%；有机肥中磷肥回收率低于化肥中磷肥的回收率；有机肥与氮肥配施，有机肥中磷素的年回收率提高6.5%，有机肥与磷肥配施（MNP、MNPK）处理，均比不施有机肥（NP、NPK）处理的磷肥的回收率低。其原因可能是施用有机肥后，土壤磷素水平提高，再施磷肥其回收率降低。

3. 长期施肥的钾肥回收率

从钾肥回收率的结果（图34-25）可以看出，钾肥施用量低其回收率高，施用量越大回收率越低（以不施肥处理为对照）。与不施肥对照相比，施用钾肥的各处理钾肥年回收率为57.4%～115.4%，其中MN、MNP处理钾肥回收率高于100%，主要原因是作物不仅利用了有机肥中的钾，而且利用了土壤中的钾素，而对照由于其他元素缺乏，作物产量低，土壤中钾素没有得到充分利用。NPK与NP处理比较，排除土壤中钾素影响和因缺钾作物不能正常生长的影响，其钾肥回收率水稻平均为32.3%，小麦平均20.3%；MNPK与NP处理比较，排除土壤中钾素的影响，施入钾肥的利用率水稻与小麦分别为55.2%和35.7%，说明施有机肥提高了钾肥的回收率。将MN、MNP与M处理比较，有机肥中钾肥年平均回收率分别提高了11.4%、23.2%，即有机肥与氮肥或氮磷肥配合施用有利于有机肥中钾素回收率的提高。有机肥中钾素回收率高于化肥中钾素的回收率，主要原因可能是有机肥中钾素含量低，钾肥在低水平时回收率高。

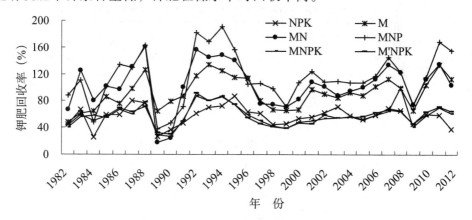

图34-25 不同施肥处理钾肥回收率的变化

（二）黄棕壤性水稻土土壤有机碳循环与平衡

1. 黄棕壤性水稻土土壤有机碳平衡

从表34-14可以看出随着种植年限的增长，所有有机肥处理的土壤有机碳含量都有增长的趋势，在试验的前10年增加较快，最近10年增速趋缓。施用化肥的处理土壤有机碳含量在试验的前10年有增加的趋势，在试验的后10年有所下降。

2. 黄棕壤性水稻土土壤有机碳平衡与有机碳投入的关系

经过32年的试验，不施肥对照、单施氮肥及氮磷肥处理土壤耕层有机碳有所下降（表34-15），其他处理均有所增加，其中增加最多的是MN处理，其次为MNPK处理，再次是M′NPK处理。32年后耕层土壤的固碳量与累积碳输入量呈极显著的正相关关系，回归方程为：y（碳储量）$= 0.097\ 5x$（累积碳输入量）$+ 30.438$，$R^2 = 0.801\ 3$，$p < 0.01$。（周萍等，2009；Tong等，2009；Bi等，2009；Zhang等，2010；Cong等，

2012；Zhang 等，2012）。

表 34-14　不同处理不同年份土壤有机碳含量及其变化

处理	1981 年含量 (g/kg)（A）	1990 年含量 (g/kg)（B）	B 比 A 增加（%）	2002 年含量 (g/kg)（C）	C 比 B 增加（%）	2012 年含量 (g/kg)（D）	D 比 C 增加（%）
CK	15.84	15.84	0.00	16.39	3.47	13.48	6.14
N	15.84	16.63	4.99	16.30	-1.98	13.95	-17.75
NP	15.84	17.79	12.31	17.74	-0.28	15.00	-14.42
NPK	15.84	18.56	17.16	21.33	14.92	16.40	-15.45
M	15.84	21.31	34.52	22.58	5.96	18.66	-23.11
MN	15.84	21.04	32.82	23.88	13.50	20.87	-17.36
MNP	15.84	21.64	36.59	22.56	4.25	19.21	-12.60
MNPK	15.84	21.50	35.72	23.93	11.30	19.39	-14.85
M′NPK	15.84	23.47	48.14	24.91	6.14	20.28	-18.97

表 34-15　不同处理作物根茬及有机肥带入的碳量与土壤耕层的固碳量

处理	水稻根茬年带入碳量 [t/(hm²·a)]	小麦根茬年带入碳量 [t/(hm²·a)]	有机肥年带入碳量 [t/(hm²·a)]	耕层土壤 32 年后的碳储量(t/hm²)
CK	1.08	0.28	0	36.94
N	1.30	0.29	0	36.43
NP	1.39	0.48	0	36.66
NPK	1.44	0.55	0	42.72
M	1.46	0.59	1.97	47.16
MN	1.54	0.71	1.97	51.52
MNP	1.53	0.76	1.97	47.02
MNPK	1.60	0.78	1.97	49.56
M′NPK	1.58	0.81	3.28	46.67

3. 黄棕壤性水稻土土壤有机碳库特征

2010 年与 2011 年在小麦与水稻收获后采集土样对土壤总有机碳、难降解有机碳、酸水解有机碳、微生物生物量碳含量进行了分析。结果表明，各处理土壤总有机碳的变化范围为 16.5 ~ 26.5g/kg，平均 21.9g/kg，总有机碳各处理高低顺序为 MNPK > M > NPK > CK，其中 MNPK 和 M 处理著高于 CK。难降解有机碳含量变化范围为 13.0 ~ 19.4g/kg，平均 16.4g/kg，除 2011 年 MNPK 处理的难降解有机碳略低于 M 处理外，其含量高低排序与总有机碳相同，也表现为 MNPK 和 M 处理显著高于 CK。酸水解有机碳含量的变化范围为 2.8 ~ 7.9g/kg，平均为 5.5g/kg，各处理含量高低顺序也与总有机碳相同（图 34 - 26）。

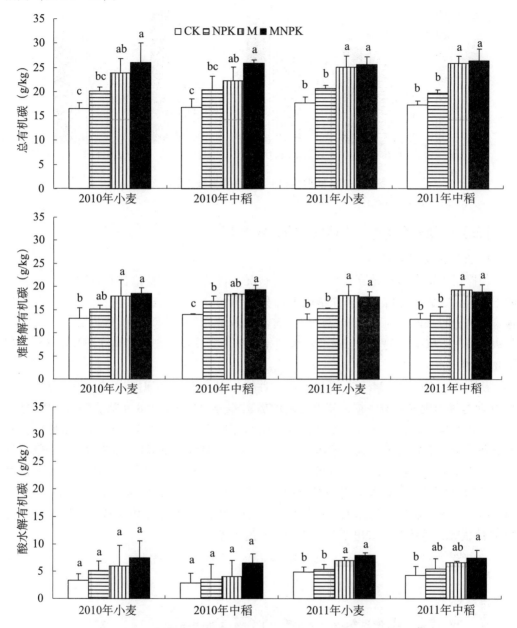

图 34 - 26 长期施肥土壤总有机碳、难降解有机碳、酸水解有机碳的变化

注：不同的字母表示处理之间差异显著

各施肥处理土壤微生物生物量碳含量的变化范围为 443 ~ 1 237mg/kg，平均 807mg/kg。与 CK 处理相比，施肥均提高了微生物生物量碳的含量。除 2011 年水稻季 MNPK 处理的微生物生物量碳含量略低于 M 处理外，其余 3 次取样中，均为 MNPK > M > NPK > CK，其中 MNPK 与 M 处理的微生物生物量碳含量显著高于 NPK 处理（图 34 - 27）。

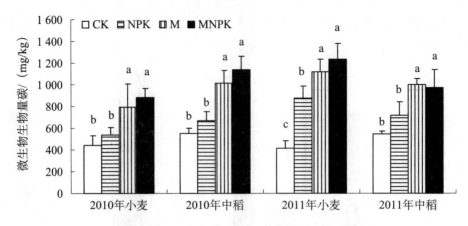

图 34 - 27　长期施肥土壤微生物量碳含量的变化

注：不同的字母表示处理之间差异显著

（三）长期施肥条件下土壤氮素的表观平衡

1. 土壤氮素的表观平衡

为探讨土壤中氮素养分投入产出平衡状况，将每年的植物秸秆和籽粒按小区分别晒干计量，并进行分析，计算作物地上部分携出的养分，比较施肥投入的养分，衡量土壤中养分投入产出的平衡状况，但没有考虑养分挥发、淋洗流失等损失，以及因灌溉水、大气沉降带入的养分。试验各处理土壤氮素养分投入产出平衡状况见图 34 - 28、图 34 - 29。

从图 34 - 28 和图 34 - 29 可以看出，种植年限在 1～8 年时，所有处理中只有 CK 和 M 两处理出现氮养分亏损，其他处理的氮素养分均有盈余；8 年后，NP、NPK 处理由于作物产量较高，而施氮肥量又比有机肥与氮肥配施处理的低，所以也出现了氮素养分的亏损；而有机肥与氮肥配施的各处理（MN、MNP、MNPK、M′NPK），不仅提供了土壤无机氮，而且也提供了有机氮，使土壤氮素养分出现盈余，说明有机肥无机肥配合施用对提高土壤氮养分含量具有较好的作用。单施氮肥虽然有的年份出现亏缺，但是由于单施氮肥处理的作物产量较低，作物携出的氮素养分相对较少，因此，经过32 年的试验，总体上没有出现氮素养分亏缺的现象。

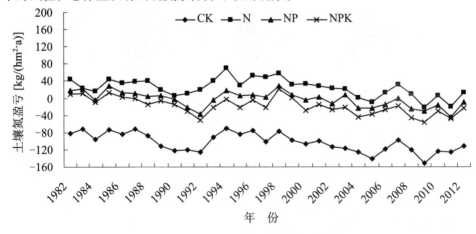

图 34 - 28　长期单施化肥土壤氮素盈亏的变化

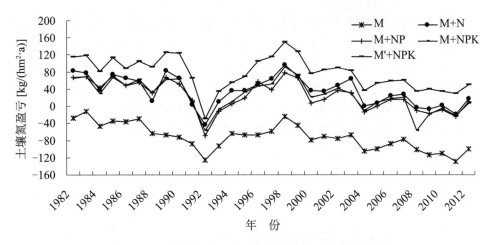

图 34 - 29　长期化肥与有机肥配施土壤氮素盈亏的变化

2. 土壤氮素表观平衡和氮肥投入量的关系

由图 34 - 30 可知，随着氮肥投入的增加，耕层土壤氮出现盈余的趋势，每年氮盈亏量与每年氮肥输入量呈极显著的正相关关系，回归方程为：y（土壤氮的盈亏量）= 0.527 7x（每年氮肥输入量）- 96.641，$R^2 = 0.867\ 8$，$p < 0.01$。单施氮肥及有机肥配施化肥的处理土壤氮素出现累积，CK、NP、NPK 处理出现亏缺现象。

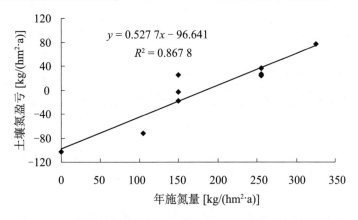

图 34 - 30　长期不同施肥处理土壤氮素盈亏与施氮量之间的关系

3. 土壤氮素表观平衡和土壤全氮含量的关系

土壤氮素的盈亏与土壤全氮含量之间没有显著的相关关系。研究发现，有机肥处理是除了不施肥的对照之外氮素亏缺最大的处理，然而本研究中有机肥处理的土壤全氮含量一直高于 NPK、NP、N 处理。

4. 土壤氮素表观平衡和土壤碱解氮含量的关系

土壤氮素的盈亏与土壤碱解氮含量之间没有显著的相关关系。研究发现，除了不施肥的对照之外单施有机肥处理的氮素亏缺量最大，然而在本研究中有机肥处理的土壤碱解含量一直高于 NPK、NP、N 处理，其原因有待进一步验证。

（四）长期施肥条件下土壤磷素的表观平衡

1. 长期施肥条件下土壤磷素的表观平衡

不同施肥处理土壤的磷素平衡状况见图 34 - 31 和图 34 - 32，由此可经看出，磷素的盈亏出现 3 个层次，总的来说，不施磷肥的两处理（CK、N）土壤磷素出现较大亏缺；施化学磷肥的处理（NP、NPK）土壤磷素基本保持平衡；施用有机磷的处理会有盈余；施有机—无机磷肥的处理盈余量大。施有机肥的各处理，由于试验所用的有机肥猪粪含磷量高，故均出现磷素盈余，以高量有机肥加氮磷钾处理的盈余最多。M、MN 处理年累积量平均为 64.2kg/hm²、55.8kg/hm²；MNP、MNPK 处理的年累积量为 128.3kg/hm²、122.4kg/hm²；M'NPK 处理年累积量为 211.9kg/hm²。

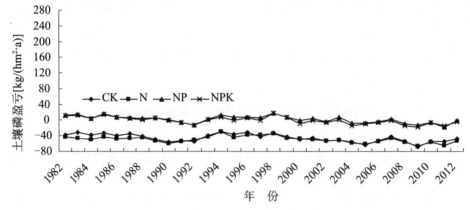

图 34-31　长期单施化肥土壤磷素盈亏的变化

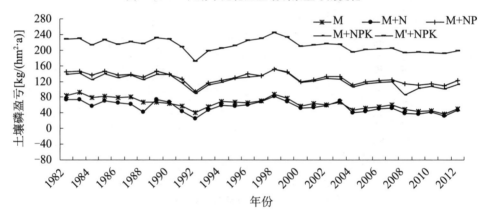

图 34-32　长期化肥与有机肥配施土壤磷素盈亏的变化

2. 土壤磷素表观平衡和磷肥投入量的关系

由图 34-33 可知，随着磷肥投入的增加，土壤磷素出现盈余的趋势，每年磷素盈亏量与每年磷肥输入量呈极显著的正相关关系，回归方程为：y（土壤磷素的盈亏量）= 0.815 9x（每年磷肥输入量）- 54.346，$R^2 = 0.994\ 9$，$p < 0.01$。对照与单施氮肥处理的土壤磷素出现亏缺，施化学磷肥的基本保持平衡，施有机磷肥的会有盈余，有机—无机磷肥配合施用的处理有大量剩余。

3. 土壤磷素表观平衡和土壤全磷含量的关系

图 34-34 显示，土壤磷素盈亏量与耕层土壤全磷平均含量之间呈极显著的正相关关系，回归方程为：y（土壤耕层全磷含量）= 113.19x（土壤磷素的盈亏量）- 96.123，$R^2 = 0.905\ 3$，$p < 0.01$。对照与单施氮肥处理的土壤磷素出现亏缺，土壤的全磷平均含量也比较低，施用有机肥的处理土壤全磷含量比较高。32 年后，对照与化肥处理的土壤全磷含量与初始值持平，而施有机肥的处理均有成倍的增加。

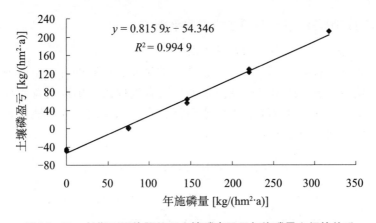

图 34 - 33　长期不同施肥处理土壤磷素盈亏与施磷量之间的关系

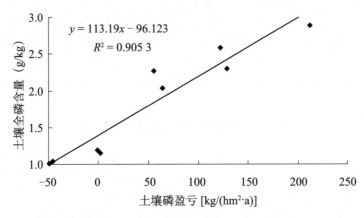

图 34 - 34　长期不同施肥处理土壤全磷含量与土壤磷素盈亏之间的关系

4. 土壤磷素表观平衡和土壤有效磷含量的关系

耕层土壤有效磷含量与土壤磷素盈亏量之间呈极显著的正相关关系（图 34 - 35），回归方程为：y（土壤耕层有效磷含量）$= 1.189 8x$（土壤磷素的盈亏量）$+ 95.606$，$R^2 = 0.794 2$，$p < 0.01$。对照与单施氮肥处理的土壤磷素出现亏缺，土壤的有效磷含量也比较低，施用有机肥的处理土壤有效磷含量比较高。32 年后，对照与单施氮肥处理的土壤有效磷含量与初始值持平，其他处理均有成倍的增加，M′NPK 处理的土壤有效磷含量增加 60 倍。

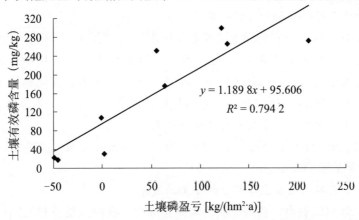

图 34 - 35　长期不同施肥处理土壤有效磷含量与土壤磷素盈亏之间的关系

（五）长期施肥条件下土壤钾素的表观平衡

1. 长期施肥条件下土壤钾素的表观平衡

由图34－36和图34－37可知，经过32年的试验，所有处理的土壤钾均出现大量亏缺现象。土壤钾素投入产出平衡状况表明，所有处理的土壤钾均有亏缺，除高量有机肥和氮磷钾配施处理（M′NPK）的钾素亏缺较少外，其他处理亏缺均较大。由此说明，该试验中的钾肥施用量不足。

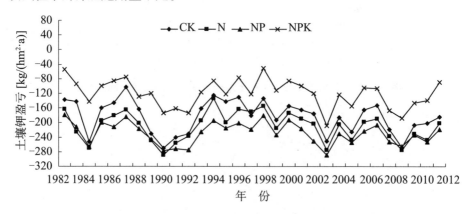

图34－36　长期单施化肥土壤钾素盈亏的变化

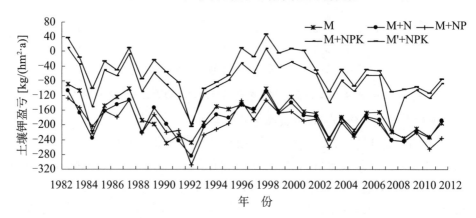

图34－37　长期化肥与有机肥配施土壤磷素盈亏的变化

2. 土壤钾素表观平衡和钾肥投入量的关系

经过32年的试验，所有处理土壤钾素均出现亏缺（图34－38），每年钾素亏缺量与每年钾肥输入量呈极显著的正相关关系，回归方程为：y（土壤钾素的盈亏量）=0.520 1x（每年钾肥输入量）－216.65，$R^2 = 0.893\ 7$，$p < 0.01$。钾肥施用量越大，土壤钾素亏缺量越小，所有处理中NP与N的亏缺最为严重。

3. 土壤钾素表观平衡和土壤全钾含量的关系

土壤钾素的盈亏与土壤全钾含量之间没有显著的相关关系，主要原因是施肥处理对土壤全钾含量的影响较小。

4. 土壤钾素表观平衡和土壤有效钾含量的关系

由图34－39可以看出，耕层土壤速效钾含量与土壤钾素盈亏量之间呈极显著的正相关关系，回归方程为：y（土壤耕层速效钾含量）=0.454 7x（土壤钾素的盈亏量）+

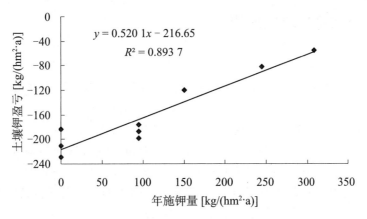

图 34-38　长期不同施肥土壤钾素盈亏与施钾量之间的关系

207.9，$R^2 = 0.922\ 8$，$p < 0.01$。土壤钾素亏缺量少，则速效钾含量就高。

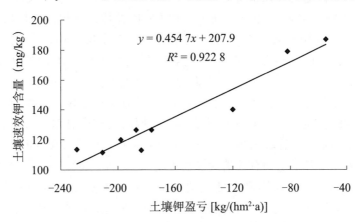

图 34-39　长期不同施肥土壤速效钾含量与土壤钾素盈亏之间的关系

六、基于土壤肥力演变的主要培肥技术模式

施用有机肥提高土壤肥力

在长江中下游稻麦轮作区，较好的土壤培肥的施肥措施为有机肥与氮磷钾肥配合施用，具体方式为：在每年种植小麦或水稻之前，将畜禽粪肥堆于田头堆沤 7~10 天，秋天需要用薄膜覆盖，腐熟后按照每公顷 11 250kg 的用量均匀地撒在土壤表面然后翻耕，之后再施化肥，施肥后耙田、整地、播种或移栽。化肥施氮磷钾三元复合肥，小麦季的化肥用量为：N 90kg/hm^2，P$_2$O$_5$ 45kg/hm^2，K$_2$O 90kg/hm^2，磷肥、钾肥全部基施，氮肥基施 50%、分蘖肥 25%、拔节肥 25%。水稻季的化肥用量为：N 120kg/hm^2，P$_2$O$_5$ 60kg/hm^2，K$_2$O 120kg/hm^2，磷肥、钾肥全部基施，氮肥基施 40%、分蘖肥 40%、孕穗肥 20%。若没有畜禽粪肥也可以用农家肥或商品有机肥替代，农家肥施用量与施用方法同腐熟的畜禽粪肥，商品有机肥施用量为 3 000kg/hm^2，商品有机肥在翻耕之前均匀地撒在土壤表面即可。

七、主要结论与研究展望

（一）主要结论

长江流域稻麦两熟区黄棕壤性水稻土肥料长期定位试验，32 年的试验结果表明如下结论。

（1）施用有机肥是提高土壤有机质的主要措施；化学肥料氮磷钾肥配合施用能够提高土壤有机质含量，但均比有机肥慢；有机肥基础上配合施用氮磷钾肥比单施氮磷钾肥对土壤有机质的贡献大；长期单施氮肥与长期不施肥土壤有机质均有下降的趋势，施用氮磷肥或氮磷钾肥其变化较小。土壤全氮、碱解氮含量变化趋势与有机质基本一致。

（2）随着种植年限的加长，不施磷肥的 CK、N 处理，土壤全磷平均含量与基础土样比较均有所下降，施肥可以提高土壤全磷含量。随着种植年限的延长，在试验各处理中，施磷肥的 NP、NPK 处理与基础土样和 CK 比较均有所提高，但增加幅度不大，有机肥无机肥配施的所有处理与基础土样和 CK 比较土壤全磷含量均增加，特别是MNP、MNPK、M′NPK 处理增幅最大，种植 19 年后其土壤全磷含量已超过基础样的3.3 倍、3.4 倍、4.0 倍，其主要原因是施用的有机肥为猪粪，而猪粪中含磷量高，且多为活性有机磷，同时磷肥在土壤中不易流失，具有累积作用。土壤有效磷的变化趋势与全磷基本相同。施有机肥可以明显地提高土壤有效磷的含量，施无机肥的所有处理其有效磷含量与基础样比较增幅不大，N 处理比 CK 的有效磷含量低，而施有机肥及有机肥无机肥配施的各个处理有效磷含量均大幅增加，M、MN、MNP、MNPK、M′NPK处理在种植 20 年后土壤有效磷含量分别由基础样的 5.0mg/kg 增加到 94.23mg/kg、91.54mg/kg、124.11mg/kg、137.72mg/kg、174.01mg/kg，说明有机肥无机肥配合施用对提高土壤有效磷的含量具有明显的作用。

（3）在长江流域稻麦两熟种植模式区，土壤全钾的变化在所有处理中均表现为下降趋势，与基础样相比下降幅度均在 11.1 ~ 12.4g/kg。在所有处理中 CK 下降最多，NPK 处理土壤全钾下降最少。试验中不施钾肥各处理土壤全钾均表现下降，而施有机肥及水稻施用钾肥 K_2O 90kg/hm^2、小麦施 K_2O 60kg/ hm^2 土壤全钾也都下降，其主要原因是施用有机肥或有机肥与氮磷钾配施处理的作物产量高、生物量大，籽粒和秸秆从土壤中携出的钾多，使土壤出现钾素亏缺，而且随着种植年数的增加亏缺越来越大，因此在长江流域稻麦两熟种植区，每年施用钾肥 K_2O 150kg/hm^2 是不够的，必须加大钾肥的用量才能提高作物的产量，保持土壤钾素的平衡。土壤缓效钾的含量可以反映土壤的潜在供钾能力，本试验供试作物均为当地高产当家品种，需钾量大，由于施钾量不足，加上作物产量高，导致土壤缓效钾亏损量较大，各处理缓效钾年平均下降9.73 ~ 15.5mg/kg，因此，要保持土壤缓效钾的平衡必须加大钾肥的施用量。土壤速效钾是作物当季可以直接利用的钾素来源，直接影响当季作物的产量，但土壤速效钾受土壤缓效钾、钾肥施用量以及作物产量的影响。随着种植年限的增加不施肥处理和单施化肥各处理的土壤速效钾含量均有所下降，其中单施氮肥处理下降最多，氮磷钾肥处理下降最少，基本保持平衡。有机肥无机肥配施处理的土壤速效钾均有不同程度的增加，尤其 M′NPK 处理增加较多。故此，要保持土壤钾库，提高土壤生产力，宜进行有机肥与氮磷钾肥配合施用，同时应加大钾素的投入量。

（二）存在问题和研究展望

（1）黄棕壤性水稻土长期定位试验存在的主要问题：本研究中每年的有机肥施用量虽然是恒定的，但是通过测定发现，每年的有机肥养分含量有一定的差异，因此，每年的有机肥输入的养分量有一定的差异；本长期定位试验点位于城市郊区，有一定的大气沉降，可能会带入一定的养分，在本研究中没有计入；水稻生长期间，灌溉水可能会带入一定的养分量，本研究中也没有计算。

（2）研究展望：长期定位试验在土壤肥力演变、土壤肥力培育、肥料利用效率方面取得了许多重要的结果，但随着种植方式的改变及全球气候变暖，许多新问题不断出现，今后需要继续深入研究的问题有：长期施肥条件下温室气体的排放；长期施肥条件下土壤动物群落的演变；长期施肥条件下的土壤食物网研究（Hu 等，2010a，2010b；陈云峰等，2011；Hu 等，2011；Cao 等，2011；Hu 等，2013a，2013b）。

胡诚、李双来、陈云峰、乔艳、刘东海

参考文献

［1］鲍士旦．土壤农化分析［M］．2000．北京：中国农业出版社．

［2］陈云峰，胡诚，李双来，等．2011．农田土壤食物网管理的原理与方法［J］．生态学报，31（1）：286－292．

［3］关松荫．土壤酶及其研究法［M］．1986．北京：农业出版社，274－340．

［4］黄运湘，王改兰，冯跃华，等．2005．长期定位试验条件下红壤性水稻土有机质的变化［J］．土壤通报，36（2）：181－184．

［5］胡诚，宋家咏，李晶，等．2012．长期定位施肥土壤有效磷与速效钾的剖面分布及对作物产量的影响［J］．生态环境学报，21（4）：673－676．

［6］胡诚，乔艳，李双来，等．2010．长期不同施肥方式下土壤有机碳的垂直分布及碳储量［J］．中国生态农业学报，18（4）：689－692．

［7］林葆，林继雄，李家康．1994．长期施肥的作物产量和土壤肥力变化［J］．植物营养与肥料学报，（1）：6－18．

［8］鲁如坤．土壤农业化学分析方法［M］．2000．北京：中国农业科学技术出版社．

［9］李双来，胡诚，乔艳，等．2010．水稻小麦种植模式下长期定位施肥土壤氮的垂直变化及氮储量［J］．生态环境学报，19（6）：1 334－1 337．

［10］李庆逵，朱兆良．1998．中国农业持续发展中的肥料问题［M］．南昌：江西科学技术出版社．52－60．

［11］马力，杨林章，沈明星，等．2011．基于长期定位试验的典型稻麦轮作区作物产量稳定性研究［J］．农业工程学报，27（4）：117－124．

［12］乔艳，李双来，胡诚，等．2007．长期施肥对黄棕壤性水稻土有机质及全氮的影响［J］．湖北农业科学，46（5）：730－731．

［13］王伯仁，徐明岗，文石林，等．2002．长期施肥红壤氮的累积与平衡［J］．植物营养与肥料学报，8（增刊）：29－34．

［14］王伯仁，徐明岗，黄佳良，等．2002．红壤旱地长期施肥下土壤肥力及肥料效益变化研究［J］．植物营养与肥料学报，（8）：21－28．

［15］徐明岗，梁国庆，张夫道，等．2006．中国土壤肥力演变［M］．北京：中国农业科学技术

出版社.

[16] 杨邦俊, 杨德海, 程明静, 等. 1990. 有机无机肥配合施用对提高地力和节肥增产的效应研究 [J]. 土壤通报, 21 (4): 173 – 175.

[17] 周萍, 潘根兴, 李恋卿, 等. 2009. 南方典型水稻土长期试验下有机碳积累机制. V. 碳输入与土壤碳固定 [J]. 中国农业科学, 42 (12): 4 260 – 4 268.

[18] 曾木祥, 金维续, 姚源喜, 等. 1992. 从长期定位试验看有机—无机肥料配合施用在优越性 [J]. 土壤肥料, (1): 1 – 6.

[19] Bi L, Zhang B, Liu G, et al. 2009. Long-term effects of organic amendments on the rice yields for double rice cropping systems in subtropical China [J]. *Agriculture, Ecosystems and Environment*, 129: 534 – 541.

[20] Cong R, Xu M, Wang X, et al. 2012. An analysis of soil carbon dynamics in long-term soil fertility trials in China [J]. *Nutrient Cycling in Agroecosystems*. 93: 201 – 213.

[21] Cao Z P, Han X M, Hu C, et al. 2011. Yosef S. Changes in the abundance and structure of a soil mite (Acari) community under long-term organic and chemical fertilizer treatments [J]. *Applied Soil Ecology*, 49: 131 – 138.

[22] Hu C, Qi Y C. 2011. Soil biological and biochemical quality of wheat-maize cropping system in long-term fertilizer experiments [J]. *Experimental Agriculture*, 47 (4): 593 – 608.

[23] Hu C, Qi Y C. 2010a. Abundance and diversity of soil nematodes as influenced by different types of organic manure [J]. *Helminthologia*, 41 (1): 58 – 66.

[24] Hu C, Qi Y C. 2010b. Effect of compost and chemical fertilizer on soil nematode community in a Chinese maize field [J]. *European Journal of Soil Biology*, 46 (3 – 4): 230 – 236.

[25] Hu C, Qi Y C. 2013a. Long-term effective microorganisms application promote growth and increase yields and nutrition of wheat in China [J]. *European Journal of Agronomy*, 46: 63 – 67.

[26] Hu C, Qi Y C. 2013b. Effective microorganisms and compost favor nematodes in wheat crops [J]. *Agronomy for Sustainable Development*, 33 (3): 573 – 579.

[27] Tong C, Xiao H, Tang G, et al. 2009. Long-term fertilizer effects on organic carbon and total nitrogen and coupling relationships of C and N in paddy soils in subtropical China [J]. *Soil and Tillage Research*, 106: 8 – 14.

[28] Zhang W J, Wang X J, Xu M G, et al. 2010. Soil organic carbon dynamics under long-term fertilizations in arable land of northern China [J]. *Biogeosciences*, 7 (2): 409 – 425.

[29] Zhang W, Xu M, Wang X, et al. 2012. Effects of organic amendments on soil carbon sequestration in paddy fields of subtropical China [J]. *Journal of Soils and Sediments*, 1 – 14.

第三十五章　养分循环利用模式下红壤稻田的肥力演变

在红壤稻田开展养分循环利用模式下土壤肥力和肥料效益变化规律的研究，达到资源高效利用、环境友好的稻田生产效果，制定有机、无机资源合理利用对策，对提高土壤肥力和实现资源高效利用具有重大意义，为区域资源高效型稻田高产系统构建的理论与调控提供科学依据。

一、红壤稻田养分循环利用模式长期试验概况

红壤稻田养分循环利用模式长期定位试验位于湖南省桃源县中国科学院桃源农业生态试验站内（东经111°26′，北纬28°55′），地处中亚热带，年均气温16.5℃，≥10℃积温5 200℃，年降水量1 448mm，年蒸发量1 470mm，无霜期约283d，年日照时数1 520h。

（一）试验设计

试验地为红壤稻田，成土母质为第四纪红土。经过1988—1989年两年匀地后，1990年开始试验。初始耕层（0~20cm）土壤基本性质为：有机碳含量15.0g/kg，全氮1.78g/kg，全磷（P）0.55g/kg，全钾（K）12.81g/kg，碱解氮149mg/kg，有效磷15.1mg/kg，速效钾74mg/kg，pH值5.4。采用早稻—晚稻一年两熟轮作制。

试验设10个处理：①不施肥（CK）；②氮肥（N）；③氮磷肥（NP）；④氮钾肥（NK）；⑤氮磷钾肥（NPK）；⑥养分循环利用（C，有机肥为稻草和紫云英）；⑦氮＋养分循环利用（N＋C）；⑧氮磷＋养分循环利用（NP＋C）；⑨氮磷钾＋养分循环利用（NPK＋C）；⑩2/3氮磷＋1/3钾＋1/2稻草还田（2/3NP＋1/3K＋1/2RS，简称为JS）。每处理3次重复，随机区组排列，小区面积33.2m²。各小区之间间隔为15cm水泥田埂，田埂地下70cm深、地上20cm高。

肥料用量为年施氮（N）182.3kg/hm²、磷（P）39.3kg/hm²、钾（K）197.9kg/hm²。各处理肥料施用量见表35-1。其中养分循环利用包括紫云英和稻草的养分循环利用，冬季种植紫云英，春耕前翻耕入田作为绿肥，早晚稻稻草切成8~10cm直接还田。稻草、绿肥的施用量和施用方法为：于4月12—14日收割紫云英，分小区称鲜重并折合计算干重。将同一处理3个重复小区的紫云英混合，再均分为3等份，分别施于该处理的3个小区之中，然后翻压入泥。早稻收获后将早稻鲜草用铡刀切成8~10cm长的草段，随即翻埋入相应的小区之中作晚稻基肥。在晚稻收后将晚稻鲜草切成8~10cm长的草段，随即撒施到相应处理各小区之内作为紫云英的覆盖物，次年与紫云英一同翻压到土壤中作早稻基肥。于每年3—4月份按"M"形采集0~20cm土壤，每小区取12个点混合成一个样，室内风干，磨细过1mm筛，装瓶保存备用。

表 35 - 1　试验处理及肥料施用量　（单位：g/小区）

季 别	肥料品种	施肥时期	处 理								施肥方法
			N	N+C	NP	NP+C	NK	NPK	NPK+C	JS	
早 稻	尿素	插秧前	240	225	240	225	240	240	225	120	耘田入泥
		栽后15d	360	360	360	360	360	360	360	190	撒施
	磷肥	移栽前	0	0	2 500	2 500	0	2 500	2 500	1 670	耘田入泥
	钾肥	移栽前	0	0	0	0	590	470	470	0	耘田入泥
晚 稻	尿素	插秧前	300	300	300	300	300	300	300	250	耘田入泥
		栽后15~20d	375	375	375	375	375	375	375	300	撒施
		孕穗初期	75	90	75	90	75	75	90	40	撒施
	钾肥	移栽前	0	0	0	0	730	850	850	440	耘田入泥

（二）研究方法

土壤有机碳、氮、磷、钾和 pH 值的分析按常规方法进行，具体测定方法见参考文献（刘光崧，1996）。土壤微生物生物量碳（MBC）、氮（MBN）、磷（MBP）用 Brookes 等（1985）的方法测定。土壤干筛团聚体组成和湿筛团聚体组成采用人工筛分法测定，干筛团聚体破碎率（%）=（干筛团聚体含量 - 湿筛团聚体含量）/干筛团聚体含量×100。土壤容重用环刀法测定。

二、养分循环利用模式下红壤稻田有机质和氮、磷的演变规律

（一）有机碳的演变规律

1. 有机碳含量的变化

即使长期不施肥，红壤稻田土壤有机碳含量也能维持在一定的水平，并随试验时间呈上升趋势（图 35 - 1）。与试验前（土壤有机碳含量 15.0g/kg）相比，到 2012 年 CK 处理的土壤有机碳含量提高了 1.9g/kg，年增长幅度为 0.08g/kg。长期施用化肥土壤有机碳也呈上升趋势，且随着氮、磷、钾肥的配合土壤有机碳提高的幅度呈上升趋势，N、NP 和 NPK 处理的有机碳含量提高幅度在 2.9~3.7g/kg，3 个处理分别比试验前提高了 19.0%、20.1% 和 24.8%。而养分循环利用处理的土壤有机碳含量增加幅度明显大于仅施化肥的处理（图 35 - 1），到 2012 年 C、N+C、NP+C 和 NPK+C 处理的土壤有机碳含量提高了 7.8~10.7g/kg，年均提高量为 0.34~0.47g/kg。方差分析表明，23 年养分循环利用处理的土壤有机碳含量均显著高于仅施化肥或不施肥处理（$p < 0.05$）。年际土壤有机碳含量的方差分析表明，NP+C 和 NPK+C 处理约 9 年后对土壤有机碳的提高效应达到显著水平，而 C 和 N+C 处理约 13 后产生显著效应（$p < 0.05$）（陈安磊等，2009）。

2. 土壤有机碳含量与有机物碳（农家肥或秸秆）投入量的关系

本定位试验中，自然归还的有机碳主要统计的是水稻枯叶和根茬的自然归还量，有机碳的人为归还量为紫云英、稻草和粪肥的碳归还量（陈安磊等，2009）。图 35 - 2 的统计结果表明，即使不施任何肥料，CK 处理每年有机碳的归还量也还维持在 1.6t/hm² 以上，施化

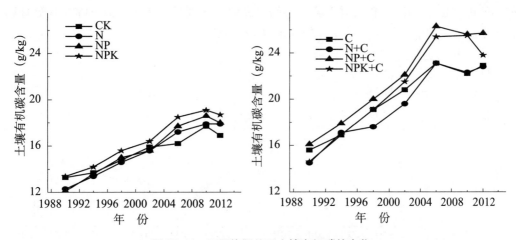

图 35 - 1　不同施肥处理土壤有机碳的变化

肥处理的有机碳年均归还量为 2.0 ~ 2.6t/hm²，养分循环利用处理的有机碳年均归还量为
5.1 ~ 8.0t/hm²。有机物的量较大是红壤稻田土壤能维持较高有机碳含量的主要原因，两者
有极显著的正相关关系（$r = 0.914^{**}$，$n = 8$）。

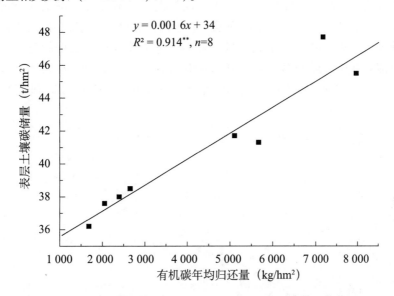

$$y = 0.001\,6x + 34$$
$$R^2 = 0.914^{**}, n = 8$$

图 35 - 2　表层土壤碳储量（2010 年）与年际有机碳归还量的关系

（二）氮素的演变规律

1. 全氮含量的变化

从土壤全氮含量的动态变化可以看出，长期单施化肥和养分循环利用处理之间的
土壤全氮含量差异显著（$p < 0.05$，图 35 - 3）。长期不施肥土壤全氮含量降低，到
2012 年 CK 处理的全氮含量为 1.73g/kg，与试验前相比降低了 2.7%，23 年单施化肥
（N、NP 或 NPK）处理的土壤全氮含量变化较小，与试验前相比变化幅度分别为 0%、
4.4% 和 7.4%，而长期养分循环利用处理土壤全氮含量显著提高（$p < 0.05$），全氮含
量为 2.23 ~ 2.57g/kg，提高幅度 25.3% ~ 44.0%。年际土壤全氮含量的方差分析表明，
单施化肥约在 5 年后土壤全氮含量出现显著降低，之后逐渐提高，不施化肥的单养分

循环处理（C）约在 13 年后对土壤全氮的提高效应达到显著水平，而 NPK + C 处理则在 5 年后就有显著的提高土壤全氮的效果（$p < 0.05$）。

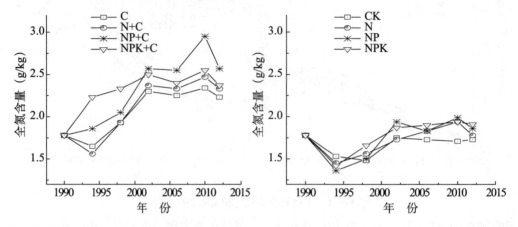

图 35 - 3 长期施肥对土壤全氮的影响

2. 全氮含量与氮肥投入量的关系

氮肥在红壤性水稻土中净残留量很少，仅施用氮肥对提高土壤全氮含量的作用甚微，土壤全氮含量产生差异的主要原因是是否施用了有机物（肥），因此提高土壤有机碳的措施亦能有效地提高土壤全氮含量，每年通过根茬等自然还田的有机物不断带入的有机态氮能有效弥补或减缓土壤氮通过矿化等途径的损失。分析表明，土壤全氮年际变化与土壤有机碳含量的年际变化趋势相同，有显著的正相关关系（图 35 - 4）。

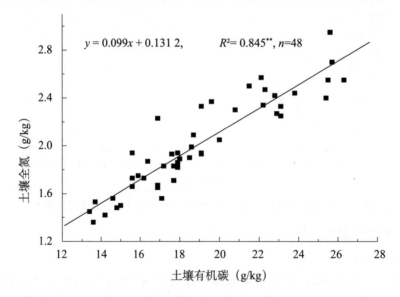

$$y = 0.099x + 0.131 2, \qquad R^2 = 0.845^{**}, n = 48$$

图 35 - 4 年际土壤全氮含量与土壤有机碳含量的相关关系

（三）磷素的演变规律

1. 全磷含量的变化

从土壤全磷含量的动态变化趋势可以看出，长期不施磷肥（CK、C、N 和 N + C）土壤全磷含量呈下降趋势（图 35 - 5），23 年后土壤全磷含量降为 0.43 ~ 0.49g/kg，与试验前（0.55g/kg）相比降低幅度为 11.0% ~ 21.9%，有机肥带入的磷素不足以弥补土壤磷库的亏损。施用磷肥的处理土壤全磷含量呈上升趋势，到2012年NP和NPK处理的土壤全磷含量比试验前分别提高了19.3%和17.9%，而磷肥配合养分循环能显著提高土壤全磷含量（$p<0.05$），NP+C和NPK+C处理与试验前相比含量分别为提高0.22g/kg和0.20g/kg，平均提高38.2%。

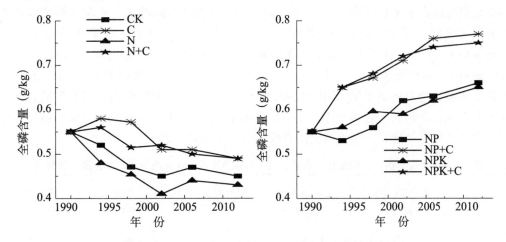

图35-5　养分循环利用模式下土壤全磷含量的变化

2. 有效磷含量的变化

土壤有效磷（Olsen-P）与全磷的变化密切相关，两者有极显著地正相关关系（$r=0.928^{**}$，$n=40$）。总体来看，长期不施磷肥的土壤有效磷含量呈明显的下降趋势（图35-6），到2010年CK、C、N和N+C处理的土壤有效磷含量为4.1~6.1mg/kg，降低幅度为29.5%~69.9%。统计分析表明，施磷肥的处理土壤有效磷含量显著高于不施磷肥处理（$p<0.05$），到2010年有效磷含量为12.2~18.4mg/kg，其中磷肥与养分循环利用配合的处理，土壤有效磷含量处于最高水平，与试验前相比提高了2.7~3.3mg/kg，平均提高19.7%。

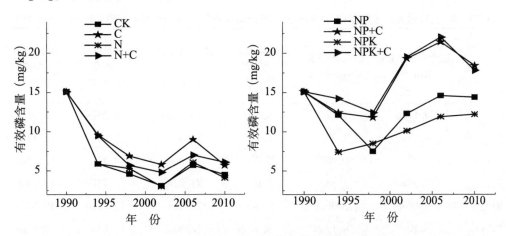

图35-6　养分循环利用模式土壤有效磷含量的变化

3. 磷素形态的变化

表35-2和表35-3结果表明，仅施用化肥对土壤微生物磷（MBP）没有显著影响，NP或NPK与养分循环配合能显著提高土壤MBP含量（$p<0.05$）。总体来看，土

壤 MBP 占全磷（TP）的比例为2.9%～5.1%（平均为3.8%），施用化肥对土壤 MBP/TP 的作用不显著（≤CK 处理的4.1%），而养分循环利用处理能提高土壤 MBP 占土壤全磷的比例（平均为4.6%）。

在长期不施磷肥条件下，土壤全磷含量与试验前相比显著降低（$p < 0.05$），但土壤有机形态磷含量平均提高了29.3%（试验前含量为172mg/kg）；土壤亏损的磷形态主要是无机磷（Al-P、Fe-P、Ca-P 和 O-P），其中 Al-P 含量处于最低水平（平均为0.5mg/kg）；另外，长期不施磷肥土壤的 MBP 远高于 Olsen 法提取态磷（Olsen-P）（< 7.0mg/kg），而相关性分析表明，稻田土壤 MBP 与 Al-P 呈显著相关关系（$p < 0.05$），推断土壤微生物对稻田土壤 Al-P、Fe-P、Ca-P 和 O-P 的利用是促进其向有效磷方向转化的关键途径。磷肥配合养分循环利用，不仅提高了土壤磷库的积累，而且通过土壤微生物的活化有效地提高了土壤磷的有效性（陈安磊等，2007）。

表35-2　土壤有机碳、微生物磷含量、微生物碳磷比及 Olsen 法提取态磷含量（2004 年）

处理	有机碳 SOC（g/kg）	微生物磷 MBP（mg/kg）	微生物碳/磷比 MBC/MBP	Olsen-P（mg/kg）	土壤有机磷（mg/kg）
CK	17.0b	17.3c	47	4.7e	195.5de
C	23.7a	22.2bc	61	6.8d	244.7bc
N	16.7b	16.0c	56	4.1e	191.8e
N+C	23.5a	22.5bc	59	6.6d	228.3bcde
NP	18.1b	24.9bc	42	23.8b	235.5bcd
NP+C	27.0a	36.1a	45	29.1a	294.4a
NPK	18.3b	17.9c	49	16.4b	215.3cde
NPK+C	26.1a	29.7bc	51	30.3a	268.2ab

注：同列数据后不同字母表示处理间差异达5%显著水平

表35-3　土壤微生物生物量磷、Olsen 法提取态磷及不同形态无机磷占全磷的比例（2004 年）

处理	微生物磷/全磷 MBP/TP	OlsenP/全磷 Olsen-P/TP	磷酸铝盐磷/全磷 Al-P/TP	磷酸铁盐磷/全磷 Fe-P/TP	磷酸钙盐磷/全磷 Ca-P/TP	闭蓄态磷/全磷 O-P/TP
CK	4.11ab	1.12c	0.28c	13.61bc	5.89c	7.91ab
C	4.55a	1.37c	0.18c	12.86c	7.69c	6.48b
N	3.72ab	0.96c	0.00c	13.25bc	4.72bc	12.52ab
N+C	4.65a	1.38c	0.01c	11.52c	7.75bc	12.04ab
NP	4.06ab	3.96a	2.30bc	22.01a	12.68ab	10.38ab
NP+C	5.20a	4.13a	3.97ab	18.86ab	13.63a	9.71ab
NPK	2.89b	2.69b	1.57bc	21.42a	12.06ab	13.52a
NPK+C	4.20ab	4.28a	7.29a	21.49a	13.36ab	11.44ab

注：同列数据后不同字母表示处理间差异达5%显著水平

（四）钾素的演变规律

长期不同施肥模式对土壤全钾含量没有影响（$p > 0.05$），到 2012 年各施肥土壤的全钾含量均值为 12.72g/kg，与试验前相比仅降低了 0.7%，可见养分循环利用或者钾肥施用与否并不影响土壤钾的积累。

三、养分循环利用模式下红壤稻田土壤其他理化性状的变化特征

（一）土壤容重的变化

土壤容重是土壤物理性质的综合指标，是研究土壤碳储量的重要参数，其数值大小受土壤有机质含量以及各种自然因素和人工管理措施的影响。本研究表明，长期稻作土壤容重总体处于下降趋势，平均降低幅度为 25.8%，其中有机物还田处理降低的幅度最大（平均为 30.9%）。土壤容重年际动态分析表明（图 35－7），化肥与养分循环配合（有机物归还量较大）的处理土壤容重在 5 年后明显降低（降低幅度平均为11.4%），其中 NP＋C 和 NPK＋C 处理降低幅度达到显著水平，长期仅施用化肥的 NP和 NPK 处理土壤容重在 9 年后显著降低，而有机碳归还量最小的 CK 和 N 处理约在 13年后才出现显著降低（$p < 0.05$）。对 1994 年、1998 年、2002 年、2006 年和 2010 年的土壤容重和有机质数据进行相关性分析（图 35－8），结果表明，土壤容重与土壤有机质含量有显著的负相关关系（$r = -0.880^{**}$，$n = 40$），而有机碳的年际归还量决定了本研究中土壤有机碳含量的大小，本研究中有机碳的年际自然归还量较大（最低约为1.6t/hm²）导致土壤有机碳含量升高是土壤容重持续降低的关键原因（陈安磊等，2009）。

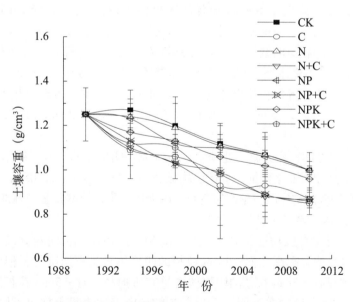

图 35－7 长期施肥红壤稻田土壤容重的变化

（二）土壤团聚体结构的变化

土壤团聚体是土壤结构的基本单元，是植物区系、土壤母质、气候和农业管理措施，包括施肥、灌溉、耕作、轮作等多因素互相作用的综合反映，对土壤的物理、化

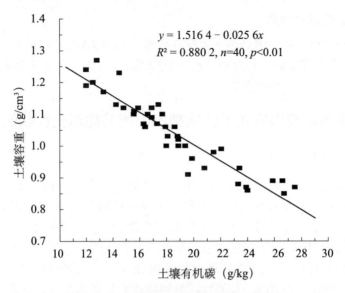

$$y = 1.516\,4 - 0.025\,6x$$
$$R^2 = 0.880\,2, n=40, p<0.01$$

图 35 - 8　土壤容重与土壤有机碳的相关关系

学和生物学性质，包括水土流失、土壤有机质的保护以及营养元素的保持与供给等皆有重要影响。本定位试验就南方亚热带地区长期不同施肥处理对红壤性水稻土团聚结构的影响及特征进行了研究（陈惟财等，2009）。

1. 干筛团聚体

干筛团聚体组成是反映土壤物理（机械）性质的一个重要指标。从表 35 - 4 可以看出，在耕作层，与无有机物还田的处理（CK 和 NPK）相比，长期养分循环处理（C、NPK + C 和 JS）降低了 >5mm 粒径的团聚体含量，提高了 <5mm 粒径团聚体含量，其中 NPK + C 处理表现得尤其明显。在下层土壤，除 JS 处理外，其余养分循环处理也表现出与耕作层相似的结果。但 JS 处理则表现出与无有机物还田处理相似的结果，且除 <0.25mm 粒径团聚体外，其余粒径的团聚体含量，JS 处理与 NPK + C 均有显著差异。在同一土壤层中，各粒径团聚体含量在不同施肥处理中均表现出相似的分布特征，从高到低的顺序均为：>5mm、2 ~ 5mm、0.5 ~ 1mm、<0.25mm、1 ~ 2mm 和 0.25 ~ 0.5mm。

在不同土壤层之间，养分循环处理中 >5mm 粒径团聚体的含量，耕作层显著低于犁底层，而 <5mm 粒径团聚体含量，耕作层均显著高于犁底层（p < 0.05）；无有机物还田的处理（CK 和 NPK）耕作层与犁底层各粒径团聚体含量差异不显著（陈惟财等，2009）。

2. 湿筛团聚体（水稳定性团聚体）

在耕作层，与无有机物还田处理（CK 和 NPK）相比，长期养分循环处理 >2mm 粒径团聚体的含量明显提高，而 <1mm 粒径的团聚体含量有所降低；但在犁底层，长期养分循环处理只有 >5mm 粒径的团聚体含量有所提高，对 <5mm 粒径团聚体含量的影响不一致（表 35 - 5）。在不同土壤层，各粒径团聚体含量表现出不同的分布特征：各处理耕作层均以 >5mm 粒径的团聚体含量最高，其次为 <0.25mm 粒径团聚体，最少的为 1 ~ 2mm 粒径团聚体；犁底层则以 <0.25mm 粒径的团聚体含量最高，其次为 0.5 ~ 1mm 粒径团聚体，最少的为 2 ~ 5mm 粒径团聚体。

表35-4　不同施肥处理中各土层干筛的团聚体含量（2006年土壤）

处　理	土壤层次（cm）	各粒径团聚体含量（%）					
		>5mm	2~5mm	1~2mm	0.5~1mm	0.25~0.5mm	<0.25mm
CK	0~20	87.06b	7.14a	1.02a	2.02a	0.86a	1.89ab
	20~40	88.76ab	7.04ab	0.91ab	1.79ab	0.57ab	0.92a
C	0~20	81.69ab	10.57ab	1.49a	3.68b	1.14a	1.42ab
	20~40	86.78ab	7.84ab	1.06ab	2.21b	0.88bc	1.24a
NPK	0~20	87.32b	7.80ab	1.10a	1.93a	0.69a	1.16a
	20~40	88.68ab	6.80ab	1.03ab	1.84ab	0.70abc	0.96a
NPK+C	0~20	79.92a	11.51b	1.56a	3.52ab	1.27a	2.21b
	20~40	84.30a	9.31b	1.31b	2.64b	1.06c	1.38a
JS	0~20	81.66ab	10.28ab	1.37a	3.36ab	1.31a	2.02ab
	20~40	90.59b	6.04a	0.70a	1.30a	0.48a	0.88a

注：同一列同一土层数据后不同字母表示处理间差异达5%显著水平

表35-5　不同施肥处理各土层湿筛的团聚体含量（2006年土壤）

处　理	土壤层次（cm）	各粒径团聚体含量（%）					
		>5mm	2~5mm	1~2mm	0.5~1mm	0.25~0.5mm	<0.25mm
CK	0~20	33.88a	6.21a	5.02ab	17.18b	10.81c	26.90c
	20~40	3.18a	1.40a	3.80a	16.12a	16.08ab	58.01b
C	0~20	46.44b	8.29ab	4.78a	11.80a	7.04a	21.64ab
	20~40	6.77ab	1.41a	3.57a	15.91a	15.52ab	55.40b
NPK	0~20	33.53a	7.53ab	5.79bc	17.08b	10.22bc	25.85bc
	20~40	4.96ab	1.94a	4.02a	16.61ab	16.06ab	54.46ab
NPK+C	0~20	37.17ab	12.01c	6.20c	15.24ab	8.20abc	21.18a
	20~40	8.86b	2.39a	4.74b	16.57ab	14.29a	50.76ab
JS	0~20	40.70ab	9.98bc	5.85bc	14.55ab	7.77ab	21.15a
	20~40	6.93ab	1.96a	5.13b	19.44b	16.68b	47.90b

注：同一列同一土层数据后不同字母表示处理间差异达5%显著水平

在不同土壤层之间，养分循环处理中>1mm粒径团聚体含量，耕作层均比犁底层高，而<1mm粒径团聚体含量，耕作层均比犁底层低；无有机物还田的处理（CK和NPK）中>0.5mm粒径团聚体含量，耕作层均比犁底层高，而<0.5mm粒径团聚体含量，耕作层均比犁底层低。

在耕作层，养分循环处理>5mm粒径干筛团聚体破碎率为43.1%~53.5%，而无有机物还田处理（CK和NPK）>5mm粒径干筛团聚体破碎率为61.1%~61.6%；在犁底层，养分循环处理处理与无有机物还田处理（CK和NPK）的>5mm粒径干筛团聚体破碎率分别为89.5%~92.3%与94.4%~96.4%。

由此可见，长期不同施肥处理对耕作层团聚体组成的影响显著大于对犁底层团聚体组成的影响；长期有机物还田不但能提高耕作层、犁底层 >5mm 粒径水稳定性团聚体含量，而且对维持团聚体的水稳定性具有重要作用。其原因可能是长期有机物还田能提高土壤中有机碳尤其是活性有机碳的含量，而活性有机碳是影响团聚体的形成与稳定性的重要因素（陈惟财等，2009）。

四、养分循环利用模式下红壤稻田微生物多样性分析

（一）微生物量碳（MBC）、氮（MBN）的变化

土壤微生物量碳（MBC）、氮（MBN）是土壤有机碳、氮中最活跃的组分，在土壤碳、氮循环过程中有重要的作用，本定位试验就养分循环模式下微生物生物量碳、氮变化进行了研究（陈安磊等，2005）。从表 35 − 6 可以看出，在不施肥（CK）情况下，稻田还土壤能维持较高的 MBC（811.0mg/kg）。与 CK 相比，稻田养分循环利用能显著提高土壤的微生物量碳（MBC）（$p < 0.05$），且随着与氮、磷、钾肥的配合，土壤 MBC 的提高幅度有逐渐上升的趋势。长期不施肥土壤的微生量碳与土壤有机碳的比值（MBC/SOC）为 5.3%，单施化肥对此影响不大（平均为 5.7%），养分循环利用处理的 MBC/SOC 平均提高到 7.2%，而且所占比例与土壤有机碳有极显著的正相关关系（$p < 0.01$）。

各施肥模式土壤 MBN 也发生了显著性分异，与土壤 MBC 的变化基本同步，且两者具有极显著的正相关关系（$r = 0.933^{**}$，$n = 8$）。与 CK 相比，单施施化肥处理的土壤 MBN 虽然有所提高，但与 CK 的差异没达到显著水平（$p > 0.05$）；养分循环利用能较大幅度地提高土壤 MBN，其中 C、NP + C、NPK + C 处理的提高幅度达到显著水平（表 35 − 6）。总体来看，土壤 MBN 与土壤全氮有极显著的正相关关系（$r = 0.886^{**}$，$n = 8$），土壤 MBN 占土壤全氮的比例为 4.6% ~ 6.4%（平均为 5.5%）。施化肥处理能提高土壤微生物量氮占土壤全氮的比例（MBN/TN，平均为 5.4%），但其小于养分循环利用处理的平均值 6.1%。

表 35 − 6 不同施肥处理土壤微生物量碳、氮的变化（2004 年）

处 理	微生物量碳 MBC（mg/kg）	微生物量氮 MBN（mg/kg）	微生物量碳/土壤有机碳 MBC/SOC（%）	微生物量氮/全氮 MBN/TN（%）	MBC/MBN
CK	811.0d	81d	5.3	4.6	10.0
C	1 362.8abc	131ab	7.4	5.7	10.4
N	893.3cd	89cd	5.7	5.1	10.1
N + C	1 320.6abc	114bcd	6.6	4.8	11.6
NP	1 054.2bcd	124abc	6.2	6.4	8.5
NP + C	1 621.5a	152a	7.7	5.9	10.7
NPK	867.5cd	96bcd	5.0	5.1	9.0
NPK + C	1 524.7ab	158a	7.1	6.3	9.6

注：同列数据后不同字母表示处理间差异达 5% 显著水平

（二）细菌硝化基因多样性及其组成的变化

在稻田生态系统中，氮素是水稻生长的重要营养元素，而氮肥施入稻田后其氮素损失可达 30% ~75%，且大部分氮素以分子态（N_2O）的形式进入大气，N_2O 是温室气体的重要组成部分。由硝化、反硝化细菌所引起的硝化、反硝化作用是土壤中氮素损失的重要机制之一，而亚硝化过程是硝化过程的限速步骤。在氨单加氧酶（Ammonia Monooxygenase，AMO）和羟胺氧化还原酶（Hydroxylamine Oxidoreductase，HAO）的催化反应中，AMO 将 NH_3 氧化为 NH_2OH，再经 HAO 催化氧化为 NO_2^-。其中 AMO 操纵元由 amoA、amoB 和 amoC 这 3 个结构基因构成。本定位试验运用分子生物学手段研究了长期施用氮肥（尿素）对亚硝化基因 amoA 及 hao 多样性及其群落结构的影响（陈春兰等，2011）。

1. 多样性指数分析

Shannon 指数、Pielou 指数，可分别评价土壤微生物的多样性和均匀度。在本研究中，对每个文库测 70 个含目的基因片段的克隆子，文库分析结果见表 35 - 7。从表 35 -7 数据可以看出，长期单施氮肥（N）减少了 amoA 的多样性（Shannon 指数降低了 11%），而 hao 基因的多样性几乎没有变化。同时，长期单施氮肥对这 2 个基因的均匀度也有类似的影响，使 amoA 基因的均匀度降低，而 hao 基因几乎不受影响（陈春兰等，2011）。

表 35 -7　amoA 与 hao 基因在对照和氮处理文库中的多样性

项目	amoA 基因		hao 基因	
	CK	N	CK	N
克隆子	70	70	70	70
可操作分类单元数目	48	38	44	47
Shannon 指数	3.74	3.34	3.64	3.74
均匀度指数	0.97	0.92	0.96	0.97

2. 稀疏曲线分析及基因库容估计

运用稀疏法来估计样品中物种的丰富度，稀疏法假定克隆筛选满足随机、充分的条件，在此基础上构建的物种稀疏曲线将出现渐进拐点或者渐近线，即随着克隆样本的增加，菌种丰富度将保持不变或增加很少。图 35 -9 中包含了 amoA、hao 这 2 个基因在 CK 和 N 两处理中的 4 条稀疏曲线，反映的多样性情况与 Shannon 指数的结果基本一致。此外，这 4 条稀疏曲线均未达到平台期，说明在这 2 个处理中水稻土中 amoA 与 hao 的多样性比较高。

库容值表征样品中微生物物种的覆盖程度。通过公式计算出 amoA 基因在 CK 和 N 处理中的库容值分别为 51% 和 60%，hao 基因的库容值分别为 61% 和 59%。说明所测序列的基因超过总库的一半，能代表土壤中多数含 amoA 及 hao 基因的硝化细菌的情况（陈春兰等，2011）。

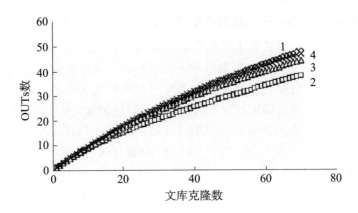

图 35 - 9　*amoA*，*hao* 基因分别在对照（CK）和氮（N）处理中的稀疏曲线

注：1 表示 CK 处理中 *amoA* 稀疏曲线；2 表示 N 处理中 *amoA* 稀疏曲线；3 表示 CK 处理中 *hao* 稀疏曲线；4 表示 N 处理中 *hao* 稀疏曲线

3. 文库组成的差异性分析

LIBSHUFF 的分析结果显示，*amoA* 基因菌群结构在 CK 和 N 处理文库中达到显著差异水平（$p = 0.02$），而 *hao* 基因菌群结构在这两个处理文库间达到极显著差异水平（$p = 0.002$）。图 35 - 10 中同源覆盖曲线与异源覆盖曲线之间的差异也说明了文库间的差异性，两曲线相似性很小，文库间的差异性很大。这说明长期单施氮肥使含 *amoA* 和 *hao* 功能基因的细菌群落结构发生了显著改变。

通过图 35 - 10 进一步分析 *amoA*、*hao* 分别在 CK 和 N 两处理中的差异情况，结果表明，对于 *amoA* 基因文库，大约在 0.03 的进化距离处△C（同源库容与异源库容的差异值）开始小于 95%△C，说明如果按 0.03 以及更大的进化距离为标准来划分 OTU$_S$，则 *amoA* 菌群结构在 CK 和 N 这 2 个文库中不存在显著性差异；而 *hao* 基因在小于 0.3 的进化距离内△C 均大于 95%△C，说明在小于 0.3 的进化距离内 *hao* 基因菌群结构在 CK 和 N 这 2 个文库中存在显著性差异，这也说明按常用的 OTU$_S$ 划分标准（95% ~ 99%），*hao* 基因菌群结构在这 2 个文库中均存在差异，进而说明长期施氮肥使 *hao* 基因菌群发生了显著变化（陈春兰等，2011）。

4. 序列分析

与 GenBank 中的亚硝化基因比对结果显示，本试验获得的 *amoA* 基因多与未培养的硝化细菌的基因有较大的相似性，相似率集中在 86% ~ 99%。*Hao* 基因则主要与已培养的细菌有较近的亲缘关系，但相似性相对较低，主要在 66% ~ 80%。比对结果显示获得的 *hao* 基因多与已知菌属（*Silicibacteria*）、亚硝化螺菌属（*Nitrosospira*）、甲基球菌属（*Methylococcus*）相似。

根据克隆子数量占总克隆子数比例大于 5% 的 OTU$_S$ 为该菌群优势菌群，3.0% ~ 4.5% 的 OTU$_S$ 为次要优势菌群的划分原则，含 *amoA* 基因的菌群中共出现了 7 个优势菌群，其中有 6 个优势菌群来自 N 处理，而含 *hao* 基因的菌群中出现了 3 个优势菌群，其中 CK 处理出现了 2 个。*AmoA* 和 *hao* 基因在 CK 和 N 处理的文库中均出现了重叠基因（在 2 个处理中都有分布的菌种），但没有相同的优势或次优势菌群出现。长期施氮肥改变了优势菌群的种类，并且对含 *amoA* 基因的优势菌群影响更大（陈春兰等，2011）。

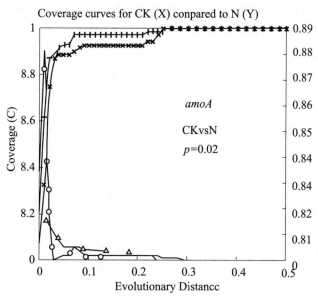

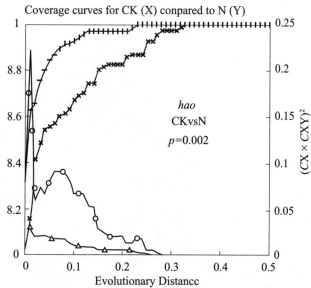

图 35 – 10　*amoA*，*hao* 的 LIBSHUFF 比较结果

注：—○—表示 $\triangle C$，—△—表示 95% $\triangle C$，＋表示同源覆盖曲
线，＊表示异源覆盖曲线

5. 系统发育树分析

与 GenBank 中的序列比对结果显示，*amoA* 基因在这 2 个处理中与未培养的氨氧
化菌基因以及 *amoA/pmoA* 基因有最高相似性，从系统发育树图（图 35 – 11）中也能
得到类似结果，树图的外源基因为 β-*Proteobacteria* 中常见的 *Nitrosospira* 和 *Nitrosomonas*。
根据系统发育树图的结构将获得的 *amoA* 基因划分为 3 个簇，第一个簇最大，占总 OTU$_s$
数的 40%，其中 CK 处理在此簇占优势（62%），另外，这一簇与来自有机质土壤的
amoA/pmoA 基因（AJ317932、AJ317943 等）有较近的亲缘关系（图 35 – 11），相似率为
93% ~99%。Ⅲ中施氮肥的 OTU$_s$ 数略多于不施肥处理（约多 20%），这一簇同序列号为
DQ917326 来自地下水的 *amoA* 基因相聚一簇。比对结果显示与 *amoA* 最相近的虽然为未知

菌，但是与其最相近的已知菌属为亚硝化螺菌属（*Nitrosospira*），由此推论本试验克隆到的氨氧化细菌有可能属于亚硝化螺菌属（陈春兰等，2011）。

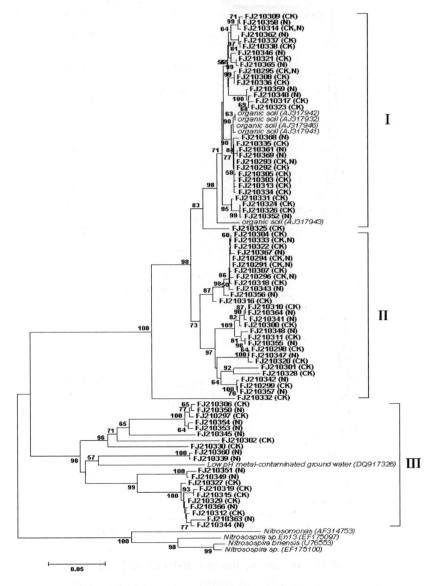

图 35–11　水稻土中长期不施肥（CK）和单施氮肥（N）土壤中 *amoA* 基因的系统发育树

注：CK 表示来自对照处理文库的基因，N 表示来自施用尿素处理文库的基因，FJ210*** 等表示登录号，斜体为已知菌属或者已报道的基因序列，树根只显示了 >50% 以上的值

根据系统发育树图结构分析，获得的 *hao* 基因可被分成 3 个类群（图 35–12），由变形菌门（*Proteobacteria*）的 3 个纲（α、β、γ）组成。第一个类群即 α-*Proteobacteria* 类群包含的 OTU$_S$ 最多，其涵盖了 N 处理中 85.1% 的 OTU$_S$（40 个 OTU$_S$），CK 处理中 50% 的 OTU$_S$（22 个 OTU$_S$），在 *hao* 基因克隆文库中占优势。第二个类群即 β-*Proteobacteria* 主要来自于 CK 处理（见图 35–12B），只一个 OTU 来自 N 处理（FJ493740），另外类群 II 中的这几个基因的比对结果虽与 *Nitrosospira* 有一定的亲缘关系，但树图结构显示它们可能属于不同的属（图 35–12）。与类群 II 类似，从 CK 处理所获得 *hao* 基因

在 γ-Proteobacteria 纲（类群Ⅲ）中占优势，其 OTU$_S$ 数是 N 处理的 2 倍多。这些说明长期施用氮肥使 hao 基因主要集中在 α-Proteobacteria，且与 Silicibacteria 菌属亲缘关系较近，而在其他 2 个变形菌纲中数量相对较少。

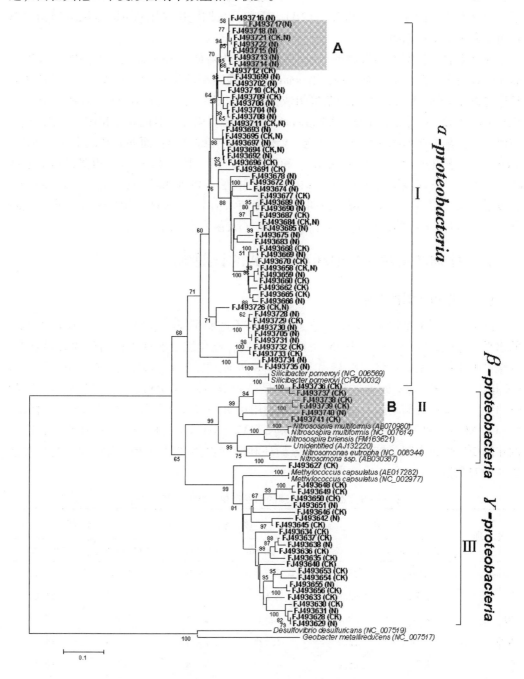

图 35 – 12　红壤水田长期不施肥（CK）和单施氮肥（N）土壤中 hao 基因的系统发育树

注：CK 表示来自对照处理文库的基因，N 表示来自施用尿素处理文库的基因，FJ493 *** 等表示登录号，斜体为已知菌属或者已报道的基因序列，树根只显示了 >50% 以上的值

以 98% 的进化距离标准界定 OTU$_S$ 所获得基因种类的聚类情况出现较少（图

35－11、图 35－12，阴影部分表示聚类）。*amoA* 中几乎不能分辨出聚类现象即 CK 和 N 这 2 个文库中的基因在发育树图中频繁交替出现。然而 *hao* 基因树图中每个类群都存在比较明显的优势文库，如第一个类群中 N 文库占优势；其聚类现象也比较明显，出现了 2 个聚类块（图 35－12A 和 35－12B）。因此，长期施用氮肥对 *hao* 基因群结构的影响明显大于 *amoA* 基因群。

综合来看，长期单施氮肥使 *amoA* 基因多样性降低（Shannon 指数减少了 11%），而 *hao* 基因多样性几乎不受影响，对 *amoA* 优势基因型的影响大于对 *hao* 基因的影响；长期施氮使 *amoA* 和 *hao* 基因的菌群组成分别发生了显著性（$p = 0.02$）和极显著性变化（$p = 0.002$）。系统发育分析表明 *amoA* 基因主要与未经培养的氨氧化细菌基因相似，相似率主要集中在 86%～99%，可能主要来自亚硝化螺菌属；而 *hao* 基因主要与 *Silicibacteria*，亚硝化螺菌属（*Nitrosospira*）和甲基球菌属（*Methylococcus*）相似，相似率在 66%～80%，长期施用氮肥使 *hao* 基因主要集中在 α-Proteobacteria 纲目与 *Silicibacteria* 有较近的亲缘关系。总体来说，长期单施氮肥使水稻土中亚硝化基因 *amoA* 的多样性降低，使 *amoA* 与 *hao* 的群落组成发生显著变化（陈春兰等，2011）。

五、作物产量对养分循环利用模式的长期响应

（一）作物产量的变化

红壤稻田产量维持能力较强，在连续 23 年不施肥情况下水稻产量维持在 $6.0t/hm^2$ 的水平。施肥处理的产量（表 35－8）结果表明，施化肥是实现水稻高产的必要条件，仅施氮肥能提高稻谷产量（8.3%），但与 CK 处理相比没有明显差异（$p > 0.05$）。与 CK 相比，NP 和 NPK 处理的稻谷的产量显著提高（$p < 0.05$），平均提高 43.3% 和 63.3%。在施化肥的基础上增加养分循环利用可进一步提高稻谷的产量，与 CK 相比，N＋C、NP＋C 和 NPK＋C 的产量分别提高 53.3%、68.3% 和 81.7%。整体来看，产量的年际变异性也出现了较大差异，养分循环利用能提高产量的年际稳定性，提高粮食生产的安全性（表 35－8）。

表 35－8　不同施肥处理的稻谷产量（1990—2012 年）

处理	早稻		晚稻		全年	
	产量（t/hm^2）	CV（%）	产量（t/hm^2）	CV（%）	产量（t/hm^2）	CV（%）
CK	2.5d	23.7	3.5e	19.9	6.0e	15.1
N	2.7d	32.9	3.8e	21.5	6.5e	21.0
NP	4.2c	20.5	4.5d	20.5	8.6d	17.2
NPK	4.7c	22.4	5.1ab	21.4	9.8bc	18.3
C	4.3c	25.0	4.6cd	17.8	8.9d	16.1
N＋C	4.3c	18.6	5.0bc	19.0	9.2cd	14.8
NP＋C	5.0b	22.6	5.1ab	19.3	10.1ab	16.6
NPK＋C	5.5a	23.2	5.4a	22.1	10.9a	16.7

注：同列数据后不同字母表示处理间差异达 5% 显著水平

（二）作物产量对长期施肥的响应

1. 对长期施氮肥的响应

氮肥的投入是农业获得高产的重要措施，但仅施氮肥的增产效果不显著（$p > 0.05$）。本试验中施氮肥处理的早、晚稻年均产量分别为 2.7t/hm² 和 3.8t/hm²，与 CK 相比平均只提高了 8.0% 和 8.6%，均未达到显著水平（$p > 0.05$））。

红壤稻田土壤的生产力较高，即使长期不施肥（CK）稻谷的产量也并没有降低，反而有上升趋势（年际上升幅度为 53kg/hm²），而长期单施氮肥（N）的稻谷产量则随试验时间的增长呈下降趋势（图 35-13），年下降速率为 39.3kg/hm²。N 处理与 CK 相比，相对产量呈显著下降趋势（$p < 0.01$，$n = 23$），年下降速率为 92.7kg/hm²（图 35-13）。

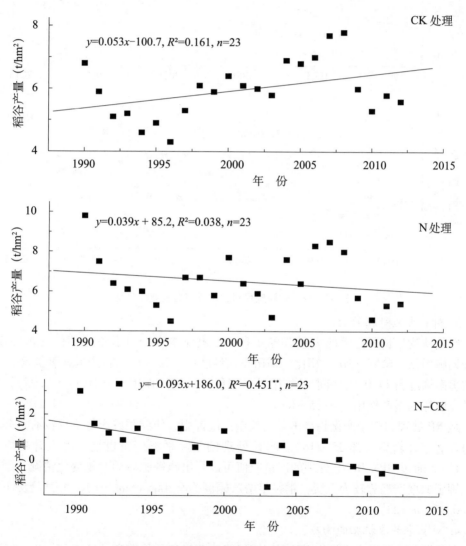

图 35-13 长期施用氮肥稻谷产量的变化趋势

2. 对长期施磷肥的响应

红壤地区土壤磷素缺乏是限制生产力提高的因素之一，因此施磷肥是解决红壤缺磷的重要措施。红壤稻田长期不施磷肥，土壤全磷和有效磷含量均显著下降，特别是长期单施氮肥（N），土壤磷素含量处于最低水平，而施磷肥后土壤全磷和有效磷均显著提高（图35-5，图35-6）。从图35-14可以看出，NP处理与N相比，早、晚稻的稻谷产量分别提高了55.6%和18.7%，均达到显著水平（$p<0.05$），年际稻谷产量呈增长趋势，年均增长速率为103.6kg/hm²。相对产量的变化趋势表明，施磷肥后稻谷产量年均增长速率为142.9kg/hm²，增速明显（$p<0.01$，$n=23$）。

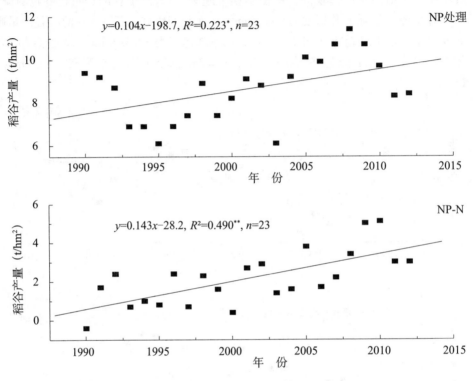

图35-14 长期施用磷肥稻谷产量的变化趋势

3. 对长期施钾肥的响应

钾是植物生长所必需的大量营养元素，在农业生产中具有不可替代的重要作用。与长期施用氮、磷肥（NP）相比，稻田投入钾肥后（NPK）稻谷产量显著提高，23年平均提高幅度为14.0%，钾肥的施用对早稻稻谷的增产作用不显著（$p<0.05$），而对晚稻有明显的增产作用（表35-8）。

从NP处理的产量变化趋势来看，长期不施钾肥，年际稻谷产量不仅没有下降，反而呈显著上升趋势（图35-15）。NPK处理的年际稻谷产量也呈显著上升趋势（图35-15）。通过NPK和NP处理的产量差值可以得出施钾肥后的产量变化情况，结果表明，钾肥的增产趋势较为平缓，稻谷年增产幅度为9.4kg/（hm²·a），上升趋势不明显（$p>0.05$，$n=23$）。

4. 对长期施有机肥的响应

与长期不施肥相比，养分循环利用不仅能显著提高稻谷的产量（表35-8），而且年际产量变化也呈略微上升趋势（图35-16），表明稻田长期施用有机肥具有一定的产量维持能力（8.9t/hm²）。N+C处理的稻谷产量虽有所提高，但产量维持能力降低，稻谷产量下降幅度为51kg/（hm²·a）。而NP+C或NPK+C处理的稻谷产量均呈显著上升趋势

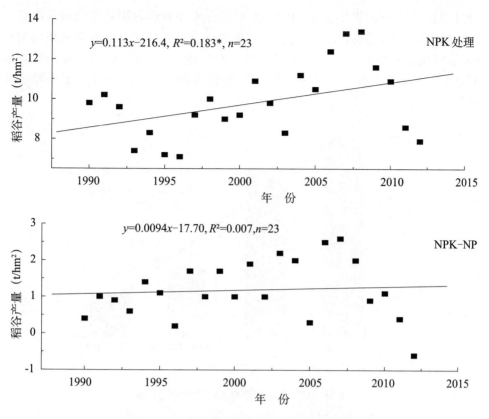

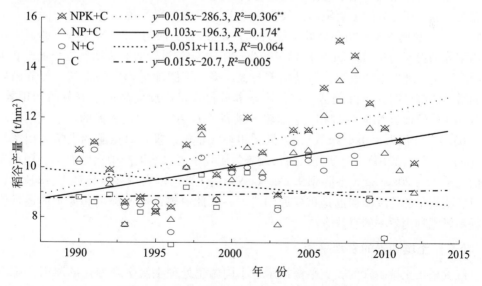

图35-15 长期施用钾肥稻谷产量的变化趋势

（$p < 0.05$，$n = 23$），增加幅度分别为 $103kg/(hm^2 \cdot a)$ 和 $15kg/(hm^2 \cdot a)$ （图35-16）。从土壤养分的角度分析，土壤磷素缺乏可能是 N + C 处理稻谷产量呈下降趋势的关键原因，系统内有机物养分循环利用不能维持稻田土壤磷素的供应能力。

图35-16 长期施用有机肥稻谷产量的变化趋势

与长期单施化肥或者不施肥相比，化肥配合养分循环利用处理的稻谷产量平均提高幅度为26.8%，但随着氮、磷、钾的配合程度的提高，养分循环利用的增产效应呈现递减规律，如 N + C、NP + C 和 NPK + C 处理与对应的 N、NP 和 NPK 处理相比稻谷的增产幅度分别为42.3%、17.3% 和 10.9%，即增幅呈显著下降趋势（图35 – 17）。

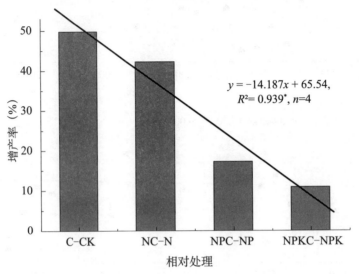

$$y = -14.187x + 65.54, R^2 = 0.939^*, n = 4$$

图 35 – 17　长期施用有机肥稻谷的增产率

六、长期养分循环利用模式下农田生态系统养分循环与平衡

（一）土壤氮素的表观平衡

氮肥与磷钾肥配合施用能提高氮肥的农学利用率（表35 – 9）。从氮的输出量来看，随着氮、磷、钾养分的平衡施用，收获物携带出稻田生态系统的氮量逐步提高，单施氮肥（N），氮肥农学利用率极低（仅为1.7kg/kg N），而与 NP、NPK 处理的氮肥农学利用率分别提高到9.0kg/kg N 和 13.2kg/kg N。本定位试验研究表明，红壤稻田有机物的循环利用表现出增产效应，但是随着与氮、磷、钾肥配合程度的提高，养分循环利用的增产效应呈明显下降趋势，这是由于养分投入量高反而降低了养分的利用效率。如 NPK + C 处理与 NPK 处理相比，氮输入量高了77.8%，而输入氮的农学利用率却降低了65.0%（仅为8.0kg/kg N），可见稻田在大量氮素投入时氮肥的农学利用率却降低（陈安磊等，2010）。有研究认为，偏施氮肥是中国水稻生产中氮肥农学利用率大幅降低（从15～20kg/kg N 下降到9.1kg/kg N）的主要原因之一（朱兆良等，2013），另外氮肥施用量的持续增加也是重要原因之一，因此氮磷钾平衡施用和氮肥的适量施用是提高氮肥利用效率的有效方法。

（二）土壤磷素的表观平衡

红壤稻田土壤磷素的收支平衡揭示了不同施肥处理土壤全磷变化的原因（陈安磊等，2008）。从定位试验的土壤磷素收支平衡结果（表35 – 10）可以看出，不同施肥模式下稻田土壤磷素的平衡发生了明显变化。长期不施肥（CK），土壤中以收获物形式带出系统的磷素得不到有效的补充，土壤磷库亏损严重。长期单施氮肥（N），因系

表 35 - 9　稻田年际氮素平衡状况及其利用率

处　理	氮的输入 （kg/hm²）	氮的输出 （kg/hm²）	平衡值 （kg/hm²）	投入氮的农学 利用率（kg/kg）
CK	8.1	88.6	-81.0	—
N	287.3	138.6	148.7	1.7
NP	288.1	151.4	136.7	9.0
NPK	287.4	169.9	117.5	13.2
NPK + C	511.0	224.8	286.2	8.0

注：表中氮的输入包括化肥、猪粪、稻草、绿肥和根茬等氮源的输入，氮的输出包括稻草和稻谷的携出量，平衡值为输入减输出；数据为 1990—2012 年均值

统生产力的提高使得输出系统的磷素增加，加大了稻田土壤磷素的亏缺量，土壤全磷含量处于最低水平。红壤稻田有机物质循环利用（C）或与氮肥配施（N + C），土壤磷素亏损量减少，与 CK 和 N 处理相比磷库亏损量平均减少了 48.1%。NP 和 NPK 处理的土壤磷库基本维持收支平衡，所以土壤全磷含量变化甚微。NP + C 和 NPK + C 处理虽然输出系统的磷素明显增加，但是有机物质的循环利用使得大量的磷素归还到土壤中（表 35 - 10），从而使土壤全磷含量显著高于试验前（图 35 - 5）。土壤磷供应能力与土壤有效磷含量密切相关，全磷含量低的土壤，其有效磷的供应往往不足。本研究是在同一土壤背景下进行的，土壤全磷的变化是各种磷素变化的基础，更能直观体现磷库的变化方向，土壤 Olsen-P 与土壤全磷有极显著的相关关系（$r = 0.928^{**}$，$n = 40$），磷库亏损严重的土壤有效磷含量也比较低（图 35 - 6）。

表 35 - 10　红壤稻田磷素平衡状况　　　　　　　　　　（单位：kg/hm²）

处　理	磷的输入				磷的输出	平衡状况
	化肥	秸秆	粪肥	秧苗	水稻收获物	
CK	—	—	—	2.4	22.8	-20.4
C	—	9.8	15.6	2.4	40.0	-12.2
N	—	—	—	2.4	24.6	-22.2
N + C	—	12.0	17.4	2.4	41.7	-9.9
NP	39.3	—	—	2.4	36.7	5.0
NP + C	39.3	14.2	18.9	2.4	48.4	26.4
NPK	39.3	—	—	2.4	42.7	-1.0
NPK + C	39.3	17.6	20.9	2.4	57.0	23.2

注：表中数据为 1990—2004 年的平均值

七、主要结论

（1）施用化肥是实现水稻高产的必要条件，稻田系统有机物循环利用能进一步提高水稻产量，化肥与养分循环利用配合（N + C，NP + C，NPK + C）处理的稻谷产量分别比相应的单施化肥处理提高了 9.0t/hm²、10.2t/hm² 和 10.9t/hm²，但增产效应却随养与氮、磷、钾配施程度的提高而降低，如与 N、NP 和 NPK 处理相比，N + C，NP +

C，NPK + C 处理的稻谷增产幅度分别为 43.7%、17.7% 和 9.4%。

（2）稻田土壤能维持较高的土壤微生物量（811.0～1 524.7mg/kg 土）。单施化肥对土壤微生物量碳、氮、磷没有显著影响（$p > 0.05$）；养分循环利用能显著提高土壤微生物量碳（MBC），化肥和养分循环利用配合能大幅度提高土壤微生物量氮（MBN）和微生物量磷（MBP），其中 NP + C 或 NPK + C 处理的提高幅度达到显著水平（$p < 0.05$）。土壤微生物量碳（MBC）与年际有机碳的投入量有极显著的正相关关系（$p < 0.05$），另外土壤微生物量碳、氮、磷分别与土壤有机碳、全氮、有效磷有极显著的正相关关系（$p < 0.01$）。

（3）长期稻作能显著改善土壤物理性状，稻田土壤不会出现板结现象。

（4）稻田长期养分循环利用能显著提高耕层土壤有机质、全氮含量，仅施用化肥的提高幅度较平缓，磷肥与养分循环配合能显著提高稻田土壤的全磷含量。

（5）合理利用稻田有机废弃物资源，既能保持土壤肥力和产量的稳定性，又可减少化肥的投入量。

陈安磊、陈春兰

参考文献

[1] 陈安磊，王凯荣，谢小立. 2005. 施肥制度与养分循环对稻田土壤微生物生物量碳氮磷的影响 [J]. 农业环境科学学报，24（6）：1 094 - 1 099.

[2] 陈安磊，谢小立，文菀. 2010. 长期施肥对红壤稻田表层土壤氮储量的影响 [J]. 生态学报，30（18）：5 059 - 5 065.

[3] 陈安磊，谢小立，陈惟财，等. 2009. 长期施肥对红壤稻田耕层土壤碳储量的影响 [J]. 环境科学，30（5）：1 267 - 1 272.

[4] 陈安磊，谢小立，王凯荣，等. 2008. 长期有机物循环利用对红壤稻田土壤供磷能力的影响 [J]. 植物营养与肥料学报，14（5）：874 - 879.

[5] 陈安磊，王凯荣，谢小立，等. 2007. 不同施肥模式下稻田土壤微生物生物量磷对土壤有机碳和磷素变化的响应 [J]. 应用生态学报，18（12）：2 733 - 2 738.

[6] 陈春兰，吴敏娜，魏文学. 2011. 长期施用氮肥对土壤细菌硝化基因多样性及组成的影响 [J]. 环境科学，32（5）：1 489 - 1 496.

[7] 陈惟财，王凯荣，谢小立. 2009. 长期不同施肥处理对红壤性水稻土团聚体中碳、氮分布的影响 [J]. 土壤通报，40（3）：523 - 528.

[8] 朱兆良，金继运. 2013. 保障我国粮食安全的肥料问题 [J]. 植物营养与肥料学报，19（2）：259 - 273.

[9] 刘光崧. 1996. 土壤理化分析与剖面描述 [M]. 北京：中国标准出版社.

[10] 中国科学院南京土壤研究所. 1978. 土壤理化分析 [M]. 上海：上海科学技术出版社.

[11] Brookes P C, Landman A, Pruden G, et al. 1985. Chloroform fumigation and the release of soil nitrogen, a rapid direct extraction method to measure microbial biomass nitrogen in soil [J]. *Soil Biology and Biochemistry*, 17（6）：837 - 842.

第三十六章　长期施肥冲垅田水稻土肥力演变和培肥技术

红壤性水稻土是我国红壤主要分布区的主要土壤类型，如在湖南省、江西省、湖北省与安徽省南部、广东省与广西北部，以及福建省、浙江省、云南省等地，其分布的面积可以占到当地耕地面积的30%以上。这些地区水热资源丰富，是我国重要的水稻生产基地，在全国粮食生产中占有举足轻重的地位。新中国成立以来，我国政府一贯重视南方红壤资源的开发、利用和低产水稻土的改良，并取得了许多成果，积累了宝贵经验，但对红壤性水稻土土壤肥力的演变和肥力的培育尚缺乏系统研究。为了深入研究水稻土肥力的演变规律和土壤培肥模式，推动该地区农业的持续发展，1981年在湖南省望城县的冲垅田红壤性水稻土上建立了"长江中游红壤性水稻土肥力与肥料效益监测基地"，为研究该地区水稻土肥力演变规律和改良培肥土壤提供科学依据。

一、冲垅田红壤性水稻土肥力演变长期试验概况

试验地位于湖南省望城县黄金乡（东经112°80′，北纬28°37′，海拔高度为100m），望城县位于湘江（洞庭湖的支流之一）的中间段地区。属中亚热带季风湿润气候区，年平均降水量1 370mm，年平均气温17℃，最低月平均温为1月的4.4℃，最高月温为7月的30℃，年平均无霜期大约为300d。试验区土壤为第四纪红壤发育的普通简育人为土（属粉质轻黏土）。长期试验从1981年开始，初始土壤（0～20cm）的基本性状为：有机质含量34.7g/kg，全氮2.05g/kg，碱解氮151.0g/kg，全磷0.66g/kg，有效磷10.2mg/kg，全钾14.1g/kg，速效钾62.3mg/kg，pH值（H_2O）6.6。种植制度为早稻—晚稻—冬闲。

试验设9个处理：CK（不施任何肥料）、PK、NP、NK、NPK、NPK＋Ca（石灰）、NK＋PM（猪粪）、NP＋RS（稻草）和NPK＋RS（稻草）。试验采用完全随机区组设计，小区面积66.7m^2（10m×6.67m），3次重复。氮、磷、钾化肥品种分别为尿素、过磷酸钙和氯化钾。氮肥每年按早稻150kgN/hm^2和晚稻180kgN/hm^2施入；磷肥施用量每年早稻、晚稻每季38.7kgP/hm^2；钾肥施用量每年早稻、晚稻每季99.6kgK/hm^2；稻草还田量早稻、晚稻每季2.1t/hm^2；猪粪早稻、晚稻每季15t/hm^2。磷肥、钾肥、猪粪和稻草在耕田时撒施，并混入土壤；氮肥分两次施入，70%的氮肥在插秧前1d施入，余下30%在分蘖始期追施；石灰每年按早稻、晚稻每季975kg/hm^2在中耕时施入。供试品种早稻为常规水稻品种，1981—1989年为威优48，1990—1999年为广矮四号，2000—2005年为湘早籼32号，2006—2010年为中组一号，2011—2012年为湘早籼24；晚稻为常规水稻品种或杂交水稻组合，1981—1989年为威优35，1990—1999年为威优6号，2000—2005年为新香优80，2006—2010年为T优207，2011—2012年为丰优272。每年早稻于4月底移栽，7月中旬收获；晚稻于7月下旬移栽，10月下旬收获。秧苗生长期为30～35d。常规稻每穴栽插4～5株秧苗，杂交稻每穴栽插1～2株秧苗，株行距20cm×20cm。在早稻、晚稻生长期间，田面灌溉水深保持在5～8cm，水稻收获前10d排水，冬季休闲，不进行灌溉

和栽培作物。其他的田间管理措施与当地农民的大田管理相同。

每年晚稻收获后 10d 内定期采集试验小区的耕层（0~20cm）和不同层次（0~15cm、15~30cm 和 30~45cm）土样。用直径 5cm 不锈钢取样器在每个小区内按耕层 0~20cm 和不同土层各取 5~8 点混合成 1 个样。土样运回室内后，经充分混合，风干，磨细过 2mm 筛，贮存于密封的玻璃瓶中备用。早晚稻收获时采集植株样。土壤和植株样的养分和土壤有机质含量用常规方法测定。活性有机质用 $KMnO_4$ 常温氧化—比色法测定。根据不同浓度的 $KMnO_4$（33mmol/L、167mmol/L、333mmol/L）氧化的有机质数量不同，将能被 333mmol/L $KMnO_4$ 氧化的有机质作为活性有机质，能被 167mmol/L $KMnO_4$ 和 33mmol/L $KMnO_4$ 氧化的有机质分别作为中活性有机质和高活性有机质。土壤细菌、真菌和放线菌数量采用平板法测定；土壤微生物 C、N 用氯仿熏蒸浸提法测定；脲酶活性采用 NH_4^+ 释放量法测定；磷酸酶活性采用磷酸苯二钠比色法测定；转化酶活性采用 3，5 – 二硝基水杨酸显色法测定；脱氢酶活性采用三苯基四氮唑比色法测定。

土壤有机碳储量的计算公式为：

$$SOC_t = C_t \times BD_t \times d \times 10$$

式中，SOC_t 为某层次土壤有机碳储量（t/hm^2），C_t 为某层次土壤有机碳含量（g/kg），d 为层次厚度（m），10 为单位转换系数。

土壤有机碳输入量的估算方法为，将来源于水稻根茬、稻桩、猪粪和稻草的碳量分别用下式估算：

$$RT_C = RT_w \times C_{RT} \times B_P$$
$$ST_C = ST_w \times C_{ST} \times B_P$$
$$PM_C = PM_w \times C_{PM} \times B_P$$
$$RS_C = RS_w \times C_{RS} \times B_P$$

式中，RT_C、ST_C、PM_C 和 RS_C 分别为根茬、稻桩、猪粪和稻草输入的碳量 $[t/(hm^2 \cdot a)]$；RT_w、ST_w、PM_w 和 RS_w 分别为返回土壤的根茬、稻桩、猪粪和稻草的质量 $[t/(hm^2 \cdot a)]$；C_{RT}、C_{ST}、C_{PM} 和 C_{RS} 分别为返回土壤的根茬、稻桩、猪粪和稻草的含 C 量（g/kg）；B_P 为残留物施入 1 年后的腐殖化系数，在本文中根茬取 0.42、稻桩 0.24、猪粪 0.32、稻草 0.25。

碳固定效率的计算方法：

$$CSE（\%） = [（C_{2010} - C_{1981}）] / ERC \times 100$$

式中：CSE 是碳的固定效率；$C_{2010} - C_{1981}$ 分别为 2010 年和 1981 年的碳固定量；ERC 表示 1981 年到 2010 年估算返回土壤的总碳量（t/hm^2）。

用差减法计算养分回收率：氮（磷/钾）养分回收率（%）= [NPK 处理小区作物吸氮（磷/钾）总量 – 无肥处理小区作物吸氮（磷/钾）总量] /肥料中氮（磷/钾）素总量×100。

二、长期施肥下冲垄田红壤性水稻土有机质和氮、磷、钾的演变规律

（一）冲垄田红壤性水稻土有机质的演变规律

1. 长期不同施肥下土壤有机质含量的变化

土壤有机质是衡量土壤肥力高低的主要指标之一。长期不同施肥对土壤有机质含量

有较大影响（图36-1）。不同处理土壤有机质随着年份变化上下波动。总体上 CK、PK 和 NP 处理呈下降趋势，下降速率分别为 0.052g/（kg・a）、0.036g/（kg・a） 和 0.029g/（kg・a）；NK 处理土壤有机质呈缓慢增长趋势，增长速率为 0.008g/（kg・a）；NPK 和 NPKCa 处理土壤有机质呈较快增长趋势，增长速率分别为 0.057g/（kg・a） 和 0.055g/（kg・a）；NK+PM、NP+RS 和 NPK+RS 处理土壤有机质呈上升趋势更加明显，增长速率分别为 0.157g/（kg・a）、0.155g/（kg・a） 和 0.148g/（kg・a）。

经过 32 年的不同施肥，有机肥无机肥长期配施的土壤有机质增加最明显，2012 年 NK+PM、NP+RS、NPK+RS 处理的土壤有机质较 1981 年试验开始前提高了 4.2～4.5g/kg，增幅达到 12.1%～13.0%；NPK 和 NPKCa 处理较 1981 年提高了 2.0～2.2g/kg，增加幅度为 6.0% 左右；NK 处理 2012 年土壤有机质较试验前略有增长，增加量为 0.5g/kg；而 CK、PK 和 NP 处理比试验前分别降低 1.3g/kg、1.0g/kg 和 0.6g/kg。

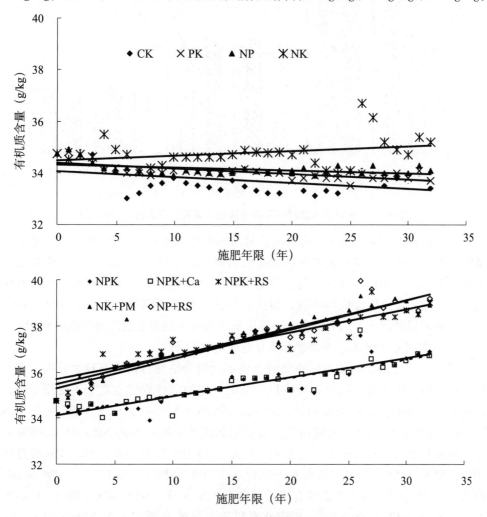

图 36-1　长期不同施肥下土壤有机质含量的变化（1981—2012 年）

2. 长期不同施肥下不同土层有机质含量的变化

经过长期不同施肥，在 0～15cm 土层，不同施肥处理间的土壤有机质含量有较大差异，有机肥无机肥配施（NK+PM、NP+RS、NPK+RS）处理的土壤有机质含量高

917

于单施化肥和无肥处理（图36-2），各处理有机质含量 NP + RS > NPK + RS > NK + PM > NPK > NPK + Ca > NK > PK > NP > CK；与试验前土壤有机质含量（34.7g/kg）相比，CK 和 NP 处理有机质含量降低，降幅为 2.0% 和 1.1%；PK、NK、NPK + Ca、NPK、NK + PM、NP + RS、NPK + RS 处理有机质含量增加，增幅分别为 0.9%、4.3%、4.8%、6.3%、12.1%、14.1% 和 13.8%。在 15～30cm 土层中，有机无机肥长期配施处理的土壤有机质高于单施化肥和无肥处理；不同施肥处理之间的土壤有机质含量无显著差异。在 30～45cm 土层中，不同施肥处理之间的土壤有机质含量无显著差异。

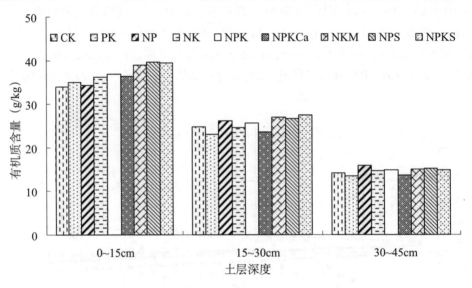

图36-2 长期不同施肥下不同土层的土壤有机质含量（2007年）

长期不同施肥不同土层土壤有机质含量随深度增加而降低（图36-2）。随着土层的加深，不同处理的土壤有机质含量均有较大幅度的下降，不同层次之间的有机质含量差异显著（$p < 0.01$）。这是因为表层土壤接受植物枯落物、根茬和有机肥，有机质来源丰富，而底层土壤有机物的输入量少，仅为一些植物细根和根系分泌物，还有一部分从土壤表层淋溶下来的有机质，这些来源的有机质随着土层的加深数量减少。

3. 长期不同施肥下土壤活性有机质含量的变化

由图36-3可知，长期不同施肥对土壤不同组分活性有机质有较大影响，尤其是对活性有机质和中活性有机质影响明显。施肥处理的活性有机质高于不施肥处理，土壤活性有机质含量表现为 NPK + RS > NP + RS > NPK > NPK + Ca > NK + PM > NK > PK > NP > CK。与不施肥（CK）处理相比，有机肥无机肥长期配施的 NP + RS 和 NPK + RS 处理的活性有机质增加最明显，分别比 CK 提高 28.0% 和 28.7%，NK + PM 处理提高 13.0%，NPK、NPK + Ca 和 NK 处理分别提高 21.0%、20.9% 和 12.7%，PK 和 NP 处理提高了 8.0% 和 5.4%。中活性有机质含量为 NPK > NP + RS > NPK + RS > NK + PM > NPK + Ca > NK > PK > NP > CK。高活性有机质含量的高低依次为 NPK > NPK + Ca > NK + PM > NP > PK > NPK + RS > NP + RS > NK > CK。

4. 长期不同施肥下土壤微生物量碳的变化

长期不同施肥对土壤微生物量碳有较大影响（图36-4）。各处理土壤微生物量碳 NPK + RS > NK + PM > NP + RS > NPK > NPK + Ca > NP > NK > CK > PK。与不施肥（CK）

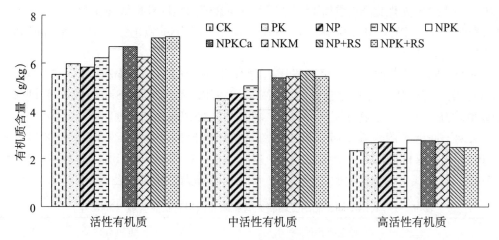

图 36-3　长期施肥下不同活性土壤有机质的含量（2007 年）

处理相比，有机肥无机肥配施的 NPK + RS、NK + PM 和 NP + RS 处理土壤微生物量碳提高幅度为 50% 左右；NPK 和 NPK + Ca 处理也显著增加，增幅分别为 46.7% 和 12.0%；长期不施钾的 NP 处理较 CK 增加 7.7%；NK 和 PK 处理略有降低，降幅为 0.3% 和 1.6%。

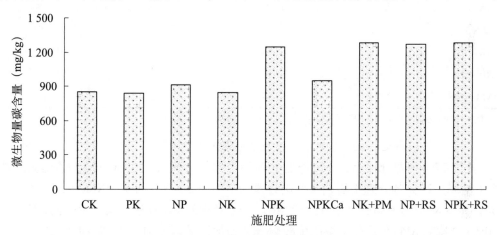

图 36-4　长期施肥对土壤微生物量碳的影响（2005 年）

5. 长期不同施肥下土壤轻组和重组有机质含量的变化

从表 36-1 可以看出，经过连续 27 年 54 季水稻种植，不同施肥处理之间土壤轻组有机质（LFOM）含量有所差异（表 36-1）。各处理 LFOM 含量为 NPK + RS > NP + RS > NK + PM > NP > NPK > NK > CK。与不施肥（CK）处理相比，NP、NK、NPK、NK + PM、NP + RS、NPK + RS 处理的 LFOM 分别增加 8.7%、2.0%、5.3%、22.8%、29.5% 和 46.9%。NK + PM 处理比 NK 增加了 20.5%，NP + RS 处理比 NP 增加了 19.3%，NPK + RS 处理比 NPK 增加 39.3%。有机肥无机肥配施（NK + PM、NP + RS 和 NPK + RS）处理的 LFOM 均高于单施化肥（NK、NP 和 NPK）和无肥处理。

不同施肥处理之间土壤重组有机质（HFOM）含量也有所差异（表 36-1）。各处理 HFOM 的顺序为 NP + RS > NK + PM > NPK + RS > NPK > NK > NP > CK。与不施肥（CK）处理相比，NP、NK、NPK、NK + PM、NP + RS、NPK + RS 处理的 HFOM 分别增加了 0.2%、6.8%、8.8%、13.7%、15.4% 和 13.6%。NK + PM 处理比 NK 增加

6.4%，NP + RS 处理比 NP 增加 15.2%，NPK + RS 处理比 NPK 增加 4.5%。有机肥无机肥配施（NK + PM、NP + RS 和 NPK + RS）处理均高于单施化肥（NK、NP 和 NPK）处理和无肥处理。

长期不同施肥条件下，轻组有机质占总有机质的比例（LFOM/TOM）在 7.3% ~ 9.6% 变化。有机肥无机肥配施（NK + PM、NP + RS 和 NPK + RS）处理土壤 LFOM/TOM 值均高于相应的单施化肥（NK、NP 和 NPK）处理和无肥处理。

长期不同施肥的土壤重组有机质占总有机质的比例（HFOM/TOM）在 90.4% ~ 92.8% 变化。有机肥无机肥配施（NK + PM、NP + RS 和 NPK + RS）处理的 HFOM/TOM 值均低于相应的单施化肥（NK、NP 和 NPK）和无肥处理（表 36 – 1）。

表 36 – 1　长期不同施肥的土壤轻组有机质和重组有机质含量（2007 年）

处　理	轻组有机质		重组有机质	
	LFOM 含量（g/kg）	LFOM/TOM（%）	HFOM 含量（g/kg）	HFOM/TOM（%）
CK	2.57	7.54	31.43	92.46
NP	2.79	8.15	31.50	91.85
NK	2.62	7.25	33.58	92.75
NPK	2.71	7.32	34.20	92.68
NK + PM	3.15	8.13	35.74	91.87
NP + RS	3.33	8.39	36.27	91.61
NPK + RS	3.78	9.56	35.72	90.44

注：LFOM 为轻组有机质；HFOM 为重组有机质；TOM 为总有机质

6. 长期不同施肥下土壤胡敏酸和富里酸含量的变化

连续 27 年种植水稻后，不同施肥处理的土壤胡敏酸碳（HA-C）含量存在较大差异（表 36 – 2）。各处理土壤胡敏酸碳含量为 NP + RS > NK + PM > NPK + RS > NPK > NK > CK > NP。与不施肥（CK）处理相比，NP 处理的土壤胡敏酸碳含量降低，降幅为 2.0%；NK 和 NPK 处理的土壤胡敏酸碳含量增加，增幅分别为 2.0% 和 9.6%；NK + PM、NP + RS 和 NPK + RS 处理土壤胡敏酸碳含量有较大增加，增幅分别为 28.8%、29.2% 和 25.6%。NK + PM 处理比 NK 处理胡敏酸碳含量增加 26.3%，NP + RS 处理比 NP 处理增加 31.8%，NPK + RS 处理比 NPK 处理增加 14.6%。有机肥无机肥配施（NK + PM、NP + RS 和 NPK + RS）处理中土壤胡敏酸碳含量均高于单施无机肥（NK、NP 和 NPK）处理。

不同施肥处理之间土壤富里酸碳（FA-C）也存在显著差异。各处理土壤富里酸碳表现为 NPK + RS > NK + PM > NP + RS > NPK > CK > NP > NK（表 36 – 2）。与不施肥（CK）处理相比，NP 和 NK 处理土壤富里酸碳降低，降幅分别为 3.4% 和 5.7%；NPK 处理增加，增幅为 5.4%；NK + PM 和 NPK + RS 处理增加，增幅分别为 18.2% 和 20.1%；NP + RS 处理增加，增幅为 12.6%，NK + PM 处理比 NK 处理富里酸碳含量增加 25.4%，NP + RS 处理比 NP 处理增加 16.6%，NPK + RS 处理比 NPK 处理增加 14.0%。有机肥无机肥配施（NK + PM、NP + RS 和 NPK + RS）处理的土壤富里酸碳含量均显著高于单施无机肥（NK、NP 和 NPK）处理。

胡敏酸/富里酸（HA/FA）能反映腐殖质的聚合程度，经过 27 年 54 季水稻种植，各处理土壤 HA/FA 值表现 NP + RS > NK + PM > NK > NPK + RS > NPK > NP > CK，但其差异均不显著（$p > 0.05$）（表 36 - 2）。有机肥无机肥配施可以提高土壤 HA/FA 值，提高腐殖质的质量，增强了土壤养分供应和贮藏能力。

表 36 - 2　长期不同施肥的土壤胡敏酸碳和富里酸碳含量（2007 年）

处　理	胡敏酸碳含量（g/kg）	富里酸碳含量（g/kg）	HA/FA
CK	0.25	0.52	0.48
NP	0.25	0.51	0.49
NK	0.26	0.49	0.52
NPK	0.27	0.55	0.50
NK + PM	0.32	0.62	0.52
NP + RS	0.32	0.59	0.55
NPK + RS	0.31	0.63	0.50

注：HA 为胡敏酸；FA 为富里酸

7. 冲垅田红壤性水稻土有机碳储量和有机物料（农家肥或秸秆）碳投入量的关系

从表 36 - 3 可以看出，不同施肥处理对土壤有机碳（SOC）、颗粒有机碳（POC）和高锰酸钾氧化有机碳（$KMnO_4$-C）储量的影响显著。2010 年，非平衡施肥处理（NP 和 NK）在 0 ~ 45cm 土层的 SOC 储量明显下降。连续 30 年种植 60 季水稻之后，各处理 SOC 储量从高到低的顺序为 NK + PM > NPK + RS > NP + RS > NPK > NP > NK > CK。其中，NK + PM、NPK + RS 和 NP + RS 处理的 SOC 储量较 1981 年分别增加了 14.54t/hm², 11.25 t/hm² 和 7.49t/hm²，NPK 处理增加了 1.30t/hm²，而非平衡施肥的 NP、NK 处理和不施肥的 CK 处理分别下降了 0.40t/hm²、0.55t/hm² 和 2.62t/hm²。

表 36 - 3　不同施肥处理 0 ~ 45 cm 土层有机碳（SOC）、颗粒有机碳（POC）和高锰酸钾氧化碳（$KMnO_4$ – C）（2010 年）

处　理	有机碳（t/hm²）		颗粒有机碳（t/hm²）		高锰酸钾氧化碳（t/hm²）	
	1981 年	2010 年	1981 年	2010 年	1981 年	2010 年
CK	69.21 a	66.59 eE	6.53 gG	6.32 eE	13.40 bA	13.44 dD
NP	69.41 a	69.01 dD	6.55 eE	7.01 eE	13.92 abA	15.18 cCD
NK	69.33 a	68.78 dD	6.54 fF	6.70 fF	13.83 abA	15.79 cC
NPK	70.10 a	71.40 dD	6.87 dD	7.45 dD	14.06 abA	18.13 bB
NK + PM	70.17 a	84.71 aA	7.88 aA	8.94 aA	14.68 aA	21.09 aA
NP + RS	70.11 a	77.60 cC	7.61 cC	8.34 cC	14.25 aA	18.49 bB
NPK + RS	70.13 a	81.38 bB	7.80 bB	8.72 bB	14.46 aA	20.09 aAB

注：同列数据后不同小、大写字母分别表示差异显著（$p < 0.05$）和极显著（$p < 0.01$）

2010 年与 1981 年相比，除 CK 处理外，所有处理 0 ~ 45cm 土层的 POC 储量均有增加。CK 处理的 POC 储量下降了 0.21t/hm²，单施化肥的 NP、NK 和 NPK 分别增加了 0.46t/hm²、0.16t/hm² 和 0.58t/hm²，NK + PM、NP + RS 和 NPK + RS 处理分别增加了 1.06t/hm²、0.73t/hm² 和 0.92t/hm²。

2010 年所有处理的 KMnO$_4$-C 储量较 1981 年都表现出不同程度的增加，不同处理之间的 KMnO$_4$-C 储量增量差异很大。非平衡施肥的 NP 和 NK 处理 KMnO$_4$-C 储量增量较少，平衡施肥的 NPK 处理 KMnO$_4$-C 储量增量较多。

在连续 30 年 60 季水稻种植期间，年平均根茬还田碳量为 NPK + RS > NPK > NP + RS > NK + PM > NP > NK > CK（表 36 – 4）。化肥与猪粪、稻草配施处理的有机碳和氮、磷、钾养分输入量明显高于相应单施化肥的 NP、NK 和 NPK 处理，这些增加的碳来自输入的有机物料、稻桩残留物和根茬。另外，猪粪和稻草除了为水稻生长发育提供营养元素外，还可以为作物生长发育营造良好的土壤环境。

各施肥处理之间输入土壤的碳量存在明显差异。NP 和 NK 处理碳输入量仅为 1.409kg/(hm^2·a) 和 1.207t/(hm^2·a)，NPK、NK + PM、NP + RS 和 NPK + RS 处理分别为 1.633kg/(hm^2·a)、3.952kg/(hm^2·a)、3.566kg/(hm^2·a) 和 3.719t/(hm^2·a)。除了猪粪和稻草本身的贡献（分别为 2.376kg/(hm^2·a) 和 1.988t/(hm^2·a)）外，NK + PM、NP + RS 和 NPK + RS 处理比相应的 NK、NP 和 NPK 处理多 369kg/(hm^2·a)、169kg/(hm^2·a) 和 98kg/(hm^2·a)。

碳固定效率（CSE）是指残留碳转变为有机碳（SOC）的效率。从表 36 – 4 可知，所有施肥处理有机碳库中 CSE 变动在 – 9.6% ~ 12.3%。NK + PM 处理碳输入量最高，其 SOC 库中的 CSE 也明显高于其他处理。碳输入量低的 CK、NP 和 NK 处理的固碳量出现负值（表 36 – 4），CSE 也出现负值。

不同施肥处理颗粒有机碳（POC）的碳固定效率也表现出明显差异，从高到低的顺序为 NPK > NP > NK + PM > NPK + RS > NP + RS > NK > CK，NPK 平衡施肥处理的 CSE 高于非平衡施肥的 NK 和 NP 处理。

不同施肥处理 KMnO$_4$-C 库的碳固定效率变化明显。NPK 处理的 CSE 最大（8.3%）；CK 处理由于年根茬生物量低，长期无外源有机碳的输入，其 KMnO$_4$-C 组分的 CSE 仅为 0.2%；化肥与猪粪配施处理 KMnO$_4$-C 组分的 CSE 高于化肥与稻草配施处理。

表 36 – 4　不同施肥处理返回土壤碳量和碳固定效率（1981—2010 年）

处　理	还田碳量 [t/(hm^2·a)]					碳固定效率（%）		
	根茬	稻桩	猪粪	稻草	总计	SOC	POC	KMnO$_4$-C
CK	0.88	0.025	—	—	0.91	– 9.62	– 0.77	0.15
NP	1.37	0.039	—	—	1.41	– 0.95	1.09	2.98
NK	1.17	0.038	—	—	1.21	– 1.52	0.44	5.41
NPK	1.58	0.049	—	—	1.63	2.65	1.18	8.31
NK + PM	1.53	0.048	2.38	—	3.95	12.26	0.89	5.41
NP + RS	1.53	0.045	—	1.99	3.57	7.00	0.68	3.96
NPK + RS	1.68	0.053	—	1.99	3.72	10.08	0.82	5.05

（二）冲垅田红壤性水稻土氮素的演变规律

1. 长期不同施肥下土壤全氮含量的变化

长期不同施肥处理对土壤全氮有一定影响（图 36 – 5）。除长期不施肥（CK）土壤全氮随着施肥年限的延长呈缓慢下降趋势外，所有施肥处理土壤全氮均呈上升趋势。有机无机肥长期配施（NK + PM、NP + RS 和 NPK + RS）处理增长最快，年增长速率分别为 0.012g/（kg·a）、0.011g/（kg·a） 和 0.012g/（kg·a）；NPKCa、NPK、NP 和 NK 处理土壤全氮增长速率低于有机肥无机肥配施处理，增长速率分别为 0.008g/（kg·a）、0.006g/（kg·a）、0.006g/（kg·a） 和 0.005g/（kg·a）；PK 处理土壤全氮增长趋势较缓慢，增长速率为 0.003g/（kg·a）；CK 处理土壤全氮以 0.002g/（kg·a） 的速率缓慢降低。

经过 32 年不同施肥，所有施肥处理土壤全氮较试验开始前均增加，尤其以有机肥无机肥长期配施处理增加最明显。2012 年 NK + PM、NP + RS、NPK + RS 处理土壤全氮较 1981 年试验开始时提高 0.28 ~ 0.40g/kg，增幅为 13.7% ~ 19.5%；NPKCa、NPK、NP 和 NK 处理较 1981 年提高 0.25 ~ 0.31g/kg，增加幅度为 12.2% ~ 15.1%；NK 处理 2012 年土壤全氮较试验开始前略有增长，增加量为 0.08g/kg，增加幅度为 3.9%；CK 处理比试验前降低了 0.04g/kg，降低幅度为 2.0%。

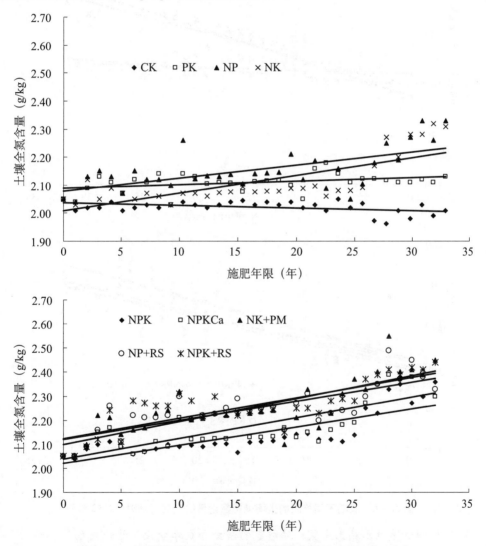

图 36 - 5　长期不同施肥的土壤全氮含量的变化（1981—2012 年）

2. 长期不同施肥下土壤碱解氮含量的变化

土壤碱解氮是土壤有效氮指标，反映当季作物可利用氮的含量。土壤碱解氮表现出与土壤全氮相似的规律（图 36 - 6）。所有处理（包括 CK 处理）土壤碱解氮均表现出随年限推移而增长的趋势。2012 年各处理土壤碱解氮含量比试前增加 15.9 ～ 54.3mg/kg，其中化肥和稻草配合施用的 NP + RS 和 NPK + RS 处理土壤碱解氮含量增加最明显，增速分别为 2.03mg/(kg·a) 和 1.99mg/(kg·a)，NPK、NPK + Ca、NK + PM、NK 和 NP 处理增速在 1.48 ～ 1.69mg/(kg·a)，PK 和 CK 处理增速分别为 0.74mg/(kg·a) 和 0.72mg/(kg·a)。化肥与稻草配合施用的 NP + RS 和 NPK + RS 处理土壤碱解氮含量比 CK 处理分别增加 37.9mg/(kg·a) 和 35.8mg/kg，差异达到极显著水平（$p < 0.01$）。

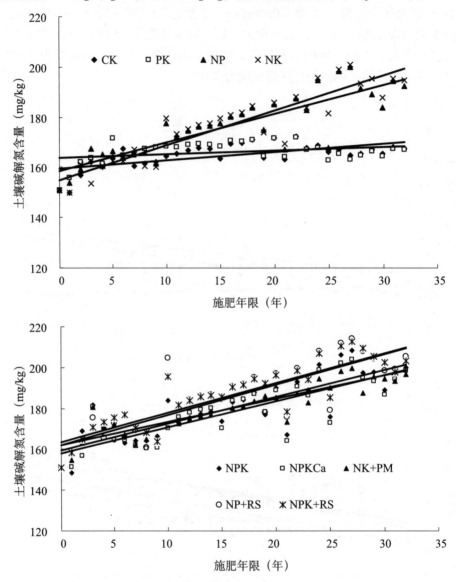

图 36 - 6　长期不同施肥的土壤碱解氮含量的变化（1981—2012 年）

3. 冲垄田红壤性水稻土全氮、碱解氮的演变和氮养分投入量的关系

表 36 - 5 显示，在连续 32 年 64 季水稻种植期间，各处理每年氮养分投入量从高到低的顺序为 NK + PM > NPK + RS > NP + RS > NPK > NPK + Ca > NP > NK > PK > CK，范围为 3.8 ～ 393.2kg/(hm² · a)。化肥与猪粪、稻草配施处理的氮养分输入量明显高于相应单施化肥的 NP、NK 和 NPK、NPKCa 处理，这些增加的氮来自输入的有机物料（稻草、猪

粪），CK 和 PK 处理每年氮投入完全来自稻桩残留物以及植物根茬，大约占其他处理氮投入的 1.0% 到 1.4%。通过根茬和稻桩每年还田的氮量从高到低的顺序为 NPK + RS > NPK > NP + RS > NK + PM > NPK + Ca > NP > NK > PK > CK，范围在 3.8 ～ 10.7kg/（hm² · a）。

各处理土壤全氮年变化速率在 − 1.5 ～ 11.9mg/（kg · a），从高到低的顺序为 NPK + RS > NK + PM > NP + RS > NPKCa > NPK > NP > NK > PK > CK。

碱解氮年变化速率在 0.72 ～ 2.03mg/（kg · a），从高到低的顺序为 NPK + RS > NP + RS > NPK > NK + PM > NPKCa > NK > NP > PK > CK。

表 36 − 5　不同施肥处理氮素投入量和土壤氮素年变化速率（1981—2012 年）

| 处　理 | 氮投入量［kg/（hm² · a）］ | | | | | | 土壤氮素年变化速率 | |
	化肥	根茬	稻桩	猪粪	稻草	总计	全氮 ［mg/（kg · a）］	碱解氮 ［mg/（kg · a）］
CK	0	1.6	2.2	—	—	3.8	− 1.5	0.72
PK	0	1.7	3.1	—	—	4.8		0.74
NP	330.0	1.9	6.0	—	—	337.9	6.1	1.48
NK	330.0	2.2	5.0	—	—	337.1	4.6	1.56
NPK	330.0	2.6	7.2	—	—	339.8	6.2	1.69
NPKCa	330.0	2.6	6.5	—	—	339.1	0.8	1.60
NK + PM	330.0	2.7	6.4	54.0	—	393.2	11.8	1.64
NP + RS	330.0	2.6	6.9	—	42.8	382.3	11.1	1.99
NPK + RS	330.0	2.8	7.9	—	42.8	383.5	11.9	2.03

（三）冲垅田红壤性水稻土磷的演变规律

1. 长期不同施肥下土壤全磷含量的变化

在 32 年 64 季连续种植水稻期间，长期不同施肥处理对土壤全磷有一定影响（图 36 − 7）。随着施肥年限的延长，除长期不施肥（CK）和不施磷的 NK 处理土壤全磷呈下降趋势外，其他施肥处理土壤全磷均呈不同程度的上升趋势，其中 PK 处理土壤全磷增长最快，增速为 0.012 6g/（kg · a），其次是 NP 处理，增速为 0.009 3 g/（kg · a），再次是 NPKCa、NP + RS 和 NPK 处理，NK + PM 处理呈缓慢上升趋势。

经过 32 年不同施肥，与试验初始值相比，各处理土壤全磷含量发生了较大变化。2012 年 PK 处理土壤全磷较 1981 年试验开始时提高了 0.51g/kg，增幅为 77.3%；NP 处理较 1981 年试验开始时提高了 0.42g/kg，增幅为 63.6%；NPKCa、NPK + RS、NP + RS 和 NPK 处理较 1981 年提高 0.31 ～ 0.33g/kg，增幅为 47.0% ～ 50.0%；NK + PM 处理较试验前略有上升，上升量为 0.02g/kg，增幅为 3.0%；CK 和 NK 处理比试验前分别降低了 0.13g/kg 和 0.15g/kg，降低幅度分别为 19.7% 和 22.7%。

2. 长期不同施肥下土壤有效磷含量的变化

在 32 年 64 季连续种植水稻期间，长期不同施肥处理对土壤有效磷有较大影响（图 36 − 8）。从总的变化趋势来看，随着施肥年限的延长，除长期不施肥（CK）、不施化肥磷的 NK 及 NK + PM 处理土壤有效磷呈下降趋势外，其他施肥处理土壤有效磷呈不同程度的上升趋势。其中 PK 处理土壤有效磷增长最快，增速为 1.38mg/（kg · a），NP + RS、NP、NPKCa、NPK 及 NPK + RS 处理土壤有效磷增长也较快，增速在 0.56 ～ 0.72mg/（kg · a）；不施肥（CK）、不施化肥磷的 NK 及 NK + PM 处理土壤有效磷分别

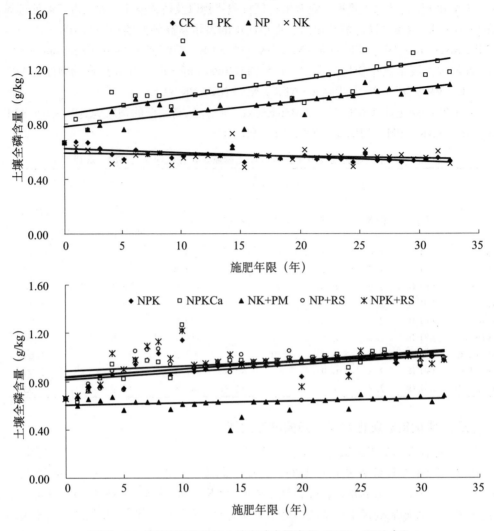

图 36-7　长期不同施肥的土壤全磷含量变化（1981—2012 年）

以 0.24mg/（kg·a）、0.22mg/（kg·a）和 0.11mg/（kg·a）的速率降低。

经过 32 年不同施肥，各处理土壤有效磷含量较试验初始值发生了很大变化。2012 年 PK 处理土壤有效磷较试验开始时提高了 31.5mg/kg，增幅为 308.8%；NP+RS、NP、NPKCa、NPK 及 NPK+RS 处理土壤有效磷较试验开始时提高了 12.1～16.9mg/kg，提高幅度为 118.6%～165.7%；CK、NK 和 NK+PM 处理比试验前分别降低 6.4mg/kg、5.1mg/kg 和 2.5mg/kg，降低幅度分别为 62.7%、50.0% 和 24.5%。

3. 冲垄田红壤性水稻土全磷、有效磷含量和磷养分投入量的关系

在连续 32 年 64 季水稻种植期间，各处理每年磷养分投入量 NPK+RS > NP+RS > NPK > NPKCa > NP > PK > NK+PM > NK > CK，范围为 0.45～84.40kg/（hm²·a）（表 36-6）。化肥与猪粪、稻草配施处理的磷养分输入量明显高于相应单施化肥的 NP、NK 和 NPK、NPKCa 处理，这些增加的磷来自输入的有机物料（稻草、猪粪），CK 和 NK 处理每年磷投入完全来自稻桩残留物以及根茬，占其他处理磷投入的 0.5% 左右。通过根茬和稻桩每年还田的磷量为 NPK+RS > NPK > NP+RS > NPKCa > NP > NK+PM > PK >

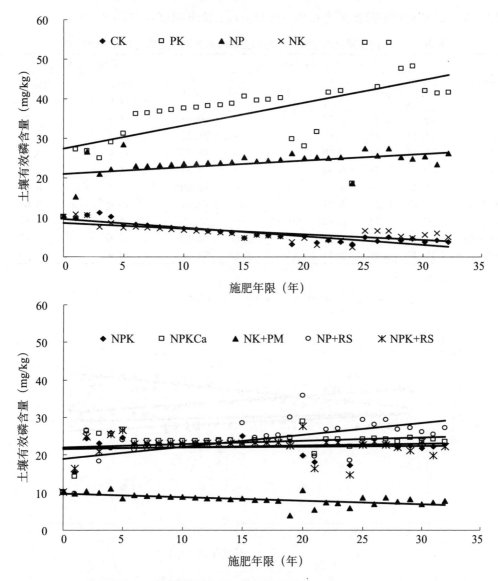

图 36 - 8　长期不同施肥的土壤有效磷变化（1981—2012 年）

NK > CK，范围在 0.45 ~ 1.40kg/（hm^2 · a）。

各处理土壤全磷年变化速率在 - 5.1 ~ 22.1g/（kg · a），从高到低为 PK > NPKCa > NP > NP + RS > NPK + RS > NPK > NK + PM > NK > CK。

有效磷年变化速率在 - 0.24 ~ 1.38mg/（kg · a），从高到低为 PK > NP + RS > NP > NPKCa > NPK + RS > NPK > NK + PM > NK > CK。

（四）冲垅田红壤性水稻土钾的演变规律

1. 长期不同施肥下土壤全钾含量的变化

在 32 年 64 季连续种植水稻期间，从总体上看，除 NK、NPK、NPKCa 和 NK + PM 处理的其他处理土壤全钾含量呈不同程度的下降趋势（图 36 - 9）。

与试验初始值相比，经过 32 年的种植，不同施肥处理土壤全钾含量均有所降低。其中 NP 和 NP + RS 处理降低最多，降低量分别为 0.29g/kg 和 0.23g/kg，降幅为 2.1%

和 1.6%，其他处理的降低量为 0.01 ~ 0.16g/kg，降低幅度 0.1% ~ 1.1%。

表 36 - 6　不同施肥处理磷素投入量和土壤磷素年变化速率（1981—2012 年）

处　理	磷投入量 [kg/(hm² · a)]						土壤磷素年变化速率	
	化肥	根茬	稻桩	猪粪	稻草	总计	全磷 [g/(kg · a)]	有效磷 [mg/(kg · a)]
CK	0	0.21	0.24	—	—	0.45	-5.1	-0.24
PK	77.40	0.22	0.60	—	—	78.22	22.1	1.38
NP	77.40	0.24	0.89	—	—	78.53	14.9	0.67
NK	0	0.23	0.42	—	—	0.65	-4.7	-0.22
NPK	77.40	0.26	1.14	—	—	78.80	13.4	0.57
NPKCa	77.40	0.27	0.87	—	—	78.54	15.0	0.63
NK + PM	0	0.33	0.62	60.60	—	61.55	-0.8	-0.12
NP + RS	77.40	0.24	0.95	—	5.60	84.19	14.6	0.72
NPK + RS	77.40	0.29	1.11	—	5.60	84.40	14.4	0.56

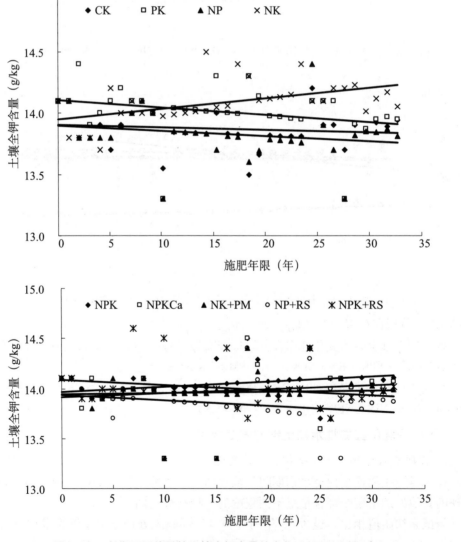

图 36 - 9　长期不同施肥的土壤全钾含量的变化（1981—2012 年）

2. 长期施肥下不同土层中土壤全钾含量的变化

土壤钾素含量高，钾的生物有效性就高。全钾仅反映了土壤钾素的总贮量，其中
90%～98%在相当长时间内是无效的。施钾对不同土层中土壤全钾含量的影响表明
（表36-7），施钾处理（NPK和NPK+RS）不同土层中土壤全钾含量均高于CK、NP
和NP+RS处理，且施钾处理土壤全钾含量与CK、NP和NP+RS处理之间的差异均达
显著水平（$p < 0.05$）。经过27年施肥后CK、NP和NP+RS处理的土壤全钾含量与试
验前土壤相比，0～15cm耕层土壤全钾含量下降幅度较大，分别下降了0.40g/kg、
0.76g/kg和0.80g/kg；15～30cm土层中土壤全钾含量分别下降了0.09g/kg、0.42g/kg
和0.42g/kg；30～45cm土层中土壤全钾含量分别下降0.20g/kg、0.40g/kg和0.40
g/kg。NPK和NPK+RS处理不同土层中的土壤全钾含量也均比NP和NP+RS处理相
同土层的高。NP+RS和NPK+RS处理0～15cm土层土壤全钾含量分别比试前土壤下
降了0.80g/kg和0.20g/kg，这可能与稻草还田对土壤物理性状的影响（容重减少，孔
隙度增加），使土壤对钾的吸持能力降低有关。

表36-7 长期不同施钾处理的不同土层中土壤全钾含量（2007年）

处　理	0～15cm		15～30cm		30～45cm	
	全钾 （g/kg）	比试验前 （g/kg）	全钾 （g/kg）	比试验前 （g/kg）	全钾 （g/kg）	比试验前 （g/kg）
CK	13.70c	-0.40	14.31b	-0.09	14.00b	-0.20
NP	13.34d	-0.76	13.98c	-0.42	13.80c	-0.40
NPK	14.10a	0.00	14.41a	0.01	14.23a	+0.03
NP+RS	13.30d	-0.80	13.98c	-0.42	13.80c	-0.40
NPK+RS	13.90b	-0.20	14.40a	0.00	14.21a	+0.01

注：数字后不同字母表示处理间差异在0.05水平显著

3. 长期不同施肥的土壤速效钾含量变化

速效钾含量是表征土壤钾素供应状况的重要指标之一，分析和了解土壤速效钾含
量及其变化，对指导钾肥的合理施用十分必要。长期不同施肥对土壤速效钾有较大影
响（图36-10）。从总体上看，除长期不施肥（CK）和不施化肥钾的NP和NP+RS处
理土壤速效钾呈下降趋势外，其他施肥处理土壤速效钾呈不同程度的上升趋势，其中
PK处理土壤速效钾增长最快，增速为4.75mg/（kg·a），其次是NK处理，增速为
3.56mg/（kg·a），NPK+RS和NK+PM土壤速效钾增长也较快，增速分别为2.63
和1.36mg/（kg·a），NPKCa和NPK处理土壤速效钾上升趋势较平缓，增长率为0.80
和0.90mg/（kg·a）。

经过32年不同施肥，与试验初始值相比，各处理土壤速效钾含量发生了较大变
化。2012年PK处理土壤速效钾较试验开始时提高了111.9mg/kg，增幅为179.6%；
NK处理土壤速效钾提高了97.1mg/kg，增幅为155.9%；NPK+RS处理土壤速效钾提
高了64.4mg/kg，增加幅度为103.4%；NK+PM、NPKCa和NPK处理土壤速效钾提高
了17.0～33.5mg/kg，提高幅度27.3～53.8%；NP、CK和NP+RS处理比试验前分别
降低12.6mg/kg、8.4mg/kg和7.0mg/kg，降低幅度分别为20.2%、13.5%和11.2%。

4. 长期施肥下不同土层中土壤速效钾含量的变化

从表36-8可以看出，连续27年种植54季水稻后，0～15cm、15～30cm和30～

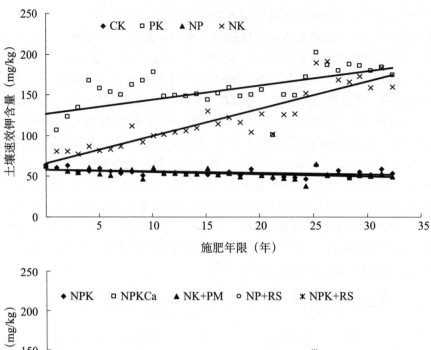

图 36 - 10　长期不同施肥的土壤速效钾含量（1981—2012 年）

45cm 土层中土壤速效钾的变化范围分别为 47. 26 ~ 130. 92mg/kg、43. 65 ~ 86. 39mg/kg
和 46. 32 ~ 71. 65mg/kg。随着土层深度的增加，施钾对各土层中土壤速效钾含量影响逐
渐变小，各土层中土壤速效钾含量逐渐降低。CK、NP 和 NP + RS 处理不同土层中土壤
速效钾含量均比试验前初始土层中土壤速效钾含量低；NPK 和 NPK + RS 处理不同土层
中土壤速效钾含量却比试验前的土壤有明显的提高，同时 NPK 和 NPK + RS 处理不同土
层中的土壤速效钾含量显著高于 NP 和 NP + RS 处理（p < 0.05）。

表 36 - 8　长期不同施肥处理不同土层中土壤速效钾含量（2007 年）（单位：mg/kg）

处　理	0 ~ 15cm		15 ~ 30cm		30 ~ 45cm	
	速效钾	增减 *	速效钾	增减	速效钾	增减
CK	57. 00c	- 5. 30	45. 42c	- 12. 69	60. 68c	- 1. 60
NP	54. 33d	- 7. 97	43. 65d	- 14. 46	46. 32e	- 15. 96
NPK	98. 86b	+ 36. 56	58. 79b	+ 0. 68	63. 30b	+ 1. 02
NP + RS	47. 26e	- 15. 04	44. 53cd	- 13. 58	50. 68d	- 11. 60
NPK + RS	130. 92a	+ 68. 62	86. 39a	+ 28. 28	71. 65a	+ 9. 37

注：* 表示 2007 年土壤中钾素含量与 1981 年试验前初始土壤中钾素含量的差值；数字后不同字母表示处理间
差异在 0. 05 水平显著

5. 红壤全钾、速效钾含量和钾肥投入量的关系

表 36-9 表明，在连续 32 年 64 季水稻种植期间，各处理每年钾养分投入量从高到低的顺序为 NPK + RS > NK + PM > NPK > NPKCa > NK > PK > NP + RS > CK > NP，范围为 8.5～336.4kg/(hm² · a)。化肥与稻草、猪粪配施处理的钾养分输入量明显高于相应单施化肥的 NPK、NPKCa、NK 和 NP 处理，这些增加的钾来自输入的有机物料（稻草、猪粪），CK 和 NP 处理每年钾投入完全来自稻桩残留物以及根茬，占其他处理钾投入的 3.6% 左右，NP + RS 处理每年钾投入量为 125.7kg/(hm² · a)，其中通过稻草投入的钾量为 109.2kg/(hm² · a)，约占施钾处理化肥钾投入的一半。

各处理土壤全钾年变化速率在 -0.013 8～0.001 7g/(kg · a)，从高到低顺序为 NK > NPK > NPKCa > NPK + RS > PK > NK + PM > NP + RS > CK > NP。

速效钾年变化速率在 -0.47～4.75mg/(kg · a)，从高到低的顺序为 PK > NK > NPK + RS > NPKCa > NPK > NK + PM > NP + RS > CK > NP。

表 36-9　不同施肥处理钾素投入量和土壤钾素年变化速率（1981—2010 年）

处　理	钾投入量 [kg/(hm² · a)]						土壤钾年变化速率	
	化肥	根茬	稻桩	猪粪	稻草	总计	全钾 [mg/(kg · a)]	速效钾 [mg/(kg · a)]
CK	0	2.2	7.7	—		9.9	-11.2	-0.39
PK	199.2	3.2	12.5	—	—	214.9	-5.9	4.75
NP	0	1.9	6.6			8.5	-13.8	-0.47
NK	199.2	5.1	14.0			218.3	1.7	3.56
NPK	199.2	5.5	19.0			223.7	-1.0	0.80
NPKCa	199.2	5.3	17.8			222.3	-4.7	0.90
NK + PM	199.2	5.8	18.9	34.8		258.7	-6.0	1.36
NP + RS	0	4.5	12.0		109.2	125.7	-13.0	-0.21
NPK + RS	199.2	6.4	21.6		109.2	336.4	-5.8	2.63

三、长期施肥下冲垅田红壤性水稻土理化性质的变化

（一）长期不同施肥下土壤 pH 值的变化

由表 36-10 可知，除施用石灰的 NPKCa 处理外，其他处理耕层土壤的 pH 值较试前土壤（pH 值 6.6）均表现出明显的下降趋势。在开始试验的前 5 年施用石灰的 NPKCa 处理土壤 pH 值明显升高，1985 年该处理土壤 pH 值升高至 7.3，其他处理的土壤 pH 值基本保持在 6.6 左右；其后的 15 年（1985—2000 年），各处理土壤 pH 值均出现较大幅度的下降，2000 年 NPKCa 处理土壤 pH 值下降至 6.0，而其他处理较试验前下降了 0.8～1.5；试验的后 12 年（2001—2012 年）NPKCa 处理土壤 pH 值有所上升并基本保持在 6.5 左右，其他处理在试验后 12 年 pH 值也基本保持稳定。

表 36 – 10　长期不同施肥的土壤 pH 值

处　理	各年份土壤 pH 值							
	1981 年	1985 年	1990 年	1995 年	2000 年	2005 年	2010 年	2012 年
CK	6.6	6.6	5.9	5.7	5.8	5.8	5.7	5.6
PK	6.4	6.4	5.7	5.9	5.3	5.3	5.3	5.3
NP	6.6	6.6	5.8	5.8	5.2	5.2	5.2	5.1
NK	6.7	6.6	6.0	5.7	5.6	5.5	5.3	5.5
NPK	6.5	6.5	5.6	5.8	5.1	5.3	5.3	5.4
NPKCa	7.4	7.3	6.3	6.2	6.0	6.6	6.3	6.5
NK + PM	6.8	6.7	5.7	6.1	5.6	5.6	5.4	5.5
NP + RS	6.6	6.4	5.6	6.0	5.3	5.4	5.2	5.3
NPK + RS	6.5	6.3	5.5	5.8	5.4	5.4	5.3	5.2

注：试验开始前土壤 pH 值为 6.6

（二）长期不同施肥下土壤容重、土粒密度和孔隙度的变化

容重是评价土壤物理性质的重要指标。连续 27 年种植 54 季水稻之后，不同施肥处理之间耕层土壤容重表现出明显差异（表 36 – 11）。CK 处理耕层土壤容重由试验前土壤（1980 年冬季）的 1.14g/cm³ 增加到 1.19g/cm³（2007 年），NP 和 NK 处理增加到 1.16g/cm³ 和 1.20g/cm³。NPK 处理较试验前土壤略有降低。NK + PM、NP + RS 和 NPK + RS 处理土壤容重趋于下降，下降幅度平均达到 6.5%。长期施用化肥的处理土粒密度明显高于化肥与猪粪和稻草配施处理，平均增幅 7.7%，反映出长期施用化肥在泡水状况下淀浆及结构程度的加重。

土壤中大小孔隙的分配及连续性和稳定性直接影响作物根系的生长和养分运输。长期施用化肥的处理土壤总孔隙度比试前下降了 1.03% ~ 2.31%，持水孔隙增加 1.52% ~ 2.81%，通气孔隙明显下降，平均值比试验前土壤下降了 17.9% ~ 18.7%。化肥与猪粪和稻草长期配施处理土壤总孔隙度比试验前土壤平均提高 4.4%，比 CK 处理增加 6.7%，比施化肥处理增加 4.4% ~ 8.7%，显示了当前在以化肥为主的耕作管理中，增施有机肥对土壤通透结构影响的优越性。

表 36 – 11　长期不同施肥的土壤容重、土粒密度和孔隙度（2007 年）

处　理	容重（g/cm³）	土粒密度（g/cm³）	孔隙度（%）		
			总孔隙度	毛管孔隙度	非毛管孔隙度
CK	1.19aAB	2.32a	57.77cC	55.76bcBC	2.01eE
NP	1.16bB	2.28b	57.97cC	55.28cBC	2.69cD
NK	1.20aA	2.21c	56.69cC	53.99dC	2.71dD
NPK	1.10cC	2.26b	57.82cC	55.14cdBC	2.89cC
NK + PM	1.07dCD	2.02e	62.80aA	57.89aA	4.91aA
NP + RS	1.08cdCD	2.14d	60.78bB	56.11bcB	4.67B
NPK + RS	1.07dCD	2.11d	61.28bAB	56.66abAB	4.61bB

注：表中同列数据后不同大、小写字母分别表示处理间差异达 1% 和 5% 显著水平

（三）长期不同施肥下土壤水稳性团聚体及稳定性变化

土壤结构单元按其直径大小分为团块（>5mm）、团聚体（0.25~5mm）、微团聚体（0.005~0.25mm）和黏团（<0.005mm）。连续 27 年种植 54 季水稻之后，不同施肥处理之间耕层土壤中不同粒径水稳性团聚体含量差异明显（表 36 - 12）。从水稳性团聚体含量的统计结果来看，>5mm 水稳性团聚体占百分率最大，各处理均表现出相同的趋势。3 个化肥处理中 >5mm 水稳性团聚体含量高于 3 个化肥与猪粪和稻草配施处理，但明显低于 CK 处理，表明长期不施肥和施化肥的土壤结构单元以团块为主。而化肥与猪粪和稻草长期配施能明显提高耕层土壤中 0.25~5mm 水稳性团聚体的含量。NK + PM、NP + RS 和 NPK + RS 处理分别比 CK 处理平均提高 19.08%、16.83% 和 18.79%；分别比施用相应的 NK、NP 和 NPK 三个化肥处理平均提高 8.99%、11.42% 和 6.7%。

表 36 - 12　长期不同施肥下土壤各粒径水稳性团聚体的含量（2007 年）

处　理	团聚体粒径（%）					
	>5mm	2~5mm	1~2mm	0.5~1mm	0.25~0.5mm	<0.25mm
CK	63.98aA	5.78fF	2.80dD	4.78eE	1.75dD	20.92aA
NP	59.11bB	6.58eE	5.45cC	4.03fF	4.46bB	17.37cC
NK	56.68cC	8.88dD	5.46cC	6.83dD	4.03cC	20.28bB
NPK	56.51cC	8.88dD	5.46cC	8.83cC	4.03cC	16.28dD
NK + PM	51.61eE	10.89aA	6.32aA	10.56bB	6.42aA	14.20gF
NP + RS	53.85dD	9.31cC	5.73bB	10.50bB	6.40aA	14.57fE
NPK + RS	51.41eE	10.13bB	6.26aA	11.09aA	6.42aA	14.68eE

注：表中同列数据后不同大、小写字母分别表示处理间差异达 1% 和 5% 显著水平

团聚体标准化平均重量直径（NMWD）是评价水稳性的指标之一，可以反应土壤团聚特征。连续 27 年种植 54 季水稻后，不同处理耕层土壤之间的 NMWD 值存在明显差异（图 36 - 11），化肥与猪粪和稻草配施处理的 NMWD 值高于相应的无机肥处理，差异达到极显著水平（$p < 0.01$）。CK 处理的 NMWD 值最小。说明 >0.25mm 的水稳性团聚体含量直接影响土壤的 NMWD 值，且土壤中 >0.25mm 的团聚体越多，NMWD 值越大。土壤团聚体的破坏率也是表征土壤团聚体结构稳定性的重要指标，降低土壤团聚体的破坏率对形成和保持良好的土壤结构极为重要。土壤团聚体破坏率表现为单施化肥处理大于化肥与猪粪和稻草配施处理。不同处理耕层土壤团聚体破坏率的降低顺序为 NK + PM < NPK + RS < NP + RS < NPK < NP < NK < CK。团聚体破坏率以 CK 处理最高，为 19.7%，NK + PM 处理最低，为 12.2%，这与土壤水稳性团聚体的 NMWD 正好相反。

（四）长期不同施肥下土壤胶结物质含量的变化

土壤大小团聚体的形成主要是单个颗粒、有机胶结物质、三二氧化物以及非晶形的无机胶结物质组分相互作用的结果。分析结果表明（表 36 - 13），长期施用化肥对红壤性水稻土土壤有机碳的积累和品质的改善无实质性贡献。NP 和 NK

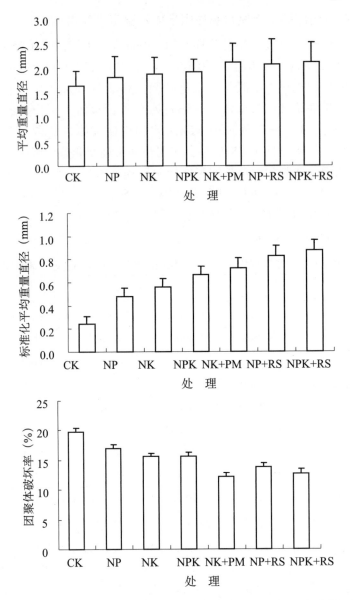

图 36 – 11　长期不同施肥下水稳性平均重量直径（MWD）、标准化平均
重量直径（NMWD）和团聚体破坏率（2007 年）

处理土壤有机碳含量比试前土壤下降了 0.15 ~ 0.44g/kg，NPK 处理由于养分供应平衡，生产的生物量高，残留根茬多，土壤有机碳含量略高于试前土壤水平，但游离结合态碳和 R_2O_3 结合态碳含量只占到土壤全有机碳的 25.1% 和 11.4%。化肥与猪粪和稻草长期配施处理的游离结合态碳和与 R_2O_3 结合态碳含量明显增加，比施化肥处理平均增加 30.9%，两者占到土壤全有机碳的 57.9%（表 36 – 13）。由于红壤性水稻土中的三二氧化物含量较高，黏粒含量高达 50% 以上，所以在结构形成中，无机胶结物质起着特殊作用。从连续 27 年种植 54 季水稻后（2007 年晚稻收获后）耕层土壤观察看出，长期施用化肥的处理，土壤黏粒和无机胶结物质减少，严重影响土壤结构的形成和保持，这是土壤团聚体崩裂，破坏率提高的主

要因素。化肥与猪粪和稻草长期配合施用处理的耕层土壤中无定形氧化铁和无定形氧化铝均有提高。连续 27 年种植 54 季水稻后，化肥与猪粪稻草配施（NK + PM、NP + RS 和 NPK + RS）处理耕层土壤的无定形氧化铁和无定形氧化铝含量高于化肥（NK、NP 和 NPK）处理。与化肥处理相比，化肥与猪粪和稻草配施处理无定形氧化铁和氧化铝含量分别增加 74.1% 和 15.2%，差异均达到极显著水平。表明长期施用猪粪和稻草有利于提高土壤无机胶结物质含量。

表 36 - 13　长期不同施肥土壤有机胶结物质和无机胶结物质含量（2007 年）

处 理	有机碳 (g/kg)	有机胶结物质（g/kg）		无机胶结物质（g/kg）	
		游离结合态碳	与 R_2O_3 结合态碳	无定形 Fe_2O_3	无定形 Al_2O_3
CK	19.69fE	3.76fF	1.49fF	3.36gG	1.63gE
NP	19.90eE	4.39eE	2.17eE	5.34dD	2.22dC
NK	20.97dD	5.37dD	2.69dD	3.68fF	1.75fE
NPK	21.40cC	7.04cC	3.68cC	6.39cC	2.34cC
NK + PM	22.54bB	9.18aA	5.61aA	4.95eE	1.99eD
NP + RS	22.97aA	7.53bB	4.14bB	6.54bE	2.57bB
NPK + RS	22.91aA	7.62bB	5.55aA	6.64aE	2.72aA

注：表中同列数据后不同大、小写字母分别表示处理间差异达 1% 和 5% 显著水平

四、长期不同施肥下土壤微生物活性和酶活性的变化

土壤微生物和土壤酶是土壤物质循环和能量流动的主要参与者，是土壤生态系统中最活跃的组分，可推动土壤有机质的矿化分解和土壤养分的循环与转化，在提高土壤肥力和作物养分吸收中起着重要作用。施肥是影响土壤质量及其可持续利用最深刻的农业措施之一。施肥措施不同，土壤微生物的种群、数量和活性不同，导致土壤酶活性也不同，而这些差异又会对土壤结构、肥力和生产力产生重要影响。

（一）长期不同施肥下土壤微生物的变化

1. 长期不同施肥下土壤微生物种群数量

NP 和 NK 处理对增加土壤细菌数量的效果不明显，只略高于 CK 处理。化肥与猪粪、稻草配施有利于增加土壤细菌数量，NK + PM 和 NP + RS 处理土壤细菌数量高于相应单施化肥的 NK 和 NP 处理。NPK 均衡施肥处理的土壤细菌数量高于非均衡施肥的 NP 和 NK 处理。在所有处理中，以 NPK + RS 和 NP + RS 处理对土壤细菌数量的增加效果最明显，其次是 NK + PM 处理。除 NP 和 NK 处理外，其他施肥处理土壤中的真菌数量均明显高于 CK 处理。均衡施肥的 NPK 处理土壤真菌数量明显高于非均衡施肥的 NP 和 NK 处理。NP + RS 和 NPK + RS 处理土壤的真菌数量最高，两次测定结果平均分别达 5.53×10^{-4} cfu/g 和 5.67×10^{-4} cfu/g。猪粪和稻草与化肥配施处理（NK + PM、NP + RS 和 NPK + RS）的土壤真菌数量高于相应的单施化肥处理（NK、NP 和 NPK）。土壤放线菌数量介于细菌和真菌之间。施肥处理土壤放线菌数量均高于 CK 处理，化肥与猪粪、稻草配施有利于增加土壤放线菌数量，其中 NP + RS 处理的土壤放线菌数量较高，

其次是 NK + PM 处理（图 36 − 12）。

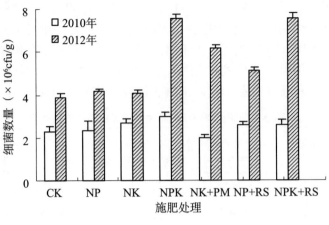

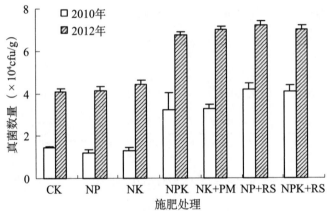

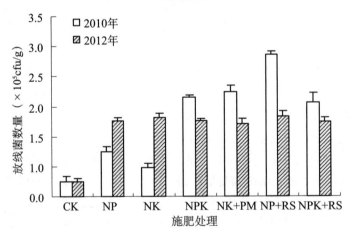

图 36 − 12　长期不同施肥下土壤微生物数量

2. 长期不同施肥下土壤微生物生物量、微生物熵、土壤呼吸和代谢熵变化

在长期不施肥条件下，稻田土壤维持较低的微生物生物碳量（C_{mic}）。在不同施肥处理中，化肥与猪粪、稻草配施处理的 C_{mic} 含量显著高于单施化肥处理（NP、NK 和 NPK），NPK 平衡施肥处理的 C_{mic} 含量显著高于非平衡施肥处理（NP 和 NK）。方差分析表明，不同施肥处理的 C_{mic} 含量存在显著差异（$p < 0.05$）。单施化肥及化肥与猪粪、

稻草配施处理耕层土壤微生物生物氮量（N_{mic}）均高于 CK 处理（表 36 – 14），两次测定的平均值显示，NK + PM、NP + RS 和 NPK + RS 处理比 NK、NP 和 NPK 处理分别增加 48.0%、10.1% 和 14.3%。

不同施肥处理对土壤微生物熵的影响明显（表 36 – 14）。与 CK 处理相比，单施化肥处理使土壤微生物熵提高了 7.0% ~ 12.1%，化肥与猪粪、稻草配施处理的土壤微生物熵提高了 17.7% ~ 18.9%。施用化肥对土壤微生物熵有一定影响，但效果低于化肥与猪粪、稻草配施处理。施用猪粪与稻草处理之间差异不显著。

表 36 – 14　长期不同施肥的土壤微生物碳、微生物氮、微生物熵、土壤呼吸和代谢熵

年　份	处　理	微生物碳 （mg/kg）	微生物氮 （mg/kg）	微生物熵 （%）	土壤呼吸 （$mgCO_2/g \cdot 24h$）	代谢熵（qCO_2） [$mg\ CO_2 – C/(gC_{mic} \cdot h)$]
	CK	997.43c	41.70cd	4.97b	0.49c	8.29b
	NP	1 109.27b	44.60bc	5.61a	0.45c	6.19c
	NK	1 048.13bc	38.62d	5.30ab	0.27e	9.82a
2005	NPK	1 247.80a	46.57b	5.70a	0.38d	8.12b
	NK + PM	1 281.67a	53.39a	5.74a	0.54b	5.42d
	NP + RS	1 269.20a	55.15a	5.77a	0.55b	5.40d
	NPK + RS	1 286.47a	54.95a	5.80a	0.60a	5.22d
	CK	1 239.08c	38.27b	5.30bc	0.28d	10.27a
	NP	1 470.64b	50.29a	5.39bc	0.26e	8.09b
	NK	1 052.86d	33.84b	5.02c	0.28d	8.71b
2007	NPK	1 245.97c	46.39a	5.82b	0.36c	7.89bc
	NK + PM	1 443.25b	50.80a	6.40a	0.41a	6.05d
	NP + RS	1 614.70a	53.53a	6.36a	0.36c	7.05d
	NPK + RS	1 468.71b	51.30a	6.41a	0.38c	6.01c

注：同列数据后不同字母表示处理间差异显著（$p < 0.05$）

不同施肥处理间土壤呼吸表现出明显差异（表 36 – 14）。从两次测定结果的平均值看出，土壤呼吸从高到低的顺序为 NPK + RS > NK + PM > NP + RS > CK > NPK > NP > NK。化肥与猪粪、稻草配施处理高于单施化肥处理，最大与最小土壤呼吸速率相差 57.7%，NPK 与 NP、CK 与 NK 处理间的差异不显著（$p > 0.05$），但 NP 处理土壤呼吸速率较 NK 平均增加了 29.1%。总体来看，单施化肥虽然增加了土壤呼吸速率，但远低于化肥与猪粪、稻草配施处理，说明猪粪和稻草对增加土壤呼吸起着非常重要的作用。

土壤代谢熵（qCO_2）是微生物活性的重要指标之一，可定量表征微生物在单位时间内代谢能力的大小。不同施肥处理土壤 qCO_2 在 5.40 ~ 10.27mg CO_2 –C/（$gC_{mic} \cdot h$），

CK 处理最高，NPK + RS 处理最低。从两次测定结果的平均值来看，各处理土壤 qCO_2 的大小顺序为 CK > NK > NPK > NP > NP + RS > NK + PM > NPK + RS。除 NP 处理外，单施化肥处理显著高于化肥与猪粪、稻草配施处理，而 NK 处理的土壤 qCO_2 较 NPK 处理增加了 11.7%，但 NK 与 CK 处理之间差异不显著（$p > 0.05$）。

（二）长期不同施肥下土壤酶活性变化

由图 36 - 13 可知，长期 NPK 平衡施肥处理的脲酶活性高于非平衡施肥处理（NP、NK），说明长期非平衡施肥对脲酶活性有抑制作用，而 NPK 平衡施用则可增加脲酶活性。NPK 与稻草长期配施处理比 NK + PM 和 NP + RS 处理明显提高脲酶活性。

施用磷肥、猪粪和稻草后土壤酸性磷酸酶活性增加，不施磷肥处理（CK 和 NK）的活性较低，两次测定结果表现出相同的趋势。化肥与猪粪、稻草配施可明显提高磷

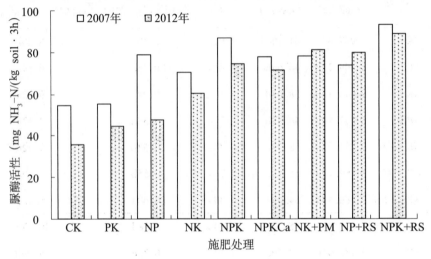

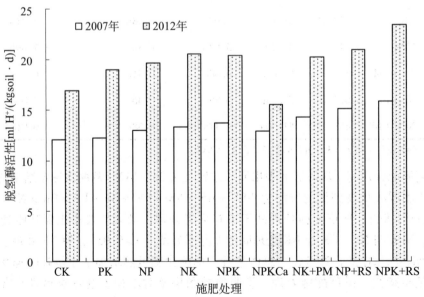

图 36 - 13（续）

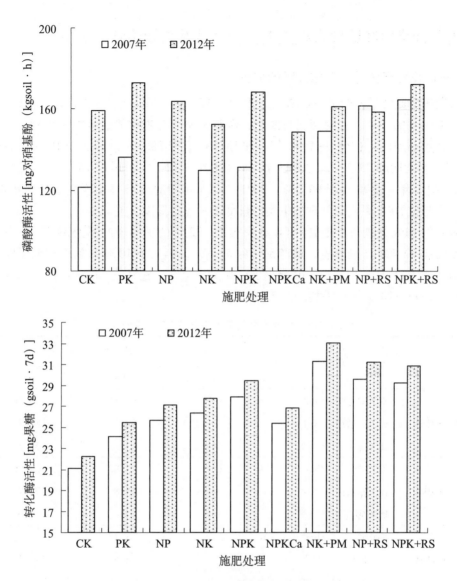

图 36 - 13　长期不同施肥的土壤酶活性

酸酶活性，其中化肥配施稻草处理（NP + RS、NPK + RS）的作用更明显。这可能是由于 NP + RS 和 NPK + RS 处理磷素养分较高的缘故。NK + PM 处理的磷酸酶活性大于 NK，说明猪粪中的磷素在提高磷酸酶活性方面起着重要作用。

各施肥处理转化酶活性均高于 CK 处理，尤以 NK + PM 处理对转化酶活性的增加效果显著。NP、NPK 配施稻草对提高转化酶活性也有明显作用，这是由于增施 C/N 高的稻草（C/N > 45），其高含碳量为转化酶提供了更多的酶促基质，提高了酶活性，从而加快了有机质的转化。

施肥处理的土壤脱氢酶活性高于 CK 处理。化肥与猪粪、稻草配施处理明显高于单施化肥处理，化肥处理略高于 CK 处理。化肥与稻草配施处理高于化肥与猪粪配施处理。按两次测定结果的平均值，施用化肥处理与 CK 之间差异不显著（$p > 0.05$），化肥与猪粪、稻草配施处理显著高于单施化肥处理（$p < 0.05$）。

五、冲垅田红壤性水稻土上作物产量对长期施肥的响应

（一）作物产量对长期施氮肥的响应

长期施用氮肥早稻产量明显增加（表 36 – 15）。施 NPK 与不施肥相比，32 年的平均增产率达到 97.9%，说明钾肥与氮肥、磷肥长期配合施用能显著提高水稻产量。其中试验开始前 10 年（1981—1990 年）早稻平均增产 88.7%，第二个 10 年（1991—2000 年）平均增产 73.2%，之后的 10 年（2001—2010 年）增产 143.5%，最近两年（2011—2012 年）平均增产 96.3%。2001—2010 年间的增产率显著高于其他年份段，可能主要与这 10 年不施肥处理的平均产量低于其他年份段有关。

施氮的 NPK 处理与不施氮的 PK 处理相比，32 年的平均增产率为 39.7%，其中试验开始的前 10 年增产最显著，增产率达到 53.8%，第二个 10 年施氮增产效果略有降低，增产率为 26.6%，第三个 10 年施氮效果又有上升，施氮较不施氮增产 41.2%，最近两年（2011—2012 年）平均增产 31.0%。

表 36 – 15　长期不同氮肥施用量下早稻产量变化

年　份	项　目	处　理		
		CK	PK	NPK
1981—1990	平均产量（t/hm²）	3.10	3.81	5.86
	比 CK 增产（%）	—	22.7	88.7
	比不施氮增产（%）	—	—	53.8
1991—2000	平均产量（t/hm²）	2.83	3.88	4.90
	比 CK 增产（%）	—	36.8	73.2
	比不施氮增产（%）	—	—	26.6
2001—2010	平均产量（t/hm²）	2.19	3.77	5.33
	比 CK 增产（%）	—	72.5	143.5
	比不施氮增产（%）	—	—	41.2
2011—2012	平均产量（t/hm²）	3.18	4.77	6.24
	比 CK 增产（%）	—	49.9	96.3
	比不施氮增产（%）	—	—	31.0
1981—2012	平均产量（t/hm²）	2.74	3.88	5.42
	比 CK 增产（%）	—	41.7	97.9
	比不施氮增产（%）	—	—	39.7

长期施氮对晚稻产量也有明显影响（表 36 – 16）。NPK 与不施肥相比，32 年的平均增产率达到 64.5%，其中试验开始前 10 年（1981—1990 年）早稻平均增产 66.9%，第二个 10 年（1991—2000 年）平均增产 54.7%，之后的 10 年（2001—2010 年）平均增产 70.4%，最近两年（2011—2012 年）平均增产 69.3%。

施氮的 NPK 处理与不施氮的 PK 处理相比，32 年的平均增产率为 33.2%，其中试

验开始的前10年增产最显著，增产率达到47.3%，第二个10年施氮增产效果略有降低，增产率为25.3%，第三个10年施氮效果又有所上升，施氮较不施氮增产28.5%，最近两年（2011—2012年）平均增产33.5%。

表36-16 长期不同氮肥施用量下晚稻产量变化

年 份	项 目	处 理		
		CK	PK	NPK
1981—1990	平均产量（t/hm²）	3.40	3.85	5.67
	比CK增产（%）	—	13.3	66.9
	比不施氮增产（%）	—	—	47.3
1991—2000	平均产量（t/hm²）	3.35	4.13	5.18
	比CK增产（%）	—	23.4	54.7
	比不施氮增产（%）	—	—	25.3
2001—2010	平均产量（t/hm²）	3.52	4.67	6.01
	比CK增产（%）	—	32.6	70.4
	比不施氮增产（%）	—	—	28.5
2011—2012	平均产量（t/hm²）	3.50	4.44	5.93
	比CK增产（%）	—	26.7	69.3
	比不施氮增产（%）	—	—	33.5
1981—2012	平均产量（t/hm²）	3.43	4.23	5.64
	比CK增产（%）	—	23.5	64.5
	比不施氮增产（%）	—	—	33.2

从双季稻全年产量来看，长期施用氮肥影响明显（表36-17），施NPK与不施肥相比，32年的平均增产率为79.3%，其中试验开始前10年（1981—1990年）早稻平均增产77.3%，第二个10年（1991—2000年）平均增产63.2%，之后的10年（2001—2010年）增产98.4%，最近两年（2011—2012年）平均增产82.1%；2001—2010年的增产率显著高于其他年份段，可能主要与这10年不施肥处理的早稻平均产量低于其他年份段有关。

施氮的NPK处理与不施氮的PK处理相比，32年的平均增产率为31.5%，其中试验开始的前10年增产最显著，增产率达到50.5%，第二个10年施氮增产效果略有降低，为25.9%，第三个10年施氮效果又有所上升，施氮较不施氮增产34.2%，最近两年（2011—2012年）平均增产37.8%。

（二）作物产量对长期施磷肥的响应

长期施用磷肥对早稻产量的变化如表36-18所示。施磷的NPK处理与不施磷的NK处理相比，32年的平均增产率为67.8%，与其他时间段相比，试验开始的前10年施磷增产效果最不显著，增产率为 20.3%，第二个 10 年施磷增产率上升为 69.5%，第三个 10 年施磷效果最好，施磷较不施磷增产 158.1%，最近两年（2011—2012 年）虽然平均增产率略有降低，但也达到 147.0%。施磷处理较不施磷早稻增产率随施肥年限的推移而显著提高，可能主要与早稻需磷较多，而 NK 处理长期不施磷肥，土壤磷素消耗过度导致早稻期间不能满足作物生长需要有关，因为从表 36-18 中可以看出随着施肥年限的推移 NK 处理的早稻产量急剧下降，到试验进行的后面 12 年时 NK 处理的产量甚至低于不施肥的 CK 处理。

表 36-17　长期不同氮肥施用量下双季稻全年产量的变化

年　份	项　目	处　理		
		CK	PK	NPK
1981—1990	平均产量（t/hm²）	6.50	7.66	11.52
	比 CK 增产（%）	—	17.8	77.3
	比不施氮增产（%）	—	—	50.5
1991—2000	平均产量（t/hm²）	6.18	8.01	10.1
	比 CK 增产（%）	—	29.6	63.2
	比不施氮增产（%）	—	—	25.9
2001—2010	平均产量（t/hm²）	5.71	8.45	11.3
	比 CK 增产（%）	—	47.9	98.4
	比不施氮增产（%）	—	—	34.2
2011—2012	平均产量（t/hm²）	6.68	9.20	12.2
	比 CK 增产（%）	—	37.8	82.1
	比不施氮增产（%）	—	—	32.2
1981—2012	平均产量（t/hm²）	6.16	8.11	11.1
	比 CK 增产（%）	—	31.5	79.3
	比不施氮增产（%）	—	—	36.3

长期施用磷肥对晚稻产量也有明显影响（表 36-19）。施磷的 NPK 处理与不施磷的 NK 处理相比，晚稻施磷效果小于早稻，但 32 年的平均增产率也达到 20.4%，其中试验开始的前 10 年增产率只有 6.3%，第二个 10 年施磷增产效果有较大提高，增产率为 27.2%，第三个 10 年施磷较不施磷增产 25.5%，最近两年（2011—2012 年）平均增产 49.4%，可以看出虽然晚稻施磷的增产效果不如早稻，但随施肥年限的推移施磷在晚稻上的增产效果也呈上升趋势。

表 36 – 18　长期不同磷肥施用量下早稻产量变化

年　份	项　目	处　理		
		CK	NK	NPK
1981—1990	平均产量（t/hm²）	3.10	4.87	5.86
	比 CK 增产（%）	—	56.8	88.7
	比不施磷增产（%）	—	—	20.3
1991—2000	平均产量（t/hm²）	2.83	2.89	4.90
	比 CK 增产（%）	—	2.2	73.2
	比不施磷增产（%）	—	—	69.5
2001—2010	平均产量（t/hm²）	2.19	2.06	5.33
	比 CK 增产（%）	—	− 5.6	143.5
	比不施磷增产（%）	—	—	158.1
2011—2012	平均产量（t/hm²）	3.18	2.53	6.24
	比 CK 增产（%）	—	− 20.5	96.3
	比不施磷增产（%）	—	—	147
1981—2012	平均产量（t/hm²）	2.74	3.23	5.42
	比 CK 增产（%）	—	17.9	97.9
	比不施磷增产（%）	—	—	67.8

表 36 – 19　长期不同磷肥施用量下晚稻产量的变化

年　份	项　目	处　理		
		CK	NK	NPK
1981—1990	平均产量（t/hm²）	3.40	5.33	5.67
	比 CK 增产（%）	—	57.1	66.9
	比不施磷增产（%）	—	—	6.3
1991—2000	平均产量（t/hm²）	3.35	4.07	5.18
	比 CK 增产（%）	—	21.6	54.7
	比不施磷增产（%）	—	—	27.2
2001—2010	平均产量（t/hm²）	3.52	4.78	6.01
	比 CK 增产（%）	—	35.7	70.4
	比不施磷增产（%）	—	—	25.5
2011—2012	平均产量（t/hm²）	3.50	3.97	5.93
	比 CK 增产（%）	—	13.3	69.3
	比不施磷增产（%）	—	—	49.4
1981—2012	平均产量（t/hm²）	3.43	4.68	5.64
	比 CK 增产（%）	—	36.6	64.5
	比不施磷增产（%）	—	—	20.4

从长期施用磷肥全年水稻产量的变化来看（表36-20），施磷的NPK处理与不施磷的NK处理相比，32年的平均增产率为39.7%，其中试验开始的前10年增产率为13.0%，第二个10年增产率上升为44.8%，第三个10年施磷效果又有上升，施磷较不施磷增产65.5%，最近两年（2011—2012年）平均增产87.4%，随着施肥年限的推移施磷增产效果增加。

表36-20　长期不同磷肥施用量下双季稻全年产量的变化

年　份	项　目	处　理		
		CK	NK	NPK
1981—1990	平均产量（t/hm²）	6.50	10.20	11.5
	比CK增产（%）	—	57	77.3
	比不施磷增产（%）	—	—	13.0
1991—2000	平均产量（t/hm²）	6.18	6.97	10.1
	比CK增产（%）	—	12.7	63.2
	比不施磷增产（%）	—	—	44.8
2001—2010	平均产量（t/hm²）	5.71	6.85	11.3
	比CK增产（%）	—	19.9	98.4
	比不施磷增产（%）	—	—	65.5
2011—2012	平均产量（t/hm²）	6.68	6.49	12.2
	比CK增产（%）	—	-2.8	82.1
	比不施磷增产（%）	—	—	87.4
1981—2012	平均产量（t/hm²）	6.16	7.91	11.1
	比CK增产（%）	—	28.3	79.3
	比不施磷增产（%）	—	—	39.7

施磷对水稻产量的影响表现出随试验年限的推移增产效果上升的趋势，在试验前期施用磷肥对水稻产量的影响较小，说明供试土壤的供磷能力较强。在试验的中后期，与不施磷肥的处理相比，施磷肥明显增加水稻产量，2001年后甚至出现缺磷处理的早稻产量低于无肥处理，说明土壤磷由于过度消耗供磷能力降低，明显阻碍了水稻的生长。同时还表现出早稻施磷增产效果好于晚稻，这主要与早稻前期低气温抑制土壤磷活化，导致缺磷处理早稻前期生长受阻有关。

（三）作物产量对长期施钾肥的响应

长期施用钾肥的早稻产量变化见表36-21，施钾的NPK处理与不施钾的NP处理相比，32年的平均增产率为15.9%，其中试验开始的前10年增产率为18.9%，第二个10年施钾增产效果略有降低，增产率为10.9%，第三个10年施钾效果有所上升，施钾较不施钾增产15.0%，最近两年（2011—2012年）平均增产率为28.2%。2001年后早稻施钾效果提高可能是由于长期不施钾导致土壤供钾不足，不能满足早稻生长对营养的需求所致。

表 36-21 长期不同钾肥施用量下早稻产量的变化

年份	项目	处理		
		CK	NK	NPK
1981—1990	平均产量（t/hm²）	3.10	4.92	5.86
	比 CK 增产（%）	—	58.7	88.7
	比不施钾增产（%）	—	—	18.9
1991—2000	平均产量（t/hm²）	2.83	4.42	4.90
	比 CK 增产（%）	—	56.2	73.2
	比不施钾增产（%）	—	—	10.9
2001—2010	平均产量（t/hm²）	2.19	4.63	5.33
	比 CK 增产（%）	—	111.8	143.5
	比不施钾增产（%）	—	—	15.0
2011—2012	平均产量（t/hm²）	3.18	4.87	6.24
	比 CK 增产（%）	—	53.1	96.3
	比不施钾增产（%）	—	—	28.2
1981—2012	平均产量（t/hm²）	2.74	4.67	5.42
	比 CK 增产（%）	—	70.8	97.9
	比不施钾增产（%）	—	—	15.9

长期施用钾肥对晚稻产量的影响效果表明（表 36-22），晚稻施钾效果略高于早稻。施钾的 NPK 处理晚稻 32 年平均比 NP 处理增产 17.4%，其中试验开始的前 10 年增产率为 21.0%，第二个 10 年施钾增产率略有下降，为 17.2%，第三个 10 年又有所降低，增产率为 13.0%，最近两年（2011—2012 年）晚稻施钾增产率有较大提高，平均增产 24.7%。

表 36-22 长期不同钾肥施用量下晚稻产量变化

年份	项目	处理		
		CK	NK	NPK
1981—1990	平均产量（t/hm²）	3.40	4.68	5.67
	比 CK 增产（%）	—	37.9	66.9
	比不施钾增产（%）	—	—	21.0
1991—2000	平均产量（t/hm²）	3.35	4.42	5.18
	比 CK 增产（%）	—	32.0	54.7
	比不施钾增产（%）	—	—	17.2
2001—2010	平均产量（t/hm²）	3.52	5.31	6.01
	比 CK 增产（%）	—	50.7	70.4
	比不施钾增产（%）	—	—	13.1

（续表）

年 份	项 目	处理		
		CK	NK	NPK
2011—2012	平均产量（t/hm²）	3.50	4.75	5.93
	比 CK 增产（%）	—	35.7	69.3
	比不施钾增产（%）	—	—	24.7
1981—2012	平均产量（t/hm²）	3.43	4.80	5.64
	比 CK 增产（%）	—	40.1	64.5
	比不施钾增产（%）	—	—	17.4

从表 36 - 23 可以看出，长期施用钾肥对全年产量有明显影响，施钾的 NPK 处理与不施钾的 NP 处理相比，32 年的平均增产率为 16.7%，其中试验开始的前 10 年增产率为 20.0%，第二个 10 年增产率上升为 14.1%，第三个 10 年施钾较不施钾增产 14.0%，最近两年（2011—2012 年）平均增产 26.5%。

表 36 - 23　长期不同钾肥施用量下双季稻全年产量变化

年 份	项 目	处 理		
		CK	NK	NPK
1981—1990	平均产量（t/hm²）	6.50	9.61	11.5
	比 CK 增产（%）	—	47.8	77.3
	比不施钾增产（%）	—	—	20.0
1991—2000	平均产量（t/hm²）	6.18	8.84	10.1
	比 CK 增产（%）	—	43.1	63.2
	比不施钾增产（%）	—	—	14.1
2001—2010	平均产量（t/hm²）	5.71	9.94	11.3
	比 CK 增产（%）	—	74.1	98.4
	比不施钾增产（%）	—	—	14.0
2011—2012	平均产量（t/hm²）	6.68	9.62	12.2
	比 CK 增产（%）	—	44.0	82.1
	比不施钾增产（%）	—	—	26.5
1981—2012	平均产量（t/hm²）	6.16	9.47	11.1
	比 CK 增产（%）	—	53.7	79.3
	比不施钾增产（%）	—	—	16.7

（四）作物产量对长期施有机肥的响应

长期施用有机肥对早稻产量的影响表明（表 36 - 24），与 NK 处理相比，氮钾化肥与猪粪配施的 NK + PM 处理显著提高了早稻产量，32 年平均增产 59.6%，试验进行的前 10 年增产率只有 15.0%，随着试验年限的推移，配施猪粪处理的增产效果不断提高，第二个 10 年增产率提高到 44.6%，2001—2012 年平均增产率超过 150.0%。

化肥与稻草长期配合施用较单施化肥在早稻上也有较明显的增产效果，NP + RS 较 NP 处理 32 年平均增产 8.5%，NPK + RS 较 NPK 处理平均增产 7.2%。

表 36 – 24　有机肥与化肥长期配施下早稻产量变化

年　份	项　目	处　理						
		CK	NK	NK + PM	NP	NP + RS	NPK	NPK + RS
1981—1990	平均产量（t/hm²）	3.10	4.87	5.59	4.92	5.57	5.86	6.11
	比 CK 增产（%）	—	56.8	80.3	58.7	79.4	88.7	97.0
	比相应化肥增产（%）	—	—	15.0	—	13.0	—	4.40
1991—2000	平均产量（t/hm²）	2.83	2.89	4.18	4.42	4.78	4.90	5.45
	比 CK 增产（%）	—	2.20	47.7	56.2	68.9	73.2	92.2
	比相应化肥增产（%）	—	—	44.6	—	8.20	—	11.0
2001—2010	平均产量（t/hm²）	2.19	2.06	5.41	4.63	5.03	5.33	5.68
	比 CK 增产（%）	—	−5.60	147.2	111.8	129.8	143.5	159.8
	比相应化肥增产（%）	—	—	162.0	—	8.50	—	6.70
2011—2012	平均产量（t/hm²）	3.18	2.53	6.48	4.87	5.67	6.24	6.74
	比 CK 增产（%）	—	−20.5	103.8	53.1	78.2	96.3	112.0
	比相应化肥增产（%）	—	—	156.3	—	16.4	—	8.00
1981—2012	平均产量（t/hm²）	2.74	3.23	5.15	4.67	5.16	5.42	5.81
	比 CK 增产（%）	—	17.9	88.2	70.8	88.5	97.9	112.2
	比相应化肥增产（%）	—	—	59.6	—	10.4	—	7.20

氮钾化肥与猪粪配施在晚稻上的增产效果低于早稻。与 NK 处理相比，NK + PM 处理 32 年平均增产率达到 17.7%，并且表现出随着试验年限的推移，增产率不断提高的趋势（表 36 – 25），其中，试验的前 10 年增产率只有 7.3%，第二个 10 年增产率提高到 14.7%，第三个 10 年增产率到达 25.6%，2011—2012 年增产率上升到 54.8%。

化肥与稻草长期配合施用较单施化肥在晚稻上也有较明显的增产效果，NP + RS 较 NP 处理 32 年平均增产 14.3%，NPK + RS 较 NPK 处理平均增产 6.7%。

长期施用有机肥对水稻全年产量的影响见表 36 – 26。与 NK 处理相比，氮钾化肥与猪粪配施的 NK + PM 处理全年产量显著提高，32 年平均增产 34.8%，试验进行的前 10 年增产率只有 11.0%，随着试验年限的推移，配施猪粪处理的增产效果不断提高，第二个 10 年增产率提高到 27.1%，第三个 10 年平均增产 66.7%。2011—2012 年平均增产率达到 94.3%。

化肥与稻草长期配合施用较单施化肥全年水稻产量增产效果明显，NP + RS 较 NP 处理 32 年平均增产 12.4%，NPK + RS 较 NPK 处理平均增产 7.0%。

表 36-25　有机肥与化肥长期配施下晚稻产量变化

年份	项目	处理						
		CK	NK	NK+PM	NP	NP+RS	NPK	NPK+RS
1981—1990	平均产量（t/hm²）	3.40	5.33	5.72	4.68	5.67	5.67	6.07
	比 CK 增产（%）	—	57.1	68.5	37.9	67.1	66.9	78.6
	比相应化肥增产（%）	—	—	7.30	—	21.2	—	7.00
1991—2000	平均产量（t/hm²）	3.35	4.07	4.67	4.42	4.91	5.18	5.54
	比 CK 增产（%）	—	21.6	39.5	32.0	46.7	54.7	65.5
	比相应化肥增产（%）	—	—	14.7	—	11.2	—	6.90
2001—2010	平均产量（t/hm²）	3.52	4.78	6.01	5.31	5.82	6.01	6.26
	比 CK 增产（%）	—	35.7	70.4	50.7	65.1	70.4	77.6
	比相应化肥增产（%）	—	—	25.6	—	9.50	—	4.20
2011—2012	平均产量（t/hm²）	3.50	3.97	6.14	4.75	5.77	5.93	6.91
	比 CK 增产（%）	—	13.3	75.3	35.7	64.6	69.3	97.4
	比相应化肥增产（%）	—	—	54.8	—	21.3	—	16.6
1981—2012	平均产量（t/hm²）	3.43	4.68	5.51	4.80	5.49	5.64	6.02
	比 CK 增产（%）	—	36.6	60.7	40.1	60.1	64.5	75.5
	比相应化肥增产（%）	—	—	17.7	—	14.3	—	6.70

　　以上结果表明，化肥与有机肥长期配施能明显提高水稻产量，特别是化肥与猪粪长期配合施用的 NK+PM 处理比相应的 NK 处理显著提高了水稻产量，主要原因是 NK 处理长期不施磷导致土壤磷的消耗，尤其是早稻期间土壤供磷不足严重影响了早稻的前期生长，而配施猪粪补充了磷的供给，促进了水稻生长，研究结果同时表明，化肥与稻草配施也能促进水稻增产。因此，化肥与有机肥配施是提高红壤水稻土水稻产量的重要措施。

表 36-26　有机肥与化肥长期配施下双季稻全年产量变化

年份	项目	处理						
		CK	NK	NK+PM	NP	NP+RS	NPK	NPK+RS
1981—1990	平均产量（t/hm²）	6.50	10.20	11.32	9.61	11.24	11.5	12.2
	比 CK 增产（%）	—	57.0	74.2	47.8	73.0	77.3	87.4
	比相应化肥增产（%）	—	—	11.0	—	17.0	—	5.70
1991—2000	平均产量（t/hm²）	6.18	6.97	8.86	8.84	9.70	10.1	11.0
	比 CK 增产（%）	—	12.7	43.3	43.1	56.9	63.2	77.7
	比相应化肥增产（%）	—	—	27.1	—	9.70	—	8.90
2001—2010	平均产量（t/hm²）	5.71	6.85	11.41	9.94	10.84	11.3	11.94
	比 CK 增产（%）	—	19.9	99.8	74.1	89.9	98.4	109.1
	比相应化肥增产（%）	—	—	66.7	—	9.10	—	5.40

（续表）

年　份	项　目	处　理						
		CK	NK	NK + PM	NP	NP + RS	NPK	NPK + RS
2011—2012	平均产量（t/hm²）	6.68	6.49	12.6	9.62	11.4	12.2	13.65
	比 CK 增产（%）	—	-2.80	88.9	44.0	71.1	82.1	104.4
	比相应化肥增产（%）	—	—	94.3	—	18.8	—	12.2
1981—2012	平均产量（t/hm²）	6.16	7.91	10.7	9.47	10.6	11.1	11.82
	比 CK 增产（%）	—	28.3	72.9	53.7	72.7	79.3	91.8
	比相应化肥增产（%）	—	—	34.8	—	12.4	—	7.00

六、长期施肥下农田生态系统养分循环与平衡

（一）长期不同施肥的肥料回收率

1. 长期不同施肥的氮肥回收率

不同年份氮肥回收率差别较大（表36 – 27）。以 32 年氮肥回收率的平均值计，各施氮处理早稻氮肥回收率平均值为20.8% ~ 48.2%，晚稻29.0% ~ 40.6%，全年 2 季平均值为25.3% ~ 44.1%。早稻、晚稻及全年 2 季的所有处理中，均以 NPK + RS 处理的氮肥回收率最高，NPK 处理次之；早稻 NP + RS 处理氮肥回收率低于 NP 处理，而晚稻则明显高于 NP 处理，从全年来看也高于 NP 处理；从早稻、晚稻及全年的氮肥回收率来看，NK + PM 处理均显著高于相应的化肥处理（NK），NK 处理在所有处理中氮回收率最低。总体上，化肥和稻草或猪粪配施处理氮肥回收率比相应的单施化肥处理高（NPK + RS > NPK、NP + RS > NP、NK + PM > NK），可见，施加稻草或猪粪可通过促进植株对氮的吸收而提高氮肥回收率。

表36 – 27　长期不同施肥下氮肥回收率　　　　　（单位:%）

处　理	早　稻		晚　稻		全　年	
	范围	平均	范围	平均	范围	平均
NP	23.9 ~ 60.8	40.9	27.7 ~ 48.2	30.8	30.7 ~ 53.5	35.4
NK	25.0 ~ 69.0	20.8	27.0 ~ 55.8	29.0	19.9 ~ 61.8	25.3
NPK	26.1 ~ 62.2	47.2	28.1 ~ 58.5	40.4	32.5 ~ 64.7	43.5
NK + PM	22.2 ~ 62.1	35.6	28.5 ~ 52.7	33.1	27.9 ~ 55.0	34.3
NP + RS	29.3 ~ 62.3	39.4	30.6 ~ 60.0	35.4	30.0 ~ 61.7	37.2
NPK + RS	28.4 ~ 62.7	48.2	29.3 ~ 67.4	40.6	29.9 ~ 64.5	44.1

2. 长期不同施肥的磷肥回收率

不同年份磷肥回收率差别也较大（表36 – 28）。以 32 年磷肥回收率的平均值计，不同施磷处理早稻磷肥回收率平均值为17.9% ~ 40.6%，晚稻16.6% ~ 52.2%，全年两季平均值范围为17.3% ~ 46.4%。各施肥处理早稻磷肥回收率从高到低依次为 NPK > NPK + RS > NP + RS > NK + PM > NP > PK；晚稻从高到低依次为 NPK > NPK +

RS > NK + PM > NP + RS > NP > PK；全年两季依次为 NPK > NPK + RS > NK + PM > NP + RS > NP > PK。早稻、晚稻及全年两季的磷回收率 NPK 处理高于 NPK + RS 处理，NP + RS 处理高于 NP 处理。NK + PM 处理的磷肥回收率也较高，早稻、晚稻及全年两季分别为 31.6%、47.6% 和 39.6%，说明猪粪中磷素能较好地被水稻植株吸收利用；所有处理中 PK 处理的磷肥回收率最低，早稻、晚稻及全年两季分别为 17.9%、16.6% 和 17.3%，可能主要的原因是由于长期不施氮肥影响水稻生长从而影响作物对养分的吸收和积累。

表 36 - 28　长期不同施肥下磷肥回收率　　　　　　　　　　　　（单位:%）

处　理	早　稻		晚　稻		全　年	
	范围	平均	范围	平均	范围	平均
PK	9.5 ~ 35.1	17.9	11.7 ~ 31.0	16.6	11.4 ~ 27.4	17.3
NP	20.2 ~ 47.1	30.6	24.4 ~ 58.4	32.2	14.5 ~ 54.2	31.3
NPK	26.7 ~ 59.7	40.6	27.1 ~ 66.6	52.2	25.7 ~ 64.7	46.4
NK + PM	21.5 ~ 54.7	31.6	26.1 ~ 55.0	47.6	22.4 ~ 55.0	39.6
NP + RS	26.1 ~ 49.2	31.7	24.1 ~ 58.6	38.7	25.1 ~ 55.7	35.2
NPK + RS	22.3 ~ 57.4	38.1	22.0 ~ 61.2	49.3	22.2 ~ 60.9	43.7

3. 长期不同施肥的钾肥回收率

不同年份钾肥回收率差别也较大（表 36 - 29）。以 32 年钾肥回收率的平均值计，不同施钾处理早稻钾肥回收率平均值为 29.7% ~ 74.0%，晚稻 54.7% ~ 75.8%，全年两季平均值为 42.5% ~ 75.2%。早稻钾肥回收率从高到低依次为 NPK > NPK + RS > NK + PM > NP + RS > NK；晚稻从高到低依次为 NPK > NPK + RS > NK + PM > NK > NP + RS；全年两季依次为 NPK > NPK + RS > NK + PM > NP + RS > NK。NPK 处理早稻、晚稻平均钾肥利用率最高，其次是 NPK + RS 处理，NK 处理最低。早稻 NK 处理的钾素低有效性导致了钾肥利用率低。NK 处理中钾肥利用率较低的原因是试验期间钾素吸收量长期较低。NK + PM 处理的钾肥利用率明显高于 NK 处理。NPK + RS 处理的钾肥回收率比 NPK 处理低。一般认为，钾肥利用率随钾肥用量的增加而下降，表明钾肥利用率受钾肥用量的影响。

表 36 - 29　长期不同施肥下钾肥回收率　　　　　　　　　　　　（单位:%）

处　理	早　稻		晚　稻		全　年	
	范围	平均	范围	平均	范围	平均
NK	32.0 ~ 60.0	29.7	33.0 ~ 68.0	59.8	32.3 ~ 71.5	42.5
NPK	33.0 ~ 87.0	74.0	34.3 ~ 86.0	75.8	38.1 ~ 86.5	75.2
NK + PM	35.0 ~ 82.4	56.2	32.3 ~ 84.0	65.1	34.0 ~ 82.1	58.5
NP + RS	34.4 ~ 73.0	55.4	35.0 ~ 73.0	54.7	35.8 ~ 73.2	55.2
NPK + RS	32.5 ~ 67.0	58.2	42.0 ~ 67.0	67.6	38.1 ~ 78.3	59.3

（二）土壤有机碳循环与平衡

1. 土壤有机碳平衡

由表 36-4 可知，各处理 1981—2010 年每年平均通过根茬、稻桩、猪粪和稻草投入的 C 量为 $0.91 \sim 3.95 t/(hm^2 \cdot a)$，从高到低依次为 NK + PM > NPK + RS > NP + RS > NPK > NP > NK > CK。NPK + RS、NK + PM、NP + RS 和 NPK 处理土壤有机碳（SOC）处于正平衡，CK、NK 和 NP 处理处于负平衡，从土壤总有机碳固定效率看，NPK + RS、NK + PM、NP + RS 和 NPK 处理的碳固定效率为正值，其中固碳效率最高的是 NK + PM 处理，其次为 NPK + RS 处理；CK、NK 和 NP 处理为负值，CK 的固碳效率最低，其值为 -9.62%，其次是 NK 处理（-1.52%）。

2. 土壤有机碳平衡与有机碳投入的关系

通过方程拟合可知，土壤有机碳平衡（土壤有机碳固定效率）和碳投入量呈显著线性相关，方程为 $y = 5.298\ 4x - 9.565\ 9$（$R^2 = 0.865\ 7$，$p < 0.05$）。

3. 土壤有机碳库特征

土壤碳库管理指数是土壤管理措施引起土壤有机质变化的重要指标，能够反映农作措施使土壤质量下降或更新的程度。从表 36-30 可以看出，在连续施肥 25 年后，除不施肥的 CK 处理的碳库指数、碳库管理指数和活度指数均较试前土壤低外，各施肥处理的碳库指数、碳库管理指数和活度指数都较试前土壤高。在连续施肥 25 年后，各施肥处理的碳库指数均大于 1，即各施肥处理土壤中的总碳含量均有所增加，表明长期施肥有利于有机质的累积。活度是指土壤活性有机质与非活性有机质的比值，它反映土壤活性有机质的比例及和土壤活性。除不施肥 CK 处理外，其他处理中土壤活度均大于试验前土壤。表明长期施肥有利于活性有机质的积累，且能改善土壤质量。

表 36-30　不同施肥制度下土壤碳库管理指数变化（2007 年）

处 理	总有机质 （g/kg）	活性有机质 （g/kg）	活 度	活度指数	碳库指数	碳库管理指数
CK	33.5b	5.52c	0.20	0.95	0.97	92
NK	34.1b	6.22bc	0.22	1.07	0.98	106
NPK	35.9ab	6.70ab	0.23	1.10	1.04	114
NK + PM	38.7a	6.55ab	0.20	0.98	1.12	110
NPK + RS	38.4a	7.11a	0.23	1.10	1.11	121

注：同列数据后不同字母表示处理间差异达到 0.05 的显著水平

（三）长期施肥下土壤氮素的表观平衡

平均每年通过化肥、稻草、秧苗、灌溉水和雨水输入的氮量分别为 $330.0 kg/(hm^2 \cdot a)$、$42.8 kg/(hm^2 \cdot a)$、$2.8 kg/(hm^2 \cdot a)$、$16.1 kg/(hm^2 \cdot a)$ 和 $4.9 kg/(hm^2 \cdot a)$（表 36-31）。水稻年均吸氮量大小顺序为 NPK + RS > NPK > NP + RS > NP > PK > CK。通过稻桩和根茬残留循环的氮素量大小顺序与水稻年吸氮量一致。NPK + RS、NP + RS、NP 和 NPK 处理氮素平衡为正值，在这些处理中通过化肥氮、稻草、降水、灌溉等增加的氮素超过了水稻植株移出的的氮素，PK 和 CK 处理氮素平衡为负值，PK 处理的氮素平衡值最低，为 -105.9 kg/(hm^2·a)，CK 处理氮素亏缺 68.4kg/(hm^2·a)。

表 36-31　长期施肥下氮素的表观平衡　　［单位：kg N/(hm^2·a)］

处　理	输入氮				吸收氮		氮素表观平衡
	肥料氮	秧苗氮	灌溉水	降水	植株吸收氮	循环氮*	
CK	0	2.8	16.1	4.9	99.9	7.7	-68.4
PK	0	2.8	16.1	4.9	140.6	10.9	-105.9
NP	330	2.8	16.1	4.9	226.8	17.7	144.7
NPK	330	2.8	16.1	4.9	255.6	19.9	118.1
NP + RS	372.8	2.8	16.1	4.9	250.4	19.4	165.6
NPK + RS	372.8	2.8	16.1	4.9	278.2	21.7	140.1

注：* 为残留在水稻根系和稻茬中的氮素量

　　土壤氮素表观平衡和氮肥投入量的关系以表 36-31 拟合方程，由此可以看出土壤氮素表观平衡和氮肥投入量呈显著线性相关，方程为 $y = 0.6508x - 86.76$（$R^2 = 0.9802$，$p < 0.05$）。

　　土壤氮素表观平衡和耕层土壤全氮含量的关系呈线性相关，拟合方程为 $y = 1066.1x - 2232$（$R^2 = 0.6222$，$p > 0.05$）。

　　土壤氮素表观平衡和耕层土壤有效氮含量呈显著线性相关，拟合方程为 $y = 11.712x - 2004$（$R^2 = 0.8522$，$p < 0.05$）。

（四）长期施肥下土壤磷素的表观平衡

　　平均每年通过化肥、猪粪、稻草、秧苗、灌溉水和雨水输入的磷量分别为 77.4kg/(km^2·a)、60.6kg/(km^2·a)、5.6kg/(km^2·a)、0.3kg/(km^2·a)、1.4kg/(km^2·a) 和 0.5kg/(hm^2·a)（表 36-32）。水稻年均吸磷量大小顺序为 NPK + RS > NPK > NK + PM > NK > CK。通过稻桩和根茬残留循环的磷素量大小顺序与水稻年吸磷量一致。NPK + RS、NPK 和 NK + PM 处理处于正磷素平衡，在这些处理中通过化肥磷、稻草、降水、灌溉等途径输入的磷素超过了水稻植株移出的磷，NK 和 CK 处理处于负磷素平衡，NK 处理的负磷素平衡最低，亏缺量为 30.4kg/(hm^2·a)，CK 处理磷素亏缺为 18.9kg/(hm^2·a)。

表 36-32　长期施肥下磷素的表观平衡　　［单位：kg P/(hm^2·a)］

处　理	输入磷				吸收磷		磷素表观平衡
	肥料磷	秧苗磷	灌溉水	降水	植株吸收磷	循环磷*	
CK	0	0.3	1.4	0.5	22.9	1.8	-18.9
NK	0	0.3	1.4	0.5	35.2	2.6	-30.4
NPK	77.4	0.3	1.4	0.5	61.7	4.7	22.6
NK + PM	60.6	0.3	1.4	0.5	48.8	3.7	17.7
NPK + RS	83	0.3	1.4	0.5	62.1	4.8	27.9

注：* 为残留在水稻根系和稻茬中的磷素量

土壤磷素表观平衡和磷肥投入量的关系以表 36 - 32 进行方程拟合可知，土壤磷素表观平衡和磷肥投入量呈显著线性相关，方程为 $y = 0.634\ 2x - 24.25$（$R^2 = 0.970\ 1$，$p < 0.05$）。

土壤磷素表观平衡和耕层土壤全磷含量呈线性相关，方程为 $y = 114.89x - 79.659$（$R^2 = 0.681\ 2$，$p > 0.05$）。

土壤磷素表观平衡和耕层土壤有效磷含量呈线性相关，方程为 $y = 2.513\ 7x - 28.987$（$R^2 = 0.637$，$p > 0.05$）。

（五）长期施肥下土壤钾素的表观平衡

平均每年通过化肥、稻草、秧苗、灌溉水和雨水输入的钾量分别为 199.2kg/（hm²·a）、109.2kg/（hm²·a）、2.5kg/（hm²·a）、13.4kg/（hm²·a）和 5.7kg/（hm²·a）（表 36 - 33）。水稻年均吸钾量大小顺序为 NPK + RS > NPK > NP + RS > NP > CK。通过稻桩和根茬残留循环的钾素量大小顺序与水稻年吸钾量一致。在 NPK + RS 处理中通过施化肥钾和稻草增加的钾素超过了水稻植株移出的的钾素，处于正钾素平衡 63.9kg/（hm²·a），其他处理均处于负钾素平衡，NP 处理的负钾素平衡最低为 -80.8kg/（hm²·a），依次为 CK、NP + RS 和 NPK 处理。水稻植株吸收的钾主要保留在稻草中，稻草的循环使用能改变钾素的平衡。

表 36 - 33　长期施肥下钾素的表观平衡　　[单位：kg K/（hm²·a）]

处理	输入钾				吸收钾		钾表观平衡
	肥料钾	秧苗钾	灌溉水	降水	植株吸收钾	循环钾*	
CK	0	2.5	13.4	5.7	106.7	9.9	-75.2
NP	0	2.5	13.4	5.7	110.9	8.5	-80.8
NPK	199.2	2.5	13.4	5.7	261.5	24.5	-16.2
NP + RS	109.2	2.5	13.4	5.7	175.7	16.5	-28.4
NPK + RS	308.4	2.5	13.4	5.7	294.1	28.0	63.9

注：* 残留在水稻根系和稻茬中的钾素量

对表 36 - 33 进行方程拟合显示，土壤钾素表观平衡和钾肥投入量呈显著线性相关，方程为 $y = 0.428x - 80.16$（$R^2 = 0.952$，$p* < 0.05$）。

土壤钾素表观平衡和耕层土壤钾素含量呈线性相关，方程为 $y = 87.46x - 1\ 222.8$（$R^2 = 0.273$，$p > 0.05$）。

土壤钾素表观平衡和耕层土壤速效钾含量呈线性相关，方程为 $y = 1.421x - 137.73$（$R^2 = 0.770$，$p > 0.05$）。

七、长期不同施肥对冲垅田土壤质量的影响

（一）长期不同施肥下冲垅田红壤性水稻土物理性状的变化

土壤环境对土壤质量和作物生长具有重要影响。本研究的结果表明，连续种植 27 年 54 季水稻之后，不同施肥处理之间 0 ~ 15cm 土层土壤容重表现出明显差异（表 36 - 34）。CK 处理土壤容重由试验前（1980 年冬季）的 1.14g/cm³ 增加到 1.19g/cm³，NP

和 NK 处理增加到 1.16g/cm³ 和 1.20g/cm³。NPK 处理较试前土壤略有降低。NK］+ PM、NP+RS 和 NPK+RS 处理土壤容重趋于下降，下降幅度平均达到 6.5%。长期施用化肥处理的土粒密度明显高于无机肥与猪粪和稻草配施处理，平均增幅 7.7%，反映出长期施用化肥在泡水状况下淀浆及结构程度的加重。不同处理之间土壤的标准化平均重量（NMWD）值存在明显差异，化肥与猪粪和稻草配施处理的 NMWD 值高于相应的单施化肥处理，差异达到显著水平。CK 处理的 NMWD 值最小。>0.25mm 的水稳性团聚体含量直接影响土壤的 NMWD 值，且土壤中 >0.25mm 的团聚体越多，NMWD 值越大。长期施用有机物料有利于土壤凝聚作用的增强和有机碳含量的提高，从而使土壤持水性能得到改善。NK+PM、NP+RS 和 NPK+RS 处理耕层土壤的最大持水量比相应单施化肥处理有明显的提高，增幅为 5.3% ~ 13.6%，差异达到显著水平。在施用化肥的基础上，增施猪粪和稻草有利于提高土壤最大持水量。NPK 处理土壤最大持水量与 CK、NP 和 NK 处理相比无显著差异。

表 36 - 34　长期不同施肥下红壤性水稻土物理性状的变化（2007 年）

处　理	容重 （g/cm³）	土粒密度 （g/cm³）	最大持水量 （%）	孔隙度 （%）	标准化平均 重量值（mm）
CK	1.10d	2.32a	18.5f	47.77cd	0.24h
PK	1.13c	2.28b	19.1e	50.29b	0.45g
NP	1.16b	2.28b	19.9d	48.98c	0.48f
NK	1.07e	2.21d	18.8ef	46.70d	0.56e
NPK	1.07e	2.26c	21.3c	52.65a	0.66d
NPK+Ca	1.26a	2.03f	16.4g	51.66ab	0.88a
NK+PM	1.08de	2.02f	22.5c	52.80a	0.72c
NP+RS	1.08de	2.14e	23.4b	50.78b	0.83b
NPK+RS	1.07e	2.03f	24.1a	51.28b	0.88a

注：同列数据后不同字母表示处理间差异达到 5% 的显著水平

（二）长期不同施肥对冲垄田红壤性水稻土生物和生物化学特性的影响

不同施肥处理间的耕层土壤微生物量碳（MBC）含量表现出明显的差异（表 36 - 35）。在长期不施肥的情况下，稻田土壤维持较低的 MBC 含量。在不同施肥处理中，化肥与猪粪、稻草配施处理的 MBC 含量显著高于单施化肥处理，NPK 平衡施肥处理显著高于非平衡施肥处理。方差分析结果表明，不同施肥处理的 MBC 含量存在显著差异。长期氮磷钾均衡施用处理的脲酶活性高于非均衡施肥处理（NP、NK），说明长期非均衡施肥对脲酶活性有抑制作用，而氮磷钾平衡施用则可增加脲酶活性。从化肥与有机肥配合施用来看，化肥与猪粪、稻草长期配施能更加明显地提高脲酶的活性，特别是化肥与 C/N 比（C/N≥25）适中、富含新鲜养分的猪厩肥长期配合施用的处理。土壤酸性磷酸酶随施用磷肥、猪粪和稻草后增加，不施磷肥处理（CK 和 NK）的磷酸酶活性较低。化肥与猪粪、稻草配施可明显提高磷酸酶活性，与化肥配施猪粪（NK+PM）处理相比，化肥配施稻草的两个处理（NP+RS、NPK+RS）磷酸酶活性的提高更为明显一些。这可能是由于 NP+RS 和 NPK+RS 处理磷素养分含量较高的缘故。在

NK 和 NP + PM 处理中，表现为 NK + PM > NK，说明猪粪中的磷素在提高磷酸酶活性方面起着重要作用。各施肥处理转化酶活性均高于 CK 处理，尤其以 NK + PM 处理对转化酶活性的增加效果显著。NP、NPK 配施稻草对于转化酶活性也有很好的提高作用，因为增施 C/N 比（C/N≥45）高的稻草，其高含碳量为转化酶提供了更多的酶促基质，提高了酶活性，从而加快了有机质的转化。土壤脱氢酶活性随施肥量的增进而增加，化肥与猪粪、稻草配施处理明显高于单施化肥处理，单施化肥处理略高于 CK 处理，化肥与稻草配施处理高于化肥与猪粪配施处理，施用化肥处理与 CK 处理之间差异不显著，化肥与猪粪、稻草配施处理明显高于单施化肥处理，达到显著水平。不同施肥处理间，土壤呼吸表现出明显差异（表 36 - 14）。土壤呼吸速率从高到低的顺序为NPK + RS > NK + PM > NP + RS > NPK > NP > NK > CK。比较来看，化肥与猪粪、稻草配施处理高于单施化肥处理，土壤呼吸速率的最大与最小值相差 57.7%，NPK 与 NP、CK 与 NK 处理间的差异不显著，但 NP 处理的土壤呼吸速率较 NK 处理平均增加了 29.1%。总体来看，单施化肥虽然增加了土壤呼吸速率，但远低于化肥与猪粪、稻草配施处理，说明猪粪和稻草对增加土壤呼吸起着非常重要的作用。

表 36 - 35　长期施肥下红壤水稻土生物特性的变化（2007 年）

处　理	微生物量 C（mg/kg）	转化酶活性 [mg/ (g 果糖·7d)]	脱氢酶活性 [mL H⁺/(kg·d)]	磷酸酶活性 [mg PNP/(kg·h)]	土壤呼吸速率 [mg CO₂/(g·d)]
CK	1 239.1c	22.24f	17.0e	121.5c	2.81c
PK	1 226.7c	25.43e	19.0d	136.1bc	3.27d
NP	1 470.6b	27.11d	19.7cd	133.5bc	2.67f
NK	1 052.9d	27.80d	20.6b	129.7bc	2.80e
NPK	1 246.0c	29.46c	20.5bc	131.1bc	3.58c
NPK + Ca	1 055.1d	26.83d	15.5f	132.4bc	3.22d
NK + PM	1 443.3b	33.04a	20.3bc	149.3ab	4.11a
NP + RS	1 614.7a	31.23b	21.0b	161.8a	3.61c
NPK + RS	1 468.7b	30.87b	23.5a	164.6a	3.81b

注：同列数据后不同字母表示处理间差异达 5% 的显著水平

八、基于土壤肥力演变的主要培肥技术模式稻草高效利用技术与模式

近年来，湖南省部分稻田的土壤酸化、潜育化或次生潜育化等土壤障碍问题不断加重，土壤活性有机质下降，一些稻田土壤出现土体结构不良、土壤质地过粘或过砂、土壤孔隙状况不良等物理性质恶化的现象，导致中低产双季稻田面积不断扩大，使双季稻田水稻高产稳产受到威胁。

通过长期定位试验的研究结果表明化肥与有机肥长期配合施用，尤其是氮磷钾化肥与稻草长期配合施用对水稻具有显著的增产作用，稻草与氮磷钾化肥长期配施的增产作用还随着稻草还田时间的延长而逐年提高；同时氮磷钾化肥与稻草长期配施能改善红壤性水稻土的物理性状，可显著降低土壤容重，增加土壤总孔隙度，提高耕层土壤中 0.25 ~ 5mm 水稳性团聚体含量，增加土壤中无机胶结物质含量；氮磷钾化肥与稻

草长期配施有利于提高土壤有机质含量和土壤养分含量，而且还可提高不同组分活性有机质含量，尤其是高活性有机质含量。稻草还田携入的钾可替代部分化学钾肥，同时有利于土壤氮、磷养分的保持和提高。长期氮磷钾化肥与稻草配施还有利于提高土壤微生物的活性和酶活性，改善土壤的生物化学性状，与单施化肥相比，氮磷钾化肥与稻草配施其土壤细菌、真菌和放线菌数量，微生物量碳、氮含量及脲酶、磷酸酶、转化酶和脱氢酶活性均有明显提高。因此，氮磷钾化肥与稻草配合施用是一种提高土壤质量、培肥土壤及维持水稻高产、稳产的有效施肥模式。

但是在南方稻区，传统的稻草处理方法一般是在早、晚稻机械收获后，在天晴时直接在田间焚烧。稻区农民认为这种做法的好处主要是可以杀死早稻、晚稻期间所发生的病虫害，尤其是天气变暖条件下的晚稻稻草，农民认为焚烧晚稻稻草可减少病虫害冬季借稻草覆盖过冬的"保暖"场所。但是这种传统的稻草处理方法不仅造成空气环境污染，引起大气 CO_2 浓度增加，更主要的是造成了秸秆资源的浪费，稻草焚烧导致稻草中的碳、氮养分以气体形式排放到大气中引起空气污染，而磷、钾等养分由于南方冬春降水较多，会以径流的方式流入河流湖泊等水体环境造成面源污染。

据测定，每 kg 干稻草中含有机质 400g、N 9.1g、P_2O_5 3g、K_2O 22.8g。每公顷产稻草 6 000kg，还田后，可为土壤提供有机质 2 400kg，提供的养分相当于尿素 114kg，过磷酸钙 150kg，氯化钾 228kg。此外，稻草中还含有 Ca、Mg、S、Si、Cu、Zn、Fe、Mn、B、Mo 等作物生长所需的中量和微量元素，更重要的是，稻草是有机物料，稻草还田后既能培肥土壤，确保稳产高产，又能提高农产品品质，实现优质高效。而长期偏施化学肥料，既造成土壤板结，又加剧病虫危害，增加化学污染，导致农产品品质降低。因此，全面实行稻草还田，减少化肥用量，提高土壤质量，是农业优质高效和可持续发展的重要而有效的措施。

稻草还田方法有多种，有早稻翻耕还田、覆盖免耕还田和留高桩还田等形式，晚稻还可采用冬作物覆盖还田等方式。

稻草短切翻耕还田技术：将稻草人工或经机械切成长 15~20cm，均匀撒在稻田里。一般每公顷撒入干稻草量为 3 000~3 750kg；若用早稻草还田，每公顷大田撒入量为公顷稻草总量的 1/2 或 2/3。稻草撒完后，要在原用肥量的基础上，每公顷增施碳铵 120~180kg 或尿素 75~90kg 作基肥；若是冷浸田，每公顷要配合施用石灰 225~375kg，以加速稻草软腐。最后翻耕压埋稻草，保持 3~5cm 深水层 5~6d。

稻草短切翻耕加生物催腐还田技术：将稻草人工或经机械切成长 15~20cm，每公顷均匀撒入干稻草 3 000~3 750kg；如用早稻草还田，每公顷大田施用量为公顷稻草总量的 1/2 或 2/3；接着每公顷均匀撒入用腐秆灵 15~30kg 拌成的细土 225~300kg，同时每公顷大田在原用肥量的基础上，增施碳铵 120~180kg 或尿素 75~90kg 作基肥，翻耕后田间保持 2~3cm 深水层 5~8d。

稻草翻压还田：一般用早稻草原位直接还田，将秸秆切二刀或三刀，长 20~25cm，匀铺地面，每公顷还田量约相当于 3 000kg 风干稻草。每公顷施用 90~100kg 氮（N）肥、20~40kg 磷（P_2O_5）肥及 45~75kg 钾（K_2O）素，然后用水田埋草机旋耕翻压、耙平。高留稻桩还田，留桩高度以 35cm 为宜，翻压后用踩滚镇压，将露出地面的稻茬压入泥中以利分解。稻田水分管理要浅灌、勤灌，适时烤田，在分蘖初期及盛期各耘田 1 次，增加土壤通透性，排除稻草腐解过程中产生的有害气体。

稻草免耕整草还田：早稻收割前 7～10d 灌水，割稻时保持 3.5～7.0cm 水层，齐泥割稻，脱粒后将稻草分数堆放置田中，先清除田埂四周杂草，按当地配方施肥，一般每公顷施 90～105kg 氮（N）、30～45kg 磷（P_2O_5）及 60～90kg 钾（K_2O），用"T"字形田耖，耖混田水，使化肥与表土接触。将稻草一小把一小把按早稻根茬的行列，隔行摊放田中，稻草的朝向与插秧的方向相同。插秧后 5～7d 开始施肥、耘田、治虫等大田管理。在耘田时将面施的小股稻草拉散放在行间，上下翻转一下以加速稻草腐烂。

稻草全量直接翻压还田：在广大山区收割时留稻茬 20～30cm，仍用牛力翻犁，平原区用联合收割机进行稻草全量还田，或用滚轧耙和埋草机进行还田。每公顷还田稻草约 4 500～6 000kg，配合施用 90～120kg 氮（N）、45～60kg 磷（P_2O_5）及 60～90kg 钾（K_2O）。

稻草还田后应合理二次增加施用氮肥，防止生物夺氮。稻草属高碳氮比有机肥料（碳氮比大于50：1），还田后，由于微生物在分解稻草时要消耗大量速效氮肥，与作物早期争氮，如不注意速效氮的施用，将影响禾苗前期生长，严重时可造成禾苗坐蔸发黄，导致减产。据试验，为了使碳氮比在 30：1以下，每公顷留高桩相当于 4 500kg 干稻草还田，需施纯氮（N）150kg，才能满足微生物及作物生长之需求，氮肥品种又以碳酸氢铵效果最好。

九、主要结论与研究展望

（一）主要结论

在长期肥料定位试验基础上，通过连续 32 年的土壤动态采样、进行物理、化学与生物化学等分析，系统研究了长期不同施肥条件下，红壤性水稻土物理、化学、生物化学等性状的演变规律。得到了以下重要结论。

1. 发现不同施肥处理的土壤物理性质差异主要由土壤有机和无机胶结物质引起，证实了长期有机肥无机肥配施能改善红壤性水稻土的物理性状

长期不施肥或非均衡施用化肥导致耕层土壤容重增加，长期不施肥的土壤容重由试验前的 1.14g/cm^3 增加到 1.19g/cm^3，NP 和 NK 处理分别增加到 1.16g/cm^3 和 1.20g/cm^3。NPK 处理的土壤容重略有降低。长期有机肥无机肥配施（NK＋PM、NP＋RS 和 NPK＋RS）处理可显著降低土壤容重，平均下降6.5%。长期不施或单施化肥导致土壤总孔隙度和通气孔隙度下降，尤其是通气孔隙度，比试前土壤平均下降17.9%～18.7%。长期有机肥无机肥配施能显著增加土壤总孔隙度，比试前土壤平均提高 4.4%，比不施肥的处理增加 6.7%，比单施化肥处理增加 4.4%～8.7%。

长期不施肥或单施化肥的土壤结构以团块为主，不施肥和单施化肥土壤 >5mm 水稳性团聚体含量均高于 3 个有机肥无机肥配施处理。长期有机肥无机肥配施（NK＋PM、NP＋RS 和 NPK＋RS）能显著提高耕层土壤中 0.25～5mm 水稳性团聚体含量，分别比不施肥土壤平均提高 19.08%、16.83% 和 18.79%，分别比相应的 NK、NP、和 NPK 处理提高 8.99%、11.42% 和 6.7%。

长期不同施肥措施下土壤物理性质差异是由土壤胶结物质差异引起的。长期不施肥或单施化肥土壤的黏粒和有机胶结物质减少，影响土壤结构的形成，且土壤板结。

有机肥无机肥配施（NK + PM、NP + RS 和 NPK + RS）处理能显著提高土壤中有机和无机胶结物质含量，其中土壤游离结合态碳和与 R_2O_3 结合态碳含量平均比单施化肥处理增加 30.9%。长期有机肥无机肥配施（NK + PM、NP + RS 和 NPK + RS）处理也可显著增加土壤中无机胶结物质含量，其中无定形氧化铁和无定形氧化铝含量分别比单施化肥（NK、NP 和 NPK）处理增加 74.1% 和 15.2%。

2. 揭示了不同施肥条件下土壤有机质和活性有机质演变规律，阐明了不同施肥措施对土壤活性有机质组分有显著的影响，有机肥无机肥配施在提高土壤活性有机质含量和碳库管理指数中具有重要作用

长期不同施肥措施下土壤有机质表现出不同的演变规律。长期不施肥和单施氮磷的土壤全有机质含量随时间的推移呈明显下降趋势，不施肥处理由试验前土壤的 34.7g/kg 下降到 33.1g/kg，NP 处理下降到 34.3g/kg。均衡施肥（NPK、NP + RS 和 NPK + RS）处理的则随时间的推移呈上升趋势，分别比试验前土壤提高 6.3%、14.1% 和 14.7%。长期不施肥土壤的活性有机质呈下降趋势，施肥土壤活性有机质含量呈上升趋势。试验开始的前 10 年土壤活性有机质波动较大，此后保持平稳增加趋势。长期有机肥无机肥配施的土壤有机质和活性有机质年增加速度均高于单施化肥的速度。长期不同施肥条件下，土壤高、中活性有机质均呈现出增长趋势。有机肥无机肥配施（NK + PM 和 NPK + RS）处理中土壤高、中活性有机质含量，尤其是高活性有机质含量明显增加。

长期不施肥的土壤碳库指数、碳库管理指数和活度指数较试验前均下降。施肥能提高碳库指数、碳库管理指数和活度指数，且碳库指数均大于 1，表明长期施肥有利于有机质的累积。施肥的土壤碳库活度也明显提高，说明长期施肥有利于改善有机质质量。连续 25 年有机肥无机肥配施对提高土壤活性有机质含量和碳库管理指数的作用大于单施无机化肥。

长期施用氮钾肥配施猪粪能显著提高土壤轻组和重组有机质含量。这可能是猪粪含有丰富的有机物质，能增加土壤微生物活性或其本身就含有丰富轻组有机物质的缘故。

3. 明确了不同施肥条件下土壤氮素的演变规律和不同施肥措施对土壤氮素的影响，证明了有机肥无机肥配施对提高土壤氮库容量及其有效性有重要影响

长期不施肥土壤的全氮含量随时间推移呈下降趋势，下降速度为 0.002g/(kg·a)。随着施肥年限的延长，除长期不施肥（CK）土壤全氮呈缓慢下降趋势外，所有施肥处理土壤全氮均呈上升趋势。有机肥无机肥长期配施（NK + PM、NP + RS 和 NPK + RS）处理增长最快，年增长速率分别为 0.012g/(kg·a)、0.011g/(kg·a) 和 0.012g/(kg·a)；NPKCa、NPK、NP 和 NK 处理土壤全氮增长速率低于有机肥无机肥配施处理。经过 32 年不同施肥，除长期不施肥（CK）处理外的所有处理的土壤全氮较试验开始前均有不同程度的增加，尤其以有机肥无机肥长期配施增加最明显。

32 年各施氮处理早稻氮肥回收率平均值为 20.8%~48.2%，晚稻 29.0%~40.6%，全年两季平均值范围为 25.3%~44.1%。早稻、晚稻及全年两季的所有处理中均以 NPK + RS 处理最高，NPK 处理次之。化肥和稻草或猪粪配施处理氮肥回收率比相应的单施化肥处理高（NPK + RS > NPK，NP + RS > NP，NK + PM > NK），施加稻草或猪粪通过促进植株对氮的吸收从而提高氮肥回收率。

NPK + RS、NP + RS、NP 和 NPK 处理中通过化肥氮、稻草、降水、灌溉等增加的氮素超过了水稻植株移出的的氮素，氮素处于正平衡，PK 和 CK 处理氮素处于负平衡，PK 处理的氮素亏缺 105.9kg/（hm² · a），CK 处理氮素亏缺 68.4kg/（hm² · a）。

4. 探明了不同施肥条件下土壤磷的演变规律和土壤磷的表聚现象，明确了施用猪粪可替代部分化学磷肥

长期不施磷肥（CK 和 NK 处理）土壤全磷含量呈下降趋势且出现严重亏缺，长期施用氮钾肥配施猪粪的基本维持稳定，长期施用磷肥的显著增加，尤其是长期氮磷钾和稻草配施处理。32 年 64 季水稻种植后长期不施肥和施用氮钾肥的土壤全磷比试验前土壤降低了 19.7% 和 22.7%，而长期施用氮磷钾肥的提高了 47.0%，氮磷钾配合稻草还田的提高了 48.5%。土壤全磷含量变化主要在 0 ~ 15cm 土层。施用猪粪可代替部分磷肥，但不能使土壤有效磷含量维持在满足高产水稻作物所需要的水平。

32 年不同施磷处理早稻磷肥回收率平均值为 17.9% ~ 40.6%，晚稻 16.6% ~ 52.2%，全年两季平均值范围为 17.3% ~ 46.4%。各施肥处理早稻磷肥回收率从高到低依次为 NPK > NPK + RS > NP + RS > NK + PM > NP > PK，晚稻从高到低依次为 NPK > NPK + RS > NK + PM > NP + RS > NP > PK，全年两季依次为 NPK > NPK + RS > NK + PM > NP + RS > NP > PK。

各处理水稻年均吸磷量大小顺序为 NPK + RS > NPK > NK + PM > NK > CK。通过稻桩和根茬残留循环的磷素量大小顺序与水稻年吸磷量一致。NPK + RS、NPK 和 NK + PM 处理处于磷素正平衡，NK 和 CK 处理处于负磷素平衡，NK 处理磷素亏缺量为 30.4kg/（hm² · a），CK 处理磷素亏缺 18.9kg/（hm² · a）。

5. 阐明了不同施肥条件土壤钾库的变化规律，证明了稻草还田可以替代部分化学钾肥

CK、NP、PK、NPK + RS 和 NP + RS 处理 0 ~ 15cm 土层全钾含量随时间的推移而呈下降趋势，但下降速度未达到显著水平。氮磷钾肥与稻草配合施用在试验开始的前 15 年土壤全钾含量比试前土壤全钾含量略有增加，此后含量略有下降。长期不同施肥措施能显著影响土壤速效钾含量，长期不施肥（CK 处理）、施用氮磷肥（NP 处理）和氮磷肥与稻草配施（NP + RS 处理）土壤的速效钾含量呈明显下降趋势，下降速度分别为 0.392mg/（kg · a）、0.472mg/（kg · a）和 2.631mg/（kg · a），NPK 和 NPK + RS 处理随时间推移呈增加趋势，增加速度分别为 0.801mg/（kg · a）和 2.631mg/（kg · a）。在缺钾红壤水稻土长期双季稻种植制度条件下，即使每年两季水稻施用 199.2kg/hm² 的化学钾肥和 4.2t/hm² 稻草（含钾 109.2kg），其进入土壤的钾量还是不足以维持土壤的全钾库；长期每年施用 4.2t/hm² 稻草（含钾 109.2kg）而不施用化学钾肥也难维持土壤速效钾的水平。施钾能显著提高水稻产量，不同施肥处理早稻、晚稻产量的变化趋势不同。CK、NP 处理的早稻、晚稻产量随时间的推移呈下降趋势，而 NPK、NP + RS 和 NPK + RS 处理的早稻、晚稻产量呈上升趋势。稻草还田对水稻具有显著的增产作用，稻草的增产作用还随着稻草还田时间的延长而逐年提高。稻草还田携入的钾与化学钾肥具有相同的营养功能，说明稻草可替代部分化学钾肥。

6. 明确了不同施肥措施对土壤生物性状的影响且有机肥无机肥配合施用能改善土壤生物化学性状

长期不施肥或非均衡施肥（NP 和 NK）不利于提高土壤细菌、真菌和放线菌数量，长期氮磷钾肥与猪粪、稻草配施有利于增加其数量。

长期不同施肥措施对土壤微生物量碳、氮含量的影响明显。长期不施肥的稻田土壤微生物碳、氮含量维持在较低的水平。长期施用氮磷钾肥的处理土壤微生物量碳含量显著高于非均衡施用化肥（NP 和 NK）的处理。NPK 与猪粪、稻草配施能提高土壤微生物量碳、氮含量。长期不施肥可显著提高土壤代谢熵，有机肥无机肥配合施用可显著降低土壤代谢熵，尤其是 NPK 配合稻草还田。

长期不同施肥措施对土壤酶活性的影响明显。长期 NPK 平衡施用处理的脲酶活性高于非均衡施肥处理（NP、NK）。NPK 与稻草长期配施提高脲酶活性的效果比 NK 与猪粪长期配施以及 NP 与稻草长期配施的好。长期不施磷肥（CK 和 NK）土壤磷酸酶活性较低。NPK 与猪粪、稻草长期配施可明显提高磷酸酶的活性。长期施肥土壤的转化酶活性均高于不施肥处理，尤其是 NK + PM 处理提高转化酶活性的效果明显。施肥能提高土壤脱氢酶活性，长期有机肥无机肥配施对提高土壤转化酶活性的效果尤为明显。

7. 研究了长期不同施肥对总体土壤质量指数的影响，阐明了长期氮磷钾与稻草配施有利于提高土壤总体质量指数

长期不施肥和化肥偏施处理总体土壤质量指数较低，尤其是长期不施肥。目前，红壤稻区的大多数稻田，只施用氮磷或氮钾肥料，说明非均衡施用化肥的稻田可能存在土壤退化的风险。在酸性红壤性水稻土上，施用石灰是一项提高土壤 pH 值、增加水稳性团聚体和活化土壤养分的有效措施，但其总体土壤质量指数略低于长期施氮磷钾肥的土壤，主要是由于长期施用石灰可导致微生物生物量、脱氢酶、转化酶活性的下降和土壤呼吸速率降低，恶化土壤生物化学环境，不利于总体土壤质量指数的改善与提高。长期施用氮磷钾肥能保持较高的水稻生产力功能，但抗生物化学退化的能力较低，这就预示着在长期只施氮磷钾肥料也会出现潜在土壤生物化学质量退化。长期氮磷钾肥与稻草、猪粪配合施用能显著提高土壤质量等级。长期化肥与稻草、猪粪配合施用的总体土壤质量指数和土壤功能等级均高于单施化肥。这一结果充分证明，在红壤性水稻土上，长期氮磷钾肥配合稻草还田或猪粪是提高总体土壤质量的有效措施，对于维持红壤性水稻土的可持续生产力有着十分重要的意义。

（二）存在问题和研究展望

综观目前国内外在土壤肥力方面的研究，有关土壤中各形态养分的含量，土壤供应养分的能力，土壤养分释放的保持等均有大量报道。结合我国土壤特点和生产实际情况，在建立符合国情的土壤养分肥力评价体系方面，目前尚需开展的研究有：由于有关长期施用有机肥和无机肥后土壤养分形态、供应能力、保持和释放过程与环境条件的关系现在知之甚少，研究长期施有机和无机肥在耕作土壤肥际微域中的迁移和转化，无论是在理论上还是在实践上对合理施肥均有重要意义。

由于田间试验实地监测条件有限，主要采用室内分析测定，故研究结果与实际情况可能有出入；对土壤生物和有机质组成等的表观了解尚不能满足揭示有机质循环机

制的需要；本研究属于静态的横断面研究，只能了解已存在的结果，而对内在过程、产生机制只是推测。未来的研究中，应重视土壤不同团聚结构尺度，特别是在物理、化学和生物学尺度上揭示养分的积累转化机制，如对土壤进行腐殖酸分组，并采用化学提取法—XAD 树脂分离法—冷冻干燥 NMR 的方法进行功能基团分析，引入^{13}C 示踪等手段在不同时间尺度上研究稻田土壤碳动力学（即土壤碳库大小、碳输入率和更新速率）等，这些都是值得进一步深入研究的课题。土壤养分的存在情况和演变结果作了部分研究与分析，还有许多工作需要持续、深入，应利用先进的分析技术，了解土壤的物理和化学结构特征。

目前我们所掌握的知识表明，有机肥和无机肥养分的配合施用是维持水稻土生产力的任何管理策略的必要组成部分，尤其是在资源贫乏的地方。有机肥与无机肥的合理配施增强和维持了可持续水稻生产所必需的土壤肥力。这种措施对于土地少、资源基础薄弱、生产和生产力水平都极低并已经出现土壤养分缺乏或不平衡的地区更为关键。

面对化肥成本的增加和供应限制，有机肥在增加养分供应方面有较大的潜力。早期的研究致力于不同的农业气候区域的有机肥施用措施，而目前需要对试验进行改进，使作物对有机肥的反应可以量化。有机肥分解时的养分释放模式和水稻作物对养分的利用模式需要得到更好的了解。有机肥对土壤性质和作物响应的长期影响需要进行评估。在土壤物理性质变化方面的知识也很重要。有机物的分解为改变一些养分元素的形式和有效性的理化事件建立了一个链。了解土壤养分与有机肥和无机肥中养分的相互作用及外源养分施用对土壤化学性质及其有效性的影响，特别是对超级杂交水稻的肥料施用量、施用时间和施用方式等的确定意义重大。长期以来，对矿质养分在作物连续种植过程中的贡献未作详尽的研究和予以充分的重视。我国人多地少，复种指数高，水稻连作和水旱轮作制普遍，而有关长期连作和轮作制条件下土壤养分形态的转化及各种形态养分对作物吸收的贡献的研究基本是空白。目前的研究很少将土壤养分供应能力与连作制和轮作制、外源输入养分、土壤矿物养分组成变化作为统一体来探讨它们之间的关系，缺少土壤养分—外源输入养分—作物体系—养分供应能力的有机联系机理，因此建立符合当前生产实际和适合稻田土壤特点的土壤养分肥力评价体系，提出稻田土壤的合理施肥量及有机肥、无机肥的配比，并推广应用于农业生产实践是当前值得进一步深入的重大课题。

聂军、廖育林、鲁艳红、谢坚、杨曾平

参考文献

[1] 范钦桢. 1993. 铵对土壤钾素释放、固定影响的研究 [J]. 土壤学报, 30 (3)：245-252.

[2] 范钦桢, 谢建昌. 2005. 长期肥料定位试验中土壤钾素肥力的演变 [J]. 土壤学报, 42 (4)：591-599.

[3] 湖南省农业厅. 1989. 湖南土壤 [M]. 北京：中国农业出版社.

[4] 姜丽娜, 詹长庚, 符建荣, 等. 1999. 长期施肥对钾肥效应及农田钾平衡和土壤钾肥力的影响 [J]. 中国土壤学会 [M] //. 迈向21世纪的土壤科学. 北京：中国环境科学出版社.

[5] 赖庆旺, 李茶苟, 黄庆海. 1992. 红壤性水稻土无机肥连施与土壤结构特性的研究 [J]. 土壤学报, 29 (2)：168-174.

［6］李娟，赵秉强，李秀英，等.2008.长期有机无机肥料配施对土壤微生物学特性及土壤肥力的影响［J］.中国农业科学，41（1）：144－152.

［7］李庆逵.1992.中国水稻土［M］.北京：科学出版社.

［8］李忠佩，唐永良，石华，等.1998.不同施肥制度下红壤稻田的养分循环与平衡规律［J］.中国农业科学，31（1）：46－54.

［9］廖育林，郑圣先，黄建余，等.2008.施钾对缺钾稻田土壤钾肥效应及土壤钾素状况的影响［J］.中国农学通报，24（2）：255－260.

［10］廖育林，郑圣先，鲁艳红，等.2009.长期施钾对双季稻种植制度下红壤水稻土水稻产量及土壤钾素状况的影响［J］.植物营养肥料学报，15（6）：1 373－1 380.

［11］廖育林，郑圣先，聂军，等.2009.长期施用化肥和稻草对红壤水稻土肥力和生产力持续性的影响［J］.中国农业科学，42（10）：3 541－3 550.

［12］廖育林，郑圣先，杨曾平，等.2010.湖南双季稻种植区不同生产力水稻土微生物和生物化学性质的研究［J］.水土保持学报，24（4）：222－228.

［13］廖育林，郑圣先，鲁艳红，等.2011.长期施用化肥和稻草对红壤性水稻土钾素固定的影响［J］.水土保持学报，25（1）：70－73，95.

［14］廖育林，郑圣先，聂军，等.2011.长期施用化肥和稻草对红壤性水稻土非交换性钾释放动力学的影响［J］.土壤，43（6）：941－947.

［15］林葆，林继雄，李家康.1994.长期施肥的作物产量和土壤肥力的演变［J］.植物营养与肥料学报，（1）：6－18.

［16］刘克樱，朱克纯.2002.无机有机肥配施对氮肥利用率和土壤氮素肥力的影响［J］.土壤学报，39（增刊）：174－179.

［17］刘树堂，姚源喜，隋方功，等.2003.长期定位施肥对土壤磷、钾素动态变化的影响［J］.生态环境，l2（4）：452－455.

［18］鲁如坤，刘鸿翔，闻大中，等.1996.我国典型地区农业生态系统养分循环和平衡研究Ⅲ，全国和典型地区养分循环和平衡现状［J］.土壤通报，27（5）：193－196.

［19］鲁如坤.2000.土壤农业化学分析方法［M］.北京：中国农业科学技术出版社.

［20］鲁艳红，杨曾平，郑圣先，等.2010.长期施用化肥、猪粪和稻草对红壤水稻土化学和生物化学性质的影响.应用生态学报，21（4）：921－929.

［21］罗良国，闻大中，沈善敏.1999.北方稻田生态系统养分平衡研究［J］.应用生态学报，10（3）：301－304.

［22］聂军，杨曾平，郑圣先，等.2010.长期施肥对双季稻区红壤性水稻土质量的影响及其评价［J］.应用生态学报，21（6）：1 453－1 460.

［23］聂军，郑圣先，杨曾平，等.2010.长期施用化肥、猪粪和稻草对红壤性水稻土物理性质的影响［J］.中国农业科学，43（7）：1 404－1 413.

［24］聂军，周健民，王火焰，等.2007.长期不同施肥对红壤性水稻土微生物生态特征的影响［J］.湖南农业大学学报，33（3）：337－340.

［25］马茂桐，农中扬.1992.柳州市郊县灌溉水养分元素含量［J］.灌溉排水，11（2）：14－17.

［26］潘根兴，李恋卿，郑聚锋，等.2008.土壤碳循环研究及中国稻田土壤固碳研究的进展与问题［J］.土壤学报，45（5）：901－914.

［27］吴金水，林启美，黄巧云，等.2006.土壤微生物生物量测定方法及其应用［M］.北京：气象出版社.

［28］吴小丹，蔡立湘，鲁艳红，等.2008.长期不同施肥制度对红壤性水稻土活性有机质及碳库管理指数的影响［J］.中国农学通报，24（12）：283－288.

[29] 向艳文, 郑圣先, 廖育林, 等. 2009. 长期施肥对红壤水稻土水稳性团聚体有机碳、氮分布与储量的影响 [J]. 中国农业科学, 42 (7): 2 415 – 2 424.

[30] 向艳文, 郑圣先, 廖育林, 等. 2008. 双季稻种植制度下长期施肥对红壤性水稻土氮素肥力的影响 [J]. 湖南农业大学学报, 34 (6): 704 – 707.

[31] 谢坚, 郑圣先, 廖育林, 等. 2009. 缺磷型稻田土壤施磷增产效应及土壤磷素肥力状况的研究 [J]. 中国农学通报, 25 (3): 147 – 154.

[32] 谢建昌, 周健民, Hardter R. 2000. 钾与中国农业 [J]. 南京: 河海大学出版社.

[33] 许泉, 芮雯奕, 何航, 等. 2006. 不同利用方式下中国农田土壤有机碳密度特征及区域差异 [J]. 中国农业科学, 39 (12): 2 505 – 2 510.

[34] 张桂兰, 乔文学. 1999. 长期施用化肥对水稻产量和土壤性质的影响. 土壤通报, 30 (2): 64 – 67.

[35] 章秀福, 王丹英, 符冠富, 等. 2006. 南方稻田保护性耕作的研究进展与研究对策. 土壤通报, 37 (2): 346 – 351.

[36] 周萍, 潘根兴, 李恋卿, 等. 2009. 南方典型水稻土长期试验下有机碳积累机制 V. 碳输入与土壤碳固定 [J]. 中国农业科学, 42 (12): 4 260 – 4 268.

[37] 周健民, 范钦桢, 谢建昌. 2000. 农田养分平衡与管理 [J]. 南京: 河海大学出版社: 41 – 54.

[38] 郑圣先, 罗成秀, 戴平安. 1989. 湖南省主要稻田土壤供钾能力的研究 [J]. 中国农业科学, 22 (1): 75 – 82.

[39] Alfarol M A, Jarvis S C, Gregory P J. 2004. Factors affecting potassium leaching in different soils. Soil Use and Management, 20 (2): 182 – 189.

[40] Akira T, Hirofumi J, Masami N, et al. 2005. Effect of long-term fertilizer application on the concentration and solubility of major and trace elements in a cultivated and soil [J]. Soil Science & Plant Nutrition, 51 (2): 251 – 260.

[41] Blair GJ, Lefroy RDB, Lisle L. 1995. Soil carbon fraction based on their degree of oxidation and the development of a carbon management index for agricultural systems [J]. Australian Journal of Agricultural Research, 46: 1 456 – 1 466.

[42] Cambardella CA, Elliott ET. 1992. Particulate soil organic matter changes across a grassland cultivation sequence [J]. Soil Science Society of America Journal, 56: 777 – 783.

[43] Chan KY, Bowman A, Oates A. 2001. Oxidizable organic carbon fractions and soil quality changes in an Oxic Paleustalf under different pasture leys [J]. Soil Science, 166: 61 – 67.

[44] Dobermann A, Cassman K G, Stacruz P C, et al. 1996. Fertilizer inputs, nutrient balance, and soil nutrient supplying power in intensive, irrigated rice systems II Effective soil K supplying capacity [J]. Nutrient Cycling in Agroecoystems, 46: 11 – 21.

[45] Dumanski J, Desjardins RL, Tarnocai C, et al. 1998. Possibilities for future carbon sequestration in Canadian agriculture in relation to land use changes [J]. Climate Change, 40: 81 – 103.

[46] Halvorson AD, Wienhold BJ, Black AL. 2002. Tillage, nitrogen and cropping system effects on soil carbon sequestration [J]. Soil Science Society of America Journal, 66: 906 – 912.

[47] Kanchikerimath M, Singh D. 2001. Soil organic matter and biological properties after 26 years of maize-wheat-cowpea cropping as affected by manure and fertilization in cambisol. in semiarid region of India [J]. Agriculture, Ecosystems and Environment, 86: 155 – 162.

[48] Liao Yu-lin, Zheng Sheng-xian, Lu Yanhong, et al. 2010. Potassium efficiency and potassium balance of the rice-rice cropping system in different type of ecosystem regions [M] //The proceedings of the China association for science and technology. Science Press and Science Press USA Inc, 6: 151 – 159.

［49］ Yulin Liao, Shengxian Zheng, Jun Nie, et al. September 2010. Potassium Efficiency and Potassium Balance of the Rice-Rice Cropping System Under Two Different Agro-Ecosystems. e-ifc No. 24.

［50］ Liao Y L, ZHeng S X, Nie J, et al. 2013. Long-Term Effect of Fertilizer and Rice Straw on Mineral Composition and Potassium Adsorption in a Reddish Paddy Soil ［J］. *Journal of Integrative Agriculture*, 12 (4): 694 – 710.

［51］ Majumder B, Mandal B, Bandyopadhyay PK, et al. 2008. Organic amendments influence soil organic carbon pools and rice-wheat productivity ［J］. *Soil Science Society of America Journal*, 72: 775 – 785.

［52］ Pan GX, Smith P, Pan WN. 2009. The role of soil organic matter in maintaining the productivity and yield stability of cereals in China ［J］. *Agriculture, Ecosystems and Environment*, 129: 344 – 348.

［53］ Pan GX, Li LQ, Wu LS, et al. 2003. Storage and sequestration potential of topsoil organic carbon in China's paddy soils ［J］. *Global Change Biology*, 10: 79 – 92.

［54］ Purakayastha TJ, Rudrappa L, Singh D, et al. 2008. Long-term impact of fertilizers on soil organic carbon pools and sequestration rates in maize-wheat-cowpea cropping system ［J］. *Geoderma*, 144: 370 – 378.

［55］ Russell AE, Laird DA, Parkin TB, et al. 2005. Impact of nitrogen fertilization and cropping system on carbon sequestration in midwestern Mollisols ［J］. *Soil Science Society of America Journal*, 69: 413 – 422

［56］ Rui WY, Zhang WJ. 2010. Effect size and duration of recommended management practices on carbon sequestration in paddy field in Yangtze Delta Plain of China: A meta-analysis ［J］. *Agriculture, Ecosystems and Environment*, 135: 199 – 205.

［57］ Shen MX, Yang LZ, Yao YM, et al. 2007. Long-term effects of fertilizer managements on crop yields and organic carbon storage of a typical rice-wheat agroecosystem of China ［J］. *Biology and Fertility of Soils*, 44: 187 – 200.

［58］ West TO, Post WM. 2002. Soil organic carbon sequestration rates by tillage and crop rotation: a global data analysis ［J］. *Soil Science Society of America Journal*, 66: 1 930 – 1 946.

第三十七章　长期施用有机无机肥红壤性水稻土肥力演变规律

20世纪80年代初，湖南省土壤施肥结构是以有机肥为主、化肥为辅。此后，随着家庭联产承包责任制的普及，在农业经济效益和生产劳动力结构变化的影响下，有机肥施用量逐渐减少。国内外大量试验结果表明，有机肥具有促进作物增产、改善品质、提升土壤质量等作用，但存在肥效慢、养分含量低、施用量大、费劳力及增产效果差等缺点。而化学肥料虽有增产快、养分含量高、用量少等优点，但因人们过度施用已造成粮食生产成本高、土壤质量退化、农业面源污染严重等问题。因此，构建合理的施肥结构，有机肥和无机肥合理配施，优化化肥和有机肥的施用模式已成为农业可持续发展最为关注的问题之一。针对这些问题以及农业生产实际情况，中国农业科学院红壤实验站于1982年在湖南省祁阳县官山坪村设置了有机肥（牛粪）和化肥不同组合的长期定位试验。该地区为典型的红壤低山丘陵区，多为中低产田，为此，本研究在已有水稻长期施肥试验的基础上，研究长期施用牛粪、化肥及牛粪与化肥配施对水稻产量、土壤理化性状等方面的影响，旨在揭示不同施肥模式与红壤稻田水稻产量、土壤培肥的关系，为红壤性水稻田构建合理的施肥结构和保持农业可持续发展提供理论依据（黄晶等，2013）。

一、红壤性水稻土有机无机肥长期试验概况

红壤性水稻土有机无机肥配施长期定位试验在中国农业科学院祁阳红壤实验站进行（东经111°52′，北纬26°45′），该区海拔150~170m，地处中亚热带，年均气温18℃，≥10℃积温5 600℃，年降水量1 255mm，年蒸发量1 470mm，无霜期约300d，年日照时数1 610h。土壤为第四纪红土母质发育的红壤性水稻土，试验开始时0~20cm土层土壤的基本理化性状为：有机质含量21.00g/kg，全氮1.48g/kg，碱解氮158.00mg/kg，全磷0.48g/kg，有效磷9.60mg/kg，全钾14.20g/kg，速效钾65.90mg/kg；pH值5.97。

试验从1982年开始，采用稻—稻—冬闲种植制度，试验设7个处理：①M；②NKM；③NPM；④PKM；⑤NPKM；⑥NPK；⑦CK。小区面积1.8m×15m=27m²，重复3次，随机排列。其中对照处理（CK）从2001年开始增加。各小区内均用水泥埂分隔，1982年种早稻进行匀地试验，小区产量变异系数为2.98%，符合试验要求，从1982年晚稻季开始正式实施试验。水稻插植规格为20cm×20cm，即每小区675（9×75）蔸，每公顷25.5万蔸。

施肥方法及施肥量：有机肥和无机肥均作底肥一次施入。有机肥为腐熟牛粪（养分含量为多年测定的平均值，含N 0.32%，含P_2O_5 0.25%，含K_2O 0.15%），用量为每季22 500kg/hm²；化肥为尿素（含N 46%）、过磷酸钙（含P_2O_5 12%）、氯化钾（含K_2O 60%），每季水稻施N 72.3kg/hm²、P_2O_5 56.3kg/hm²、K_2O 33.8kg/hm²。水稻

收获时，各小区单打单晒，测定稻谷产量；各小区于每年晚稻收获后，取 0 ~ 20cm 土层的混合样，自然风干后分别过 0.85mm 和 0.25mm 筛，用于土壤理化性质的测定。

二、红壤性水稻土有机质和氮、磷、钾的演变规律

（一）有机质的演变规律

1. 有机质含量的变化

土壤有机质作为重要的土壤肥力指标受不同施肥的影响。农田土壤有机质含量的增加主要归因于秸秆还田，有机肥的施用，化肥投入量的增加，合理的养分配比以及少（免）耕技术的推广（黄耀等，2006）。通过连续 30 年的水稻种植和不同施肥，不同处理土壤有机质含量发生了明显变化（图 37 - 1）。从图 37 - 1 中可以看出，不施肥（CK）处理的土壤有机质含量缓慢下降，年均下降约为 0.26g/kg；单独施用有机肥或有机无机肥配施的处理 M、NKM、NPM、PKM 和 NPKM，其有机质含量较试验前分别增加了 61.53%、60.41%、59.17%、63.82% 和 63.98%，增幅最大的为 NPKM 处理，各处理间的变化趋势相似，且各处理间土壤有机质含量无明显差异；单施化肥的 NPK 处理，其有机质含量比试验前增加了 24.31%，显著低于单施有机肥或有机肥，无机肥配施的处理。因试验开始时的有机质含量较低，为 21.00g/kg，单施有机肥以及有机肥无机肥配施的 M、NKM、NPM、PKM、NPKM 各处理，随着有机肥的施入及水稻根茬等有机物的残留，其土壤有机质含量在试验开始后的前 16 年就有一个快速增加的过程，达到 40.00 ~ 43.20g/kg，之后土壤有机质含量略有下降但仍保持增长的趋势；单施化肥的 NPK 处理，土壤有机质含量仅在试验开始后的 8 年内增加较快，从试验开始时的 21.00g/kg 增加到 28.10g/kg，之后在一个相对稳定的范围内波动。施用有机肥的各处理有机质的增加幅度均大于单施化肥的处理。其主要原因是有机无机肥配施或单施有机肥在增加水稻产量的同时也增加了对土壤碳的投入，使土壤有机质的积累量增加（鲁艳红等，2010；Zhang W J 等，2010。）。本研究结果也再次证明了施用有机肥可以明显提高土壤有机质含量。

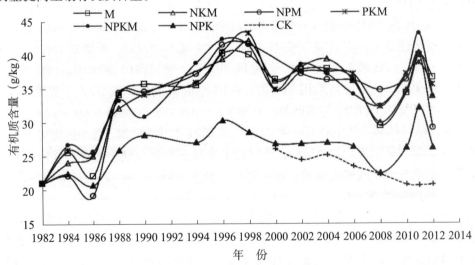

图 37 - 1　长期不同施肥土壤有机质含量的变化

2. 有机质含量与有机物料碳投入量的关系

外源有机碳输入是维持和提高农田土壤有机碳含量的主要途径。土壤外源有机碳输入包含两部分（周萍等，2009），第一部分为源于作物的碳量，用公式 $Ic = Yc \times Pr \times Dr$ 估算，式中，Ic 为通过作物增加的碳量 $[t/(hm^2 \cdot a)]$；Yc 为作物产量 $[t/(hm^2 \cdot a)]$；Pr 为根茬碳与作物产量的比值，本研究取 0.30；Dr 为作物根茬残留 1 年后的腐殖化系数，红壤性水稻土取 0.45。第二部分为源于施入有机肥的碳量，计算公式为 $T_{of} = Q_{of} \times C_{of} \times D_{of} \times (1 - W_{of})$，式中，$T_{of}$ 为通过有机肥增加的碳量 $[t/(hm^2 \cdot a)]$；Q_{of} 为有机肥施用量 $[t/(hm^2 \cdot a)]$；C_{of} 为有机肥含碳量（g/kg），本研究施用有机肥为牛粪，含碳量取 400g/kg；D_{of} 为有机肥施入 1 年后的腐殖化系数，本研究取 0.59；W_{of} 为有机肥含水量，多年平均值为 78%。

施肥能提高作物产量，作物产量的差异直接影响进入土壤的有机物的数量。根据历年水稻（稻谷＋稻草）产量估算得出的历年外源有机碳输入量见图 37-2。因有机肥无机肥配施各处理的有机肥施用量一致，因此外源有机碳输入量的差异主要源自水稻产量，从图 37-2 可以看出，NPKM 处理的有机碳输入量最高，PKM 处理最低，NPK 处理因没有有机肥的施入，仅有源自作物的碳量，因此外源有机碳远低于施用有机肥的各处理。

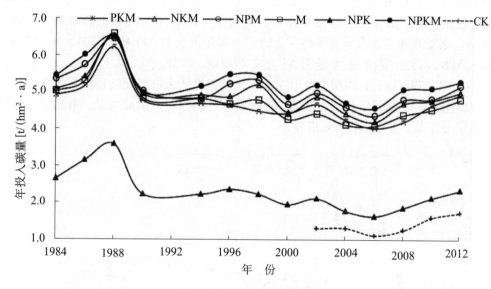

图 37-2　历年有机碳的输入量

土壤有机质含量随着有机物料投入量的增加而升高（$p < 0.01$）。当外源有机物料超过 6t/$(hm^2 \cdot a)$ 后，土壤有机质含量升高的速率降低（图 37-3）。

（二）氮素的演变规律

1. 全氮含量的变化

土壤全氮可作为土壤供氮能力的指标，土壤全氮包括可供作物直接利用的矿质氮、易矿化有机氮和不易矿化有机氮及粘土矿物品格固定的铵，是作物从土壤获得氮素的氮库；土壤全氮含量的增减也是土壤肥力高低的指标之一。长期不同施肥 30 年后，各处理土壤全氮的积累量发生了明显变化（图 37-4），除不施肥的 CK 处理外，各处理在试验开始后的 8 年内，土壤全氮均呈快速积累的趋势，以 NPKM 处理的增幅最大，

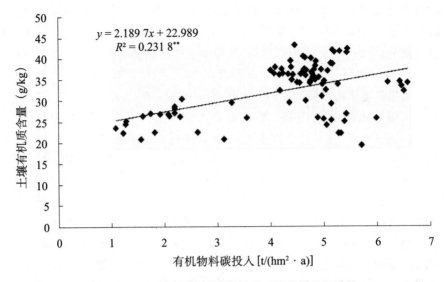

图 37-3　土壤有机质含量与有机碳投入量的相关性

平均每年增加 0.14g/kg，PKM 处理的增加幅度最小，平均每年仅增加了 0.05g/kg。自 1990 年以后，除 PKM 处理土壤全氮含量保持在一个稳定的小幅波动的范围内，其他各施肥处理的土壤全氮含量均呈先下降后稳定的趋势，以 NPK 处理的降幅最大，达到 22.51%。各处理历年土壤全氮平均含量的大小顺序依次为 NPKM > NKM > M > NPM > PKM > NPK，其土壤全氮含量分别为 2.19g/kg、2.18g/kg、2.12g/kg、2.10g/kg、2.01g/kg 和 1.79g/kg，总体而言，单施有机肥或有机肥无机肥配施提高土壤全氮的效果比单施化肥好（Xing G X 等，2000；沈善敏等，2002。）。由此可见，有机肥与化肥配合施用是提高土壤全氮的有效措施。

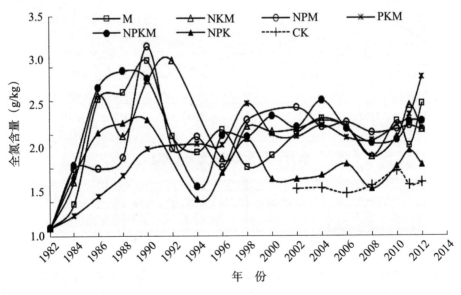

图 37-4　长期不同施肥土壤全氮含量的变化

2. 碱解氮含量的变化

土壤有效氮含量的水平表征土壤的供氮强度，反映当季作物可利用的氮含量。经过

30年的连续种植和施肥，除对照外，其他各处理土壤碱解氮含量均有不同程度的增加（图37-5）。且表现为前期（试验开始至1994年）增加缓慢，平均每年增加0.66～2.25mg/kg，1994年至1998年增加较快，平均每年增加6.45～32.45mg/kg；1998年之后，各施肥处理土壤碱解氮均表现为略微下降。从试验开始至1996年，各施肥处理间土壤碱解氮含量的差异不明显，1996年之后，NPK处理的土壤碱解氮含量明显低于其他施有机肥的处理，而施用有机肥的各处理之间土壤碱解氮含量的变化趋势相似，且差异较小，历年平均含量在139.02～150.12mg/kg。

种植30年后，单施化肥的NPK处理，土壤碱解氮含量较1982年试验开始时的82.80mg/kg提高了48.60mg/kg，增幅为58.70%；单施有机肥的M处理，土壤碱解氮含量提高了88.20mg/kg，增幅为106.52%；有机肥无机肥配施（NKM、NPM、PKM、NPKM）的各处理土壤碱解氮含量提高了83.40～92.70mg/kg，增幅100.72%～111.96%。其原因是水稻在生育过程中不断吸收土壤中的有效氮，同时土壤的中有效氮又易随水流失和通过氨挥发损失，由于单施化肥的处理，施入的都是有效氮，因此可快速被作物吸收，也容易损失；而有机肥与化肥配施的处理，有机肥中的氮是缓效氮，只有矿化后才能变成有效氮，因此氮的损失较少，在土壤中的积累相对较多。

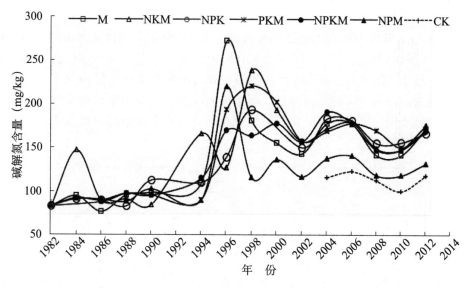

图37-5　长期不同施肥土壤碱解氮含量的变化

3. 全氮、碱解氮含量和氮肥投入量的关系

由表37-1可以看出，土壤全氮、碱解氮年均增量随着氮肥施用量的增加而增加，土壤全氮、碱解氮的增加速率与氮肥施用总量均呈显著正相关关系（$r=0.87^{**}$，$r=0.77^{**}$），且以有机氮肥增加土壤氮素含量的效果更明显，土壤全氮、碱解氮含量与有机氮的施用量呈极显著的正相关（$r=0.85^{**}$，$r=0.87^{**}$），化学氮肥的施用同样能增加土壤全氮和碱解氮含量，但两者之间的相关系数小（$r=0.48$，$r=0.29$）。说明施有机氮对增加土壤全氮和碱解氮含量更为有效。

表37-1　长期不同施肥土壤全氮、碱解氮含量与氮肥施用量（1982—2012年）

处理	全氮年均增量 （g/kg）	碱解氮年均增量 （mg/kg）	有机氮施用量 [kg/（hm² · a）]	化肥氮施用量 [kg/（hm² · a）]	总施氮量 [kg/（hm² · a）]
M	0.03	1.9	145	0	145
NKM	0.04	2.0	145	145	290
NPM	0.03	1.7	145	145	290
PKM	0.03	2.0	145	0	145
NPKM	0.04	1.9	145	145	290
NPK	0.02	1.2	0	145	145
CK	0	0	0	0	0

（三）磷素的演变规律

1. 全磷含量的变化

经过30年的耕作施肥，各施肥处理的土壤全磷均有不同程度的累积（图37-6）。土壤全磷含量以有机肥加化学磷肥的处理NPKM、NPM和PKM最高，其历年平均含量分别为0.86g/kg、0.85g/kg和0.84g/kg，年递增率分别为13.10mg/kg、12.52mg/kg和12.19mg/kg；其次为单施化肥的NPK处理，土壤全磷的平均含量为0.74g/kg，年递增9.16mg/kg；而不施磷肥的M和NKM处理最低，平均含量分别为0.59g/kg和0.56g/kg，每年的递增速率非常缓慢。表明在有机肥和化肥配施的情况下，磷肥施用量的增加能有效提高土壤的全磷含量，而单施有机肥，土壤中全磷含量的上升幅度较少，但从长期不同施肥后土壤全磷含量的变化来看，化学磷肥对于增加土壤全磷含量的效果好于有机磷肥。

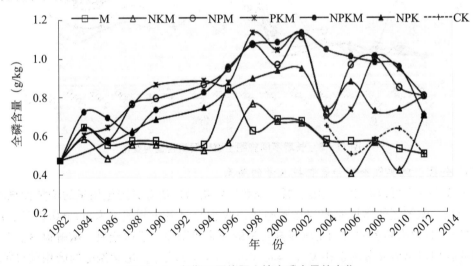

图37-6　长期不同施肥土壤全磷含量的变化

2. 有效磷含量的变化

长期不同施肥各处理的土壤有效磷含量的变化有较大差异（图37-7）。从图37-7可以看出，经过30年的耕作和施肥，不施化学磷肥的M和NKM处理土壤有效磷含量增加较少，比较稳定，每年分别递增 0.24mg/kg 和 0.16mg/kg；NPK 处理的土壤有效磷含量增加较快，比试验开始时增加了 7.0 倍；有机肥与化学磷肥配施的 NPM、PKM 和 NPKM 处理，其土壤有效磷含量增加最快，分别较试验开始时增加了 10.2 倍、11.2 倍和 11.5 倍。同时施化学磷肥和有机肥的处理（NPM、PKM 和 NPKM）历年平均土壤有效磷含量显著高于只施化学磷肥的 NPK 处理（$p < 0.01$），不施化学磷肥和只施有机肥的处理（NKM 和 M）土壤有效磷含量显著低于施化学磷肥的处理（$p < 0.01$）。施化学磷肥使土壤有效磷含量增加的原因在于，水溶性磷肥施入土壤后，虽然其中一部分很快转化为难溶性的磷形态，不易被作物吸收利用，但另一部分被土壤吸附或存在于土壤溶液中的保持着有效态的磷，可供当季作物吸收利用（王伯仁等，2005）。如果在施化学磷肥的基础上增施有机肥，其增加土壤有效磷的效果更为显著。原因可能是，一方面有机肥本身含有一定数量的磷，以有机磷为主，这部分磷易于分解释放；另一方面有机肥施入土壤后可增加有机质含量，而有机质可减少无机磷的固定，并促进无机磷的溶解（赵晓齐等，1992）。

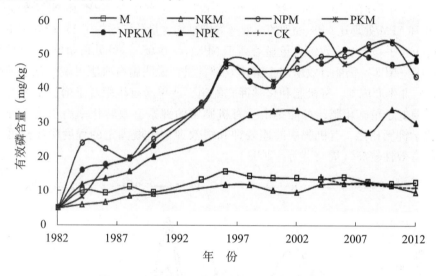

图 37 - 7　长期不同施肥土壤有效磷含量的变化

3. 全磷、有效磷含量与磷肥投入量的关系

土壤全磷、有效磷年均增加量随着磷肥施用总量的增加而增加（表 37 - 2），土壤全磷、有效磷增加速率与磷肥施用总量均呈显著正相关关系（$r = 0.93^{**}$，$r = 0.93^{**}$），且以施化肥磷增加土壤磷素含量的效果更明显，土壤全磷、有效磷年均增量与化肥磷施用量呈极显著正相关关系（$r = 0.94^{**}$，$r = 0.94^{**}$），施有机磷同样可增加土壤全磷和有效磷含量，但两者之间的相关性不明显（$r = 0.41$，$r = 0.41$）。说明化学磷肥相比有机肥中的磷，其增加土壤全磷和有效磷含量的效果更显著。

（四）钾素的演变规律

1. 速效钾含量的变化

长期不同施肥对水田土壤速效钾含量的影响见图 37 - 8。可以看出，以有机肥与化学钾肥配施的处理土壤速效钾的增加最快，单施化学肥料的处理增加最慢。NKM、PKM 和 NPKM 处理与 NPK 相比，土壤速效钾平均含量分别增加了 43mg/kg、40mg/kg 和

表 37 -2　长期不同施肥土壤全磷、有效磷含量与磷肥施用量（1982—2012 年）

处　理	全磷年均增量 （mg/kg）	有效磷年均增量 （mg/kg）	有机磷施用量 [kg/(hm² · a)]	化肥磷施用量 [kg/(hm² · a)]	总施磷量 [kg/(hm² · a)]
M	4.09	0.24	56.3	0	56.3
NKM	3.05	0.16	56.3	0	56.3
NPM	12.52	1.05	56.3	56.3	112.6
PKM	12.19	1.04	56.3	56.3	112.6
NPKM	13.10	1.01	56.3	56.3	112.6
NPK	9.16	0.63	0	56.3	56.3
CK	0.00	0.00	0	0	0

36mg/kg。增幅分别达 26.1%、24.1% 和 22.0%，显著高于 NPM 和 NPK 处理（$p < 0.05$）；M 和 NPM 处理比 NPK 处理的土壤速效钾平均含量分别增加了 25mg/kg 和 8mg/kg，M 处理的历年平均土壤速效钾含量显著高于 NPK（$p < 0.05$），可见长期单施有机肥（M）比单施化肥（NPK）仍能有效增加土壤速效钾含量，说明施有机肥可减少化学钾肥的投入，节约农业生产成本。有机肥和化学钾肥配施，或单施有机肥对于增加土壤速效钾含量的效果要好于单施化肥，可能是由于有机肥中的钾素有效转化率高于化学钾肥，与水溶性化学钾肥相比，有机肥中的速效钾和缓效钾被土壤固定的程度明显降低，故在土壤中的有效性较高（周晓芬等，2003）。

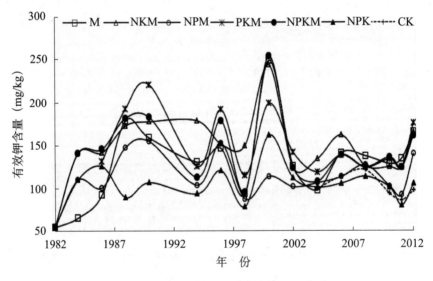

图 37 -8　长期不同施肥土壤速效钾含量的变化

2. 速效钾含量与钾肥投入量的关系

表 37 -3 显示，不同施肥处理，红壤水稻土速效钾年均增量随着总施钾量的增加而增加（$r = 0.94^{**}$），且以施有机钾肥的处理增加的效果更明显，土壤速效钾年均增量与有机钾的施用量呈极显著的正相关（$r = 0.84^{**}$），施化学钾肥同样能增加土壤速效钾含量，但两者之间无明显的相关性（$r = 0.57$）。说明施有机肥对增加土壤速效钾

含量的效果更显著。

表 37 - 3   长期不同施肥土壤速效钾年均增量与钾肥施用量（1982—2012 年）

处　理	速效钾年均增量 （mg/kg）	有机钾施用量 [kg/(hm² · a)]	化肥钾施用量 [kg/(hm² · a)]	总施钾量 [kg/(hm² · a)]
M	2.56	33.8	0	33.8
NKM	3.12	33.8	33.8	67.6
NPM	1.94	33.8	0	33.8
PKM	3.04	33.8	33.8	67.6
NPKM	2.89	33.8	33.8	67.6
NPK	1.64	0	33.8	33.8
CK	0.34	0	0	0

三、红壤性水稻土理化特性和微量元素的演变规律

（一）土壤 pH 值的变化特征

土壤 pH 值影响土壤养分的有效性和作物生长，长期施肥对红壤稻田 pH 值的影响亦是人们十分关心的问题。水田所处的环境与旱地完全不同，其缓冲能力比旱地强，同时当土壤处于淹水条件下，会产生硝化作用，可提高土壤的 pH 值（图 37 - 9）。所以长期不同施肥 30 年后，不同施肥处理的土壤 pH 值在 6.31 ~ 6.57 波动，较试验开始时提高了 0.45 ~ 0.56 个单位，但不同施肥处理之间差异不显著。

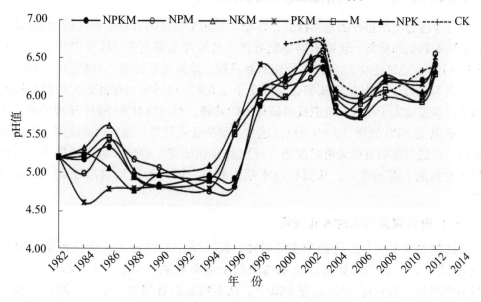

图 37 - 9   长期不同施肥土壤 pH 值的变化

（二）土壤容重和耕层深度的变化

从 2012 年对土壤容重、田间持水量的测定结果来看，施肥可降低土壤容重（表 37-4）。施用有机肥土壤田间持水量明显大于单施化肥，不同有机肥配施处理较单施化肥处理的田间持水量增加了 10.29% ~ 20.16%。长期单施有机肥处理（M），土壤容重比对照（CK）下降了 13.72%，单施化肥（NPK），土壤容重比 CK 下降了 5.75%，有机肥无机肥配施处理（NPKM）的土壤容重比 CK 降低了 13.09%。长期施有机肥的各处理较单施化肥能够明显提高土壤孔隙度，以 NPKM 处理的孔隙度最大，较单施化肥处理 NPK 增加了 7.28%。说明施有机肥能减小土壤容重，增加孔隙度，改良土壤结构，显著提高土壤的保水性能，增加土壤抗旱能力。

表 37-4 长期不同施肥水田土壤的物理性质（2012 年）

处　理	田间持水量（%）	容重（g/cm³）	孔隙度（%）
M	46.97a	1.13b	57.33a
NPKM	45.36a	1.12b	57.64a
PKM	44.70ab	1.15b	56.69a
NPM	43.93ab	1.15b	56.44a
NKM	43.11ab	1.22ab	53.99ab
NPK	39.09bc	1.23ab	53.73ab
CK	35.82c	1.30a	50.91b

注：同列数据后不同字母表示处理间差异达 5% 显著水平

耕层厚度是土壤耕种的基本特征，作物产量和生物量随着耕层深度的增加而提高，随着表层的移失而降低。长期不同施肥处理后红壤性水稻土耕层厚度产生了明显变化（图 37-10）。经过连续 31 年的不同施肥和耕作，单施化肥处理（NPK）的耕层深度最小，仅为 12.7cm，比其他各施肥处理减少了 2.6% ~ 13.6%。有机肥无机肥配施的各处理耕层深度均大于单施有机肥或单施化肥的处理，且 NPKM 和 NPM 处理的耕层深度显著大于 M 和 NPK 处理（$p < 0.05$），这与产量的变化趋势一致。由此说明，在红壤性水稻田，通过合理的有机无机肥配施，特别是在保证氮、磷投入量的条件下，可促进水稻地上和地下部的生长，从而提高水稻生物量，同时可增加耕层深度，改善耕层环境。

（三）有效微量元素的变化特征

在红壤水田上，长期施肥和连续耕作，使土壤中的微量元素含量发生了明显变化（表 37-5），总的趋势为，长期施肥的土壤有效铜（Cu）、锌（Zn）、铁（Fe）含量显著增加，有效锰（Mn）显著减少。在不同施肥处理中，施有机肥的处理土壤有效铜（Cu）含量平均为 3.6mg/kg，NPK 处理为 3.5mg/kg；施有机肥的各处理土壤有效铁（Fe）平均含量为 162.4mg/kg，NPK 处理为 158.7mg/kg，施有机肥与施化肥的差异不大。土壤有效锌（Zn）含量，施有机肥的各处理平均值为 5.6mg/kg，比 NPK 处理的 3.8mg/kg 增加 47.4%。总体而言，施有机肥改善了水稻土微量元素

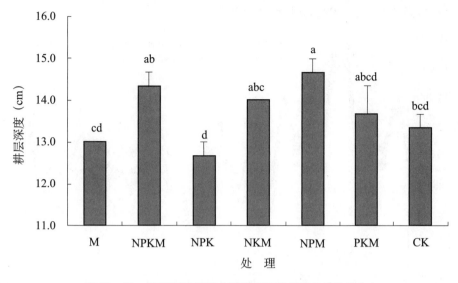

图 37 – 10　长期不同施肥土壤耕层深度的变化（2013 年）

注：柱上不同字母表示处理间差异达 5% 显著水平

养分的供应状况。

表 37 – 5　长期不同施肥水稻土的有效微量元素含量　　（单位：mg/kg）

处　理	铜 Cu			锌 Zn			锰 Mn			铁 Fe		
	1982 年	1990 年	2000 年	1982 年	1990 年	2000 年	1982 年	1990 年	2000 年	1982 年	1990 年	2000 年
PKM	0.55	3.20	4.32	0.81	3.77	8.15	288.33	71.00	53.53	20.01	191.46	184.13
NKM	0.55	2.80	3.55	0.81	3.20	7.46	288.33	87.20	61.72	20.01	111.22	113.23
NPM	0.55	3.30	4.21	0.81	4.28	8.23	288.33	75.53	62.30	20.01	195.89	186.73
NPK	0.55	2.99	4.01	0.81	2.84	4.70	288.33	63.65	45.72	20.01	171.09	146.43
NPKM	0.55	3.39	4.41	0.81	3.46	7.62	288.33	70.67	47.55	20.01	188.03	185.56
M	0.55	3.02	3.89	0.81	3.26	6.65	288.33	74.40	73.90	20.01	162.33	104.88

四、作物产量对长期施肥的响应

（一）稻谷产量的变化特征

随着施肥时间的延长，不同施肥处理间稻谷年产量表现出明显差异（图 37 – 11）。不施肥处理（CK），的稻谷产量明显低于其他施肥处理，NPKM 处理的稻谷产量一直保持最高水平；NPK 的稻谷产量随着施肥时间的延长呈降低趋势，逐渐低于其他施肥处理。NPKM、NPM、NKM、M、PKM、NPK 和 CK 处理的历年平均产量分别为 11 241kg/hm²、10 633kg/hm²、10 137kg/hm²、9 707kg/hm²、9 676kg/hm²、9 329kg/hm² 和 6 086kg/hm²。有机肥无机肥配施的 4 个处理（NPKM、NPM、NKM 和 PKM）较单施化肥处理（NPK）分别增产 20.50%、13.98%、8.66% 和 3.72%，较单施有机肥处理（M）分别增产 15.81%、9.54%、4.43% 和 –0.32%；单施有机肥处理（M）较单施化肥（NPK）增产3.89%（高菊生等，2008；张国荣等，2009）。

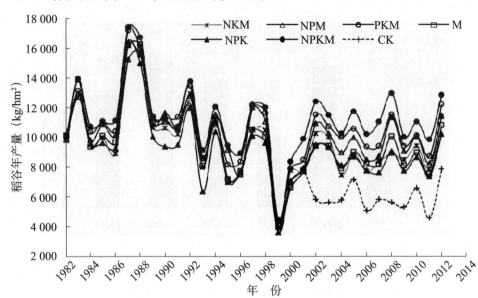

图37－11　长期不同施肥稻谷产量的变化

（二）水稻产量对长期施氮肥的响应

氮是农业生态系统生产力中最重要的营养元素，氮肥的作物增产贡献率可达76%（陈立云等，2007）。水稻历年平均产量随着总施氮量的增加而增加（表37－6），相关系数为0.91，达极显著相关水平，以有机肥和化肥氮配施的处理产量最高。在氮肥用量相同的情况下，水稻产量与有机氮施用量的相关性大于与化肥氮的相关性，说明长期施用有机氮肥对水稻的增产效果要好于化学氮肥。

表37－6　水稻历年的平均产量和施氮量

处　理	历年平均产量 （kg/hm²）	有机氮施用量 ［kg/(hm²·a)］	化肥氮施用量 ［kg/(hm²·a)］	总施氮量 ［kg/(hm²·a)］
M	9 707d	145	0	145
NKM	10 137c	145	145	290
NPM	10 633b	145	145	290
PKM	9 676d	145	0	145
NPKM	11 241a	145	145	290
NPK	9 329e	0	145	145
CK	6 086	0	0	0

注：同列数据后不同字母表示处理间差异达5%显著水平

（三）水稻产量对长期施磷肥的响应

磷是作物营养的三大要素之一，对水稻体内碳、氮化合物及脂肪的代谢均起着重要的作用。水稻年均产量随着磷肥总用量的增加而显著增加（表37－7），相关系数达0.85。以有机肥和化肥磷配施的处理产量最高。在磷肥用量相同的情况下，水稻产量和有机磷的施用量呈显著正相关关系（$r=0.76^*$），说明长期施用有机肥对水稻的增产效果要好于化学磷肥。

表 37 - 7　水稻历年的平均产量和施磷量

处　理	历年平均产量 (kg/hm²)	有机磷施用量 [kg/(hm²·a)]	化肥磷施用量 [kg/(hm²·a)]	总施磷量 [kg/(hm²·a)]
M	9 707d	56.3	0	56.3
NKM	10 137c	56.3	0	56.3
NPM	10 633b	56.3	56.3	112.6
PKM	9 676d	56.3	56.3	112.6
NPKM	11 241a	56.3	56.3	112.6
NPK	9 329e	0	56.3	56.3
CK	6 086	0	0	0

注：同列数据后不同字母表示处理间差异达5%显著水平

（四）水稻产量对长期施钾肥的响应

钾不仅是水稻生长发育所必需的营养元素，而且对水稻产量的提高有重要作用。由表37-8可以看出，水稻产量与钾肥施用总量呈显著正相关关系（$r=0.78^*$）。就有机肥钾和化肥钾对水稻产量的影响而言，有机肥钾对水稻产量的影响更大，其与水稻产量呈显著正相关关系（$r=0.76^*$）。单施有机肥处理的水稻产量显著高于单施化肥处理。总体来看，长期单施有机肥和单施化肥相比，有机肥对增加水稻产量的效果更好。

表 37 - 8　水稻历年平均产量和施钾量

处　理	历年平均产量 (kg/hm²)	有机钾施用量 [kg/(hm²·a)]	化肥钾施用量 [kg/(hm²·a)]	总施钾量 [kg/(hm²·a)]
M	9 707d	33.8	0	33.8
NKM	10 137c	33.8	33.8	67.6
NPM	10 633b	33.8	0	33.8
PKM	9 676d	33.8	33.8	67.6
NPKM	11 241a	33.8	33.8	67.6
NPK	9 329e	0	33.8	33.8
CK	6 086	0	0	0

注：同列数据后不同字母表示处理间差异达5%显著水平

五、主要结论与研究展望

（一）主要结论

红壤性水稻土30年长期不同施肥结果表明，有机无机肥配施（NPKM、NPM、NKM、PKM）处理能提高水稻产量。连续施用化肥7年后，晚稻产量开始表现为较其他施肥处理降低；长期施用有机肥，对晚稻的增产效果优于早稻，单施有机肥的历年平均早稻、晚稻及年度产量均高于单施化肥处理；施肥时间越长，各处理间水稻产量的差异越显著。

施肥能够明显提高红壤性水稻土的有机质、全氮和碱解氮含量。单施化肥处理的土壤有机质含量仅在试验开始后 8 年内上升较快，之后便处于相对稳定状态，而施有机肥，土壤有机质维持平衡的时间更长，含量更高。每年增加 1t/hm^2 的碳输入（有机物质输入腐解 1 年后的残留碳量），红壤性水稻土可固碳 0.36t ［速率为 0.36t/（hm^2·a）］。可以说，不同施肥条件下，外源碳输入的变化是土壤固碳差异的原因，而良好的施肥措施可以促进外源碳的土壤固定。单施有机肥或有机肥无机肥配施对提高土壤全氮、碱解氮含量的效果优于单施化肥，且随着施肥时间的延长效果越明显。

施肥用能明显提高红壤性水稻土的有效磷、速效钾和缓效钾含量。土壤有效磷的累积主要与化学磷肥的施用有关，以化学磷肥和有机肥配合施用处理（NPKM、NPM、PKM）的累积速度最快，不施化学磷肥的处理（M、NKM）最低，单施化肥的处理（NPK）居中。有机肥和化学钾肥配施的处理（NPKM、NKM、PKM）土壤速效钾增加最快，单施化肥处理（NPK）增加最慢，不施化学钾肥而施有机肥的处理土壤速效钾仍比单施化肥处理（NPK）有所增加，可维持土壤速效钾不亏损，施用有机肥可减少化学钾肥的投入。

施有机肥可减小土壤容重，增加孔隙度，改良土壤结构，显著提高土壤的保水能力，同时能改善水稻土微量元素养分的供应状况。

在中低肥力水平的水稻田，如果长期保持低水平的肥料投入，虽然能保证土壤肥力水平有一定的提高，且以有机肥和无机肥配施的培肥效果最好，但水稻的高产得不到保证。因此，在本试验设计的施肥水平上适当地增加有机肥及化肥的用量，应该会更加有效地保证红壤稻田的可持续发展。

（二）研究展望

大量研究结果表明，有机和无机养分的配合是维持水稻土生产力的管理策略的必要组成部分。同时，长期土壤肥力试验以长期固定的土壤管理模式使土壤性质向不同的方向不断改变，从而使土壤具有了不同的肥力性状和生物活性。不论是追踪上述发展变化的过程，还是比较发展变化后的各种土壤理化性状，长期肥料试验均提供了极为珍贵的研究平台。利用这类试验，有可能对一些十分复杂或似是而非的问题得以深入地研究和认识并给予科学的阐明。本研究对经过 30 年长期不同施肥处理后，红壤性水稻土有机质、氮、磷、钾、土壤容重、土壤微量元素及水稻产量等的变化特征进行了分析，总结出了红壤性水稻土肥力演变的部分变化规律。但还有许多研究工作需要持续和深入：①应利用先进的分析技术，了解土壤有机质的化学结构特征。在未来的研究中，应重视土壤不同团聚结构中，特别是从物理、化学和生物学的角度揭示土壤有机质的积累和转化机制。②应增加长期不同施肥对土壤环境质量影响的监测，例如土壤重金属、土壤氮、磷的渗漏淋失、土壤温室气体排放等。③进一步开展长期不同施肥条件下土壤养分供应能力与植物养分吸收量和作物产量稳定性关系的研究。

高菊生、黄晶、张会民

参考文献

［1］鲍士旦．2000．土壤农化分析［M］．北京：中国农业出版社．

［2］陈立云，肖应辉，唐文帮，等．2007．超级杂交稻育种三步法设想与实践［J］．中国水稻科学，21（1）：90－94．

［3］高菊生，李菊梅，徐明岗，等．2008．长期施用化肥对红壤旱地作物和水稻产量影响［J］．中国农学通报，24（1）：286－292．

［4］黄耀，孙文娟．2006．近20年来中国大陆农田表土有机碳含量的变化趋势［J］．科学通报，51（7）：750－763．

［5］黄晶，高菊生，张杨珠，等．2013．长期不同施肥下水稻产量及土壤有机质和氮素养分的变化特征［J］．应用生态学报，24（7）：1 889－1 894．

［6］廖育林，郑圣先，聂军，等．2008．不同类型生态区稻—稻种植制度中钾肥效应及钾素平衡研究［J］．土壤通报，39（3）：612－618．

［7］鲁艳红，杨曾平，郑圣先，等．2010．长期施用化肥、猪粪和稻草对红壤水稻土化学和生物化学性质的影响［J］．应用生态学报，21（4）：921－929．

［8］沈善敏．2002．氮肥在中国农业发展中的贡献和农业中氮的损失［J］．土壤学报，39（增刊）：12－24．

［9］徐明岗，梁国庆，张夫道，等．2006．中国土壤肥力演变［M］．北京：中国农业科学技术出版社．

［10］王伯仁，徐明岗，文石林．2005．长期不同施肥对旱地红壤性质和作物生长的影响［J］．水土保持学报，19（1）：97－100，144．

［11］王月立，张翠翠，马强，等．2013．不同施肥处理对潮棕壤剖面磷素累积与分布的影响［J］．土壤学报，50（4）：135－142．

［12］张国荣，李菊梅，徐明岗，等．2009．长期不同施肥对水稻产量及土壤肥力的影响［J］．中国农业科学，42（2）：543－551．

［13］赵晓齐，鲁如坤．1991．有机肥对土壤磷素吸附的影响［J］．土壤学报，28（1）：7－13．

［14］周晓芬，张彦才，李巧云．2003．有机肥料对土壤钾素供应能力及其特点研究［J］．中国生态农业学报，11（2）：61－63．

［15］周萍，潘根兴，李恋卿，等．2009．南方典型水稻土长期试验下有机碳积累机制Ⅴ：碳输入与土壤碳固定［J］．中国农业科学42（12）：4 260－4 268．

［16］Song G H，Li L Q，Pan G X，et al．2005．Topsoil organic carbon storage of China and its loss by cultivation［J］．*Biogeochemistry*，74：47－62．

［17］Xing G X，Zhu Z L．2000．An assessment of N loss from agricultural fields to the environment in China［J］．*Nutrient Cycling in Agroecosystems*，57：67－73．

［18］Zhang W J，Wang X J，Xu M G，et al．2010．Soil organic carbon dynamics under long-term fertilizations in arable land of northern China［J］．*Biogeosciences*，7：409－425．

第三十八章　长期施肥灰潮土肥力演变和
作物产量的响应

江苏沿江潮土为长江新沉积物发育的灰潮土，多为淤土（喻长新等，1994），是我国沿海及沿江地区重要的土壤资源，广泛分布于长江沿岸，尤其以长江北岸分布较广。江苏沿江潮土区北抵通扬运河，西至京杭运河东部，结束于串场河口，面积 67.4 万 hm²，占全省土壤总面积的 10.9%。该地区气候条件优越，土壤和生物类型多样，具有较高的生产潜力，且该地区种植制度独特，小杂粮作物种植面积较广，种植模式具有鲜明的地域特色。近期以来，由于过度开发利用导致的土壤肥力退化已严重影响了该地区粮食安全和农业的可持续发展（赵其国等，2000）。

长期试验是农业研究中的重要手段，越来越受到科研人员的重视，能够回答短期试验不能解决的系列问题（赵秉强等，2002；沈善敏，1995）。根据长期定位试验结果提炼成的不同培肥模式所形成的土壤改良、有机培肥、生物培肥等的技术集成将是实现潮土区农田高效利用的重要途径。

一、灰潮土肥料长期试验概况

灰潮土长期试验位于江苏省如皋市薛窑镇江苏沿江地区农业科学研究所内（东经 120°37′，北纬 32°07′），海拔 5.3m，属亚热带季风气候区，年均气温 16.2℃，≥10℃ 积温 5 600℃，年降水量 1 250mm，年蒸发量 1 470mm，无霜期约 300d，年日照时数 1 610h，太阳辐射量为 4 550MJ/m²，年均水日 127d，雾日 64d。试验地土壤为灰潮土，土属为两合土，成土母质为沿江冲积物。

长期试验从 1979 年开始，耕层（0~15cm）土壤初始基本理化性状为：有机质含量 14.4g/kg，碱解氮 133mg/kg，有效磷 29.0mg/kg，速效钾 64.0mg/kg，pH 值 7.86。采用大麦/棉花—小麦/水稻—蚕豆/玉米 6 种作物轮作，三年六熟制。

试验设 9 个处理：①不施肥，耕作（CK）；②单施氮肥（N）；③氮磷肥（NP）；④氮磷钾肥（NPK）；⑤单施有机肥（M）；⑥有机肥＋氮肥（MN）；⑦有机肥＋氮磷肥（MNP）；⑧有机肥＋氮磷钾肥（MNPK）；⑨氮钾肥（NK）。每处理 4 次重复，小区面积 16.8m²。

施肥方法为：除蚕豆施氮（N）45kg/hm² 外，其他作物均施氮（N）112.5kg/hm²，氮肥全部作追肥；每一熟作物施磷（P₂O₅）56.25kg/hm²，全部作基肥；每一熟作物施钾（K₂O）167.5kg/hm²，全部作基肥；每一熟作物施猪粪有机肥 9 000kg/hm²，作基肥。氮肥为尿素，磷肥为过磷酸钙（P₂O₅ 12.0%），钾肥为氯化钾。

每年取土壤样品 1 次（取 2 个重复）；作物秸秆和籽粒样品均取 1 次，按常规方法（鲁如坤，2000）分别测定土壤有机质、有效磷、速效钾，以及作物秸秆和籽粒的氮、磷、钾含量。

二、长期施肥灰潮土有机质和磷、钾的演变规律

(一) 土壤有机质的变化特征

不同施肥处理不同年份的耕层 (0~15cm) 和亚耕层 (15~30cm) 土壤有机质含量见图 38-1, 结果显示, 不同施肥处理耕层 (0~15cm) 土壤有机质含量随种植年限的延长呈不断积累的趋势, 其中增施有机肥的处理有机质含量上升趋势大于单施化肥处理。在单施化肥处理中, 氮磷钾配施处理 (NPK) 明显高于其他处理和对照, 连续不同施肥 20 年 (2000 年) 后, 各施化肥处理间的有机质含量差异明显, 表现为缺钾处理 (NP) 的土壤有机质含量高于缺氮 (PK) 和缺磷 (NK) 以及单施氮肥 (N) 处理, 而且 N 处理的有机质含量最低 (低于 CK); 增施有机肥后各处理有机质含量在各年份间有较大的波动, 其变幅大于对应的单施化肥处理, 但各处理有机质含量的差异不明显。以上结果表明, 氮磷钾配施有利于土壤有机质的累积, 单施氮肥有机质含量几乎没有增加, 增施有机肥明显提高了土壤有机质含量, 各化肥处理增施有机肥后其对有机质的影响被掩盖, 因此各年际间的含量变异较大, 且处理间差异不明显。

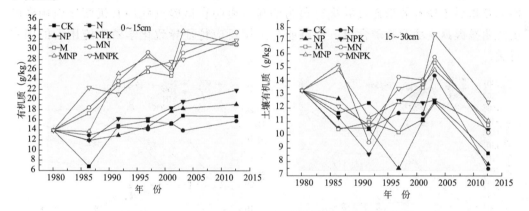

图 38-1　不同施肥条件下不同年份土壤有机质含量的变化

亚耕层土壤 (15~30cm), 增施有机肥的处理与相应的单施化肥处理间土壤有机质含量的差异小于耕层土壤, 显示有机肥表施对亚耕层的影响较小; 但增施有机肥的处理间有机质含量的变化趋势与耕层基本一致, 表现为 NPK 和 MNPK 处理的含量最高, MN 处理次之。因此, 虽然增施有机肥的处理耕层土壤有机质含量差异较小, 但结合耕层和亚耕层来看, 表现为 MNPK 处理最高, MNP 处理次之, M 处理最低。

图 38-2 显示, 增施有机肥的处理的有机质年积累量为 0.54~0.62g/kg, 以 MN 和 MNPK 处理最高, M 和 MNP 处理次之; 单施化肥及对照处理的有机质年累积量最低为 0.06~0.25g/kg。

(二) 土壤有效磷的变化特征

不同施肥处理不同年份间的耕层 (0~15cm) 及亚耕层 (15~30cm) 土壤有效磷含量见图 38-3。结果显示, 无论是耕层还是亚耕层, 土壤有效磷含量均表现为增施有机肥的处理明显高于单施化肥; 对于施磷的 NP、NPK 处理, 其耕层有效磷含量高于其他不施磷肥的化肥处理, 而在亚耕层则处理间没有显著差异; 增施有机肥的

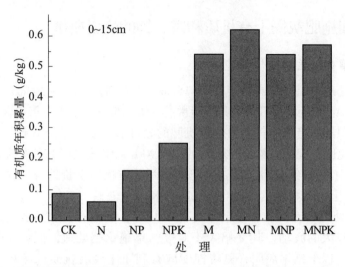

图 38 – 2 不同施肥条件下 30 年耕层（0～15cm）土壤有机质的年积累量（2011 年）

各处理耕层及亚耕层有效磷含量都大幅提高，连续施有机肥 10 年后耕层土壤有效磷含量趋于稳定，但有向亚耕层迁移的趋势，与单施化学磷肥相比，增施有机肥对耕层和亚耕层土壤有效磷含量的提升更为明显，表明在试验点施用有机肥比施用磷肥更能明显提高土壤有效磷含量，这可能与土壤反应特征导致化学磷肥施用后的固定有关。

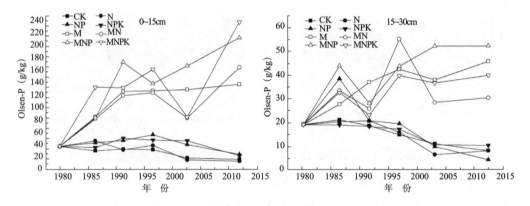

图 38 – 3 不同施肥条件下不同年份土壤有效磷含量的变化

（三）土壤速效钾的变化特征

从图 38 – 4 可以看出，增施有机肥的处理 MN、MNP 和其他单施化肥处理的土壤的速效钾含量差异不大，这与有效磷不同，且在长期连续施肥条件下，除 MNPK 和 NPK 处理的耕层和亚耕层土壤速效钾明显大于其他处理（MNPK 和 NPK 处理耕层土壤速效钾含量超过 80mg/kg）外，其他处理含量均低于 70mg/kg，且差异较小；亚耕层仅有 MNPK 和 NPK 处理达到 40mg/kg，其他处理都维持在 20mg/kg 左右。各处理速效钾含量与原始土壤相比，除 MNPK 和 NPK 处理的耕层速效钾呈增加趋势外，其他处理耕层以及所有处理亚耕层的速效钾含量都呈降低趋势，表明土壤速效钾处于耗竭状态。以上结果表明，在 3 年轮作制下，长期不施钾会导致土壤速效钾含量的严重亏缺，而且在 MNPK 和 NPK 处理的现有施钾量下，亚耕层土壤速效钾也呈亏缺状态。

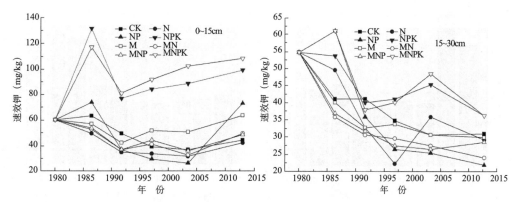

图 38 - 4 不同施肥条件下不同年份土壤速效钾含量的变化

三、长期施肥灰潮土重金属含量的变化特征

不同施肥处理连续施肥 31 年后耕层土壤主要重金属锌（Zn）、铜（Cu）、锰（Mn）、铅（Pb）、铬（Cr）、镉（Cd）的含量见图 38 - 5。结果显示，和初始土壤相比，各施肥处理的土壤 Zn（CK 处理例外）、Cr 都呈下降趋势，这与作物生产系统吸收量大于大气沉降及肥源补充量有关；和初始土壤相比，Pb、Cd 呈现累积趋势；对于 Cu 和 Mn 含量，对照及单施化肥处理低于初始土壤，而增施有机肥处理的含量明显高于初始土壤，尤其是 Cu 含量在增施有机肥后其增加趋势最为明显，达到初始土壤的 2 倍，原因是在猪养殖过程中添加的大量含 Cu 饲料及制剂导致所施用的猪粪（有机肥）中 Cu 的含量较高（Nicholson F A 等 1999；姚丽贤等，2006）。

四、长期施肥灰潮土生产力的差异

图 38 - 6 结果表明，不同作物对施肥的响应存在差异，水稻、小麦、玉米对施钾的反应不敏感，虽然 MNPK 处理的水稻和小麦产量最高，但与 MNP 处理没有明显差异，甚至 NP 处理的水稻产量还略高于 NPK，这可能与水稻、小麦和玉米的根系较庞大，对土壤不同层次钾的活化和利用能力较强有关；蚕豆和棉花在缺磷、缺钾时产量明显下降，缺钾对棉花的影响程度大于对蚕豆的影响，而缺磷对蚕豆的影响则大于棉花。说明在多熟制多种作物轮作条件下，针对不同作物制定相应的施肥措施，进行合理施肥可以有效地调节轮作制内的作物产量。

增施有机肥可以明显促进 3 年轮作周期内各种作物的产出，各作物产量均以 MNPK 处理最高，长期单施有机肥处理（M）的作物也可以维持较高的产量水平（图 38 - 6），而长期单施化肥或氮磷钾化肥配施则不利于土壤生产力的提升。配施钾肥的处理水稻产量低于 M 处理，而小麦产量则低于 MN 处理。以上结果显示，灰潮土区增施有机肥（猪粪）有利于土壤生产力的保持及提高。

产量可持续指数（Sustainable Yield Index，*SYI*）是衡量系统是否能持续生产的一个重要参数，*SYI* 值越大，系统的可持续性越好（李忠芳等，2010）。不同作物不同施肥处理下的产量可持续指数见表 38 - 1，结果表明，和单施化肥相比，增施有机肥处理的水稻、玉米、蚕豆的可持续指数明显提高，小麦和棉花提高不明显；*SYI* 值在增施有

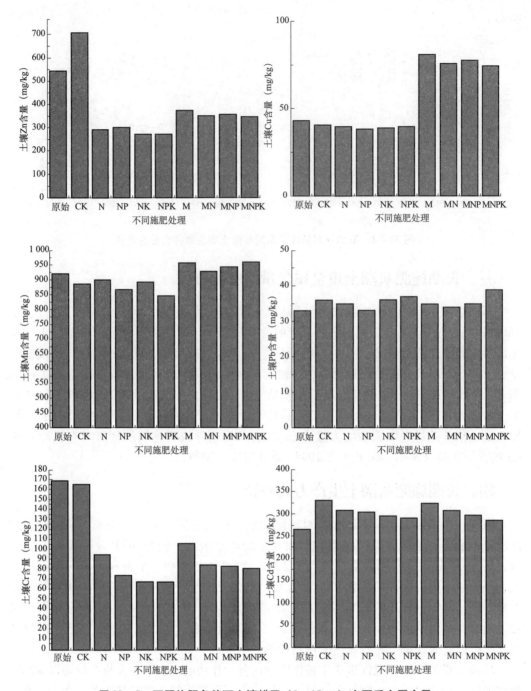

图 38 - 5　不同施肥条件下土壤耕层（0~15cm）主要重金属含量

机肥各处理间的大小顺序为 MNPK、MN > M > MNP，在单施化肥处理的顺序为 NPK > NP > CK > N，而 NK 处理的最低，也明显低于施有机肥的各处理。

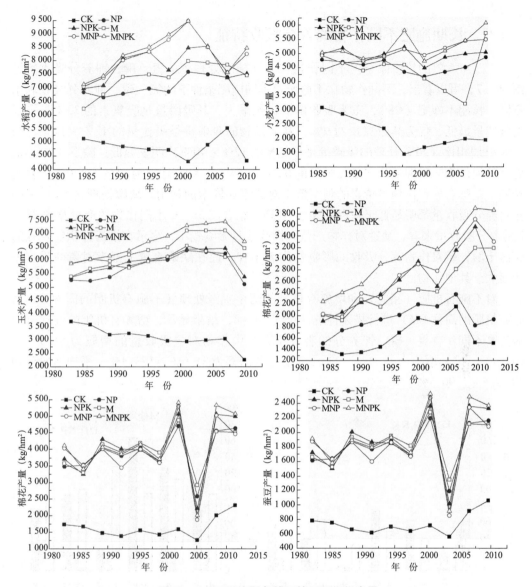

图 38 - 6 不同施肥条件下的不同作物产量

表 38 - 1 不同施肥条件下不同作物的产量可持续指数

处 理	水 稻	小 麦	棉 花	玉 米	蚕 豆
CK	0.672	0.836	0.680	0.729	0.583
N	0.855	0.860	0.872	0.388	0.292
NP	0.839	0.721	0.777	0.812	0.383
NPK	0.766	0.648	0.793	0.842	0.729
M	0.843	0.813	0.797	0.873	0.844
MN	0.929	0.704	0.828	0.927	0.827
MNP	0.826	0.733	0.784	0.914	0.799
MNPK	0.815	0.750	0.837	0.886	0.922
NK	0.806	0.569	0.805	0.399	0.274

注：产量可持续指数 $SYI = (Y_a - S_d)/Y_{max}$，式中，$Y_a$ 表示平均产量，S_d 表示标准差，Y_{max} 表示最高产量

五、长期施肥不同作物的养分吸收特征

对三年六熟的轮作体系内不同作物在不同施肥处理下的氮、磷、钾养分吸收量见图 38 – 7，可以看出，不同作物在不施肥及不同施肥条件下的氮、磷、钾养分吸收利用不同。长期不施肥（CK），玉米吸收磷的比例最大，其吸磷量是吸氮素的 33%；蚕豆的吸磷量最低，仅为其吸氮量的 9%，其他作物的吸磷量是吸氮量的 12% ~ 17%，与 NPK 处理相比（NPK 处理的吸磷量是吸氮量的 12% ~ 40%）明显偏低；除蚕豆外，CK 处理其他作物的吸钾量分别是吸氮量的 62% ~ 164%，NPK 处理为 91% ~ 140%，表明长期不施肥会导致作物对磷素的利用低于对氮素和钾素的利用。缺磷处理（NK）不同作物养分吸收量都明显低于缺钾（NP）处理，结合图 38 – 6 不同作物的产量和图 38 – 7 的养分吸收量来看，缺钾对作物产量和钾吸收量影响较小，显示在沿江冲积物发育的该区土壤，磷对作物养分吸收的影响作用大于钾，而在缺磷土壤上玉米对磷的吸收则明显大于其他作物。

对不施有机肥（猪粪）和增施有机肥的两个主区处理（不施有机肥的简称 C，增施有机肥的简称 CM）进行描述性统计见图 38 – 8，结果显示，增施有机肥的处理可明显提高不同作物氮、磷、钾养分的吸收量，其中作物对氮吸收量的增幅为 51.0% ~ 163.4%、磷的增幅为 12.3% ~ 225.3%、钾的增幅为 31.9% ~ 173.4%，平均增幅分别为 72.5%、90.3%、76.5%。

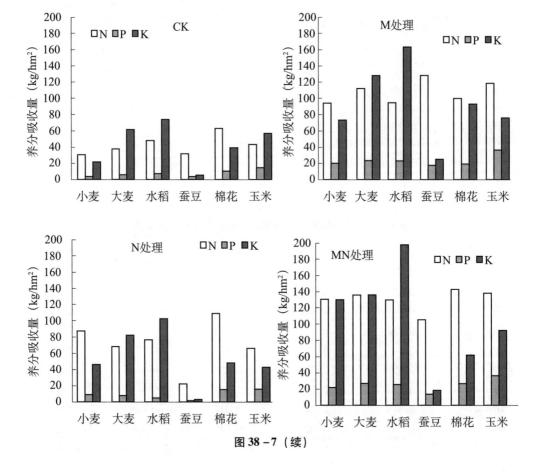

图 38 – 7（续）

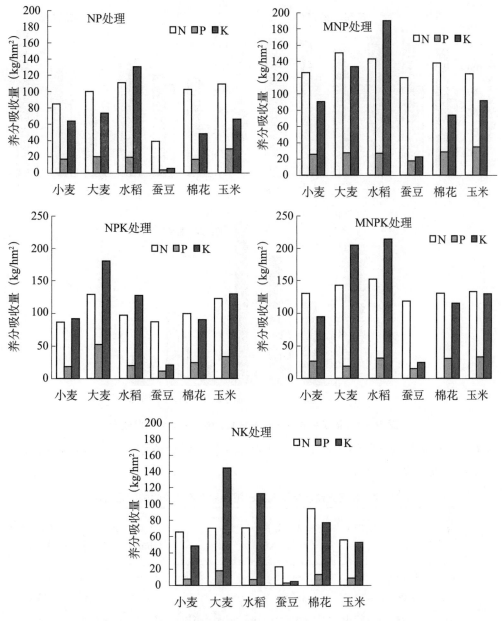

图 38 - 7 不同施肥条件下不同作物的氮、磷、钾养分吸收量

六、长期施磷、钾肥及有机肥的产量效应

从表 38 - 2 可以看出，长期不施磷可导致不同作物产量大幅降低，与氮磷钾肥配施处理（NPK）相比，不施磷棉花的产量降幅最小，为 15.0%，水稻次之为 19.3%，其他作物产量降幅为 39.7% ~63.3%，以大麦最高；与施磷导致的作物产量大幅降低不同，长期不施钾各作物的产量存在差异，其中水稻、小麦略有上升，但幅度分别为7.0%、2.9%，这可能是试验过程中的误差造成的，但即使是大麦、棉花和蚕豆等降幅也仅为 7.0% ~37.5%。而在氮磷钾基础上增施有机肥处理的各作物产量普遍提高，增产幅度为 4.5% ~37.2%，以大麦的增产幅度最低，水稻的增产幅度最高。说明在猪

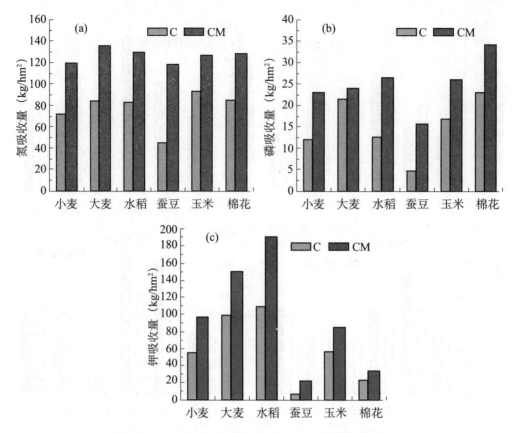

图 38-8　增施猪粪不同作物对氮、磷、钾养分的吸收量

粪等有机肥肥源较为有限的条件下，需要根据作物选择性施用，一般施在水稻和棉花上可以获得较好的增产效果。

表 38-2　长期施磷、钾肥及有机肥条件下不同作物的产量效应

作物	处理	产量 (t/hm²)	增产率 (%)	肥料增产效率 (kg/kg)	作物	处理	产量 (t/hm²)	增产率 (%)	肥料增产效率 (kg/kg)
水稻	NPK	6.27	—	—	大麦	NPK	4.00	—	—
	NK	5.06	-19.3	21.5		NK	1.47	-63.3	45.0
	NP	6.71	7.0	-5.2		NP	3.72	-7.0	3.3
	NPKM	8.60	37.2	0.26[A]		NPKM	4.18	4.5	0.020[A]
小麦	NPK	4.53	—	—	棉花	NPK	2.86	—	—
	NK	2.73	-39.7	32.0		NK	2.43	-15.0	7.6
	NP	4.66	2.9	-1.5		NP	2.01	-29.7	10.1
	NPKM	5.09	12.4	0.06[A]		NPKM	3.46	21.0	0.067[A]

（续表）

作 物	处 理	产 量 (t/hm²)	增产率 (%)	肥料增产效率 (kg/kg)	作 物	处 理	产 量 (t/hm²)	增产率 (%)	肥料增产效率 (kg/kg)
玉 米	NPK	6.10	—	—	蚕 豆	NPK	2.00	—	—
	NK	2.95	−51.6	56.0		NK	0.78	−61.0	21.7
	NP	5.88	−3.6	2.6		NP	1.25	−37.5	8.9
	NPKM	7.24	18.7	0.13[A]		NPKM	2.23	11.5	0.026[A]

注：A 为增施猪粪处理的猪粪产出效率

七、不同作物氮、磷、钾肥的利用率

如果将长期不施肥处理（CK）的作物氮累积量作为当季氮吸收量会导致氮肥吸收量的偏低，但以 CK 处理作为无施氮处理将会使氮肥的利用率偏高。为 32.0% ~ 80.9%，轮作周期内 NPK 处理的作物氮肥利用率高达 60.5%，高于目前国内常规作物的氮肥利用率；而不同作物磷肥的利用率为 13.6% ~ 58.6%，钾肥利用率为 17.9% ~ 126.7%，对应的轮作周期内 6 种作物的磷肥、钾肥利用率分别为 28.5%、49.8%（表 38 - 3）。

表 38 - 3　基于 NPK 处理的不同肥料表观利用率　　　　　　（单位：%）

作 物	氮肥利用率		磷肥利用率		钾肥利用率	
	范围	均值	范围	均值	范围	均值
水 稻	40.8 ~ 42.8	41.8	18.0 ~ 21.4	19.7	41.0 ~ 86.5	63.8
小 麦	39.8 ~ 60.8	47.1	13.7 ~ 20.5	13.6	24.9 ~ 70.1	42.4
玉 米	54.4 ~ 71.1	62.7	40.0 ~ 65.3	52.7	42.5 ~ 75.0	58.8
大 麦	80.9	80.9	58.6	58.6	126.7	126.7
棉 花	32.0	32.0	18.7	18.7	50.0	50.0
蚕 豆	—	—	16.0	16.0	17.9	17.9

八、灰潮土培肥技术模式

沿江地区土壤土层深厚，砂黏适中，肥力较好，经大规模农田基本建设和科学种田实践，土壤肥力质量稳步提高，然而近几十年来，江苏沿江地区农业土壤资源缩减了 8.9% 以上，在 21 世纪初缩减速度年均达到 5 000hm² 以上，呈增加趋势。同时大量的后备用地资源被补偿为耕地，导致该区耕地的量和质俱降。而且随着经济的快速发展，江苏沿江地区种植制度的不断优化与调整，传统的低产、低效农业种植结构已经逐步受到淘汰，而高效种植模式主要运用与经济作物生产上，在面对国家粮食安全的问题上，研究发展沿江地区特征土壤的培肥技术模式是适应该区粮食可持续生产及农民增收的重要保证。为此，以长期定位试验结果为依据，结合当地生产实际，提出沿江地区灰潮土培肥技术模式——基于旱改水的化肥与有机肥合理配施技术模式，该模式主要包含如下 3 个关键技术。

（一）建立高产高效的可持续种植制度

江苏沿江地区为小杂粮盛产区，但多年以来，由于产量低，多以家庭自给自足，勉强能保持收支平衡。在本试验中，以大麦、蚕豆为例，其产量均较低，如蚕豆产量不超过 $2.4tkg/hm^2$，而对应的玉米、小麦及水稻，氮磷钾合理配施的产量分别为 $7.5t/hm^2$、$6.75t/hm^2$、$9.75t/hm^2$。多年的实践证明，不仅水旱轮作产量高而稳定，而且经济效益也比旱作高，并适宜机械耕作，有利于发展规模经营。因此应扩大"旱改水"以提高粮食总产，促进规模经营，且各对应作物的产量可持续性指数均明显优于蚕豆和棉花，所以在该区开展玉米—小麦轮作或小麦—水稻轮作，将传统的三年六熟制缩短为二年四熟制或稻—麦轮作制，通过旱改水也会为后续土壤有机质的快速提升奠定良好的基础。

（二）提高土壤有机质含量及质量的有机物料管理技术

采用旱改水后的耕作，可以明显增加土壤的淀积层，减少养分的淋溶损失，提高土壤有机质含量，通过稻季施用有机肥和畜禽粪便等有机物料，可明显提高水稻产量，本长期定位试验表明，稻季施用猪粪处理的水稻产量最高，可到达 $9\,750kg/hm^2$ 以上，同时由于稻季淹水作用，土壤 pH 值偏中性，对该区土壤由于含有碳酸钙导致的缺锌（Zn）和铁（Fe）以及其有效性低等问题有一定的缓解作用。稻季施用畜禽粪便等有机肥可快速提高土壤有机质含量，同时也提高了土壤中不同组分活性的有机质含量，碳库管理指数也有一定的提高。

对水旱轮作田块，实行机械化秸秆归还以提高土壤碳储量及碳库质量管理指数。具体操作流程为：水稻或小麦收割的同时进行秸秆切碎处理（秸秆长度 6~8cm），氮肥调控采用氮适当前移，氮的基肥、蘖肥比例达 65%，基肥不低于 45%，畦面施入其他基肥，并撒施秸秆腐熟剂，机械旋耕整地。对水稻季秸秆半量或全量还田处理一般防水泡田即可，而在水稻秸秆半量或全量还田条件，旋耕后土壤存在疏松多孔难以保墒出苗的问题，往往还需要进行土壤镇压。

（三）合理的养分投入管理技术

沿江地区灰潮土土壤多偏碱性，土壤微量元素分析表明，氮磷钾配合施用，土壤微量元素 Zn 随作物收获呈不断耗竭趋势，且生产上该区一直存在土壤有效 Fe 和 Zn 缺乏，导致作物减产的问题，因此可通过增施畜禽粪便类有机肥来补充微量元素或喷施微肥的方法缓解微量元素有效性低的问题。同时长期试验表明，在现有的施肥条件下，即年施 P_2O_5 $112.5kg/hm^2$、K_2O $168kg/hm^2$ 及猪粪 $18t/hm^2$，土壤有效磷呈快速累积趋势，而土壤速效钾则呈耗竭趋势，因此结合作物磷、钾的年度吸收规律和表观平衡，现有的施磷量需调整为 P_2O_5 $75kg/hm^2$，施钾量调整为 K_2O $225kg/hm^2$。考虑到在氮磷钾肥平衡施用的基础上增施有机肥（猪粪）的增产效果不大，猪粪施用量应适当减少，年施用量为 $12t/hm^2$ 比较适宜。

总之，通过将原有的多作物轮作的低效种植模式进行调整，建立以植稻为核心的有机质提升、合理施用化肥、增施有机肥和补充微肥的土壤培肥模式，可以实现作物的持续高产。

九、主要结论

氮磷钾配施（NPK）较缺素处理（N、NP、NK）有利于土壤有机质的累积，增施有机肥明显有利于土壤有机质的快速提升，各化肥处理对有机质的作用会被增施有机肥（猪粪）所掩盖，因此土壤有机质含量在年际间的变异较大，但处理间差异不明显。

连续施用有机肥会提高土壤有效磷含量，连续施用 10 年后，耕层土壤有效磷含量趋于稳定，且存在向亚耕层迁移的趋势；和施用磷肥相比，增施有机肥对耕层和亚耕层土壤有效磷含量提高的作用更为明显；长期不施钾肥导致土壤耕层速效钾含量的严重亏缺，即使是在氮磷钾配施和氮磷钾增施有机肥的条件下，亚耕层土壤的速效钾也呈亏缺状态。

不同作物产量对施肥的响应不同，水稻、小麦、玉米对施钾的反应不敏感，而蚕豆和棉花在缺磷、缺钾时产量明显下降，因此宜根据种植制度建立养分投入的周年运筹；不同施肥处理的产量可持续指数表现为有机肥各处理 MNPK、MN > M > MNP，化肥处理 NPK > NP > CK > N。

汪吉东、汪凯华、张永春

参考文献

[1] 喻长新，李桂荣. 1994. 江苏土壤［M］. 北京：中国农业出版社. 563 – 566.

[2] 赵其国，骆永明. 2000. 开展我国东南沿海经济快速发展地区资源与环境质量问题研究建议［J］. 土壤，32（4）：169 – 172.

[3] 赵秉强，张夫道. 2002. 我国的长期肥料定位试验研究［J］. 植物营养与肥料学报，8（增刊）：3 – 8.

[4] 沈善敏. 1995. 长期土壤肥力试验的科学价值［J］. 植物营养与肥料学报，1（1）：1 – 9.

[5] 鲁如坤. 2000. 土壤农业化学分析方法［M］. 北京：高等教育出版社. 167，258 – 260.

[6] 姚丽贤，李国良，党志. 2006. 集约化养殖禽畜粪中主要化学物质调查［J］. 应用生态学报，17（10）：1 989 – 1 992.

[7] 李忠芳，徐明岗，张会民，等. 2010. 长期施肥和不同生态条件下我国作物产量可持续性特征［J］. 应用生态学报，21（5）：1 264 – 1 269.

[8] Nicholson F A, Chambers B J, Williams J R, et al. 1999. Heavy metal contents of livestock feeds and animal manures in England and Wales［J］. *Bioresource Technology*, 70: 23 – 31.

第三十九章　长期施肥潴育型水稻土肥力演变与培肥技术

　　潴育型水稻土是我国水稻土主要分布区——太湖地区的主要土壤类型，广泛分布于该区的太湖平原、杭嘉湖平原与上海平原。该区90%左右的耕地为稻田，水稻土类型主要为潴育型，如潴育型水稻土占太湖平原稻田的70%上下。太湖地区系我国现代农业最发达的区域之一，自古至今就被称为著名的"鱼米之乡"，其独特的经济、地理区位优势，使得该区农业生产与技术在我国占有关键性现实地位并具有前瞻性的导向作用。

　　太湖地区水稻土成土母质主要有黄土状沉积物、冲积物、湖积物、下蜀黄土与红土等，稻田多分布于平原与圩区，稻麦复种连作是该区最主要的种植制度。潴育型水稻土经过长期的人为改良与培肥，是目前该区稻、麦周年高产的典型高肥力土壤类型。由于不断增长的粮食高产需求，重施化肥、偏施氮肥和秸秆少还或不还（有机肥）等掠夺性稻田利用方式，使稻田系统存在着土壤养分不均衡、养分利用率低、土壤酸化和再生生物质自循环差等不良问题，严重制约粮食产量的持续提升与农业面源污染的有效控制。虽然围绕该区水稻土肥力进化与土壤质量方面的研究已取得了许多突破性成果，形成了许多水稻土改良与培肥的技术模式，但在潴育型水稻土的肥力演变和培肥方面尚缺乏系统地研究。

一、潴育型水稻土肥力演变长期试验概况

　　潴育型水稻土肥力演变长期试验设在江苏省苏州市相城区望亭镇，江苏太湖地区农业科学研究所实验基地（北纬31°32′45″；东经12°04′15″）。该地处于温带，属北亚热带季风气候，年均气温15.7℃，≥10℃积温4 947℃，年均日照时长3 039h，年降水量1 100mm。

　　供试土壤为重壤质黄泥土，潴育型水稻土，成土母质为黄土状沉积物。试验从1980年开始，初始土壤（0~15cm）基本性质为：有机质含量24.2g/kg，全氮1.43g/kg，全磷428mg/kg，有效磷8.4mg/kg，速效钾127mg/kg，pH值6.8。种植制度为小麦、水稻复种连作。

　　试验共设14个处理：① 不施肥（C0）；② 单施氮肥（CN）；③ 氮、磷化肥（CNP）；④ 氮、钾化肥（CNK）；⑤ 磷、钾化肥（CPK）；⑥ 氮、磷、钾化肥（CNPK）；⑦ 秸秆还田＋氮（CRN）；⑧ 有机肥＋氮（MN）；⑨ 有机肥＋氮、磷（MNP）；⑩ 有机肥＋氮、钾（MNK）；⑪ 有机肥＋磷、钾（MPK）；⑫ 有机肥＋氮、磷、钾（MNPK）；⑬ 有机肥＋秸秆还田＋氮（MRN）；⑭ 单施有机肥（M0）。每处理重复3次，小区面积20m²，裂区排列。用花岗岩作固定田埂，入土深25cm，中间设水渠，每小区中间留有缺口，从南至北80cm之间有两条地下暗沟贯穿每一小区，在每个小区的缺口对面均有30cm深的暗管。试验田的南北两头均有较大面积的保护行。东西两边保护行1m左右，

在保护行之外两边都有深沟排水。

肥料用量为年施用氮肥（尿素）300kg/hm²、磷肥（过磷酸钙）P_2O_5 119.4kg/hm²、钾肥（硫酸钾或氯化钾）K_2O 179.91kg/hm²。其中稻季磷肥和钾肥作为基肥一次施入，氮肥分3次施用，分别为基肥，分蘖肥，穗肥，施用比例为50∶10∶40，小麦磷肥和钾肥也作为基肥一次施入，氮肥分3次，分别为基肥，拔节肥，返青肥，施用比例为45∶15∶10。肥料的施用方法为人工面上撒施。所有施氮小区氮肥用量相同，施磷小区施磷量相同，施钾小区施钾量相同，施有机肥小区有机肥用量也相同。有机肥分别在稻季和麦季一次性作为基肥施用，有机肥种类为猪粪和菜籽饼，相当于每年投入纯氮（N）103.1kg/hm²，纯磷（P）82.7kg/hm²和纯钾（K）70.1kg/hm²。秸秆还田量为每年大约4 500kg/hm²，分别在稻季和麦季收集秸秆还田处理小区秸秆，人工切碎后分别在稻季和麦季本地还田，其中水稻秸秆N、P、K养分平均分别为9.1%、1.3%、18.9%，小麦秸秆N、P、K养分平均分别为6.5%、0.8%、10.5%。

土壤采样时间在水稻收获后与小麦收获后，采集0~15cm表层土壤，下文如无特殊说明均为0~15cm表层土。土壤采样方式为"S"形取样，每个小区用直径为2.8cm土钻采集3~5份，每份样品充分混匀后留存1/2至实验室阴凉风干，风干土壤粉碎后分别经20目与100目土筛，如有特殊处理下文另行表述。

二、长期施肥潴育型水稻土有机质和氮、磷、钾的演变规律

（一）有机质的演变规律

1. 有机质含量的时序响应

1980—2012年期间，长期不同施肥处理的0~15cm土层土壤有机质含量均有明显增加，长期不施任何肥料的处理（C0）亦呈相同的趋势（图39-1）。有机质绝对增加量最大的处理是有机肥+氮、磷、钾化肥（MNPK），32年后水稻季后的土壤有机质比初始土壤增加量为13.8g/kg，年均增速0.431g/kg，增加率为57.03%；有机质绝对增加量最小的处理C0，其水季稻后的土壤有机质比初始土壤增加3.9g/kg，年均增速0.122g/kg，增加率为16.12%。施有机肥的各处理比不施有机肥处理的平均土壤有机质增加15.67%，其中MNPK与CNPK处理相比，土壤有机质增加率最大，为21.42%，MNP与CNP处理相比，增加率最小为6.63%。CRN比CN处理的土壤有机质增加5.25%。结果表明，稻麦两熟区水稻土有机质含量持续增加，具有较强的碳汇作用，增加土壤碳库的主要施肥途径为增施有机肥、秸秆还田和有机肥与氮磷钾化肥配施。

2. 不同结合态腐殖质含量及其组成

长期施肥使0~15cm土层土壤不同结合态腐殖质含量发生变化，下文中所讨论的土壤腐殖质取样测定的年份为2007年。由图39-2和表39-1可以看出，不同施肥处理松结合态腐殖质的有机碳含量变化较明显，与C0相比，单施化肥、单施有机肥、两者配施及秸秆还田均使土壤松结合态腐殖质含量显著增加，其中MNPK、MRN和CNPK分别比C0提高了81.68%、58.76%和28.0%。松结合态腐殖质总有机碳含量的大小为MNPK > MRN > CRN > M0 > C0，说明长期施肥对土壤有机无机复合体中松结合态腐殖质组分的影响较大。稳结合态腐殖质的含量较稳定，其变化不如松结合态腐殖质明显，各施肥处理土壤稳结合态腐殖质含量与C0的差异均不显著，仅有机肥配施秸秆的处理

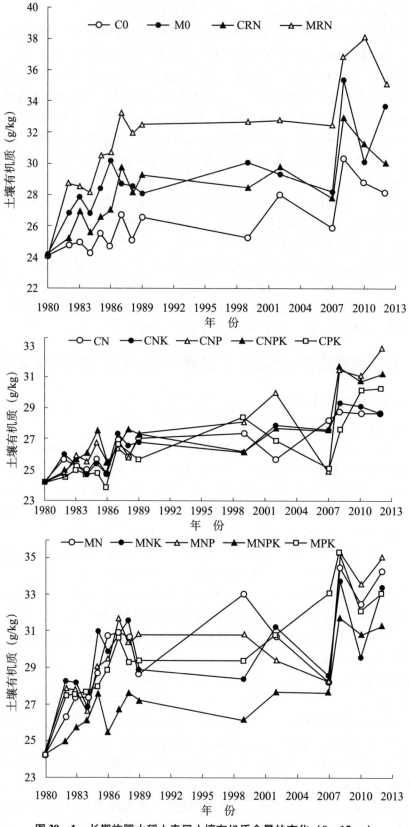

图 39 - 1　长期施肥水稻土表层土壤有机质含量的变化（0~15cm）

MRN 比 C0 提高了 9.81%，而 MNPK 处理的则有所降低。紧结合态腐殖质（胡敏素）是腐殖质中更难分解的部分，长期施肥并没有导致该部分腐殖质含量明显升高，仅MRN 比 C0 处理提高了 3.54%，其余处理则均有所降低，其中 CRN 比 C0 降低18.90%，说明土壤有机碳库中的胡敏素在长期水旱轮作和施肥条件下是相对稳定的，并可能有分解和消耗的趋势，施肥并不能使该部分腐殖质产生明显的累积（马力，2008）。

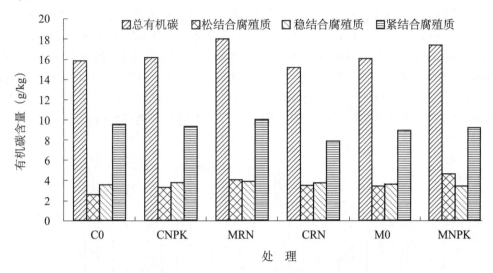

图 39 - 2　长期施肥水稻土不同结合态腐殖质的有机碳含量（2007 年）

表 39 - 1　长期施肥水稻土不同结合形态腐殖质组成的变化（2007 年）

处　　理	腐殖质总有机碳（g/kg）	松结合态腐殖质有机碳		HA/FA	稳结合态腐殖质有机碳		HA/FA	紧结合态腐殖质有机碳	
		含量（g/kg）	占比（%）		含量（g/kg）	占比（%）		含量（g/kg）	占比（%）
C0	15.81cAB	2.5eD	16.3	0.11	3.53abA	22.32	0.84	9.70abAB	61.38
CNPK	16.41bcAB	3.30dC	20.1	0.32	3.78abA	23.01	0.71	9.33bcAB	56.89
CRN	15.16cB	3.52cC	23.19	0.25	3.78abA	24.91	0.94	7.87dC	51.90
M0	16.10bcAB	3.47cdC	21.56	0.26	3.61abA	22.40	0.79	9.02cB	56.04
MNPK	17.42abAB	4.38aA	26.88	0.29	3.48bA	19.99	0.90	9.25bcB	53.12
MRN	18.01aA	4.09bB	22.71	0.46	3.87aA	21.51	0.87	10.05aA	55.78

注：HA - 胡敏酸；FA - 富啡酸。同列数据后不同小、大写字母分别表示处理间差异达 5%（$p < 0.05$）和 1%（$p < 0.01$）显著水平

长期施肥条件下土壤中不同结合态腐殖质含量和 HA/FA 的变化如表 39 - 1 所示，可以看出，该长期定位点稻麦轮作体系土壤中结合态腐殖质组分以紧结合态腐殖质（胡敏素）为主，含量在 50% 以上，其余部分为松结合态和稳结合态腐殖质，两者比例大致相等。施化肥处理土壤的稳结合态腐殖质含量略高于松结合态腐殖质，而施有机

肥处理土壤的松结合态腐殖质含量则略高于稳结合态腐殖质。长期施肥主要影响土壤松结合态腐殖质部分，该部分含量与对照相比显著升高，胡敏酸（HA）与富啡酸（FA）的比值（HA/FA）也明显升高，进一步分析稳结合态和紧结合态腐殖质中富啡酸（FA）和胡敏酸（HA）组成时发现，不同施肥处理土壤的松结合态腐殖质中 HA 和 FA 含量的变化较明显。由图 39 - 3 可以看出，各处理松结合态腐殖质中主要为 FA，HA 所占比例较小。施肥使土壤松结合态腐殖质中的 FA 含量显著升高，其中 MNPK 处理的含量最高，比 C0 提高 57.12%，各施肥处理的 FA 含量大小为 MNPK > CRN > MRN > M0 > CNPK > C0。HA 含量的变化也有相似规律，但 HA 含量的变化幅度较 FA 明显，MRN、MNPK 和 CNPK 处理分别比 C0 提高了 3.92 倍、2.99 倍和 2.09 倍。不同施肥处理 HA 含量大小为 MRN > MNPK > CNPK > M0 > CRN > C0。各处理 FA 含量显著高于 HA，但相对于 C0 中的相应组分，HA 增加的比例远大于 FA，说明长期施肥使土壤松结合态腐殖质中 FA 和 HA 均发生明显累积，HA 的累积趋势更明显。

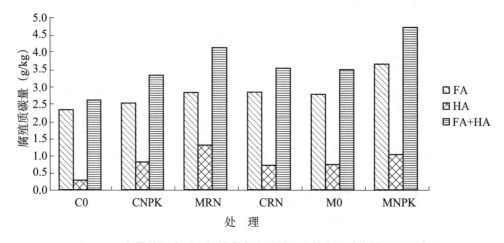

图 39 - 3　长期施肥水稻土松结合态腐殖质组分的有机碳含量（2007 年）

土壤稳结合态腐殖质中 FA 和 HA 的含量相对稳定，稳结合态腐殖质中 HA 的含量及其所占比例明显增大，普遍达到稳结合态腐殖质总量的 40% ~ 50%（图 39 - 4）。与 C0 相比，长期施肥使稳结合态腐殖质中 FA 和 HA 的升高并不显著，仅 CNPK 处理的 FA 比 C0 提高了 14.52%，秸秆还田处理 CRN 和 MRN 的 HA 比 C0 分别提高了 13.4% 和 13.77%，其余处理土壤中 FA 和 HA 的变化不大，说明除秸秆还田处理外，长期施化肥和有机肥并未使土壤有机无机复合体中稳结合态腐殖质各组分含量明显增加，该形态腐殖质中 FA 和 HA 的含量和性质相对稳定，受长期施肥的影响较小。

各处理 0 ~ 15cm 土层土壤中松结合态腐殖质的有机碳含量明显提高，说明长期施肥可以促进该部分腐殖质的累积，其中施有机肥的影响最明显，其次是秸秆配施有机肥或化肥的处理，单施化肥也能促进松结合态腐殖质累积。与松结合态腐殖质相比，各处理稳结合态和紧结合态腐殖质含量升高不明显，由于这两个组分的性质较稳定，因此其含量变化也相对稳定。试验结果表明，长期施肥并不能使土壤有机碳库中这两部分腐殖质产生明显积累。因此，长期施肥所影响到的可能仅是土壤有机无机复合体中较易分解、活性较高的松结合态腐殖质，而稳结合态和紧结合态腐殖质相对稳定，整个土壤的有机碳库仍可保持其长期的稳定性。对结合态腐殖质中富啡酸（FA）和胡

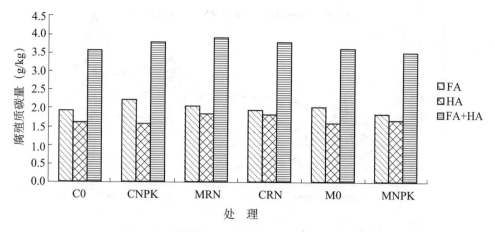

图 39 - 4 长期施肥水稻土稳结合态腐殖质组分的有机碳含量

敏酸（HA）组分变化的比较发现，长期施肥使土壤松结合态腐殖质中 HA 和 FA 的积累较明显，虽然 FA 的含量显著高于 HA，但与 C0 相比，HA 增加的比例远大于 FA，说明 HA 积累的趋势更明显，由于 HA 的性质相对稳定，说明长期施肥可造成土壤松结合态腐殖质的累积，并使这部分腐殖质的稳定性得到提高，这有利于增强土壤养分供应能力和维护稻田土壤生态系统的稳定性。土壤稳结合态腐殖质中 FA 和 HA 的含量较稳定，这是由于稳结合态腐殖质中 FA 和 HA 的性质相对稳定，其转化速率低于松结合态腐殖质中的相应成分，因此其分解程度较低，受长期施肥的影响较小。稳结合态腐殖质成分的相对稳定说明这部分腐殖质属于稳定的土壤有机碳库，在长期保持稻田土壤肥力、维持土壤有机碳库在稻田生态系统养分循环中的稳定性方面发挥了重要作用。

（二）氮素的演变规律

1. 全氮含量的时序响应

从 1980—2012 年，连续 32 年不同的施肥耕作中，施化肥处理区和有机肥处理区的 $0 \sim 15 cm$ 土层土壤总氮含量总体呈线性显著增长趋势（$p < 0.05$），如图 39 - 5 所示，以线性模型斜率作为土壤总氮增长或降低的速率，其中化肥处理区的增长速率范围为 $0.006 \sim 0.014 g/(kg \cdot a)$，有机肥处理区的增长速率范围为 $0.012 \sim 0.017 g/(kg \cdot a)$，C0 处理总氮增长速率最低，而 MPK 处理总氮增长速率最高。截至 2012 年，土壤总氮含量范围为 $1.53 \sim 2.12 g/kg$，1980 年试验开始时的总氮含量为 $1.43 g/kg$，32 年间土壤总氮含量增长了 7% ~ 48%，其中，总氮绝对增加量 C0 处理最小，MNPK 处理最大。2012 年化肥处理组的土壤平均总氮含量比 1980 年增长 $0.26 g/kg$，有机肥处理组增长 $0.53 g/kg$。施氮肥处理平均土壤总氮含量比 1980 年增长 $0.42 g/kg$，不施氮肥处理增长 $0.31 g/kg$，因此施用有机肥和氮肥能显著提高土壤总氮含量，同时农田周围环境氮输入量的增加也显著提高了土壤氮水平。

2. 氮素的剖面分布特征

从图 39 - 6 可以看出，各处理土壤全氮含量均随土壤深度的增加而逐渐降低，土壤含氮量在剖面中的分布曲线呈 "S" 形（马力等，2008）。各施肥处理与不施肥对照 C0 相比（$0 \sim 10 cm$）土壤的含氮量均有明显提高，施有机肥和秸秆还田处理的含氮量高于仅施化肥的处理，有机肥与化肥配施处理的含氮量高于仅施有机肥处理。与 C0 相比，MNP 和

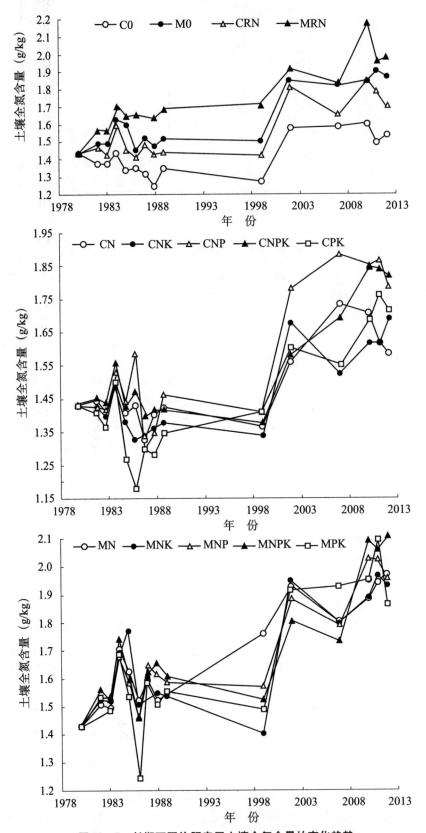

图 39 - 5　长期不同施肥表层土壤全氮含量的变化趋势

CNP 处理的土壤含氮量分别提高了 27.5% 和 12.9%，说明长期施肥使 0~10cm 土壤氮累积量有明显增加，而施有机肥和秸秆还田的作用更明显。对于施化肥的处理，0~10cm 土层的含氮量为 CRN > CNP > CNPK，因该长期试验点土壤不缺钾，所以本试验中施钾肥的处理对 0~10cm 土壤氮素累积的影响并不明显。施有机肥的处理，0~10cm 土层的含氮量为 MNP > MRN > MNPK > M0，说明相对于仅施有机肥，有机肥配施化肥或秸秆还田更有利于促进土壤 0~10cm 氮素的累积。

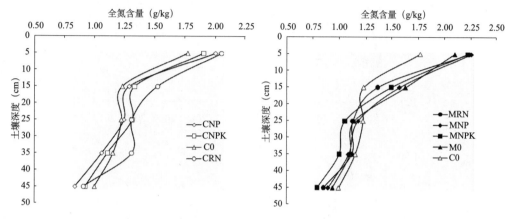

图 39-6　长期施肥水稻土剖面全氮含量的变化（2007 年）

长期施有机肥处理 0~20cm 土层土壤的含氮量普遍高于施化肥处理，而 20~50cm 土层则有相反的趋势，施化肥处理的含氮量普遍高于有机肥处理，且随土层深度的增加不同施肥处理之间的土壤含氮量的差异趋于减小。不同施肥条件下土壤剖面氮素分布的差异，反映了在连续稻麦轮作条件下施肥输入的氮和土壤中原有氮在剖面中的迁移量或迁移速度可能存在差异。施化肥处理 CNP、CNPK、CRN，包括对照 C0，20~30cm 土层的含氮量明显高于施有机肥的处理 MNP、MNPK、MRN 和 M0，其中 MNPK 的含氮量最低，这说明施化肥处理土壤表层氮素向下的迁移量或迁移速度可能高于施有机肥处理，或者施有机肥的土壤对植物易吸收矿质态氮的释放过程比施化肥的土壤更稳定，使 20cm 以下土层的含氮量较低。该长期定位试验点水稻土在 50cm 以下深度已接近地下水，试验结果说明长期施化肥的土壤氮素向下迁移损失并污染地下水的风险可能高于施有机肥的土壤，而长期施有机肥及与化肥或秸秆配施对提高根层土壤的供氮能力有明显效果，并更有利于维持稻田土壤生态系统的稳定性。

（三）磷素的演变规律

1. 全磷含量的时序响应

1980—2012 连续 32 年的不同施肥耕作中，化肥处理区和有机肥处理区的 0~15cm 土层土壤总磷含量有增有减，其中施磷处理的土壤总磷普遍增高，而不施磷处理则降低（图 39-7）。对土壤总磷含量与年份进行线性回归分析，以斜率作为土壤总磷含量的变化速率。化肥处理区中，施磷处理（CNPK，CNP、CPK）的土壤总磷含量增长速率范围为 7.36~13.24mg/(kg·a)，不施磷处理（CNK、CN、CRN、C0）的土壤磷含量降低，速率范围为 -4.45~-3.21mg/(kg·a)；有机肥处理中除 MRN 和 MNK 的土壤总磷降低，降低速率范围为 -1.12~-0.09mg/(kg·a) 外，其余处理土壤总磷含量均增长，增长速率范围为 3.09~26.53mg/(kg·a)。截至 2012 年，各处理土壤总磷含

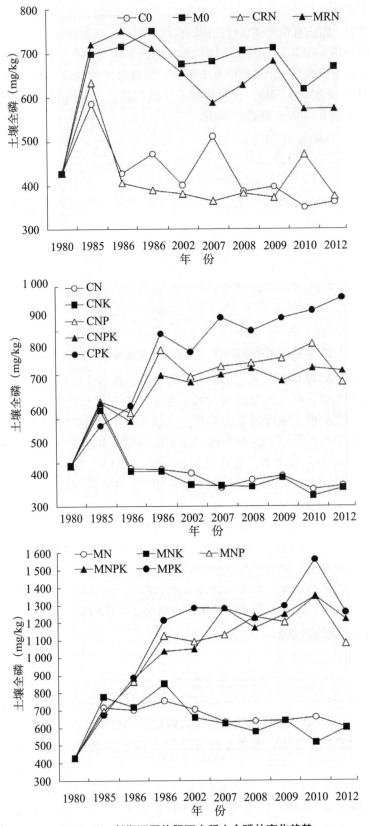

图 39 - 7　长期不同施肥下水稻土全磷的变化趋势

量范围为 357～1 254mg/kg，1980 年试验开始时的总磷含量为 428mg/kg，总磷绝对增加量以 CNK 处理最小，MPK 处理最大。2012 年化肥处理区的土壤平均总磷含量比 1980 年增加了 119mg/kg，有机肥处理区比 1980 年增加了 427mg/kg。施磷肥处理的土壤平均总磷含量比 1980 年增加了 558mg/kg，不施磷肥处理仅增加了 59mg/kg，因此施有机肥和磷肥能显著提高土壤总磷含量，同时本地区不施磷肥的土壤总磷损失显著。

2. 土壤剖面全磷、有效磷（Olsen-P）含量的差异

不同处理经过 23 年的耕种，表层（0～15cm）土壤的全磷含量发生了很大的变异。首先，4 种无磷处理（CNK、CRN、CN、C0）由于长期土壤磷的输出大于输入，表层土壤全磷含量由试验初始的 428mg/kg 下降至 300mg/kg 左右，且 4 个处理之间无显著差异。因本文重点讨论施肥对土壤磷素变化的影响，故除保留 C0 作对照外，其余 4 个无磷处理的数据未列出。MNPK、MNP、MPK 三个处理由于既有化肥磷又有有机磷肥的输入，表层土壤全磷含量显著增加，达 1 500mg/kg 左右，其他几个单施化肥磷或单施有机肥处理的全磷含量比 C0 皆有显著增加（表 39-2）。与 C0 相比，有化肥磷或有机肥投入的处理 0～25cm 土层的土壤全磷含量皆显著增加，而 25～30cm 土层，只有 MN-PK 处理的土壤全磷含量显著高于 C0，其他施磷处理与 C0 比较无显著差异，说明表层施的磷肥经过 20 多年的耕种，磷素可向下迁移至 25cm 深处。

由于氮是限制作物生物量的主要营养元素，所以 CPK 处理中由作物带走的磷（P）比 CNPK、CNP 处理少而残留在土壤中的多，因而在 0～15cm 土层，MPK 与 CPK 处理的全磷含量差距小于 MNP 与 CNP 及 MNPK 与 CNPK 处理的差距。同因，不施肥处理 C0 的有效养分严重缺乏，生物量很低，而 M0 处理中的有机肥的营养成分较为全面而使作物的生物量大增从而带走较多的磷，导致 M0 与 C0 处理表层（0～15cm）土壤中的全磷含量差距较小。

表 39-2　长期施肥不同土层土壤全磷、有效磷含量的差异　　　（单位：mg/kg）

处理	总磷含量				有效磷含量			
	0～15cm	15～20cm	20～25cm	25～30cm	0～15cm	15～20cm	20～25cm	25～30cm
MNP	1 592a	584ab	444bc	401cd	54.2ab	15.5ab	6.6b	5.4ab
MNPK	1 487a	504bc	504a	462a	51.3b	9.0c	8.5a	6.0a
MPK	1 472a	461de	424bc	439ab	60.3a	11.6bc	5.1bcd	4.5abc
CPK	910b	534c	415c	392cd	31.3c	12.6bc	5.2bcd	4.2bcd
CNPK	691c	433e	411c	424bc	25.4cd	8.7c	3.1ef	4.1bcd
M0	679c	503cd	413c	397cd	23.1de	11.9bc	4.7cde	3.8bcd
CNP	632c	615a	405c	427bc	23.0de	17.6a	4.3cde	6.1a
MRN	629c	538bc	459b	417bc	16.9ef	10.4c	4.5cde	4.5abc
MN	620c	483d	444bc	404bcd	18.3ef	9.5c	6.0c	3.7bcd
MNK	587c	455de	441bc	394cd	11.9f	9.3c	4.2de	4.1bcd
C0	317d	316f	365d	410bcd	2.3g	2.4d	3.1ef	3.8bcd

注：同列数据后不同字母表示处理间差异达 5% 显著水平。限于篇幅，表中只列出无肥对照 C0 和有磷输入的处理的数据，处理间无显著差异的下层土壤数据未列出

有磷肥投入的处理土壤 0～15cm 表层和 15～20cm 土层的 Olsen-P 皆有显著增加，

表层 Olsen-P 增加最多的仍是同时施用化肥磷和有机肥的 3 个处理，MNP 由于同时施用了磷肥和有机肥，再加上氮素缺乏对生物量的限制，使表层土壤 Olsen-P 的增加量最大，比试验初始的 8.4mg/kg 增加了 6 倍多。增量最少的 MNK 处理也比试验初始增加了 3.5mg/kg。表层土壤 Olsen-P 占总磷的比例也比试验初始（2.0%）有所增加，大部分在 3.4% 左右，最高的 MPK 处理达 4.1%。不施磷肥的处理表层土壤有效磷含量下降很多，由试验初始的 8.4mg/kg 降至 2.4mg/kg，平均每年下降 0.26mg/kg，C0 处理表层有效磷的比例降为 0.7%。不同处理表层以下 Olsen-P 的含量差距逐渐缩小，在 20~25cm 土层只有 MPK、MNP、MNPK、CPK 和 MN 5 个处理的 Olsen-P 含量显著高于 C0，其他处理与 C0 无显著差异。至 25~30cm 土层只有 MNPK 和 MN 的 Olsen-P 含量显著高于 C0，其他处理与 C0 皆无显著差异，说明大部分处理磷素从表层向下迁移了 10cm，这与全磷的方差分析结果一致。无磷肥投入的处理 0~30cm 土层的 Olsen-P 含量与 C0 均无显著差异。

本试验中土壤全磷和 Olsen-P 垂向迁移深度小于土壤质地和施磷量皆近似的塿土试验结果，塿土经 12 年的定位施肥试验，土壤剖面全磷和 Olsen-P 发生显著变化的深度可达 100cm。与 19 年的红壤性水稻土的试验结果近似。据此可以推断磷素淋失主要是通过大孔隙优势流，干湿交替比一直淹水易形成大孔隙，在灌溉和降雨时更易造成磷素的淋失。

3. 无机磷、有机磷含量的剖面分布

与 C0 相比，各个施磷（有机肥或化肥磷）处理其表层 0~15cm 无机磷均有显著增加（取样时间为 2005 年），无磷肥输入的处理和 C0 没有显著差异；表层无机磷占全磷的 61.5%~85.0%。不同处理土壤的无机磷含量随土层深度的增加其差距逐渐变小。在 15~20cm 土层 CNPK 和 C0 处理的无机磷含量已无显著差异，这可能是由于氮、磷、钾 3 种营养成分协调供应，没有施用有机肥，无机磷肥只显著增加了表层的无机磷含量。其他有磷肥输入的处理在 15~20cm 土层无机磷含量均显著提高。20~25cm 土层只有 MNPK、MNP、MRN、MN 处理的无机磷含是量显著高于 C0（因 C0、CNK、CN 和 CRN 之间无显著差异，这里仅保留 C0 作为比较对象），其他处理和 C0 差异不显著或低于 C0。在 25~30cm 土层的无机磷（245mg/kg）显著低于 CNPK（335mg/kg），这可能是由于在表层缺磷的情况下，氮肥、钾肥的施用促进了作物吸收土壤深层次的无机磷。

所有处理中只有 MNP、MPK、MNPK 和 CPK 的表层土壤有机磷含量显著增加（表 39-3），前 3 个处理是由于既有化肥磷又有有机肥施入，除被作物吸收的部分外，有剩余的有机磷，这和旱地土壤试验的结果一致；而 CPK 处理可能是由于缺少氮素限制了作物的生长，从而使土壤中的磷素出现了剩余，经过多年的积累使表层有机磷含量显著增加。其他处理的表层有机磷含量没有显著性差异。表层以下各处理有机磷含量也未表现出显著的变化。这也证明无机磷的淋洗在磷的迁移中起着重要的作用。

表 39-3　长期施肥不同土层土壤无机磷和有机磷含量的差异（2005 年）

（单位：mg/kg）

处　理	无机磷含量			有机磷含量
	0~15cm	15~20cm	20~25cm	0~15cm
MNP	1 155a	436abc	362a	332b
MNPK	1 103a	341de	286de	369b

（续表）

处　理	无机磷含量			有机磷含量
	0~15cm	15~20cm	20~25cm	0~15cm
MPK	1 064a	487a	359a	528a
CPK	669b	432abc	310bcd	242c
CNPK	581bc	300ef	259cd	110d
M0	537bcd	467ab	336abc	95d
CNP	527bcd	400cd	283de	152d
MRN	501cd	425bc	368a	128d
MN	477cd	379cd	352ab	143d
MNK	420d	356de	307cd	167cd
C0	195e	260fg	292cd	122d

注：同列数据后不同字母表示处理间差异达5%显著水平

4. 不同形态无机磷含量的剖面分布

有磷处理 0~20cm 土层的 Ca_2-P 含量均比 C0 显著增加（测定和取样时间为 2005 年），无磷处理 Ca_2-P 含量和 C0 无显著性差异（王建国等，2006；单艳红等，2005）。 20~25cm 土层只有 MPK、MNP、MNPK、CPK 和 MN 处理的 Ca_2-P 含量高于 C0，这一与 Olsen-P 相同。至 25~30cm 土层，MPK、MNP、MNPK、M0、CNP 和 MNK 的 Ca_2-P 含量仍高于 C0（表39-4）。证明 Ca_2-P 可迁移至 30cm 以下土层，这是由于 Ca_2-P 溶解性较强的缘故。并且施有机肥的处理 Ca_2-P 在土壤剖面向下迁移较深，可能是因为有机肥中的有机酸对钙的络合作用，使施入的磷或矿化的有机磷难以向难溶的 Ca_8-P、Ca_{10}-P 转化。

表39-4　长期施肥不同土层土壤 Ca_2-P、Ca_8-P 和 Ca_{10}-P 含量的差异（2005 年）

（单位：mg/kg）

处　理	Ca_2-P 含量				Ca_8-P 含量			Ca_{10}-P 含量
	0~15cm	15~20cm	20~25cm	25~30cm	0~15cm	15~20cm	20~25cm	0~15cm
MPK	47.7a	12.1abc	6.6bc	8.4ab	21.1a	2.9bcd	1.7ab	135a
MNP	42.5b	15.7ab	7.6b	7.2bcd	19.3ab	4.7a	1.7ab	143a
MNPK	39.1b	16.3ab	9.7a	7.6abc	18.0b	3.9ab	2.9a	122ab
CPK	26.6c	11.1bc	7.4b	5.1fgh	8.4c	3.4bc	1.8ab	117ab
CNPK	19.5d	8.9c	5.2de	5.1fgh	7.2cd	2.2de	1.3b	118ab
M0	16.7de	16.7a	6.1bcd	8.8a	5.2de	3.6abc	1.5b	88c
CNP	16.0def	11.6abc	6.0bcd	6.0def	6.1cde	3.6abc	1.4b	122ab
MN	15.2ef	13.6abc	6.5bc	5.1fgh	5.2de	2.8bcd	1.4b	97bc
MRN	13.3ef	10.2c	5.6bcd	5.6efg	4.7e	2.9bcd	1.3b	98bc
MNK	12.6f	9.7c	5.6bcd	6.7cde	4.4e	2.6cd	0.9b	82c
C0	2.4g	2.9d	4.1def	4.2ghi	1.8f	1.2ef	0.9b	83c

注：同列数据后不同字母表示处理间差异达5%显著水平

有磷处理 0～20cm 土层的 Ca_8-P 含量比 C0 均有显著增加，表层增加量更大，3 个同时施用化肥磷和有机肥的处理 Ca_8-P 的增加量平均为 C0 的 10 倍。20～25cm 土层只有 MNPK 处理的 Ca_8-P 含量显著高于 C0（表 39－4），其他处理和 C0 无显著性差异。至 25～30cm 土层，所有处理之间的 Ca_8-P 含量均没有显著差异，显然，Ca_8-P 较 Ca_2-P 的惰性更大，在土壤剖面中的迁移距离小于 Ca_2-P。

Ca_{10}-P 是无机磷组分中变化最小的，有化肥磷施入的 6 个处理表层土壤 Ca_{10}-P 含量显著增加（表 39－4），单施有机肥的和不施含磷肥料的处理表层土壤 Ca_{10}-P 含量皆无显著性变化。只有 CNP 处理 15～20cm 土层的 Ca_{10}-P 含量显著高于 C0，可能是由于土壤缺乏钾素，限制了作物对磷素的吸收，使残留土壤的磷素较多而转化为 Ca_{10}-P。至 20～25cm 土层，各处理间土壤 Ca_{10}-P 含量均无显著差异。Ca_{10}-P 的转化积累结果表明，残余无机磷肥比有机肥更易转化为 Ca_{10}-P，因而有效性保持的时间较短，这是有机肥肥效较为长久的原因之一。

施磷处理 0～20cm 土层的 Al-P 含量比 C0 均显著增加。和其他无机磷成分不同的是，Al-P 并非在表层含量最高，而是在 15～20cm 亚表层含量最高，尤其是同时施化肥磷和有机肥的处理增量最大，这可能是由于 Al^{3+} 和有机物形成溶解性较大的有机络合物，随雨水或灌溉水向下层迁移，Al-P 的富集层有可能随时间的推移继续向下迁移，这有待以后进一步研究。大部分施磷处理在 20～25cm 土层 Al-P 含量比 C0 处理仍有显著增加（表 39－5），但增量较小（＜10mg/kg）。25～30cm 土层的所有处理 Al-P 含量和 C0 均无显著差异。无磷处理所有土层的 Al-P 含量和 C0 无显著差异。

表 39－5　长期施肥不同土层土壤 Al-P、Fe-P 和 Oc-P 含量的差异（2005 年）

（单位：mg/kg）

处理	Al-P 含量			Fe-P 含量			Oc-P 含量			
	0～15cm	15～20cm	20～25cm	0～15cm	15～20cm	20～25cm	0～15cm	15～20cm	20～25cm	25～30cm
MPK	36.9a	109.1a	8.7bc	595a	116b	82cd	281ab	198ab	198ab	172bcd
MNP	27.3b	93.4b	12.2a	553b	162a	90bc	294a	224a	224a	207a
CPK	23.6bc	27.3de	6.6cd	189e	157a	83cd	237bc	191ab	192ab	124f
MNPK	22.5bcd	87.9b	12.9a	54b	144ab	113a	279ab	189abc	189abc	157cdef
M0	19.7cde	29.7d	7.6bc	211d	132ab	76de	247abc	222a	222a	149def
CPK	19.5cde	47.1c	9.4b	266d	140ab	84cd	252abc	213ab	213ab	142def
MN	17.1def	25.0de	7.4bc	203de	117b	94b	214c	181abc	181abc	175bcd
MRN	15.3efg	21.3de	9.2bc	203de	137ab	108a	231bc	199ab	199ab	198ab
MNK	11.9fg	20.8de	7.7bc	160f	115b	82cd	238bc	199ab	199ab	164cde
CNPK	11.5fg	19.9e	7.8bc	215d	90c	70e	221c	175bc	175bc	132ef
C0	4.1h	4.7f	4.7de	41g	56cd	58f	146d	149cd	149cd	171bcd

注：同列数据后不同字母表示处理间差异达 5% 显著水平

在 0～25cm 土层，有磷处理的 Fe-P 含量均比 C0 显著增加，尤其在 0～15cm 表层的增量最大（表 39－5），占无机磷总量（单独测定值）的 37%～54%，施有机肥的处理 Fe-P 增加更多，到 25～30cm 土层，所有处理 Fe-P 含量和 C0 间均没有显著差异，但施磷肥的处理 Fe-P 含量显著高于只施化学氮肥、钾肥的处理 CNK。

与 C0 相比，有磷处理使 0～25cm 土层的 Oc-P 含量显著增加，增量最大的是同时施化肥磷和有机肥的 3 个处理，无磷处理的 Oc-P 含量和 C0 无显著差异。25～30cm 土层只有 MNP 处理的 Oc-P 显著高于 C0（表 39 – 5），也就是说，如果磷的投入量大于作物的吸收，或缺少氮、钾的处理，由于氮、钾对生物量的限制从而减少了作物对磷的吸收，可使剩余的磷部分转化为对作物无效的闭蓄态磷。

（四）钾素的演变规律

自 1980—2012 年，连续 32 年的不同施肥耕作中，无机肥处理组和有机处理组的土壤表层（0～15cm）速效钾含量总体呈降低趋势，如图 39 – 8 所示，以线性回归斜率作为土壤速效钾含量的变化速率，仅有 CPK 和 CNK 处理土壤速效钾含量呈增长趋势，增长速率分别为 0.9mg/（kg·a）和 0.83mg/（kg·a），而其余处理土壤速效钾含量降低，降低速率范围为 – 0.93～– 0.16mg/（kg·a），其中 MNK 处理土壤速效钾降低最快。截至 2012 年，土壤速效钾含量为 56～146mg/kg，1980 年试验开始时速效钾含量为 127mg/kg，2012 年仅有 CPK 处理的土壤速效钾含量略高于初始值，MNP 处理的速效钾含量最低，32 年降低了 56%。2012 年无机肥处理的土壤平均速效钾含量比 1980 年试验开始时降低了 33mg/kg，有机肥处理降低了 58mg/kg。施钾肥处理的土壤平均速效钾含量比 1980 年试验开始时降低 31mg/kg，不施钾肥降低了 56mg/kg。因此施有机肥和钾肥能改善土壤速效钾含量降低的问题，同时表明本地区土壤钾含量严重亏缺。

三、长期施肥潴育型水稻土 pH 值的变化规律

（一）pH 值和盐基离子含量的变化

长期不同施肥处理对土壤 pH 值和盐基离子影响存在显著差异（表 39 – 6）。不施有机肥的主区处理土壤 pH 值（H_2O）为 6.01（取样和测定时间为 2007 年），显著高于施用有机肥的 5.69（主区方差 $LSD_{0.05} = 0.29$），主区处理土壤的 pH 值（KCl）也呈相同趋势（主区方差 $LSD_{0.05} = 0.30$）。各副区处理则表现为不施氮肥与水稻秸秆的处理 pH 值（6.22）显著高于单施氮肥（CN）处理 pH 值（5.77），后者则显著高于氮肥与水稻秸秆配施处理（CRN）（pH 值 5.56）；各处理组合间的 pH 值则表现为对照（C0）显著高于单施有机肥（M0）和单施氮肥（CN）处理，后两者则显著高于其他施氮的处理，氮肥配合有机肥和水稻秸秆的 MRN 处理的 pH 值最低，pH 值（H_2O）分别较 CN、M0、MN 下降了 0.52、0.64 和 0.20，看来长期单施氮肥（尿素）及氮肥与水稻秸秆配施均能导致土壤 pH 值的降低（张永春等，2010）。

不同处理组合间的盐基离子除 K^+ 含量无显著性差异外其他主要盐基离子含量均存在差异，其中 MRN 处理的 Na^+、Ca^{2+} 和 Mg^{2+} 含量均处于最低水平，而对照（C0）的 Ca^{2+} 含量最高，显著高于单施氮肥（CN）、氮肥与秸秆配合（CRN）以及 Ca^{2+} 含量最低的 MRN 处理，但对照的 Mg^{2+} 含量和 M0 及 MRN 处理处于最低水平，显著低于 CRN 和 MN 两处理；MRN 处理的 Na^+ 除与对照无显著差异外，均显著低于其他施肥处理，而其他处理间的差异不显著。

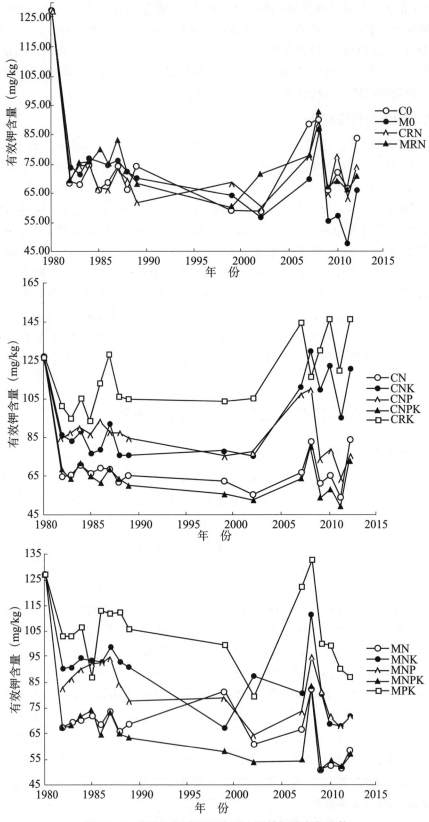

图 39 - 8　长期不同施肥下水稻土速效钾的变化趋势

表 39－6　长期不同施肥的土壤 pH 值及交换性盐基离子含量（2007 年）

处　理	pH 值 (H_2O)	pH 值 (KCl)	交换性盐基离子（mmol/kg）			
			K^+	Na^+	Ca^{2+}	Mg^{2+}
C0	$6.38 \pm 0.17a$	$5.39 \pm 0.09a$	$1.82 \pm 1.01a$	$4.72 \pm 0.26ab$	$41.46 \pm 1.47a$	$7.14 \pm 1.40c$
CN	$5.93 \pm 0.09b$	$5.08 \pm 0.13b$	$1.52 \pm 0.51a$	$5.04 \pm 0.45a$	$38.01 \pm 1.91bc$	$7.65 \pm 1.54bc$
CRN	$5.71 \pm 0.06c$	$4.98 \pm 0.17bc$	$1.67 \pm 0.76a$	$5.05 \pm 0.41a$	$40.42 \pm 0.65bc$	$11.37 \pm 1.40a$
M0	$6.05 \pm 0.05b$	$5.15 \pm 0.03b$	$1.07 \pm 0.20a$	$5.07 \pm 0.77a$	$40.67 \pm 2.46ab$	$5.87 \pm 0.38c$
MN	$5.61 \pm 0.18cd$	$4.84 \pm 0.06cd$	$0.96 \pm 0.00a$	$5.36 \pm 0.73a$	$39.17 \pm 0.96ab$	$9.48 \pm 1.14ab$
MRN	$5.41 \pm 0.08d$	$4.65 \pm 0.17d$	$1.19 \pm 0.40a$	$3.92 \pm 0.28b$	$37.13 \pm 1.39c$	$5.87 \pm 0.10c$

注：同列数据后不同字母表示处理间差异达 5% 显著水平

（二）土壤酸碱滴定曲线及酸碱缓冲容量的差异

各处理土壤的酸碱缓冲能力在不同 pH 值阶段存在显著差异（图 39－9），即无论是无机肥各处理还是增施有机肥各处理的土壤均在 pH 值大于 10 和小于 6 时对酸碱的缓冲能力强，表现为 pH 值的变化量随酸碱滴定量的增加量呈减弱趋势，而在 pH 值 6～10 表现出强的突跃性（张永春等，2010）。

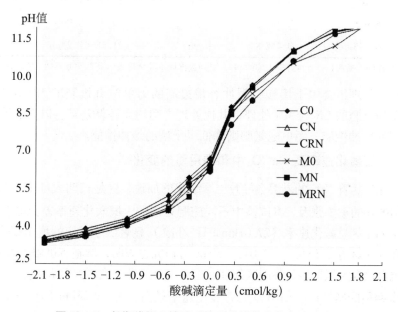

图 39－9　长期施肥土壤酸碱滴定曲线的变化（2007 年）

由于本试验区土壤有较强的缓冲能力，长期不同施肥处理间土壤酸碱缓冲容量的差异远小于土壤 pH 值。各施肥处理之间除 C0 处理的土壤酸碱滴定曲线受酸碱加入的变化幅度小于其他处理，而 MRN 处理的酸碱滴定曲线变化幅度大于其他处理外，其他施肥处理之间酸碱滴定曲线的差异则较小。

由于土壤酸碱滴定曲线在 pH 值突跃范围内，可以近似地视为直线，即加酸、碱的量与土壤 pH 值呈线性相关。曲线斜率 b 值表示加入单位量的酸、碱引起土壤 pH 值的变化量（$b = \Delta pH / \Delta C$），即为平均变化率，b 的绝对值越大，表明土壤缓冲能力越差。

因此以 b 值的倒数表征土壤的酸碱缓冲能力。本试验从不同施肥处理的酸碱滴定曲线中分别选取酸、碱滴定量分别为 0cmol/kg、0.5cmol/kg、1.0cmol/kg 的 5 个点，求得该 5 个点构成的直线截距和斜率见表 39 - 7。结果显示，HCl 和 NaOH 的滴定量与 pH 有显著的线性相关。对土壤酸碱缓冲容量进行求解可知，施有机肥的主区处理土壤酸碱缓冲容量分别为每个 pH 值单位 21.14mmol/kg，略高于不施有机肥的每个 pH 值单位 20.63mmol/kg，但差异不显著，各副区处理的土壤酸碱缓冲容量以不施氮肥（C0）处理每个 pH 值单位 21.28mmol/kg 最高，显著高于单施氮肥处理（CN）的每个 pH 值单位 20.04mmol/kg，氮肥与水稻秸秆配施处理（CRN）居中为每个 pH 值单位 20.56mmol/kg，与以上两者均无显著性差异。

表 39 - 7　长期施肥土壤酸碱滴定曲线在突跃范围的直线拟合结果及酸碱缓冲容量（2007 年）

| 处　理 | $Y = a + bX$ | | R^2 | 酸碱缓冲容量（mmol/kg, pH unit） | 土壤容重（g/cm³） |
	a	b			
C0	7.296	-0.470 5	0.959 5	21.28 ± 0.91a	1.07
CN	7.085	-0.499	0.956 2	20.04 ± 0.53b	1.01
CRN	6.992	-0.489	0.977	20.56 ± 1.89ab	1.12
M0	7.147	-0.455 9	0.961 9	22.00 ± 1.50a	0.97
MN	6.915	-0.499 5	0.968 5	20.05 ± 0.99b	1.04
MRN	6.755	-0.468 8	0.967 7	21.38 ± 1.23ab	1.01

注：X 为添加酸、碱的量，Y 为对应土壤的 pH；同列数据后不同字母表示处理间差异达 5% 显著水平

本研究各处理组合中土壤酸碱缓冲容量最高的为单施有机肥的 M0 处理和 MRN，显著高于单施氮肥的 CN 与 MN 处理，其他处理之间均无显著差异。以上表明施有机肥可提高土壤的缓冲性能，而单施氮肥则降低了土壤的缓冲性能。

（三）土壤酸化速率及 $CaCO_3$ 中和需用量的变化

氮的硝化伴随着 NO_3^- 的淋溶会导致土壤酸化的加速，这是长期大量施用化肥和有机肥加速土壤酸化的重要原因。本试验中不同施肥处理的土壤酸化速率差异显著（表 39 - 8），施化肥的主区总酸化速率（27.01kmol H^+/hm^2）显著低于对应的增施猪粪等有机肥的主区处理（主区方差 $LSD_{0.05}$ = 3.04）。Meng 等研究也表明，增施有机肥土壤 pH 值显著小于不施肥对照和无氮处理。各副区处理间也有显著差异（副区方差 $LSD_{0.05}$ = 5.86），其中氮肥与水稻秸配施处理（CRN）的总酸化速率最高，为 36.25kmol H^+/hm^2，单施氮肥次之为 28.92kmol H^+/hm^2；而仅施有机肥的 M0 处理和对照最低，分别为前两者的 48.92% 和 60.10%；各处理组合土壤酸化速率差异显著，与不施肥对照相比，CN 和 CRN 处理分别增加 82.45% 和 128.7%，而施用有机肥的 M0、NN 和 MRN 处理分别增加 51.35%、135.3% 和 184.6%，说明单施氮肥促进土壤的酸化，而氮肥和水稻秸秆配合使土壤酸化加速，这可能与水稻秸秆在淹水过程中释放的大量有机酸有关（张永春等，2010）。

表 39 - 8　长期施肥土壤的总酸度、年度酸度及 CaCO₃ 中和需用量（2007 年）

处　理	总酸化速率 （kmol H⁺/hm²）	CaCO₃总需要量 （kg/hm²）	年度酸化速率 ［kmol H⁺/（hm² · a）］	CaCO₃年度需要量 ［kg/（hm² · a）］
C0	15. 85 + 6. 94d	793	0. 61	30
CN	28. 92 + 3. 14bc	1 446	1. 11	56
CRN	36. 25 + 2. 89b	1 813	1. 39	70
M0	23. 96 + 2. 95cd	1 198	0. 92	46
MN	37. 3 + 5. 64ab	1 865	1. 43	72
MRN	45. 11 + 5. 22a	2 256	1. 74	87

注：1kmol 酸需要 50kg CaCO₃ 中和；同列数据后不同字母表示处理间差异达 5% 显著水平

（四）长期施肥潴育型水稻土 pH 值与碳、氮、磷、钾的相关性

各处理的土壤基本肥力指标的相关性见表 39 - 9。从表中可以看出，土壤 pH 值与土壤总氮含量、碱解氮及有机质含量呈显著负相关，其中 pH 值与土壤总氮含量达到极显著负相关水平，以上表明无论是氮肥（尿素）、有机肥处理还是秸秆还田处理，其土壤 pH 值的降低均与外源氮的投入量增加有关（张永春等，2010）。

表 39 - 9　长期不同施肥处理土壤 pH 值与碳、氮、磷、钾的相关性（2007 年）

项　目	总　氮	碱解氮	总　磷	有效磷	速效钾	有机质
pH 值	- 0. 741 **	- 0. 534 *	- 0. 051	- 0. 055	0. 22	- 0. 552 *
总　氮	—	0. 771 **	0. 487	0. 489 *	- 0. 1	0. 843 **
碱解氮	—	—	0. 33	0. 333	- 0. 414	0. 595 *
总　磷	—	—	—	0. 994 **	0. 156	- 0. 552 *
有效磷	—	—	—	—	0. 13	0. 529 *
速效钾	—	—	—	—	—	- 0. 064

注：* 表示相关性达到显著水平；** 表示相关性达到极显著水平

氮的输入是加速农田土壤酸化的重要因子，这主要与氮循环过程中可以产生大量的酸有关，如 NH_4^+ 的硝化作用、NO_3^- 的积累和淋失等，其 H⁺ 产生强度远大于大气酸沉降，特别是长期偏施氮肥和施氮量超过作物需要时，酸化作用将更加明显。本试验中无论是单施氮肥还是单施有机肥或两者配合施用均可导致土壤 pH 值降低，同时在施氮或有机肥基础上添加水稻秸秆会进一步加速土壤 pH 值的下降。结合表 39 - 9 中长期不同施肥各处理土壤 pH 值与试验施氮量及土壤全氮和碱解氮含量呈显著负相关的结果，表明施氮或有机肥以及水稻秸秆导致土壤 pH 值下降的重要原因可能与试验投入氮的增加有关。但各施肥处理的土壤酸碱缓冲容量的变化趋势与 pH 值的变化不同，即施氮处理的土壤酸碱缓冲容量呈下降趋势，而增施有机肥及水稻秸秆处理的土壤酸碱缓冲容量并未出现下降，甚至出现小幅上升，这表明增施有机肥能保持甚至提高土壤酸碱

缓冲性能，减缓土壤酸化趋势，这可能与有机肥中携带大量盐基离子有关；而单施氮肥（尿素）处理的土壤 pH 值下降的同时土壤酸碱缓冲性能也下降，导致土壤酸化加速。

四、作物产量对长期施肥的响应

（一）长期施肥条件下水稻和小麦产量的时序响应

由图 39-10 可以看出，自长期试验开始随时间的推移，各处理水稻的平均产量均呈锯齿状波动，不同年份间的变动较大，相同年份间不同处理之间的变化趋势基本一致，因此不同处理水稻产量的波动曲线的形状大致相似。造成不同年份间水稻产量较大波动的主要因素仍是气候和自然因素，不同年份间的降水量、光照、温度、有效积温以及病虫害等因素均与水稻产量的年际变化有关。

从各处理的水稻产量趋势变化可以看出，虽然平均产量存在年际波动，但产量总体上表现为增长的趋势，包括不施肥的对照处理（C0）其水稻产量也有明显提高的趋势，除了水稻品种因素的影响外，说明自然的水旱轮作条件下水稻产量也表现为增产的趋势，产量的提高反映了稻田土壤生产力的提高，也说明整个稻田土壤生态系统趋于稳定状态。

小麦产量的年际波动情况与水稻不同（图 39-11），在旱作条件下小麦产量波动的幅度较水耕条件下的水稻产量波动明显，其中部分处理小麦产量存在下降趋势。不施肥对照（C0）的小麦产量下降趋势最明显。化肥处理除 CNP、CNPK 和 CRN 外其余处理产量均有降低趋势，有机肥处理除 M0 处理外，其余处理产量均升高。相同年份间不同施肥处理之间的小麦产量波动也有较大差异，曲线形状的差异也较大，说明除了气候因素的影响外，不同施肥对旱作条件下小麦的平均产量也产生了明显影响。

施肥对水稻土的培肥作用明显，是提高水稻土生产力的重要途径。长期试验中小麦产量波动较大，说明稻田生态系统在旱作条件下的稳定性低于水耕条件，有机肥与化肥配施和秸秆还田的增产作用比单施化肥明显，单施化肥并不能很好地维持小麦的增产趋势。因此，有机肥与化肥配施和秸秆还田更有利于提高本地区水稻土的养分供应能力、生产力和生态系统的稳定性。

（二）水稻和小麦单产和累积产量的差异分析

表 39-10 和表 39-11 显示，与不施肥对照的小麦和水稻产量相比，长期施肥条件下，无论施化肥、有机肥或秸秆还田，均可以明显提高水稻和小麦产量。不同处理的水稻和小麦产量均以 MNPK 处理最高，其水稻和小麦产量分别比 C0 提高了 37.52% 和 93.66%，可以看出施肥对小麦的增产作用更明显。普遍的规律是有机肥与化肥配施和秸秆还田较单施化肥和有机肥有更明显的增产效果，说明有机肥与化肥配施和秸秆还田能够有效提高稻田土壤的生产力和增加稻田土壤养分库的容量，维持其生态系统的稳定性（马力等，2011）。

作物的累积产量比平均产量更能反映较长时期内作物产量的差异情况。不同施肥处理水稻和小麦的累积产量变化趋势见图 39-12 和图 39-13，可以看出，不同施肥处理小麦累积产量曲线之间的差距较水稻明显，并且小麦累积产量曲线的波动较大，而水稻的累积产量曲线上升比较平缓。说明不同种植年份的水稻产量比较稳定，施肥对

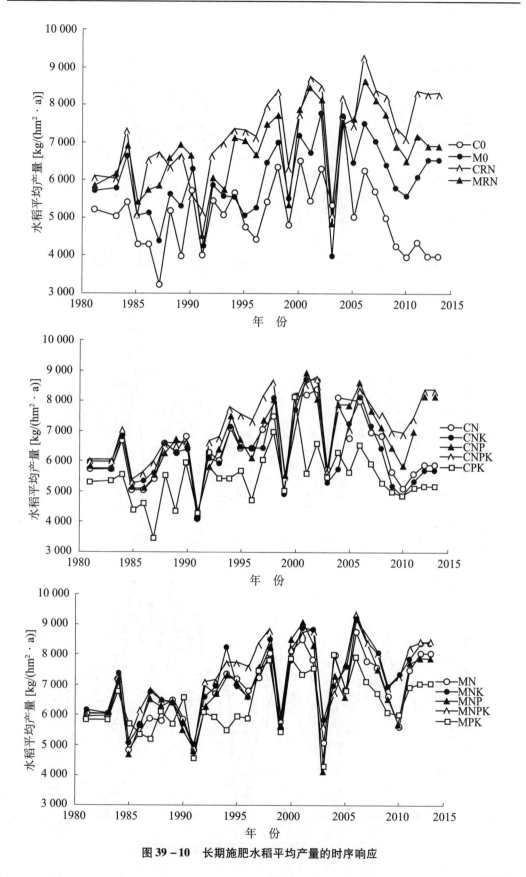

图 39-10　长期施肥水稻平均产量的时序响应

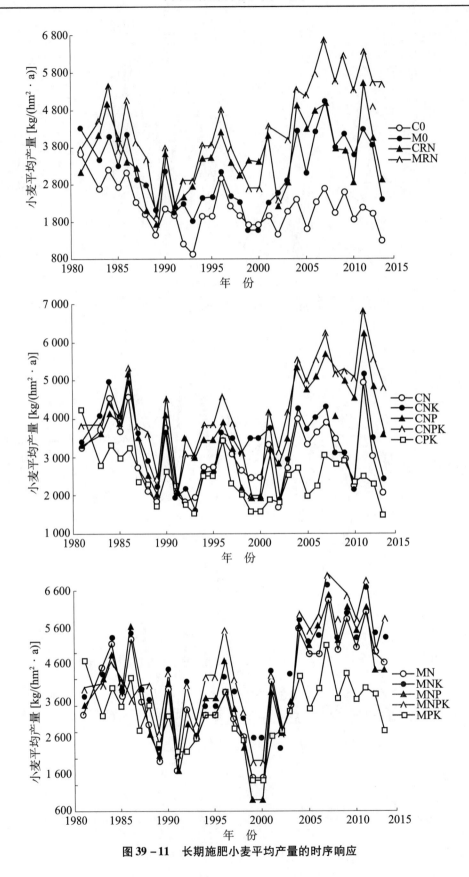

图 39 - 11　长期施肥小麦平均产量的时序响应

表 39 – 10　长期施肥水稻平均产量和稳定性（1980—2013 年）

处　理	平均产量（kg/hm²）	最高产量（kg/hm²）	变异系数 CV（%）	稳定性系数 SYI
C0	5 044d	6 499	17.67	0.64
CN	6 369ab	8 356	18.49	0.62
CNP	6 531ab	8 908	19.39	0.59
CNK	6 438ab	8 716	18.5	0.6
CPK	5 389cd	7 702	18.18	0.57
CNPK	6 777a	8 621	18.11	0.64
CRN	6 622a	8 642	18.11	0.63
M0	5 858bc	7 746	16.71	0.63
MN	6 596a	8 755	17.6	0.62
MNP	6 652a	9 061	19.68	0.59
MNK	6 832a	9 138	19	0.61
MPK	6 213ab	7 907	16.27	0.66
MNPK	6 936a	9 336	20.1	0.59
MRN	6 827a	9 243	18.39	0.6

注：同列数据后不同字母表示处理间差异达 5% 显著水平

表 39 – 11　长期施肥小麦平均产量和稳定性（1980—2013 年）

处　理	平均产量（kg/hm²）	最高产量（kg/hm²）	变异系数 CV（%）	稳定性系数 SYI
C0	2 232g	3 641	29.28	0.43
CN	3 067ef	4 568	27.44	0.49
CNP	3 645bcde	5 680	29.62	0.45
CNK	3 429cde	5 010	26.34	0.5
CPK	2 490fg	4 244	26.97	0.43
CNPK	4 016abc	6 241	27.29	0.47
CRN	3 535bcde	5 034	26.85	0.51
M0	3 124e	4 991	28.75	0.45
MN	3 795abcd	6 420	33.58	0.39
MNP	3 800abcd	6 539	35.65	0.37
MNK	4 164ab	6 803	28.6	0.44
MPK	3 287de	5 119	25.8	0.48
MNPK	4 322a	7 041	29.39	0.43
MRN	4 058abc	6 684	30.26	0.49

注：同列数据后不同字母表示处理间差异达 5% 显著水平

其产量波动的影响也较小。比较不同处理发现，对照处理（C0）的小麦和水稻的累积产量在不同年份中始终处于最低，而有机肥配施化肥或秸秆处理的小麦和水稻的累积产量高于单施化肥处理。不同处理的水稻和小麦的累积产量也以 MNPK 最高，说明有机肥与氮磷钾化肥配施能够有效提高稻田土壤的生产力，也有利于提高稻田土壤生态系统的稳定性。

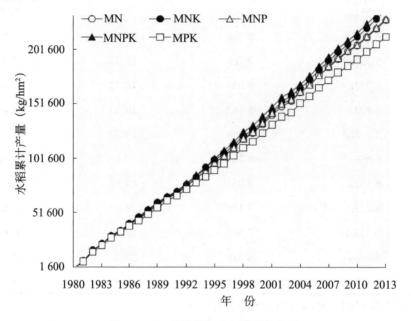

图 39 – 12　长期施肥水稻的累积产量

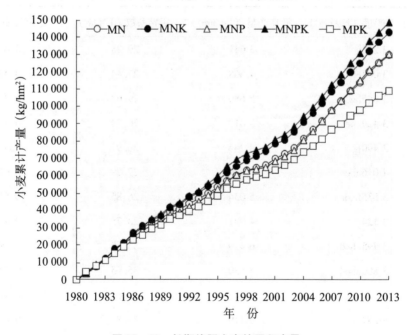

图 39 – 13　长期施肥小麦的累积产量

（三）水稻和小麦产量的变异性和稳定性分析

比较小麦和水稻的产量稳定性（表 39 – 10 和表 39 – 11）发现，水稻产量的稳定性明显高于小麦，各处理水稻产量的变异系数明显低于小麦，而稳定性系数明显较高，说明水耕条件下的稻田生态系统可能更稳定，水耕种稻有利于提高土壤养分的供应能力和土壤生态系统的稳定性。分别比较不同施肥处理水稻和小麦产量的稳定性可以看出，不同施肥处理之间的产量稳定性也存在差异（马力等，2011）。

对于水稻产量的稳定性而言，MPK 处理最高，而 MNPK 处理最低，C0 处理的产量稳定性与所有单施化肥处理相比为最高，说明假设在不考虑目标产量因素的情况下，单施化肥反而可能造成水稻产量稳定性的降低。而与仅施有机肥的 M0 处理的产量稳定性相比，有机肥与化肥配施处理的产量变异系数增大，说明有机肥与化肥配施也可能降低水稻产量的稳定性。MPK 与 MNPK 两个处理的水稻产量稳定性差异最明显，说明施化肥氮可能是引起水稻产量波动的主要原因，也反映作物对氮肥的敏感程度较高，相对于磷、钾肥，氮肥是增产的主要因素，也是引起稻田生态系统稳定性降低的主要因素。

在小麦产量的稳定性方面，与单施化肥处理相比，不施肥对照（C0）处理的稳定性最低，CRN 处理最高。有施机肥的处理中 MRN 最高，MN 最低，除 MN 和 MNP 外其余处理的小麦产是稳定性均高于对照。施化肥处理和有机肥处理小麦产量稳定性的提高说明在旱作条件下，施化肥和有机肥均有利于该生态系统的稳定，而秸秆还田与化肥氮配施处理（CRN）的稳定性最高，反映了施秸秆的作用可能最明显。水旱轮作的条件不同导致了稻、麦两季作物的产量稳定性不同，水稻产量的稳定性明显高于小麦。该结果反映在水耕种稻条件下，土壤生态系统的稳定性较高，而且随着耕作年限的延长和长期施肥，其稳定性有提高的趋势，说明在长期施肥耕作过程中稻田生态系统可以维持较高的稳定性。相对于旱作来说，水耕种稻是提高土壤生产力，实现持续发展的较好途径，施肥也是提高稻田生态系统稳定性的重要措施，有机肥与化肥配施以及秸秆还田的作用优于单施化肥。

五、长期施肥农田生态系统养分循环与平衡

经过长期的不同施肥处理（Shen Mingxing 等，2007），稻、麦地上部携出的氮、磷、钾量有明显差异（表 39 – 12）。施化肥处理作物地上部平均携出氮为 193kg/（hm² · a），携出磷 37kg/（hm² · a），携出钾 135kg/（hm² · a）；而施有机肥处理作物地上部平均携出氮为 229kg/（hm² · a），携出磷 43kg/（hm² · a），携出钾 166kg/（hm² · a）。同时施氮肥处理的作物地上部携出氮为 234kg/（hm² · a），携出磷 42kg/（hm² · a），携出钾 157kg/（hm² · a）；不施氮肥作物地上部分携出氮为 161kg/（hm² · a），携出磷为 37kg/（hm² · a），携出钾为 135kg/（hm² · a）。施磷肥的处理，作物地上部平均携出氮为 211kg/（hm² · a），携出磷 42kg/（hm² · a），携出钾 156kg/（hm² · a）；不施磷肥作物地上部携出氮为 212kg/（hm² · a），携出磷 39kg/（hm² · a），携出钾 146kg/（hm² · a）。对于施钾肥的处理，作物地上部平均携出氮为 212kg/（hm² · a），携出磷 42kg/（hm² · a），携出钾 136kg/（hm² · a）；不施钾肥，作物地上部分平均携出氮为 210kg/（hm² · a），携出磷 40kg/（hm² · a），携出钾 136kg/（hm² · a）。以上结果表明，施有机肥或者无机肥，

均能增加作物地上部携出氮、磷、钾养分的量。

表 39 - 12　长期施肥稻麦系统养分平衡和表观利用效率（1980—2004 年）

处理	总投入量 [kg/(hm²·a)]			地上部分产出量 [kg/(hm²·a)]			盈余/亏缺 [kg/(hm²·a)]			表观利用效率 (%)			肥力效应 (kg/kg)		
	N	P	K	N	P	K	N	P	K	N	P	K	N	P	K
M0	103.1	82.7	70.1	178.9	40.8	140.8	-75.8	41.9	-70.7	43.7	12.7	53.3	—	—	—
MN	325.3	82.7	70.1	236.7	43.2	149.6	88.6	39.5	-79.5	31.6	15.6	65.9	5.7	—	—
MNP	325.3	136.4	70.1	244.2	44.6	145.8	81.1	91.8	-75.7	33.9	10.5	60.5	—	1	—
MNK	325.3	82.7	201.2	252.9	44.6	195.9	72.4	38.1	5.3	36.6	17.3	45.9	—	—	4.2
MPK	103.1	136.4	201.2	189.5	42.4	167.4	-86.4	94	33.8	54	8.9	31.8	—	—	—
MNPK	325.3	136.4	201.2	253.3	47.6	196.6	72	88.8	4.6	36.7	12.6	46.3	6.8	4.4	5.6
MRN	365.9	88.2	130.8	251.7	44.2	168.6	114.2	44	-37.8	32.2	15.8	49.8	—	—	—
C0	—	—	—	133.8	30.3	103.4	-133.8	-30.3	-103.4				—	—	—
CN	229.9	—	—	201.9	36.5	117.8	28	-36.5	-117.8	29.6			8.7	—	—
CNP	229.9	55.8	—	212.5	39.1	126.2	17.4	16.7	-126.2	34.2	15.8		—	9.5	—
CNK	229.9	—	137.5	216.5	37.4	160.2	13.4	-37.4	-22.7	35.9	—	41.3	—	—	3.1
CPK	—	55.8	137.5	142.3	34.7	129.5	-142.3	21.1	8		7.8	18.9	—	—	—
CNPK	229.9	55.8	137.5	223.2	42.5	171.5	6.7	13.3	-34	38.9	21.9	49.5	11.1	12.5	4.3
CRN	270.5	5.5	59.8	223.2	38.9	134.4	47.3	-33.4	-74.6	33	156.8	51.8	—	—	—

注：肥力效应表示投入单位养分所生产的谷物（水稻与小麦）产量，基于类似处理的一对一比较

长期施肥也改变了土壤的养分平衡，施化肥处理的土壤氮平均亏缺 23kg/(hm²·a)，磷亏缺 12kg/(hm²·a)，钾亏缺 67kg/(hm²·a)；而施有机肥的处理，土壤氮平均盈余 38kg/(hm²·a)，磷盈余 62kg/(hm²·a)，钾亏缺 31kg/(hm²·a)。施氮处理的土壤氮盈余 54kg/(hm²·a)，磷盈余 22kg/(hm²·a)，钾亏缺 56kg/(hm²·a)；而不施氮处理的土壤氮亏缺 110kg/(hm²·a)，磷盈余 32kg/(hm²·a)，钾亏缺 33kg/(hm²·a)。长期施磷处理土壤氮亏缺 9kg/(hm²·a)，磷盈余 54kg/(hm²·a)，钾亏缺 32kg/(hm²·a)；而不施磷处理的土壤氮盈余 19kg/(hm²·a)，磷盈余 3kg/(hm²·a)，钾亏缺 63kg/(hm²·a)。对于施钾肥的处理，土壤氮盈余 11kg/(hm²·a)，磷盈余 36kg/(hm²·a)，钾亏缺 0.8kg/(hm²·a)；而不施钾肥的处理，土壤氮盈余 21kg/(hm²·a)，磷盈余 17kg/(hm²·a)，钾亏缺 86kg/(hm²·a)。以上结果表明，有机肥能提高土壤中的氮、磷含量，降低钾元素的消耗速度。同时施氮增加了土壤中氮的累积，也加大了土壤中磷、钾的消耗。施磷肥增加了土壤磷的积累，也加大了氮的消耗，但施磷肥有助于降低钾的消耗。施钾肥有助于减缓土壤中钾的快速消耗和提高磷的含量，但加速了氮的消耗。

长期施肥对土壤中氮、磷、钾的养分表观利用率也有显著影响，施化肥处理的氮表观利用率为 34%，磷表观利用率为 51%，钾表观利用率为 40%；施有机肥处理的氮表观利用率为 38%，磷为 13%，钾为 51%。施氮肥处理，氮的表观利用率为 34%，磷

为33%，钾为51%；不施氮处理的氮的表观利用率为49%，磷为10%，钾为35%。施磷肥处理的氮表观利用率为40%，磷为13%，钾为41%，；不施磷肥处理氮表观利用率为35%，磷为44%，钾为54%。施钾肥处理土壤氮的表观利用率为40%，磷为14%，钾为39%；不施钾肥处理的氮表观利用率为34%，磷为38%，钾为56%。以上结果表明，施用有机肥，除氮素表观利用率稍高于施化肥外，磷、钾肥的表观利用率远低于施化肥的处理。施氮肥极大地提高了土壤中磷、钾肥的表观利用率，但降低了氮肥的利用率。施磷肥提高了氮肥的肥力效应（农学效率），但磷肥和钾肥的肥力效应均明显降低。施钾肥提高了氮肥的表观利用率，但明显降低了磷肥、钾肥的肥力效应。长期施肥条件下，施化肥处理的氮、磷的肥力效应明显高于施有机肥处理，但施化肥处理钾的肥力效应低于施有机肥处理，同时氮、磷、钾配施的各元素的肥力效应明显高于非配施处理，其中施有机肥处理中氮磷钾配施（MNPK）氮的肥力效应比 MPK 处理提高了 19%，磷肥力效应比 MNK 处理提高 34%，钾肥力效应比 MNP 处理提高33%；施化肥处理中 CNPK 处理的氮的肥力效应比 CPK 处理提高了 28%，磷肥力效应比 CNK 处理提高 32%，钾肥力效应比 CNP 处理提高 39%。有机肥无机肥处理均说明氮、磷、钾平衡施肥有助于提高氮、磷、钾的肥力效应，且在单施化肥时效果更为明显。

从稻麦系统的养分投入与产出状况看，除不施化学氮肥或仅施有机氮处理外，其他施氮及其与磷钾（PK）配合的处理其氮素均呈盈余状态，所有施磷处理均有显著的磷盈余，钾只有在 MNK、MPK、MNPK、CPK 处理有盈余外，化肥氮磷钾配施处理的钾亏损量占产出量的 25%。因此，在当前稻麦生产系统的养分管理上应采取节氮、禁磷、增钾的施肥措施。

六、基于潴育型水稻土肥力演变的主要培肥技术模式

长期施肥条件下水稻土肥力演变规律和作物产量的响应特征表明：有机肥与化肥配施和秸秆还田两种施肥方式较单施化肥和有机肥具有更明显的增产作用，且能增加稻、麦高产的年际稳定性，这说明秸秆或有机肥还田且配施化肥的培肥方式能有效提高稻田土壤生产力，有利于增加稻田土壤养分库容量和提高养分利用率，维持稻田生态系统的稳定性。但太湖地区稻麦两熟农田秸秆还田量少、有机肥基本不施或少施的现象尤为突出，原因一是秸秆与有机肥还田的农机不配套，且因劳动力成本高、劳动强度大而被农业经营者放弃；二是土壤耕作常年采用旋耕机作业导致耕层较浅，秸秆全量还田后不能均匀埋入耕层，后茬作物播栽质量差，致使稻、麦不能全苗和壮苗而减产减收。因此生产上急需节本省工高产高效的机械化培肥技术模式及与之相配套的农机具。

1. 稻秸、麦秸全量还田的机械化培肥技术模式

于水稻成熟期，采用 2010 年及以后生产的"久保田"或"洋马"稻麦联合收割机（带秸秆切碎匀抛装置），离地 5～10cm 处收割水稻，机械切碎稻草，稻秸长度小于10cm，并均匀抛撒至板田。

2. 稻麦两熟制轮耕培肥技术模式

在稻、麦单季分别实行秸秆全量还田机械化培肥模式的基础上，因连年秸秆与有机肥浅层还田，导致耕层变薄、秸秆深埋难，以及土壤碳、氮、磷、钾等养分库容小

等局限，已成为产量持续增加的主要限制因子。应实行每2年或3年稻季深耕1次，耕深在20cm以上，且在深耕时结合重施有机肥。

七、主要结论

1. 土壤有机碳

长期不同施肥处理下在32年的观测期间，表层土壤有机质含量均有明显增加，长期不施任何肥料处理（C0）亦呈相同趋势。有机质绝对增加量最大的处理是有机肥与化学氮磷钾配施（MNPK），稻后土壤有机质增量为13.8g/kg，年均增速0.431g/kg，增加率57.03%；有机质绝对增加量最小的处理为不施肥对照（C0），其稻后土壤有机质增量为3.9g/kg，年均增速0.122g/kg，增加率16.12%。

长期施化肥的处理10～30cm土层有机碳含量相对稳定，施有机肥处理20～40cm土层有机碳含量相对稳定，但施有机肥处理的土壤有机碳变异大于施化肥处理。施肥促进了土壤有机碳的矿化，施有机肥处理的累积碳矿化量始终大于施化肥处理，土壤有机碳在长期施肥和水旱轮作条件下的循环速率仍保持相对稳定。$\delta^{13}C$值表明，施肥可促进表层土壤新有机质的产生与积累，而30cm以下土壤$\delta^{13}C$仍然较高。长期施肥提高了土壤中易分解、活性较高的松结合态腐殖质的比例，而稳结合态腐殖质和紧结合态腐殖质的含量仍相对稳定。

2. 土壤氮素

从1980—2012年连续32年的不同施肥耕作中，化肥处理和有机肥处理的土壤表层（0～15cm）总氮含量总体呈线性显著增长（$p < 0.05$），以线性模型斜率作为土壤总氮增长或降低的速率，其中施化肥处理的增长速率范围为0.006～0.014g/（kg·a），施有机肥处理的增长速率范围为0.012～0.017g/（kg·a），C0处理总氮增长速率最低，而MPK处理总氮增长速率最高。长期施肥使土壤表层氮素累积量明显增加，0～20cm土层，施有机肥处理的含氮量普遍高于施化肥处理，在20～30cm化肥处理的土壤含氮量高于有机肥处理，施化肥土壤表层氮素向下迁移的能力大于施有机肥。土壤培肥试验表明，水稻土累积氮矿化量在7天达到最大值，28天后趋于稳定。施有机肥处理的氮累积矿化量明显高于施化肥处理，矿化常数也反映了施有机肥土壤的矿化潜力较大。长期施肥使土壤的硝化强度均有明显提高，施有机肥处理普遍高于施化肥处理，作物秸秆还田处理的硝化强度高于不还田，有机肥和化肥配施的影响更明显。

3. 土壤磷素

连续32年的不同施肥处理的土壤表层（0～15cm）全磷含量有增有减，表现为凡施磷处理的土壤全磷含量均提高，而不施磷处理则降低。在施化肥的处理中，施磷处理（CNPK、CNP、CPK）土壤总磷含量增加速率为7.36～13.24mg/（kg·a），不施磷处理（CNK、CN、CRN、C0）土壤磷含量降低，降速为-4.45～-3.21mg/（kg·a）；施有机肥处理中除MRN和MNK处理的土壤总磷降低，降低速率为-1.12～-0.09mg/（kg·a），其余处理土壤总磷含量均有所增加，增加速率为3.09～26.53mg/（kg·a）。总之施用有机肥或化学磷肥能显著提高土壤总磷含量。

4. 土壤钾素

连续32年不同施肥处理的土壤表层（0～15cm）速效钾含量总体呈降低趋势，仅有CPK和CNK处理的土壤速效钾含量表现为增加，增加速率分别为0.9mg/（kg·a）

和 0.83mg/（kg·a），而其余处理土壤速效钾含量均降低，降低速率为 -0.93 ～ -0.16mg/（kg·a），其中 MNK 处理的土壤速效钾降低最快。MNP 处理的速效钾含量最低，32 年降低了 56%。表明稻麦两熟区水稻土钾素严重亏缺。

5. 养分平衡

从稻麦系统的养分投入与产出状况看（1980—2004 年），除不施化肥氮或只施有机氮的处理外，其他施氮及其与磷钾配合的处理其土壤氮素均呈盈余状态，所有施磷处理均有显著的磷盈余，除 MNK、MPK、MNPK、CPK 处理的钾有盈余外，氮磷钾化肥配施的处理（NPK）钾的亏损量占产出量的 25%。

6. 作物产量

长期施肥条件下水稻平均产量存在年际间波动，但产量的总体趋势是增长的，包括不施肥处理（C0）水稻产量也有明显的提高趋势；小麦产量年际波动的幅度较水稻明显，不施肥处理（C0）产量下降的趋势最明显，直线的斜率最大。施化肥处理除 CNP、CNPK 和 CRN 外其余处理的小麦产量均有降低趋势，施有机肥处理除 M0 处理外，其余处理的小麦产量均升高；与不施肥对照相比，长期施肥条件下，无论施化肥、有机肥或秸秆还田，水稻和小麦产量均明显提高；所有处理中水稻和小麦产量均以 MNPK 最高，其水稻和小麦产量分别比 C0 提高 37.52% 和 93.66%。

除施化肥处理 CN 和对照 C0 外，其他施肥处理的土壤含氮量与水稻产量均呈显著线性正相关（$p < 0.05$）。小麦产量随土壤氮素含量的升高而提高的趋势没有水稻明显，只有 CNPK 处理的氮素和产量的相关达到显著水平，其他处理的相关性不显著，小麦产量的稳定性也明显低于水稻。

施化肥处理 CNP、CNPK 和 CRN 的土壤有机碳含量与水稻产量呈显著正相关（$p < 0.05$），而施有机肥处理中只有 MPK 处理二者存在较显著的相关性。土壤有机碳与小麦产量的相关性与水稻存在明显差异，施化肥处理中 CNK 处理的小麦产量与土壤有机碳含量存在显著的负相关（$p < 0.05$），其余处理二者的相关性虽不显著，但多数有随土壤有机碳含量的增加产量降低的趋势；而施有机肥的处理小麦产量随土壤有机碳含量的增加而提高，其中 MNPK 处理二者的相关性较大，但并未达显著水平。

沈明星、施林林、黄晶

参考文献

［1］单艳红，杨林章，沈明星，等.2005.长期不同施肥处理水稻土磷素在剖面的分布与移动［J］.土壤学报，42（6）：970 – 976.

［2］鲁如坤.2000，土壤农业化学分析方法［M］.北京：中国农业科学技术出版社.

［3］马力，杨林章，慈恩，等.2009.长期不同施肥处理对水稻土有机碳分布变异及其矿化动态的影响［J］.土壤学报，46（6）：1 050 – 1 058.

［4］马力，杨林章，慈恩，等.2008a.基于长期定位试验的水稻土氮素剖面分布及养分供应特性研究［J］.水土保持学报，22（4）：116 – 121，127.

［5］马力，杨林章，慈恩，等.2008b.长期施肥条件下水稻土腐殖质组成及稳定性碳同位素特性［J］.应用生态学报，19（9）：1 951 – 1 958.

［6］马力，杨林章，沈明星，等.2011.基于长期定位试验的典型稻麦轮作区作物产量稳定性研究［J］.农业工程学报，27（4）：117 – 124.

［7］唐玉姝，慈恩，颜廷梅，等．2008a．太湖地区长期定位试验稻麦两季土壤酶活性与土壤肥力关系［J］．土壤学报，45（5）：1 000－1 006．

［8］唐玉姝，慈恩，颜廷梅，等．2008b．长期定位施肥对太湖地区稻麦轮作土壤酶活性的影响［J］．土壤，40（5）：732－737．

［9］王建国，杨林章，单艳红，等．2006．长期施肥条件下水稻土磷素分布特征及对水环境的污染风险［J］．生态与农村环境学报，22（3）：88－92．

［10］张永春，汪吉东，沈明星，等．2010．长期不同施肥对太湖地区典型土壤酸化的影响［J］．土壤学报，47（3）：465－472．

［11］Ehleringer J R，Buchmann N，Flanagan L B．2000，Cabon isotope ratios in belowground carbon cycle procsses［J］．*Ecological Society of America*，10（2）：412－422．

［12］Ma L，Yang L Z，Xia L Z，et al．2011．Long-term effects of inorganic and organic amendments on organic carbon in a paddy soil of the Taihu Lake Region，China［J］．*Pedosphere*，21（2）：186－196．

［13］Shen M X，Yang L Z，Yao Y M，*et al*．2007．Long-term effects of fertilizer managements on crop yields and organic carbon storage of a typical rice-wheat agroecosystem of China［J］．*Biology and Fertility of Soils*，44（1）：187－200．

第四十章 长期施肥丘岗地红壤性水稻土肥力 演变与培肥技术

红壤发育于多种母质，面积较大的有第四纪红土、花岗岩风化物、片岩板岩风化物、岩沙风化物、石灰岩风化物等。其中第四纪红土是最有代表性的一种母质土壤类型，是形成于第四纪中更新世时期的一种土层深厚的黏质风化物，由于母质的风化程度较高，矿质元素含量较低，所以由第四纪红土形成的红壤比其他风化物形成的红壤肥力更低，酸度更强。但第四纪红土大多形成缓平丘陵与岗地，开发利用较为方便，同时分布区人口众多，所以，由第四纪红土发育的红壤是开发利用程度较高的一个土壤类型。开垦红壤为水田一般有两种情况，第一是在丘间的沟谷中开垦，第二是在丘陵或岗地上开垦。前者大多是红壤的再积物，有的甚至是多种母质的混合物，因而通常肥力较高一些，而后者则条件较差，经常形成大面积的低产田，需要进行长时间的改良和培肥。

江西省地处北纬24°29′14″至30°04′14″，全省均在红壤区内，省内地貌类型多样，分布着各种地貌类型的红壤，是我国最典型和最具代表性的红壤区。江西省红壤面积1 053万 hm²，占全省土壤的比例高达71%，约占全国红壤面积的1/5。江西的北部和中部是我国最大的红壤丘陵地分布区，因此，研究丘陵地红壤性水稻土在长期不同施肥条件下的土壤性状、养分平衡及产量变化，掌握该地区水稻土的基础地力及其演变规律，不仅可为改良、培肥地力及合理施肥提供科学依据，同时对于探讨土壤在人为作用下的发生演变规律，完善在该类型土壤及相近类型土壤上的农耕管理技术措施有重要意义。

一、丘岗地红壤性水稻土肥力演变长期试验概况

（一）试验区基本情况

试验区位于江西省农业科学院试验农场内，地处江西省南昌市南昌县（北纬28°57′，东经115°94′），海拔高度25m。区域地处中亚热带，年平均气温17.5℃，≥10℃积温5 400℃，年均降水量1 600mm，年均蒸发量1 800mm，无霜期约280d。区域内温、光、热资源丰富，适宜大多数农作物生长。该区域主要气象因子见图40-1。试验基地土壤为第四纪亚红黏土母质发育的中潴黄泥田，试验前0~20cm土壤基本性状为：有机质含量 25.6g/kg，全氮 1.36g/kg，全磷 0.49g/kg，缓效钾 240mg/kg，碱解氮81.6mg/kg，有效磷 20.8mg/kg，速效钾 35.0mg/kg，阳离子交量 7.54cmol/kg，pH值6.05。

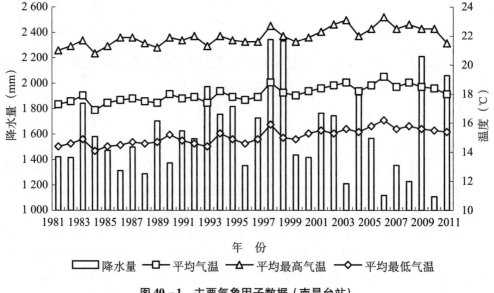

图 40 - 1　主要气象因子数据（南昌台站）

（二）试验设计

试验始于 1983 年冬，1984 年开始种植水稻，采用稻—稻—冬闲的种植制度。试验共设 8 个处理：①不施肥（CK）；②施磷、钾肥（PK）；③施氮、磷肥（NP）；④施氮、钾肥（NK）；⑤施氮磷钾肥（NPK）；⑥处理⑤中 30% 的化肥养分以有机肥替代（70F + 30M）；⑦处理⑤中 50% 的化肥养分以有机肥替代（50F + 50M）；⑧处理 5）中 70% 的化肥养分以有机肥替代（30F + 70M）。每个处理 3 次重复，小区面积 33.3m²，共 24 个小区，随机区组排列。每小区间以 0.50m 深、0.50m 宽的水泥田埂隔开，各小区独立排灌。早稻施氮（N）150kg/hm²，晚稻施氮（N）180kg/hm²，早稻和晚稻磷（P_2O_5）和钾（K_2O）施用量一致，分别为磷（P_2O_5）60kg/hm²，钾（K_2O）150 kg/hm²。氮肥为尿素，磷肥为过磷酸钙（含 P_2O_5 12%），钾肥为氯化钾；有机肥早稻为紫云英，其鲜草养分含量为 N 0.30%、P_2O_5 0.08%、K_2O 0.23%；晚稻为鲜猪粪，其养分含量为 N 0.45%、P_2O_5 0.19%、K_2O 0.60%。为了保证有机肥养分含量年际间的相对一致，于每年晚稻收获后在保护行试验田种植紫云英，第二年早稻插秧前施用；每年晚稻移栽前到江西省良种场取鲜猪粪样，并测定其养分含量，选取与前几年养分含量相近的批次购买并运至田间备用。磷肥和有机肥全部作基肥，氮肥 50% 作基肥，其余 50% 在分蘖期和幼穗分化期追施，每次追 25%；钾肥全作追肥，分蘖期和幼穗分化期各追施 50%。各处理肥料实物施用量见表 40 - 1。各小区田间管理措施一致。

每季按小区收割并计算实收产量。在早稻和晚稻收获前分区取样，进行考种和经济性状测定，同时取植株样，分茎秆和谷粒分析其养分含量。从 1984—1993 年 10 年间，每年晚稻收割后取一次土样进行分析，早稻、晚稻均取植株样分析其养分含量。1993 年后每 5 年采集一次土壤样品进行养分含量分析，取样时间为晚稻收获后的 11—12 月，在每个小区按 5 点取样法采集 0 ~ 20cm、20 ~ 40cm 土层土壤，在室内风干，磨细过 1.0mm 和 0.25mm 筛，装瓶备用。同时取植株样进行养分含量分析。

表 40-1 不同施肥处理的肥料纯养分施用量 （单位：kg/hm²）

处 理	作 物	基 肥				分蘖肥			幼穗分化肥	
		过磷酸钙 (P₂O₅)	紫云英（早稻）或猪粪（晚稻）			尿素 (N)	尿素 (N)	氯化钾 (K₂O)	尿素 (N)	氯化钾 (K₂O)
			(N)	(P₂O₅)	(K₂O)					
CK	早稻	0	0	0	0	0	0	0	0	0
	晚稻	0	0	0	0	0	0	0	0	0
PK	早稻	60.0	0	0	0	0	0	75.0	0	75.0
	晚稻	60.0	0	0	0	0	0	75.0	0	75.0
NP	早稻	60.0	0	0	0	74.9	37.4	0	37.4	0
	晚稻	60.0	0	0	0	89.8	44.9	0	44.9	0
NK	早稻	0	0	0	0	74.9	37.4	75.0	37.4	75
	晚稻	0	0	0	0	89.8	44.9	75.0	44.9	75
NPK	早稻	60.0	0	0	0	74.9	37.4	75.0	37.4	75
	晚稻	60.0	0	0	0	89.8	44.9	75.0	44.9	75
70F+30M	早稻	48.0	44.3	11.7	33.7	52.9	26.4	58.2	26.4	58.2
	晚稻	37.2	54.0	22.8	72.0	63.1	31.6	39.1	31.6	39.1
50F+50M	早稻	40.2	74.9	19.8	56.9	37.4	18.7	46.8	18.7	46.8
	晚稻	22.0	90.1	38.0	120.2	44.9	22.5	15.0	22.5	15.0
30F+70M	早稻	33.0	103.9	27.4	78.9	23.0	11.5	35.7	11.5	35.7
	晚稻	6.8	126.0	53.2	168.0	30.0	12.2	0	12.2	0

（三）测定项目与方法

土壤理化性状的测定：土壤 pH 值用酸度计测定；有机质用重铬酸钾容量法测定；全氮用凯氏定氮法测定；全磷用高氯酸—硫酸水解—钼锑抗比色法测定；碱解氮用 1.0mol/L NaOH 碱解扩散法测定；速效钾用 1.0mol/L NH₄OAc 浸提—火焰光度计法测定；有效磷用 Olsen 法测定；缓效钾用 1.0mol/L 热 HNO₃ 浸提—火焰光度计法测定；阳离子交换量用乙酸铵交换法测定（鲍士旦，2000）。

土壤微生物量碳、微生物量氮采用氯仿熏蒸法测定（Brookes P C 等，1987；Vance E D 等，1987）。

土壤蔗糖酶活性采用 3,5-二硝基水杨酸比色法测定（Onweremadu E U 等，2007），以 37℃ 下培养 24h 后每克土产生的毫克数表示 [mg 葡萄糖/(g·24h)]；蛋白酶活性采用酪蛋白酸钠水解—福林试剂（Folin）比色法测定（Yang Z H 等，2007），以每克土 50℃ 水浴 2h 后产生的酪氨酸的微克数表示 [μg 酪氨酸/(g·2h)]；脲酶活性用靛酚蓝比色法测定（Stemmer M 等，1998），以每克土 37℃ 下培养 24h 后生成的氨态氮的毫克数表示 [mg NH₃-N/(g·24h)]。磷酸酶活性采用对硝基苯磷酸二钠法测定（Poll C 等，2003），以每克土 1h 释放出的对硝基酚的毫克数表示 [mg 酚/(g·h)]；过氧化氢酶活性采用高锰酸钾滴定法测定（Kandeler E 等，1999），以每克土 25℃下培养 20min 后消耗的 0.1mol/L KMnO₄毫升数表示 [0.1mol/L KMnO₄ mL/（g·20min）]。

土壤容重用环刀法测定；土壤水稳性团聚体用湿筛法测定。

植株样品用 $H_2SO_4 - H_2O_2$ 消化，凯氏法测定植株氮含量，钼锑抗比色法测定磷含量，火焰光度法测定钾含量。

土壤微生物熵（SMQ）用土壤微生物生物量碳（SMBC）与土壤总有机碳（SOC）的比值表示。

土壤微生物多样性采用试剂盒提取总 DNA，DGGE 法分别测定细菌和真菌多样性（Yendi E 等，2010）。

（四）数据处理与计算方法

氮肥农学利用率（kg/kg）=（施氮区产量－空白区产量）/施氮量

氮肥吸收利用率（NUE）采用氮肥回收率表示，氮肥回收率（%）=（施氮区地上部吸氮量－不施氮区地上部吸氮量）/施氮量×100%　（彭少兵等，2002）

土壤微生物熵（SMQ）=土壤微生物生物量碳（SMBC）/土壤总有机碳（SOC）。

以各种酶活性的几何平均值表示土壤酶活性综合指数（GMea），公式为：

$$GMea = \sqrt[5]{Inv \times Pro \times Ure \times AcP \times Cat}$$

式中，Inv 表示蔗糖酶活性；Pro 表示蛋白酶活性；Ure 表示脲酶活性；AcP 表示酸性磷酸酶活性；Cat 表示过氧化氢酶活性（García-Ruiz R 等，2008）。

采用平均重量直径（Mean Weight Diameter，简写为 MWD）来衡量水稳性团聚体的稳定性，计算公式为（Kemper W D 等，1965）：

$$MWD = \sum_{i=1}^{n} X_i W_i$$

式中，X_i 指每个粒级团聚体的平均直径，即上下两层筛子的孔径平均值；W_i 指每一粒级水稳性团聚体的重量百分数（某粒级团聚体在样品总重量中所占重量百分数），n 为粒级数，本试验为 6 级。

$$变异系数（\%）= CV = \frac{S_i}{Y_i} \times 100 \quad （门明新等，2008）$$

$$稳定性方差（Shukla 方差）= \sigma_i^2 = \frac{f(f-1)\sum_i^e (Y_{ij} - \overline{Y_i} - \overline{Y_j} + \overline{Y})^2 - \sum_j^f \sum_i^e (Y_{ij} - \overline{Y_i} - \overline{Y_j} + \overline{Y})^2}{(f-1)(f-2)(e-1)}$$

（胡希远等，2009；俞世蓉等，1995；许乃银等，2004）

$$稳定性方差变异系数（Shukla 方差变异系数）（\%）= SCV_i = \frac{\sqrt{\sigma_i^2}}{Y_i} \times 100 \quad （许乃银等，2004）$$

上述式中各参数，是以施肥处理为行，时间（年）为列形成的产量矩阵，其中 Y_{ij} 为产量矩阵 i 行 j 列的数据产量，S_i 为产量矩阵 i 行标准差，$\overline{Y_i}$ 为产量矩阵 i 行的平均值，$\overline{Y_j}$ 为产量矩阵 j 列的平均值，$\overline{Y}$ 为产量矩阵的总体平均值。f 为施肥处理数，e 为环境因子数，本研究中主要指施肥处理和年际环境变化数，分别取 8 和 25。

产量可持续性指数 $= SYI(\text{Sustainable Yield Index}) = (Y - \delta_{n-1})/Y_{max}$　　（李忠芳等，2010）
式中，Y 为平均产量；δ_{n-1} 为标准差；Y_{max} 为最高产量。

试验数据用 Excel 2003 软件进行处理，SPSS 13.0 软件进行单因素方差（One-Way ANOVA）分析，不同处理之间用 LSD（Least-significant Difference）法进行多重比较（$p < 0.05$）。

二、长期施肥下丘岗地红壤性水稻土有机质和氮、磷、钾的演变规律

（一）土壤有机质演变特征

土壤有机质是土壤肥力高低的主要指标之一，长期施肥对土壤有机质有很大影响。在生产中有机无机肥料配施是提高土壤有机质的重要措施；氮、磷、钾化肥配合平衡施用，虽然能保持作物高产，但对提高土壤有机质的作用较小。从图 40-2 可以看出，通过 29 年长期耕种，不施肥和单施化肥处理的土壤有机质含量呈下降或波动持平趋势，其中不施肥处理的土壤有机质从 1983 年开始时的 25.6g/kg 下降到 2012 年的 22.25g/kg，下降了 3.3g/kg，下降幅度为 13.1%；与不施肥处理一样，PK 和 NK 处理的土壤有机质含量到 2012 年也分别下降了 1.2g/kg 和 2.5g/kg，下降幅度分别为 4.8% 和 9.8%；NP 和 NPK 处理的土壤有机质含量随种植时间的延长变幅较小，消长幅度在 5% 左右，由此说明，施氮、磷或均衡施氮、磷、钾化肥处理均可以相对缓解土壤有机质含量的降低。化肥与有机肥配施处理的土壤有机质含量表现出累积趋势，并且随有机肥配施比例的增加而增加，与试验前土壤有机质含量（25.6g/kg）相比，配施 30%、50% 和 70% 有机肥的处理土壤有机质含量到 2012 年分别增加了 5.9g/kg、8.8g/kg 和 10.8g/kg，增幅分别达到了 23.1%、34.5% 和 42.4%。由此可见，化肥与有机肥长期配施可以有效提高土壤有机质含量，有利于培肥土壤，促进水稻高产稳产。从土壤培肥的角度考虑，有机肥的配施比例以大于 50% 为宜。有机肥与化肥配施，是增加土壤有机质含量最有效、最重要的措施。

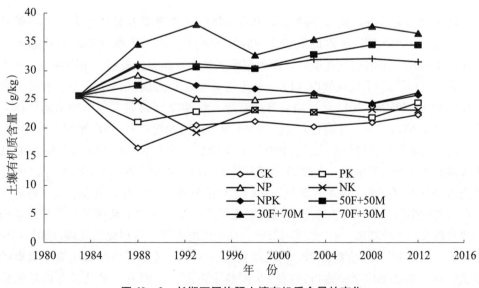

图 40-2　长期不同施肥土壤有机质含量的变化

（二）土壤全氮和碱解氮的演变特征

土壤全氮与土壤有机质的变化趋势基本一致，不同施肥处理的土壤全氮含量变异较大。图 40-3 显示，不施氮处理（CK 和 PK）的土壤全氮含量在 1988 年前呈下降趋势，1988 年以后开始逐渐升高，到 2008 年与本底值（1.33g/kg）基本持平，到 2012 年略有波动；施氮处理的土壤全氮含量随种植时间的延长略有波动，但整体呈增加趋势，其中全部施化肥氮的处理中以 NP 处理增幅最大，较试验前提高了 0.24g/kg，增幅达 18.3%，有机肥无机肥配施处理中以配施 70% 有机肥处理（30F+70M）的增加幅度最大，较试验前提高了 0.52g/kg，增幅达 38.9%。由此说明，在产量相对较低的条件下通过施氮可以提高土壤中的全氮含量，在产量相对较高的条件下通过配施有机氮可以进一步增加土壤中的全氮含量。

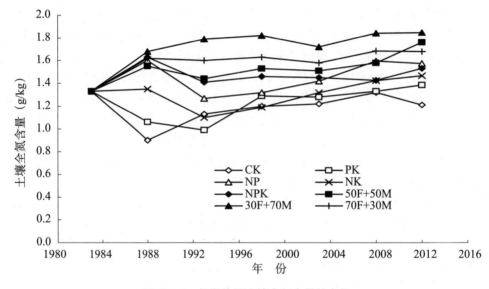

图 40-3　长期施肥土壤全氮含量的变化

土壤碱解氮含量的高低可反映土壤为当季作物提供氮素养分的能力，土壤碱解氮含量较高时，为当季作物提供的氮素养分相对就较多。水稻土碱解氮的变化趋势与土壤全氮基本相似，土壤全氮含量高，则土壤碱解氮含量相对也较高。由图 40-4 可以看出，不施肥（CK）和不施氮处理（PK）的土壤碱解氮含量随种植时间的延长整体变化不大，在后 14 年（1998—2012 年）略有升高趋势，到 2012 年时其含量与种植前相比分别提高了 17.6% 和 27.7%，可能与大气沉降和灌溉水质的变化有关。NK 处理，土壤碱解氮含量先增加后逐渐降低到与本底值（1983）基本持平，近 5 年有所升高；NP 和 NPK 处理的土壤碱解氮含量明显增加，通过 29 年长期施肥后分别增加了 64.1mg/kg 和 57.6mg/kg，增幅为 78.5% 和 70.6%，说明在施氮的基础上再配施磷肥可以有效提高土壤中碱解氮的存留量。与种植前（1983 年）相比，有机肥无机肥配施处理的土壤碱解氮含量比单施化肥处理有较大幅度的增加，平均增幅 122%，其中以配施 70% 有机肥的处理（30F+70M）增幅最大，高达 130%。由此说明，均衡施化肥（NPK）可以明显提高土壤中氮素的供应能力，而有机肥无机肥配施可以进一步提高土壤的供氮能力，尤其以有机肥配施比例超过 50% 的处理更为明显。

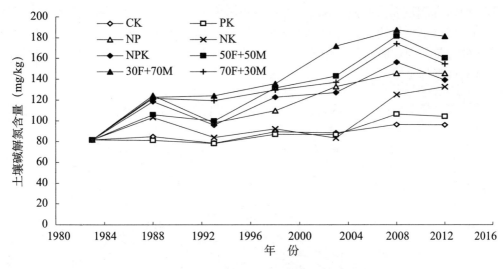

图 40 - 4　长期不同施肥下土壤碱解氮含量的变化趋势

（三）土壤全磷和有效磷的演变特征

磷素是制约作物生长发育的重要因子，施用磷肥是作物持续增产的有效措施。长期施肥，可使土壤磷含量发生明显变化。由图 40 - 5 和图 40 - 6 可知，不施磷肥的处理（CK 和 NK）土壤全磷和有效磷含量在 1998 年前均明显下降，而后开始升高，到 2012 年，CK 处理的土壤全磷含量与试验前基本持平，NK 处理较试验前下降了 3.1%，CK 和 NK 处理的有效磷含量较试验前分别下降了 47.5% 和 58.1%，表明长期不施磷肥已经导致土壤中磷素严重消耗并表现为亏缺，明显影响水稻产量的持续增加；所有施磷肥处理的土壤全磷和有效磷含量均有显著的累积现象，尤其在近 9 年（2003—2012 年）其增加幅度较大，与种植前（1983 年）相比，全磷含量提高了 67% ~ 199%，有效磷含量提高了 2 ~ 5 倍。在化肥基础上配施有机肥的处理进一步提高了土壤全磷和有效磷含量，其提高幅度随有机肥配施比例的增大而增加。这说明，不施磷肥土壤供磷能力降低，而施用磷肥则极显著地提高了土壤供磷能力，且随施肥年限的增长而增加，在

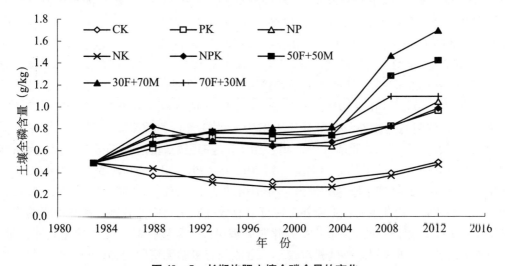

图 40 - 5　长期施肥土壤全磷含量的变化

2003—2012 年表现尤为明显。因此，在连续施用磷肥 4~5 年后可以隔年或隔季施，在双季稻区建议早稻施磷肥，晚稻可不施磷肥，以保持土壤氮、磷、钾养分的平衡。从土壤全磷含量的变化情况看，有机磷在土壤中更容易积集，与化学磷肥相比有机肥对土壤磷素的增加更快。

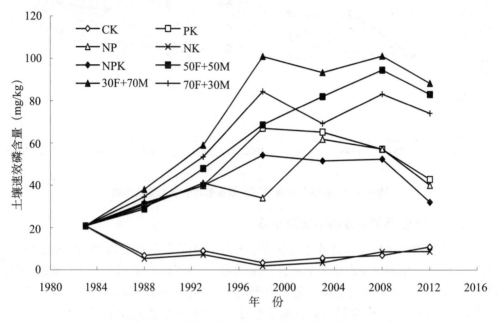

图 40-6 长期不同施肥的土壤有效磷含量变化

（四）土壤缓效钾和速效钾的演变特征

土壤缓效钾是衡量土壤供钾潜力的指标，缓效钾含量越高，土壤供钾能力越强；土壤速效钾可反映土壤的当季供钾能力，速效钾含量越高，土壤当季供钾能力越强。由图 40-7 和图 40-8 可知，20 年不施钾肥的处理（CK 和 NP），土壤缓效钾含量逐渐下降，由试验前的 240mg/kg 下降到 228mg/kg 和 204mg/kg，下降幅度分别为 5.0% 和 15.0%；与缓效钾的变化趋势相似，29 年不施钾肥处理（CK 和 NP）的土壤速效钾含量也逐渐下降，但近 9 年（2003—2012 年）有所回升，降低幅度较往年有所减小，由试验前的 35.0mg/kg 下降到 2008 年的 34.0mg/kg 和 33.0mg/kg，分别下降了 1.0% 和 5.0%，到 2012 年均表现出增加趋势。PK 和 NPK 处理的土壤缓效钾含量略有增加，分别增加了 2.6% 和 6.7%，其他施钾肥处理的土壤缓效钾含量均不同程度地下降，其中 NK、50F+50M、30F+70M、70F+30M 处理分别下降了 4.6%、12.9%、7.5% 和 19.6%。说明通过施外源钾对补充土壤中缓效钾含量的效果不明显，尤其在产量相对较高的情况下。与试验前（1983 年）相比，施钾肥处理的土壤速效钾含量均有所增加，尤其是 1998 年以后增加尤为明显，到 2012 年，PK、NK、NPK、50F+50M、30F+70M、70F+30M 的处理土壤速效钾含量分别增加了 215.5%、139%、115.4%、51.7%、50.3% 和 63.9%，由此说明：①施外源钾可以有效补充土壤中速效钾，提高钾肥的当季利用率；②在缺素条件下施钾或均衡施化肥处理可以大幅度提高土壤中的速效钾含量，有机肥无机肥配施处理提高幅度相对较小，可能与有机肥无机肥配施处理的产量相对较高，带走的养分量多有关。综上所述，不施钾肥，将会降低土壤当季供钾能力，施钾肥后可以明显提高土壤的供钾能力，但有机肥无机肥配施处理的土壤供钾能力的增加相对较小，说明在本试验中，作为施肥补充给土壤的钾素营养还不够，还不能满足水稻高产稳产对钾的需求，在钾素养分表观平衡中可以进一步说明该问题。

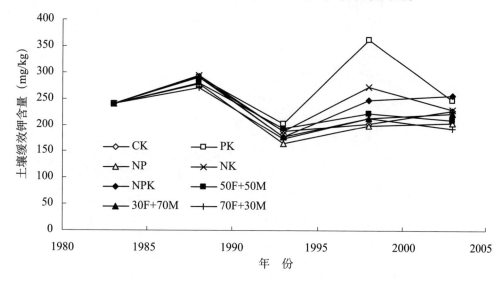

图 40 - 7　长期不同施肥的土壤缓效钾含量变化趋势

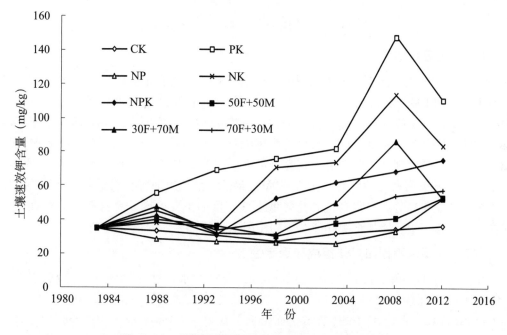

图 40 - 8　长期不同施肥的土壤速效钾含量变化趋势

三、长期施肥下丘岗地红壤性水稻土理化性质的变化

（一）土壤 pH 值演变特征

从图 40 - 9 可以看出，所有施肥或不施肥处理的土壤经过 29 年耕种后均出现酸化趋势，土壤 pH 值已经由种植前（1983 年）的 6.5 降低到 2008 年的 5.0 ~ 5.5，特别是

1993 年以后酸化更为严重，到 2012 年各处理的 pH 值略有回升，这与土壤有效硫含量的变化趋势相吻合，也与本试验磷肥一直用过磷酸钙酸性肥料有一定的关系。因此，在该区域种植水稻，应隔年适当施用一定量的石灰。

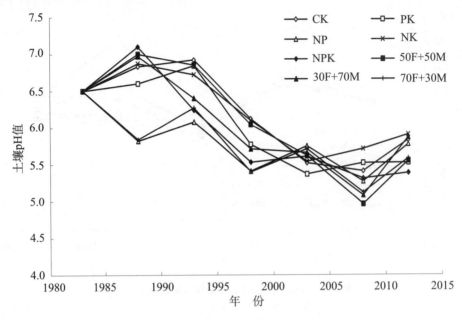

图 40 - 9　长期施肥的土壤 pH 值变化趋势

（二）土壤容重变化

于 2010 年晚稻收获后采用环刀法测定了各处理的土壤容重，结果见图 40 - 10，可以看出，长期不施肥处理土壤容重最大，与之相比，长期施肥处理均有显著降低，其中有机肥无机肥配施处理的降低幅度最大，平均达 19%，说明施肥均有疏松土壤、改善土质的作用，其中尤以有机肥无机肥配施处理效果相对较好。在 4 个均衡施肥处理中以均衡施化肥处理（NPK）的土壤容重最大，配施 30% 有机肥的处理（70F + 30M）次之，配施 70% 有机肥的处理（30F + 70M）最低，呈现出随着有机肥配施比例的增而显著减小的变化趋势。表明有机肥是降低土壤容重的主要原因，并且有机肥配施比例越高，其疏松土壤、增加土壤孔隙度等的作用越明显。

（三）土壤水稳性团聚体组成和稳定性

由图 40 - 11 可以看出，以 0.25 ~ 1.0mm 粒径的水稳性团聚体含量最高，2.0 ~ 5.0mm 粒径水稳性团聚体含量最低。与对照相比，长期施肥提高了 1.0 ~ 2.0mm 和 2.0 ~ 5.0mm 粒径水稳性团聚体含量，而降低了 0.25 ~ 1.0mm 和 < 0.053mm 粒径水稳性团聚体含量。有机肥无机肥配施处理水稳性团聚体含量在 1.0 ~ 2.0mm 和 2.0 ~ 5.0mm 粒级范围显著高于 NPK 处理，而在 0.25 ~ 1.0mm 和 < 0.053mm 粒级范围显著低于 NPK 处理。

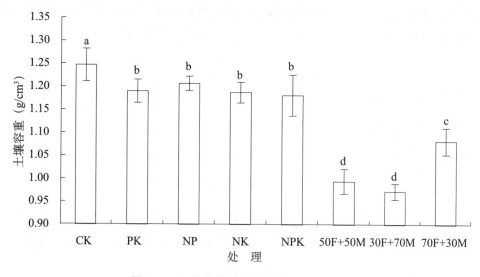

图 40 - 10　长期施肥的土壤容重（2010 年）

注：柱上不同字母表示处理间差异达 5% 显著水平

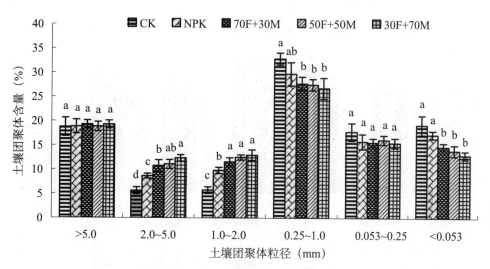

图 40 - 11　有机肥无机肥配施下土壤水稳性团聚体含量的变化（2008 年）

注：柱上不同字母表示处理间差异达 5% 显著水平

不同处理间平均重量直径（*MWD*）值差异显著（图 40 - 12）。*MWD* 值以配施有机肥处理的最高，施化肥处理的次之，对照最低，说明长期有机无机配施有利于提高土壤水稳性团聚体的稳定性，但是随有机肥配施比例增加，*MWD* 并未显著增加。

（四）各粒级水稳性团聚体中全碳、全氮含量的分布特征

图 40 - 13 表明，不同处理各粒级间水稳性团聚体全碳和全氮含量具有相同的变化趋势，不同粒级比较，各处理均以 1.0 ~ 2.0mm 粒级土壤水稳性团聚体中全碳和全氮含量最高，全碳含量为 2.29% ~ 3.64%，全氮为 0.22% ~ 0.36%，而以 <0.053mm 粒级水稳性团聚体的全碳和全氮含量最低，全碳仅为 1.19% ~ 1.83%，全氮仅为 0.13% ~ 0.20%；不同处理比较，所有粒级水稳性团聚体的全碳和全氮含量均表现为有机肥无

机肥配施处理显著高于 NPK 处理及对照，化肥处理显著高于对照；随着有机肥配施比例增加，土壤水稳性团聚体的全碳和全氮含量表现为增加的趋势。

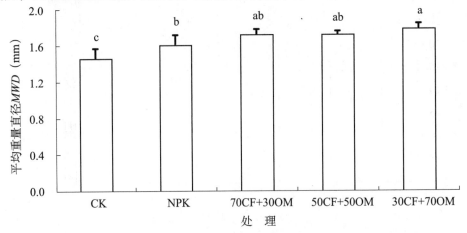

图 40-12　不同处理水稳性团聚体的平均重量直径（*MWD*）（2008 年）

注：柱上不同字母表示处理间差异达 5% 显著水平

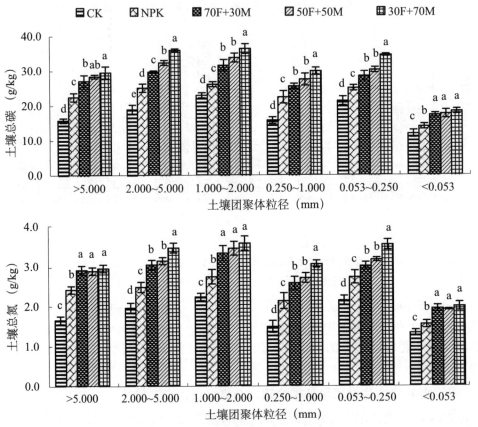

图 40-13　不同处理水稳性团聚体中总碳、总氮含量（2008 年）

注：柱上不同字母表示处理间差异达 5% 显著水平

四、长期施肥下丘岗地红壤性水稻土微生物和酶活性的变化

（一）土壤微生物量碳、氮及微生物商的变化特征

由表 40 - 2 可以看出，各施肥处理的土壤微生物量碳（SMBC）、微生物量氮（SMBN）显著高于不施肥处理（CK），配施有机肥处理的 SMBC、SMBN 显著高于化肥处理。有机肥无机肥配施处理的 SMBC 和 SMBN 分别比对照提高 194.4% ~ 231.8% 和 216.0% ~ 269.3%，比化肥处理提高 42.0% ~ 60.0% 和 40.1% ~ 63.7%。土壤微生物生物量碳、氮随有机肥配施比例的提高而增加，配施 70% 有机肥处理的 SMBC、SMBN 显著高于配施 30% 有机肥的处理。

表 40 - 2 不同处理土壤微生物量碳、微生物量氮及微生物熵（2008 年）

处 理	微生物生物量碳 （mg/kg）	微生物生物量氮 （mg/kg）	微生物熵 （%）
CK	190.9 ± 14.1d	28.3 ± 3.4d	1.63 ± 0.12c
NPK	396.0 ± 29.2c	63.9 ± 7.6c	2.61 ± 0.32b
70F + 30M	562.1 ± 21.1b	89.6 ± 6.9b	3.05 ± 0.32ab
50F + 50M	589.5 ± 29.5b	99.5 ± 7.1ab	3.10 ± 0.22a
30F + 70M	633.5 ± 19.9a	104.6 ± 5.6a	3.24 ± 0.24a

注：同列数据后不同字母表示处理间差异达 5% 显著水平

土壤微生物生物量碳占土壤有机碳含量的百分比（SMBC/SOC）称为微生物熵（SMQ），一般土壤中的微生物商值为 1% ~ 4%。由表 40 - 3 可以看出，长期不同施肥处理土壤 SMQ 介于 1.63% ~ 3.24%。各长期施肥处理的 SMQ 显著高于长期不施肥处理（CK），有机肥无机肥配施处理的 SMQ 显著高于化肥处理；有机肥无机肥配施处理的 SMQ 比对照提高 86.8% ~ 98.4%，比化肥处理提高 16.8% ~ 24.0%。SMQ 随有机肥配施比例的提高表现出增加的趋势，但不同配比间差异不显著。

表 40 - 3 土壤微生物群落基因多样性指数（2008 年）

处 理	细 菌			真 菌		
	Shannon winnier 指数 （H）	丰富度 （R）	均匀度 （E）	Shannon winnier 指数 （H）	丰富度 （R）	均匀度 （E）
CK	3.023	22	0.978	2.293	10	0.996
NPK	2.577	15	0.952	2.940	19	0.998
70F + 30M	2.648	16	0.955	2.765	16	0.997
50F + 50M	2.758	18	0.954	2.691	15	0.994
30F + 70M	2.905	21	0.954	2.670	15	0.997

（二）土壤微生物群落结构 PCR-DGGE 分析

1. 长期有机肥无机肥配施的土壤细菌多样性

利用 PCR-DGGE 分析土壤细菌群落结构发现，不同处理土壤在 DGGE 图谱中电泳

条带数目、强度和迁移率均存在一定程度的差异（图40-14），表明长期不同施肥处理影响了土壤细菌群落多样性和数量。总体来看，各施肥处理条带数量低于对照，对照的条带最多（22条），其次为有机肥无机肥配施处理，NPK处理条带最少（15条），表明施肥减少了土壤细菌群落多样性，以化肥处理细菌多样性最少，说明单施化肥对土壤细菌群落多样性的影响大于有机肥无机肥配施处理，长期不同施肥方式改变了土壤的细菌群落结构。

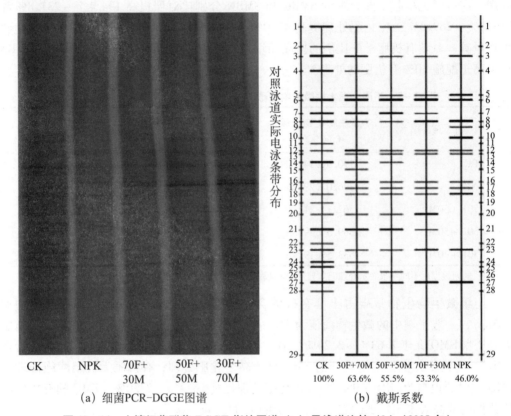

（a）细菌PCR-DGGE图谱　　　　　　（b）戴斯系数

图40-14　土壤细菌群落DGGE指纹图谱（a）及泳道比较（b）（2008年）

聚类分析（UPGMA，图40-15）表明，5种处理土壤样品共分为两大族群，NPK为一种族群，说明长期施用化肥对土壤的细菌群落结构的影响较大；3个不同比例有机肥无机肥配施处理聚在一起成为一小类，说明这3个处理对细菌群落结构的影响类似。

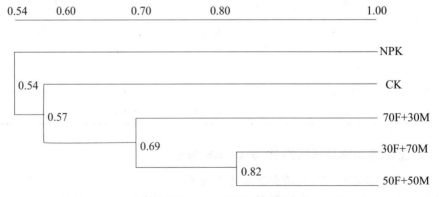

图40-15　土壤细菌群落DGGE指纹图谱聚类分析（2008年）

从土壤微生物群落基因多样性指数（表40-4）来看，施肥降低了细菌群落多样性指数、丰富度指数和均匀度指数，其中以化肥处理降低最多。3个有机肥无机肥配施处理中，细菌群落多样性指数和丰富度指数随有机肥配施比例的提高而提高。

表 40 -4　不同处理土壤酶活性（2008 年）

处　理	蔗糖酶活性 [mg 葡萄糖/ (g·24h)]	脲酶活性 [mg NH$_3$-N/ (g·24h)]	蛋白酶活性 [mg 酪氨酸/ (g·24h)]	酸性磷酸酶活性 [mg 酚/ (g·h)]	过氧化氢酶活性 [0.1mol/L KM$_n$O$_4$ mL/ (g·20min)]	酶活性综合指数
CK	4.02±0.36c	0.47±0.05d	101.7±8.28d	0.26±0.04c	2.56±0.28c	4.19±0.19d
NPK	10.6±0.47b	0.73±0.05c	176.2±9.20c	0.38±0.06b	2.73±0.20c	6.80±0.12c
70F+30M	12.9±1.10a	0.88±0.01b	205.4±8.65b	0.59±0.06a	3.37±0.16b	8.73±0.31b
50F+50M	13.0±0.79a	0.88±0.05b	219.8±6.11ab	0.62±0.08a	3.72±0.24ab	9.05±0.11ab
30F+70M	14.5±1.43a	0.96±0.04a	225.9±15.3a	0.64±0.04a	3.88±0.24a	9.38±0.26a

注：同列数据后不同字母表示处理间差异达到5%显著水平

以上结果说明相对于单施化肥处理，有机肥无机肥配施有利于保持土壤细菌群落多样性的稳定。

2. 长期有机无机肥配施下土壤真菌多样性的变化

利用 PCR-DGGE 分析土壤真菌群落结构发现，不同处理土壤在 DGGE 图谱中电泳条带数目、强度和迁移率均存在一定程度的差异（图40-16），表明长期不同施肥处理

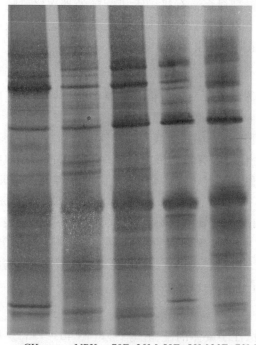
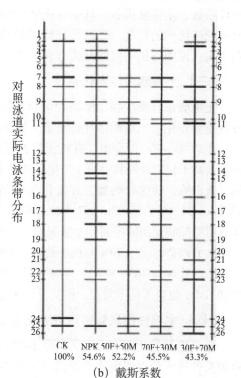

（a）细菌PCR-DGGE图谱　　　　（b）戴斯系数

图 40-16　不同处理土壤真菌 PCR 产物的 DGGE 图谱（a）及泳道比较（b）（2008 年）

影响了土壤真菌群落多样性和数量。总体来看，各施肥处理真菌条带数量明显高于对照，化肥处理条带最多（19 条），其次为有机肥无机配施处理，对照条带数最少（10条）。表明长期不同施肥处理提高了土壤真菌群落多样性，其中以化肥处理真菌群落多样性提高最多，说明单施化肥对土壤真菌群落多样性的影响大于有机肥无机肥配施处理。以上结果表明，长期不同施肥方式改变了土壤的真菌群落结构。

由图 40-17 可以看出，通过聚类分析（UPGMA），5 种处理土壤样品可分为两大族群，CK 为一种族群，所有施肥处理为另一种族群，说明长期施肥显著影响土壤真菌的群落结构。3 个不同比例有机无机配施处理聚在一起成为一小类，显示这 3 个处理对真菌群落结构的影响类似。

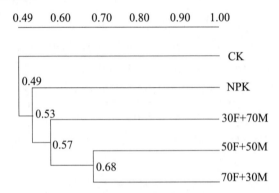

图 40-17　土壤真菌群落 DGGE 指纹图谱聚类分析（2008 年）

从土壤微生物群落基因多样性指数（表 40-3）来看，长期施肥提高了真菌群落多样性指数、丰富度指数，其中以化肥处理提高最多，有机肥无机配施处理次之。随有机肥配施比例的提高，真菌多样性指数和丰富度指数降低。施肥对真菌均匀度指数影响不大。说明有机无机肥配施有利于保持土壤真菌群落多样性的稳定。

（三）土壤酶活性变化特征

土壤酶来自微生物、植物和动物的活体或残体，通过催化土壤中的生物化学反应发挥重要作用。土壤酶活性是土壤生物活性和土壤肥力的重要指标。

由表 40-4 可以看出，有机无机施肥处理的土壤酶活性和酶活性综合指数（GMea）均显著高于化肥处理和对照。与化肥处理相比，各有机无机施肥处理的土壤蔗糖酶、脲酶、蛋白酶、酸性磷酸酶、过氧化氢酶活性和 *GMea* 提高幅度分别为 21.7%～36.7%、20.1%～31.1%、55.1%～67.4%、16.6%～28.2%、23.3%～42.1% 和 27.1%～40.2%。随有机肥配施比例的提高，土壤脲酶、蛋白酶、过氧化氢酶活性及酶活性综合指数表现为增加的趋势，配施 70% 有机肥处理（30F+70M）的酶活性及 *GMea* 显著高于配施 30%有机肥的处理（70F+30M）。单施化肥处理的土壤蔗糖酶、脲酶、蛋白酶、酸性磷酸酶活性和 *GMea* 也显著高于对照，但其过氧化氢酶活性与对照差异不明显。

（四）水稳性团聚体酶活性变化特征

施有机肥和化肥均能显著提高土壤水稳性团聚体的蔗糖酶活性（图 40-18a）。所有施肥处理水稳性团聚体蔗糖酶活性均显著高于对照，提高幅度为 36.9%～224.8%。在 0.053～2.0mm 粒级范围，有机肥无机肥配施处理水稳性团聚体蔗糖酶活性显著高于单施化肥处理，提高幅度为 18.3%～114.1%，在 >2.0mm 及 <0.053mm 粒级范围，

配施 70% 有机肥处理的水稳性团聚体蔗糖酶活性也显著高于化肥处理。随着有机肥配施比例的提高，土壤水稳性团聚体蔗糖酶活性增加。

施有机肥或化肥均能提高土壤团聚体的蛋白酶活性（图 40 – 18b）。所有施肥处理水稳性团聚体蛋白酶活性均显著高于对照，提高幅度为 41.9% ~ 177.2%。有机肥无机肥配施处理各粒级水稳性团聚体蛋白酶活性均高于单施化肥处理。除 < 0.053mm 粒级团聚体外，随着有机肥配施比例的提高，土壤水稳性团聚体的蛋白酶活性表现增加的趋势。

有机肥无机肥配施处理对土壤水稳性团聚体脲酶活性的提高效果优于化肥处理（图 40 – 18c）。所有粒级水稳性团聚体均表现为施肥处理的脲酶活性显著高于对照，增幅度为 20.9% ~ 79.7%；除 < 0.25mm 粒级团聚体外，其他各粒级有机肥无机肥配施处理的水稳性团聚体脲酶活性显著高于单施化肥处理，提高幅度为 12.4% ~ 24.9%。不同粒径比较，以 1.0 ~ 2.0mm 粒级土壤水稳性团聚体的脲酶活性最高，< 0.053mm 粒径脲酶活性最低；不同有机肥配比处理间水稳性团聚体的脲酶活性差异不显著。

施肥有利于提高水稳性团聚体的磷酸酶活性（图 40 – 18d）。不同粒级比较，以 0.25 ~ 1.0mm 水稳性团聚体磷酸酶活性最高，< 0.053mm 水稳性团聚体磷酸酶活性最低；与对照相比，各施肥处理所有粒级水稳性团聚体磷酸酶活性显著提高，提高幅度为 18.0% ~ 134.3%。与单施化肥处理相比，有机肥无机肥配施处理其 > 5.0mm 及 0.25 ~ 1.0mm 粒级的土壤团聚体磷酸酶活性显著提高。有机无机配施处理 2.0 ~ 5.0mm、1.0 ~ 2.0mm 及 < 0.053mm 粒级土壤团聚体的磷酸酶活性与化肥处理的差异不明显。

施有机肥或化肥均能显著提高土壤水稳性团聚体脱氢酶活性（图 40 – 18e）。所有施肥处理水稳性团聚体脱氢酶活性均显著高于对照，提高幅度为 42.9% ~ 658.2%。有机肥无机肥配施处理水稳性团聚体脱氢酶活性均高于单施化肥处理，其中以 < 0.053mm 粒级团聚体提高幅度最大，达 2.25 ~ 9.96 倍；除 1.0 ~ 2.0mm 粒级外，其他各粒级有机无机配施处理的水稳性团聚体脱氢酶活性与化肥处理相比均达到显著差异水平。随着有机肥配施比例的提高，土壤水稳性团聚体脱氢酶活性表现出增加的趋势；在 2.0 ~ 5.0mm 及 < 1.0mm 粒级范围，配施 70% 有机肥处理的水稳性团聚体脱氢酶活性显著高于配施 30% 有机肥的处理，在 < 0.25mm 粒级范围，配施 70% 有机肥处理水稳性团聚体脱氢酶活性也显著高于配施 50% 有机肥的处理，说明配施高量有机肥更有利于提高土壤水稳性团聚体的脱氢酶活性。

有机肥无机肥配施有利于提高土壤水稳性团聚体过氧化氢酶活性（图 40 – 18f）。有机肥无机肥配施处理水稳性团聚体过氧化氢酶活性均显著高于对照，提高幅度为 26.4% ~ 57.3%。化肥处理与对照比较，仅 2.0 ~ 5.0mm 及 < 0.053mm 粒级间的过氧化氢酶活性差异达显著水平，其他粒级间差异不显著。从不同有机无机配施比例看，除 < 0.25mm 粒级配施 70% 有机肥处理过氧化氢酶活性显著高于其他配施比例外，其他粒级不同配比间差异均不显著。

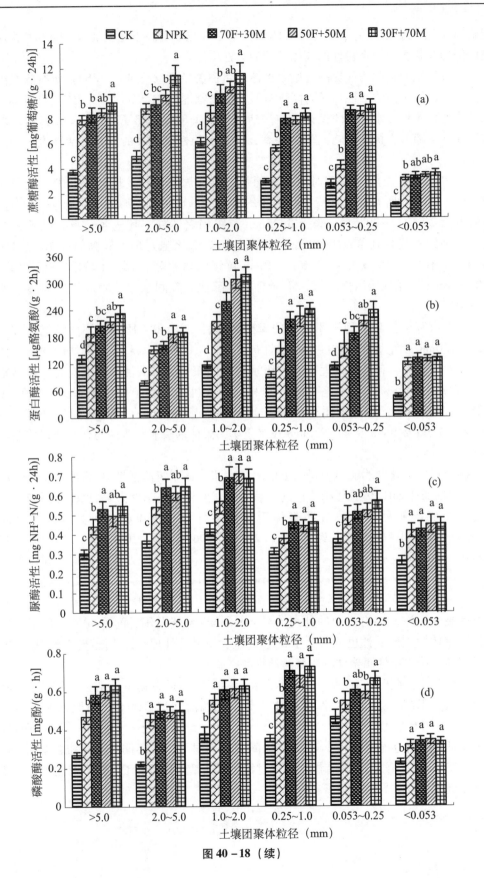

图 40-18（续）

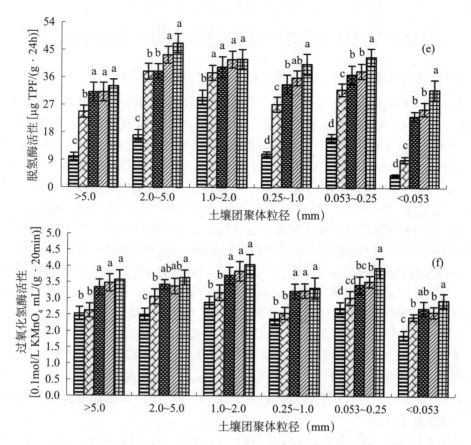

图 40 – 18　不同处理土壤不同粒级水稳性团聚体的酶活性（2008 年）

注：柱上不同字母表示同一粒级不同处理间差异达 5% 显著水平

施肥显著影响不同粒级水稳性团聚体的酶活性综合指数（*GMea*），从表 40 – 5 可以看出，所有施肥处理的 *GMea* 均显著高于对照，增幅为 37.8% ~ 153.6%。有机肥无机肥配施处理土壤水稳性团聚体的 *GMea* 显著高于单施化肥处理，而且随有机肥配施比例的增加而提高。配施 70% 有机肥处理的 *GMea* 显著高于配施 30% 有机肥的处理，且显著高于配施 50% 有机肥处理中除 1.0 ~ 2.0mm 外的其他各粒级。以 1.0 ~ 2.0mm 粒级水稳性团聚体的 *GMea* 最大，<0.053mm 粒级水稳性团聚体的 *GMea* 最小。

表 40 – 5　有机肥无机肥配施下土壤水稳性团聚体酶活性综合指数（2008 年）

处　理	不同粒径水稳性团聚体酶活性综合指数					
	>5.0mm	2.0 ~ 5.0mm	1.0 ~ 2.0mm	0.25 ~ 1.0mm	0.053 ~ 0.25mm	<0.053mm
CK	0.32 ±0.008d	0.33 ±0.016d	0.46 ±0.017d	0.30 ±0.004d	0.37 ±0.006d	0.17 ±0.004d
NPK	0.52 ±0.030c	0.58 ±0.018c	0.64 ±0.026c	0.48 ±0.014c	0.51 ±0.028c	0.32 ±0.007c
70F + 30M	0.61 ±0.013b	0.63 ±0.010b	0.73 ±0.025b	0.63 ±0.003b	0.63 ±0.005b	0.40 ±0.018b
50F + 50M	0.62 ±0.009b	0.66 ±0.022b	0.78 ±0.026a	0.63 ±0.020b	0.65 ±0.020b	0.41 ±0.013b
30F + 70M	0.67 ±0.018a	0.70 ±0.022a	0.80 ±0.013a	0.67 ±0.028a	0.72 ±0.016a	0.43 ±0.009a

注：同列数据后不同字母表示同一粒径不同处理间差异达 5% 显著水平

五、作物产量对长期施肥的响应及养分利用率变化特征

（一）长期施肥下丘岗地红壤性水稻土作物产量演变规律

由表40-6可以看出，长期施肥对早稻和晚稻产量的影响基本相似，为了便于分析问题，对29年双季稻（早稻和晚稻）总产量平均值进行方差分析，结果表明，除30F+70M和70F+30M处理间差异不显著外，其余施肥处理之间差异均达到显著水平。29年不同施肥处理对双季稻平均总产量的影响由高到低的顺序依次为30F+70M≥70F+30M>50F+50M>NPK>NK>NP>PK>CK。与不施肥处理相比，年均产量分别提高了76.58%、71.10%、74.12%、63.68%、47.65%、34.81%和17.54%。由此说明，均衡施氮磷钾化肥的处理（NPK）显著优于不均衡施肥处理；在等氮量条件下化肥配施有机肥可以进一步提高产量，其中以配施30%和70%有机肥的处理提高幅度最大，较NPK处理分别提高了6.38%和7.88%，因此，均衡施氮磷钾化肥和化肥与有机肥以合理的比例配施是该区域双季稻高产的最佳施肥措施；在等氮量条件下，70F+30M和30F+70M两个处理对提高双季稻产量的效果基本一致。

受气候、品种、灌溉水质等因素的影响，各处理在不同试验年份产量波动较大，以5年为一时间段，取产量平均值发现，总体在9 970~11 276kg/hm²波动，呈先降低后升高再降低升高的变化趋势，其中CK呈先降低后一直升高的趋势，PK处理呈直线上升趋势，其他处理与总体变化趋势基本一致。可见，不同施肥处理水稻产量受环境影响的程度各不相同。

从各个处理的产量变化趋势来看（表40-7，表40-8，图40-19），处理NK呈下降趋势，从第一个5年均值为11 080kg/hm²，第五个5年均值为10 429kg/hm²，到2009—2012年降到了9 558kg/hm²，降低了1 522kg/hm²，降幅为13.7%，平均每年降低52.5kg/（hm²·a），说明在环境中磷素来源较少的情况下长期不施磷肥严重制约了产量的提高。其他处理在整体上均表现出升高趋势，其中CK和PK产量增加幅度达到最大，分别从第一个5年均值6 337kg/hm²和6 996kg/hm²增加到第五个5年均值8 323kg/hm²和9 719kg/hm²，增加了1 986kg/hm²和2 723kg/hm²，增幅为31%和38%，年增幅为107.95kg/（hm²·a）和142.3kg/（hm²·a），2009—2012年有所降低，分别为6 245kg/hm²和8 408kg/hm²；NPK处理相对增加幅度最小，从第一个5年均值11 520kg/hm²增加到第五个5年均值12 032kg/hm²，2009—2012年增加到12 157kg/hm²，增加了637kg/hm²，增幅为5.5%，年增幅仅为21.96kg/（hm²·a）。由此说明，环境因素（如大气沉降、灌溉水质和气候变化等）对CK和PK处理产量的影响较大，在养分严重亏缺的条件下，产量年增幅最大。这可能是由于CK和PK处理土壤养分常年亏缺或供应不足，其边际效应相对最大，在大气沉降、灌溉水、根茬还田、周边环境中养分含量相对以前不断增加的情况下，产量增加幅度相对较大；对于平衡施化肥处理而言，由于养分能均衡供应，其边际效应相对较小，通过环境因素增加产量的幅度相对较小，在外源有机肥补充相对不足的前提下，进一步提高产量相对较为困难。

在30F+70M、70F+30M、50F+50M、NPK四个均衡施肥处理中，30F+70M处理产量年增幅最高，其次为50F+50M处理，NPK处理最低，呈现随有机肥配施比例增加而产量年增加幅度显著增大的趋势（图40-20）。说明在化肥基础上配施

表40-6　长期定位施肥下的双季稻总产量

（单位：kg/hm²）

作物	处理	各年份产量						年均值 Mean
		1984—1988年	1989—1993年	1994—1998年	1999—2003年	2004—2008年	2009—2012年	
早稻	CK	3 056±54f	2 371±32e	3 083±107f	3 167±119d	4 009±74f	2 418±211d	3 038±29g
	PK	3 258±63e	2 962±71d	3 821±173e	3 644±232c	4 585±54e	3 795±614c	3 674±101f
	NP	4 820±128d	4 118±131c	4 775±83d	4 237±167b	5 432±204c	4 491±209b	4 651±31e
	NK	5 632±71c	5 099±260b	5 239±357c	4 036±172b	5 020±483d	3 561±145c	4 859±166d
	NPK	5 876±139b	5 348±320b	5 584±293b	5 308±46b	6 414±244b	5 675±215a	5 702±202c
	70F+30M	5 974±34ab	5 778±79a	6 055±158a	5 482±168a	6 506±126b	6 125±340a	5 982±100ab
	50F+50M	5 888±152b	5 299±220b	5 785±469ab	5 324±24a	6 487±127b	6 242±182a	5 823±175bc
	30F+70M	6 088±81a	5 667±62a	6 009±79a	5 404±70a	6 933±317a	6 053±604a	6 025±143a
晚稻	CK	3 281±222f	3 842±350e	4 224±97d	4 563±82d	4 314±140e	3 827±86e	4 015±134g
	PK	3 738±279e	4 264±356d	4 718±184c	5 230±62c	5 134±191d	4 613±180d	4 616±199f
	NP	4 632±43d	4 830±209c	4 914±172c	4 727±176d	5 136±156d	4 918±397d	4 857±9e
	NK	5 448±62c	5 786±295b	5 986±104b	5 387±183bc	5 408±300cd	5 853±519c	5 638±211d
	NPK	5 644±121b	5 834±151b	6 065±124b	5 607±135b	5 618±207c	6 481±152b	5 854±86c
	70F+30M	6 022±169a	6 111±291ab	6 481±142a	6 191±166a	6 221±128a	6 887±343ab	6 299±120ab
	50F+50M	5 706±192b	6 100±193ab	6 392±147a	6 161±53a	6 377±290ab	6 686±248ab	6 222±107b
	30F+70M	5 744±141b	6 352±158a	6 603±100a	6 320±92a	6 615±241a	7 069±257a	6 429±123a
早晚稻	CK	6 337±262g	6 213±351f	7 307±94g	7 730±190e	8 323±171f	6 245±295e	7 053±158g
	PK	6 996±293f	7 226±425e	8 539±353f	8 874±260d	9 719±176e	8 408±586d	8 290±264f
	NP	9 452±118e	8 948±311d	9 689±112e	8 964±320d	10 568±333d	9 409±478c	9 508±40e
	NK	11 080±114d	10 885±529c	11 225±460d	9 423±355c	10 429±767d	9 558±390c	10 414±476d
	NPK	11 520±248c	11 182±448bc	11 649±316c	10 915±161b	12 032±398c	12 157±316b	11 544±272c
	70F+30M	11 996±160a	11 889±370a	12 536±139ab	11 673±243a	12 727±253b	13 012±489a	12 281±211ab
	50F+50M	11 594±338bc	11 399±409b	12 177±586b	11 485±64a	12 864±299b	12 928±414a	12 068±249b
	30F+70M	11 832±204ab	12 019±144a	12 612±92a	11 724±140a	13 548±230a	13 122±362a	12 454±160a

注：表中数据为平均值±标准差，同列数据后同字母表示处理间差异不达5%显著水平

有机肥具有显著提高双季稻产量年增幅的效果，并且年增幅随有机肥配施比例的增加而增大。

表 40 - 7　长期不同施肥处理下早稻和晚稻产量的变化趋势

处　理	早　稻				晚　稻			
	平均产量 (kg/hm²)	产量年变化 [kg/(hm²·a)]	R^2	p 值	平均产量 (kg/hm²)	产量年变化 [kg/(hm²·a)]	R^2	p 值
CK	3 038 ±29g	14.79	0.02	0.44	4 015 ±134g	30.29	0.10	0.09
PK	3 674 ±101f	44.47	0.15	0.04	4 616 ±199f	48.59	0.23	0.01
NP	4 651 ±31e	12.85	0.02	0.48	4 857 ±9e	14.96	0.02	0.49
NK	4 859 ±166d	-58.22	0.23	0.01	5 638 ±211d	1.71	0.00	0.93
NPK	5 702 ±202c	13.98	0.02	0.43	5 854 ±86c	18.32	0.02	0.42
70F + 30M	5 982 ±100ab	15.84	0.04	0.32	6 299 ±120ab	26.64	0.05	0.23
50F + 50M	5 823 ±175bc	29.38	0.09	0.11	6 222 ±107b	34.82	0.11	0.08
30F + 70M	6 025 ±143a	21.41	0.05	0.27	6 429 ±123a	45.63	0.14	0.04

注：表中数据为平均值 ± 标准差，同列数据后不同字母表示处理间差异达5%显著水平

表 40 - 8　长期不同施肥处理下双季稻总产量变化趋势

处　理	平均产量 (kg/hm²)	产量年变化 [kg/(hm²·a)]	R^2	P 值	初始产量 (kg/hm²)
CK	7 053 ±158g	45.08	0.09	0.10	6 485
PK	8 290 ±264f	93.06	0.35	0.00	6 750
NP	9 508 ±40e	27.81	0.03	0.33	9 700
NK	10 414 ±476d	-66.82	0.14	0.04	12 450
NPK	11 544 ±272c	32.3	0.04	0.30	13 100
70F + 30M	12 281 ±211ab	42.48	0.09	0.12	13 540
50F + 50M	12 068 ±249b	64.2	0.19	0.02	12 510
30F + 70M	12 454 ±160a	67.04	0.17	0.03	12260

注：表中数据为平均值 ± 标准差，同列数据后不同字母表示处理间差异达5%显著水平

从水稻初始产量与年产量变化趋势之间的关系可以看出（图40 -21），初始产量越高，其产量的年变化幅度越小，如对于有机肥无机肥配施和均衡施化肥处理而言，由于均衡施化肥处理和配施 30% 有机肥处理初始产量较高，其变化幅度与中量或高量配施有机肥处理相比均较低，原因可能是均衡施化肥或低量配施有机肥处理在试验初期能迅速供应作物所需要的养分，从而使其产量在试验初期高于中量或高量配施有机肥处理，但是由于其持续供肥能力和对土壤物理性状改善能力较差，所以其增产幅度每年相对较小，而高量或中量配施有机肥处理恰好与之相反。换言之，初始产量越高的处理，其产量增加的边际效应相对越小，反之亦然。

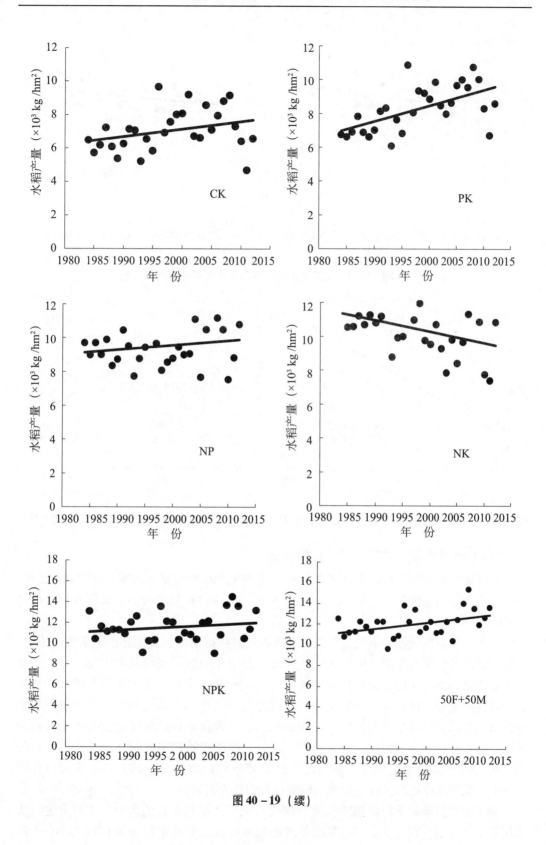

图 40 - 19（续）

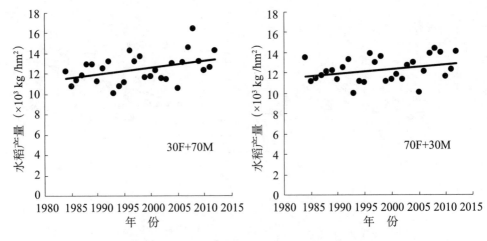

图 40 - 19　长期施肥下双季稻总产量变化趋势

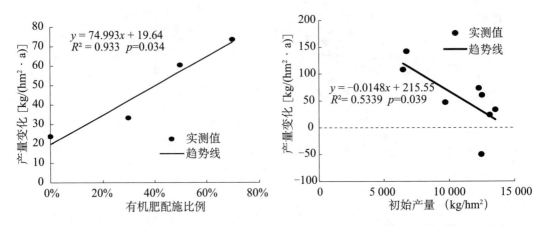

图 40 - 20　有机肥配施比例与产量年变化之间的关系　　**图 40 - 21　初始产量与产量年变化之间的关系**

（二）作物产量稳定性和可持续性分析

由各处理的变异系数表明（表 40 - 9），有机肥无机肥配施和均衡施化肥处理最小，即其年度产量稳定性最好，NP 和 NK 处理次之，CK 和 PK 处理最高，其年度产量稳定性最差。

对于长期定位观测的不同施肥条件下作物产量数据而言，其变异主要来源于施肥、气候和其两者的交互作用。而处理间施肥和气候变化引起的变异基本上是稳定的，变异来源主要为交互作用，交互作用的大小是决定产量稳定的主要因素，对于基于变异系数评价产量稳定性而言，其仅仅是环境效应与交互作用之和与施肥处理产量平均值的比值，并没有分离出交互作用。因此在利用变异系数评价产量稳定性时由于分辨力较低，容易存在失真的情况，较为模糊，不是一种理想的互作效应（产量稳定性）分析方法。而 Shukla 变异系数（稳定性方差变异系数）方法由于其是基于施肥与环境（$F \times E$）互作效应进行评价，分辨力较高，相对较为精确。

为了相对更准确地定量描述施肥处理对双季稻产量稳定性的影响。本研究进一步采用稳定性方差分别计算出了各施肥处理的稳定性方差变异系数 SCV_i 值（表 40 - 9）。结果表明，按 SCV_i 值的大小排序为 PK ＞ CK ＞ NK ＞ NP ＞ NPK ＞ 30F ＋ 70M ＞ 70F ＋

30M > 50F + 50M，SCV_i 值越小，表示施肥处理的稳定性越高，即：①相对于不平衡施肥处理，均衡施化肥处理明显提高了双季稻产量稳定性；②在等氮量条件下化肥配施无机肥有助于进一步提高其产量稳定性，其中以等比例配施处理的提高幅度最大，较均衡施氮磷钾化肥处理（NPK）提高了 59.78%，配施 30% 和 70% 有机肥处理次之，分别提高了 25.91% 和 29.31%。

产量可持续性指数是测定系统是否能持续的一个可靠参数，SYI 值越大表示系统的可持续性越好。由表 40 - 10 还可以看出，早稻产量的可持续性与晚稻略有差异，但均以配施 30% 有机肥处理的产量可持续性最好。综合早晚稻产量，其产量可持续性大小顺序为 70F + 30M > NPK > 50F + 50M = NK > 30F + 70M = NP > PK > CK。由此说明：①70% 化肥配施 30% 有机肥处理不仅产量较高，而且在高生产力条件下达到了最好的系统可持续性；②均衡施用化肥在产量相对较高的条件下仍然可以达到较好的系统可持续性；③高量配施有机肥处理（30F + 70M）在产量较高，即高生产力条件下其系统可持续性相对较差。

表 40 - 9　长期施肥对双季稻产量稳定性和可持续性的影响

处　理	早　稻			晚　稻			早晚稻		
	CV (%)	SCV_i (%)	SYI	CV (%)	SCV_i (%)	SYI	CV (%)	SCV_i (%)	SYI
CK	26.65	18.91	0.50	20.34	11.15	0.61	17.23	11.84	0.61
PK	26.63	18.88	0.43	19.00	11.56	0.64	16.61	13.47	0.64
NP	17.21	11.25	0.61	18.64	10.30	0.61	13.30	8.42	0.66
NK	20.32	14.50	0.59	14.75	6.34	0.66	12.90	9.61	0.69
NPK	14.17	7.03	0.66	15.75	6.23	0.67	11.82	5.24	0.70
70F + 30M	11.54	5.30	0.72	14.43	4.28	0.71	9.84	3.99	0.76
50F + 50M	14.02	3.77	0.63	14.19	2.67	0.70	10.60	1.64	0.69
30F + 70M	14.85	5.31	0.61	15.02	5.13	0.67	11.77	4.40	0.66

注：CV（%）为变异系数；SCV_i 为 Shukla 方差变异系数，即稳定性方差变异系数；SYI 为产量可持续指数

综上所述，均衡施化肥可以有效提高双季稻产量和产量稳定性，在等氮量条件下配施有机肥可以进一步提高产量和产量稳定性，其中在产量方面，配施 30%、50% 和 70% 有机肥的处理较 NPK 分别提高了 6.38%、4.54% 和 7.88%，在稳定性方面较 NPK 分别提高了 25.91%、59.78% 和 29.31%。可见，有机肥无机肥配施是该区域双季稻高产和稳产的最佳施肥措施，其中，等比例配施有机肥无机肥在产量相对较高的条件下稳定性最好，30% 和 70% 有机肥配施 70% 和 30% 化肥在稳定性相对较好的情况下产量最高。

（三）土壤养分自然供给能力演变特征

土壤养分自然供给能力是指土壤在其他养分充分供应时，不施某一种养分，土壤供给的该养分使作物获得的产量占供给全量养分时作物产量的百分比。

由图 40 - 22a 可见，NPK、70F + 30M、50F + 50M 和 30F + 70M 各处理在晚稻上的

土壤氮素自然供给能力均明显高于早稻，分别高 24.7%、22.1%、18.4% 和 19.9%，说明在有外源氮补充的条件下晚稻对土壤自然供给氮素的依赖明显高于早稻，并且其供给能力以单施化肥处理最高，有机肥无机肥配施处理相对较低。单施化肥处理的土壤氮素自然供给能力对双季稻总产量的贡献率历年平均为 72.2%，有机肥无机肥配施处理对双季稻总产量的贡献率平均为 67.7%，其中 70F + 30M 为 67.7%、50F + 50M 为 68.7%、30F + 70M 为 66.7%，分别较单施化肥处理降低了 6.2%、4.9% 和 7.6%，由此说明单施化肥处理（NPK）对土壤自然供给氮的依赖性相对较强，对外源氮的依赖性相对较弱，利用率相对较低。从各处理土壤氮素自然供给能力在早晚稻总产量上的演变特征看，NPK 和 70F + 30M 处理表现出在前 25 年逐年升高，后 4 年开始下降的变化趋势，50F + 50M 和 30F + 70M 处理表现出在前 20 年随种植时间的延长逐渐升高，后 9 年（2004—2012 年）开始下降的变化趋势，NPK、70F + 30M、50F + 50M 和 30F + 70M 各处理的峰值由 1984—1988 年的 61%、59%、61% 和 59% 升高到了 2004—2008 年的 83%、78%、77% 和 73%，增幅分别为 36%、32%、26% 和 23%，由此可见，各施肥处理土壤氮素自然供给能力在时间上的增加幅度随有机肥配施比例的增加而减小。

图 40 - 22b 显示，双季稻对磷素的需求主要以土壤自然供给为主，其中，在早稻上为 80.8%，晚稻上为 91.3%，平均达到了 86%。各处理的土壤磷素自然供给能力在早晚稻上的表现与土壤氮素自然供给能力相似，即晚稻高于早稻，其中，NPK、50F + 50M、70F + 30M 和 30F + 70M 处理分别比早稻高 15.5%、13.6%、11.4% 和 11.6%，说明相对于早稻季，晚稻季在外源磷补充的情况下主要以土壤磷素自然供给为主，并且其供给能力以单施化肥处理最高，有机肥无机肥配施处理相对较低，有机肥配施比例越高其供给能力相对越低。由双季稻总产量可见，与单施化肥处理（NPK）的土壤磷素自然供给能力（90%）相比，有机肥无机肥配施处理均有不同程度的降低，其中 70F + 30M、50F + 50M 和 30F + 70M 处理分别降低了 6.0%、4.3% 和 7.2%，说明与单施化肥处理相比，有机肥无机肥配施由于其具有一定的缓释性，因而其土壤养分自然供给能力有所降低，尤其以配施 30% 和 70% 有机肥处理较为明显。从各处理土壤磷素自然供给能力在早晚稻总产量上的演变特征来看，NPK 和 70F + 30M 处理表现为在前 20 年随种植时间延长逐渐下降，2004—2008 年略有升高后又下降，50F + 50M 和 30F + 70M 处理则表现为逐年下降的趋势；NPK、70F + 30M、50F + 50M 和 30F + 70M 处理分别由 1984—1988 年的 96%、93%、96% 和 94% 降低到了 2009—2012 年的 75.5%、70.8%、69.9% 和 70.2%，降幅分别为 21.0%、21.8%、25.8% 和 23.7%，可见，各施肥处理土壤磷素自然供给能力随时间的降低幅度随着有机肥配施比例的增加而增大。

对于双季稻而言，作物所需的钾以土壤养分自然供给为主（图 40 - 22c），在早稻和晚稻上均达到了 70% 以上。各施肥处理的土壤钾素自然供给能力在早稻和晚稻上的表现与氮、磷有所不同，除单施化肥处理（NPK）的土壤钾素自然供给能力在晚稻上略高于早稻之外，有机肥无机肥配施处理（70F + 30M、50F + 50M 和 30F + 70M）的土壤钾素自然供给能力在晚稻上均略低于早稻，分别低 0.06%、3.2% 和 1.8%。单施化肥处理的土壤钾素自然供给能力对双季稻总产量的贡献率平均为 82.4%，有机肥无机肥配施处理对双季稻总产量的贡献率为 76.5% ~ 78.8%，平均 77.6%，表明单施化肥处理的土壤钾素自然供给能力高于有机肥无机肥配施处理。各施肥处理的土壤钾素自然供给能力随种植时间的延长呈现波动，从总体的趋势看，各处理在 2009—2012 年下降幅度最大，其中 NPK 在其他年份呈波动升高趋势，70F＋30M、50F＋50M 和 30F＋70M 处理除 2004—2008 年明显升高以外，其他年份均呈波动中下降的变化趋势，分别从 1984—1993 年的 79.1%、81.7% 和 80.1% 下降到了 2009—2012 年的 77.4%、78.8% 和 76.5%，降幅为 8.3%、12.4% 和 10.1%。

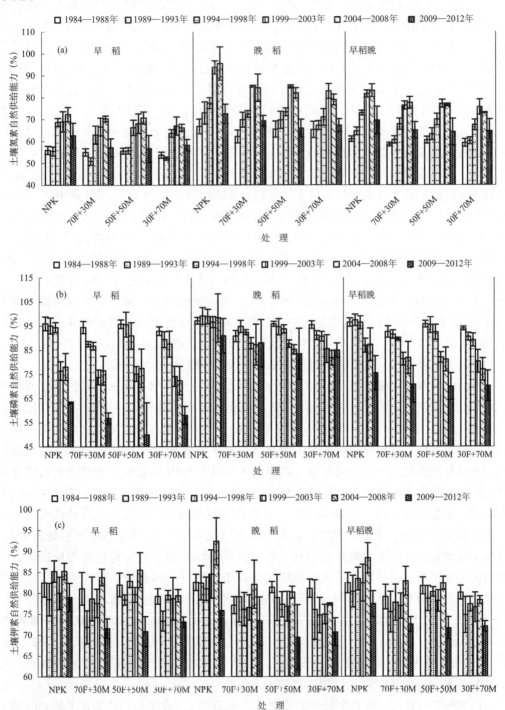

图 40 – 22　长期施肥下土壤养分自然供给能力

（四）养分农学利用率的演变特征

养分农学利用率与土壤养分自然供给能力相对应，养分农学利用率是表示肥料养分供给能力强弱的重要指标，是肥料养分贡献率的量度。

由图40-23a可以看出，NPK、70F+30M、50F+50M和30F+70M各处理在早稻上的氮素农学利用效率均明显高于晚稻，分别比晚稻高6.3kg/kg、6.0kg/kg、5.4kg/kg和5.7kg/kg，说明氮素养分在早晚稻之间存在明显的叠加效应，单施化肥处理的叠加效应高于有机肥无机肥配施处理。单施氮对双季稻总产量的贡献率（氮素农学利用率）平均为9.9kg/kg，有机肥无机肥配施处理对双季稻总产量的贡献率平均为12.1kg/kg，其中70F+30M为12.2kg/kg，50F+50M为11.5kg/kg，30F+70M为12.7kg/kg，分别较单施化肥氮处理提高了22.2%、15.2%和27.4%，说明化肥氮中部分被有机氮替代可以有效提高氮素对双季稻产量的贡献率，其提高幅度以配施30%和70%有机肥的处理最大。从早晚稻的总的氮素农学利用率的变化特征看，各施肥处理均表现为在前20年随种植时间的延长逐渐降低，后9年逐渐上升的趋势，其中NPK、70F+30M、50F+50M和30F+70M处理的农学利用率分别由1984—1988年的13.7kg/kg、15.2kg/kg、13.9kg/kg和14.7kg/kg下降为1999—2003年的6.2kg/kg、8.5kg/kg、7.9kg/kg和8.6kg/kg，降幅分别为55%、44%、43%和41%，2004—2008年以后开始逐渐升高，到2009—2012年，NPK、70F+30M、50F+50M和30F+70M处理分别达到了1984—1988年的82.9%、92.1%、98.3%和97.5%。由此说明，与单施化肥处理相比，双季稻在前20年利用部分被有机肥替代的氮，可以在一定程度上缓解氮素对双季稻产量贡献率逐年降低的趋势；在后9年，化肥氮部分被有机氮替代，可以较快升高到种植前5年的氮素贡献率水平，尤其在有机肥配施比例大于50%时效果更明显。

与氮素农学利用率相似，NPK、70F+30M、50F+50M和30F+70M各处理的磷素（以P_2O_5计）农学利用效率在早稻上同样均明显高于晚稻（图40-23b），分别比晚稻高12.0kg/kg、9.9kg/kg、8.8kg/kg和9.6kg/kg，说明磷素养分在早晚稻之间同样存在明显的叠加效应，单施化肥磷处理的叠加效应高于有机肥无机肥配施处理。与单施化肥磷处理对双季稻总产量的贡献率（磷素农学利用率为10.0kg/kg）相比，有机肥无机肥配施处理均有大幅度提高，其中70F+30M、50F+50M和30F+70M分别比单施化肥磷处理提高60.7%、41.5%和74.9%，由此说明化肥磷中部分被有机磷替代可以有效提高磷素对双季稻产量的贡献率，其提高幅度以配施30%和70%有机肥的处理最大。各施肥处理在双季稻上的磷素农学利用率与氮素农学利用率的变化趋势相反，呈逐年升高的趋势，其中在早稻上的升高幅度明显高于晚稻。从磷素对在早晚稻总产量上的贡献率来看，NPK、70F+30M、50F+50M和30F+70M处理的磷素农学利用率分别由1984—1988年的3.7kg/kg、7.6kg/kg、4.3kg/kg和6.2kg/kg升高为2003—2008年的24.6kg/kg、31.7kg/kg、31.0kg/kg和32.7kg/kg，增幅分别达572%、316%、625%和421%，由此可见，与单施化肥处理相比，配施30%和70%有机肥处理的增幅有所减小，配施50%有机肥处理的增幅明显增大。

图40-23c显示，各施肥处理的钾素（以K_2O计），农学利用效率在早稻和晚稻上的表现与氮、磷有所不同，NPK、70F+30M、50F+50M和30F+70M处理的钾素农学利用效率在早稻上均明显低于晚稻，各处理分别低0.1kg/kg、0.94kg/kg、1.4kg/kg和

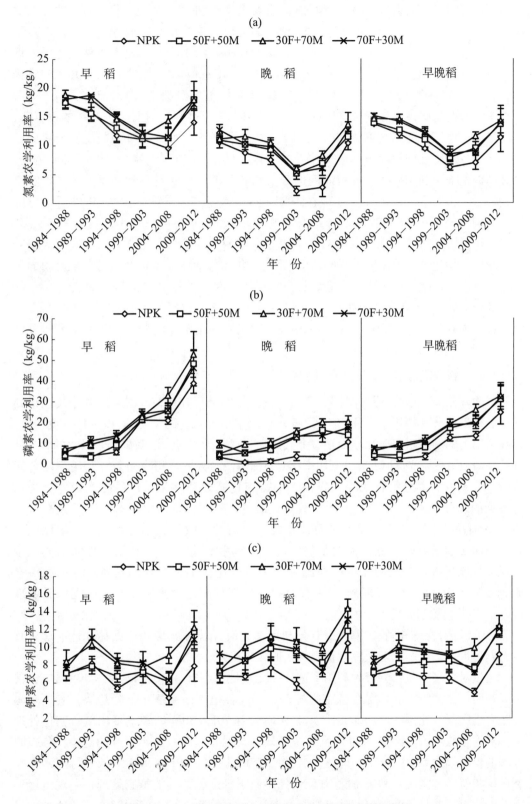

图 40-23　长期施肥下水稻的养分农学利用率变化趋势

1.3kg/kg 由此说明钾素养分在早晚稻之间主要以当季利用率为主，没有明显的叠加效应，尤其是在有机无机肥配施处理中表现尤为突出。单施化肥钾处理（NPK）对双季稻总产量的贡献率（钾素农学利用率）平均为 6.9kg/kg K_2O，有机无机钾肥配施处理对双季稻总产量的贡献率平均为 9.3kg/kg，其中 70F + 30M 为 9.3kg/kg、50F + 50M 为 8.6kg/kg、30F + 70M 为 9.9kg/kg，分别较单施化肥钾处理提高 35.2%、24.0% 和 43.5%，表明化肥钾中部分被有机钾替代，可以有效提高钾素对双季稻产量的贡献率，其提高幅度以高量配施（配施 70% 有机肥）或低量配施（配施 30% 有机肥）有机肥处理最大。各施肥处理钾素农学利用率在早晚稻上的演变特征与氮、磷明显不同，各施肥处理钾素农学利用率随着种植时间的延长均有所波动，从对早晚稻总产量的贡献率的趋势看，NPK 和 70F + 30M 处理在 1984—1993 年呈升高趋势，1993 年以后逐年降低，分别从 1989—1993 年的 7.4kg/kg 和 9.8kg/kg 降到 2004—2008 年的 4.9kg/kg 和 7.2kg/kg，均降低了 2.6kg/kg 左右，降幅分别为 34% 和 27%，近 4 年又表现出大幅升高的趋势，均超过了种植前 5 年的水平；50F + 50M 和 30F + 70M 处理随种植时间的延长有所波动，但整体上表现为升高趋势，分别从 1984—1988 年的 7.1kg/kg 和 7.9kg/kg 升高到 2009—2012 年的 11.7kg/kg 和 12.4kg/kg，分别升高了 4.6kg/kg 和 4.4kg/kg，增幅分别为 64.3% 和 56.0%。说明配施高量有机肥（配施比例大于 50%）有利于钾素养分对产量贡献率的逐年提高。

（五）养分吸收利用率的变化趋势

试验开始 25 年后，通过对部分年份养分利用率进行统计，并对其加和平均，得到各施肥处理养分利用率的范围和年际养分利用率平均值，结果见表 40 – 11。氮、磷、钾在早稻上的利用率普遍高于晚稻，尤其氮素表现尤为明显。说明早稻未吸收的养分部分被晚稻利用，导致晚稻季养分利用率相对有所降低。将早稻和晚稻养分利用率综合起来看，在氮和钾养分吸收利用率方面，平衡施化肥处理（NPK）最高，与养分利用率最低的处理（50F + 50M）相比，分别提高了 6% 和 12%，增幅均在 20% 左右；配施 30% 有机肥和配施 70% 有机肥处理次之，二者的吸收利用率基本相当，等比例配施有机肥无机肥处理最低，说明平衡施化肥在氮和钾养分吸收利用率方面明显优于有机无机肥配施，有机肥无机肥配施处理中以等比例配施的处理相对最差。在磷素养分吸收利用率方面，以配施 30% 有机肥的处理最高，等比例配施有机无机肥处理最低，二者相差 8%。

综上所述，在提高氮、磷、钾养分利用率方面，以均衡施化肥处理和配施 30% 有机肥处理最佳，以等比例配施有机肥无机肥效果最差。

通过对部分年份养分吸收利用率进行一元线性回归（表 40 – 11 和图 40 – 24），其结果表明，氮素吸收利用率在各施肥处理中均随种植年限呈逐年下降趋势，其下降幅度随有机肥配施比例的增加而减小，其中 NPK 和 70F + 30M 处理下降幅度较其他处理大。磷素吸收利用率除 NPK 处理大致持平外，其他处理均呈逐年上升的趋势，各施肥处理的年增幅以 50F + 50M 处理最高，30F + 70M 次之、70F + 30M 最低。与磷素吸收利用率相似，钾素吸收利用率除 NPK 处理略微下降之外，其他施肥处理也呈现出逐年上升的趋势，并且其升高幅度随有机肥配施比例的增加而增大，其中 30F + 70M 处理呈显著升高趋势。

表 40 – 10　长期施肥下双季稻的养分吸收利用率

作　物	处　理	氮		磷		钾	
		范围（%）	平均（%）	范围（%）	平均（%）	范围（%）	平均（%）
早　稻	NPK	29.37 ~ 78.06	47.57	10.84 ~ 33.32	17.40	39.11 ~ 119.69	72.05
	70F + 30M	24.58 ~ 76.54	45.90	7.92 ~ 35.46	15.10	38.28 ~ 83.32	63.67
	50F + 50M	33.89 ~ 62.09	45.36	− 8.85 ~ 35.40	10.40	37.13 ~ 94.72	65.57
	30F + 70M	37.95 ~ 56.59	49.33	− 5.22 ~ 46.28	18.63	37.60 ~ 110.20	67.71
晚　稻	NPK	27.07 ~ 48.76	36.67	− 10.80 ~ 38.12	13.19	32.48 ~ 98.15	63.33
	70F + 30M	24.74 ~ 46.80	35.58	3.98 ~ 45.74	17.46	33.56 ~ 85.22	57.23
	50F + 50M	10.13 ~ 40.19	27.07	− 2.50 ~ 26.52	7.49	27.14 ~ 80.91	48.61
	30F + 70M	9.35 ~ 47.76	31.12	− 4.14 ~ 29.79	14.56	34.20 ~ 78.49	58.34

表 40 – 11　长期施肥下双季稻养分吸收利用率变化趋势

养　分	处　理	范围（%）	平均（%）	利用率年变化（%）	R^2	p 值	初始值（1984 年）（%）
氮	NPK	27.93 ~ 61.55	40.35	− 0.705	0.390	0.050	61.55
	70F + 30M	30.05 ~ 53.95	39.23	− 0.571	0.406	0.048	46.01
	50F + 50M	17.16 ~ 46.01	33.54	− 0.151	0.017	0.721	41.18
	30F + 70M	22.35 ~ 49.63	37.99	− 0.09	0.006	0.830	53.95
磷	NPK	− 10.80 ~ 38.12	14.92	− 0.006	0.000	0.992	10.90
	70F + 30M	8.09 ~ 45.74	17.52	0.458	0.123	0.321	− 5.68
	50F + 50M	− 5.68 ~ 26.52	9.32	0.899	0.587	0.010	− 4.68
	30F + 70M	− 4.68 ~ 32.74	16.38	0.796	0.359	0.067	8.10
钾	NPK	36.29 ~ 95.66	68.05	− 0.210	0.010	0.784	95.66
	70F + 30M	40.71 ~ 85.22	61.49	0.416	0.068	0.466	54.52
	50F + 50M	34.32 ~ 87.82	56.05	1.047	0.312	0.093	49.08
	30F + 70M	44.89 ~ 94.15	62.89	1.292	0.467	0.029	64.77

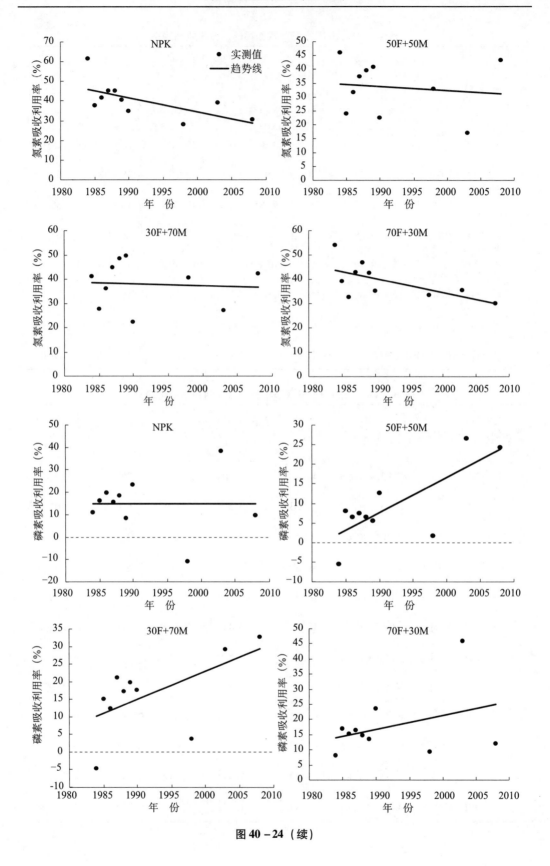

图 40 – 24（续）

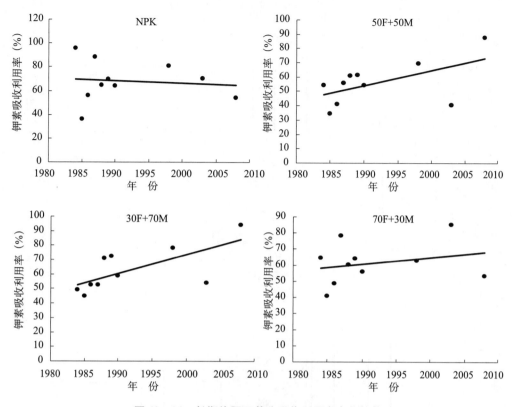

图 40 –24　长期施肥下养分吸收利用率变化趋势

六、长期施肥下农田生态系统养分循环与平衡

对水稻土长期施肥的氮素投入和支出分析（仅对施肥和水稻携出氮作表观平衡计算，未考虑环境中的投入和损失等）结果见图 40 –25a，不同施肥处理的氮素平衡状况发生明显变化。不施肥（CK）和不施氮处理（PK），由于长期得不到氮素补充，土壤氮素严重亏缺，平均年亏缺氮分别达到 $99kg/hm^2$ 和 $114kg/hm^2$。施用氮肥后，土壤中的氮得到有效补充，植物中的氮素累积量也大，表观氮平衡表现为盈余状态，其中以 NP 处理最高，达 $117kg/hm^2$，平衡施化肥处理（NPK）最低，为 $78kg/hm^2$，两者相差 $39kg/hm^2$。这也说明平衡施化肥处理的氮素吸收利用率最高。有机肥无机肥配施处理的氮素表观盈余量均高于平衡施化肥处理（NPK），其中以等比例配施有机肥无机肥的处理（50F＋50M）提高最多，为 $21kg/hm^2$，配施 70% 有机肥处理最少，比 NPK 处理高 $4kg/hm^2$。由于各施氮处理有一定量的氮素盈余，容易造成土壤酸化，同时也给环境带来一定压力。

不施磷肥的 CK 和 NK 处理，由于长期得不到磷素补充，土壤磷素严重亏缺，平均年亏缺分别达 $20kg/hm^2$ 和 $34kg/hm^2$，NK 处理的磷素表观亏缺量比不施肥处理高 14 kg/hm^2（图 40 –25b），表明施 NK 处理由于产量相对较高作物携出的磷素较多。单施无机磷肥处理 PK、NP 和 NPK，由于得到了磷素的有效补充，表观平衡表现为盈余状况，其中，PK 处理平均年盈余量最高，为 $28kg/hm^2$；NP 处理次之，为 $20kg/hm^2$；NPK 处理最少，为 $10kg/hm^2$。表明氮、磷、钾养分均衡程度越高，其盈余量越少。有

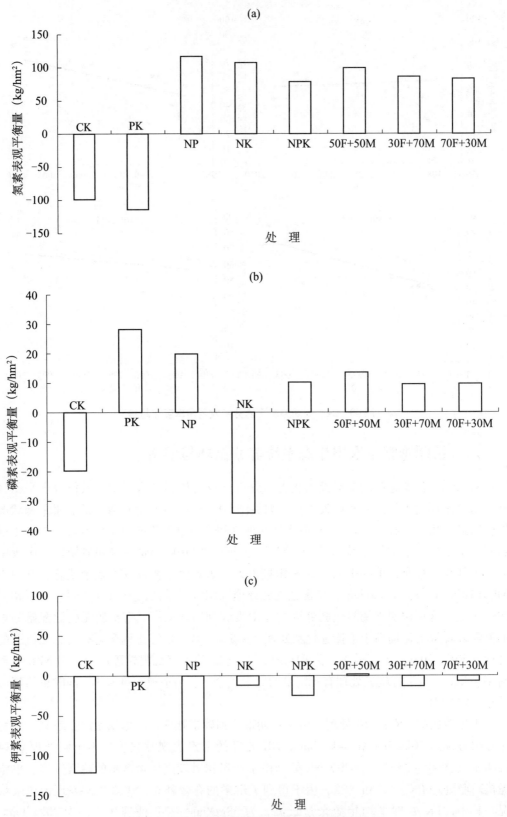

图 40-25　长期施肥条件下土壤养分表观平衡分析

机肥无机肥配施处理的磷表观盈余较单施化肥处理略低，其中以配施 30% 和 70% 有机肥的处理盈余最少，仅为 9kg/hm² 左右。总体来看，由于施磷肥有一定量的磷素盈余，使土壤肥力得到提高，有利于土壤质量的改善，但另一方面磷素带给地下水的量也在增加，可能造成水体的富营养化，对环境构成威胁，所以只有做到平衡施肥，才能高产又不会对环境产生明显影响。

钾素除 PK 处理有大量盈余和 50F + 50M 处理略有盈余之外，其他施肥处理均表现出亏缺（图 40 - 25c），说明在产量较高的条件下该试验设计的施钾量不足。不施钾肥的 CK 和 NP 处理，由于长期得不到钾素补充，表现出严重亏缺，年均钾亏缺量分别达 120kg/hm² 和 105kg/hm²。在均衡施肥的 4 个处理（NPK、70F + 30M、50F + 50M、30F + 70M）中，以 NPK 处理年均亏缺量最大，为 25kg/hm²，其次是 30F + 70M 处理为 13kg/hm²，50F + 50M 处理略有盈余，仅为 2kg/hm²，说明在均衡施化肥中部分用有机肥替代可以在一定程度上缓解钾素的亏缺。总体来看，均衡施肥基本能满足水稻对钾的需求，但不能提高土壤钾素肥力，不利于土壤养分的进一步平衡和肥力的提高，要使水稻达到高产稳产，还需要继续增加钾肥的施用量。

七、基于土壤肥力演变的主要培肥技术模式

在对长达 29 年长期有机无机肥配合施用定位试验数据统计的基础上，通过进一步讨论分析认为，第四纪亚红黏土母质发育的中潴黄泥田的培肥技术模式以有机肥无机肥配施方式为佳。在本试验条件下，化肥配施 30% 的有机肥既能获得较高的产量，且可持续性（即稳产性）更好，值得在今后的农业生产上进一步推荐；而配施 70% 有机肥的处理在改善土壤理化性状方面的效果优于其他处理。由于本试验中土壤 pH 值一直呈下降趋势，因此建议今后在有机肥无机肥配施的基础上增施一定量的石灰，以缓解土壤酸化的趋势，促进作物获得进一步高产。

猪粪配施化肥培肥土壤模式

目前全国畜禽粪污的无害化处理量不足总排放量的 10%，大量未经处理的粪污对地下水、土壤和大气环境造成较大危害，成为重要水源、江河和湖泊富营养化的主要成因。我国的畜禽粪便资源主要以猪粪、牛粪和鸡粪为主，粪便未利用的养殖场中，养猪场比例最高，占总养殖场数的 23.9%，猪粪已经发展成为当前农村一类主要的环境污染物。据研究组的测定结果，新鲜的猪粪养分含量丰富，其中有机质含量 15.7%，氮 0.56%，磷 0.19%，钾 0.45%，是一类很好的有机肥料，如果不加以回收利用，既造成巨大的资源浪费，又会对周边环境产生严重的污染。

化肥是速效肥料，具有养分浓度高、肥效快的优点，但其养分释放太快，易损失，难以满足作物持久需肥的特点；有机肥具有养分全面、后效长的优点，但其养分浓度低，肥效慢，难以满足作物阶段性快速生长对养分的大量需求。长期偏施化学肥料，既造成土壤板结，又加剧病虫为害，增加化学污染，导致农产品品质下降。有机肥和无机肥合理配合施用则可以取长补短，充分满足作物整个生育阶段对养分的需求，促进作物高产稳产。有机肥无机肥配合施用有利于全面调节土壤养分平衡，解决养分供需矛盾，实现用养结合，其在培肥地力、促进养分循环和再利用以及可持续农业发展中的地位和作用已得到普遍的证实和肯定。

推广猪粪配施化肥培肥土壤模式，既有利于消减因猪粪得不到及时处理带来的环

境污染，又有利于提高化肥利用率，减少因化肥损失带来的环境污染，是一项一取多得且利国利民的举措。

施用量、时期和方法：稻田翻耕后，于插秧前 1～2 周，将 12 000kg（每公顷用量，下同）鲜猪粪均匀撒入大田，耙田 2～3 遍，使猪粪与土壤充分混拌均匀。于插秧前一天再次翻耕稻田，耙耢，施入化肥。早稻施肥量和施肥方法为 180kg 尿素、90kg 氯化钾、750kg 钙镁磷肥作基肥；60kg 尿素、30kg 氯化钾作分蘖肥，在插秧后 5～7 天施用；30kg 尿素、30kg 氯化钾作穗肥，在插秧后 22～25 天施用；30kg 尿素、30kg 氯化钾作粒肥，在齐穗后施用。晚稻施肥量和方法为 180kg 尿素、135kg 氯化钾、375kg 钙镁磷肥作基肥；75kg 尿素、52.5kg 氯化钾作分蘖肥，在插秧后 5～7 天施用；75kg 尿素、52.5kg 氯化钾作穗肥，在插秧后 30 天左右施用；30kg 尿素、30kg 氯化钾作粒肥，在齐穗后施用。

八、主要结论与研究展望

（一）主要结论

（1）长期有机无机肥配施可显著提高土壤有机质、全氮、全磷含量和有效氮、磷、钾养分含量，显著提高土壤肥力，提高作物产量。

（2）有机肥与化肥长期配施，能显著提高土壤微生物活性，改善土壤微生物群落结构。

（3）有机物与化肥长期配施有利于疏松土壤，增加土壤孔隙度，降低土壤容重，改善土壤团聚体结构，提高团聚体稳定性，改善土壤物理结构。

（4）在本试验条件下，70% 化肥配施 30% 的有机肥既能获得较高的作物产量，且其可持续性（即稳产性）更好，值得在今后的农业生产上进一步推广；而 30% 化肥配施 70% 的有机肥在改善土壤理化性状方面的效果优于其他处理。

（二）存在问题与建议

（1）研究地点的局限性。长期定位试验需要科研经费的持续资助，但是由于近年来经费不足，原有实验基地数量逐步减少，导致研究范围分布不太广，主要集中在某一或某几个区域，广泛代表性不高，研究结果在时间上具有很高的科学参考价值，但在空间普遍性上有待进一步加强。建议扩大试验分布点，进一步提高长期定位试验的代表性，更有利于深入挖掘这些资源在时间上和空间上的价值。

（2）试验基地环境不断改变。随着经济的不断发展，试验所在区域周围的环境不断发生变化，铁路、公路、楼房等的不断建造，使周边设施的排放物增多增强，造成试验区域环境与设置之初差别较大，可能直接影响试验结果的规律性。建议积极争取国家项目经费支持，以保护并改善试验基地的基本生产条件，并逐步扩大保护区域，使周围环境改变对长期试验的影响降低到最小。

（3）试验缺乏长期发展的统一规划。长期定位试验时间跨度大，试验能持续提供重要的参考数据，但缺乏统一的规划和长期指导，未来试验的发展方向和规划尚不明确。可以考虑成立专门的学术委员会，统一规划、指导和组织试验的开展和结果总结，确保试验数据的代表性和系统性，使我们现有的宝贵资源能体现长期的科学研究价值。试验执行过程中的样品保存方式、方法、器具，以及数据总结的格式、结果归纳的样板等方面都需要进行规范化管理。如果能设立专门的管理机构，试验研究的统一性和规范性就会得到保障。

（4）缺乏互动共享平台。各长期试验点之间相互合作欠缺，缺乏资源共享平台。建议建立互动平台，实现资源共享。长期定位试验参与者可以在统一的数据库和交流平台上进行信息交流和研究方法的探讨。

刘益仁、李祖章、刘光荣、刘秀梅、冀建华、侯红乾、王福全、李菊芳

参考文献

［1］鲍士旦.2000.土壤农化分析（第3版）［M］.北京：中国农业出版社.

［2］胡希远，尤海磊，宋喜芳，等.2009.作物品种稳定性分析不同模型的比较［J］.麦类作物学报，29（1）：110－117.

［3］李忠芳，徐明岗，张会民，等.2010.长期施肥和不同生态条件下我国作物产量可持续性特征［J］.应用生态学报，21（5）：1 264－1 269

［4］刘恩科，赵秉强，李秀英，等.2007.不同施肥制度土壤微生物量碳氮变化及细菌群落16S rDNA V3 片段PCR 产物的DGGE 分析［J］.生态学报，27（3）：1 079－1 085.

［5］门明新，李新旺，许皞.2008，长期施肥对华北平原潮土作物产量及稳定性的影响［J］.中国农业科学，41（8）：2 339－2 346.

［6］彭少兵，黄见良，钟旭华，等.2002.提高中国稻田氮肥利用率的研究策略［J］.中国农业科学，35（9）：1 095－1 103

［7］许乃银，陈旭升，狄佳春，等.2004.棉花区域试验中品种稳定性分析方法探讨［J］.江西棉花，26（4）：9－12.

［8］俞世蓉，陆作楣，周毓珍，等.1995.小麦品种审定中品种的合理性评价问题［J］.中国农业科学，28（3）：87－93.

［9］詹其厚，陈杰.2006.基于长期定位试验的变性土养分持续供给能力和作物响应研究［J］.土壤学报，43（1）：125－132.

［10］Asakawa S，Kimura M. 2008. Comparison of bacterial community structures at main habitats in paddy field ecosystem based on DGGE analysis ［J］. *Soil Biology Biochemistry*，40（6）：1 322－1 329.

［11］Brookes P C，Landman A，Pruden G，Jenkinson D S，et al. 1985. Chloroform fumigation and the release of soil nitrogen：A rapid direct extraction method to measure microbial biomass nitrogen in soil ［J］. *Soil Biology Biochemistry*，17（6）：837－842.

［12］García-Ruiz R，Ochoa V，Hinojosa M B，et al. 2008. Suitability of enzyme activities for the monitoring of soil quality improvement in organic agricultural systems ［J］. *Soil Biology Biochemistry*，40（9）：2 137－2 145.

［13］Kandeler E，Palli S，Stemmer M，et al. 1999a. Tillage changes microbial biomass and enzyme activities in particle-size fractions of a Haplic Chernozem ［J］. *Soil Biology Biochemistry*，31（9）：1 253－1 264.

［14］Kemper W D，Chepil W S. 1965. Size distribution of aggregates ［M］//Black C A，et al. Methods of soil analysis. Part 1. monograph No. 9. American Society of Agronomy，Madison. 499－510.

［15］Nakatsua C H，Torsvikb V，Øvreås L. 2000. Soil community analysis using DGGE of 16S rDNA polymerase chain reaction products ［J］. *Soil Science Society of America Journal*，64（4）：1 382－1 388.

［16］Onweremadu E U，Onyia V N，Anikwe M A N. 2007. Carbon and nitrogen distribution in water-stable aggregates under two tillage techniques in Fluvisols of Owerri area，southeastern Nigeria ［J］. *Soil Till-*

age Research, 97 (2): 195 – 206.

[17] Poll C, Thiede A, Wermbter N, Sessitsch A, et al. 2003. Micro-scale distribution of microorganisms and microbial enzyme activities in a soil with long-term organic amendment [J]. *European Journal of Soil Science*, 54 (4): 715 – 724.

[18] Stemmer M, Gerzabek M H, Kandeler E. 1998. Organic matter and enzyme activity in particle-size fractions of soils obtained after low-energy sonication [J]. *Soil Biology Biochemistry*, 30 (1): 9 – 17.

[19] Vance E D, Brookes P C, Jenkinson D S. 1987. An extraction method for measuring soil microbial biomass C [J]. *Soil Biology Biochemistry*, 19 (6): 703 – 707.

[20] Yang Z H, Singh B R, Hansen S. 2007. Aggregate associated carbon, nitrogen and sulfur and their ratios in long-term fertilized soils [J]. *Soil Tillage Research*, 95 (1): 161 – 171.

[21] Yendi E, Navarro-Noya, Janet Jan-Roblero, et al. 2010. Bacterial communities associated with the rhizosphere of pioneer plants (Bahia xylopoda and Viguiera linearis) growing on heavy metals-contaminated soils [J]. *Antonie van Leeuwenhoek*, 97 (5): 335 – 349.

第四十一章　红壤性水稻土肥力演变与培肥技术

江西省红壤性水稻土约占全省水稻土的42%，主要分布在低丘陵地区，除部分由花岗岩和千枚岩母质发育而成外，大多数由第四纪红色粘土和第三纪红色砂岩发育而成。该区域人少田多，粮食商品率高。由于土壤质地黏重，耕层较浅，其有机质含量较低，土壤肥力低下，中低产田的面积较大，加之耕作管理粗放，作物产量较低。据统计，低丘陵地区的红壤中低产水稻土的面积约占全省中低产水稻土面积的2/3，由于其面积大，具有很大的增产潜力，因此研究红壤性水稻土的肥力演变特征和合理的培肥技术对提高土壤肥力，增加粮食产量具有十分重要的意义。

一、江西红壤性水稻土肥料长期试验概况

长期试验地位于江西省进贤县江西省红壤研究所内（东经116°17′60″、北纬28°35′24″），该地区年均气温18.1℃，≥10℃积温6 480℃，年均降水量1 537mm，年均蒸发量1 150mm，无霜期约为289d，年均日照时数1 950h。

试验地土壤为红壤性水稻土，成土母质为第四纪红黏土。试验从1981年春季开始，试验开始时耕层土壤有机碳含量16.3g/kg，全氮1.49g/kg，全磷0.49g/kg，全钾12.5g/kg，碱解氮144mg/kg，有效磷9.50mg/kg，速效钾81.2mg/kg，pH值6.9。

试验设9个处理：①不施肥（CK）；②施氮肥（N）；③施磷肥（P）；④施钾肥（K）；⑤氮磷（NP）；⑥氮钾（NK）；⑦氮磷钾（NPK）；⑧两倍氮磷钾（HNPK）；⑨氮磷钾＋有机肥（NPKM）。每个处理重复3次，小区面积47.0m²，顺序排列。灌排设施配套。采用早稻—晚稻—冬闲的种植制度。各处理的具体施肥量见表41－1。

表41－1　试验处理及肥料施用量　　　　　　　　　　　　（单位：kg/hm²）

处　理	早　稻				晚　稻			
	N	P₂O₅	K₂O	M	N	P₂O₅	K₂O	M
CK	0	0	0	0	0	0	0	0
N	90	0	0	0	90	0	0	0
P	0	45	0	0	0	45	0	0
K	0	0	75	0	0	0	75	0
NP	90	45	0	0	90	45	0	0
NK	90	0	75	0	90	0	75	0
NPK	90	45	75	0	90	45	75	0
HNPK	180	90	150	0	180	90	150	0
NPKM	90	45	75	22 500	90	45	75	22 500

化肥为每季施用，氮肥为尿素（含 N 46%），磷肥为钙镁磷肥（含 P_2O_5 12%），钾肥为氯化钾（含 K_2O 60%），有机肥早稻季为紫云英（来源于小区冬季种植的紫云英），晚稻季为猪粪。紫云英 N、P、K 含量分别为 4.0g/kg、1.1g/kg、3.5g/kg；猪粪 N、P、K 含量分别为 6.0g/kg、4.5g/kg、5.0g/kg。磷肥、钾肥和有机肥在插秧前全部作基肥施用，氮肥 50% 作基肥，50% 在返青期追施。田间管理措施主要是除草和防治病虫害。

在早晚稻收获时单收单晒单独测产，分区取样，进行考种和经济性状的测定，同时取植株分析样。植株的养分分析参考《土壤农业化学分析方法》（鲁如坤，2000）。

在晚稻收获后，于 11 月中旬按 5 点取样法采集各处理小区的耕层（0~17cm）土壤样品，各点混匀，室内风干后磨细过 1mm 和 0.25mm 筛，装瓶保存备用。土壤 pH 值、有机质、全氮、速效磷和速效钾的分析方法参见《土壤农业化学分析方法》（鲁如坤，2000）。

土壤样品分析方法按《土壤农业化学分析方法》（鲁如坤，2000）和《土壤农化分析》（鲍士旦，2000）进行。文献未标注部分指标测定方法为：土壤有机质用重铬酸钾容量法测定；活性有机质用 $KMnO_4$ 常温氧化—比色法测定（徐明岗，2000；于荣，2005）；全氮用凯氏法测定；全磷用碱熔—钼锑抗比色法测定；全钾用 NaOH 熔融—火焰光度法测定；碱解氮用扩散法测定；有效磷用 Olsen 法测定；速效钾用 1mol/L NH_4OAC 浸提—火焰光度法测定。植株样品用 H_2SO_4 – H_2O_2 消化，凯氏法测氮，钼锑抗比色法测磷，火焰光度法测钾。土壤微生物用固体平板法测定细菌、真菌、放线菌数量。土壤酶活性测定方法：过氧化氢酶活性用高锰酸钾滴定法，转化酶活性用硫代硫酸钠滴定，脲酶活性用靛酚盐比色法，磷酸酶活性用磷酸苯二钠比色法测定。

二、长期施肥红壤性水稻土有机碳和氮、磷、钾的演变规律

（一）红壤性水稻土有机碳的演变规律

1. 有机碳含量的变化

化肥单施或偏施（N、P、K、NP 和 NK）处理，不利于土壤有机碳的积累（图 41-1），连续施肥 32 年后，土壤有机碳含量与试验前基本持平或略有增加。N、P 和 K 处理，土壤有机碳在试验前期略高于 CK，但是随着试验年限的延长，在 32 年以后，其有机碳含量与 CK 处理持平或稍有降低。化肥偏施的 NP 和 NK 处理，在 0~32 年间土壤有机碳分别比 CK 增加了 17.1% 和 21.6%。各处理红壤性水稻土的土壤有机碳的积累量 NP、NK > N、P、K > CK。

从图 41-1 还可以看出，氮磷钾配施（NPK、HNPK）或氮磷钾与有机肥配施（NPKM），土壤有机碳有明显的积累趋势。连续施肥 32 年后，NPK、HNPK 和 NPKM 处理的土壤有机碳含量显著高于 CK 和其他不均衡施肥处理（$p < 0.05$），至 2012 年，其有机碳含量与 CK 相比分别增加了 21.55%、17.89% 和 43.82%。说明在红壤性水稻土上，氮磷钾均衡施用或有机无机肥配施均有利于提高土壤有机碳含量，是较好的施肥措施，相似的研究结论已经被很多研究所证实（余喜初等，2013；孙玉桃等，2013）。

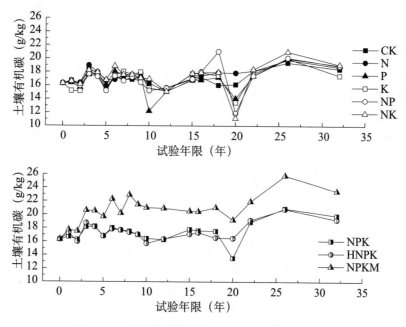

图 41 -1　长期施肥红壤性水稻土有机碳含量的变化

　　表 41 - 2 显示，与试验前相比，各施肥处理在试验 32 年后的土壤有机碳含量均明显提高，增加幅度为 7.23% ~ 43.82%。通过回归分析发现，各处理的有机碳含量与施肥年限的相关关系不显著，R^2 值为 0.044 6 ~ 0.442 5。说明在本试验条件下，施肥年限对红壤性水稻土有机碳的变化还没有产生深刻的影响，土壤有机碳含量的提高可能与长期种植水稻有关，王欣欣等（2013）和 Zou 等（2009）研究认为，土壤有机碳含量随着植稻年限的增加而增加，说明有长期栽培历史的水稻土能封存更多的有机碳。

表 41 -2　红壤性水稻土有机碳含量的变化及其与试验年限的线性回归

处　　理	1981 年有机碳含量（g/kg）	2012 年有机碳含量（g/kg）	变化量（%）	回归方程	p	R^2	样本数（n）
CK	16.31	18.47	13.24	$y = 0.048\ 8x + 16.448$	0.080	0.169 8	19
N	16.31	18.74	14.87	$y = 0.067\ 6x + 16.607$	0.018	0.287 1	19
P	16.31	18.99	16.44	$y = 0.056\ 8x + 16.107$	0.215	0.088 9	19
K	16.31	17.49	7.23	$y = 0.049\ 6x + 16.337$	0.228	0.084 1	19
NP	16.31	18.92	15.98	$y = 0.071\ 2x + 16.133$	0.168	0.108 8	19
NK	16.31	19.10	17.09	$y = 0.045\ 8x + 16.77$	0.385	0.044 6	19
NPK	16.31	19.83	21.55	$y = 0.071\ 7x + 16.624$	0.075	0.174 8	19
HNPK	16.31	19.23	17.89	$y = 0.071\ 4x + 16.652$	0.030	0.249 2	19
NPKM	16.31	23.46	43.82	$y = 0.161x + 18.88$	0.002	0.442 5	19

　　2. 不同土壤颗粒中有机碳含量的变化

　　在红壤性水稻土的各有机碳库组成中，游离态颗粒和微团聚体内黏粉粒的有机碳含量占绝对优势（表 41 -3），其中微团聚体内黏粉粒（s + c_m）中的有机碳含量最高，约占土壤有机碳库的 50%，其次为微团聚体外黏粉粒（s + c_f）和微团聚体内有机质（iPOM_m），约各占 20%，粗颗粒有机质（cPOM）和游离态颗粒有机质（fPOM）的有机碳组分最低。而微团聚体的有机碳（fPOM、iPOM_m 和 s + c_m 之和）占土壤总有机碳的 70% 以上。

施肥措施明显改变了红壤性水稻土各土壤有机碳库的组成。与 CK 相比，有机肥无机肥配施（NPKM）处理各组分的有机碳含量显著增加（$p < 0.05$），cPOM 增加了 34.4%、s + c_f 增加了 25%、fPOM 增加了 121%、iPOM_m 增加 124%、s + c_m 增加了 17.2%；其他处理则与 CK 没有明显差异，但高倍氮磷钾平衡施肥处理（HNPK）的 s + c_f 和 iPOM_m 组分碳含量明显高于其他化肥处理。因此，长期施有机肥稻田土壤增加的有机碳主要储存于较为稳定的组分之中（即 iPOM_m 和 s + c_f），这有利于碳的积累（Huang 等，2010；Sun 等，2013）。

表 41 - 3　长期施肥对不同土壤颗粒中有机碳含量的影响（2010 年）　（单位：g/kg）

处　理	粗颗粒有机质 cPOM	微团聚体外黏粉粒 s + c_f	游离态颗粒有机质 fPOM	微团聚体内有机质 iPOM_m	微团聚体内黏粉粒 s + c_m
CK	1.66bc	4.04bcd	1.00bc	2.71c	7.89c
N	1.58cd	4.67abc	1.06bc	3.11bc	7.29cd
P	1.43bcd	4.67abc	1.02bc	2.72c	6.84d
K	1.35d	3.96bcd	0.75c	3.66b	7.82c
NP	1.58bcd	3.20d	1.28bc	3.63b	8.90ab
NK	1.76b	3.84cd	0.90bc	3.48bc	7.93c
NPK	1.29cd	4.28abc	1.64ab	3.33bc	7.94c
HNPK	1.55bcd	4.85ab	1.44bc	3.82b	8.16bc
NPKM	2.23a	5.05a	2.21a	6.06a	9.25a

注：同列数据后不同字母表示处理间差异达 5% 显著水平

3. 有机碳化学组分的变化

表 41 - 4 显示，有机碳的化学组分受施肥措施的影响。在所有化学组分中，碳水化合物碳占 42.7% ~ 46.0%，其次为烷基碳（21.5% ~ 23.8%）和羧基碳（10.4% ~ 12.1%），甲氧基碳占 9.2% ~ 10.2%，芳基碳占 7.7% ~ 9.3%，酚基碳的比例最低，占 2.9% ~ 4.1%。在不同施肥处理之间，NPKM 处理的碳水化合物碳高于其他处理，但其余化学组分的没有明显差异。

（二）红壤性水稻土氮素的演变规律

1. 土壤全氮含量的变化

在红壤性水稻土上，不同施肥，包括 CK 的所有处理的土壤全氮含量均表现为积累的趋势（图 41 - 2），可能与氮的沉降有关。连续施肥 32 年后，土壤全氮含量由试验前的 1.49g/kg 提高到 2.0g/kg 左右，增幅为 30.24% ~ 74.46%，其中 NPKM 处理的增幅最大。很多研究认为化肥配合有机肥施用对土壤养分的提高最显著（周卫军等，2003）。袁颖红（2010）的研究也认为，有机肥与无机肥配施能提高土壤全氮、碱解氮、铵态氮、硝态氮和微生物氮的含量，即可促进土壤氮库的积累，是提高土壤氮素肥力的根本途径，本研究结果与这些结论相一致。

表 41 - 4　长期施肥对土壤有机碳中化学组分（各官能团碳）分布的影响（2010 年）

处　理	各化学位移范围官能团碳分布（%）					
	0 ~ 45 mg/kg	45 ~ 60 mg/kg	60 ~ 110 mg/kg	110 ~ 140 mg/kg	140 ~ 160 mg/kg	160 ~ 220 mg/kg
	烷基碳	甲氧基碳	碳水化合物碳	芳基碳	酚基碳	羧基碳
CK	22.4	9.2	45.3	8	3.9	11.2
N	23.5	9.5	43.6	8.7	3.2	11.6
P	23.2	9.4	43.4	9.3	3.2	11.5
K	23.0	9.6	44.6	8.6	3.1	11.0
NP	22.1	9.6	44.4	8.5	3.4	12.1
NK	23.5	10.2	44.4	7.7	2.9	11.3
NPK	23.8	9.0	44.5	8.1	4.1	10.4
HNPK	23.4	9.8	42.7	9.3	3.1	11.7
NPKM	21.5	9.8	46.0	7.8	3.5	11.5

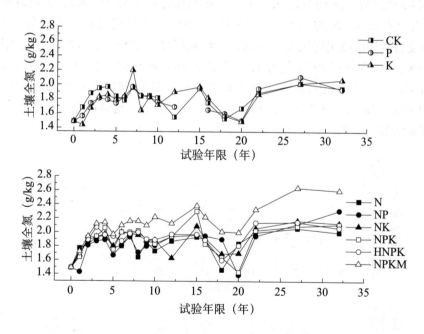

图 41 - 2　长期施肥红壤性水稻土全氮含量的变化

　　当持续投入化学氮肥时，土壤全氮含量可显著提高，表 41 - 5 显示，土壤全氮含量与施肥时间没有显著的相关，这可能与水稻土的淹水和晒田环境有关，土壤氮素在干湿交替中损失较大（李香兰等，2009；石生伟等，2010）。王淳等（2012）研究发现，氮肥在双季稻区的氨挥发损失率在 29.29% ~ 46.82%，且晚稻季高于早稻季。

表41－5　红壤性水稻土全氮含量的变化及其与试验年限的线性回归

处　　理	1981 年全氮含量（g/kg）	2012 年全氮含量（g/kg）	变化量（%）	回归方程	p	R^2	样本数（n）
CK	1.49	1.95	31.03	$y = 0.003\,5x + 1.769\,6$	0.417 2	0.039 1	19
N	1.49	2.00	34.31	$y = 0.007\,1x + 1.750\,5$	0.091 4	0.158 5	19
P	1.49	2.32	55.50	$y = 0.007\,9x + 1.603\,4$	0.018 0	0.024 9	19
K	1.49	1.94	30.24	$y = 0.006\,8x + 1.706\,2$	0.190 7	0.098 5	19
NP	1.49	2.07	38.78	$y = 0.011\,5x + 1.684\,8$	0.022 6	0.270 1	19
NK	1.49	2.13	43.19	$y = 0.009\,6x + 1.776\,7$	0.038 9	0.227 5	19
NPK	1.49	2.12	42.13	$y = 0.006\,4x + 1.817\,1$	0.273 9	0.069 9	19
HNPK	1.49	2.07	38.73	$y = 0.007\,8x + 1.821\,2$	0.074 8	0.174 8	19
NPKM	1.49	2.60	74.46	$y = 0.022\,4x + 1.872\,3$	0.000 1	0.587 0	19

2. 土壤碱解氮含量的变化

连续施用化肥，红壤性水稻土碱解氮含量总体表现在波动中上升的趋势（图41－3）。不施氮肥的处理，土壤碱解氮上升幅度较小，连续施肥 27 年后，土壤碱解氮含量由试验前的 144mg/kg 增加到 160mg/kg 左右。氮肥偏施处理（NP 和 NK），土壤碱解氮含量在 0～27 年间分别比 CK 增加了 12.50% 和 13.89%，增幅明显高于不施氮肥的处理。而氮磷钾配合施用或施用有机肥的处理，土壤碱解氮含量相对提高较快，连续施肥 27 年后，NPK、HNPK 和 NPKM 处理的土壤碱解氮含量比试验前分别提高了 14.6%、22.9% 和 44.4%，增幅也明显高于氮肥偏施处理，其中 NPKM 处理的增幅显著高于 NPK 和 HNPK 处理（$p < 0.05$）。说明在红壤性水稻土上，氮磷钾和有机肥配合施用对提高土壤碱解氮含量要好于仅施化肥。

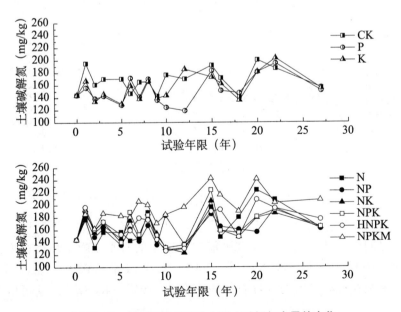

图41－3　长期施肥红壤性水稻土碱解氮含量的变化

（三）红壤性水稻土磷素的演变规律

1. 土壤全磷含量的变化

施磷对红壤性水稻土全磷含量的影响较大，土壤全磷含量与施磷有关系密切（图41-4）。不施磷（CK、N、K和NK）处理，由于作物长期对土壤磷的耗竭，使土壤全磷含量出现下降的趋势，施磷处理土壤全磷含量则表现为上升趋势，上升幅度以施磷量高的处理（HNPK和NPKM）大于施磷量低的处理（P、NP、NPK），HNPK和NPKM处理的土壤全磷含量比试验前分别提高了87.26%和162.08%，显著高于其他处理的增幅（$p < 0.05$）。因此，在红壤性水稻土上，施磷是土壤磷的主要补给途径，有机肥无机肥配施有利于土壤全磷的快速累积，可能与红壤对磷的固持能力强有关，这一结果与单艳红等（2005）的研究结果基本相似。

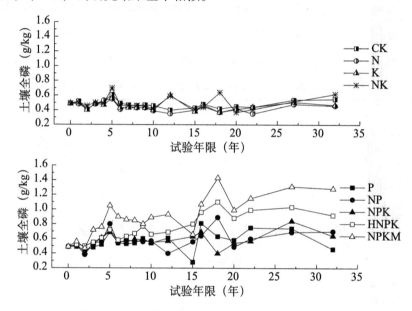

图41-4 长期施肥红壤性水稻土全磷含量的变化

在红壤性水稻土上，从土壤全磷含量与试验年限的回归方程中可以看出（表41-6），施磷量高的HNPK和NPKM处理的土壤全磷与试验年限显著相关（$p < 0.05$），R^2值分别为0.764 8和0.647 6，土壤全磷年均增速分别为0.018g/kg和0.024g/kg。而其他处理的全磷与试验年限之间没有明显的相关性。

2. 土壤有效磷含量的变化

施磷可以提高红壤性水稻土的有效磷含量（图41-5）。P、NP、NPK处理的土壤有效磷含量均表现为明显提高的趋势，连续施肥32年后，土壤有效磷含量比试验前分别增加了62.11%、21.40%和41.35%。HNPK、NPKM处理的土壤有效磷含量高于P、NP、NPK处理。连续施肥32年后，HNPK和NPKM处理的土壤有效磷含量比试验前分别提高了243.39%和612.81%，比CK分别增加374.9%和591.5%。不施磷肥的N、K和NK处理，土壤有效磷表现为小幅波动并缓慢下降的趋势，随着试验年限的延长，维持在有效磷含量较低的水平。表明施磷是保持和提高红壤性水稻土供磷能力的重要措施，不施磷则土壤磷素耗竭严重（宇万太等，2009）。

表 41 - 6 红壤性水稻土全磷含量的变化及其与试验年限的线性回归

处理	1981 年全磷含量（g/kg）	2012 年全磷含量（g/kg）	变化量（%）	回归方程	p	R^2	样本数（n）
CK	0.49	0.55	11.55	$y = 0.000\,1x + 0.476\,3$	0.928 8	0.000 5	19
N	0.49	0.46	-6.20	$y = -0.001\,9x + 0.460\,8$	0.207 1	0.091 9	19
P	0.49	0.70	42.93	$y = 0.007\,7x + 0.488\,5$	0.012 6	0.314	19
K	0.49	0.46	-5.54	$y = -0.000\,8x + 0.465$	0.599 5	0.016 6	19
NP	0.49	0.62	26.07	$y = 0.004\,8x + 0.524$	0.129 9	0.129 7	19
NK	0.49	0.47	-4.92	$y = -0.001\,4x + 0.501\,7$	0.530 4	0.023 6	19
NPK	0.49	0.64	30.58	$y = 0.004\,9x + 0.522\,5$	0.056 7	0.197 4	19
HNPK	0.49	0.92	87.26	$y = 0.018\,3x + 0.531\,4$	0.000 0	0.764 8	19
NPKM	0.49	1.28	162.08	$y = 0.023\,9x + 0.631\,5$	0.000 0	0.647 6	19

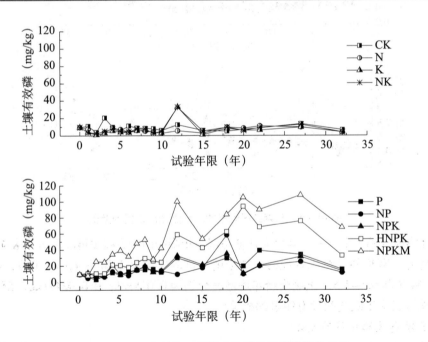

图 41 - 5 长期施肥红壤性水稻土有效磷含量的变化

　　土壤有效磷的变化规律与全磷略有不同（表 41 - 7），施肥 32 年后，施磷处理的土壤有效磷的增幅为 21.40% ~ 612.81%，氮磷钾配施有机肥的处理有效磷含量最高，增幅最大。通过回归分析可以看出，P、HNPK 和 NPKM 处理的土壤有效磷含量与施肥年限显著相关（$p < 0.05$），其土壤有效磷年均增速分别为 0.77mg/kg、2.07mg/kg 和 2.82mg/kg。说明有机肥无机肥配施能明显提高红壤性水稻土的供磷能力（黄庆海等，2003）。

表 41-7　红壤性水稻土有效磷含量的变化及其与试验年限的线性回归

处　理	1981 年有效磷含量（mg/kg）	2012 年有效磷含量（mg/kg）	变化量（%）	回归方程	p	R^2	样本数（n）
CK	9.5	6.6	-31.05	$y=-0.066\,4x+9.741$	0.526 3	0.025 6	19
N	9.5	3.9	-59.36	$y=0.037\,1x+6.036\,9$	0.615 7	0.017 2	19
P	9.5	15.4	62.11	$y=0.774\,8x+8.231\,1$	0.000 8	0.512 4	19
K	9.5	4.2	-55.70	$y=0.088\,1x+5.527\,7$	0.642 3	0.013 8	19
NP	9.5	11.5	21.40	$y=0.528\,2x+9.190\,7$	0.090 5	0.168 6	19
NK	9.5	3.9	-58.68	$y=0.106\,5x+6.572\,9$	0.560 5	0.021 6	19
NPK	9.5	13.4	41.35	$y=0.442\,9x+11.908$	0.045 2	0.227 7	19
HNPK	9.5	32.6	243.39	$y=2.071x+12.404$	0.000 3	0.566 9	19
NPKM	9.5	67.7	612.81	$y=2.820\,2x+21.42$	0.000 0	0.655 1	19

（四）红壤性水稻土钾素的演变规律

1. 土壤全钾含量的变化

无论施钾或不施钾，红壤性水稻土的全钾含量均在试验前的水平上下波动（图41-6）。连续施肥32年后，钾肥单施和偏施（K和NK）处理，土壤全钾含量比试验前略有增加；不施钾肥（N、P和NP）处理的土壤全钾含量与CK一致，土壤全钾的耗减速度以CK>N、P、NP，NPK、HNPK和NPKM处理的土壤全钾含量与试验前基本相同，比CK分别增加了1.6%、0.8%和0.9%，差异不显著。说明在本试验条件下，施用钾肥尚未对红壤性水稻的土全钾含量产生明显的影响。而廖育林等（2009）的研究则认为施用钾肥土壤全钾、缓效钾和速效钾含量均显著提高，这可能与钾肥的用量和施肥措施的不同有关。试验32年后各处理的土壤全钾含量变幅很小，较试验开始时均有小幅降低，且各处理土壤全钾与试验年限之间均没有显著的相关关系。

2. 土壤速效钾含量的变化

在本试验中，各处理土壤速效钾含量比试验前均有所下降（图41-7），土壤供钾能力明显减弱，说明在红壤性水稻土中，本试验所用的施钾量不能维持土壤较好的供钾水平。连续施肥32年后，钾肥单施或偏施处理（K和NK），土壤速效钾含量比CK分别增加25.7%和10.92%；氮磷钾配施或与有机肥配施的NPK、HNPK和NPKM处理，土壤速效钾含量与CK也没有显著差异。以上结果说明，在现有的施肥水平上，钾肥的用量已经不足以维持土壤钾素的平衡，因此在红壤性水稻土上应增加钾肥的用量，以保持土壤的钾素平衡和提高土壤的供钾能力。

土壤速效钾对施肥措施的响应结果显示，不管施钾与否，试验32年后土壤速效钾含量明显降低，降幅为5.58%~26.93%，其中有机肥无机肥配施处理的降幅较小。张会民等（2009）研究认为，氮磷钾肥配施和有机肥无机肥配施可以显著减缓土壤钾素的耗竭速率，这与本试验的结果相似。说明本研究中的钾肥施用量已不能够满足水稻对钾的需求，因此为了满足提高作物产量和改良作物品种的目的，建议在红壤性水稻

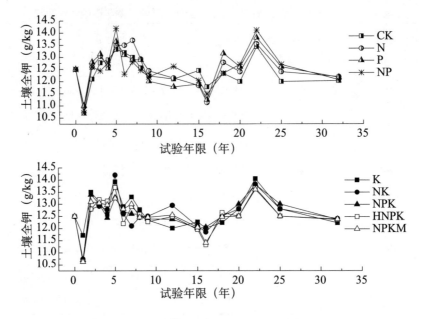

图 41 - 6　长期施肥红壤性水稻土全钾含量的变化

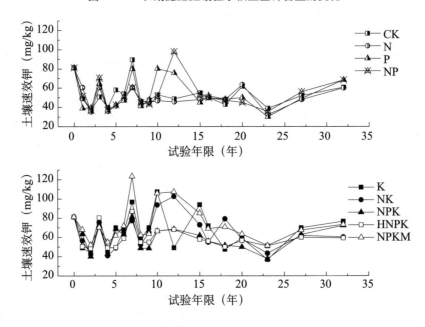

图 41 - 7　长期施肥红壤性水稻土速效钾含量的变化

土上加大钾肥的施用量并推广秸秆还田。

（五）红壤性水稻土 pH 值的变化

从图 41 - 8 可以看出，红壤性水稻土的 pH 值随施肥年限的延长呈持续下降趋势。连续施肥 32 年后，化肥单施或偏施处理（N、P、K、NP 和 NK）的土壤 pH 值比试验前显著降低（$p < 0.05$），N、P 和 K 处理的土壤 pH 值比试验前分别降低了 1.69、1.68 和 1.71；化肥偏施的 NP 和 NK 处理比试前分别降低了 1.91 和 1.81；氮磷钾配施和有机肥无机肥配施的 NPK、HNPK 和 NPKM 处理的土壤 pH 值比试验前下降了 1.73、1.76 和 1.60。

在试验30年后，不同施肥处理的土壤pH值均显著下降（$p < 0.05$），降幅为1.60~1.91。从线性回归方程可以看出，土壤pH值与施肥年限之间没有显著的相关关系。以上结果表明，红壤性水稻土的pH值在试验30年后比试验开始时显著下降（王姗娜等，2012），但各种施肥处理间的差异不显著，这可能与大气中的氮沉降和酸雨有关（liu等，2013）。

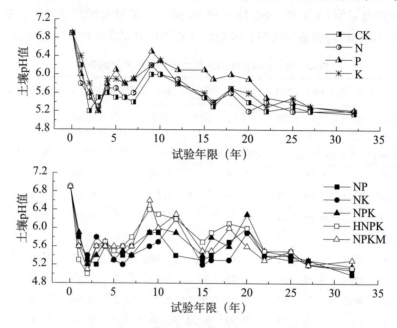

图41-8　长期施肥红壤性水稻土pH值的变化

三、作物产量对长期施肥的响应

（一）水稻产量的变化规律

施肥提高了红壤性水稻土水稻的平均年产量（表41-8），各时间段5年平均产量均以NPKM处理最高，CK处理最低。水稻年产量对不同施肥处理的响应不同，水稻的5年平均产量均表现为平衡施肥处理（NPK、HNPK）＞二元施肥处理（NP、NK、PK）＞一元施肥处理（N、P和K）＞CK。各处理的增产率也表现出相似的规律。

（二）水稻产量对氮的响应

表41-8显示，长期施用氮肥的各处理水稻年产量差异较大。与CK处理相比，在试验开始之后的15年间，单施氮肥处理的水稻年产量显著提高（$p < 0.05$），年均增产27.1%；之后增幅慢慢减小，至20年后，几乎与不施肥处理持平。长期氮磷钾配合施用处理的水稻产量则一直高于CK和N处理，在试验的30年间，NPK处理的水稻产量平均比CK增加49.6%，并随着施氮量的增加，产量进一步提高（HNPK和NPKM处理）。表明在红壤性水稻土上，单施氮肥虽在短期内可以显著提高水稻产量，但是长期施用，增产效果会逐渐降低直至不增产，氮与磷、钾配合施用或与有机肥配合施用，可以持续增加水稻产量（吴萍萍等，2008）。因此，在红壤性水稻土上，氮磷钾肥配合施用以及与有机肥配施是较好的施肥模式。

不同施肥处理的水稻籽粒、秸秆和根茬中氮的吸收量如表41-9所示。从表41-9

可以看出，水稻对氮的吸收主要集中在籽实中，籽实吸氮量占总吸氮量的 56% ~ 73%。水稻吸氮量以施氮量高的处理高于施氮量低的处理，施氮量低的处理高于不施氮处理。与 NPK 处理相比，NPKM 与 HNPK 处理的水稻对氮的吸收量显著提高（$p < 0.05$），N、NP、NK 处理与 NPK 处理相当，P、CK 及 K 处理的水稻对氮的吸收量明显降低，分别是 NPK 处理吸氮量的 68.43%、62.18% 和 56.69%，说明水稻对氮的吸收量与施氮水平有关，氮与磷、钾配合施用和与有机肥配合施用均能促进水稻对氮的吸收。

表 41 - 8　长期施肥对水稻年产量和增产率的影响

处理	1981—1985 年 平均产量 (t/hm²)	增产率 (%)	1986—1990 年 平均产量 (t/hm²)	增产率 (%)	1991—1995 年 平均产量 (t/hm²)	增产率 (%)	1996—2000 年 平均产量 (t/hm²)	增产率 (%)	2001—2005 年 平均产量 (t/hm²)	增产率 (%)	2005—2010 年 平均产量 (t/hm²)	增产率 (%)
CK	6.07	—	5.75	—	5.19	—	5.86	—	6.69	—	6.56	—
N	8.04	32.4	7.10	23.5	6.41	23.5	6.02	2.7	6.43	-3.9	7.05	7.5
P	6.70	10.3	6.58	14.4	5.76	11.1	6.65	13.5	7.04	5.3	7.08	8.0
K	6.92	14.0	5.88	2.3	5.55	7.0	5.86	0	5.74	-14.2	6.43	-2.0
NP	8.44	39.1	7.80	35.7	7.18	38.4	7.80	33.2	8.30	24.0	8.51	29.8
NK	8.81	45.2	7.98	38.8	7.07	36.2	6.81	16.2	6.87	2.7	7.33	11.8
NPK	9.05	49.2	9.26	61.0	8.13	56.7	8.89	51.7	8.84	32.2	9.20	40.3
HNPK	9.80	61.5	11.26	95.9	9.40	81.2	10.48	78.8	10.26	53.4	10.44	59.2
NPKM	10.38	71.0	11.47	99.4	9.65	86.0	11.26	92.1	10.44	56.1	10.90	66.1

表 41 - 9　长期施肥对水稻氮素吸收量的影响（2007 年）

处理	籽粒吸氮量 (kg/hm²)	吸收比例 (%)	秸秆吸氮量 (kg/hm²)	吸收比例 (%)	根茬吸氮量 (kg/hm²)	吸收比例 (%)	合计 (kg/hm²)
CK	51.8de	69	11.9c	16	10.9bc	15	74.6ef
N	66.5cde	68	14.0c	14	16.8bc	17	97.3cde
P	59.9de	73	11.5c	14	10.7bc	13	82.1def
K	48.0e	71	9.7c	14	10.3c	15	68.0f
NP	71.7cd	68	18.2c	17	16.0bc	15	105.9cd
NK	62.5cde	68	15.8c	17	13.0bc	14	91.3def
NPK	82.7bc	69	21.1c	18	16.2bc	13	120.0c
HNPK	102.6b	57	41.5b	23	35.6a	20	179.7b
NPKM	124.3a	56	61.5a	28	37.5a	17	223.3a

注：同列数据后不同字母表示处理间差异达 5% 显著水平

通过分析水稻籽粒产量与总吸氮量的关系（图 41 - 9）可以看出，水稻籽粒产量与植株吸氮量有显著的相关性（$R^2 = 0.904$，$p < 0.05$），且可以用线性方程进行拟合，即 $y = 30.555x + 4630.1$，说明在红壤性水稻土上水稻植株的吸氮量每增加 1kg/hm²，水稻籽粒产量可以提高 31kg/hm²。

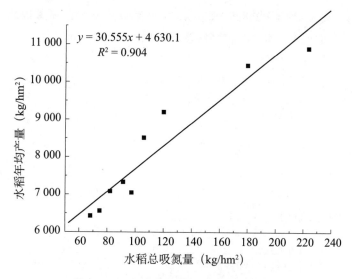

$$y = 30.555x + 4\,630.1$$
$$R^2 = 0.904$$

水稻年均产量（kg/hm²）

水稻总吸氮量（kg/hm²）

图 41 – 9　水稻吸氮量与籽粒产量的关系

（三）水稻产量对磷的响应

磷肥施用量和磷肥施用方式对水稻年产量的变化有显著影响（表 41 – 8）。本试验中单施磷肥的增产效果不明显，在试验开始之后的 30 年间，单施磷肥处理的水稻年产量与 CK 没有明显差异，磷肥与氮、钾肥配合施用或与有机肥配合施用，能显著提高水稻产量（$p < 0.05$），并保持水稻产量的相对稳定；长期氮磷钾配施处理的水稻产量始终高于对照（CK）和单施磷肥处理（P），在试验的 30 年间，NPK 处理的产量平均比 CK 增加了 49.6%；表明在红壤性水稻土上，磷肥应与氮、钾肥配合施用才可以保证水稻产量的持续增加。

从表 41 – 10 可以看出，水稻对磷的吸收量主要积累在籽实中，籽实吸磷量占水稻植株吸磷量的 65% ~ 85%；施磷量对水稻吸磷量的影响较大，与 CK 相比，施磷量高的处理（NPKM 与 HNPK）水稻对磷的吸收也显著提高（$p < 0.05$），其他施磷处理的水稻吸磷量与 CK 均没有显著差异（$p > 0.05$），说明水稻对磷的吸收受磷投入总量的影响较大，曲均峰等（2008）、Dawe 等（2000）的报道也证实了一点。

表 41 – 10　长期施肥对磷素吸收量的影响（2007 年）

处　理	籽粒吸磷量（kg/hm²）	吸收比例（%）	秸秆吸磷量（kg/hm²）	吸收比例（%）	根茬吸磷量（kg/hm²）	吸收比例（%）	合　计（kg/hm²）
CK	18.0bcd	85	2.1c	10	1.2bc	5	21.3bc
N	18.9bcd	84	1.9c	8	1.7bc	7	22.5bc
P	24.7bc	82	3.4c	11	1.9bc	6	30.0bc
K	15.5cd	83	2.1c	11	1.1c	6	18.7c
NP	27.6b	82	4.1c	12	2.1bc	6	33.8b
NK	14.0d	81	2.1c	12	1.2bc	7	17.3c
NPK	23.1bcd	77	4.6c	15	2.1bc	7	29.8bc
HNPK	43.4a	75	9.9b	17	4.3b	7	57.6a
NPKM	43.7a	65	15.5a	23	8.5a	13	67.7a

注：同列数据后不同字母表示处理间差异达 5% 显著水平

水稻吸磷量与籽粒产量呈显著的线性相关（$R^2 = 0.846\,9$，$p < 0.05$）（图 41 – 10），

其回归方程为 $y = 86.842x + 5\,288.5$，表明增加水稻吸磷量可以显著提高水稻的籽粒产量，当水稻吸磷量增加 $1\mathrm{kg/hm^2}$ 时，籽粒产量可以增加 $87\mathrm{kg/hm^2}$。

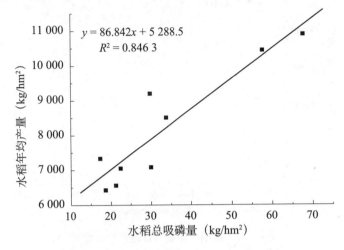

$$y = 86.842x + 5\,288.5$$
$$R^2 = 0.846\,3$$

图 41 - 10　水稻吸磷量与籽粒产量的关系

（四）水稻产量对钾的响应

水稻的年产量也受钾肥施用方式的影响（表 41 - 8），单施钾肥的水稻增产效果不明显，其水稻年产量与 CK 处理相比，在试验开始后的前 15 年有一定的增加，15 年后，与 CK 处理无明显差异，甚至还低于 CK。钾肥与氮、磷肥配合施用处理的水稻产量显著增加并保持稳定，在试验开始后的 30 年间，NPK 处理的水稻产量平均比 CK 增加了 49.6%，并在增加施钾量和与有机肥配合施用时产量进一步提高。表明在红壤性水稻土上，只有钾肥与氮肥、磷肥配合施用才有持续增加水稻的产量效果。

表 41 - 11 显示，水稻吸钾量与钾肥的施用量有一定相关性，其吸收的钾主要相对集中在秸秆中，秸秆吸的钾量占水稻吸钾量的 49% ~ 60%。在本试验中，只有 NPKM 与 HNPK 处理的水稻吸钾总量和秸秆吸钾量显著高于 CK 及其他处理（$p < 0.05$），而其他处理间及其与 CK 处理的差异均不显著（$p > 0.05$）。

表 41 - 11　长期施肥对钾素吸收量的影响（2007 年晚稻）

处　理	籽粒吸钾量 （$\mathrm{kg/hm^2}$）	吸收比例 （%）	秸秆吸钾量 （$\mathrm{kg/hm^2}$）	吸收比例 （%）	根茬吸钾量 （$\mathrm{kg/hm^2}$）	吸收比例 （%）	合　计 （$\mathrm{kg/hm^2}$）
CK	8.0c	41	9.6c	49	2.1a	11	19.7c
N	10.9abc	40	13.8bc	50	2.8a	10	27.5bc
P	10.2bc	37	15.6bc	56	2.0a	7	27.8bc
K	10.3bc	39	13.5bc	51	2.5a	9	26.3bc
NP	10.5bc	37	16.2b	58	1.5a	5	28.2bc
NK	11.0abc	40	14.0bc	51	2.5a	9	27.5bc
NPK	14.7ab	38	21.1b	54	3.1a	8	38.9b
HNPK	18.6a	34	31.3a	58	4.4a	8	54.3a
NPKM	18.6a	33	33.7a	60	4.1a	7	56.4a

注：同列数据后不同字母表示处理间差异达 5% 显著水平

水稻籽粒产量与总吸钾量之间有显著的相关性，图 41-11 结果显示，籽粒产量与吸钾量的关系可以用线性方程进行较好地拟合，回归方程为 $y = 122.44x + 3\ 996.5$（$R^2 = 0.846\ 9$），表明随水稻吸钾量的增加其籽粒产量显著提高，当水稻吸钾量增加 1kg/hm^2 时，籽粒产量可增加 122kg/hm^2。

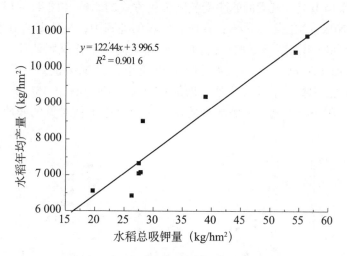

图 41-11　水稻吸钾量与籽粒产量的关系

（五）水稻产量对有机肥的响应

在红壤性水稻土上，有机肥与氮磷钾长期配合施用，可以显著提高水稻年产量（$p < 0.05$）（图 41-12）。在试验开始之后的 30 年间，NPKM 处理的水稻年产量平均比 CK 处理增加 80.7%，比 NPK 处理增加 20.6%；与 HNPK 处理相比，水稻产量仍表现为增产，这与有机肥除了可以提供氮、磷、钾养分外，还可改善土壤的理化性质有关。因此，在红壤性水稻土上，应提倡增加有机肥的施用，既可以提高水稻产量，又可以改善土壤结构，培肥地力，促进水稻的高产和稳产。

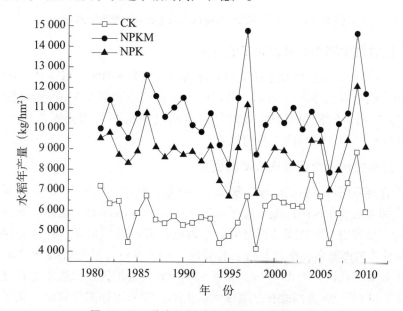

图 41-12　施有机肥对水稻籽粒产量的影响

四、长期施肥红壤性水稻土肥料回收率的变化

（一）红壤性水稻土氮素回收率的变化

在红壤性水稻土上，氮素回收率受氮肥施用方式的影响（图41-13）。结果显示，氮素回收率以 NPK > NP 或 NK > N；在所有施氮的处理中，N 处理的氮素回收率最低。NK 处理的氮素回收率在试验开始后的前20年显著高于单施氮肥处理（$p < 0.05$），比 N 处理平均增加129.8%，20年以后则差异变小；在试验的30年间，NP、NPK、HNPK 处理的氮肥回收率分别比 N 处理增加60.4%、170.0%和136.8%。说明在红壤性水稻土上，氮肥应与磷肥、钾肥配合施用，才能促进水稻对氮的吸收，提高氮肥利用率。

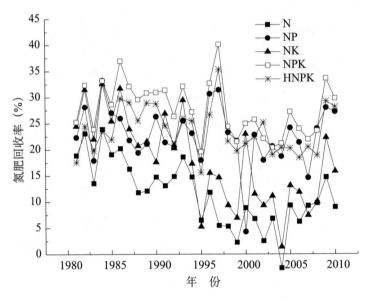

图 41 - 13　长期施肥对红壤性水稻土氮素回收率的影响

（二）红壤性水稻土磷素回收率的变化

图 41-14 显示，磷素回收率在不同处理间以 HNPK > NPK > NP > P，磷肥与氮肥、钾肥配合施用或与有机肥配合施用，其回收率明显高于磷肥单施或与氮肥配施处理，在试验的 30 年间，NPK 和 HNPK 处理的磷素回收率比 P 处理分别增加了20.5%和21.3%，HNPK 和 NPK 处理间没有明显差异。

（三）红壤性水稻土钾素回收率的变化

钾肥的合理施用可以提高红壤性水稻土的钾素回收率（图41-15）。结果显示，红壤性水稻土钾素回收率氮磷钾配合施用 > 氮钾配合 > 单施钾肥，施钾量低的大于施钾量高。在所有处理中，K 处理的钾肥回收率最低，NPK 处理最高。在试验开始后的前23年，NK 处理的钾肥回收率显著高于 K 处理（$p < 0.05$），平均增加56.4%，23年以后则差异不显著；在试验的 30 年间，NPK 和 HNPK 处理的钾素回收率比 K 处理分别增加了182.2%和107.3%。因此在红壤性水稻土上，应采用钾肥和磷肥、氮肥配合施用才能显著提高钾的回收率。

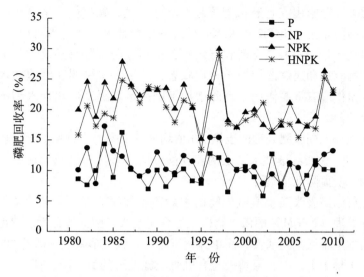

图 41 -14　长期施肥对红壤性水稻土磷素回收率的影响

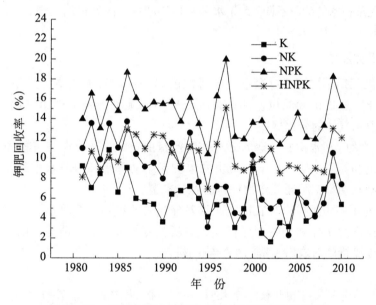

图 41 -15　长期施肥对红壤性水稻土钾素回收率的影响

五、主要结论与研究展望

（一）主要结论

氮磷钾化肥配合施用或与有机肥配施，土壤有机碳积累趋势明显。连续施肥 32 年后，土壤有机碳含量以 NPK、HNPK 和 NPKM 处理显著高于 CK 和其他不均衡施肥处理，比 CK 处理分别增加 17.89%、43.82% 和 13.23%。通过对有机碳的组分分析发现，长期施用有机肥，土壤增加的有机碳主要储存于较为稳定的组分，即微团聚体内有机质（iPOM _m）和微团聚体外黏粉粒（s + c_f）之中，这有利于碳的长期保存和积累。因此，在红壤性水稻土上，氮磷钾肥配合施用或有机肥无机肥配施是提升土壤有机碳水平的较好施肥措施，且固碳能力和净碳汇效应也优于其他处理。

氮磷钾化肥配合施用或与有机肥配施，土壤全氮、碱解氮、全磷和有效磷含量明显提高，与试验前相比，HNPK 和 NPKM 处理的增幅最大。通过拟合回归方程，HNPK 和 NPKM 处理的土壤碱解氮、全磷和有效磷含量与施肥年限有显著的相关性，但是这两个处理的土壤全钾和速效钾均处于耗损状态，这进一步说明在红壤性水稻土上施钾对改善土壤钾素供应有重要作用，因此增加钾肥用量是提高红壤性水稻土钾素供应能力的重要途径。

红壤性水稻土不同施肥处理的土壤 pH 值均显著下降，本试验 32 年间，pH 值共降低了 1.60~1.91。说明红壤性水稻土的存在酸化的趋势。有机肥无机肥配施可以改良土壤物理结构，明显降低土壤容重。

长期施肥可以显著改变土壤微生物的生命活动和酶活性。本试验条件下，氮磷钾与有机肥配施处理（NPKM）的微生物碳、氮含量较高，酶活性最大。表明有机肥无机肥配施可以增加土壤微生物活性，而单施化肥则会导致土壤微生物活性的降低。

在红壤性水稻土上，由于氮磷钾与有机肥配施处理的氮、磷、钾养分利用率较高，因此在各时间段水稻的 5 年平均产量均以 NPKM 处理最高，CK 处理最低。水稻年产量对不同化肥配施措施的响应不同，5 年水稻平均年产量不同处理均表现为 NPK、HNPK > NP、NK、PK > N、P、K > CK。

（二）研究展望

（1）开展长期不同施肥对温室气体排放的影响：针对不同施肥措施的土壤肥力、作物产量变化，通过田间原位监测，系统分析不同施肥措施下稻田甲烷、氧化亚氮、二氧化碳等温室气体的变化规律。

（2）探讨大气和水中氮、磷养分对作物产量的贡献：通过深入分析长期不施肥处理的作物产量和养分数据，并结合历史气象资料中的降水和灌溉水中的氮、磷养分含量状况，明确长期不施肥处理作物籽粒的养分来源。

（3）研究不同施肥措施对农田氮、磷养分损失的影响：选取不同的氮磷肥配比处理，通过采集田间水样和土壤深层样品，分析其氨挥发、氮、磷养分的流失途径，从而明确不同施肥措施对农田土壤污染影响的机理。

黄庆海、柳开楼、李大明、叶会财、黄欠如、余喜初、徐小林、胡惠文

参考文献

[1] 鲍士旦.2000.土壤农化分析［M］.北京：中国农业出版社.

[2] 黄庆海，赖涛，吴强，等.2003.长期施肥对红壤性水稻土有机磷组分的影响.植物营养与肥料学报，9（1）：63-66.

[3] 鲁如坤.2000.土壤农业化学分析方法［M］.北京：中国农业科学技术出版社.

[4] 李洁静，潘根兴，张旭辉，等.2009.太湖地区长期施肥条件下水稻—油菜轮作生态系统净碳汇效应及收益评估［J］.应用生态学报，20（7）：1 670-1 676.

[5] 李香兰，徐华，蔡祖聪.2009.水分管理影响稻田氧化亚氮排放研究进展［J］.土壤，41（1）：1-7.

[6] 廖育林，郑圣先，鲁艳红，等.2009.长期施钾对红壤水稻土水稻产量及土壤钾素状况的影响［J］.植物营养与肥料学报，15（6）：1 372-1 379.

[7] 单艳红，杨林章，沈明星，等.2005. 长期不同施肥处理水稻土磷素在剖面的分布与移动 [J]. 土壤学报，42（6）：970-976.

[8] 曲均峰，李菊梅，徐明岗，等.2008. 长期不施肥条件下几种典型土壤全磷和 Olsen-P 的变化 [J]. 植物营养与肥料学报，14（1）：90-98.

[9] 石生伟，李玉娥，秦晓波，等.2010. 不同施肥处理对红壤晚稻 CH$_4$ 排放的影响 [J]. 生态与农村环境学报，26（2）：103-108.

[10] 孙瑞莲，赵秉强，朱鲁生，等.2003. 长期定位施肥对土壤酶活性的影响及其调控土壤肥力的作用 [J]. 植物营养与肥料学报，9（4）：406-410.

[11] 孙玉桃，廖育林，郑圣先，等.2013. 长期施肥对双季稻种植下土壤有机碳库和固碳量的影响 [J]. 应用生态学报，24（3）：732-740.

[12] 王淳，周卫，李祖章，等.2012. 不同施氮量下双季稻连作体系土壤氨挥发损失研究 [J]. 植物营养与肥料学报，18（2）：349-358.

[13] 王欣欣，符建荣，邹平，等.2013. 长期植稻年限序列水稻土团聚体有机碳分布特征 [J]. 应用生态学报，24（3）：719-724.

[14] 王姗娜，黄庆海，徐明岗，等.2012. 长期不同施肥条件下红壤性水稻土双季稻氮肥回收率的变化特征 [J]. 植物营养与肥料学报，19（2）：297-303.

[15] 吴萍萍，刘金剑，周毅，等.2008. 长期不同施肥制度对红壤稻田肥料利用率的影响 [J]. 植物营养与肥料学报，14（2）：277-283.

[16] 向艳文，郑圣先，廖育林，等.2009. 长期施肥对红壤水稻土水稳性团聚体有机碳、氮分布与储量的影响 [J]. 中国农业科学，42（7）：2 415-2 424.

[17] 徐明岗，于荣，王伯仁.2000. 土壤活性有机质的研究进展 [J]. 土壤，（6）：3-7.

[18] 许仁良，王建峰，张国良，等.2010. 秸秆、有机肥及氮肥配合使用对水稻土微生物和有机质含量的影响 [J]. 生态学报，30（13）：3 584-3 590.

[19] 于荣，徐明岗，王伯仁.2005. 土壤活性有机质测定方法的比较 [J]. 土壤肥料，（6）：49-52.

[20] 宇万太，姜子绍，马强，等.2009. 不同施肥制度对作物产量及土壤磷素肥力的影响 [J]. 中国生态农业学报，17（5）：885-889.

[21] 余喜初，李大明，柳开楼，等.2013. 长期施肥红壤稻田有机碳演变规律及影响因素 [J]. 土壤，45（4）：655-660.

[22] 袁玲，杨邦俊，郑兰君，等.1997. 长期施肥对土壤酶活性和氮磷养分的影响 [J]. 植物营养与肥料学报，3（4）：300-306.

[23] 袁颖红.2010. 长期施肥对红壤性水稻土氮素形态的影响 [J]. 安徽农业科学，（16）：8 550-8 553.

[24] 张会民，徐明岗，吕家珑，等.2009. 长期施肥对水稻土和紫色土钾素容量和强度关系的影响 [J]. 土壤学报，46（4）：640-645.

[25] 张逸飞，钟文辉，李忠佩，等.2006. 长期不同施肥处理对红壤水稻土酶活性及微生物群落功能多样性的影响 [J]. 生态与农村环境学报，22（4）：39-44.

[26] 周卫军，王凯荣，张光远.2003. 有机无机结合施肥对红壤稻田土壤氮素供应和水稻生产的影响 [J]. 生态学报，23（5）：914-921.

[27] Dawe D, Dobermann A, Moya P, et al. 2000. How widespread are yield declines in long-term rice experiments in Asia? [J]. *Field Crops Research*, 66: 175-193.

[28] Huang S, Rui W, Peng X, et al. 2010. Organic carbon fractions affected by long-term fertilization in a subtropical paddy soil [J]. *Nutrient Cycling in Agroecosystems*, 86（1）：153-160.

[29] Sun Y, Huang S, Yu X, et al. 2013. Stability and saturation of soil organic carbon in rice fields:

evidence from a long-term fertilization experiment in subtropical China ［J］. *Journal of Soils and Sediments*, 49 （3）: 1 – 8.

［30］LiuX J, Zhang Y, Han W X, et al. 2013. Enhanced nitrogen deposition over China ［J］. *Nature*, 494 （7438）: 459 – 462

［31］Zou J, Huang Y, Qin Y, et al. 2009. Changes in fertilizer induced direct N_2O emissions from paddy fields during rice - growing season in China between 1950s and 1990s ［J］. *Global Change Biology*, 15 （1）: 229 – 242.

［32］Zou P, Fu J R, Cao Z H. 2011. Chronosequence of paddy soils and phosphorus sorption-desorption properties ［J］. *Journal of Soils and Sediments*, 11: 249 – 259.

第四十二章 长期施用有机肥红壤性水稻土肥力演变特征

农业生产中，对化肥的过度依赖和有机肥施用量的减少，造成土壤有机质含量下降、土壤结构破坏，肥力降低，并给环境和食物安全带来压力。1981—2008 年的 30 年间，我国化肥用量占全球总量的 35%，但化肥利用率却不高，氮肥利用率只有 35% 左右。过量施用化肥还造成了严重的环境问题，增加了温室气体的排放，使氮肥的利用效率愈来愈低，还增加了植物体内的游离硝酸盐，使进入食物中的硝酸盐在一定条件下被转化为亚硝酸，危及食品安全；另外，过量施用化肥还会引起土壤酸化。据报道，中国土壤的 pH 值在过去的 20 年间下降了 0.5 个单位，土壤的酸化直接影响到植物的生长和土壤微生物的生命活动，加重植物的真菌病害，而且还会加速土壤中重金属的溶解释放。因此，探讨如何合理施用有机肥显得十分重要。

基于持续提高作物产出和保护生态环境，农业生态系统可持续发展受到越来越多的关注，不同种类的有机肥不仅可供给作物必需的营养元素，而且对土壤生物学活性产生显著影响。目前低投入农业和减少化肥使用的可持续发展思路倍受人们的关注，可保持土壤肥力的不断提高和可持续利用，秸秆还田和种植绿肥等在农业生产中被广泛推广和应用。水稻土是在我国南方粮食生产和生态环境中具有重要地位的土壤类型，但是迄今为止，在江西红壤性水稻土上，有关有机肥的质量、数量和施用时期等对土壤质量影响的报道还很少，尚缺乏对土壤生物学性质方面的研究。

一、江西红壤性水稻土有机肥长期试验概况

水稻土有机肥长期试验位于江西省进贤县江西省红壤研究所内（东经 116°17′55″、北纬 28°35′38″），该地区地处中亚热带，年均气温 18.1℃，≥10℃积温 6 480℃，年降水量 1 537mm，年蒸发量 1 150mm，无霜期约为 289d，年日照时数 1 950h。

试验地土壤为红壤性水稻土，成土母质为第四纪红黏土。试验从 1981 年开始。试验开始时耕层土壤（0~17cm）有机碳含量 16.22g/kg，全氮 1.70g/kg，全磷 0.53g/kg，全钾 15.41g/kg，碱解氮 143.7mg/kg，有效磷 10.3mg/kg，速效钾 125.1mg/kg，pH 值 6.9。

试验设 9 个处理：①不施肥（CK）；②早稻施氮磷钾肥（NPK，施 N 90kg/hm²、P_2O_5 45kg/hm² 和 K_2O 75kg/hm²）；③早稻施绿肥（M1）；④早稻施两倍绿肥（M2）；⑤早稻施绿肥和猪粪（M3）；⑥早稻施绿肥晚稻施猪粪（M4）；⑦早稻施绿肥晚稻施猪粪和稻草冬季还田（M5）；⑧早稻施绿肥和稻草冬季还田（M6）；⑨早稻施绿肥和稻草夏季还田（M7）。具体肥料用量见表 42-1。每个处理重复 3 次，小区面积 60.0m²，田间顺序排列。采用早稻—晚稻—紫云英的种植制度。磷肥（钙镁磷肥，含 P_2O_5 12%）和有机肥在插秧前作基肥一次施用，氮肥（尿素，含 N 46%）分基肥和分蘖肥两次施，每次 1/2，钾肥（氯化钾，含 K_2O 60%）在分蘖期一次追施。灌排设施配套。

为保障水稻的正常生长，1981—1988 年，M1～M7 和 NPK 处理每季补施化肥 N 45kg/hm²、P₂O₅ 30kg/hm²；1989—1995 年，M1～M7 和 NPK 处理在上述化肥施用量的基础上，每季补施 K₂O 37.5kg/hm²；1996 年早稻开始时，M1～M7 和 NPK 处理的 N、P₂O₅、K₂O 每季补用量分别增至 69kg/hm²、30kg/hm²、67.5kg/hm²。

在早晚稻收获时单收单晒单独测产，分区取样，进行考种和经济性状的测定，同时取植株分析样。植株的养分分析参考《土壤农业化学分析方法》（鲁如坤，2000）。

在晚稻收获后，于 11 月中旬按 5 点取样法采集各处理小区的耕层（0～17cm）土壤样品，各点混匀，室内风干后磨细过 1mm 和 0.25mm 筛，装瓶保存备用。土壤 pH、有机质、全氮、速效磷和速效钾的分析方法参见《土壤农业化学分析方法》（鲁如坤，2000）。

土壤样品分析方法按《土壤农业化学分析方法》（鲁如坤，2000）和《土壤农化分析》进行（鲍士旦，2000）。文献未标注部分指标测定方法为：土壤有机质用重铬酸钾容量法测定；活性有机质用 KMnO₄ 常温氧化—比色法测定（徐明岗，2000；于荣，2005）；全氮用凯氏法测定；全磷用碱熔—钼锑抗比色法测定；全钾用 NaOH 熔融—火焰光度法测定；碱解氮用扩散法测定；有效磷用 Olsen 法测定；速效钾用 1mol/L NH₄OAC 浸提—火焰光度法测定。植株样品用 H₂SO₄－H₂O₂ 消化，凯氏法测氮，钼锑抗比色法测磷，火焰光度法测钾。土壤微生物用固体平板法测定细菌、真菌、放线菌数量；土壤酶活性测定方法：过氧化氢酶活性用高锰酸钾滴定法测定、转化酶活性用硫代硫酸钠滴定测定、脲酶活性用靛酚盐比色法测定、磷酸酶活性用磷酸苯二钠比色法测定。

表 42-1　不同处理的肥料用量　　　　　　　　　（单位：kg/hm²）

处　理	早　稻		晚　稻		紫云英
	紫云英（绿肥）	猪粪	猪粪	稻草	稻草
CK	—	—	—	—	—
NPK	—	—	—	—	—
M1	22 500	—	—	—	—
M2	45 000	—	—	—	—
M3	22 500	22 500	—	—	—
M4	22 500	—	22 500	—	—
M5	22 500	—	22 500	—	4 500
M6	22 500	—	—	—	4 500
M7	22 500	—	—	4 500	—

二、长期施用有机肥红壤性水稻土有机碳和氮、磷、钾的演变规律

（一）红壤性水稻土有机碳的演变规律

1. 土壤有机碳含量的时序响应

不同有机肥种类、用量和施用时期显著影响红壤性水稻土的有机碳水平。从

图42-1可以看出，单独施用绿肥处理的土壤有机碳显著高于CK和NPK处理（$p<0.05$），连续施肥32年，M1（早稻施绿肥）和M2（早稻施两倍绿肥）处理有机碳含量比试验前分别提高了21.72%和52.52%；在试验前期，M1和M2处理的土壤有机碳与CK无明显差异，但是随着试验年限的延长，在32年时，M1和M2处理的有机碳含量比CK处理分别增加了3.4%和29.5%；猪粪和绿肥（稻草）配合施用的土壤有机碳显著高于CK处理（$p<0.05$），连续施肥32年，M3（早稻施绿肥和猪粪）、M4（早稻施绿肥和晚稻施猪粪）和M5（早稻施绿肥、晚稻施猪粪和稻草冬季还田）处理的有机碳含量比试验前分别提高了59.46%、57.34%和57.88%；比CK处理分别增加了35.4%、33.6%和34.1%。绿肥和稻草还田配合处理的土壤有机碳含量显著高于CK（$p<0.05$），连续施肥32年时，M6（早稻施绿肥和稻草冬季还田）和M7（早稻施绿肥和稻草夏季还田）处理的土壤有机碳含量比试验前分别提高了43.20%和51.34%；比CK处理分别增加了231.6%和28.5%。其中施猪粪的M3、M4和M5处理的有机碳含量最高，这一结果同大多数的研究相一致（许仁良等，2010；黄运湘等，2005）。说明在红壤性水稻土上，增加有机肥用量是提高土壤有机碳的重要措施。

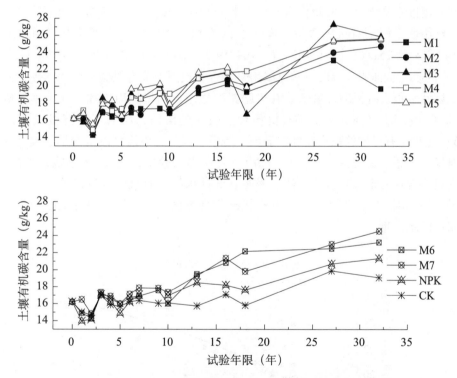

图42-1　长期施用有机肥红壤性水稻土有机碳含量的变化

通过分析土壤有机碳含量与有机肥试验年限的关系（表42-2）可以看出，各处理土壤有机碳含量与施肥年限具有显著的相关关系（$p<0.001$），线性拟合的回归方程表明，各有机肥处理的土壤有机碳含量随着施肥年限的增加而逐渐提高，有机碳的增加速率为0.19g~0.32g/（kg·a），且有机肥处理的土壤有机碳增速明显较高，这与许多研究结果（李继明等，2011；余喜初等，2013；马力等，2009）相似。

表 42 - 2　土壤有机碳的变化率及其与试验年限的回归方程

处　理	1981 年有机碳含量（g/kg）	2012 年有机碳含量（g/kg）	变化率（%）	回归方程	p	R^2	样本数（n）
M1	16.22	19.74	21.72	$y = 0.193\,3x + 15.84$	5.8×10^{-5}	0.724 2	15
M2	16.22	24.74	52.52	$y = 0.298\,9x + 15.389$	1.3×10^{-8}	0.922 7	15
M3	16.22	25.87	59.46	$y = 0.322\,6x + 15.91$	4.5×10^{-5}	0.733 8	15
M4	16.22	25.52	57.34	$y = 0.316\,3x + 16.214$	1.5×10^{-9}	0.944 7	15
M5	16.22	25.61	57.88	$y = 0.300\,5x + 16.524$	9.0×10^{-7}	0.853 1	15
M6	16.22	23.23	43.20	$y = 0.279\,5x + 15.209$	6.9×10^{-7}	0.858 9	15
M7	16.22	24.55	51.34	$y = 0.277\,7x + 15.548$	7.7×10^{-9}	0.929 0	15
NPK	16.22	21.34	31.56	$y = 0.198\,1x + 15.047$	6.9×10^{-6}	0.825 5	15
CK	16.22	19.10	17.78	$y = 0.117\,2x + 15.266$	3.3×10^{-4}	0.641 6	15

2. 有机碳含量和有机肥投入量的关系

在红壤性水稻土上，长期投入有机肥料可以显著提高土壤有机碳含量。图 42 - 2 显示，红壤性水稻土有机碳含量与有机肥的累积施用量可以用米氏方程函数来描述 [$Y = 16.01 + 20.75x/(x + 183.40)$，$R^2 = 0.759\,5^{**}$]。Cong 等（2012）和 Zhang 等（2012）的研究也证明，米氏方程可以用来拟合和预测土壤有机碳的变化与碳投入的关系。红壤性水稻土有机碳含量随着有机肥累积施用量的增加而增加，在土壤有机碳含量达到 36.76g/kg 之前，是土壤有机质积累较快的阶段，而当土壤有机碳含量高于 36.76g/kg 时，有机质的积累速度明显趋于缓慢，因此，该值可以认为是红壤性水稻土土壤有机质积累平衡的转折点（或阈值）。而在本试验中，连续 32 年施猪粪的处理，土壤有机质含量尚未达到这一阈值，表明红壤性水稻土有机碳含量仍处于有机质较快积累的区间。因此在红壤性水稻土的有机碳管理方面，可以用土壤有机碳的阈值来指导有机肥的施用量。

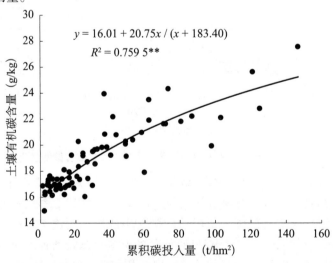

图 42 - 2　红壤性水稻土有机肥累积投入量与土壤有机碳的关系（1981—2007 年）

（二）红壤性水稻土氮素的演变规律

1. 土壤全氮含量的变化趋势

土壤全氮水平受不同有机肥种类、用量和施用时间的影响（图42－3），单独施用绿肥的处理土壤全氮含量显著高于 CK 和 NPK 处理（$p < 0.05$），连续施肥32年时，M1（早稻施绿肥）和 M2（早稻施2倍绿肥）处理的全氮含量比试验前分别提高14.36%和47.73%；在试验前期，M1 和 M2 处理的土壤全氮与 CK 差异不大，但是，随着试验年限的延长，在32年时，M2 处理的全氮含量比 CK 处理增加了25.6%；猪粪和绿肥（稻草）配合施用处理的土壤全氮显著高于 CK（$p < 0.05$），连续施肥32年，M3（早稻施绿肥和猪粪）、M4（早稻施绿肥晚稻施猪粪）和 M5（早稻施绿肥、晚稻施猪粪和稻草冬季还田）处理的全氮含量分别比试验前提高了58.51%、54.48%和55.20%，比 CK 处理增加了34.7%、31.3%和31.9%。绿肥和稻草还田配合处理的土壤全氮含量显著高于 CK（$p < 0.05$），在试验的32年，M6（早稻施绿肥和稻草冬季还田）和 M7（早稻施绿肥和稻草夏季还田）处理的全氮含量分别比试验前提高了39.57%和42.88%，比 CK 处理增加了18.6%和21.4%。其中 M3、M4 和 M5 处理的全氮含量最高，说明在红壤性水稻土上，与施低量有机肥相比，高量有机肥的投入可以显著提高土壤的全氮含量，这与李继明等（2011）和鲁艳红等（2010）的研究结果相一致。

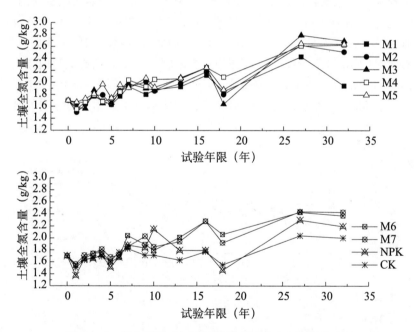

图42－3　长期施用有机肥红壤性水稻土全氮含量的变化

表42－3显示，在试验32年时，施用有机肥处理的土壤全氮含量比试验前增加了14.36%～58.51%，通过回归分析可以看出，土壤全氮含量与有机肥施用年限呈显著的线性相关关系（$p < 0.001$），当有机肥施用年限增加时，土壤全氮含量相应增加，增加速率为 0.016 8～0.034 5g/（kg·a），增速显著高于单施化肥（NPK）和不施肥（CK）处理。

表 42-3　土壤全氮的变化率及其与试验年限的回归方程

处　理	1981年全氮含量（g/kg）	2012年全氮含量（g/kg）	变化率（%）	回归方程	p	R^2	样本数（n）
M1	1.7	1.94	14.36	$y = 0.0168x + 1.6804$	9.55×10^{-4}	0.5810	15
M2	1.7	2.51	47.73	$y = 0.0296x + 1.6162$	5.43×10^{-6}	0.8069	15
M3	1.7	2.69	58.51	$y = 0.0345x + 1.5856$	3.30×10^{-5}	0.7464	15
M4	1.7	2.63	54.48	$y = 0.033x + 1.638$	1.03×10^{-8}	0.9256	15
M5	1.7	2.64	55.20	$y = 0.0294x + 1.6977$	1.91×10^{-6}	0.8351	15
M6	1.7	2.37	39.57	$y = 0.0273x + 1.6234$	2.49×10^{-6}	0.8284	15
M7	1.7	2.43	42.88	$y = 0.0265x + 1.6395$	1.19×10^{-6}	0.8465	15
NPK	1.7	2.19	28.96	$y = 0.0187x + 1.5871$	6.29×10^{-3}	0.4487	15
CK	1.7	2.00	17.82	$y = 0.011x + 1.6075$	3.31×10^{-3}	0.4975	15

2. 土壤碱解氮含量的变化趋势

施用有机肥对土壤碱解氮含量的影响表现出 2 个明显的阶段性变化，试验的前 10 年间，由于补施的化肥量较小，所有处理的土壤碱解氮含量基本在试验前的水平波动；10 年以后，土壤碱解氮含量表现为在波动中持续增加（图 42-4）。单独施绿肥处理的土壤碱解氮含量显著高于 CK 和 NPK 处理（$p < 0.05$），连续施肥 27 年时，M1（早稻施绿肥）和 M2（早稻施 2 倍绿肥）处理的土壤碱解氮含量分别比试验前提高 36.4% 和 46.1%，比 CK 增加 15.3% 和 23.5%；M3（早稻施绿肥和猪粪）、M4（早稻施绿肥和晚稻施猪粪）和 M5（早稻施绿肥、晚稻施猪粪和稻草冬季还田）处理分别比试验前提

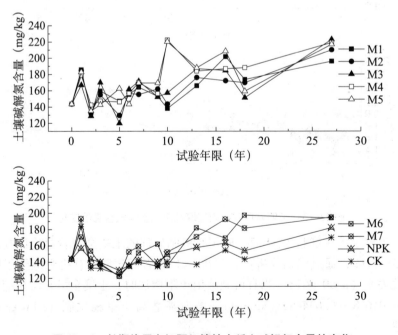

图 42-4　长期施用有机肥红壤性水稻土碱解氮含量的变化

高了 55.2%、52.4% 和 51.0%，比 CK 处理增加了 31.2%、28.8% 和 27.6%。M6（早稻施绿肥和稻草冬季还田）和 M7（早稻施绿肥和稻草夏季还田）处理分别比试验前提高 35.0% 和 35.78%，比 CK 增加 14.1% 和 14.7%。其中 M3、M4 和 M5 的碱解氮含量最高，说明在红壤性水稻土上，施用猪粪对改善土壤氮的有效供应好于绿肥和稻草。

土壤碱解氮的变化率与全氮基本一致，表 42-4 显示，试验 27 年时，施用有机肥处理的土壤碱解氮含量比试验前增加了 35%~55.18%，且有机肥投入量较高的处理（M3 和 M4、M5 处理）增幅较大，同样显著高于 NPK 处理和 CK 处理（$p < 0.05$）。通过回归分析发现，土壤碱解氮含量与施肥年限有显著相关关系（$p < 0.05$），施用有机肥的土壤碱解氮增速为 2.0mg/(kg·a) 左右。

表 42-4　土壤碱解氮的变化率及其与试验年限的回归方程

处　理	1981 年碱解氮含量（mg/kg）	2007 年碱解氮含量（mg/kg）	变化率（%）	回归方程	p	R^2	样本数（n）
M1	143.7	196	36.40	$y = 1.723\,8x + 147.3$	0.022 3	0.391 0	14
M2	143.7	210	46.14	$y = 1.960\,1x + 143.24$	0.008 8	0.478 2	14
M3	143.7	223	55.18	$y = 2.348\,9x + 141.83$	0.009 0	0.476 6	14
M4	143.7	219	52.40	$y = 2.603\,8x + 149.06$	0.003 2	0.560 4	14
M5	143.7	217	51.01	$y = 2.454\,8x + 150.4$	0.014 5	0.433 0	14
M6	143.7	194	35.00	$y = 2.142\,5x + 138.69$	0.007 3	0.495 2	14
M7	143.7	195	35.70	$y = 1.984\,5x + 141.55$	0.023 3	0.386 6	14
NPK	143.7	182	26.65	$y = 1.345\,3x + 136.91$	0.002 5	0.579 3	14
CK	143.7	170	18.30	$y = 0.623\,4x + 138.37$	0.328 3	0.086 9	14

（三）红壤性水稻土磷素的演变规律

1. 土壤全磷含量的变化趋势

从图 42-5 可以看出，长期施用不同有机肥土壤全磷含量有显著差异。施有机肥的处理（除 M1）土壤全磷含量均有增加，施猪粪处理（M3、M4 和 M5）明显高于不施猪粪处理（M1 和 M2）；从有机肥种类来看，猪粪好于紫云英（绿肥或稻草）。单独施绿肥的 M2 处理的土壤全磷含量，32 年时比试验前提高 17.10%，比 CK 处理增加了 41.0%，但却明显低于 NPK 处理；猪粪和绿肥（稻草）配合施用的土壤全磷含量显著高于 CK 和 NPK 处理（$p < 0.05$），32 年时，M3、M4 和 M5 处理的全磷含量比试验前分别提高了 144.6%、127.3% 和 181.6%，比 CK 处理分别增加了 194.7%、173.7% 和 179.0%；紫云英（绿肥）和稻草还田配合的土壤全磷显著高于 CK 处理（$p < 0.05$），32 年时，M6 和 M7 处理比试验前分别升高 5.2% 和 7.9%，比 CK 处理分别增加 26.7% 和 30.0%，但明显低于 NPK 处理。其中 M3、M4 和 M5 处理的全磷增加幅度最大，说明在红壤性水稻土上，猪粪对土壤全磷积累的贡献好于紫云英和稻草，可能是猪粪的含磷量高于紫云英和稻草所致（刘晓玲等，2011）。

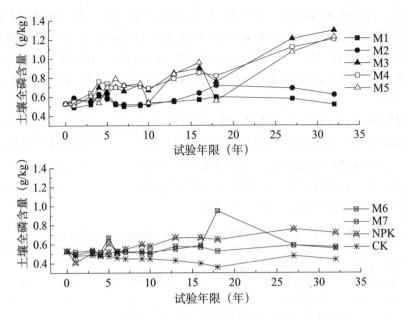

图 42 - 5　长期施用有机肥红壤性水稻土全磷含量的变化

在红壤性水稻土上，施用有机肥可以显著提高土壤全磷含量。在所有处理中，紫云英（绿肥）和猪粪配合的措施可以大幅提升土壤全磷含量，回归方程表明（表 42 - 5），土壤全磷含量随试验年限的增加而显著增加（$p < 0.05$），增加速率在 0.018 8 ~ 0.023g/（kg·a），其他处理（除 NPK）则相关性不显著（黄庆海等，2000；宋春等，2009）。

表 42 - 5　土壤全磷的变化率及其与试验年限的回归方程

处　理	1981 年含量（g/kg）	2012 年含量（g/kg）	变化率（%）	回归方程	p	R^2	样本数（n）
M1	0.53	0.52	-2.19	$y = 0.000\ 7x + 0.54$	0.208 9	0.025 1	14
M2	0.53	0.62	17.10	$y = 0.004\ 2x + 0.540\ 1$	0.013 8	0.362 3	14
M3	0.53	1.30	144.62	$y = 0.023x + 0.522\ 6$	0.000 0	0.919 5	14
M4	0.53	1.20	127.26	$y = 0.018\ 8x + 0.570\ 2$	0.000 0	0.913 2	14
M5	0.53	1.23	131.64	$y = 0.019\ 2x + 0.531\ 1$	0.005 9	0.691 4	14
M6	0.53	0.56	5.20	$y = 0.004x + 0.530\ 9$	0.116 0	0.106 3	14
M7	0.53	0.57	7.93	$y = 0.001\ 7x + 0.524\ 9$	0.136 3	0.225 3	14
NPK	0.53	0.72	35.84	$y = 0.009\ 4x + 0.483\ 4$	0.000 0	0.828	14
CK	0.53	0.44	-16.84	$y = -0.002\ 1x + 0.478\ 9$	0.046 1	0.246 2	14

2. 土壤有效磷含量的变化趋势

所有施肥处理的土壤有效磷含量均随试验年限的延长有升高趋势，不施肥处理则缓慢下降（图 42 - 6）。单独施绿肥的处理土壤有效磷含量缓慢提高，27 年时，M1 和 M2 处理的有效磷含量比试验前分别升高了 43.7% 和 122.3%，比 CK 处理分别增加了 143.7% 和 168.0%；猪粪和绿肥（稻草）配合施用的土壤有效磷提高最快，27 年时，

M3（早稻施绿肥和猪粪）、M4（早稻施绿肥和晚稻施猪粪）和M5（早稻施绿肥、晚稻施猪粪和稻草冬季还田）处理分别比试验前升高864.1%、757.3%和676.7%，比CK处理增加384.7%、426.3%和405.3%；绿肥和稻草还田配合的土壤有效磷提高幅度与单施绿肥相近，27年时，M6和M7处理比试验前分别升高32.0%和45.6%，比CK处理分别增加136.8%和101.7%；除施用猪粪的处理外，其他处理的土壤有效磷含量均低于NPK处理。不同有机肥种类对土壤有效磷的贡献表现为猪粪＞紫云英（绿肥）＞稻草。

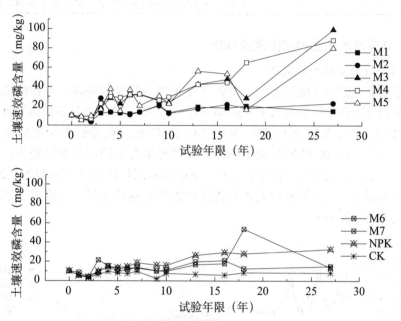

图42-6 长期施用有机肥红壤性水稻土有效磷含量的变化

表42-6显示，不同有机肥施用措施对土壤有效磷的提升幅度有明显差异。试验27年时，除了CK处理之外，所有施肥处理的土壤有效磷含量均有不同幅度的增加，但不同有机肥种类的差异较大，猪粪和紫云英配施处理的土壤有效磷显著提高（$p <$ 0.05），通过土壤有效磷与试验年限的回归分析发现，M3、M4和M5处理的土壤有效磷增速为2.1～2.7mg/（kg·a）。

表42-6 土壤有效磷的变化率及其与试验年限的回归方程

处 理	1981年有效磷含量（mg/kg）	2007年有效磷含量（mg/kg）	变化率（%）	回归方程	p	R^2	样本数（n）
M1	10.3	14.8	43.69	$y = 0.403x + 10.204$	0.015 3	0.399 5	14
M2	10.3	22.9	122.33	$y = 0.467\ 2x + 11.253$	0.042 6	0.300 1	14
M3	10.3	99.3	864.08	$y = 2.718\ 2x + 6.546\ 8$	0.000 0	0.781 2	14
M4	10.3	88.3	757.28	$y = 2.799\ 6x + 8.855\ 8$	0.000 0	0.910 9	14
M5	10.3	80	676.70	$y = 2.161\ 7x + 10.898$	0.001 1	0.604 5	14
M6	10.3	13.6	32.04	$y = 0.708\ 9x + 9.140\ 6$	0.107 8	0.201 1	14

（续表）

处　理	1981 年有效磷含量（mg/kg）	2007 年有效磷含量（mg/kg）	变化率（%）	回归方程	p	R^2	样本数（n）
M7	10.3	15	45.63	$y = 0.328\,1x + 9.677\,3$	0.035 1	0.319 6	14
NPK	10.3	32.8	218.45	$y = 1.085\,9x + 7.804\,7$	0.000 0	0.865 1	14
CK	10.3	8.3	−19.42	$y = 0.022\,5x + 6.939\,2$	0.808 3	0.005 1	14

（四）红壤性水稻土钾素的演变规律

1. 土壤全钾含量的变化趋势

长期施用有机肥的红壤性水稻土全钾含量表现为明显的耗竭，各有机肥处理的土壤全钾含量均显著低于试验前水平（$p < 0.05$）（图 42 − 7），并且不同施肥处理间差异较小。32 年时，M1、M2、M3、M4、M5、M6 和 M7 处理的全钾含量比试验前降低了14.5% ~ 17.7%；与 CK 和 NPK 显著不差异，可能是有机肥中含钾量较小，或是施用有机肥后，土壤中的微生物活性增强，对土壤钾的利用性增加（李继明等，2011）。说明在红壤性水稻土上，长期施用有机肥需要增加钾肥的施用量，以维持土壤中的钾素平衡（余喜初等，2013）。

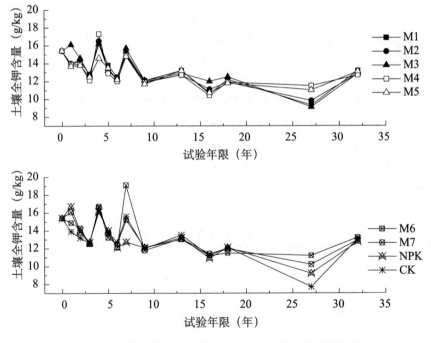

图 42 − 7　长期施用有机肥红壤性水稻土全钾含量的变化

土壤全钾对长期施用有机肥的响应不明显，表 42 − 7 显示，在试验 32 年时，土壤全钾含量均显著下降（$p < 0.05$），施用有机肥对土壤全钾的下降没有明显的改善作用。从土壤全钾含量与试验年限的关系可以得出，各处理全钾下降的速率在 0.1g/（kg·a）左右。

表 42 - 7　土壤全钾的变化率及其与试验年限的回归方程

处　理	1981 年全钾含量（g/kg）	2012 年全钾含量（g/kg）	变化率（%）	回归方程	p	R^2	样本数（n）
M1	15.41	13.17	-14.54	$y = -0.1177x + 14.394$	0.0177	0.3863	14
M2	15.41	12.84	-16.67	$y = -0.1163x + 14.342$	0.0144	0.4049	14
M3	15.41	12.86	-16.54	$y = -0.1332x + 14.766$	0.0099	0.4382	14
M4	15.41	12.68	-17.74	$y = -0.0929x + 14.055$	0.0659	0.2543	14
M5	15.41	13.09	-15.05	$y = -0.0801x + 13.818$	0.0396	0.3074	14
M6	15.41	13.22	-14.18	$y = -0.0981x + 14.348$	0.0332	0.3254	14
M7	15.41	12.93	-16.11	$y = -0.1293x + 14.959$	0.0521	0.2792	14
NPK	15.41	12.74	-17.34	$y = -0.1359x + 14.527$	0.0092	0.4446	14
CK	15.41	13.05	-15.32	$y = -0.1321x + 14.432$	0.0205	0.3724	14

2. 土壤速效钾含量的变化趋势

在本试验条件下，施有机肥施不能改善土壤的供钾能力，各有机肥处理的土壤速效钾含量在试验第一年就显著低于试验前水平（$p < 0.05$）（图 42 - 8），并一直在较低的水平上下波动，32 年时土壤速效钾比试验前降低了 60.0% 左右；各施肥处理间及与 CK 处理无显著差异。

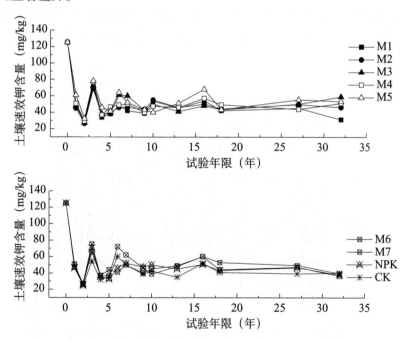

图 42 - 8　长期施用有机肥红壤性水稻土速效钾含量的变化

长期施有机肥土壤速效钾的变化趋势与全钾基本吻合。在试验 32 年时，土壤速效钾含量显著低于试验前（$p < 0.05$），但各处理间差异不显著，说明施有机肥不能增加土壤的速效钾含量。从回归分析结果可以看出（表 42 - 8），土壤速效钾含量与有机肥施用量和种类之间没有显著的相关关系。

表 42 - 8 土壤速效钾的变化率及其与试验年限的回归方程

处 理	1981 年速效钾含量（mg/kg）	2012 年速效钾含量（mg/kg）	变化率（%）	回归方程	p	R^2	样本数（n）
M1	125.1	31.33	-74.95	$y = -0.847\ 5x + 58.394$	0.205 1	0.120 4	15
M2	125.1	46.17	-63.10	$y = -0.501\ 7x + 56.288$	0.445 7	0.045 4	15
M3	125.1	59.00	-52.84	$y = -0.441\ 2x + 58.167$	0.509 8	0.034 1	15
M4	125.1	51.00	-59.23	$y = -0.582\ 3x + 59.159$	0.374 0	0.061 2	15
M5	125.1	53.33	-57.37	$y = -0.548\ 7x + 62.546$	0.403 0	0.054 4	15
M6	125.1	39.50	-68.43	$y = -0.583\ 9x + 58.156$	0.385 5	0.058 4	15
M7	125.1	36.50	-70.82	$y = -0.792\ 8x + 61.186$	0.245 1	0.102 3	15
NPK	125.1	38.00	-69.62	$y = -0.688\ 7x + 57.311$	0.305 2	0.080 6	15
CK	125.1	40.17	-67.89	$y = -0.736\ 7x + 55.539$	0.277 5	0.089 9	15

三、长期施用有机肥红壤性水稻土耕层厚度的变化

长期施用有机肥对红壤性水稻土的耕层厚度有一定影响，图 42 - 9 显示，与 CK 和 NPK 处理相比，除 M6 和 M7 处理之外，长期施用有机肥可显著增加土壤耕层的厚度（$p < 0.05$），在试验的 32 年时，有机肥处理的土壤耕层厚度增加最多的达 2.5cm 左右。耕层深度的增加，扩大了土壤养分库的容量，拓展了作物根系生长的空间，为水稻的高产奠定了物质基础。

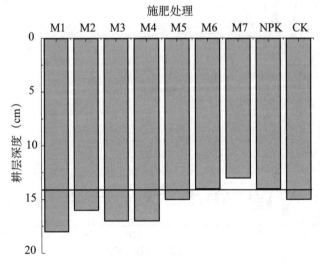

图 42 - 9 长期施用有机肥土壤耕层深度的变化（2012 年）

四、作物产量对长期施用有机肥的响应

不同有机肥种类和施用措施对水稻产量的影响较大（表 42 - 9），有机肥施用量高

的处理水稻产量高于施用量低的处理。不同肥料种类之间，水稻产量以施用猪粪处理 > NPK > 施用绿肥（紫云英）处理 > 施用稻草处理。与 CK 处理相比，M1、M2、M3、M4、M5、M6、M7 处理的水稻产量在 30 年间的平均分别提高了 48.6%、55.1%、67.0%、66.6%、70.9%、54.3% 和 55.4%；随着试验年限的增加，不同施肥措施的产量提升效果不一，M1、M2、M3、M4、M5、M6、M7 处理在试验 30 年的水稻产量比试验第一年的相应处理增加了 11.8%、18.9%、19.6%、21.2%、33.8%、17.5% 和 0.8%。可以看出，绿肥和猪粪相互配合的有机肥处理（M3、M4、M5）的增产幅度较大（黄欠如等，2006；高菊生等，2005；刘守龙等，2007）。

表 42 - 9 长期施用有机肥作物产量的变化

处 理	1981—1985 年		1986—1990 年		1991—1995 年		1996—2000 年		2000—2005 年		2006—2010 年	
	均产 (t/hm²)	增产率 (%)	均产 (t/hm²)	增产率 (%)	均产 (t/hm²)	增产率 (%)	均产 (t/hm²)	增产率 (%)	均产 (t/hm²)	增产率 (%)	均产 (t/hm²)	增产率 (%)
M1	8.40	30.15	8.37	46.59	8.86	72.65	8.61	47.84	9.55	37.92	9.27	50.97
M2	8.75	35.52	8.77	53.69	9.16	78.34	9.08	55.98	9.89	42.89	9.70	58.05
M3	9.46	46.48	9.62	68.55	9.97	94.12	9.76	67.68	10.20	47.38	10.51	71.28
M4	9.30	44.02	9.42	65.00	9.97	94.40	10.05	72.66	10.38	49.97	10.35	68.56
M5	9.51	47.31	9.83	72.15	10.01	94.89	10.23	75.62	10.78	55.80	10.66	73.76
M6	8.62	33.45	8.51	49.02	9.14	77.99	9.27	59.25	9.91	43.15	9.58	56.14
M7	8.77	35.83	8.86	55.21	9.36	82.32	9.11	56.36	9.77	41.22	9.54	55.41
NPK	9.13	41.47	9.21	61.31	9.41	83.19	8.77	50.60	9.59	38.62	9.81	59.78
CK	6.46	—	5.71	—	5.13	—	5.82	—	6.92	—	6.14	—

五、长期施用有机肥红壤性水稻土重金属元素的累积

猪粪作为有机肥还田具有悠久的历史，众多研究表明，施用含有丰富有机质和氮、磷养分的猪粪可以显著提高土壤肥力（Qureshi 等，2008），促进作物生长，提高作物产量（Bi 等，2009；Huang 等，2009）。但是随着社会和经济的发展，规模化养殖已成为当前农村生猪饲养的主体，规模化养猪过程中大量使用含有铜（Cu）、锌（Zn）的饲料及添加剂，使得猪粪中 Cu、Zn 含量普遍较高，这给猪粪还田利用带来了巨大的潜在风险（Cang 等，2004）。对北京、江苏等 7 省市的畜禽粪便样品的分析结果表明，猪粪中的 Cu、Zn 含量普遍较高，最高浓度分别达到了 1 591mg/kg 和 8 710mg/kg，至少有 20% ~ 30% 的样品超出我国污泥农用标准（GB 4284—1984）（Zhang 等，2005）。而有关猪粪农用的研究也显示，长期施用来源于规模养殖场的猪粪，农田（菜地）表层土壤中的 Cu、Zn 总量升高，生物可利用态比例增加，这给农产品安全和生态环境带来了巨大的威胁（Wang 等，2008；Li 等，2010；Hao 等，2008；Hölzel 等，2012）。因此，揭示长期施用猪粪农田土壤 Cu、Zn 累积规律及形态变化特征，估算不同土壤类型农田猪粪的承载力对于制定合理的猪粪还田模式及维护区域生态环境安全具有重要意义

（Zeng 等，2013）。然而，现有大部分研究都集中在施用猪粪后土壤及作物重金属含量的变化上（Wang 等，2008；Li 等，2010；Hao 等，2008；Hölzel 等，2012），仅有的关于长期施用猪粪农田重金属累积规律的研究也集中在旱地上（Liu 等，2009），尚缺乏长期施用猪粪红壤性水稻土土壤中 Cu、Zn 含量演变规律方面的研究。因此，本研究以30 年红壤性水稻土有机肥定位试验中包含的猪粪、绿肥和水稻秸秆等有机肥种类为对象，重点分析不同猪粪施用年限土壤中 Cu、Zn 的含量，揭示长期施用猪粪红壤性水稻土土壤中 Cu、Zn 的累积规律，为制定科学合理的猪粪利用模式、维护地区生态环境提供理论依据。

1. 长期施用猪粪对土壤全铜和有效铜含量的影响

施用猪粪对红壤性水稻土的全铜和有效铜含量均有显著影响。试验前 22 年间，连续施用猪粪尚未对土壤全量铜造成显著影响（图 42 - 10）。试验 30 年时，施用猪粪处理（M3 和 M4）的土壤全铜含量显著增加（$p < 0.05$），分别为 29.64mg/kg 和 31.47mg/kg，显著高于不施猪粪处理（$p < 0.05$）。不施猪粪处理（M7 和 NPK）的土壤全铜含量没有显著变化（$p > 0.05$）。猪粪年度内的施用时期（早稻施用或晚稻施用）对土壤全铜的累积没有显著影响。因此，长期持续施用猪粪显著增加了红壤性水稻土表层土壤的全铜含量，主要是近 10 年的变化量较大，可能与近年猪粪来源于生猪养殖场有关，而不施猪粪的稻田土壤全铜含量基本保持稳定。

在试验 30 年时，施用猪粪处理的土壤有效铜含量也显著增加，M3 和 M4 处理分别比试验前增加了 13.55mg/kg 和 10.94mg/kg（$p < 0.05$）（图 42 - 10），而不施猪粪处理的土壤有效铜含量虽有增加的趋势，但差异不显著。在试验进行的前 22 年间，土壤有效铜含量在各处理间差异不显著，随后，施用猪粪处理与不施猪粪处理间的差异逐渐扩大，试验 30 年时，施用猪粪的 M3 和 M4 处理土壤有效铜含量比化肥处理分别高11.03mg/kg 和 8.42mg/kg。猪粪年度内的施用时期（早稻施用或晚稻施用）对土壤有效铜的累积也没有显著影响。随着试验年限的增加，各个处理土壤有效铜含量占土壤全铜含量的比例均呈现逐步增加的趋势，连续施用猪粪 30 年，M3 和 M4 处理的土壤有效铜含量占全铜含量的比例分别为 57% 和 45%，显著高于对应的不施猪粪处理（$p < 0.05$）（表 42 - 10）。表明长期施用猪粪可以显著增加土壤有效铜含量，且土壤有效铜含量占全铜含量的比例也明显上升。

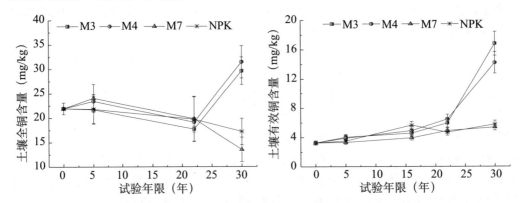

图 42 - 10　长期施用猪粪土壤全铜和有效铜含量的变化

表 42 - 10　不同试验年限土壤有效态铜、锌占其全量的比例

重金属元素	试验年限（年）	有效态占全量的比例（%）			
		M3	M4	M7	NPK
铜	0	14.9	14.9	14.9	14.9
	5	18.6	16.7	13.8	16.1
	22	33.7	33.9	24.8	23.7
	30	56.7	45.1	39.8	33.6
锌	0	5.3	5.3	5.3	5.3
	5	5.6	5.0	3.7	3.5
	22	9.8	7.4	5.0	4.8
	30	27.9	27.4	7.0	5.9

2. 长期施用猪粪对土壤全锌和有效锌含量的影响

施用猪粪显著影响红壤性水稻土的全锌和有效锌含量。随着试验年限的增加，施用猪粪处理的红壤性水稻土全锌含量显著增加（$p < 0.05$），而不施用猪粪的处理土壤全锌含量没有显著变化；试验 30 年时，连续施用猪粪的 M3 和 M4 处理土壤全锌含量分别为 66.78mg/kg 和 55.54mg/kg，显著高于不施猪粪处理（图 42 - 11）。与土壤全铜含量的变化趋势不同的是，土壤全锌累积还受到猪粪施用时期的影响，猪粪施用于早稻比施用于晚稻土壤全锌的累积量更大，差异达到显著水平（$p < 0.05$）；施用化肥处理的土壤全锌也表现出明显的累积趋势，连续施肥 30 年时，化肥处理的土壤全锌含量显著高于不施猪粪的有机肥处理（M7）（$p < 0.05$）。结果表明，长期施用猪粪显著增加土壤全锌含量，不施猪粪处理土壤全锌没有显著变化；猪粪施用于早稻土壤全锌的累积量要高于施用在晚稻上。

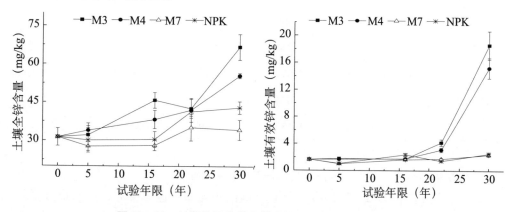

图 42 - 11　长期施用猪粪土壤全锌和有效锌含量的变化

与土壤全锌的累积规律基本一致，施用猪粪处理的土壤有效锌含量呈逐步增加的趋势，而不施猪粪的有机肥处理和化肥处理的土壤有效锌含量基本保持稳定（图 42 - 11）。连续施用猪粪 22 年，土壤有效锌含量呈快速增长的趋势，在 2002—2010 年的 8 年间，M3 和 M4 处理的土壤有效锌含量分别相应增加了 14.43mg/kg 和 12.14mg/kg，而试验进行的前 22 年则分别增加了 2.52mg/kg 和 1.44mg/kg。30 年时，施用猪粪的

M3 和 M4 处理的土壤有效锌含量比化肥处理分别显著增加 16.06mg/kg 和 12.69mg/kg（$p < 0.01$）。猪粪施用于早稻或晚稻，土壤有效锌的累积量没有显著差异（$p < 0.05$）。随着试验年限的增加，施用猪粪处理的土壤有效锌含量占土壤全锌含量的比例也呈逐步增加的趋势，试验 30 年时，M3 和 M4 处理的土壤有效锌含量占全锌含量的比例分别为 27.9% 和 27.4%，显著高于不施猪粪处理（表 42 - 9）。这一结果表明，长期施用猪粪可显著增加土壤有效锌含量，尤其是在连续施用 22 年（2002 年以后）有效锌的累积量显著增加；同时土壤有效锌含量占全锌含量的比例也显著提高。

3. 长期施用猪粪土壤全铜、全锌的积累速率

土壤全铜（Cu）、全锌（Zn）的累积速率存在两个差异明显的阶段（表 42 - 11）。1981—2002 年，施用猪粪处理土壤全铜、全锌含量变化幅度较小，而 2002—2010 年间，土壤全铜、全锌含量呈现快速积累，累积速率分别为 $1.49 \sim 1.54$mg/(kg·a) 和 $1.69 \sim 3.02$mg/(kg·a)，显著高于此前的累积速率。未施用猪粪的处理土壤全铜没有出现积累现象；单施化肥处理（NPK）的土壤全锌在 2002—2010 年出现较为明显的积累，积累速率为 1.58mg/(kg·a)，可能与化肥中含有一定量的锌有关。

本研究中，每年施用猪粪 22 500kg/hm² 的处理，连续施用 30 年，土壤全铜、全锌的含量均未超过我国土壤环境质量标准中的二级标准（GB 15618—1995）（Cu 和 Zn 的标准值分别为 50mg/kg、200mg/kg），尚未形成明显的重金属污染。但是土壤铜、锌在连续施用猪粪 22 年时（即 2002 年以后）出现快速增长的现象，预示长期持续施用猪粪可能会带来环境污染的风险。

表 42 - 11　不同试验年限土壤全铜、全锌的累积速率

重金属元素	试验年限	处　理 [mg/(kg·a)]			
		M3	M4	M7	NPK
全　铜	1981—2002 年	—	—	—	—
	2002—2010 年	1.490	1.541	—	—
	1981—2010 年	0.256	0.317	—	—
全　锌	1981—2002 年	0.512	0.485	0.176	—
	2002—2010 年	3.024	1.693	—	1.583
	1981—2010 年	1.182	0.807	0.098	0.390

注："—"表示累积速率为负值

4. 长期施用猪粪红壤性水稻土铜、锌超标的风险分析

以本定位试验中 2002—2010 年土壤重金属的年均累积速率推算，按照现有猪粪施用量[即 22.5t/(hm²·a]施用猪粪（以本试验 NPK 处理 2010 年的含量为参考值），红壤性水稻土铜和锌含量分别在 21.6 年和 66.5 年后达到国家土壤质量二级标准，即达到污染水平（表 42 - 12）。从本试验的结果可以看出，长期施用猪粪土壤铜超标的风险较大，而锌超标的风险相对较小。以本试验土壤铜的累积速率为依据，要维持土壤铜含量在 50 年内不超标，红壤性水稻土施用猪粪的量应不超过 9.73t/(hm²·a)。

表 42 – 12　长期施用猪粪红壤性水稻土铜、锌超标时间及猪粪承载力

元　素	累积速率 [mg/(kg·a)]	2010 年 NPK 处理的含量 (mg/kg)	国标二级 (≤mg/kg)	超标时间 (a)	鲜猪粪承载力 [t/(hm²·a)]
Cu	1.52	17.24	50	21.6	9.73
Zn	2.36	43.03	200	66.5	29.94

5. 基于土壤肥力演变的猪粪安全施用技术

施用猪粪显著提高了水稻产量和土壤有机碳含量，与施化肥处理（NPK）相比，产量增加了 10.3% ~ 12.0%，土壤有机碳含量增加了 18.8% ~ 23.7%，但是施猪粪对红壤性水稻土的酸化阻控作用较小。在试验 30 年后，分别在早稻和晚稻施用猪粪的处理（M3 和 M4）其土壤 pH 值与未施肥对照无显著差异。此外，施用猪粪的土壤铜、锌含量亦显著增加，与施用化肥处理相比，M3 和 M4 处理的铜含量增加了 72.0% ~ 82.6%、锌含量增加了 29.1% ~ 55.2%，但是均未超过国家土壤环境质量二级标准（GB 15618—1995）。按照现行猪粪施用量 22.5t/(hm²·a) 推算，土壤铜、锌含量确保安全水平的施用时间分别还有 21 年、66 年。在连续施用猪粪的条件下，若要维持土壤铜、锌含量 50 年内不超标，则红壤性水稻土的猪粪施用量不应超过 9.5t/(hm²·a)。

六、主要结论与研究展望

（一）主要结论

在红壤性水稻土上，长期施用有机肥，土壤有机碳和氮、磷养分富集效果明显，且明显高于不施肥处理和氮磷钾化肥处理，但土壤钾素呈耗竭趋势；与 CK 和 NPK 处理相比，不同有机肥配比措施有效降低了土壤容重，增加了土壤耕层厚度。长期施用有机肥的水稻产量高于或相当于氮磷钾化肥处理。

在本试验中，由于后期施用的猪粪来源于生猪规模化养殖场，猪粪中铜、锌含量较高，导致施用猪粪的土壤全铜、全锌的含量显著增加，与施化肥的处理相比，施猪粪处理 30 年时的土壤全铜、全锌含量分别增加了 72.0% ~ 82.6%、29.1% ~ 55.2%，但均未超过国家土壤环境质量二级标准（GB 15618—1995）。按照现行的猪粪施用量 22.5t/(hm²·a) 推算，土壤全铜、全锌含量维持在不超标的猪粪可施用年限分别还有 21 年、66 年。若维持土壤铜、锌含量 50 年内不超标，则红壤性水稻土的猪粪施用量应不超过 9.5t/(hm²·a)。

（二）存在问题和研究展望

1. 存在的主要问题

（1）有机肥施用技术问题。在本试验中，有机肥的施用主要是参考当时的施用技术，但是目前先进的有机肥施用技术是将猪粪发酵或腐熟后还田，而紫云英则是过腹还田，此外，在有机肥施用中添加腐解剂也是当前的主推技术。因此，本试验的有机肥施用方法与生产实践中有一定差异。

（2）有机肥（紫云英、猪粪和秸秆）的养分定量问题。本试验中有机肥的用量是按照鲜重计算的，但在目前看来，不同时期的猪粪的含水量不同，且养分差异也较大，

因而导致有机肥的养分量化不够精确。

（3）猪粪的来源问题。本试验后期的猪粪主要来源于小规模养殖场，但是由于饲料添加剂中含有较高的铜和锌，导致猪粪中的铜、锌含量较高，施用后土壤中铜、锌等重金属元素的积累加快，从而可能诱发土壤重金属污染的环境风险。

2. 研究展望

（1）关于土壤的中微量元素养分的变化。开展长期有机肥管理措施对土壤中的中微量元素影响的研究，通过分析历史土壤样品中的中微量元素含量，深入探讨中微量元素的演变趋势。

（2）关于土壤动物和微生物种群的变化。探讨有机肥管理措施对土壤动物和微生物群落结构的影响：采集新鲜土壤样品，分析土壤动物的变化，并结合培养实验，研究有机肥对土壤微生物群落结构的影响。

（3）关于土壤水分、养分库容的变化。研究施用不同有机肥红壤性水稻土水分、养分库容的变化及其对季节性干旱的响应机制：通过田间原位监测土壤裂隙和优先流变化的趋势，并利用压力膜仪器分析水分特征曲线，以期明确在施有机肥的条件下土壤水分、养分库容的变化和水稻耐逆境的能力等。

黄庆海、柳开楼、黄欠如、叶会财、余喜初、李大明、徐小林、胡惠文

参考文献

[1] 鲍士旦.2000，土壤农化分析［M］.北京：中国农业出版社.

[2] 包耀贤，黄庆海，徐明岗，等.2012.长期不同施肥下红壤性水稻土综合肥力评价及其效应［J］.植物营养与肥料学报，19（1）：78-85.

[3] 冯颖竹，陈惠阳，余土元，等.2012.中国酸雨及其对农业生产影响的研究进展［J］.中国农学通报，28（11）：306-311.

[4] 高菊生，徐明岗，王伯仁，等.2005.长期有机无机肥配施对土壤肥力及水稻产量的影响［J］.中国农学通报，21（8）：211-214.

[5] 黄庆海，李茶苟，赖涛，等.2000.长期施肥对红壤性水稻土磷素积累与形态分异的影响［J］.土壤与环境，9（4）：290-293.

[6] 黄欠如，胡锋，袁颖红，等.2007.长期施肥对红壤性水稻土团聚体特征的影响［J］.土壤，39（4）：608-613.

[7] 黄欠如，胡锋，李辉信，等.2006.红壤性水稻土施肥的产量效应及与气候，地力的关系［J］.土壤学报，43（6）：926-933.

[8] 黄运湘，王改兰，冯跃华，等.2005.长期定位试验条件下红壤性水稻土有机质的变化［J］.土壤通报，36（2）：181-184.

[9] 姜丽娜，敬岩，符建荣，等.2010.有机肥提升高产稻田生产力及土壤生物活性作用研究［J］.土壤通报，41（4）：892-897.

[10] 赖庆旺，李茶苟，黄庆海.1992.红壤性水稻土无机肥连施与土壤结构特性的研究［J］.土壤学报，29（2）：168-174.

[11] 李继明，黄庆海，袁天佑，等.2011.长期施用绿肥对红壤性水稻土水稻产量和土壤养分的影响［J］.植物营养与肥料学报，17（3）：563-570.

[12] 刘守龙，童成立，吴金水，等.2007.等氮条件下有机无机肥配比对水稻产量的影响探讨［J］.土壤学报，44（1）：106-112.

[13] 刘晓玲，宋照亮，单胜道，等. 2011. 畜禽粪肥施加对嘉兴水稻土总磷，有机磷和有效磷分布的影响 [J]. 浙江农林大学学报，28（1）：33 – 39.

[14] 鲁艳红，杨曾平，郑圣先，等. 2010. 长期施用化肥，猪粪和稻草对红壤水稻土化学和生物化学性质的影响 [J]. 应用生态学报，21（4）：921 – 929.

[15] 马力，杨林章，慈恩，等. 2009. 长期不同施肥处理对水稻土有机碳分布变异及其矿化动态的影响 [J]. 土壤学报，46（6）：1 050 – 1 058.

[16] 宋春，韩晓增. 2009. 长期施肥条件下土壤磷素的研究进展 [J]. 土壤，41（1）：21 – 26.

[17] 佟德利，徐仁扣，顾天夏. 2012. 施用尿素和硫酸铵对红壤硝化和酸化作用的影响 [J]. 生态与农村环境学报，28（4）：404 – 409.

[18] 吴道铭，傅友强，于智卫，等. 2013. 我国南方红壤酸化和铝毒现状及防治 [J]. 土壤，45（4）：577 – 584.

[19] 向仁军，柴立元，张青梅，等. 2012. 中国典型酸雨区大气湿沉降化学特性 [J]. 中南大学学报：自然科学版，43（1）：38 – 45.

[20] 许绣云，刘克樱. 1996. 长期施用有机物料对红壤性水稻土的物理性质的影响 [J]. 土壤，28（2）：57 – 61.

[21] 许仁良，王建峰，张国良，等. 2010. 秸秆，有机肥及氮肥配合使用对水稻土微生物和有机质含量的影响 [J]. 生态学报，30（13）：3 584 – 3 590.

[22] 余喜初，李大明，柳开楼，等. 2013. 长期施肥红壤性水稻土有机碳演变规律及影响因素 [J]. 土壤，45（4）：655 – 660.

[23] 张亚丽，沈其荣，谢学俭，等. 2003. 猪粪和稻草对镉污染黄泥土生物活性的影响 [J]. 应用生态学报，14（11）：1 997 – 2 000.

[24] Bi L D, Zhang B, Li Z Z, et al. 2009. Long-term effects of organic amendments on the rice yields for double rice cropping systems in subtropical China [J]. *Agriculture，Ecosystems & Environment*，129（4）：534 – 541.

[25] Carreior M M, Sigsabaugh R L, Repert D A, et al. 2000. Microbial enzyme shifts explain litter decay responses to simulated nitrogen deposition [J]. *Ecology*，81（9）：2 359 – 2 365.

[26] Cang L, Wang Y J, Zhou D M, et al. 2004. Heavy metals pollution in poultry and livestock feeds and manures under intensive farming in Jiangsu Province，China [J]. *Journal of Environmental Sciences*，16（3）：371 – 374.

[27] Cong R H, Xu M G, Wang X B, et al. 2012. An analysis of soil carbon dynamics in long-term soil fertility trials in China [J]. *Nutrient Cycling in Agroecosystems*，93（2）：201 – 213.

[28] Hao X Z, Zhou D M, Chen H M, et al. 2008. Leaching of copper and zinc in a garden soil receiving poultry and livestock manures from intensive farming [J]. *Pedosphere*，18（1）：69 – 76.

[29] Hölzel C S, Müller C, Harms K S, et al. 2012. Heavy metals in liquid pig manure in light of bacterial antimicrobial resistance [J]. *Environmental Research*，113：21 – 27.

[30] Huang Q R, Hu F, Huang S, et al. 2009. Effect of long-term fertilization on organic carbon and nitrogen in a subtropical paddy soil [J]. *Pedosphere*，19（6）：727 – 734.

[31] Li B Y, Huang S M, Zhang Y T, et al. 2010. Effect of long-term application of organic fertilizer on Cu, Zn, Fe, Mn and Cd in soil and brown rice [J]. *Plant Nutrition and Fertilizer Science*，16（1）：129 – 135.

[32] Liu H, Li S Y, Wang J K. 2009. Effects of long-term application of organic manure on accumulation of main heavy metals in Brown Earth [J]. *Ecology and Environmental Sciences*，18（6）：2 177 – 2 182.

[33] Qureshi A, Lo K V, Lian P H, et al. 2008. Real-time treatment of dairy manure：Implications of oxidation reduction potential regimes to nutrient management strategies [J]. *Bioresource Technology*，99（5）：

1 169 – 1 176.

[34] Sinsabaugh, R L, Carreiro M M, Repert D A. 2002. Allocation of extracellular enzymatic activity in relation to litter composition, N deposition, and mass loss [J]. *Biogeochemistry*, 60 (1): 1 – 24.

[35] Wang K F, Peng N, Wang K R, et al. 2008. Effects of long-term manure fertilization on heavy metal content and its availability in paddy soils [J]. *Journal of Soil and Water Conservation*, 22 (1): 105 – 108.

[36] Zeng X B, Xu J M, Huang Q Y, et al. 2013. Some deliberations on the issues of heavy metals in farmlands of China [J]. *Acta Pedologica Sinica*, 50 (1): 186 – 194.

[37] Zhang S Q, Zhang F D, Liu X M, et al. 2005. Determination and analysis on main harmful composition in excrement of scale livestock and poultry feedlots [J]. *Plant Nutrition and Fertilizer Science*, 11 (6): 822 – 829.

[38] Zhang W J, Xu M G, Wang X J, et al. 2012. Effects of organic amendments on soil carbon sequestration in paddy fields of subtropical China [J]. *Journal of Soils and Sediments*, 12: 457 – 470.

第四十三章　长期施肥坡积物红壤性水稻土肥力演变与培肥技术

福建省地处东南沿海，属亚热带海洋性季风气候，水热条件优越，生产潜力巨大，在我国生态安全及粮食安全中具有重要的地位。福建省耕地多由红壤水耕或旱耕熟化而成，其中黄泥田是广泛分布的一种渗育型水稻土，多分布在低山丘陵缓坡地，以心土层呈灰黄色，锈斑不甚明显为主要特征，但由于水分不足，土壤磷、钾缺乏，在水稻田中属中低产田（林诚等，2009）。福州市区位优势明显，自然资源丰富，增产潜力巨大，但是目前的种植业平均产量仅为气候生产潜力的20%，而且作物的肥料利用率低，氮、磷、钾肥的单季利用率仅分别为30%～40%、10%～20%与35%～50%，既浪费了肥料资源，也造成面源污染的日益加剧。因此要有效地进行耕地资源可持续利用，就必须重视中低产田的改良与生态环境建设。在该区域开展长期肥力定位试验研究，有利于揭示影响作物生产潜力发挥的主要因素，并提出针对性的措施，实现"地尽其利"，这对于人地矛盾十分突出的福建省具有重要意义。此外，该区域具有南方丘陵区域生态系统的典型特征，在该区开展土壤学、农业生态系统的综合研究、试验与示范，有利于促进土壤学与资源科学、环境科学的交叉融合，进而促进现代土壤学研究和农业的可持续发展。

一、坡积物红壤性水稻土长期定位试验概况

试验地位于福州市闽侯县白沙镇（东经119°04′10″，北纬26°13′31″），地属中亚热带和南亚热带气候过渡区。试验点地处中亚热带的丘陵台地上，层状地貌明显，相对高度15～50m。试验站年平均温度19.5℃，年均降水量1 350.9mm，年日照时数1 812.5h，无霜期311d，≥10℃的活动积温6 422℃。

（一）试验设计

供试土壤为黄泥田，成土母质为低丘红壤坡积物。长期试验从1983年开始，试验开始时耕层土壤（0～20cm）基本性质为：pH值4.90，有机质含量21.6g/kg，碱解氮141mg/kg、速效磷12mg/kg、速效钾41mg/kg。试验地1983—2004年均种植双季稻，2005年始种植单季稻。

试验设4个处理：①不施肥（CK）；②单施氮磷钾化肥（NPK）；③氮磷钾＋牛粪（NPKM）；④氮磷钾＋全部稻草还田（NPKS）。每处理3次重复，小区面积12m²，随机区组排列。各小区之间用30cm深的水泥埂隔开。

肥料用量为每季施化肥N 103.5kg/hm²、P_2O_5 27kg/hm²、K_2O 135kg/hm²；牛粪的养分含量为有机质394.2g/kg、N 15.8g/kg、P_2O_5 8.8g/kg、K_2O 11.7g/kg，每茬施用量3 750kg/hm²；稻草施用量为上茬稻草全部还田。氮、钾化肥的50%作基肥，50%作分蘖追肥，磷肥全部作基肥。氮肥为尿素、磷肥为过磷酸钙、钾肥为氯化钾。各处理

其他管理措施一致。水稻品种每 3~4 年轮换一次，与当地主栽品种保持一致。田间管理措施主要是防治水稻病虫害，每小区种植水稻 300 丛（15 丛 ×20 丛）。

（二）研究项目和方法

1. 土壤采样方法

水稻收获后采集耕作层（0~20cm）的土壤样品，每个小区按"S"形取 5 个样点，同时剔除大的植物残体和石块等，测定土壤养分含量指标的土样带回室内风干，分别过 2mm 和 0.25mm 筛。测定土壤酶活性、微生物指标等土壤保存于 4℃ 保温箱中带回实验室测定相应指标。

2. 分析方法

土壤分析方法

土壤样品中有机质、氮、磷、钾等含量的测定按常规方法进行，测定方法见参考文献（鲁如坤，2000；鲍士旦，2000）。土壤磷组分用顾益初—蒋柏藩分级法（顾益初，1999）。土壤有效铁（Fe）、锰（Mn）、铜（Cu）、锌（Zn）采用 DTPA 混合溶液浸提—原子吸收分光光度计法测定；有效硼（B）采用沸水浸提—姜黄素比色法测定。

土壤细菌、真菌、放线菌、固氮菌数量用固体平板法测定。土壤过氧化氢酶活性用高锰酸钾滴定法测定；转化酶用硫代硫酸钠滴定测定；脲酶用靛酚盐比色法测定；磷酸酶用磷酸苯二钠比色法测定。采用 PCR-TGGE 分析法对土壤微生物种群结构进行分析（邱珊莲，2013）。

土壤不同形态碳分析方法

（1）水稳性团聚体碳。水稳性团聚体分离用德码 zy200 型土壤水稳性团粒分析仪，具体分离步骤：称取风干土 100g，将土样摊平放在最大孔径筛上（2mm），自上而下孔径分别为 2mm、1mm、0.5mm、0.25mm、0.106mm 和 0.053mm，将整个套筛缓慢放入水中。其最顶层筛的表面保持低于水面 1cm，土样在水中浸泡 5min，竖直上下振荡 5min，其上下振幅 3cm，40 次/min，分离出 >2mm、1~2mm、0.5~1mm、0.25~0.5mm、0.106~0.25mm、0.053~0.106mm 和 <0.053mm 土壤团聚体，收集各级筛层团聚体并分别转移至铝盒中，在 50℃ 下烘干称重，计算得到各级团聚体的质量百分比，并将样品磨碎过 0.25mm 筛，测定土壤各级团聚体碳的含量。

（2）微生物生物量碳。用氯仿熏蒸－K_2SO_4 浸提法，称取 20g 新鲜土样于培养皿中，置于真空干燥器中，干燥器底部放置装有 50mL 氯仿的烧杯，并在烧杯中放置数粒玻璃球，主要防止氯仿暴沸而逸出烧杯。在真空干燥器底部加入少量蒸馏水，用凡土林将真空干燥器密封好，同时用真空泵对其抽真空，使氯仿保持沸腾 5min 即可。将抽完真空的干燥器放入培养箱中，在 25℃ 下培养 24h。取出装有氯仿的烧杯，同时进行反复多次抽气，确保土壤中没有氯仿。然后将土样转移至塑料离心管中，并加入 0.5mol/L K_2SO_4 溶液，放入振荡机中振荡 30min，并以 5 000r/min 离心 5min，将上清液过滤。同时做未熏蒸和未加土壤的空白对照，未熏蒸土样做 3 次重复。浸提液都用日本岛津 Shimadzu 500 有机碳分析仪测定。熏蒸杀死的微生物中的碳，被 K_2SO_4 所提取的比例取 0.38。

（3）水溶性碳。称取 20g 新鲜土样放入 100mL 塑料离心管中，加入 50ml 蒸馏水，在振荡器中振荡 1h；并以 5 000r/min 离心 15min，对浮在表层的物质进行抽吸，并用孔径 0.45um 滤膜对上清液进行过滤。澄清中碳含量即为水溶性碳，用日本岛津 Shimadzu 500 有机碳分析仪测定。

（4）轻组碳。称取过 0.18mm 筛的风干土，加入相对密度 1.8g/cm^3 的 NaI 溶液，以 120r/min 振荡 30min，然后以 3 000r/min 离心 15min，离心后将悬浮轻组物质的溶液倾入铺有滤纸的玻璃漏斗中过滤，重复 2~3 次即能充分提取轻组物质，采用重铬酸钾容量法测定轻组碳。

杂草多样性调查方法

于 2010 年 2 月（冬闲期）调查稻田杂草多样性。用 40cm×50cm 样框进行调查，每小区 5 个样框，即 1m^2，每小区分别统计杂草种类与密度。同时取小区鲜草于 105℃杀青 20min，60℃烘干至恒重，作为杂草生物量的指标，并供作杂草 C、N、P、K 分析，杂草养分按常规分析测定（鲁如坤，2000）。

（三）数据处理

（1）水稳性团聚体平均质量直径（MWD）计算公式为：

$$MWD = \sum_{i=1}^{n+1} \frac{r_{i-1} + r_i}{2} \times m_i$$

式中，r_i 是第 i 个筛子孔径（mm），$r_0 = r_i$，$r_n = r_{n+1}$，m_i 为第 i 个筛子的破碎团聚体重量百分比，单位为 mm。

（2）耕层土壤碳储量计算公式为：

耕层土壤的碳储量（kg/hm^2）＝耕层总碳含量（g/kg）×容重（g/cm^3）×耕层厚度（15cm）×耕层面积（10 000m^2）×0.01

（3）水稳性团聚体碳储量计算公式为：

水稳性团聚体的碳储量（kg/hm^2）＝不同粒径团聚体碳含量（g/kg）×该级团聚体的重量百分比（%）×容重（g/cm^3）×耕层厚度（15cm）×耕层面积（10 000m^2）×0.01

（4）水稳性团聚体中有机碳的贡献率计算公式为：

$$团聚体碳贡献率(\%) = \frac{不同粒径团聚体碳含量 \times 相应粒径团聚体含量(\%)}{耕层土壤中有机碳含量} \times 100$$

（5）数据统计采用 DPS 或 SPSS 统计软件分析。

二、长期不同施肥坡积物红壤性水稻土有机质和氮、磷、钾的演变规律

（一）有机质的演变规律

从图 43-1 可以看出，从试验开始至 2003 年各施肥处理有机质含量呈上升趋势，其中 2003 年各施肥处理较 CK 增幅达 16.2%~45.3%，有机肥无机肥配施土壤有机质含量明显高于单施化肥。2005 年种植制度改为单季稻后，各处理土壤有机质含量呈下降趋势，试验至 2010 年，施肥处理有机质含量较 CK 的增幅为 4.0%~24.4%，有机肥无机肥配施处理的有机质含量高于不施肥和单施化肥，单施化肥土壤有机质含量又高于不施肥。有机肥无机肥配施土壤有机质含量年平均可提高 0.20~0.24g/kg，而单施化肥年仅提高 0.04g/kg，表明外源有机物料长期持续投入是提高稻田有机质的重要措

施。不施肥处理虽然没有外源有机物料的投入，但有机质含量并未下降甚至略有上升，其原因可能是亚热带红壤稻田物质与能量代谢较为旺盛，每年的作物根茬残留量就能使有机质的增加量与矿化量基本持平，进而保持土壤有机碳基本稳定（佘冬立，2008）。

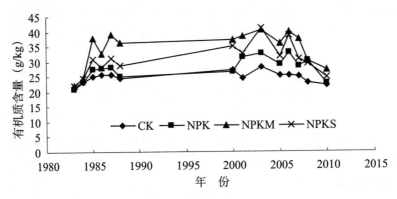

图43－1　长期不同施肥土壤有机质的变化

1. 土壤水稳性团聚体碳含量的变化

水稳性团聚体组成

土壤团聚体是土壤结构的重要物质基础和肥力的重要载体，是保持土壤水分和土壤透性的基本单元（赵京考，2003），其组成和稳定性直接影响土壤的许多物理、化学特性，进而影响农作物生长的稳定性（Bronick，2001；史奕，2002）。从表43－1可以看出，不同施肥方式下土壤水稳性团聚体不同粒径的平均含量依次为粒径0.25～0.5mm＞粒径0.106～0.25mm＞粒径＜0.053mm＞粒径0.5～1mm＞粒径0.053～0.106mm＞粒径1～2mm＞粒径＞2mm。在不同施肥处理中，均以0.25～0.5mm或0.106～0.25mm粒径的水稳性团聚体含量最高，这两种粒径含量的总和达到37.2%～39.4%。

长期施肥均会影响土壤水稳性团聚体的组成特征与转化规律（姜灿烂，2010；刘恩科，2010）。在不同施肥方式中，施肥处理均有利于提高大团聚体（＞0.25mm）中各组分的含量。与不施肥（CK）相比，施肥处理的水稳性大团聚体（＞0.25mm）含量提高了4.4%～10.0%，其中化肥配合秸秆还田处理（NPKS）的效果较好。

表43－1　长期不同施肥的土壤水稳性团聚体组成的含量（2011年）　　　　（单位:%）

处　理	不同粒径水稳性团聚体含量						
	＞2 mm	1～2 mm	0.5～1 mm	0.25～0.5 mm	0.106～0.25 mm	0.053～0.106 mm	＜0.053 mm
CK	4.3±0.2bA	10.4±0.4bA	13.7±0.8cB	18.0±0.6bA	19.2±1.6aA	16.2±1.4aA	18.2±1.1aA
NPK	4.3±0.2bA	11.8±1.3abA	15.0±1.2cAB	19.7±1.4abA	18.9±1.3aA	12.4±1.7bAB	17.9±0.9aA
NPKM	4.4±0.3abA	12.5±0.2aA	16.1±0.8abAB	20.3±0.2abA	18.3±0.3aA	12.1±1.3bAB	16.3±1.4bB
NPKS	5.0±0.4aA	13.4±1.1aA	17.5±0.7aA	20.5±0.8aA	18.9±0.6aA	10.5±0.3bB	14.2±0.7cC
平　均	4.5	12.0	15.6	19.6	18.8	12.8	16.7

注：同列数据后不同小写字母表示处理间差异达0.05显著水平，不同大写字母表示差异达到0.01显著水平

　　团聚体平均质量直径（*MWD*）可以反映土壤中团聚体的稳定程度。图 43 – 2 显示，长期不同施肥方式土壤团聚体平均质量直径为：NPKS > NPKM > NPK > CK，变化范围 0.47 ~ 0.56mm。红壤水稻土施肥均有利于促进团聚体平均质量直径的提高，NPKS 与 NPK 处理间的差异达到显著水平。

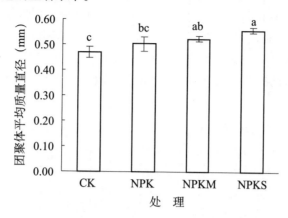

图 43 – 2　长期不同施肥水稳性团聚体平均质量直径的变化（2011 年）

注：柱上不同小写字母表示差异达到 0.05 显著水平

水稳性团聚体碳含量

　　土壤不同粒径团聚体中的有机碳含量是土壤有机质平衡和矿化速率的微观表征，在土壤肥力和土壤碳汇中具有双重意义（何淑勤，2010）。从表 43 – 2 可以看出，不同粒径土壤水稳性团聚体碳平均含量依次为粒径 0.25 ~ 0.5mm > 粒径 0.106 ~ 0.25mm > 粒径 0.053 ~ 0.106mm > 粒径 0.5 ~ 1mm > 粒径 < 0.053mm > 粒径 1 ~ 2mm > 粒径 > 2mm。红壤水稻土在水耕熟化过程中，其脱硅富铝化较为明显，土壤中黏粒和氧化铁及氧化铝的含量较高。不同施肥处理对不同粒径下碳的含量有明显影响，长期化肥配施牛粪（NPKM）或化肥配合秸秆还田（NPKS）均能有效提高各粒径团聚体中的碳含量，其中 NPKM 处理的最高。

表 43 – 2　长期不同施肥的土壤水稳性团聚体碳含量（2011 年）　　（单位：g/kg）

处　理	不同粒径团聚体碳含量						
	>2 mm	1 ~ 2 mm	0.5 ~ 1 mm	0.25 ~ 0.5 mm	0.106 ~ 0.25 mm	0.053 ~ 0.106 mm	< 0.053 mm
CK	7.58 ± 0.32dD	8.56 ± 0.26cB	9.95 ± 0.47cC	13.13 ± 0.40cC	12.84 ± 0.37cB	10.95 ± 0.25cB	10.34 ± 0.29bB
NPK	8.11 ± 0.40cC	9.33 ± 0.75cB	10.53 ± 0.59cC	12.42 ± 0.69dD	12.03 ± 0.24dC	11.64 ± 0.34bcAB	10.89 ± 0.23bB
NPKM	11.80 ± 0.40aA	12.94 ± 0.33aA	14.19 ± 0.94aA	15.89 ± 0.61aA	14.55 ± 0.52aA	12.60 ± 0.48aA	12.04 ± 0.43aA
NPKS	10.69 ± 0.57bB	11.85 ± 0.54bA	12.37 ± 0.71bB	14.48 ± 0.48bB	13.50 ± 0.20bB	12.53 ± 0.48abA	11.87 ± 0.21aA
平　均	9.55	10.68	11.76	13.98	13.23	11.93	11.29

注：同列数据后不同小写字母表示处理间差异达 0.05 显著水平，不同大写字母表示差异达到 0.01 显著水平

2. 土壤活性碳组分的变化

微生物量碳

土壤微生物量碳是土壤碳的周转与储备库，是土壤有效碳的重要来源，是评价土壤养分有效性和土壤微生物状况随环境变化的敏感指标。不同施肥方式下土壤微生物量碳含量为 309.2～448.4mg/kg。从图 43-3 可知，土壤微生物量碳含量的大小表现为 NPKM > NPKS > NPK > CK；与长期不施肥（CK）相比，不同施肥处理均能不同程度地提高土壤微生物量碳含量，其增幅为 16.7%～45.0%。其中 NPKM 处理更有利于促进土壤微生物量碳含量的提高，与 NPK 或 NPKS 处理相比均极显著地提高了微生物碳的含量。

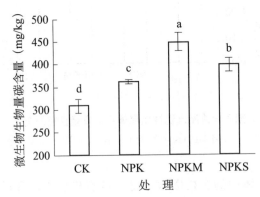

图 43-3　长期不同施肥的土壤微生物量碳含量（2011 年）
注：柱上不同小写字母表示差异达到 0.05 显著水平

轻组碳

表 43-3 显示，不同处理的土壤轻组物质、轻组物质碳及轻组碳含量分别为 10.6～16.2g/kg、44.2～56.5g/kg 和 507.4～912.8mg/kg，土壤中轻组碳含量的大小顺序为 NPKM > NPKS > NPK > CK，与 CK 处理相比，施肥均能不同程度地提高土壤轻组碳含量，其增幅为 25.2%～79.9%。与单施化肥（NPK）和化肥配施秸秆还田（NPKS）相比，化肥配施牛粪（NPKM）处理的轻组碳含量分别提高了 43.7% 和 11.7%。

表 43-3　长期不同施肥的土壤轻组碳含量（2011 年）

处理	轻组物质（g/kg）	轻组物质碳（g/kg）	轻组碳（mg/kg）
CK	10.6 ± 1.9cB	48.0 ± 1.6bB	507.4 ± 88.5cC
NPK	12.7 ± 4.1bcAB	44.2 ± 0.4bB	635.2 ± 204.0bBC
NPKM	16.2 ± 3.3aA	56.5 ± 1.3aA	912.8 ± 183.4aA
NPKS	14.7 ± 2.4abA	55.4 ± 1.7aA	817.0 ± 134.8aAB

注：同列数据后不同小写字母表示处理间差异达 0.05 显著水平，不同大写字母表示差异达到 0.01 显著水平

水溶性碳

不同处理土壤水溶性碳含量为 234.5～308.8mg/kg（图 43-4），土壤水溶性碳含量的大小表现为 NPKS > NPKM > NPK > CK。与 CK 相比，施肥处理均能不同程度地提高土壤水溶性碳含量，其增幅为 16.9%～31.7%。NPKS 与 NPK 和 NPKM 处理相比，其水溶性碳含量分别提高了 12.6% 和 3.7%。

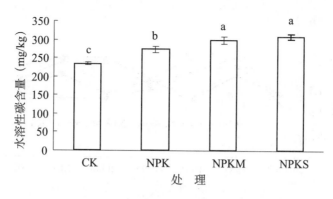

图43-4 长期不同施肥土壤水溶性碳含量

注：柱上不同小写字母表示差异达到0.05显著水平

不同活性碳组分中与土壤总有机碳相关性最大的为微生物量碳，其相关系数为0.98，达极显著水平；轻组碳次之，相关系数为0.96，达显著水平。水溶性碳最小为0.78。结果说明，微生物生物量碳和轻组碳均可做为土壤总有机碳变化的敏感指标。

从表43-4以看出，微生物量碳、轻组碳及水溶性碳占土壤总有机碳的比值分别为2.4%~2.8%、1.6%~2.4%和1.8%~2.1%，说明施肥均有利于提高不同活性碳组分占土壤总有机碳的比率。不同处理的微生物生物量碳、轻组碳占土壤总有机碳的比值大小均为NPKM≈NPKS>NPK>CK，而水溶性碳占土壤总有机碳的比值大小为NPK≈NPKS>NPKM>CK。

表43-4 活性碳组分含量占土壤总有机碳的比值　　　　　　（单位:%）

处　理	微生物量碳	轻组碳	水溶性碳
CK	2.4	3.8	1.8
NPK	2.7	4.8	2.1
NPKM	2.8	5.8	1.9
NPKS	2.8	5.8	2.1

（二）土壤氮素的演变规律

1. 长期施肥对土壤全氮的影响

土壤全氮是土壤肥力的重要指标，它能反映土壤的供氮潜力。从图43-5可以看出，24年不施肥处理土壤全氮无明显变化，这可能与环境中进入农田生态系统的氮量显著增加有关，如富营养化的灌溉水或湿沉降，有效地补偿了农田生态系统的氮素损失（Haynes R J，1986）。施肥总体增加了土壤的全氮含量，试验至2007年，NPKM、NPKS、NPK处理的土壤全氮分别较1983年提高了66.7%、41.7%、14.3%。与CK相比，NPKM、NPKS和NPK处理的全氮含量分别增加了0.6g/kg、0.4g/kg和0.2g/kg。

2. 长期施肥对土壤可溶性有机氮、可溶性总氮的影响

土壤水溶性氮主要包括硝态氮、非交换性铵态氮和可溶性有机氮，水溶性氮的活性都较强。有机氮是土壤氮素的主要存在形式，土壤有机氮的矿化和供应能力常是土

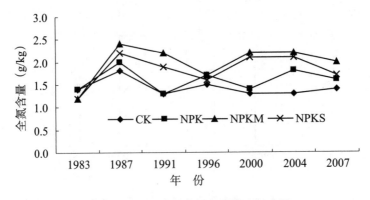

图 43 – 5　长期不同施肥土壤的全氮含量

壤生产力的限制因子（Yan 等，2006）。长期不同施肥条件下可溶性总氮与可溶性有机氮的变化趋势一致，均随试验时间的延长呈先上升后下降的趋势。其中可溶性总氮及可溶性有机氮在年际间的含量高低顺序为 NPKM > NPKS > NPK > CK，而从年际间的平均值来看，NPKM、NPKS、NPK 三个处理的可溶性总氮分别比 CK 提高了 61.9%、25.6%、9.2%。可溶性有机氮分别提高了 70.4%、33.3%、14.7%。说明合理的肥料配施对于提高土壤氮含量起关键作用，特别是有机肥无机肥配施的效果更好（图 43 – 6）。

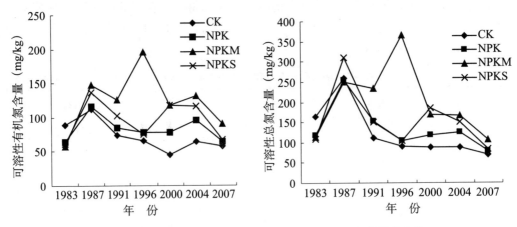

图 43 – 6　长期施肥土壤可溶性有机氮和可溶性总氮含量的变化

（三）土壤磷素的演变规律

1. 土壤有效磷和全磷的变化

从图 43 – 7 土壤有效磷年际间变化的趋势可以看出，各施肥处理的土壤有效磷含量均高于 CK，而施肥处理间有效磷含量整体表现为 NPKM > NPKS > NPK。CK 处理没有磷肥的输入，且每年作物会携出一定量的磷素，因此有效磷含量随着试验年限的增加呈下降趋势，试验至 2010 年 CK 处理的土壤有效磷降为 3.94mg/kg，较试验初期下降了 64.9%。各施肥处理的土壤有效磷含量呈先上升后下降的趋势，试验至 2003 年，NPKM、NPKS、NPK 处理的土壤有效磷含量较试验初期分别增加了 122.4%、48.5%、14.1%。由于从 2005 年开始本试验的种植制度改为单季稻，各处理磷肥的施入量降低了一半，而所栽培的水稻为高产品种，因此磷素的输入量可能小于作物的携出量从而导致土壤有效磷的下降。至 2010 年，NPK 处理有效磷含量降为 6.90mg/kg，较试验初期下降了 36.3%；NPKS 处理与试验初期土壤相当；NPKM 处理较试验初期仍有 15.5% 的增幅。说明在单施化肥的基础上增施有机肥可有效提高土壤有效磷含量。

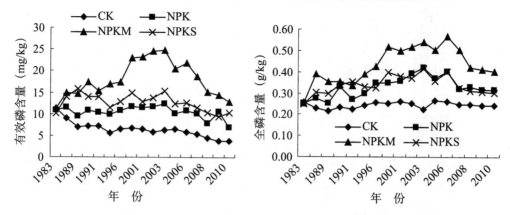

图 43 - 7　长期不同施肥土壤有效磷和全磷的动态变化

从土壤全磷的年际间变化来看，CK 处理全磷含量随试验年限增加呈缓慢下降趋势，试验至 2010 年时，全磷含量降为 0.24g/kg，较试验初期下降了 5.92%；试验至 2003 年时，NPKM、NPKS、NPK 处理的全磷含量较试验初期分别增加了 114.2%、67.8%、68.3%。种植制度的改变使得土壤全磷的变化趋势与有效磷相似，改为单季稻后各施肥处理的土壤全磷呈下降趋势，至 2010 年 NPKM、NPKS、NPK 处理的全磷含量分别为 0.40g/kg、0.30g/kg、0.32g/kg，较试验初期时增加了 59.4%、22.1%、25.9%，增幅比双季稻时明显下降。3 个施肥处理进行比较，在黄泥田上 NPKM 处理对提高土壤磷库总量的效果最佳。

2. 土壤无机磷组分的变化

无机磷组分主要包括 Fe-P、Al-P、Ca-P、O-P。经过 25 年的定位试验后，不同处理土壤中各种形态的无机磷含量变化如表 43 - 5 所示。从相对比重来看，各处理 Fe-P 占总无机磷的 30.3% ~35.7%；Al-P 占 14.1% ~17.0%；Ca-P 占 13.1% ~25.6%；O-P 占 28.3% ~37.1%。CK 处理无机磷含量表现为 O-P > Fe-P > Al-P > Ca-P，各施肥处理无机磷含量大小顺序为 Fe-P > O-P > Ca-P > Al-P，说明在南方黄泥田中无机磷组分以 Fe-P 和 O-P 为主。CK 处理由于无磷肥的输入，各形态无机磷含量较初始值均下降，而施肥处理较初始值均增加。与 CK 相比，NPKM、NPKS、NPK 处理的 Fe-P、Al-P、Ca-P、O-P 的增幅分别为 28.6% ~102.6%、52.8% ~158.5%、161.4% ~226.5%、11.5% ~68.9%，无机磷总量的增幅为 46.2% ~114.2%，均达到显著差异水平。从不同施肥处理来看，NPKM 处理的无机磷各形态的含量及无机磷总量除 Ca-P 外，均显著高于 NPKS、NPK 处理，NPKS、NPK 处理各形态磷含量差异不显著。从表 43 - 5 还可看出，施肥处理的 O-P 与 Fe-P 的比重比 CK 有所下降，而 Al-P 与 Ca-P 的比重上升，显示出施肥促进了 O-P、Fe-P 向 Al-P、Ca-P 的转变，一方面的原因可能与供试黄泥田为低丘红壤母质，活性铝含量较高，因而施肥提高了 Al-P 组分的含量，另一方面，长期施用过磷酸钙，增加了土壤钙离子含量，也可能使 Ca-P 组分得以提高。

表 43 –5　长期施肥条件下各无机磷组分的含量及其占总无机磷的比例（2008 年）

处　理	Fe-P (mg/kg)	Fe-P/TIP (%)	Al-P (mg/kg)	Al-P/TIP (%)	Ca-P (mg/kg)	Ca-P/TIP (%)	O-P (mg/kg)	O-P/TIP (%)	TIP (mg/kg)
试验前	57.0	36.1	28.1	17.8	16.9	10.7	56.0	35.4	158.0
CK	39.9cC	35.7	15.8cC	14.1	14.6bB	13.1	41.5cB	37.1	111.8cC
NPK	52.8bB	30.3	29.6bB	17.0	38.2aAB	22.0	53.4bAB	30.7	174.0bB
NPKM	80.9aA	33.8	40.8aA	17.0	47.7aA	19.9	70.0aA	29.2	239.5aA
NPKS	51.4bB	31.4	24.1b BC	14.7	41.8aA	25.6	46.2bcB	28.3	163.5bB

注：TIP 为总无机磷；同列数据后不同小写字母表示处理间差异达 0.05 显著水平，不同大写字母表示差异达到 0.01 显著水平

3. 土壤有机磷组分的变化

有机磷组分主要包括活性有机磷（LOP）、中等活性有机磷（MLOP）、中等稳定性有机磷（MSOP）、高等稳定性有机磷（HSOP）。从有机磷各组分占总有机磷（TOP）的比重来看（表 43 –6），LOP 占总有机磷的 11.1% ~12.7%；MLOP 占 46.3% ~49.5%；MSOP 占 31.5% ~34.4%；HSOP 占 6.7% ~7.3%，说明在南方黄泥田中有机磷组分以 MLOP 和 MSOP 形态为主。从施肥对有机磷库的影响来看，与 CK 相比，施肥处理的 LOP、MLOP、MSOP、HSOP 的增幅分别为 8.9% ~50.6%、9.1% ~32.5%、24.7% ~32.8%、8.8% ~32.4%，有机磷总量增幅为 15.7% ~41.8%，其中，各施肥处理的 MSOP 含量与总有机磷含量显著高于 CK。从不同施肥处理来看，NPKM 处理除 HSOP 组分外，其余各组分的含量均显著高于 NPK 处理，且 MLOP 与 MSOP 组分也显著高于 NPKS，而 NPKS 和 NPK 处理间无显著差异。

另外，从表 43 –6 中也可看出，与试验前土壤相比，不论施肥与否，经过 25 年后，有机磷总量及各组分含量均有所提高（CK 的 LOP 组分除外），其中有机磷总量的增幅为 32.0% ~87.1%。

表 43 –6　长期不同施肥条件下有机磷组分及其占总有机磷的比例（2008 年）

处　理	LOP (mg/kg)	LOP/TOP (%)	MLOP (mg/kg)	MLOP/TOP (%)	MSOP (mg/kg)	MSOP/TOP (%)	HSOP (mg/kg)	HSOP/TOP (%)	TOP (mg/kg)
试验前	16.8	15.6	53.3	49.7	29.5	27.5	7.7	7.2	107.3
CK	16.8bB	11.9	70.1bB	49.5	44.5cC	31.5	10.2aA	7.2	141.6cC
NPK	18.3b AB	11.1	78.4bB	47.8	55.5bB	33.8	12.0aA	7.3	164.2bB
NPKM	25.3aA	12.6	92.9aA	46.3	69.1aA	34.4	13.5aA	6.7	200.8aA
NPKS	20.8abAB	12.7	76.5bB	46.7	55.5bB	33.9	11.1aA	6.8	163.9bB

注：TOP 为总有机磷；同列数据后不同小写字母表示处理间差异达 0.05 显著水平，不同大写字母表示差异达到 0.01 显著水平

（四）土壤钾素的演变规律

从土壤速效钾的变化趋势来看（图43-8），在试验前期施用钾肥土壤中速效钾含量明显上升，而不施肥处理的速效钾含量呈缓慢下降趋势。NPK、NPKM、NPKS处理的速效钾年际平均值分别为30.4mg/kg、23.7mg/kg、35.3mg/kg。说明施肥可提高土壤速效钾含量，特别是秸秆还田（NPKS）在增加土壤钾方面尤为明显。

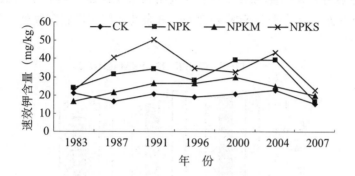

图43-8　长期不同施肥土壤速效钾的含量

（五）长期不同施肥水稻土 pH 值的变化特征

探索长期不同施肥措施下农田耕层土壤 pH 值的演变，可为进一步揭示农田土壤酸化的机制及其预防措施提供依据（孟红旗，2013）。在自然条件下，土壤酸化是一个非常缓慢的过程，但由于人为活动的影响，酸沉降和不当的农田施肥措施等可加速土壤酸化（姜军，2006）；长期施肥对水稻土的 pH 值影响见图43-9。从图中可以看出，与初始土壤 pH 值（4.90）相比，CK 与 NPK 处理基本保持稳定，而 NPKM 与 NPKS 处理则随试验年限呈上升趋势。到2012年，NPK 处理的 pH 值与 CK 相比降低了0.24，而 NPKM 与 NPKS 处理则分别提高了0.44与0.56。上述结果表明，在南方黄泥田水稻土上合理施用化肥并没有明显加速土壤的酸化进程，而有机肥无机肥配则可防止土壤酸化。

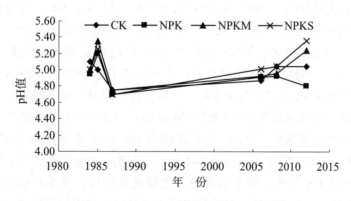

图43-9　长期不同施肥土壤 pH 值的变化特征

（六）长期不同施肥水稻土容重的变化特征

容重可以反映土壤的紧实度和孔隙情况，是评价土壤质量的重要指标之一（Logsdon，2004）。长期施肥对土壤容重的影响见图 43 - 10。从图 43 - 10 中可以看出，与 1985 年土壤容重相比，经过近 30 年耕种后 CK 处理土壤容重略有增加，施肥处理土壤容重与 1985 年相比均下降；试验至 2014 年，施肥处理土壤容重较 CK 下降 0.13 ~ 0.20g/cm³，达显著差异。各施肥处理中有机肥无机肥配施土壤容重又低于单施化肥，除 2010 年 NPKS 处理显著低于 NPK 处理外，其余有机肥无机肥配施处理与单施化肥处理间无显著差异。

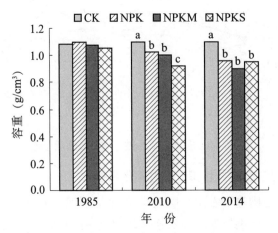

图 43 - 10　长期不同施肥土壤容重的变化特征
注：柱上不同小写字母表示差异达到 0.05 显著水平

三、长期施肥条件下作物产量及其对施肥的响应

（一）作物产量的变化

由图 43 - 11 可知，各处理不同年份的水稻产量变异较大，其中早稻与晚稻产量不同处理标准差分别达 691.5 ~ 804.5kg/hm² 与 845.6 ~ 997.4kg/hm²。这可能与土壤肥力的变化、品种的轮换及气候条件的改变有关。从不同施肥处理来看（图 43 - 12），1983—2012 年 NPK、NPKM、NPKS 处理的水稻平均产量分别比 CK 提高 69.4%、91.5%、86.1%，均达到极显著差异水平；不同施肥处理间比较，NPKM 与 NPKS 处理的产量分别比 NPK 提高 13.1% 与 9.8%，达到极显著差异，但 NPKM 与 NPKS 之间的产量无显著差异。从双季稻年份（1983—2004 年）每 5 ~ 7 年年际增产率的变化来看（表 43 - 7），NPK、NPKM、NPKS 三个处理与 CK 相比的增产率分别为 51.4% ~ 106.7%、63.3% ~151.7%、54.0% ~140.5%，且增产率均随着试验年份的延长而提高。这主要是因为 CK 处理长期不施肥地力逐渐耗减所致。单季稻年份（2005—2012 年），其施肥处理的增产率要低于双季稻年际，这可能与双季稻改种单季稻后，每年收获部分带走的总养分量减少，基础地力的耗减得到一定程度的减缓、CK 的产量有一定的提高有关。

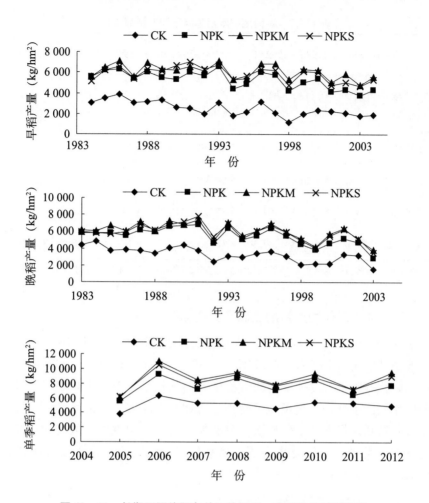

图 43 - 11　长期不同施肥条件下的早稻、晚稻和单季稻产量

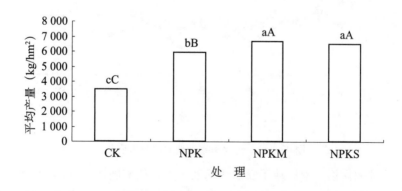

图 43 - 12　长期不同施肥的水稻平均产量（1983—2012 年）

注：柱上不同小写字母表示差异达到 0.05 显著水平，不同大写字母表示差异达到 0.01 显著水平

表 43 –7　不同施肥水稻年际平均产量的变化

处 理	1983—1987 年		1988—1992 年		1993—1997 年		1998—2004 年		2005—2012 年	
	产量 (kg/hm²)	增产率 (%)	产量 (kg/hm²)	增产率 (%)	产量 (kg/hm²)	增产率 (%)	产量 (kg/hm²)	增产率 (%)	产量 (kg/hm²)	增产率 (%)
CK	3 856cB	—	3 153cC	—	2 851cC	—	2 123cC	—	5 121cB	—
NPK	5 837bA	51.4	5 913bB	87.6	5 642bB	97.9	4 391bB	106.7	7 538bA	47.2
NPKM	6 297aA	63.3	6 451aA	104.6	6 257aA	119.5	5 345aA	151.7	8 593aA	67.8
NPKS	5 937abA	54.0	6 555aA	107.9	6 107aA	114.2	5 107aA	140.5	8 347aA	63.0

注：同列数据后不同小写字母表示处理间差异达 0.05 显著水平，不同大写字母表示差异达到 0.01 显著水平

（二）基础地力对作物产量的贡献及其变化

由图 43 –13 可知，双季稻年份，早稻基础地力的贡献率为 28.3%～61.5%，平均 47.1%，晚稻基础地力贡献率为 47.2%～81.9%，平均为 60.0%。从图 43 –13 也可看出，早稻与晚稻基础地力贡献率均随试验年限的延长呈波浪式下降趋势，且晚稻的基础地力贡献率要高于早稻，这可能是晚稻生育期间，随着气温的升高，土壤微生物繁殖与活动日趋活跃，促进了土壤矿质养分的循环转化，土壤养分的有效性高，稻田生产力相应提高。此外，本研究也表明，单季稻基础地力贡献率的变化平缓，变幅为 61.5%～82.4%，平均 68.3%。

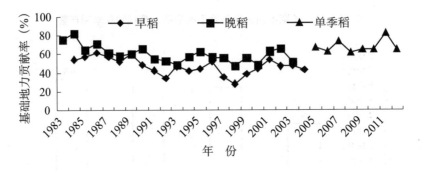

图 43 –13　黄泥田基础地力贡献率变化

不施肥处理的作物产量反映了农田的基础地力。从基础地力（x）与各施肥处理的水稻产量（y）的相互关系来看（表 43 –8），NPK、NPKM、NPKS 处理的水稻产量与基础地力均呈显著或极显著的正相关，其中尤以 NPK 处理（早稻、晚稻）的相关系数最高，表明良好的基础地力均是高产的基础。

表 43－8　基础地力与水稻产量关系的经验模型

处　理		拟合模型	显著性检验
NPK	早稻	$y = 0.888\ 3x + 3\ 049.3$	$n = 21, r = 0.76^{**}$
	晚稻	$y = 0.605\ 5x + 4\ 536.1$	$n = 21, r = 0.82^{**}$
	单季稻	$y = 1.371\ 7x + 514.2$	$n = 7, r = 0.83^{*}$
NPKM	早稻	$y = 0.605\ 5x + 4\ 536.1$	$n = 21, r = 0.6^{**}$
	晚稻	$y = 0.844\ 4x + 3\ 223.4$	$n = 21, r = 0.74^{**}$
	单季稻	$y = 1.755\ 0x - 394.1$	$n = 7, r = 0.85^{**}$
NPKS	早稻	$y = 0.539\ 3x + 4\ 480.7$	$n = 21, r = 0.53^{*}$
	晚稻	$y = 0.820\ 9x + 3\ 187.3$	$n = 21, r = 0.70^{**}$
	单季稻	$y = 1.504\ 2x + 644.2$	$n = 7, r = 0.86^{**}$

注：＊＊表示极显著相关，＊表示显著相关

（三）作物产量对长期施磷肥的响应

将历年土壤磷素与作物产量进行拟合，从其方程（图 43－14）发现，土壤有效磷、全磷与作物产量可拟合一元二次方程，且其相关性均达到极显著水平。说明在一定的土壤磷素水平下作物产量随着土壤磷含量的增加呈上升趋势，磷含量达到一定水平后产量达到最高。从拟合方程中可以得出，土壤有效磷含量为 17.56mg/kg 时，双季稻中晚稻产量最高，土壤有效磷为 16.94mg/kg 时，单季稻产量最高；土壤全磷含量为 0.40g/kg 和 0.48g/kg 时，双季稻中晚稻和单季稻的产量分别达最高值。

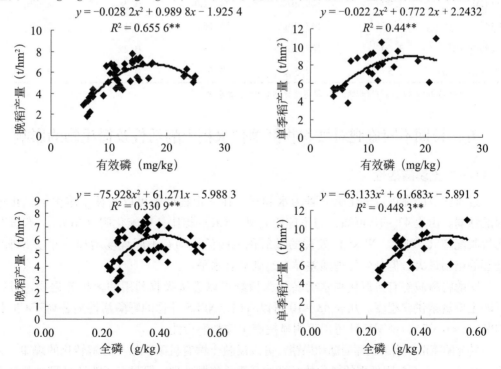

图 43－14　土壤有效磷、全磷与水稻产量的关系

四、长期不同施肥坡积物红壤性水稻土有效微量元素含量的变化

从表43-9可以看出，与CK相比，NPK处理的土壤有效锌、铁、硼、铜元素含量均有不同程度的降低，但均未达到显著差异水平，而NPKM与NPKS处理除有效铜较CK略有下降外，其他土壤微量元素含量均有提高的趋势，尤其是NPKM处理的土壤锌、硼、锰含量分别较CK提高46.6%、55.7%、43.0%，均达到显著差异水平；与试验前土壤（1983年）相比，NPK处理的土壤有效硼含量与初始值相当，但有效锌、锰含量则较试验前土壤分别下降了36.4%与24.6%，而有机肥无机肥配施的NPKM处理除有效锰含量与试验前土壤基本相当外，有效锌、硼含量则分别比试验前土壤提高了8.3%与72.7%，此外，NPKS处理的有效锰还较试验前土壤提高6.0%。上述结果表明，长期单施化肥有降低土壤有效硼、铜、锌、铁微量元素含量的趋势，而有机肥无机肥配施延缓了这种下降趋势，甚至提高了部分微量元素的含量。从表43-9中也可以看出，除土壤有效硼外，各处理的有效微量元素含量均高于临界值，因而目前来看，土壤微量元素缺乏的风险较小，这主要是土壤有效微量元素的背景值相对较高，但单施化肥导致土壤有效微量元素含量下降的趋势仍应值得重视。

表43-9 不同施肥土壤有效微量元素含量（2008年）　（单位：mg/kg）

处　理	有效锌	有效铁	有效锰	有效硼	有效铜
CK	2.66b	131.03a	17.29c	0.25b	2.57a
NPK	2.29b	128.40a	18.62bc	0.22b	2.17a
NPKM	3.90a	149.40a	24.72ab	0.38a	2.37a
NPKS	2.85ab	143.90a	26.16a	0.14b	2.40a
试验前土壤	3.60	108.72	24.68	0.22	1.26
临界值	1.5	4.5	7.0	0.5	2.0

注：同列数据后不同小写字母表示处理间差异达0.05显著水平

五、长期不同施肥对坡积物红壤性水稻土酶活性及微生物的影响

（一）土壤酶活性

过氧化氢酶促进过氧化氢分解为水和氧，在一定程度上可以表征土壤生物氧化过程的强弱。由表43-10可知，与不施肥处理（CK）相比，单施化肥（NPK）、有机肥无机肥配施（NPKM、NPKS）处理的过氧化氢酶活性均有不同程度增加，并以NPKM处理的增幅最大，但是各处理间差异未达到显著水平。

脲酶将酰胺态有机氮化物水解转化为植物可以直接吸收利用的无机氮化物，可以反映土壤氮素供应程度。从表43-10可以看出，NPKS处理的脲酶活性显著高于CK和NPK（$p < 0.05$），说明秸秆还田可明显提高土壤脲酶活性。

转化酶将蔗糖水解成葡萄糖和果糖，可以反映土壤有机碳积累与分解转化的规律。表43-10显示，3个施肥处理的转化酶活性均高于不施肥处理，但只有NPKM处理显著高于

CK（$p < 0.05$），说明在施化肥的基础上增施牛粪对提高土壤转化酶活性有显著效果。

　　磷酸酶可将有机磷酯水解为可供植物吸收的无机磷，可反映土壤磷素的供应状况。从表43-10还可以看出，单施化肥（NPK）与对照相比在一定程度上降低了酸性磷酸酶活性，而在单施化肥的基础上增施牛粪可以抵消单施氮磷钾（NPK）导致的酶活性减弱的程度，因此 NPKM 处理的磷酸酶活性与 CK 相当。另外，在单施化肥的基础上增施作物秸秆可显著提高酸性磷酸酶活性（$p < 0.05$）。

表43-10　长期不同施肥条件下的土壤酶活性（2011 年）

处　理	过氧化氢酶 (0.1mol/L KMnO₄mL/g)	脲酶 (mg NH₃-N/g)	转化酶 (mg 葡萄糖/g)	酸性磷酸酶 (mg 苯酚/g)
CK	2.76 ±0.41a	0.23 ±0.02b	7.14 ±1.76b	0.66 ±0.09ab
NPK	3.25 ±0.68a	0.24 ±0.03b	8.84 ±0.44ab	0.54 ±0.12b
NPKM	3.51 ±0.41a	0.26 ±0.010ab	10.97 ±3.25a	0.67 ±0.07ab
NPKS	2.85 ±0.56a	0.28 ±0.02a	8.05 ±1.40ab	0.82 ±0.14a

注：同列数据后不同小写字母表示处理间差异达 0.05 显著水平

（二）土壤微生物数量的变化

　　土壤微生物是最活跃的土壤肥力因子之一，对土壤中植物养分的转化和吸收起着至关重要的作用。由表43-11可以看出，土壤微生物在总体数量上以细菌为主，放线菌次之，真菌最少。与 CK 相比，施肥使土壤细菌、真菌和放线菌的数量均有所增加。其中，NPKS 处理明显提高了黄泥田土壤细菌的数量，达到显著水平（$p < 0.05$），其次为 NPKM 处理。真菌数量以 NPKM 处理最高，显著高于其他 3 个处理（$p < 0.05$），而其余 3 个处理间的差异不显著。放线菌数量也以 NPKM 处理最高，其次为 NPKS 和 NPK 处理，并且 3 个施肥处理显著高于 CK（$p < 0.05$）。以上结果表明，长期施肥可提高黄泥田土壤的细菌、真菌和放线菌的数量，其中，化肥配施秸秆对提高土壤细菌数量的效果最明显，而化肥配施牛粪对提高土壤真菌和放线菌数量的效果最好。

表43-11　长期不同施肥土壤微生物数量的变化（2011 年）

处　理	细菌数量 (×10⁵ cfu/g 干土)	真菌数量 (×10⁴ cfu/g 干土)	放线菌数量 (×10⁴ cfu/g 干土)
CK	2.30 ±0.57b	1.12 ±0.62b	2.71 ±0.24b
NPK	2.91 ±0.39b	1.73 ±0.50b	3.73 ±1.35a
NPKM	4.03 ±0.93ab	5.08 ±1.26a	6.50 ±2.63a
NPKS	5.54 ±2.14a	1.83 ±0.75b	3.81 ±1.63a

注：同列数据后不同小写字母表示处理间差异达 0.05 显著水平

（三）土壤微生物群落结构

　　从 TGGE 指纹图谱（图43-15）可见，施肥会影响土壤细菌、真菌和放线菌的群落组成，并且各处理的影响效果呈现多样性。对于细菌（图43-15a），所有试验处理的 TGGE 条带数目无明显差异，但部分条带在亮度上有差别，例如，B1、B2、B3、B4 条带在 CK 和 NPK 处理中的亮度较高，而在 NPKM 和 NPKS 处理的亮度较弱；B5、B6 则在 NPKM 和 NPKS 中的亮度要强于 CK 和 NPK，以上结果说明增施有机物料（牛粪或秸秆）给细菌群落组成带来的变化较一致。对于真菌（图 43－15b），不同施肥方式导致群落组成的变化较为复杂，不施肥处理不仅条带数量多于施肥处理（表 43－12），而且优势条带数量也明显多于施肥处理；单施氮磷钾（NPK）会导致一些条带亮度明显变弱，如 F1、F2；有机肥无机肥配施处理的指纹图谱较为类似。对于放线菌（图 43－15c），NPKM 处理引起的群落组成变化较明显，比起其他处理，A1 条带明显减弱，A2 条带明显增强。

长期不同施肥对土壤微生物丰富度的影响见表 43－12。聚类分析结果表明（图 43－16），长期不同施肥对细菌、真菌、放线菌群落组成的影响呈现多样化的特点。对于细菌，4 个试验处理的 12 个样品归为两大类群，有机肥无机肥配施的 2 个试验处理（NPKM、NPKS）的细菌组成相似，聚为一大类，而不施肥（CK）和单施氮磷钾（NPK）聚为另一大类。对于真菌，不施肥处理（CK）与施肥处理的群落组成存在较大差异，单独聚为一个类群，其余聚为另一个大类群，由于 NPKM 和 NPKS 处理的真菌群落组成较为接近，聚到一个亚群中。对于放线菌，NPKM 的群落组成与其他 3 个处理存在区别，单独聚为一类群，NPKS 聚到一个亚群中。

以上结果表明，与 CK 相比，NPK、NPKM、NPKS 三种施肥处理均会对真菌群落组成产生较大影响，施有机肥对细菌群落组成有重要影响，施牛粪对放线菌群落组成的影响较大。

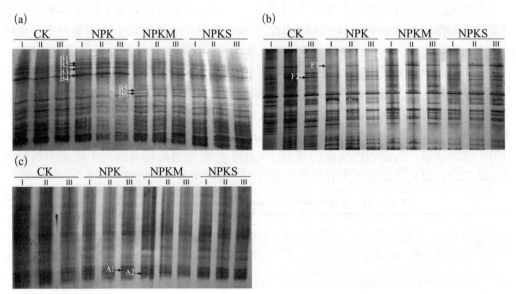

图 43－15　长期不同施肥土壤细菌（a）、真菌（b）和放线菌（c）群落的变化（2011 年）

表 43－12　长期不同施肥土壤微生物的丰富度

处　理	细菌丰富度	真菌丰富度	放线菌丰富度
CK	21 ± 2a	34 ± 3a	19 ± 4a
NPK	21 ± 1a	28 ± 2bc	14 ± 4a
NPKM	19 ± 1a	33 ± 3ab	16 ± 3a
NPKS	19 ± 1a	25 ± 2c	19 ± 1a

注：同列数据后不同小写字母表示处理间差异达 0.05 显著水平

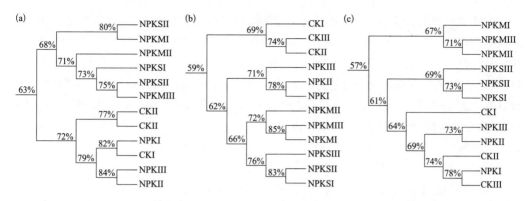

图43-16　土壤细菌（a）、真菌（b）和放线菌（c）群落组成的聚类分析

六、长期施肥对红壤性水稻土田间杂草群落及其碳、氮、磷化学计量的影响

（一）冬春季杂草种类、密度及生物多样性指数的变化

从冬春季杂草群落特征的观察结果看（表43-13），不同施肥处理的冬春季稻田杂草主要分属禾本科（*Poaceae*）、豆科（*Leguminosae*）、石竹科（*Caryophyllaceae*）、十字花科（*Cruciferae*）、菊科（*Asteraceae*）、伞形科（*Apiales*）、蓼科（*Polygonaceae*）、玄参科（*Scrophulariaceae*）、毛茛科（*Ranunculaceae*）、堇菜科（*Violaceae*）、三白草科（*Saururaceae*）11个科，且主要以禾本科、豆科、毛茛科、菊科种群占优势。

表43-13　不同施肥处理冬春季杂草种类与密度（2010年）

杂草名称	科　名	密度（株/m²）			
		CK	NPK	NPKM	NPKS
牛筋草（*Gramineae*）	禾本科（*Poaceae*）	74.5±43.1	377.0±0	0	498.0±0
马唐（*Digitaria sanguinalis*）	禾本科（*Poaceae*）	3.0±0	2.0±0	352.3±159.3	526.0±0
看麦娘（*Alopecurus japonicus*）	禾本科（*Poaceae*）	514.7±301.4	563.3±466.8	568.9±482.4	459.7±276.5
紫云英（*Astragalus sinicus L.*）	豆科（*Leguminosae*）	39.5±40.3	134.3±112.0	860.0±388.9	64.3±102.8
繁缕（*Stellaria media*）	石竹科（*Caryophyllaceae*）	3.7±3.8	2.0±0	0	0
碎米荠（*Cardamine L.*）	十字花科（*Cruciferae*）	2.5±2.1	3.0±0	0	0
山莴苣（*Lactuca indical*）	菊科（*Asteraceae*）	1.0±0	1.0±0	0	0
小飞蓬（*Conyza canadensis*）	菊科（*Asteraceae*）	0	4.0±0	0.8±0.3	2.0±0
裸柱菊（*Soliva anthemifolia R. Br.*）	菊科（*Asteraceae*）	5.0±6.9	6.0±3.6	1.3±0.7	27.0±39.8
天胡荽（*Hyd. sibthorpioides Lam*）	伞形科（*Apiales*）	18.0±0	15.5±13.4	0	2.0±0
鼠曲草（*Gnaphalium affine*）	菊科（*Asteraceae*）	89.0±39.6	81.3±50.8	10.5±3.8	33.0±15.0
扁蓄（*Polygonumaviculare L.*）	蓼科（*Polygonaceae*）	5.0±0	5.0±0	5.3±2.4	1.0±0
黄鹌菜[*Roungia japonica (L.) DC.*]	菊科（*Asteraceae*）	7.0±1.4	10.0±5.6	18.4±10.9	14.7±11.9
通泉草[*M. japonicus(T.) O. K.*]	玄参科（*Scrophulariaceae*）	0	1.0±0	0	2.0±1.4
茴茴蒜（*Ranunculus chinensis B.*）	毛茛科（*Ranunculaceae*）	56.7±14.2	152.7±69.5	133.3±46.1	268.0±226.9
犁头草（*Viola japonica Langsd*）	堇菜科（*Violaceae*）	2.0±0	0	0	0
石胡荽（*Centipeda minima*）	菊科（*Asteraceae*）	1.0±0	5.0±0	0	9.0±1.4
积雪草（*Centella asiatica*）	伞形科（*Apiales*）	94.0±57.1	15.0±2.8	0	9.0±1.4
鱼腥草（*Houttuynia cordata*）	三白草科（*Saururaceae*）	4.0±0	0	0.8±0.3	0
丛枝蓼（*Pol. caespitosum Bl.*）	蓼科（*Polygonaceae*）	54.1±6.0	1.0±0	7.1±5.1	3.0±0

从不同施肥处理看,施肥均提高了冬春季的杂草总密度,各处理杂草总密度的大小依次为 NPKM > NPKS > NPK > CK,与 CK 相比,NPKM、NPKS 与 NPK 处理分别提高了101.0%、95.9%、41.5%,表明 NPKM 处理对提高杂草总密度的效果最为明显(表43－14)。就具体杂草而言,不同施肥处理杂草中看麦娘(*A. japonicus*)均占主要优势。此外,CK 处理的杂草种群优势不明显,而 NPK 处理以茴茴蒜(*R. chinensis* Bunge)为优势种群,NPKM 处理以紫云英(*Astragalus sinicus* L.)为优势种群,NPKS 则以牛筋草(*Gramineae*)占优势。这可能与长期施肥条件下冬闲田生态环境、养分、水热条件发生变化有关,而每种杂草对生态环境及养分的响应存在差异。

Margalef 物种丰富度指数(D_{MG})是田间杂草的种类数指标,Shannon 均匀度指数(E)指不同杂草之间数量分布的均匀程度,Shannon 多样性指数(H')是对田间杂草物种丰富度和物种均匀度的综合量度。对物种丰富度指数 D_{MG} 而言,除 NPK 处理较 CK 略有上升外,NPKM 与 NPKS 两个处理分别较 CK 降低46.6%与30.4%。而对 Shannon 均匀度指数 E 而言,NPKM 与 NPKS 两个处理分别比 CK 降低0.03 和0.07,其表观综合量度的Shannon 多样性指数 H' 则较 CK 降低了0.02～0.16。说明黄泥田长期施肥会降低杂草物种分布的均匀度,有机肥无机肥配施还同时降低了杂草的丰富程度(表43－14)。

表43－14 不同施肥处理杂草密度与生物多样性

项 目	CK	NPK	NPKM	NPKS
杂草总密度(株/m²)	974.6	1 379.2	1 958.7	1 909.7
杂草类群数(个)	18	19	11	14
Shannon 多样性指数	0.74	0.70	0.58	0.72
Shannon 均匀度指数	0.25	0.22	0.18	0.22
Margalef 物种丰富度指数	5.69	5.73	3.04	3.96

（二）不同施肥对杂草生物量的影响

施肥均提高了稻田冬春季的生物量(表43－15),NPK、NPKM 和 NPKS 处理分别较 CK 提高89.6%、214.7%和167.8%,其中 NPKM 较 CK 处理的差异达显著水平,从表43－15 还可看出,有机肥无机肥配施(包括配施牛粪和秸秆还田)的杂草生物量较单施化肥处理有升高趋势。各施肥处理的杂草含水量与生物量的变化趋势一致。

表43－15 不同施肥处理冬春季杂草的生物量和含水率

处 理	生物量（g/m²）	含水率（%）
CK	163.7b	60.55b
NPK	310.3ab	65.81ab
NPKM	515.1a	72.32a
NPKS	438.3ab	63.15ab

注：同列数据后不同小写字母表示处理间差异达0.05 显著水平

（三）不同施肥处理对杂草有机碳、氮、磷、钾养分含量及吸收量的影响

不同施肥处理杂草有机碳除 NPKS 处理略低于对照外,NPK 与 NPKM 处理均高于

对照,二者分别较对照提高 3.2% 与 10.9% (图 43-17)。对养分而言,施肥均提高了杂草的氮、磷、钾养分含量,其中氮含量较对照提高 11.2% ~ 129.9%,且以 NPKM 处理最为明显。磷含量较对照提高 21.9% ~ 80.1%,同样以 NPKM 处理的增幅最大。钾含量较对照提高 2.6% ~ 15.3%,以 NPK 处理增幅大。上述结果表明,对于氮、磷、钾养分而言,施肥对提高杂草氮养分的影响最大,这可能与施肥处理中豆科杂草占优势有关。

从杂草固定的碳与吸收的养分看,施肥处理杂草固定的有机碳与吸收的养分量均高于对照,其中碳提高 90.3% ~ 250.7%、氮提高 126.3% ~ 649.6%、磷提高 117.6% ~ 475.9%、钾提高 100.7% ~ 236.2%,各处理均表现出 NPKM > NPKS > NPK 的趋势,其中 NPKM 处理的氮、磷养分吸收量显著高于其他处理。该结果同时表明,如将施肥处理的杂草适时翻压入土,表观上为土壤提供的养分较为可观,其养分 (N + P₂O₅ + K₂O) 累积的幅度为 108.5 ~ 248.0kg/hm²,尤其是 NPKM 处理。上述结果说明,施肥条件下黄泥田冬春季杂草生物截获速效养分、减少养分损失和培肥地力的功能不可忽视。

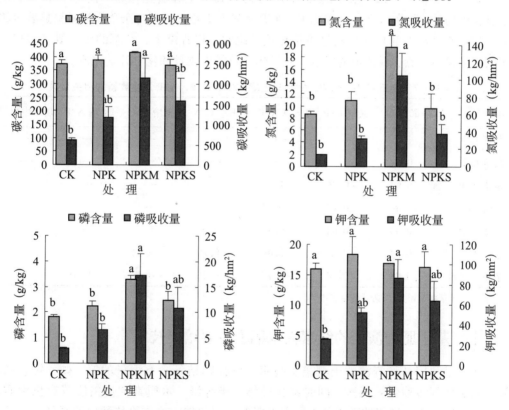

图 43-17 不同施肥处理杂草碳、氮、磷、钾含量及吸收量

(四)不同施肥处理对杂草碳、氮、磷化学计量比的影响

从冬春期杂草碳、氮、磷化学计量比来看,各施肥处理的杂草 C/N 与 C/P 均较 CK 有所下降(表 43-16),其中均以 NPKM 处理降幅最大,分别较 CK 降低了 22.4 和 77.9,二者均达到显著差异水平。从 N/P 来看,以 NPKM 处理的 N/P 最高,并显著高于 NPKS,这可能与 NPKM 处理的杂草多以豆科绿肥为主,氮素含量与生物量相对较高所致。在水生生态系统和湿地生态系统中,N/P 被广泛用于诊断植物个体、群落与生

态系统的氮、磷养分限制格局。当植被的 N/P 小于 14 时，表明植物生长较大程度受到氮素的限制作用，而大于 16 时，则反映植物生产力受磷素的限制更为强烈。从本研究看，各处理的 N/P 均低于 14，但从土壤测定结果看，土壤缺磷的风险要大于缺氮，因而作为水田生态系统，其表征土壤氮、磷丰缺水平的植株 N/P 阈值还有待进一步研究。

表 43-16　不同施肥处理冬春季杂草碳、氮、磷化学计量学特征

处　理	C/N	C/P	N/P
CK	44.0a	204.4a	4.7ab
NPK	36.2ab	175.4ab	4.9ab
NPKM	21.6b	126.5c	6.0a
NPKS	43.0a	153.4bc	3.8b

注：同列数据后不同小写字母表示处理间差异达 0.05 显著水平

　　另外，由表 43-17 可知，杂草 C/N 与杂草 C/P 呈显著正相关，而与杂草 N/P 呈极显著负相关；杂草 C/P 与土壤 C/P、N/P 呈显著正相关，但与杂草生物量呈显著负相关；土壤 N/P 与土壤 C/P 呈极显著正相关。说明一定程度上，杂草的碳、氮、磷相互比值受土壤碳、氮、磷比值的影响，并影响杂草的生物量和化学计量比值。

表 43-17　杂草 C/N、C/P、N/P 与土壤 C/N、C/P、N/P 及生物量的相关系数

项　目	杂草 C/N	杂草 C/P	杂草 N/P	土壤 C/N	土壤 C/P	土壤 N/P	杂草生物量
杂草 C/N	1	—	—	—	—	—	—
杂草 C/P	0.68*	1	—	—	—	—	—
杂草 N/P	-0.89**	-0.36	1	—	—	—	—
土壤 C/N	-0.09	-0.15	0.22	1	—	—	—
土壤 C/P	0.55	0.64*	-0.42	0.01	1	—	—
土壤 N/P	0.54	0.65*	-0.46	-0.29	0.95**	1	—
杂草生物量	-0.08	-0.64*	-0.10	0.26	-0.43	-0.48	1

注：* 表示显著相关，** 表示极显著相关

七、基于肥力演变的红壤性水稻土主要培肥技术

　　主要是利用秸秆资源的土壤培肥技术。农作物秸秆含有大量的氮、磷、钾、钙、镁、硫和硅等多种营养元素，同时富含纤维、半纤维、木质素和蛋白质等有机物质，是一种可以资源化利用的固体可再生有机资源。福建省主要作物秸秆包括稻秆、豆秆、花生藤和薯藤等，其中稻秆产量最大。目前稻田秸秆还田方式主要包括秸秆堆沤、机械化秸秆直接还田、利用微生物菌剂快速腐熟还田、高留茬还田等方式。

　　1. 秸秆还田量

　　还田数量太少，不能起到培肥土壤的作用。数量过大，秸秆不能完全腐烂，土壤耕作困难，跑墒严重，可能造成作物减产。因此要因地制宜，随翻随种地区，秸秆数量不宜过多；耕层较浅时也没有必要将秸秆全部还田；多数稻秆还田量在 3 000 ~ 4 500kg/hm²。

2. 秸秆还田时间

秸秆还田的时间，要视当地的耕作制度、农时季节、作物吸收养分的要求和秸秆腐烂情况及田间管理等多方面的因素综合考虑决定。在秋季应采用稻秆直接翻埋入土，时间应尽量提前，将刚割下的秸秆翻埋入土，以利其腐烂分解，最好边收割边翻埋。一般情况，旱地要在播种前 15～45d、水田在插秧前 7～10d。

3. 秸秆还田的土壤水分管理

秸秆还田后在适度湿润又有良好通气的条件下秸秆才能腐解。秸秆腐解的最适宜的湿度是饱和持水量的 60%～80%，若土壤水分不足，要浇足底墒水，以利于种子发芽和秸秆腐烂。此外稻区要注意水浆管理，防止有毒物质积累，及时排水搁田。

4. 秸秆还田的翻压方式

秸秆还田翻压后要及时耙地，使秸秆加速分解。翻压不宜太深，若超过 18cm，会影响分解速度。

5. 秸秆还田的碳氮比调节

土壤微生物活动及繁殖适宜的 C/N 为 25∶1 左右，由于作物秸秆或残茬的 C/N 范围较宽，秸秆进入土壤后刺激微生物活动，其总量迅速增加，仅靠分解秸秆中的氮已难以满足自身需要，必须摄取土壤速效氮转化为微生物体的有机态氮，致使土壤中无机氮的储量减少，出现微生物与水稻争氮现象，使稻苗返青慢，稻草还田需补充适量的化学氮肥来调节碳氮比。

6. 带病秸秆不能直接还田

秸秆还田后土壤湿度增大，地温升高，为作物生长提供了良好条件的同时也为某些病虫害的发生和流行提供了适宜的环境条件，而且秸秆中某些病菌难以移出大田，增加了病菌的数量，使病害率增加。为防止病害传播，对有水稻百枯病、玉米黑粉病、大豆叶斑病菌的秸秆，不能直接翻埋还田，应将带病菌秸秆运出处理，以彻底切断污染源。

7. 增施石灰，中和酸度

结合稻草还田，施用石灰 300～750kg/hm²，不仅可供给水稻钙素营养，还能中和在嫌气条件下稻草发酵分解释放出来的游离酸，从而促进土壤中有益微生物的活动，加速稻草的腐烂和养分的释放，供作物吸收利用。

8. 适时搁田，排除毒气，保根防早衰

稻草还田后由于微生物在嫌气条件下分解还原作用会产生 CH_4、H_2 和 CO_2 等气体，因而应在中后期排水落干，适时烤田、搁田，以防止有害气体的累积和危害，尤其对后期保根、壮秆，防早衰会起到一定的作用。

八、主要结论与研究展望

（一）主要结论

（1）黄泥田 30 年水稻定位试验结果表明，早稻与晚稻基础地力贡献率随年限均呈波浪式下降趋势，早稻平均基础地力贡献率为 47.1%，晚稻为 60.0%；单季稻基础地力贡献率变化平缓，平均为 68.3%。

（2）连续施用化肥、化肥配施牛粪、化肥配施秸秆处理的水稻平均产量比不施肥显著提高 69.4% ~91.5%，化肥配施牛粪、化肥配施秸秆处理产量分别比单施化肥提高 13.1% 与 9.8%，均达到极显著差异水平，但化肥配施牛粪与化肥配施秸秆处理的产量没有明显差异。

（3）施肥处理有利于提高了土壤有机质及有效养分含量，并降低土壤容重。长期化肥配施牛粪或秸秆还田一定程度上可缓解土壤有效微量元素的下降。

（4）南方黄泥田合理的施用化肥并没有明显加速土壤酸化进程，而有机肥无机肥配施则可防止土壤酸化。

（5）施肥可提高土壤水稳性团聚体平均质量直径，促进 >0.25mm 的水稳性大团聚体形成。化肥配合秸秆还田或化肥配施牛粪都能提高不同粒径团聚体中的碳含量，增加 >0.25mm 各粒径中水稳性团聚体碳储量及对总碳的贡献率。长期不施肥土壤碳含量不会出现明显亏缺。化肥配施牛粪比单施化肥或化肥配合秸秆还田更有利于促进土壤碳含量的提高，增加土壤碳库储量。

（6）黄泥田土壤中无机磷组分以 Fe-P、O-P 为主，有机磷组分以中等活性、中等稳定性形态为主。施肥显著增加土壤有效磷、全磷、无机磷、有机磷含量。与不施肥相比，施肥处理的 O-P 与 Fe-P 占总无机磷的比重下降，而 Al-P 与 Ca-P 的比重上升；化肥配施牛粪可明显增加土壤活性有机磷和中等活性有机磷，NPKS 则与 NPK 处理的效果相当。

（7）施肥可不同程度地提高土壤酶活性与微生物数量，其中，化肥配施秸秆对提高土壤细菌数量的效果最明显，而化肥配施牛粪对提高土壤真菌和放线菌数量的效果最好；单施化肥对土壤细菌群落的影响不大，配施牛粪或秸秆对细菌群落产生明显影响；配施牛粪会对放线菌优势群落产生影响，有机肥无机肥配施更有利于提高土壤酶活性和土壤微生物数量，提升土壤生物肥力。

（8）施肥可降低杂草 Shannon 均匀度指数，有机无机肥配施还降低了物种丰富度指数。施肥处理提高了杂草的氮、磷、钾养分含量，降低了杂草 C/N 与 C/P 比值。植株 C/N、C/P、N/P 及生物量间有一定的显著相关性。

（二）研究展望

随着国家对粮食安全和食品安全的日益关注，土壤肥力和土壤污染等有关耕地质量、数量的问题也受到重视。沃土工程支撑项目、长期定位野外观测站平台建设、土壤污染普查、测土配方施肥技术应用等国家层面的项目陆续立项。应充分利用这个有利时机，针对福建省自然生态条件好、适种作物品种多、市场需求潜力大等优势和水土流失严重、土壤肥力低下、结构差、种植制度单一、种植效益低、生态脆弱等突出问题，重点开展以下领域的研究。

（1）以提高福建省水田、旱地有机质和养分含量为目标，研究适合高温、高湿、高集约化利用下，土壤耕地有机质提升、养分含量增高的综合技术措施。

（2）以改良表层土壤结构、提高保水保肥能力为目标，研究与之配套的耕作制度与技术、有机肥施用技术、土壤结构改良剂。

（3）以提高单位耕地的生产效益、优化农田作物结构为目标，研究适合该区域特点的种植制度和作物类型，形成与种植制度和作物类型相适应的、有利于福建省耕地生产力提高和作物高产优质的施肥技术。

　　（4）根据当前农业发展形势和技术特点，充分利用计算机技术和网络优势，建立全省统一的土壤信息数据库平台，包括：①建立作物营养元素吸收规律数据库；②建立主要土壤类型养分供应能力数据库；③制定土壤肥力综合评价指标体系和评价方法；④建立计算机施肥专家系统；⑤提出不同区域不同作物的专用肥配方及其满足作物增产、农民增收、地力增肥、环境变好等多重目标条件下的规范化施肥技术。

　　（5）深化农业废弃物无害化处理技术及有机肥改土技术研究。深化研究农村废弃物及城市生活垃圾无害化处理技术，提高秸秆、食用菌废菌料还田的质量和效益，并深化研究有机肥的土壤培肥及施用技术。

王飞、林诚、李清华、邱珊莲、林新坚

参考文献

　　［1］陈安磊，谢小立，文菀玉，等 . 2010. 长期施肥对红壤稻田氮储量的影响［J］. 生态学报，30（18）：5 059－5 065.

　　［2］顾益初，蒋柏藩 . 1999. 石灰性土壤无机磷分级的测定方法［J］. 中国农业科学，22（3）：53－58.

　　［3］何淑勤，郑子成 . 2010. 不同土地利用方式下土壤团聚体的分布及其有机碳含量的变化［J］. 水土保持通报，30（1）：7－10.

　　［4］黄耀，孙文娟 . 2006. 近 20 年中国大陆农田表土有机碳含量变化趋势［J］. 科学通报，51（7）：750－763.

　　［5］高三平，李俊祥，徐明策，等 . 2007. 天童常绿阔叶林不同演替阶段常见种叶片 N、P 化学计量学特征［J］. 生态学报，27（3）：947－952.

　　［6］姜灿烂，何园球，刘晓利，等 . 2010. 长期施用有机肥对旱地红壤团聚体结构与稳定性的影响［J］. 土壤学报，47（4）：715－722.

　　［7］姜军，徐仁扣，赵安珍 . 2006. 用酸碱滴定法测定酸性红壤的 pH 缓冲容量［J］. 土壤通报，37（6）：1 247－1 248.

　　［8］鲁如坤 . 2000. 土壤农业化学分析方法［M］. 北京：中国农业科学技术出版社 .

　　［9］刘恩科，赵秉强，刘晓利，等 . 2010. 不同施肥处理对土壤水稳定性团聚体及有机碳分布的影响［J］. 生态学报，30（4）：1 035－1 041.

　　［10］李志明，周清，王辉，等 . 2009. 土壤容重地红壤水分溶质运移特征影响的试验研究［J］. 水土保持学报，23（5）：101－103.

　　［11］林新坚，王飞，王长方，等 . 2012. 长期不同施肥处理对南方黄泥田冬春季杂草群落及其 C、N、P 化学计量的影响［J］. 中国生态农业学报，20（5）：1－6.

　　［12］林诚，王飞，李清华，等 . 2009. 南方黄泥田连续 23 年不同施肥制度对土壤酶活性及养分的影响［J］. 中国土壤与肥料，（6）：24－27.

　　［13］林而达，李玉娥，郭李萍，等 . 2005. 中国农业土壤固碳潜力与气候环境［M］. 北京：科学出版社 .

　　［14］孟红旗，刘景，徐明岗，等 . 2013. 长期施肥下我国典型农田耕层土壤的 pH 演变［J］. 土壤学报，50（6）：42－49.

　　［15］邱珊莲，刘丽花，陈济琛，等 . 2013. 长期不同施肥对黄泥田土壤酶活性和微生物的影响［J］. 中国土壤与肥料，（4）：30－34.

　　［16］史奕，陈欣，沈善敏 . 2002. 有机胶结形成土壤团聚体的机理及理论模型［J］. 应用生态学报，13（11）：1 495－1 498.

［17］佘冬立，王凯荣，谢小立，等.2008. 稻草还田的土壤肥力与产量效应研究［J］. 中国生态农业学报，16（1）：100－104.

［18］王飞，林诚，李清华，等.2011. 长期不同施肥对南方黄泥田水稻子粒品质性状与土壤肥力因子的影响［J］. 植物营养与肥料学报，17（2）：283－290.

［19］王飞，林诚，李清华，等.2012. 长期不同施肥对南方黄泥田水稻子粒与土壤锌、硼、铜、铁、锰含量的影响［J］. 植物营养与肥料学报，18（2）：1 056－1 063.

［20］王飞，林诚，李清华，等.2010. 长期不同施肥方式对南方黄泥田水稻产量及基础地力贡献率的影响［J］. 福建农业学报，25（5）：631－635.

［21］徐晓燕，马毅杰，张瑞平.2003. 土壤中钾的转化及其与外源钾的相互关系的研究进展［J］. 土壤通报，34（5）：489－492.

［22］袁东海，王兆骞，陈欣，等.2003. 不同农作措施下红壤坡耕地土壤钾素流失特征的研究［J］. 应用生态学报，14（8）：1 257－1 260

［23］银晓瑞，梁存柱，王立新，等.2010. 内蒙古典型草原不同恢复演替阶段植物养分化学计量学［J］. 植物生态学报，34（1）：39－47.

［24］赵京考，刘作新，韩永俊.2003. 土壤团聚体的形成与分散及其在农业生产上的应用［J］. 水土保持学报，17（6）：163－166.

［25］章明奎，何振立，陈国潮，等.1997. 利用方式对红壤水稳定性团聚体形成的影响［J］. 土壤学报，34（4）：359－366.

［26］张杨珠，黄顺红，邹应斌.2006. 稻田土壤对铵的矿物固定对土壤保氮作用的贡献［J］. 生态环境，15（4）：807－810.

［27］张琪，李恋卿，潘根兴，等.2004. 近20年来宜兴市域水稻土有机碳动态及其驱动因素［J］. 第四世纪研究，24（2）：236－242.

［28］Bronick C J, Lal R. 2005. Soil structure and management［J］. *Geoderma*, 124：3－22.

［29］Haynes R J. 1986. Origin distribution and cycling of nitrogen in terrestrial ecosystems［M］// Hanynes R J. Mineral nitrogen in plant-soil system acatem. USA：Academic Press Inc，1－51.

［30］Sally D Logsdon, Douglas L Karlen. 2004. Bulk density as a soil quality indicator during conversion to no-tillage［J］. *Soil and Tillage Research*，78（2）：143－149

［31］Pan G X, Li L Q, Wu L S, et al. 2003. Storage and sequestration potential of topsoil organic carbon in China paddy soils［J］. *Global Change Biology*，10：79－92.

［32］Xie Z B, Zhu J P, Liu G, et al. 2007. Soil organic carbon stocks in China and changes from 1980s to 2000s［J］. Global Change Biology，13：1 989－2 007.

［33］Yan D Z, Wang D J, Sun R J, Lin J H. 2006. N mineralization as affected by long-term fertilization and its relationship with crop N uptake［J］. *Pedosphere*，16（1）：125－130.

［34］Zhang B, Horn R. 2001. Mechanisms of aggregate stabilization in Ultisols from subtropical China［J］. *Geoderma*，99：123－145.